패션과 소비자 행동

CONSUMER BEHAVIOR IN FASHION

Michael R. Solomon, Nancy J. Rabolt 지음

이승희, 김미숙, 황진숙 옮김

Σ시그마프레스

패션과
소비자 행동

CONSUMER BEHAVIOR IN FASHION

Michael R. Solomon, Nancy J. Rabolt 지음

이승희, 김미숙, 황진숙 옮김

패션과 소비자 행동

발행일 | 2006년 9월 15일 초판 1쇄 발행
        2007년 3월 5일 초판 2쇄 발행

저자 | Michael R. Solomon, Nancy J. Rabolt
역자 | 이승희, 김미숙, 황진숙
발행인 | 강학경
발행처 | ㈜ 시그마프레스
편집 | 이상화
교정 · 교열 | 김은실

등록번호 | 제10-2642호
주소 | 서울특별시 마포구 성산동 210-13 한성빌딩 5층
전자우편 | sigma@spress.co.kr
홈페이지 | http://www.sigmapress.co.kr
전화 | (02)323-4845~7(영업부), (02)323-0658~9(편집부)
팩시밀리 | (02)323-4197

인쇄 | 성신프린팅   제본 | 동신제책

ISBN | 89-5832-254-3   가격 | 31,000원
ISBN | 978-89-5832-254-2

Consumer Behavior in Fashion, 1st Edition

역자 서문

21세기 들어 패션기업과 시장의 경쟁이 치열해지고 고객의 욕구가 다양해지는 시점에서 패션기업들의 중요한 과제는 기술이나 상품보다는 고객관리에 초점이 맞춰지고 있다. 또한 패션시장의 성숙화와 함께 기업 간 경쟁이 치열해지고 있는 상황에서 성공적인 경영을 위해서는 소비자들의 욕구를 경쟁사보다 더 잘 충족시키기 위한 노력이 필요할 것이다. 따라서 본서는 21세기 새로운 환경에서의 소비자행동을 재해석하기 위한 가이드를 제공함으로써 패션제품을 중심으로 소비자행동에 관련한 총체적 이론을 제시하고자 한다.

본서는 소비자행동에 대한 전반적인 내용을 사례들과 함께 이해하기 쉽게 기술하고 있으며, 크게 4부로 구성된다. 제1부에서는 패션산업에서의 소비자행동에 관한 개요로서 패션의 의미와 이론, 소비자행동에 대한 전반적인 개론을 설명하였다. 패션제품이 사회 전반적으로 어떻게 창조되어 확산되는지에 대한 전 과정을 다루고 있다.

제2부에서는 패션제품과 관련된 소비자 특성에 관한 전반적인 내용을 담고 있다. 소비자의 개인적인 동기와 가치, 하위문화, 인구통계적 및 사회심리학적 요인에 따른 소비자행동을 상세히 소개하고 있다.

제3부에서는 패션 커뮤니케이션과 소비자의 의사결정에 대하여 다룬다. 구체적으로 패션커뮤니케이션의 이해 및 중요성, 패션선도자의 역할 등을 포함하여 전반적인 패션제품 구매과정에 대하여 설명하고 있다.

제4부에서는 패션과 관련된 소비자 윤리와 보호에 대하여 언급하고 있다. 소비자 측면에서의 소비윤리와 책임, 패션기업 측면에서의 사회적 책임 및 환경적 이슈, 그리고 정부측면에서의 소비자 보호에 관한 역할에 초점을 맞추고 있다.

역자들은 본서에서의 번역에 대한 미흡함으로 인해 원저의 뜻을 잘 전달할 수 있을

지 염려된다. 따라서 독자 여러분들께서 주신 도움말들을 언제나 수용하며 보완할 것이므로 따가운 충고와 지적을 부탁드린다.

본서가 나오기까지 도와주신 역자들의 각 연구실 대학원생들에게 고마운 마음을 전하며, 특히 출간되는 마지막까지 교정과 정리를 하는 데 기꺼이 도와준 성신여대 박수경 선생님과 노유나, 박지은 조교들에게 고마움을 전한다. 또한 이 책의 출판을 위해 애써주신 (주)시그마프레스 사장님과 관계자 여러분께 감사를 드린다.

마지막으로 이 책이 패션과 소비자행동에 관심을 갖고 있는 여러분들에게 실질적인 도움을 줄 수 있는 역서가 되길 진심으로 바란다.

2006년 8월 역자일동

저자 서문

사람들의 매일매일의 일상생활은 우리에게 이 책을 쓰는 영감을 주었다. 소비자행동 분야는 어떻게 우리의 생활이 마케터들에 의해 영향을 받으며, 동시에 어떻게 마케터들이 우리에게 영향을 받는지에 대한 연구이다.

패션은 리테일러나 영향력 있는 사람들에 의해 창조되고 소비자들로 하여금 따르게 한다: 패션잡지에서 '안'에 있는 것이 무엇이고 '밖'에 있는 것이 무엇인지 한번 생각해 보라. 또 다른 한편으로는 리테일러들과 제조업체들이 지금부터 6개월 동안 우리가 무엇을 구매하기 원하는지 예측하는 데 고군분투하는 것을 알 수 있다. 유행예측이란 어떤 면에서는 과학적이지만 다른 면에서는 보다 예술적이라고 할 수 있다. 성공한 마케팅 전문가도 유행예측을 실패하는 경우도 많다.

패션은 생활방식들을 만들어가는 추진력이다. 즉 패션은 의류, 헤어스타일, 예술, 음식, 화장품, 자동차, 음악, 인형, 가구 등과 같이 당연시되고 있는 일상생활의 다양한 측면에 영향을 미친다. 패션은 대중문화의 주요한 구성요소이며 끊임없이 변화하고 있다. 패션은 우리들 대부분에게 지속적으로 자극을 준다. 우리는 새로운 패션의 출현을 모를 수 있지만 어느날 갑자기 안경, 의복, 구두, 심지어 주방용품 등이 유행이 지난 구식으로 느껴지기도 한다. 오래된 그림이나 TV쇼를 다시 보면 명확하게 현재 유행과 구별이 간다. 물고기가 물에 담겨 있을 때와 같이 우리는 끊임없이 변화하는 환경을 인지하지 못할 수 있다. 패션산업은 항상 역동적이고 빠르게 움직여왔지만 최근들어 패션변화가 보다 커지고 있음을 직시하게 된다. 소비자는 패션을 구매할 때 인터넷을 포함하여 많은 새로운 방법을 찾아내고 있다. 정보와 기술이 새로운 중요성을 차지할 것이다. 우리는 이미 대중을 위한 주문 맞춤 의류가 시작된 것을 보게 되었는데, 이러한 변화들은 어떻게 패션을 구매하고 어떻게 패션마켓에 반응할 것인가에 영향을 미친다.

   일반적으로 학생들은 강의시간에 관련 주제에 대해 간접적으로 영향을 받는 수동적인 관찰자에 불과할 때가 많다. 그러나 패션 개념은 직접적인 영향을 미치는 것이며 특히 리테일에서 일하거나 패션관련 업체에서 일할 학생들에게는 더욱 그러하다. 학생들은 패션 '안'에 있는 것이 무엇이고, '밖'에 있는 것이 무엇인지에 대해 전문가이며, 또한 패션산업의 활력의 근원인 지속성의 변화를 예리하게 알고 있다. 학생들이 이 책을 읽으면서 많은 주제를 명확하게 알기 위해 최근의 사례들을 충분히 이해할 수 있어야 한다.

연구와 소비자

이 책에서 많은 조사연구 결과들이 인용되었는데, 이 책에서는 그 연구결과를 패션, 더 나아가 패션이 어떻게 소비자의 일상생활을 형성해가는지에 대해 적용시키면서 마케팅과 소비자행동이론, 개념을 설명하고 있다. 마케팅적 관점이 사용되었는데, 그 목적은 소비자들이 왜 그런 행동을 하는지, 그런 욕구를 어떻게 표출하는지를 이해하기 위한 것이고 나아가 궁극적인 목적은 기업의 이윤을 최대화하는 것이다. 그러나 또한 중요한 것은 마켓이 소비자에게 미치는 영향을 잊어서는 안 된다는 것이다. 따라서 소비자의 웰빙에 대한 관심이 이 책에서 다루어질 것이다. 또한, 리테일이나 마케팅을 하려는 학생들이 인도주의적 관점을 가지고 이 분야에 있어야 한다고 생각한다. 누가 소비자의 웰빙과 오늘날의 환경을 위해 관심을 가질 것인가? 소비자를 보호하기 위해 소비자들이 원하던 것보다도, 기업이 원했던 것보다 더 많은 법률이 제정되고 있다. 제14장에서 '윤리, 사회적 책임, 환경에 대한 이슈'와 제15장 '소비자 보호를 위한 정부와 기업의 역할'에서 특별히 소비자에 대한 마케팅 결과를 설명하였다. 이 두 장에서는 소비자를 보호하고, 경계하고 기업의 방지하고 정보를 제공하고 소비자를 위한 법률과 관례를 다루고 있다.

   학생들의 많은 연구 기회가 각 장의 마지막 부분 논의에 실려 있다. 이전 학생들의 연구결과가 본서에서 사용되었는데, 앞으로 더 많은 연구결과를 기대해 본다.

감사의 글

많은 동료교수들이 이 책에 대해 좋은 커멘트를 해줌으로써 많은 공헌을 해주었다; Kent State University의 Hanna Hall; University of Rhode Island의 Linda Welters; University of Califorina, Davis의 Margaret Rucker; University of North Texas의 Tammy Kinley; University of Kentucky의 Kimberly Miller에게 깊은 감사를 보낸다.

Prentice Hall의 전문 편집자들이 출판허가를 받아주고 원고를 책으로 만드는 과정에서 많은 도움을 주신 데 대해 감사를 전한다.

또한 강의에서의 만족이 이 책을 쓰게 한 중요한 동기가 되었는데, 이 책에 대한 영감, 사례, 피드백의 원천이 되어준 우리 학생들에게 감사를 전한다.

저자에 관하여

Michael R. Solomon 박사는 Auburn University 인문과학대학, Consumer Affairs 학과의 소비자행동 교수이다. 1995년 Auburn 이전에는 New Burnswick의 Rutgers Univeristy 경영대학 마케팅학과 학과장으로 있었다. Solomon 교수는 New York University 경영학과를 졸업하면서 학문적 경력이 시작되었고 NYU's Insititute of Retail Management 의 부디렉터로 있었다.

1977년 Brandeis University에서 우등으로 심리사회학 학사학위를 받았으며 1981년에 Chapel Hill에 있는 University of North Carolina에서 사회심리학 박사학위를 받았다.

Solomon 교수의 주요 연구 관심사는 소비자행동과 라이프스타일; 제품의 상징적 측면; 패션, 장식, 이미지의 심리학, 서비스마케팅 등이다. 이러한 주제와 관련된 다수의 논문을 학술지에 발표하였고 영국, 스칸디나비아, 오스트리아, 남미 등지에서 초청 강연을 하고 있다. 현재 *Journal of Consumer Behavior, Journal of Retailing*의 편집위원을 맡고 있으며 Academy of Marketing Science의 학회이사로 있다. 학문활동 외에 Solomon 교수는 방송에 자주 투고하고 있으며 그의 특집기사가 *Psychology Today, Gentleman's Quarterly, Savvy*와 같은 잡지에 실리고 있다. CNBC의 'The Today Show', 'Good Morning America', Channel One의 'Inside Edition', 'Newsweek on the Air', National Public Radio의 게스트로 출현하고 있다.

Solomon 박사가 받았던 상(award) 중에 Cutty Sark Men's Fashion Award가 있는데, 이는 의복의 심리적 측면에 대한 연구이다. 그는 *The Psychology of Fashion*의 저자이며 *The Service Encounter : Managing Employee/Customer Interaction in Services Bussinesses*(Lextington Books)의 공동저자이다. 교재 *Consumer Behavior : Buying, Having, and Being*(Prentice Hall)은 5번째 개정판이며, 북미, 유럽, 오스트리아의 많은

대학에서 널리 사용되고 있으며 여러 언어로 번역되고 있다. 2002년에는 *Marketing : Real People, Real Choices*(Prentice Hall)의 3번째 개정판이 출판되었다.

Solomon 교수는 부인 Gail과 자녀 Amanda, Zachary, Alexandra와 Alabama의 Auburn에 거주하고 있다.

Nancy J. Rabolt 박사는 San Francisco State University의 Apparel Design and Merchandising 학과의 교수이며 Consumer and Family Studies/ Dietetics 학과의 학과장으로 있다. Rabolt 박사는 San Francisco State에 오기 전에는 Southern Illinois University, Marygrove College에서 패션소비자행동과 패션머천다이징을 25년 이상 강의하였다. State University of New York, Oneonta에서 교육학 학사학위를 받았으며, Southern Illinois University에서 의류직물학 석사학위를 받았고, University of Tennessee, Knoxville에서 Textiles/Merchandising/Design 에서 박사학위를 받았다.

Rabolt 교수의 중요 연구관심사는 비교문화 소비자행동과 어패럴 산업의 글로벌 측면이다. 마케팅, 소비자, 어패럴, 가족소비자과학 학회에서 다수의 발표를 하고 있다.

Rabolt 교수는 *Clothing and Textiles Research Journal, International Textiles and Apparel Association Special Publications, Journal of Consumer Studies & Home Economics*와 같은 국제학술지에 많은 논문을 발표하고 있다. 또한 *Concepts and Cases In Retail and Merchandise Management*(Fairchild Publications) 책의 첫 번째 저자이다.

현재 Rabolt 박사는 캘리포니아의 Montara에 거주하고 있다.

요약 차례

차 례

제2장 소비자행동과 문화 • 43

제 3 부 패션 커뮤니케이션과 의사결정

서론

제 1 부

제1장
패션의 개념, 유행이론과 소비자행동

게일은 수학 수업 전에 학교 서점을 둘러 보고 있다. 그녀는 몇 주 동안 그녀가 좋아하는 잡지를 보지 않아 잡지 코너를 둘러보았다. 잡지 코너는 모터 트렌드 투 마더 존스(*Motor Trend to Mother Jones*)와 같은 자동차 잡지부터 패션 잡지까지 꽉 차있었다. 게일이 고등학생일 때는 세븐틴(*Seventeen*) 잡지의 열렬한 구독자였지만 지금은 섹시한 잡지 표지모델에 더 끌린다. 세븐틴 잡지에 여전히 눈길은 갔지만 이제 그녀는 시야를 넓히고 싶다. 여러 잡지들 중 보그(*Vogue*)를 구매할까 했지만 너무 진부해 보였다. 보그는 엘르(*Elle*)와 글래머(*Glamour*) 잡지와 같이 이미지 전환을 꾀하고 있지만 여전히 진부한 느낌이 들었다. 코스모폴리탄(*Cosmopolitan*) 잡지에는

정장 차림의 직장 여성 사진들이 가득했다. 아직 그런 이미지의 잡지를 보고 싶지는 않았다. 얼루어(*Allure*)와 맥컬스(*McCall's*)는 그녀의 어머니를 위한 잡지 같았으며 어린 사촌 동생이 있는 그녀의 이모네 집에 방문했을 때마다 본 패밀리 서클(*Family Circle*)과 레이디스 홈 저널(*Ladies' Home Journal*)도 있었다.

결국 게일은 최근 시도해 보고 싶은 새로운 헤어 스타일을 한 표지 모델을 보고 마리 클레르(*Marie Claire*) 잡지를 선택했다. 그러나 가장 큰 이유는 블루밍데일스(Bloomingdale's)의 패션과 토미 힐피거(Tommy Hilfiger), 비주비주(BisouBisou), 비시비지(BCBG), 랑콤(Lanc me)과 같은 좋아하는 브랜드들에 대한 업데이트된 내용들을 담고 있는 무료 패션 CD-Rom "마리 클레르 블루밍데일스 스타일 소스(Marie Claire Style-Source Only @ Bloomingdale's)"를 부록으로 주기 때문이다.[1] 게일은 두 명의 서클 멤버들이 마리 클레르 잡지에 대해 이야기 하는 것을 들어, 이 잡지가 프랑스에서 유명하며 22개국에서 발매되고 있다는 것을 알고 있었다. 그녀는 잡지를 몇 장 넘기는 동안 멋있는 옷들에 시선이 꽂혔고 그녀의 친구 모니카가 며칠 전에 산 향수와 같은 향이 잡지에서 나는 걸 느꼈다. 그렇다. 게일은 아마도 이 새로운 잡지를 통해 새로운 시야와 정보를 얻게 될 것이다.

1. 소비자행동 : 마켓의 사람들

이 책은 게일과 같은 소비자를 위한 것이다. 이 책은 소비하는 상품과 서비스에 관한 전반적인 내용과 소비자들의 생활과 소비에 관한 연관성을 설명해 주고 있다. 우선, 첫 장에서는 소비자행동 분야의 중요한 면을 소개한다. 예를 들어 세계의 패션 흐름과 소비자행동의 연관성, 어떻게 사람들이 마케팅 시스템에 반응하는지를 설명한다. 또한, 소비자들이 어떻게 새로운 제품에 대해 소비를 결정하는지 전반적인 이해를 할 수 있도록 기초적인 패션 개념을 소개한다. 이 책의 많은 예제들이 의류 상품들에 관한 것이지만, 사실 우리들은 가구, 음악, 음식 또는 예술 작품 등과 같은 많은 종류들의 제품과 서비스에서 '패션'을 찾아 볼 수 있다.

지금부터 대학생 게일과 같은 전형적인 소비자 스타일에 대해 알아보자. 그녀의 짧은 이야기는 이 장에서 설명할 중요한 소비자행동 부분을 보여주고 있다.

- 게일은 소비자로서 여러 면에서 다른 소비자들과 비교되어질 수 있다. 마케터(marketer)는 그녀의 나이, 성, 소득, 또는 직업에 따라 게일의 소비 행동을 분석할 수 있다. 또한, 마켓 분석가들은 게일이 좋아하는 옷, 음악 또는 여가 생활을 통해 그녀의 소비 활동을 분석할 수 있으며, 이런 종류의 정보는 수요 조사 목적으로 소비자의 행동 양식·가치관 등을 심리학적으로 측정하는 기술 사이코그래픽스(psychographics)의 유형에 포함된다. 소비자의 다양한 면을 안다는 것은 제품에 대한 타겟 마켓을 잘 파악하고 그에 적합한 마케팅 전략을 결정하는 등 효율적인 마케팅 전략을 세우는 데 중요하다.

- 게일의 구매결정은 친구들의 의견과 행동에 많은 영향을 받는다. 특정 제품에 대한 정보나 구매를 피해야 할 브랜드에 대한 유용한 정보들은 TV 광고나 잡지보다는 주변 사람들과의 대화에서 얻는다. 또한, 소속되어 있는 그룹원들이 인정하고 좋아하는 제품들을 구매해야 한다는 강박관념에 사로잡혀 있기도 하다.

- 미국과 같이 규모가 큰 집단의 일원들은 문화적 가치를 서로 교류한다. 히스패닉, 청소년, 중서부지역 주민과 같은 각각의 작은 그룹원들이 서로 교류하는 하위 문화(sub-culture)들이 있다. 게일에게 영향을 주는 준거집단인 20대 초반의 여성들은 혁신적이며, 패션에 관심을 갖고 독립적이고 대담하여야 한다고 믿는다.

- 게일은 많은 경쟁 잡지 브랜드들 중 하나를 선택해야 했다. 그 과정에서 대다수의

잡지들은 그녀의 관심을 전혀 끌지 못했고, 어떤 잡지들은 관심은 끌었지만 그녀가 원하거나 동경하는 이미지와 거리가 멀었다. 시장세분화 전략(market segmentation strategies)은 불특정 다수보다는 특정 소비자 그룹을 공략하여 그에 적합한 브랜드로 공략하는 것이다. 하지만 이 특정 그룹 외의 소비자들은 특정 브랜드 제품에 대한 타겟 마켓에서 제외되는 단점도 있다.

- 브랜드들은 제품 광고, 포장 방법, 상품화, 또는 다른 마케팅 전략을 통해 브랜드의 정체성을 확립하여 소비자들에게 뚜렷한 브랜드 이미지를 전달하려고 노력한다. 특별히 잡지 구매는 구매자의 라이프스타일을 잘 보여준다. 예를 들어 그 구매자가 어떤 분야에 관심이 많고 동경하는 스타일이 무엇인지를 알 수 있다. 소비자들은 대부분 특정 제품의 이미지를 좋아해서 구매를 하거나 소비자들의 성격과 이미지에 어울리는 제품을 구매한다. 또한, 평범한 대학생의 이미지를 벗어나 패셔너블해지고 싶었던 게일처럼 소비자들은 제품의 구매 또는 서비스가 그들이 바라는 이미지로 바꿀 수 있도록 도와준다고 믿는다.

- 브랜드 충성도(brand loyalty)란 소비자의 필요와 욕구를 만족시킨 특정 브랜드가 소비자들로부터 꾸준히 사랑받는 것을 가리킨다. 소비자와 특정 브랜드 사이에 형성된 브랜드 충성도는 다른 경쟁 브랜드들에 의해 쉽게 무너지지 않는다. 하지만 소비자 개인의 생활과 자아 개념의 변화에 따라 이런 관계도 깨질 수 있다. 또한, 브랜드 충성도는 브랜드의 이미지 전환에도 영향을 받는다. 예를 들어 보그 잡지는 500달러 이하 가격에 구매할 수 있는 제품들을 이슈화하여 잡지의 이미지 변화를 꾀하였다.

- 소비자들은 전체적인 외형, 맛, 감촉 또는 향을 통해서 제품을 평가한다. 또한, 그들은 포장의 색깔과 모양에 의해 구매 욕구를 느낄 수도 있고, 브랜드 이름의 느낌, 광고, 심지어 잡지 표지 모델과 같은 세부 요소에 의해 구매 욕구를 느끼기도 한다. 예를 들어 게일이 선택한 새로운 헤어스타일은 그녀와 같은 여성들이 2000년대 초에 도전해 보고 싶은 이미지를 뜻한다. 게일에게 어떤 잡지들은 구매를 고려했고 어떤 잡지들은 왜 관심이 전혀 없었는지 정확한 이유를 묻는다면 아마 대답하지 못할 것이다. 많은 제품들의 본질은 포장과 광고에 의해 가려져 있다. 이 책은 마케터와 사회과학자들이 이런 제품의 본질들을 어떻게 이해하고 분석하는지 설명할 것이다.

매달 2,700,000명의 미국인들은 잡지를 구매한다. 미국판 코스모 걸(*Cosmo Girl*)의 창시자 코스모폴리탄의 에디터인 헬렌 걸리 브라운(Helen Gurley Brown)은 결혼을 서두르지 않는다. 그녀는 30대 후반쯤 아이를 가질 계획이며 섹스는 중요하지만 데이트의 우선적인 이유는 아니라고 생각한다. 그녀는 검은 롱 스커트와 큰 보석들과 많은 신발을 가지고 있다.

미국판 코스모 걸이 성공함으로써 현재 25개국에서 출판되고 있으며 각국의 에디터들이 관리하고 있다. 가끔 다른 나라의 문화와 코스모 걸이 추구하는 이미지가 대립되는 경우도 있다. 광고자들은 가끔 잡지의 충동구매를 유발하기 위해 자극적인 내용을 기재하여 검열을 받기도 한다. 홍콩과 같은 국가는 홍콩 여성의 독립적이고 의욕적인 성향 때문에 잡지의 미국적 이미지와 맞는다.[2] 1997년 말, 인도네시아판 코스모폴리탄이 출간되었다. 분석가들은 이슬람 인구가 가장 많으며 대부분의 여성들이 머리와 몸을 완벽히 감추지 않고는 밖에 나가지 않는 이 곳에서 미국 잡지가 구매될 것인지 의문이었지만 현재 코스모 걸도 출간 준비 중이다.[3]

● 게일이 선택한 마리 끌레르 잡지는 국제적인 패션 이미지를 보여준다. 상품의 이미지는 원산지 표시에 영향을 받기도 하는데, 이는 브랜드 개성을 결정하기도 한다. 또한, 각국의 소비자들의 의견과 요구는 세계 여러 나라의 문화와 이미지에 의해 강하게 영향을 받으며, 통신과 교통의 급속한 발달로 세계 속의 소비자들은 여러 지역의 문화를 반영한 상품들과 서비스를 쉽게 이용할 수 있는 기회가 늘어났다.

2. 패션의 본질

패션은 의류에 국한되지 않고 장난감, 가구, 화장품, 헤어스타일, 액세서리 등 전반적인 우리 문화를 가리킨다.

패션은 세계 여러 나라에 걸쳐 수십만 인구가 관련된 일을 하는 수십억 달러의 고부가가치 산업이며, 우리의 경제가 시작된 이후로 어느 때보다 사회의 모든 소비자들에게 영향을 끼치고 있다. 패션은 우리의 문화와 사회를 반영한다. 즉 구매하는 옷 스타일, 음악 시스템, 가구, 자동차 등은 문화와 사회에 따라 변한다. 비록 많은 소비자들이 패션을 옷과 액세서리에 국한하지만 패션은 장난감, 게임, 자동차, 주방 기구, 음악, 음식, 예술, 건물, TV쇼, 과학 등과 같은 전반적인 우리 문화 안에서 일어난다.

패션은 사물을 비유하는 코드나 언어라 할 수 있다.[4] 그러나 일반 언어와 달리 패션은 문자로부터 독립적이다. 같은 상품이라도 각각의 소비자와 상황에 의해 달리 평가된다.[5] 심볼의 의미를 해석하는 **기호론**(semiotics)에 따르면 패션 상품은 한 가지 뜻으로는 정확하게 정의할 수 없으며 받아 들이는 사람들에 의해서 많은 의미로 해석된다.

장난감 유행

기업의 마케터들은 포켓 몬스터부터 비니 베이비즈 (beanie Babies), 그리고 그 다음에 유행할 장난감까지 조사한다. 아이들은 매일 어떻게 하면 포켓 몬스터 캐릭터 카드를 가질 수 있는지 고민이며, 어떤 아이들은 소니(sony)의 최신 플레이스테이션 게임기가 언제 출시될지 기다린다. 따라서 세계 장난감과 엔터테인먼트 시장은 빠르게 움직인다. 장난감 시장의 대표적인 마케팅 전략은 상품의 희귀성을 자극하는 광고이다. 아이들은 희소성을 자극하는 마케

팅에 가장 민감하게 반응하며, 그 외의 마케팅 방법을 쓰면 상품에 대한 관심이 떨어지는 경향이 있다.

아메리칸 데모그래픽스(American Demographics)에 따르면 미국아이들의 용돈은 1990년 이후 세 배가 증가하였고, 이에 따라 아이들은 무시하지 못할 소비타겟이 되었다. 워싱턴에 본사를 두고 있는 위자드 오브 더 코스트(Wizards of the Coast)는 아이들을 상대로 포켓 몬스터 캐릭터 카드를 계속 판매하고 있고, 토이저러스(Toys "R"

Us)와 같은 장난감 브랜드와 협력해 포켓 몬스터 캐릭터 카드 대회를 진행하는 등 아이들의 관심을 계속 자극하고 있다. 또한, 장난감 제조 협회(Toy Manufacturers Association)는 바이어들에게 보여주는 장난감 전시회를 매년 열기도 한다.[6]

하지만 학교에서는 포켓 몬스터 캐릭터 상품 등 특정 상품들이 너무 유행하여 아이들의 학업 생활을 방해한다고 판단하여 학교에 가져 오지 못하게 하는 방침을 세우기도 했다.

---

1) 의류 산업 구조는 소비자에게 영향을 미친다

소비자가 티셔츠 한 장을 구매하기까지는 복잡한 구매결정 단계를 거치며 많은 요소들의 영향을 받는다. 아래의 내용들은 소비자가 마켓에서 구매하는 상품에 영향을 주는 여러 요소들이다.

- 천연섬유와 합성섬유에 대한 섬유개발연구(fiber research) : 텐셀(Tencel)과 같은 합성섬유는 높은 기술력으로 다른 섬유들의 단점을 보완하여 개발되고, 발달된 마케팅 전략으로 섬유 회사, 디자이너, 소비자들에게 광고된다. 새로운 상품이 소비자에게 소개되기까지는 오랜 시간이 걸린다. 일반적으로, 생산된 섬유와 직물은 다음 생산 단계인 의류 제조업체에 유통되며 그곳에서 완성된 의류 상품들은 소비자에게 전달되지만, 라이크라(Lycra)와 같은 섬유 회사가 직접 의류 생산 과정까지 관리하여 소비자에게 유통시키는 경우도 있다.

- 색상과 트렌드 예측(color and fashion forecasting) : 패션 마켓에는 약 18개월에서 20개월 전에 소비자가 원하는 것을 미리 예측하여 상품 개발에 정보를 제공하는 단체들이 있다. 예를 들어 프로모스틸(Promostyle)과 히어 앤드 데어(Here & There)와 같은 포케스팅 하우스(Forecasting house), 코튼 인코퍼레이티드(Cotton Incorporated)와 같은 무역 단체, 듀퐁(DuPont)과 같은 섬유 회사들이 있다.

- 직물 제조사(fabric mills) : 대부분의 미국 직물은 높은 기술력과 품질관리 감독 아래 생산된다. 미국 의류산업은 원가의 효율성을 위해 대량생산 및 유통을 통해 다양한 패션 상품을 개발한다. 많은 디자이너들은 디자인 산업 선진국들의 문화를 경험하고 디자인 개발을 위해 유럽이나 일본에 가야 한다고 느낀다.

- **직물 가공업(converters)** : 직물의 염색, 프린트, 특수 기능 작업을 한다.

- **의류 디자이너 및 제조업자와 하청업자(designers/manufacturers of apparel)** : 미국 의류 회사들은 소비자들이 선호하는 디자인을 계속 창조하고 개발하지만 기본적인 재봉 및 부분 결합 과정은 대부분 제3국에서 이루어져서 미국으로 수입된다. 어떤 소비자들은 이런 무역 상황이 결국 사회 여러 분야에 악영향을 미친다고 믿고 글로벌 회사를 상대로 불매 동맹을 벌이기도 한다(자세한 내용은 제14장 참조).

- **보조서비스(support services)** : 우먼스 웨어 데일리(*WWD : Women's Wear Daily*)와 같은 패션 출판물, 광고 에이전시, 경제 분석가, 무역 단체, 수입 전문가 등이 이에 속한다.

- **판매책임자(representatives)** : 판매책임자는 제조업체와 디자이너가 생산한 제품을 소매점 바이어에게 판매한다. 그는 뉴욕의 자비츠 컨벤션 센터(Javits Convention Center)에서 열리는 인터내셔널 패션 부티크 쇼와 같은 세계 여러 나라의 무역 전시회 등을 돌아다니며 제품을 선보인다. 판매책임자는 판매 시즌이 끝날 때쯤 무역 마켓 센터들이 위치한 뉴욕, 로스앤젤레스, 달라스, 시카고, 애틀랜타와 같은 대도시 소비자들에게 도매 가격으로 샘플 세일을 하기도 한다.

- **잡지(consumer magazines)** : 패션 잡지들은 새 상품 등을 소비자들에게 알리고 특정 패션 트렌드에 대해 논하기도 한다.

- **소매점(retailers)** : 마지막 단계로 일반 소비자들에게 상품을 판매하는 모든 유형의 소매점을 가리킨다.

치열한 패션 산업에서 경쟁력을 유지하기 위해 모든 생산 과정 산업을 통합하여 관리하는 방법이 부각되고 있다. 예를 들어 디자이너와 제조업체들이 그들의 제품을 브랜드화하여 그들의 소매점에서 판매를 하는 것이다. 이 방법은 브랜드 이미지를 관리할 수 있고 소비자들에게 생산된 모든 상품을 함께 판매할 수 있는 장점이 있다. 이런 판매 유통은 소비자 충성도를 유지하는 데 도움이 되고 브랜드에 대한 신뢰성을 소비자에게 전달할 수 있다.

2) 패션 용어

좀더 깊이 소비자행동에 대해 논의하기 전에 먼저 혼동되는 용어들을 정리한다면 앞으로 설명되는 내용들의 이해가 쉬울 것이다. **스타일**(style), **패션**(fashion), **하이 패션**(high fashion), **대중 유행**(mass fashion), **패드**(fad), **클래식**(classic), **기호**(taste)와 같은 용어들은 자주 쓰이지만 소비자와 패션 연구가들에게 조금씩 다르게 사용된다. **패션 과정**(fashion process)은 새로운 스타일이 각각의 소비자 그룹들에게 받아들여지며 사회 전반적으로 퍼지는 과정을 가리킨다. 패션 확산에 대한 내용은 제12장에서 자세히 살펴볼 것이다.

(1) 패션의 단계

패션은 일정 기간 동안 많은 사람들에게 받아들여지는 스타일을 일컫는다. 많은 사람들은 의미에서 차이가 있는 '패션'과 '스타일' 두 용어에 대해 혼동을 한다.[7] 사람들마다 성격이 다르듯이 개개인의 생활, 언어, 의복 스타일이 다르다. 엘비스 프레슬리, 마돈나, 데니스 로드맨과 같이 독특한 스타일이 있는 유명인들은 대중에게 각인이 되기도 한다. 이렇듯 스타일은 헤어, 가구, 의류부터 예술, 음악, 정치까지 전반적인 우리 문화 전반 안에서 찾을 수 있다.

의류에서의 스타일은 한 카테고리 안의 구분되는 다른 특성들의 특별한 조합을 가리킨다. 예를 들어 스커트에는 미니(mini), 미디(midi), 롱(long), 던들(dirndl), 개더(gathered), 플리츠(pleated), A-라인(A-line), 서클(circle), 벨(bell)과 같은 여러 스타일이 있다. 이처럼 변하지 않는 스타일도 있지만 또 한편으로는 새로운 스타일도 창조되고 받아들여진다. 시간에 따라 많은 소비자들에게 받아들여지는 스타일이 있다면 그것은 패션이 된다. 예를 들어 1980년대 여성들의 전문적인 사회 참여가 높아지면서 맞춤 재킷이 많은 사람들에게 받아들여져 유행이 되었지만 오늘날에는 맞춤 재킷이 패션은 아니다.

하이 패션(high fashion) 또는 오뜨 꾸뛰르(haute couture)는 매우 품질 높은 맞춤복 또는 정확한 치수를 가지고 만든 의복을 의미한다. 이런 의복은 프랑스에서 디자이너들이 그들의 개인적인 고객들을 위해 제작하면서 시작되었고 만 달러를 호가하는 가격을 가진 극소수를 위한 마켓이다. 하이 패션은 일반적으로 매우 비싸며 유러피언 디자이너

라이크라 스판덱스 제조업체 듀폰사는 직접 소비자들에게 광고한다.

SPRING/SUMMER 2002

HIS 'N' HERS

MOOD: borrowed from the boys, whether it shows up in sharp tailoring or simply a haberdashery fabric, the suit is sleek, but feminized with a sheer ruffled blouse or flattery chiffon skirt.

COLOR: neutral, from tan to navy, brown and black, with crisp white or feminine pastels.

PRINT: pinstripes and plain checks, simple but feminine to color points to go sleek with patterned suitings.

FABRIC: fine suitings and tweeds for the tailored pieces, chiffon and organza for the ruffled and flounced blouses and skirts.

A NEW ROMANCE

MOOD: a logical follow-through from Fall's folk-like purpose, romantic, dewy, provocative, from Goya-like goddess looks to Charleston girls.

COLOR: white, ivory and pale oat-meal tones, to the fresh point of spring flowers around pink, lavender, daffodil yellow, spring green.

PRINT: flowers, from micro-scale to small and demure, to oversized stylized watercolor effects, whiteless plantenly, watery stripes.

FABRIC: airy chiffon, fluid crepes, light weight jersey, knits and textured dotted sheers.

FABULOUS FIFTIES

MOOD: a 50's revival from sexy hot pants and slim capris, to the dance dresses from "Grease", skinny bodices with full circle skirts: Marilyn in "Let's Make Love" and "The Seven Year Itch"

COLOR: white and popsicle brights

PRINT: spots, from small scale to massive, loosely rendered florals, retro popsicle, awning stripes, watercolor checks, beach sarapes prints, brightly colored madras plaids

FABRIC: cotton screen, poplin, classic stretch cotton and varieties, sweater knits, shirtsuing.

EIGHTIES EXCESS

MOOD: looking back to the decade of power and glam, opulence and showiness, look for conspicuous, body-hugging silhouettes, bare shoulders and slit skirts, cut away armholes and plunging necklines.

COLOR: brilliant color often set against black and brown, or used together with abandon.

PRINT: tissue prints, Pucci inspired flat and swirling patterns, brightly colored geometrics, zigzags, diamonds and stripes, oversized flat florals.

FABRIC: fine jerseys and knits, fluid crepes, satin, leather, cool, smooth suedes.

ORIENT EXPRESS

MOOD: a zen-like simplicity, spot-lighting the kimono, sleek sleeves, simple shapes with obi style belt and wrapping.

COLOR: reduced palette recalls a more romantic mood, the lush, rich colors of Chinese florals, clean, green and lacquer red.

PRINT: Chinese and Japanese florals, calligraphy, whimsical border patterns in an oriental flavor, brightly realized, ikat techniques.

FABRIC: fluid crepes, light, pearly jacquards, shantung and habutai silks, fine combed cotton poplin and sateen.

DEAUVILLE STYLE

MOOD: retro sportswear, remini-scent of the 20's through 40's, classic silhouettes and relaxed fluidity; chambray dresses, soft and unconstructed jackets, full fluid pants, bare or pleated skirts.

COLOR: navy, red, cadet blue and eggshell white.

PRINT: tri-tone ginams, 40's tri and tri-color florals, monotone geo-metrics, pinstripes.

FABRIC: hard crepes and twills, fine knits and jerseys, crepe-back satin, soft fluid suitings.

MODERN GEOMETRY

IS AN ART

MOOD: simple easy shapes dramatic, oversized opticals, bold stripes and graphic classic, look for raglan and billowing sleeves, soft blousing at waist and top, ultra short skirts and tight trousers.

COLOR: black, white and bright go-graphic.

PRINT: bold geometric, circular and stripes, graphic leaf motifs, circles, squares, chevrons.

FABRIC: jersey, knit, chiffon, organza, flutter.

GIRL NEXT DOOR

MOOD: the innocence and freshness of the 40's and 50's, reworked to today's taste, a casual summer story of simple cotton dresses, pleated skirts, cropped pants and sleeveless tops.

COLOR: white, combined with Hindi spring shades, chambray blue.

PRINT: small scale naive florals, antique handkerchief patchworks, wholesome clothes attitudes, gingham and simple striped stripes, yarn-dyed plaids.

FABRIC: color poplin, cotton voile, crepe and waffle weaves, bedford cord, eyelet, constructs.

SAFARI APPEAL

MOOD: military and safari-inflected jackets and skirts, feminized through fabric and color, overall combined with softly draped skirts or clean modern pant silhouettes.

COLOR: colors of the Savannas, from beiges and khaki, to air shades of green, henna and summer browns.

PRINT: primitive graphics, styled exotic florals, skin and raffia signatures, camouflage inspired, tri-tone ikat and batik effects, printed textures, sporting stripes.

FABRIC: refined and fluid linens, cotton drills, twills and poplins, mesh gauze, mottled, sandwashed, suede

---

HAMIL GROUP   **HEAD OFFICE:** New York, New York (212) 244-3635   **SALES OFFICES & SHOWROOMS:**

와 디자인 하우스(Yves St. Laurent, Chanel, Dior, Margiela, Armani, Versace, Gucci, Dolce & Gabbana, Prada, Alexander McQueen, Vivienne Westwood)에서 디자인된 과감하거나 극단적인 새로운 스타일을 가리킨다. 이런 아이템들은 새로운 스타일을 가장 먼저 시도해 보며, 경제력이 높은 소수의 패션 리더들에 의해서 받아들여진다. 반면, 유러피언 디자이너들은 **쁘레따 뽀르테**(pret-à-porter)라고 불리는 기성복 라인도 생산한다. 이 라인들은 일반 소비자들에게는 여전히 가격이 높은 편이나 실용적이며 캐주얼 스타일을 선호하는 미국 패션 시장에 많은 영향을 주기도 한다.

미국 패션 시장에는 오뜨 꾸뛰르는 없지만 이 용어는 가끔 디자이너 컬렉션 또는 디자이너의 기성복 라인을 뜻한다. 이런 의복들은 변형되어 낮은 가격으로 대량생산되어 판매된다. 미국의 디자이너 패션과 대중 유행 패션을 명확하게 구분하는 것은 쉽지 않다. 왜냐하면 도나 카란(Donna Karan), 빌 브래스(Bill Blass), 캘빈 클라인(Calvin Klein), 랄프 로렌(Ralph Lauren), 안나 수이(Anna Sui)와 같은 유명 디자이너들은 일년에 두 번씩 패션쇼를 전개하는 동시에 가격이 낮은 디자인 라인을 생산하며, 대량생산 마켓에 브랜드명을 라이센스 주기 때문이다. 일반적으로 컬렉션에 소개되는 상품들은 유명 디자이너들의 디자인을 상품화한 것이지만 가격이 낮은 상품 라인들은 보조 디자이너들이 디자인한 것이다.

최근 패션 시장의 트렌드는 미국 디자이너들이 유럽의 디자인 하우스에서 작업을 하는 것이며 이런 현상으로 미국과 유럽 디자이너에 대한 구분이 점점 희미해지고 있다. 그리고 패션쇼 런웨이(runway) 개념은 더 이상 하이 패션 디자이너들의 전유물이 아니다. 2000년대 초, 미국 디자이너인 제프리 빈(Geoffrey Beene)은 더 이상 그의 새로운 라인을 평범한 런웨이 방식으로 진행하지 않겠다고 선언했으며, 인터넷과 같은 새로운 방식을 통해 새 디자인들을 선보이겠다고 발표했다.[8]

어떤 디자이너들은 그들의 브랜드명을 가지고 가격대가 한 단계 낮은 상품 라인인 **브리지 라인**(bridge lines)을 전개한다. 이 라인들은 가끔 그들의 상위 브랜드 디자인을 변형하여 가격이 낮은 직물로 생산하거나, 다른 나라 제조업체들에게 브랜드명을 라이센스 주기도 한다. 예를 들면 엠포리오 아르마니(Emporio Armani)와 A/X 아르마니(조르지오 아르마니의 고급 라인 브랜드는 "Milano Borgonuovo 21"임), CK(Calvin Klein), Polo(Ralph Lauren), DKNY(Donna Karan) 등이 있다.

브리지 라인은 엘렌 트레시(Ellen Tracy), 타하리(Tahari), 데이나 부크맨(Dana Buchman) 등과 같이 비록 명성은 높지 않지만 품질이 높은 상품일 수도 있다.[9] **고가제품**(better goods)은 일반적으로 좋은 품질이지만 브리지 라인보다 한 단계 낮은 가

디자이너들은 여러 수준의 스타일과 가격 라인을 출시한다. 그들의 컬렉션은 일반적으로 멋지고 비싼 반면 그들의 브리지 라인은 좀더 보수적이고 가격이 낮다.

격에 판매되는 라인을 가리킨다(아마도 대중에게 잘 알려지지 않았기 때문일 것이다).

중가 제품(moderate goods)은 고가제품보다 품질과 가격 면에서 낮으며 많은 백화점과 작은 매장들에서 판매된다. **저가 제품**(budget goods) 또는 초저가 제품(popular goods)은 가장 낮은 가격으로 상설 매장이나 타겟(Target)과 월마트에서 판매된다.

대량으로 생산되어 유통되는 대중 유행 패션상품은 미국 패션 시장의 대부분을 차지한다. 이런 상품의 스타일은 대량생산되어 전 세계의 백화점, 갭(Gap), 리미티드(Limited)와 같은 브랜드 매장과 상설 매장에서 판매되며 비슷한 스타일들은 다른 경쟁 브랜드들에게 모방된다. 오늘날 이런 상품들은 제3세계에서 값싼 노동력으로 생산이 증가되고 있다.[10] 앞에서 언급했던 것처럼 디자이너 패션과 대량생산되는 패션을 구분짓기는 쉽지 않다(그림 1-1).

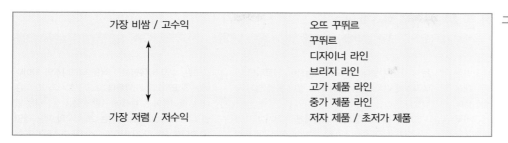

그림 1-1 의류 가격에 따른 라인

(2) 사이즈와 가격

그 밖에 사이즈 범위, 나이, 피팅, 가격에 관한 용어들이 있다. 아동복과 남성복은 좀 더 표준화되어 있는 반면 여성 기성복 산업의 제조업체와 소매점들이 사용하는 사이즈 범위, 나이, 신체 타입, 가격에 관한 용어들은 다양하며 복잡하다. 아래 내용은 제조업체들이 사용하는 일반적인 라벨과 그에 따른 설명이다.[11]

- 디자이너(designer) : 일반적으로 가장 높은 가격 범위로써 25세 이상의 젊은 여성을 타겟으로 하며 사이즈 표기 및 범위는 숫자 4~12이다.

- 브리지(bridge) : 디자이너와 사이즈 범위는 같으나 가격은 조금 낮다.

- 미시(missy) : 가격은 고가와 저가 사이이며 25세 이상의 패션에 관심이 있는 여성을 타겟으로 사이즈 범위는 4~14이다.

- 쁘띠뜨(petites) : 가격과 스타일이 미시와 같지만 상대적으로 신체가 작은 여성을 타겟으로 사이즈 범위는 0~14이다.

- 위민즈 또는 라지 사이즈(women's or large sizes) : 가격은 고가와 저가 사이이고 미시와 비슷한 스타일이며 주니어 스타일도 있다. 18세 이상의 체격이 큰 여성을 타겟으로 하며 사이즈 범위는 16~26W 또는 16~26P이다.

- 컨템퍼러리(contemporary) : 가격은 고가와 저가 사이이다. 트렌디 스타일로 20세에서 40세 사이의 날씬한 여성을 타겟으로 하며 사이즈 범위는 4~12이다.

- 주니어(junior) : 가격은 고가에서 저가 사이이고 젊고 트렌디하며 외모를 중시하는 13세에서 25세 사이 여성을 타겟으로 한다. 사이즈 범위는 3~15이다.

패션 마켓에서 쁘띠뜨와 라지 사이즈 여성들을 위한 라인은 1970년 말까지 무시되

클로즈업 | 규모가 큰 회사와 작은 회사의 비교

규모가 큰 회사들은 항상 큰 패션 시장을 주도하는 반면, 젊은 소비자를 타겟으로 하는 스트리트 패션 시장을 주도하는 것은 작은 회사들이다. 예를 들어 디나 모하저(Dina Mohajer)는 1995년 USC(미국 남가주대학)에 다닐 때 그녀의 파란 구두와 어울릴 파란 매니큐어가 필요했고 자신의 방식으로 매치시켜 나갔다. 그녀의 친구들은 그녀의 이런 스타일을 좋아했다. 그녀는 자신의 아이디어를 가지고 부모님에게 자금을 빌려 하드 캔디(Hard Candy)라

는 회사를 차렸다. 곧 드류 베리모어, 안토니오 반데라스와 같은 유명인들이 하드 캔디 옷을 입기 시작했다.[12]

그러나 이 스타일이 대중들에게 알려지고 대량 생산되기 시작하자 더 이상 특별한 스타일이 되지 못했다. 이와 같이 꾸뛰르 하우스와 유명한 소매 브랜드들은 새로운 스타일을 창조하지만 인터넷의 발전과 수많은 작은 잡지들의 유통으로 새로운 스타일은 더 이상 특별하지 않게 된다.[13]

또한, 갑자기 유명해진 작은 비즈니스의 아이디어는 노골적으로 모방된다. 소규모회사의 또 다른 예로, 매니큐어 등 손톱에 관한 상품을 생산하는 얼번 디케이(Urban Decay)는 그 회사의 제품 라인을 그대로 모방한 레블론(Revlon)을 고소하기도 했다.[14] 성공한 작은 기업들은 약 5년 정도 지나면 큰 기업에 흡수된다. 얼번 디케이도 2000년대 초 루이뷔통(Louis Vuitton)에 비공식적이지만 약 2천만 달러에 합병되었다.[15]

어져 왔다. 한 통계에 따르면 미국 여성 인구의 54%는 쁘띠뜨와 라지 사이즈를 입는다고 한다.[16] 패션 마켓은 3년 전부터 주니어 마켓의 사이즈 범위를 늘렸으며 여성복에 대한 사이즈 변화는 크지 않다. 대량생산되는 스타일의 사이즈는 숫자보다 글씨 S, M, L로 표기된다. 이 상품들은 생산가가 낮으며 경쟁이 치열하기 때문에 소비자를 유지하기 위해 생산 가격을 낮게 유지한다.

패션 마켓에서 사이즈와 가격은 반비례 한다. 즉 가격이 높아지면 사이즈 범위는 내려간다. 심리적인 마케팅 전략의 한 방법으로 많은 하이 패션 의류들은 작은 사이즈에 고객들이 맞춰가도록 하며, 소비자들은 이런 상품을 구매하는 경향이 높다. 저가 제품들은 대부분 사이즈 범위를 크게 생산한다. 예를 들어 비슷한 스타일의 옷이 디자이너 브랜드의 여성복 사이즈는 8이지만 시어스(Sears)의 스타일 사이즈는 12이다(하지만 최근 어떤 유러피언 브랜드들은 이런 사이즈 마케팅을 반대로 하는 추세이다). 디자이너들과 제조업체들은 그들의 고유 측정 방법과 사이즈 체계가 있기 때문에 각각의 브랜드들에서 생산된 사이즈 10인 옷의 가슴, 허리, 엉덩이 부분 치수가 모두 다를 수 있다. 많은 여성들이 그들의 신체에 맞는 옷을 생산하는 브랜드를 찾기란 쉽지 않을 것이다. 즉 이는 여성복의 규격 사이즈는 없다는 것을 의미한다. 더욱 혼동되게 만드는 것은 사이즈에 따라 실제 치수가 바뀐다는 것이다. 한 연구에 따르면 지난 10년 동안 사이즈 10에 대한 실치수가 뚜렷이 커졌다는 것이다.[17]

(3) 기호

기호(taste)는 일상 속에서 정확한 뜻을 모르고 사용하는 용어 중에 하나이다. 이 용어

는 일반적으로 주어진 상황이나 사람이 매력적이고 적절하다는 의미로 쓰인다. 우리는 어떤 사람의 옷 입는 방식이나 꾸민 집을 보고 좋은 기호나 나쁜 기호를 가졌다고 한다. 예를 들어 우리는 젊은 여성이 교회에 갈 때 미니스커트를 입거나 노인이 나이에 맞지 않게 유아스러운 옷을 입었다면 '옷을 잘 입지 못했다고' 표현할 것이다. 그러므로 우리는 미적인 부분뿐만 아니고 상황과 연령에 어울리는 의복을 착용했을 때 '옷을 잘 입었다' 라고 표현한다.[18] 또한, 이 표현은 문화와 시대적 변화에 따라 달리 사용된다. 한 가지 예를 들어 제임스 레이버(James Laver)의 '아름다움은 무엇인가' 라는 이론에 따르면 시대의 변화에 따라 한 사물에 대한 평가가 변한다는 것이다.[19] 그에 따르면 스타일은 시대에 따라 달라진다고 하였다. 예를 들면 과거 10년 전의 정숙하지 않다고 평가받는 스타일이 향후 150년 후에는 아름답다고 평가받을 수 있는 것이다.

정숙하지 않은(indecent)	과거 10년 전
외설적인(shameless)	과거 5년 전
대담한(daring)	과거 1년 전
현명한(smart in fashion)	현재
촌스러운(dowdy)	1년 후
가증할(hideous)	10년 후
우스꽝스런(ridiculous)	20년 후
재미난(amusing)	50년 후
매력적인(charming)	70년 후
낭만적인(romantic)	100년 후
아름다운(beautiful)	150년 후

여러분 부모님의 청소년기나 20대 시절의 사진을 살펴보자. 그 당시 패션은 어떠한가? 지금 여러분이 보기에는 레이버의 이론처럼 그 스타일이 싫을 수도 있지만 '다시 받아들여진 패션' 으로 돌아올 수도 있다. 현재 가지고 있는 의류를 오랫동안 가지고 있다면 몇 년 후 다시 유행할 수도 있다. 여러분의 부모님들이 입었던 히피 옷들은 오늘날 고급 백화점인 삭스(Saks)부터 대량 할인 마켓 타겟에서까지 '히피 룩' 으로 불리며 판매되고 있을 것이다.[20]

3) 패션 수용 주기

비록 특정 스타일이 한 달을 지속할 수도 있고 한 세기 동안 받아들여진다 해도 이런 패션 현상은 예측할 수 있는 과정을 따른다. **패션 사이클**(fashion cycle)에 따르면 패션은 소개(introduction), 수용(acceptance), 확산(culmination), 쇠퇴(decline of the acceptance)의 순으로 진행된다(그림 1-2).

음악 시장이 어떻게 **패션 수용 주기**(fashion acceptance cycle)를 따르는지 이해한다면 다른 패션 상품들이 어떻게 대중에게 받아들여지는가를 이해할 수 있다. 우선 소개 단계에서 특정한 노래는 소수의 음악 전문가들이 듣는다. 이런 노래들은 너바나(Nirvana)와 같은 그룹의 노래가 그랬듯이 클럽이나 대학 라디오 방송 같은 곳에서 연주될 것이다. 수용 단계 동안 그 노래는 대중들이 듣고 즐기며, 확산 단계에서는 탑 대중 매체를 통해 연주되어 순위권 안의 주목받는 노래가 된다. 쇠퇴기는 특정 노래가 오랫동안 노출되어 식상하게 되며 새로운 노래에 의해 교체되는 시기를 가리킨다. 대중에게 사랑받게 된 노래는 여러 주 동안 인기 높은 대중 매체를 통해 평균 한 시간에 한 번씩 방송된다. 이 시점에서 사람들은 이 노래에 대해 식상하게 되며 새로운 노래에 관심을 돌린다. 이렇게 유행했던 노래는 대중의 관심 밖으로 벗어나며 자연스럽게 할인 레코드 매장에서 판매된다.

의류 패션도 필수적으로 이와 같은 과정을 거치게 된다. 디자이너 상품들은 혁신디자인의 원천이 되며 천천히 대중에게 받아들여진다. 대중에게 주목받은 스타일은 좀

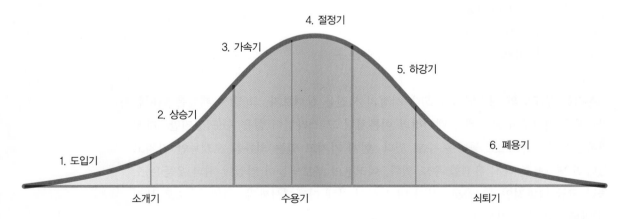

그림 1-2 일반적인 패션 사이클 : 패션 유행 주기

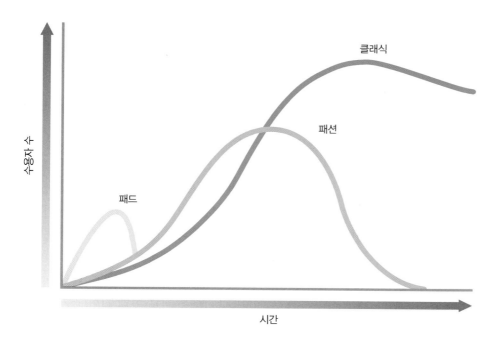

그림 1-3 패드, 패션, 클래식의
수용 사이클 비교
출처 : Reprinted with the
permission of Macmillan
College Publishing Company.
From *The Social Psychology of
Clothing* by Susan Kaiser.
Copyright ⓒ1985 by Macmillan
College Publishing Company,
Inc.

더 저렴한 재료로 비슷하게 재생산되며 메이시스(Macy's)와 같은 백화점에서 판매된다. 유행한 스타일이 대중에게 오랫동안 노출되면 자연스럽게 새로운 스타일에 밀려 상설 매장에서 판매되거나 사라진다. 그러나 패션 아이템은 단순히 이런 사이클만 따르는 것이 아니다. 예를 들면 반대로, 유행의 상향 전파(bottom-up)이론이 설명하듯이 고급 부티크 매장에서 판매하는 스타일 중에는 중고 할인 매장에서 판매하는 아이템들을 참고하여 디자인한 상품들도 있다.

그림 1-3에 따르면 패션은 천천히 대중에게 알려지지만 주목을 받으면 빠르게 성장하여 결국 사라진다. 오늘날 많은 소매점들은 이런 패션 사이클이 이전보다 5개월에서 1년 정도 더 빨리 진행된다고 생각한다. 이런 현상이 인터넷의 보급과 다른 첨단 기술의 발전으로 세계 패션 인구들이 동시에 유행 스타일을 공유함으로써 가능해졌다고 판단된다. 브랜드들에게 가장 중요한 것은 어떤 스타일이 그 다음으로 주목받고 어떻게 발전시킬 것인지 빠르게 판단하고 준비하는 것이다.[21] 대부분 패션 상품들은 기본적인 패션 사이클을 따르지만 클래식과 패드 상품들은 수용기간의 길이에 따라 전체적인 패션 사이클이 더 길거나 짧아질 수 있다.

오랫동안 여러 문화에서 공통적으로 사랑받은 스타일을 **클래식**이라 한다. 클래식은 일반적으로 디자인이 심플하며 '유행'과 반대로 한결같이 대중에게서 사랑 받는 것으로, '안티패션(antifashion)' 이라고도 할 수 있다. 왜냐하면 클래식은 오랜 기간 동안 구매자에게 심리적 안정성과 낮은 위험부담을 제공해 주기 때문이다. 클래식은 일반적으로 디자인이 간결하고 시대에 뒤떨어지지 않는다.[22] 1980년대 런던에 있는 빅토리아와 알버트박물관에 전시된 'Little Black Dress' 와 같은 드레스 디자인들은 수십 년이 지나도 마치 오늘날에 입기에 적합하게 보여진다.

예를 들어 1917년 소개된 브랜드 케즈(Keds) 스니커는 엘 에이 기어(L.A. Gear), 나이키와 같은 트렌디한 스니커들에 식상한 많은 소비자들에게 주목을 받으며 성공했다. 한 마케팅 프로젝트의 설문 조사를 따르면 케즈 스니커의 타겟 소비자들에게 그 브랜드에 대한 의견을 물었을 때 소비자들은 한결같이 대부분 시골 주택의 하얀 울타리가 연상된다고 대답했다. 이처럼 케즈 스니커는 한 이미지를 유지하며 오랫동안 사랑 받는 클래식 상품이라고 할 수 있다. 반면, 나이키는 지속적으로 현대적인 디자인을 연구하고 반영한다.[23] 청바지도 클래식 스타일이 되었으며, 또 다른 예로는, 샤넬 정장, 터틀넥 스웨터, 옥스포드 셔츠, 트렌치 코트, 무릎 바로 아래 길이 스커트, 낮은 로퍼 등이 있다.

클래식한 옷들은 보수적이거나 비즈니스웨어로 받아들여진다. 당신은 클래식에 해당하는 옷을 몇 개나 소유하고 있는가? 아마도 클래식보다는 유행스타일이나 패드가 더 많을 것이다.

클래식은 오랫동안 받아들여진 아이템들이다.

Clothes designed for models.

Role models.

Talbots

IT'S A CLASSIC

패드는 빠른 속도로 유행한 후 사라지는 상품을 가리킨다. 이런 상품은 대중의 일반적 기호와 다른 디자인 때문에 일반적인 대중의 관심을 받지 못하며 특정한 소비자 그룹들에 의해서 구매된다. 그룹의 소비자들은 대부분 상품에 대한 마니아층이다. 소매점들은 이런 패드 상품들을 매장 창고에 재고로 오래 보관하면 손실이 커진다. 패드 상품의 예를 살펴보면, 캐비지 페치 인형(Cabbage patch doll)은 1980년대 크리스마스에 굉장한 인기를 모은 인형이다. 1년에 정해놓은 개수만 판매하는 마케팅전략이 들어맞아 아이를 가진 부모들은 아이들을 위해 구매하려고 아우성이었다. 이 인형은 2년 동안 판매되었지만 결국 닌자 거북이와 같은 다른 장난감으로 대체되었다. 최근에는 전자파 건강팔찌 상품이 젊은층과 중년층에게 관심을 받고 있다.[24]

지난 몇 년 동안 훌라후프와 같은 많은 패드 상품들이 있었다. 웹사이트 www. badfads.com을 검색하면 놀랄 만한 많은 패드 상품들을 볼 수 있다. 그 중에는 미니스커트처럼 패션으로 돌아오는 상품도 있고 터틀넥 셔츠처럼 클래식 상품으로 다시 주목받는 상품도 있다.

1970년대 중반, 학생들이 벌거벗은 채로 교실, 식당, 기숙사 등 캠퍼스 안을 뛰어다

BECAUSE PINK SNAKESKIN
WILL ONLY BE IN STYLE FOR--
OOPS, THERE IT GOES.

www.nicoleshoes.com

nicole
The pair you wear

이 니콜 신발 광고는 얼마나 패드 상품이 빨리 받아들여지고 사라지는지 보여주는 좋은 예이다.

니는 스트리킹(streaking)이 유행이었다. 이런 행동은 학교에 의해 금지되었지만 급속히 많은 학교들로 퍼져나갔었다. 스트리킹은 패드 현상의 여러 중요한 특징을 보여준다.[25] 패드의 특성을 간략하게 요약하면 다음과 같다.

- 패드는 유용성이 없다 : 즉 의미있는 기능을 수행하지 못한다.

- 패드는 대부분 충동적으로 대중들에게 받아들여지며, 사람들은 신중한 결정 단계를 거치지 않는다.

- 패드는 급속히 퍼지고 대중들의 반응을 얻지만 빨리 사라진다.

4) 패드인가, 트렌드인가, 패션인가

일반적으로 트렌드라는 용어는 종종 패션과 혼동된다. **트렌드**(trend)는 일반적으로 방향이나 흐름을 가리킨다. 여러 디자이너들이 레트로(retro) 또는 새로운 스커트 길이의 스타일을 선보이고 패션 주도자들이 이를 받아들이면 이 스타일은 트렌드라고 불린다. 또한, 소비자들과 마켓에서 사용되는 **트렌디**(trendy)라는 용어는 '새로운' 또는 '선도적인'을 뜻할 때 사용하기도 하지만 가끔은 일시적인 유행을 뜻하기도 한다.

특정 스타일을 패드, 트렌드, 패션으로 구분짓는 것은 어렵기 때문에 이를 시간개념으로만 구분할 수 있다. 유행했던 것이 빠르게 사라진다면 패드다. 어떤 스타일을 패드라고 간주 할 수 있지만 오랫동안 받아들여진다면 패드가 아닌 트렌드일 수도 있다. 또한 그 스타일이 지속적으로 받아들여지고 넓은 소비자층에게 구매된다면 패션이다. 어떤 스타일의 인기가 정상으로 오른 후 내려가기 시작하면 트렌드에서 벗어나 시대에 뒤떨어진 패션이 되어 결국 사라진다. 패션, 트렌드, 패드는 주식 시장에 비교할 수 있는데, 사람들은 주식의 상한가에 달한 것이 끝나고 나서야 언제가 상한가였다는 것을 알게 되기 때문이다. 스타벅스(gourmet coffee), 나비스코(Nabisco; 저지방 쿠키와 크래커), 유명 패션디자이너들처럼 새로운 트렌드를 예측하고 비즈니스 활동을 전개할 수도 있지만 무언가 확실하지 않다면 아래와 같은 지침들이 새로운 아이디어나 아이템이 트렌드나 패션 상품이 될지, 또는 패드 상품이 될지 예측할 수 있도록 도와줄 것이다.[26]

- 기본적인 생활 스타일과 어울리는가? 만약 새로운 헤어스타일이 관리하기에 힘들다면 시간이 지날수록 많은 여성 소비자들에게 받아들여지지 않을 것이다.

- 그 상품을 사용함으로써 얻는 혜택은 무엇인가? 건강 때문에 쇠고기에서 닭이나 오리, 생선으로 식생활이 변하는 것에는 소비자들에게 뚜렷한 장점이 있다는 것이다.

- 마켓에 다른 어떤 변화를 일으킬 수 있는가? 가끔 상품의 수량에 따라 이월 상품 효과가 일어난다. 1960년대에 생겨났던 미니스커트의 패드 현상은 양말 및 메리야스 마켓에 팬티 스타킹을 발명할 수 있는 계기가 되었다.

- 누가 이런 변화를 받아들일 것인가? 만약 직업을 가진 어머니들, 베이비 부머, 또는 다른 중요한 세분마켓의 관심을 끌 수 없다면, 그것은 트렌드가 될 수 없다.

5) 의류 브랜드 : 내셔널 브랜드 대 유통업체 브랜드

브랜드는 업계에서 통용되는 의미에 따라 내셔널 브랜드(national brand), 유통업체 브랜드(private brand), 스토어 브랜드(store brand)로 구분되지만 요즘에는 업계에서 이들을 점점 구분하지 않는 추세이다. 유명 제조업체 브랜드라고도 불리는 **내셔널 브랜드**는 레블론, 리(Lee), 게스(Guess), 나인 웨스트(Nine West), 도나 카렌, 랄프 로렌 등과 같이 제조업체 그리고 디자이너들이 그들의 상품을 브랜드화하여 전국의 소비자를 대상으로 폭넓게 제공하는 브랜드이다. 이런 브랜드는 대부분 브랜드 자체에서 생산에서 판매까지 관리한다. 이 브랜드의 상반된 개념이 **유통업체 브랜드**이다. 이는 유통 전문

타문화 엿보기
MULTICULTURAL DIMENSIONS

일본 사람들은 위계장치를 애호하는 경향이 있어서 지방의 회사들은 성인을 위한 이상한 장난감을 개발한다. 그 예로는 최근 일본의 한 패드 상품인 '공주 만들기(Princess Maker)'라고 불리는 소프트웨어를 들 수 있다. 성인 남성을 타겟으로 한 것으로, 운영자는 어릴 때부터 키워온 소녀의 행동, 취미, 의복을 선택할 수 있다. 그 소녀에게 속옷을 입힐 수도 있고 해변에서 나체로 둘 수도 있는 이 게임은 아마도 서양에서는 받아들이지 않을 것이다. 이 운영자는 그녀의 생일, 혈액형까지 선택할 수 있으며 선택된 그녀의 행동들이 그녀의 인생 성공을 결정지을 수도 있다. 예를 들어 페인팅 수업을 선택

하면 점수가 높아지는 반면, 성적으로 자극시키는 옷을 입히면 그녀의 도덕지수가 떨어짐으로써 점수가 하락한다.[27]

다른 일본의 패드 상품으로는 여러 해 전 미국에서도 잠깐 유행한 다마고찌라고 불렸던 병아리를 키우는 게임이다. 열쇠 고리에 달려 있던 그 게임은 스크린에서 달걀에서 부화한 병아리를 키우는 것이다. 주인은 작은 버튼 세 개를 이용하여 병아리에게

먹이를 주고, 놀아주고, 청소해 줄 수 있다. 만약 그 병아리가 잘 키워진다면 며칠 동안 돌볼 수 있지만 주인이 먹이 주는 것은 잊어버린다면 "삐 삐 삐"라는 경고음이 들리고 며칠이 지나 그 병아리는 병이 들어 죽어간다. 이 게임이 유행했을 때는 약 2천 명이 넘는 사람들이 다음 주문을 기다리며 매장 밖에서 잠을 자며 기다리기도 했다.[28]

1997년대 말 이런 게임은 미국으로 진출했고 약 60만 개의 비슷한 미국판 게임이 생산되어 일시적 유행을 주도하였다.[29]

업체가 개발한 상표로, 유통 전문 업체가 독자적인 상품을 기획하여 그들의 유통 매장에서만 판매하는 상품 브랜드를 가리킨다(Macy백화점의 Chater Club, JC Penny의 Arizona Jeans 등). **스토어 브랜드**는 갭과 같이 브랜드화된 상품을 자체 브랜드 매장에서만 판매하는 것이다. 브랜드 충성도가 있는 소비자들은 그들이 좋아하는 브랜드만을 구매한다. 하지만 점포 충성도가 있는 소비자들은 그렇지 않다. 유통업체 브랜드들은 내셔널 브랜드와 달리 광고를 하지 않기 때문에 일반적으로 판매 가격이 낮고 이윤 폭이 높다.[30]

10대 시장 전문 상담업체인 틴에이저 리서치 언리미티드는 2,000명의 젊은 남성과 여성을 대상으로 '가장 좋아하는' 브랜드 3개에 대한 설문 조사를 하였다. 그 결과 많은 의류 브랜드들이 선택되었는데, 조사에 따르면 최고로 뽑힌 다섯 브랜드들은 나이키, 리바이스, 캘빈 클라인, 소니, 펩시 순으로 나타났고, 패션 브랜드 중에는 토미 힐피거, 아디다스, 갭, 에어워크, 게스, 리복, 휠라의 순으로 나타났다.[31]

미국의 시장 조사기관 NPD 그룹과 위민스 웨어 데일리의 출판사 페어차일드(Fairchild)는 해마다 13세에서 64세까지 1,400명이 넘는 대상자를 상대로 설문 조사를 한다. 최근의 조사 결과에 따르면 여러 분야의 최고 브랜드들은 아래와 같다.[32]

- 디자이너(Ralph Lauren)
- 아동(Disney)
- 스포츠웨어(Liz Claiborne)
- 청바지(Levi Strauss)
- 외투(London Fog)
- 드레스/정장/이브닝가운(Liz Claiborne)
- 스타킹 및 양말류(L'eggs)
- 스포츠용 의복/바디웨어(Nike)
- 수영복(Jantzen)
- 속옷(Hanes Her Way)
- 액세서리(Nine West)
- 시계/보석(Timex)

그 조사에 따른 탑 10 브랜드 리스트는 다음과 같다.

- 최고 10대 디자이너 브랜드 : (1) Ralph Lauren, (2) Calvin Klein, (3) Tommy Hilfiger, (4) Christian Dior, (5) Gucci, (6) Anne Klein, (7) Bill Blass, (8) Giorgio Armani, (9) Chanel, (10) Pierre Cardin. 이 결과에 따르면 꾸뛰르 컬렉션 브랜드와 인지도는 관계가 없음을 설명한다. Pierre Cardin은 1996년 이후 컬렉션을 열지 않지만 800개가 넘는 라이센스 브랜드를 만들어 브랜드 이름이 대중에게 잘 알려졌다.

- 최고 10대 스포츠웨어 브랜드 : (1) Liz Claiborne, (2) Gap, (3) Jaclyn Smith, (4) Cherokee, (5) CK Calvin Klein, (6) Banana Republic, (7) J.Crew, (8) Izod, (9) Timberland, (10) Jones New York.

- 최고 10대 청바지 브랜드 : (1) Levi Strauss, (2) Lee, (3) Wrangler, (4) Gap, (5) Old Navy, (6) Guess, (7) Bugle Boy, (8) Arizona, (9) Gitano, (10) Jordache

3. 유행 선도력 이론

패션은 대량생산되어 대중에게 판매되기 전에 소수의 패션 리더그룹에 의해 먼저 구매된다. 스타일이 패션으로 되는 과정은 사회적, 심리적, 경제적인 모델을 바탕으로 한 다양한 이론으로 설명된다. 앞으로 다가올 패션 트렌드를 예측하는 것은 매우 중요하다. 왜냐하면 패션은 모두 하이 패션에서 시작되는 것만이 아니라 우리 생활의 다양한 곳에서 시작하기 때문이다.

패션은 여러 복잡한 단계와 과정을 거친다. 패션은 동시에 많은 사람들과 사회적으로 영향을 미치며 개인은 유행에 따르고 싶을 때 구매충동을 느낀다. 패션 상품들은 대부분 미적 대상이고 예술과 역사를 바탕으로 한다.[33]

1) 집합적 선택 이론

패션은 동시대에 넓은 지역에 걸쳐 급속히 퍼지는 경향이 있다. 즉 갑자기 모든 사람이 같은 시기에 동일한 스타일이나 색상을 즐겨 입거나 같은 행동들을 한다. 몇몇 사회학자는 패션을 집합적 행동 또는 사회에 대한 일치 행동으로 정의했다.

전체적인 패션 생산 시스템(제2장 참조) 중 디자이너와 같이 기본 아이디어를 창조하는 단계는 소비자의 공동 관심을 자극하여 구매를 유발하려고 노력한다. 비록 디자이너들이 독특한 재능을 가지고 그들의 재능을 발휘하지만, 결국 그들도 대중문화의 일부분이다. 디자이너와 같이 문화를 창조하고 발전시키는 사람들도 일반적인 아이디어와 상징들로부터 기본 틀을 얻으며, 그들의 소비자처럼 일반적인 문화 현상에 영향을 받는다. 패션과 마찬가지로 다른 사람들을 의식하고 동시대에 동일한 대상을 선택하는 것을 **집합적 선택**(collective selection)이라 한다.[34]

소매업체의 바이어는 디자이너의 쇼룸과 의류 제조업체를 방문하여 그들의 소비자가 원하는 것으로 생각되는 스타일을 선택한다. 소매업체 바이어와 같은 관리직 단계와 *WWD*와 같은 정보 전달 단계는 패션 유통의 기본적인 단계이다. 스타일을 선택할 때는 **시대 정신**(zeitgeist)을 반영해야 하며 각각의 카테고리 내의 상품들이 시장에서 수용되도록 해야 하겠지만, 그 상품들도 대개는 지배적인 몇몇 주제나 모티브로 설명될 수 있다.

2) 하향전파 이론

게오르그 짐멜(Georg Simmel)은 1904년 상품이 받아들여지는 것과 소비자 계층의 관계를 처음으로 설명했다. 역사를 통해서 패션을 이해할 수 있는 **하향전파 이론**(trickle-down theory)에서는 패션을 변화시킬 수 있는 두 가지 힘이 있다고 본다. 첫째, 사회적 계층이 낮은 그룹들은 그들보다 높은 계층 그룹의 상징들을 받아들이고 높은 계층에 속하기 위해 노력한다. 반면, 높은 계층은 낮은 그룹의 문화를 주시하며 그들과 달라지려 하며 그들의 스타일이 모방되어 퍼지기 시작하면 새로운 스타일을 찾는다. 이런 상반되는 사회적 흐름이 지속적으로 패션을 창조한다고 설명한다.[35] 이를테면, 유명 인사들의 생활 문화는 대중들에게 영향을 미친다. 유명 인사들이 아카데미 시상식에서 입은 드레스 스타일은 재디자인되어 낮은 가격으로 많은 백화점 및 소매점에 빠른 속도로 퍼지기 때문이다.

3) 수평전파 이론

하향전파 이론은 낮은 계층과 높은 계층의 소비자 그룹 구분이 확실한 사회의 패션 변화를 이해하는 데 많은 도움이 되지만 현대 사회에 이 이론을 적용하기란 쉽지 않다. 오늘날 서양 사회의 대량 생산 마켓에 이론을 적용하기 위해서 하향전파 이론을 변형

한 **수평전파 이론**(trickle-accoss theory)이 전개되었다.[36]

사회 계층을 기본으로 한 관점은 전반적인 우리 사회에 영향을 미치는 패션을 설명하기에 부족하다. 현대 소비자들은 발전된 첨단 기술과 유통 시스템으로 개인의 기호에 맞춘 상품들을 가질 수 있게 되었고, 모든 계층의 소비자들은 동시에 같은 정보를 공유하게 되었다. 따라서 여러 계층의 소비자들이 비슷한 스타일의 의류를 모든 가격대에서 구매할 수 있게 되었다. 또한, 팩스, 이메일, 인터넷을 통해 유명 디자이너들의 디자인을 쉽게 접하게 되었고 이런 디자인에 약간의 변화를 준 옷은 빠른 유통 시스템 체제를 통해 디자이너 옷보다도 빠르게 시장에 진출한다. 이와 같이, 높은 계층의 소비자들은 더 이상 새로운 스타일에 대한 정보를 먼저 접하지 않는다. 게일과 같은 젊은 소비자들이 MTV와 같은 대중 매체를 통해 최신 스타일을 먼저 접하게 되는 것처럼 하이패션은 대중 유행 패션으로 대부분 교체되었다.

소비자들은 자신들과 비슷한 패션 주도자들로 영향을 많이 받는다. 결과적으로 각각의 사회 그룹에는 패션 트렌드를 결정하는 패션 창조자가 있게 된다. 오늘날과 같이 패션이 구성원들 사이에서 수평적으로 퍼지는 현상을 설명하기 위해서는 하향전파 이론보다 수평전파 이론이 적합하다.

4) 상향전파 이론

현대 사회의 패션은 가끔 낮은 계층에서 시작되어 높은 계층으로 전달되기도 한다. 사회적 지위와 체면이 상대적으로 낮은 사람들은 좀더 도전적이고 생각이 자유롭기 때문에 새로운 문화를 쉽게 받아들이고 창조적으로 발전시킨다.[37] 이 이론에 따르면, 정보의 흐름은 하향전파 이론과 반대로 아래에서 위로 향한다. 즉 이 **상향전파 이론**(trickle-up theory)은 아래에서 위로 향하는 문화 현상을 설명해 준다. 대표적인 예로, 19세기에 금을 찾아 떠돌던 광부들과 내구성과 실용성이 좋은 옷이 필요했던 노동자들이 입었던 청바지를 들 수 있다. 뒷주머니에 로고나 디자이너 이름을 넣은 청바지를 시작으로 고가의 디자이너 청바지는 부유층 소비자들에게 꾸준히 사랑받고 있다. 또 다른 예로 1960년대 히피 룩을 시작으로 1980년대 락 뮤직으로부터 영감을 받거나 1990년 많은 랩퍼들이 인기를 끌면서 힙합 스타일이 높은 계층의 소비자들에게 전해진 경우를 들 수 있다.

이런 현상은 쉽게 일어난다. 하지만 하이 패션 디자이너들이 이런 스타일을 인위적으로 만들어낸다면 실패할 수도 있다. 왜냐하면 소비자들은 중고품 할인 매장에서 볼

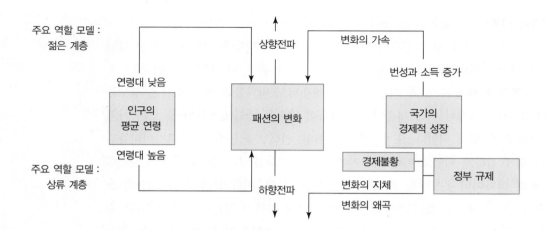

주요 역할 모델 :
젊은 계층

주요 역할 모델 :
상류 계층

그림 1-4 상향전파 이론과 하향전파 이론을 통합시킨 패션 변화 모델

출처 : Dorothy Behling, "Fashion Change and Demographics : A Model, "*Clothing and Textiles Research Journal*, 4, No.1 (1985-1986) : 18-24. Published by permission of the International Textile Apparel Association, Inc.

수 있을 듯한 옷을 구매하기 위해 500달러가 넘는 돈을 지불하지 않기 때문이다.

그림 1-4는 도로시 베흐링(Dorothy Behling)이 패션 변화에 대해 상향전파 이론과 하향전파 이론을 통합하여 연령과 경제적 능력을 바탕으로 설명한 이론이다. 이 이론에 따르면 젊은 소비자들이 지배적인 역할을 하는 사회에서는 패션은 아래 계층에서부터 시작한다(trickle-up). 반면 높은 계층의 소비자들이 지배적인 역할을 하는 그 사회는 패션이 위에서부터 시작되며(trickle-down), 이 모델은 경제적으로 안정된 나라에서 적용이 용이하다. 경제적으로 발전한 선진국에서 패션 변화는 가속화되는 반면 경제적으로 덜 발전한 국가에서는 패션 변화는 느리다.[38]

5) 패션의 심리적 모델

사람들이 패션을 좇는 이유를 설명해 주는 많은 심리적인 요소들이 있는데, 다른 사람들과 유사해지고 싶고, 다양한 것을 경험하고 싶고, 새로운 것을 창조하고 싶으며, 성적인 매력을 발산하고 싶은 것들이 이에 해당된다. 소비자들은 남과 달라지기를 원하지만 너무 다른 것은 지양한다.[39] 이런 이유 때문에 사람들의 기본적인 생활 문화는 다른 사람들과 동일하지만 그 안에서 개인적인 취향에 따라 변화를 시도한다.

    초기의 패션이론 중 하나는 **성적 매력을 발산하는 신체 부위**(shifting erogenous zones)로 시대에 따라 관심 부위가 달라지게 되어 패션변화로 여겨지기도 하였는데, 이는 사회적 트렌드를 반영하기 때문이다. 1920년대 오스트리아 신경과 의사이자 정신분석학을 창시한 프로이드(Freud)의 제자 프루겔(Flugel)에 따르면, 성적 매력을 발산하는 신체 부위에 대한 관심은 지속되었지만 변하는 시대의 문화에 따라 숨기기도 하고 드러내기도 한다고 설명했다. 1920년대와 1930년대에 걸쳐 여성의 사회 진출과 독립성은 여성의 다리에 대한 관심을 불러일으켰고, 1970년대는 모유 수유에 대한 관심이 증가하면서 여성의 가슴이 강조되었지만 1980대에는 여성의 사회 진출이 활발해지면서 가슴을 중요시하지 않았다. 또한, 어떤 분석가들은 오늘날 여성들이 양육과 그들의 전문적인 사회 활동을 병행하기 위해서는 큰 엉덩이를 가져야 한다고 주장하였다.[40]

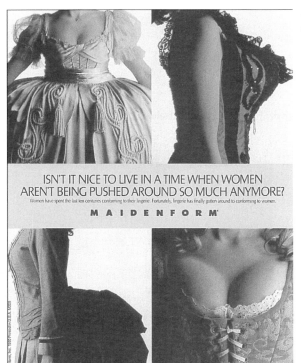

클래식은 오랫동안 받아들여진 아이템들이다.

6) 패션의 경제적 모델

경제학자들은 공급과 수요법칙을 이용하여 패션을 설명한다. 공급이 한정되어 있는 아이템과 희귀성이 높은 아이템들은 가치가 높으며 대체적으로 가격이 높은데, 이는 한정 수량이 생산되어 판매되는 하이 패션 상품들이 가격이 높고 가치있게 여겨지는 이유이다.

미국의 경제학자 베블렌(Veblen)은 가격이 높은 상품 소비는 소비자의 부를 상징한다고 설명했다. 제7장에서 자세히 소개하겠지만 오늘날 상류 계층의 소비자들은 청바지와 지프 자동차와 같은 저렴한 상품도 구매하기 때문에 베블렌의 이론은 다소 시대에 뒤떨어지게 보인다. 다른 사회적 요소들도 패션과 관련된 상품 수요 곡선에 영향을 끼치는데, 베블렌 효과와 스놉효과가 이에 해당한다. 베블렌 효과(veblen effect)는 가격이 상승하면 오히려 수요가 증가하는 현상인데, 부유한 사람들이 자신의 성공을 과시하기 위해 값비싼 물건을 소비하는 것이며, 반대로 스놉 효과(snob effect)는 가격이 낮은 상품은 구매력이 떨어지는 소비형태를 가리킨다.[41]

4. 소비자행동

소비자행동(consumer behavior)은 개인 또는 그룹이 원하는 제품, 서비스, 아이디어, 또는 경험들을 선택, 구매, 사용, 처분하는 과정을 가리킨다. 소비자에는 포켓몬 신발을 사달라고 조르는 여덟 살 아이에서부터 큰 기업에서 수만 달러 컴퓨터 시스템 구매를 결정하는 중역에 이르기까지 다양하다.

1) 소비자행동은 과정이다

소비자행동은 소비자와 생산자 사이에 이루어지는 구매 활동을 강조한 연구이다. 오늘날 대부분의 마케터들은 소비자행동은 단순히 물건을 구매할 때 돈을 내는 순간을 가리키는 것이 아니라 진행되는 모든 구매 과정을 뜻한다는 것을 인지하고 있다.

두 개 이상의 단체들 또는 사람들이 서로 비슷한 가치의 것을 **교환**(exchange)하는 것은 마켓의 기본 요소이다.[42] 소비자행동 연구에서는 이런 교환 활동도 중요하지만 좀더 시야를 넓혀 구매 전, 구매 시점, 구매 후 모든 활동을 고려해 보아야 한다. 그림

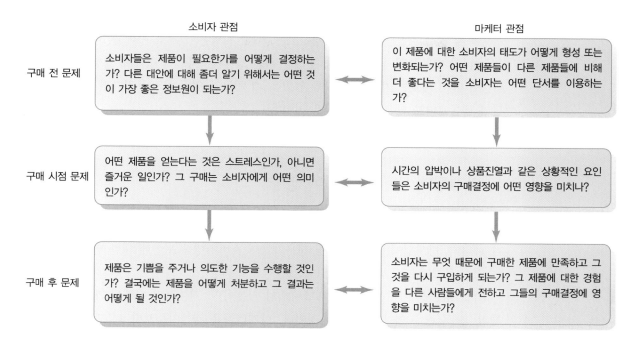

그림 1-5 소비 과정에서 발생하는 여러 가지 이슈
출처 : Michael R. Solomon, *Consumer Behavior*, 5/e ⓒ2002. Reprinted by permission of Prentice Hall, Inc., Upper Saddle River, NJ.

1-5는 이러한 소비의 각 과정을 자세히 설명하고 있다.

2) 소비자들은 마켓무대에서의 연기자와 같다

역할 이론(role theory)의 관점으로 보면 소비자들의 행동은 연극 무대 위의 연기와 흡사하다.[43] 연극처럼 각각의 소비자들이 소비 활동을 위해 알맞은 의상, 도구 등을 가지고 연극을 한다고 상상해 보자. 사람들은 생활을 하면서 다양한 역할들을 수행하기 때문에 그들은 때에 따라 다른 소비 결정을 내린다. 상황이 다를 때 그들이 물건과 서비스를 평가하는 기준은 많이 다를 것이다.

3) 소비자행동은 다양한 연기자들과 관련 있다

소비자는 일반적으로 필요함을 느끼고(구매 전), 구매를 하고(구매), 수명이 다 한 물건을 처리하는(구매 후) 사람을 가리킨다. 많은 경우, 다양한 사람들이 이러한 과정에 관련되어 있다. 부모님이 자녀들의 옷을 구매할 경우처럼 제품의 구매자와 사용자가 동일하지 않을 수도 있다. 다른 경우로는, 어떤 사람은 실제로 구매를 하거나 사용하지는 않았지만 특정 물건에 대해 추천을 하는 등 다른 사람의 구매에 영향을 줄 수 있다. 또 다른 예로는 새로운 바지를 입었을 때 친구가 얼굴을 찌푸린다면 부모의 어떤 말과 행동보다도 많은 영향을 받을 것이다.

5. 마케팅에 대한 소비자의 영향

잡지나 패션 상품 구매에 대한 대화는 실제 구매행동만큼이나 흥미있는 일이다. 그러나 매니저, 광고업자, 다른 마케팅 전문가들이 소비자행동 분야에 대한 연구를 꺼린다는 것이 문제점으로 제기되어진다.

소비자행동을 이해하는 것은 비즈니스의 기본이며, 기본적인 마케팅 개념은 소비자들의 욕구(needs)를 만족시키는 것이다. 마케터들은 경쟁자들보다 더 만족스럽게 소비자들의 욕구를 충족시켜 주기 위해서 그들의 소비자들을 더 잘 이해해야 한다.

소비자들의 반응은 마케팅 전략의 성공 여부를 나타낸다. 이와 같이 소비자에 대한 지식은 마케팅 계획의 모든 단계에 반영되어야 하며, 소비자들에 대한 데이터는 기업들이 마켓을 분석하는 데 큰 도움이 된다. 따라서 본 교재의 각 장에서는 소비자행동이 어떻게 마케팅 전략에 이용되는지 설명할 것이다.

1) 관계 마케팅 : 소비자들과 관계를 쌓는다

마케터들은 조심스럽게 그들의 소비자타겟들을 설정하여 그 어느 때보다도 소비자들의 의견에 귀기울이고 있다. 대부분은 소비자와 브랜드 사이에 오랜 관계를 쌓는 것이 브랜드 성공 비결이라고 생각한다. **관계 마케팅**(relationship marketing)이라고 불리는 이 원리를 믿는 마케터들은 오랜 기간 동안 소비자들과 긍정적인 관계를 유지하기 위해 주기적으로 소비자들과 상호 작용한다.

어떤 회사들은 소비자에게 가치있는 무언가를 되돌려 주는 프로그램을 통해 고객들과 관계를 유지한다. 예를 들어 아동 옷을 판매하는 하나 앤더슨(Hana Andersson) 브랜드는 하나다운스(Hannadowns)라고 불리는 프로그램을 통해 새 옷을 구매할 때 더 이상 입지 않는 자사 브랜드 옷을 가져 오면 가격의 20%을 할인해 주며, 소비자가 가져온 헌 옷들은 자선 단체들에게 보내진다. 웹사이트 www.hannaandersson.com에 방

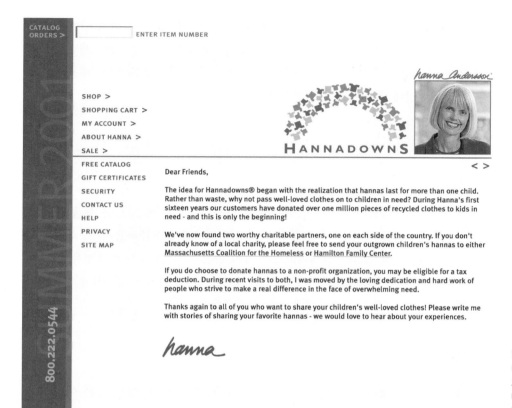

한나 앤더슨은 소비자들이 그들의 '한나스' 자선 행사에 참여하도록 촉구하고 소비자들이 좋아하는 브랜드 한나에 대한 이야기를 보내줌으로써 소비자들과의 관계를 지속적으로 유지한다.

문하면 헌 옷들이 보내진 자선 단체들을 볼 수 있다. 또한, 이익의 5%를 아이들과 여성들의 위한 자선 단체와 보호소에 기부하기도 한다.[44] 이렇게 사회에 환원하는 프로그램을 통해 기업은 소비자들에게 지속적으로 구매 동기를 부여한다(의류 회사의 사회에 대한 책임감과 그 활동은 제14장에 자세히 다룰 것이다). 항공사에서 처음 선보인 충성도 프로그램(loyalty program)은 관계마케팅의 또 다른 예이다. 이러한 마케팅 개념은 니먼 마커스(Neiman Marcus)와 같은 소매 브랜드들이 그들의 고유 고객에게 선물, 할인, 쿠폰과 같은 이익을 제공하는 프로그램에서 찾아 볼 수 있다.[45] 노드스트롬(Nordstrom) 백화점도 최근에 충성도 포인트 프로그램을 만들었다.[46]

관계마케팅의 또 다른 혁신은 컴퓨터이다. 구체적인 예로 **데이터 마케팅**(database marketing)을 들 수 있는데, 컴퓨터를 통해 소비자들의 구매 내역을 자세히 기록하고 개개인의 스타일과 취향을 분석하여 좀더 자세히 소비자들을 관리할 수 있게 되었다. 이렇게 함으로써 고객들이 자주 구매한 상품에 대한 정보를 가지고 새로운 상품이 출시되거나 세일을 시작하면 소비자들에게 지속적으로 알려주고 자극하여 구매를 촉구한다. 예를 들어 리바이스는 새로운 청바지 모델을 구매하는 소비자들의 개인 정보를 데이터화하여 그들의 가족 또는 친구들까지 구매 충동을 일으킬 수 있는 내용으로 새로운 라인의 런칭에 대한 정보를 전달한다.[47]

6. 마케팅의 효과

우리는 마케터들의 마케팅 전략에 많은 영향을 받는다. 광고, 매장, 상품 등을 통한 마케팅 전략의 자극물들은 높은 시장 경쟁 안에서 소비자들에게 주목을 받고 구매를 촉진시킨다. 소비자들이 접하는 글래머러스한 잡지 광고 등은 많은 분석 과정을 통해 만들어진 결과물이다. 광고는 소비자가 무엇을 입어야 할지, 어떻게 물건들을 재활용할지, 어떤 자동차와 집을 구매해야 하는지를 보여준다.

1) 마케팅과 문화

대량생산 마켓에서 소비되는 옷, 음악, 영화, 스포츠, 책, 연예인 등과 같은 여러 형태의 인기있는 **대중문화**(popular culture)는 마케터들에 의해 상품화된다. 우리의 생활은 결혼, 죽음 등 같은 문화적 사건에 대한 지식으로부터 환경 오염, 노동 착취와 같은 사회적 이슈를 바라보는 관점까지 우리가 생각하는 것보다 더 많은 영향을 받는다. 그들이 수퍼볼, 크리스마스 쇼핑, 대통령 선거, 신문지 재활용, 피어싱, 인라인 스케이팅, 바비 인형 등을 이슈화하면 우리 생활은 이러한 이슈에 의해 많은 영향을 받는다. 소비자들은 옷, 음식, 가구, 영화, 뮤지컬 배우 또는 매력을 느끼는 이성에 대한 신체 특징까지 마케터에 의해서 영향을 받게 된다.

(1) 소비의 의미

현대 소비자행동의 기본적인 관심은 무엇을 위해 상품을 구매하는 것인가가 아니라 그런 구매 행동이 무엇을 의미하는가이다. 이 원리는 상품의 기본적인 기능이 중요하지 않다는 것이 아니라 그 상품들의 기능이 라이프스타일과 잘 맞는가를 강조하는 것이다. 만약 상품들이 모두 비슷하다면 소비자는 브랜드 이미지를 보고 판단할 것이다.

예를 들어 만약 대부분의 사람들이 나이키를 신고 빨리 달리거나 점프할 수 없다면,

나이키에 대한 브랜드 충성도가 높은 소비자는 그들이 좋아하는 나이키 브랜드에 대해 실망할 것이다. 이런 브랜드들의 라이벌들은 유명 연예인이나 운동 선수를 이용하여 그들의 전체적인 브랜드 이미지를 창조하여 마케팅화한다. 그래서 나이키 '스우쉬(swoosh)' 모델을 구매하면 어떤 라이프스타일을 가졌는지 또는 선호하는 라이프스타일을 판단할 수 있다.

스니커즈, 음악가, 심지어 음료수 등에 대한 우리의 충성도는 우리 문화의 위치를 가리키며 이런 선택들은 비슷한 기호를 가진 사람들끼리 공감대를 형성해준다. "난 수퍼볼 파티에서 새로운 음료수를 마셨어. 그런데 같은 음료수를 마시던 사람들이 나를 보며 'yo' 라고 외치는 거야. 이렇게 사람들은 자기와 같은 음료만 마셔도 공감대를 느끼는 것 같애."[48] 라는 표현과 같이 소비의 선택에 의해서 그룹 안에서 형성되는 공감대를 자극하는 것도 하나의 마케팅 전략이다.

위의 설명과 같이 최근 마케팅 전략의 특징은 상품과 소비자와의 관계를 강조하는 것이다. 이런 관계를 형성하는 방법은 다양하며 이런 관계들은 광고되는 상품을 구매하는 동기를 유발한다.

다음은 사람들이 제품을 통해 형성할 수 있는 관계의 유형이다.

- 자아에 대한 개념─어떤 상품은 사용자의 주체성 확립에 도움을 준다.
- 옛날을 그리워하는 감정─어떤 상품은 과거를 떠오르게 한다.
- 독립성─어떤 상품은 사용자의 하루 일과의 부분이다.
- 사랑─어떤 상품은 따뜻함, 열정과 같은 강한 감정을 일으킨다.[49]

(2) 글로벌 소비자

지구상의 많은 사람들은 도시 지역에 살고 있으며 2015년까지 수백만 명이 사는 메가도시는 26개가 된다고 한다.[50] 이런 현상을 반영하여 움직이는 마케팅 전략은 세계의 소비자들이 동일한 브랜드, 영화 스타, 뮤지컬 스타에 열광하는 문화를 자극하여 글로벌 소비자 문화를 이루는 것이다.[51] 예를 들어 어떤 상품들은 미국의 라이프스타일을 반영하는데, 인도, 헝가리, 폴란드, 한국, 터키 등에 진출해 있는 리바이스 청바지는 80달러가 넘는 고가 상품이지만 아시아와 유럽 지역 젊은층에게 서구문화의 상징으로 판매되고 있다.[52] 본 교재는 이런 문화적 동질화의 장단점을 자세히 알아 볼 것이며, 여러 장들의 '타문화 엿보기' 내용을 통해 구체적인 글로벌 소비자행동을 보여줄 것이다.

(3) 가상 공간의 소비

디지털 기술은 소비자행동에 영향을 주는 혁명 중 하나다[53](e-commerce에 관한 제13
장 참조). 1999년 온라인 쇼핑의 총 매출은 약 20억 달러였고 포레스터 리서치(Forre-
ster Research)에 따르면 2004년에는 약 4,900억 가구가 온라인 쇼핑을 할 것이라고 예
상했다. 미국의 온라인 쇼핑 소비자 한 명당 평균 1,840억 달러(소매업의 7%)를 쓸 것이
며, 한 가구당 4천 달러 이상을 지출할 것이라고 발표했다.[54] 온라인 쇼핑의 큰 장점
은 소비자들이 구매하기 어려운 상품들을 쉽게 찾고, 규모가 작은 비즈니스들도 쉽게
사업을 시작할 수 있다는 것이다.[55]

또 다른 온라인 쇼핑의 장점은 시간과 장소의 제약에서 벗어날 수 있기 때문에 소비
자들이 24시간 집에서 세계 여러 나라의 상품을 쇼핑할 수 있다는 것이다. 또한, 온라
인 쇼핑을 통해 소비자를 대상으로 하는 일반적인 비즈니스 형태(B2C commerce)뿐만
아니라 소비자들끼리 거래하는 비즈니스 형태(C2C commerce)도 크게 발전하였다. 전
자 상거래(e-commerce)는 쇼핑 공간의 제한을 없앴을 뿐만 아니라 대인 관계에 대한
지역사회의 틀을 깼다. 예를 들어 바비 인형, 비니 베이비즈, 할리 데이비슨과 같은 브
랜드를 좋아하거나 수집하는 사람들은 온라인을 통해 한 달에 한 번 모임을 갖기도 하
며, 이런 모임들은 지역의 제한 없이 증가하고 있다. 이런 새로운 가상 공간에 브랜드
를 중심으로 한 새로운 사회가 만들어 지고 있는 것이다.

오늘날 많은 패션 상품은 온라인을 통해 구매된다. 예를 들어 www.sears.com,
www.bluelight.com, www.jcpenney.com, www.victoriassecret.com, www.walmart,
www.delias.com, www.target.com, www.landsend.com, www.eddiebauer.com,
www.gap.com은 하루에 수십 명이 방문하는 의류 웹사이트들이며 많은 전자 상거래
회사들이 하룻밤 사이에 생겨나고 사라진다.[56]

실제로, 전자 상거래의 모든 면이 완벽한 것은 아니다. 전자 상거래도 나름대로 한
계가 있다. 첫째는, 실제 쇼핑 경험에 관한 것으로 인터넷에서 컴퓨터와 책을 쇼핑을
하는 것과 달리 옷과 가구와 같이 입어보고 만져봐야 하는 상품들의 쇼핑 매력이 떨어
지는 것이다. 비록 많은 회사들이 교환 및 환불을 잘 해주지만 소비자들은 여전히 운
송비 부담 및 색상과 디자인 차이에 대해 신뢰도가 낮다. 이런 이유 때문에 어떤 의류
브랜드들은 그들의 웹사이트에서 상품을 팔기보다는 브랜드에 대한 정보제공을 중심
적으로 하기도 한다. 또 다른 한계는 보안성이다. 온라인 거래에서 노출된 신용 카드
정보 및 개인 정보에 대한 보안성에 소비자들은 경계심을 가지고 있다.

이런 한계에도 불구하고, 몇몇 미래학자들은 곧 개인들이 대부분의 시간을 인터넷을 하며 보낼 것이라고 믿는다. 또한, 우리들은 특정 웹사이트를 방문할 때마다 새로운 아이디와 비밀 번호를 갖게 될 것이다.[57]

2) 여러 분야를 통한 소비자행동 연구

소비자행동은 패션과 소비자들의 행동 관계를 연구하는 새로운 분야이다. 엘레인 스톤(Elaine Stone)은 "패션은 개인 소비자들과 패션 비즈니스 모두에게 중요하지만 사람들의 다른 행동 연구에 비해 덜 알려졌다. 패션에 관계된 물질주의 연구는 계속 되어왔지만 왜, 어떻게 패션이 시작되고 대중에게 받아들여지고 후퇴하는지에 대한 연구는 상대적으로 부족하다."라고 주장하였다.[58] 패션 산업은 많은 사회 요인들의 영향을 받으면서 성장한다. 소비자행동은 정신분석학부터 문학까지 넓은 분야를 통해 연구되며 대학, 제조업체, 박물관, 광고 에이전트, 정부 등에서 연구하고 있다. 소비자 연구를 하는 사람들은 소비자행동에 관한 연구결과를 *Journal of Consumer Research, American Association of Family and Consumer Sciences, American Statistical Association, Association for Consumer Research, Society for Consumer Psychology, International Communication Association, American Sociological Association, Institute of Management Sciences, American Anthropological Association, American Marketing Association, Society for Personality and Social Psychology, American Association for Public Opinion Research, American Economic Association* 등과 같은 주요 학술지 및 전문 기관을 통해 볼 수 있다.

그러면 소비자행동에 관심을 갖는 각기 다른 전문 지식을 가진 조사자들의 연구 결과는 매우 다양하게 나타나는데 과연 어느 것이 맞을까? 장님과 코끼리 동화 이야기에서 각각의 장애인들이 만진 코끼리 부분이 모두 다르듯이 조사자들의 연구 방법과 배경 지식이 다르므로 연구의 초점이 다를 수 있다. 한 가지 마케팅 이슈를 가지고 다른 배경 지식과 연구 방법으로 다르게 설명되는 예를 표 1-1을 통해 알아볼 수 있다. 표 1-1은 소비자행동에 대한 연구가 다양한 학문적 분야에서 이루어질 수 있으며 학문에 따라 연구초점이 어떤 것인지 보여주고 있다.

표 1-1 소비자행동 연구와 관련된 학문분야

학문분야의 초점	역할
실험심리학 : 지각, 학습, 기억과정에서 제품역할	잡지의 디자인이나 레이아웃과 같은 특징이 어떻게 인지되고 해석되는가? 잡지의 어느 부분이 가장 쉽게 읽히는가?
임상심리학 : 심리적 적응에서의 제품역할	잡지가 독자의 바디이미지에 어떤 영향을 미치는가? (예, 날씬한 모델 때문에 평범한 여성들은 자신이 과체중이라고 느끼게 될까?)
미시경제학/생활과학 : 개인 또는 가족의 자원분배에서의 제품 역할	세대별 잡지에 투자하는 금액에 영향을 미치는 요인들
사회심리학 : 사회적 집단구성원으로서 개인들의 행동에서의 제품 역할	잡지에 실린 광고가 묘사된 제품에 대한 태도에 영향을 미치는 방법들; 동료의 압력이 한 개인의 독자 결정에 어떤 영향을 미치는가?
사회학 : 사회제도와 집단관계에서의 제품역할	사회집단(예, 여학생클럽)에서 잡지선호의 확산유형
거시경제학 : 시장과 소비자 관계에서의 제품역할	높은 실업기간 중에 패션잡지가격의 효과와 광고된 물품의 소비
기호학/문학비평 : 의미의 언어적 및 시각적 커뮤니케이션에서의 제품역할	기본적 메시지가 모델에 의해 커뮤니케이션이 되는 방식과 잡지에 실린 광고가 해석되는 방식
인구통계학 : 인구의 측정이 가능한 특성들에서의 제품 역할	잡지의 독자의 연령, 소득, 결혼상태 등의 효과
역사학 : 시대에 따른 사회 변천에서의 제품역할	잡지에서 문화가 "여성스러움"을 표현하는 방식의 시대에 따른 변화
문화인류학 : 사회의 신념과 관습에서의 제품역할	잡지 패션모델들이 독자로 하여금 '남성적'과 '여성적'인 행동을 정의하는 데 미치는 영향(예, 직업여성의 역할, 성적 금기)

출처 : Michael R. Solomon, *Consumer Behavior*, 5/e ⓒ 2002. Reprinted by permission of Prentice Hall, Inc., Upper Saddle, River, NJ.

3) 소비자 조사에 대한 두 가지 관점

소비자 조사는 소비자의 인구 통계학적 특성, 사회 심리학적 특성, 라이프스타일 등을 통해 소비자의 구매동기, 유형, 브랜드 선호도 등을 파악하는 것이다. 이러한 신념의 틀을 **패러다임**(paradigm)이라고 하는데, 이러한 패러다임은 다른 분야 연구처럼 다른 관점의 이론들과 부딪는다.

현재 지배적인 이론은 **실증주의**(positivism) 또는 모더니즘(modernism)이다. 이 관점은 16세기 말부터 서양 예술과 과학에 영향을 준 이론으로써 사람을 중심으로 과학적인 검증을 통한 사실만을 인정한다. 실증주의는 사물의 기능을 강조하고 첨단 기술의

표 1-2 소비자행동에 대한 실증주의와 해석주의적 접근

가정	실증주의적 접근	해석주의적 접근
사실에 대한 본질	객관적이고 명백하며 유일한 것	사회적으로 구성된 복합체
목표	예측	이해
지식창출	시간제약 없음 맥락과 관계없음	시간제약 있음 맥락 의존
인과관계에 대한 견해	실제 원인의 존재	복합적, 동시적으로 형성되는 사건
연구 관계	연구자와 주제와의 분리	연구자를 연구의 일부분으로 보고 이와 상호적, 협조적

출처 : Adapted from Laurel A. Hudson and Julie L. Ozanne, "Alternative Ways of Seeking Knowledge in Consumer Research," *Journal of Consumer Research* 14(March 1988) : 508-521. Reprinted with the permission of The University of Chicago Press.

발전을 반기며 이성적인 판단으로 세계를 바라보게 하고 확실한 과거, 현재, 미래의 역사관을 지향한다.

반면, 포스트 모더니즘 또는 **해석주의**(interpretivism)는 실증주의에 대한 의문을 갖는다. 이 이론은 실증주의가 지나치게 과학과 첨단 기술에 의지한다고 지적하면서 소비자의 이성적인 가치관은 복잡한 우리 사회와 세계적인 문화 현상에 적합하지 않다고 주장한다. 또 다른 학자들은 실증주의가 물질주의를 지나치게 강조하고 인류만을 위한 문화 동질화 현상을 유발한다고 설명했다.

해석주의자들은 상징적이고 객관적인 관점보다는 주관적인 경험과 사람들의 의견을 강조한다. 즉 우리들은 우리의 독특하면서 함께 공유하는 문화적인 경험을 바탕으로 개인적인 의견을 가져야 한다는 것이다.[59] 따라서 단순히 옳은 것과 틀린 것은 존재하지 않는다. 이런 관점은 우리가 살고 있는 이 세상이 여러 이미지들과 서로 조화되어야 한다고 설명한다. 소비자 조사에 대한 이 주요 두 이론의 관점 차이를 표 1-2를 통해 살펴보겠다.

7. 앞으로의 내용

제1장에서 간단하게 설명된 소비자행동의 많은 면과 다양한 연구 조사 방법에 대해 다음 장들에서 자세히 다룰 것이다. 제1장에서는 앞으로 배울 장들에서 사용될 패션

용어들의 기본적인 뜻과 소비자행동에 대해 설명하였다. 제 I 부의 나머지 부분은 일반적인 소비자 문화와 그들의 행동을 다룰 것이다. 제 II 부는 사람들의 동기, 가치, 자아개념, 나이, 인종, 민족성, 수입, 사회적 계급, 성격, 태도, 라이프스타일, 세계에 대한 관점 등을 포함하여 소비자 개인의 성격이 그들의 의사결정에 어떻게 영향을 미치는가를 보여준다. 제 III 부는 커뮤니케이션과 여러 상황에 따른 가정과 개인의 결정 방법에 초점을 맞춘다. 또한, 구매 후 가치가 없어진 물건을 처리하는 방법도 간단히 설명할 것이다. 제 IV 부는 소비자와 비즈니스의 윤리적, 사회적 책임에 대해 설명할 것이며 마지막으로 정부와 전문 단체들의 소비자 보호에 대한 역할도 소개할 것이다.

▌ 요약 ▌

- 소비자행동은 개인이나 그룹들이 상품, 서비스, 아이디어 또는 경험을 선택, 구매, 사용, 처리에 대한 전체적인 과정을 연구하는 학문이다.
- 구매하는 소비자와 사용하는 사람이 다를 수도 있다. 또한, 소비자들은 여러 상황에서 필요한 물건을 구매하는 연기자와 같다.
- 소비자들은 가끔 패션 용어에 대해 혼동을 한다. 의류 스타일은 스커트와 같은 한 카테고리 안에서도 구별되는 특성을 기준으로 분류되며, 패션이란 많은 사람들에 의해서 받아들여지는 스타일을 의미한다. 하이 패션은 새롭고 가격이 높은 스타일을 말하며, 트렌드는 일반적으로 흐르는 움직임이나 방향을 가리킨다. 상품가격은 디자이너, 브리지, 베터, 모더레이트, 버젯으로 분류된다.
- 패션은 주기를 따라 움직인다. 정 반대되는 클래식과 패드는 주기의 길이에 따라 나누어진다.
- 패션은 동시에 많은 사람에 의해서 받아들여지는 집합적 선택을 가리킨다. 새로운 스타일을 받아들이는 동기에 대한 관점은 심리적, 경제적, 사회적으로 구분할 수 있다.
- 마케팅 활동은 개인에게 큰 영향을 미친다. 소비자행동은 역동적인 인기 문화를 이해하는 것과 관련이 있다.
- 인터넷은 소비자들과 비즈니스들이 서로 교감할 수 있는 매체가 되어준다. 온라인 소비자는 세계 여러 지역의 상품을 구매할 수 있으며, 소비와 상품에 대하여 정보를 공유할 수 있다.
- 소비자행동은 여러 분야의 지식과 연구 방법으로 조사될 수 있다. 소비자행동이라

는 공통 관심을 가지고 다른 배경 지식과 연구 방법을 가진 많은 조사자들이 연구한다.

• 소비자행동에 대해서 많은 관점들이 있지만 기본경향은 두 가지로 나뉜다. 실용주의 관점은 과학적 증거와 이성적인 결정을 하는 소비자를 강조하는 반면 해석주의 관점은 행동을 설명해 주는 한 가지 증거보다는 소비자의 개인적 경험과 여러 상황에 따른 여러 해석적인 관점을 보이는 것이다.

▌ 토론 주제 ▌

1. 어떤 소비자들은 디자이너들의 뜻대로 패션 시장이 흘러간다고 생각한다. 왜냐하면 그들은 소비자들에게 유행하고 있는 스타일을 구매하도록 시장을 조성하기 때문이다. 여러분은 약간의 의도적인 '디자이너들의 음모'가 있다고 생각하는가?

2. 패드, 패션, 클래식, 트렌드의 기본 차이점은 무엇인가? 각각의 예를 들어 설명해 보라.

3. 패션에 대해 새롭게 정의해 보라. 어떤 리더십 이론이 가장 맞는다고 생각하는가?

4. 새롭고 오래된 패션 트렌드와 패드 현상을 베흐링(Behling)의 패션변화 모델에 적용해 보라.

5. 전자 제품, 장난감, 가구, 자동차, 음악 등 의류 제품이 아닌 상품에 대한 패션을 정의해 보라.

6. 어떤 의류 브랜드가 여러분과 친구들 사이에서 유행하는가?

7. 여러분의 브랜드 충성도를 유지하기 위해 브랜드들은 어떤 노력을 하는지 설명해 보라.

8. 여러분의 온라인 쇼핑 경험을 가지고 토의해 보라.

9. 이 장에서 사람들은 마켓에서 각각의 다른 역할을 맡은 배우와 같다고 했다. 이런 관점에 대해 찬반 여부를 생활의 예를 통해 설명해 보라.

10. 어떤 연구자는 소비자행동 연구가 응용 과학보다는 순수 과학이어야 한다고 믿는다. 즉 연구는 실질적인 현재의 마케팅 프로그램에 따라 적용되기보다는 순수하게 과학에 대한 관심으로 시작되어야 한다는 것이다. 여러분의 의견은 어떠한가?

11. 소비자 연구에 대한 실증주의자와 해석주의자의 관점 차이를 설명해 보라. 각각의 연구 타입을 설명할 수 있도록 상품을 통해 예를 들어 보라.

▌ 주요 용어 ▌

고가 제품(better goods)

관계 마케팅
  (relationship marketing)

교환(exchange)

기호(taste)

기호론(semiotic)

내셔널 브랜드(national brands)

대중 문화(popular culture)

대중 유행(mass fashion)

데이터 마케팅
  (database marketing)

브리지 라인(bridge lines)

쁘레따 뽀르테(pret-à-porter)

상향전파 이론(trickle-up theory)

성적 매력을 발산하는 신체부위
  (shifting erogenous zones)

소비자행동(consumer behavior)

수평전파 이론
  (trickle-across theory)

스타일(style)

스토어 브랜드(store brands)

시대 정신(zeitgeist)

실증주의(positivism)

역할 이론(role theory)

유통업체 브랜드(private brands)

저가 제품(budget goods)

중가 제품(moderate goods)

집합적 선택(collective selection)

클래식(classics)

트렌드(trend)

트렌디(trendy)

패드(fad)

패러다임(paradigm)

패션(fashion)

패션 과정(fashion process)

패션 수용 주기
  (fashion acceptance cycle)

패션 사이클(fashion cycle)

하이 패션(high fashion)

하향전파 이론
  (trickle-down theory)

해석주의(interpretivism)

▌ 참고문헌 ▌

1. Lisa Lockwood, "Marie Claire to Offer Bloomingdale's on Disc," *Women's Wear Daily* (February 15, 2000): 2, 8.

2. Suzanne Cassidy, "Defining the Cosmo Girl: Check Out the Passport," *The New York Times* (October 12, 1992): D8.

3. Fara Warner, "Advertising: Cosmopolitan Girl Dresses Up for Summer Debut in Indonesia," *The Wall Street Journal Interactive Edition* (April 9, 1997).

4. Umberto Eco, *A Theory of Semiotics* (Bloomington: Indiana University Press, 1979).

5. Fred Davis, "Clothing and Fashion as Communication," in *The Psychology of Fashion*, ed. Michael R. Solomon (Lexington, Mass.: Lexington Books, 1985), 15-28.

6. Julie Steenhuysen, "Toy Industry Plays a Trend-Spotting Game," *San Francisco Chronicle* (September 12, 1999): D3; Rachel Beck, "Fun Scouts Seek Next Megahit: Toy Fair Creates Wonderland for Eager Buyers," San Francisco Chronicle (February 16, 2000): D2.

7. Paul H. Nystrom, *Economics of Fashion* (New York: Ronald Press, 1928).

8. Eric Wilson, "No More Runways for Beene," *Women's Wear Daily* (February 15, 2000): 2, 8.

9. Miles Socha, "From New Designers to Exploring the Net, Bridge Tries to Cope," *Women's Wear Daily* (October 20, 1999): 1, 8-9.

10. Elaine Stone, *The Dynamics of Fashion* (New York: Fairchild, 1999).

11. Gini Frings, *Fashion from Concept to Consumer* (Upper Saddle River, N.J.: Prentice-Hall, 2002).

12. Beals and Kaufman, "The Kids Know Cool."

13. Marc Spiegler, "Marketing Street Culture: Bringing Hip-Hop Style to the Mainstream," *American Demographics* (November 1996): 29-34.

14. Beals and Kaufman, "The Kids Know Cool."

15. Kerry Diamond, "Urban Decay: A New Wild Child for Anrault's LVMH," *Women's Wear Daily* (February 25, 2000): 1, 12.

16. As quoted in Frings, *Fashion from Concept to Consumer*, p. 61.

17. Jane E. Workman, "Body Measurement Specifications for Fit Models as a Factor in Clothing Size Variation," *Clothing and Textiles Research Journal* 10, no. 1 (1991): 31-36.

18. Mary Wolfe, *The World of Fashion Merchandising* (Tinley Park, Ill.: Goodheart-Wilcox, 1998).

19. James Laver, *Taste and Fashion from the French Revolution to Today* (London: Harrap, 1937).

20. Anne D'Innocenzio and Georgia Lee, "Hippie Chic Fashions Cast a Wide Net," Women's Wear Daily (May 11, 2000):6

21. Anne D'Innocenzio, "Fashion's Fast Cycle," *Women's Wear Daily* (June 15, 2000): 6.

22. Stone, *The Dynamics of Fashion*.

23. Anthony Ramirez, "The Pedestrian Sneaker Makes a Comeback," *The New York Times* (October 14, 1990): F17.

24. Rachel Beck, "A Wristful of Happiness," *San Francisco Chronicle* (October 8, 1999): B2.

25. B. E. Aguirre, E. L. Quarantelli, and Jorge L. Mendoza, "The Collective Behavior of Fads: The Characteristics, Effects, and Career of Streaking," *American Sociological Review* (August 1989): 569.

26. Martin G. Letscher, "How to Tell Fads from Trends," *American Demographics* (December 1994): 38-45.

27. Associated Press, "Hit Japanese Software Lets Players Raise 'Daughter,' " *Montgomery Advertiser* (April 7, 1996): 14A.

28. "Japanese Flock to Stores for Virtual Chicken Game," *Montgomery Advertiser* (January 27, 1997): 6A.

29. Joseph Pereira, "Retailers Bet Virtual Pets Will Be the Next Toy Craze," *The Wall Street Journal Interactive Edition* (May 2, 1997).

30. "Stagnant Industry Escalates PL Chase," *WWD Infotracs*, (supplement to *Women's Wear Daily*) (November 1995): 6–10.

31. K. Parr, "Fashion's Next Wave: Who, What and 'Y,' " *Women's Wear Daily* (February 27, 1997): 8-9.

32. "The Fairchild 100," A WWD *Special Report* (January 2000).

33. For more details, see Kaiser, *The Social Psychology of Clothing*, New York: Fairchild, 1997, 2nd Edition Revised; George B. Sproles, "Behavioral Science Theories of Fashion," in *The Psychology of Fashion*, ed. Michael R. Solomon (Lexington, Mass.: Lexington Books, 1985), 55-70.

34. Herbert Blumer, *Symbolic Interactionism: Perspective and Method* (Upper Saddle River, N.J.: Prentice Hall, 1969); Howard S. Becker, "Art as Collective Action," *American Sociological Review* 39 (December 1974, pp. 767-776); Richard A. Peterson, "Revitalizing the Culture Concept," *Annual Review of Sociology* 5 (1979): 137-166.

35. Georg Simmel, "Fashion," *International Quarterly* 10 (1904): 130-155.

36. Charles W. King, "Fashion Adoption: A Rebuttal to the 'Trickle-Down' Theory," in *Toward Scientific Marketing*, ed. Stephen A. Greyser (Chicago: American Marketing Association, 1963), 108-125; Grant D. McCracken, "The Trickle-Down Theory Rehabilitated," in *The Psychology of Fashion*, ed. Michael R. Solomon (Lexington, Mass.: Lexington Books, 1985), 39-54.

37. Alf H. Walle, "Grassroots

Innovation," *Marketing Insights* (Summer 1990): 44-51.

38. Dorothy Behling, "Fashion Change and Demographics: A Model," *Clothing and Textiles Research Journal* 4, no. 1 (1985–1986)1: 18-24.

39. C. R. Snyder and Howard L. Fromkin, *Uniqueness: The Human Pursuit of Difference* (New York: Plenum Press, 1980).

40. Linda Dyett, "Desperately Seeking Skin," *Psychology Today* (May/June 1996): 14; Alison Lurie, The Language of Clothes (New York: Random House, 1981).

41. Harvey Leibenstein, *Beyond Economic Man: A New Foundation for Microeconomics* (Cambridge, Mass.: Harvard University Press, 1976).

42. Michael R. Solomon and Elnora W. Stuart, *Marketing: Real People Choices* (Upper Saddle River, N.J.: Prentice Hall, 1997), 15-16.

43. Erving Goffman, *The Presentation of Self in Everyday Life* (Garden City, N.Y.: Doubleday, 1959); George H. Mead, Mind, *Self, and Society* (Chicago: University of Chicago Press, 1934); Michael R. Solomon, "The Role of Products as Social Stimuli: A Symbolic Interactionism Perspective," *Journal of Consumer Research* 10 (December 1983): 319-329.

44. Kevin Gudridge, "High Prices Wear Well for Cataloger," *Advertising Age* (August 23, 1993): 10.

45. Kim Ann Zimmermann, "Neiman Marcus Seeking Expanded Loyalty Program," Women's Wear Daily (July 2, 1997): 11.

46. Denise Power, "Nordstrom Banks on Credit Options," Women's Wear Daily (May 31, 2000): 12.

47. Jane Hodges and Alice Z. Cuneo, "Levi's Registration Program Will Seek to Build Database," Advertising Age (February 24, 1997): 86.

48. Quoted in "Bringing Meaning to Brands," American Demographics, June 1997, p. 34.

49. Susan Fournier, "Consumers and Their Brands. Developing Relationship Theory in Consumer Research," Journal of Consumer Research 24 (March 1998): 343–373.

50. Brad Edmondson, "The Dawn of the Megacity," Marketing Tools (March 1998): 64.

51. For a discussion of this trend, see Russell W. Belk, "Hyperreality and Globalization: Culture in the Age of Ronald McDonald," Journal of International Consumer Marketing 8, no. 3/4 (1995), 23–38.

52. Nina Munk, "The Levi Straddle," Forbes, (January 17, 1994): 44.

53. Some material in this section was adapted from Michael R. Solomon and Elnora W. Stuart, Welcome to Marketing.Com: The Brave New World of E-Commerce (Upper Saddle River, N.J.: Prentice Hall, 2000).

54. Seema Williams, David M. Cooperstein, David E. Weisman, and Thalika Oum, "Post-Web Retail," The Forrester Report (September 1999).

55. Susan G. Hauser, "These Guys, Their Big Feet and Her," The Wall Street Journal Interactive Edition (January 24, 2000).

56. "Traffic Report," Women's Wear Daily (June 26, 2000): 12.

57. Tiffany Lee Brown, "Got Skim?," Wired (March 2000): 262.

58. Stone, The Dynamics of Fashion.

59. Alladi Venkatesh, "Postmodernism, Poststructuralism and Marketing," paper presented at the American Marketing Association Winter Theory Conference, San Antonio, February 1992; see also A. Fuat Firat, "Postmodern Culture, Marketing and the Consumer," in Marketing Theory and Application, eds. T. Childers et al. (Chicago: American Marketing Association, 1991), 237–242; A. Fuat Firat and Alladi Venkatesh, "The Making of Postmodern Consumption," in Consumption and Marketing: Macro Dimensions, eds. Russell W. Belk and Nikhilesh Dholakia (Boston: PWS-Kent, 1993).

제2장
소비자행동과 문화

휘트니는 어찌 할 바를 몰랐다. 그녀의 선물 가게의 크리스마스 세일이 곧 시작되는데, 그녀의 아들 스티븐은 운전면허 실기 시험에 떨어진 후 운전면허 없이는 진정한 남자가 될 수 없다며 극도로 우울해 했으며, 휘트니 또한 이런 바쁜 스케줄과 아들에 대한 걱정 때문에 오랫동안 기다렸던 어린 손자와 디즈니월드 가기로 한 것을 연기할 수밖에 없었다. 이런 일상에서 벗어나기 위해 휘트니는 그녀의 친구 가브리엘과 스타벅스

에서 만나 서로의 하루 일과를 얘기하며 스트레스를 푼다. 조용한 카페에서 마시는 카푸치노와 친구 가브리엘과의 대화는 그녀에게 커다란 위안이 된다. 집에 가는 길에 메이시스 백화점에 가서 세일 상품 중 멋진 스웨터와 목욕 가운을 구매하고 아이스크림을 하나 사 먹었다. 그렇다. 인생에 있어 아주 작은 것들이 아주 큰 변화를 줄 수 있는 것이다. 휘트니는 메이시스 백화점을 나오면서 친구 가브리엘이 가장 멋진 크리스마스 선물처럼 느껴졌다.

1. 문화의 이해

휘트니는 커피를 마시는 행동을 통해 휴식을 취하기도 하고 다른 사람들과 관계를 유지하기도 한다. 물론 커피가 아닌 인도 차일 수도 있고 맥주일 수도 있다.

커피 전문점 스타벅스(starbucks)는 문화적 이벤트를 통해 커피 산업에서 놀랄 만한 성공을 거두었다. 스타벅스 소비자는 평균 한 달에 18번 매장을 방문하며 그 중 10%의 소비자는 하루에 2번 방문하기도 한다. 스타벅스는 일본, 타이완, 태국, 말레이시아, 싱가포르, 필리핀, 중국 등에 매장이 있으며, 세계 여러 나라에 매일 새로운 매장을 개점하고 있다.[1] 또한, 새로운 매장들은 서로 다른 분위기를 보여주기 위해 계속 노력하고 있다. 1960년대 많은 소파와 생생한 재즈 음악을 감상할 수 있었던 그린위치 마을의 커피숍을 재현하여 샌프란시스코에 서카디아(Circadia)라고 불리는 실험적인 매장을 열었다.[2] 그 식당은 오래된 가구로 장식되었지만 빠른 인터넷 서비스, 신용 카드 사용, 기업가들이 회의를 할 수 있는 회의실을 준비해두었다. 이렇게 남과 다른 아이디어로 시선을 주목시키는 매장은 소비자들의 사랑을 받기 충분했다. 스타벅스의 여러 광고 테마 중 하나는 신성하고 신비스러운 공간이라는 브랜드 이미지를 전달하는 것이다.[3] 미국인들은 유럽인들이 오래 전에 알고 있던, 인생은 책상에 앉아 일만 하기에는 너무 짧다는 것을 깨닫기 시작했다. 더군다나 커피의 맛을 잘 구분하고 좋은 커피를 찾아 다니는 것이 유행이 되었고 커피를 마시는 인구로 인한 매출은 1년 사이 750만 달러에서 1,500만 달러로 증가하였다.[4]

소비자의 행동을 이해하는 데 필요한 중요한 개념인 **문화**(culture)는 사회의 성격이라고 정의할 수 있다. 문화는 가치와 윤리와 같은 추상적인 생각과 자동차, 옷, 음식, 예술 작품, 스포츠와 같은 물질적인 대상과 서비스를 포함한다. 다른 관점으로 문화를 정의한다면 단체나 사회의 구성원들이 공유하는 의미, 풍습, 예의, 기준, 관습들의 축적이다.

패션제품과 같은 소비 선택은 문화적 배경 없이는 설명될 수 없다. 문화는 사람들이 상품들을 판단하고 선택할 때 이용하는 렌즈와 같다. 하지만 이렇게 문화는 소비자행동을 이해함에 있어 매우 중요한 반면 그 중요성과 영향을 준 부분을 정확하게 지적할 수는 없다. 사람들은 다른 환경에 접할 때까지 입는 옷, 먹는 음식, 다른 사람을 대하는 방법 등에 대하여 당연한 행동이라 여기는 반면 다른 환경과 마주쳤을 때는 '문화적 충격'을 느낀다. 예를 들어 우리는 스코트랜드 전통 의상 킬트를 입은 찰스 왕자를 보기 전까지 여자는 치마를 입고 남자는 바지를 입는다는 것에 대해 의심을 해 본 적이 없었다.

　문화적 배경을 이용하여 여러 하위문화들로 구성되어 있는 미국이라는 큰 사회의 의복 또는 패션을 분석하기는 복잡하다. 그리고 문화는 한 지역에서 다른 지역으로 이동하는 사람들을 통해 다른 사회로 전파될 수도 있다. 의복을 통해 문화적 전통을 지키고 주체성을 보이기도 하는데, 이슬람교 여성들은 공공 장소에 모습을 보일 때 그들의 얼굴과 머리를 베일로 감쌈으로써 정숙성을 내보인다. 반면, 미국 여성들의 현대 패션은 신체를 많이 드러내어 비정숙성을 보여준다. 어떤 특정 문화와 민족들은 점점 미국 사회와 유사해지며 그들의 전통 문화를 멀리한다. 이런 그룹들은 그들의 전통 의

페르시안 전통 의상을 입은 학생들

상을 격식을 차려야 하는 날이나 특별한 날에만 입는다.

문화의 중요성은 외부로부터 침략을 받았을 때 부각된다. 예를 들어 뉴질랜드를 여행할 때의 일이다. 뉴질랜드의 원주민 마오리족의 전통 문화에 따르면 전쟁을 비유한 춤은 오직 남성만이 출 수 있었는데 음악 그룹 스파이스 걸스는 전쟁 춤을 뉴질랜드에 소개하여 마오리족을 뒤흔들어 놓았다. 한 부족의 공무원은 성난 목소리로 "외국에서 온 여성 팝스타에 의한 이런 일은 우리 문화 안에서는 있을 수 없는 일이다."라고 외쳤다.[5] 연예인이나 브랜드 광고와 같은 이슈에 대한 문화적 예민성은 전통적인 사회를 이해함으로써 현대 문화와 전통 문화를 융합할 수 있을 것이다. 이 장을 통하여 소비자 문화가 어떻게 글로벌 문화화되는지 살펴볼 것이다.

1) 소비자행동과 문화 : 상호관계

소비자의 문화는 그들이 애착을 느끼는 다양한 활동과 상품에 있어서의 전체적인 우선순위를 결정하며 특정 상품과 서비스의 성공 또는 실패를 결정한다. 문화 구성원들의 요구를 지속적으로 만족시키는 상품은 마켓에서 다른 경쟁 상품보다도 더 많이 선택된다. 예를 들어 미국 문화는 1970년대 중반에 이상적인 외모로서 잘 단련되고 날씬한 몸을 강조하면서 시작되었다. 활동성, 부, 자아 중심과 같은 가치로 시작된 개인의 목표에 비중을 두었던 것이 운동과 저칼로리 상품이 성공하게 된 커다란 동기가 되었다.

소비자행동과 문화의 관계는 상호적이다. 다른 시대적 문화에서도 가치를 인정받은 상품과 서비스는 소비자들에게 지속적으로 선택된다. 반면 어떠한 시대적 문화에서도 성공하는 새로운 상품과 혁신적인 상품 디자인은 한 시대의 전체적인 문화적 가치를 결정하는 수단이 된다. 예를 들어 문화적 변화를 반영하는 미국 상품들을 생각해 보자.

- 천연 재료를 사용하고 동물을 대상으로 테스트하지 않는 화장품 개발은 공해, 낭비, 동물의 권리를 우려하는 소비자들의 가치를 반영한다.

- 가열만 하면 쉽게 먹을 수 있는 냉동식품의 개방은 현대 사회의 가족 구조 변화와 미국 가정이 전통적 형식에서 벗어난 것을 나타낸다.

- 여성 구매자들을 자극하기 위한 파스텔톤 콘돔 케이스는 성적 책임과 솔직함에 대한 여성의 태도 변화를 예고한다.

2) 문화적 범주

상품들에 부여한 의미는 사람들이 세상을 특징짓는 기본적인 방식과 연관된 **문화적 범주**(cultural categories)를 반영한다.[6] 우리의 문화는 시대와 여가생활과 일, 그리고 성별 등에 따라 차이가 있다. 패션 시스템은 우리에게 이런 카테고리를 분명하게 하는 상품들을 제공한다. 의류 산업은 특정 시기를 알 수 있게 하는 옷을 제공한다. 예를 들어 여가를 즐길 때 입는 옷과 일을 할 때 입는 옷을 구분하고, 여성스러운 스타일과 남성스러운 스타일을 디자인하여 판매한다.

이런 문화의 카테고리는 많은 문화 상품과 서비스에 영향을 미친다. 결과적으로, 문화가 우리 생활에서 중요한 것은 마켓의 여러 분야 상품들의 디자인과 마케팅에 영향을 미치기 때문이다.

- 2001년 9월 11일 테러리스트들이 공격을 한 이후 디자이너, 광고종사자, 기업들은 소비에 대한 대중의 기분과 감정에 더욱 더 관심을 가지기 시작했다. 그 이전에는 위장 전투복 바지, 군복 스타일의 유니폼, 팔레스타인 해방기구(PLO)의 스카프 무늬 등은 패션 시장에서 금기 대상이었다. 하지만 9.11 테러 사건 이후 미국 전역에 강한 애국심이 확산되었고 미국인들은 테러 충격의 위안과 단결 매개체를 찾았다. 이제는 미국 국기와 국기 프린트 티셔츠는 패션 아이템 중 하나가 되었다. 이런 아이템들을 통해 많은 사람들은 다른 사람들을 생각하고 고통과 슬픔을 나눌 수 있다고 생각했다. 많은 브랜드들은 이런 애국심을 자극하는 상품 판매에 대한 일정 매출을 희생자의 가족들에게 기부금으로 내놓았다.[7]

- 정치적 인물이나 영화와 락 스타들이 입은 의류 아이템들은 패션 산업의 큰 재산이다. 재키 케네디(Jackie Kennedy)가 착용하여 유명해진 필박스 모자(pillbox hat)는 1960년대 여성용 모자 시장에서 큰 인기를 모았다. 또한 가수 마돈나가 란제리 스타일을 겉옷으로 입음으로써 란제리 스타일도 대중에게 받아들여지는 패션으로 자리잡았다.

- 올림픽과 월드컵과 같은 주요 스포츠 이벤트는 특정 상품들의 매출과 패션에 영향을 준다. 최근 열린 월드컵 때문에 터키에서부터 파리 시장까지 브랜드 아디다스(Adidas), 휠라(Fila), 푸마(Puma), 나이키(Nike)의 티셔츠 매출은 많은 영향을 받았었다.[8]

- 파리의 루브르 박물관은 건축가 아이 엠 페이(I.M.Pei)에 의해서 재건축되었는데, 박물관 입구에 논쟁의 여지가 많았던 유리 피라미드가 포함되어 있다. 그후, 많은 디자이너들은 파리 패션쇼에서 피라미드 스타일 의상을 선보였다.[9]

- 1950년대와 1960년대에 많은 미국인들은 과학과 기술에 몰두했다. 이러한 우주시대의 정복에 대한 관심은 스푸트니크(Sputnik) 인공위성을 발사한 러시아인들에 의해 시작되었는데, 이는 미국이 기술 경쟁에서 뒤졌다는 생각을 불러일으켰다. 자연과 미래의 설계에 대한 기술적 정복의 주제는 큰 수직 안정판을 가진 자동차에서 최첨단 부엌 스타일까지 미국인 대중문화의 많은 부분에서 나타나게 되었다.

- 밀레니엄 시대가 시작되면서, 과학의 발전은 패션의 기능적인 디자인에 영향을 끼쳤다. 예를 들어 휴대전화, CD 플레이어 등과 같은 전자 제품을 넣을 수 있는 파우치나 주머니 등이 여러 패션 상품에 디자인되었다. 디자이너 탐 포드(Tom Ford), 헬무트 랭(Helmut Lang), 니콜 밀러(Nicole Miller), 케네스 콜(Kenneth Cole) 등은 주머니가 여러 개 달린 다기능 백과 휴대폰 케이스 마켓에 뛰어들었다. 또한, 시끄러운 나이트 클럽에서 춤을 추고 최신 유행을 좇는 젊은이들을 위한 '소형 무선 호출기 라이트(Pager Lite)' 라 불리는 재킷이 디자인되기도 했다.[10]

1950년대와 1960년대 과학 문화는 그림과 같이 로켓을 연상시키는 자동차 디자인과 같은 상품 디자인에 영향을 미쳤다.

3) 문화의 다양한 면

문화는 정적이지 않다. 문화는 낡은 아이디어와 새로운 아이디어와 어우러져 계속 진화한다. 문화의 구성 요소를 설명하는 방법에는 여러 가지가 있으며, 그 중 한 방법은 생태학, 사회적 구조, 이데올로기의 세 분야로 설명하고 있다.[11]

1. 생태학(ecology) : 자연 환경에 적응하고 조화시키는 방법을 가리킨다. 예를 들어 일본인들에게는 섬이라는 제한적인 자연환경 때문에 효율적인 공간 활용을 위해 디자인한 상품들이 발달하였고 인기가 있다.[12]

2. 사회적 구조(social structure) : 규율적인 사회 생활을 가리킨다. 이것은 문화 안에 지배적인 정치적 집단도 포함한다(예를 들어 핵가족 대 대가족).

3. 이데올로기(ideology) : 사람들이 그들이 속해 있는 환경과 사회 집단과 관련된 사람들의 정신적 특성과 그 방법을 가리킨다. 이것은 사회적 이념이 되고 일반적인 **세계관**(worldview)으로 발전한다. 그들은 사회의 원리, 법칙, 공평에 대한 특정한 생각들을 공유한다. 또한, 그들은 **민족 정신**(ethos) 또는 도덕과 미에 대한 원리도 공유한다.

문화를 이해할 수 있는 다른 한 가지 방법은 물질과 비물질적 문화라는 개념을 통해서이다.

1. 물질적 문화 : 의류 제품과 가구와 같은 수공 제품은 물질적 문화에 포함된다. 우리는 이런 물건들을 통해 어떻게 사람들이 살아가는지 연구한다.

2. 비물질 문화 : 주기적으로 만나는 단체 구성원들이 서로 나누는 생각과 느낌, 행동을 가리킨다. 이 문화는 일반적인 전통 문화로부터 발전된 종교적 믿음, 가치, 기준, 상징적인 의미들이며 현재 구성원들의 생각, 믿음, 가치를 바꾼다.[13]

비록 모든 문화가 다르지만, 이 다양성들에서 나타나는 공통된 네 가지 차원은 다음과 같다.[14]

1. 권력거리 : 권력과 힘의 차이에서 사람과의 관계가 형성되는 것을 가리킨다. 일본과 같은 국가의 문화는 엄격하고, 수직적인 관계를 강조하며, 반면에 미국과 같은 나라들은 평등과 비공식적인 관계를 더 강조한다. 오늘 여러분의 대학 교수님의

의상을 살펴보라. 그들은 가끔 포멀한 정장 의상을 입기도 하지만 대부분은 그들의 학생처럼 입는다.

2. **불확실성 회피** : 불확실한 상황에 대해 위협을 느끼는 정도, 또한 종교와 같이 이런 불확실성을 극복하기 위한 믿음과 제도에 대한 정도를 나타낸다.

3. **남성성과 여성성** : 성 역할을 구분짓는 정도를 가리킨다(제5장 참조). 전통적인 사회에서는 어떤 장소에서 어떤 드레스가 어울리고 가족 안에서 누가 어떤 일을 해야 하는 등 남성과 여성의 행동에 대한 매우 명백한 규칙들을 구분짓기도 한다.

4. **개인주의** : 개인의 복지와 단체로서의 가치 사이의 정도를 가리킨다. 문화는 개인주의와 집단주의 중 한 가치를 강조함에 따라 달라진다. **집단주의적 문화**(collectivist cultures)에서는 사람들이 그들의 개인적인 목표를 그룹의 가치보다 중요하게 여기지 않는다. 반대로, **개인주의적 문화**(individualist culture) 안의 소비자들은 개인의 목표를 더 중요히 여기며 즐거움, 기쁨, 평등, 자유를 강조한다. 이런 개념들은 우리가 입는 의복 선택에 중요한 역할을 한다. 대표적 개인주의적 문화는 미국, 오스트레일리아, 영국, 캐나다, 네덜란드 등인 반면, 베네수엘라, 파키스탄, 타이완, 터키, 그리스, 포르투갈 등은 대표적인 집단주의 문화국가들이다.[15]

사회의 가치는 옳고 그름을 판단할 수 있는 매우 일반적인 도덕적 **규범**(norm)이다 (제4장 참조). 규범 중에는 녹색 신호등은 전진을 뜻하고 빨간 신호등은 정지를 뜻하는 것과 같이 명백하게 판단할 수 있는 '법률적인 규범'이 있지만 많은 규범들은 그 판단 기준이 정확하지 않다.[16]

관습(custom)은 과거로부터 천천히 변화한 규범을 가르친다. 예를 들어 하얀 웨딩 드레스는 강한 감정적, 정신적인 의미를 포함하고 있다. **도덕관**(more)은 강한 도덕적 의미를 포함한 풍습을 가르킨다. 이런 풍습들은 사회 복지를 위한 높은 수준의 관심으로 표현된다. 도덕관은 가끔 가족 안에서 성적인 행동을 규제하는 것을 포함한다. 예를 들어서 근친 상간은 대부분의 문화에서 금지되며, 사회 구성원들로부터 강력한 처벌을 받는다. 치마길이도 드레스의 도덕관과 관계된다. **관례**(convention)는 우리들의 일상생활에 관한 규범이다. 이런 규칙들은 '정확한' 가구와 옷을 선택하는 소비자의 행동과 관련이 있다. 남자 셔츠의 단추는 왼쪽에서 오른쪽으로 채우고 여자 셔츠는 오른쪽에서 왼쪽으로 채우는 것은 의상의 대표적 관례이다. 대부분 사람들은 다른 성의 셔츠를 입기 전까지 전혀 알지 못한다.

미국 문화에 따라 하얀 웨딩 드레스를
입은 신부

이 세 가지의 점차 증가하는 규범들은 문화적인 행동을 규정하는 데 도움이 된다.
예를 들어 도덕관은 옷을 입을 때 노출 정도를 규정짓는다. 물론 도덕관은 문화에 따
라 그 규범이 매우 다르며, 한 예로 이슬람 여성은 그들의 얼굴을 가리지만 미국의 젊
은 여성들은 대중 앞에서 짧은 바지나 치마를 입는다. 미국의 문화에서 신부는 하얀
웨딩 드레스를 입고, 장례식에서 가족, 친지들은 검은 옷을 입는다. 또한 관습도 문화
에 따라 다양하며, 장소와 시간에 따라 알맞은 옷을 선택해야 하는 규범을 가리킨다.

2. 신화와 의식

모든 문화는 사회 구성원들이 세상의 이치를 이해할 수 있도록 도와주는 신화적인 이
야기와 관행이 있다. 하지만 다른 문화 구성원들은 이상하게 받아들이거나 믿지 않을

수도 있다.

어떤 사람들에게는 기이하고 비이성적이며 미신적인 사회적 믿음은 계속적으로 이성적인 현대 사회를 지탱하게 한다. 노화방지 화장품, 건강식품, 운동 프로그램의 마케터들은 쇠약하거나 병이 있고 운이 없는 사람들에게 마법과 같은 상품을 선전한다. 사람들은 복권 당첨의 꿈을 꾸며, 운이 따르는 옷이나 물건들을 가지고 다닌다. 여기에서는 고대 시대부터 현대 시대까지 모든 사회에 영향을 미치고 있는 신화와 종교적 의식에 대해서 이야기할 것이다.

1) 신화

모든 사회에는 그 문화를 정의할 수 있는 신화들이 있다. **신화**(myth)는 문화의 정서와 이념을 나타내는 상징적인 요소들을 포함한 이야기이다. 그 이야기 속에서는 두 개의 상반된 힘 사이의 갈등이 특징으로 나타나고 결론적으로는 사람들에게 도덕적인 교훈을 보여준다. 이렇게 신화는 사람들에게 세상을 살아가는 방법을 암시해 주기 때문에 그들의 불안감을 감소시켜 준다.

문화적인 신화들을 이해하는 것은 마케터들에게 중요하다. 예를 들어 맥도날드가 채택한 신화적 방법을 생각해 보라.[17] 일반적으로 '금장 아치'는 미국 문화를 상징하는 대표적인 심볼이다.

가끔 기업들은 그들의 기업 역사의 일부분으로 신화와 전설을 이용하며, 어떤 이야기들은 사람들이 특정 기업에 지원하는 계기를 만들기도 한다. 나이키는 기업의 전통을 직원들에게 설명하는 고위 간부를 선출하였으며 그들은 나이키의 설립자와 운동화 '나이키 와플(Nike Waffle)' 디자인의 계기가 된 미국 오리건 주 육상팀 코치에 관한 이야기를 전달하기도 한다. 신입 육상 선수들은 나이키 전설의 중요성을 잘 알고 팀을 지휘하는 코치들을 찾아가 훈련을 받기도 한다.[18]

(1) 신화의 기능과 구조

신화는 문화 안에서 서로 밀접한 관계가 있는 네 가지 기능들을 수반한다.[19]

1. 형이상학적 : 신화는 존재의 기원을 설명해 준다.
2. 우주론적 : 신화는 우주의 모든 구성 요소가 단일한 그림의 일부분임을 강조한다.
3. 사회학적 : 신화는 사회 규범을 전달함으로써 사회의 법칙을 유지하게 한다.

4. 심리학적 : 신화는 개인 행동에 대한 모델을 제공한다.

신화는 프랑스 인류학자 클로드 레비-스트로스(Claude Levi-Strauss)의 선구 기법으로 기본적인 구조가 분석되었다. 레비-스트로스는 많은 이야기들이 '선과 악', '자연과 과학'과 같은 두 가지의 **대립 관계**(binary opposition)를 포함하고 있다고 설명했다. 신화적 대립 관계들의 충돌은 이 두 관계의 어떤 공통 성향을 가진 중재자가 해결해 준다. 예를 들어 많은 신화들은 인간과 같은 능력을 가진 동물(예를 들어 말하는 뱀)들이 등장하고 마찬가지로 자동차(기술)에도 쿠거, 코브라, 머스탱과 같은 동물의 이름이 붙여지기도 한다.

동물은 가끔 의류 회사들의 등록 상표로 이용된다. 어떤 동물형성 등록상표를 상징적으로 분석해 보면 자연 세계를 뛰어넘어 인류 세계의 지배 영역을 나타낸다. 이조드 라코스테 악어와 글로리아 밴더빌트 백조는 마법과 비밀스러운 내용을 담은 공상적인 이야기들과 같은 고대 신화의 흔적들을 현대 사회에 적용한 것이다. 특히 백조는 신화적으로 부를 상징하며, 많은 우화들은 백조 공주 또는 백조 소녀와 같은 의미를 포함하고 있다. 밴더빌트 브랜드는 자사 상표에 백조를 사용함으로써 고전적인 백조소녀는 작고 가난하지만 역경을 딛고 큰 부를 누리게 된다는 성공하는 백조의 문학적 형상과 의미를 부여하였다.[20]

(2) 현대 유행하는 문화와 신화

일반적으로 사람들은 신화를 고대 그리스 신화 또는 로마 신화와 같게 생각한다. 현대 사회의 신화는 영화, 만화책, 휴일, 광고와 같은 많은 현대 사회의 유행 문화를 반영한다. 특히 신화적이고 신비로운 주제는 상업 활동과 광고에서 찾아볼 수 있다. 예를 들어 향수 광고는 대표적인 신비주의 광고 전략이다.

만화책 대부분은 신화가 어떻게 여러 연령층의 소비자들에게 전달되는지를 보여주는 좋은 예이다. 어떤 허구적 인물은 여러 문화들에게 공통적으로 전달할 수 있는 **단일신화**(monomyth)이다.[21] 이런 여러 문화들이 공감할 수 있는 신화 내용 대부분은 초신비적인 힘을 가졌고 악의 힘을 이긴다. 소비자들에게 익숙한 만화책 주인공들은 현실 세계의 유명 인사들보다 믿음을 주고 영향을 미친다. 오늘날 만화책 산업은 3억 달러의 가치를 지닌 시장이며 미국의 대표적 만화책으로는 슈퍼맨이 있다.

많은 대히트작 영화와 텔레비전 쇼는 직접적으로 신화적 내용을 전달한다. 극적인 효과 또는 매력적인 연기자들 덕분에 신화적인 내용과 구조를 가진 여러 영화들이 성공하였다.

- 바람과 함께 사라지다 : 기술과 민주주의를 대표하는 미 북부와 자연과 귀족 사회 미 남부가 대립하는 내용을 다룬 영화이다.

- E.T : E.T는 다른 세계에서 지구를 방문한 기적을 일으키는 온순한 인간의 친구이다. 현대 기술과 비밀에 쌓인 보안 단체의 위협적인 힘으로부터 E.T를 보호해 주는 것은 아이들이다.

- 스타트렉 : 새 영국을 꿈꾸며 새로운 땅을 찾아나선 청교도들처럼 우주선을 타고 새로운 곳을 향해 모험을 떠나는 TV 시리즈와 영화이다. 총 79편 에피소드 중 적어도 13편은 낙원을 지향하는 내용이다.[22]

2) 의식

의식(rituals)은 고정된 순서로 발생하고, 정기적으로 반복되는 일련의 복합적, 상징적 행동이다.[23] 종교 의식을 생각할 때 동물이나 처녀를 제물로 바치는 기괴한 부족 의식을 생각하지만, 실질적으로 많은 소비자들의 행동들은 의식적이다. 예를 들어 많은 사람들은 정신적인 건강을 위해 스타벅스 또는 백화점을 찾기도 한다.

사람들은 중요한 시기에 의식적 의상을 입는다. 그들은 졸업식 가운, 웨딩 드레스, 세례 가운 등을 몇 년 동안 보관하며 가끔은 자녀들에게 물려주기도 한다. 또한 재판관 가운과 성직복과 같이 특별한 기능을 위해 입는 의상을 가리킨다.

의식은 여러 계층에서 일어난다. 많은 사람들에게 행해지는 의식이 있는 반면 작은 단체 또는 개인들이 행하는 의식이 있다. 의식은 소비자행동을 발전시킬 수 있거나 변화시킬 수 있다. 결혼식에서 쌀을 뿌림으로 다산과 부를 상징하던 것이 발전하여 오늘날에는 비눗방울을 날리거나 또는 벨소리를 울리게 한다. 왜냐하면 버려진 쌀들을 새들이 마구 먹은 뒤 병을 얻거나 죽기 때문이다. 몇몇 기업들은 세계 여러 의식을 이용하여 상업을 한다. 예를 들어 홀-인-핸드(Hole-in-Hand) 나비 농장은 12마리에 100달러 상당의 나비를 팔기도 하고, 물에 녹아서 새에 무해한 쌀을 개발하여 시장에 내놓기도 한다.[24]

많은 기업은 의식에 필요한 **의식용 물건**(ritual artifacts)을 생산하며 판매한다. 앞에서 이야기한 의식에 필요한 의상, 생일 초, 졸업장, 결혼 케이크, 생일 카드 등은 소비

표 2-1 특정의식과 관련된 물건 및 행동

특정의식	관련된 물건 및 행동
결혼	하얀 웨딩 드레스, 오래된 것, 새로운 것, 빌린 것, 파란 것
탄생	은 수저, 적금
세례	하얀 가운
생일	카드, 선물, 케이크와 초
50회 결혼 기념	파티, 카드와 선물, 부부가 함께한 삶을 보여주는 사진
졸업	펜, 저축채권, 카드, 팔목 시계, 졸업 가운
발렌타인 데이	캔디, 카드, 꽃, 속옷
송년의 밤	샴페인, 파티, 멋진 옷
12월 31일	파티, 드레스
추수감사절	가족과 친구들을 위한 칠면조 요리
남학생 사교-클럽입회식	못살게 굴기, 그리스어 문자를 단 스웨셔츠와 핀
졸업 파티	턱시도, 가운
치장	머리 빗기, 세안, 세정용 로션 바르기
미식축구	맥주, 감자칩, 프레첼
수퍼볼 파티	맥주, 감자칩, 프레첼
첫 직장	헤어 컷, 새 옷 구매
승진	동료들과의 점심식사, 기념물 받기
퇴직	송별회, 시계, 액자
장례	카드, 유품을 자선단체에 기부

출처 : Adapted from Leon G. Schiffman and Leslie Lazar Kanuk, *Consumer Behavior* (Upper Saddle River, N.J. : Prentice Hall, 2000), p. 329.

자들이 여러 생활 의식에 필요한 것들이다(표 2-1 참조).

(1) 단장하는 의식

헝클어진 머리 때문에 거울 앞에 서서 혼자 중얼거릴 때와 같이 거의 모든 소비자들은 혼자만의 시간을 가진다. 이러한 것들은 사적인 자아에서 공적인 자아로, 다시 사적인 자아로 변화하는 과정을 도와주는 일련의 행동들이다. 이러한 의식들은 사람들이 대중을 대하기 앞서 몸을 청결히 하고 다른 불순물들을 제거하도록 하는 다양한 목적을 수행한다. 소비자들은 혼자만의 시간을 갖고 몸단장을 할 때, 여러 상품들을 사용하며 행동을 한다. 많은 사람들은 상품 사용 전과 후 현상을 강조하며 어떤 상품을 사용한

후 느껴지는 기분을 표현한다(신데렐라 효과와 비슷한 것이다).[25]

　개인적인 생활에서 표현되는 대표적인 대립 관계는 개인/대중과 일/여가이다. 여성들은 개인적인 미와 영원한 젊음을 위하여 그들의 문화 안에서 받아들여지는 미적 행동들을 한다.[26] 예를 들어 오일 오브 올레이 뷰티 클렌저의 "…그리고 당신의 하루 시작. 오일 오브 올레이 시간." 이라는 광고 문구는 위의 요점 내용을 쉽게 볼 수 있는 좋은 예이다. 위와 같은 개념으로, 목욕은 세상의 죄를 씻어버리는 신성한 시간으로 여겨진다.[27]

(2) 선물 증정 의식

모든 휴일과 행사를 위해 구매되는 선물들의 판촉 행사 및 광고는 사회 의식이 마케팅 현상에 미치는 영향을 보여주는 좋은 예이다. 이 **선물 증정 의식**(gift-giving ritual)은 소

니베아는 피부 보호 상품 브랜드로 유명하다. 조사원들은 회사 니베아에게 모든 상품 라인의 중요성을 강조하면서 무형의 브랜드 이미지를 발전시킬 수 있도록 했다. 니베아는 여성들이 혼자 치장하는 동안 니베아 상품을 통해 아름다워지는 이미지를 강조하였고, 결과적으로 소비자들은 니베아 브랜드 이미지를 보습, 상쾌함, 휴식과 같은 느낌과 연결지었다.[28]

비자들이 어떤 상품을 구매하여 가격표를 표시 나지 않게 제거한 후 조심스럽게 포장하여 대상자에게 전달하는 것이다.[29]

　연구자들에 의하면, 선물을 주는 것은 대상자에게 특정한 상황에 대해 보상하고 싶은 마음을 느껴, 비슷한 가치의 것으로 돌려주는 경제적 교환을 뜻한다고 한다. 또한 선물을 주는 것은 사랑이나 감격이라는 감정을 가지고 보답을 바라지 않고 일어나는 상징적 교환을 뜻하기도 한다. 어떤 연구에 따르면 선물을 주는 것은 사회적 표현이고 인간 관계의 초기 단계이며 그 관계가 발전하게 되면 이타적인 감정으로 표현된다고 하였다.[30] 이렇게 선물을 주는 것은 인간관계에 영향을 준다고 설명했다(표 2-2 참조).[31]

　25년 동안 여러 나라에서 실시한 설문조사에 따르면 옷은 생일과 명절에 자주 주고받는 선물이다. 따라서 어머니 날, 아버지 날, 크리스마스와 같은 휴일을 맞는 패션브랜드 광고는 옷과 패션의 경제적 중요성을 강조하며 의류 선물을 구매하도록 자극한다. 옷을 선물하는 것은 한 가지 이상의 의미를 지닌다. 선물을 주는 사람은 스타일, 색상, 사이즈, 품질, 유행 등을 전체적으로 고려해야 하며, 가장 중요한 것은 받는 대상자를 잘 알아야 한다는 것이다. 여성에게 속옷 선물은 무엇을 뜻할까? 만약 만나기 시작하는 관계에서 남자가 여자에게 속옷을 선물하는 무엇을 뜻할까? 사람들은 다른 사람들의 행동을 기준으로 추측한다. 옷은 입은 사람에 대하여 무언의 메시지를 전달하기 때문에 잘못된 의사소통이 일어날 수 있다. "왜 그는 나에게 이 선물을 주었을

표 2-2 사회적 관계에 영향을 미치는 선물

관련된 결과	설명	예
강화	관계의 발전	로맨틱한 분위기에서 예측하지 못했던 선물
확인	긍정적인 관계 확인	생일 같은 사회적 풍습
무의미한 결과	관계 인식에 대한 최소한의 효과	관계의 현 상태 유지를 위한 자선기금처럼 생각되는 비형식적 선물
부정적 확인	부정적 관계 확인	선택한 선물이 적합하지 않거나 받는 사람에 대한 지식이 부족함을 나타냄. 이러한 선물은 받는 사람을 통제하는 방법으로 간주됨
약화	관계의 손상	'조건이 붙은' 선물이거나 뇌물 또는 무시, 모욕을 뜻하는 선물
불화	관계 손상에서 관계 해체로 확장	선물로 인한 관계 해체 관계가 위협을 받을 만큼 중대한 문제를 일으키는 경우

출처 : Adapted from Julie A Ruth, Cele C. Otnes, and Frederic F. Brunel, "Gift Receipt and the Reformulation of Interpersonal Relationships," *Journal of Consumer Research* 25 (March 1999) : 385-402, Table 1, p. 389.

까?' 받은 사람은 선물의 담긴 뜻을 해석할 것이다. 옷을 선물할 때 가장 성공할 수 있는 요인은 받는 사람이 주는 사람의 의도를 이해하는 것이다.[32] 따라서 동양과 서양에서는 속옷 선물이 어떤 의미를 전달하는지 연구의 대상이 되어 왔다. 옷이 주관적이고 상징적 아이템이기 때문에 아마도 옷을 입는 사람만이 입은 옷의 진정한 의미를 알 수 있기 때문에 누군가에게 완벽한 선물을 선택하여 주는 것은 매우 어려운 일이다.[33]

옷을 받고 안 받고는 어떤 경우인가에 영향을 받는다. 한 연구에 따르면 속옷은 결혼 선물에 적합하지 않으며, 웨딩 드레스를 제외하고는 옷은 최악의 선물이라고 설명했다. 놀라운 것은 대부분의 사람들이 가장 선호하는 결혼 선물로 '돈' 을 지목한 것이며, 돈은 졸업과 같은 여러 특별한 날 가장 받고 싶은 선물로 조사되었다. 하지만 크리스마스와 발렌타인데이만은 돈보다 옷이 선물로서 더 선호되는 것으로 조사되었다. 왜냐하면 로맨틱한 이 두 특별한 날에 돈을 선물하는 것은 너무 인간미가 없다고 여겨지기 때문이다.[34]

옷 선물에 관한 한 연구에 따르면 남성과 여성은 선물을 주고받는 것에 대해 다소 다른 입장을 나타낸다. 예를 들어 남성은 옷이란 매우 가까운 친구와 가족들에게 받을 수 있는 선물이라고 생각하며 남성이 옷을 선물할 경우 받는 사람이 그 선물을 좋아하고 입을 것인지를 매우 중요하게 생각한다.[35] 표 2-3은 선물로 주고받는 옷 선물에 관한 여러 사실들을 나타내고 있다.

옷 선물과 관련하여 조사할 영역은 아래와 같다.[36]

- 구매 전 준비 : 구매, 상징적인 뜻의 휴일 선물, 선물의 물리적 특징, 정보원천의 중요성, 선물 선택하는 동안 받는 사람의 참여 정도, 선물의 가격, 전체 선물 중 옷 선물의 비율

- 구매 : 구매자가 선호하는 브랜드의 종류, 매장의 이미지, 서비스

- 선물 수여 : 놀라는 정도, 선물 포장의 중요성, 가격, 선물 줄 때의 이벤트

- 선물 수여 후 : 받은 사람과 준 사람에게 끼치는 영향, 받은 사람이 만족/불만족을 나타내는 방법, 받은 사람이 생각하는 선물의 의미, 받은 선물을 사용하는 빈도수, 선물 환불

위와 같은 영역을 가지고 의류 선물과 다른 선물을 대상으로 비교하여 연구할 수 있다.

표 2-3 옷 선물을 통해 알아보는 측정 요소

선물 받기(주는 사람의 의도, 받는 사람의 저항도)

나의 여동생과 남동생은 나보다도 더 좋은 옷을 받는다. (F&M)
사람들이 나에게 옷을 선물할 때, 나의 옷 입는 방법에 변화를 주려고 한다. (F&M)
내가 받은 옷 선물은 나에게 어울리지 않는다. (F&M)
누군가가 옷 선물을 했을 때, 나는 나의 선택권이 줄어 든 것처럼 느낀다. (F&M)
사람들은 관리하기 힘든 옷을 선물한다. (F&M)

선물 주기(받는 사람의 만족도)

내가 옷 선물을 구매할 때, 환불할 수 있는 매장을 찾는다. (F)
옷 선물을 고를 때, 받는 사람의 취향을 고려하려고 노력한다. (F&M)
나는 옷 선물을 구매할 때 유행하는 디자인은 피한다. (F)
내가 준 선물을 받는 사람이 좋아할지 생각한다. (M)
내가 준 옷 선물을 받는 사람이 입을지 고려한다. (M)

선물 주기(받는 사람에게 주는 인상)

내가 옷 선물을 할 때, 내가 좋아하는 브랜드에서 구매한다. (F&M)
내가 준 선물이 받는 사람들을 기쁘게 할 수 있는지 고려한다. (F&M)
나는 좋은 이미지를 가진 매장에서 옷 선물을 구매한다. (F&M)

선물 주고받기(친밀도)

사람들은 가까운 친구와 친척들에게 옷을 선물하는 경향이 있다. (F)

메모 : M = 남성; F = 여성
출처 : Linda Manikowske and Geitel Winaker, "Equity, Attribution, and Reactance in Giving and Receiving Gifts of Clothing," *Clothing and Textiles Research Journal* 12 (1994) : 22-30.

한 여론 조사에 따르면 미국 소비자들은 어느 때보다 크리스마스 선물 구매에 많은 돈을 쓸 계획을 하지만 상대적으로 선물을 주는 대상의 숫자는 적어졌다고 한다. 통계에 따르면 일반적인 크리스마스 소비자들은 22개의 선물을 구매하며(이전에는 25개였다) 여성 소비자들은(25개) 남성보다(18개) 선물을 더 구매하는 경향이 있다. 선물을 구매하는 가장 큰 소비자집단은 천 달러 이상 소비 계획을 세우는 연령 45~54세이다.[37]

모든 문화는 선물을 주고받으며 기념하는 특별한 날과 의식이 있다. 물론 생일에 선물을 주고받는 것은 가장 큰 기념이며, 일반적으로 미국인들은 일 년에 6번 생일 선물을 구매한다.[38] 비즈니스에서 선물은 직업상 좋은 관계를 쌓을 수 있는 중요한 요소들 중 하나이며, 비즈니스에서 선물을 구매하는 지출 비용은 10억 5천만 달러를 넘는다.

가끔 선택한 선물은 상황에 따라 적당한 선택이 아닐 수도 있고, 받는 사람이 좋아

온라인 선물

결혼 선물을 전문적으로 판매하는 웹사이트도 있다. 많은 온라인 결혼 상담 비지니스들은 커플들의 상담을 도와주며 결혼에 관련된 상품을 판매한다. 만약 그 상담이 구매로 이어진다면 그 상품을 판매하는 매장에게 소개비를 받는다.[39]

결혼 소개 시장의 경쟁이 치열해지면서 새로운 상품들과 서비스가 나오고 있다. 예를 들어 웹사이트 www.theknot.com은 신혼부부의 신혼 여행 비행기 표를 제공하고, 웹사이트 www.wed-dingchannel.com은 몇몇 커플을 선정하여 그들의 개인 웹 페이지를 제공하여 하객 수에 따른 장

소 선정, 결혼식장 위치, 사진, 커플의 연애 사진 등을 제공해 준다. 또한 이런 웹사이트들은 커플들의 여러 기념일과 아기 생일들을 기록하게 하여 선물 구매를 유도한다.[40]

이런 웹사이트는 급격히 증가하여 한 해에 190억 달러 매출을 기록한다. 통계에 따르면 일반적으로 신부와 신랑은 결혼을 함으로써 50가지가 넘는 물건을 구매하며 가족과 친구들로부터 171가지의 선물을 받는다.[41] 또한 이런 웹사이트들의 서비스는 세계 여행사들과 협력관계를 맺거나, 신혼부부의 집 구매에 따른 대출을 해주는 등 계속 발전하고

있다.

물론, 부정적 효과도 나타난다. 요즘 커플들은 그들이 필요한 것을 정확히 알고 있기 때문에 형식적이고 일률적인 상품들이 신세대 커플들에게 효과적이지 않을 수 있다.[42]

이런 웹사이트들의 공통적 경향은 수공예품과 창조적인 상품을 줄이는 것이며, '깜짝 선물' 상품은 더 이상 판매하지 않는 것이다. 반면, 유명한 연예인이나 상류층들의 결혼을 모방한 여러 상품들이 제공되고 있다.[43]

하지 않을 수도 있다. 한 경제학자는 사람들이 좋아하지 않는 선물을 부담손실(dead-weight loss)이라고 하면서 부담손실은 휴일선물에 쓰이는 4천만 달러 중의 4백만 달러가 될 것이라고 추정하여 선물을 주는 '부정적 측면'을 언급하였다. 또한 선물의 가격과 받는 사람이 느끼는 가치가 다를 수도 있는데, 이는 선물을 받는 사람이 느끼는 가치와 실제 가치가 각각이라는 것을 의미한다. 예를 들어 만약 넥타이 실제 가격이 10달러이지만 받는 사람이 8달러로 느낀다면, 그 선물의 가치는 가격의 80%이다. 이 연구에 따르면 선물의 평균 가치는 94.1%이다.

5개 대학교 학생들을 상대로 한 설문조사에 따르면 몇몇 상품들의 선물 가치는 아래와 같다(100%는 실제 가치와 본질 가치가 같은 것을 뜻한다).[44]

- CD−104.4%

- 책−91%

- 양말과 속옷−87.7%

- 화장품−85.7%

또 다른 연구에 따르면, 옷은 어떤 종류의 상품들보다 부담스러운 선물이라고 조사되었다.[45] 다시 말해, 옷은 개인적인 상품이기 때문에 다른 사람이 선호하는 스타일의 옷을 구매하는 것이 어렵다고 설명한다. 선물로 받은 옷이 대부분 환불되거나 교환되는 것은 이 연구의 결과를 뒷받침해 준다.[46]

더군다나 사람들은 소비를 통해 그들의 기분을 다른 사람에게 전달하기도 한다. 소비자들은 일반적으로 좋은 일, 좋지 않은 일이 생긴 후 기분 전환, 목표 달성 등과 같

선물을 주고받는 것은 문화에 따라 다양하다. 일본 같은 경우는 선물의 내용 만큼 포장도 중요하게 생각하며, 선물의 경제성보다도 선물의 상징적 의미를 더 중요하게 생각한다.[47]

일본 사람들은 친척과 친구들에게 선물을 통해 은혜를 베풀어야 한다는 믿음이 강하다.[48] 개인적

인 선물은 장례식과 같은 상황이나 생일과 결혼과 같이 인생 단계가 바뀌는 특별한 날에 주고받는다.

반면, 기업의 공식적인 선물은 창립일 기념과 새 건물 오픈 등일 때 주고받는다. 일본 사람들은 선물을 받았을 때 선물에 대한 실망감이 있을 수 있기 때문에 선물을 준 사람 앞에서는 선물을 확인하지 않는다.

이 그들의 행동에 대해 스스로 보답하려는 소비 경향이 있다.[49] 소매상들은 사람들이 다른 사람들을 의식하여 소비하는 경우가 계속 증가하고 있다고 설명했다. 최근 한 소비자는 "이 두 개는 다른 사람들을 의식하여 구매한 것이고 이 한 개는 필요해서 산 거예요"라고 말했다.[50]

(3) 휴일의식(holiday rituals)

소비자들은 휴일을 위해 일상 생활보다는 휴일에 맞는 의식적 생활을 한다.[51] 휴일과 같은 특별한 날은 관습적인 공예품과 다른 선물들을 준비하는 사람들 때문에 마켓이 한층 바빠진다. 추수 감사절을 맞아 미국 사람들은 칠면조와 크랜베리 소스 요리를 준비하며, 발렌타인데이를 위해서는 성과 사랑을 표현할 수 있는 상품들이 시장에 대량으로 쏟아져 나온다. 최근 시장 조사 회사 매리츠(Maritz)에 따르면, 미국 인구의 약 3/4은 발렌타인데이를 기념하며 유일하게 남성이 여성보다 선물(대부분 속옷)에 돈을 많이 쓰는 기념일이라고 설명했다.[52]

대부분 여러 문화의 휴일은 신화를 기초로 하고 있고 사실적 인물(추수감사절의 Miles Standish)이나 상상적 인물(발렌타인데이의 큐피드 화살)에서 시작한다. 이런 기념일들은 소비자들의 깊고 예민한 감정들을 자극하기 때문에 오랫동안 지속된다.[53] 여러 휴일 중 특별히 문화적 상징성이 크고 소비율도 높은 두 개의 휴일은 크리스마스와 할로윈이다.

- 크리스마스는 신화와 풍습에서 시작된 휴일이다. 이 휴일의 가장 중요한 요소는 전 세계의 아이들이 기다리는 신화적인 인물 산타 클로즈이다. 산타 클로즈 캐릭터는 물질주의의 대표적 상징이며, 크리스마스 시즌이 다가오면 빨간 외투를 입은 산타 클로즈는 매장과 백화점에 장식되며 소비를 자극한다. 산타 클로즈의 기원과 상관없이, 그 빨간 외투 할아버지 신화는 세계 아이들에게 착한 행동을 하면

크리스마스에 나타나 선물을 준다는 기대를 줌으로써 아이들의 사회성과 교육에 영향을 미친다.

• 할로윈은 점점 인기가 높아가면서 원래 성격이 변해가고 있다. 할로윈은 섣달그 믐날 파티 다음으로 어른들이 즐기고 기념하는 파티이다. 세 명 중 한 명은 캐릭 터 옷을 입으며, 미국 가정의 61%는 할로윈을 기념한다.[54] 이 휴일은 현재 유럽에 서도 유행을 하며, 특히 프랑스는 새로운 패션을 보여줄 수 있는 이 축제를 놓치 지 않는다.[55] 이렇게 할로윈이 인기 있는 이유는 다른 기념일과 달리 가족 전체가 함께 기념하지 않아도 되며, 모든 사람들이 외로움을 느끼지 않고 각자 즐길 수 있기 때문이다.[56] 9.11 테러 이후 캐릭터 옷이 바뀌었다. "… 마녀도 좋고, 유령도 좋다, 하지만 무기는 피해라"[57]

게다가 업체들은 선물과 카드 같은 상품을 팔 수 있는 새로운 기념일들을 만들기도 한다.[58] 이런 문화적 행사들은 대부분 기념 카드 산업에서 시작된다. 최근 어떤 업체는 할아버지 날, 할머니 날과 같은 기념일도 만들었다.

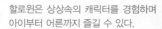
할로윈은 상상속의 캐릭터를 경험하며 아이부터 어른까지 즐길 수 있다.

퀸시네라(Quinceanera)는 대부분의 라틴 문화에서 소녀가 15살이 되면 행하는 통과 의례이다. 이 전통은 멕시코에서 기원전 500년부터 시작되었으며 15살이 되면 소년은 전사가 될 수 있으며 소녀는 결혼하여 아이를 가질 수 있었다. 오늘날 이 문화는 종교적 성격을 가진 통과 의례가 되었다. 오늘날 여성들은 하얀 가운을 입고 친구들의 축복을 받으며 결혼식을 올리고 결혼식이 끝날 때는 전통적으로 선물을 주고 받는다. 결혼하는 여성의 여동생은 언니가 마지막으로 받은 인형을 주고 그녀의 친구들은 그녀에게 성경책과 꽃을 준다. 이 통과 의례 후, 그녀는 그녀의 문화 안에서 성인으로 인정받는다. 부모들은 퀸시네라에 따른 결혼식을 준비하기 위해 드레스부터 비디오 촬영 서비스를 제공하는 샌프란시스코 회사에 3천 5백 달러부터 1만 5천 달러를 지불한다.[59]

태평양 섬 원주민 후손들은 조상들로부터 이어받은 문신 문화를 재해석하고 있다. 현대 사회의 문신 문화는 수백 년 전 사모아, 타히티, 하와이의 원주민 문화에서 시작되었다. 폴리네시아 사람들의 문신 문화는 소녀들의 성적 성숙을 뜻하였고, 남성들의 가족 또는 부락에 대한 책임감을 뜻하였다. 오늘날 문신 문화는 민족 문화와 뿌리를 기억하는 계기가 되고 있다.[60]

(4) 통과 의례(rites of passage)

어떤 마케터들은 인생의 한 단계에서 다른 단계로 연결시켜 주는 특별한 일을 타겟으로 상품을 계획한다.[61] 예를 들어 모피 매장들은 '인생의 중요한 순간'을 기념할 때 모피 코트가 필요하다는 광고를 했다. 30번째의 생일, 승진, 두 번째 결혼, 심지어 "이혼은 마지막이다."와 같은 순간에 모피코트가 제안된다. "눈물을 닦고 모피 코트 위에 누워라."라는 광고도 있다.[62]

3. 신성한 소비와 세속적인 소비

우리는 신화 등을 통해 경계, 대립 관계(좋은 것과 나쁜 것, 여성과 남성)를 통한 여러 소비자행동들을 알아봤다. 이런 경계적 관계 중에서 가장 중요한 것 중 하나가 신성한 것과 세속적인 것이다. **신성한 소비**(sacred consumption)는 평범한 행동과 달리 존경과 외경스럽게 여겨지는 사물이나 상황을 가리킨다. **세속적인 소비**(profane consumption)는 평범하고, 매일 접할 수 있는 사물 또는 상황을 뜻한다.

1) 신성한 소비의 영역

신성한 소비는 많은 소비자의 경험과 관계가 있다. 이 부분에서는 다양한 장소, 사람, 행사를 통해 신성한 소비에 관해 알아보며, 일상적인 것들이 가끔 전혀 평범하지 않다는 예도 보여줄 것이다.

이 아이는 소중한 경험과 기억을 준 디즈니월드에서 돌아오는 길에 미키 마우스 모자를 썼다.

(1) 신성한 장소

신성한 장소들은 종교적, 신비적이거나 또는 국가의 전통을 지닌 곳이기 때문에 사회로부터 떨어져 있다. 또한, 유명한 영화 스타들이 발자국을 남긴 할리우드의 Graumann's Chiness Theater, 디즈니월드와 같이 특별한 경험과 순간을 제공하는 곳은 소비자에게 특별히 여겨지는 장소가 된다.

또한, 여러 문화에서 가정은 신성한 장소로 여겨진다. 가정은 거친 바깥 세상과 거리가 있으며 사람들의 안식처가 되어준다. 미국인들은 일반적으로 일 년에 집 인테리어와 가구를 위해 5백억 달러 넘게 쓰며 집은 소비자의 신분을 증명할 수 있는 기준이 되기도 한다.[63] 전 세계 소비자들은 마음이 편안해지고 안락한 집을 만들고 싶어한다. 이런 심리는 가족 사진을 넣는 액자 등과 같은 집을 위한 여러 상품을 발달시킨다.[64]

(2) 신성한 사람

많은 업체들은 소비자들이 유명한 사람들과 연관이 되어 있는 상품들을 원하는 것을

엘비스를 추모하려는 노력은 하나의 산업이 되어 왔다―약 20만 명이 매년 그를 기억하는 '숭배'를 하기 위해 그 레이스랜드(graceland)로 순례를 떠난다. 공식적인 엘비스 웹사이트(www. elvis.com)이 있으며 다른 사이트들도 그를 기리고 있다. 취향이 다소 조잡한 사이트도 있는데, 예를 들면 지미 댓 당필(Gimmy That Dang Pill)이라는 충격적인 게임이 있다. 이 게임은 가상 의 샌드위치(엘비스가 제일 좋아했던 프라이드 피넛버터 샌드위치)를 이기 기 위하여, 엘비스가 먹기전에 화장실 바닥으로 수면제(Quaalude)를 쏟아내 게 하는 게임이다.[65]

알고 있다. 유명인들의 친필 사인, 유명인들이 소장했던 물건들, 존 레논의 기타 등은 경매에서 천문학적인 가격에 판매되기도 하며, "스타가 입은"이라는 매장은 유명인들 이 기증한 아이템들을 판매하며 가수 쉐어(Cher)의 친필이 쓰여져 있는 검은색 속옷은 5백7십5달러에 판매되었다.[66]

(3) 신성한 행사

많은 소비자행동은 여러 특별한 상황에서도 일어난다.[67] 예를 들어 많은 사람들에게 세계 스포츠는 신성하며 종교와 같이 여겨진다. 현대 스포츠의 기원은 고대 종교 의식 에서 찾을 수도 있다(예를 들어 올림픽 기원을 생각해 보자).[68] 경기 전 선수들이 기도 를 하는 것은 흔하게 있는 일이다.

 여행은 신성하고 일상적이지 않은 경험을 좇는 소비자들을 자극할 수 있는 것으로 마케터들에게 매우 중요하게 여겨지는 것이다. 사람들은 휴가 여행 중에 평범한 일상 을 떠나 새로운 시간과 장소를 즐길 수 있기 때문에 여행자들은 일상적 세계와는 다른 어떤 특별한 휴가를 기대한다.[69] 이런 여행 경험은 일과 여가 생활, 집과 집 밖의 대립

관광객들은 만질 수 있는 신성한 소비로의 기념품을 여행의 경험으로 구매한다.

관계를 설명해 주는 좋은 예이다. 이런 특별한 경험을 좇는 여행자들은 어떤 특별한 기억을 전달해 주는 기념품 산업에 많은 영향을 준다. 뉴욕 시티 티셔츠와 결혼 사진 앨범 등은 소비자의 소중한 경험을 유형화 시킨 기념 상품들이다.[70]

더군다나, 아래와 같이 개인적인 추억을 지닌 기념 아이콘들이 있다.[71]

- 지역 상품(캘리포니아산 와인)

- 이미지(엽서)

- 자연(조개 껍질, 솔방울)

- 문학적 또는 상징적 대상(작은 자유의 여신상 모형상)

2) 신성한 대상에서 속세적인 대상으로, 또 다시 신성한 대상으로

현대 소비자들의 행동은 한 범위에서 다른 범위로 옮겨진다. 귀하게 여겨지던 어떤 대상이 세속적이고 흔한 대상으로 여겨지기도 하며, 매일 접하던 흔한 대상이 귀하게 여겨지기도 한다.[72]

(1) 탈신성화

탈신성화(desacralization)는 신성화된 아이템이나 상징이 그것의 특별 장소에서 벗어나거나 대량으로 생산될 경우 발생한다. 예를 들어 에펠탑 같이 특별히 여겨지는 역사적 건물이나 모나리자와 같은 유명한 예술 작품이 기념품으로써 대량생산되어 마켓에 쏟아져 나오면 그 대상들의 귀중성 및 희귀성이 상대적으로 낮아진다.[73] 또한, 하이 패션 디자인이 대량생산 상품으로 모방되는 것도 같은 현상이다.

종교 그 자체도 점점 세속화되고 있다. 십자가와 같이 종교적인 상징들은 패션 액세서리의 주된 디자인 대상이 되고 있다.[74] 또한, 종교적 휴일, 특히 크리스마스는 신성적인 본질의 의미는 퇴색되고, 세속적이고 물질주의의 대상이 되고 있는 것에 대해 비판에 가까운 관심을 받고 있다.

(2) 신성화

신성화(sacaralization) 현상은 평범한 대상, 이벤트, 사람이 문화적으로 신성화되거나 한 문화 안의 특정 단체에 의해서 귀하게 여겨지는 것을 가리킨다. 예를 들어 미식 축구 파이널 경기인 수퍼 볼과 같은 이벤트와 엘비스 프레슬리 같은 사람은 어떤 소비자

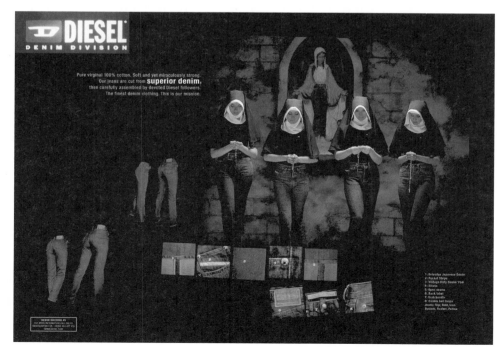

이 디젤광고는 '신성적인' 이미지를 빌려 '세속적인' 문구를 적용하였다.

들에게는 특별하게 여겨진다. 어떤 인터넷 웹사이트는 세탁되지 않은 운동 선수 운동 복을 판매한다. 이 웹사이트는 미식 축구 선수 트로이 에이크맨이 신었던 신발을 2천 달러에 팔았으며 유명하지 않은 운동 선수의 세탁되지 않은 수건을 십만원에 내놓기 도 했다. 이 웹사이트의 사장은 "유명한 미식 축구 팀들을 언제 만져 볼 수 있겠습니 까? 팬들에게 기회를 주는 겁니다."[75] 라고 하였다.

희귀품을 전시하는 박물관의 진열품과 함께 세속적이고 값싼 것들도 수집품 (collection)이 될 수 있는데, 이런 것들이 세속적 품목에서 종교적인 것으로 바뀐 것들 이다. 대부분 수집되는 아이템들은 귀하게 여겨지지만 수집가 이외의 사람들에게는 상대적 가치가 낮은 대상일 수도 있다. **수집**(collecting)은 특정 대상을 체계적으로 모 으는 것을 가리키며, 수집 행동은 마구잡이로 모아 쌓아놓는 행동과는 구분된다.[76] 이 런 수집 대상으로는 기억에 남는 명작 영화, 희귀 책, 엘비스 프레슬리를 기억할 수 있 는 물건, 바비인형, 비니베이비 인형 등이 있다.[77] 나이가 어린 아이들도 수집을 한다. 바비 인형 제조 회사 마텔(Mattel)에 따르면, 평균 나이 3세에서 11세 사이의 미국 여 자 아이들은 평균 10개의 바비 인형을 가지고 있다.[78]

수집가들은 그들의 수집품들에 애착을 느끼며 조심스럽게 정리하여 진열하기 때문 에 수집은 일반적으로 이성적이며 동시에 감성적인 요소를 포함한다고 본다.[79] 소비자 들은 가끔 그들의 수집품들에 대해 강한 애착을 보인다. 이 애착심은 한 연구에 나타 난 테디베어 수집가인 한 여성의 의견에 잘 나타나 있다. "만약 나의 집에 불이 나면,

비니베이비 인형은 1990년대 후반 많 은 사람들에게 관심을 받은 제품이다. Ty.com은 250가지가 넘는 비니베이 비 인형을 판매하였고 맥도날드는 여 러 티니 비니베이비 인형을 주는 세트 들을 팔았다. "마지막" 판매라는 시기 상조의 발표로도 매출은 두드러지게 증가하였다.

난 집 안의 타버린 가구보다 타버린 내 곰인형들 때문에 울 것이다."[80]

몇몇 소비자 연구자들은 수집가들이 사회적으로 받아들여지는 한도 내에 높은 수준의 물질주의를 만끽하기 위해 그들의 수집품을 모은다고 생각한다. 체계적으로 모으는 수집 행동에서 수집가들은 잘못된 감정없이 물질적 대상을 귀하게 여긴다. 반면, 수집은 단순히 좋아하는 아이템을 얻거나 구매한다기보다는 미적 경험이라고 할 수 있다. 수집 동기를 떠나, 수집광들은 가끔 그들의 수집품들을 보관하고 늘리기 위해 엄청난 시간과 에너지를 쏟기 때문에 이런 행동들이 수집가들의 자아를 보여주는 중심 요소가 되기도 한다.[81]

4. 문화 간에 따른 상품의 의미 변화

현대 사회에서 문화 상품은 눈 깜짝할 속도로 바다와 사막을 건너 전달된다. 마르코 폴로(Marco Polo)가 실크와 향료를 중국에서 가져온 것처럼, 오늘날 시장을 넓히기 위해 노력하는 다국적 기업들은 지속적으로 새로운 시장을 확보하고, 다수의 외국 소비자들이 그들의 상품에 열광하도록 설득하는 데 주력하고 있다. 과거 20여 년간 세계 경제는 점차적으로 통합되어 왔고, 무역의 가치는 3배를 넘어 5조 달러 이상으로 증가한 것으로 추정된다.

전 세계 소비자들이 미국 상품을 원하는 것처럼, 미국 소비자들은 전 세계로부터 새로운 아이디어를 정신없이 수집한다. MTV와 스프린트(Sprint) 같은 회사를 위해 LA의 새로운 트렌드를 조사하는 '쿨헌터'에 의하면, 퓨전이 곧 자주 쓰이는 용어가 될 것이라고 하면서 "요즘 세상에 독창적이 된다는 것은 정말로 어렵다. 그러므로 가장 쉬운 길은 이미 존재하던 것들을 섞어 새로운 것을 만들어내는 것이다…. 여행을 가서 그곳의 물건들을 가져오는 것과 별 다를 바 없다. 스페인 음악과 펑크 스타일의 물건처럼 서로 전혀 연관 없는 것들이 서로 섞여 버리게 될 것이다."[82] 라고 하였다. 서부 할리우드에서 브라질 삼바 음악 리듬에 맞추어 스페인계 소녀의 팔뚝에 소용돌이치는 헤나 염색을 조심스럽게 그리고 있을 파스칼(Pascal)이라는 이름의 프랑스 예술가에 대해 생각해 보자. 헤나는 멘디(mehndi)라고 불리는 아름답고 일시적이며 통증 없는 인도의 문신이다. 마음껏 갈 수 있는 저렴한 여행이 보편화되고, 수입이 증가하며, 인터넷이 보급됨에 따라, 퓨전은 전 세계에 걸쳐 많은 문화권에서 지속적으로 늘어날

뉴욕 시에 있는 루트스테인 마네킨 쇼룸은 일본 테마로 꾸며져 있다.

것이다.

　다른 문화의 역동성을 이해하는 것이 쉽지 않은 것처럼, 위압적이긴 하지만 필수적으로 해야 하는 다른 문화 풍습에 대해 배워야 할 때 소비자 조사는 더욱 복잡해진다. 문화적 감수성을 무시한 결과는 매우 큰 손실이 될 수 있다. 이슬람교도들은 나이키 운동화에 디자인된 로고의 사용을 거절했는데, 그 이유는 양식화된 단어인 'Air'가 그들이 느끼기에는 아라비아 문자인 '알라(Allah)'와 비슷해서, 운동화에 사용한다는 것은 신에 대한 모독처럼 여겨졌기 때문이다. 전 세계 수백억 이슬람교도들의 위협적인 나이키 상품 불매운동을 겪은 후, 나이키는 이러한 문제는 무지에서 나온 실수라고 사과하며 상품을 모두 회수했다.[83] 유사한 경우로, 리바이스가 터키에서 내보낸 실직한 파더 크리스마스(Father Christmas)의 광고 철수를 들 수 있다. 리바이스를 상대로 사람들이 법원에 낸 탄원서의 내용에 의하면, 사람들의 사랑을 받으며 산타클로스의 실존 모델인 4세기 경 기독교 신부인 터키출신 성 니콜라스(St. Nicholas)의 가치를 회사에서 훼손한 것이라는 것이다.[84]

　이번 부분에서는, 소비자 연구가들이 다른 나라의 문화적 역동성을 파악하고자 할 때 직면하게 되는 몇 가지 이슈들에 대해 다룰 것이다. 미국과 일부 서부 유럽국가들의 마케터들이 전 세계 소비자들에게 대중문화를 지속적으로 수출함에 따라, 자신들이 가진 전통적 제품과 풍습 대신 맥도날드, 리바이스, 나이키, MTV와 같은 것들로 문화를 바꾸길 열망하는 국가들에서 발생하는 세계 문화의 '미국화(Americanization)' 현상에 대한 비평을 살펴볼 것이다.

1) 생각은 국제적으로 행동은 지역에 맞게

기업들 자체적으로 전 세계에 걸친 다양한 시장에서 그들이 경쟁중임을 깨달아감에 따라, 각 문화에 맞는 개별적인 마케팅 계획을 개발할 필요성에 대한 논쟁이 심화되고 있다. 지역 문화에 "맞추라"는 요구에 관한 열띤 논쟁이 계속되었다. 이러한 관점에 대해 간략히 살펴보도록 하자.

(1) 표준화된 전략의 채택

표준화된 마케팅 전략을 지지하는 이들은 대부분의 문화들, 특히 상대적으로 산업화

새로운 바비

1959년에 개발된 바비 인형은 40여 년 이상 수백만 명의 어린 소녀들에게는 사랑받고, 페미니스트들에게는 비난을 받아온 불가능할 정도로 늘씬한 인형이다. 그러한 바비 인형이 최근 수술을 받았다. 1998년, 마텔 주식회사는 전 세계 최다 판매의 패션 인형인 바비의 새로운 버전을 출시했다. 그녀의 새로운 실루엣이 개발되었다. 마텔에 의하면 그들의 판매 타겟인 3∼11세 소녀들의 요구에 맞춘 모양새를 갖추었다. 소녀들은 바비가 "멋있고… 좀더 그들의 모습과 닮아오기를" 원했다.[85] 새로운 바비는 부드럽게 입을 다문 채 미소를 지으며 어두운 색이 섞인 곧고 긴 생머리를 가지고 있었다. 그녀는 하이힐을 신은 높은 발등을 가지고 있기 보다는 편평한 발에 약간 넓어진 허리, 그리고 이전에 비해 좀더 작아진 가슴과 엉덩이를 가지고 있었다. 마텔은 바비의 신체 변화는 인간이라면 38-18-34 사이즈의 신체를 가질 수도 없고, 그러한 왜곡된 이미지는 안 좋은 영향을 미칠 수 있다고 주장하는 페미니스트들의 인형에 대한 불만에 대응한 것은 아니라고 주장한다. 그들이 페미니스트들이 던지는 비평에 대해 인식하고 있는 건 사실이지만, 좀더 귀기울이는 건 바비를 구매하는 이들의 목소리이다.

바비는 시대 변화를 따르며, 공공 서비스에도 참여한다. 미국 수화 선생님인 바비도 있으며, 이 인형의 경우 오른손이 영구적으로 "사랑합니다"라는 말을 의미하는 형태로 만들어져 있다. 그녀의 친구인 베키의 경우, 휠체어를 탄 채, 호주 시드니에서 열릴 하반신 마비 장애인을 위한 올림픽인 패럴림픽(Paralympic)을 준비하고 있기도 하다.[86] 마텔의 홈 페이지인 www.barbie.com은 방문자가 바비의 머리, 눈, 옷, 입술색, 머리스타일, 머리 색을 선택해서 "자신만의 고유한 바비 친구를 만들어" 볼 수 있는 서비스도 제공하고 있다.

바비 40주년 행사에서 디자이너인 밥 매키(Bob Mackie)는 나비의 아른거리는 경이로움에 대한 그의 환상적인 이미지를 표현한 빠삐용(Le Papillon)을 창조해냈다. 모금 행사장에 온 어린 방문객들을 위해 열렬의 디자이너는 그들의 컬렉션을 인형 크기 사본으로 제작하였다. 마이클 코(Michael Kor)의 담갈색 캐시미어 홀터 가운을 비롯해, 마크 제이콥스(Marc Jacobs)의 데님 소재 페널 플레어 드레스, 존 바틀렛(John Bartlett)의 붉은색 주름장식의 칵테일 드레스 등이 컬렉션에 포함되었다. 이러한 의상들은 패션, 판타지, 빈티지, 세계 문화, 대중 문화 등에 걸친 수집용 바비와 함께 www.barbiecolltibles.com에서 볼 수 있다. 바비 매니아들을 위해 사소한 질문과 답변들 역시 제공되어 있다. 당신은 바비의 풀네임을 아는가? (답은 바비 밀리센트 로버트(Barbie Millicent Roberts)이다.) 바비와 켄 인형의 이름은 마텔의 창시자인 루스(Ruth)와 엘리엇 핸들러(Elliot Handler)의 딸과 아들인 바바라(Barbara)와 켄(Ken)의 이름에서 따온 것이다.

된 국가일수록, 그들이 동질화되어가고 있으며, 그 결과 전 세계적으로 동일한 접근법을 취하더라도 같은 효과가 있을 것이라고 주장한다. 다양한 시장을 대상으로 한 가지 접근법을 사용함으로써, 회사는 규모의 경제에서 이윤을 얻을 수 있다. 왜냐하면 각각의 문화에 따른 분리된 전략을 개발하느라 별도의 시간과 비용을 들일 필요가 없기 때문이다.[87] 이러한 관점은 문화상호 간의 유사점에 초점을 맞춘 문화 **외부적 관점**(etic perspective), 혹은 세계적 전략을 나타낸다. 문화 외부적 접근은 객관적이고 분석적이며 외부자들에 의해 판단된 문화에 대한 인상을 반영한다. 베네통과 갭(의류), 이케아(IKEA; 가구와 가정용)이 이러한 세계적 접근을 이용하는 회사에 해당한다. 일반적으로 이 회사들은 수직적인 조직을 가지고 있으며[88] (공장과 소매 아울렛처럼 회사가 각기 다른 수준의 생산과 판매 위계질서를 소유), 그 회사 고유의 라벨을 이용한다.

(2) 현지화 전략의 채택

이와 달리, 많은 마케터들은 문화 내의 다양성에 초점을 맞춘 문화 **내부적 관점**(emic perspective), 혹은 다국적 전략을 지지한다. 그들은 각각의 문화를 고유의 기준, 가치 체계, 관습, 법률을 가진 독특한 것으로 본다. 이 관점은 각각의 국가가 자신들만의 특징적인 행동과 성격 특성으로 이루어진 국민성을 지닌다고 주장한다.[89] 효과적인 전략은 각기 특수한 문화의 요구와 감수성에 맞추어 세워져야만 한다. 문화 내부적 접근은 주관적이고 경험적이며 문화 내부자들에 의해 경험된 것에 따라 문화를 설명하려고 시도한다.

때때로 이 전략은 현지의 취향에 받아들여질 수 있도록 하기 위해, 상품을 수정하기도 한다. 토이저러스(Toys "R" Us)는 그들의 고유 브랜드를 전달하면서도, 그들의 상품과 가격은 회사가 진입하려는 지역에 따라 수정한 대표적인 회사이다.[90] 이와 유사하게 인도에서는, 레블론(Revlon)이 인도인의 피부와 기후에 맞춰 화장품의 구성과 색조 팔레트에 변화를 주었다.[91]

일부 회사들은 문화에 적절하게 맞추기 위해 상품명이나 프로모션의 글자를 바꾼다. 또 다른 경우는 단순한 단어 바꾸기 이상의 것이 요구되기도 한다. 어떤 문화의 소비자들은 다른 곳에서 아주 인기있는 특정 취향을 싫어하기도 한다. 일본에서 미국 의류는 아주 일부를 제외하고는 별로 유행하지 못하는데, 그 이유는 가격은 높은데 반해 품질이 떨어지며 스타일과 색상이 항상 일본인의 체형에 맞지 않는다는 인식 때문이다. 이와 비슷하게 일부 세계 패션 소매상들은 미국에서 성공하지 못했다. 프랑스 백화점인 갤러리 라파이에뜨(Galeries Lafayette)는 문을 닫았고, 홍콩의 소매상인 상하이 탕(Shanghai Tang)은 맨해튼에 진출한 뒤 이윤을 내지 못했다. 가격이 높은데다 스타일이 미국인들이 입는 방식에 맞춰 변화하지 못했기 때문이다. 그들은 자체적으로 개혁을 통해 "완전한 중국식에서 미묘하게 중국 느낌이 나는 방식으로" 변화하면서 점차 주류에게 두각을 나타내고 있다.[92]

(3) 마케터들에 따른 문화적 차이

문화 외부적 관점과 내부적 관점 중 어떤 것이 옳은가? 아마도 각 문화에서 어떤 기준으로 적절하거나 바람직한 제품을 생각하는지를 고려해 보는 것이 도움이 될 것이다.

미국만 해도 상당히 다양한 취향이 있다는 것을 생각해 볼 때, 전 세계의 사람들이 그들 고유의 취향을 발달시켜왔다는 것은 그리 놀랄 일이 아니며, 이러한 차이를 알아내는 것이 마케터들의 일이다. 소비자들은 또한 다른 형태의 광고에 익숙해져 있다. 일반적으로 가족여행은 사랑이라는 보편적인 가치에 초점을 맞춘 광고이지만, 특정 생활양식은 특정한 초점을 가진 것으로 보편적인 가치를 보여주려는 것이 아니다. 일부 사례의 경우, 광고 내용이 현지 정부에 의해 규제를 받는다. 예를 들어 독일에서 가격은 엄격히 통제되며 특별 세일은 오직 회사가 폐업하거나 시즌 마무리와 같은 특별한 경우에만 가능하다. 때문에 독일 광고는 공격적인 대량판매보다는 사실적인 정보 전달에 좀더 초점을 맞춘다. 실제로, 독일에서 광고에 경쟁사를 언급하는 것은 불법이다.[93] 대조적으로 영국과 일본은 광고를 일종의 엔터테인먼트의 형태로 간주한다. 미국에 비교해 보면, 영국 텔레비전 광고는 정보를 덜 담고 있으며,[94] 일본 광고는 무례하다고 여겨질 수 있는 비교 메시지를 피하면서 보다 감정적인 호소를 하는 경향이 있다.[95]

마케터들은 민감한 주제에 대한 각 문화의 기준을 반드시 인식하고 있어야 한다. 오팔은 영국인들에게 불행을 뜻하고, 개나 돼지를 사냥하는 것은 이슬람교도들에게 모욕적인 것이다. 일본인들은 숫자 4에 대해 미신을 가지고 있다. 숫자 "4"를 나타내는 글자인 시(shi) 또한 죽음을 의미하는 단어이다. 이러한 이유에서, 티파니는 일본에서 판매되는 유리그릇과 본차이나를 다섯 개의 세트로 구성한다. 문화는 또한 허용되는 신체 기능과 성별에 대한 취향의 정도가 매우 미묘하게 다르다. 많은 미국인 소비자들은 자신들의 세련됨을 자랑스러워 한다. 그러나 일부는 성적 표현이 좀더 노골적인 유럽 광고 앞에서 얼굴을 붉힌다. 반대로 이슬람 국가들은 서양이 가진 기준에 대해 꽤 엄격한 기준을 보이는 경향이 있다.

경제적 차이 또한 중요한 요소가 될 수 있다. 세계적인 광고 캠페인을 벌이는 회사의 경우 일부 사례에서 현지에서 수용되는 데 장애를 겪는다. 특히, 이제 막 서부의 물질문명주의를 삶의 한 방식으로 받아들이기 시작한 동유럽처럼 산업화가 덜 이루어진 국가나 지역에서 더욱 심하다.[96] 또한, 신용카드가 미국에서처럼 세계 전역에서 널리 유용하게 잘 쓰이는 것이 아니다. 중국의 경우 신용카드가 이제야 막 대형 소매상에서 쓰이기 시작했다.[97] 그리하여 소비자들은 선 구매 후 결제가 아니라, 물건을 구입할 비용을 미리 현금으로 다 준비를 해야만 한다.

언어 장벽 역시 외국 시장을 뚫고 들어가길 원하는 마케터들이 직면하는 장애물이다. 해외여행을 하는 이들은 공통적으로 잘못된 영어로 쓰인 표지를 마주친다. 지나치는 고객을 대상으로 "최선의 결과를 위해 당신의 바지를 여기에 떨어뜨려라"라고 적힌 마요르카 섬의 드라이 클리너가 바로 그러한 잘못된 영어를 쓴 경우이다. 제6장을 통해 자국 내 인종집단을 대상으로 광고를 할 때, 미국 마케터들이 잘못 만들어낸 실수에 대해 자세히 알아 볼 것이다. 미국 밖에서 이러한 실수들이 대체 어떤 식으로 쓰이고 뜻을 잘못 전달하고 있을지 상상해 보라! 이러한 문제 발생을 피하기 위해 쓰이는 한 가지 방식이 바로 역 번역인데, 이는 한 번 번역된 문구에 있는 실수를 잡아내기 위해 원어와 번역어를 모두 구사하는 전문가가 다시 번역을 하는 것을 말한다.[98]

2) 글로벌 마케팅이 정말 효과가 있는가

동질적인 세계 문화에 대한 주장이 원칙적으로는 설득력이 있기는 하지만, 실질적으로는 상반된 결과를 보게 된다. 이전의 논의에서 살펴보았듯이, 글로벌 마케팅이 실패하는 한 가지 이유는 각기 다른 국가의 소비자들이 서로 다른 관습과 풍습을 가지고 있고 동일한 방식으로 제품을 이용하지 않기 때문이다.

 그렇다면 글로벌 마케팅이 효과가 있는가? 아마도 더욱 적합한 질문은 "어떤 경우에 효과가 있느냐?"일 것이다. 이러한 다문화적 노력의 성공 가능성을 최대화하기 위해서는 마케터들이 서로 다른 국가에 살면서도 공통적인 세계관을 가진 소비자들이 있는 곳을 알아내야 한다. 이러한 범주에 누가 속할 것 같은가? 두 가지 소비자 집단이 적절한 대상이 될 것이다. (1) '글로벌 시티즌'인 부유한 사람들과 여행, 사업 계약, 미디어 경험 등을 통해 세계 전반의 아이디어에 노출되어 있는 소비자 (2) 동일한 이미지를 다양한 국가에 방송하는 MTV와 다른 미디어에 강하게 영향을 받아, 음악과 패션에 취향이 비슷한 젊은이들이 그에 해당한다. 예를 들어 로마나 취리히의 MTV 유럽 시청자들은 런던과 룩셈부르크의 시청자와 마찬가지로 똑같은 '버즈 클립스(buzz clips)'를 확인할 수 있다.[99] 이탈리아 의류 제조업체인 베네통은 수년간 AIDS, 인종 평등, 전쟁, 그 밖에 초국가적인 문제에 관해 강렬한(그리고 종종 논쟁적인) 메시지를 창조해내는 가장 중요한 위치를 맡아왔다.[100]

3) 서부 소비 문화의 전파

리스본이나 부에노스아이레스의 거리를 걷고 있으면 나이키 모자, 갭 티셔츠, 리바이스 청바지를 입은 사람을 매 골목마다 마주치게 될 것이다. 국가 농구 연맹은 매년 5억만 달러의 공식 상품을 미국 밖에서 판매한다.[101] 소비문화의 매력은 전 세계에 퍼져 있다. 세계화된 사회에서, 사람들은 다른 문화에서 무언가를 빨리 들여오는데, 특히 그들이 열망하는 것일 때 더욱 빠르다. 예를 들어 많은 한국인들은 그들이 매우 복잡한 나라로 생각하는 일본 문화의 영향을 많이 받는다. 일본 락 밴드는 한국 밴드보다 더 인기가 많으며, 만화, 패션 잡지, 게임쇼와 같은 다른 제품들은 한국에서 매우 열광적으로 수입하는 것들이다. 한국 연구자는 "문화란 물과 같다. 강한 국가에서 약한 국가로 흘러간다. 사람들은 더 부강하고 자유로우며 좀더 진보적인 나라를 이상화하는 경향이 있으며, 일본은 아시아에서 바로 그런 국가이다"라고 설명한다.[102]

미국 서부 문화 및 미국 스포츠웨어와 관련된 리바이스와 랭글러와 같은 청바지 브랜드는 전 세계에 걸쳐 그 수요가 있다.

(1) 난 코카콜라 왕국을 사고 싶어⋯ 혹은 나이키 왕국

서양(특히 미국)은 대중문화 수출의 그물 역할을 한다. 소비자들은 일반적인 서양의 생활양식과 영어사용에 적응해왔다.

전 세계적으로 서양 대중문화가 급증하고 있지만 이러한 침투의 속도가 느려지고 있다는 징후가 있다. 일부 일본 소비자들은 외국 상품에 대한 관심이 줄어들고 녹차와 저녁 샤워 후 입는 전통 문양이 프린트된 면 소재의 가운인 유카타를 포함해 자국의 제품에 좀더 많은 관심을 보이고 있다.[103] 동유럽 일부에서는 현지에서 만든 제품이 인기를 끌고 있는데 그 이유로는 외국 제품보다 낮은 가격과 향상된 품질을 들 수 있다. 일부 이슬람교도들은 자연적이고 전통적인 제품을 이용하는 것을 포함해 '그린 이슬람' 철학을 고수하기 때문에, 서양적인 상징을 거부한다.[104] 미국 이외의 비평가들은 그들의 문화가 점차 미국화되어가는 현상에 대해 유감을 표한다. 프랑스는 이러한 영향에 대해 가장 노골적으로 대항하는 국가였으며, 심지어는 *le drugstore*, *le fast food*와 *le marketing*과 같은 '프랭글리시(Franglish)' 용어의 사용을 금지하려는 시도까지

했었다.[105]

(2) 과도기 경제의 신생 소비문화

적어도 60개 이상의 국가의 국민 총 생산은 백억 달러에 못 미치며, 135개 이상의 다국적 기업의 총수입은 그보다 많다. 이러한 최강자의 지배력은 **세계소비윤리**(globalized consumption ethic)를 만들어내었다.[106] 전 세계의 사람들은 유혹적인 이미지의 고급 자동차, MTV에 등장하는 멋진 락 가수, 삶을 더욱 편하게 만들어주는 현대적인 가전제품에 둘러싸여 있다. 그들은 물질적인 생활양식에 대한 이상을 공유하고, 잘 알려진 브랜드에 가치를 둠으로써 부를 상징화하기 시작한다. 쇼핑은 삶에 가장 기본적인 필수품을 구입하기 위한 피곤한 일이라는 개념에서 벗어나 여가 활동개념으로 진화했다. 이렇게 갖고 싶은 물건을 소유하는 것은 개인의 사회적 위상을 과시하기 위한 메커니즘이 되고(제7장 참조), 소유가 개인의 엄청난 희생을 요구하기도 한다. 공산주의 몰락 후, 동유럽 사람들은 오랜 시간의 궁핍의 겨울에서 벗어나 풍요로운 봄을 맞이하고 있다. 그러나 모두 장미빛만은 아니었다. 왜냐하면 **과도기적 경제**(transitional economies)에서 소비재를 모두 갖춘다는 것은 쉬운 일이 아니었기 때문이다. 이는 (러시아, 중국, 포르투갈, 루마니아를 포함한)국가들이 엄격히 통제적이고 중앙집권적인 경제체제에서 자유시장 체제를 받아들이는 과정에서 생기는 어려움과 투쟁이라고 볼 수 있다. 이러한 상황에서, 대중들이 갑작스럽게 글로벌 커뮤니케이션과 외부 시장 압력에 노출됨에 따라, 국가는 사회, 경제, 정치적 측면에서 급격한 변화를 요구받는다.[107] 자본주의로 변화한 결과의 일부는 자국 문화의 자부심과 자신감 상실은 물론, 소외, 좌절, 그리고 소비재를 사기 위해서 여가 시간마저 희생하면서 더욱 열심히 일해야 하는 현실에서 오는 스트레스 증가 등을 포함한다. 서양 물질문화에 대한 열망이 아마 가장 분명한 곳은 일부 동유럽 국가일 것이다. 이곳의 시민들은 이제 공산주의의 족쇄를 던져버리고, 경제적 여유만 있다면 미국과 서유럽에서 건너온 소비재들을 당장 구입하기 위해 태세를 갖추고 있다. 한 분석가는 "…구 소련 체제의 드림이라는 이전의 주제들이 그랬듯이, 자유와 정의의 개념을 가진 아메리칸 드림이 한 일은 그다지 없지만, 정작 그들의 꿈을 가장 많이 이루어주었던 것은 드라마와 시어스 카탈로그이다."[108]

　세계 소비 윤리가 확산됨에 따라, 각기 다른 문화에서 원하는 상품도 점차 동질화되고 있다. 예를 들어 크리스마스는 이제 이슬람 터키 일부 도시에서도 유명하다. 중국 여성들은 국내에서 생산된 화장품들은 무시하면서도 그들의 월급의 4분의 1에 해당하는 비싼 서양 화장품을 원한다. 한 중국인 간부는 "어떤 여자들은 단순히 포장에 외국어가 쓰여 있다는 이유로 화장품을 사기도 한다."라고 말했다.[109]

(3) 혼성화

이러한 동질화가 나이로비, 뉴기니, 네덜란드에 사는 동시대 소비자들과 뉴욕, 내쉬빌에 사는 소비자들을 전혀 구별할 수 없게 되는 것을 의미하는 것인가? 아마도 아닐 것이다. 소비재의 의미는 현지 관습과 가치관과 일관성 있게 변화하기 때문이다. 예를 들어 터키에서 일부 도시 여성들은 옷을 말리기 위해 오븐을 이용하고, 흙 묻은 시금치를 씻기 위해 식기세척기를 이용한다. 파푸아 뉴기니에서 사용하는 전통적 의복 양식인 빌룸(bilum; 물건을 담는 손으로 짠 망태)이 미키 마우스 셔츠나 야구모자 같은 서양 의복과 서로 섞여 착용된다.[110] 이러한 과정은 전 세계의 동질화가 현지 문화를 압도해 버리기보다는, 현지의 토착 상품과 의미가 나이키의 침투력 강한 'swoosh' 같은 세계적인 아이콘과 함께 혼합되는 복합적인 소비문화로 나타날 가능성을 예상케

내셔널 지오그래픽에 등장한 이 사진은 인도의 어머니와 딸로 세계의 서로 다른 지역에서 입는 옷들이 혼합된 세계 문화에 대한 개념을 잘 나타내고 있다.

한다.

혼성화(creolization)라고 불리는 과정은 외국의 영향력이 흡수되어 현지의 의미와 통합될 때 발생한다. 이러한 과정은 현지 관습에 맞추다 보니, 때로는 상품과 서비스가 아주 기묘한 형태로 변형되는 결과를 낳기도 한다. 이러한 혼성화 수용은 다음과 같다.[111]

- 인도에서 인디팝이라 불리는 혼성 대중음악은 전통 음악과 락, 랩, 레게 등을 혼합한다.[112]

- 미국에서 젊은 히스패닉계 미국인들은 스페인어로 된 힙합과 락, 스파게티 소스를 뿌린 멕시코 쌀 요리, 또띠야 위에 땅콩 버터를 바르고 젤리를 얹는 등 양쪽의 문화를 혼합한다.[113]

- 아프리카 스와지족의 공주가 줄루족 왕과 결혼할 때, 그녀는 이마에 붉은 투라코 뻐꾸기의 날개 깃털을 달고 윈도우버드(windowbird) 깃털과 쇠꼬리로 장식한 전통적인 케이프를 입었다. 남자는 표범가죽을 둘렀다. 그러나 결혼식은 코닥 영화 촬영용 카메라로 찍었으며, 결혼식 내내 밴드가 연주한 음악은 영화 '사운드 오브 뮤직'의 배경음악이었다.

- 파푸아 뉴기니 고지대에서, 부족민들은 뼈로 만든 코걸이 대신에 펜텔(Pental)펜을 이용한다.

- 일본인들은 새롭고 신기한 것이면 무엇이든지 속기로 서양의 단어를 이용한다. 심지어 그 의미를 이해하지 못하는 경우조차도 말이다. 자동차에는 페어레이디(Fairlady), 글로리아(Gloria), 봉고 웨건(Bongo Wagon)과 같은 이름을 붙인다. 소비자들은 데오도란토(deodoranto)(deodorant; 탈취제), 아푸루파이(appurupai)(apple pie; 애플 파이)를 산다. 광고는 손님들이 스토푸 루쿠(stoppu rukku)(stop and look; 멈춰서 구경하기)를 주장하고, 상품들은 유니쿠(yuniku)(unique; 독특한)하길 요구받는다.[114] 코카콜라 캔은 "난 코크와 특별한 소리를 느껴!'라고 말하고, 회사는 크림 소다가 "너무 늙어서 죽을 수 없고, 너무 어려 행복할 수 없다."라는 슬로건과 함께 상품을 판매할 것을 요구한다.[115] 마우스 펫(Mouth Pet; 구강 청결제), 브라운 그로스 폼(Brown Gross Foam; 헤어 컬러 무스), 버진 핑크 스페셜(Virgin Pink Special; 피부 크림), 카우 브랜드(Cow Brand; 미용비누)와 같은 다른

일본 상품들도 영어 이름을 사용한다.[116]

4) 포스트모던 사회에서의 패션

글로벌 의류시장을 형성하는 동시대적인 사회 경제 조건 그리고 정체성과 의미를 형성하는 다양한 가능성이라는 개념은 포스트모더니티(postmodernity)로 언급된다. 리옹(Lyons)은 근로자와 생산 대신 소비자와 소비자를 위주로 한 새로이 구조화된 사회가 발생하고 있다고 지적하였다.[117] 우리가 논의한 바와 같이, 전 세계의 스타일과 룩은 인터넷, 적절한 가격의 여행, 그리고 TV 등을 통한 즉각적인 커뮤니케이션을 통해 진열함으로써, 오늘날 소비자들에게 곧바로 통용된다. 점차 증가하는 세계적인 의식과 더불어, 전통적인 문화 범주와 경계는 고정된 성 역할을 깨뜨리기 위한 활동인 젠더벤딩, 레트로 룩, 하위 문화적(국가적) 퓨전과 같은 아이디어와 혼합(일부 경우에는 경계와 범주가 무너지고, 때때로 혼성화 과정을 통해 자극을 받기도 한다)되고 있다.[118]

카이저(Kaiser)는 포스트모던 사회에서의 요즘 소비자들이 '선택, 혼란, 창조성'에 맞춰 그들 스스로 이미지를 협상해야만 하는 상황에 직면하고 있다고 설명한다. 전 세계에서 생산되고 쏟아지는 상품으로 인해, 시장에서 패션 선택의 범위는 아주 거대하다. 스타일과 색상을 분류하는 것은 거의 불가항력적이 되고 있으며, 심지어 청바지나 스포츠화와 같은 기본적인 아이템을 구매하는 것조차 각기 다른 목적에 따라 과도한 스타일이 쏟아져 나온다. 이러한 복잡함과 혼란은 단순한 것으로 취향이 되돌아가는 역효과를 낳을 수 있기 때문에, 패션에서의 블랙과 클래식 스타일의 인기는 그러한 결과로 볼 수 있다. 그러한 환경에서의 의사 결정은 한편으로는 혼란함, 다른 한편으로는 창조성을 이끌 수 있다.

포스트모던의 원리 룩은 전 세계의 다양한 문화에서 전달된 다양성, 애매성, 탐험성을 요구하는 새로운 문화의 구성 요소와 스타일을 잘 조화시키는 것이다. 소비자들은 그들의 모습을 스스로 창조할 수 있도록 계속 관리해야 한다.[119]

▌ 요약 ▌

- 한 사회의 문화는 그 문화의 가치, 윤리, 그리고 그 문화 안에서 생산된 물질을 포함한다. 문화는 한 사회 구성원들이 나누는 의미와 전통이 계속적으로 축적되어 전해 내려오는 것이다. 일반적으로 문화는 자연 환경, 사회적 구조, 사회적 관념으로 설명된다. 또한 물질 문화와 비물질 문화 개념을 통해 우리는 패션과 옷을 잘 이해할 수 있다.

- 신화는 문화의 공통된 생각을 나타내는 상징적 요소들을 포함한 이야기이다. 많은 신화들은 문화 안에서 수용되는 개념과 그렇지 않은 개념을 정의한 대립적 가치(자연/첨단 과학)들을 포함하고 있다. 현대 신화들은 광고, 영화, 다른 대중 매체, 의류 트레이드 마크를 통해 전달된다.

- 의식은 고정되어 있는 결과에서 일어나는 다양하고 상징적이며 주기적으로 일어나는 행동을 가리킨다. 의식은 특별한 상황, 휴일, 선물 수여 등과 관련된 옷을 포함한 유행하는 문화에서 일어나는 많은 소비 행동들과 관련되어 있다.

- 통과 의례는 한 역할 단계에서 다음 단계로 발전을 의미하는 특별한 의식을 가리킨다. 이 의식들은 일반적으로 의식에 사용되는 상품과 서비스들을 수반한다. 현대 사회의 통과 의례는 남성 사교 클럽 첫 참여, 졸업식, 결혼식, 장례식들이 있다.

- 소비자행동은 신성한 소비와 세속적인 소비로 분류할 수 있다. 신성한 소비란 일상 생활의 평범한 행동과는 달리 존경을 받고 신성화되어지는 사물이나 생활을 뜻하며, 세속적인 소비는 매일 접할 수 있는 평범한 사물이나 상황을 의미한다.

- 소비자의 문화는 그들의 라이프스타일 선택에 있어서 많은 영향을 끼치므로 여러 나라를 대상으로 하는 마케터들은 각 문화의 가치와 선호도의 차이점을 잘 파악하여야 한다. 중요한 것은 일률적인 문화 개념을 지양하고 각 문화의 특징을 반영한 마케팅 전략을 세워야 한다는 것이다. 문화 외부적 관점을 가진 사람들은 여러 문화들이 일률적이고 보편적인 메시지를 공유해야 한다고 믿는다. 하지만 문화 내부적 관점자들은 여러 다양한 문화들을 보편화 시키기에는 각각의 문화들이 매우 특별하고 다양하다고 믿기 때문에 마케터들은 지역적 가치들과 행동들을 조사하여 지속적으로 적용해야 한다. 글로벌 마케팅 전략은 기초적인 가치 전달 경우와 좀더 국제적인 가치 전달일 경우를 구분하여 외부적 관점과 내부적 관점 개념을 적절히 적용해야 한다.

- 미국은 대중문화 수출 국가이다. 세계의 소비자들은 지속적으로 미국 상품을 받아

들이고 있다. 세계 문화의 미국화는 계속 진행되고 있지만 어떤 문화의 소비자들은 이런 영향에 대해 지적하고 자국 문화 상품과 풍습의 필요성을 강조한다. 반면, 외부 문화가 내부 문화와 융합되는 문화의 혼성화 현상이 나타나기도 한다.

- 포스트 모던 사회의 패션은 세계 여러 나라의 룩이 조화되었고, 보수적인 가치를 무너뜨리기도 했다.

▎ 토론 주제 ▎

1. 문화는 한 사회의 성격을 나타낸다고 할 수 있다. 만약 여러분의 문화를 사람이라고 비유한다면, 문화의 성격을 어떻게 표현할 수 있는가?

2. 1956년 저널 *American Anthropologist*의 58부를 통해 발표된 저자 오라스 마이너(Horace Miner)의 'Body Ritual among the Nacirema'를 읽고 토의해 보라.

3. 다른 나라에서 온 학급 친구를 인터뷰하여 각 문화의 휴일 풍습과 다르게 사용되는 물건들을 비교해 보라.

4. 선물 구매 결정과 다른 물건의 구매 결정이 어떻게 다른지 비교해 보라. 어떤 종류의 옷 선물을 받아 보았는가? 그 선물이 마음에 들었는가? 여러분 스스로를 위해 구매한 선물이 있다면 구매 이유가 무엇이었는가?

5. 의류 선물과 의류가 아닌 물건을 선물로 구매할 때 구매 전, 구매 시점, 선물 증정, 증정 후를 비교해 보라. 이 단계들을 여성과 남성 소비자로 구분하여 비교해 보라.

6. 여러분의 결혼 문화 과정을 설명해 보라. 이 과정에서 얼마나 많은 물건들이 필요한가? 의류를 중심으로 설명해 보라.

7. "크리스마스는 선물 소비를 자극하여 경제를 움직이고 있다."라는 의견에 동의하는가? 왜 그렇다고, 왜 그렇지 않다고 생각하는가?

8. 어떤 종류의 물건을 수집하고 있는가? 여러분과 다른 종류의 물건을 수집하고 있는 주변 사람도 생각해 보라.

9. 증가하는 경쟁과 마켓의 포화상태 때문에 산업화된 나라의 마케터들은 저개발된 제3세계 국가에 서양 문물을 퍼뜨리려고 한다. 이런 현상이 계속 발전되어야 한다고 생각하는가?

10. 주변의 문화에서 혼성화 현상 상품이 있는지 살펴보라. 어떤 종류의 물건들이 이런 현상을 가지고 있는가? 의류와 액세서리 제품을 통하여 예를 들어보라.

11. 최근 다른 나라를 여행해 본 적이 있는가? 만약 있다면, 광고에 대한 차이점을 본 적이 있는가? 물건의 사용과 선호도의 차이점이 있었는가? 어떤 미국 브랜드들을 가장 많이 접했는가?

▌ 주요 용어 ▌

개인주의적 문화
   (individualist cultures)

과도기적 경제
   (transitional economies)

관례(conventions)

관습(custom)

규범(norms)

내부적 관점(emic perspective)

단일신화(monomyth)

대립 관계(binary opposition)

도덕관(more)

문화(culture)

문화적 범주(cultural categories)

민족 정신(ethos)

선물 증정 의식(gift-giving ritual)

세계소비윤리
   (globalized consumption ethic)

세계관(worldview)

세속적인 소비
   (profane consumption)

수집(collecting)

신성화(saralization)

신성한 소비(sacred consumption)

신화(myth)

외부적 관점(etic perspective)

의식(ritual)

의식용 물건(ritual artifacts)

집단주의적 문화
   (collectivist cultures)

탈신성화(desacralization)

통과 의례(rites of passage)

혼성화(creolization)

▌ 참고문헌 ▌

1. Nelson D. Schwartz, "Starbucks: Still Perking after All These Years," Fortune (May 24, 1999): 203; Bill McDowell, "Starbucks Is Ground Zero in Today's Coffee Culture," Advertising Age (December 9, 1996): 1; Louise Lee, "Now, Starbucks Uses Its Bean," Business Week (February 14, 2000): 92-94; Mark Gimein, "Behind Starbucks' New Venture: Beans, Beatniks, and Booze," Fortune (May 15, 2000): 80.

2. Carol Emert, "Starbucks Tries Its Hand at Net Café," San Francisco Chronicle (February 4, 2000): B3.

3. Seanna Browder, "Starbucks Does Not Live by Coffee Alone," Business Week (August 5, 1996): 76. For a discussion of the act of coffee drinking as ritual, see Susan Fournier and Julie L. Yao, "Reviving Brand Loyalty: A Reconceptualization within the Framework of Consumer-Brand Relationships," Working Paper 96-039, Harvard Business School (1996).

4. Schwartz, "Starbucks: Still Perking after All These Years."

5. "Spice Girls Dance into Culture Clash," Montgomery Advertiser (April 29, 1997): 2A.

6. Grant McCracken, "Culture and Consumption: A Theoretical Account of the Structure and Movement of the Cultural Meaning of Consumer Goods," Journal of Consumer Research 13 (June 1986): 71-84.

7. "Fashion's New Taboo? Industry Repudiates 'Terrorist Chic' Looks," Women's Wear Daily (October 1,

2001): 1, 4, 10; Georgia Lee, "The Sensitive Side of Retail," *Women's Wear Daily* (October 19, 2001): 8, 10; Lisa Lockwood; "In the Age of Peril, a New Mood Prevails in Fashion Advertising," *Women's Wear Daily* (October 19, 2001): 1, 6, 10; "Three Cheers for the Red, White and Blue," Women's Wear Daily (November 8, 2001): 2; "The Wave of Patriotic Wear," *San Francisco Chronicle* (November 18, 2002): E7.

8. "World Cup's Fashion Kick" *Women's Wear Daily* (June 27, 2002): 8.

9. "The Eternal Triangle," *Art in America* (February 1989): 23.

10. Janelle Erlichman, "High-Tech Fashion," *The Washington Post*, (May 17, 2000): 69; "Tech Stock," Women's Wear Daily (May 18, 2000): 4-5.

11. Clifford Geertz, *The Interpretation of Cultures* (New York: Basic Books, 1973); Marvin Harris, *Culture, People and Nature* (New York: Crowell, 1971); John F. Sherry, Jr., "The Cultural Perspective in Consumer Research," in Advances in Consumer Research 13, ed. Richard J. Lutz (Provo, Utah: Association for Consumer Research, 1985), 573-575.

12. William Lazer, Shoji Murata, and Hiroshi Kosaka, "Japanese Marketing: Towards a Better Understanding," *Journal of Marketing* 49 (Spring 1985): 69-81.

13. Joanne B. Eicher, Sandra Lee Evenson, and Hazel A. Lutz, *The Visible Self* (New York: Fairchild, 2000).

14. Geert Hofstede, *Culture's Consequences* (Beverly Hills, Calif.: Sage, 1980); see also Laura M. Milner, Dale Fodness, and Mark W. Speece, "Hofstede's Research on Cross-Cultural Work-Related Values: Implications for Consumer Behavior," in *Proceedings of the 1992 ACR Summer Conference* (Amsterdam: Association for Consumer Research, 1992).

15. Daniel Goleman, "The Group and the Self: New Focus on a Cultural Rift," *The New York Times* (December 25, 1990): 37; Harry C. Triandis, "The Self and Social Behavior in Differing Cultural Contexts," *Psychological Review* 96 (July 1989): 506; Harry C. Triandis, Robert Bontempo, Marcelo J. Villareal, Masaaki Asai, and Nydia Lucca, "Individualism and Collectivism: Cross-Cultural Perspectives on Self-Ingroup Relationships," *Journal of Personality and Social Psychology* 54 (February 1988): 323.

16. George J. McCall and J. L. Simmons, *Social Psychology: A Sociological Approach* (New York: Free Press, 1982).

17. Conrad Phillip Kottak, "Anthropological Analysis of Mass Enculturation," in *Researching American Culture*, ed. Conrad P. Kottak (Ann Arbor: University of Michigan Press, 1982): 40-74.

18. Eric Ransdell, "The Nike Story? Just Tell It!," *Fast Company* (January–February 2000): 44.

19. Joseph Campbell, *Myths, Dreams, and Religion* (New York: Dutton, 1970).

20. Marcia A. Morgado, "Animal Trademark Emblems on Fashion Apparel: A Semiotic Interpretation— Part II Applied Semiotics," *Clothing and Textiles Research Journal* 11, no. 3 (1993): 31-38.

21. Jeffrey S. Lang and Patrick Trimble, "Whatever Happened to the Man of Tomorrow? An Examination of the American Monomyth and the Comic Book Superhero," *Journal of Popular Culture* 22 (Winter 1988): 157.

22. See William Blake Tyrrell, "Star Trek as Myth and Television as Mythmaker," in The Popular Culture Reader, eds. Jack Nachbar, Deborah Weiser, and John L. Wright (Bowling Green, Ohio: Bowling Green University Press, 1978), 79-88; Elizabeth C. Hirschman, "Movies as Myths: An Interpretation of Motion Picture Mythology," in *Marketing and Semiotics: New Directions in the Study of Signs for Sale*, ed. Jean Umiker-Sebeok (Berlin: Mouton de Guyter, 1987): 335-374.

23. See Dennis W. Rook, "The Ritual Dimension of Consumer Behavior," *Journal of Consumer Research* 12 (December 1985): 251-264; Mary A. Stansfield Tetreault and Robert E. Kleine III, "Ritual, Ritualized Behavior, and Habit: Refinements and Extensions of the Consumption Ritual Construct," in *Advances in Consumer Research* 17, eds. Marvin Goldberg, Gerald Gorn, and Richard W. Pollay (Provo, Utah: Association for Consumer Research, 1990), 31-38.

24. Joyce Cohen, "Here Comes the Bride; Get Ready to Release a Swarm of Live Insects," *The Wall Street Journal* (January 22, 1996): B1. For a study that looked at updated wedding rituals in Turkey, see Tuba Ustuner, Güliz Ger, and Douglas B. Holt, 'Consuming Ritual: Reframing the Turkish Henna-Night Ceremony," in *Advances in Consumer Research* 27,

eds. Stephen J. Hoch and Robert J. Meyers (2000), 209-214.

25. Dennis W. Rook and Sidney J. Levy, "Psychosocial Themes in Consumer Grooming Rituals," in *Advances in Consumer Research* 10, eds. Richard P. Bagozzi and Alice M. Tybout (Provo, Utah: Association for Consumer Research, 1983), 329-333.

26. Diane Barthel, *Putting on Appearances: Gender and Attractiveness* (Philadelphia: Temple University Press, 1988).

27. Quoted in Barthel, *Putting on Appearances: Gender and Advertising.*

28. Kevin Keller, *Strategic Marketing Management* (Upper Saddle River, N.J.: Prentice-Hall, 1998).

29. Russell W. Belk, Melanie Wallendorf, and John F. Sherry, Jr., "The Sacred and the Profane in Consumer Behavior: Theodicy on the Odyssey," *Journal of Consumer Research* 16 (June 1989): 1-38.

30. Russell W. Belk and Gregory S. Coon, "Gift Giving as Agapic Love: An Alternative to the Exchange Paradigm Based on Dating Experiences," *Journal of Consumer Research* 20, no. 3 (December 1993): 393-417.

31. Julie A. Ruth, Cele C. Otnes, and Frederic F. Brunel, "Gift Receipt and the Reformulation of Interpersonal Relationships," *Journal of Consumer Research* 25 (March 1999): 385-402.

32. Linda Manikowske and Geitel Winakor, "Equity, Attribution, and Reactance in Giving and Receiving Gifts of Clothing," *Clothing and Textiles Research Journal* 12, no. 4 (1994): 22-30.

33. Margaret Rucker, A. Freitas, R.

Karp, A. Abraham, S. Kim, S. Lopez, and M. Sim, "Translating the Clothing Code as Gift by Ethnic Identity," *International Textiles and Apparel Association Proceedings* (1994): 122.

34. Kimli Socarras, Margaret Rucker, April Kangas, and Katrina Dolenga, "The Newlyweds' New Clothes: Situational Effects on Acceptability of Apparel and Money as Gifts," *International Textiles and Apparel Association Proceedings* (1996): 88; Margaret Rucker, April Kangas, A. Daw, J. Gee, and A. Snodgrass, "Gift Norms: A Comparison of Clothing, Cash and Gift Certificates across Three Occasions," *International Textiles and Apparel Association Proceedings* (1997): 58.

35. Manikowske and Winakor, "Equity, Attribution, and Reactance in Giving and Receiving Gifts of Clothing."

36. Lena Horne and Geitel Winakor, "A Conceptual Framework for the Gift-Giving Process: Implications for Clothing," *Clothing and Textiles Research Journal* 9, no. 4 (1991): 23-33.

37. "Average American Expects to Spend $825 on Christmas Gifts This Year" (November 1999). Available online at http://www.maritz.com/mmri/apoll.

38. Monica Gonzales, "Before Mourning," *American Demographics* (April 1988): 19.

39. Bob Tedeschi, "Letters to Santa Are No Longer Necessary," *The New York Times on the Web* (November 15, 1999). For an exploration of the role of the bridal salon in the performance of wedding rituals, see Cele Otnes, "Friend of the Bride, and Then Some: The Role of the Bridal Salon in Wedding Planning," in *Servicescapes: The Concept of*

Place in Contemporary Markets, ed. John F. Sherry (Lincolnwood, Ill.: NTC Press, 1998): 229-258.

40. Wendy Bounds, "Here Comes the Bride, Just a Mouse Click Away," *The Wall Street Journal Interactive Edition* (January 14, 1999).

41. Quoted in Cyndee Miller, "Nix the Knick-Knacks; Send Cash," *Marketing News* (May 26, 1997): 1, 13.

42. Quoted in "I Do... Take MasterCard," *The Wall Street Journal* (June 23, 2000): W1.

43. Deborah Kong, "Web Wish List," *Montgomery Advertiser* (November 8, 1999): 1A.

44. Hubert B. Herring, "Dislike Those Suspenders? Don't Complain, Quantify!," *The New York Times* (December 25, 1994): F3.

45. Karen Hyllegard and Johnathan Fox, "The Value of Gifts to College Students: The Impact of Relationship Distance, Gift Occasion, and Gift Type," *Clothing and Textiles Research Journal* 15 (1997), 103-114.

46. M. H. Rucker, L. Leckliter, S. Kivel, M. Dinkel, T. Freitas, M. Wynes, & H. Prato, "When the Thought Counts: Friendship, Love, Gift Exchanges and Gift Returns," in *Advances in Consumer Research* 18, ed. R. R. Holman & M. R. Solomon (Provo, UT: Association for Consumer Research, 1991).

47. Colin Camerer, "Gifts as Economic Signals and Social Symbols," *American Journal of Sociology* 94 (Supplement 1988): S180-S214.

48. Robert T. Green and Dana L. Alden, "Functional Equivalence in Cross-Cultural Consumer Behavior: Gift Giving in Japan and the United States," *Psychology & Marketing* 5 (Summer 1988): 155-168.

49. David Glen Mick and Michelle DeMoss, "Self-Gifts: Phenomenological Insights from Four Contexts," *Journal of Consumer Research* 17 (December 1990): 327; John F. Sherry, Jr., Mary Ann McGrath, and Sidney J. Levy, "Monadic Giving: Anatomy of Gifts Given to the Self," in *Contemporary Marketing and Consumer Behavior: An Anthropological Sourcebook*, ed. John F. Sherry, Jr. (New York: Sage, 1995): 399-432.

50. Quoted in Cynthia Crossen, "Holiday Shoppers' Refrain: 'A Merry Christmas to Me,'" *The Wall Street Journal Interactive Edition* (December 11, 1997).

51. See, for example, Russell W. Belk, "Halloween: An Evolving American Consumption Ritual," in *Advances in Consumer Research* 17, eds. Richard Pollay, Jerry Gorn, and Marvin Goldberg (Provo, Utah: Association for Consumer Research, 1990), 508-517; Melanie Wallendorf and Eric J. Arnould, "We Gather Together: The Consumption Rituals of Thanksgiving Day," *Journal of Consumer Research* 18 (June 1991): 13-31.

52. "A Many-Splendored Thing: 74% of Americans Celebrate Valentine's Day" (February 1999). Available online at http://www.maritz.com/mmri/apoll.

53. Bruno Bettelheim, *The Uses of Enchantment: The Meaning and Importance of Fairy Tales* (New York: Knopf, 1976).

54. "Halloween: Not Just for Kids Anymore" (October 1999). Available online at http://www.maritz.com/mmri/ apoll; Andrea Adelson, "A New Spirit for Sales of Halloween Merchandise," *The New York Times* (October 31, 1994): D1.

55. Anne Swardson, "Trick or Treat? In Paris, It's Dress, Dance, Eat," *International Herald Tribune* (October 31, 1996): 2.

56. Georgia Dullea, "It's the Year's No. 2 Night to Howl," *The New York Times* (October 30, 1988): 20.

57. Steve Rubenstein, "Events Take the Bite Out of Halloween," *San Francisco Chronicle* (October 21, 2001): A23, A29.

58. Rick Lyte, "Holidays, Ethnic Themes Provide Built-In F&B Festivals," *Hotel & Motel Management* (December 14, 1987): 56; Megan Rowe, "Holidays and Special Occasions: Restaurants Are Fast Replacing 'Grandma's House' as the Site of Choice for Special Meals," *Restaurant Management* (November 1987): 69; Judith Waldrop, "Funny Valentines," *American Demographics* (February 1989): 7.

59. Jane Ganahl, "From Newborn to Newly Adult, Communities Celebrate Life's Stages Rites of Passage," *San Francisco Chronicle* (December 30, 2001): E4.

60. Peter Hartlaub, "Wearing the Art of Polynesian Culture," *San Francisco Chronicle* (December 30, 2001): E4, E5.

61. Michael R. Solomon and Punam Anand, "Ritual Costumes and Status Transition: The Female Business Suit as Totemic Emblem," in *Advances in Consumer Research* 12, eds. Elizabeth C. Hirschman and Morris Holbrook (Washington, D.C.: Association for Consumer Research, 1985), 315-318.

62. "Divorce Can Be Furry," *American Demographics* (March 1987): 24.

63. Joan Kron, *Home-Psych: The Social Psychology of Home and Decoration* (New York: Potter, 1983); Gerry Pratt, "The House as an Expression of Social Worlds," in *Housing and Identity: Cross-Cultural Perspectives*, ed. James S. Duncan (London: Croom Helm, 1981), 135-179; Michael R. Solomon, "The Role of the Surrogate Consumer in Service Delivery," The Service Industries Journal 7 (July 1987): 292-307.

64. Grant McCracken, "'Homeyness': A Cultural Account of One Constellation of Goods and Meanings," in *Interpretive Consumer Research*, ed. Elizabeth C. Hirschman (Provo, Utah: Association for Consumer Research, 1989), 168-184.

65. "Elvis Evermore," *Newsweek* (August 11, 1997): 12.

66. James Hirsch, "Taking Celebrity Worship to New Depths," *The New York Times* (November 9, 1988): C1.

67. Emile Durkheim, The Elementary Forms of the Religious Life (*New York*: Free Press, 1915).

68. Susan Birrell, "Sports as Ritual: Interpretations from Durkheim to Goffman," *Social Forces* 60, no. 2 (1981): 354-376; Daniel Q. Voigt, "American Sporting Rituals," in *Rites and Ceremonies in Popular Culture*, ed. Ray B. Browne (Bowling Green, Ohio: Bowling Green University Popular Press, 1980): 125-140.

69. Dean MacCannell, *The Tourist: A New Theory of the Leisure Class* (New York: Schocken Books, 1976).

70. Belk, et al., "The Sacred and the Profane in Consumer Behavior."

71. Beverly Gordon, "The Souvenir: Messenger of the Extraordinary," *Journal of Popular Culture* 20, no. 3

(1986): 135-146.

72. Belk et al., "The Sacred and the Profane in Consumer Behavior."

73. Belk et al., "The Sacred and the Profane in Consumer Behavior."

74. Deborah Hofmann, "In Jewelry, Choices Sacred and Profane, Ancient and New," *The New York Times* (May 7, 1989): 66.

75. J. C. Conklin, "Web Site Caters to Cowboy Fans by Selling Sweaty, Used Socks," *The Wall Street Journal Interactive Edition* (April 21, 2000).

76. Dan L. Sherrell, Alvin C. Burns, and Melodie R. Phillips, "Fixed Consumption Behavior: The Case of Enduring Acquisition in a Product Category," *Developments in Marketing Science* 24 (1991): 36-40.

77. For an extensive bibliography on collecting, see Russell W. Belk, Melanie Wallendorf, John F. Sherry, Jr., and Morris B. Holbrook, "Collecting in a Consumer Culture," in *Highways and Buyways*, ed. Russell W. Belk (Provo, Utah: Association for Consumer Research, 1991): 178-215. See also Russell W. Belk, "Acquiring, Possessing, and Collecting: Fundamental Processes in Consumer Behavior," in *Marketing Theory: Philosophy of Science Perspectives*, eds. Ronald F. Bush and Shelby D. Hunt (Chicago: American Marketing Association, 1982): 185-190; Werner Muensterberg, Collecting: An Unruly Passion (Princeton, N.J.: Princeton University Press, 1994); Melanie Wallendorf and Eric J. Arnould, "'My Favorite Things': A Cross-Cultural Inquiry into Object Attachment, Possessiveness, and Social Linkage," *Journal of*

Consumer Research* 14 (March 1988): 531-547.

78. Peter Inton, "Barbie and Friend Help Raise Understanding," *San Francisco Chronicle* (July 26, 2000): D4.

79. Belk, "Acquiring, Possessing, and Collecting: Fundamental Processes in Consumer Behavior."

80. Quoted in Ruth Ann Smith, "Collecting as Consumption: A Grounded Theory of Collecting Behavior," unpublished manuscript, Virginia Polytechnic Institute and State University (1994), 14.

81. For a discussion of these perspectives, see Smith, "Collecting as Consumption: A Grounded Theory of Collecting Behavior."

82. Quoted in Erla Zwingle, "Goods Move. People Move. Ideas Move." *National Geographic* (August 1999): 12-33.

83. Joel L. Swerdlow, "The Power of Writing," *National Geographic* (August 1999): 128.

84. "Levi's Pulls Ad in Turkey after Group Complains," *San Francisco Chronicle* (December 24, 1998): D2.

85. Teresa Moore, "Barbie Doll to Get More Real," *San Francisco Chronicle* (November 18, 1997): A3.

86. Peter Inton, "Barbie and Friend Help Raise Understanding."

87. Theodore Levitt, *The Marketing Imagination* (New York: Free Press, 1983).

88. Brenda Sternquist, *International Retailing* (New York: Fairchild, 1998), 36.

89. Terry Clark, "International Marketing and National Character: A Review and Proposal for an Integrative Theory," *Journal of Marketing* 54 (October 1990): 66-79.

90. Sternquist, International Retailing.

91. Zwingle, "Goods Move. People Move. Ideas Move."

92. Sharon Edelson, "Shanghai Tang Closing Reflects Key Dilemma of Prestige vs. Profits," *Women's Wear Daily* (July 7, 1999): 1, 12-13; Anamaria Wilson, "Shanghai Tang Looks West," Women's Wear Daily (June 4, 2002): 15.

93. Matthias D. Kindler, Ellen Day, and Mary R. Zimmer, "A Cross-Cultural Comparison of Magazine Advertising in West Germany and the U.S.," unpublished manuscript, The University of Georgia, Athens (1990).

94. Marc G. Weinberger and Harlan E. Spotts, "A Situational View of Information Content in TV Advertising in the U.S. and U.K.," *Journal of Marketing* 53(January 1989): 89-94; see also Abhilasha Mehta, "Global Markets and Standardized Advertising: Is It Happening? An Analysis of Common Brands in USA and UK," in *Proceedings of the* 1992 *Conference of the American Academy of Advertising* (1992), 170.

95. Jae W. Hong, Aydin Muderrisoglu, and George M. Zinkhan, "Cultural Differences and Advertising Expression: A Comparative Content Analysis of Japanese and U.S. Magazine Advertising," *Journal of Advertising* 16 (1987): 68.

96. See, for example, Russell W. Belk and Güliz Ger, "Problems of Marketization in Romania and Turkey," *Research in Consumer Behavior* 7 (JAI Press, 1994): 123-155.

97. Sternquist, *International Retailing.*

98. David A. Ricks, "Products That Crashed into the Language Barrier," *Business and Society Review*

(Spring 1983): 46-50; "Speaking in Tongues," @ Issue: 3, no. 1 (Spring 1997): 20-23.

99. MTV Europe, personal communication, 1994; see also Teresa J. Domzal and Jerome B. Kernan, "Mirror, Mirror: Some Postmodern Reflections on Global Advertising," Journal of Advertising 22, no. 4 (December 1993): 1-20; Douglas P. Holt, "Consumers' Cultural Differences as Local Systems of Tastes: A Critique of the Personality-Values Approach and an Alternative Framework," Asia Pacific Advances in Consumer Research 1 (1994): 1-7.

100. Roberto Grandi, "Benetton's Advertising: A Case History of Postmodern Communication," Unpublished manuscript, Center for Modern Culture and Media, University of Bologna (1994).

101. "They All Want to Be Like Mike," Fortune (July 21, 1997): 51-53.

102. Quoted in Calvin Sims, "Japan Beckons, and East Asia's Youth Fall in Love," The New York Times (December 5, 1999): 3.

103. Jennifer Cody, "Now Marketers in Japan Stress the Local Angle," The Wall Street Journal (February 23, 1994): B1.

104. Güliz Ger and Russell W. Belk, "I'd Like to Buy the World a Coke: Consumptionscapes of the 'Less Affluent World,'" Journal of Consumer Policy 19, no. 3 (1996): 271-304.

105. "French Council Eases Language Ban," The New York Times (July 31, 1994): 12.

106. Material in this section adapted from Ger and Belk, "I'd Like to Buy the World a Coke"; Russell W. Belk, "Romanian Consumer Desires and Feelings of Deservingness," in Romania in Transition ed. Lavinia Stan, (Hanover, N.H.: Dartmouth Press, 1997): 191-208; see also Güliz Ger, "Human Development and Humane Consumption: Well Being beyond the Good Life," Journal of Public Policy and Marketing 16 (1997): 110-125.

107. Professor Güliz Ger, Bilkent University, Turkey, personal communication (July 25, 1997).

108. Erazim Kohák, "Ashes, Ashes... Central Europe after Forty Years," Daedalus 121 (Spring 1992): 197-215, quoted on p. 209, quoted in Belk, "Romanian Consumer Desires and Feelings of Deservingness."

109. Quoted in Sheryl WuDunn, "Cosmetics from the West Help to Change the Face of China," The New York Times (May 6, 1990): 16.

110. This example courtesy of Professor Russell Belk, University of Utah, personal communication (July 25, 1997).

111. Eric J. Arnould and Richard R. Wilk, "Why Do the Natives Wear Adidas: Anthropological Approaches to Consumer Research," in Advances in Consumer Research 12(Provo, Utah: Association for Consumer Research, 1985): 748-752.

112. Miriam Jordan, "India Decides to Put Its Own Spin on Popular Rock, Rap and Reggae," The Wall Street Journal Interactive Edition (January 5, 2000); Rasul Bailay, "Coca-Cola Recruits Paraplegics for 'Cola War' in India," The Wall Street Journal Interactive Edition (June 10, 1997).

113. Rick Wartzman, "When You Translate 'Got Milk' for Latinos, What Do You Get?," The Wall Street Journal Interactive Edition (June 3, 1999).

114. John F. Sherry Jr. and Eduardo G. Camargo, "'May Your Life Be Marvelous': English Language Labeling and the Semiotics of Japanese Promotion," Journal of Consumer Research 14 (September 1987): 174-188.

115. Bill Bryson, "A Taste for Scrambled English," The New York Times (July 22, 1990): 10; Rose A. Horowitz, "California Beach Culture Rides Wave of Popularity in Japan," Journal of Commerce (August 3, 1989): 17; Elaine Lafferty, "American Casual Seizes Japan: Teenagers Go for N.F.L. Hats, Batman and the California Look," Time (November 13, 1989): 106.

116. Lucy Howard and Gregory Cerio, "Goofy Goods," Newsweek (August 15, 1994): 8.

117. David Lyon, Postmodernity (Minneapolis: University of Minnesota Press, 1994).

118. Susan Kaiser, "Identity, Postmodernity, and the Global Apparel Marketplace," in The Meanings of Dress, eds. Mary Lynn Damhorst, Kimberly A. Miller, and Susan O. Michelman, (New York: Fairchild, 1999): 106-115.

119. Kaiser, "Identity, Postmodernity, and the Global Apparel Marketplace," 114.

제3장
패션 소비자 문화의 창조와 확산

조이가 애버크롬비 앤 피치 (Abercrombie & Pitch) 매장 안 선반 위의 물건들을 구경하고 있을 때 여자친구 아멘다가 그에게 표범무늬 카프리바지의 상태가 "너무 타이트하다."고 소리쳤다. 아멘다는 MTV 프로그램을 보다가 타이트한 스타일이 유행이라는 것을 알았고 조이 역시 그 붙는 바지가 아멘다에게 먼저 보인다고 생각했다. 매장 다른 쪽에서 조이는 자신에게 잘 어울릴 만한 근사한 바지를 찾았다. 조이와 아멘다는 고른 바지들을 계산하며 새 바지를 입고 학교 가는 날을

상상해 보았다. 그들의 고등학교 친구들은 남성 그룹 엔싱크('N Sync), 여성 그룹 데스트니스 차일드 (Destiny's), 또는 다른 유행 그룹 멤버들의 패션을 앞다투어 따라하며, '쿨'하게 보이고 싶어한다. 그들은 그 옷들을 몇 달 뒤에도 계속 입을 것인지는 생각하지 않는다. 조이는 단지 잡지와 인터넷을 통해 여러 패션정보를 얻고 자기에게 맞는 사이즈를 알고 있을 뿐인데 아마도 브롱스의 학교 친구들은 뉴욕 근처에도 가 보지 않은 조이가 패션 감각 있는 뉴욕 사람인 듯 바라 볼 것이다.

1. 문화의 창조

도시에 사는 청소년들은 그 연령대 인구의 8%밖에 되지 않고 교외에 거주하는 백인 청소년보다 훨씬 수입이 낮지만 젊은 층의 음악과 패션에 많은 영향을 끼친다. TV 채널 중 MTV를 켜면 곧바로 랩 뮤직 비디오가 화면 가득 나오고, 신문이나 잡지 판매대에 가면 청소년들을 위한 잡지들이 가득하다. 수많은 인터넷 사이트들은 힙합 문화와 나이트 클럽 문화를 생생하게 전달한다.[1]

특히 많은 주요 매장에 '도시'적인 느낌의 패션이 퍼지면서 메이시스(Macy's)와 제이시 페니(J.C.Penny)에는 광택이 나는 새틴 야구 재킷과 후부(FUBU, for us by us) 브랜드의 루프가 달린 헐렁한 바지, 플리스 T셔츠는 젊은 중산층 쇼핑객들을 유혹한다. 특히, 후부 매장의 경우 교외지역의 백인 소비자들이 매장 매출의 40%를 차지한다. 귀족풍의 이미지인 랄프 로렌이 힙합 스타일의 소비자를 공략하기 위해 폴로 진스를 출시한 것처럼 백인 중심 이미지의 고급 브랜드들은 대중적인 젊은 소비자들을 타겟으로 하는 라인을 출시하고 있다.[2] 어떻게 이런 하위 문화가 대중시장에 영향을 줄까? 미국인들은 인위적인 행동과 포장된 모습은 보이지 않고 돈과 명예를 얻은 아웃사이더 스타들에게 항상 매력을 느낀다. 한 도시의 청소년 연구에서는 "사람들은 압박감이나 우울증과 같은 감정에서 벗어나기 위해 흑인들의 랩 음악을 듣는다."라고 조사되었다.[3]

조이는 엄마가 그의 방에서 담배를 발견한 후부터 부모님에 대한 압박감을 느끼기 시작했다. 그는 중서부 지방의 백인 중산층 거주 지역에서 살고 있으나, 다른 먼 지역에서 유행하는 스타일을 입는 청소년층 소비자들과 유대감을 느낀다. 교외 지역의 백인 청소년이 이런 힙합 스타일 옷을 입는 것은 뉴욕이나 LA 거리에서 흔히 볼 수 있는 힙합족들과는 다른 메시지를 전달한다. 지금 입고 있는 스타일이 '최신유행'으로 해석될 수도 있겠지만, 이는 그 아이템이 더 이상은 유행이 아니며, 다른 스타일로 변화할 시기라는 것을 알리는 신호라 할 수 있다.

우리가 알고 있는 큰 회사들은 도시의 운치, 멋이라 불리는 흑인 문화에서 다음의 패션 아이템을 찾기 위해 노력한다. 예를 들어 1926년 이탈리아 속옷 브랜드로 시작한 휠라(Fila)는 스키와 테니스와 같은 백인들의 스포츠 시장에 뛰어 들었었다. 10년 후 테니스 유행이 지나가면서 다른 마켓을 찾았고, 인기 흑인 랩퍼 헤비 디가 백인 사회에서 자기의 존재감을 나타내기 위해 휠라의 운동복을 입었을 때 그 흐름을 이용하여 젊고 신나는 힙합 분위기를 브랜드 이미지에 이용하였다. 이 흐름에 따라 휠라는 오늘날 스니커즈 시장에 뛰어들어 3대 스니커즈 마케터로서 5억7천5백만 달러 수익을 올리며 다시 한번 브랜드 도약을 하고 있다.[4]

도시의 소수 흑인 문화를 바탕으로 한 힙합 음악과 패션이 어떻게 미국의 대표 문화가 되었을까? 이 문화 역사에 대해서 알아보면 다음과 같다.

- 1968년 : 힙합은 뉴욕 브롱스 지방에서 자메이카 태생 디제이 쿨 허크(DJ Kool Herc)가 창안하였다.

- 1973~1978년 : 도시의 여러 집단들은 브레이크 댄스, 낙서와 같은 특징적인 문화를 선보였다.

- 1979년 : 슈가 힐(Sugar Hill)이라는 작은 레코드 회사는 처음으로 랩을 상품화했다.

- 1980년 : 벽 낙서 예술가들은 맨해튼 예술 갤러리에서 전시회를 열었다.

- 1981년 : 블론디의 노래 'Rapture'가 순위권 1위를 했다.

- 1985년 : 콜롬비아 레코드사는 데프 잼(Def Jam) 상표권을 매입했다.

- 1988년 : MTV는 'Yo! MTV Raps' 프로그램을 시작했다.

- 1990년 : 할리우드는 힙합 영화 하우스 파티(House Party)를 제작하였고 백인 래퍼 바닐라아이스와 아이스-티의 랩 앨범은 대학가에서 크게 유행하였다. 또한, 방송국 NBC는 윌 스미스 주연의 새로운 시트콤 프레시 프린스 오브 벨 에어(Fresh Prince of Bel Air)를 시작했다.

- 1991년 : 인형 및 아동 엔터테이너 브랜드인 마텔(Mattel)은 랩 스타 해머 인형을 시장에 내놨고 유명 디자이너 칼 라거펠드(Karl Largerfeld)는 샤넬 컬렉션에서 광택 있는 비닐 비옷과 체인 벨트를 선보였다. 또한 디자이너 샤로뜨 뉴빌레(Charlotte Neuville)는 야구모자와 어울리는 금색 비닐옷을 8백 달러에 판매하였고, 블루밍데일스(Bloomingdale's)의 맨해튼 매장에서는 앤 클라인(Anne Klein)의 새로운 랩 스타일 옷을 런칭하는 랩 퍼포먼스가 열렸었다.

- 1992년 : 래퍼들은 허리선이 낮은 배기 청바지를 입기 시작했고 백인 래퍼 마키 마크는 캘빈 클라인의 속옷 광고 모델로 등장하였다. 시카고 출신의 유명 프로듀서이자 작곡가인 퀸시 존스는 힙합에 관한 잡지를 새롭게 내보였고 많은 백인 구

독자들이 그 잡지에 대해 관심을 보였다.[5]

- 1993년 : 힙합 패션과 힙합 문화의 은어는 소비자 문화의 중심으로 계속되었다. 코카 콜라는 타겟 마켓의 많은 시청자들이 '항상'을 뜻하는 은어 '24-7'(24시간, 7일)를 알고 있을 것이라는 전제로 광고에 사용하였다.[6]

- 1994년 : 이탈리안 디자이너 베르사체(Versace)는 도시의 젊은 소비자들을 타겟으로 큰 사이즈 오버롤을 선보였다. 한 광고 문구에서는 "래퍼나 집에서 입는 큰 사이즈 오버롤. 세련된 디자인이면 안 되나요?"라고 묻는다.[7]

- 1996년 : 상대적으로 낮은 가격대의 정장 스타일 브랜드였던 토미 힐피거(Tommy Hilfiger)는 힙합 스타일로 디자인을 바꿨다. 그는 그랜드 푸바(Grand Puba)와 체프 래권(Chef Reakwon)과 같은 랩 아티스트에게 편한 디자인 옷을 입게 해주었고 그들의 노래에는 토미 힐피거의 이름이 나오기도 했다. 밴드의 여러 멤버들이 힐피거 브랜드 옷을 즐겨 입은 퍼지스(Fugees)는, 1996년 9월 **롤링 스톤즈**(Rolling Stones) 앨범에 특별 출연하였다. 같은 해에 힐피거는 메서드 맨(Method Man)과 랩 스타들을 패션쇼 무대 모델로 내세우기도 했다.[8]

- 1997년 : 코카 콜라는 시트콤 인 더 하우스(In the House) 중간에 래퍼 엘엘 쿨 제이(LL Cool J)가 등장하는 광고를 내보냈다.[9]

- 1998년 : 캐주얼 브랜드 도커스(Dockers)와의 캐주얼 마켓 경쟁이 심해지면서 갭은 첫 글로벌 광고를 시작하였다. 광고는 '카키 그루브(Khakis Groove)'라는 테마로 빌 메이슨의 음악에 힙합 댄스 퍼포먼스를 선보였다.[10] 뉴욕에서 열린 바이브스타일(Vibestyle)이라고 도시지향적인 무역쇼가 상당히 주목을 받았다. 쇼는 힙합음악과 엔터테인먼트, 후부와 토미 힐피거와 같은 유명한 브랜드의 전시도 있어, 힙합을 분명하게 보여주었다.

- 1999년 : 퍼프 대디(Puffy Dady)와 같은 래퍼들은 부유층 소비자들에게 어필할 수 있는 브랜드를 런칭하는 사업가가 되었다. 후부, 메카(Mecca), 인이치(Enyce)와 같은 힙합 브랜드는 큰 성공을 거두었다.[11] 이탈리아의 세계적 디자이너 아르마니(Armani)의 후원 파티에서 세계적인 힙합 프로듀서이자 래퍼인 로린 힐(Lauryn Hill)과 힙합 그룹 퍼지스는 노래를 불렀고, "우리는 훌륭한 옷을 입게 해 준 아르마니에게 감사하다"라고 말했다.[12]

- 2000년 : 힙합은 디지털과 이어졌다. 힙합 문화를 나타내는 많은 웹사이트들이 등장했고 소비자들은 윌 스미스와 버스타 리듬과 같은 래퍼들의 뮤직 비디오를 보며 옷과 음악을 쇼핑할 수 있게 되었다[13](www.hiphopdirectory.com을 방문하면 힙합에 관한 많은 정보를 얻을 수 있다). 2000년에 열린 바이브스타일 패션쇼는 농구장을 배경으로 '새로운 젊음'이라는 테마를 선보였다(스포츠 패션, 스트리트 패션, 옛 패션의 재연(retro), 실용성 등을 결합하였다).[14] 그러나 힙합 마켓이 성장하면서 스포츠와 클럽 패션은 점점 사라지고 힙합 패션쇼는 격자 무늬의 모직물 셔츠와 브이넥 스웨터를 소개하기 시작했다.[15]

- 2001년 : 샌프란시스코에서 열린 '힙합 국가(Hip-hop Nation)' 전시회는 앞으로 30년 동안의 힙합과 랩음악의 역사적, 사회적, 정치적인 맥락을 선보였다.[16]

하위문화의 상징으로써 소수에게서만 사용된 것들이 점차 받아들여지게 되어 주류문화(mainstream culture)로 이어지게 되는 경우가 많다. 이 때, 문화의 상징적 제품은 모두가 **문화 흡수**(coopation) 과정을 거치게 되고, 본래의 상징적 의미는 점차 변형되게 된다. 예를 들어 랩 음악은 이제 젊은 흑인층과의 연관성은 멀어지고 다양한 소비자들에게 받아들여지는 엔터테인먼트 중 하나가 되었다.[17] 한 힙합 작곡가는 '힙합 국가' 문화 중심에 백인의 영향이 커지고 있다고 생각한다. 힙합 문화의 중심에는 흑인 문화를 정확히 알고 이해하는 집단이 있다. 중심의 다음 단계는 친구 또는 가까운 사람들을 통해 힙합 문화의 상징들을 접하지만 스스로는 랩을 부르거나 브레이크 댄스는 추지 않는다. 그 다음 단계 집단은 다른 음악들 중에서 힙합 음악을 선택해서 연주한다. 그리고 마지막 단계 집단은 유행을 좇으려고 노력하는 백인 집단과 같은 그룹을

클로즈업 | T-Shirt

브랜드 엑스 라지(X-Large)의 마케팅 및 홍보 디렉터 마크 쉬로저(Mark Schlosser)는 "어떤 의류들보다 개성과 성질이 강한 것은 티셔츠이다. 사람들은 이 작은 티셔츠를 가지고 많은 것을 이야기한다."라고 했다. 브랜드 엑스 라지는 비스티 보이즈(Beastie Boys)의 멤버인 마이크 D가 공동 창립하

여 힙합, 레이브, 스케이트 보드 스타일을 생산하는 작은 회사였지만 현재는 면티셔츠도 생산하는 회사가 되었다. 도시 소비자들을 중심으로 엑스 라지의 여러 종류 면 티셔츠가 판매된다. 가수 알리야의 스타일리스트 데릭 리는 "티셔츠는 적당한 가격으로 자기를 표현할 수 있는 아이템이다."라고 했으

며 제이 지(Jay-Z)와 같은 스타일을 추구하는 가수 킴은 "청소년들이 예술가나 연예인들에게 받은 영향은 티셔츠를 통해 알 수 있으며 그들이 입은 로고 티셔츠를 통해 생활과 패션을 알 수 있다."라고 했다. 티셔츠는 도시 생활의 기본이다.
출처 : www.platform.net

그림 3-1 의미 전달

출처 : Adapted from Grant McCracken, "Culture and Consumption : A Theoretical Account of the Structure and Movement to the Cultural Meaning of Consumer Goods," *Journal of Consumer Research* 13 (June 1986) : 72. Reprinted with permission of The University of Chicago Press.

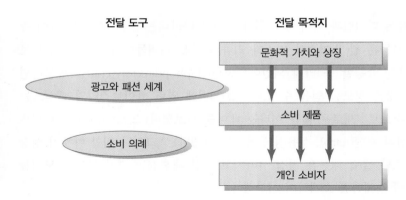

가리킨다.[18] 힙합 패션과 노래의 유행은 어떤 집단의 문화와 본질이 재해석되어 대량 소비 문화로 받아들여지는 현상의 대표적인 예이다.

이번 장은 문화가 매일 소비되는 수많은 제품의 의미를 어떤 방식으로 창조하며 이런 의미들이 사회를 통해 어떻게 소비자들에게 전달되는지 설명한다. 그림 3-1에서 보여주는 것과 같이 전반적으로 광고와 같은 마케팅 도구 혹은 소비의례 등의 전달도구를 통해 문화적 가치와 상징성을 나타내는 패션제품이 소비자에게 전달되면서 패션제품의 상징적 의미를 부여하게 된다. 이렇게 일상생활에서 이러한 패션제품을 사용함으로써 소비자들이 정체성을 창조하고 표현할 수 있다.[19]

1) 문화의 선택

표범무늬 바지, 젖꼭지 뚫은 링, 바닥이 두꺼운 여성 신발, 스시(sushi), 첨단 기술 가구, 포스트 모던 건축, 인터넷 채팅, 카페인이 없는 카푸치노 두 잔과 조금의 시나몬 케익 등과 같이 우리는 다양한 스타일과 가능성들로 가득찬 세계에 산다. 우리가 입는 옷, 우리가 먹는 음식, 우리가 운전하는 자동차, 우리가 살고 일하는 곳, 우리가 듣는 음악 등 이 모든 것들은 대중 문화와 패션에 의해 썰물과 밀물 같이 영향을 받는다.

소비자들은 가끔 시장에서의 수많은 선택에 의해 압도됨을 느낄 것이다. 넥타이 같은 것을 일상적으로 결정하는 사람은 선택을 위해 수많은 대안을 갖는다. 이러한 표면적인 풍부함에도 불구하고, 사실상 소비자들에게 유용한 선택권은 아주 적은 부분에 불과하다.

여러 개 중에 어떤 대안의 선택(드레스, 자동차, 컴퓨터, 음반예술가, 정치 입후보자, 종교나 심지어 과학적 방법론들)은 깔대기와 유사한 복잡한 여과과정의 가장 위쪽

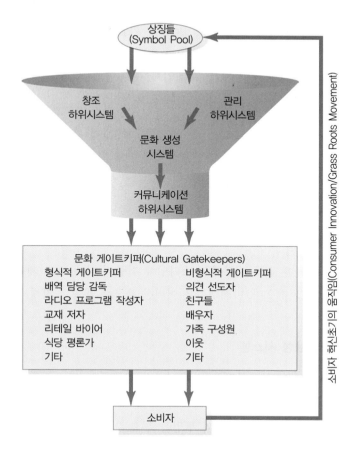

그림 3-2 문화 생성 과정
출처 : Adapted from Michael R. Solomon, "Building Up and Breaking Down : The Impact of Cultural Sorting on Symbolic Consumption," in *Research in Consumer Behavior*, ed. J. Sheth and E. C. Hirschman ⓒ1988, pp. 325-351, with permission from Elsevier Science.

에 위치한다(그림 3-2). 처음에 많은 가능성들이 채택되려고 경쟁하는데, 이들은 **문화적 선택**(cultural selection)의 과정에서 꾸준히 걸러지면서 소비로 이어지게 된다.

우리의 취향과 특정 상품에 대한 선호는 아무것도 없는 상황에서 일어나지 않는다. 선택들은 대중 매체들을 통해 보여지는 이미지, 우리를 둘러싸고 있는 것에 대한 관찰, 마케터들이 만들어낸 상상의 세계에 의해 영향을 받는다. 올해에 '유행했던' 의복 스타일이나 음식이 내년에는 '사라질지도' 모른다. 이런 선택들은 계속적으로 발전하며 변화한다.

힙합 스타일에 대한 조이와 친구들 간의 패션 경쟁은 유행하는 문화의 성격을 잘 보여준다.

• 패션은 뿌리깊은 사회 트렌드(예를 들어 정치와 사회의 상황 등)를 반영한다.

- 일반적으로 패션은 디자이너들과 마케터들의 계획적 발상과 일반 소비자들에 의한 자발적 행동 사이의 상호작용에 의해 시작된다. 소비자들이 원하는 것을 정확히 예측하는 디자이너, 제조업체, 유통업체들은 성공할 것이며, 이 과정에서 그들은 이런 아이템들의 대량 유통을 촉진시킨다.

- 이런 문화적 상품들은 전 세계적으로 넓게 확산될 수 있다. 대중 매체에 영향력 있는 사람들은 성공할 상품을 결정함에 있어 중요한 역할을 한다.

- 어떤 패션은 비교적 소규모 집단의 구성원들에 의해 위험하거나 독특한 주장으로 시작된다. 그리고 나서 다른 사람들이 그 패션을 알게 되어 점점 퍼져나가고 그것을 시도하는 것에 자부심을 느낀다.

- 사람들은 결국 대부분의 스타일에 싫증이 나게 되고 계속 자신을 표현하는 새로운 방법을 찾으며, 마케터들은 이러한 욕구를 계속 유지해 주기 위해 서로 경쟁한다.

2) 문화 생성 시스템

어떤 한 사람의 디자이너, 회사나 광고 대행사가 대중문화 창조를 전적으로 책임질 수는 없다. 그것이 새로운 의복스타일이든, 히트한 음반이든, 자동차든 간에 모든 제품은 많은 다양한 참여자들의 투입을 필요로 한다. 하나의 문화적 제품의 창조 및 마케팅을 책임지는 사람들과 조직의 세트를 **문화 생성 시스템**(Culture Production System; CPS)이라고 한다.[20]

상품의 유형은 이 시스템이 진행되는 과정에서 자연스럽게 결정된다는 것이 이 시스템의 본질이다. 경쟁자들의 숫자와 경쟁시스템의 수와 다양성, 그리고 혁신성 대 동조성과 같은 요인들이 중요하다. 예를 들어 의류 산업의 높은 경쟁률 때문에 디자이너와 제조업체들은 경쟁자들과는 다른 독특함을 유지하기 위해 노력하지만 그 동시에 리미티드, 갭과 같은 대중시장을 타겟으로 하는 회사들과, 캘빈 클라인, 랄프 로렌, 토미 힐피거, 도나 카렌과 같은 고가시장을 타겟으로 하는 강력한 브랜드가 전체적으로 비슷해 보이는 결과가 나타난다. 패션 산업의 합병은 점점 디자이너들이 독립적으로 일할 수 없는 환경을 만드는 반면, 작은 회사들은 큰 회사들보다 융통성이 있고, 독립성을 유지함으로써 회사의 방향과 생산품질을 보다 잘 통제할 수 있다고 한다.[21]

문화 생성 시스템의 구성원들이 다른 구성원들의 역할을 반드시 알아야 하거나 평가할 필요는 없지만, 다양한 대리인들이 대중문화를 창조하기 위해 함께 일한다.[22] 각 구성원은 그들의 특별한 이미지와 스타일을 창조하여 소비자들의 시선을 끌기 위해 최선을 다한다. 물론, 소비자들의 취향을 꾸준히 예측할 수 있는 사람들은 언제나 성공할 것이다.

(1) 문화 생성 시스템의 구성

문화 생성 시스템은 세 가지 주요 하위시스템으로 이루어져 있다 : (1) 창조 하위시스템 (creative subsystem)은 상징이나 제품을 만드는 책임을 진다. (2) 관리 하위시스템(a manaterial subsystem)은 새로운 상징 또는 제품의 선택, 유형화, 대량생산, 유통 관리에 책임을 진다. (3) 커뮤니케이션 하위시스템(communication subsystem)은 신제품에 의미를 부여하고 소비자에게 전달된 상징적 속성을 제품에 제공하는 책임을 진다.

표 3-1 패션 산업의 의류 전문가

전문가	역할
디자이너	구체적인 아이템들을 디자인하고 이런 디자인을 머슬린 직물을 이용하여 패턴을 만들어 구체화시킨다.
머천다이저	미래의 스타일과 트렌드를 조사하고 각 시즌의 아이템 양을 결정한다.
원부자재 바이어	모든 원료 및 소재를 구매한다.
원가 계산가	각 아이템의 제조 원가와 도매가격을 분석한다.
품질 관리가	상품의 기준을 세우고, 문제를 인식하고 해결하기 위해 노력한다.
패턴 제작자	샘플을 위한 완벽한 패턴을 생산한다.
그레이더	패턴을 사이즈화한다.
마커 메이커	재단을 위해 직물 위에 패턴을 놓는다.
재봉하청업체	전체적인 재봉을 맡는다.
제조업체 리포터	리테일 바이어들에게 샘플을 보여준다.
리테일 바이어	현재 유행하는 마켓 트렌드를 조사하고 마켓에서 성공할 상품을 구매한다.
계획자	각각의 매장에 주문 할 물류의 양을 결정하고 바이어와 같이 일한다.
관리자	리테일러의 회계 계획을 관리한다.
매장 매니저	일어날 수 있는 문제에 대비하고 전체 스태프들을 지휘하며 재고의 흐름을 관리한다.
머천다이저 매니저	상품 계획, 구매, 광고를 발전시킨다.
판매 매니저	재고의 입고와 흐름을 지휘한다.
판매사원	상품을 판매하고 소비자들에게 정보를 제공하며 매일 판매 금액을 맞춘다.
광고부서	상품에 대한 추상적인 아이디어들을 발전시켜 광고화한다.

인터넷 웹사이트는 어느 때보다 다른 브랜드들의 디자인을 모방하기 쉽게 한다. 즉 모방 상품이 고가격의 오리지널 상품과 거의 동시에 출시되는 것이다. 퍼스트 뷰는 웹사이트 www.firstview.com를 통해 디자이너샵의 최신 디자인들을 모방한 상품들을 공개한다. 이런 현상은 어느 봄 컬렉션에서 심각하게 나타났는데 컬렉션의 사진사들에게 그들의 촬영 사진을 인터넷에 유포하지 않는다는 계약을 요구하기도 한다.[23]

패션 아이템을 위한 문화 생성 시스템의 주요 세 가지 구성 요소에는 (1) 디자이너 (창조 하위시스템, 캘빈 클라인과 같은 유명 디자이너들), (2) 기업(관리 하위시스템, CK Jean을 제조하고 유통하는 라이센싱 회사), (3) 광고와 홍보 에이전트(커뮤니케이션 하위시스템, 청바지를 소비자들에게 알리는 광고 회사)가 있다. 표 3-1에서는 유행할 새로운 패션을 창조하는 많은 문화 전문가들 중 몇 명을 열거했다.

(2) 문화 게이트키퍼

판단가들(judges)이나 취향을 만들어내는 사람(tastemakers)은 소비자들에게 최종적으로 제공되는 제품들에 영향을 미친다. 이런 **문화 게이트키퍼**(cultural gatekeeper)들은 넘쳐나는 정보와 자료들을 여과하는 책임을 갖는다. 이 문화 게이트키퍼들은 잡지 에디터, 리테일 바이어, 영화와 식당 평론가, 인테리어 디자이너를 포함한다. 종합적으로 이러한 일련의 대리인들을 통과해야 할 부분(thoughput sector)이라고 한다.[24] 의류 디자이너들에게 가장 중요한 문화 게이트키퍼 중 하나는 각 시즌 새로운 컬렉션을 평가하고 광고하는 WWD(Women's Wear Daily)이다. WWD의 부정적 기사는 새로운 것을 시도하려는 디자이너들에게 치명적일 수 있기 때문이다.

3) 고급 문화와 대중 문화

유명한 클래식 작곡가와 랩 가수의 공통점은 무엇인가? 대부분 사람들은 이들의 유일한 공통점은 음악과 관련되어 있다는 것뿐이라고 생각한다. 문화 생성 시스템은 많은 종류의 상품들을 만들어 내지만 제품의 특성에 따라 기본적인 차이점을 생각해 볼 수 있다.

(1) 예술과 공예

예술과 공예작품 사이에는 한 가지 차이점이 있다.[25] 우선 **예술상표**(art product)은 기능적인 가치 없이 미적인 면만을 목적으로 만들어진 반면 **공예상표**(craft product)은 기능적인 면과 미적인 면을 동시에 수반한다(예를 들어 수공예로 만든 도자기 재떨이). 예술 작품은 독창적이고, 신비적이고 가치가 있으며 전형적으로 상류 계층과 연관된다. 공예품은 빠른 생산 과정을 거친 대중 제품이다. 이런 공식에 따르면 엘리트 문화는 순수한 미적 맥락에서 생성되는 고전적인 문화라고 여겨진다. 그것이 고급문화, 즉 '순수예술(serious art)' 이다.[26]

(2) 패션과 예술

의복과 패션은 예술 작품일까 공예 작품일까? 기계가 아닌 손으로 프린트한 실크 기모노는 기능적인 면이 있더라도 예술 작품에 가깝다. 이와 같은 아이템은 대부분 누군가에게 입혀지기보다는 전시만 되어진다. 박물관이나 상류층이 소장하고 있는 만 달러가 넘는 어떤 하이 패션 상품은 예술 작품이다. 반면, 패션을 정의하자면 이윤을 창출하기 위해 대중시장에서 판매될 목적으로 디자인되고 만들어지는 것이기 때문에 이것은 예술이라 할 수 없다. 순수 예술가들은 오리지날이 아닌 복제된 대량생산품에 신경을 쓴다.

2000년대 초 디자이너 질 샌더(Jil Sander)가 창조성과 가격 사이에서 혼란스러워 하며 프라다(Prada) 그룹에서 사직하였을 때 예술과 상업주의 사이에서 패션이 이슈화되었다. 디자이너들은 대량생산 마켓에 참여할 때 그들의 창조에 대한 노력이 줄어 들까봐 걱정한다. 하지만 거대한 디자인 하우스들은 자금력으로 그들의 디자이너들에게 창조성과 상업성을 동시에 제공하였다.[27] 디올(Dior)의 존 갈리아노(John Galliano)와 루이뷔통(Louis Vuitton, LVMH)의 알렉산더 맥퀸(Alexander McQueen)이 대표적인 예이다. 이런 흐름으로 LVMH와 프라다와 같은 거대한 그룹들은 이 두 가지를 연결하는 구매할 수 있는 가격과 유행하는 스타일을 제공하여, 낮은 가격으로 디자이너 로고 제품을 판매할 수 있게 되었다. 도나 카렌이 DKNY와 같은 대량생산 라인을 가지고 있지만, 갭과 같은 낮은 가격의 대량 유통을 뜻하는 것은 아니다. 그녀는 "난 패션에서도 예술적인 면이 필요하다고 생각한다. 패션은 인간의 몸을 위한 조각 작품이다." 라고 말한다.[28] 그러나 패션은 비즈니스이고 기본적인 목적은 옷을 판매하여 이윤을 창출하는 것이다.

프랑스 디자이너 라크르와(Lacroix)는 패션과 예술에 대한 개념을 "나는 입혀지지 않는 드레스도 존재해야 된다고 생각한다. 내 상상력을 훨씬 뛰어넘는 이런 창의적인 디자인은 무대에서 볼 수 있을 것이다. 혹은 개념적인 예술을 추구하려면, 갤러리에서 나의 가장 급진적인 아이디어를 보여주어 나 자신을 표현하거나, 내 근본적인 모습을 갤러리에서 보여줄 수 있는 개념 미술 쪽으로 관심을 돌렸다." 고 하였다.[29] 이와 같이 그는 패션과 예술을 연장선에 놓았다. 레이 카와쿠보(Rei Kawakubo)는 "패션은 예술이 아니다. 예술은 박물관, 갤러리, 또는 집을 위한 것이다. 하지만 패션은 살아 있는 것이고 입혀지는 것이다. 내가 흥미로워하는 것은 다른 종류의 여러 창조품들이 함께 나왔을 때 발생하는 시너지 효과이다. 이것은 미와의 제휴이고 예술과 패션의 만남 또는 패션 안에서 패션이거나 예술이라는 의미이다."라고 말했다.[30]

프랑스 왕족의 디자이너 샤를르 워스(Charles Worth)가 1860년대 이후 미국에서 활동을 시작하면서 처음으로 패션과 예술에 대한 개념이 시작되었다. 그 전까지 디자이너

알렉산더 맥퀸과 다른 하이 패션 디자이너들은 경제적 지원을 보장받음으로써 그들의 환상적 디자인들을 많은 사람들에게 보여줄 수 있게 되었다.

들은 그들의 '예술' 작품을 팔지 않았다. 예술과 패션 사이를 가장 효과적으로 연결한 시기는 1930년대였고 디자이너 엘사 스키아파렐리(Elsa Schiaparelli)가 살바도르 달리(Salvador Dali)와 같은 초현실주의자들과 함께 기여했다.[31]

피터 울렌(Peter Wollen)은 "옷감을 가지고 무언가를 만드는 것은 전통적으로 예술보다는 공예로 여겨졌다. 하지만 예술과 공예 사이에서 의복은 200년 동안 계속 이슈화되었다."라고 지적했다.[32] 모든 예술 평론가들이 패션의 상업성이 예술의 개념과 상반된다는 의견에 동의하는 것은 아니다. 1965년 입생 로랑(Yves Saint Laurent)의 몬드리안(Mondrian)식 드레스와 같이 어떤 예술 작품에서 영감을 얻어서 제작된 패션 상품들도 많기 때문이다.

패션은 가끔 미술관에서 예술적 형식으로 표현되고 다른 예술 작품들과 함께 연결지어진다. 삭스 피프스 에비뉴의 프로젝트(Saks Fifth Avenue's Project) 또는 예술 컬렉션(Art Collection)은 대중들이 즐길 수 있도록 세계의 패션, 예술, 디자인을 연결하고자 하는 좋은 예가 될 수 있다. 예술 컬렉션은 전국적인 SFA 매장에서 천 가지 이상의 예술 작품들을 전시해야 한다. 프로젝트 아트(Project Art)는 갤러리 공간과 같은 쇼핑몰 윈도우를 이용하여 사진 작가 윌리엄 웨그맨(William Wegman), 조각가 찰스 롱(Charles Long), 화가 케니 샤프(Kenny Scharf)의 작품들을 진열하기도 했다. 또한, 랄프 로렌과 베르사체가 있는 뉴욕의 쇼핑몰 메디슨 에비뉴는 예술가와 그들의 작품을 이용하여 '패션과 예술이 만나는 곳'이라고 광고했으며 지역 갤러리 예술 작품을 패션 아이템 옆에 진열하기도 했다.[33]

많은 박물관과 전시회에서 패션 상품들을 진열하고 있으며 패션과 예술을 연결하여 기획한 전시회들은 아래와 같다. 그리고 가장 최근에 열렸던 예술적 움직임과 패션의 관계를 나타낸 리차드 마틴(Richard Martin)의 마지막 전시 'Cubism and Fashion'은 파올로 피카소(Pablo Picasso)와 조지 브라크(Georges Braque)에 의해 런칭되었다.

- 1980년대 유명 디자이너 이세이 미야케(Issey Miyake)의 작품은 백화점에서 판매되는 동시에 박물관에서 처음 전시되었고(샌프란시스코 박물관의 모던 예술관), 그 후 이런 예는 많이 있었다.

- 뉴욕의 메트로폴리탄 예술 박물관의 복식연구소는 '1985년 입생 로랑의 25년',

피터 트레이너(Peter Trynor)의 팝 아트 신발은 앤디 워홀(Andy Warhol)을 연상하게 한다. 트레이너는 "신발은 사람들의 생활 안에서 일어날 수 있는 예술 작품이다."라고 했다.

1998년 지아니 베르사체의 죽음 후 그의 작품에 대한 회고전과 같은 주목할 만한 많은 전시회를 열었었다(41만 명이 넘는 관객들이 전시회를 관람했고 전시회의 관장 리차드 마틴은 "이 전시회는 어느 누가 생각한 것보다도 패션이 어떻게 문화적 역할을 했는지 보여준다."라고 표현했다[34]).

- 오랫동안 Fashion Institute of Technology의 박물관은 패션 컬렉션을 전시해 왔다. 리차드 마틴이 후견인으로 있는 동안 그는 'Three Women'(Claire McCardell, Rei Kawakubo, Madeleine Vionnet), 'Fashion and Surrealism', 'Splash!', 'Jocks and Nerds'와 같은 획기적인 전시회들을 기획했었다.

- 1996년, 비엔날 디 피렌체(Biennale di Firenze , Florence, Italy)는 프란카 소짜니(Franca Sozzani)가 후견하고 잡지 이탈리아 보그가 에디트한 'Art/Fashion'을 전시하였다. 이 전시회는 예술가와 패션 디자이너 사이에 협력적인 관계를 나타냈다. 이 전시회는 뉴욕의 구겐하임의 소호 매장들을 순회하며 보여졌다.

- 패션 디자이너들과 리테일러들은 예술 전시회를 후원했다. 1996년 도나 카렌은 휘트니 박물관의 아메리칸 예술관에서 "New York New York : City of Ambition" 전시회를 후원했다. 1998년 캘빈 클라인은 파리에서 맨 레이(Man Ray) 전시회를 후원하였다. 바나나 리퍼블릭(Banana Republic)은 BMW, Luthansa와 함께 '모터사이클의 예술(The Art of the Motorcycle)' 전시회를 후원하였다.

- 1999년에 런던의 헤이워드(Hayward) 갤러리는 '예술과 패션의 100년'을 선보였다.

- 나이키는 새로 출시된 에어 프레스토(Air Presto) 스니커즈를 뉴욕 갤러리에서 전시하였다. 나이키는 "우리는 우리의 제품을 예술로 승화하려 한다. 우리는 새롭게 출시된 가볍고 편한 에어 프레스토 스니커즈를 통해 스니커즈를 새롭게 정의 하려 한다."라고 표현했다.[35]

- 좀더 논쟁적이고 관심을 모은 전시회는 2000년 가을 뉴욕과 비바오 구겐하임에서 인 스타일(In Style) 잡지 후원으로 열린 조르지오 아르마니 작품 전시회였다. 아르마니에 의해 주도된 광고수익과 엄청난 기부는 관심의 논쟁을 불러일으켰다.

- 2002년에 런던에 위치한 디자인 박물관은 '수준 높은 삶과 낮은 삶'을 디자인 테마로 한 '디올의 존 갈리아노' 전시회를 개최했다.[36]

이 스카프(Scharf) 작품은 크리스마스에 삭스 피프스 에비뉴 백화점 윈도우에 진열되었다.

샌프란시스코에 위치한 모던 아트 박물관에 진열된 이세이 미야케 작품은 백화점에서 판매되는 작품과는 다르지만 박물관과 백화점에서 동시에 볼 수 있었던 첫 디자이너 작품이었다.

• 국제 패션 예술 축제는 매년 큰 포부를 가지고 두드러진 활동을 하는 디자이너들에게 상을 수여한다. 이벤트의 제목들은 대부분 패션과 예술의 융합을 뜻한다.[37]

우리가 알고 있듯이 높은 수준의 문화(고급문화)와 낮은 수준의 문화(저급문화)의 차이점은 그다지 확실하지 않다. 또한 두 문화에 대한 선입견도 있을 수 있지만, 두 문화는 흥미로운 방법으로 같이 섞여 있다. 예술과 패션과의 관계는 마케팅에 따라 움직인다. 그 이유는 디자이너들은 예술을 판매할 수 있는 상품으로 만들 수 있기 때문이다.[38] 그들의 상품 판매 대상은 라이프스타일의 한 부분에 예술에 관심있는 사람들이다. 유행 문화는 세계 여러 문화를 반영하며 이는 상류 문화와 하류 문화로부터 영향을 받는다.

대중문화는 우리 주변 세계를 반영한다. 이러한 현상들은 부와 가난함과 관련이 있다. 대중매체에 의해 전달되는 모든 문화적 제품들은 대중문화의 한 부분이 된다.[39] 고정음악 음반은 top 40 앨범과 같은 방식으로 시장에서 팔리고, 박물관은 그들의 판매품을 팔기 위해 대중마케팅 기법을 사용한다. 심지어 메트로폴리탄 박물관은 메이시 헤럴드 스퀘어에서 기념품 상점을 운영한다. 또한 대부분의 박물관 기념품 매장은 미국의 여러 지방에서 운영되고 있다.

(3) 문화적 공식

현대의 대중 문화는 상품의 대량생산을 이끈다. 이러한 제품들은 획일적인 수용자의 평균 취향을 만족시키는 것이 목적이고, 그들은 일정한 유형을 따르기 때문에 예측할 수 있다. 탐정소설이나 공상과학소설 같은 많은 대중예술 형식에서는 일반적으로 일정한 역할과 소품이 흔히 시종일관 발생하는 **문화적 공식**(cultural formula)을 따른다.[40] 로맨스 소설들은 문화적 공식의 극단적인 경우이다. 심지어 컴퓨터 프로그램들은 사용자들에게 어떤 세트의 이야기 요소들에 체계적으로 변화를 줌으로써 자신들의 로맨스를 '쓰도록' 한다.

또한 이런 공식들은 과거의 문화들로부터 고무된 코드들을 재창조하는 이미지 재활용을 가능하게 한다. 예를 들어 젊은 사람들이 길리간스 아일랜드(Gilligans's Island)와 같이 다시 유행하는 TV 쇼를 시청하는 것이다. 의류 디자이너들은 영국의 빅토리아 시대, 아프리카의 식민지 시대와 같은 다른 역사적 시대의 스타일들을 응용하고 예술 작품들로부터 고취된다. 또한 우리는 험프리 보가트, 진 켈리, 파블로 피카소와 같은 예술가들이 카키 팬츠를 입고 있는 갭 광고를 접할 수 있다. 포스트모더니즘에서

이미지의 재현은 이용가능한 기술에 의해 가속화된다. 현대인들은 DVD 플레이어, 비
디오, CD 복사기, 디지털 카메라, 이미지 소프트웨어를 통해 쉽게 과거의 문화를 혼합
할 수 있게 되었다.[41]

4) 실질적인 기술

쇼핑몰, 스포츠 경기장, 테마 파크 등 우리 주변의 많은 곳들은 상품, 마케팅 기술, 대
중 매체에 의한 이미지들과 특성으로 구성되어 있다. **실질적인 기술**(reality engi-
neering)은 대중문화의 요소가 마케터에 의해 인식되고 촉진전략을 위한 도구로 전환
될 때 발생한다.[42] 이런 요소들은 영화, TV에 나타나는 제품형태로든, 사무실과 매장
안의 향기의 형태로든 일상생활에서 존재하는 감각적인 면과 공간적인 면을 포함한다.
   마케팅은 때때로 대중문화에 자신들의 능력을 보이려고 하는 것 같다. 유행 문화에
대한 상업적 영향이 증가함으로써 마케터들이 창조한 상징은 우리들의 생활을 그들의
방식에 맞추도록 점점 영향을 미친다. 브로드웨이 연극들을 분석을 통해 살펴보면, 오

랜 시간 동안 브랜드 이름이 증가하고 있는 것에서도 알 수 있다.[43]

대중문화에 대해 상업적인 영향이 증가하면 마케터에 의해 창조된 상징들은 우리의 일상 생활에서 의미가 커진다. 예를 들어 브로드웨이 연극 분석과 베스트셀러 소설 등은 브랜드 이름을 이용하여 판매됨으로써 구매율이 크게 증가하는 것을 확인할 수 있다.

실질적인 기술은 마케터들에 의해 선택된 상품의 유행에 의해서 가속화된다. 예를 들어 실제 브랜드가 영화 또는 TV 안에서 드러나는 현상은 아주 일반적인 일이다. **간접 광고**(product placement)는 영화나 TV에서 구체적인 상품들 또는 브랜드 이름을 삽입하는 것을 가리킨다. 아마도 간접 광고의 효과를 이용하여 크게 성공한 예는 영화 E.T.에 나온 이후 65%의 매출이 증가한 땅콩 초콜릿 브랜드 'Reese's Pieces' 일 것이다.[44]

5) 영화, TV, 비디오 게임 안의 패션 상품

몇몇 연구자들은 간접 광고가 소비자의 의사결정을 도와줄 수 있다고 주장한다.[45] 왜냐하면 이런 광고에 대한 친숙성이 정서적인 안정감을 갖게 하면서 문화에 소속되어 있다고 느끼게 하기 때문이다. 간접 광고 비용은 무료로 상품을 받는 것에서부터 수십만 달러가 드는 것까지 아주 다양하다.[46] 더 나은 상품 또는 나쁜 상품들은 간접 광고를 통해 매일 소비자 선택에 영향을 준다.

- 영화 맨 인 블랙에서 배우들은 레이 밴 선글라스를 착용했었다. 또한 영화 아메리칸

실질적인 기술

마케팅과 사회 사이에서 가장 많이 일어나는 논쟁 중 하나는 기업에서 '교육적인 자료'를 학교에 제공한다. 나이키, 허쉬, 크레요라, 닌텐도, 풋 라커와 같은 많은 기업들은 광고가 겉표지로 되어 있는 책을 무료로 배포한다. 미국의 12,000개 중등학교들은 8백만 명의 학생들이 교육적인 프로그램을 악용한 상업주의에 노출되어 있다는 비디오 교육을 시작하였다.[47] 시애틀의 학교 연합은 중, 고등학교에서 기업의 광고성 활동을 허락하였고, 콜로라도 스프링 학교 버스에는 특정 기업 로고가 새겨

있다. 또한 나이키는 많은 학교 스포츠 프로그램에 기부를 한다; 샌프란시스코 만 지역의 'Old Navy'. 어떤 학교들의 3학년은 케이마트, 코크, 펩시 후원으로 스포츠 로고 리딩 소프트 웨어를 사용한다.

수학 교과서의 문제들에는 나이키 운동화, M&Ms, 팝 시크릿과 같이 아이들에게 익숙한 많은 유명 브랜드들이 등장한다. 교과서 출판사들은 이런 간접 광고에 따른 브랜드의 재정 지원은 받지 않는다고 하며, 실질적인 수학문제를 해결할 때

학생들의 흥미 유발을 일으키기 위한 것이라고 한다. 캘리포니아의 학부모, 교육자, 입법자들은 아직 판단력이 부족한 아이들에게 불필요한 광고가 노출되어서는 안 된다고 생각한다.[48] 기업이 학교와 연관되어 상업 활동을 시작한 것은 1920년대 아이보리 비누가 학생 비누 조각 대회를 후원함으로써 시작되었다. 많은 교육자들은 재정 상태 및 환경이 열악한 학교들에게는 기업들이 배포하는 자료들이 필요하다고 주장하기도 한다. 당신의 생각은 어떠한가?[49]

파이와 노팅힐 배우들은 리바이스 청바지를 입었었다. 영화 쇼걸에서는 베르사체 의상이 나왔다.[50]

- 배첼러(The Bachelor)는 백화점 쇼윈도우에 DKNY 한정 판매 상품 진열을 내보냈고, DKNY 광고를 시내 전봇대와 벽에 붙였다.

- ABC 방송국은 노키아와 천만 달러의 파트너십을 맺고 ABC 네트워크 쇼에서 노키아 브랜드 휴대폰을 집중적으로 노출시켰다. ABC는 프라임 타임의 유행 쇼 스핀 시티(Spin City)와 다마와 그레그(Dharma & Greg)에 노키아 모바일 폰을 등장시켰다. 또한 TV 등장 인물들이 가지고 있는 물건들을 가리키면 상품 정보가 나와서 구매할 수 있는 장치를 개발하고 있다. ABC 운영자에 따르면 "유명 스타가 가지고 나오는 물건을 바로 구매할 수 있는 날이 곧 올 것이며 이것이 우리의 미래이다."라고 말했다.[51]

- 비디오 게임 '쿨 보더(Cool Border)'에는 세 캐릭터들이 버터핑거(Butterfinger) 캔디 바 배너 옆을 지나고 상대방하고 싸울 때는 리바이스 진을 입으며 상대방의 기록을 볼 때는 스와치시계를 이용한다. 소니의 플레이스테이션 게임 사이배덱(Psybadek)에서는 게임 주인공들이 의류 브랜드 반스(Vans)의 신발과 옷을 착용하였다. 소니의 경영진은 "우리는 브랜드 세상에서 살고 있다. 우리 주위에는 상품명이 없는 상품은 하나도 없다."라고 말했다.[52]

- 어떤 사람들은 TV 스타들은 패션을 팔고 유행을 창조할 뿐만 아니라 디자이너들에게 영향을 주며 상품 광고에 영향을 준다고 말한다. 유명한 TV 드라마 섹스 엔더 시티, 소프라노, 저징 에이미, 윌 엔드 그레이스는 최근 패션마켓에 절대적인 영향을 미친다.[53] 조지아는 앨리 맥빌에서 에스프리(Esprit) 핸드백을 들고 나오며 다마는 다마와 그레그(Dharma & Greg)에서 에스프리 스웨터를 입고 나온다. 또한 여러분은 홈 임프로브먼트(Home Improvement)에서 디트로이트 라이언(Detroit Lions)재킷을 입고 나오는 앨을 볼 수 있다.[54] 베베는 1995년 시작하는 멜로스 플레이스 프로그램에 이어 버피 더 뱀파이어 스래이어, 비버리 힐스 90210, 프렌즈, 서든니 수잔, 파티 오브 파이브, 밸리 맥빌, 더 프랙티스를 통한 간접 광고를 위해 헤더 록리어(Heather Locklear)의 초미니 스커트를 만들어 청소년들을 유혹했다. BCBG와 아메리칸 이글 아웃핏(American Eagle Outfitters)은 시트콤 도슨스 크릭과 프렌즈에 옷을 협찬하였다.

- 시트콤 프렌즈의 한 에피소드에서는 포트리 반(Pottery Barn) 가구들이 집중적으로 등장하였다. 또한 레이첼(제니퍼 애니스턴)은 블루밍데일스에서 랄프로렌에서 일 하는 것으로 나오는데, 큰 글씨의 블루밍데일스 쇼핑백이 집중적으로 클로즈업되 었었다. 모든 소매점들이 이런 간접 광고를 하는 것은 아니다. 익스프레스 (Express), 애버크롬비 엔 피치 브랜드를 소유하고 있는 리미티드 회사는 이런 간 접 광고에 따른 협찬을 금지하는 회사 방침을 세워놓고 있다.[55]

- 16명이 사막의 섬에서 39일 동안 모험하는 모습을 방영한 CBS의 쇼 서바이벌에서 는 리복 옷을 입기 위해서, 버드와이저를 마시기 위해, 폰티악 스포츠용 자동차에 서 자기 위해 겨루는 장면이 있었다.[56]

전통적으로, 방송 네트워크에서는 방송에 나오기 전 상품의 브랜드 이름을 바꾸기 를 요구했었다. 예를 들어 노키아의 휴대 전화는 노키오(Nokio)로 바꾸어 등장하였 다.[57] 하지만 요즘에는 실제 브랜드 이름이 보인다. 여전히, 연방통신위원회의 판매 촉 진에 대한 규제들을 우회하기 위해서 마케터들은 일반적으로 간접 광고를 지불하지 않는다. 그들은 무료 후원자들과 현실적으로 일해 줄 간접 광고 대행사에 지불한다.

어떤 비평가들은 간접 광고가 과도해지고 있다고 지적한다. 쇼들은 쇼 자체의 즐거움 을 전달해 주는 목표보다는 상품 마케팅에 대한 목적을 더 두고 있다고 말한다. 어떤 아동 쇼는 포켓 몬스터와 같은 유행 장난감들을 광고하는 것에 대해 비판을 받는다.

TV와 영화에서 패션 상품들을 입은 배역들은 대중에게 큰 영향을 끼친다. 영화의 의상은 빠르게 모방되고 다른 디자이너들에게 영감을 주고, 브랜드 이름은 상당한 광 고 효과를 누린다. 시트콤 프렌즈팀은 레이첼의 바지 브랜드에 관한 3만 통의 전화를 받았고, 시트콤 섹스 엔 더 시티의 사라 제시카 파커가 착용했던 커다란 꽃 핀은 대유행 을 하였다.[58] 몇몇 사람들은 오스틴 파워의 나를 지치게 하는 스파이가 사이커델릭 (psychedelic)과 푸치(pucci)식 의상이 생겨나는 데 책임이 있다고 생각한다.[59] 영화 아 메리칸 지골로의 리차드 기어가 조르지오 아르마니의 정장을 입고 등장한 후 아르마니 는 미국을 이끄는 디자이너가 되었다.[60] 영화 더 어벤저는 베베의 한 섹시한 고양이 의 상 디자인에 영감을 주었다.[61] 그리고 샤론 스톤이 심플한 검정 갭 티셔츠를 입고 아카 데미 시상식에 등장했을 때 갭의 그 검은 티셔츠 매출은 급증하였다. 그 외에도 패션 에 대해 커다란 영향을 미치는 글로리아 스완슨, 마를린 디트리히, 캐서린 햅번, 클락 게이블, 엘리자베스 테일러, 말론 브란도와 같은 영화와 TV스타가 있으며, 애니홀, 얼번 카우보이, 아웃 옵 아프리카, 마이애미 바이스, 다이너스티, 머피 브라운, 매드 어바웃 유, 프렌즈와 같은 영화와 TV쇼들이 있다. 어떠한 대중 매체보다도 TV는 세계 패션에 영향을 미치며 나이키, 리바이스, 캘빈클라인과 같은 글로벌 의류 브랜드의 성장에 영향을 미친다.

2. 혁신의 확산

혁신(innovation)이란 소비자들에게 새롭게 느껴지는 상품 또는 서비스를 가리킨다(만약 다른 나라에서 이미 오랫동안 사용되고 있더라도). 예를 들어 혁신은 새로운 옷 스타일, 새로운 제조 기술(예를 들어 www.customatix.com와 같은 웹사이트에서 소비자가 자신의 신발을 직접 디자인한다) 또는 서비스를 전달하는 새로운 전달 방법일 수 있다(예를 들어 냅스터와 같이 인터넷을 통해 노래를 전달하는 방법).

패션 혁신(fashion innovation)은 소비자들에게 새롭게 인식되는 스타일 또는 디자인을 가리킨다. 의류 패션 산업은 과거 스타일에서 새로운 소재를 이용하거나 선을 변형하여 소비자의 구매를 충동시킨다. 누군가에게는 낭비적이고 사치적일 수도 있는 이런 패션 산업은 오랫동안 비난되어 왔다. 어떤 브랜드들은 매 계절마다 기존 스타일 시스템을 바탕으로 새로운 스타일을 창조하기 위해 계속 노력하며 이런 브랜드들은 젊고 유행스러운 아이템들보다 보수적이고 정장 스타일의 의류들을 디자인한다. 소비자들은 새 시즌에 나온 아이템들을 평가하고 구매 의사를 결정하며, 이와 같이 패션이 창조되고 수용되는 과정은 계속 진행된다.

젊은 소비자들이 회사에서 제안하지 않았던 새로운 스타일과 가지고 있는 아이템들을 배합하는 것처럼 패션 혁신은 패션 산업의 통제에서 벗어나 있다. 제1장에서 배운 상향 전파 이론(tricle-up theory)과 같이 젊은 소비자들이 새로운 스타일 아이디어를 얻기 위해 중고품 할인 판매점을 찾기도 하고, 다른 아이템들을 섞어서 착용하는 것이 대중적으로 유행하기도 한다. 예를 들어 최근 일본에서는 젊은 일본 소비자들이 브랜드 갭의 클래식 스타일과 가격이 비싼 구찌시계, 루이뷔통 핸드폰, 또는 프라다 액세서리를 섞어서 착용하는 혼합된 스타일이 유행했다.[62]

만약 혁신 스타일이 성공적이라면 그것은 대중을 통해서 퍼진다. 처음에는 소수에 의해서 구매되거나 사용되며 점점 더 많은 소비자들에게 받아들여지고, 어떤 경우에

도쿄는 스트리트웨어 트렌드가 유행이다. 일본 패션 트렌드 분석가이며 패션 에디터인 수요스키 카와타는 "현재 도쿄는 다양한 길거리 패션이 유행이다."라고 지적했다. 시부야와 하라주쿠가 젊은 스트리트 패션 지역으로 잘 알려져 있지만 다에켄야마(Daikanyama)와 유라-하라주쿠(Ura-Harajuku) 또한 매우 유명한 지역이다. 다에켄야마는 시부야 역으로부터 3분 떨어진 지역으로서 패션 거리와 거주 지역으로 이루어져 있으며 젊은 소비자들의 쇼핑 지역으로 떠오르고 있다. 다에켄야마에 위치해 있는 60~70년대 캘리포니아에서 영감을 얻은 스타일을 옮겨놓은 듯한 브랜드 할리우드 랜치 마켓(Hollywood Ranch Market) 매장

은 10대들에게 점점 주목받고 있다. 젊은이들의 중심가 하라주쿠는 계속 변화하고 있다. 현재 유라 하라주쿠는 가격이 높은 중심가에 매장을 오픈할 수 없는 젊고 독립적인 디자이너들이 모여드는 지역으로 패션에 민감한 사람들이 새로운 스타일을 찾아 몰려드는 곳이다. 도쿄는 세계의 유통업자와 디자이너들이 새로운 유행과 스타일을 위해 찾는 곳이 되고 있다.

이렇게 일본의 매장들이 확장되어가고 있는데,

이 분야의 한 관계자는 "의류 판매가 유일한 것은 아니다."라고 말했다. "우리는 CD도 판매하고 있습니다." 그리고 스타벅스의 문화 확산은 일본의 많은 곳에 새로운 문화를 전달했으며, 커피 한 잔을 마시는 여유로움을 반영하는 많은 매장들이 생겨났다.

80년대 일본 엔화의 가치가 높고 많은 상품들이 수입되었을 때, 일본 소비자들은 다른 나라로부터 패션과 문화를 받아들였다. 일본의 오랜 불경기 이후 경제는 회생하기 시작했고 소비자들의 소비는 증가하기 시작했다. 세계의 소비자들과 같이 일본 소비자들은 역시 지역 사회와 국제 사회로부터 많은 정보를 얻는다.[63]

는 거의 모든 사람들이 구매하거나 시도해보게 된다. 이렇게 **혁신의 확산**(diffusion of innovations)은 대중에게 새로운 상품, 서비스, 아이디어들이 전달되는 과정을 가리킨다.[64]

이런 혁신의 전달 속도와 전달 범위는 대중 매체, 마케팅 전략, 설득적이고 영향력 있는 소비자 리더(제12장)와 같은 많은 요소들에 달려 있다. 예를 들어 귀여운 스타일은 피오리아(Peoria)에서 인기가 없을 수도 있지만 뉴욕이나 캘리포니아에서는 유행할 수도 있다. 또한 새로운 스타일은 나라 전체로 퍼질 수도 있다. 어떤 분석가들은 새로운 패션 아이디어들이 미국의 서부와 동부 해변가에서 시작되어 상대적으로 보수적인 중부 지역으로 퍼진다고 생각한다. 제2장에서 설명된 것처럼 캘리포니아 스포츠웨어 같은 스타일은 미국에서 시작하여 세계로 퍼지는 반면 어떤 패션은 유럽이나 다른 지역에서 시작하여 미국으로 퍼진다.

1) 혁신 수용

혁신의 확산은 그룹 내 사람들과 그룹 간 사람들의 수용 결정에 달려 있다.[65] 소비자 개인의 혁신 수용은 각각의 단계를 통하는 의사결정 과정과 비슷하다(제11장 참조). 각 단계에 있어 가장 중요한 것은 그 상품에 대한 인식 정도와 새로운 것에 대한 관심 정도이다.[66] 로저(Roger)의 혁신 수용 모델에 따르면 사람들은 5단계를 거쳐 혁신을 받아들인다고 한다.[67]

1. 지식(knowledge) : 소비자는 혁신에 관한 정보를 얻는다. 사람들은 새로운 것에 대해 인식은 하지만 판단은 하지 않는다.

2. 설득(persuasion) : 소비자들은 혁신에 대한 호감 또는 비호감적인 의견을 갖는다. 이 단계는 새로운 제품의 지각된 위험과 관련 있다. 즉 새로운 것을 접하거나 사용했을 때 뒤따라오는 결과에 대해 생각한다.

3. 결정(decision) : 소비자는 새로운 것을 받아들일 것인지 거절할 것인지 결정한다.

4. 실행(implementation) : 소비자는 실질적으로 그 상품 또는 서비스를 사용한다.

5. 확인(confirmation) : 소비자는 선택한 혁신에 대한 보상을 찾으려 한다.

어떤 연구가들은 혁신 확산에 있어 가장 중요한 점은 소비자에게 혁신의 정보와 경험을 전달하는 것이라고 한다.[68] 그러므로 새롭고 혁신적인 제품들을 만드는 회사들은 그들의 제품과 혁신에 대해 소비자에게 정보를 알려야 한다.

2) 수용자의 종류

같은 문화 안에서도 모든 사람들이 새로운 것을 똑같이 받아들이는 것은 아니다. 패션 선도적 소비자처럼 매우 빠르게 받아들이는 사람이 있는 반면 그렇지 않은 사람들도 많다. 소비자들은 혁신에 대한 가능성에 따라 구분된다. 그림 3-3과 같이 수용자 카테고리는 마케팅 전략에서도 자주 사용되는 상품 수명 사이클과 관련이 있다.

그림 3-3과 같이 전체 인구의 6분의 1은 매우 빨리 새로운 상품을 받아 들이고 (수용자 또는 초기 수용자)전체 인구의 6분의 1은 매우 늦다(정체자). 나머지 인구의 2/3는 초기 도입자와 다소 늦게 받아들이는 대부분의 대중을 가리킨다. 이 소비자들은 새로운 것에 흥미를 느끼지만 대중 속에서 너무 새로운 것을 도전하여 다르게 보이고 싶어하지 않는다. 어떤 경우에는 사람들은 새로운 것이 대중에게 확산되어 가격이 내려가거나 과학 기술, 제품이나 품질이 보완되기를 기다리기도 한다.[69] 각 카테고리 안의 소비자 비율은 가정된 것임을 알아두어야 하며 실제 소비자 비율은 상품, 그 상품의 가격, 사용 후 일어날 수 있는 위험 등과 같은 복잡한 요소들에 의해서 결정된다.

혁신자들(innovators)은 인구의 약 2.5%밖에 되지 않지만 마케터들은 항상 그들을 중요하게 생각하며 확인하려 한다. 이들은 항상 독창적인 것에 흥미를 느끼며 새롭게 제안된 스타일을 가장 먼저 시도하려 하기 때문이다. 하지만 어느 한 분야의 혁신자가

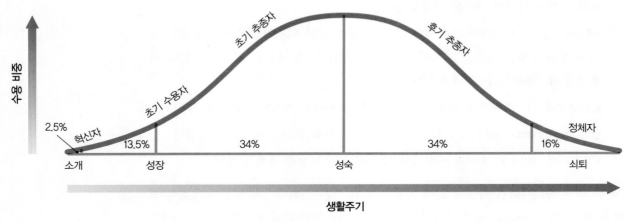

그림 3-3 수용자들의 종류

출처 : Michael R. Solomon, *Consumer Behavior*, 5/e ⓒ 2002. Reprinted by permission of Prentice-Hall, Inc., Upper Saddle River, NJ.

다른 분야에서는 혁신자가 아닐 수도 있다. 예를 들어 패션에 민감하고 패션 지식도 많은 여대생이 컴퓨터 기술에는 관심과 지식이 부족하여 컴퓨터로 최신 패션을 조사할 때 어려움을 겪을 수도 있다. 이런 한계성도 있지만 일반적으로 한 분야의 혁신자들은 높이 평가된다.[70] 이는 그들의 분야에 대한 위험을 감수하려는 태도가 높고, 그들은 일반적으로 교육 수준과 수입이 높은 사회 계층이기 때문이다.

　　초기 수용자(early adopters)들은 혁신자와 비슷한 부분을 많이 가지고 있지만 가장 큰 차이점은 의복, 화장품 등과 같은 패션 상품을 접하는 것에 있어 사회적 위치가 다른 것이다. 일반적으로 초기 수용자들은 패션 산업 분야와 관계된 직업을 가지고 있기 때문에 새로운 스타일을 대중보다 빨리 받아들이는 것이다. 이들의 새로운 문화의 도입에 따른 위험은 생각보다 높지 않다. 왜냐하면 혁신자들에 의해서 이미 사회에 노출되고 평가되기 때문에 초기 수용자들의 위험 감수는 높지 않다. 이들은 최신 유행을 이끄는 패션 선도 디자이너 브랜드를 찾는 것을 좋아하는 반면, 진정한 혁신자들은 아직 알려지지 않은 디자이너들의 작은 부티크를 좋아한다.

클로즈업 | 쿨헌터

어떤 기업들은 최신 유행 아이템들을 찾아내어 상품화시킬 수 있는 쿨헌터들을 고용한다. 예를 들어 스티븐 리프카인드(Steven Rifkind Co.)는 약 80명의 아이들로 구성된 '스트리트 팀'을 28개 도시의 클럽, 뮤직 샵 등 도시의 젊은이들이 모이는 장소에 보내어 최신 유행 아이템을 관찰하게 한다. 이 '스트리트 팀'은 무료 샘플 상품들을 나누어 주면서 젊은 소비자들의 의견을 수집하기도 한다. 컨버스(Converse) 스니커즈는 '데니스 로드맨 스니커즈'를 출시 하기 전 쿨헌터들을 이용하여 새 상품을 테스트해 보았다. 데니스 로드맨 스니커즈는 '거친' 이미지를 잘 전달했지만 혁신자들을 통해 반은 하얗고 나머지 반은 검은 바닥 디자인에서 호감도가 떨어지는 것을 알아내었다. 스트리트의 첫 시도자들은 반은 검고 나머지 반은 빨간 디자인이 더 멋질 것이라는 의견을 내었고 컨버스는 대량 생산 마켓에 출시하기 전 색상을 바꾸었다.[71]

3) 혁신의 여러 종류

혁신자들은 여러 형태이다. **상징적 혁신**(symbolic innovation)은 새로운 사회적 의미(예를 들어 새로운 헤어 스타일 또는 자동차 디자인)를 뜻하고, **기술적 혁신**(technological innovation)은 기능적인 변화(예를 들어 새로운 직물 형태 또는 중앙 난방 시설)를 말한다.[72] 분명히 많은 기업들과 소비자들은 이런 혁신들과 관련되어 있다. 예를 들어 백커 스피에보겔 베이츠(Backer Spelvogel Bates) 광고 회사는 미국 성인 5명 중 1명은 새로 나온 첨단 제품을 구매하기 바라는 '기술과학옹호가(techthusiast)'임을 밝히고 있다. 그 3천7백만 명은 평균 미국인들보다 더 부유하고, 더 젊고, 교육수준이 높다. 또한 그들은 대부분 주요 대학과 과학 산업이 발달되어 있는 도시에 주거한다. 반대로 과학 기술 제품에 두려움을 느끼는 사람들도 있다. 이는 2:1 비율로서 기술을 좋아하는 사람들보다 더 많다.[73]

새로운 상품, 서비스와 아이디어는 제품의 상징성 또는 기능적 혁신을 떠나, 대중에게 확산될 가능성을 결정지을 수 있다. 일반적으로 덜 독창적이고 크게 다르지 않은 혁신은 대중들에게 쉽게 퍼진다. 현재 유행하는 것에 작은 변화만 주면 되기 때문이다. 반면에 근본적인 변화를 요구하는 혁신은 사람들이 변화를 받아들이기 위해 많은 노력을 하게하므로 대중에게 덜 퍼진다.

4) 혁신에 대한 행동적 요구

혁신은 행동에 있어 변화를 요구하는 정도에 따라 분류된다. 세 가지 혁신의 유형을 확인할 수 있는데, 이 유형이 절대적인 것은 아니다. 혁신은 사람들의 삶을 변화시키거나 혼란시키는 정도를 의미하는 것이다.

계속적 혁신(continuous innovation)은 이미 존재하는 상품을 서서히 변화시킨 것을 뜻한다. 예를 들어 리바이스는 소비자들이 가장 많이 갖고 있는 501의 몇 종류를 쉬링크 투 핏(shrink-to-fit)이라 하여 입으면 입을수록 입는 사람의 몸에 맞추어 변형되는 청바지를 개발하였다. 이 청바지의 특징은 501의 천 조직이 특이해서 처음 세탁 후 조금 줄어들고, 또 입으면 입는 사람의 몸에 맞추어 늘어나고, 또 세탁하면 줄어들고, 또 입어서 입는 사람의 몸에 맞춰 늘어나는 과정에서 서서히 입는 사람의 몸에 맞게 변형되는 것이다. 이런 종류의 변화는 경쟁 브랜드를 의식하여 차별화를 주기 위해 사용된다. 이와 같이, 대부분의 상품 변화는 '혁명적'인 것이라기보다는 '진화'에 가깝다. 작은 변화들이 마켓에서의 제품 포지션을 바꾸게 하고, 라인을 확정하고, 심지어 소비자의 지루함을 줄여주기도 한다. 소비자들은 기존 상품에 편리함을 더하거나 선택을 늘리는 새로운 상품들에 대하여 유혹을 느낀다. 많은 패션 상품들은 이 카테고리 안으로 분류되며 대중 속으로 빠르게 퍼진다.

역동적이며 계속적인 혁신(dynamically continuous innovation)은 셀프포커스가 가능한 35mm 카메라나 터치통 전화기와 같이 기존의 상품들을 좀더 변화시킨 것이다. 이런 혁신은 새로운 어떤 행동을 일으키고 기존 행동에 적잖은 영향을 준다. 예를 들어 다림질이 필요 없는 퍼마 프레스(Perma-press) 직물 개발은 많은 주부들의 생활에 변화를 주었다.

불연속적 혁신(discontinuous innovation)은 삶에 있어서 중요한 변화를 가져온다. 비행기, 자동차, 컴퓨터, 텔레비전과 같은 발명은 기본적으로 현대 사회생활에 많은 변화를 가져왔다. PC의 개발은 집에서 직장 업무를 하게 했으며 인터넷과 이메일은 소비 방법, 비즈니스 방법, 커뮤니케이션 방법에 많은 변화를 주었다. 불연속적 혁신은 다른 종류의 혁신들과 비교하여 받아들이는 데 시간이 오래 걸린다. 예를 들어 소개 이후 10년 안에 보급률은 케이블 TV는 40%, 컴팩트 디스크는 35%, 전화 응답기 25%, 컬러 TV 20%이다. 6천만 사용자가 되기까지 라디오가 30년 걸렸으며 TV는 15년 걸렸다. 반면 웹 브라우징 보급률은 3년 안에 9천만 명이 되었다.[74]

물론, 혁신의 모든 유형들은 계속적으로 일어나고 있다. 커뮤니케이션과 엔터테이먼트 산업에서는 현대 사회를 혁명적으로 바꿀 수 있는 새로운 불연속적 혁신이 계속적으로 소개되고 있다. 법적인 문제가 아직 남아 있지만, 냅스터와 같이 음악에 관한 구매 방법도 바뀌고 있다. 우리 모두 기다리고 지켜봐야 할 것이다.

프렉텔 진의 레이저로 그린 패턴은 계속적 혁신의 예이다.

5) 성공적인 수용의 필요 조건

혁신에 의한 변화의 정도에 상관없이 새로운 상품이 성공하기 위해서는 호환성, 시험 가능성, 복잡성, 관찰 가능성, 상대적 이점과 같은 많은 요소들이 필요하다.[75]

(1) 호환성

새로운 혁신은 기존의 소비자 생활과 호환성이 있어야 한다. 예를 들어 1970년 패션 디자이너들과 패션선도자들이 유행했던 미니스커트에서 무릎 길이 스커트로 바꾸려고 시도했을 때 소비자들은 받아들이지 않았다. 이것은 패션 산업에서 일상적으로 일어나는 현상이지만 미니스커트에서 무릎 길이 스커트로 바꾸는 것은 성공하지 못했다. 이 실패 현상을 분석해 보면 젊은 여성들은 무릎 길이 치마가 오래된 패션이라고 믿었으며 그들의 삶과 맞지 않다고 느꼈다.[76] 또한 남성을 위한 스커트는 주기적으로 소개되었지만 계속적으로 실패했다. 왜냐하면 남성들은 스커트 패션이 그들의 생활, 규범, 가치와 조화를 이루지 않는다고 믿었기 때문이다.

도나 카렌과 같은 미국 디자이너들
의 스타일은 유럽의 하이 패션 디자
이너의 디자인 스타일보다 미국 사
람들의 생활 스타일에 더 적합하다.

(2) 시험 가능성

지각된 위험이 높다는 것이 알려지지 않았을 때 구매 전 사용이 가능하다면 소비자들
은 혁신 제품을 수용할 가능성이 높아질 것이다. 그런 위험을 줄이기 위해 향수와 메
이크업과 같은 상품 브랜드들은 무료로 샘플 상품을 나누어 주기도 한다. 일반적으로
의류 패션 아이템들은 구매하기 전에 시도해 볼 수 있다. 그러나 실질적인 시도는 새
로운 패션이 대중 속에서 선보일 때이다. 만약 '너무나 다른' 것들은 사회적 위험이 높
기 때문에 소비자들에게 관심을 받을 수 없다. 인터넷과 우편 주문을 통한 의류 구매
는 입어볼 수 없기 때문에, 인터넷 비즈니스에서는 다른 상품들보다 의류의 혁신과 변
화가 상대적으로 성공적이지 못하고 우편 주문은 교환 및 환불률이 높다. 잘 맞지 않
는 의복에 대한 보증이 소비자의 위험을 줄일 수 있을 것이다.

(3) 복잡성

새로운 상품은 복잡성이 낮아야 한다. 상품을 이해하기 쉽고 사용하기 편해야 경쟁 상품들 중에서 선택될 수 있다. 예를 들어 컴퓨터 브랜드 애플은 아이맥 컴퓨터가 인터넷에 쉽게 접속할 수 있는 점을 강조하여 소비자들에게 새로운 컴퓨터의 사용이 복잡하지 않다는 것을 크게 광고하였다. 패션제품은 일반적으로 '복잡성'이 없다. 이세이 미야케의 스타일은 입어보려고 할 때 트임이 팔에 넣는 것인지? 머리에 넣는 것인지 입는 방법을 찾아야 하기 때문에 많은 소비자들을(판매사원에게까지도) 당황하게 했다.

(4) 관찰 가능성

쉽게 눈에 띄고 전달되는 혁신은 대중에게 더 퍼진다. 왜냐하면 대중 속에서 눈에 쉽게 띄기 때문에 잠재적인 소비자들에게 광고 효과가 크다. 새로운 의류 패션은 원래부터 눈에 띄며 다른 소비자들에게 전달력이 크다. 그러나 패션 산업은 경쟁력이 높기 때문에 WWD와 패션 잡지에 소개된 디자인과 패션 선도적 매장에서 팔리는 디자인들은 대중에서 더 빨리 퍼진다. 그러나 1970년대 무릎 길이 스커트의 보급이 실패했던 예를 기억해야 할 것이다. 만약 소비자들을 이해할 수 있는 여러 요소들을 인정하지 않는다면 어떠한 광고도 상품의 성공을 장담할 수 없을 것이다.

(5) 상대적 이점

가장 중요한 것은, 다른 경쟁 상품들보다 상대적 이점을 더 주어야 한다. 소비자는 구매하는 상품이 다른 상품들이 줄 수 없는 혜택이 많다는 것을 믿을 수 있어야 한다. 예를 들어 환경 친화적인 의류 또는 섬유는 인체에 해로운 염색료 등을 사용하지 않는 점을 강조하여 기존에 존재하는 의류 제품에 비해 상대적인 이점을 광고해왔다. 그러

 클로즈업 | 모조품

'새로운' 제품의 구성 요소는 여러 비즈니스에게 매우 중요하다. 모방은 경쟁사 제품과 얼마나 비슷한가에 대한 결정이며 마케팅 전략에 있어 가장 중요한 요소이다. 반면, 어떤 제품도 '아주 똑같이' 복제될 수 없다. 지적 재산권을 보장하는 법은 '신상품'에 대해 조건을 규정하고 있으며 불법 복제에 대한 법안을 포함하고 있다(제14장 참조).

모조품(knokoff)은 오리지날 상품을 정교하게 복제하거나 변경하여 오리지날 상품 마켓과 다른 시장에 판매하기 위해 제조된 스타일을 가리킨다. 예를 들어 오뜨 꾸뛰르 의상은 프랑스의 탑 디자이너들이 선보이는 스타일이며, 다른 지역의 디자이너들은 일반적으로 이 스타일들을 모방하여 대량 생산 마켓에 판매한다. 법적으로 디자인을 보호하는 것은 어렵지만 그것을 방지하기 위한 기업들의 압력이 많아지고 있다. 디자인 보호에 대한 내용은 제14장을 참고하자.[77]

나 소비자들은 진부한 의류 상품과 같은 느낌의 강렬한 색상과 스타일들도 원하기도 하기 때문에 어떤 의류 제조업체들은 이런 개념들에 관심을 두지 않기도 한다(제14장 참조).

▌ 요약 ▌

- 어느 한 문화에서 스타일이 유행하는 것은 사회와 정치적 상황을 반영한다. 여러 문화 양식의 창조 과정을 문화 생성 시스템이라고 부르며, 이 시스템에 관계되어 있는 사람들과 마켓에 나와 있는 상품들의 경쟁 브랜드들은 최종단계에서 소비자들이 마켓에서 특정 상품을 선택하는 것에 많은 영향을 미친다.

- 의류 산업의 중요한 게이트키퍼는 디자이너들의 작품을 긍정적 또는 비판적으로 평가하는 *WWD*이다.

- 문화는 가끔 수준이 '높다(고급스럽다)' 또는 '낮다(유행하다)' 라고 표현된다. 어떤 의복 스타일은 '고급' 스럽다고 표현되는 동시에 대량생산 패션은 저급하게 여겨진다. 유행하는 문화 상품은 문화적 공식을 따르며 예측할 수 있는 문화 구성 요소를 포함하고 있다.

- 실질적인 기술은 대중문화의 요소가 마케터에 의해 인식되고 촉진전략을 위한 도구로 전환될 때 발생한다. 이런 요소들은 영화, TV에 나타나는 제품 형태로든, 사무실과 매장 안의 향기의 형태로든 일상생활에서 존재하는 감각적인 면과 공간적인 면을 포함한다.

- 새로운 패션은 가끔 어떤 혁신자들의 실험적인 도전에서 시작하고 대중에게 확산이 되며 결국에는 또 다른 새로운 스타일을 원하는 대중들에게 잊혀진다.

- 혁신의 확산은 새로운 패션 문화(상품, 서비스, 또는 아이디어)가 대중에게 퍼지는 과정을 가리킨다. 혁신자들과 초기 도입자들은 새로운 상품들을 매우 빨리 받아들이는 반면 정체 소비자들은 매우 느리게 받아들인다. 새로운 패션을 받아들이는 소비자의 의사결정은 소비자의 개인적 성격과 혁신 자체의 성격에 달려 있다. 소비자 또는 사용자의 행동을 상대적으로 조금 변화시키는 혁신은 소비자들에게 쉽게 받아들여진다. 혁신은 현재 존재하는 상품과 비교하여 이해하기 쉽고 눈에 띄며 상대적인 이점이 많아야 한다.

▋ 토론 주제 ▋

1. 음악 또는 생활에 익숙한 문화적 상품을 문화 생성 시스템의 하위 구성 요소(창조 시스템, 관리 시스템, 전달 시스템)에 적용해 보라.
2. 우먼스 웨어 데일리(*WWD*) 이 외의 게이트키퍼를 생각해 보라.
3. 예술과 공예의 차이점은 무엇일까? 패션은 이 두 개념 사이 중 어디에 속할까? 광고는 어떠한가?
4. 패션에 관한 예제를 가지고 예술을 정의해 보라.
5. 여러분은 학교 학생들이 채널원을 시청하는 것을 어떻게 생각하는가?
6. 간접 광고가 공정한 마케팅 전략인지 생각해 보라. 여러분이 좋아하는 TV 쇼나 영화에서 본 패션 브랜드를 생각해 보라.
7. 실질적 기술로 묘사된 것에 대해 말해 보라. 마케터가 우리의 문화를 '우리 것'으로 만드는가? 그래야 하는가?
8. 여러분이 알고 있는 실질적인 혁신을 생각해보라. 생활 속의 그 혁신들이 이 단원에서 배운 혁신의 성격들과 맞는지 살펴보고 여러분의 할아버지, 할머니, 부모님 또는 다른 어른들에게 혁신이 미친 생활의 변화를 물어보라. 여러분은 패션이 혁신이라고 생각하는가? 왜 그렇다고/왜 그렇지 않다고 생각하는가?
9. 여러분은 유행 선도자에 속한다고 생각하는가? 왜 그렇고/왜 그렇지 않은지 설명해 보라.

▋ 주요 용어 ▋

간접 광고(product placement)

계속적 혁신
  (continuous innovation)

공예 상품(craft product)

기술적 혁신
  (technological innovation)

모조품(knokoff)

문화 게이트키퍼(문지기)
  (cultural gatekeepers)

문화 생성 시스템
  (culture production system)

문화 흡수(cooptation)

문화적 공식(cultural formula)

문화적 선택(cultural selection)

불연속적 혁신
  (discontinuous innovation)

상징적 혁신(symbolic innovation)

실질적인 기술(reality engineering)

역동적이며 지속적인 혁신
  (dynamically continuous innovation)

예술 상품(art product)

초기 수용자(early adopters)

패션 혁신(fashion innovation)

혁신(innovation)

혁신의 확산
  (diffusion of innovations)

혁신자(innovators)

▌ 참고문헌 ▌

1. Khanh T. L. Tran, "Lifting the Velvet Rope: Night Clubs Draw Virtual Throngs with Webcasts," *The Wall Street Journal Interactive Edition* (August 30, 1999).

2. Quoted in Lauren Goldstein, "Urban Wear Goes Suburban," *Fortune* (December 21, 1998): 169-172.

3. Quoted in Marc Spiegler, "Marketing Street Culture: Bringing Hip-Hop Style to the Mainstream," *American Demographics* (November 1996): 29-34.

4. Joshua Levine, "Badass Sells," *Forbes* (April 21, 1997): 142.

5. Nina Darnton, "Where the Homegirls Are," *Newsweek* (June 17, 1991): 60; "The Idea Chain," *Newsweek* (October 5, 1992): 32.

6. Cyndee Miller, "X Marks the Lucrative Spot, But Some Advertisers Can't Hit Target," *Marketing News* (August 2, 1993): 1.

7. Ad appeared in *Elle* (September 1994).

8. Spiegler, "Marketing Street Culture: Bringing Hip-Hop Style to the Mainstream"; Levine, "Badass Sells."

9. Jeff Jensen, "Hip, Wholesome Image Makes a Marketing Star of Rap's LL Cool J," *Advertising Age* (August 25, 1997): 1.

10. Alice Z. Cuneo, "Gap's 1st Global Ads Confront Dockers on a Khaki Battlefield," *Advertising Age* (April 20, 1998): 3-5.

11. Jancee Dunn, "How Hip-Hop Style Bum-Rushed the Mall," *Rolling Stone* (March 18, 1999): 54-59.

12. Quoted in Teri Agins, "The Rare Art of 'Gilt by Association': How Armani Got Stars to Be Billboards," *The Wall Street Journal Interactive Edition* (September 14, 1999).

13. Eryn Brown, "From Rap to Retail: Wiring the Hip-Hop Nation," *Fortune* (April 17, 2000): 530; Leonard McCants, "Urban Gets Wired," *Women's Wear Daily*, Section II (April 6, 2000): 4.

14. "Vibestyle Clarifies the Hip-Hop Form," *NAMSB News* (December 1999/January 2000): 1.

15. "Vibestyle Canceled," *Women's Wear Daily* (April 20, 2000): 14.

16. Davey D., "Hip-Hop's Bad Rap," *San Francisco Chronicle* (August 5, 2001): D1, D5.

17. Elizabeth M. Blair, "Commercialization of the Rap Music Youth Subculture," *Journal of Popular Culture* 27 (Winter 1993): 21-34; Basil G. Englis, Michael R. Solomon, and Anna Olofsson, "Consumption Imagery in Music Television: A Bi-Cultural Perspective," *Journal of Advertising* 22 (December 1999): 21-34.

18. Spiegler, "Marketing Street Culture: Bringing Hip-Hop Style to the Mainstream."

19. Grant McCracken, "Culture and Consumption: A Theoretical Account of the Structure and Movement of the Cultural Meaning of Consumer Goods," *Journal of Consumer Research* 13 (June 1986): 71-84.

20. Richard A. Peterson, "The Production of Culture: A Prolegomenon," in *The Production of Culture*, Sage Contemporary Social Science Issues, ed. Richard A. Peterson (Beverly Hills, Calif.: Sage, 1976), 7-22.

21. Samantha Conti, "The Independents: When Standing Alone Beats Mega-Mergers," *Women's Wear Daily* (January 3, 2000): 1, 8-10.

22. Elizabeth C. Hirschman, "Resource Exchange in the Production and Distribution of a Motion Picture," *Empirical Studies of the Arts* 8, no. 1 (1990): 31-51; Michael R. Solomon, "Building Up and Breaking Down: The Impact of Cultural Sorting on Symbolic Consumption," in *Research in Consumer Behavior*, eds. J. Sheth and E. C. Hirschman (Greenwich, Conn.: JAI Press, 1988), 325-351.

23. Robin Givhan, "Designers Caught in a Tangled Web," *The Washington Post* (April 5, 1997): C1.

24. See Paul M. Hirsch, "Processing Fads and Fashions: An Organizational Set Analysis of Cultural Industry Systems," *American Journal of Sociology* 77, no. 4 (1972): 639-659; Russell Lynes, *The Tastemakers* (New York: Harper and Brothers, 1954); Michael R. Solomon, "The Missing Link: Surrogate Consumers in the Marketing Chain," *Journal of Marketing* 50 (October 1986): 208-219.

25. Howard S. Becker, "Arts and Crafts," *American Journal of Sociology* 83 (January 1987): 862-889.

26. Herbert J. Gans, "Popular Culture in America: Social Problem in a Mass Society or Social Asset in a Pluralist Society?," in *Social Problems: A Modern Approach*, ed. Howard S. Becker (New York: Wiley, 1966).

27. Miles Socha, "Art vs. Commerce: Is the Bottom Line What Drives the Line?," *Women's Wear Daily* (February 10, 2000): 1, 10, 11.

28. Quoted in "Art vs. Commerce: Is the Bottom Line What Drives the Line?" p. 10.

29. Quoted in "Art vs. Commerce: Is the Bottom Line What Drives the Line?" p. 10.

30. Sharon Edelson, "Fashion and Culture: An Artful Combination Adds a Marketing Spin," *Women's Wear Daily* (October 5, 1998): 1, 14-15.

31. "Is Fashion Art?," *Irish Times*, (July 8, 1999): 16.

32. Cited in "Is Fashion Art?"

33. "Art in the Street," *Women's Wear Daily* (May 11, 2000): 13.

34. Eric Wilson and Janet Ozzard, "Met Curator Richard Martin Dies," *Women's Wear Daily* (November 9, 1999): 11.

35. "Nike Takes a Stab at Artistry," *Women's Wear Daily* (May 4, 2000): 9.

36. Miles Socha, "Museum to Exhibit John Galliano," *Women's Wear Daily* (July 30, 2001): 17.

37. Robert Murphy, "Melding Fashion and Art," *Women's Wear Daily* (June 4, 2002): 10.

38. Edelson, "Fashion and Culture: An Artful Combination Adds a Marketing Spin."

39. Michael R. Real, *Mass-Mediated Culture* (Upper Saddle River, N.J.: Prentice-Hall, 1977).

40. Arthur A. Berger, *Signs in Contemporary Culture: An Introduction to Semiotics* (New York: Longman, 1984).

41. Michiko Kabutani, "Art Is Easier the 2nd Time Around," *The New York Times* (October 30, 1994): E4.

42. Michael R. Solomon and Basil G. Englis, "Reality Engineering: Blurring the Boundaries Between Marketing and Popular Culture," *Journal of Current Issues and Research in Advertising* 16, no. 2 (Fall 1994): 1-17.

43. T. Bettina Cornwell and Bruce Keillor, "Contemporary Literature and the Embedded Consumer Culture: The Case of Updike's Rabbit," in *Empirical Approaches to Literature and Aesthetics: Advances in Discourse Processes* 52, eds. Roger J. Kruez and Mary Sue MacNealy, (Norwood, N.J.: Ablex, 1996), 559-572; Monroe Friedman, "The Changing Language of a Consumer Society: Brand Name Usage in Popular American Novels in the Postwar Era," *Journal of Consumer Research* 11 (March 1985): 927-937; Monroe Friedman, "Commercial Influences in the Lyrics of Popular American Music of the Postwar Era," *Journal of Consumer Affairs* 20 (Winter 1986): 193.

44. Benjamin M. Cole, "Products That Want to Be in Pictures," *Los Angeles Herald Examiner* (March 5, 1985): 36; see also Stacy M. Vollmers and Richard W. Mizerski, "A Review and Investigation into the Effectivenss of Product Placements in Films," in *Proceedings of the 1994 Conference of the American Academy of Advertising*, ed. Karen Whitehill King, 97-102; (Athens: University of Georgia, 1994); Solomon and Englis, "Reality Engineering: Blurring the Boundaries between Marketing and Popular Culture."

45. Denise E. DeLorme and Leonard N. Reid, "Moviegoers' Experiences and Interpretations of Brands in Films Revisited," *Journal of Advertising* 28, no. 2 (1999): 71-90.

46. Lisa Lockwood, "Fashion's Cinematic Moments," *Women's Wear Daily* (May 7, 1999): 13.

47. Julian Guthrie, "Pitching to Pupils," *San Francisco Examiner* (February 18, 1998): A1, A9.

48. "Gripes Grow over Rampant Textbook Ads," *San Francisco Chronicle* (June 26, 1999): A1, A14.

49. Suzanne Joeyander Ryan, "Companies Teach All Sorts of Lessons with Educational Tools They Give Away," *The Wall Street Journal* (April 19, 1994): B1; Cyndee Miller, "Marketers Find a Seat in the Classroom," *Marketing News* (June 20, 1994): 2.

50. Lockwood, "Fashion's Cinematic Moments."

51. Quoted in Marc Gunther, "Now Starring in *Party of Five*—Dr. Pepper," *Fortune* (April 17, 2000): 90.

52. Benny Evangelista, "Advertisers Get into the Video Game," *San Francisco Chronicle*, (January 18, 1999). Available online at http://www.sfchron.com.

53. Merle Ginsberg, "TV Ups the Fashion Quotient," *Women's Wear Daily* (July 28, 2000): 12.

54. Fara Warner, "Why It's Getting Harder to Tell the Shows from the Ads," *The Wall Street Journal* (June 15, 1995): B1.

55. Alison Maxwell, "Retailers Dress TV Stars to Woo Teens," *Women's Wear Daily* (August 19, 1999): 10; Rose-Marie Turk, "Fall TV: Tuning in to Fashion," *Women's Wear Daily* (November 18, 1999): 8-9.

56. Joe Flint, "Sponsors Get a Role in CBS Reality Show," *The Wall Street Journal Interactive Edition* (January 13, 2000).

57. Warner, "Why It's Getting Harder to Tell the Shows from the Ads."

58. Ginsberg, "TV Ups the Fashion Quotient."

59. Anne D'Innocenzio, "Austin Powers: Mod Revival," *Women's Wear Daily* (June 30, 1999): 8.

60. Lockwood, "Fashion's Cinematic Moments."

61. Trish Donnally, "Ultrasleek 'The Avengers' Inspires a Line of Sexy Attire for Women," *San Francisco Chronicle* (August 13, 1998): E6.

62. Koji Kirano, "Tokyo's Streets of Dreams," *Women's Wear Daily* (July 27, 2000): 12.

63. Kirano, "Tokyo's Streets of Dreams."

64. The new science of memetics, which tries to explain how beliefs gain acceptance and predict their progress, was spurred by Richard Dawkins, who in the 1970s proposed culture as a Darwinian struggle among "memes" or mind viruses—see Geoffrey Cowley, "Viruses of the Mind: How Odd Ideas Survive," *Newsweek* (April 14, 1997): 14; Everett M. Rogers, *Diffusion of Innovations*, 3rd ed. (New York: Free Press, 1983).

65. George B. Sproles and Leslie Davis Burns, *Changing Appearances: Understanding Dress in Contemporary Society* (New York: Fairchild, 1994).

66. Eric J. Arnould, "Toward a Broadened Theory of Preference Formation and the Diffusion of Innovations: Cases from Zinder Province, Niger Republic," *Journal of Consumer Research* 16 (September 1989): 239-267; Susan B. Kaiser, *The Social Psychology of Clothing: Symbolic Appearances in Context*, 2nd ed. (New York: Fairchild, 1997); Thomas S. Robertson, *Innovative Behavior and Communication* (New York: Holt, Rinehart and Winston, 1971).

67. Everett M. Rogers, *Communication of Innovations* (New York: Free Press, 1971).

68. H. Gatignon and T. Robertson, "A Propositional Inventory for New Diffusion Research," *Journal of Consumer Research* 11, no. 4 (1985): 849-867.

69. Susan L. Holak, Donald R. Lehmann, and Fareena Sultan, "The Role of Expectations in the Adoption of Innovative Consumer Durables: Some Preliminary Evidence," *Journal of Retailing* 63 (Fall 1987): 243-259.

70. Hubert Gatignon and Thomas S. Robertson, "A Propositional Inventory for New Diffusion Research," *Journal of Consumer Research* 11 (March 1985): 849-867.

71. Joshua Levine, "The Streets Don't Lie," *Forbes* (April 21, 1997): 145.

72. Elizabeth C. Hirschman, "Symbolism and Technology as Sources of the Generation of Innovations," in *Advances in Consumer Research* 9, ed. Andrew Mitchell, (Provo, Utah: Association for Consumer Research, 1981), 537-541.

73. Susan Mitchell, "Technophiles and Technophobes," *American Demographics* (February 1994): 36-39.

74. Robert Hof, "The Click Here Economy," *Business Week* (June 22, 1998): 122-128.

75. Everett M. Rogers, *Diffusion of Innovations*, 3rd ed. (New York: Free Press, 1983).

76. Fred D. Reynolds and Williams R. Darden, "Why the Midi Failed," *Journal of Advertising Research* 12 (August 1972): 39-44.

77. Edmund L. Andrews, "When Imitation Isn't the Sincerest Form of Flattery," *The New York Times* (August 9, 1990): 20.

소비자 특성과
패션에 대한 시사점

제**2**부

제4장
소비자의 동기와 가치

바질이 금연, 금주에 정크푸드 (junk food)까지 끊은 지 2년이 되었다. 이전에 파티를 즐기는 데 쏟았던 열정을 이제 운동하는 데 쏟고 있다. 바질은 열정적인 철인경기자가 되었다. 그는 달리기, 수영, 자전거타기 등의 운동에 참여하는 것을 아주 중요시하기 때문에 훈련에 그의 모든 스케줄을 맞춘다. 그는 강의를 들을 수 있는 유일한 시간대가 매일 5마일씩 달리는 시간과 겹쳐 전공에 꼭 필요한 강의를 빠지기까지 했다.

바질은 여가시간을 그런 운동에

대한 잡지를 읽는 데 쓰거나, 달리기용 운동화와 겨울 훈련을 위한 라이크라 타이즈와 같은 특별한 장비를 사거나, 혹은 전국적인 철인경기 이벤트에 참가하기 위해서 여행하는 데 사용할 정도로 그 운동에 너무 몰두해 왔기 때문에 그의 친구들은 그를 거의 볼 수 없게 되었다. 그의 여자친구인 주디는 바질이 그녀를 보는 것보다 거울 속의 자신을 보는 것을 더 좋아한다고 불평하기까지 했다.

바질은 너무 몰두해 있다! 큰 목적에 몰두하는 것을 빼고 나면 그는 아무것도 아닐 정도이다.

1. 소개

어떤 사람들은 광적인 소비자라고 불릴 수 있을 만큼 하나의 활동에 관여하고 있다. 그들은 철인경기를 위한 훈련을 하든, 인터넷 검색을 하든 혹은 음악을 연주하든지 간에 관여하는 정도가 '긍정적인 중독' 이라 불릴 정도까지 전적으로 몰두하는 경향이 있다. 예를 들어 철인경기자(바질과 같은)에 대한 한 조사에 따르면 열정적으로 운동에 몰두하는 사람은 운동에 맞춰 일상의 스케줄을 크게 바꾸어 놓고, 부상을 입었을 때 훈련을 중단하지 않으려 하며, 주 식단이 대대적으로 바뀔 뿐 아니라, 마케터들이 관심을 둘 만한 행동인 경기에 참가하기 위한 여행이나 특별한 의복, 그리고 헬스클럽 회원권을 구입하는 데 상당한 돈을 쓰고 있었다.[1]

어떤 사람이 일상적으로 사용하기 위해서 달리기용 운동화를 선택할 때처럼, 사람들로 하여금 물건을 사고 사용하게 하는 힘은 대개 단순하다. 그러나 골수 철인들이 보여주는 것과 같이 일상적으로 사용하는 제품의 소비조차도 무엇이 적절한지 혹은 바람직한지에 관한 포괄적인 신념과 관련되어 있을 수 있으며 어떤 경우에는 이러한 감정적인 반응이 그 제품에 대해 깊이 몰두하게끔 만든다. 때때로 사람들은 어떤 제품으로 마음이 향하게 하거나 멀어지게 하는 힘조차도 완전히 인식하지 못하기도 하며, 이러한 선택은 종종 그 사람의 가치 — 세상에 대한 우선 순위나 믿음 — 에 의해서 영향을 받는다.

동기를 이해한다는 것은 소비자들이 어떤 행동을 왜 하는지를 이해하는 것이다. 왜 어떤 사람들은 그들 소득의 상당액을 비싼 디자이너의 의상에 소비하고, 반면 수입의 정도가 비슷한 다른 사람들은 중간 정도 가격의 기성복을 입는가? 이와 마찬가지로 왜 어떤 사람들은 다리에서 번지점프를 하는 것이나 유콘 강에서 래프팅하는 것을 선택하고, 또 어떤 사람들은 여가시간에 체스게임을 하거나 정원 가꾸기를 하는가? 갈증을 풀거나 권태감을 없애기 위해서 하든지 혹은 깊은 영적인 경험을 하기 위해서 하든지 간에 우리는 모든 것을 어떤 이유가 있기 때문에 한다. 소비자행동론과 마케팅 수업을 듣는 학생들은 수업을 시작할 때부터 마케팅의 목표는 소비자의 욕구를 만족시키는 것이라고 배운다. 그러나 이러한 생각은 우리가 그 욕구가 무엇이고 왜 그러한 욕구가 존재하는지를 찾을 수 없다면, 아무런 의미가 없는 것이다. 유행했던 한 맥주 광고는 "왜라고 왜 묻는가?"라고 묻고 있다. 이번 장에서 그 답을 찾아보기로 하자.

2. 의복 착용 동기 이론

유행에 대한 생각을 사람들이 왜 옷을 입는가에 대한 근본적인 이유를 살펴봄으로써 시작해 보자. 그 이유는 너무나 명백한 것 같지만, 많은 이유를 들 수 있다. 사람들이 옷을 입는 근본적인 이유에 대해 인류학자나 심리학자들에 의해 제안되었던 초기의 이론들은 의복의 기능과 관련이 있었다.[2] 이 이론들은 유행과 의복에 대한 연구자들에 의해서 토론되고 요약되어 왔다.[3] 우리가 최초로 옷을 입게 된 동기에 관해서는 초기의 이론가들의 의견이 일치되지는 않았지만, 다음의 네 가지 주요한 기능에 대해서는 대부분 의견의 일치를 보았다(기능, 욕구, 충동, 동기와 같은 용어들은 다음의 토론에서와 같이 소비자와 연구자들 모두에 의해서 일관성 없이 중복되어 사용되고 있다는 것을 알아두라).

1) 정숙성이론(modesty theory)

이 이론은 사람들이 자신의 몸의 사적인(은밀한) 곳을 가리기 위해서 옷을 입는다고 주장하는 것으로 윤리학자들은 한 개인이 벌거벗은 것에 대한 타고난 죄책감과 수치심이 그들로 하여금 옷을 입게 만든다고 믿는다. 성경 이론이라고 불리는 이 이론은 아담과 이브 그리고 무화과 잎의 이야기로부터 유래되었다. 그러나 정숙성은 보편적인 것이 아니다. 즉 모든 문화에서 정숙성이 다 같지는 않다. 한 문화에서 가려져 있는 인체의 한 부분이 다른 문화에서는 수치심 없이 노출되어 있다. 모슬렘 문화는 정숙성을 강요하여 여성을 검정으로 완전히 싸는 차도르를 입게 하여 여성의 미덕을 보호하고자 하지만 어린이가 옷을 벗고 자유롭게 뛰노는 것은 수치스럽게 여기지 않는다. 정숙성의 정의는 시간이 감에 따라 달라진다. 예를 들면 1920년대의 수영복은 노출이 허용되는 정도의 관점에서 볼 때 오늘날의 수영복과 크게 다르다. 정숙성이 현대의 유행에 중요한 요소라고 생각하는가? 그러한 요소는 오히려 비정숙성일 수도 있다.

2) 비정숙성이론(immodesty theory)

실상 의복은 신체의 특정한 부위에 대해 주의를 끌기 위해서 착용되어 왔다. 우리는 옷을 다 입은(decent), 적절한(proper)과 같은 말을 옷을 입었을 때 신체의 노출 정도가 적당함을 가리킬 때 사용한다. 꼭 끼는 스웨터와 진바지는 몸을 덮고 있지만 그와

어떤 의상은 신체를 가리기보다는 노출한다.

동시에 주의를 끈다. 성적 소구는 전적으로 유행에 관한 것만은 아니며, 여성의 성적인 것과 옷은 어떤 이유에서인지 모든 시대에 걸쳐 한데 얽혀 있다. 데이비스(Davis)는 색정적-순결한의 개념은 여성의 유행이 감추어지기도 하고 자극하기도 하는 양성성(ambivalence)이라고 하였는데, 그는 "전혀 보여주지 않는다."가 황금의 법칙이라고 하는 미쉘 파이퍼의 의상 컨설턴트가 한 말을 인용했다.[4]

3) 보호이론(protection theory)

어떤 이론가들은 의복이 추위 혹은 곤충이나 짐승들과 같은 것들로부터 신체를 보호하기 위해서 착용되기 시작하였다고 생각한다. 이에 다른 이론가들은 의복이 적이나 혹은 초자연적인 힘의 해로부터 보호하기 위해 착용된 것이라고 반론을 제기한다. 우리는 태양, 바람, 비 그리고 추위로부터 우리의 신체를 보호하기 위해 파카를 입고 장갑을 끼고, 모자를 쓰는 등의 의복을 입는다. 이렇듯 의복은 신체와 환경 사이의 장벽으로서의 기능을 한다. 어떤 사람들은 의복이나 액세서리를 해로운 영적인 힘으로부터 자신을 보호하거나 행운을 가져오게 하는 부적으로 착용하며, 이러한 것은 신체적인 보호에 반하여 심리적인 보호라고 부를 수 있다. 미신, 보이지 않는 것에 대한 두려움, 악한 영에 대한 믿음 그리고 행운은 모두 특정한 의상과 보석, 다른 장신구를 사용하는 원인이 된다.[5] 다음의 예를 주의깊게 검토해 보라.

- 자패 조개껍데기는 태평양 연안의 여러 문화권에서 여성을 불임으로부터 지켜준다.
- 신부의 베일은 악한 영으로부터 신부를 지켜준다.
- 동남아시아에서 홍안 구슬은 어린이와 짐승들을 보이지 않는 힘으로부터 지켜준다.
- 행운의 부적, 보석, 동전, 의복, 신발 그리고 모자는 행운을 가져다준다.

당신은 '행운의 셔츠'를 가지고 있는 사람을 아는가? 현대 유행의 주 목적은 종종 전적으로 기능적이거나 보호를 위한 것이 아님에도 불구하고 대부분의 옷에는 확실히 이러한 요소가 있다고 볼 수 있다.

4) 장식이론(adornment theory)

아마도 가장 보편적인 의복과 액세서리의 기능은 장식이나 개인적인 치장 혹은 심미적인 표현일 것이다. 장식은 지위와 정체성을 나타내주고 또한 개인의 자존심을 고취시켜 준다.[6] 장식은 의복(외부적인 장식)이나 신체에 영구적인 변화(신체 장식)를 줌으로써 이루어지는데, 한 책의 저자는 외부적인 장식을 몸 주위를 두르는 것(숄), 신체에 매달려 있는 것(목걸이), 몸에 맞게 형태를 재조정한 것(재킷), 신체에 끼우는 것(귀걸이), 신체에 붙이는 것(가짜 속눈썹), 그리고 손에 드는 것(핸드백)으로 요약하였다.[7] 신체적 장식은 문신, 구멍 뚫는 것(확실히 현대에 널리 행해지고 있고 제5장에서 추후 언급하기로 함), 흉터 혹은 성형을 포함하며, 우리 모두가 하는 임시적인 신체적 장식인 머리카락에 변화를 주는 것, 화장하는 것, 신체의 털을 깎는 것 혹은 피부결을 바꾸기 위해 로션을 바르는 것을 포함한다. 여러 시대에 걸쳐, 여성들은 당시의 미의 정의에 따르기 위해 꼭 끼는 코르셋을 사용하여 날씬하게 보이도록 하거나, 키가 커보이게 하거나 패딩이나 페티코트와 같은 다른 수단을 사용하여 몸의 외곽선에 부피를 더함으로써 자신의 몸의 형태를 바꿔왔다.[8] 이러한 내용은 제5장에서 다시 다루기로 한다.

이러한 원래의 의복 기능은 의복선택의 본질적인 이유나 동기라고 생각될 것이다. 오늘날 유행 선택의 또 다른 주요한 이유가 되는 사회심리학적 혹은 쾌락적 동기를 이루는 토대에 대해서는 다음 장에서 다루기로 한다.

3. 동기의 과정

동기(motivation)는 사람들이 어떤 행동을 하게 만드는 과정을 의미하며 동기는 소비자가 충족하기를 원하는 어떤 욕구(무엇인가 부족한 것)가 생길 때 발생한다. 일단 보호와 같은 욕구가 활성화되면 긴장상태가 생기게 되어 소비자는 그러한 욕구를 줄이거나 제거하려고 시도한다. **욕구**(need)는 사실상 소비자의 현재 상태와 이상적인 상태와의 차이이며 이러한 차이는 긴장상태를 만들어낸다. 이러한 긴장의 정도는 소비자가 그러한 긴장을 줄이기를 원하는 절박함을 결정하며 이러한 환기의 정도를 **충동**(drive)이라 한다. 바라는 최종 상태는 소비자의 **목표**(goal)라고 한다. 마케터는 소비자가 바라는 효익을 제공하고, 소비자로 하여금 욕구로 인해 발생한 긴장을 줄일 수 있게 하는 제품이나 서비스를 만들어내고자 한다.

1) 욕구의 유형

우리가 가지고 있는 욕구를 살펴보는 한 방법은 실리적 욕구와 쾌락적 욕구로 유형화하는 것이다. 실리적 욕구(utilitarian needs)는 기능적이거나 실용적인 효익(benefit)을 얻고자 하는 욕구로서(앞에서 언급한 바와 같이 안락함 혹은 보호와 같은 것), 실리적인 욕구를 만족시키는 것은 소비자들이 청바지의 내구성이나 자동차의 연비 혹은 치즈버거에 들어있는 지방, 칼로리 그리고 단백질의 양과 같은 객관적이고 실체적인 제품의 속성을 강조하는 것들이다. 욕구는 동시에 쾌락적일 수도 있어서 감정적인 반응을 수반하는 실험적인 욕구일 수도 있다. 쾌락적인 욕구(hedonic needs)는 주관적이어서 소비자들은 그들의 자극, 자신감, 환상 등에 대한 욕구를 충족시킬 수 있는 제품에 의존할지도 모른다. 물론 소비자들은 어떤 제품이 두 가지 종류의 효익을 다 제공하기 때문에 구매하려고 할 수도 있는데, 예를 들어 밍크코트는 고급스러운 이미지 때문에 구매될 수도 있고 긴 추운 겨울에 보온을 위해서 구매될 수도 있다.

사람들은 식품, 물, 공기 그리고 집과 같이 생명을 유지하는 데 필요한 특정한 요소 혹은 어떤 요소로부터의 보호를 위한 욕구(의복의 기능으로서의 보호에 대한 논의를 생각하라)를 가지고 태어나며 이러한 것을 **생물적 욕구**(biogenic needs)라고 부른다. 그러나 사람들은 선천적이 아닌 다른 욕구도 많이 가지고 있는데, **심리적 욕구**(psychogenic needs)는 어떤 문화의 일원이 되는 과정을 거쳐야 습득하게 된다. 심리적 욕구는 지위, 힘 그리고 귀속의 욕구를 포함하며 심리적 욕구는 어떤 문화에서 우선적인 사항을 반영하며 행동에 대한 심리적 욕구의 효과는 환경에 따라 달라진다. 예를 들면 미국의 소비자들은 그들의 수입 중 상당한 액수를 그들의 부와 지위를 나타낼 수 있는 제품에 사용하는 반면에, 일본의 소비자들은 그와 같은 정도로 그들의 집단에서 확연하게 드러나지 않게 하려고 애쓸지도 모른다.

2) 기본적 욕구 대 필요

기본적인 욕구는 어떤 방법으로든 충족될 수 있으며, 어떤 사람이 선택한 특정한 길은 그 자신의 고유한 경험과 그 사람이 자라난 문화에 의해 주입된 가치에 영향을 받는다. 기본적 욕구(needs)를 충족시키기 위해 사용된 특정한 소비의 형태는 **필요**(want)라는 용어로 표현하는데, 필요는 기본적 욕구의 표시이다. 예를 들면 보호와 배고픔은 충족되어야만 하는 기본적인 욕구로 보호가 부족한 것은 적절하게 덮는 것과 따뜻하게 유지하기에 적절한 헌 옷가게에서 구입한 10달러짜리 코트에 의해서도 만족될 수 있다.

니만 마커스(Neiman Marcus)에서 산 1,000달러짜리 코트도 보호를 위한 이러한 기본적 욕구를 만족시킬 수 있다. 이와 유사하게 배고픔은 치즈버거나 초콜릿이 이중으로 발라진 오레오쿠키, 날생선 혹은 콩나물과 같은 음식을 섭취함으로써 완화될 수 있는 긴장상태를 유발한다. 서바이벌(Survivor)이라는 TV쇼의 참가자들은 곤충과 구운 쥐를 먹었다. 이렇듯 긴장완화를 위한 특정한 방법은 문화적으로(혹은 구조적으로) 결정되며 일단 목표가 달성되면 긴장은 완화되고 동기부여가 감퇴된다(일정 기간 동안). 동기는 그 강도나 소비자에게 영향을 미치는 강도(strength)그리고 그 **방향성**(direction) 혹은 소비자가 동기에 따른 긴장을 완화시키기 위해 시도하는 특정한 방법과 연관해서 표현될 수 있다.

4. 동기의 강도

한 개인이 또 다른 목표와는 다른 하나의 목표를 달성하기 위해 에너지를 쓰고자 하는 정도는 그 목표를 달성하기 위한 근원적인 동기를 나타낸다. 많은 이론들이 사람들이 어떤 행동을 하는 이유를 설명하기 위해 제기되어 왔다. 대부분 사람들이 특정한 목표를 향해 사용하고자 하는 제한적인 양의 에너지를 가지고 있다는 기본적인 생각을 공유하고 있다.

1) 생물학적 요구 대 학습된 요구

동기부여에 대한 초기의 연구에서는 행동이 하나의 종(species) 내의 보편적인 행동의 선천적인 패턴인, 본능에 기인하는 것으로 보았으나 이러한 견해는 이제 대부분 믿을 수 없는 것으로 여겨지고 있다. 그 이유 중 한 가지는 본능의 존재는 증명하거나 반증하기 어려우며 본능이 행동으로부터 설명이 되어야 하는데 그 행동으로부터 추론되어 진다는 점이다(이러한 종류의 순환성의 설명은 동어반복(tautology)이라 부른다).[9] 이는 마치 소비자는 지위를 얻고자 하는 동기를 가지고 있기 때문에 지위를 상징하는 제품을 산다라고 말하는 것과 같은데 이는 전혀 만족할 만한 설명이 되지 않는다.

(1) 충동이론

충동이론(drive theory)은 불쾌한 상태의 환기(예를 들어 아침 수업에 배가 꼬르륵거리는 것)를 유발하는 생물학적 욕구(biological needs)에 초점을 맞추고 있다. 우리는 이러한 환기에 의해서 생기는 긴장을 줄이고자 하며 이러한 긴장완화는 인간의 행동을 지배하는 기본적인 구조로 제시되어 왔다.

마케팅과 관련해서 생각하면 긴장은 어떤 사람의 소비욕구가 충족되지 않았을 때 존재하는 불쾌한 상태를 가리킨다. 어떤 사람은 먹지 않았을 때 불평을 하기도 하고 혹은 그가 원하는 새로운 유행 상품을 살 비용이 없을 때 기가 죽거나 화를 내기도 한다. 이러한 상태는 목표 지향적인 행동을 활성화하는데, 이러한 행동은 불쾌한 상태를 완화하거나 없애고 **항상성**(homeostasis)이라고 불리는 균형잡힌 상태로 돌아가려는 시도를 한다. 그러한 근원적인 욕구를 제거함으로써 충동을 줄이는 데 성공한 행동은 강화되고 반복되는 경향이 있다.

그러나 충동이론은 예측과는 반대가 되는 인간 행동의 단면을 설명하려고 할 때 어려움을 겪는데, 사람들은 종종 충동상태를 줄이기보다는 증가하는 일을 하곤 한다. 예를 들면 성대한 저녁식사를 하러 나가려는 것을 안다면, 당시에 배가 고프더라도 식사에 앞서 낮에 간식을 먹지 않기로 결정하듯이, 사람들은 욕구충족을 지연할지도 모른다.

이 운동기구를 위한 광고는 최근 서양 문화에 의해서 이상적으로 여겨지는 상태를 보여주고 있으며, 그러한 상태에 도달하기 위한 해결책(기구의 구매)을 제시하고 있다.

(2) 기대이론

동기에 대한 가장 최근의 설명은 무엇이 행동을 일으키는지를 이해하기 위해 생물적 요인보다는 인지적 요인에 초점을 맞추고 있다. **기대이론**(expectancy theory)은 행동이 내부로부터 추구되기보다는 대부분 바람직한 결과—긍정적인 보상—를 얻을 것에 대한 기대에 의해서 이끌린다고 제안하고 있다. 이 이론은 우리는 어떤 제품을 선택하는 것이 우리에게 보다 긍정적인 결과를 가지게 한다고 기대하기 때문에 이 제품을 다른 제품 대신 선택한다고 설명한다. 예를 들어 한 십대 소녀는 학교의 선망집단에 받아들여지게 할 것이라는 기대감으로 특정한 옷을 입는 것을 선택할 수도 있다. 따라서 여기서 **충동**이란 용어는 신체적이고 인지적인 과정을 지칭하는 것으로 사용되었다.

소비자 욕구(consumer desire)는 "… 현재 누리고 있지 않은 제품이나 서비스를 열망하는 감정"으로 정의되고 있다.[10] 이전의 동부유럽국가들의 소비자들은 이제 명품의 이미지로 공격받고 있다. 그러나 아직도 기본 생필품을 구하는 데 어려움을 겪는 사람들이 있을지도 모른다. 루마니아 학생들의 희망 제품을 지정하는 연구에서 나타난 희망제품 목록은 스포츠카와 최신형의 텔레비전과 같

은 기대되는 제품뿐 아니라 물, 비누, 가구와 식품과 같은 제품을 포함하고 있었다.

그들의 좌절감은 "혁명 이전에는 거의 상점에 물건이 거의 없었지만 우리는 그것을 살 능력이

있었다. 이제 상점에 보다 많은 물건이 진열되어 있지만 아무도 그것을 살 능력이 없다."[11]라고 설명한 한 제보자에 의해 요약되었다. 얄궂게도 이 소비자들은 더 많은 것을 원하지만 아직 이러한 제품을 획득할 수 없기 때문에 지금 덜 행복하게 보인다. 이러한 좌절감은 입수가 가능한 것과 개인이 가지고 있는 것과의 간격이 더 벌어져 발생하는 상대적 빈곤감의 결과이다.

5. 동기의 방향

동기는 강도뿐 아니라 방향도 가지고 있으며, 욕구를 만족시키기 위해 특정한 목적이 요구된다는 점에서 목표 지향적이다. 대부분의 목표는 여러 가지의 방법으로 도달될 수 있으며, 마케터들의 목적은 소비자들에게 자신들이 제안하는 대안이 그 목표를 달성하기 위한 최선의 기회를 제공한다는 것을 설득하는 것이다. 예를 들면 다른 사람들에게 인정받고자 하는 목표를 달성하기 위해 청바지가 필요하다고 마음먹은 어떤 소비자는 청바지를 각각의 상표가 확실한 효익을 줄 가능성이 있는 리바이스, 랭글러, 디젤, 캘빈 클라인, 캄비오와 수많은 다른 대안 중에서 고를 수 있을 것이다.

1) 동기의 갈등

목표는 유의성(valence)을 가지고 있는데 이는 긍정적일 수도 있고 부정적일 수도 있다는 것을 의미한다. 소비자는 긍정적인 가치가 있다고 판단된 목표에 접근(approach)하려고 하고 목표에 도달하는 데 도움이 되는 제품을 찾게 된다. 그러나 모든 행동이 목표를 달성하고자 하는 욕망에 의해서 유발되는 것은 아니며 그 대신에 소비자들은 부정적인 결과를 회피(avoid)하고자 한다. 예를 들면 많은 소비자들은 부정적 결과인, 거부되는 것을 피하기 위해서 열심히 일하며 그들은 사회적으로 허용되지 않는 것과 연관되는 제품으로부터 멀리 하려고 할 것이다. 방취제나 구강탈취액과 같은 제품들은 종종 겨드랑냄새나 입냄새와 같은 골치 아픈 사회적인 결과를 묘사함으로써 이로부터 멀리 하려는 소비자들의 부정적인 동기에 의지하곤 한다. 지난 해로부터 이월된 유행상품은 아마도 어떤 사람들에게는 동료(혹은 또래들)로부터 사회적인 불인정을

받게 하는 상품이기 때문에 멀리하는 상품이 된다. 물론 할인판매되는 지난 시즌의 스타일을 구매하는 것은 싼 가격으로 잘 사는 것이라 생각하는 소비자들이 많기 때문에 모든 사람이 다 그렇게 반응하는 것은 아니다.

구매 결정은 한 개 이상의 동기와 관련되어 있기 때문에 소비자들은 긍정적인 것과 부정적인 동기 모두 서로 대립이 되는 상황에 처한 자신을 발견할 때가 종종 있다. 이 때 마케터들은 소비자들의 욕구를 만족시키고자 시도하기 때문에 이러한 딜레마에 대한 가능한 해결책을 제공함으로써 도움이 될 수도 있다. 그림 4-1과 같이 접근-접근 (approach-approach), 접근-회피(approach-avoidance) 그리고 회피-회피(avoidance-avoidance)와 같은 세 개의 일반적인 유형의 갈등이 발생할 수 있다.

(1) 접근-접근 갈등

접근-접근 갈등에서는 개인은 두 개의 바람직한 대안 중에서 하나를 선택해야만 한다. 한 학생은 클럽에 입고 가기 위해 두 개의 유행 아이템 중 하나를 선택해야만 하거나, 명절에 집에 가는 것과 친구와 스키여행을 가는 것 중 한 가지를 선택해야만 할 수도 있다.

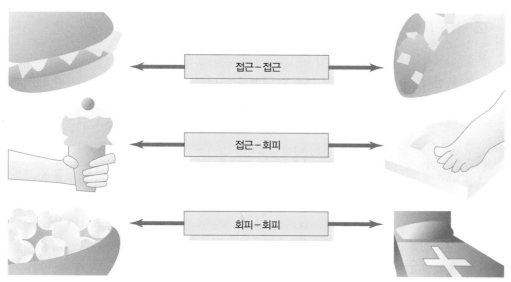

그림 4-1 동기 갈등의 세 가지 유형

출처 : Michael R. Solomon, *Consumer Behavior*, 5/e © 2002. Reprinted by permission of Prentice-Hall, Inc., Upper Saddle River, NJ.

인지 부조화이론(theory of cognitive dissonance)은 사람들이 그들의 삶에서 질서와 조화에 대한 욕구를 가지고 있으며 신념이나 행동이 서로 갈등을 빚으면 긴장상태가 발생된다는 전제를 근거로 하고 있다. 두 가지의 대안 중에서 하나를 선택할 때 발생하는 갈등은, 사람들이 이러한 불일치(혹은 부조화)를 완화시킴으로써 불쾌한 긴장을 없애는, 인지 부조화를 감소하는 과정을 통해서 해결될 수도 있다.[12]

부조화의 상태는 두 가지 혹은 그 이상의 신념이나 행동 간에 심리적인 불일치가 있을 때 발생하며, 소비자가 두 상품 중 하나를 선택해야만 할 때 두 대안이 모두 장단점을 가지고 있는 경우에 주로 발생한다. 하나의 상품을 선택하고 다른 하나는 선택하지 않음으로써, 선택한 사람은 선택한 상품의 단점을 경험하게 되고 선택되지 않은 상품의 장점을 잃어버리게 되는 것이다.

이러한 손실은 그 사람이 감소하고자 하는 불쾌하고 부조화의 상태를 유발하게 된다. 사람들은 사후에 그들이 선택한 대안을 지지하는 추가적인 이유를 찾거나 어쩌면 그들이 선택하지 않은 것의 단점을 '발견함'으로써 그들의 선택이 현명한 것이었다고 스스로를 납득시키려는 경향이 있다. 마케터는 접근-접근 갈등을 여러 가지 효익을 함께 더함으로써 해결할 수 있으며, 최신 유행상품을 할인 판매하는 것이 그 예이다.

(2) 접근-회피 갈등

우리가 원하는 많은 제품과 서비스는 그에 따르는 부정적인 결과도 가지고 있다. 모피 코트와 같이 지위를 나타내는 제품을 구매했을 때 우리는 죄책감을 느끼거나 과시하기도 한다. 혹은 유혹적인 트윈키스(twinkies, 과자의 일종) 패키지를 사려고 할 때 대식가처럼 느끼기도 한다. 이처럼 우리가 어떤 목표를 희망하지만 동시에 그것을 회피하고자 할 때, 접근-회피 갈등이 나타난다.

이 갈등에 대한 몇 가지 해결책은 아름다운 유행 상품을 만들기 위해서 동물을 해치는 것에 대한 죄책감을 없애주는 인조 모피의 확산과 칼로리를 더하지 않고 양질의 식품을 섭취하는 것을 약속하는 웨이트 와처(weight watcher)와 같은 다이어트 식품 (www.weight-watchers.com) 등을 소비자에게 제공하는 것으로 이는 상품자체의 성공 또한 포함하고 있다. 많은 마케터들은 소비자들에게 그들 자신은 사치품을 쓸 만한 가치가 있다고 설득함으로써 그들의 죄책감을 극복하게 하고자 한다. 예를 들면 로레알 (L'Oréal) 화장품의 모델이 "나는 소중하니까." 라고 주장하는 것처럼 말이다.

(3) 회피-회피 갈등

때때로 소비자들은 자신이 진퇴양난에 빠진 것을 발견하곤 하는데, 두 가지의 바람직하지 못한 대안 중에서 선택을 해야 하는 경우를 말한다. 한 사람은 유행 상품에 비싼 가격을 지불하거나, 혹은 할인 판매가 되어서 살 수 있지만 더 이상 유행하는 스타일이 아닌 이월 상품을 사야 하는 상황에 처할 수 있다. 마케터들은 자주 하나의 옵션(예를 들어 비싼 새 유행제품을 사는 부담을 덜어주기 위해서 외상 거래 계정을 신청하면 10% 할인을 해준다)을 선택하는 것에 대한 예측하지 않은 효익을 강조하는 광고 메시지로 이러한 갈등을 다루곤 한다.

2) 소비자 욕구의 유형화

많은 연구들이 인간의 욕구를 유형화하기 위해서 행해져 왔으며, 일부 심리학자들은 인간의 모든 행동을 설명하기 위해 구조적으로 추적될 수 있는 욕구에 대한 보편적인 목록을 정의해 두었다. 헨리 머레이(Henry Murray)에 의해 개발된 그러한 노력의 하나는 특정한 행동으로 일어나는(때로는 조합적으로 일어나는) 정신에서 일어나는 20가지의 욕구 세트를 기술하고 있다. 이러한 욕구는 자율성(autonomy, 독립적인), 방어성(defendance, 비평에 대해 자신을 방어하는) 그리고 심지어 유희(play, 즐거운 활동에 참가하는)까지 포함한다.[13]

(1) 구체적인 욕구와 구매 행동

다른 동기에 대한 시도는 구체적인 욕구와 행동을 위한 욕구의 파생 효과에 초점을 맞춘다. 예를 들면 성취에 대한 욕구가 높은 사람들은 개인적인 성취에 가치를 높게 두는데[14], 그들은 성공을 의미하는 소비품이 그들의 목표를 실현하는 데 대한 피드백을 주기 때문에 그러한 제품과 서비스에 프리미엄을 붙인다. 이런 소비자들은 그들의 성취를 나타내주는 제품을 구입할 만한 유력한 후보자들이다. 직장여성에 대한 한 연구는 성취동기가 높은 사람들은 사무적이라고 생각하는 의복을 선택하는 경향이 있고, 그들의 여성성을 강조하는 의복에 관심을 덜 가지는 경향이 있다고 하였다.[15] 소비자행동에 의미가 있는 다른 중요한 욕구는 다음과 같다.

- 소속에 대한 욕구(다른 사람과 함께 있고자 하는 욕구)[16] : 이 욕구는 집단에서 소비되고 외로움을 덜어주는 팀 스포츠, 쇼핑몰, 그리고 술집 같은 제품 및 서비스와

연관이 있다. 십대들은 종종 같이 옷을 사러 가곤 한다.

- 힘에 대한 욕구(어떤 사람의 환경을 통제하는 욕구)[17] : 많은 제품과 서비스는 소비자로 하여금 그들의 주위에 대한 통제력을 가지고 있다고 느끼게 하는데 이에 해당되는 제품은 마력을 높인 자동차와 시끄러운 붐박스(큰 휴대용 라디오)에서부터 파워 의상에 이른다. 의복에 대해 1980년대에 신봉되던 존 몰로이(John Molloy)의 '성공을 위한 의복' 접근법은 업계의 남녀 모두가 찾던 파워룩과 확실히 관련이 있다.[18]

- 독특함에 대한 욕구(개인의 정체성을 주장하는 욕구)[19] : 이 욕구는 소비자의 독특한 특성을 강조해 준다고 약속하는 제품에 의해서 충족될 수 있으며 카세(Cachet) 향수가 '당신만큼이나 독특한' 이라고 주장하는 것이 그 예가 되겠다.

(2) 매슬로우의 욕구 계층

동기에 대한 영향력 있는 연구법 중 하나가 심리학자인 아브라함 매슬로우(Abraham Maslow)에 의해 제안되었다. 매슬로우의 연구법은 원래 개인적인 성장과 '최고의 경험' 에 대한 달성을 이해하기 위해서 전개되었다.[20] 매슬로우는 생리적이고 정신적으로 일어나는 욕구의 계층을 형식화했으며, 각 계층에는 동기의 정도가 자세히 설명되어 있다. 계층적인 접근법은 발전의 순서가 고정되어 있는데 이는, 즉 보다 높은 계층이 활성화되는 다음 계층으로 올라가기 전에 특정 계층의 욕구가 반드시 달성되어야만 한다는 것을 의미한다. 이 동기에 대한 보편적인 접근법은 성장의 다양한 계층과 환경적인 조건에 따라(간접적으로) 사람들이 찾을 만한 특정한 유형의 제품 효익을 상술하고 있기 때문에 마케터에 의해 조절되어 왔다.

이러한 계층이 그림 4-2에 요약되어 있다. 각 계층마다 소비자들이 찾을 만한 제품 효익에 관한 우선순위를 보여주고 있다. 이상적으로는 개인의 주요한 동기가 정의나 아름다움과 같은 '궁극적' 목표에 집중할 때까지 상위계층으로 발전하나 현실에서 이러한 상태는 달성하기 어렵다(적어도 일상에서는). 소비자 대부분은 가끔의 경험이나 최상 계층 경험으로도 만족하는 데 그치게 된다.

매슬로우의 계층이 시사하는 바는 사람은 상위계층으로 올라가기 전에 먼저 기본적 욕구를 만족해야 한다는 것이며(즉 굶어 죽어가고 있는 사람은 지위의 상징이나 우정, 혹은 자기 달성에는 관심이 없다는 것이다) 이러한 계층은 고정된 것이 아니다. 마케

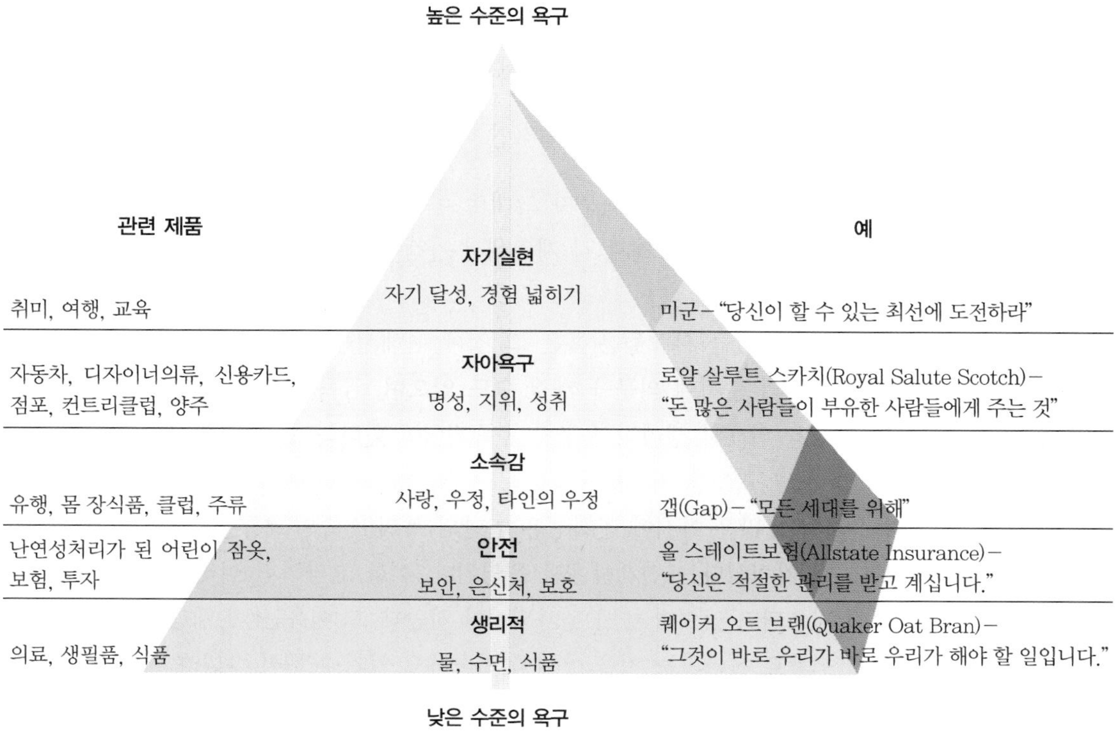

높은 수준의 욕구

관련 제품		예
	자기실현 자기 달성, 경험 넓히기	
취미, 여행, 교육		미군 – "당신이 할 수 있는 최선에 도전하라"
	자아욕구 명성, 지위, 성취	
자동차, 디자이너의류, 신용카드, 점포, 컨트리클럽, 양주		로얄 살루트 스카치(Royal Salute Scotch) – "돈 많은 사람들이 부유한 사람들에게 주는 것"
	소속감 사랑, 우정, 타인의 우정	
유행, 몸 장식품, 클럽, 주류		갭(Gap) – "모든 세대를 위해"
	안전 보안, 은신처, 보호	
난연성처리가 된 어린이 잠옷, 보험, 투자		올 스테이트보험(Allstate Insurance) – "당신은 적절한 관리를 받고 계십니다."
	생리적 물, 수면, 식품	
의료, 생필품, 식품		퀘이커 오트 브랜(Quaker Oat Bran) – "그것이 바로 우리가 바로 우리가 해야 할 일입니다."

낮은 수준의 욕구

그림 4-2 매슬로우 계층의 욕구 수준

출처 : Michael R. Solomon, *Consumer Behavior*, 5/e © 2002. Reprinted by permission of Prentice-Hall, Inc., Upper Saddle River, NJ.

팅에 이러한 계층을 사용하는 것은 약간 단순화되어 왔는데, 이는 특히 같은 제품이나 활동이 여러 가지 욕구를 만족시킬 수 있기 때문이다. 예를 들면 의복은 다음과 같이 거의 모든 계층의 욕구를 만족시킬 수 있다.

• 생리적 욕구 : 의복은 몸을 가리고 여러 요소로부터 우리를 보호한다.

• 안전의 욕구 : 미국에서 팔리는 의복은 발화점에 가까이 댔을 때 확 타오르지 않아야 한다는 가연성 기준을 통과해야 한다; 우리는 우리의 옷에 대해 비교적 안전함을 느껴야 한다.

• 사회적 욕구 : 유행은 다른 사람과 공유하고 다른 사람들에게 보이는 것이다.

- **존중의 욕구** : 최신의 유행제품이나 예술의상을 입는 것은 우리 스스로를 기분 좋
게 만들고 우리에게 동료들 가운데서 높은 지위에 있는 듯한 느낌을 준다.

- **자기실현 욕구** : "나의 의복은 전체적인 나의 표현이다."

매슬로우의 계층을 지나치게 문자 그대로 이용하는 데 따르는 또 하나의 문제점은
계층이 문화 구속적이라는 점과 각 계층에서 가정된 것은 서구 문화에 한정될 수 있다
는 것이다.

다른 문화권에 있는 사람들은(혹은 그 점에 관해서는 서구 문화권에 있는) 상술된
것과 같은 수준의 순서에 의문을 가질 수도 있으며, 금욕 선언을 하는 종교적인 사람
은 자기 달성을 위해서 생리적 욕구가 충족되어야 한다는 것에 반드시 동의하는 것은
아니다.

이와 유사하게 많은 아시아 문화권은 집단의 복지(소속의 욕구)가 개인의 욕구(존중
욕구)보다 더 가치있다는 전제하에서 운영된다. 이를 요약하면 이러한 계층은 마케팅
에서 넓게 적용되고 있으며 높게 평가되어야 하는데 그 이유는 이 계층이 소비자가 욕
구 계층을 점차로 올라가는 것을 상세히 기술하고 있기 때문이 아니라 이 계층이 우리
로 하여금 소비자들이 다양한 소비 환경과 삶의 단계에서 다양한 욕구의 우선순위를
가질 수 있다는 것을 깨닫게 하기 때문이다.

6. 소비자의 관여도

소비자들은 제품이나 서비스와 강한 관계를 형성하는가? 만일 그렇게 생각하지 않는
다면, 다음과 같은 최근의 사건들에 대해 생각해 보라.

- 럭키(*Lucky*)는 신발과 다른 유행 액세서리의 쇼핑을 전담하는 새로운 잡지이다. 잡
지 첫 호의 중간에 접어 넣은 페이지는 화장 스펀지를 줄로 세운 사진을 실었다.
편집자는 "그것은 골프 잡지에서 9번 아이언을 펴놓은 것을 보는 것과 같은 것이
다. 럭키는 지나치리만큼 구체적으로 여성의 삶 하나에만 관심을 두고 있다 라고
하였다."[21]

● 테네시 주에 사는 한 남자는 여자 친구에게 차인 후에 그의 자동차와 결혼하고자 했다. 그러나 그가 그의 약혼녀 고향이 디트로이트이고, 그녀의 아버지 이름이 헨리 포드이며 그녀의 혈액형이 10W40(윤활유상표)이라고 밝힌 다음 그의 계획은 좌절되었는데, 테네시 법률에서는 오직 한 남자와 한 여자만이 법적으로 결혼을 할 수 있기 때문이다.[22] 세차장에서의 흥분되는 신혼여행은 물 건너 가버린 것이다.

이 예는 사람들이 제품에 매우 집착할 수 있다는 것을 보여주고 있다. 우리가 보아 온 것처럼 목표를 달성하기 위한 소비자의 동기는 그러한 목적을 충족시키는 데 도움이 될 것이라고 생각되는 제품이나 서비스를 획득하는 데 필요한 노력을 기울이려는 그의 열망에 영향을 끼친다. 그러나 모든 사람이 같은 정도의 동기를 가지는 것은 아니며 어떤 소비자는 최신 스타일이나 현대의 편리함이 없이는 살 수 없다고 확신하는 반면, 또 다른 소비자는 이러한 아이템에 전혀 관심이 없는 것에서 소비자들의 동기에서의 차이를 살펴볼 수 있다.

관여(involvement)는 "타고난 욕구, 가치 그리고 관심에 근거한 한 개인의 대상에 대한 지각된 관련성"이라고 정의[23]되는데 이 때 대상(object)이란 단어는 일반적인 의미로 사용되었고, 하나의 상품(혹은 상표)이나, 하나의 광고, 혹은 하나의 구매 상황을 지칭한다. 소비자들은 이러한 모든 '대상'에 대해 관여될 수 있으며 관여도는 동기적인 구조를 가지고 있기 때문에, 그림 4-3에 나타난 것과 같이 하나나 그 이상의 다양한 선행요인에 의해서 유발될 수 있다. 선행요인들은 그 사람에 대한 것, 대상에 대한 것 그리고 상황에 대한 것이다. 그림 4-3의 오른쪽은 대상에 관여된 결과나 결말이다.

관여는 정보를 처리하려는 동기로 볼 수 있으며,[24] 소비자의 욕구, 목표, 혹은 가치와 제품 지식 사이에 지각된 연결고리가 있는 만큼 소비자들은 그 제품 정보에 주의를 기울이고자 할 것이다. 기억 속에 있는 적절한 지식이 활성화되었을 때, (쇼핑과 같은)행동으로 이끄는 동기를 가진 상태가 유발된다. 하나의 제품에 대한 관여도가 증가함에 따라 소비자는 그 제품에 관련된 광고에 보다 열중하고, 이러한 광고를 이해하기 위해 보다 인지적인 노력을 기울이며, 광고에서 제품과 관련된 정보에 주의를 집중한다.[25]

반면에 어떤 사람은 같은 정보라도 그 정보가 욕구를 충족시키는 데 적절하지 않게 보이면 주의를 기울이려 하지 않을 것이다. 그 예로 운동 기구에 대해서 알고 있다는 것을 자랑스럽게 생각하는 한 사람은 그가 그 주제에 관해서 찾을 수 있는 어떤 것이라도 읽고, 운동기구점에서 남는 시간을 보내는 등의 행동을 하지만 또 다른(더 게으른) 사람은 재고의 여지없이 이러한 정보를 빠뜨릴 것이다. 이는 유행의 경우도 마찬

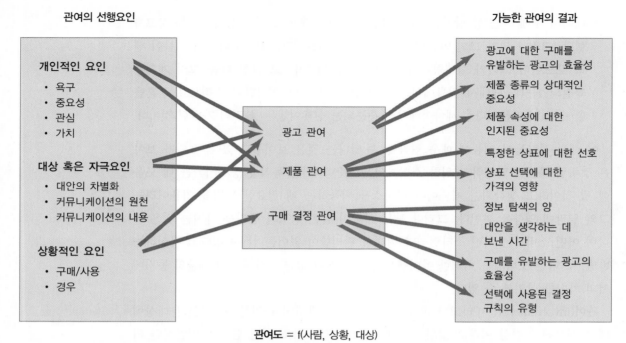

관여의 선행요인   가능한 관여의 결과

관여도 = f(사람, 상황, 대상)

관여도는 이 세 가지 요인 중 하나 혹은 그 이상의 요인에 의해 영향을 받을 수 있다. 사람, 상황,
그리고 대상 간의 상호작용이 일어날 수 있다.

그림 4-3 관여도의 개념화

출처 : Judith Lynne Zaichkowsky, "Conceptualizing Involvement," *Journal of Advertising* 15, no. 2 (1986) : 4−14.

가지로 많은 젊은이들(뿐 아니라 어른들)은 유행에 크게 관여되어 있어 상당한 시간과
돈을 최신 스타일 제품을 사는 데 쓰고 있는 반면, 다른 사람들은(종종 남성들도 이러
한 범주에 든다) 옷을 사는 것을 허드렛일로 여긴다.

1) 관여도의 수준 : 관성에서 열정까지

발생하는 정보 처리의 유형은 소비자의 관여 정도에 달려 있다. 관여도는 메시지의
기본적인 특징만을 고려하는 단순한 처리(simple processing)에서부터, 개인에게 유입
되는 정보가 이미 존재하는 지식구조에 연결되는 정교화(elaboration)까지의 범위에서
일어날 수 있다.[26]

한 개인의 관여도는 한쪽은 마케팅 자극에 완전히 관심이 없는 것에서 다른 한쪽은
집착하는 것까지를 포함하는 연속의 개념으로 나타낼 수 있다. 저관여에서의 소비는

소비자가 대안에 대해 고려하려는 동기가 없기 때문에 결정이 습관적으로 이루어지는 **관성**(inertia)의 특징이 있으며, 고관여에서는 개인에게 큰 의미가 있는 사람들과 대상에 대해 가지고 있는 열정을 볼 수 있다. 예를 들면 일부 소비자들이(마이클 조던과 같은 유명인과 같이 살아있는 사람이나 — 아마도 죽었으리라 추정되는 — 엘비스 프레슬리와 같이 죽은 사람들에 대해) 가지고 있는 열정은 연속적인 관여에서 높은 쪽에 해당된다고 하겠다. 그러나 제품에 대한 소비자의 관여도는 대부분의 경우 관여도의 연속선상의 중간쯤에 속하며, 마케팅 전략가들은 제품정보에 대해 어느 정도의 정교화가 이루어질지를 이해하기 위해서 (제품의)상대적인 중요도를 결정해야만 한다.

2) 관여의 다양한 면모

앞서 정의된 바와 같이, 관여는 다양한 형태로 나타날 수 있다. '인터넷형 인간' 들이 새로운 개인용 멀티미디어 컴퓨터의 최신 기능에 대해 최대한도로 알려고 하는 때와 같이 관여도는 인지적이거나, 새 아르마니(Armani) 수트가 옷자랑하는 사람에게 소름이 끼치게 할 때와 같이 감정적일 수 있다.[27] 그리고 쇼핑에 열정적으로 몰두하는 사람은 바로 그 아르마니 옷을 사는 데 매우 휩쓸리기 쉽다. 일을 더 까다롭게 하는 것은 나이키나 아디다스를 위해 만들어진 것과 같은 광고는 무엇인가의 이유로 우리에게 영향을 미친다는 것이다(예를 들면 그 광고가 우리를 웃게도 만들고 울게도 만들고, 혹은 우리를 더 열심히 일할 마음이 들게도 하기 때문에).

(1) 제품 관여

제품 관여(product involvement)는 특정한 제품에 대한 소비자의 관심도와 관련되어 있다. 많은 판매 촉진이 이러한 종류의 관여도를 높이기 위해서 계획되는데, 예를 들면 데어(Dare) 향수가 후원했던 콘테스트에서, 여성들은 라디오 토크쇼에 편지나 전화로 그들의 가장 친밀한 데이트에 대한 자세한 이야기를 보냈다. 우승한 이야기는 반탐출판사에 의해서 연애소설로 편집된 후, 이 책들은 향수 구매를 했을 때 사은품으로 증정되었다.[28]

(2) 메시지-반응 관여

메시지-반응 관여(message-response involvement, 광고 관여라고도 한다)는 마케팅 커

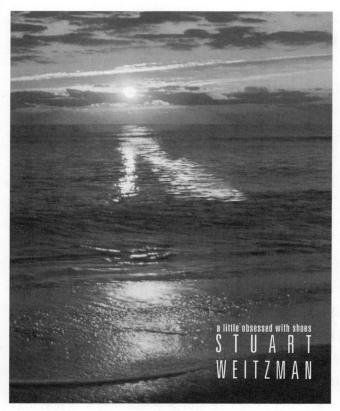

이 광고는 신발에 대한 소비자의 관여를 보여주고 있다. 신발에 대해 조금 지나치리만큼 집착하는 왈쯔만은 그의 주변에 있는 모든 것, 아름다운 모든 것에서, 심지어 아름다운 낙조에서조차 신발을 연상한다.

뮤니케이션을 처리하는 데 대한 소비자의 관심을 의미한다.[29] 텔레비전은 방영되는 내용에 관해서 비교적 통제가 용이하지 않은 수동적인 소비자를 대상으로 하기 때문에 저관여 미디어로 간주된다(리모트 컨트롤로 이리저리 돌리는 것에도 불구하고). 이에 반해서, 출판물은 고관여 미디어로 독자들은 정보를 처리하는 데 능동적으로 관여하여 계속 더 진행하기 전에 멈출 수도 있고 읽은 것을 생각해 볼 수도 있다.[30] 태도를 바꾸는 데 있어서의 메시지의 특성이 하는 역할은 제10장에서 논하기로 하겠다.

(3) 구매 상황 관여

구매 상황 관여(purchase situation involvement)는 서로 다른 상황을 위해 같은 대상을 살 때 일어날 수 있는 차이를 말한다. 이러한 관여에서는 개인은 많은 사회적인 위험을 지각할 수도 있고 혹은 전혀 위험을 지각하지 않을 수도 있다. 사람들이 그들 자신을 위해서 제품을 소비하거나 혹은 다른 사람들이 자신들이 산 제품을 쓸 때 생각하는 것은 항상 명백하거나 직관적인 것은 아니다. 예를 들면 당신이 다른 사람을 감동시키기를 원할 때, 멋진 취향을 나타낸다고 생각하는 어떤 이미지를 가진 상표나 제품을 사려고 할 수도 있는 반면, 당신이 좋아하지 않는 사촌의 결혼과 같은 의무적인 상황에서 어떤 사람을 위한 선물을 사야만 할 때 당신은 선물이 전달하는 이미지에 신경을 쓰지 않을 수도 있다. 혹은 실제로 그 사람과 당신 자신 사이에 거리를 두고자 하는 당신의 바람을 나타내주는 값싼 것을 고를 수도 있다.

3) 관여도의 측정

관여도를 측정하는 것은 마케팅에 다양하게 적용하는 데 중요한 역할을 한다. 예를 들면 어떤 텔레비전 쇼에 보다 더 열중하는 시청자는 그 쇼 중에 방영되는 광고에도 보다 더 긍정적으로 반응하며, 그러한 광고 방송은 그 사람의 구매 의도에 영향을 줄 가능성이 더 높을 것이라는 연구 결과가 있다.[31] 그러므로 인볼브먼트 마케팅사 (Involvement Marketing Inc.)와 같은 많은 연구 회사들은 광고 캠페인의 성공을 예측하기 위해서 소비자의 관여도를 측정하는데, 가장 널리 사용되는 관여상태의 측정도구 중의 하나는 표 4-1에 있는 척도이다. 이 척도는 상황에 구애받지 않고 제품, 광고 그리고 구매 의도에 적용할 수 있기 때문에 가장 널리 사용된다.

(1) 관여의 차원

의복과 유행의 구매는 일반적으로 고관여 활동으로 간주되며 일부 연구자들은 유행 관여는 불명확하고 많은 다양한 차원으로 이루어져 있을 수 있다는 것을 발견하였다. 많은 연구자들은 소비자들이 의복의 구매를 중요하게 생각하고, 많은 사람들(모두는 아니다)이 구매하기 전에 적극적인 탐색을 한다는 것에는 동의하지만, 유행 관여의 개념에 대해서는 제한적인 양의 연구만이 이루어져 왔다고 하겠다.[32] 그러나 유행관여에 관해서 여러 가지 도구가 사용되어 왔으며, 티거트(Tigert), 링(Ring)과 킹(King)은 유행 관여가 다섯 가지의 유행과 관련된 차원으로 이루어져 있다는 것을 발견하였다.[33]

- 유행에 대한 의식
- 유행에 대한 지식정도
- 유행에 대한 관심
- 유행에 대한 개인 간의 커뮤니케이션

표 4-1 관여도 측정의 척도

	나에게 [평가되는 대상]은		
1.	중요한(important)	_:_:_:_:_:_:_	중요하지 않은(unimportant)*
2.	지루한(boring)	_:_:_:_:_:_:_	흥미 있는(interesting)
3.	적절한(relevant)	_:_:_:_:_:_:_	적절하지 않은(irrelevant)*
4.	흥분되는(exciting)	_:_:_:_:_:_:_	흥분되지 않은(unexciting)*
5.	의미가 없는(means nothing)	_:_:_:_:_:_:_	매우 의미가 있는(means a lot to me)
6.	마음에 드는(appealing)	_:_:_:_:_:_:_	마음에 들지 않는(unappealing)*
7.	매혹적인(fascinating)	_:_:_:_:_:_:_	평범한(mundane)*
8.	가치 없는(worthless)	_:_:_:_:_:_:_	가치 있는(valuable)
9.	관련된(involving)	_:_:_:_:_:_:_	관련이 없는(uninvolving)*
10.	필요 없는(not needed)	_:_:_:_:_:_:_	필요한(needed)

주 : 10문항 전체 점수의 범위는 최저 10점에서 최고 70점까지이다.
*는 문항을 역으로 점수를 매기는 것을 가리킴. 예를 들어 1번 문항의 7점은 실제로는 1점으로 환산되어 계산될 것이다.
출처 : Judith Lynne Zaichkowsky, "The Personal Involvement Inventory: Reduction, Revision, and Application to Advertising," *Journal of Advertising* 23, no. 4 (December 1994) : 59-70.

- 유행 혁신성

이러한 차원들은 표 4-2에 제시된 자이콥스키(Zaichkowsky)의 관여도 도구가 유행에 적용되었을 때 사용할 수 있는지에 대한 타당도를 확인하기 위해 사용되었다.[34] 그로부터 자이콥스키의 단일 차원 도구는 지각된 중요성, 결정 위험성, 심리적 위험성 그리고 즐거움 차원(표 4-2에서 제시된 도구에서도 포함되었다)을 포함하기 위해 수정되어 왔다.

다른 연구에서는 유행 관여는 성격을 표현하는 의복과 신호를 보내는 도구로서의 의복이라는 두 개의 차원으로 구성된다는 것을 발견하였으며[35] 이 때 측정했던 문항은 다음과 같다.

성격을 표현하는 의복

- 어떤 사람이 입고 있는 의복은 나에게 그 사람에 대해 많은 것을 나타낸다.
- 나의 의복은 내가 누구인지를 표현하는 것을 도와준다.
- 당신은 어떤 사람이 입고 있는 의복을 통해서 그 사람에 대해 많은 것을 알 수 있다.

신호를 보내는 도구로서의 의복

- 내가 가장 좋아하는 옷 중의 하나를 입고 있을 때, 다른 사람들은 내가 다른 사람들이 나를 봐주기를 원하는 대로 나를 본다.

한국과 미국의 학생과 성인 소비자들을 상대로 한 또 다른 최근의 연구는 미탈(Mittal)과 리(Lee)의 '지속적인 관여 척도(Enduring Involvement Scale)' 의 타당성을 검증했다.[36] 그 척도는 다음의 세 가지 문항을 사용한다.

- 나는 새로운 유행에 높은 관심을 가지고 있다.
- 새로운 유행은 나에게 매우 중요하다.
- 나에게 새로운 유행은 아무것도 아니다. (역으로 코딩됨)

이렇게 관련 문헌을 통해서 사용되었던 유행 관여를 측정하는 다양한 척도를 볼 수 있다. 이 척도는 예상할 수 있는 다른 구성개념들과의 관련성을 보여왔는데, 유행에 깊이 관여가 되어 있는 소비자들은 일관성있게 더 많이 쇼핑을 하고, 더 많은 돈을 쓰고, 보다 더 혁신적이고, 제품-종류와 관련된 정보원천을 더 이용하고, 가격에 대해 덜 걱정하는 것으로 나타났다.

프랑스 연구자들은 다양한 종류의 제품에 대한 연구를 통해서 제품 관여의 선행요인을 측정하는 척도를 만들었다. 그들은 소비자들이 어떤 제품이 구매하기에 위험이 따르거나 자신을 나타내주거나 자신에 영향을 주기 때문에 하나의 제품에 관여될 수 있다는 점을 인지하고 관여의 다섯 가지 구성요소를 포함하는 관여도 목록을 만들었다.[37]

- 제품의 종류에 대해 소비자가 가지고 있는 개인적인 관심
- 잘못된 제품 선택과 연관되는 잠재적인 부정적 결과의 지각된 중요성
- 잘못된 구매를 할 가능성
- 제품 종류의 즐거움 가치
- 제품 종류의 상징적 가치(자아상과 관련된)

이 연구자들은 주부들을 대상으로 14개의 제품 종류 세트에 관해 관여에 선행하는 각각의 측면에 대해 등급을 매기도록 하였다. 그 결과가 표 4-2에 제시되었다. 이러한 자료는 소비자 관여를 설명하는 단일 구성 요소는 없다는 것을 나타내는데, 이는 이러한 특성이 다양한 이유로 인해 발생할 수 있기 때문이다. 예를 들면 진공청소기와 같은 내구성이 있는 제품의 구매는 한 번 잘못 사면 수년 동안 할 수 없이 써야만 하기

표 4-2 프랑스 소비자들의 제품에 대한 관여도 목록

	부정적 결과의 중요성	잘못 구입할 가능성	즐거움 가치	상징적 가치
의복	121	112	147	181
브래지어	117	115	106	130
세탁기	118	109	106	111
텔레비전	112	100	122	95
진공청소기	110	112	70	78
다리미	103	95	72	76
샴페인	109	120	125	125
기름	89	97	65	92
요구르트	86	83	106	78
초콜릿	80	89	123	75
샴푸	96	103	90	81
치약	95	95	94	105
세숫비누	82	90	114	118
세제	79	82	56	63

평균 제품 점수 = 100

주 : 이 자료에서는 처음에 있는 개인적인 중요성과 부정적인 결과에 대한 중요성이 합해져 있다.

출처 : Giles Laurent and Jean-Noël Kapferer, "Measuring Consumer Involvement Profiles," *Journal of Marketing Research* 22(February 1985) : 45, Table 3. By permission of American Marketing Association.

때문에 위험성이 있게 보이나 진공청소기는 즐거움(쾌락적 가치, hedonic value)을 주지도 않고, 상징적 가치(sign value, 즉 사용하는 것이 그 사용자의 자아상과 관련이 없다는 것)도 주지 않는다. 이와 반대로, 초콜릿은 즐거움 가치는 높지만 위험성이 있는 제품으로 간주되거나 자아와 밀접한 관계가 있다고 간주되지는 않는다. 그러나 의복은 여러 가지의 복합적인 이유와 관여되어 있는 것으로 보이며, 의복은 사회적으로 위험성이 있고(이 스타일이 다른 사람들에게 받아들여질 것인가?), 즐거움 가치가 높고 개인의 자아상과 매우 깊이 관련되어 있다.

(2) 관여도에 의한 세분화

이러한 특성에 대한 측정 시도는 소비자 연구자들이 다양한 관여의 구성개념을 얻어내는 것을 가능하게 할 뿐 아니라 시장 세분화를 위한 기준으로 관여를 사용할 수 있다는 가능성을 제공하기도 한다. 예를 들면 여기서 브래지어는 다른 관여 요인과 비교

했을 때 즐거움 가치가 가장 낮은 것으로 제시되어 있으나 이러한 것은 기본적인 브래지어와는 매우 다른 시장을 유인할 수 있는 원더브라나 보다 최근에 출시된 워터브라의 경우에는 크게 다를 수 있다. 스포츠 브래지어와 워터브라를 위한 시장이 다르다는 점을 고려하라.[38] 하나의 제품군에 대한 관여는 문화에 따라 달라질 수 있다는 점에서 제조업체는 그 제품에 대한 정보를 처리하는 다른 세분 시장의 동기를 밝히기 위해 전략을 수정할 수 있다. 이는 프랑스의 표본이 상징적 가치와 즐거움 가치 모두에서 샴페인을 높게 등급을 매긴 반면 샴페인이 즐거움을 제공하거나 자아를 정의하는 데 중심적인 역할을 할 만한 능력은 (이슬람 국가와 같은)다른 국가들에는 전달되지 않는 것에서도 살펴볼 수 있다.

상표 헌신이나 관여(상표에 대한 논의는 제11장 참조)는 청바지를 위한 대학생 시장을 세분화하기 위한 제품/상표 관여 모델을 발전시키기 위해서 연구되어 왔다. 이 시장은 관여 점수와 네 가지의 제품에 대한 상표 헌신도 점수의 높낮이를 기초로 해서 4개의 세분 집단으로 나누어졌다. 높은 제품 관여/강한 상표 헌신 집단은 가장 가격에 대해 의식하지 않았고, 가장 유행 의식이 높았으며 청바지의 이미지와 실리적인 속성 모두를 가장 의식했을 뿐 아니라 청바지상표에 대한 그들의 의견이 시장과 개인적인 정보 원천에 의해서 가장 영향을 많이 받는 경향을 보여,[39] 각 세분 시장을 표적으로 하기 위해서 다양한 마케팅 접근법이 필요하다고 하겠다.

(3) 관여도 증진 전략

소비자들이 제품에 대한 메시지에 관한 관여도에서 차이가 나기는 하지만, 마케터들은 수수방관하고 최선의 결과를 기대해서는 안 된다. 그들은 주의를 증가시키거나 감소시키는 기본적인 요소들을 알아냄으로써, 제품 정보를 이해시킬 수 있는 가능성을 높이기 위한 조처를 취할 수 있다. 적절한 정보를 처리하고자 하는 소비자의 동기는 한 가지나 혹은 그 이상의 다음과 같은 기법을 사용하는 마케터에 의해서 매우 쉽게 향상될 수 있다.[40]

1. 소비자의 쾌락적 욕구에 소구하라. 예를 들어 감각적 소구를 사용하는 광고는 보다 더 높은 주의의 정도를 유발한다.[41]

2. 광고에 색다른 영화촬영방법, 갑작스런 정적 혹은 예기치 않은 움직임과 같은 진기한 자극을 사용하라.

3. 광고의 주의를 획득하기 위해 시끄러운 음악과 빠른 행동, 두드러진 자극을 사용하라. 인쇄매체의 형식에서는 커다란 광고가 주의를 증가시키며 시청자들은 흑백사진보다 컬러사진을 더 오래 본다.

4. 광고에 대한 보다 더 높은 관심을 유발하기 위해서 유명 광고인을 포함시키라. 이 전략은 제10장에서 논의될 것이다.

5. 소비자들과 지속적인 관계를 유지함으로써 소비자들과의 유대감을 형성하라. 제1장에서 언급된 한나다운스(Hannadowns)는 고객들과의 관계를 잘 유지하고 있는 예가 되는 의류회사이다.

당신의 개인적인 욕구와 기본적인 욕구에 직접적으로 관련된 제품과 보다 더 관여하고자 하는 것이 인간의 본성이다. 인터넷의 매우 흥미로운 장점 중의 하나는 내용을 개인화할 수 있는 능력을 가지고 있다는 점으로 웹사이트에서는 개인 인터넷 사용자를 위한 맞춤 정보나 제품을 제공하고 있다.[42] 한 연구에 의하면 개인화된 전자 상거래를 하는 사이트는 첫 해에 새로운 고객을 47%나 증가시켰다.[43] 이러한 관여를 형성하는 개인화를 향한 다양한 시도를 고려한 여러 예들을 살펴보자.

- www.whatshotnow.com은 소비자를 대상으로 스포츠용품과 라이프스타일 상품 및 의류제품을 선택해서 제공하는 인터넷 상점이다. 이 사이트는 매달 고객에 의해 요구된 제품을 다루는 4,250개의 새로운 '상점'을 세운다. 매번 어떤 사용자가 그 사이트에 들를 때마다, 그 사용자는 오직 본인이 관심을 가지는 상품만을 보게 된다.[44]

- www.reflect.com은 소비자들로 하여금 온라인으로 화장품을 원하는 대로 디자인해서 주문하도록 한다. 구매자들은 화장품의 배합물과 용기의 형태를 구체적으로 명시할 수 있으며, 포장용기에 그들의 이름으로 라벨이 붙여진다. 이 회사의 마케팅 팀장은 "각 제품은 당신에 의해서 창조된 당신에 대한 선물입니다."라고 하였다.[45]

- www.landsend.com과 www.yourfit.com은 소비자들에게 자신의 것과 비슷한 신체치수와 색상을 선택하여 만들어낸 모델에 입혀진 옷을 볼 수 있게 한다. 그런 다음 전체적인 효과를 볼 수 있도록 옷을 '시착'해 볼 수 있다.

여기 소개된 reflect.com은 소비자가 자신이 원하는 대로 주문을—이 경우는 화장품—하는 것이 가능한 웹사이트 중의 하나이다.

- www.e-fitting.com은 개인적인 치수를 입력함으로써 소비자가 여러 소매점에 있는 어떤 사이즈의 옷을 입어야 할지를 파악하는 것을 도와준다.

- 여자아이들은 마텔(Mattel)의 웹사이트의 www.barbie.com/activities/fashion_fun에서 그들만의 인형을 맞출 수 있다. 그들은 인형의 피부톤, 머리카락과 눈 색상 그리고 복장을 명시할 수 있다. 그 맞춤 인형의 이름도 지을 수 있으며 인형은 웹사이트에서 선택하여 맞출 수 있는 성격 목록과 같이 보내진다.[46]

7. 가치

가치(values)는 우리의 행동과 의사결정을 이끌고 동기를 유발하는 근본적인 신념이다. 또한 가치는 그에 상대적인 것보다 선호되는 상태로 생각될 수 있는데, 예를 들어 많은 사람들은 젊어 보이는 것이 나이가 들어 보이는 것보다 더 낫다고 생각하기 때문에 그들을 젊게 보이게 하는 제품과 서비스를 열심히 찾는다. 한 개인의 일련의 가치들은 소비 행동에서 중요한 역할을 한다. 왜냐하면 사람들이 제품과 서비스가 가치와 관련된 목표를 달성하는 데 도움이 될 것이라고 믿기 때문에 많은 제품과 서비스가 구매되기 때문이다.

두 사람이 같은 행동에 대해 믿음을 가질 수 있으나 그들의 근원적인 신념 구조는 매우 다를 수 있다. 사람들이 신념 구조를 공유하는 정도는 개인적, 사회적, 문화적인 힘의 작용에 의해서 결정되며 신념구조를 주장하는 사람은 종종 비슷한 다른 사람을 찾기 때문에 사회적인 네트워크가 중복된다. 그 결과, 신념을 가진 사람들은 그들의 신념을 지지하는 정보를 접하는 경향이 있다.[47] 선행연구 결과는 우리의 일반적인 가치는 우리의 특정한 의복에 대한 결정에 영향을 미친다는 것을 보여주고 있다. 그러한 연구는 1930년대 경에는 분명하게 나타났으나 시간이 지나면서 가치를 정의하고 측정하는 데 문제가 있어 왔다.

1) 핵심 가치

각각의 문화에는 그 구성원들에게 중요한 일련의 가치들이 있다.[48] 한 문화권에서 사람들은 자신의 정체성이 집단에 종속적인 것보다 독특한 개인이 되는 것이 더 바람직하다고 여길 수 있는 반면, 다른 집단은 집단의 구성원으로서의 가치를 강조할 수도 있다. 월스린 월드와이드(Wirthlin Worldwide)에 의한 연구는 아시아인 간부들에게 가장 중요한 가치는 열심히 일하는 것, 배움에 대한 존중 그리고 정직성이라는 것을 발견했다. 이와 대조적으로, 미국의 사업가들은 개인적인 자유, 자립심, 그리고 표현의 자유의 가치를 강조한다.[49] 가치에 있어서의 이러한 차이로 인해 한 국가에서 대대적인 성공을 거둔 마케팅 전략이 다른 국가에서는 실패로 끝날 수 있다. 그 외에도, 일본에서는 "만일 남성이 여성의 유방에 주의를 기울이는 것만큼 여성이 자신의 유방에 주의를 기울인다면."이라는 해설이 나오면서 길거리에서 남성의 눈길을 끄는 노출이 많이 된 여름옷을 입은 매력적인 여성을 보여주는 광고가 유방암에 대한 인지도를 증진하는 데 크게 성공적이었다. 프랑스에서는 같은 광고가 실패로 돌아갔는데 그 이유는 심각한 질병에 대해서 이야기할 때 유머를 사용한다는 점이 프랑스인들의 기분을 상하게 했던 것이다.[50]

그러나 대부분의 경우 가치는 보편적이다. 건강이나 지혜 혹은 세계 평화를 원하지 않을 사람이 누가 있을까? 문화의 차이가 생기게 하는 것은 이러한 보편적인 가치의 상대적인 중요성이나 순위이며 이러한 일련의 순위는 문화의 **가치체계**(value system)

를 구성한다.[51] 예를 들면 한 연구에서는 미국인들은 가족의 품위, 집단의 목표 및 타인과의 조화감을 강조하는 주제보다 자립심, 자기 개선, 그리고 개인적인 목표의 달성을 강조하는 광고 메시지에 더 호의적인 태도를 보였다. 한국의 소비자들에게서는 이와 반대되는 양상이 나타났다.[52]

각각의 문화는 가치체계에 대한 그 구성원들의 승인에 의해서 특성이 지어지는데, 이러한 최종 상태는 모든 사람에 의해서 똑같이 승인되는 것은 아닐 수 있으며 어떤 경우에는 심지어 가치가 서로 상반되는 것처럼 보일 때도 있다(예를 들면 미국인들은 동조성과 개성 두 가지에 가치를 두고 그 둘 간에서 조절하고자 한다). 그럼에도 불구하고 대개 독특하게 문화를 정의하는 일반적인 일련의 핵심 가치를 밝히는 것이 가능하다. 이러한 신념은 부모, 친구들 그리고 교사들을 포함하는 사회화 작용을 하는 사람들에 의해서 우리들에게 학습된다.

자유, 젊음, 성취, 물질주의 그리고 활동과 같은 핵심 가치들이 미국 문화의 특징을 이룬다고 주장되어 왔으나 이러한 기본적인 신념조차도 변화되기 쉽다. 미국인들의 젊음에 대한 강조는 국민들이 나이가 듦에 따라서 쇠퇴되고 있다는 점에서 알 수 있으며, 그 외(제6장 참조) 2001년 9월 11일 이후에 애국심에 대한 미국인들의 가치가 크게 높아졌다. 표 4-3은 1900년에서부터 1980년까지의 기간을 대표하는 미국의 인쇄

표 4-3 미국 광고에서 빈번하게 강조되었던 문화적 가치 : 1900-1980

전체적 가치	포함된 주제	주된 주제로 가치를 사용한 광고의 비율
실용적인	효율성, 내구성, 편리성	44
가족	가족의 양육, 행복한 가정, 결혼	17
새로운	모더니즘, 향상	14
저렴한	경제성, 싸게 산 물건, 고품질	13
건강	운동, 활력, 운동열	12
섹시한/허영심 있는	멋진 외모, 매력, 에로티시즘	13
지혜	지식, 경험	11
독특한	지출, 가치성, 현저성, 희소성	10

출처 : Adapted from Richard W. Pollay, "The Identification and Distribution of Values Manifest in Print Advertising, 1900-1980." Adapted with the permission of Lexington Books, an imprint of Macmillan, inc., from *Personal Values and Consumer Psychology* by eds. Robert E. Pitts Jr. and Arch G. Woodside. Copyright ⓒ 1984 by Lexington Books.

광고의 근저를 이루는 주된 가치를 밝히고 있다. 기초적인 광고의 주제로서 제품의 효율성이 널리 사용되었음이 명확하게 보인다. 이러한 가치들이 요즘과 다르다고 생각하는가?

(1) 의복의 선택과 관련된 가치

스프랭거(Spranger), 하트만(Hartmann), 알포트-버논-린지(AVL : Allport-Vernon-Lindzey (AVL))의 세 가지의 중요한 가치 패러다임이 의복 가치를 연구하는 데 주로 사용되어 왔다.[53] 후자의 두 가지는 스프랭거의 연구에 기초를 두고 있다. 스프랭거는 여섯 가지의 '이상적인' 성격의 유형을 발표하였으며 각각의 유형은 이론적, 경제적, 미적, 사회적, 정치적, 종교적인 특성 중의 하나씩을 주요한 특성으로 가지고 있다고 하였다. 하트만은 표 4-4에서 제시된 것과 같이 스프랭거의 이상적인 성격 유형을 의복 가치를 측정하기 위한 문항으로 개발하였다.

스프랭거의 유형을 충실하게 사용한 알포트-버논-린지 도구는 응답자들로 하여금 가치들을 서로 대조적으로 나타내도록 묘사된 행동의 순위를 매기게 하였다. 이러한 초기의 패러다임은 일반적인 가치와 구체적인 의복 개념과 성향[54] 간의 연관성과 의복 가치들 간에 문화적 차이점을 발견했던 의복연구자들에 의해서 많이 사용되었다.[55] 이 유형은 지난 30년 동안 의류학자들에 의해서 개인의 일반적인 가치와 개인의 구체적인 의복 가치 성향에 관해서 논의되어 왔다.[56]

일부 연구자들은 이러한 성격유형을 지지하기 어렵다고 느끼면서 부가적으로 탐색적, 감각적인 가치와 두 번째 종류의 사회적 가치(승인의 욕구)를 더했다. 초기의 연구

표 4-4 개인적인 가치와 의복

가치	의복의 강조점
이론적	옷감의 객관적인 특성을 강조한다.
경제적	빈틈없는 구매자; 낭비를 없앤다.
미적	"멋있게 보이면 다른 것은 문제되지 않는다."
사회적	양심적인; 누더기 옷 대 부유함에 의해 방해를 받는다.
정치적	타인으로부터의 존경이나 순종을 얻어내는 효과를 필요로 한다.
종교적	단순함을 이상적인 것으로 추구한다; 고유한 퀘이커파의 관습

출처 : Marcia A. Morgado, "Personal Values and Dress : The Spranger, Hartmann, AVL Paradigm in Research and Pedagogy," *Clothing and Textiles Research Journal* 13, no. 2 (1995) : 139-148.

2001년 9월 11일의 테러리스트의 공격이 있은 후 요즘 소매업에서 국기의 상징물을 더 많이 본다.

는 너무 제한적이고 의심스러운 가정에 근거하고 있다고 비판되어 왔다. 의복에 대한 연구자들은 다른 사람들로 하여금 스프랭거의 유형 이외의 다른 유형을 연구하도록 도전해 왔으나 스프랭거의 유형은 이 연구분야에서 역사적으로 중요한 위치를 차지하고 있다. 이 유형과 다르게 접근한 연구자들은 유행, 기능, 미의식, 개인 간의 가치와 같은 구체적인 가치에 대해서 더 연구해 왔다. 예를 들면 한 연구는 유행의 성향을 가진 소비자들은 양보다 질에 가치를 두고 '필요에 의해서보다는 원해서' 구매하는 경향이 있다고 하였다.[57]

가치에 대한 많은 유형들(의복에 대한 유형만이 아니라)에 대한 비판 중의 하나는 이러한 유형들이 자유해답식 문항 구조라기보다는 비공개적인 구조를 가지고 있다는 점이다. 자유해답식 문항 구조를 사용한 한 연구는 독립성 혹은 자유, 아름다움과 매력성, 걱정과 곤란함으로부터의 자유, 안전, 어떤 것을 성취함, 타인으로부터의 인정과 포함됨, 생활수준, 자존심, 자기표현, 유행, 다양성, 경제성, 창의성, 기능성, 성적관심의 16가지 의복 가치를 찾아냈다. 다른 학자들은 이 개념들 중 몇 가지를 의복구매에 대한 가능성, 의복 구매에 대한 동기로 명명하였다.

손태그(Sontag)와 슐레이터(Schlater)는 가치 측정을 위한 2차원의 모델을 개발하여, 의복 가치에 대한 50개 이상의 연구를 분류하는 데 사용하였다.[58] 두 개의 차원은 중심점과 주체-대상의 포함이다.

중심점

- **내용** : 이름으로 의미하는 가치를 나타내는 것. AVL은 앞에서 언급된 여섯 가지의 인간의 이상적 가치를 포함하고 있다; 로키치(Rokeach)는 18가지의 궁극적 가치와 18가지의 수단적 가치를 찾아냈다. 이 두 가치에 대해서는 본 장에서 추후에 논의하고자 한다. 가치는 가치가 적용되는 대상에 따라서(예를 들어 전문적, 환경적 대상) 다양하게 명명되며, 다양한 상황(예를 들어 의복, 집)에 관련될 수 있다. 예를 들어 한 연구자는 실험 대상자들에게 "만약 당신이 중요한 사교적인 모임에 참석해야 한다면, 어떤 것이 보다 중요하겠는가?"라는 물음에 대해 의복 가치를 나타내는 문항인 (a) 최신 유행의 옷을 입는 것(정치적), 혹은 (b) 아름답게 옷을 입는 것(미적) 중에 하나를 선택하도록 하였다.[59]

- **구조** : 가치 간의 관련성에 따라 배치하는 집단의 형태, 양식, 계급, 혹은 영역. 로키치는 응답자들에게 가장 높은 것에서 가장 낮은 가치까지 순위를 매기게 하였다.

- **과정** : 가치의 형성, 발전, 설명, 전달 혹은 변화. 어떤 사람이 하나의 대상에 대해 어떻게 가치를 평가하는가?

주체-대상의 포함

- **주체만 존재함** : 대상이 없이 가치만을 가지는 것으로써 추상적인 개념이다. 예를 들면 로키치의 가치와(자유 혹은 정직) 카일(Kahle)의 가치 리스트에 있는 것들과 같이(소속감 혹은 흥분) 대상이 없다는 것을 말한다. 유행 선도자들과 비선도자들에 대한 한 연구는 선도자들이 비선도자들보다 삶의 재미/즐거움을 더 중요하게 생각하는 것을 발견했다.[60]

- **주체-대상에 반응적임** : 선호에 대한 일련의 문항을 가지고 연구자가 조건으로 지정한 가치에 따라 주체는 대상(예를 들면 의복)에 대해 판단을 내린다. AVL은 이러한 것의 예이며, 의복 가치에 대한 가장 많은 연구가 이 접근법을 사용해 왔다.

- **주체-대상 간의 상호작용적인 접근** : 개인과 환경 모두에서 일어나는 공통적이거나 상호적인 변화에 초점을 맞추고 있다. 연구자는 실험대상자들에게 어떤 대상의 바람직한 특성을 응답하게 하고 나서 대상에 대한 각 개인의 행동(이 가치를 가지고 있기 때문에 일어난 행동)의 효과를 측정한다. 이러한 구조를 사용하는 연구들은 환경에 대한 장기간의 효과와 같은 것을 측정하기 위해서 종적인 연구 방법을

필요로 한다. '강한 환경보호주의적인 가치를 가지고 있는 소비자들로 인해 소비자들이나 의류제품 혹은 환경이 어떻게 변화하는가? 는 이러한 연구 주제의 예라고 하겠다. 이것은 이러한 도식의 또 다른 부분보다 좀더 복잡하며 이에 대한 예를 들면 다음과 같다. 의류 산업이 보다 내구성이 있는 옷감을 사용하는 것으로 변화하고 오래 지속될 수 있는 스타일을 더 강조함으로써 쓰레기 매립을 줄일 수 있다. 프래츠키(Fratzke)는 내용에 초점을 두면서 의복가치를 가지고 있는 것이 옷을 수선하거나 치수를 바꾸고 의복을 폐기하는 데 어떤 영향을 미치는지를 연구하는 데 이러한 구조를 사용하였다.[61] 그녀는 '정치적인-실험적인' 의복 가치문항에 대해 높은 점수를 보인 사람들은 이 가치 쌍에 대해 낮은 점수를 보인 사람들보다 옷의 맞음새에 문제가 있을 때 특정한 종류의 옷을 보관하기보다는 버리려는 경향이 높다는 것을 발견했다.

2) 소비자행동에 가치의 적용

가치의 중요성에도 불구하고, 가치는 생각만큼 소비자행동의 조사에 직접적으로 널리 적용되어 오지 않았다. 그 이유 중의 하나는 자유, 안전 혹은 내적 조화(주체만의 가치)와 같은 광범위한 개념은 제품 부문 내 상표들 간에 차별화를 하기보다 일반적인 구매 패턴에 보다 더 영향을 주는 경향이 있기 때문이며 이러한 이유로 일부 연구자들은 넓은 범위를 가진 안전이나 행복과 같은 문화 관련 가치, 편리한 쇼핑이나 소비와 같은 소비 관련 가치, 그리고 사용 용이성 혹은 내구성과 같은 제품 관련 가치 간에 구별을 하는 것이 편리하다는 것을 발견했다.[62] 예를 들면 집단에 소속되는 것과 인정을 받는 것을 중요하게 생각하는 사람들은 의류제품의 바람직함을 평가할 때 스타일과 상표명을 중요시하는 것으로 나타났다.[63]

가치는 소비자행동의 많은 부분을 유도하기 때문에(적어도 매우 일반적인 의미에서는), 사실상 모든 소비자연구는 근본적으로는 가치를 찾아내고 측정하는 것과 관련되어 있다고 말할 수 있다. 다음 내용에서는 문화적인 가치를 측정하고 이러한 지식을 마케팅 전략에 적용하고자 하는 연구자들에 의한 구체적인 시도에 대해 설명하고자 한다.

(1) 로키치 가치 조사

심리학자인 밀턴 로키치(Milton Rokeach)는 많은 다양한 문화에 적용되는 일련의 **궁극적 가치**(terminal value), 즉 바라는 존재의 최종 상태를 찾아냈다. 이러한 가치들을 측정하는데 사용된 척도인 로키치 가치조사는 이러한 궁극적 가치를 달성하는 데 필요한 행동으로 구성되어 있는 일련의 **수단적 가치**(instrumental value)를 포함하고 있다.[64] 이 두 가지 가치들은 표 4-5에 정리되어 있다.

(2) The List of Values (LOV)

이러한 범세계적인 가치에서의 차이점은 제품과 관련된 선호와 미디어 사용의 차이점으로 해석된다는 연구 결과가 있음에도 불구하고, 로키치 가치조사는 마케팅 연구자들에게 널리 사용되지 않는 편이다.[65] 그 대신 직접적으로 마케팅에 적용되는 가치들을 분리하기 위해서 *The List of Values Scale*(LOV 척도)이 개발되었다. 이 도구는 소비자집단이 지지하는 가치와 각각의 가치와 소비자행동의 차이점이 연관된다는 점에 기초하여 9개의 소비자 세분집단을 찾아낸다. 이 세분 집단은 소속감, 흥분, 타인과의 따뜻한 관계 그리고 안전과 같은 가치를 우선으로 두는 소비자들을 포함한다. 예를 들면 소속감을 지지하는 사람들은 이 가치를 높게 지지하지 않는 사람들보다 리더스 다이제스트(*Reader's Digest*)와 TV 가이드를 더 많이 읽고, 마시고 즐기며, 집단 활동을 선호하며 나이가 많은 경향이 있다. 이에 반해 흥분의 가치를 지지하는 사람들은 그렇지 않은 사람들보다 롤링 스톤 잡지를 더 선호하며 더 젊은 편이다.[66]

(3) 연합 조사

다수의 회사들이 대규모의 조사를 통해서 가치의 변화를 추적한 후 새롭게 변화된 트렌드와 변화에 대한 정보가 마케터들에게 팔리고 있다. 이러한 시도는 플레이텍스(Playtex)가 1960년대 중반에 거들의 판매가 하락하자 그 이유를 알아내기 위해 실시한 조사에서 시작되었다. 플레이텍스는 판매가 부진한 이유를 알기 위해서 마켓 리서치 회사인 엥겔로비치(Yankelvich), 스켈리(Skelly)와 화이트(White)에 시장에 대한 연구를 위촉했다. 그들의 연구는 외모와 자연스러움에 대한 가치의 변화가 판매에 영향을 주었던 것으로 결론지었다. 이에 플레이텍스가 좀더 옅은 색상과 몸을 덜 구속하는 옷으로 디자인을 바꾸는 사이에, 엥겔로비치는 업체를 대상으로 이러한 유형의 변화가 미치는 영향에 대해 계속적으로 추적조사를 했다. 그러다 이 회사는 점차적으로 미

표 4-5 로키치 가치조사의 두 가지 가치 유형

수단적 가치	궁극적 가치
야심적인	안락한 생활
마음이 넓은	활기찬 생활
능력 있는	성취감
쾌활한	세계평화
깨끗한	아름다운 세계
용기 있는	평등
용서하는	가족 안전
남을 돕는	자유
정직한	행복
상상력이 풍부한	내적 조화
독립적인	성숙한 사랑
지적인	국가 안보
논리적인	즐거움
애정이 있는	구원
복종적인	자존
공손한	사회적 인정
책임감 있는	진실한 우정
자기 통제적인	지혜

출처 : Richard W. Pollay. "Measuring the Cultural Values Manifest in Advertising." *Current Issues and Research in Advertising* (1983): 71-92. Reprinted by permission of University of Michigan Division of Research.

타문화 엿보기
MULTICULTURAL DIMENSIONS

일본 문화는 깨끗함을 강조하는 것으로 잘 알려져 있다. 신도교는 사당에 들어가기 전에 손과 입을 씻도록 하며, 사람들은 바닥을 더럽히지 않으려고 집에서 항상 신발을 벗는다. 결혼 선물로 돈을 줄 때, 그들은 종종 봉투에 돈을 넣기 전에 돈을 다림질한다. 심지어 어떤 세탁소는 고객들이 세탁기를 사용하기 전에 기계 내부를 헹궈내는 것을 허용하고 있다.

이러한 가치는 1996년 여름에 식중독이 유행했을 때부터 급격히 증가되었다. 살균된 자전거 손잡이, 노래방 마이크, 거즈 마스크와 같은 제품의 수요가 급증했고, 문방구와 플로피 디스켓에서 전화기와 기저귀에 이르는 살균된 제품이 시장을 장악했다. 팬텔(Pentel)사는 의학용 블루크로스로 장식된 무균 펜을 만들었다. 이 상표는 인기가 많았는데, "이 펜은 박테리아보다 더 세다."라는 광고문안으로 선전되었다. 일본의 산와은행은 고객을 위해서 현금인출기에서 문자 그대로 '돈을 세탁'하였으며, 반면 도쿄의 미쯔비시은행은 박테리아와 곰팡이를 막도록 플라스틱에 화학약품이 배어들게 한 표면을 가진 특별히 고안된 현금인출기가 있는 '전체적인 항균 지점'을 열었다. 은행 대변인은 지점이 특히 '중년 남성에 의해서 다루어진 것을 만지기 싫어하는' 젊은 여성 고객들에게 인기있다고 언급하였다.[67]

국인의 태도를 추적하는 대규모의 연구를 할 생각을 하게 되었고, 1970년에 엥겔로비치 모니터(The Yankelovich Monitor, 상업적인 조사 서비스)가 시작되었다. 이 조사는 4,000명의 응답자들을 대상으로 한두 시간 동안의 인터뷰를 토대로 이루어지며, 30년 이상 태도를 조사해오고 있다.[68]

현재는 다른 많은 연합 조사들도 가치의 변화를 추적하고 있다. 이 조사들 중의 몇 개는 광고 대행사에 의해서 운영되고 있어서 그 회사들이 중요한 문화적 트렌드에 대해 능통하도록 하였으며, 그들이 고객들을 위해서 제작해야 하는 광고 메시지를 적절하게 조화시키는 것에 도움을 준다. 이러한 서비스들에는 VALS2(제8장에서 언급됨), 글로벌스캔(GlobalScan), 벡커 스필보젤 베이츠(Backer Spielvogel Bates)광고 대행사가 운영함)과 디디비 니드햄(DDB Needham 광고 대행사에 의해 수행), 뉴 웨이브(New Wave) 오길비 앤 매더(the Ogilvy & Mather 광고회사) 그리고 디디비 니드햄(DDB Needham) 광고회사에서 수행된 라이프스타일 연구도 포함된다. 캐나다에 있는 앵구스 리드 그룹(The Angus Reid Group)은 특정한 집단이나 산업 세분집단(자세한 내용은 www.angusreid.com에서 검색)의 가치 변화를 조사한다. 미국면화재단의 라이프스타일 모니터(www.cottoninc.com)에서는 유행과 관련된 가치와 태도를 추적한다(이에 관한 내용은 제8장 참조).

1997년의 로퍼리포트 전 세계적 소비자조사는 35개 국가에서 약 천 명씩을 대상으로 인터뷰를 실시한 후 응답자들의 삶에서 지침이 되는 원리의 중요성에 따라 56개의 가치에 대해 순위를 매겼다. 이 연구는 표 4-6에 요약된 것과 같이 6개의 세계적 가치 세분 집단을 찾아냈으며 이 대규모의 연구에서 핵심 가치에서의 여러 가지 흥미로운 차이점이 나타났다. 예를 들면 인도네시아인들은 조상을 존경하는 것을 가장 중요한 지침 원리로 꼽는다. 영국은 가족을 보호하기를 원한다는 점에서 세계에서 선두를 달리고 있으며, 브라질은 가장 많이 재미를 추구하며, 네덜란드는 정직에 가장 높은 가치를 두고 있으며 한국은 건강과 건강관리에 가장 높은 가치를 둔다.[69]

3) 물질주의 : "가장 많은 장난감을 가지고 죽는 사람이 이긴다"

제2차 세계대전 중에 남태평양에 있는 '카고 컬츠(Cargo cults; 화물을 숭배하는 컬트 집단)' 의 일원은 문자 그대로 추락한 항공기로부터 폐품으로 이용되거나 선박으로부터 나와 해변에 밀려온 적하물을 숭배했다. 이 사람들은 자신이 사는 섬을 지나가는 배와 비행기가 그들의 조상들에 의해서 조종된다고 믿었으며, 그들은 조상들을 자신

표 4-6 The Roper Reports Worldwide Global Consumer Survey에서 나타난 세계적 가치 집단

세분 집단	특성
노력가(strivers)	가장 큰 세분 집단; 물질적이고 전문적인 목표를 강조; 아시아의 개발도상국의 세 사람 중의 하나가 이 집단에 속함
경건자(devouts)	성인의 22%; 전통과 책임이 중요함; 아시아, 중동, 아프리카의 개발도상국에서 가장 흔함
이타주의자(altruists)	성인의 18%; 사회적인 이슈와 사회의 복지에 관심을 가짐; 라틴아메리카와 러시아에 보다 더 많은 이타주의자들이 살고 있음
사교가(intimates)	성인의 15%; 개인적인 관계와 가족에 가치를 둠; 요리와 원예를 즐김
흥미추구자(fun seekers)	가장 젊은 집단; 아시아의 선진국에서 다양한 비례로 나타남; 식당, 술집(바), 영화관에 가는 것을 즐김
창조가(creatives)	전 세계의 10% 정도로 가장 작은 세분 집단; 교육, 지식, 기술에 깊은 관심을 가짐; 라틴 아메리카와 서유럽에서 보다 흔한 집단

출처 : Adapted from Tom Miller, "Global Segments from 'Strivers' to Creatives", *Marketing News* (July 20, 1998): 11.

의 마을로 끌어들이고자 노력하였다. 그들은 그들의 섬에 진짜 비행기를 유인하려는 희망으로 짚으로 가짜 비행기를 만들기까지 했다.[70]

(1) 물질주의

대부분의 사람들이 사실상 이렇게까지 물질적인 물건을 숭배하지는 않지만, 물질은 많은 사람들의 삶에서 중요한 역할을 하고 있다. **물질주의**(materialism)는 사람들이 세속적인 소유물에 부여하는 중요성을 지칭한다. 미국인들은 사람들이 종종 얼마나 소유하고 있는가로 그들 자신과 타인들의 가치를 평가하는 매우 물질적인 사회에 살고 있으며, "가장 많은 장난감을 가지고 죽는 사람이 이긴다."라고 쓰인 인기있는 범퍼 스티커에서 이러한 철학을 읽을 수 있다. 최근의 한 연구에서 12개 국가의 전역에 걸쳐서 물질주의의 정도를 비교한 결과 루마니아가 가장 물질적이고 미국, 뉴질랜드, 독일, 터키가 그 뒤를 이었다고 조사되었다.[71]

우리는 제품과 서비스 발전의 많은 부분이 얼마나 최근의 일이었는가를 기억할 때까지 가끔 제품과 서비스가 풍족한 것을 당연하게 여긴다. 예를 들면 1950년에는 미국의 다섯 가정 중 두 가정은 전화가 없었고, 1940년에는 모든 가구의 절반이 내부 배관공사가 완전히 되어 있지 않았다. 그렇지만 현재 많은 미국인들은 물질적 안락함으로 이루어져 있는 '양질의 삶'을 적극적으로 추하고 있다. 가구의 약 40%가 두 대 이상

의 차를 소유하고 있고, 해마다 휴가에 2,000억 달러 이상을 쓴다.[72] 사실상 마케팅에 대해 생각하는 한 가지 방법은 마케팅을 소비자들에게 삶에 대한 어떤 기준을 제공하는 시스템으로 보는 것이다. 그렇다면 어느 정도까지는 우리의 라이프스타일은 우리가 기대하고 바라게 되는 삶의 기준에 의해서 영향을 받는다.

물질주의자들은 그들의 지위와 외모와 관련되는 효능에 적합한 소유물에 더 가치를 두는 경향이 있다. 반면에 이러한 가치를 강조하지 않는 사람들은 자신들을 다른 사람들과 연결해 주거나, 사용함으로써 자신들에게 즐거움을 주는 제품을 높이 평가하는 경향이 있어[73] 그 결과 매우 물질적인 사람들에게 높이 평가되는 제품은 공개적으로 더 사용되고 더 비싼 경향이 있다. 두 유형의 사람들에게 그 가치를 높게 평가받는 특정한 아이템을 비교한 한 연구 결과 높은 물질주의와 연관되는 제품은 보석, 도자기, 혹은 별장을 포함하는 반면 낮은 물질주의와 결부되는 제품은 어머니의 웨딩드레스, 사진 앨범, 유년기로부터의 흔들의자, 혹은 정원을 포함한다는 것이 발견되었다.[74]

죽기 전에 가능한 많은 것을 손에 넣으려는 경주를 즐기는 물질적인 소비자들이 아직 꽤 있기는 하지만, 상당수의 미국인들이 다른 가치 체계로 변화해 가고 있다는 징후가 보인다. 브레인 웨이브/마켓 팩츠(The Brain Waves/Market Facts) 조사는 인구의 4분의 1이 전통과 동조성을 부인하는 특징을 가지고 있다고 발표했다. 의미심장하게도 이 집단의 절반 이상이 35세 이하이며 그들은 아직 무엇인가를 성취하는 것에 관심이 있지만, 개인적으로 가까운 관계를 발전시키고 재미를 가지는 것을 강조하면서 빠른 길에서 삶의 균형을 유지하고자 한다.

관찰 혹은 직접적인 경험을 통해서, 이러한 소비자들은('좋았던 시절'과는 달리) 졸업장이 직장을 보장해 주지 않고, 직장을 얻는다는 것이 직장에서 계속 일하는 것을 보장해 주지 않으며, 일을 하다가 은퇴를 맞이할 수 없을지도 모르며, 또 결혼은 종종 실패한다는 것을 믿게 되었다. 이러한 안정성의 부족은 정부나 회사가 그들의 부모들을 위해서 돌본 것과 같이 자신을 돌보기 위해서 정부나 회사를 의지하기보다는 자기 신뢰의 가치와 개인적인 네트워크를 형성하고자 하는 욕망을 가지게 하였다.

이러한 변화가 젊은이들에게만 국한되는 것은 아니다. 과거에는 종종 젊은이들과 나이 든 사람들이 가지고 있는 가치가 명확하게 구분이 되었으나 이러한 과거의 분류는 더 이상 어불성설이 되었다. 예를 들면 어떤 분석가가 최근에 말한 바와 같이 보수적인 작은 마을조차도 이제 종종 '뉴에이지' 상점으로 특화하고 있고 모든 연령의 소비자들이 단골이 되고 있다. '보헤미안'으로 간주되었던 소매업자들도 이제는 사회의 주류가 되었으며 프레시 필드(Fresh Field)와 같은 식료품상점들은 다양한 소비자들에게 마야복어(Mayan Fugus) 비누와 채식주의자 개를 위한 비스킷을 판다. 애플과 갭과 같은 대형 회사들은 간디와 잭 캐루악(Gandhi and Jack Kerouac)과 같은 대항 문화적 인물을 그들의 광고에 사용하고, 벤 앤 제리스(Ben & Jerry's)는 인습에 얽매이지 않은 회사 철학을 자랑하고 있다. 1960년대 히피의 보헤미안적인 태도가 1980년대 여피(yuppy)의 부르조아적 태도와 합쳐져 두 가지가 종합된 새로운 문화를 형성하면서 체제와 반체제를 구분하는 것이 힘들어졌다. 우리의 문화를 장악하고 있는 사람들('보보스'나 부르조아 보헤미안으로 불림)은 이제 히피보다 더 부유해졌고 보다 세속적이나 여피보다는 더 정신적이다.[75] 앞에서 언급한 것처럼 핵심 가치조차도 시간이 지나감에 따라 변화된다. 따라서 항상 변화하는 문화가 물질주의와 다른 가치들에 의해 어떻게 계속해서 새로운 변화를 주는지를 볼 수 있게 감을 잘 유지하라.

▌ 요약 ▌

- 마케터들은 소비자들의 욕구를 만족시키고자 한다. 그러나 어떤 제품이 구매되는 이유는 매우 다양할 수 있으며 소비자의 동기를 찾아내는 것은 제품에 의해서 적절한 욕구가 만족될 것이라는 것을 확실하게 해주는 중요한 단계이다.

- 의복 착용의 동기나 기능에 대한 이론은 정숙성, 비정숙성, 보호와 장식이론을 포함한다.

- 소비자행동에 대한 전통적인 접근은 합리적 욕구(실용성 동기)를 만족시키는 제품의 기능에 집중하지만, 쾌락적 동기(탐색이나 재미에 대한 욕구와 같은)도 많은 구매 결정에서 중요한 역할을 한다.

- 매슬로우의 욕구 계층에서 나타난 것 같이 동일한 제품이라도 그 시점에서 소비자들의 상태에 따라서 다양한 욕구를 만족시킬 수 있다. 그의 객관적인 상황(예를 들면 기본적인 생리적 욕구가 이미 만족되었는가?) 뿐만 아니라 제품에 대한 소비자의 관여도도 고려되어야 한다.

- 소비자 동기는 종종 근원적인 가치에 의해서 유발된다. 이와 관련해서, 제품은 어떤 사람이 개성이나 자유와 같은 일반적인 가치에 관련되어 있는 목표, 좀더 구체적으로 설명하면, 경제성이나 미적 가치와 같은 보다 의복과 관련된 가치와 연관된 어떤 목표를 달성하는 것에 도구적으로 사용되기 때문에 의미를 가진다. 각 문화는 많은 멤버들이 고수하는 일련의 핵심 가치에 의해 특징지어진다.

- 물질주의는 사람들이 세속적인 소유물에 부여하는 중요성을 지칭한다. 많은 미국 인들이 물질적이라는 평을 듣지만, 인구의 상당수에 달하는 사람들에게 가치의 전환이 일어나고 있다는 징후가 보인다.

▌ 토론 주제 ▌

1. 의복의 기능을 설명하라. 이러한 초기의 이론들이 오늘날 우리가 왜 패션의류를 입는가를 설명한다고 생각하는가? 그렇지 않다면, 어떤 이론을 더하겠는가?

2. 세 가지 유형의 동기 갈등을 설명하고, 최신의 패션 마케팅 전략에서 각각의 예를 들어보라.

3. 한 벌의 옷을 위한 각기 다른 촉진 전략을 수립하되 매슬로우의 욕구 계층의 각 단계마다 하나의 전략이 세워지도록 하라.

4. 소비자 가치에 소구하는 것으로 보이는 패션 광고 샘플을 수집하라. 어떤 가치가 어떤 방법으로 각 광고에서 광고되고 있는가?

5. 한 사람의 유행 관여도가 그 사람이 다양한 마케팅 자극에 영향을 받는 것에 어떻게 영향을 미칠 것인가를 설명하라. 저관여도 소비자 집단을 위한 수트 제품의 전략은 어떻게 수립되어야 할 것이며 이 전략은 직장에서의 외모에 신경을 많이 쓰는 남성 집단을 공략하기 위한 당신의 시도와 어떻게 다른가?

6. "고관여는 고가제품과 관련된 하나의 화려한 용어에 불과하다." 이 말에 동의하는가?

7. "대학생들의 환경, 동물의 권리, 채식주의, 그리고 건강에 대한 관심은 멋지게 보이기 위한 지나가는 하나의 일시적 유행일 뿐이다." 이 말에 동의하는가?

▌ 주요 용어 ▌

가치 체계(value system)

가치(values)

관성(inertia)

관여도(involvement)

궁극적 가치(terminal values)

기대이론(expectancy theory)

동기(motivation)

목표(goal)

물질주의(materialism)

소비자욕망(consumer desire)

수단적 가치(instrumental values)

욕구(need)

인지부조화이론
 (theory of cognitive dissonance)

충동(drive)

필요(want)

항상성(homeostasis)

▌ 참고문헌 ▌

1. Ronald Paul Hill and Harold Robinson, "Fanatic Consumer Behavior: Athletics as a ConsumptionExperience," *Psychology & Marketing* 8 (Summer 1991): 79-100

2. Knight Dunlap, "The Developmentand Function of Clothing," *Journal of General Psychology* 1 (1928): 64-78; John Flugel, *The Psychology of Clothes* (London: Hogarth Press, 1930); Elizabeth Hurlock, *The Psychology of Dress* (New York: Ronald Press, 1929); Elizabeth Hurlock, "Motivation in Fashion," *Archives of Psychology* 17, no. 111 (1929).

3. Mary Ellen Roach and Joanne Eicher, *Dress, Adornment and the Social Order* (New York: Wiley 1965); Marilyn Horn and Lois Gurel, *The Second Skin* (Boston: Houghton Mifflin, 1981); Susan Kaiser, *The Social Psychology of Clothing: Symbolic Appearances in Context* (New York: Fairchild, 1997); George Sproles and Leslie Davis Burns, *Changing Appearances: Understanding Dress in Contemporary Society* (New York: Fairchild, 1994).

4. Fred Davis, *Fashion, Culture and Identity* (Chicago: University ofChicago Press, 1992).

5. Suzanne G. Marshall, Hazel O.Jackson, M. Sue Stanley, MaryKefgen, and Phyllis Touchie-Specht, *Individuality in Clothing Selection and Personal Appearance*, 5th ed. (Upper Saddle River, N.J.:Prentice-Hall, 2000), 36.

6. Victoria Ebin, *The Body Decorated* (New York: Thames and Hudson,1979).

7. Sproles and Burns, *Changing Appearances: Understanding Dress in Contempory Society.*

8. Eline Cremers van der Does, *The Agony of Fashion* (Pool, England:Blanford Press, 1980).

9. Robert A. Baron, *Psychology: The Essential Science* (Needham, Mass.: Allyn and Bacon, 1989).

10. Quoted in Russell W. Belk, "Romanian Consumer Desires and Feelings of Deservingness," in *Romania in Transition*, ed. Lavinia Stan, (Hanover, N.H.: Dartmouth Press, 1997), 191-208, quoted on p. 193.

11. Quoted in Belk, "Romanian Consumer Desires and Feelings of Deservingness," p. 200.

12. Leon Festinger, *A Theory of Cognitive Dissonance* (Stanford, Calif.: Stanford University Press, 1957).

13 See Paul T. Costa and Robert R. McCrae, "From Catalog to Classification: Murray's Needs and the Five-Factor Model," *Journal of Personality and Social Psychology* 55, no. 2 (1988): 258-265; Calvin S. Hall and Gardner Lindzey, *Theories of Personality*, 2nd ed. (New York: Wiley, 1970); James U. McNeal and Stephen W. McDaniel, "An Analysis of Need-Appeals in Television Advertising," *Journal of the Academy of Marketing Science* 12 (Spring 1984): 176-190.

14. See David C. McClelland, *Studies in Motivation* (New York: Appleton-Century-Crofts, 1955).

15. Mary Kay Ericksen and M. Joseph Sirgy, "Achievement Motivation and Clothing Preferences of White-Collar Working Women," in *The Psychology of Fashion*, ed. Michael R. Solomon (Lexington, Mass.: Lexington Books, 1985), 357-369.

16. See Stanley Schachter, *The Psychology of Affiliation* (Stanford, Calif.: Stanford University Press, 1959).

17. Eugene M. Fodor and Terry Smith, "The Power Motive as an Influence on Group Decision Making," *Journal of Personality and Social Psychology* 42 (1982): 178-185.

18. John T. Molloy, *Dress for Success* (New York: Warner Books, 1975); John T. Molloy, *The Woman's Dress for Success Book* (New York: Warner Books, 1977).

19. C. R. Snyder and Howard L. Fromkin, *Uniqueness: The Human Pursuit of Difference* (New York: Plenum Press, 1980).

20. Abraham H. Maslow, *Motivation and Personality*, 2nd ed. (New York: Harper and Row, 1970).

21. Quoted in Alex Kuczynski, "A New Magazine Celebrates the Rites of Shopping," *The New York Times on the Web* (May 8, 2000).

22. "Man Wants to Marry His Car," *Montgomery Advertiser* (March 7, 1999): 11A.

23. Judith Lynne Zaichkowsky, "Measuring the Involvement Construct in Marketing," *Journal of Consumer Research* 12 (December 1985): 341-352.

24. Andrew Mitchell, "Involvement: A Potentially Important Mediator of Consumer Behavior," in *Advances in Consumer Research* 6, ed. William L. Wilkie (Provo, Utah: Association for Consumer Research, 1979): 191-196.

25. Richard L. Celsi and Jerry C. Olson,

"The Role of Involvement in Attention and Comprehension Processes," *Journal of Consumer Research* 15 (Sepember 1988): 210-224.

26. Anthony G. Greenwald and Clark Leavitt, "Audience Involvement in Advertising: Four Levels," *Journal of Consumer Research* 11 (June 1984): 581-592.

27. Judith Lynne Zaichkowsky, "The Emotional Side of Product Involvement," in *Advances in Consumer Research* 14, eds. Paul Anderson and Melanie Wallendorf, (Provo, Utah: Association for Consumer Re-search, 1987): 32-35.

28. Laurie Freeman, "Fragrance Sniffs Out Daring Adventures," *Advertising Age* (November 6, 1989): 47.

29. Rajeev Batra and Michael L. Ray, "Operationalizing Involvement as Depth and Quality of Cognitive Responses," in *Advances in Consumer Research* 10, eds. Alice Tybout and Richard Bagozzi (Ann Arbor, Mich.: Association for Consumer Research, 1983), 309-313.

30. Herbert E. Krugman, "The Impact of Television Advertising: Learning without Involvement," *Public Opinion Quarterly* 29 (Fall 1965): 349-356.

31. Kevin J. Clancy, "CPMs Must Bow to 'Involvement' Measurement," *Advertising Age* (January 20, 1992): 26.

32. Zaichkowsky. "Measuring the Involvement Construct in Marketing."

33. Douglas Tigert, Lawrence Ring, and Charles King, "Fashion Involvement and Buying Behavior: A Methodological Study." In B.B. Anderson (Ed.) *Advances in Consumer Research*, 3, 46-52. Chicago: Association for Consumer Research.

34. Ann Fairhurst, Linda Good, and James Gentry, "Fashion Involvement: An Instrument Validation Procedure," *Clothing and Textiles Research Journal* 7, no. 3 (Spring 1989): 10-14.

35. Jane Boyd Thomas, Nancy Cassill, and Sandra Forsythe, "Underlying Dimensions of Apparel Involvement in Consumers' Purchase Decisions," *Clothing and Textiles Research Journal* 9, no. 3 (Spring 1991): 45-48.

36. Leisa R. Flynn, Ronald E. Goldsmith, and Wan-Min Kim, "A Cross-Cultural Validation of Three New Marketing Scales for Fashion Research: Involvement, Opinion Seeking and Knowledge," *Journal of Fashion Marketing and Management* 4, No. 2 (2000): 110-120.

37. Gilles Laurent and Jean-Noel Kapferer, "Measuring Consumer Involvement Profiles," *Journal of Marketing Research* 22 (February 1985): 41-53. This scale was recently validated on an American sample as well; see William C. Rodgers and Kenneth C. Schneider, "An Empirical Evaluation of the Kapferer-Laurent Consumer Involvement Profile Scale," *Psychology & Marketing* 10, no. 4 (July/August 1993): 333-345.

38. Karyn Monget,"Wonderbra vs. Water Bra," *Women's Wear Daily* (June 14, 1999): 9.

39. Patricia Warrington and Soyeon Shim, "Segmenting the Collegiate Market for Jeans Using a Product/ Brand Involvement Model," *Proceedings of the International Textile and Apparel Association* (November 1998): 82.

40. David W. Stewart and David H. Furse, "Analysis of the Impact of Executional Factors in Advertising Performance," *Journal of Advertising Research* 24, no. 6 (1984): 23-26; Deborah J. MacInnis, Christine Moorman, and Bernard J. Jaworski, "Enhancing and Measuring Consumers' Motivation, Opportunity, and Ability to Process Brand Information from Ads," *Journal of Marketing* 55 (October 1991): 332-353.

41. Morris B. Holbrook and Elizabeth C. Hirschman, "The Experiential Aspects of Consumption: Consumer Fantasies, Feelings, and Fun," *Journal of Consumer Research* 9 (September 1982): 132-140.

42. Natalie T. Quilty, Michael R. Solomon, and Basil G. Englis, "Icons and Avatars: Cyber-Models and Hyper-Mediated Visual Persuasion," paper presented at the Society of Consumer Psychology Conference on Visual Persuasion, Ann Arbor, Michigan, May 2000.

43. Robert D. Hof, "Now It's Your Web," *Business Week* (October 5, 1998): 164.

44. Stacy Baker, "Wanna Know What's Hot Now?," *Apparel Industry Magazine* (September 1999): 34-35.

45. Quoted in Jim George and Lisa Joerin, "P&G Brand Dot.Compati-ble with Internet Marketing," *Brand Packaging* (March/April 2000): 22-24.

46. K. Oanh Ha, "Have It Your Way," *Montgomery Advertiser* (November 9, 1998): 2D.

47. Ajay K. Sirsi, James C. Ward, and Peter H. Reingen, "Microcultural Analysis of Variation in Sharing of Causal Reasoning about Behavior," *Journal of Consumer Research* 22 (March 1996): 345-372.

48. Richard W. Pollay, "Measuring the Cultural Values Manifest in Advertising," *Current Issues and Research in Advertising* (1983): 71-92.

49. Paul M. Sherer, "North American and Asian Executives Have Contrasting Values, Study Finds," *The Wall Street Journal* (March 8, 1996): B12.

50. Sarah Ellison, "Sexy-Ad Reel Shows What Tickles in Tokyo Can Fade Fast in France," *The Wall Street Journal Interactive Edition* (March 31, 2000).

51. Milton Rokeach, *The Nature of Human Values* (New York: Free Press, 1973).

52. Sang-Pil Han, and Sharon Shavitt, "Persuasion and Culture: Advertising Appeals in Individualistic and Collectivistic Societies," *Journal of Experimental Social Psychology* 30 (1994): 326-350.

53. Marcia A. Morgado. "Personal Values and Dress: The Spranger, Hartmann, AVL Paradigm in Research and Pedagogy," *Clothing and Textiles Research Journal* 13, no. 2 (1995): 139-148; Eduard Spranger, *Types of Men*, trans. P. J. W. Pigors (Halle/Saale, Germany): Max Niemeyer, 1928; orig. published 1914); Gordon Allport, Philip Vernon, and Gardner Lindzey, *A Study of Values* (Boston: Houghton Mifflin, 1960).

54. Anna Creekmore, *Clothing Behaviors and Their Relation in General Values and to the Striving for Basic Needs*, Ph.D. thesis, Penn State University (1963); Mary Lapitsky. "Clothing Values," in *Methods of Measuring Clothing Variables*, Project 783, eds. Anna Creekmore et al. (Lansing, Mich.: (Michigan Agricultural Experiment Station, 1966): 59-64.

55. Judith C. Forney and Nancy J. Rabolt. "Clothing Values of Women in Two Middle Eastern Cultures," *Canadian Home Economics Journal* 40, no. 4 (Fall 1990): 187-191; Ju-dith C. Forney, Nancy J. Rabolt, and Lorraine A. Friend, "Clothing Values and Country of Origin of Clothing: A Comparison of United States and New Zealand University Women," *Clothing and Textiles Research Journal* 12, no. 1 (Fall 1993): 36-42.

56. Mary Shaw Ryan, *Clothing: A Study in Human Behavior* (New York: Holt, Rinehart and Winston, 1966); Mary Kefgan and Phyllis Touchie-Specht, *Individuality in Clothing Selection and Personal Appearance* (New York: Macmillan, 1986); Kaiser, *The Social Psychology of Clothing: Symbolic Appearances in Context*; Sproles and Burns, *Changing Appearances: Understanding Dress in Contemporary Society*; Penny Storm, *Functions of Dress: Tool of Culture and the Individual* (Upper Saddle River, N.J.: Prentice-Hall, 1987).

57. Michelle Morganosky, "Aesthetic, Function, and Fashion Consumer Values: Relationships to Other Values and Demographics," *Clothing and Textiles Research Journal* 6, no. 1(Fall 1987): 15-19; Rita Purdy, "Clothing Values, Interpersonal Values, and Life Satisfaction in Two Generations of Central Appalachian Women," *ACPTC Proceedings* (1983): 69-70. Reston, VA: Association of College Professors of Textiles and Clothing.

58. M. Suzanne Sontag and Jean Schlater, "Clothing and Human Values: A Two-Dimensional Model for Measurement. *Clothing and Textiles Research Journal*, 13, no. 1 (1995): 1-10.

59. A. R. Mendoza, "Clothing Values and Their Relation to General Values: A Cross-Cultural Study," Doctoral dissertation, Pennsylvania State University (1965). *Dissertation Abstracts* 26, 6688-6689.

60. Ronald Goldsmith, Jeanne Heitmeyer, and Jon Freiden, "Social Values and Fashion Leadership," *Clothing and Textiles Research Journal* 10, no. 1 (1991): 37-45.

61. D. M. L. Fratzke, "Clothing Values as Related to Clothing Inactivity and Discard," unpublished master's thesis, Iowa State University, Ames. (1976)

62. Donald E. Vinson, Jerome E. Scott, and Lawrence R. Lamont, "The Role of Personal Values in Market-ing and Consumer Behavior," *Journal of Marketing* 41 (April 1977): 44-50.

63. Gregory M. Rose, Aviv Shoham, Lynn R. Kahle, and Rajeev Batra, "Social Values, Conformity, and Dress," *Journal of Applied Social Psychology* 24, no. 17 (1994): 1501-1519.

64. Milton Rokeach, *Understanding Human Values* (New York: Free Press, 1979); see also J. Michael Munson and Edward McQuarrie, "Shortening the Rokeach Value Survey for Use in Consumer Research," in *Advances in Consumer Research* 15, ed. Michael J. Houston (Provo, Utah: Association for Consumer Research, 1988), 381-386.

65. B. W. Becker and P. E. Conner, "Personal Values of the Heavy User of Mass Media," *Journal of Advertising Research* 21 (1981): 37-43; Vinson, Scott, and Lamont, "The Role of Personal Values in Marketing and Consumer Behavior."

66. Sharon E. Beatty, Lynn R. Kahle, Pamela Homer, and Shekhar Misra, "Alternative Measurement Approaches to Consumer Values: The List of Values and the Rokeach

Value Survey," *Psychology & Marketing* 2 (1985): 181-200; Lynn R. Kahle and Patricia Kennedy, "Using the List of Values (LOV) to Understand Consumers," *Journal of Consumer Marketing* 2 (Fall 1988): 49-56; Lynn Kahle, Basil Poulos, and Ajay Sukhdial, "Changes in Social Values in the United States during the Past Decade," *Journal of Advertising Research* 28 (February/ March 1988): 35-41. See also Wagner A. Kamakura and Jose Alfonso Mazzon, "Value Segmenta-tion: A Model for the Measurement of Values and Value Systems," *Journal of Consumer Research* 18 (September 1991): 28; Jagdish N. Sheth, Bruce I. Newman, and Barbara L. Gross, *Consumption Values and Market Choices: Theory and Applications* (Cincinnati, Ohio: South-Western, 1991).

67. Quoted in "New Japanese Fads Blazing Trails in Cleanliness," *Montgomery Advertiser* (September 28, 1996): 10A; see also Andrew Pollack, "Can the Pen Really be Mightier Than the Germ?,"The New York Times (July 27, 1995): A4.

68. "25 Years of Attitude," *Marketing Tools* (November/December 1995): 38-39.

69. Tom Miller, "Global Segments from 'Strivers' to Creatives,' " *Marketing News* (July 20, 1998): 11.

70. Russell W. Belk, "Possessions and the Extended Self," *Journal of Consumer Research* 15 (September 1988): 139-168; Melanie Wallen-dorf and Eric J. Arnould, " 'My Favorite Things': A Cross-Cultural Inquiry into Object Attachment, Possessiveness, and Social Linkage," *Journal of Consumer Research* 14 (March 1988): 531-547.

71. Güliz Ger and Russell W. Belk, "Cross-Cultural Differences in Materialism," *Journal of Economic Psychology* 17 (1996): 55-77.

72. Fabian Linden, "Who Has Buying Power?" *American Demographics* (August 1987): 4, 6.

73. Marsha L. Richins, "Special Possessions and the Expression of Material Values," *Journal of Consumer Research* 21 (December 1994): 522-533.

74. Marsha L. Richins, "Special Possessions and the Expression of Material Values," *Journal of Consumer Research* 21 (December 1994): 522-533.

75. David Brooks, "Why Bobos Rule," *Newsweek* (April 3, 2000): 62-64.

제5장
소비자의 자아

로다는 고객이 다섯 시까지 받기로 한 보고서에 집중하려고 노력하고 있다. 로다는 회사에 중요한 이 보고서를 맡기 위해 항상 열심히 일해 왔다. 그러나 오늘은 어젯밤 랍과의 데이트를 생각하느라 마음이 복잡하기만 하다. 데이트는 잘한 것 같기는 한데 자신을 로맨틱한 상대로 생각하기보다는 친구로만 생각하는 랍의 감정을 왜 좀더 흔들어 놓지 못했을까?

로다는 점심시간에 글래머(Glamour)와 코스모폴리탄(Cosmopolitan) 잡지를 대충 훑어보면서 다이어트, 운동, 섹시한 옷을 입음으로써 매력적으로 보이는 방법에 대한 기사에서 눈을 떼지 못했다. 로다는 많은 향수, 의복, 화장품 광고 속의 모델을 보면서 우울해지기 시작했다. 광고 속의 모든 여성들은 어느 누구에게도 뒤지지 않게 매혹적이고 아름답다. 로다는 그들 중 몇몇은 가슴 확대 수술과 다양한 '보정'을 했다고 단언할 수 있다－여성들은 실제로는 전혀 그런 모습을 하고 있지 않기 때문이다. 길거리에서 랍이 파비오로 오인

될 수 있는 가능성 역시 없는 것이다.

우울한 심정이긴 했지만 로다는 사실 성형 수술을 받을까 고려하고 있다. 심지어 인터넷 www.onlinesurgery.com에서 시행되는 코수술 실연을 확인하기까지 했다. 자신이 매력이 없다고 생각해 본 적은 한 번도 없었지만, 더욱 예뻐진 코나 더 커진 가슴이 랍의 마음을 돌릴 수 있을지 누가 아는가? 적어도 퇴근한 뒤 액체로 안쪽 포켓이 채워진 빅토리아스 시크릿(Victoria's Secret)의 내추럴 리퀴드 미라클 브라(Natural Liquid Miracle Bras)나 혹은 중앙에 있는 걸쇠로 원할 때 가슴 사이선을 축소하거나 확대할 수 있게 하는 릴리 오브 프랑스(Lily of France)의 엑스 브라(X-Bra)를 주문할지도 모른다. 혹은 나가서 "멋진 가슴 사이선을 만들어내는 언더 와이어의 경이－'여기서 영원까지'"[1]라는 할리우드 키스 브라(Hollywood Kiss Bra)를 살 수도 있다. 그렇지만 다시 생각해 보면 랍이 그렇게까지 가치가 있기는 한가?

1. 자아에 대한 시각

신체적인 외모와 소유물이 한사람으로서의 '가치'에 영향을 미친다고 느끼는 것은 로다만이 아니며 소비자들의 외모에 대한 불안전함은 만연해 있는데, 남성의 72%와 여성의 85%가 그들의 외모 중 적어도 한 부분에 불만인 것으로 추정되고 있다.[2] 의류와 향수에서 자동차에 이르는 많은 제품이 자신의 어떤 부분을 감추거나 강조하기 위해서 구매된다.

자아에 대한 의복의 근접성(proximity of clothing to self)은 의복의 중요성과 자아를 연결하는 측정도구로서 손태그(Sontag)와 슐레이터(Schlater)에 의해 개발되었으며 이 도구는 다음의 질문에 대한 코딩된 응답의 척도를 사용한다. "의복에 대해서 당신이 느끼는 감정이 가장 중요한 이유는 무엇입니까?"[3] 그 연구에 참여한 여성의 절반과 남성의 3분의 1이 자아에 대한 근접성을 이유로 들었다. 본 장에서는 자신에 대한 소비자들의 생각과 감정이, 특히 남성과 여성이 어떻게 보여야 하고 행동해야 하는지에 대한 사회의 기대를 충족시키기 위한 그들의 노력에 따라 그들의 외모와 패션 소비 습관이 형성되는지를 집중적으로 살펴보고자 한다.

1) 자아는 존재하는가

1980년대는 많은 사람들에게 자아에 몰두하는 것으로 특징 지워졌기 때문에 "나의 시대(Me Dacade)"라고 불린다. 아주 최근에 셀프(Self) 잡지는 3월 7일을 자아의 날(Self Day)로 정하고 여성으로 하여금 자신을 위해 어떤 일을 하는 데 적어도 한 시간을 보내도록 권고하고 있다.[4] 자아를 가지고 있는 각각의 소비자에 대해 생각하는 것은 자연스러운 것 같지만 사실 이 개념은 사람과 사회의 관계에 관한 비교적 새로운 개념이며, 문화의 구속을 받는다. 문화 간의 차이를 설명하기 위해서 최근의 로퍼 스타치 월드와이드(Roper Starch Worldwide) 조사는 소비자들의 가장 두드러지는 특질과 가장 두드러지지 않는 특질을 알아보기 위해 30개국의 소비자들을 비교했다. 그 결과 베네수엘라에 사는 여성들이 가장 두드러지는 결과를 보였는데, 65%가 항상 자신의 외모에 대해서 신경을 쓴다고 하였다. 다음은 러시아와 멕시코 순으로 점수가 높았다. 반면 필리핀과 사우디아라비아 사람들은 28%의 소비자들만이 이 문항에 동의를 하여 가장 낮은 점수를 보였다.[5]

개별적인 인간의 삶은 집단의 일부가 아니고 독특한 것이라는 생각은 중세 후기(11

세기와 15세기 사이)에 발달되었으며 자아란 하고 싶은 대로 하게 하는 대상이라는 생각은 보다 최근에 생겨났다. 게다가 자아의 독특한 본질에 대해서는 서구 사회에서 보다 더 많이 강조되는 반면,[6] 동양 문화권에서는 개인의 정체성이 대체로 그가 속한 사회적 집단으로부터 유래되는 특성으로 인해 집단적 자아를 강조한다.

예를 들면 유교적인 관점에서는 자아에 대한 다른 사람의 인식과 그들의 눈에 비친 한 사람의 바람직한 지위를 유지하는 것인 '체면'의 중요성을 강조한다. 체면의 일면은 멘쯔(mien-tzu)인데 이는 성공과 겉치장을 통해 달성된 명성으로 어떤 아시아 문화에서는 특정한 사회 계층과 직업이 나타나도록 특별히 허용된 특정한 의복뿐 아니라 색상에 대해서 명확한 규율을 정해 놓았고, 이러한 것이 개정되어 옷 입는 것과 특정한 사람을 부르기 위한 매우 자세한 지침을 제공하는 자료가 일본의 스타일 매뉴얼에 남아 있다.[7] 그러한 성향에서 보면 고용인들로 하여금 개성을 강조하면서 독특한 자아를 표현하도록 하는 "캐주얼 프라이데이(casual Friday; 금요일마다 직장에 캐주얼한 옷을 입고 가는 것)"와 같은 서양의 풍습이 동양인들에게는 조금 이상하게 보일 것이다.

2) 자아, 정체성, 의복

그레고리 스톤(Gregory Stone)은 의복은 한 사람의 정체성을 표현하는 데 유용하다고 하였다.

> 한 사람의 정체성은 다른 사람들이 그를 사회적 대상으로 두고 그가 가지고 있거나 알린 정체성과 같은 말을 그에게 부여함으로써 형성된다. 정체성이 자아의 의미가 되는 것은 (자신의) 위치와 나타낸 것이 부합되었을 때이다.[8]

의복은 한 사람의 정체성을 알리는 방법으로, 정체성의 타당성을 확인하고 이를 확고히하는 것을 도울 수 있다 : "우리는 옷을 입는 것에 대한 타당성을 확인하는 데 있어서 어떤 청중이 어떠한 반응을 보일까를 신경 쓰며, 그러한 반응은 우리의 자아를 형성하는 데 필수적이다."[9]

2. 자아 개념

자아 개념(self-concept)은 어떤 사람이 그의 속성에 대해 가지고 있는 신념과 그가 이러한 특성을 어떻게 평가하는가를 가리킨다. 한 사람의 전체적인 자아 개념이 긍정적일지라도 다른 부분보다 더욱 긍정적으로 평가되는 자신의 특정한 부분이 분명히 있다. 예를 들면 앞의 예문에서 로다는 그녀의 여성적인 정체성에 대해서 느끼는 것보다 그녀의 전문적인 정체성에 대해서 더욱 긍정적으로 느끼고 있다.

1) 자아 개념의 구성 요소

자아 개념은 복잡한 개념이다. 자아 개념은 학자들에 의해서 다양한 유형을 통해 여러 가지 방법으로 분석되고 있다. 카이저(Kaiser)는[10] 자아 개념에 대해 다음과 같이 논했다.

- **구조로서의 자아**(self as structure) 혹은 자아 도식(self-schema) : 자아의 특성을 조직화하는 구조적인 사고과정으로 의복을 '나 같은', 혹은 '나 같지 않은' 식으로 생각해 볼 수 있다. 여러 연구에서 사람들은 어떤 의복이 각각의 범주에 속하는지를 빨리 결정할 수 있다는 것이 발견되었다.[11]

- **과정으로서의 자아**(self as process) : 사회적인 상호작용을 통해 자아가 발달한다는 상징적 상호작용주의적 관점으로 우리의 외모나 옷에 대한 반응은 자아에 대한 느낌에 영향을 준다; 사회적 상호작용은 우리로 하여금 자아에 대한 지각을 계속적으로 점검하고 다듬게 한다.

- **자아지각**(self-perception) 혹은 자아 이미지(self-image) : 우리 자신의 행동을 관찰한 것에 근거해서 우리는 자아 귀속을 하며, 또한 다른 사람들로부터의 피드백을 받아 자아 이미지를 형성하는 데 도움을 받는다. 우리는 자신을 다른 사람들에게 나타내고 싶어하고, 자기 스스로 자신을 보는 것과 일치하는 옷을 선택한다.

- **사회적 비교**(social comparison) 혹은 자아 평가(self-evaluation) : 자신과 사회의 다른 사람과 비교하는 것으로,[12] 우리의 외모는 매우 가시적이어서 사람들이 외모로 자신을 다른 사람들과 비교하는 것이 자연스럽다.

- 자아 정의(self-definition) 혹은 상징적 자아 완성(symbolic self-completion) : 자아에 대한 말로 자아 정의 역시 커리어, 종교적 혹은 성적 자아 정의와 같은 목표나 역할로 생각할 수 있으며 개인은 자아의 이러한 부분을 형성하고 유지하기 위해서 상징을 사용한다. 결과적으로 일어나는 불완전함의 느낌을 가지고 평가한 후에, 어떤 사람의 자아 정의를 완성하기 위해 의복이나 유행과 같은 적합한 상징을 찾음으로써 이러한 긴장을 완화시키는 행동을 취할 수도 있다.

- 자아 존중감(self-esteem) : 자아 가치의 느낌이나 자아에 대한 긍정성이나 부정성으로, 어떤 대상을 평가하듯이 종종 사회적인 비교로 우리 자신을 평가한다. 높은 자아 존중감을 가진 사람들은 자신을 높게 생각하며, 때로는 개인의 자아평가가 현실에 부합하기도 하고, 때로는 부합하지 않기도 한다.

우리가 이 장에서 볼 수 있듯이 소비자들의 자아평가는 매우 왜곡되어 있을 수 있는데, 특히 그들의 신체적인 외모에 관해서 그럴 수 있다. 이미 기술한 개념 중의 몇 가지는 다음에 더 논의하고자 한다.

2) 자아 존중감과 의복

자아 존중감은 한 개인의 자아개념에 대한 긍정성의 정도를 지칭한다. 낮은 자아 존중감을 가진 사람들은 그들이 일을 매우 잘 해낼 것이라고 기대하지 않으며 당황함, 실패, 거부를 피하고자 한다. 이와는 반대로, 높은 자아 존중감을 가진 사람들은 자신이 성공할 것이라고 기대하며 위험을 무릅쓰고 기꺼이 관심의 중심이 되고자 한다.[13] 자아 존중감은 종종 다른 사람들의 승인과 관련되어 있다. 아마도 기억하겠지만 괜찮은 '아이들' 과 어울려 다니는 고등학교 학생들은 그들의 급우들보다 더 높은 자아 존중감을 가진 것처럼 보인다(그럴 만하지 않더라도 말이다!).[14]

패션과 외모관리 행동과 같은 문화적 상징은 한 사람의 자아 존중감을 표현하는 기능을 할 수 있다. 즉 사람들은 자기 자신이 마음에 들면 자신의 외모에 많은 주의를 기울일 수 있다. 반면 낮은 자아 존중감을 가진 사람들은 그들의 외모에 신경을 쓰지 않거나 외모에 지나치게 사로잡혀 지나치게 부정적으로 반응한다. 크릭모어(Creekmore)는 후자의 경우를 사람들이 의복을 사회적 승인의 도구로 사용하기 때문에 발생하는 적응적 기능(adaptive functioning)이라 하였다.[15] 사춘기에 대한 연구에서 자아 존중감의 정도가 더 높은 사람들은 호감이 가는 외모에 대해서 관심을 가지고 있

big girls take back the night.

watch it on the web

2.2.2000 @7:00pm
intimate runway show
www.lanebryant.com

제인 브라이언트는 빅 사이즈 여성들에게 " 몸이 큰 여성들이 밤을 돌려 받는다." 라는 문구를 내걸면서 속옷을 팔고 있다.

었고, 의복을 사용해서 그들에게 관심이 집중되는 것을 두려워하지 않았다. 다른 사람들에게는 의복의 사용은 불안정의 감정을 반영한다. 그러므로 의복은 자아표현이나 사회적 환경에 대처해 가는 도구일 수 있다.[16] 이와 비슷한 결과가 우울증과 외모 자아개념에 대한 연구에서 보고되었는데 이 연구에서는 이러한 개념이 정적인 관계를 보였으며, 이는 우울한 사람들은 그들의 자아개념을 향상시키기 위해서 의복을 사용하기도 하며 특히, 그들이 우울하게 느낄 때 이러한 우울 상태를 없애기 위해 의복을 사용한다는 것을 시사한다.[17]

자아개념에 대한 많은 기존의 연구는 상관관계에 관한 것이다. 우리는 자아개념과 의복/외모 간에 상관관계가 있다는 것을 알고 있으나 존중감 혹은 외모 중 어떤 것이 원인이 되는지 모르며, 이러한 사안에 대해서 원인과 결과를 다루는 좋은 방법을 가지고 있지 않다. 문헌에서도 일치된 내용을 보이지 않고 있으며, 이미 언급한 대로 의복과 자아 존중감 간의 관계가 발견되었지만 그러한 관계가 발견되지 않은 다수의 연구결과도 있다.[18] 그러므로 이미 개요를 설명한 대로 의복과 자아개념의 다양한 측면 사이의 관계를 더욱 명확히 하기 위해서는 보다 더 많은 연구가 필요하다.

3) 자아 존중감 광고

앞에서 언급한 연구들의 한계에도 불구하고 마케팅 커뮤니케이션이 소비자의 자아 존중감의 정도에 영향을 미친다는 것은 분명해 보인다. 로다가 확인한 것과 같은 광고에 대한 노출은 어떤 사람이 자신을 이러한 인공적인 이미지를 가진 사람들과 비교함으로써 평가하고자 하는 사회적 비교의 과정을 거치게 한다. 이러한 비교의 형태는 기본적인 인간의 동기로 보이며 많은 마케터들은 그들의 제품을 사용하고 있는 행복하고 매력적인 사람들의 이상화된 이미지를 제공함으로써 사회적 비교를 통한 인간의 동기에 대한 부분을 개척하였다.

사회적 비교 과정을 설명하는 한 연구는 여대생들이 자신들의 신체적인 외모와 광고에 나오는 모델을 비교하는 경향이 있다고 밝혔다.

더욱이 광고에 나오는 아름다운 여성들에 노출된 연구 참가자들은 매력적인 모델이 나오는 광고를 보지 않은 다른 참가자들에 비해 광고 노출 후 그들의 외모에 대한 낮아진 만족도를 나타내었다.[19] 또 다른 연구는 젊은 여성들의 자신의 신체 형태와 사이즈에 대한 인식이 짧게는 30분짜리 텔레비전 프로그램을 본 후에 바뀔 수 있다는 것을 보여주고 있다.[20] 최근의 분석에서는 TV 광고들이 엄청나게 날씬한 많은 모델을 사용하고 있는 것으로 나타났다.[21] 이러한 연구들은 미디어 비평가들이 애석해하는 점인 광고에서 극도의 날씬함과 관능성을 가진 여성들에 대해 단면적인 묘사를 강화하는 것으로 보인다. 완벽에 대해 강조하는 광고는 신체 불만족과 감정을 고조시키는 물질에 대한 중독을 불러일으킬 수 있다. 진 킬번(Jean Kilbourn)은 광고에서 묘사하는 이상적인 모습에는 도달하기 어려우며, 오늘날은 컴퓨터로 몸을 길게 늘이는 것과 같이 사진을 조작하는 것이 가능하기 때문에 더욱 더 광고 속의 이상적인 몸매에 도달하기 어려우며 우리가 이상으로 삼는 몸은 더 이상 실제 여성의 몸이 아니라고 하였다.[22]

자아 존중감 광고는 자신에 대한 긍정적인 느낌을 자극함으로써 제품 속성을 바꾸고자 한다. 한 가지 전략은 소비자의 자아 존중감에 도전하고 해결책을 제공할 어떤 제품과의 연관성을 보여주는 것으로써 클래롤(Clarol)의 "당신은 나이가 들어가는 것이 아니고 더 멋져지고 있습니다."라는 광고 카피가 그 예이다.[23] 또 다른 전략은 버지니아 슬림 담배가 "당신은 많은 것을 이루어 오셨습니다."라고 선언한 것과 같은 명백한 아첨을 사용하는 것으로 많은 화장품과 향수 회사들은 이러한 유형의 광고를 사용한다.

4) 실제적 자아와 이상적 자아

자아 존중감은 소비자가 어떤 속성에 대한 그의 실제적인 자리를 이상적인 것과 비교하는 과정에 의해 영향을 받는다. 한 소비자는 "나는 내가 바라는 만큼 매력적인가?", "나는 내가 벌어야 하는 만큼 돈을 버는가?" 등의 질문을 할지도 모른다. **이상적 자아** (ideal self)는 우리가 되고 싶어 하는 자아이며, **실제적 자아**(actual self)는 우리가 가진 특성과 가지지 않은 특성에 대한 우리의 보다 현실적인 가치평가(appraisal)를 의미한다.

이상적 자아는 부분적으로는 영웅이나 광고에 묘사된 사람들 혹은 이상적 성취나 외모의 전형이 되는 사람들과 소비자가 속한 문화의 요소에 의해 형성된다.[24] 우리가 제품을 사는 이유는 제품이 우리가 이러한 목표를 달성하는 것을 돕는 데 유용하다고 믿기 때문일 것이다. 우리가 어떤 제품을 선택하는 이유는 그 제품들이 우리의 실제적 자아와 일치된다고 인지하기 때문이며, 반면에 우리는 다른 제품들을 사용하는데 이는 그것들이 우리가 이상적 자아에 의해 세워진 기준에 도달하는 것을 도와주기 때문이다. 표 5-1은 모델이나 영웅들과의 사회적 비교의 영향을 하나로 개념화한 것과 이러한 이상에 도달하기 위한 제품의 사용에 대한 설명을 보여주고 있다. 한 사람의 만들어진 외모가 이상에 가깝지 않을 때는, 그는(다른 전략들 가운데) 이에 대한 대처방법으로, 사회적 기준을 달성하기 위해 노력하는(것과 같은) 전략에 참여한다. 또 다른 유행에 관한 연구는 사람들은 그들의 실제적 자아와 이상적 자아 간의 타협된 이미지를 나타내는 의복을 선택한다는 것을 발견했는데,[25] 이는 표 5-1에 묘사된 것과 같이 또 다른 대처 방법이 될 수 있다.

5) 공적자아 대 사적자아

이상적 자아는 실제적 자아와 종종 일치하지 않는다. 외모관리는 한 개인의 이상적 자아를 — 적어도 시각적으로 — 달성하기 위한 개인적인 시도를 하는 데 유용할 수 있다. 공적 자아(public self)는 다른 사람이 우리를 어떻게 보는가와 관련되어 있는 것으로 연령, 직업 그리고 다른 역할에 대한 사회적 기대는 개인이 공적으로 그의 외모나

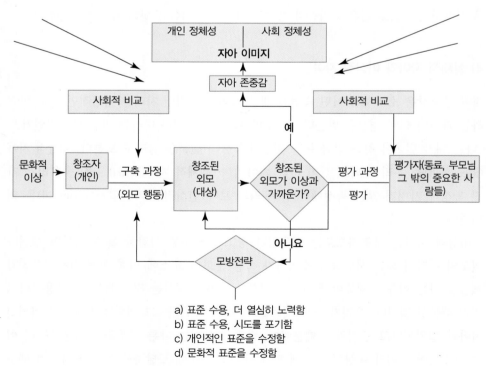

그림 5-1 외모의 구조와 평가에 대한 사회적 비교의 영향모델

출처 : Sharron J. Lennon, Nancy A. Rudd, Bridgette Sloan, Jae Sook Kim, "Attitudes Toward Gender Roles, Self-Esteem, and Body Image : Application of a Model." *Clothing and Textile Research Journal* 17(1999)4 : 191-202. Published by permission of the International Textile and Apparel Association, Inc.

a) 표준 수용, 더 열심히 노력함
b) 표준 수용, 시도를 포기함
c) 개인적인 표준을 수정함
d) 문화적 표준을 수정함

혹은 자아표현을 관리할 때 고려된다.

사적 자아(private self)는 자기반성을 포함하며 이 신비적 자아(secret self)는 다른 사람과 커뮤니케이션되지 않을 수도 있고 공적 자아 표현을 위한 의복의 시연이 될 수도 있다. 일부 연구자들은 사적인 자아를 한 단계 더 분석하여 신비적 자아를 포함해 왔다. 아이커(Eicher)는 사람들은 사적 자아를 표현하면서 재미를 얻기 위해 옷을 입으며, 신비적 자아를 표현하면서 환상을 찾아 옷을 입는다고 하였다.[26] 최근의 사적 자아 개념과 신비적 자아개념에 대한 측정은 '재미와 환상을 위한 옷입기'로 불렸는데, 옷과 관련된 어릴 때의 기억과 더불어 직업상의 환상, 운동의 환상, 성적인 환상에 관한 질문을 포함한다. 옷에 대한 성적 환상과 어린시절의 기억은 신비적, 사적 자아표현과 연관되어 있음이 발견되어 왔다.[27]

6) 환상 : 자아 간의 간격 메우기

대부분의 사람들은 실제적 자아와 이상적 자아 간의 격차를 경험하지만 어떤 소비자들에게는 이 격차가 다른 사람들보다 큰데, 이러한 사람들은 환상을 소구(fantasy appeal)로 사용하는 마케팅 커뮤니케이션에 특히 적합한 표적이다.[28] **환상**(fantasy) 혹은 백일몽은 자기 유도적인 의식의 전환이며 때로는 외부적 자극이 부족한 것을 보상하는 방법이 되거나 혹은 현실에서의 문제로부터 탈출하는 방법이 되기도 한다.[29] 많은 제품과 서비스들은 환상에 빠지는 소비자의 경향에 소구하기 때문에 성공적이다. 이러한 마케팅 전략은 우리를 친숙하지 않으며 자극적인 상황에 두거나 혹은 우리로 하여금 흥미롭거나 도발적인 역할을 '시도'해 볼 수 있게 함으로써 우리에게 자신에 대한 비전을 넓게 해준다. 샤넬(Chanel) 향수는 "환상을 느껴요."라는 문안을 가지고 광고 캠페인을 벌였다. 소비자들은 심지어(실제로) 코스모폴리탄의 온라인 변신사이트(www.virtualmakeover.com)나 CD-ROM버전, www.rayban.com에서 스캔받은 사진에 가상으로 씌워진 선글라스 스타일 엿보기와 같은 현대의 기술을 가지고, 현실에서 과감하게 행동하기 전에 자신의 다양한 모습을 실험해 볼 수 있기까지 한다.[30]

7) 다중 자아와 정체성

어떤 면에서 우리 각자는 실제로 다양한 사람들로 이루어져 있다고 하겠다. ─ 당신의 어머니는 아마도 새벽 두 시에 친구들과 파티에 나타난 '당신'을 알아보지 못할 것이다! 우리는 다양한 사회적 역할을 수행하면서 다양한 자아를 가지고 있어 상황에 따라 다르게 행동하고, 다양한 제품과 서비스를 사용하며, 심지어 다양한 경우에 드러나는 자신의 다양한 모습에 대한 선호도도 다양하다. 어떤 사람은 원하는 역할을 수행하기 위해서 다양한 일련의 제품들을 필요로 할 수도 있다. 그녀는 전문적인 자아일 때에는 차분하고 그다지 강하지 않은 향수를 선택할 수 있다. 그러나 그녀가 요부적(femme fatale) 자아가 되려는 토요일 밤에는 보다 도발적인 향수를 뿌릴 수도 있다. 소비자 행동에 대한 극적인 관점은 사람들을 다양한 역할을 연기하는 배우로 여기며, 우리는 각각 많은 역할을 행하고 각각의 역할은 그 역할만의 대본과 장치와 의상을 가지고 있다고 본다.[31]

자아는 다양한 구성요소 혹은 역할 정체성(role identities)을 가지고 있는 것으로 생각될 수 있으며 이중 몇몇만이 주어진 어떤 시점에서 활동적이다. 어떤 정체성(남편, 상관, 학생)은 다른 사람보다 자아에 대해 중심적이나, 다른 정체성(우표 수집가, 댄서, 노숙자 옹호자)은 특정한 상황에서 우세하게 나타난다.

(1) 상징적 상호작용주의

만일 각 개인이 잠재적으로 많은 사회적 자아를 가지고 있다면 각각의 자아가 어떻게 발달되고, 어떤 자아가 어느 시점에서 '활성화' 될지를 어떻게 결정하는가? **상징적 상호작용주의**(symbolic interactionism)의 사회학적 전통은 다른 사람과의 관계가 자아를 형성하는 데 큰 몫을 차지한다고 강조한다.[32] 이 관점은 사람들이 상징적 환경에 놓여 있으며, 어떤 상황이나 대상에 부여된 의미는 이러한 상징에 대한 해석에 따라 결정된다는 입장을 가지고 있다. 사회의 일원으로서 우리는 공유된 의미에 대해 동의하라고 배운 결과 빨간 불이 멈춤을 의미하고 '금색의 아치' 는 패스트푸드를 의미하고, '금발은 더 재미가 있다' 는 것을 안다.

다른 사회적 대상과 같이 소비자 자신의 의미는 사회의 합의에 의해서 정의되며 소비자는 그 자신의 정체성을 해석하고 이러한 평가는 그가 새로운 상황과 사람들을 대함에 따라 계속적으로 발전해 간다. 상징적 상호작용주의자의 용어로 표현하자면, 우리는 시간이 지남에 따라 이러한 의미를 협상한다고 하겠다. 근본적으로 소비자들이 "이러한 상황에서 나는 누구인가?" 라는 질문을 던진다. "다른 사람들은 내가 누구라고 생각하는가?" 라는 질문에 대한 답변은 크게 우리 주위에 있는 사람들에 의해 영향을 받으며 우리는 자아를 충족하는 예언의 형태로 다른 사람들의 지각된 기대에 따라 우리의 행동을 만드는 경향이 있다. 이에 우리는 종종 다른 사람들이 우리에게 행동하기를 기대한다고 가정하는 대로 행동함으로써 결국 이러한 인식을 확실히 하게 된다.

(2) 거울에 비친 자아

우리를 향한 다른 사람의 반응을 상상하는 이러한 과정은 '다른 사람의 역할을 하는 것' 혹은 '거울에 비친 자아(looking-glass self)'라고 알려져 있다.[33] 이러한 견해에 따르면, 우리 스스로를 정의하고자 하는 우리의 욕망은 일종의 정신적 탐지기(sonar)로 작용하여 다른 사람들에게서 '튀어나오는' 신호와 우리에 대해서 다른 사람들이 어떤 인상을 받았는지를 추정함으로써 우리 자신의 정체성을 읽어낸다는 것이다. 거울에 비친 자신의 이미지는 우리가 누구의 견해를 고려하느냐에 따라 달라질 것인데, 이는 유령의 집에 있는 일그러진 거울과 같이 누군가에 대한 우리의 평가는 우리가 누구의 관점을 취하고 자신에 대한 다른 사람의 평가를 얼마나 정확하게 예측하느냐에 따라 달라질 수 있다. 로다와 같이 자신감이 있는 직장 여성은 다른 사람이 그녀를 성적으로 어필하지 않는 매력 없는 여성으로 볼 것이라고 상상하면서(이러한 인식이 사실이든 아니든 간에), 나이트클럽에서 침울하게 앉아 있을 수도 있다. 여기에서 자아 충족적 예언이 작용할 수 있다. 왜냐하면 이러한 '신호'는 로다의 실제 행동에 영향을 줄 수 있기 때문이다. 만일 그녀가 자신을 매력적이라고 믿지 않는다면, 그녀는 실제로 자신을 덜 매력적으로 보이게 하는 초라한 옷을 선택할 수도 있다. 반대로, 전문적인 환경에서 그녀가 가지고 있는 자신에 대한 자신감은 그녀로 하여금 다른 사람이 그녀의 '사무적 자아'를 존중하는 것보다 훨씬 더 높이 존중한다고 추정하게 할 수도 있다 (우리 모두 그런 사람을 알고 있다!).

8) 자아의식

사람들은 때때로 자신에 대해서 고통스럽게 느낄 때가 있다. 만일 당신이 강의 도중에 강의실에 들어가서 모두가 당신을 주시하고 있음을 알아차린 적이 있다면, 자아의식 (self-consciousness)의 느낌을 이해할 수 있을 것이다. 이와는 대조적으로, 때때로 소비자들은 자아의식이 전혀 없이 충격적으로 행동할 때가 있는데, 경기장에서나 소동을 피울 때나 혹은 남학생 사교클럽 파티에서 자신의 행동에 대해 충분히 의식하고 있었다면 결코 하지 않을 일들을 하는 것이 그 예라고 할 수 있다.[34]

　일반적으로 어떤 사람들은 그들이 다른 사람에게 전달하는 이미지에 대해 보다 더 민감한 것처럼 보이는 반면에, 자신이 만들어내는 인상에 대해 잘 알아차리지 못한 것처럼 행동하는 사람들도 있다. 어떤 사람의 공적 '이미지'의 본질에 대한 고조된 관심 역시 제품과 소비행동이 사회적으로 적절한가에 대해 관심을 가지는 것으로 끝나게 된다.

여러 가지의 측정도구가 이러한 경향을 측정하기 위해 고안되었다. 예를 들어 공적 자기의식의 척도에서 높은 점수를 받은 소비자들은 의복에 더 관심이 많고 화장품을 다량으로 소비하며,[35] 의복을 "사회적으로 바람직한 이미지를 만들어냄"으로써 사회적 불안을 완화하기 위한 수단으로 사용할 수도 있다.[36] 자신에 대해 주의를 기울이는 데 집중하는 사람들은 사회적 압력에 대한 자신의 반응에서의 미묘한 차이에 민감하다. 한 연구에서는 공적 자아의식이 높은 사람들은 미래에 어떤 것이 유행할 것인가에 대한 다른 사람의 아이디어에 순응하고자 한다는 것을 발견하였으며,[37] 체중에 대한 최근의 한 연구는 체중과 공적 자아의식과의 직접적인 관계를 발견하였다. 즉 여성들은 자신의 체중에 만족하지 못할수록 공적, 사적 자아의식을 더 드러내고자 하는 것으로 나타났다.[38]

이와 비슷한 측정도구는 자기감시(self-monitoring)이다. 자기감시를 많이 하는 사람들은 그들이 사회적 환경에 자신을 어떻게 나타내는가에 더 많이 초점을 맞춘다. 그리고 그들의 제품 선택은 자신이 선택한 아이템들이 다른 사람들에 의해서 어떻게 인식될 것인가를 예측하는 것에 영향을 받는다.[39] 자기감시는 "나는 다른 사람들에게 감명을 주거나 즐겁게 해주기 위해서 쇼를 열어줄 것 같다.", "나는 아마도 훌륭한 배우가 되었을 것이다."와 같은 질문에 얼마나 동의하는가로 평가될 수 있으며,[40] 자기감시 정도가 높은 사람은 자기감시 정도가 낮은 사람들보다 다른 사람들에게 좋은 인상을 주기 위해서 공적으로 소비되는 제품을 더 검토하는 경향이 있다.[41] 마찬가지로 최근의 몇몇 연구는 신체적 외모나 개인적인 목표를 성취하는 것에 집착하는 것과 같은 허영의 양상에 관해서 살펴보았다. 대학 미식 축구선수들과 패션모델과 같은 집단들이 허영심의 양상에 높은 점수를 나타내는 경향이 있다는 것은 그다지 놀랄 만한 일이 아닐 것이다.[42] 자기감시 정도가 높은 사람들은 자기감시가 낮은 사람들보다 유행 선도력이 있고, 이미지 지향적인 패션 광고에 더 호의적이며, 디자이너의 청바지와 같은 제품에 더 많은 금액을 지불할 용의가 있는 것으로 조사되었다.[43]

3. 소비와 자아개념

그러므로 우리의 자아정체성과 자아개념은 시장에 직접적으로 영향을 준다. 극적인 관점을 확장해 보면, 제품과 서비스의 소비가 자아를 정의하는 데 얼마나 기여하는가를 이해하는 것은 쉬운 일이다. 한 사람의 배우가 맡은 역할을 설득력있게 연기하기 위해서는 정확한 소품과 무대장치 등이 필요하듯이 소비자들의 다양한 역할은 그 역할을 정의하는 데 도움이 되는 제품과 활동이 잘 어우러져야 할 필요가 있다.[44] 어떤 소품들은 우리가 하는 역할에 매우 중요해서 그 소품들이 곧 논의될 개념인 확장된 자아(extended self)의 일부로 여겨질 수 있다.

1) 자아를 형성하는 제품 : 당신은 당신이 소비하는 것과 같다

반사된 자아(reflected self)는 자아개념을 형성하는 데 도움이 된다는 것을 상기하라. 이는 사람들은 다른 사람들이 자신을 보는 이미지로 자신에 대해 생각한다는 것을 의미하는 것으로 다른 사람들이 자신을 볼 때에는, 그 사람의 옷, 보석, 가구, 자동차 등을 포함한 외모를 평가하기 때문에 이러한 제품들이 지각된 자아(perceived self)를 결정하는 데 도움이 된다는 것은 설득력이 있다. 한 소비자의 제품은 그를 사회적인 역할에 배치하며 "지금 나는 누구인가?"라는 질문에 답할 수 있도록 도와준다.

사람들은 한 사람의 소비행동을 가지고 그 사람의 사회적 정체성에 대한 판단을 내리는 데 사용한다. 우리는 그 사람의 의복, 몸단장 습관 등을 고려할 뿐만 아니라 어떤 여가 활동을 선택했는가(예를 들어 스쿼시 대 볼링), 선호하는 음식이 무엇인가(예를 들어 두부와 콩 대 스테이크와 감자), 어떤 자동차, 어떠한 집안 장식을 선택했는가 등에 근거해서 성격에 대한 추론을 한다. 예를 들면 사람들은 어떤 사람의 거실에 있는 사진을 보고 그 사람의 성격에 대해 놀랄 만큼 정확하게 추측을 할 수 있다.[45] 한 소비자가 제품을 사용하는 것이 다른 사람들의 지각에 영향을 주는 것처럼, 같은 제품은 소비자 자신의 자아개념과 사회적 정체성을 결정하는 데 도움이 될 수 있다.[46]

소비자는 하나의 대상이 그의 자아개념을 유지하기 위해서 사용된 정도만큼 애착을 보이고[47] 대상물은 우리의 자아를 강화함으로써, 특히 친숙하지 않은 상황에서, 일종의 안심 담요와 같은 역할을 할 수 있다. 예를 들면 자신의 기숙사방을 개인적인 물건으로 장식해 놓은 학생들은 대학을 중퇴할 가능성이 더 적으며, 이러한 적응 과정은 낯선 환경에서 자신이 약해지는 것으로부터 보호할 수 있다.[48] 이와 같이 의복도 비슷하게 작용할 수 있는 것이다.

자아를 정의하기 위한 소비 정보의 사용은 소비자가 새롭거나 친숙하지 않은 역할을 할 때와 같이 정체성이 아직 충분히 형성되지 않았을 때 특히 중요하다. **상징적 자아-완성 이론**(symbolic self-completion theory)은 불완전한 자기정의를 가지고 있는 사람들은 정체성과 연관이 있는 상징을 나타냄으로써 이 정체성을 완성하려 한다고 주장한다.[49] 근무 경력이 얼마 되지 않은 여성들은 성공의 느낌을 얻기 위한 전략으로 의복을 사용하고, 다른 직장 여성들은 전문가답게 옷을 입는 면에 대해 자신감이 부족할 때 다른 사람들로부터 의복에 관한 정보를 더 많이 받아들이는 것으로 나타났다.[50]

(1) 자아 상실

소유물이 자아정체성에 미치는 영향은 아마도 이러한 소중한 대상이 소실되었거나 도난을 당했을 때 가장 명확해질 것이다. 개성을 억제하고 집단의 정체성을 고무하기 원하는 기관에서 최초로 행해지는 행위 중의 하나는 개인적인 소유물을 몰수하는 것이다.[51] 도난과 천재지변으로 인한 희생자들은 흔히 소외감, 우울 혹은 '침해당한' 느낌을 호소하며, 도난을 당한 후에 소비자들이 하는 전형적인 말은 "가족과 사별한 느낌 다음으로 지독한 일이다. 마치 강간을 당한 것 같다." 이다.[52] 강도를 당한 사람들은 약

나일론(*Nylon*) 잡지는 화장품광고에 사용된 이 혁신적인 시도에서 적절하게 보이는 것은 자신감을 준다는 생각을 강조하면서 우리에게 멋있게 보이는 것에 대해 가르치기 위해 '고양이 대화(cat-talk)'를 사용하고 있다. 고양이와 자아개념을 연관시키면서, 편집자는 다음과 같이 말하고 있다. 좋은 면을 보이라. 에마 봄백(Erma Bombeck)으로부터 : "고양이들은 자아존중감을 만들어냈다; 그들의 몸에는 불안정한 뼈라고는 하나도 없다."

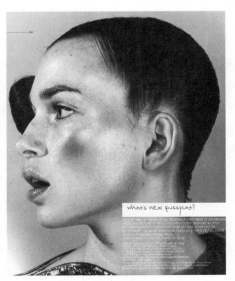

화된 공동체 의식을 보이고, 사적인 자유가 적어졌다고 느끼고, 그들의 이웃사람들보다 자신이 살고 있는 집의 모습을 덜 자랑스럽게 생각한다.[53]

제품 손실의 극적인 영향은 소비자들이 화재나 허리케인, 홍수, 혹은 지진을 당한 후에 걸치고 있는 옷을 제외하고 문자 그대로 모든 것을 잃어버린 재난 이후의 상태에 대해 연구해보면 더욱 극명해진다. 어떤 사람들은 전부 새로운 소유물을 획득함으로써 그들의 정체성을 재창조하는 과정을 거치는 것을 꺼린다. 재난의 희생자들과의 인터뷰를 통해 어떤 사람들은 새로운 소유물에 자아를 맡기기를 꺼려하고 그들이 구매하는 것을 더욱 꺼려한다는 것을 알 수 있다. 오십대의 한 여성의 다음과 같은 말은 이러한 태도를 잘 나타내주고 있다 : "나는 나의 물건에 너무나 많은 애정을 가지고 있었습니다. 나는 이런 종류의 손실을 또 다시 헤쳐 나갈 수는 없습니다. 지금 내가 물건을 사는 것은 나에게 그다지 중요하지 않을 겁니다."[54]

2) 자아/제품 일치

많은 소비활동이 자아정의와 관련되어 있기 때문에, 소비자들이 그들의 가치와(제4장 참조) 그들이 구매하는 것이 일관성을 보인다는 점을 알게 된다는 것을 놀랄 만한 일이 아니다.[55] **자아 이미지 일치 모델**(self-image congruence model)은 제품들 자체의 속성이 자아의 어떤 면과 일치할 때 선택될 것이라고 추정하며,[56] 이 모델은 이러한 제품 자체의 속성들과 소비자의 자아이미지 간의 인지적 조화의 과정을 가정한다.[57]

연구 결과가 다소 엇갈리게 나오기는 했지만, 이상적 자아는 향수와 방향제들과 같은 매우 사회적인 것을 의미하는 제품의 비교 기준으로 보다 더 적절하였으며, 그와 대조적으로 실제적 자아는 일상적이고 기능적인 제품의 기준으로 더 적절한 것으로 나타났다. 이러한 기준들은 사용 상황에 따라서 달라질 수 있다. 예를 들면 학생들은 매일 학교에 입고 가는 옷에서 기능적이고 편안한 옷을 원할지 모르지만, 주말에 클럽에 갈 때에는 더 유행에 맞고 재미있으며 어쩌면 더 대담한 옷을 원할 수도 있다.

선행연구는 제품의 사용과 자아 이미지가 일치한다는 것을 지지하는 경향을 보이고 있다. 이러한 과정을 조사했던 초기 연구 중의 하나는 자동차 소유자들의 자신에 대한 평가가 그들의 자동차에 대한 그들의 인식과 일치하는 경향이 있음을 발견하였다. 폰티악 운전자는 폭스바겐 운전자들보다 자신을 더 활동적이고 겉치장을 한다고 생각했다.[58] 이 외에도 소비자들의 자아 이미지와 그들이 선호하는 상점도 일치한다는 연구 결과도 발견되었다.[59] 소비자와 제품 간에 일치함을 나타내는 데 도움이 되는 것으로 나타난 구체적인 속성들은 거친/섬세한, 이성적인/감정적인, 그리고 공(격)식적인/비공(격)식적인이다.[60]

이러한 결과들이 직관적인 이치에는 맞지만, 소비자들이 항상 자신의 특성에 맞는 제품을 구매할 것이라고 가정하는 것은 무리가 있다. 소비자들이 아주 복잡하지 않으며 인간과 같은 이미지를 별로 가지지 않는 현실적이고 기능적인 제품에서 정말로 자신의 특성을 보는가 하는 것은 확실하지 않다. 향수와 같이 표현적이고 이미지 지향적인 제품에 대해서 상표 성격을 고려해야 하는 것과 인간의 특성을 토스터와 연결시키는 것과는 별개의 문제이다.

또 다른 문제점은 오랜 '닭과 달걀'과 같은 문제이다. 물건이 사람들의 자아와 비슷하게 보여 사람들이 물건을 사는 것인가, 아니면 그들이 제품을 샀기 때문에 이러한 제품들이 틀림없이 비슷하다고 추정하는 것인가? 어떤 사람의 자아 이미지와 구매된 제품의 이미지가 비슷한 것은 소유를 하면서 이미지가 유사한 정도가 더 증가될 수도 있기 때문에, 이러한 설명이 배제되어서는 안 된다.

3) 확장된 자아

이미 언급된 바대로 소비자들이 그들의 사회적 역할을 정의하기 위해 사용하는 많은 소품과 장치들은 어느 정도까지는 그들 자아의 일부가 된다. 즉 우리가 자신의 일부로 생각하는 외면적인 대상들이 **확장적 자아**(extended self)를 구성한다. 어떤 문화에서는 사람들은 문자 그대로 대상들을 자아에 합체시키는데, 이러한 것은 새로운 전리품을 혀로 핥고, 정복한 적의 이름을 취하고(혹은 어떤 경우에는 그들을 먹고) 혹은 죽은 자를 소유물과 함께 묻는 모습 등에서 살펴볼 수 있다.[61]

우리는 보통 그렇게까지 하지는 않지만, 어떤 사람들은 소유물이 그들의 일부인 것처럼 소중히 여기며 개인적인 소유물과 애완동물에서부터 국가적인 유적이나 획기적인 사건들에 이르기까지 많은 물질적인 대상들은 소비자의 정체성을 형성하는 데 도움을 준다. 거의 모든 사람들이 자아의 많은 부분과 '얽혀 있는' 소중한 소유물의 이름을 댈 수 있는데, 그것은 아끼는 사진이나 낡은 셔츠, 트로피, 자동차 혹은 고양이가 될 수도 있다. 어떤 사람의 침실이나 사무실에 놓여진 물건들의 목록을 만드는 것만으로도 그 사람의 매우 정확한 '전기'를 쓰는 것이 실제로 가능할 때가 종종 있다.

확장된 자아에 관한 한 연구에서는 사람들에게 좋아하는 옷, 화장지, 텔레비전 프로그램에서부터 부모, 신체 부분 그리고 전자 장비에 이르는 품목의 리스트를 주고 각각의 품목이 자신에게 가까운 정도를 평가하도록 하였다. 획득하기 위해서 노력을 기울였거나 대상물에 이름을 넣고 오랫동안 지녀옴으로 인해 대상물에 '심적인 힘'이 주어지면, 대상물들은 확장된 자아의 일부분으로 생각될 가능성이 높다는 결과가 나타났으며,[62] 본 장의 서두에서 언급했던 '자아에 대한 의복의 근접성'이라는 개념은 이러한 것의 한 예라 할 수 있다.

확장된 자아에 대해 네 가지 수준이 언급되어 왔는데, 이는 매우 개인적인 대상에서부터 사람들로 하여금 그들이 보다 큰 사회적 환경에서 유래한 것처럼 느끼게 하는 장소와 물건들까지의 범위를 가진다.[63] 네 가지 수준은 개인 수준(개인의 보석과 의복을 포함), 가족 수준(개인의 집과 가구를 포함), 공동체 수준(개인의 이웃, 도시 혹은 주), 그리고 집단 수준(특정한 사회집단, 심지어 획기적인 사건, 유적 혹은 스포츠 팀과 같은 것에 대한 애착)으로 나누어 볼 수 있다.

4. 성 역할

성 정체성은 소비자의 자아 개념와 매우 중요한 구성요소이다. 섹스(sex)와 젠더(gender)는 종종 혼용되어 사용되지만 이 두 개념은 다른 의미를 가지고 있다. 섹스는 남녀 간의 생물적 차이를 지칭하는 것에 반하여 젠더는 사회적 구성개념을 가진다. 즉 여성과 남성에 대해 서로 다른 사회적인 기대가 있다는 의미이다. 사람들은 종종 그들이 어떻게 행동하고 옷을 입으며 말해야 하는가에 대해 이러한 사회적인 기대에 순응한다. 물론 이러한 가이드라인은 시대에 따라 달라지고 사회에 따라 크게 다를 수 있다.

아주 어릴 때 아이들은 소년과 소녀 간의 차이를 알게 된다. 종종 성(gender)의 차이는 다른 사람들로부터 받은 분홍색 혹은 파랑색의 첫 아이 선물로 더욱 확고해진다. 사회의 기대는 여성은 의복, 유행, 아름다움에 관심을 가져야 하고, 반면 남성들은 그래서는 안 된다는 것처럼 종종 지나치게 단순화된다.

남성성과 여성성은 정의하기가 어렵고, 심지어 유행의 변화와 연관해서 보는 것은 더욱 더 어렵다.[64] 남성성은 여성성이 부족한 것으로 정의되어 왔다.[65] 허용될 만한 외모에 관해서 살펴보면, 남성들이 받아들이고 싶지 않은 모습에 대해 논의하는 것이 더 쉽다. 남성들은 그들의 옷에 관해서 묘사할 때, 남성성을 강조하기보다는 오히려 성취나 친구와 좋은 시간을 보낸 것과 같은 과거에 일어난 일로부터의 좋은 기억, 입던 옷에("나는 아직도 그 옷을 만들었으면 한다.")[66] 관해서 의복의 의미를 표현하는 경향이 있다. 그들이 가장 적게 선호하는 옷에 대해 질문을 받으면, 남성들은 약간의 여성성이 드러난 옷에 대해서도 너무 유행을 따른 것이라든지 혹은 너무 드레시하다는 등 어떤 것이 "너무 많다."는 식으로 우려를 표하는 것을 볼 수 있다.[67]

성(gender) 차이가 어느 정도 타고난 것인지 아니면 어느 정도 문화적으로 형성된 것인지는 확실하지 않으나 그러한 차이들은 소비를 결정하는 많은 경우에 매우 분명하게 드러난다.

1) 사회화에서의 성 차이

한 사회에서의 남성과 여성의 적절한 역할에 대한 가정은 각각의 성에 대해 강조된(광고에서나 다른 곳에서) 이상적인 행동에 관해서 전달된다. 예를 들면 많은 여성들은 그렇게 하도록 '교육' 받아 왔기 때문에 유행에 관심이 많다.

(1) 성 목표와 기대

많은 사회에서 남성들은 자아-확신과 지배력을 강조하는 **대립적 목표**(agentic goals)에 의해 통제되는 반면 여성들은 소속과 조화로운 관계를 기르는 것과 같은 **공동적 목표**(communal goals)를 중시하도록 가르침을 받았다.[68]

각각의 사회는 옷 입는 것을 포함한 남성과 여성에게 적당한 행동에 관한 일련의 기대를 만들어내고 이러한 중요 사항을 전달하는 방법을 찾는다. 텔레비전에 방영되는 어머니 아버지를 위한 최신식이고 '적절한' 의복과 외모를 강화하는 가족의 묘사를 생각해 보라. 수십 년에 걸쳐 '완벽한 어머니'는 오지와 해리엇(Ozzie and Harriet), 비버에게 맡겨라(Leave it to Beaver), 그리고 브래디번치(The Brady Bunch)와 같은 프로그램에서 표현되어 왔다. 1960년대에는 해리엇 닐슨은 집안일을 할 때도 진주 목걸이를 하고 하이힐을 신었으며, 1970년대에는 가족의 모든 것(All in the Family)에 나오는 에디뜨 벙커는 홈드레스에 앞치마를 두르고 주로 부엌에 있었던 초라한 중하층의 주부였다. 1980년대에는 코스비 쇼(The Cosby Show)에 나오는 클레어 헉스터블은 변호사라는 멋진 직업을 가지고 스타일에 대한 센스가 엿보이는 옷을 입은 완벽한 흑인 중상층의 어머니였다. 로잔(Roseanne)의 로잔 코너(Roseanne Conner)는 청바지와 남편의 플란넬 셔츠를 입었고, 남편의 월급으로 근근히 살아가는 어머니상을 보여주었다. 1990

년대에는 댄 퀘일 부통령이 혹평했던 머피 브라운(Merphy Brown이라는 TV프로그램의 여주인공)은 그녀의 역할에서 직장이 중심이었던 전문가이자(명백히 대립적인 목표를 보여줌) 편모의 역할을 연기했다. 그러나 지금까지는 그러한 역할이 주로 남성들에 의해 표현되었다. 그녀가 입고 나온 단순하지만 우아한 디자이너 의복은 널리 모방되었다. 홈 임프루브먼트(Home Improvement)의 질 테일러는 처음에는 주부였고 대학을 다니게 되면서는 학생이면서 전문적인 직장을 다니게 되었다. 그녀의 남편은 돕기는 했지만 추가적인 집안일에 대해서 항상 불평을 했다.[69] 2000년대 초에는 프렌즈(Friends), 프레이저(Frazier), 섹스 인 더 시티(Sex in the City)와 같은 더 많은 TV쇼가 가족보다는 독신의 삶에 초점을 맞추었고 이러한 프로에서는 독신이 매우 자유스러운 생활을 누리는 것으로 표현되었으며 많은 남녀 인물들을 유행에 잘 맞게 독립적으로 묘사했다.

(2) 남자다운 마케터?

마케팅 분야는 역사적으로 대부분 남성에 의해 한정되어 왔다. 그래서 아직도 남성적 가치에 의해서 지배받는 경향이 있다. 협동보다는 경쟁이 강조되고 전투와 지배의 언어가 자주 사용된다. 전략가들은 종종 '시장 침투' 혹은 '경쟁적 공격'과 같은 명백하게 남성적인 개념을 사용한다. 학문적인 마케팅 논문들도 공동적이라기보다는 대립적 목표를 강조하고 있다. 가장 널리 퍼진 주제는 힘과 다른 사람에 대한 통제이며, 다른 주제들은 조종(기관을 위해 사람들을 조종하는 것)과 경쟁이 포함된다.[70] 이러한 왜곡은 더 많은 마케팅 연구자들이 구매결정의 감정과 미학과 같은 요인들을 강조하기 시작하고 점점 더 많은 수의 여성들이 이 분야에 진출함에 따라 앞으로는 감소할 수도 있다.

2) 성 정체성

성 정체성(gender identity)은 신체뿐만 아니라 마음의 상태이다. 어떤 사람의 생물학적인 성은 그가 **성 유형화 특질**(sex-typed traits) 혹은 흔히 한쪽이나 또 다른 쪽의 성과 연관된 특성을 보일지를 전적으로 결정하지 않으며 소비자 자신의 성적인 것에 대한 주관적인 느낌도 결정적이다.[71]

  남성다움과 여성다움과는 달리 남성성과 여성성은 생물적 특성이 아니다. 한 문화에서 남성적으로 간주되는 행동은 또 다른 문화에서는 그렇게 생각되지 않을 수도 있다. 예를 들면 미국에서의 규범은 남성들은 '강인'해야 하고 약한 감정을 억눌러야 하고('진짜 남자는 키쉬(quiche)를 먹지 않는다'), 부드러운 옷보다는(제리 사인펠드 (Jerry Seinfeld)는 이러한 개념을 희화한 그의 시트콤의 한 회분에서 '부풀린 셔츠'를 입었다) 클래식한 옷이나 양복을 입어야 하며, 서로 만지는 것을 피해야 한다(미식축구 경기장에서와 같이 '안전한' 상황을 제외하고). 그러나 일부 라틴계나 유럽 문화에서는 남성이 서로 껴안는 것은 흔히 있는 일이다. 각 사회가 '진짜' 남성과 여성이 무엇을 해야 하고 하지 말아야 하는지를 결정한다.

(1) 성 유형화 제품

키쉬와 더불어 많은 제품들은 성(sex)에 의해 유형화되어 왔고 그것들은 남성적 혹은 여성적 속성을 취하고 소비자들은 종종 그러한 속성을 하나의 성 혹은 또 다른 성과 연관시킨다.[72] 의복은 일반적으로 명백하게 남성이나 여성에 적절한 제품인 반면 유니섹스 (unisex)라는 용어는, 1970년대에 유행했던 남성 혹은 여성에게 착용되며 오늘날에도 많은 젊은이들과 하위문화에서 계속 착용되는 의복 스타일을 가리킨다.

성으로 유형지워진 제품은 종종 마케터에 의해 창조되고 영원히 지속되며(그 예로는 소년 소녀들의 장난감인 프린세스(Princess) 전화와 색상으로 코드화된 러브스 (Luvs) 기저귀가 있다). 문자와 숫자를 포함하는 상표명칭(Formala 409, 10W40, Clorox 2)은 기술적이라고 추정되어 남성적으로 추정되는 것처럼[73] 심지어 상표명도

비얀(Bijan)을 위한 이 광고는 서로 다른 두 국가에서 여성이 어떻게 보여야 하는지에 대한 기대를 비교함으로써 성 역할정체성이 문화적으로 어떻게 한정되어 있는지를 보여주고 있다.

표 5-1 성 유형화 제품

남성적	여성적
포켓 나이프	스카프
연장 한 벌	베이비오일
면도 크림	욕실 슬리퍼
서류가방	핸드로션
카메라(35mm)	빨래 건조기
스테레오 시스템	식품가공기
스카치	포도주
IRA	장거리 전화서비스
벽 페인트	얼굴화장지

출처 : Adapted from Kathleen Debevec and Easwar Lyer, "Sex Roles and Consumer Perception of Promotions, Products, and self : What Do We Know and Where Should We Be Headed," in *Advances in Consumer Research* 13, ed. Richard J. Lutz (Provo, Utah : Association for Consumer Research,1986); 210-214.

성 유형화된 것으로 보인다. 성 유형화된 제품들은 표 5-1에 수록되어 있다. 컴퓨터는 항상 남성과 소년들의 영역으로 간주되어 왔으나 소프트웨어 제조자들은 젊은 여성들을 끌어 들이고자 시도하고 있다. 십대 이전의 소녀들에게 인기있는 것으로 입증되어 온 마텔(Mattel)사의 패션 디자이너 바비 소프트웨어는 작동자로 하여금 컴퓨터로 인형 옷을 디자인하게 하고 칼라 프린트에 맞는 특별한 종이에 인쇄하게 한다. 소프트웨어 제조자들이 여자아이들이 다른 어떤 것을 원하는지를 알아내는 것이 어려웠기 때문에 이 아이디어의 싸구려 모조품이 많이 있다. 한 회사는 "여자아이들이 무엇을 하기를 원하는지를 알아내고 그것을 컴퓨터에 넣어라. 십대의 소녀들은 소년, 쇼핑, 화장 그리고 데이트를 하는 것을 좋아한다."라고 말하였다.[74] 컴퓨터 시대는 이렇게 성 유형화된 제품의 유산을 이어 가고 있다.

(2) 양성성

남성성과 여성성은 같은 차원의 양 끝이 아니다. **양성성**(androgyny)은 남성적 특성과 여성적 특성을 모두 가지고 있음을 지칭한다.[75] 연구자들은 전형적으로 남성적이거나 여성적인 성 유형화된 사람과, 다양한 사회적 상황에서 잘 기능할 수 있게 하는 여성적이고 남성적인 특성을 혼합적으로 가지고 있는 양성적인 사람들을 구별한다. 1980

년대의 여성들의 비즈니스 드레스에 맞춤 양복의 보수적인 형태의 남성적인 요소를 부여하였는데, 많은 사람들은 여성들이 남성들과 비슷하게 보이려고 이렇게 했다고 생각했으며 이는 남성 지배적인 사업 세계에서 경쟁하는 데 필수적이었다. 패션업계는 심지어 양성성이라는 단어를 여성을 위한 남성적으로 보이는 수트와 양복 스타일을 촉진하는 데 사용하였으며 점차 여성의 비즈니스 스타일은 보다 여성적인 스타일링과 구성으로 부드러워졌다. 또한 업체에서는 이 용어를 양쪽 성에 팔려고 시장에 내놓은 제품을 지칭하는 데 사용하였다.

3) 여성의 성 역할

여성의 성 역할은 급격하게 변화되고 있다. 집 밖에서 일하는 여성 비율의 극적인 증가와 여권주의자 운동(feminist movement)과 같은 사회적 변화가 남성이 여성을 생각하는 방식, 여성들이 여성자신에 대해 생각하는 방식, 그리고 여성들이 구매하기 위해 선택하는 제품에서의 대 변동을 일으켰다. 현대의 여성들은 이제 전통적으로 남성적인 구매로 간주되었던 결정에서 커다란 역할을 하고 있다.

(1) 여성 시장

캐서린 헵번은 아담의 갈비뼈(Adam's Rib)라는 1949년 영화에서 현대적이고 유능한 변호사 역할을 연기했다. 이 영화는 한 여성이 성공적인 직업을 가지고 행복한 결혼생활까지 할 수 있다는 것을 보여주는 최초의 영화 중 하나로 권력적인 지위에 있는 여성이 존재한다는 것은 상당히 최근의 현상이다. 여성들이 새로운 관리 계층으로 점차 발전하고 그 영향력도 커짐에 따라 이 시장을 목표로 하는 마케터들은 여성에 대한 그들의 전통적인 여성에 대한 가정을 바꿔야만 한다.

역설적으로 마케터들은 어떤 경우에 이전 여성들을 주부로 너무 강조해왔던 것에 대한 대가로 과잉 보상을 해왔다. 그래서 집 밖에서 일하는 여성을 대상으로 하는 거대한 시장을 목표로 하는 대부분의 경우에 이 모든 여성들이 매혹적인 관리직에 있는 것으로 묘사하는 경향이 있는데 이는 대다수의 여성들이 그러한 직업을 가지고 있지 않다는 사실과 많은 사람들은 자아 충족을 위해서라기보다는 일을 해야만 하기 때문에 일을 한다는 사실을 무시하는 것이다. 이러한 다양성은 모든 여성들이 전문적인 성취나 일하는 삶의 매력적인 면을 강조하는 마케팅 캠페인에 다 반응하는 것은 아니라는 것을 의미한다. 많은 여성들은 집 밖에서 일하든지 안하든지 간에 자립심을 보다

성 역할에서의 가장 현저한 변화중의 하나가 일본에서 일어나고 있다. 전통적인 일본의 아내들은 남편이 늦게까지 일하면서 고객을 즐겁게 해주는 동안 집에 있으면서 아이들을 돌본다. 훌륭한 일본인 아내는 남편보다 두 걸음 뒤에서 걸어야 한다. 그러나 이러한 양상은 여성들이 남편의 도움을 받아 대리로 사는 것을 원하지 않으면서 변화하고 있다. 25~29세 연령의 일본 여성의 반 이상이 직장에 다니거나 직장을 찾고 있다.[76] 일본의 마케터들과 광고업자들은 전문적인 상황에 있는 여성을 묘사하기 시작했고(통상적으로 아직 종속적인 역할을 통해서) 심지어 자동차와 같이 전통적으로 남성적이었던 제품을 여성 세분시장을 위해 발전시키고 있다.

더 가치있게 여기게 되었고 그들 자신의 라이프스타일에 대한 결정을 내리는 자유를 강조하는 마케팅 캠페인에 긍정적으로 반응하게 되었다.

(2) 관능적인 누드 사진 : 광고 속 여성의 묘사

"당신은 많은 것을 성취해 왔어요!"라는 버지니아 슬림 담배의 광고가 암시하는 바와 같이 여성의 성 역할에 대한 태도는 현저하게 변화되어 왔으나 여성들은 계속해서 광고업자들과 언론에 의해서 판에 박힌 방식으로 그려지고 있다. 타임(*Time*), 뉴스위크(*Newsweek*), 플레이보이(*Playboy*), 심지어 미즈(*Ms.*)와 같은 잡지에 실린 광고를 분석해 본 결과 광고에 실린 대다수의 여성들은 성적인 대상으로서(소위 말하는 치즈케익 광고) 혹은 전통적인 역할로 표현되었으며[77] 유사한 결과가 영국에서도 발견되었다.[78] 이런 묘사를 가장 잘못하고 있는 것 중의 하나는 전통적인 여성의 역할을 강화하는 경향이 있는 락 비디오일 것이다.

광고도 부정적인 전형(stereotype)을 강화시키는 데 한 몫을 하고 있는데, 여성들은 종종 멍청하고 복종적이며 혹은 변덕스럽거나 성적인 대상으로 그려진다. 여성들이 계속해서 이런 방식으로 혹은 전통적인 역할로 묘사되기는 하지만, 광고업자들이 현실을 따라잡으려고 급히 움직이고 있기 때문에 이러한 상황은 변화하고 있다. 예를 들면 에이본 프로덕츠(Avon Products)는 현대적인 여성의 관심사에 초점을 맞춤으로써 구식의 이미지에서 탈피하고자 하여, 최근의 한 광고에서는 "결국 당신은 당신의 입술보다 많은 것을 염두에 두고 있어요. 그리고 에이번(Avon)은 그것을 아름답다고 생각해요."[79] 라고 선언하였다. 여성들은 이제 텔레비전 광고에서 남성과 같이 중심적인 인물로 등장하며 남자들이 점차 배우자나 부모로 묘사되기는 하지만 여성들이 남성들보다 가사 환경에서 보여지는 경우가 더 많다. 또한 광고에서의 모든 나레이터들의 90% 정도가 남성들인데, 이는 깊은 남성 목소리는 확실히 보다 권위적이고 신용할 만하다고 여겨지기 때문이다.[80]

현대의 일부 광고들은 역할 역전(role reversal)의 특징을 이루고 있으며 여성들이 전통적인 남성의 역할을 차지하고 있다. 다른 경우에는 여성들이 로맨틱한 상황에서 묘사되었으나 성적으로 보다 우세한 경향이 있다. 역설적이게도 최근의 광고는 이제 성적인 평등이 일반에게 수용된 사실 그 이상이 되어 가고 있어 전통적인 여성의 특성을 강조하는 데 있어서 보다 더 자유로워졌다. 이러한 자유는 "현대의 여성들은 강하기 때문에 가끔 약함을 보일 수 있다."라는 표제를 쓴 여성잡지를 위한 독일 포스터에 잘 나타나 있다.

4) 남성적 성 역할

'남성다운' 운동과 활동을 즐기는 강인하고, 공격적이고, 근육이 발달한 남성을 이상적인 남성으로 보는 전통적인 개념이 없어진 것은 아니지만, 남성 역할에 대한 사회의 정의가 변화하고 있다. 1990년대 말의 남성들은 보다 자비로운 것과 다른 남성들과 친밀한 관계를 가지는 것이 허용되었다. 감정을 내보이지 않는 남자다운 남성을 묘사했던 것과 달리, 일부 마케터들은 광고에서 남성의 '민감한' 면을 촉진시켰으며, 남성의 긴밀한 유대관계를 강조하는 것이 광고 캠페인의 주를 이루었다.[81]

(1) 부성의 기쁨

남성의 라이프스타일은 의복 선택, 요리와 같은 취미활동 등에서 보다 큰 표현의 자유가 허용되는 쪽으로 변화하고 있다. 또한 남성들은 육아에 보다 더 관여하게 되었으며, 캘빈 클라인의 성공적인 이터너티(Eternity) 향수와 같은 광고 캠페인은 광고에서 아버지와 아들을 등장시켰다. 코닥과 오메가 시계 광고 역시 부성(fatherhood)의 주제를 강조하고 있다.[82] 그러나 이러한 변화는 더디게 일어나고 있다. 세븐-일레븐 상점의 한 광고는 각각 유모차를 몰고 있는 두 남성을 보여주었다. 그들은 세븐-일레븐에 가까워지자 유모차를 더 세게 밀기 시작해서 결국 경주를 한다. 캠페인의 광고제작책임자는(이 광고의 컨셉을) "우리는 남성들이 아이들을 돌본다는 개념을 쉽게 만들고자 등장인물들이 경쟁하는 것을 보여주었습니다."라고 설명하였다.[83]

(2) 육체미 사진 : 광고 속 남성의 묘사

여성뿐만 아니라 남성도 종종 광고에서 부정적인 방식으로 묘사되기도 하는데, 그들

─────────── 새로운 남성 시장 ───────────

남성의 성 역할이 변화함에 따라서 방향제나 머리 염색과 같이 이전의 '여성적인 제품'이 최근에는 남성들에게 성공적으로 판매되고 있다. 아라미스(Aramis), 클리니크(Clinique), 그리고 얼반 디케이(Urban Decay)와 같은 화장품 회사들은 남성 시장을 보다 더 확장하려 시도 중이다. 심지어 매니큐어도 서서히 남성들을 대상으로 구매될 수 있는 길을 모색하고 있다. ─하디 캔디(The Hard Candy) 라인은 카우보이라고

불리는 금속성 금색과 오디푸스라고 명명된 짙은 녹색 색조를 포함하는 캔디 맨 컬렉션을 내놓았다.[84]

그리고 젊어 보이고자 하는 많은 남성들의 압박감에 힘입어, 흰머리를 없애고자 하는 남성들을 겨냥하는 광고가 지난 십년 동안 세 배로 늘었다. 로퍼 스타치 월드와이드(Roper Starch Worldwide)는 남성의 36%가 그들의 머리를 염색하고자 하며 그러한 점에 대해서 개방적이

라고 보고하고 있다. 남성의 머리를 위한 로레알(L'Oreal)의 새 피어리아(Feria) 라인은 카멜과 체리 콜라(Camel and Cherry Cola)와 같은 새로운 색조를 포함하고 있다. 최근의 다른 유행 장식품은 허리를 밀어 넣는 신체 보정 속옷, 허벅지 선을 마무리해 주는 수퍼 쉐이퍼 브리프(Super Shaper Briefs; 5달러를 더 지불하면 구매자는 앞에 밀어 넣을 수 있는 '기증 패드'를 받을 수 있다).[85] 등이 있다.

───────────────────────────

은 자주 무력하고 무능하게 보여진다. 한 광고회사 임원은 이러한 점을 "여권운동은 광고업계에서 여성을 어떻게 묘사하는가에 관해서도 의식을 높였습니다."라고 표현했다. 이러한 구식의 전통적인 역할에 여성을 쓸 수 없으면 어쨌든 그 대신에 남성을 쓴다는 것이 요즘 추세다.[86]

마치 광고업자들이 여성을 성적 대상으로 묘사하는 것이 종종 비평받곤 하는 것과 같이 남성들이 어떻게 그려지고 있는가 — '육체미 사진(beefcake)'에 해당하는 광고 실행 — 에 대해서도 똑같은 비난을 할 수 있다.[87] 상사벨트(Sansabelt)를 위한 한 광고 캠페인은 '여성들이 남성의 바지 안에서 찾는 것'이라는 문안을 쓰고 있다. 광고는 "나는 남성이 지나가면 항상 눈을 아래로 내리는데… [잠시 멈춤] 따라갈 만한 가치가 있나 보려구요."라고 털어 놓는 한 여성을 묘사했다.

5) 동성애자 남성과 동성애자 여성 소비자

남성과 여성 동성애자 인구의 비율은 측정하기 어렵고 이 집단을 측정하려는 노력은 논란의 대상이 되어 왔다.[88] 그러나 1991년부터 소비자 가치와 태도를 추적해 온 저명한 리서치 회사인 엥켈로비치 파트너(Yankelovich Partners)사는 일 년마다의 모니터 조사에 성 정체성에 관한 질문을 포함시키고 있다. 이 연구는 응답이 모든 소비자를 대표하지 않을 수도 있는 작은 집단이나 편향된 집단(동성애자 출판물의 독자와 같은 집단)을 조사하는 대신에 총괄적으로 인구를 반영하는 표본을 사용한 사실상 첫 연구였다. 응답자의 6% 정도가 자신을 게이/동성애자/레즈비언이라고 하였으며 다른 자료는 더 많은 동성애자 남성과 동성애자 여성들이 살 만한 큰 미국 도시에서는 이 비율이 12% 정도라고 제시했다.[89]

이러한 결과는 이 세분집단의 잠재적인 크기와 매력성에 대한 보다 정확한 그림을 그리는 것에 도움이 된다. 남성 동성애자 소비자 시장은 일 년에 2천5백억 달러에서 3천5백억 달러 정도를 소비한다. 동성애자 출판물 독자들을 대상으로 한 시몬스 (Simmons) 연구에 따르면 이 소비자들은 이성애자와 비교해서 전문직을 가지고 있는 정도는 거의 12배이고, 별장을 가지고 있는 정도는 2배이며, 노트북을 가지고 있는 정도는 8배에 이르는 것으로 나타났다. 남성 동성애자 소비자들은 적극적인 인터넷 사용자들이기도 하다. www.gay.com 인터넷 사이트는 매달 2백6십만 명의 소비자들에게 제품과 서비스를 제공하고 있으며 이 사이트는 최근 Gay.it에 투자를 하고 프랑스의 선도적인 포탈사이트인 Ooups.com을 매입함으로써 전 세계적으로 확장되었다. 남성 동성애자와 여성 동성애자 인터넷 사용자들의 65%는 하루에 한 번 이상 온라인 접속을 하고 70% 이상이 온라인으로 구매를 한다.[90]

카이저(Kaiser)는 외모 관리에 중요한 영향을 미치는 성 사회화 분야에서 상당한 연구를 수행해 왔으며 남성 동성애자와 여성 동성애자들은 의복을 통해서 지배적인 성 규범에 도전하고자 하는 욕망을 표현해 왔으며, 어떤 사람들은 '주류'나 동성애자가 아닌 사람들처럼 보이기를 원하지 않는다는 것을 발견했다.[91]

미국의 여러 주요 시장에 많은 상점을 가지고 있는 스웨덴 가구 소매업자인 이케아 (IKEA)는 가게에서 식탁을 구매하는 남성 동성애자 커플이 등장하는 짧은 TV 광고를 방영하면서 새로운 지평을 열었다.[92] 그 외 요즘 동성애자들에게 판매하려는 노력을 기울이는 다른 주요 회사들에는 베네통, 에이티 앤 티(AT & T), 앤하우저-부시 (Anheuser-Busch), 애플 컴퓨터, 필립 모리스(Philip Morris), 시그램(Seagram), 소니가 있다.[93]

동성애자 활동가에 의해 민권운동이 증가됨에 따라서 이 세분 시장을 표적으로 하는 회사에 대해 점점 더 호감을 보이는 사회적 분위기가 형성되고 있다.[94] 적어도 일부 지역에서는 동성애는 좀더 주류에 가까워져가고, 그렇게 받아들여지고 있는 것처럼 보인다. 마텔(Mattel)은 심지어 인조 가죽 조끼와 라벤더 그물 셔츠 그리고 두 가지 톤의 머리치장으로 마무리한 귀걸이를 한 매직 캔 인형을 팔았다.[95]

남성 동성애자뿐만 아니라 최근 여성 동성애자 소비자들 또한 세인의 주목을 받기 시작하였는데, 최근의 디올(Dior) 패션 광고는 분명히 여성 동성애자의 관계를 묘사했다. '여성 동성애자의 스타일'이 최신 유행다운 것은 어느 정도는 테니스 스타인 마티나 나브라틸로바, 가수 랭과 멜리사 에더리지, 그리고 배우 엘렌 디제너러스와 앤 해치와 같은 고자세의 문화적 인물덕이다. 걸프랜즈라(*Girlfriends*)는 여성 동성애자 지향적인 잡지에 의한 독자에 대한 연구는 54%는 전문직/관리직의 직장을 가지고 있고 57%는 파트너를 가지고 있고 22%는 자식이 있다. 그러나 여성 동성애자들은 도시 근처나 술집에 모이지 않으며, 남성 동성애자들만큼 동성애자들의 출판물을 읽지 않기 때문에 남성 동성애자들보다 접근하기 어려워서 어떤 마케터들은 그러한 시도를 하는 대신에 여성 농구 게임이나 여성들의 음악 축제 현장에 초점을 맞추어 왔다.[96]

5. 신체 이미지

한 사람의 신체적 외모는 그의 자아개념과 자아 존중감의 많은 부분을 차지한다. 최근의 한 연구는 낮은 자아 존중감과 부정적인 느낌은 그 사람의 신체가 문화적 기준이나 지각된 기준으로부터 어긋났을 때 생긴다는 것을 발견했다. 자신의 몸이 이상과 어긋나 있다고 지각한 여대생들은 스스로를 이상으로부터 덜 어긋나 있다고 생각한 사람보다 신체 불만족도, 전체적인 외모 불만족도, 그리고 외모에 대한 투자가 높았다.[97] 반대로 또 다른 연구에서는 여러 인종 집단에 걸쳐 높은 자아 존중감은 긍정적인 신체 이미지와 연관되어 있다는 결과가 나타났다.[98] **신체 이미지**(body image)는 소비자의 자신의 신체적인 자아에 대한 주관적인 평가이다.

전체적인 자아개념과 마찬가지로 신체 이미지가 꼭 정확한 것은 아니다. 남성은 실제보다 자신의 근육이 더 발달한 것으로 생각할 수도 있고, 여성은 자신이 실제보다 더 뚱뚱하게 보인다고 생각할 수도 있다. 사실상 소비자들의 외모에 대한 불안감을 이용해서 실제적 신체 자아와 이상적 신체 자아 간의 간격을 만들어 내고, 결과적으로 그 간격을 좁히기 위한 제품과 서비스를 구매하려는 욕망을 가지게 함으로써 소비자들이 자신의 신체 이미지를 왜곡하는 경향이 있는 것을 이용하는 마케팅 전략을 흔히 볼 수 있다. 고객에게 극적인 변신을 시켜주고(고객의 90%는 여성) 변신한 모습이 벽에 장식할 만큼의 잠재력이 있다는 것을 사진으로 남겨주는 글래머 샷(Glamour Shots) 사진 체인점의 성공은 실상 평범한 사람들이 적어도 한두 시간 동안만이라도 슈퍼모델이 되어 보고자 하는 환상에서 그 원인을 찾을 수 있다.[99]

실제의 삶에서 의복은 신체를 확장하고 신체의 지각된 형태를 바꾸는 데 사용될 수 있으며 특정 스타일의 의복은 종종 부정적인 신체 이미지로 인해 개인의 신체 부분을 바꿔보이게 하기 위해 선택된다. 많은 소비자들은(그러나 전부 다는 아님) 더 날씬하게 보이게 하거나 키가 더 커보이게 하는 디자인 원리를 적용하거나 만족스럽지 않은 특정 부위를 덜 강조하는 데 능숙하다.

신체에서 자신 없는 부분을 바꿔 보이게 하기 위해서 의복이나 화장품을 솜씨있게 사용하거나 심지어는 그러한 부분을 영구적으로 바꾸기 위해서 성형수술을 받는 사람에게서 볼 수 있듯이, 신체 이미지 문제는 여권운동가나 다른 사람들의 우려에도 불구하고 점점 더 그 중요성을 더하고 있다. 사이콜로지 투데이(*Psychology Today*)는 1970년대, 1980년대, 1990년대에 수행된 세 개의 획기적인 연구로부터 신체 이미지에 대한 우리의 변화하는 태도를 기술했는데, 현대에 올수록 신체 형태에 대해 그 어느 때보다 더 불평이 많은 것으로 나타났다.

1) 신체 만족도

자신의 신체에 대한 한 사람의 느낌은 **신체 만족도**(body cathexis)로 나타낼 수 있다. 만족도는 어떤 대상이나 사람의 감정적인 중요성을 지칭하며, 신체의 어떤 부위는 다른 부위보다 자아 개념에 더 중심적인 역할을 한다. 사이콜로지 투데이의 연구에서 거의 보편적으로 여성들의 경우 남성들보다 그들의 신체에 덜 만족한다는 것(대개 신장은 예외이다)을 보여주고 있다. 표 5-2에 나타난 것처럼 연구되었던 거의 모든 신체 부위에서 남녀 모두 해를 거듭하면서 더욱 불만족의 정도가 증가했으며, 여성들에게는 25년의 기간 동안 전체적인 외모에 대해서 불만족이 가장 많이 증가하였고 반면 남성들

표 5-2 자신의 몸에 대한 남성과 여성의 불만족도

	1972 조사 %		1985 조사 %		1997 조사 %	
	여성	남성	여성	남성	여성	남성
전체적인 외모	25	15	38	34	56	43
체중	48	35	55	41	66	52
신장	13	13	17	20	16	16
근육 상태	30	25	45	32	57	45
가슴/흉부	26	18	32	28	34	38
복부	50	36	57	50	71	63
엉덩이 혹은 윗넓적다리	49	12	50	21	61	29

주 : 여성 3,452명, 남성 548명
출처 : David Garner, "The 1997 Image Survey Results," in *Psychology Today*(January / February 1997) : 30-40.

에게 불만족의 증가가 가장 큰 부위는 복부였다.[100]

젊은 성인들의 신체에 대한 느낌에 대한 또 다른 연구는 응답자들이 그들의 머리카락과 눈에 가장 만족하였고 허리에 대해서 가장 긍정적인 느낌이 적었다고 하였다. 다른 연구에서도 여성들이 엉덩이와 허벅지 부위를 포함한 나머지 신체 중간부위에 대해 불만족하는 비슷한 결과를 발견했다.[101]

이 불만족은 외모를 치장하는 제품들과 연관되어 있는데, 자신의 신체에 보다 만족하는 소비자들은 헤어 컨디셔너, 헤어드라이어, 향수, 얼굴을 그을려 보이게 하는 화장품, 치아 미백제, 부석비누와 같은 '멋내기' 제품을 더 자주 사용하였다.[102] 그러나 다수의 연구는 의복이 비슷하게 적용되는 것을 발견하지 못했다. 즉 의복에 대한 관심과 신체 만족도는 반드시 연관되는 것은 아니며, 일반적으로 여성들은 그들의 눈에 보이는 신체에 만족하는가의 여부에 상관없이 일상적으로 의복과 패션을 중요시하게끔 사회화가 되어 있는 것이 분명하다.[103] 성공적인 빅 사이즈 의류사업이 적절한 사례라고 할 수 있는데, 자신의 신체에 만족하지는 않지만 끊임없는 다이어트에 지친 점점

클로즈업 | 빅 사이즈 패션

미국국립위생연구소에 따르면 미국여성의 3분의 1이 사이즈 16이나 그 이상의 사이즈 옷을 입는다. 사이즈 14s까지 포함하면 모든 여성의 절반에 달하며 베이비부머들이 나이가 들면서 그 비율은 점점 더 증가하고 있다. 니만 마커스(Neiman Marcus)와 노드스트롬(Nordstrom)과 같은 고급 소매점들은 레인 브라이언트(Lane Bryant)와 포갓튼 위민(Forgotten Women)과 같은 전문점들이 장악하고 있던 이러한 시장으로 사업을 확장하고 있다. www.walmart.com은 자사의 케이티 리 기포드(Kathy Lee Gifford) 라인을 성공적으로 플러스 사이즈로 확장했고, 제이 씨 페니(J. C. Penny)의 웹사이트(www.jcpenny. com)는 빅사이즈 여성이 특대형 모델에게 옷을 '입혀보게' 하였다. 더 많은 회사들이 플러스 사이즈를 카탈로그와 웹사이트에 더하고 있다.

이 빅 사이즈 사업은 아직도 성장의 여지가 남아있다. 시장 조사회사인 엔피티 그룹(NPD Group)에 따르면, 빅 사이즈 여성은 성인 여성 인구의 절반 내지는 3분의 1에 달하고 있지만 큰 사이즈 옷의 판매는 전체 여성복 판매의 25.4%만을 차지하고 있다.[104] 레인 브라이언트는 편안하고 풍성한 스타일에 초점을 맞추던 것을 작은 사이즈에서 인기있는 몸에 달라붙는 패션으로 바꾸었다. 이 회사는 주의깊게 세련된 이미지로 단장하고 전 플레이보이잡지의 플레이메이트였던 안나 니콜 스미스(Anna Nicole Smith)와 프렉티스(The Practice)에 출연했던 캠린 만하임(Camryn Manheim)과 같은 통통한 몸매를 가진 유명인 대표모델을 기용했다. 이 체인점은 "대형 여성이 밤을 되찾는다."라는 표어를 내걸고 섹시한 속옷을 도입하고 있다. 키스와 함께한 레인 브라이언트의 최신 봄컬렉션은 www. lanebryant.com에 올라 있으며 레인 브라이언트와 키스 록 더 런웨이(Lane Bryant and Kiss Rock

the Runway)라고 불린다. 레인 브라이언트의 한 임원은 "만약 짧은 소매의 립 스웨터가 이번 가을에 인기제품이면 우리는 그 제품을 우리 고객들에게도 배송하고자 도전할 것이다. 그러나 고객이 소시지 싸개에 넣어진 것처럼 보이는 식으로는 하지 않을 것이다."라고 설명하였다.[105]

모든 통통한 몸매의 여성들이 다 레인 브라이언트의 제품을 좋아하는 것은 아니다. 그리고 빅 사이즈를 위한 패션디자이너들의 제품에 대해 전반적으로 불만족하는 것이 많다. 극소수만 플러스 사이즈를 만들고 있다. 그러나 어떤 여성들은 다른 사람들이(빅 사이즈를 위해) 일자형의 끈으로 묶는 바지 정도의 라인밖에 생각할 수 없을 때 도나 카렌(Donna Karan)과 오스카 드 라 렌타(Oscar de la Renta)는 더 작은 사이즈의 옷을 만들 때와 똑같은 철학을(빅 사이즈를 위해서도) 유지하고 있다는 점에 후한 점수를 주고 있다.[106]

더 많은 빅 사이즈 여성들은 자신의 치수로 된 양질의 유행하는 옷에 기꺼이 지불하고자 한다.

2) 이상미

어떤 사람이 다른 사람들에게 보여주는 육체적 이미지에 대해 자신이 느끼는 만족은 자신의 이미지가 속한 문화에 의해 평가된 이미지와 얼마나 가깝게 일치하는가에 영향을 받는다. 사실상 2개월 정도 된 유아만 해도 매력적인 얼굴에 호감을 나타낸다.[107] **이상미**(ideal of beauty)는 특별한 외모의 전형 혹은 모범으로서 남성과 여성 모두를 위한 이상미는 육체적인 형태(크거나 작은 가슴, 불룩 솟은 근육 혹은 솟지 않은 근육)뿐만 아니라, 의복스타일, 화장, 헤어스타일, 피부톤(창백한 대 그을린 톤), 그리고 신체 유형(아담한, 발달된, 육감적인)을 포함할 수 있다.

(1) 미는 보편적인가

최근의 연구에서 다른 것에 비해 일부 신체적인 형태에 대한 선호는 유전적으로 얽혀 있으며, 이러한 반응은 전 세계 사람들에게 같은 경향이 있는 것으로 나타났다. 구체적으로 살펴보면, 사람들은 건강과 젊음과 연관되는 형태와 다산의 능력 및 힘과 연결되는 속성을 선호하는 것으로 나타났으며 이러한 특징은 큰 눈과 높은 광대뼈, 좁은 턱이 포함된다. 성적으로 바람직함을 알리기 위해서 여러 인종과 민족 집단의 사람들에게 확실하게 사용되는 또 다른 단서는 어떤 사람의 균형 잡힌 형태로, 한 연구에 의하면 얼굴의 대칭이 잘되는 남성들과 여성들은 균형이 안 잡힌 사람들보다 3년이나 4년 먼저 성관계를 시작했다고 한다.

남성들도 여성의 몸을 성적인 단서로 사용하는 경향이 있으며, 이것은 여성적인 곡선이 생식의 가능성에 대한 증거를 제공하기 때문이라고 이론화되어 왔다. 사춘기 동안 일반 여성들은 엉덩이와 넓적다리 주변에 임신에 필요한 8만 칼로리 정도의 여분의 칼로리를 공급하는 35파운드의 '생식을 위한 지방'을 얻는다. 가장 생식능력이 있는 여성은 .6에서 .8의 허리-엉덩이 비율을 가지며, 공교롭게도 남성들이 가장 높게 등급을 매긴 모래시계 형태를 가진다. 전체 체중에 대한 선호가 변화하기는 하지만, 허리-엉덩이 비율은 이 범위 내에 드는 경향이 있다 — 매우 날씬한 모델 트위기(Twiggy)(케이트 모스(Kate Moss) 이전의 '비쩍 마른 유행(waif look)' 시대를 시작한 사람) 조차도 .73의 비율을 가졌다.[108] 긍정적으로 평가된 다른 여성의 특징은 보통 사

일부 연구는 균형 잡힌 혹은 대칭적인 얼굴 형태는 남성과 여성에 의해서 누가 매력적인가를 결정하는 데 사용되는 단서임을 나타냈다. 컨트리 가수 라일 러베트는 비대칭 형태를 가진 사람의 한 예이다. 왼쪽 사진이 정말 러베트이고 오른쪽은 사실상 두 개의 그의 왼쪽편 얼굴을 컴퓨터로 처리한 이미지이다.

람들보다 더 높은 앞이마, 더 통통한 입술, 더 짧은 턱과 더 작은 턱과 코를 포함한다. 이와 반대로 여성은 강한 아래 얼굴(힘을 만드는 남성호르몬의 농도가 진하다는 증거)을 가진, 평균 신장보다 약간 크고, 돌출된 이마를 가진 남성을 선호한다.

물론 이런 얼굴이 '모아진' 방식은 여전히 매우 다양하고, 마케터는 여기서 힘을 발휘한다. 광고와 다른 형태의 대중 매체는 어떤 형태의 미가 어떤 시점에서 적절하다고 간주되는지를 결정하는 데 중요한 역할을 한다. 이상미는 일종의 문화적 판단의 척도의 역할을 한다. 소비자들은 자신을 어떤 기준(종종 패션 매체에 의해 주장되는)에 비교하며, 그들의 외모가 그에 부합되지 않는 정도만큼 그들의 외모에 불만족한다.

이러한 문화적인 이상은 종종 일종의 문화적 속기에 요약되는데, 우리는 '허튼 계집애', '이웃집 여자애' 혹은 '거만한 여자'에 대해서 말하기도 하고, 혹은 코트니 러브, 기네스 펠트로, 혹은 고 다이애나비와 같은 이상을 구체화한 특정한 여성을 지칭하기도 한다.[109] 남성을 위한 비슷한 묘사는 '변강쇠', '꽃미남' 그리고 '공부벌레' 혹은 '브래드 피트 형', '웨슬리 스나이프 형' 등이 포함된다.

(2) 시간의 경과에 따른 이상미

미는 한낱 겉모습에 불과할 수도 있지만 특정한 여성 중 일부분은 역사를 통틀어 미를 얻기 위해 매우 열심히 노력해 왔다. 그들은 굶기도 하고 고통스럽게 자신의 발을 묶고, 그들의 입술에 금속판을 집어넣기도 하고, 헤어드라이어 밑에서, 거울 앞에서, 그리고 피부를 태우는 불 밑에서 수많은 시간을 보내기도 하며, 또한 자신의 외모를 바꾸고 아름다운 여성은 어떻게 생겨야 한다는 사회의 기대에 부응하기 위해서 가슴 축소나 확대 수술을 받는다.

돌이켜보면 역사의 기간들은 특정한 '스타일'이나 이상미에 의해서 특징지어지는 경향이 있다. 미국 역사는 지배적인 이상의 연속으로 묘사될 수 있다. 예를 들면 현대에 건강과 활기를 강조하는 것과는 뚜렷하게 대조되게 1800년대 초에는 아파보일 정도로 약해 보이는 것이 유행이었는데, 시인 키이츠(Keats)는 그 당시의 이상적 여성을 '남성의 보호를 받기 위해 우는 우윳빛 흰 양'으로 묘사했다. 다른 스타일은 릴리안 러셀(Lillian Russell)이 1890년대의 체력이 좋은 깁슨 걸(Gilson Girl)로 요약한 관능적이고 튼튼한 여성과 클라라 보우(Clara Bow)에 의해서 예시된 1920년대의 작고 소년 같은 플래퍼가 포함된다.[110]

19세기의 상당 기간 동안 미국여성들에게 바람직한 허리둘레선은 18인치였는데 이

이 베네통 광고에서 제시된 것 같이 이상미를 보는 범세계적인 관점은 매력적으로 보이게 하는 더 많은 방식을 낳는 결과를 가져왔다.

는 너무 꼭끼게 잡아당겨져서 일상적으로 생활할 때 두통, 기절 발작, 그리고 심지어는 당시의 여성들에게 흔한 자궁과 척추 장애까지도 유발했던 코르셋을 사용해야만 하는 둘레길이었다. 현대 여성들은 그다지 '심하게 졸라매지는' 않지만, 많은 사람들은 아직도 하이힐이나 제모, 상안검 성형술(eye lifts), 지방흡입술과 같은 고역을 견뎌내고 있다. 화장품, 의류, 헬스클럽, 패션 잡지에 들이는 수백만 달러와 더불어 이러한 시술은 옳고 그르고 간에 우리에게 현재의 미의 기준에 따르고자 하는 욕망이 건재하고 있다는 것을 상기시켜 준다.

　서구의 여성들의 이상적인 신체 유형은 시간이 지남에 따라 급격히 변화되어 왔으며, 이러한 변화는 양성 간을 구별하는 신체 모습인 성적 동종이형표지(sexual dimorphic markers)가 재정비되게 하는 결과를 낳았다. 예를 들면 영양 전문가들은 미스 아메리카 미인경연대회의 승자들의 신장과 체중을 사용해서 많은 미인경연대회 입상자들이 영양결핍 상태라고 결론지었다. 1920년대에는 경연대회 참가자들은 요즘의 기준으로 보면 정상으로 간주되는 20~25 범위의 신체 질량지수를 가지고 있었으며 그 이후로 세계보건기구의 영양결핍의 기준인 지수 18.5 이하인 입상자들이 점점 늘어나고 있는 추세이다.[111]

　1990년대 전반에는 물의를 일으켰던 '비쩍 마른(waif)' 스타일이 등장했는데 이 스타일에서는 성공적인 모델들이(그 중에서도 특히 케이트 모스) 어린 소년의 몸과 비슷한 몸을 가지고 있는 경향이 있었다. 보다 최근에 1950년대(마릴린 몬로에 의해서 이상으로 보였던)에 유행했던 토실토실한 '모래시계 몸매' 가 다시 등장하는 것을 보면 추가 약간 뒤로 이동한 것처럼 보인다.[112] 이러한 변화를 이끈 한 요인은 이러한 역할 모델들을 모방하고자 하는 여성들 간에 굶는 다이어트와 섭식 장애를 조장한다는 것을 고발한 여권 운동가들에 의해 지나치게 날씬한 모델을 사용하는 것에 대한 반대였다.[113] 이러한 집단은 광고에서 말라깽이 모델을 썼던 캘빈 클라인과 코카콜라와 같은 회사에 대해 불매운동을 벌였으며, 심지어 어떤 항의자들은 이러한 광고 위에 "이 여성에게 먹을 것을 주라." 혹은 "나에게 치즈버거를 달라."라고 쓰인 스티커를 붙이기도 했다.

　우리는 또한 얼굴 형태, 근육조직, 얼굴의 털에 관해서 남성을 위한 이상적인 미를 구별할 수 있다. 실상, 남성과 여성 모두에게 남성의 외모 형태에 대해 의견을 말하도록 한 최근의 한 전국적인 조사는 남성에게 지배적인 미의 기준은 매우 남성적이고 근육이 발달한 몸 — 여성들은 남성들이 스스로 얻고자 하는 것보다 더 적은 근육 부피를 선호하는 경향이 있기는 했지만 — 이었음을 발견했다.[114] 광고업자들은 그러한 남성들의 이상을 염두에 두고 있는 듯하다—광고에 나타난 남성들에 대한 최근의 연구는 대부분은 전형적인 남성의 강하고 근육이 발달한 체격을 자랑하고 있다는 것을 발견했으며,[115] 맨즈 헬스(*Men's Health*), 맨스 저널(*Men's Journal*), 디테일스(*Details*), 지큐(*GQ*)와 같은 잡지들은 이러한 이상을 강화하는 역할을 한다.

3) 몸 만들기

많은 소비자들이 이상적인 외모를 가지려고 하기 때문에, 종종 그들의 신체적 자아의 양상을 바꿀 정도로 극단적이 된다. 화장품에서 성형 수술, 태닝 살롱, 다이어트 음료에 이르기까지 수많은 제품과 서비스가 바람직한 외모를 보여주기 위해서 신체적 자아의 양상을 바꾸거나 유지하는 데 투입된다. 많은 마케팅 활동에 대한 신체적 자아개념(그리고 소비자들이 그들의 외모를 향상시키고자 하는 욕망)의 중요성은 아무리 과장해도 지나치지 않는다.

(1) 비만주의(fattism)

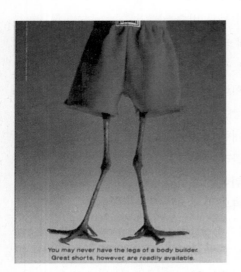

이 에버라스트(Everlast) 의류 광고는 익살스러운 방식으로 바디빌딩의 인기를 인정하고 있다. 마케터들이 잘 알고 있는 것과 같이, 신발과 준비운동용 상하복과 같은 많은 종류의 운동복은 이러한 제품들이 쓰이고자 했던 운동을 전혀 하려고 하지 않는 '안락의자 운동가'에 의해서 구매된다.

"너무 날씬하거나 너무 부유한 것이란 있을 수 없다."라는 표현에 나타나 있듯이 우리 사회는 체중 때문에 늘 고민하고 있다. 심지어 초등학생들까지도 뚱뚱하기보다는 차라리 장애를 가지겠다고 말한다.[116] 날씬해야 한다는 압박감은 광고와 동료(또래)에 의해서 계속적으로 강화되고 있으며, 특히 미국인들은 체중이 얼마나 나가는가에 몰입하고 있다. 우리는 날씬하고 행복한 사람들의 이미지에 의해서 계속해서 공격을 받고 있는데, 12세에서 19세 사이의 소녀들에 대한 조사에서 55%가 그들은 그들로 하여금 다이어트를 하고 싶게 만드는 광고를 '항상' 본다고 말했다.[117]

이러한 외모 기준이 얼마나 현실적인가? 미국 여성의 평균 신장과 체중은 5' 4"이고 142파운드이며 반면 모델의 평균 신장과 체중은 5' 9"이고 110파운드이다.[118] 또한 사방에서 볼 수 있는 바비(Barbie) 같은 패션 인형은 날씬함에 대한 부자연스러운 이상을 강화한다. 이 인형을 평균 여성의 신체 크기로 추정해 볼 때, 이 인형의 크기는 부자연스럽게 길고 날씬하다; 바비의 사이즈는 38-18-34가 될 것이다.[119] 1998년에 마텔은 바비의 가슴이 덜 나오고 더 날씬한 엉덩이를 가질 수 있도록 '성형수술'을 행했으며,[120] 심지어 새로운 모델은 더 넓은 엉덩이와 더 작은 가슴을 가지고 있는 보다 더 단련되고 자연스러운 신체 형태를 보여주고 있다.[121]

그러나 아직도 많은 소비자들은 보험업계에 의해 수집된 이상적인 신장과 체중표에 의존해서 비현실적인 이상적 체중에 도달하는 데 초점을 맞추고 있다. 이 표들은 더 커진 현재의 체격이나 근육이 발달함, 연령 혹은 활동 정도와 같은 요인들을 고려하지 않기 때문에 종종 시대에 맞지 않으며,[122] 실제로 메트로폴리탄 라이프사는 이러한 현실과의 불일치로 인해서 자사의 신장/체중 표를 바꾸었다. 사실상 흑인의 12%와 백인의 21%(그러나 라틴아메리카계 사람의 43%)만이 권고된 범위 내로 체중이 나간다.[123] 미국 여성들은 '이상적'인 신체 사이즈가 7사이즈라고 믿는데 이는 대부분의 사람들에게 비현실적인 목표이다.[124] 심지어 의학적인 체중이 최상의 상태에 있는 여성들조차 평균적으로 8파운드 정도 가벼워지는 것을 원한다.[125]

체중과 차별에 대한 최근의 논쟁은 건강함 대 날씬함의 개념에 대한 논의에 박차를 가하였다. 샌프란시스코에 있는 한 에어로빅 강사는 그녀가 건강해 보이지 않는다는 이유로 강사로서 거부당했을 때 째저사이즈(Jazzercise)를 고소함으로써(그리고 승소함) 국제적인 뉴스를 만들었다. 이것은 샌프란시스코의 체중과 신장을 근거로 해서 차별하는 것을 금지하는 법령인 '뚱뚱함과 키작음' 법에 따라 조정된 첫 판례였으며, 그 외 다수의 연구는 날씬하지 않고도 건강할 수 있다는 것을 보여주고 있다.[126]

그러나 "날씬한 것이 더 좋다."라는 인식이 지속되고 있고 패션과 관련해서는 특히 더 그러하다. 한 연구는 대학생들이 뚱뚱한 사람들보다는 평균 체중을 가진 사람들로부터 유행에 관한 조언을 구하는 것을 선호한다는 점을 발견하였으며, 표본의 93%라고 하는 압도적인 수가 뚱뚱한 사람보다 날씬하거나 평균 체중을 가진 개인이 보다 유행을 따를 가능성이 높을 것이라고 진술하였다.[127]

(2) 신장주의(heightism)

비만주의의 고통과 유사하게 키가 작은 남성에 대한 편견이 있으며 이러한 편견은 어떤 사람들에 의하면 상처를 입히고 비합리적이지만 실재한다. 5′5″보다 작은 남성들은 덜 성공한 것으로, 덜 남자답다고 지각되며 심지어는 스스로 부정적으로 판단한다. 남성에 대한 서구의 이상은 6′2″ 정도이고 존경받는 남성들은 "우러러 보아진다."처럼 심지어 신장과 지위에 대한 관계가 언어에도 들어가 있다. 그 외에도 키가 큰 남성들은 키가 작은 남성들보다 정치, 사업, 전문적 지위, 직장과 소득, 그리고 심지어 성에

아르헨티나 대식증과 거식증협회에 의한 9만 명의 십대에 대한 조사에 따르면 열네 살에서 열여덟 살 사이의 아르헨티나 사람들 열명 중의 한 사람은 섭식장애를 앓고 있다고 한다.[128] 유럽, 아시아, 라틴 아메리카 및 아프리카에 있는 20개 국의 여고생과 여대생을 대상으로 한 이 연구에서 아르헨티나는 인도와 공동 2위를 하였다. 이 두 나라에서는 29%가 섭식장애로 고통받고 있는데 비해 중국은 4%에 그쳤다. 이와 반대로 일본은 평균 35%로 모든 국가 중 선두를 달리고 있다.

건강 전문가들은 아르헨티나 다이어트와 화장품 산업에 의한 끊임없는 홍보공세가 이 나라 젊은이들의 영혼을 유인해 왔다고 비판했다. 뿐만 아니라 의류산업은 더한 비난을 받았다. 아르헨티나 의회에 의해서 의류산업으로 하여금 국제적인 사이즈와도 안맞고 상점마다 크기가 상당히 다른 대, 중, 소 사이즈 보다는 정확한 숫자로 된 치수로 옷을 만들도록 강제하는 법안이 통과되었다.

중 사이즈가 8살짜리에게 맞고 청소년들에게 대 사이즈가 맞지 않으면, 그들은 자신이 뚱뚱하다고 확신을 하고 상점을 떠날 것이다.

대한 면에서 유리하다는 연구결과가 있다.[129] 체중과 달리 우리는 우리의 키에 대해 좋은 키높이 신발에 돈을 쓰는 것 외에는 할 수 있는 것이 별로 없다.

(3) 신체 이미지 왜곡

많은 사람들은 자아 존중감과 외모 간에 강한 연관이 있다고 인식하지만, 어떤 소비자들은 이러한 관계를 보다 더 과장하고, 그들이 바람직한 신체 이미지라고 생각하는 것을 얻기 위해 큰 희생을 치른다. 여성들은 남성들보다 자신 몸의 특징이 자신의 자아가치를 반영한다는 것을 더 많이 배우는 경향이 있어 대부분의 주요한 신체 이미지의 왜곡이 여성들에게서 일어난다는 것은 당연한 일이다.

남성들은 그들의 현재 몸매의 평가, 이상적 몸매 그리고 여성들에게 가장 매력적이라고 생각하는 몸매에 있어서 별로 다르지 않은 경향이 있다. 이와는 대조적으로 여성들은 남성들에게 가장 매력적이라고 생각하는 몸매와 그들이 이상적이라고 생각하는 몸매 모두를 그들의 실제 몸매보다 훨씬 날씬하게 평가한다.[130] 한 조사에서 여대생의 3분의 2는 체중을 조절하기 위해서 건강하지 않은 행동에 의지했던 것을 인정했으며, 날씬한 이미지를 전달하는 광고 메시지는 체중에 대한 불안정감을 환기시킴으로써 이러한 행동을 강화하는 것을 돕는다.[131]

왜곡된 신체 이미지는 특히 젊은 여성들에게 섭식장애가 증가하는 것과 상관되어 있다. 거식증을 가지고 있는 사람들은 자신을 뚱뚱하다고 여기고, 실제로 날씬함을 찾다가 굶어 죽는다. 이러한 상황은 두 단계를 수반하는 다식증으로 끝나게 되는데, 첫째로 폭식을 하는데(은밀하게), 이 때 한 번에 5천 칼로리 이상을 섭취한다. 폭식을 한 다음 유도된 여성의 통제감을 주장하는 '정화' 과정인 구토, 완하제의 남용, 단식, 지나치게 격렬한 운동이 뒤따른다.

　섭식장애는 대개 여성들에게 영향을 끼치지만 일부 남성들에게도 영향을 미친다. 섭식장애는 다양한 체중 요건에 따라야만 하는 경마 기수, 권투선수 및 남성 모델과 같은 남성 운동가들에게는 흔하다.[132] 그렇지만 일반적으로 왜곡된 신체 이미지를 가진 대부분의 남성들은 자신을 너무 무겁다고 생각하기보다는 너무 가볍다고 생각한다. 사회는 그들에게 남성다우려면 근육이 늠름해야 한다고 가르쳤다. 남성들은 여성들보다 운동에 중독됨으로써 그들의 몸에 대한 불안정감을 표현하는 경향이 높으며, 실제로 강박감에 사로잡혀 달리기를 하는 남성과 여성 신경성 무식욕증 환자 간에 놀랄 만한 유사점이 발견되었다.

　여성과 마찬가지로 어쩌면 남성들은 비현실적인 체격을 조장하는 매체 이미지와 제품에 의해서 영향을 받을지도 모른다. 예를 들면 만약 본래의 지아이 조(GI Joe) 인형 크기를 실제로 5′10″인 남자로 계산해 보면, 그 사람은 32인치 허리, 44인치 가슴 그리고 12인치 이두근을 가질 것이다. 배트맨(Batman) 인형은 또 어떤가. 만약 이 슈퍼영웅이 사람으로 소생하면 30인치 허리, 57인치의 가슴 그리고 27인치 이두근을 자랑할 것이다.[133] 로빈, (스테로이드 먹은 것 같은)엄청난 근육일세!

(4) 성형수술

초라한 신체 이미지를 바꾸기 위해서 소비자들은 점점 더 많이 성형수술 받겠다고 결심하고 있다.[134] 미국 성인 인구의 6% 이상은 성형수술을 받았고, 시술 횟수는 1990년과 1999년 사이에 8배로 증가했다.[135] 이제는 더 이상 성형수술을 받는 것과 연상되는 대부분의 심리학적인 오명(만일 있었다면)은 존재하지 않으며, 이런 수술은 많은 소비자 세분 시장 사이에 흔해졌으며 인정을 받고 있다. 수술을 받는 것은 여성들을 위하는 것만은 아니다. 남성들은 이제 성형수술 환자의 20%를 차지하며 성형수술을 받은 남성의 수는 1996년과 1998년 사이에 34% 증가했으며 지방흡입술이 가장 흔한 시술이었다. 인기있는 수술에는 실리콘 흉근육 주입(가슴을 위한)과 '가는 다리'를 채우기 위한 종아리주입까지가 포함된다.[136] 남성이 성형수술을 받는 이유는 종종 커리어에 투자를 하는 것과 관련이 있으며, 이와는 달리 여성들은 순전히 미용과 허영심의 동기를 가지고 있다.[137] 그러나 남성들도 사회가 그리는 미와 신체 이미지 간의 차이로 인해 여성이 느끼는 것과 비슷한 불안감에 의해서 괴로워하는 것으로 보이기 때문에 남녀 간에 이렇게 차이가 난다고 보는 것은 논쟁의 대상이 되고 있다.

If you've got it, flaunt it!
And if you don't...create it.

The "Bust Enhancer" swimsuit by ATHENA COLLECTION ...
Create the illusion.

이 '가슴사이선 향상' 제품은 여성들에게 보다 풍만한 몸매의 '환상을 만들어 내기'를 조장한다.

본 장의 앞부분에서 로다가 발견한 것처럼 수술 열풍은 실제 수술을 웹사이트에서 생방송하는 www.onlinesurgery.com과 같은 여러 웹사이트에서까지 부풀려지고 있다. 5만 명 이상의 사람들이 인터넷 사이트 www.adoctorinyourhouse.com을 통해서 가수 카니 윌슨이 체중감소를 위해서 위장 바이패스 형성수술을 받는 것을 지켜보았다. 많은 여성들은 체중을 감소하거나 성적인 매력을 향상시키기 위해서 수술을 택한다.

일부 여성들은 보다 큰 유방이 그들의 매력을 증가시킬 것이라고 생각하며 유방 확대시술을 받는다. 선벨트(미국 남부를 동서로 뻗은 온난 지대)와 같이 보다 전통적인 지역에서는 이러한 시술이 더욱 더 선택되는 경향이 있다.[138] 이런 시술 중 일부는 부정적인 후유증으로 인해 논란을 불러일으켰지만, 잠재적인 의학적 문제가 수많은 여성들이 (지각된)여성성을 향상시키기 위해 수술적인 대안을 선택하는 것을 막을 수 있

타문화 엿보기
MULTICULTURAL DIMENSIONS

성형외과의사는 종종 그레이스 켈리와 캐서린 헵번을 백인의 고전적인 미를 가진 이목구비의 가이드로 사용하여 환자들을 표준적인 이상미에 맞추고자 한다. 외과의사들에 의해 사용되는 미적 기준은 고전적 표준이라 불리며, 이목구비 사이의 이상적인 관계를 설명하고 있다. 예를 들면 콧대의 넓이가 눈 사이의 간격과 같아야 한다고 쓰고 있다.

그러나 이러한 표준은 백인의 이상에 적용되며, 다른 민족 집단 출신의 사람들은 무엇이 아름다운가에 대한 문화의 정의에 관해 엄격함을 덜 요구하기 때문에 수정되고 있다. 일부 소비자들은 서구의 이상을 따르는 것에 반감을 가지고 있다. 예를 들면 많은 아시아 국가에서는 둥근 얼굴이 아름다움의 표시로 평가받지만 아시아계 환자에게 뺨 이식을 해주는 것은 그녀의 얼굴을 매력적으로 보이게 하는 많은 것을 없애버릴 것이다.

아프리카계 미국인을 위해 진료하는 일부 외과의사들은 이목구비를 입체적으로 만들 때 그들이 사용하는 가이드라인을 바꾸고자 하였다. 예를 들면 이상적인 아프리카계 미국인의 코는 백인의 코보다 더 짧고 끝이 더 둥글다고 주장한다. 의사들은 그들의 '제품 라인'을 다양화하기 시작했으며, 소비자들에게 이질적인 사회에서 미의 문화적인 이상의 다양성을 더욱 더 잘 반영하는 더 넓은 구색을 갖춘 이목구비를 제공하고 있다.[139]

이상미에 있어서의 인종적인 차이는 십대에 대한 연구에서도 나타났다. 이상적인 소녀를 묘사하라는 질문을 받은 백인 소녀들은 자신들은 5′7″의

키에 체중은 100파운드와 110파운드 사이로 나가야 하며 푸른 눈과 길게 흘러내리는 머리카락을 가지고 있어야 한다고 하였다—다시 말하면 그녀는 거의 바비 인형과 같이 생겨야 한다. 이 연구에 참여한 소녀들의 거의 90%는 자신의 체중에 불만족한다고 하였다.

반면 이 연구에 참여한 흑인 소녀들의 70%가 자신의 체중에 만족한다고 응답하였다. 그들은 이상적인 소녀를 묘사하는 데에 신체적인 특징을 훨씬 덜 사용하는 경향을 보였다. 대신 스타일에 대한 센스를 가지고 있고 다른 사람들과 잘 어울리는 사람을 강조했다. 그들을 부추겼을 때에만 두꺼운 입술, 큰 넓적다리, 가는 허리와 같은 형태를 언급하였는데 이러한 것들은 이 연구의 저자가 흑인 남성들이 가치를 두는 속성이라고 말한 것이다.[140]

을지는 확실하지 않다.

자아개념에 대한 유방 크기의 중요성은 속옷 회사에 의해서 주목되어 왔다. 유럽과 미국에서는 고사드와 플레이텍스(Gossard and Playtex)사 모두 비수술적인 보정을 촉진하고 있다. 이 회사들은 원하는 효과를 만들어내기 위해서 와이어와 내부 패드(업체에서는 '쿠키'라고 불린다)를 혼합적으로 사용하여 '가슴 사이선의 향상'을 제공하는 특별히 디자인된 브래지어를 공격적으로 마케팅하고 있다. 여권운동가들에 의한 항의에도 불구하고, 이상적인 신체 유형에 대한 소비자들의 선호가 다시 변화함에 따라 판매가 폭등하고 있다.[141] 물/글리세린의 혼합용액을 사용하는(그리고 누수를 막기 위해 자체 봉인됨) 워터 브라는 원더브라의 가장 새로운 경쟁 제품이다.

(5) 신체 장식과 훼손

모든 문화에서 어떤 방식으로든 신체는 장식되거나 변화된다. 미국의 많은 십대와 이십대는 현재 '유행과 훼손, 디자인과 파괴, 선택과 충동 간에 경계선을 탐색함'으로써 스스로를 정의하는 대담한 새 하위문화의 일부를 구성하고 있다. "어떤 사람들에게 고통은 매력의 일부이며 다른 사람들에게는 자아 정의와 자아 발견의 일부이다."[142] 시간이 지남에 따라 자신을 장식하는 것은 다음과 같은 목적을 위해 사용되어 왔다.[143]

- 집단의 일원과 일원이 아닌 사람과 분리한다 : 북미의 치누크 원주민들은 일 년 동안 갓난아이의 머리를 두 개의 판자 사이에 끼워 넣어 영구적으로 머리형태를 바꾼다. 우리 사회에서는 십대들이 그들을 어른들과 분리하는 독특한 머리와 의복 스타일을 받아들이기 위해서 각별한 노력을 기울인다.

- 개인을 사회적 조직에 배치한다 : 많은 문화에서는 한 소년이 상징적으로 한 남자가 되는 사춘기 의식을 치른다. 가나의 젊은 남성들은 그들의 어린이 신분의 소멸을 상징하기 위해서 해골과 닮은 흰색 선을 몸에 그린다. 서구문화에서는 이러한 의식이 가벼운 자기 훼손의 형태나 위험한 행동에 참가하는 것일 수 있다.

- 개인을 성 유형에 배치한다 : 남미의 치크린(Tchikrin) 부족은 소년의 입술을 확장시키기 위해서 입술 속에 구슬 한 줄을 넣는다. 서구 여성은 여성성을 향상시키기 위해서 립스틱을 바른다. 20세기 초에는 작은 입술이 당시에 여성의 순종적인 역할을 나타내기 때문에 유행했다.[144] 오늘날은 크고 붉은 입술이 도발적이며 정력적인 성적 관심을 나타낸다. 수많은 여배우와 모델들을 포함하는 어떤 여성들은 크고 튀어 나온 입술을(모델 업계에서는 '리버 립스(liver lips)'라고 부름) 만들기 위해서 콜라겐주사를 맞거나 입술 삽입물을 넣는다.[145]

- 성 역할 정체성을 향상시킨다 : 족병학자들이 무릎과 엉덩이 문제, 요통 및 피로의 가장 중요한 원인이라고 동의한 현대의 하이힐 사용은 여성성을 향상시키기 위한 전통적인 중국의 전족 시행과 비교될 수 있다. 한 의사는 "[여성들이] 집에 돌아왔을 때 그들은 하이힐을 빨리 벗을 수 없다. 세상의 모든 의사들은 지금부터 세계의 마지막 날까지 고함을 칠 것이지만 여성들은 여전히 하이힐을 신을 것이다."라고 말하였다.[146]

- 바람직한 사회적 행위를 가리킨다 : 남미의 수야(Suya) 부족은 그 문화에서 경청하는 것과 순종하는 것에 부여한 중요성을 강조하기 위해서 귀에 장식물을 한다. 서구 사회에서는 일부 동성애자 남성들은 관계에서 어떤 역할을 선호하는가를 나타내기 위해서 왼쪽이나 오른쪽 귀에 귀걸이를 하기도 한다.

- 높은 지위나 계급을 나타낸다 : 북미의 하이데이츠(Hidates) 부족은 그들이 얼마나 많은 사람들을 죽였는가를 나타내기 위해서 깃털 장식을 한다. 우리 사회에서 어떤 사람들은 시력에 문제가 없음에도 불구하고 그들의 지각된 지위를 증대하기 위해

서 맑은 렌즈를 가진 안경을 쓴다.

- 안전감을 제공한다 : 소비자들은 자신을 '악의 눈'으로부터 보호하기 위해서 종종 행운의 부적, 호부, 토끼의 발 등을 단다. 어떤 현대 여성은 비슷한 이유로 목에 '강도 방지용 호각'을 걸고 다닌다.

(6) 문신

일시적인 것과 영구적인 문신 모두 남녀를 위한 신체 장식의 인기있는 형태이며 보다 최근에는 패션을 보여주기 위해 여성들이 사용하는 형태이다. 이러한 신체 예술은 구경하는 사람들에게 자신의 일면에 대해 의사소통을 하는 데 사용될 수 있다. 한 건강 연구는 문신을 한 청소년들이 자신이 문신을 한 목적이 "나 자신이 되는 것; 나는 더 이상 다른 사람들에게 잘 보일 필요가 없다." 라는 데 압도적으로 동의한다는 것을 발견했다.[147] 문신은 다른 종류의 바디 페인팅이 원시적인 문화에서 기능하고 있는 것과 같은 기능을 할 수도 있다. 문신(타이티의 *ta-tu*로부터 유래됨)은 민속 예술에 깊은 뿌리를 두고 있는데, 최근까지 그 이미지는 가공되지 않은 형태이며 주로 죽음의 상징 (예, 해골)이거나, 동물(특히 표범, 독수리, 그리고 뱀), 벽에 장식할 만한 여자이거나 혹은 군대 디자인이었다. 보다 최근의 영향은 과학소설 주제, 일본어 기호, 그리고 부족의 디자인이 포함된다.

문신은 특히 쉽게 제거될 수 있는 일시적인 문신은, 자아의 모험적인 면을 표현하는 위험부담이 없는 방법으로 간주될 수 있다. 문신은 역사적으로 사회적으로 추방된 자들과 연관되어 왔다. 예를 들면 6세기에 일본의 범죄자들의 얼굴과 팔에 그들을 알아보기 위한 수단으로 문신을 새겼는데 이와 마찬가지로 19세기의 매사추세츠의 감옥 재감자들과 20세기의 강제수용소 피수용자들에게 문신을 새겼다. 이 상징은 집단 신분 증명과 결속을 표현하기 위해서 폭주족이나 일본 야쿠자(폭력집단의 일원)와 같은 한계에 있는 집단에 의해서 사용되곤 했다.

그러나 최근에는 종종 같이 사용되곤 하는 문신과 바디 피어싱이 인기있는 문화로 넘어가 젊은이들에게 받아들여지고 있다. 최근의 한 연구는 18~29세 사이에 있는 사람들의 15%가 문신과 피어싱 두 가지 모두를 하고 있다는 것을 발견했다. 일반 대중들은 이러한 행동을 '반항적'이고 '실험적'이라고 인식하였으며 대다수는 문신과 신체 아트를 혐오스럽다고 보았다.[148] 이러한 문신과 바디 피어싱은 모두를 위한 것이 아니다.

(7) 바디 피어싱

신체를 다양한 금속 삽입물로 장식하는 바디 피어싱은 주류에서 일탈한 집단과 연관되는 시술로부터 점진적으로 발전되어 와서 인기있고 개인적인 패션의 표현이 되었다. 전위적인 서부의 일시적 유행이었던 것이 대세가 되게 한 초기의 원동력은 에어로스미스(Aerosmith; 미국의 음악그룹)의 1993년 비디오인 '크라인(Cryin)'이었는데 그 비디오에 나오는 알리샤 실버스톤(Alicia Silverstone)이 배꼽링과 문신을 하고 있다.[149] 피어싱은 배꼽에 나와 있는 고리로부터 금속기둥이 두개골에 삽입되는 두피 이식까지를 포함한다(집에서 따라 하지 마세요!). 피어싱 팬즈 인터네셔널 쿼털리(Piercing Fans International Quarterly)와 같은 간행물은 발행부수가 급상승하는 것을 볼 수 있고 바디 아트에 대한 웹사이트들은 수많은 추종자들의 마음을 끌고 있다. 그러나 이러한 사이트들은 종종 빠르게 생겼다 없어지곤 한다. 이러한 인기는 골수 피어싱 팬들을 즐겁게 하지 않으며, 그들은 이 시술을 감각적인 의식을 고조시키는 의식으로 여긴다. 그리고 이들은 요즘에 피어싱이 유행하고 있기 때문에 사람들이 피어싱을 하는 것뿐이라고 생각한다. 유두 피어싱을 하려고 기다리고 있는 한 고객은 "만약 당신에게 피어싱이 아무런 의미가 없다면 그것은 통굽신발을 사는 것과 다름없다."라고 말했다.[150]

▌요약 ▌

- 소비자의 자아개념은 스스로에 대한 자신의 태도를 반영한다. 이러한 태도가 긍정적이든 부정적이든 간에 이 태도는 많은 구매 결정을 이끄는 데 도움을 준다. 제품은 자아 존중감을 강화하거나 자신에 대한 '보상'을 하기 위해 사용될 수 있다.
- 의복과 패션은 어떤 사람들에게는 자신의 긍정적인 자아 존중감을 표현하기 위해서 사용되고 다른 사람들에게는 자신이 느끼는 열등감을 극복하기 위해서 사용된다.
- 많은 제품 선택은 소비자의 성격과 제품의 속성 사이에서 그 소비자가 지각하는 유사성에 의해서 지시된다. 자아에 대한 상징적 상호작용주의자들의 관점은 우리 각자가 실상은 많은 자아를 가지고 있고 다양한 일련의 제품이 각각의 자아를 실행할 때의 도구로 필요하다는 것을 의미한다. 만일 소중한 물건이나 의류, 자동차, 집, 심지어 스포츠팀과 관련된 애착물, 유적이 확장된 자아에 반영되면 자아를 정의하는 데 사용된다.

- 한 개인의 성 역할 정체성은 자아정의의 주요한 구성요소이다. 남성성과 여성성에 대한 개념은 주로 그 나라의 사회문화에 의해 형성되고 있으며 '성 유형화된' 제품과 서비스의 취득을 이끌기도 한다.

- 광고 등 매스미디어는 소비자들이 여성과 남성이 되기 위한 사회화에 중요한 역할을 한다. 전통적인 여성의 역할이 광고에서 지속적으로 묘사되어 왔지만 이러한 상황은 어느 정도 변화되고 있고 다양한 역할을 하는 여성을 보여주고 있다. 매체가 항상 남성을 정확하게 그려내는 것은 아니다.

- 한 사람의 자신의 신체에 대한 개념은 자아 이미지에 대한 피드백을 제공하기도 한다. 각국의 문화는 특정한 이상미에 대해 의사소통을 하며 소비자들은 그러한 것을 획득하기 위해 어떠한 것도 서슴지 않는다. 이상적인 아름다움을 달성하기 위해 패션뿐만 아니라 다이어트나 성형수술 혹은 피어싱, 문신 등을 통해서 신체를 아름답게 가꾸려고 한다.

- 사람들이 문화적 이상미에 도달하기 위해 너무 열심히 노력하기 때문에 때때로 이러한 활동은 극단적이 되기도 한다. 흔하게 나타나는 것은 섭식장애로 특히 여성이 날씬한 것에 너무 지나치게 집착한 결과로 나타난다.

- 신체장식과 훼손은 집단의 일원과 일원이 아닌 사람을 분리하는 기능을 하거나, 사회적 조직체 내나 성유형 내의(그 예로는 동성애) 개인의 지위나 계급을 구분하는데 사용되며, 때에 따라서는 심지어 집단 내에서의 안전감이나 행운의 상징을 의미하기도 한다

▌ 토론 주제 ▌

1. 자아인식 상태를 만들어내는 것은 탈의실에서 옷을 입어 보고자 하는 소비자와 어떻게 연관되는가? 거울 앞에서 모양을 내는 행위는 사람들이 그들의 제품 선택을 평가하는 힘을 변화시키는가? 왜 그런가?

2. 마케터가 자아에 심취하는 것을 조장하는 것은 도덕적인가?

3. 자아개념이 묘사될 수 있는 여섯 가지의 구성요소를 나열하라.

4. 실제적 자아 대 이상적 자아를 비교하고 차이점을 말하라. 구매를 고려할 때 각각의 자아 유형이 참고적으로 사용될 수 있는 세 가지의 패션 제품을 써보라.

5. 남성과 여성을 보여주는 일련의 광고를 TV에서 시청하라. 등장인물의 역할을 바꿔서 상상해 보라(즉 남성역할은 여성에 의해서 여성역할은 남성이 하는 것). 성 유형화된 행동에 대한 가정에서 어떤 차이가 나는 것을 볼 수 있는가?

▌ 주요 용어 ▌

거울에 비친 자아
  (looking-glass self)
공동적 목표(communal goals)
대립적 목표(agentic goals)
상징적 상호작용주의
  (symbolic interactionism)
상징적 자아완성 이론(symbolic

self-completion theory)
성유형화 특성(sex-typed traits)
신체 이미지(body image)
신체만족도(body cathexis)
실제적 자아(actual self)
양성성(androgyny)
이상미(ideal of beauty)

이상적 자아(ideal self)
자아 개념(self-concept)
자아 이미지 일치 모델
  (self-image congruence models)
확장적 자아(extended self)
환상(fantasy)

▌ 참고문헌 ▌

1. Barbara Nachman, "Manufacturers in Battle of Bras Want to Provide Ultimate Boost," *Montgomery Advertiser* (May 7, 2000): 7G.

2. Daniel Goleman, "When Ugliness Is Only in Patient's Eye, Body Image Can Reflect Mental Disorder," *The New York Times* (October 2, 1991): C13.

3. M. Suzanne Sontag and Jean Schlater, "Proximity of Clothing to Self: Evolution of a Concept," *Clothing and Textiles Research Journal* 1 (1982): 1-8.

4. Ann-Christine P. Diaz, "'Self' Declares Its Own Holiday,"

Advertising Age (January 31, 2000): 20.

5. Lisa M. Keefe, "You're So Vain," *Marketing News* (February 28, 2000): 8.

6. Harry C. Triandis, "The Self and Social Behavior in Differing Cultural Contexts," *Psychological Review* 96, no. 3 (1989): 506–520; H. Markus and S. Kitayama, "Culture and the Self: Implications for Cognition, Emotion, and Motivation," *Psychological Review* 98 (1991): 224-253.

7. Nancy Wong and Aaron Ahuvia, "A Cross-Cultural Approach to

Materialism and the Self," in *Cultural Dimensions of International Marketing*, ed. Dominique Bouchet, (Denmark: Odense University, 1995), 68-89.

8. Gregory Stone, "Appearance and the Self," in *Human Nature and Social Process* ed. Arnold M. Rose, (Boston: Houghton Mifflin, 1962), 86-118.

9. Stone, "Appearance and the Self," p. 102.

10. Susan Kaiser, *The Social Psychology of Clothing: Symbolic Appearances in Context* (New York: Fairchild, 1997).

11. H. A. Pines, "The Fashion Self-Concept: Structure and Function," paper presented at Eastern Psychological Association meeting, Philadelphia, 1983; H. A. Pines and S. A. Roll, "The Fashion Self-Concept: Clothes That Are Me," paper presented at Eastern Psychological Association meeting, Baltimore, 1984.

12. Leon Festinger, "A Theory of Social Comparison," *Human Relations* 7 (1954): 117-140.

13. Roy F. Baumeister, Dianne M. Tice, and Debra G. Hutton, "Self-Presentational Motivations and Personality Differences in Self-Esteem," *Journal of Personality* 57 (September 1989): 547-575; Ronald J. Faber, "Are Self-Esteem Appeals Appealing?", in *Proceedings of the 1992 Conference of the American Academy of Advertising*, ed. Leonard N. Reid (1992), 230-235.

14. B. Bradford Brown and Mary Jane Lohr, "Peer-Group Affiliation and Adolescent Self-Esteem: An Integration of Ego-Identity and Symbolic-Interaction Theories," *Journal of Personality and Social Psychology* 52, no. 1 (1987): 47-55.

15. Anna Creekmore, "Clothing Related to Body Satisfaction and Perceived Peer Self," *Research Report* 239 (Lansing, Mich.: Michigan Agricultural Experiment Station, 1974).

16. Carolyn Humphrey, Mary Klassen, and Anna Creekmore, "Clothing and Self-Concept of Adolescents," *Journal of Home Economics* 63, no. 4 (1971): 246-250.

17. Mary Lynn Johnson Dubler and Lois M. Gurel, "Depression: Relationships to Clothing and Appearance Self-Concept," *Home Economics Research Journal* 13, no. 1 (1984): 21-26.

18. Betty Feather, Betty Martin, and Wilbur Miller, "Attitudes toward Clothing and Self-Concept of Physically Handicapped and Able-Bodied University Men and Women," *Home Economics Research Journal* 7; no. 4 (1979): 234-240; Geitel Winakor, Bernetta Canton, and Leroy Wolins, "Perceived Fashion Risk and Self-Esteem of Males and Females," *Home Economics Research Journal* 9, no. 1 (1980): 45-56; Catherine Daters, "Importance of Clothing and Self-Esteem Among Adolescents," *Clothing and Textiles Research Journal* 8, no. 3 (1990): 45-50; Usha Chowdhary, "Self-Esteem, Age Identification, and Media Exposure of the Elderly and their Relationship to Fashionability," *Clothing and Textiles Research Journal* 7, no. 1 (1988): 23-30.

19. Marsha L. Richins, "Social Comparison and the Idealized Images of Advertising," *Journal of Consumer Research* 18 (June 1991): 71-83; Mary C. Martin and Patricia F. Kennedy, "Advertising and Social Comparison: Consequences for Female Preadolescents and Adolescents," *Psychology & Marketing* 10, no. 6 (November/December 1993): 513-530.

20. Philip N. Myers, Jr., and Frank A. Biocca, "The Elastic Body Image: The Effect of Television Advertising and Programming on Body Image Distortions in Young Women," *Journal of Communication* 42 (Summer 1992): 108-133.

21. Robin Peterson and Kent Byus, "An Analysis of the Portrayal of Female Models in Television Commercials by Degree of Slenderness," *Journal of Family and Consumer Sciences* 91, no. 3 (1999): 83-91.

22. Quoted in Marilyn Gardner, "Body by Madison Avenue Women Make 85 Percent of All Retail Purchases," *Christian Science Monitor* (November 24, 1999): 18.

23. Jeffrey F. Durgee, "Self-Esteem Advertising," *Journal of Advertising* 14, no. 4 (1986): 21.

24. Sigmund Freud, *New Introductory*

Lectures in Psychoanalysis (New York: Norton, 1965).

25. Keith Gibbons and Tonya Gwynn, "A New Theory of Fashion Change: A Test of Some Predictions," *British Journal of Social and Clinical Psychology* 14 (1975): 1-9.

26. Joanne Eicher, "Influences of Changing Resources on Clothing, Textiles, and the Quality of Life: Dressing for Reality, Fun, and Fantasy," *Combined Proceedings, Eastern, Central, and Western Regional Meetings of Association of College Professors of Textiles and Clothing, Inc.* (1981), 36-41.

27. Kimberly Miller, "Dress: Private and Secret Self-Expression," *Clothing and Textiles Research Journal* 15, no. 4 (1997): 223-234.

28. Harrison G. Gough, Mario Fioravanti, and Renato Lazzari, "Some Implications of Self versus Ideal-Self Congruence on the Revised Adjective Check List," *Journal of Personality and Social Psychology* 44, no. 6 (1983): 1214-1220.

29. Steven Jay Lynn and Judith W. Rhue, "Daydream Believers," *Psychology Today* (September 1985): 14.

30. Bruce Headlam, "Ultimate Product Placement: Your Face behind the Ray-Bans," *The New York Times* (June 25, 1998): E4.

31. Erving Goffman, *The Presentation of Self in Everyday Life* (Garden City, N.Y.: Doubleday, 1959); Michael R. Solomon, "The Role of Products as Social Stimuli: A Symbolic Interactionism Perspective," *Journal of Consumer Research* 10 (December 1983): 319-329.

32. George H. Mead, *Mind, Self and Society* (Chicago: University of Chicago Press, 1934).

33. Charles H. Cooley, *Human Nature and the Social Order* (New York: Scribner's, 1902).

34. J. G. Hull and A. S. Levy, "The Organizational Functions of the Self: An Alternative to the Duval and Wicklund Model of Self-Awareness," *Journal of Personality and Social Psychology* 37 (1979): 756-768; Jay G. Hull, Ronald R. Van Treuren, Susan J. Ashford, Pamela Propsom, and Bruce W. Andrus, "Self-Consciousness and the Processing of Self-Relevant Information," *Journal of Personality and Social Psychology* 54, no. 3 (1988): 452-465.

35. Arnold W. Buss, *Self-Consciousness and Social Anxiety* (San Francisco: Freeman, 1980); Lynn Carol Miller and Cathryn Leigh Cox, "Public Self-Consciousness and Makeup Use," *Personality and Social Psychology Bulletin* 8, no. 4 (1982): 748-751;

Michael R. Solomon and John Schopler, "Self-Consciousness and Clothing," *Personality and Social Psychology Bulletin* 8, no. 3 (1982): 508-514.

36. Franklin G. Miller, Leslie L. Davis, and Katherine L. Rowold, "Public Self-Consciousness, Social Anxiety, and Attitudes toward Use of Clothing," *Home Economics Research Journal* 10 no. 4 (1982): 363-368.

37. Leslie Davis, "Judgment Ambiguity, Self-Consciousness, and Conformity in Judgments of Fashionability," *Psychological Reports* 54 (1984): 671-675.

38. Yoon-Hee Kwon and Soyeon Shim, "A Structural Model for Weight Satisfaction, Self-Consciousness and Women's Use of Clothing in Mood Enhancement," *Clothing and Textiles Research Journal* 17 no. 4 (1999): 203-212.

39. Morris B. Holbrook, Michael R. Solomon, and Stephen Bell, "A Re-Examination of Self-Monitoring and Judgments of Furniture Designs," *Home Economics Research Journal* 19 (September 1990): 6-16; Mark Snyder, "Self-Monitoring Processes," in *Advances in Experimental Social Psychology*, ed. Leonard Berkowitz (New York: Academia Press, 1979), 85-128.

40. Mark Snyder and Steve Gangestad, "On the Nature of Self-Monitoring: Matters of Assessment, Matters of Validity," *Journal of Personality and Social Psychology* 51 (1986): 125-139.

41. Timothy R. Graeff, "Image Congruence Effects on Product Evaluations: The Role of Self-Monitoring and Public/Private Consumption," *Psychology & Marketing* 13, no. 5 (August 1996): 481-499.

42. Richard G. Netemeyer, Scot Burton, and Donald R. Lichtenstein, "Trait Aspects of Vanity: Measurement and Relevance to Consumer Behavior," *Journal of Consumer Research* 21 (March 1995): 612-626.

43. Leslie Davis and Sharon Lennon, "Self-Monitoring, Fashion Opinion Leadership, and Attitudes toward Clothing," In *The Psychology of Fashion*, ed. Michael R. Solomon (Lexington, Mass.: Lexington Books, 1985): 177-182; Sharon Lennon, Leslie Davis, and Ann Fairhurst, "Evaluations of Apparel Advertising as a Function of Self-Monitoring," *Perceptual Motor Skills* 66 (1988): 987-996.

44. Michael R. Solomon and Henry Assael, "The Forest or the Trees?: A Gestalt Approach to Symbolic Consumption," in *Marketing and Semiotics: New Directions in the Study of Signs for Sale*, ed. Jean Umiker-Sebeok (Berlin: Mouton de Gruyter, 1987), 189-218.

45. Jack L. Nasar, "Symbolic Meanings of House Styles," *Environment and Behavior* 21 (May 1989): 235-257; E. K. Sadalla, B. Verschure, and J. Burroughs, "Identity Symbolism in Housing," *Environment and Behavior* 19 (1987): 569-587.

46. Michael R. Solomon, "The Role of Products as Social Stimuli: A Symbolic Interactionism Perspective," *Journal of Consumer Research* 10 (December 1983): 319-328; Robert E. Kleine, III, Susan Schultz-Kleine, and Jerome B. Kernan, "Mundane Consumption and the Self: A Social-Identity Perspective," *Journal of Consumer Psychology* 2, no. 3 (1993): 209-235; Newell D. Wright, C. B. Claiborne, and M. Joseph Sirgy, "The Effects of Product Symbolism on Consumer Self-Concept," in *Advances in Consumer Research* 19, eds. John F. Sherry, Jr., and Brian Sternthal (Provo, Utah: Association for Consumer Research, 1992), 311-318; Susan Fournier, "A Person-Based Relationship Framework for Strategic Brand Management," Ph.D. dissertation, University of Florida, (1994).

47. A. Dwayne Ball and Lori H. Tasaki, "The Role and Measurement of Attachment in Consumer Behavior," *Journal of Consumer Psychology* 1, no. 2 (1992): 155-172.

48. William B. Hansen and Irwin Altman, "Decorating Personal Places: A Descriptive Analysis," *Environment and Behavior* 8 (December 1976): 491-504.

49. R. A. Wicklund and P. M. Gollwitzer, *Symbolic Self-Completion* (Hillsdale, N.J.: Lawrence Erlbaum, 1982).

50. Michael R. Solomon and Susan P. Douglas, "The Female Clotheshorse from Aesthetics to Tactics," in *The Psychology of Fashion*, ed. Michael R. Solomon (Lexington, Mass.: Lexington Books, 1985): 387-401; Nancy J. Rabolt and Mary Frances Drake, "Information Sources Used by Women for Career Dressing Decisions," in *The Psychology of Fashion*, ed. Michael R. Solomon (Lexington, Mass.: Lexington Books, 1985): 371-385.

51. Erving Goffman, *Asylums* (New York: Doubleday, 1961).

52. Quoted in Floyd Rudmin, "Property Crime Victimization Impact on Self, on Attachment, and on Territorial Dominance," *CPA Highlights*, Victims of Crime Supplement 9, no. 2 (1987): 4-7.

53. Barbara B. Brown, "House and

Block as Territory," paper presented at the Conference of the Association for Consumer Research, San Francisco, 1982.

54. Quoted in Shay Sayre and David Horne, "I Shop, Therefore I Am: The Role of Possessions for Self Definition," in *Earth, Wind, and Fire and Water: Perspectives on Natural Disaster*, eds. Shay Sayre and David Horne (Pasadena, Calif.: Open Door, 1996), pp. 353-370.

55. Deborah A. Prentice, "Psychological Correspondence of Possessions, Attitudes, and Values," *Journal of Personality and Social Psychology* 53, no. 6 (1987): 993-1002.

56. Sak Onkvisit and John Shaw, "Self-Concept and Image Congruence: Some Research and Managerial Implications," *Journal of Consumer Marketing* 4 (Winter 1987): 13-24. For a related treatment of congruence between advertising appeals and self-concept, see George M. Zinkhan and Jae W. Hong, "Self-Concept and Advertising Effectiveness: A Conceptual Model of Congruency, Conspicuousness, and Response Mode," in *Advances in Consumer Research* 18, eds. Rebecca H. Holman and Michael R. Solomon (Provo, Utah: Association for Consumer Research, 1991);

348-354.

57. C. B. Claiborne and M. Joseph Sirgy, "Self-Image Congruence as a Model of Consumer Attitude Formation and Behavior: A Conceptual Review and Guide for Further Research," paper presented at the Academy of Marketing Science Conference, New Orleans, 1990.

58. Al E. Birdwell, "A Study of Influence of Image Congruence on Consumer Choice," *Journal of Business* 41 (January 1964): 76-88; Edward L. Grubb and Gregg Hupp, "Perception of Self, Generalized Stereotypes, and Brand Selection," *Journal of Marketing Research* 5 (February 1986): 58-63.

59. Ira J. Dolich, "Congruence Relationship between Self-Image and Product Brands," *Journal of Marketing Research* 6 (February 1969): 80-84; Danny N. Bellenger, Earle Steinberg, and Wilbur W. Stanton, "The Congruence of Store Image and Self Image as It Relates to Store Loyalty," *Journal of Retailing* 52, no. 1 (1976): 17-32; Ronald J. Dornoff and Ronald L. Tatham, "Congruence between Personal Image and Store Image," *Journal of the Market Research Society* 14, (1972): 45-52.

60. Naresh K. Malhotra, "A Scale to Measure Self-Concepts, Person

Concepts, and Product Concepts," *Journal of Marketing Research* 18 (November 1981): 456-464.

61. Ernest Beaglehole, *Property: A Study in Social Psychology* (New York: Macmillan, 1932).

62. M. Csikszentmihalyi and Eugene Rochberg-Halton, *The Meaning of Things: Domestic Symbols and the Self* (Cambridge, Mass.: Cambridge University Press, 1981).

63. Russell W. Belk, "Possessions and the Extended Self," *Journal of Consumer Research* 15 (September 1988): 139-168.

64. Kaiser, *The Social Psychology of Clothing: Symbolic Appearances in Context.*

65. N. J. Chowdorow, *Femininities, Masculinities, Sexualities: Freud and Beyond* (Lexington: University Press of Kentucky, 1994).

66. Susan B. Kaiser, C. M. Freeman, and Joan L. Chandler, "Favorite Clothes and Gendered Subjectivities: Multiple Readings," in *Studies in Symbolic Interactions* 15, ed. N.K. Denzin, (Greenwich, Conn.: JAI Press, 1993), 27-50.

67. Kaiser, Freeman, and Chandler, "Favorite Clothes and Gendered Subjectivities: Multiple Readings."

68. Joan Meyers-Levy, "The Influence of Sex Roles on Judgment," *Journal of Consumer Research* 14

(March 1988): 522-530.

69. Elaine Stone, *The Dynamics of Fashion* (New York: Fairchild, 1999).

70. Elizabeth C. Hirschman, "A Feminist Critique of Marketing Theory: Toward Agentic-Communal Balance," working paper, School of Business, Rutgers University, New Brunswick, N.J. (1990).

71. Eileen Fischer and Stephen J. Arnold, "Sex, Gender Identity, Gender Role Attitudes, and Consumer Behavior," *Psychology & Marketing* 11, no. 2 (March/April 1994): 163-182.

72. Kathleen Debevec and Easwar Iyer, "Sex Roles and Consumer Perceptions of Promotions, . Products, and Self: What Do We Know and Where Should We Be Headed," in *Advances in Consumer Research* 13, ed. Richard J. Lutz (Provo, Utah: Association for Consumer Research, 1986): 210-214; Joseph A. Bellizzi and Laura Milner, "Gender Positioning of a Traditionally Male-Dominant Product," *Journal of Advertising Research* (June/July 1991): 72-79.

73. Janeen Arnold Costa and Teresa M. Pavia, "Alpha-Numeric Brand Names and Gender Stereotypes," *Research in Consumer Behavior* 6 (1993): 85-112.

74. Julie Angwin, "Gamemakers Target Girls," *San Francisco Chronicle* (August 1, 1997): B1, B4.

75. Sandra L. Bem, "The Measurement of Psychological Androgyny," *Journal of Consulting and Clinical Psychology* 42 (1974): 155-162; Deborah E. S. Frable, "Sex Typing and Gender Ideology: Two Facets of the Individual's Gender Psychology That Go Together," *Journal of Personality and Social Psychology* 56, no. 1 (1989): 95-108.

76. Laurel Anderson and Marsha Wadkins, "The New Breed in Japan: Consumer Culture," unpublished manuscript, Arizona State University, Tempe (1990); Doris L. Walsh, "A Familiar Story," *American Demographics* (June 1987): 64.

77. "Ads' Portrayal of Women Today Is Hardly Innovative," *Marketing News* (November 6, 1989): 12; Jill Hicks Ferguson, Peggy J. Kreshel, and Spencer F. Tinkham, "In the Pages of Ms.: Sex Role Portrayals of Women in Advertising," *Journal of Advertising* 19, no. 1 (1990): 40-51.

78. Sonia Livingstone and Gloria Greene, "Television Advertisements and the Portrayal of Gender," *British Journal of Social Psychology* 25 (1986): 149-154; for one of the original

articles on this topic, see L. Z. McArthur and B. G. Resko, "The Portrayal of Men and Women in American Television Commercials," *Journal of Social Psychology* 97 (1975): 209-220.

79. Stuart Elliott, "Avon Products Is Abandoning Its Old-Fashioned Image in an Appeal to Contemporary Women," *The New York Times* (April 27, 1993): D21.

80. Daniel J. Brett and Joanne Cantor, "The Portrayal of Men and Women in U.S. Television Commercials: A Recent Content Analysis and Trends over 15 Years," *Sex Roles* 18 (1988): 595-609.

81. Gordon Sumner, "Tribal Rites of the American Male," *Marketing Insights* (Summer 1989): 13.

82. "Changing Conceptions of Fatherhood," *USA Today* (May 1988): 10.

83. Quoted in Kim Foltz, "In Ads, Men's Image Becomes Softer," *The New York Times* (March 26, 1990): D12.

84. Cyndee Miller, "Cosmetics Makers to Men: Paint Those Nails," *Marketing News* (May 12, 1997): 14, 18.

85. Jim Carlton, "Hair-Dye Makers, Sensing a Shift, Step Up Campaigns Aimed at Men," *The Wall Street Journal Interactive Edition* (January 17, 2000); Yochi Dreazen, *The*

Wall Street Journal Interactive Edition (June 8, 1999); Cyndee Miller, "Cosmetics Makers to Men: Paint Those Nails," *Marketing News* (May 12, 1997): 14.

86. Quoted in Jennifer Foote, "The Ad World's New Bimbos," *Newsweek* (January 25, 1988): 44.

87. Margaret G. Maples, "Beefcake Marketing: The Sexy Sell," *Marketing Communications* (April 1983): 21-25.

88. Projections of the incidence of homosexuality in the general population often are influenced by assumptions of the researchers, as well as the methodology they employ (for example, self-report, behavioral measures, fantasy measures). For a discussion of these factors, see Edward O. Laumann, John H. Gagnon, Robert T. Michael, and Stuart Michaels, *The Social Organization of Homosexuality* (Chicago: University of Chicago Press, 1994).

89. Howard Buford, "Understanding Gay Consumers," *Gay & Lesbian Review* 7 (Spring 2000): 26-29.

90. "Gay.com Makes Strategic Investments in Gay.It; leading Italian Gay Portal Joins Gay.com's Global Network, *Business Wire* New York (October 25, 2000):1.

91. Kaiser, Freeman, and Chandler, "Favorite Clothes and Gendered Subjectivities: Multiple Readings."

92. Kate Fitzgerald, "Ikea Dares to Reveal Gays Buy Tables, Too," *Advertising Age* (March 28, 1994): 3; Cyndee Miller, "Top Marketers Take Bolder Approach in Targeting Gays," *Marketing News* (July 4, 1994): 1.

93. Stuart Elliott, "A Sharper View of Gay Consumers" *The New York Times* (June 9, 1994): D1; Kate Fitzgerald, "AT&T Addresses Gay Market," *Advertising Age* (May 16, 1994): 8.

94. Lisa Peñaloza, "We're Here, We're Queer, and We're Going Shopping!: A Critical Perspective on the Accommodation of Gays and Lesbians in the U.S. Marketplace," *Journal of Homosexuality* 31, no. 1/2 (Summer 1996): 9-41.

95. Joseph Pereira, "These Particular Buyers of Dolls Don't Say, 'Don't Ask, Don't Tell,' " *The Wall Street Journal* (August 30, 1993): B1.

96. Ronald Alsop, "Lesbians Are Often Left Out When Firms Market to Gays," *The Wall Street Journal Interactive Edition* (October 11, 1999).

97. Jaehee Jung, Sharron J. Lennon, Nancy A. Rudd, "Self-Schema or Self-Discrepancy? Which Best Explains Body Image?" *Clothing and Textiles Research Journal* 19, no. 4 (2001): 171-184.

98. Sharon J. Lennon, Nancy A. Rudd, Bridgette Sloan, and Jae Sook Kim, "Attitudes toward Gender Roles, Self-Esteem, and Body Image: Applications of a Model," *Clothing and Textiles Research Journal* 17, no. 4 (1999): 191-202.

99. Stephanie N. Mehta, "Photo Chain Ventures beyond Big Hair," *The Wall Street Journal* (May 13, 1996): B1.

100. David Garner, "The 1997 Body Image Survey Results," *Psychology Today* (January/February 1997): 30-40.

101. Mary Lynn Damhorst, J. M. Littrell, and M. A. Littrell, "Adolescent Body Satisfaction," *Journal of Psychology* 121 (1987): 553-562.

102. Dennis W. Rook, "Body Cathexis and Market Segmentation," in *The Psychology of Fashion*, ed. Michael R. Solomon (Lexington, Mass.: Lexington Books, 1985): 233-241.

103. Leslie Davis, "Perceived Somatotype, Body Cathaxis, and Attitudes toward Clothing among College Females," *Perceptual and Motor Skills* 61 (1985): 1199-1205.

104. Anne Pollak, "Limited, Catherine's Miss On Big-Size Boom: Industry Spotlight," *Bloomberg News Online*, (April 4, 1998).

105. Quoted in Yumiko Ono, "For Once, Fashion Marketers Look to Sell to Heavy Teens," *The Wall*

Street Journal Interactive Edition (July 31, 1998).

106. Cynthia Heimel, "Full-Figured Foraging: Most American Women Wear Size 12. Where Are Their Clothes?" *San Francisco Chronicle* (June 23, 2002): E4, E5.

107. Jane E. Brody, "Notions of Beauty Transcend Culture, New Study Suggests," *The New York Times* (March 21, 1994): A14.

108. Geoffrey Cowley, "The Biology of Beauty," *Newsweek* (June 3, 1996): 61-66.

109. Basil G. Englis, Michael R. Solomon, and Richard D. Ashmore, "Beauty *before* the Eyes of Beholders: The Cultural Encoding of Beauty Types in Magazine Advertising and Music Television," *Journal of Advertising* 23 (June 1994): 49-64; Michael R. Solomon, Richard Ashmore, and Laura Longo, "The Beauty Match-Up Hypothesis: Congruence between Types of Beauty and Product Images in Advertising," *Journal of Advertising* 21 (December 1992), 23-34.

110. Lois W. Banner, *American Beauty* (Chicago: University of Chicago Press, 1980); for a philosophical perspective, see Barry Vacker and Wayne R. Key, "Beauty and the Beholder: The Pursuit of Beauty through Commodities," *Psychology & Marketing* 10, no. 6 (November/

December 1993): 471-494.

111. "Report Delivers Skinny on Miss America," *Montgomery Advertiser* (March 22, 2000): 5A.

112. Kathleen Boyes, "The New Grip of Girdles Is Lightened by Lycra," *USA Today* (April 25, 1991): 6D.

113. Stuart Elliott, "Ultrathin Models in Coca-Cola and Calvin Klein Campaigns Draw Fire and a Boycott Call," *The New York Times* (April 26, 1994): D18; Cyndee Miller, "Give Them a Cheeseburger," *Marketing News* (June 6, 1994): 1.

114. Jill Neimark, "The Beefcaking of America," *Psychology Today* (November/December 1994): 32.

115. Richard H. Kolbe and Paul J. Albanese, "Man to Man: A Content Analysis of Sole-Male Images in Male-Audience Magazines," *Journal of Advertising* 25, no. 4 (Winter 1996): 1-20.

116. "Girls at 7 Think Thin, Study Finds," *The New York Times* (February 11, 1988): B9.

117. David Goetzl, "Teen Girls Pan Ad Images of Women," *Advertising Age* (September 13, 1999): 32.

118. Karen Schneider, "Mission Impossible," *People* 45 (1996): 64-68.

119. Elaine L. Pedersen and Nancy L. Markee, "Fashion Dolls: Communicators of Ideals of Beauty and Fashion," paper presented at

the International Conference on Marketing Meaning, Indianapolis, Ind., 1989; Dalma Heyn, "Body Hate," Ms. (August 1989): 34; Mary C. Martin and James W. Gentry, "Assessing the Internalization of Physical Attractiveness Norms," *Proceedings of the American Marketing Association Summer Educators' Conference* (Summer 1994): 59-65.

120. Lisa Bannon, "Barbie Is Getting Body Work, and Mattel Says She'll Be Rad," *The Wall Street Journal Interactive Edition* (November 17, 1997).

121. Lisa Bannon, "Will New Clothes, Bellybutton Create 'Turn Around' Barbie," *The Wall Street Journal Interactive Edition* (February 17, 2000).

122. "How Much Is Too Fat?," *USA Today* (February 1989): 8.

123. *American Demographics* (May 1987): 56.

124. Deborah Marquardt, "A Thinly Disguised Message," Ms. 15 (May 1987): 33.

125. Vincent Bozzi, "The Body in Question," *Psychology Today* 22 (February 1988): 10.

126. Elizabeth Fernadez, "Exercising Her Right To Work: Fitness Instructor Wins Weight-Bias Fight," *San Francisco Chronicle* (May 7, 2002): A1, A15.

127. Catherine Rutherford-Black, and

Jeanne Heitmeyer, "College Students' Attitudes Toward Obesity: Fashion, Style and Garment Selection," *Journal of Fashion Marketing and Management* (2000) 4, no. 2: 132-139.

128. Elizabeth Love, "Prisoners of Perfection," *San Francisco Chronicle* (October 19, 2000): A15, A18.

129. "Heightism: Short Guys Finish Last," *The Economist* (December 23, 1996): 19-22.

130. Debra A. Zellner, Debra F. Harner, and Robbie I. Adler, "Effects of Eating Abnormalities and Gender on Perceptions of Desirable Body Shape," *Journal of Abnormal Psychology* 98 (February 1989): 93-96.

131. Robin T. Peterson, "Bulimia and Anorexia in an Advertising Context," *Journal of Business Ethics* 6 (1987): 495-504.

132. Judy Folkenberg, "Bulimia: Not for Women Only," *Psychology Today* (March 1984): 10.

133. Stephen S. Hall, "The Bully in the Mirror," *The New York Times Magazine,* (August 22, 1999); Natalie Angier, "Drugs, Sports, Body Image and G.I. Joe," *The New York Times* (December 22, 1998): D1.

134. John W. Schouten, "Selves in Transition: Symbolic Consumption in Personal Rites of Passage and Identity Reconstruction," *Journal of Consumer Research* 17 (March 1991): 412-425.

135. Nancy Hass, "Nip, Tuck, Click: Plastic Surgery on the Web Is Hip," *The New York Times on the Web* (September 19, 1999); Celeste McGovern, "Brave New World," *Newsmagazine* (Alberta edition) 26 (February 7, 2000): 50-52.

136. Emily Yoffe, "Valley of the Silicon Dolls," *Newsweek* (November 26, 1990): 72.

137. Quoted in Michelle Cottle, "Turning Boys into Girls," *The Washington Monthly* (May 1998): 32-36.

138. Jerry Adler, "New Bodies for Sale," *Newsweek* (May 27, 1985): 64.

139. Kathy H. Merrell, "Saving Faces," *Allure* (January 1994): 66.

140. "White Weight," *Psychology Today* (September/October 1994): 9.

141. Joshua Levine, "Bra Wars," Forbes (April 25, 1994): 120; Cyndee Miller, "Bra Marketers' Cup Runneth Over with, Um, Big Success," *Marketing News* (October 24, 1994): 2.

142. Joan Ryan, "A Painful Statement of Self-Identity," *San Francisco Chronicle* (October 30, 1997): A1, A4.

143. Ruth P. Rubinstein, "Color, Circum-cision, Tatoos, and Scars," in *The Psychology of Fashion*, ed.

Michael R. Solomon (Lexington, Mass.: Lexington Books, 1985), 243-254; Peter H. Bloch and Marsha L. Richins, "You Look 'Mahvelous': The Pursuit of Beauty and Marketing Concept," *Psychology & Marketing* 9 (January 1992): 3-16.

144. Sondra Farganis, "Lip Service: The Evolution of Pouting, Pursing, and Painting Lips Red," *Health* (November 1988): 48-51.

145. Michael Gross, "Those Lips, Those Eyebrows; New Face of 1989 (New Look of Fashion Models)," *The New York Times Magazine* (February 13, 1989): 24.

146. Quoted in "High Heels: Ecstasy's Worth the Agony," *New York Post* (December 31, 1981).

147. Myra L. Armstrong and Kathleen Pace Murphy, "Tattooing: Another Adolescent Risk Behavior Warranting Health Education," *Applied Nursing Research* 10, no. 4 (1997): 181-189.

148. David Whalan, "Ink Me, Stud," *American Demographics* (December 2001): 9-11.

149. http://www.pathfinder.com :80/altculture/aentries/p/piercing.html (August 22, 1997).

150. Quoted in Wendy Bounds, "Body-Piercing Gets under America's Skin," *The Wall Street Journal* (April 4, 1994): B1, B4.

제6장
연령, 인종, 민족

여름휴가의 마지막 주에 브랜든은 대학으로 돌아가는 것을 고대하고 있다. 힘든 여름이었다. 브랜든은 직장을 구하기가 힘들었고 오랜 친구들과 멀어진 것 같이 느꼈다. 뿐만 아니라 어머니와 잘 지내지 못했다. 늘 그랬듯이 브랜든은 소파에 털썩 앉아 MTV의 유명인 죽음의 경기(Celebrity Deathmatch)에서 이에스피엔(ESPN)의 소니 비치발리볼대회로 다시 MTV로… 채널만 돌리고 있다. 갑자기 보이드 부인이 걸어 들어와 리모컨을 낚아채고 채널을 공중파방송으로 바꾼다. 아직도 우드스탁(Woodstock, 1969년판 원본)에 대한 또 다른 다큐멘터리가 방영되고 있다. 브랜든이 "재키 제발 자기 생활을 가져요…"라고 항의하자 그의 어머니는 "대학이 정말 의미가 있다는 것을 생각하면 대학에 다니는 것이 실제로 어떤 것인지를 배우면 좋겠다. 그리고 이름 부르는 건 또 뭐냐? 내가 너만 할 때는 자기 어머니나 아버지를 이

름으로 부른다는 것을 꿈도 못 꿀 일이었다.!"라고 다그친다.

브랜든이 화가 난 것은 그 때였다. 그는 우드스탁, 버클리, 그리고 그에게 관심 없는 스무 가지도 넘는 곳의 '좋았던 시절'에 대해 듣는 것이 지겹다. 게다가 예전에 히피였던 대부분의 브랜든 어머니의 친구들은 이제는 자신들이 주로 항의하던 바로 그 회사에서 일한다 – 감히 누가 그의 삶에 의미 있는 뭔가를 하라고 설교하는가? 그들이 경제를 다 망쳐놓았기 때문에 브랜든이 내년에 드디어 학위를 받았을 때 어떤 직장이라도 얻는다는 것은 정말 운이 좋은 것이다.

브랜든은 넌더리를 내면서 자기 방으로 들어가 디스크맨에 아웃캐스트 시디(Outcast CD)를 넣고 이불을 뒤집어썼다. 무슨 상관이란 말인가? 그들은 아마도 그가 졸업할 때쯤은 '(탄산가스 등에 의한 지구 대기의) 온실 효과'로 다 죽을 텐데 말이다….

소비자의 라이프스타일은 대부분 사회 내의 집단 멤버십에 의해 영향을 받는다. 이러한 집단들은 **하위문화**(subcultures)로 알려져 있는데 하위문화의 일원은 다른 사람들로부터 그들을 분리하는 신념과 공통된 경험을 함께 한다. 하위문화 집단의 멤버십은 종종 소비자행동에 중요한 영향을 주며 어떤 하위문화의 신분 증명보다 더욱 강력하다. 본 장에서는 소비자의 자아개념을 구성하는 요소로서의 연령과 민족, 인종에 대해 논하고자 한다.

1. 연령과 소비자 정체성

한 소비자가 태어난 시대는 그 사람을 위해 같은 시기에 태어난 수많은 사람들과 문화적 연대를 형성한다. 나이가 들어감에 따라 우리의 욕구와 선호는 종종 우리와 비슷한 연배에 있는 다른 사람들과 일치하여 변화하는데, 이런 이유로 어떤 소비자의 연령은 그의 정체성에 중요한 영향력을 행사한다. 공평하게도 우리는 연령대가 비슷하지 않은 사람들보다 비슷한 연령의 다른 사람들과 공통점을 가지는 경향이 있으며, 브랜든이 알아낸 것처럼 한 세대의 행동과 목표가 다른 세대의 사람들과 충돌될 때 이 정체성은 더욱 더 강해질 수 있다.

마케터는 이러한 것을 깨닫고 자신의 언어로 한 연령 집단의 멤버들과 어떻게 의사소통을 해야 하는지 알아내야 할 필요가 있다. 예를 들어 리바이 스트라우스(Levi Strauss)사는 다커스(Dockers)를 베이비부머들에게 성공적으로 판매한 후 청바지 판매가 최근에 하락하자 십대들에게 어떻게 접근해야 하는지를 알아내고자 하였다. 리바이스사는 젊은이들의 주목을 끌기 위해서 로린 힐, 구구돌스, 슈거 레이, 패스트볼, 그리고 R&B 가수인 디안젤로의 음악행사를 후원했다. "이러한 것은 리바이스 상표를 젊은이들에게 더… 의미있게 만듭니다. 우리는 음악으로 우리의 표적시장에게 강한 인상을 줄 것으로 기대합니다, …15세에서 29세 사이의 표적시장 말입니다."[1] 그러나 이러한 전략이 적절한가에 대해서는 논란의 여지가 많으며 이는 "리바이스가 너무 노력을 많이 하는가?"라는 제목의 위민스 웨어 데일리(*Women's Wear Daily*) 기사에서도 드러난다.[2] 본 단락에서 중요한 연령 집단들의 중요한 특징을 탐색해 보고 다양한 연령 하위문화들에 어필하기 위해서 마케팅 전략이 어떻게 수정되어야 하는지에 대해 생각해 보고자 한다.

1) 연령 코호트 : 'My Generation'

하나의 **연령 코호트**(age cohort)는 유사한 경험을 해온 연령이 비슷한 사람들로 구성되어 있다. 그들은 문화적인 영웅 존 웨인 대 브래드 피트, 혹은 프랭크 시나트라 대컬트 코베인, 중요한 역사적 사건(1976년의 독립 200주년기념 대 2000년의 새천년기념) 등에 대한 많은 공통적인 기억을 함께 나눈다. 사람들을 연령 코호트로 나누는 보편적인 방법은 없지만, 우리 각자는 우리가 '나의 세대(my generation)' 라고 할 때 그것이 무엇을 의미하는지에 대해 잘 알고 있다. 그림 6-1은 세대를 정의하는 합리적인개요를 제시하고 있다.

많은 의류회사들은 연령 집단이 아닌 특정한 분위기를 위해서 디자인한다고 주장하지만, 패션 마케터들은 대개 제품과 서비스를 하나나 그 이상의 특정한 연령 코호트를목표로 한다.

그림 6-2에 나타난 것처럼 중년은 수입이 가장 많기는 하지만 다른 연령대도 많은시장 잠재력을 가지고 있다. 마케터는 똑같은 제품을 제공하는 것이 다양한 연령대의사람들에게 어필하지 않을 뿐 아니라 그 사람들에게 접근하기 위해서 사용하는 언어나 이미지도 어필하지 않을 것이라는 것을 인지하고 있다. 어떤 경우에는 다양한 연령의 소비자들의 마음을 끌기 위해서 별개의 캠페인이 전개되는데, 예를 들어 한때 에스프리(Esprit)는 전통적인 주니어를 대상으로 한 것과는 매우 다른 시장인 커리어우먼

대공황 & 세계대전 코호트

(GI 세대)

1912~1927 출생

2002년의 연령 : 75~90

인구 비율 : 6.7%, 1,850만 명

돈에 대한 좌우명 : 없을 때를 대비해 모은다

좋아하는 음악 : 빅밴드(특히 1930~50년대의 재즈밴드), 스윙

GI의 유명인사 : 로날드 레이건, 캐더린 헵번

대공황 시기에 생을 시작한 사람들은 오늘날에도 그 상처를 안고 있을 정도로 상처를 받았다—특히 소비, 지출, 빚과 같은 재정적 문제에 관해서는 특히 그러하다. 또한 라디오와 특히 영화와 같은 당대의 매체에 의해 확실하게 영향을 받은 최초의 코호트였다. 이 세대의 가장 영향을 미친 사건이었던 제2차 세계대전 중의주요 분배 방법은 '정부 간행물(Governmenr Issues : GI)' 이었다. 그들은 사회보장제도와 정부 연금을 받을 자격이 있다는 태도를 가지고 있었다. 디자이너 상표가 아니고 캐셔널 의류와 내셔널 브랜드가 중요하게 여겨졌다.

그림 6-1 연령 코호트

출처 : Adapted from "Generation Cohorts," *Fortune* (June 26, 1995) : 110, and (June 26, 1995) : 110, and other sources

전후 코호트 (The Post Cohort)

조용한 세대 (The Silent Generation)
1928~1945 출생
2002년의 연령 : 57~74
인구 비율 : 15%, 4,200만 명
돈에 대한 좌우명 : 많이 모으고 조금 쓴다
좋아하는 음악 : 프랭크 시나트라
전후의 유명인사 : 조지 부시, 잭 니콜슨

전쟁 중에 태어난 아이들은 긴 경제적 성장과 상대적 사회 안정기로 인해 이익을 얻었다. 그러나 전 세계적인 불안과 핵공격의 위험은 갑자기 일상적인 삶에서 불확실성을 경감하고자 하는 필요를 불러일으켰다. 쿨세대라 불리는 가장 젊은 집단은 포크 락을 처음으로 좋아한 집단이다. 돈에 걸맞는 품질을 중요시했다. 그들은 너무 비싸게 값이 매겨지지 않고 오래가는 옷을 원했다.

베이비부머 I 코호트 (The Baby Boolmers I Cohort)

우드스탁 세대 (Woodstock Generation)
1946~1954 출생
2002년의 연령 : 48~56
인구 비율 : 12%, 3,400만 명
돈에 대한 좌우명 : 쓰고 빌리고 쓴다
좋아하는 음악 : 락 앤 롤, 모타운 사운드(Motown, 1950년대부터 디트로이트의 흑인 중심으로 생긴 강한 비트를 가진 리듬 앤드 블루스), 비틀즈
부머 유명인사 : 빌 클린턴, 해리슨 포드

베트남은 선두에 있는 부머(boomer)들과 뒤를 따르는 부머들 사이의 경계점이다. 케네디와 킹목사의 암살은 이 현상에 끝을 고했고 이 거대한 코호트에 활기를 북돋운다. 그러나 초기 부머들은 좋은 시절을 계속해서 경험했고 적어도 그들의 선조만큼 좋은 라이프스타일을 가지기 원한다. 젊었을 때, 그들은 1960년대의 젊은이 문화를 만들어냈다. 그들은 1960년대에 리바이스를 입었고 1970년대에는 디스코를 추었고 1980년대에는 고급 디자이너 옷을 입었다. 캐주얼한 상표인 리바이스 도커스(Levi's Dockers)와 슬레이츠(Slates)가 그들을 위해 개발되었다.

베이비부머 II 코호트 (The Baby Boolmers II Cohort)

주머스 (Zoomers)
1955~1964 출생
2002년의 연령 : 38~47
인구 비율 : 16%, 4,400만 명
돈에 대한 좌우명 : 빌리고 쓰고 빌린다
좋아하는 음악 : 락 엔 롤, 엘튼 존, 유투
부머 유명인사 : 톰 행크스, 캐롤라인 케네디

워터게이트 이후에 모든 것이 달라졌다. 젊은이의 이상적인 열정은 사라졌다. 대신 부머들은 나중에 자조운동(self-help movement)과 같은 것에 나타난 자기도취적 열정을 보였다. 이 움직임이 태동하는 시기에 빚은 라이프스타일을 유지하기 위한 수단으로 이해되었다. 의류 상표가 중요시 되었지만 그들의 상표는 더 현대적 분위기를 가지고 있다(게스, 바나나 리퍼블릭).

X 세대 (The Generation X Cohort)

베이비 버스터 (The Baby Busters)
1965~1976 출생
2002년의 연령 : 26~37
인구 비율 : 15%, 4,200만 명
돈에 대한 좌우명 : 쓴다? 모은다?
좋아하는 음악 : 랩, 레트로, 후티 앤 블로우피시(Hootie and the Blowfish)
유명한 X-세대 인사 : 마돈나, 톰 크루즈

어떤 사람들은 게으름뱅이는 매달릴 것이 전혀 없는 사람들이라고 특징지었다. 그들은 가장 오해되고 복잡하며 자족하는 사람들일 수도 있다. (부모의) 이혼을 경험하고 탁아소에서 돌봄을 받았던 현관문을 스스로 열고 들어가는 아이들은 표면적으로는 반항적인 그들의 '복고적' 행동을 정착시켜 줄 것을 찾고 있는데, 이러한 것들은 겉으로는 상반되는 것 같이 보이는 '복고적인' 행동인 댄스 파티의 부활, 사교계에의 데뷔, 그리고 남학생 사교클럽과 같은 것들이다. 그들의 보수적인 정치성향은 "나를 위한 것은 무엇인가?"라는 냉소에 의해서 유발된다. 그들은 부머 세대에 반항하기 때문에 브랜드명은 중요하지 않다. 그들은 반항적인 말로 패션을 나타낸다.

Y 세대 (The Generation Y Cohort)

전산화세대 (The Wired Generation)
1977~1987 출생
2002년의 연령 : 15~27
인구 비율 : 16%, 4,400만 명
돈에 대한 철학 : 낙천적이고 실험적
좋아하는 음악 : 백스트리트 보이즈, 브리트니 스피어스
유명한 Y-세대 인사 : 프린스 윌리엄

베이비부머들의 아이들인 이 세대는 그들 이전의 세대와는 달리 경제적으로 부유하다. 이 세대는 주요한 전쟁이나 군사적인 분쟁에 의해 영향을 받은 적이 없었다. 이들은 기술적으로 진보되고 상호작용하는 장난감, 말하는 학습 시스템, 비디오 기술, 케이블 TV, 그리고 인터넷에 의해 둘러싸여 있다. Y 세대는 이미 자신의 신용카드와 인터넷 계정을 가지고 있다. 그들은 쇼핑하기를 좋아한다. 그들은 상표와 패션에 대한 지식이 많다. 그러나 전통적인 마케팅에는 냉소적이다. 델리아스 엔드 아메리칸 아웃피터스(Delia's and American Outfiters)가 이 집단을 상대로 성공을 거두었다.

Z 세대 (The Generation Z Cohort)

1988 이후 출생
2002년의 연령 : 0~14
인구 비율 : 17.7%, 4,900만 명

우리는 가장 어린 이 집단에 대해서 막 배우기 시작하고 있다. 우리는 이 집단이 정보에 밝다는 것을 잘 알고 있다. 이들은 컴퓨터뿐만 아니라 인터넷과 더불어 자랐다. 인터넷이 이들에게 패션에 대해 교육하는 것에도 중요한 역할을 할 가능성이 높다. Y세대 회사들은 십대 이전의 집단을 위한 의류로 확장하고 있다(엑스오엑스오(XOXO), 램파지(Rampage), 돌하우스(Dollhouse)).

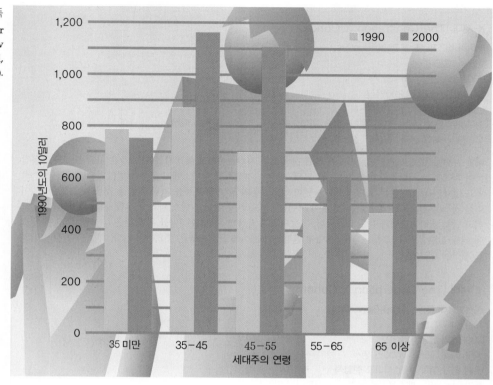

그림 6-2 연령대별 가계소득
출처 : Fabian Linden, Consumer Affluence : *The Next Wave*(New York : The Conference Board, Inc., 1994).

을 대상으로 하는 수지 톰킨스(Susie Tomkins) 라인을 전개하였으나 원래의 분위기와 너무 맞지 않아 이 라인은 결국 중단되었다.

2) 향수소구

한 연령 집단 내의 소비자들은 대략적으로 같은 시기에 결정적인 삶의 변화에 직면하기 때문에 그들에게 소구하기 위해 사용되는 가치와 상징은 강력한 향수의 느낌을 불러일으킬 수 있다. 30세 이상의 성인들은 특히 이러한 현상에 영향을 받기 쉽다.[3] 그러나 나이 든 사람들뿐 아니라 젊은이들도 그들의 과거를 참고함에 따라 좌우되는데, 연령에 상관없이 어떤 사람들은 실제로 다른 사람들보다 과거를 더 동경하는 경향이 있다는 연구 결과가 있다. 개인 소비자에 대한 향수의 영향을 측정하기 위해서 사용되어 온 척도가 표 6-1에 제시되어 있다. 제품 판매는 하나의 상표를 생생한 기억과 경험에 연결하는 것에 의해 극적으로 영향을 받을 수 있다. 어린 시절과 청소년기에 연관되어

표 6-1 향수 척도

척도 항목
• 그들은 그들이 예전에 만들었던 것만큼 만들지 못한다.
• 예전에는 물건들이 더 나았다.
• 제품들의 질이 점점 더 나빠지고 있다.
• 기술적인 변화는 보다 더 밝은 미래를 보장한다(역으로 코딩).
• 역사는 인간의 복지에 있어서 지속적인 향상과 관련되어 있다(역으로 코딩).
• 우리는 삶의 질에 있어서 쇠퇴를 경험하고 있다.
• GNP의 지속적인 신장은 인간의 행복을 증대시켜 왔다(역으로 코딩).
• 현대적인 사업은 끊임없이 더 나은 미래를 건설한다(역으로 코딩).

주 : 문항은 매우 동의하지 않음(1)에서 매우 동의함(9)까지의 9점 척도로 제시되었으며, 응답의 합을 구한다.
출처 : Morris B. Holbrook and Robert M. Schindler, "Age, Sex, and Attitude toward the Past as Predictors of Consumers' Aesthetic Tastes for Cultural Products," *Journal of Marketing Research* 31(August 1994): 416. Reprinted by permission of the American Marketing Association.

있는 아이템에 대해서 특히 그렇다. 의류에서 건포도에 이르는 많은 광고 캠페인은 1980년대 말에 모타운(Motown; 모타운 사운드는 1950년대부터 디트로이트의 흑인 중심으로 생긴 강한 비트를 가진 리듬 앤드 블루스)에 맞춰 춤추는 캘리포니아 건포도 점토인형(Claymation California raisin; 점토 인형을 이용한 건포도 광고)과 같은 오래된 인기 걸작을 부활시킴으로써 소비자의 기억에 영향을 끼쳤다. 오래된 것들이 새로운 세대에 의해 발견되면서 유행이 될 수 있었는데, 갭은 1940년대의 스윙음악과 현재의 십대 댄서 그리고 1960년대의 뮤지컬인 웨스트사이드 스토리에 나왔던 음악을 사용함으로써 성공적인 광고 캠페인을 전개하였다. 반면 워너(Warner)는 마릴린 먼로를 사용하였고 베이브(Bebe)는 그들의 광고에서 1930년대의 요부 스타일을 사용하였다.

2. 십대 시장 : Y세대와 그 또래가 장악하다

에코 부머스(Echo Boolmers)나 디지털, 전산화(Wired), 혹은 Y세대(Gen Y)로 알려진 현재의 십대와 이십대 초반의 사람들은 지식에의 접근에 제한이 없는 기술과 매체의 시대에 태어났고 자라났다. 그들은 이전의 어떤 세대와도 다르게 경제적인 힘을 가진 세대로서 '십대 달러의 힘 : 리바이스에서부터 립글로스까지' 라는 제목의 몽고메리 시큐리티즈(Montgomery Securities) 보고서에 의하면 소매점들은 Y세대를 가장 매력적인 성장의 기회가 있는 세대로 보고 있다.[4] 어떤 사람들은 그들을 쇼핑중독자와 패션

파슬(Fossil)의 제품 디자인은 이전의 클래식 스타일의 기억을 불러일으킨다.

중독자로 특징짓는다. 십대 소녀들 사이에서 자신의 부를 처분하는 첫 번째 선택은 패션이며, 마케터들은 이러한 패션 욕구를 알아내고 십대 소녀들이 어떻게 생각하고 그들이 무엇을 기대하고 무엇을 원하는지를 앞을 다투어 알아내려 하고 있다.

전산화된 세대로 인해 온라인 쇼핑이 점점 더 중요해지고 있다. 십대들은 가장 빠르게 증가하고 있는 컴퓨터 사용자들이기 때문에 중요한 인터넷 이용자이다. 1999년에 천3백3십만 십대들이 인터넷에 접속했다고 추측되었고, 현재 5~12세의 아이들인 미래의 십대들이 이보다도 더 빠르게 성장하고 있는 영역은 온라인 쇼핑이다.[5] 많은 사람들에게 이러한 활동은 텔레비전을 시청하거나 쇼핑몰을 돌아다니는 것과 같은 '구식의 재미'를 대신하고 있다. 십대들은 한 해에 12억 달러를 온라인에서 소비하는 것으로 예측되고 있다. 따라서 많은 회사들은 십대들의 관심을 얻을 수 있는 웹사이트를 구축하기 위해 많은 노력을 기울이고 있다. 십대를 위한 웹사이트 네트워크인 Iturf.com은 십대를 겨냥한 사이트들 중에서 가장 많은 접속수를 가지고 있으며 이 사이트는 델리아스(Delias; 카탈로그를 이용해서 젊은이 성향의 패션제품을 판매하는 회사)의 자회사로서 한 달에 150만 명의 개인 방문자들이 접속한다.[6] 그 외 인기있는 다른 십대들의 사이트는 Alloy.com과 Bolt.com이 있다.

한 시장 조사 회사에 따르면, 십대의 65%는 일주일에 적어도 4시간 동안 집에서 인터넷에 접속하며 그들은 온라인으로 접속하는 동안 대부분의 시간에 조사를 하고, 이메일을 읽고, 게임을 하고, 살 것을 확인하는 데 사용하는데, 십대들은 무엇을 구매하는가? 온라인으로 구매하는 십대들 중에 57%는 CD/카세트를, 38%는 콘서트나 운동경기 티켓을, 34%는 책과 잡지를 구매했고, 32%는 의류를 주문했고, 9%는 휴대전화나 삐삐를 주문했다.[7]

소매업자들이 그렇게 관심을 두는 이유가 또 하나 있는데 이는 이 아이들의 10%가 자신의 이름으로 된 신용카드를 가지고 있고 또 다른 9%는 부모의 카드를 사용할 수 있기 때문이다(허 참!). 안전에 대한 부모들의 걱정을 없애기 위해, Icanbuy, RocketCash 및 DoughNet과 같은 막 개시된 서비스들은 부모들이 계좌를 열고 돈을 쓸 수 있는 사이트를 한정하는 '전자 지갑'을 만들어준다. 십대들은 그 계좌에 접근할 수 있고 그럼으로써 그들에게 Alloy Online, Bluefly 및 Delias와 같은 웹 접속망을 통해 참여하고 있는 소매 사이트에 들어갈 수 있는 권리를 부여한다.[8] 십대와 십대 이전의 아이들이 신용에 대해서 배울 수 있는 또 하나의 방법은 '포켓 카드'인데, 이는 젊은 사람이 구매를 할 때 절제해서 소비할 수 있게 해줄 수 있는 미리 지불된 백화점 카드이다. 이 카드 역시 부모들이 자녀들과 같이 쇼핑할 수 없을 때 유용한데, 선불카드를 주고 아이들을 백화점에 보내는 것은 일하는 부모들에게 매우 어필할 수 있는 방법이다.

8세에서 12세(혹은 출처에 따라 5~12세) 사이의 십대 이전의 아이들인 **트윈스**(tweens)는 몇 년 전에 비해서 더 빨리 성장하고 있어 십대와 같은 특징의 일부를 가지고 있다(이 집단은 Z 세대의 일부이다). 어떤 마케터들은 트윈 세분시장은 바비인형을 가지고 노는 나이는 지났고 데이트를 하기에는 일러서 파악하기 힘들다고 하였다.[9] 많은 트윈스는 장난감 가게는 너무 애들 같다고 느끼고 소매점들은 이러한 의견에 귀를 기울이고 있다. 이 집단을 겨냥해서 에프에이오 스와츠(FAO Schwartz), 토이저러스(Toys R Us), 케이-비 토이즈(K-B Toys)는 전자제품, 스포츠 및 비디오와 같은 백화점을 만들었다. 시카고의 클럽 리비 루(Club Libby Lu)는 십대 이전의 소녀들을 위한 맞춤 제작된 바디로션에서 재미있는 장신구까지에 이르는 모든 것을 판매하는 새로운 형식의 상점이다.[10] 이 인구통계적 집단은 이들이 '어릴 때' 이들을 잡으려고 하는 주니어전문 의류회사에 의해서 많은 관심을 받고 있다. 에스프리와 램파지와 같은 일부 주니어회사들이 수년 동안 소녀들의 옷을 취급해 오기는 했지만, 최근에 보다 젊음 지향적인 회사들이 패션 선두적인 쇼를 위한 라인을 발표할 계획을 가지고 있다. 이러한 라인에는 원 클로딩(One Clothing), 셀프 이스팀(Self Esteem) 그리고 스티브 매든(Steve Madden)이 포함되는데,[11] 이는 소녀들은 십대들이나 오빠나 언니들과 비슷하게 보이기를 원하기 때문이다.

1956년에 프랭클린 라이몬 앤 더 틴에이저스(Franklin Lymon and the Teenagers)가 첫 대중음악 그룹이 되어 자신들을 이 새로운 하위문화와 동일시하면서 '십대'라는 호칭이 미국 어휘에 처음 생겨났다. 십대의 개념은 꽤 새로운 문화적 의미였다. 대부분의 역사를 통해 하나의 개인은 단순히 어린이에서 어른으로 변화되었다(대개 일종의 관례나 의식을 동반하곤 한다). 1944년에 생긴 세븐틴(Seventeen) 잡지는 젊은 여성들이 어머니처럼 보이는 것을 원치 않을 것이라는 예측에 기초하였다. 제2차 세계대전 이후에는 반항과 동조 사이의 십대 드라마가 방영되기 시작했으며 건전한 팻 분에 비해서 흰색 사슴가죽구두를 신고 반질반질한 머리카락과 외설적으로 흔들어대는 엘비스 프레슬리를 경쟁시켰다. 이러한 반항은 비비스와 벗헤드에 의해서 혹은 리키 레이크와 다른 주간 토크쇼에 매일 출연하는 혼동된 음울한 십대들에 의해 나타난 것과 같이 종종 성인의 세계로부터 이탈되어 행동함으로써 연기되었다.[12]

1) 십대의 가치, 대립 그리고 외모

겪어 본 사람은 다 아는 것과 같이 사춘기와 청소년기의 과정은 최선의 시간임과 동시에 최악의 시간이다. 개인이 아이의 역할을 떠나고 성인의 역할을 맡기 위해서 준비하면서 많은 자극적인 변화가 일어나며, 이러한 변화는 자신에 대한 많은 불확실성을 일으키고, 소속되어야 할 필요성과 한 사람의 독특한 정체성을 찾을 필요성이 매우 중요해진다. 이 나이에는 활동, 친구, '스타일'의 선택은 종종 사회적 인정을 받는 것에 결

타문화 엿보기
MULTICULTURAL DIMENSIONS

엄격한 동조성과 성공에 대한 압력으로 알려진 일본에서 십대의 반항은 새롭게 등장한 현상으로 이제 점점 더 많은 십대들이 관례를 의문시하고 있다. 중학교와 고등학교 학생들의 탈락률이 2년 동안 20% 정도 증가했다. 여자아이들의 50% 이상이 고등학교 최상급 학년 때까지 성교 경험을 한다.[13] 일본 젊은이들은 스타일에 매우 의식적이고, 현재 특정 집단이나 '족'이 여러 개 있으며, 각각은 매우 잘 정의된 스타일과 관례를 가지고 있다.[14] 일본 소녀들을 위한 인기있는 스타일은 '갤즈(Gals)'라고 불린다. 그들은 탈색된 노랑머리, 살롱에서 태운

피부, 분필같이 하얀 립스틱 및 7인치 높이의 통굽 신발에 의해 쉽게 구별되어 인지된다. 다른 집단은 스포츠파(Sports Clique; 굽이 낮은 에어 모스(Air Mocs)신발과 갑옷을 착용)와 백-하라주쿠파(Back-Harajuku Group, 풍성한 운동복, 풍부한 색상의 청바지, 긴 스카프착용)가 있다.

일본 젊은 소비자들의 충성심을 얻기 위해서 토

요타 마쓰시타, 아사히 맥주를 포함하는 다섯 개의 큰 회사들은 마케팅 제휴를 맺고 있다. 그들은 맥주에서 냉장고까지에 이르는 제품을 도입하였고 모두 같은 윌(Will)이라는(네, Will이요) 상표명을 가지고 있다. 비평가들은 이러한 회사들이 현재로서는 아주 현대적인 이미지를 가지고 있지 않으므로 그러한 계획이 잘 이루어질지에 대해서 확신을 하지 못하고 있다. 그래서 이러한 야심에 찬 계획이 이루어질지(Will) 혹은 아닐지(won't)는 오직 시간만이 말해 줄 것이다.[15]

정적이다. 십대들은 동년배와 광고로부터 '적절하게' 보이는 법, 어떤 옷을 입어야 하는지, 어떻게 행동해야 하는 지에 대해 활발하게 단서를 찾는다. 십대를 대상으로 한 광고는 일반적으로 행동적 성향을 가지고 있으며, 그 제품을 사용하는 '인기있는' 십대 집단을 묘사한다.

모든 문화권의 십대들은 유년 시절에서 성인으로 변화됨에 따른 근본적인 발달상의 문제를 가지고 고심한다. 사치 앤 사치(Saatchi & Saatchi) 광고 대행사에 의한 연구에 따르면, 네 가지의 갈등에 대한 주제가 모든 십대에게 흔히 일어난다.

1. 자율(autonomy) 대 소속(belonging) : 십대들은 독립성을 습득해야 하며, 그래서 가족들로부터 벗어나고자 하는 반면 혼자가 되는 것을 막기 위해 동년배와 같은 지지 조직에 가입할 필요가 있다. 크게 성장하고 있는 십대 인터넷 하위문화는 이러한 목적에 쓰이고 있으며 익명성은 반대의 성이나 다양한 인종과 민족의 집단의 사람들과 말하는 것을 쉽게 한다.[16]

2. 반항(rebellion) 대 동조(conformity) : 십대들은 외모와 행동에 대한 사회적 기준에 반항할 필요를 느낀다. 그러나 그들은 여전히 다른 사람들과 조화하고 다른 사람들에게 인정을 받아야 한다. 반항적인 이미지를 촉진하는 컬트 제품은 이러한 이유로 높이 평가된다.[17] 캘리포니아 포모나 시에 본부를 둔 소매체인점인 핫 토픽은 젖꼭지 모양 반지, 혀 모양의 바벨, 보라색 머리 염색약 같은 '뜻밖의' 제품을 연간 4천4백만 달러어치를 팔면서 이러한 필요에 응했다.

   1999년의 콜럼바인 고등학교의 저격사건은 대중들로 하여금 오늘날 일부 십대들이 느끼는 사회로부터의 고립의 위험에 대해 더 알게 만들었다. 어떤 학교는 고등학교에서 긴 트렌치코트 착용을 금지했는데 이는 트렌치코트가 '트렌치코트 마피아'를 연상시키고, 콜로라도 주의 리틀톤에서 열두 명의 급우와 교사 한 명을 살해한 십대의 총기휴대자에 의해 착용되었기 때문이다.

3. 이상주의(idealism) 대 실용주의(pragmatism) : 십대들은 자신을 진실하다고 보는 반면 어른들은 위선자로 생각하는 경향이 있으며 그들은 세상이 어때야 하는가와 그들이 주위에서 인지한 현실을 조정하고자 애쓴다.

4. 자기애(narcissism) 대 친교(intimacy) : 십대들은 종종 자신의 외모와 욕구에 사로잡혀 있다. 그와는 반대로 그들은 다른 사람들과 의미 있는 관계를 가지기를 원한다.[18]

얼반 디케이 매니큐어는 반항의 개념을 처음 도입한 회사들 중의 하나이다.

2) 십대 시장에의 소구

대부분의 십대들은 미용 제품, 의류 및 다른 외모 관련 제품을 열심히 사용하는 소비자로 이 연령 집단은 일반 인구보다 두 배나 더 빨리 성장하고 있으며 2010년[19]에는 3천5백만 명(현재 tweens 2천7백만 명 이상 포함)에 달할 것으로 예상된다. 십대는 매년 평균 3천 달러를 소비하는데,[20] 어떤 사람들은 십대들의 지출하는 능력이 최고 기록을 세울 것으로 예상했다(연간 천2백2십 달러).[21] 이러한 돈의 대부분은 화장품, 포스터, 패스트푸드—그리고 가끔은 코걸이도 포함해서—와 같은 '기분 좋게 하는' 제품에 쓰여 진다.

클로즈업 | 광고에 나타난 청소년의 성

자사의 제품을 팔기 위해 청소년의 성을 사용하는 캘빈 클라인의 전략은 브룩 쉴즈가 '나와 나의 캘빈' 사이에 아무것도 없다고 선전했던 1980년으로 거슬러 올라간다. 나중에 속옷차림의 가수 마키 마크가 나오는 광고는 새로운 패션 열풍을 일으켰다. 그렇지만 1995년에는 클라인은 이러한 접근 방법에서 한 걸음 더 나아가서 성적인 풍자가 넘치는

상황에 있는 젊어 보이는 모델들이 나오는 광고를 내보냄으로 큰 물의를 일으켰다. 그 광고의 한 장면에서 귀에 거슬리는 소리를 가진 한 노인이 옷을 얼마 안 입은 어린 소년에게 "너 정말 멋있다. 너 몇 살이냐? 네가 그렇게 힘이 세단 말이지? 네가 셔츠를 그렇게 찢어낼 수 있을 거라고 생각하니? 정말 잘한다. 운동깨나 하나보지? 그렇게 보인다."

그 캠페인은 데이톤 허드슨(Dayton Hudson)의 회장이 자기 회사의 이름을 그 광고에서 빼버리라고 하고 세븐틴 잡지도 그 광고를 싣는 것을 거절하는 것으로 끝이 났다.[22] 물론 캘빈 클라인은 그때까지 십대와 어른들이 이 이미지의 적절성에 대해 논쟁을 하는 바람에 헤아릴 수 없이 많은 공짜 홍보의 수확을 올렸다.

현대의 십대들은 다른 어떤 세대보다 TV를 보면서 많은 정보에 접근하면서 자라났고 더 나이가 든 다른 세대보다 더 '광고를 정확히 해석하는' 경향이 있기 때문에, 마케터들이 그들에게 접근하고자 할 때는 신중하게 다루어야 한다. 특히 광고 메시지는 생색만 내는 것이 아닌 믿을 만한 것이어야 하는데, 한 연구자는 "그들은 빨리 꺼지는 거짓말 탐지기를 가지고 있다. 그들은 걸어 들어와 그것이 느낌이 통하는 것인지 아닌지, 그것을 원하는지 원하지 않는지에 대해서 보통 매우 빨리 마음의 결정을 내린다. 그들은 많은 광고가 거짓말과 과장된 선전에 의거한다는 것을 잘 알고 있다."고 말하였다.[23] 신발 제조업자인 캔디스(Candies)는 십대에게 소구하기 위해서 그다지 멋지지 않은 여러 상황에 처한 멋진 유명인이 등장하는 여러 개의 인쇄광고를 내보냈다. 리바이스사는 68년 동안 같은 광고 대행사를 쓰다가, 자사의 이름이 십대들의 부모에게 1960년대에 근사했던 것처럼 현대의 십대들에게도 근사하게 느껴지게 만들고 젊은이들에게 그들의 부모와 같이 연상되는 상표가 근사하다는 것을 납득시키려고 방향을 전환했다. 다른 주요한 회사들처럼(토미 힐피거는 브리트니 스피어스를 후원했고, 돌체 앤 가바나는 R&B 슈퍼스타 메리 제이 블라이즈의 콘서트 투어를 위해 채비를 차려 주었다),[24] 리바이스는 그들이 후원하는 현대 음악을 통해서 젊은이들의 시장에 침투하고자 하였으며, 또한 리바이스는 '진실한 것'이라는 표어를 내걸고 십대들 스스로 고른 리바이스 옷을 입고 다큐멘터리 형식의 아이들의 솔직한 이야기를 통해 무작위로 길거리 철학을 나누는 십대들을 보여주었다.[25] 이러한 광고들이 너무 진지하다는 비평이 있자, 리바이스는 '순수하게 오락으로서의 광고' 전략의 일환으로 유머와 성을 사용하는 것으로 방향을 바꾸었다.[26] 회사의 대변인은 또 다른 전략인 "당신 자신의 것으로 만드세요."는 표어일 뿐 아니라 리바이스는 자아 표현을 위한 기초라는 것을 강조하는 전략적인 기반이라고 하였다.[27] 보그(Vogue)의 한 호의 52쪽 분량의 부록이 그러한 메시지를 담고 있다. 십대들은 미래의 고객이기 때문에 그들에게 어필하는 것은 중요하다.

출판업계는 뜨는 시장을 보면 알아보고, 십대들에게 많은 선택의 여지를 제공했다. 예를 들면 피플(People)의 주니어 판인 틴 피플(Teen People)은 세븐틴, 와이엠(YM) 그리고 틴(Teen)과 같은 전형적인 풋사랑을 다루는 간행물이 십대를 대하는 것과 달리 십대 독자들을 젊은 성인으로 대하고 다식증과 에이즈 교육과 같은 주제를 중점적으로 다룬다. 십대들의 잡지는 대개 여자 아이들에 의해서 읽혀지지만 일부 소년들과 심지어 부모들도 자녀들의 대중문화를 따라 잡기 위해서 읽기도 한다. 이와 더불어 새로운 카탈로그도 Y세대를 타겟으로 하고 있으며 딜리아즈 조(Delia's Zoe), 걸프렌즈 엘

스티브 매든(Steve Madden)과 캔디스(Candies) 스타일은 십대들에게 어필한다.

에이(Girlfriends LA), 에어숍(Airshop), 알로이(Alloy)와 같은 회사들과 웨실/컨템포 캐주얼즈(Wetseal/Contempo Casulas)와 같은 소매점들이 이러한 전략을 사용하고 있다.[28] 펑키한 머리형, 최첨단 상표 그리고 언더그라운드 라벨(전형적인 쇼룸을 가지고 있지 않은 작은 회사들)로 장식한 개성적인 모델들은 의복을 차별화하고 이 멋진 새 카탈로그로 십대들을 끌어들이는 데 도움이 된다. 웹사이트에서 선택적으로 주문하는 과정은 이러한 십대들의 라이프스타일에 꼭 들어맞는다.

마케터는 상표 충성도가 종종 십대에 발달되기 때문에 그들을 '훈련 중에 있는 소비자'로 보고 있다. 코스모걸과 틴 피플을 생각해 보라.[29] 이 잡지의 독자들이 나이가 들었을 때 어떤 잡지를 살 것인가? 광고업자들은 때때로 소비자들을 어떤 상표에 '가두어 넣어서' 그들이 미래에도 이러한 상표들을 거의 자동적으로 구매하게끔 만든다. 한 십대 잡지 광고감독은 "우리는… 항상 습관을 그만두는 것보다 시작하는 것이 쉽다고 말한다."라고 하였다.[30] 10세에서 19세 사이의 여자아이들을 대상으로 한 랜드 유스(Rand Youth) 여론조사는 응답자의 70%가 상표명이 중요하다고 답하였다고 하였다.[31] 코튼 인코퍼레이티드의 라이프스타일 모니터의 16~24세 응답자들의 거의 65%가 옷의 섬유 조성보다는 상표명을 아는 것을 더 선호한다고 하였다.[32]

근사하다(cool)는 것이 의미하는 것

최근의 한 연구는 미국과 네덜란드의 젊은이들에게 무엇이 '근사한' 것이고 무엇이 '근사하지 않은' 것인가에 대해서 에세이를 쓰라고 하였다.[33] 연구자들은 아이들이 이 용어를 사용할 때 두 문화권 사이에 많은 유사점이 있기는 하지만, 근사함은 여러 가지 의미를 가지고 있다는 것을 발견했다. 공통적인 차원은 카리스마가 있으며 지배력과 약간의 초연함을 포함한다. 많은 응답자들은 근사하다는 것은 움직이는 과녁과도 같다는 것에 동의하였다. 당신이 근사하려고 애쓸수록 당신은 더 근사하지 않다! 그들의 실제 응답은 다음과 같다:

"근사하다는 것은 느긋하고, 모든 상황에서 태연하게 우두머리가 되고, 그러한 것을 발산하는 것을 의미한다." (네덜란드 여성)

"근사하다는 것은 당신이 남성답고, 유행적이고 정통함 등의 '무엇' 인가를 가지고 있다는 다른 사람들로부터의 인식이다." (네덜란드 남성)

"근사하다는 것은 뭔가 쌀쌀맞고 동시에 매력적인 것을 가지고 있다." (네덜란드 남성)

"다르기는 하지만, 너무 다른 것은 아니다. 당신 자신의 일을 하면서 드러나 보이는 것으로 당신이 그 일을 할 때 절박해 보이지 않는 것이다." (미국 남성)

"여름에 당신이 테라스에 앉아 있을 때, 휴대전화를 가지고 선글라스를 쓴 남자다운 사람이 지나가는 것을 본다. 나는 항상 '제발 현실로 돌아와라!' 라고 생각한다. 그 남자들은 멋지게 보이기를 원할 뿐이다. 그것이 바로 근사하지 않은 것이다." (네덜란드 남성)

"어떤 사람이 자신이 근사하다고 생각할 때 그는 절대적으로 근사하지 않다." (네덜란드 남성)

"근사하기 위해서 우리는 그에 부합한 지를 확인해야만 한다. 우리는 우리가 잡지, TV, 스테레오에서 들은 것을 반영시키는 우리자신을 위한 정체성을 만들어내야만 한다." (미국 남성)

3. 베이비 버스터스 : 'X세대'

1965년에서 1976년 사이에 태어난 소비자 코호트는 강력한 힘을 행사할 4천6백만 명의 미국인으로 구성되어 있다. **X세대**(generation X)는 게으름뱅이(slackers) 혹은 베이비붐 세대 이후 출생률 격감기에 태어난 사람들(busters)로 불리어 왔던 집단으로 1990년대 초반의 경제적 침체에 의해 많은 영향을 받았다. 소위 베이비 버스터들은 대학을 다니고 기호와 우선순위를 패션, 대중문화, 정치에 두기 시작한 많은 사람들을 포함한다.[34] 그들의(가상의) 고립감은 패션(바디 피어싱과 두드러지는 문신), 음악[사탄적 성향의 마릴린 맨슨(Marilyn Manson)] 그리고 인기있는 영화(클루리스와 같은)에서의 그들의 선택에 의해서 나타난다.

1) 버스터들에게 마케팅을 하는가 버스트(bust)를 마케팅하는가

이 연령 코호트의 수입은 기대 이하의 수준이지만, 그들은 여전히 시장세분화에서 영향력있는 집단을 형성하고 있다. 이는 부분적인 이유이긴 하지만 수많은 사람들이 여전히 집에서 살고 있고 더 많은 여유소득을 가지고 있기 때문이다. 이십대의 버스터들은 연간 125억 달러의 소비력을 가지고 있다고 예측되며, 그들의 구매는 화장품, 패스트푸드, 맥주와 같은 제품 부문에서는 절대적이다. 의류와 신발은 이 연령 집단의 구매 중 3위를 기록한다.

X세대가 자주 찾는 소매점은 갭, 리미티드, 바나나 리퍼블릭, 베이브, 클럽 모나코,

얼반 아웃피터스와 같은 체인점과 독특한 아이템을 파는 빌렌스(Villains)과 벳시 존슨 (Betsy Johnson)과 같은 부티크, 그리고 메이시즈와 블루밍데일즈와 같은 보다 주류의 패션 백화점을 포함한다. 버스터들은 다양한 가격대의 독특하면서도 최신의 새로운 주류 패션을 찾는다.

마케터들이 발견한 바로는 많은 버스터들은 오랫동안 가족 쇼핑을 해왔기 때문에 제품을 평가하는 데 훨씬 더 눈이 높다. 그들은 과대선전이나 너무 딱딱하게 하는 광고에 흥미를 잃으며 광고를 일종의 오락으로 보지만 지나치게 상업화된 것에는 싫증을 낸다. MTV의 부사장은 "당신은 그들로 하여금 그들이 누구인지를 당신이 알고 있다는 것과 그들이 살면서 경험한 것을 당신이 이해하고 있다는 것을 알게 해주어야 한다. 그들로 하여금 당신이 그들에게 직접 호소하고 있다는 것을 느끼게 하라."[35] 고 버스터의 특징을 말하였다.

예를 들면 나이키는 어린 소비자들을 설득하기 위해 조용한 설득에 의한 판매 방법을 택했는데, 나이키의 광고는 제품을 거의 보여주지 않고 대신 독자들에게 운동을 통해서 스스로를 향상시키라고 권했다. 그 외에도 다른 광고들은 광고를 재미있는 것으로 만들었다. 메이블린(Maybelline) 아이섀도 광고는 슈퍼모델 크리스티 털링턴이 멋진 배경에서 근사하게 포즈를 취하고 있는 것을 보여주었다. 그런 다음 그 모델은 갑자기 거실 소파에 등장해서 웃으면서 "잊어버리세요(Get over it)."라고 말한다.

광고자들은 이 약삭빠른 X세대를 싫증나지 않게 할 메시지를 만들어 내느라 열심이다. 이러한 노력의 많은 부분은 길리안의 섬과 같은 오래된 TV쇼나 야구모자를 돌려쓰고 무관심하게 보이려고 애를 쓰는 단정치 못한 배우가 나오는 한 장면을 참고하는 것과 같은 것들이다. 이러한 방법은 실제로 많은 버스터들에게 흥미를 잃게 했는데, 그 방법은 그들이 앉아서 오래된 텔레비전 재방송을 보는 것 외에는 할 일이 없다는 것을 의미하기 때문이었다.

고립, 냉소주의, 절망과 같은 메시지로 X세대에게 소구하려는 마케터들의 노력이 성공하지 못하는 이유는 아마도 이십대나 삼십대의 많은 사람들은 뭐라해도 그다지 우울하지 않기 때문이다. X세대는 실상 매우 다양한 집단이며 모두가 야구모자를 돌려쓰고 햄버거를 뒤집는 사람으로 일하지는 않는다. '소요 유격대'와 다른 성난 X세대에 맞추어진 액서스, **프로젝트 X**, 케이지비와 같은 이름을 가진 수많은 잡지가 탄생했음에도 불구하고, X세대 여성에게 가장 인기가 있는 잡지는 **코스모폴리탄**이었다. 이 연령 코호트를 가장 화나게 만든 것은 매체에 의해서 끊임없이 화가 난 집단으로 낙인찍히는 것이다.[36] 씨엔엔/타임(CNN/Time)에 의한 한 연구는 X세대의 60%가 자신의 보스가 되고 싶어 하는 것을 발견하였고 또 다른 연구는 X세대는 이미 미국에서 새로 시작된 비즈니스의 70%를 차지하는 것으로 나타냈다. 한 업계 전문가는 "오늘날 X세대는 다양한 가치에 지향적(values-oriented)이면서, 동시에 하나의 가치에 지향적(values-oriented)이기도 하다. 이 세대는 확실히 안정되어 가고 있다." 이 세분 시장에 있는 많은 사람들은 자신이 키보이(맞벌이 가정의 자녀로 집의 열쇠를 가지고 다니는 아이)였기 때문에 안정된 가족을 가지려고 굳게 다짐한 것 같아 보인다. 열 명 중 일곱 명은 정기적으로 소득의 일부를 저축하고 있는데 이는 그들의 부모가 저축한 비율에 필적하는 것이다. X세대는 집을 물질적인 성공의 표현이라기보다는 개성의 표현으로 생각하는 경향이 있으며 절반 이상이 집을 개선하고 수리하는 프로젝트에 몰두한다.[37] 그들이 그다지 게으르다고는 생각되지 않는다.

광고 대행회사인 사치 앤드 사치는 심리학자와 인류학자들 팀을 버스터 하위문화를 연구하는 현장으로 보냈다. 이 연구자들은 네 개의 주요 세분집단을 찾아냈다.

1. 냉소적 오만자(cynical disdainers) : 세상에 대해 가장 비관적이고 회의적이다.

2. 전통적 물질주의자(traditional materialists) : 30년대와 40년대의 베이비부머들과 가장 흡사하다. 이 젊은이들은 명랑하고, 미래에 대해 낙천적이고, 그들이 계속 아메리칸 드림이라고 보는 물질적인 번영을 위해 활발하게 노력한다.

3. 히피 재유자(hippies revisited) : 이 집단은 60년대의 비물질주의적인 가치를 지지한다. 그들의 우선적인 사항은 음악(예를 들면 제리 가르시아(Jerry Garcia)의 죽음에도 불구하고 많은 사람들이 계속해서 데드헤즈(deadheads)가 되고자 한다), 복고적 패션, 그리고 영성에 대한 강한 관심을 통해서 표현된다.

4. 50년대 사나이(fifties machos) : 이 소비자들은 젊은 공화당원이 되고자 하는 경향이 있다. 그들은 전형적인 성 역할을 믿으며 정치적으로 보수적이고 다문화주의를 가장 덜 수용하고자 한다.[38]

2) 구매력이 높은 남녀 대학생 시장

광고주들은 학생들을 설득하기 위해서 대학가에 연간 1억 달러를 쓰고 학생들도 역시 연간 200억 달러어치의 제품을 구입한다.[39] 광고주들 중에서 신용카드 회사들이 요즘 가장 많이 광고비를 쓰고 있다(학생들의 54%가 적어도 하나의 카드를 가지고 있다).[40]

책값과 식대, 등록금을 내고 나면, 일반 학생들은 한 달에 사용할 수 있는 돈을 200달러 정도 가지고 있다. 그래서 이러한 관심은 놀라운 것이 아니며, 한 마케팅 간부는 "이 시기는 학생들이 기꺼이 새로운 제품을 써보고자 합니다… 이 시기는 그들을 당신의 가맹점에 들여 놓는 시기입니다."라고 하였다.[41]

많은 대학생들은 처음으로 집에서 떠나 있으며 일상의 개인적인 관리에 필요한 물품이나 청소용품의 구매와 같은 것에서부터 부모에 의해 결정되던 많은 구매결정을 내려야 한다. 어떤 마케터들은 경험의 부족에 관심을 가진다. 한 임원은 "광고주들은 대학생을 상표 선호를 발달시키는 사람으로 보기보다 쉽게 영향을 받을 수 있는 사람으로 본다."[42]고 하였다.

대학생들은 통상적인 방법으로 접근하기 힘들기 때문에 그들은 마케터에게 특별한 도전이 된다. 학생들은 다른 사람들보다 TV를 적게 보고, 또 TV를 볼 때는 자정이 지나서 보는 경향이 있으며, 신문을 매일 읽지는 않는다. 일부 큰 회사들은 학생들에게 이르는 최선의 방법은 대학 신문을 통하는 것이라는 것을 발견했다. 약 90%의 학생들은 그들의 대학 신문을 일주일에 한 번 읽으며 이는 왜 대학 신문에 광고를 내기 위해서 연간 170만 달러가 사용되는가를 설명해 준다.[43]

학생들에게 도달하는 다른 전략은 다양한 개인적인 관리 용품을 담은 견본품 박스를 널리 배포하는 것이다. 뿐만 아니라 대학생에게 도달하기 위해서 봄방학의 의식을 이용하는 회사의 수가 늘고 있다.

4. 베이비부머

7천8백만 명이 넘는 **베이비부머**(baby boomers) 연령 세분집단은(1946년과 1964년 사이에 태어난 사람들) 많은 근본적인 문화적, 경제적 변화의 근원이 된다. 이 세대는 숫자가 많아서 힘을 가지고 있는데, 제2차 세계대전 후에 집으로 돌아왔을 때 그들은 기록적인 속도로 가족과 커리어를 안정시키기 시작했다(복원병 원호법에 도움을 받아). 생쥐를 삼킨 커다란 구렁이를 상상해 보라. 그 쥐는 구렁이의 길이에 따라 내려가 움직일 때마다 움직이는 볼록함을 만들어낸다. 그림 6-3에서 볼 수 있는 것과 같이 베이비부머도 같은 모양을 보여주고 있다.

1960년대와 1970년대의 십대로서, '우드스탁세대'는 스타일, 정치 그리고 소비자 태도에 있어서 혁명을 일으켰다. 그들이 나이가 들어감에 따라 그들의 총체적인 의지가 1960년대의 언론 자유 운동과 히피족에서 1980년대의 레이거노믹스(역주 : 감세와 통화 조정 등 레이건의 경제정책)와 여피족에 이르는 다양한 문화적 사건의 배후에 있었다. 이제 그들이 나이가 더 들었으므로(어떤 사람은 그들을 머피스(muppies : middle-aged urban professionals)라고 부른다), 그들은 중요한 방식으로 대중문화에 계속해서 영향을 주고 있다.

1) 패션, 외모 그리고 '도전의 시대'

페더레이티드 백화점의 최고경영자는 "디자이너와 소매업자들은 40세 이상의 사람들에게 판매를 촉진하는 일을 더 잘 할 필요가 있다."라고 지적했다.[44] 일부 나이든 소비자들은 주니어매장이 아닌 다른 매장에 있는 다른 부적절한 스타일들과 미니스커트는 그들의 욕구를 잘 만족시키지 못한다고 느낀다. 그러나 "불룩 튀어나오고, 늘어지고 40대와 50대로 접어 들어가기 시작하는 나이 들어가는 부머들의 욕구를 이용하여 돈을 벌고 있는 회사들도 많이 있다."[45] 리(Lee) 청바지는 젊은 마음을 가진 엉덩이가 커져가는 청바지 착용자를 겨냥하고 있으며, 리바이스는 '느슨하게 맞는' 제품을 판다. 안경사들은 선이 보이는 안경의 가격보다 가격이 상당히 비쌈에도 불구하고 혼합되었거나, 선이 없거나, 이중 초점 렌즈 안경을 필요로 하는 시장이 성장하고 있다고 보고하고 있다. 거들 시장도 '넓적다리 날씬이'나 '신체 보정복'이라 불리는 제품과 더불어 활기를 띠고 있으며 심지어 스낵식품도 이러한 경쟁의 대열에 섰다. 예를 들어 나비스코(Nabisco)는 미니 오레오(Mini Oreo)를 도입하여 향수를 느낌과 동시에 다이어트를 의식하는 성인들을 공략하고 있다.

개인적인 외모의 영역에서 연령 장애를 낮추는 것을 자유롭게 하려는 여권운동의 영향에도 불구하고, 흰머리를 가리거나 주름과 검버섯을 가리거나 제거하는 제품을 위해 "싸우지 말고 도전하세요."라는 슬로건을 내걸고 중년의 여성에게 소구하는 것으로 화장품 산업은 계속해서 번성하고 있다. 20세기의 여성들은 삶을 통해서 외모를 가치 있게 여기도록 사회화되어[46] 실제로 나이든 여성 소비자들에 대한 연구는 이 소비자들의 패션에 대한 관심은 나이와 더불어 감소하는 것은 아니라는 결과를 나타냈다.[47] 다른 나이든 여성에 관한 한 연구에서 응답자의 3분의 2가 긍정적인 패션의식 정도를 나타냈고 패션에 뒤떨어지지 않으려는 욕망을 나타냈으며, 그들은 특별히 가격을 의식하지도 않고 여기저기 쇼핑을 하러 다니려 하지도 않지만 다양한 정보원천

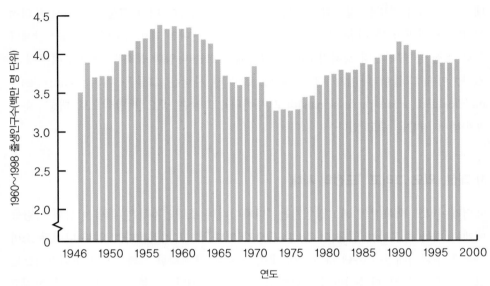

그림 6-3
베이비부머 연령 코호트의 기원

으로부터 정보를 얻는다.[48] 또한 이 여성들은 사회적 압력을 덜 받는 경향이 있고 더 질이 좋은 의류를 위해 더 지불할 의사가 있다고 하였다.[49]

많은 디자이너들과 의류 회사들은 베이비부머에게 패션을 판매하는 점에 있어서는 대중들이 나이가 들어가는 것은 큰 문제가 아니라고 판단하며 많은 사람들이 그들의 제품을 어떤 라이프스타일이나 마음 상태에 맞는다는 것을 표현함으로써 이 시장을 표적으로 하고 있다. 이 세대는 앞선 세대들보다 훨씬 더 활동적이고 신체적으로 강건한데, 베이비부머들은 어떤 종류의 스포츠 활동에 관여하고 있는 비율이 국가 평균보다 6%나 더 많은 사실에서도 알 수 있다.[50] 50세는(실상은 40) '나이 먹은' 연령으로 간주되곤 했지만, 요즘에는 부머들이 전문직에서나 개인적인 삶에서 정상에 서있는 연령이라고 간주된다. 이러한 새로운 태도는 성숙함은 여성이 더 이상 매력적이거나 바람직하지 않다는 것을 의미한다는 고정관념을 깨온 여성 소비자들에게 특히 매력적으로 느껴진다. 많은 패션 회사들은 그들의 제품을 연령에 상관없이 멋있게 보이고 기분 좋게 느끼고자 동경하는 목표의 일부로 판매한다. 리즈 클레이본(Liz Claiborne)의 마케팅부사장은 "연령이 문제가 아니라 상표에 달려 있습니다…"라고 하였으며,[51] 리치즈/라자러스/골드스미스 백화점의 패션 디렉터는 종종 그녀의 아이들과 심지어 손자들과 같은 옷을 입곤 한다![52]

2) 경제적 힘 : 비용을 부담하는 자에게 결정권이 있다

지난 20년 동안 부머집단의 크기와 구매력으로 인해 마케터들은 이 연령 코호트에 많은 주의를 기울였다. 이 '구렁이 속의 생쥐'는 중년이 되었고 이 연령 집단은 여전히 소비 패턴에 지대한 영향력을 행사하고 있는 집단이다. 대부분 시장의 성장은 소득이 증가하는 사람들에 의해서 이루어질 것이다.

리바이스는 이전에 청바지를 입던 히피가 나이 들어가고 있고 전통적인 리바이 제품에 관심을 잃어가고 있다는 도전에 직면하고 있을 때, 그들은 청바지보다는 더 정장스럽고 정장바지보다는 더 캐주얼하며 501s 제품보다는 약간 덜 조이는 새로운 제품 유형인 '뉴 캐주얼'을 만들어냄으로써 이 도전에 대응했다. 표적 시장은 평균 이상의 학력과 소득 수준을 가지고 주요 대도시 지역의 화이트칼라 직업을 가진 25~49세 사이의 남성으로 성장하였으며, 직장의 환경변화는(캐주얼) 판매에 큰 영향을 끼쳤다. 그렇게 해서 다커스(Dockers) 라인이 탄생했으며,[53] 리바이스의 이미지는 디젤과 제이앤씨오(JNCO)와 같은 새로운 이름을 선호하는 젊은 소비자들 사이에서 희생되었지만, '금요 자유복의 날'과 같은 작업 환경과 관련된 옷을 공급하는 회사의 역할은 계속해서 증대되고 있다. 엘렌 트레이시(Ellen Tracy)도 역시 나이 들어가는 부머들에 맞추어 1960년대에 주니어 스포츠웨어에서 시작되어 오늘날은 주요한 연결 라인으로 성공적인 움직임을 보이고 있다.

베이비부머는 '둥지를 장식'한다. 그들은 집안의 가구와 장비에 쓰는 돈의 약 40%를 소비하고 있으며,[54] 45~54세 사이에 있는 소비자들은 다른 어떤 연령 집단보다 은퇴 프로그램(평균보다 57% 이상), 의류(평균보다 38% 이상), 그리고 식품(평균보다 30% 이상)에 가장 많이 지출한다. 중년의 소비자들이 우리 경제에 미치고 있고 앞으로 미칠 영향은 현재의 소비 수준에서 보았을 때, 35~54세의 세대주가 1% 더 증가하면, 890억 달러의 추가적인 소비를 가져오는 사실을 생각해 보면 잘 알 수 있다.

이 연령 집단은 자신들에 의해서 생긴 제품과 서비스에 대한 직접적인 수요를 결정할 뿐만 아니라 그들 자신의 베이비붐을 일으키기도 했다. 수정능력이 저하되었기 때문에 이 새로운 붐은 베이비부머 세대가 일으킨 것만큼 크지는 않다. 비교적 출생아의 수가 급증한 것은 **베이비 붐렛**(baby boomlet; 작은 베이비붐)이라고 표현될 수 있겠다.

여성의 커리어에 대해 새롭게 중요시하는 경향으로 인해 많은 사람들이 결혼과 출생을 미루었다. 이 소비자들은 이제 '생체 시계'가 째깍거리는 것을 듣기 시작하고 있으며, 그들은 30대(심지어 40대에도) 아기를 가지고 결과적으로 가족 당 더 적은 수의 (그러나 아마도 더 응석받이로 자라난) 아이를 가지게 되었다. 아이들과 가족에 대한 새로운 강조는 베이비 갭(Baby Gap), 갭키즈(GapKids), 리미티드 투(Limited Too), 짐보리(Gymboree), 그리고 원래 짐보리에 의해 개발되었던 6~12세 아이들을 위한 쥬토피아(Zutopia)와 같은 의류 체인점을 위한 기회를 창출하였다.[55]

더 나이든 베이비부머들은 이제 조부모가 되었다. 그들은 더 젊고, 더 활동적으로 관여하는 조부모 세대이며, 그들은 총체적으로 손자들에게 선물을 주는데 연간 350억 달러를 지출하고 있다.[56]

5. 노년시장

의류 회사들은 젊은이 시장을 열심히 추구하느라 노인들을 거의 간과하였다. 그러나 인구가 노령화되어가고 사람들이 더 건강하게 더 오래 살게 됨에 따라 시장은 급진적으로 변화하고 있다. 많은 업체는 가난하고 적적한 노인이라는 오랜 고정관념을 바꾸어 노인소비자들은 활동적이고 외모와 삶이 제공하는 것에 흥미가 있고, 많은 제품과 서비스를 구매할 수단과 의도가 있는 정열적인 소비자라고 인식하고 있다. 그러나 패션산업은 휴양과 같은 다른 산업만큼 이 분야에 잘 해나오지 못한 반면 칙 진스(Chic Jeans)와 같은 몇몇 회사들은 모든 연령, 민족 그리고 사이즈의 요구에 응하려고 시도하고 있다. 그들의 광고 캠페인 '아름다운 아이디어' 는 이러한 점을 명확하게 나타내고 있다.

1) 노년의 힘 : 노인의 경제적 영향력

미국의 나이든 성인들은 여유소득의 50%를 관리하고, 연간 600억 달러 이상을 지출한다.[57] 많은 경우에 그들은 다른 연령 집단보다 더 높은 비율로 돈을 지출한다.

55~64세 연령 구간에 있는 세대주는 1인당 평균보다 15%를 더 지출하는데, 그들은 평균 소비자들보다 여성 의류에 56% 더 지출하고, 새 조부모로서 애완동물, 장난감 그리고 놀이터 설비를 하는데 실제로 25~44세 연령에 있는 사람들보다 더 많이 지출하고 있다.[58] 할머니들에 대한 한 연구에서는 거의 4분의 3은 아이들에게 돈을 쓰기보다는 자신의 의류 제품을 고르는 것을 선호한다는 것을 발견했다.[59] 사실 평균적인 조

이 칙 진스 광고는 모든 연령을 그려내
고 있다.

부모는 손자를 위한 선물을 위해 연간 500달러 정도를 지출한다[60] — (이렇게 지출하는) 조부모님께 오늘 전화 드렸나요?

　미국에서 현재 65세 이상인 사람들은 180만 이상의 세대의 세대주이며, 2010년 경에는 일곱 명의 미국인들 중에 한 명이 65세 이상이 될 것이다. 노동통계국은 전체 미국인구의 성장비율이 19%인 것에 비해서 1987년에서 2015년 사이에 노년 시장의 성장비율은 62%에 달할 것으로 예측하였다.[61] 2030년에는 미국 인구의 20%가 노인이 될 것이며, 2100년에는 적어도 100세가 되는 미국인의 수가 현재의 6만5천 명에서 500만 명 이상으로 급증할 예상이다.[62]

　이러한 증가는 노년 시장을 오직 베이비부머에만 뒤지는 미국에서 두 번째로 빠르게 성장하는 마켓 세분시장이 되게 하였고, 그러한 극적인 성장은 주로 향상된 건강관리와 결과적인 기대수명의 증가가 원인이 되었다.

　대부분의 노인들은 우리가 생각하는 것보다 더 활동적이고 다차원적인 삶을 살고 있다. 거의 60%가 봉사활동에 참여하고 있고 65~72세 노인 네 명 중에 한 명은 여전

클로즈업 | 모든 연령을 위한 청바지

칙 진스 광고 이면에 있는 아이디어는 단순하다 : 우리는 우리의 사이즈, 연령, 피부색, 혹은 신체 형태에 상관없이 모두 아름답다! 대중매체에 나타난 여성의 아름다움에 대한 지배적인 관점을 바꿀 때가 되었다. 평균적인 실제 여성은 젊은 말라깽이(waif)가 아니다! 미국 여성의 60% 이상이 사이즈 12 이상이다.

아모디오 페티(Amodeo Petti) 대행사에 의해서 고안된 "나는 아름다워요(I'm Beautiful)" 캠페인은 모든 사이즈, 연령 그리고 피부색을 가진 현재의 실제 여성에 대한 찬사이다. 칙 진스 광고는 토니상 수상자인 앤 레인킹이 안무했다. 댄서들은 브로드웨이 뮤지컬 히트작인 포시와 시카고에 나온 스타들과 84세의 미미 웨델과 18세 학생인 카메론 리차드슨과 같은 실제의 여성으로 이루어져 있다. 종잇장 같은 슈퍼모델들아 비켜라… 있는 그대로의… 칙(Chic)이 여기 계신다!

출처 : www.chicjeans.com

히 일을 하고 있으며, 140만 명 이상이 매일 손자를 돌보는 데 관여하고 있다.[63] 그러나 노인에 대한 예전의 이미지가 아직도 지속되고 있다. 모던 머추리티(*Modern Maturity*)잡지의 편집장은 그들에게 제출된 광고의 3분의 1을 거절하고 있는데 그 이유는 그러한 광고들이 부정적인 면을 강조하여 노인들을 묘사하고 있기 때문이다. 한 조사에서 55세 이상의 소비자의 삼분의 일이 어떤 제품의 광고에서 노인들이 진부한 방식으로 표현되었기 때문에 일부러 그 제품을 사지 않은 적이 있다고 보고했다.[64]

소득 하나만으로는 이 집단의 소비력을 포착할 수 없다는 사실을 기억하라. 노인 소비자들은 젊은 소비자들의 소득을 짜내는 많은 금전적인 채무를 마쳤고 그들이 사는 집의 80%가 융자금이 없다. 또한 양육비 지출도 끝났다. 그리고 "우리는 우리 아이들의 유산을 쓰고 있습니다."라고 자랑스럽게 주장하는 범퍼 스티커의 인기로 봐서 알 수 있듯이, 많은 노인들은 이제 자녀와 손자들을 위해서 절약하기보다는 자신들에게 돈을 쓰고 싶어 한다.

2) 노인에 대한 패션산업의 관심(혹은 그에 관한 관심부족)

55세 이상 노인을 대상으로 하는 패션 시장은 전체 패션 시장 중에서 330만 명의 소비자들이 의류에 200억 달러 이상을 지출하고 있어 패션 산업에서 많은 잠재력을 가지고 있다. 그러나 젊은이들에 사로잡힌 패션산업은 종종 이 고객의 마음을 어떻게 움직이는지에 확신이 없으며, 많은 중급과 고급 소매점과 의류 제조업자들은 나이가 듦에 따라 생기는 신체의 변화에 맞춰 유행 스타일을 제공하려고 노력해 왔다.[65] 일부 회사들은 다양한 전략을 사용해서 노인들을 표적으로 하는 전략을 증가시켜 왔다. 회사가 더한 모양은 고무줄 허리, 앞이 매끈해 보이는 조절이 가능한 허리선을 가진 바지, 벨

크로 잠금장치, 넣기 쉬운 주머니, 긴 소매 셔츠, 길어진 재킷, 잘 늘어나는 옷감 그리고 편안한 스타일링이다. 시어즈(Sears)는 광고에 나이든 모델을 사용하고 있다. 노년 여성들의 요구에 맞추기 위한 시도의 또 다른 예로는 제이씨 페니(J.C. Penny)의 관절염을 가진 여성을 위한 패션 카탈로그인 스페셜 니즈(Special Needs)와 맥콜(McCall)의 맞음새를 좋게 하기 위해 패턴을 수정하는 자세한 방법을 담고 있는 퍼펙트 핏 (Perfect Fit) 패턴 시리즈가 있다.

나이든 여성들이 패션에 대한 계속적인 관심에도 불구하고 그들이 몸에 잘 맞고 선호하는 옷을 찾는데 어려움이 있는데, 750명의 65~80세 여성을 대상으로 스웨덴에서 수행된 연구 결과, 응답자들의 약 50%는 보통 사이즈가 맞지 않는다고 하였다.[66] 여러 회사가 새로운 미국재료시험협회(ASTM : American Society for Testing and Materials)의 신체 치수 기준을 사용하기 시작했는데 이 기준은 55세 이상의 여성 7천 명을 대상으로 한 사람당 60가지 신체치수를 사용한 연구로부터 개발되었다.[67] 이 연구가 전개되는 동안 연구자들은 피실험자의 3분의 2가 기성복의 맞음새에 불만족하고 있다는 것을 발견했다. 이에 한 의류회사는 새로운 라인을 개발할 때 나이든 사람의 모형을 고려하고 있는데, 품위를 떨어뜨리지 않고 이 새로운 라인의 제품을 노인 집단에게 판매하는 것이 문제가 되고 있다. 허리끈을 3인치 정도까지 늘리고 줄이는 장치를 단 바지를 인기물로 내세운 코렛(Koret)의 '인스타핏(instafit)' 프로그램은 성공적이나 그러한 제품을 마케팅 할 때 연령에 대해 언급하지 않는다.

의류 카탈로그 쇼핑도 나이든 사람들에게 매우 중요해지고 있다. 쇼핑몰이 점점 더 커지고 혼동스러우며 복잡해짐에 따라 노인들은 우편 주문을 통해 옷을 습득하는 더 쉽고 안전한 방법을 선호한다. 하나의 큰 불편함은 불만족스러운 제품을 반환하는 것인데 비교적 시간을 더 많이 가지고 있는 노인들에게는 이는 그다지 큰 문제가 되지 않는다. 천 명에 달하는 전미국은퇴자협회(AARP : American Association of Retired People) 회원에 대한 연구는 노인 소비자들은 그들 자신의 경험을 옷을 선택하는데 있어서 가장 유용한 정보 원천으로 여기고 있고 판매원을 가장 유용하지 않다고 생각한다는 것을 발견했다. 아마도 이러한 점이 노인 시장의 많은 사람들에게 상점에서의 쇼핑이 우편주문에 비해 유리하지 않은 또 하나의 이유가 되는 것 같다.[68]

노인 소비자들이 경제적으로 건강한 상태이며 아니라 점점 더 나아지고 있다는 충분한 증거가 있다. 뉴욕 시장 조사 회사인 엔피디 그룹(NPD Group)은 나이든 소비자들은 디스카운트스토어에서 15%를 지출하는 것과 비교하면 백화점에서 더 많이 소비한다는 것 ― 그들이 지출하는 전체 의복비의 거의 4분의 1에 해당됨(다른 연령집단보다 많음) ― 을 발견하였다. 신발과 의류와 더불어 급증하는 노년 시장으로부터 이익을 얻은 중요한 영역은 운동시설, 크루즈, 관광, 성형수술 및 피부 관리, 그리고 '하는 법'에 대한 책과 향상된 학습 기회를 제공하는 대학 강의가 포함된다.

(1) 노인 성인을 위한 디자인 기준

1999년의 국제연합 노인의 날과 협력해서, 활동적이고 늙지 않는 소비자(Active & Ageless ; 건강하게 나이듦을 촉진하기 위해 스포츠용품 제조협회에 의해서 개발된 상표)를 위한 의류 디자인 기준이 설정되었다.[69] 네 가지 기준은 다음과 같다.

- 맞음새(fit) : 좋은 맞음새는 옷이 몸과 조화되고 사람이 방해받지 않고 움직일 수 있다는 의미이다. 의복은 시간이 지남에 따라 생기는 몸매의 변화를 알아차릴 수 없게 조정하고 특정한 연령으로 보이는 것이 없이 편안하도록 해야 한다.

- 구성(fabrication) : 주안점은 색상, 섬유, 패턴, 재질, 그리고 옷감 '감촉'에 있다. 밝은 색상은 흰머리를 향상시켜 보인다. '탄력성'이 있는 가볍고, 두툼하지 않고 흡습성이 좋은 옷감은 더 나은 편안함을 준다. 물질적인 구성요소들은 피부에 부드러운 촉감을 주어야 한다.

- 스타일링(styling) : 연령으로 인한 변화에도 불구하고 최신의 고전적인 의류는 노화된 몸을 향상시킨다. 스타일은 주요한 부분을 덮고 위장해야 하지만 디자인 디테일은 유동성과 입고 벗는 것이 쉽게 도와야 한다. 조정이 가능하고 튼튼한 구성요소가 포함되어야 한다 ― 잘 위치된 주머니가 그 예가 되겠다.

- 손질(care) : 손질하기 쉽고 약간의 다림질이 필요하거나 다림질이 전혀 필요하지 않는 의복이 선호된다. 크고 대비가 선명한 글자로 되어 있는 찾기 쉽고 유익한 손질에 대한 라벨이 권고된다.

이러한 기준은 활동적이고 늙지 않는 시장의 욕구를 만족시키는 활동적인 스포츠웨어를 인가하는 데 사용될 수도 있다.

국제의류직물협회(ITAA : International Textile and Clothing Association)의 연차학술대회는 회원들에 의한 대회를 거친 의복디자인의 전시회를 열었는데, 노인 시장의 중요성을 인지하여 '55세 이상'이라고 불리는 범주가 대회에 더해졌다. 노인들을 위한 의복의 문제점에 대한 많은 혁신적인 해결책이 논의되었으며,[70] 주요 회원 중의 한 명은 최근 보스턴의 과학박물관에서 '노화의 비밀'이라고 불리는 포괄적인 전시를 개발했다. 이 전시를 돌아보는 것에는 그 분야의 최근 연구를 강조하는 것과 더불어 55세 이상의 집단을 위한 디자인을 포함한다.[71]

3) 지각된 연령 : 당신은 당신이 느끼는 만큼만 나이가 들었다

노인들과 작업하는 시장 연구자들은 종종 사람들은 실제 자신의 나이보다 열 살에서 열다섯 살 정도 젊다고 생각한다고 하여 연령은 신체의 상태라기보다는 마음의 상태라는 금언을 증명하고 있다. 한 사람의 정신적인 견해와 활동 수준은 연대적(실제) 연령보다 그의 수명과 삶의 질과 더 많이 연관되어 있다.

이에 노인을 유형화하는 더 나은 척도가 지각된 연령(perceived age) 혹은 어떤 사람이 얼마나 나이가 들었다고 느끼는가이다. 의복에 대한 최근의 한 연구는 연대적인 (실제) 연령보다 지각된 연령이 의복의 중요성과 자아 표현의 다른 면에 대해 더 믿을 만한 예측을 하게 한다고 주장하였다.[72] 지각된 연령은 여러 가지 차원에서 측정될 수 있으며 이러한 차원에는 '느끼는 연령(feel-age; 어떤 사람이 얼마나 나이 들게 느끼는가)'과 '보이는 연령(look-age; 어떤 사람이 얼마나 나이 들게 보이는가)'이 포함된다.[73] 소비자들이 더 나이가 들수록 실제 나이에 비해 상대적으로 더 젊게 느끼는 이유 때문에 많은 마케터들은 마케팅 캠페인에서 연령-적합성보다는 제품 혜택을 강조한다. 왜냐하면 많은 소비자들은 그들의 연대적인 연령을 겨냥한 제품을 (자신과)연결시키지 않기 때문이다.[74]

4) 노인의 세분화

나이든 소비자들은 연령과 라이프사이클에서의 단계에 의해서 확인하기 쉽기 때문에 노인 시장은 세분화에 적합하다. 또한 마케터들은 이 집단을 어떤 사람이 성년이 되는 해(그의 연령 코호트), 현재의 결혼 여부(예를 들어 과부 대 기혼), 그리고 어떤 사람의 건강과 삶에 대한 견해와 같은 차원과 더불어 세분화하는데,[75] 대부분의 노인들은 사회보장제도의 연금을 받기 때문에 많은 노력을 기울이지 않고도 그들을 쉽게 찾을 수 있으며, 많은 사람들은 120만 명 이상의 회비를 내는 회원을 자랑하는 전미국은퇴자협회와 같은 기관에 속해 있다. AARP의 주 간행물인 모던 머추리티는 미국 잡지 중에 가장 많은 발행부수를 가지고 있다.

연구자들은 나이든 소비자들에게 적절한 주요 가치들을 밝혔다. 마케팅 전략이 성공

하기 위해서는 이러한 요인 중 하나나 그 이상이 관련되어 있어야 한다.[76]

- **자치**(autonomy) : 성숙한 소비자들은 활동적인 삶을 영위하고 자급자족하기를 원한다.

- **관계**(connectedness) : 성숙한 소비자들은 친구 및 가족들과 가지고 있는 연대를 중시한다.

- **이타주의**(altruism) : 성숙한 소비자들은 세상에 무엇인가를 돌려주고 싶어 한다.

- **개인적 성장**(personal growth) : 성숙한 소비자들은 새로운 경험을 하는 것과 그들이 가진 잠재력을 개발하는 데 관심이 높다.

일반적으로 노인들은 많은 정보를 제공하는 광고에 긍정적으로 반응을 보여왔으나 다른 연령 집단과 달리 대개 이미지 지향적인 광고에 의해서 즐거워하지도 설득되지도 않는다. 보다 성공적인 전략은 노인들을 두루 갖춰지고 사회에 기여하는 일원으로 불안정하게 삶에 매달려 살기보다는 그들의 지평을 넓히는 사람이라는 데 주안점을 두어 묘사한 광고를 만드는 것을 필요로 한다. 이 시장은 주류를 이루는 의류 소매점에 의해서는 거의 개발되지 않은 시장이라고 하겠다.

6. 인종과 민족 하위문화

하나의 **민족적** 혹은 **인종적 하위문화**(ethnic or racial subculture)는 공통적인 문화적, 유전적인 유대를 함께 하고 일원들과 다른 사람들에 의해서 구별할 수 있는 유형으로 확인된 소비자 집단이다.[77] 민족적, 인종적인 정체성은 소비자의 자아개념에 중요한 구성요소이다.

일본과 같은 나라에서는 대부분의 국민이 같은 동질적인 문화적 유대(일본에는 거의 확실하게 한국인 선조를 가진 상당수의 소수 시민이 있다)를 주장하기 때문에 민족성은 거의 주를 이루는 문화와 같은 뜻을 가진다. 미국과 같이 이질적인 사회에서는 많은 다양한 문화가 나타나며, 소비자들은 그들의 하위문화에 대한 귀속의식이 지배적인 사회의 주류에 빠져드는 것을 막기 위해서 많은 노력을 기울인다. 본 장에서 알아보고자 하는 하위문화에 대한 귀속의식에도 불구하고, 최근의 메리츠 마케팅 리서치 보고서에서는 미국 거주자의 83%가 그들의 문화와 전통이 유일하게 '미국적'이라고 밝혔다고 하였다. 유럽 혈통을 가진 미국인의 90%는 미국적인 방법을 채택할 뿐만 아니라 남미 혈통, 아프리칸 혈통과 중동의 혈통을 가진 미국인들의 대다수는 그들의 전통이 철저히 미국적이라고 느낀다. 반면 아시안 조상을 가진 미국인들은 덜 동화하는 경향이 있다.[78]

1) 민족 집단을 표적으로 하는 이유는?

마케터들은 더 이상 미국의 주류 사회의 형태를 새롭게 하고 있는 놀랄 만한 문화의 다양성을 묵과할 수 없다. 소수민족은 제품과 서비스에 연간 6천억 달러를 지출하고 있어 회사들은 이 하위문화의 욕구에 부응하는 제품과 커뮤니케이션 전략을 고안해 내야 한다. 이 거대한 시장은 줄곧 성장하고 있다. 이민자들은 미국 인구의 10%를 차지하고 있으며 2050년에는 13%를 차지할 것으로 보인다.[79]

(1) 민족성과 마케팅 전략

어떤 사람들은 마케팅 전략을 구체화할 때 인종적, 민족적 차이점들을 확실하게 고려해야 한다는 말을 불편하게 들을지 모르지만, 현실적으로 이 하위문화에 속하는 멤버십은 자주 사람들의 욕구와 필요를 구체화하는데 매우 주요한 것이다. 이 집단의 멤버십은 종종 특이한 옷을 입는 것, 식품에 대한 기호, 정치적 행동, 여가 활동, 대중매체 노출 정도와 유형, 그리고 심지어 새로운 제품을 시도해 보려는 의도와 같은 소비자 변수를 예측해 준다.

  게다가 소수 집단의 일원은 자신이 속한 집단 출신의 광고제품 설명자에게 더 신뢰감을 느끼며 이는 보다 긍정적인 상표 태도로 바뀐다.[80] 또한 마케팅 메시지가 구성되어야 하는 방식은 어떻게 의미가 전달되는 가에 대한 하위 문화적인 차이에 달려 있다. 사회학자들은 **고맥락 문화**(high-context culture)와 **저맥락 문화**(low context culture)를 구분하는데, 고맥락 문화에서는 집단에 속한 사람들이 끈끈하게 결합되어 있고 말로 한 단어 이상의 의미를 추론하는 경향이 있다. 말보다는 상징과 제스처가 메시지의 무게를 싣고 있다. 영국계 미국인에 비교하면 많은 소수 문화는 고맥락이고 강한 구술의 전통을 가지고 있어서 이를 지각하는 사람들은 광고에서 메시지 문구 이상의 뉘앙스에 민감하게 반응할 것이다.[81]

(2) 민족성은 이동하는 표적인가

많은 회사에서 민족 대상의 마케팅이 유행하고 있지만 실제로 독특한 민족 집단의 일원을 알아내고 표적으로 삼는 것은 미국과 같은 '혼합인종' 사회에서는 그다지 쉬운 일이 아니다. 골프선수 타이거 우즈의 인기는 미국에서 민족적 정체성의 복잡함을 조명하고 있다. 우즈는 모범적인 아프리카계 미국 흑인의 전형으로 찬사를 듣고 있지만 실제로 그는 다민족성의 본보기이다. 그의 어머니는 태국사람이고 그는 백인과 인디언 조상도 가지고 있다. 다른 인기있는 문화적 인물 역시 다민족성을 가지고 있는데 여기에는 배우 키아누 리브스(하와이인, 중국인, 백인), 가수 머라이어 캐리(흑인, 베네수엘라인, 백인), 슈퍼맨의 딘 케인(일본인, 백인)이 포함된다.[82]

민족적, 인종적 경계를 흐리는 이러한 동향은 시간이 지나면서 증가할 것이다. 종족 간 결혼의 비율은 아시아계 혈통을 가진 사람들 사이에서 가장 높으며, 아시아계 남자의 12%와 아시아계 여성의 25%가 아시아계가 아닌 사람들과 결혼을 한다.[83] 많은 어린이들은 다양한 문화적 배경을 가진 다른 아이들에게 노출되었기 때문에 일부 마케팅 경영진들은 아이들의 민족에 대한 태도가 어른들의 태도와 매우 다를 것이라고 느낀다. 한 MTV의 상무는 젊은 성인들에게 "관용과 다양성은 절대적으로 가장 우선적으로 공유되는 가치이다."라고 하였다.

민족적인 면에 소구하는 제품은 그 제품이 시작된 민족적 하위문화에 의해서만 소비되도록 의도된 것은 아니다. **비민족화**(de-ethnicitization)는 이전에 특정한 민족 집단에 연관되었던 하나의 제품이 그 뿌리에서 분리되고 다른 하위문화에 유용하게 되는 과정을 지칭하는 것으로 민족적인 유산의 두 가지 구성요소인 헤어스타일과 식료품은 이러한 현상을 잘 나타내고 있다. '아프로(Afro)'로 불리는 아프리카계 미국 흑인의 헤어스타일은 1960년대에서 1970년대까지 흑인들이 자랑스럽게 하던 자연스러운 스타일이었다. 많은 사람들에게 자연스럽지는 않지만, 아프로와 '옥수수 배열머리(cornrows; 머리칼을 가늘고 단단하게 세 가닥으로 땋아 붙인 흑인의 머리형)'는 백인계 미국인에게 유행하게 되었다. 언급한 바와 같이 패션은 의복을 넘어 연장되며, 비슷한 현상은 식품과 같은 다른 산업에서도 발생한다. 이전에 유대 문화와 연관되던 베이글은 이제 할라피노 베이글, 블루베리 베이글, 심지어 성 패트릭의 날을 위한 초록 베이글과 같은 다양한 베이글로 대량생산된다.[84] 또 다른 예는 미국에서 가장 인기있는 소스인 살사로, 한 해에 400만 달러어치가 팔려 케첩의 판매를 능가했다.[85]

2) 민족적, 인종적 고정관념 : 다문화적 마케팅의 어두운 면

민족적 제품의 대량 판매가 널리 퍼지고 점점 늘고 있다. 아즈텍 인디언 디자인은 스웨터에 사용되고, 운동화는 아프리카 부족의 켄테(kente) 옷감으로 테가 둘러져 팔리며, 인사장이 미국 원주민의 샌드 페인팅으로 된 초상화를 담고 있기도 하다. 그러나많은 사람들은 그러한 독특한 상징성을 차용하는 것—때로는 오역됨—에 대해 우려하고 있다. 예를 들어 샤넬 하우스를 위한 단순한 드레스 디자인으로 시작된 것에 대해최근에 일어난 국제적인 이슬람 사회로부터의 폭동을 생각해 보라. 패션쇼에서 슈퍼모델 클라우디아 쉬퍼는 칼 라거펠트가 디자인한 끈 없는 드레스를 입었다. 그 디자이너는 사랑과 관련된 시에서 나왔다고 생각하는 아랍어 글자 문양을 그 드레스에 사용하였으나 그 메시지는 이슬람 성전인 코란의 구절이었다. 상처를 주고 모욕을 주기 위해 신(God)이란 단어가 모델의 오른쪽 가슴에 나타난 격이 되었다. 디자이너와 모델모두 죽음의 위협을 받았고, 그 드레스를 세 가지 버전(2만3천 달러)으로 만든 것이모두 태워진 후에야 그 논쟁은 잠잠해졌다.[86] 일부 업체 전문가들은 또 다른 문화로부터의 상징물을 가져다 쓰는 것은 바이어가 그 원래의 의미를 모르더라도 받아들일 수있는 것이라고 생각하고 있다. 그들은 심지어 (상징물의)주인이 되는 사회에서도 가끔은 이러한 의미에 대해서 종종 의견의 불일치가 있다고 주장한다. 이에 대해 어떻게생각하는가?

　과거에는 민족적 상징주의가 마케터들에 의해서 특정한 제품의 속성을 의미하는 속기로서 사용되어 왔다. 사용되는 이미지는 종종 조잡하고 좋아 보이지 않았다. 영화에서 포착하기 힘든(그리고 그다지 포착하기 힘들지 않은) 민족에 대한 고정관념을 사용하는 것은 매체의 민족 혹은 인종 집단에 대한 가정이 어떻게 지속적으로 나타나는지를 보여준다. 1953년의 디즈니 만화영화 피터팬은 아메리카 인디언을 도끼를 휘두르는야만인으로 희화화했으나, 1995년 영화 포카혼타스에서는 그러한 고정관념에 관해서좀더 주의를 기울이려고 했다. 그러나 아직도 이 특집 영화의 역사적 정확성에 대해이의가 제기되었다. 디즈니는 12세 여주인공을 플레이메이트(playmate) 타입의 인물로 바꾸었고 그 여주인공을 나이 들어 보이게 했는데 그 이유는 열두 살짜리가 스물일곱 살의 남자와 사랑에 빠지는 것이 현대 관중들에게 받아들여지지 않을 것으로 생각되었기 때문이었다.[87] 뿐만 아니라 디즈니는 영화 알라딘에 관해서 아랍계 미국인 사회로부터 비난을 불러 일으켰고 몇몇의 논란의 대상이 된 가사는 영화가 비디오로 출시될 때 바뀌었다.

3) 문화접변

하위문화의 일원들을 구별하는 중요한 방식 중의 하나는 그들의 모국에 대한 귀속의식 정도를 고려하는 것이다. **문화접변**(acculturation)은 다른 국가 출신의 어떤 사람이 한 국가의 문화적 환경으로 이동하고 적응하는 과정을 의미한다.[88]

이러한 요인을 이해하기 위해서, 라틴 아메리카인들이 미국인의 생활방식으로 융화된 정도가 매우 다양하므로 라틴 아메리카인 시장에 적용해 보자. 예를 들면 전체 라틴 아메리카인들의 약 38%는 바리오(barrios, 미국 도시 안의 스페인어를 일상어로 하는 사람들이 사는 지역)에 살거나 주로 라틴 아메리카인들의 지역에 사는데 이는 주류 사회로부터 고립된 경향을 보이는 것이다.[89] 표 6-2는 라틴 아메리카인들을 문화접변의 정도에 따라 세분화하려는 시도에 대해 기술하고 있다.

라틴 아메리카인 소비자들의 문화접변은 **점진적 학습모델**(progressive learning model)에 관해서 이해될 수 있는데, 이 관점은 사람들은 새로운 문화와 점점 더 만나면서 점차적으로 새로운 문화를 배워간다고 가정한다. 그러므로 라틴 아메리카인의 소비자행동은 그들의 원래 문화로부터의 관습과 새로운 문화 혹은 주인 문화(host culture)의 관습이 혼합된 형태로 나타날 것이라고 예측한다.[90]

일반적으로 쇼핑 성향, 다양한 제품 속성에 부여된 중요성, 매체 선호, 그리고 상표 충성에 대한 연구에서는 이러한 패턴을 지지하는 결과가 나타났다.[91] 한 연구에서는 민족에 대한 귀속의식의 강도를 고려할 때, 귀속의식의 정도가 강한 라틴 아메리카인 소비자들은 동화가 더 많이 된 상대집단과 다음과 같은 점에서 차이를 보였다.[92]

표 6-2 문화접변의 정도에 따른 라틴 아메리카계 하위문화의 세분화

세분집단	크기	지위	설명	특징
안정된 적응자	17%	상향 지향	더 나이듦, 미국태생; 미국문화에 동화됨	상대적으로 라틴 아메리카 문화에의 귀속의식이 낮음
젊은 노력가	16%	점차적으로 중요함	더 젊음, 미국태생; 성공하려는 동기화 정도가 높음; 미국문화에 적응력 있음	라틴 아메리카 뿌리와 다시 연결하고자 움직임
희망찬 충성자	40%	가장 크지만 줄고 있음	노동계층; 전통적 가치에 애착을 가짐	미국문화에 적응이 느림; 스페인어가 주 언어임
새로운 추구자	27%	성장 중	가장 새로운 집단; 높은 포부를 가지고 매우 보수적	라틴계 배경에 대한 귀속의식이 가장 강함; 라틴계가 아닌 매체 사용이 거의 없음

출처 : Adapted from a report by Yankelovick Clancy Shulman, described in "A Subculture with Very Different Needs," *Adweek* (May 11, 1982) : 44. By permission of BPI Communications.

- 그들은 일반적인 업체에 대해서 보다 더 부정적인 태도를 가지고 있었다(아마도 상대적으로 낮은 소득 수준 때문에 생긴 좌절감 때문일 것이다).

- 그들은 스페인어로 된 매체의 높은 사용자들이었다.

- 그들은 상표 충성도가 더 높았다.

- 그들은 유명상표를 더 선호하는 경향이 있었다.

- 그들은 자신의 민족 집단을 대상으로 해서 구체적으로 광고된 상표를 더 사려는 경향을 보였다.

그림 6-4에서 보여주는 것과 같이 이러한 변천의 과정은 많은 요인에 의해서 영향을 받는다. 어떤 사람이 영어를 쓰는가와 같은 개인적인 차이점은 그 조정이 얼마나 험난할 것인가에 영향을 주며 그 사람의 **문화접변의 대행자들**(acculturation agents) — 하나의 문화의 방식을 가르치는 사람들과 기관들 — 과의 접촉 역시 매우 결정적이다. 이러한 대행자들 중 일부는 출신문화(culture of origin, 이 경우 멕시코)와 동조하고 있다. 대행자들은 소비자를 그의 출신문화와 접촉하게 하는 가족, 친구들, 교회, 지역의 업체들, 그리고 스페인어로 된 매체를 포함한다. 다른 대행자들은 이민문화(culture of immigration, 이 경우는 미국)와 연관이 되어 있으며, 소비자들이 새로운 환경에서 어떻게 헤쳐 나가야 하는지를 학습하게 도와준다. 여기에는 공립학교, 영어를 사용하는 매체와 정부 기관들이 포함된다.

이민자들이 그들의 새 환경에 적응할 때 여러 가지 과정이 작용한다. 이동(movement)은 사람들이 물리적으로 한 곳을 떠나 다른 곳으로 가게 유도하는 요인들을 의미한다. 이 경우에서는 직장이 부족하고 자녀들에게 좋은 교육을 시키기 위해서 사람들이 멕시코를 떠나는 것이다. 도착하는 즉시 이민자들은 해석을 해야 하는 필요에 직면하게 되는데 이는 다양한 화폐를 알아보거나 친숙하지 않은 의복 스타일의 사회적 의미를 알아내는 것과 같은 새로운 환경에서 지내는데 필요한 규칙을 습득하고자 시도하는 것을 의미한다. 새로운 문화에 대한 학습은 또 다른 소비 패턴이 형성되는 적응(adaptation)의 과정으로 이끈다. 예를 들면 면접조사한 멕시코 여성의 일부는 미국에서 정착하기 시작하면서 반바지와 바지를 입기 시작했는데, 이러한 행위는 멕시코에서는 별로 좋게 보지 않았던 것이다.

문화접변 과정에서 많은 이민자들은 주류문화와 동일시되는 제품을 수용하는 동화

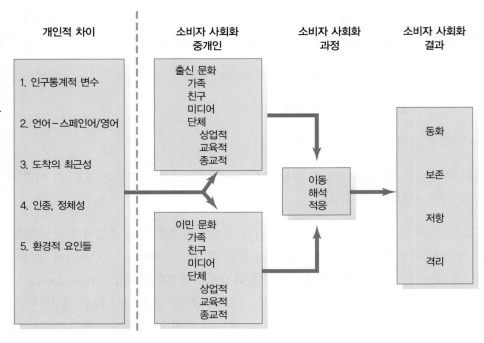

그림 6-4 소비자 문화접변 모델

출처 : Adapted from Lisa Peñaloza, "*Atravesando Fronteras*/Border Crossings : A Critical Ethnographic Exploration of the Consumer Acculturation of Mexican Immigrants," *Journal of Consumer Research 21*, no.1(June 1994):32-54. Reprinted by permission of The University of Chicago Press.

(assimilation)를 겪음과 동시에 출신 문화와 연관되는 습관을 지속(maintenance)하려는 시도도 이루어진다. 이민자들은 그들의 나라에 있는 사람들과 계속 연락을 하고 일부는 그 문화의 음식을 먹고 스페인어로 된 신문을 본다. 멕시코 문화와 동일시하는 행동은 그들이 멕시코인의 정체성을 억눌러야 하는 압력에 분개하고 새로운 역할을 맡게 됨에 따라 저항(resistance)을 야기한다. 결국 이민자들은(자발적이든 아니든 간에) 격리(segregation)의 행동을 보이는 경향이 있으며, 주류의 백인 소비자들과 물리적으로 분리된 곳에서 살고 쇼핑하는 경향이 있다.

이 과정은 민족성이 유동적인 개념이라는 것을 나타내며, 하위문화의 경계는 지속적으로 다시 만들어진다. 민족 다원주의 관점은 민족 집단은 가지각색으로 주류와 다르며 더 큰 사회에 대한 적응이 선택적으로 일어난다는 것이다. 동화는 그 사람의 원래 민족 집단과 동일시하는 것을 반드시 잃어버린다는 것을 반박하는 연구 결과가 많이 있다. 예를 들어 한 연구는 많은 프랑스계 캐나다인들이 높은 문화접변의 정도를 보인다고 하였다. 그러나 그들은 아직도 강한 민족적인 소속감을 보유하고 있다. 이런 연구가 주장하는 바로는 최선의 민족적 동화 지표는 민족 집단의 일원이 그들 자신의 집단에 속한 일원들보다 다른 집단의 일원과의 사회적 상호작용을 가지는 정도이다.[93]

4) 민족적 집단

지배적인 미국 문화는 항상 이민자들이 그들의 출신을 벗어버리고 주(host) 문화로 병합되도록 압력을 가한다. 많은 미국 이민자들은 역사적으로 유럽으로부터 이민을 왔지만 이민 패턴은 20세기 후반에 극적으로 변화되었다. 새 이민자들은 아시아인이나 라틴계인 경향이 있다. 이 새롭게 급증하는 이민자들이 미국에 안주함에 따라 마케터들은 그들의 소비 패턴을 추적하고 그들의 전략을 이민자들에게 맞춰 조정하고자 한다. 중국인이든, 아랍인, 러시아인, 혹은 지중해 출신의 사람들이든지 간에, 이렇게 새로 도착한 사람들에게는 그들의 모국어로 판매할 때 제일 잘 판매된다. 그들의 지리적으로 함께 모이는 경향은 그들에게 접근하는 것을 쉽게 하며 지역사회는 주요한 정보와 조언의 원천이며 그래서 구전이 특히 중요하다(제2장 참조).

(1) 미국의 3대 주요 하위문화

미국 인구조사국은 2000년에 2억 7천5백만 명이었던 미국의 인구가 2005년에는 약 2억 9천만 명으로 늘 것이라고 예측했다. 이러한 성장의 많은 부분은 백인이 아닌 민족 집단의 일원에 의해서 이루어질 것이며, 미국에서 태어난 시민이 아니라 다른 국가에서 온 이민자에 의해서 이루어질 것으로 보여진다. 백인 인구도 성장할 것으로 예상이 되지만 전체 인구에서의 그 비율은 82%에서 81%로 줄 것으로 보고 있다.[94]

　미국의 현재 성장의 대부분을 차지하고 있는 세 집단은 아프리카계 미국 흑인, 라틴 아메리카계 미국인, 그리고 아시아계 미국인이다. 라틴 아메리카계 미국인은 현재 미국 인구의 11%를 차지하고 있는데, 2013년에는 현재 12%에 해당하는 흑인인구를 능가 하여 라틴 아메리카계 미국인은 4천2백10만 명, 흑인은 4천2백만 명에 이를 것으로 예측된다. 아시아계 미국인 인구는 절대적인 숫자는 더 작지만(천40만 명), 가장 빠르게 성장하고 있는 민족 집단이고 현재 4%에서 2020년에는 11%가 될 것으로 예상된다.[95]

7. 아프리카계 미국 흑인

아프리카계 미국 흑인은 중요한 인종 하위문화를 구성하며 미국 인구의 12%를 차지하고 있다. 흑인 소비자들이 백인들과 중요한 방식에서 차이가 나지만, 흑인 시장은 많은 마케터들이 믿는 것만큼 동질적이지 않다. 역사적으로 흑인들은 주류 사회로부터 분리되어졌으나 최근 점점 증가하고 있는 경제적인 성공과 주류 백인 문화에 의해 흡수되어 온 사회에 대한 많은 공헌으로 인해 때때로 흑인과 백인 간의 경계선이 흐려지고 있다.

그뿐 아니라 일부 해설자들은 백인과 흑인의 차이점은 대부분 혼동하기 쉬우며, 다양한 소비 행동은 인종적인 차이에 의해서라기보다 주로 소득의 차이에 따라 다르고, 흑인들이 상대적으로 도시에 집중되어 있다는 사실과 사회 계층과 관련된 다른 차원에 의해 생길 가능성이 많다고 보고 있다. 예외적인 경우가 있기는 하지만, 백인과 흑인의 전체적인 지출 패턴은 대충 비슷하다고 하겠다.[96]

1) 패션/의류/리테일링 시사점

흑인과 백인이 서로 유사함에도 불구하고, 마케터의 주의를 요하는 우선적인 소비 사항과 시장에서의 행동에는 차이가 나타난다.[97] 때때로 그 차이는 미미하지만 여전히 중요할 수 있다. 아프리카계 미국 흑인들은 모발 관리 제품 시장의 30%를 차지하며 아프리카계 미국 흑인 여성들은 머리카락에 백인 여성들이 지출하는 것보다 3배나 많은 금액을 지출한다. 주요 회사들은 이 시장의 중요성을 깨달았고, 그 결과는 헤어산업의 합병으로 이어져 클레어롤(Clairol), 로레알, 그리고 알베르토-컬버(Alberto-Culver)와 같은 회사들은 그들의 에스닉 라인을 사거나 확장하고 있다.[98] 예를 들면 로레알은 최근 에스닉 헤어와 피부리 제품의 세계 최대 제조업체로 청구된 카슨(Carson Inc.)을 입수했다.[99]

한 연구는 의류 구매의 사전 계획(pre-planning), 상점 선호(store preferences), 상점 애고(store patronage), 그리고 의류 선택(clothing selection)의 네 가지 면에 대해서 흑인과 백인 소비자 사이에 차이점을 발견했다. 백인 여성은 흑인 여성보다 시즌 초에 의복을 더 많이 구입했고, 흑인들은 충동구매를 더 많이 했고, 액세서리의 구입 가능성은 흑인 여성들에게 보다 더 중요하게 여겨졌다. 자주 방문하는 상점의 유형과 판매원 태도의 중요성에서도 차이가 났다. 그러므로 판매자와 마케터들이 유념해야 할 만한 미묘한 차이가 있는 것으로 보인다.[100]

점점 더 많은 의류회사들이 에스닉 표적시장을 대상으로 구체적으로 디자인을 하고 있다. 배우겸 가수인 다이안 캐롤은 미국 흑인과 라틴계 사회를 겨냥한 자신의 이름을 단 의류와 액세서리 라인을 가지고 있는데 가격이 적당하고 색상이 다양하다. 스마일즈 패션즈(Smiles Fashions)는 최근 오렌지색 바탕에 흑백으로 된 아프리카인의 문양을 사용한 라인인 네페르티티 컬렉션(Nefertiti Collections)을 내놓았다. 시어즈(Sears)는 디자인이 특히 흑인들에게 어필한 아프리카계 미국 흑인 디자이너 알빈 벨(Alvin Bell)이 디자인한 모자이크를 제공하고 있다.[101]

2) 아프리카계 미국 흑인과 매체

역사적으로 아프리카계 미국 흑인들은 주류 광고에서 그다지 좋게 표현되어 오지 않았다. 그러나 이러한 상황은 변화되고 있다. 흑인들은 이제 광고에 묘사되는 사람들의 4분의 1 정도(전체 인구에서의 그들이 실제 비율보다 더 높은 비율)를 차지하고 있어서 광고들이 인종적으로 점점 더 통합되는 경향을 보이고 있다.[102] 그보다 더 놀랍고 중요한 변화는 텔레비전에서 흑인들이 그려지는 방식인데, 흑인들을 고정관념으로 인한 역할로 나타내던 초기의 프로와는 달리 대부분의 흑인들을 이제 그저 흑인일 뿐인 중산층 개인으로 묘사하는 경향이 있다.

젯, 에보니, 에센스 그리고 블랙 앤터프라이즈와 같은 여러 잡지들은 이 세분시장만을 표적으로 하고 있으며 큰 성공을 거두고 있다. 예를 들어 젯은 흑인 남성독자의 90%의 도달률을 가지고 있다고 주장한다. 이 성장하는 시장의 수요에 부응하기 위해 소스, 바이브, 쉐이드, 이미지와 같은 명칭을 가진 새로운 류의 잡지가 속속 등장하고 있다.[103]

소매점들도 한 몫을 거들고 있다. 제이씨 페니는 흑인을 위한 자체의 잡지를 가지고 있고, 카탈로그 산업은 천백만 이상의 가구에 도달하는 에센스 바이 메일(Essence by Mail)과 같은 전문화된 매체를 개발하고 있다.[104] 시어스는 최근에 알빈 벨의 모자이크 라인을 선전하는 흑인들을 표적으로 하는 광고 캠페인을 런칭했다.

유명 흑인들과 스포츠 선수들을 사용하는 것 또한 상승세를 타고 있다. 모범적인 역할을 하는 흑인들이 급증함에 따라 이전에 많은 사람들에 의해 나타났던 인종적인 차이가 줄고 있는 것으로 보인다. 그러나 이 전략은 아프리카계 미국 흑인을 대상으로 할 때 성공을 보장해 주지는 않는다. 예를 들면 펩시가 가수 마이클 잭슨을 광고에 사용했지만, 펩시의 연구에 의하면 그의 성형수술과 괴상한 행동이 흑인으로서의 뿌리로부터 거리를 두려고 하는 욕망의 발로로 해석되어 25~40세의 흑인들에게 그가 나온 광고가 그다지 어필되지 않은 것으로 나타났다.[105]

8. 라틴 아메리카계 미국인

라틴 아메리카계 하위문화는 많은 마케터들에게 최근까지 거의 무시되어 온 세분 시장으로 잠자는 거인과 같다. 이 시장의 성장과 증가하는 부로 인해 이제 이 시장을 간과하는 것이 불가능하게 만들었으며, 라틴 아메리카계 소비자는 이제 많은 주요 회사들에 의해 끊임없는 구애를 받고 있다. 일부 신진 디자이너들은 그들이 입을 만한 멋진 옷이 부족한 것에 실망해서 이 시장에 뛰어 들기도 했다. 마리아 바라자(Maria Barraza)와 산드라 살세도(Sandra Salcedo)는 라틴 아메리카인들에게 맞추어 여성적으로 소구하는 라인을 개발했다. 제이씨 페니는 에스파욜(Espauol)이라 불리는 스페인어로 된 독점적인 카탈로그를 가지고 있다.[106] 나이키는 1993년에 스페인어로 된 광고를 처음으로 주요 텔레비전 방송국의 황금시간대에 내보냄으로써 역사에 남을 만한 일을 하였다. 그 광고방송은 야구 올스타게임 동안에 방영되었는데 누더기 같은 옷을 입고 도미니카 공화국 혹은 라 티에라 드 메디오켐피스타스(La Tierra de Mediocampistas, 유격수의 땅 — 'The land of Shortstops')에서 야구를 하고 있는 소년을 묘사했다. 이 제목은 70명 이상의 도미니카인들이 메이저리그 야구클럽에서 야구를 했고 그 중의 많은 사람들이 유격수 위치에서 시작했던 사실을 의미하는 것이다.

이 선구자적인 광고방송은 라틴 아메리카인들 대상의 마케팅에 관련된 이슈를 담고 있다. 많은 사람들은 그 광고가 생색내기 위한 것이며 라틴 아메리카인들이 실제로는 주류 백인 문화에 동화되기를 원하지 않는다는 아이디어를 조장했다고 느꼈다.[107] 그뿐이라 하더라도 큰 회사가 만드는 광고가 라틴 아메리카계 미국인 시장을

에스닉 인형

미국 완구점에서 최근에 에스닉 인형이 급증하는 것은 사회의 문화적 다양성이 증가하고 있다는 것을 반영하고 있다. 백인이 아닌 인형은 전 세계로부터의 인형 컬렉션에서만 볼 수 있었지만, 이제는 모든 주요한 제조업체들이 에스닉 인형을 대중에게 선보이고 있다. 아프리카계 미국 흑인들은 일 년에 장난감과 게임에 7억 달러 이상을 지출하고 있어 완구 마케터들은 강한 관심을 보이고 주목하고 있다. 아메리칸 걸 컬렉션(The American Girl Collection)은 1993년에 시리즈에서 백인이 아닌 첫 인형인 애디 워커(Addy Walker)를 선보였다. 애디(Addy)는 인형의 일상생활과(가상의) 노예로서의 기록을 설명한 책자들과 같이 포장되어 있다 : 자세한 내용은 애디의 경험이 흑인의 관점에서 쓰여 있는가를 확인한 전문가 자문단에 의해 제공되었다.

다른 새로운 인형들은 아시아인 인형(그러나 아시아계 미국인 사회는 완구점 선반에 아시아인 얼굴이 거의 없다는 점에 대해서 완구산업을 비난했다[108]인 키라(Kira)와 흑인 아기 인형인 에미(Emmy)가 포함된다. 마텔(Mattel)은 샤니(Shani, 스와힐리어로 '놀라운'을 의미한다), 아샤(Asha), 그리고 미쉘(Michelle)이란 이름을 가진 3인조 인형을 선보였는데, 이 인형은 미국 흑인의 얼굴 생김새의 범위 내의 형태를 나타냈다(샤니는 자말(Jamal)이라는 남자 친구도 있다). 그리고 20년동안 바비 인형의 흑인 버전도 있었음에도 최근에야 그 인형을 텔레비전과 인쇄광고에 내보내기 시작했다.[109]

이제 주요한 시장으로 여긴다는 점에는 논쟁의 여지가 없다는 사실을 강조한 셈이다. 어떤 회사들은 데이지 푸엔티스(Daisy Fuentes)와 리타 모레노(Rita Moreno)와 같은 라틴 아메리카계 유명인과 자신의 제품을 보증 선전하기 위한 계약을 서두르고 있다.[110] 그러나 최근 라틴 아메리카인 집단은 라틴 아메리카인이 주요시간대의 방송프로에 나오는 인물의 겨우 2%에 불과해 미국 텔레비전에서 라틴 아메리카인이 나오는 것이 부족하다는 것을 항의하기 위해서 주요 TV 방송망에 대해 불매운동을 벌였다.[111]

1) 라틴 아메리카인 시장의 매력

인구통계적인 면에 대해 라틴 아메리카인 시장의 두 가지 가장 중요한 특징을 주목할 필요가 있다. 첫째는 젊은 시장이라는 점으로 이 소비자들의 많은 수는 힙합과 로큰 에스파뇰(Rocken Espannol) 사이를 왔다갔다 하고, 스파게티소스에 멕시코 쌀을 섞어 먹고, 멕시코 빵인 토티야에 땅콩버터잼을 발라 먹는 '젊은 이중문화자' 이다.[112] 미국에 사는 라틴 아메리카계 젊은이들은 주류 문화를 바꾸고 있다. 미국 인구조사국은 전체 십대의 성장률이 10% 정도 될 것으로 예상되는 것에 비해 라틴 아메리카인 십대들의 수는 2020년 경까지 62% 정도 성장할 것으로 보았다. 그들은 라틴 아메리카계 문화의 세 가지 특징인 영성과 강한 가족간의 유대 그리고 보다 다채로운 삶을 찾는다. 크로스오버 음악(역주 : 재즈와 다른 음악과의 혼합)이 유행을 이끌고 있으며, 처음으로 플래티넘(LP 레코드가 100만 장 팔린)이 된 힙합 예술가인 팝의 우상 리키 마틴과 빅 펀이 여기에 포함된다. 패션에서 그들은 한때 나이든 쿠바 남성들에게 인기 있었던 구아이아베라(guayabera) 셔츠와 푸에르토리코의 이전 지역번호였던 77번을 단 야구 셔츠를 대중화시켰다.[113] 이 성장하는 시장을 인정하여, 음악 소매점인 웨어하우스 엔터테인먼트는 뚜 뮤지카(Tu Musica; '당신의 음악')라 불리는 별도의 매장을 열었다.[114]

두 번째는 라틴 아메리카인 가족은 나머지 인구의 가족보다 훨씬 더 가족수가 많다는 점이다. 다른 미국인 세대가 2.7명에 불과한 것에 비해 평균적인 라틴 아메리카인 세대는 3.5명으로 이루어져 있다. 이러한 차이는 소득을 식품과 의류와 같은 다양한 제품 유형으로 배분하는 것에 확실하게 영향을 준다. 이제 미국에는 천9백만 명 이상의 라틴 아메리카계 소비자들이 있고, 이 세분 시장을 대단히 매력적으로 만든 몇 가지 요인은 다음과 같다.

- 라틴 아메리카인들은 상표 충성도가 높으며, 특히 그들의 출신국의 상표에 충성적이다. 한 연구에 의하면 45%가 항상 평소에 사던 상표를 산다고 하였고 다섯 명 중 한 명만이 자주 상표를 바꾼다고 답하였다.[115] 또 다른 연구는 라틴 아메리카인에 소속감이 강한 사람들은 라틴 아메리카계 상점을 찾고 가족과 친구들에 의해서 사용되고 라틴 아메리카계 매체에 의해서 영향받는 상표에 충성하는 경향이 높다.[116]

- 라틴 아메리카인들은 지리적으로 도시지역에 크게 집중되어 있어 상대적으로 접근하기 쉽다. 라틴 아메리카인은 마이애미 주의 60%, 로스앤젤레스의 40%, 뉴욕의 30%를 차지하고 있다.[117]

- 교육수준이 상당히 높아지고 있다.

(1) 라틴 아메리카계 여성 유행선도자

라이프스타일 모니터는 다른 집단보다 25~34세의 라틴 아메리카계 여성들이 의복에 더 많은 돈을 지출(백인여성의 경우 21%인 것에 비해 이들은 38%가 한 달에 100달러 이상을 지출함)하면서 쇼핑한다고 보고하고 있으며,[118] 그들은 새로운 패션 아이템을 사는 데 주저하지 않아 종종 유행선도자로 생각되곤 한다고 하였다. 새로 온 이민자들이 모두 지출 능력이 거의 없는 것은 아니다.

(2) 라틴 아메리카계 하위문화에의 소구

다른 큰 하위문화 집단과 마찬가지로, 마케터들은 라틴 아메리카인 시장이 동일하지 않다는 것을 발견했다. 라틴 아메리카인의 하위문화에 대한 정체성은 다른 특정한 출신국만큼 크게 강하지 않다. 라틴 아메리카인의 가장 큰 세분집단을 형성하고 있는 멕시코계 미국인은 가장 빠르게 성장하고 있는 하위세분시장이다. 쿠바계 미국인들은 단연 가장 부유한 하위 세분집단이지만 가장 크기가 작은 라틴 아메리카계 민족 집단이기도 하다. 높은 교육수준을 가지고 있는 많은 쿠바계 미국인 가족들은 1950년대 말에서 1960년대 초까지 카스트로 정권으로부터 도망나와서, 자리 잡기 위해서 수년 동안 열심히 일했고, 이제는 마이애미 주의 정치적, 경제적 체제에서 자신의 입장을 견고히 하였다. 이러한 부로 인해서 남부 플로리다의 업체들은 이제 YUCAs(젊고 향상 지향적인 쿠바계 미국인; young, upwardly mobile Cuban American)를 표적으로 하는

노력을 기울이고 있다. 특히 대다수의 마이애미 주민들이 라틴 아메리카계 미국인이
기 때문이다.[119]

2) 라틴 아메리카계 정체성의 이해

모국어와 문화는 라틴 아메리카인 정체성과 자아 존중감(라틴 아메리카인의 4분의 3
정도가 아직도 집에서 스페인어를 사용한다)의 중요한 구성요소이며, 이 소비자들은
라틴 아메리카계의 문화적 유산을 인정하고 강조하는 마케팅 노력에 매우 호의적이
다.[120] 라틴 아메리카계 소비자들의 40% 이상이 자신들은 라틴 아메리카계 소비자들
에게 관심을 보이는 제품을 의도적으로 구매하려 한다고 말했고 그 숫자는 쿠바계 미
국인의 3분의 2 이상으로 급증하고 있다.[121] 실상 많은 라틴 아메리카인의 음식, 음악
그리고 운동선수들은 주류사회로 혼합되어 흡수되고 있지만, 많은 라틴 아메리카인은
다른 방향으로 나가기 시작했다. 오늘날 많은 라틴 아메리카계 젊은이들은 그들의 뿌
리를 찾고 민족적 정체성의 가치를 재발견하고 있다.[122]

　라틴 아메리카계 소비자들의 행동 특징은 지위에 대한 욕구와 자존심이 강하며, 자
아 표현과 가족에 대한 헌신에 높은 가치를 둔다. 일부 캠페인은 라틴 아메리카인의
거절에 대한 공포와 지배력을 잃는 것과 사회적 상황에서 당황하는 것에 대한 걱정을
이용한다. 관습적인 지혜는 행동 지향적인 광고를 만들어내거나 문제 해결적인 환경
을 강조하는 것을 권한다. 생명의 위협을 주지 않는 상황에 처한 단호한 역할 모델이
효과적이다.[123]

(1) 가족의 역할

라틴 아메리카인에게 가족의 중요성은 아무리 강조해도 지나치지 않으며 가족을 잘
부양하기 위한 능력을 뒷받침하는 행동은 이 하위집단에서 강화되고 있다. 특히 자녀
들을 잘 입히는 것은 자존심의 문제라고 여겨진다. 이와는 대조적으로 편리함과 시간
을 줄일 수 있는 제품의 능력은 만일 가족이 혜택을 받기만 한다면 노동 집약적인 제
품을 기꺼이 사고자 하는 라틴 아메리카계 주부들에게는 그다지 중요하지 않다.

　가족과 시간을 보내는 것을 선호하는 것은 많은 소비활동에 영향을 준다. 일례로,
멀빈스(Mervyns) 상점은 라틴 아메리카인들이 가족단위로 함께 쇼핑을 할 때 많은 사
람들이 가지고 나오는 유모차가 다닐 수 있게 통로를 넓게 디자인했다. 또 다른 예는
함께 영화를 보러 가는 것이다 — 이러한 행동은 많은 라틴 아메리카인들에게는 좀 다

른 의미를 가지는데 그들은 이 행동을 가족의 외출로 여기는 경향이 있는 것이다. 한 연구는 백인 소비자들의 28%만이 3명 이상의 집단으로 영화를 보러 가는데 비해, 라틴 아메리카인 영화 관람자의 경우는 42%에 달한다는 것을 발견했다.[124]

남성의 역할과 여성의 역할이 명확하게 구분되어 있어 라틴 아메리카인 여성들은 가족 내에서 전통적인 역할을 맡아 왔으며 여성의 외모와 의복은 일반적으로 매우 여성적이어서 이러한 점이 그들을 화장품에 최적의 시장이 되게 한다. 한 연구에서는 라틴 아메리카 여성들이 백인들보다 외모에 격식을 더 차리는 경향이 있는 것으로 나타났다.[125]

9. 아시아계 미국인

아시아계 미국인은 숫자적으로는 상대적으로 적지만 미국에서 가장 빠르게 성장하는 소수 집단이다. 마케터들은 아시아계 미국인들의 인구가 2020년에는 현재의 4%에서 11%로 증가할 것이라고 내다 봤다. 이 세분시장의 잠재력을 막 깨닫기 시작한 일부 마케터들은 그들의 제품과 이 집단에 도달하기 위한 메시지를 조정하고 있다. 라이프스타일 모니터는 보다 많은 아시아계 미국 여성들이 다른 여성들보다 쇼핑하는 것을 좋아한다고(67% 대 61%) 보고하였다.[126] 그들은 표적으로 삼기에 좋아 보일 수 있으나 상표 충성을 보이지 않으며, 특히 아시아계 상표에 대해 꽤 보수적이기도 하다.

아시아인들은 가장 빠르게 성장하는 인구 집단일 뿐만 아니라 그들은 다른 어떤 하위문화 민족 집단보다 일반적으로 가장 부유하고 가장 교육 수준이 높고, 가장 기술직을 많이 보유하고 있다. 평균적인 아시아계 미국인 가계 소득은 백인들보다 2천 달러 이상 높고, 흑인과 라틴 아메리카계 미국인들보다는 7천~9천 달러 더 높다. 이 소비자들은 교육에 매우 높은 우선순위를 두고 있으며 자녀를 대학에 보내는 비율이 높다. 25세 이상의 아시아계 미국인들 중에 약 3분의 1이 4년 이상의 대학교육을 받는데, 이는 백인의 졸업률보다 2배가 많고 아프리카계 미국인들과 라틴 아메리카계 미국인들보다 4배 이상 높은 졸업률이다.[127] 미국의 광고 산업은 이 소비자들의 환심을 사기 위해 2억~3억 달러를 지출하고 있다.[128]

아시아계 미국인들은 다른 미국인들보다 그들의 임금을 더 많이 저축하고 돈을 덜 빌린다. 반면, 한 아시아계 미국인 광고 중역이 표현한 바로는 "부유한 아시아 미국

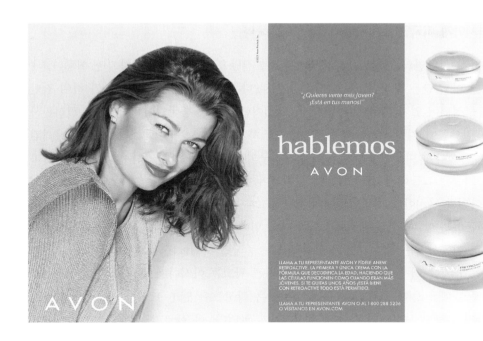

에이본은 라틴 아메리카계 미국인 소
비자들을 표적으로 삼고 있다.

인들은 지위에 매우 의식적이고 '그들의 돈을 디자이너 의류나 벤츠나 비엠더블유와
같은 고급 상표에 지출한다.'고 하였다.[129]

　이 집단은 기술 지향적인 제품에 적절한 시장이다. 그들은 비디오, 개인 컴퓨터 및
CD 플레이어와 같은 제품에 평균 이상의 돈을 지출한다. 실리콘 밸리에 있는 회사에
따르면, 그들은 미국에서 가장 전산화된 집단으로 아시아계 미국인의 69%가 온라인을
사용하고 있고 이러한 비율은 2005년에 84%로 급증할 전망이다.[130] 그들은 다른 미국
인들보다 상당히 많은 돈을 온라인에서 지출하고 있다. 이러한 관심을 이용할 수 있는
회사는 앞으로 성장 가능성이 있다.

풍수

아시아계 미국인들이 몰려 사는 지역에서 사업을
하는 부동산 마케터들은 독특한 문화적인 전통에
적응하는 것을 배우고 있다. 아시아인들은 집의 디
자인과 위치에 매우 민감한데 이는 특히 이러한 점
이 집의 행운이나 불행을 가져다준다고 믿는 에너
지 흐름인 기(氣)에 영향을 준다고 믿기 때문이다.

아시아인 집 구매자들은 살가능성이 있는 집이 좋
은 풍수 환경(글자 뜻 그대로 해석하면 '바람과
물')을 제공하는지에 관심을 갖는다. 샌프란시스코
의 한 주택개발업자는 집안에서 T자형의 교차선의
수를 줄이고 마당에 둥근 바위를 더하는 것 ─ 해로
운 기는 직선으로 움직이고 부드러운 기는 둥근 길

로 움직인다 ─ 과 같은 간단한 디자인의 변경 후에
집의 80%를 아시아인 고객들에게 팔았다. 매매 거
래가 이루어지기 전에 전문가들이 집이나 사무실에
좋은 기가 흐르는지를 확인하는 것은 흔한 일이
다.[131] 샌프란시스코에 있는 에스프리의 본사도 풍
수이론에 따라 개조되었다.

1) 아시아계 미국인 소비자에의 접근

아시아계 미국인의 잠재력에도 불구하고 이 집단을 대상으로 판매하기는 어렵다. 왜냐하면 이 집단은 문화적으로 다양하고 서로 다른 언어와 방언을 사용하는 하위 집단으로 구성되어 있기 때문이다. 아시안(Asian)이란 용어는 중국인이 가장 많고 필리핀사람과 일본인이 각각 두 번째와 세 번째를 차지하는, 20개의 에스닉 집단을 가리킨다.[132] 아시아계 미국인들은 아직도 전체인구의 작은 부분을 차지하기 때문에 대중 마케팅 기술은 그들에게 접근하는 데 실용적이지 않을 때가 많다.[133] 미국인 마케터들이 아시아인과 아시아계 미국인들에게 접근하고자 했을 때 처음 라틴 아메리카인 시장에게 접근하려 할 때 생겼던 문제점들이 다시 일어났다. 광고 메시지와 개념을 아시아계 매체로 이동하려는 일부 시도는 실패하였다. 중국인 사회에 신년 축하를 하려 했던 한 회사는 글자를 거꾸로 놓고 광고를 했다. 다른 광고는 아시아계 하위문화 간의 차이를 간과하고(예를 들어 한국인을 표적으로 삼은 광고들이 일본 모델을 사용함), 일부는 잘 알지 못하고 문화적인 관습에 무신경하게 굴었다. 한 예로 한 신발 광고는 중국에서만 행해졌던 전족을 하고 있는 일본 여성을 묘사했다.[134]

많은 마케터들은 아시아계 미국인들에게 접근할 수 있게 사용할 수 있는 매체가 부족하다는 점에 실망하고 있다.[135] 업자들은 일반적으로 영어로 된 광고는 방송광고에 가장 적합한 반면, 인쇄광고는 아시아 언어로 집행되었을 때 더 효과적이라는 점을 발견했다.[136] 필리핀 사람들은 그들 사이에서 주로 영어를 사용하는 유일한 아시아인이다.[137] 대부분의 아시아인들은 자신의 언어를 사용하는 매체를 선호하는데 아시아계 미국인들 간에 가장 흔하게 사용되는 언어는 베이징관화(중국어), 한국어, 일본어, 베트남어이다.[138]

다른 인종과 민족 하위문화에서도 다수의 새로운 잡지가 젊은 아시아계 미국인들을 사로잡으려 하고 있다. 그 예로는 욜크(Yolk; 아시아계 미국인 연예인들)와 임포트 터너(Import Tuner; 수입자동차와 캘리포니아의 아시아인 행사)가 있다. 또 아시아원(AsiaOne) 라디오 방송이 7개 국어로 전국적인 방송을 하기 위해서 조직되었다.[139] www.asianavenue.com, www.asianscene.com, www.clock2asia.com과 같은 많은 웹사이트는 아시아인을 표적으로 삼고 있으나 그러한 사이트들이 성공하기 위해서는 매우 특정한 집단을 표적으로 해야 한다.

대량판매된 포켓몬은 일본에서 유래됨

2) 패션/의류/리테일링 시사점

인기있는 일본의 패션은 종종 일본계 미국인 젊은이들을 통해서 번창해 왔다. 이 패션은 하이패션 디자이너에 의해서 형성되어 왔을 뿐 아니라 대량판매된 포켓몬과 같이 어린 아이들(그리고 그다지 어리지 않은 사람들)에게 많은 인기가 있는 장난감에 의해서도 형성되어 왔다.

이 하위문화 내에 존재하는 흥미로운 패션과 의류에 대한 연구가 이루어져 왔다. 백인과 아시아계 미국인들 사이에 색상 선호도에 차이가 있었다.[140] 의류를 선택할 때 가장 중요한 기준이 무엇인가를 물었을 때 백인 응답자들보다 일본인에게 색상은 보다 중요한 것으로 나타났으며 일본인 집단은 부분적으로는 상표로 패션을 규정했고 미국인들은 그렇지 않았다.[141] 이는 미국의 대중 패션은 항상 상표화되는 것은 아니며 대신 많은 가격대와 사제 상표를 볼 수 있다.

아시아계 미국인 인구가 많은 샌프란시스코에서 행해진 한 연구는 특정 민족의 의복은 특별한 명절에 착용되고 민족적 소속감이 높은 사람들은 민속의상을 입고 알아본다고 보고했다. 이는 일본계 미국인 학생들 가운데 민족적 정체성과 그 민족 출신의 시장 정보원을 사용하는 것과 관련성이 있었다. 그러나 중국계 미국인 학생들 사이에서는 비슷한 결과가 발견되지 않았다. 아마도 이세이 미야케(Issey Miyake)와 레이 가와쿠보(Rei Kawakubo)와 같은 일본인 디자이너가 잘 알려져 있는 반면 잘 알려진 중국인 디자이너가 부족한 점이 이유라고 생각된다.[142] 다른 하나의 민족성이 강한 지역인 남가주에서 수행되었던 또 하나의 연구는 가족의 일원과 매체는 백인보다 아시아계 미국인의 의류 구매 결정에 더 강한 영향을 미칠 뿐만 아니라 아시아계 미국인들은 의복의 품질을 더 중시한다는 것을 발견했다.[143] 패션 소매업자들과 제조업자들은 이 시장과 이러한 차이점의 중요성을 깨닫고 있다. 시어즈는 최근에 이 세분시장을 겨냥한 메시지를 개발하기 위해서 광고대행사를 고용함으로써 아시아계 미국인들을 정식으로 표적으로 삼는 첫 주요 백화점이 되었다. 그들은 추석과 같은 명절에 아시아인 지역사회 내에 있는 상점에서 일일 할인판매를 하였으며 아시아 언어로 된 신문에 난 광고를 가져오면 할인을 해 주었다.[144] 제이씨 페니도 아시아계 미국인 인구를 인식하여, 용의 해에는 많은 아시아인들이 금색 용의 해에 출산을 고려하는 점을 감안하여 2000년에 영아복 부문에서 용이 그려진 포스터를 나눠주었다.[145] 제이씨 페니는 적극적으로 몸집이 작은 여성의 맞음새와 아시아인 인구를 동시에 역점을 두어 다른 소수의 회사 중 하나인 것으로 보여 진다. 원더브라도 몸집이 작은 아시아인의 체격을 인지하고 날씬한 아시아인 체형(49%의 아시아계 미국인이 사이즈 0~6의 바지를 입는데 반해 나머지 인구는 19%가 이에 해당)을 위한 사이즈의 특별 라인을 런칭하였다.[146]

아시아계 유명인들을 묘사한 광고가 특히 효과를 거두었는데, 리복이 테니스 스타 마이클 챙을 한 광고에 썼을 때 아시아계 미국인들 사이에서 신발의 판매가 급증하였다.[147] 바나나 리퍼블릭, 엘렌 트레이시, 케네스 콜, 그리고 프라다에 의해 보다 많은 아시아인의 얼굴이 광고에 비춰졌다. 반면 광고에 아시아인 얼굴을 잘 포함시키지 않는 것으로 유명한 회사들은 앤 테일러, 베이브 및 랄프 로렌이다.[148] 아마도 이런 회사들은 주목해야 할 것이다.

▌ 요약 ▌

- 소비자들은 연령층 혹은 민족 집단과 같은 공통적 특징과 정체성을 공유하는 많은 집단에 대한 소속감을 가진다. 사회 내에 존재하는 이러한 큰 집단들은 하위문화가 되며 이 문화의 멤버십은 종종 마케터들에게 개개인의 소비결정에 대한 귀중한 단서를 제공한다. 의복은 이러한 하위문화들의 정체성을 이루는 중요한 부분이다.

- 사람들은 단지 다른 사람들이 같은 연령이거나 한 나라의 같은 지역에서 살기 때문에 그들과 많은 공통점을 가진다. 동시대에 성장한 소비자들은 많은 문화적 기억을 공유하므로 그들에게 이러한 경험을 불러 일으키는 마케터의 향수 소구에 반응할 수도 있다.

- 네 개의 중요한 연령 코호트는 십대, 대학생, 베이비부머, 그리고 노인들이다. 십대들은 아동기에서 성인기로 변화하며 그들의 자아개념은 불안정한 경향이 있다. 그들은 제품, 특히 패션을 잘 수용하며, 그러한 제품들은 그들로 하여금 인정받는 데 도움이 되며 그들로 하여금 그들의 독립심을 주장할 수 있게 한다. 많은 십대들은 돈을 받지만 재정적인 부담을 거의 지고 있지 않기 때문에 풍선껌에서 의복 패션과 음악에 이르는 많은 비필수품이나 표현적인 제품에 특히 중요한 타겟이다. 대학생들은 사장세분화집단에서 중요한 집단이지만 접근하기 힘든 타겟이기도 하다. 많은 경우에 처음으로 혼자 살게 되어 가정을 꾸미는 것에 대한 중요한 결정을 내린다.

- 베이비부머들은 사이즈와 경제적인 영향력으로 인해 가장 강력한 연령 세분집단이다. 이 집단이 나이가 듦에 따라 그들의 관심과 마케팅의 우선 사항도 변화되어 왔다. 베이비부머의 욕구와 욕망은 주택, 의류 그리고 많은 다른 제품에 대한 수요에

영향을 준다.

- 인구가 노화되어감에 따라 중년 및 노년 소비자들의 욕구의 영향력이 점차 커지고 있다. 많은 마케터들은 노인들이 너무 비활동적이고 지출이 거의 없다는 고정관념으로 인해 관습적으로 노인들을 무시해 왔다. 이 고정관념은 더 이상 정확하지 않다. 55세 이상의 여성은 의복에 상당한 액수의 돈을 지출하고 있으나 제공되는 제품에 대부분 불만족하고 있다. 일부 의류 회사들이 이 연령 집단을 위해서 디자인하고 판매하려고 노력하고 있으나, 어떻게 해야 하는지 확실히 모르고 있다. 대부분의 노인들은 건강하고, 활달하고, 새로운 제품과 경험에 관심이 있으며, 그러한 것들을 구매할 수 있는 소득이 있다. 이 연령 하위문화에 대한 마케팅 소구는 소비자의 자아개념과 자신의 실제 연령보다 젊은 경향이 있는 지각된 연령에 초점을 맞춰야 한다. 또한 마케터는 제품의 확실한 혜택을 강조해야 한다. 왜냐하면 이 집단은 막연하고 이미지를 연상시키는 광고에 대해 의심을 하는 경향이 있기 때문이다. 개인에 맞추어진 서비스는 이 세분집단에 특히 중요하다.

- 한 개인의 정체성의 주요한 구성요소는 종종 그의 민족적 출신과 인종적 정체성에 의해 결정된다. 가장 큰 민족적/인종적 하위문화는 아프리카계 미국인, 라틴 아메리카계 미국인, 그리고 아시아계 미국인이다. 그러나 다양한 배경을 가진 소비자들은 마케터들에게도 고려되기 시작했다. 사실상 다민족적 배경을 가진 것을 주장하는 사람들의 숫자가 증가함에 따라 이 하위문화 간에 그어진 전통적인 경계가 허물어지기 시작했다.

- 최근에 몇 개의 소수 집단이 그들의 경제적인 힘이 커지면서 마케터의 주목을 받고 있다. 민족성으로 소비자들을 세분화하는 것은 효과적일 수 있다. 그러나 민족에 대한 부정확한 고정관념에 의지하지 않도록 주의를 기울여야 한다.

- 아프리카계 미국인들은 매우 중요한 세분 시장이다. 어떤 점에서는 이 소비자들의 시장에서의 소비는 백인들과 그다지 다르지 않으나 흑인들은 개인 관리 용품과 같은 유형에서는 평균 이상의 소비자들이다.

- 라틴 아메리카계 미국인들과 아시아계 미국인들은 마케터들에게 적극적으로 구애받기 시작하는 또 다른 민족 하위문화이다. 두 집단의 크기는 급격히 증가하고 있으며 머지 않아 일부 주요 시장을 석권할 것이다. 아시아계 미국인들은 전체적으로 매우 교육수준이 높고, 라틴 아메리카계 미국인들의 사회경제적 지위도 높아지고 있다.

- 라틴 아메리카인 시장에 접근하기 위한 주요 이슈는 소비자들의 주류 미국인 사회

로의 문화접변과 라틴 아메리카계 하위집단(푸에르토리코인, 쿠바인, 멕시코인) 간의 중요한 문화적 차이를 인지하는 정도이다.

- 아시아계 미국인과 라틴 아메리카계 미국인들은 매우 가족 지향적이고 그들의 전통을 이해하고 전통적인 가족의 가치를 강화하는 광고를 잘 받아들이는 경향이 있다.

▌ 토론 주제 ▐

1. 당신이 좋아하는 TV 혹은 잡지에 나온 패션 광고들은 무엇인가? 왜 그 광고들을 좋아하는가? 당신이 좋아하지 않는 광고나 당신을 화나게 하는 광고가 있는가? 어떤 광고이며 왜 그런가?

2. 요즘에 대학생 연령의 학생들보다 나이든 여성에게 적합하게 보이는 패션은 어떤 것인가? 패션은 너무 젊음 지향적인가? 아니면 패션이 누구에게나 잘 어울리는가? 만일 당신이 새롭게 패션 회사를 시작한다면 어떤 시장을 표적으로 하겠는가? 왜 그런가? 당신이 팔고자 하는 상품을 묘사하라.

3. 대학생을 표적으로 삼는 것의 장단점은 무엇인가? 이 세분시장에 소구하는 성공적인 전략과 성공적이지 않은 구체적인 마케팅 전략을 찾아보라. 어떤 특징이 성공과 실패를 구분짓는가?

4. 20세기 후반에 베이비부머들이 소비자 문화에 중요한 영향을 끼친 이유가 무엇인가? 지난 50년 동안 이것이 패션에 영향을 미쳤는가?

5. 베이비 붐렛이 아이들의 양육에 대한 태도를 어떻게 변화시켰으며 다양한 제품과 서비스에 대한 수요를 만들었는가?

6. "요즘의 아이들은 그저 친구들과 어울리고 인터넷을 검색하고 아무 생각 없이 하루 종일 TV 보는 것에 만족하는 것 같아요." 라는 말은 얼마나 정확한가?

7. 노인들에게 맞게 마케팅 전략을 수립할 때 염두에 두어야 할 중요한 변수들은 무엇인가? 이러한 것이 그들이 구매하는 의복에 어떤 영향을 미치는가?

8. 노인 소비자들을 표적으로 한 적절한 광고와 적절하지 않은 광고의 예를 찾아라. 광고에서 어느 정도로 노인들을 고정관념으로 표현하였는가? 광고나 다른 촉진 방법의 어떤 요소가 이 집단에게 접근하고 설득하는 데 있어서의 효율성을 결정하는가?

9. 메시지를 전달하기 위해서 민족에 대한 고정관념에 의지하는 마케팅 자극물의 최근 예를 찾을 수 있는가? 이러한 소구가 얼마나 효과적인가?

10. 민족에 대한 고정관념의 힘을 이해하기 위해서 자신만의 여론조사를 실시해 보라. 여러 민족 집단에 대해 사람들에게 자유 연상의 방법으로 각 집단을 특징지울 것 같은 속성(성격 특성과 제품을 포함)을 익명으로 제공하도록 부탁하라. 한 집단의 실제 일원과 일원이 아닌 사람들 간에 그 집단에 대한 연상되는 것을 비교하라.

11. 다른 나라에서 이민온 한 명 이상의 소비자들(어쩌면 가족의 일원일 수도 있음)을 찾아서 그들이 이민 간 문화에 어떻게 적응했는지에 대해 면접조사를 해보라. 시간이 지남에 따라 소비습관, 특히 패션제품 구매에 있어서 어떤 변화를 주었는가?

▌ 주요 용어 ▌

문화접변 대행자
 (acculturation agents)
문화접변(acculturation)
민족적 혹은 인종적 하위문화
 (ethnic or racial subculture)
베이비부머(baby boomers)

베이비붐렛(baby boomlet)
비민족화(de-ethnicitization)
연령 코호트(age cohort)
점진적 학습모델
 (progressive learning model)
지각된 연령(perceived age)

트윈스(tweens)
하위문화(subcultures)
X 세대(Generation X)
Y 세대(Generation Y)

▌ 참고문헌 ▌

1. "Levi's to Sponsor Concerts," *Women's Wear Daily* (March 9, 1999): 7; "Levi's Uses Music to Woo Youth Market," San Francisco Chronicle, (March 8, 1999): A1-A17; Carol Emert, "Levi's Teaming Up with Goo Goo Dolls," *San Francisco Chronicle* (May 20, 1999): B2.

2. Miles Socha, "Is Levi's Trying Too Hard?," *Women's Wear Daily* (April 15, 1999): 10.

3. Bickley Townsend, "*Ou Sont les Reiges d'Antan?* (Where Are the Snows of Yesteryear?)," *American Demographics* (October 1988): 2.

4. "The Power of the Teen Dollar: From Levi's to Lip Gloss" (Montgomery Securities, 1998), cited in "Wired to Spend," *Echo Boomers: The Power of Y* (supplement to *Women's Wear Daily*) (February 19, 1998): 4.

5. Vicki M. Young, "Teen Shopping Heats Up Online," *Women's Wear Daily* (February 3, 2000): 26.

6. Cate T. Corcoran, "Shares of Teen Hub iTurf Surge on Traffic Numbers," *The Wall Street Journal Interactive Edition* (January 24, 2000).

7. Jennifer Gilbert, "New Teen Obsession," *Advertising Age* (February 14, 2000): 38.

8. Young, "Teen Shopping Heats Up Online."

9. Anne d'Innocenzio, "Toy Retailers Retool to Attract 'Tweens'," *San Francisco Chronicle* (October 31,

2000): C8.

10. "A Beauty Club for Tweens," *Women's Wear Daily* (January 26, 2001): 7.

11. Melanie Kletter, "Getting Them While They're Young," *Women's Wear Daily* (April 20, 2000): 14.

12. Stephen Holden, "After the War the Time of the Teen-Ager," *The New York Times* (May 7, 1995): E4.

13. Howard W. French, "Vocation for Dropouts Is Painting Tokyo Red," *The New York Times on the Web* (March 5, 2000).

14. Yumiko Ono, "They Say that a Japanese Gal Is an Individualist: Tall, Tan, Blond," *The Wall Street Journal Interactive Edition* (November 19, 1999).

15. Yumiko Ono, "Meet a Beer, a Car, a Refrigerator, and a Fabric Deodorizer, All Named Will," *The Wall Street Journal Interactive Edition* (October 8, 1999).

16. Scott McCartney, "Society's Subcultures Meet by Modem," *The Wall Street Journal* (December 8, 1994): B1.

17. Mary Beth Grover, "Teenage Waste-land," *Forbes* (July 28, 1997): 44-45.

18. Junu Bryan Kim, "For Savvy Teens: Real Life, Real Solutions," *Advertising Age* (August 23, 1993): S1.

19. Selina S. Guber, "The Teenage Mind," *American Demographics* (August 1987): 42.

20. Margaret Carlson, "Where Calvin Crossed the Line," *Time* (September 11, 1995): 64.

21. J. Sullivan, "Now Teens Have People Too," *San Francisco Chronicle* (January 21, 1998): E1, E4.

22. Grover, "Teenage Wasteland"; Kletter, "Getting Them While They're Young."

23. Quoted in Cyndee Miller, "Phat Is Where It's at for Today's Teen Market," *Marketing News* (August 15, 1994): 6.

24. "Hilfiger to Sponsor 50 Spears Concerts," *Women's Wear Daily* (May 6, 1999): 12; "Britney's Teen Scene," *Women's Wear Daily* (July 14, 1999): 6; Rose Apodaca Jones, "Dolce & Gabbana Costuming Mary J. Blige's Concert Tour," *Women's Wear Daily* (July 6, 2000): 11.

25. Carol Emert, "Big Ad-Strategy Switch for Levi's," *San Francisco Chronicle* (January 27, 1998): C1, C2; Carol Emert, "New Levi's Ads Sport Hipper Jeans for Teens," *San Francisco Chronicle* (November 17, 1998): C1, C6; Miles Socha, "Levi's New Campaign Is Ad Score," *Women's Wear Daily* (May 6, 1999): 12.

26. Carol Emert, "Levi's Turns to TV Sex, Humor to Try to Lure Back Customers," *San Francisco Chronicle* (July 31, 1999): D1, D2.

27. Scott Malone, "Levi's New Slogan to Target Teens," *Women's Wear Daily* (July 26, 2000): 13.

28. Karen Parr, "New Catalogs Target GenY," *Women's Wear Daily* (July 24, 1997): 12.

29. Jane Ganahl, "Consumer Agitprop Posing as Girl Power," *San Francisco Examiner* (July 11, 1999): D7.

30. Ellen Goodman, "The Selling of Teenage Anxiety," *The Washington Post* (November 24, 1979).

31. "Brand Crazy," Echo Boomers: The Power of Y, (supplement to *Women's Wear Daily*) (February 19, 1998): 8.

32. "Brand Crazy,".

33. Gary J. Bamossy, Michael R. Solomon, Basil G. Englis, and Trinske Antonidies, "You're Not Cool If You Have to Ask: Gender in the Social Construction of Coolness," paper presented at the Association for Consumer Research Gender Conference, Chicago, June 2000.

34. Laura Zinn, "Move Over, Boomers," *Business Week* (December 14, 1992): 7.

35. Quoted in T. L. Stanley, "Age of Innocence... Not," *PROMO* (February 1997): 30.

36. Scott Donaton, "The Media Wakes Up to Generation X," *Advertising Age* (February 1, 1993): 16; Laura E. Keeton, "New Magazines Aim to Reach (and

Rechristen) Generation X," *The Wall Street Journal* (October 17, 1994): B1.

37. Robert Scally, "The Customer Connection: Gen X Grows Up, They're in Their 30s Now," *Discount Store News* 38, no. 20 (October 25, 1999).

38. Faye Rice, "Making Generational Marketing Come of Age," *Fortune* (June 26, 1995): 110-114.

39. Tibbett L. Speer, "College Come-Ons," *American Demographics* 20 (March 1998): 40-46.

40. Eben Shapiro, "New Marketing Specialists Tap College Consumers," *The New York Times* (February 27, 1992): D16.

41. Quoted in Fannie Weinstein, "Time to Get Them in Your Franchise," *Advertising Age* (February 1, 1988): S6.

42. Quoted in "Advertisers Target College Market," *Marketing News* (October 23, 1987).

43. Beth Bogart, "Word of Mouth Travels Fastest," *Advertising Age* (February 6, 1989): S6; Janice Steinberg, "Media 101," *Advertising Age* (February 6, 1989): S4.

44. "Senior Market Ripe for Action," *Women's Wear Daily* (June 15, 1994): 18.

45. Peter Kerr, "Market Turns 'Grumpy': Companies Target Aging Boomers," *San Francisco Chronicle* (September 4, 1991): B3, B4.

46. Susan Kaiser, *The Social Psychology of Clothing: Symbolic Appearances in Context* (New York: Fairchild, 1997).

47. L.W. Banner, *American Beauty* (Chicago: University of Chicago Press, 1983): 225.

48. C. D. Martin, "A Transgenerational Comparison: The Elderly Fashion Consumer," *Advances in Consumer Research* 3 (1976): 453-456; J. R. Lumpkin and C. W. Greenberg, "Apparel Shopping Patterns of the Elderly Consumer," *Journal of Retailing* 58 (1982): 68-89.

49. "Coming of Age," *Women's Wear Daily* (February 3, 2000): 2.

50. John Fetto, "The Wild Ones," *American Demographics* (February 2000): 72.

51. Karyn Monget, "Tapping the Middle-Aged Mood," *Women's Wear Daily* (June 3, 1998): 14-15.

52. "Coming of Age."

53. Kevin Keller, *Strategic Marketing Management* (Upper Saddle River, N.J.: Prentice-Hall, 1998).

54. Brad Edmondson, "Do the Math," *American Demographics* (October 1999): 50-56.

55. Carol Emert, "Gymboree's Hip Kin: Spin-off Fashions Fresh Image to Sell Kids' Clothing," *San Francisco Chronicle* (March 6, 1999): D1, D2.

56. Pamela Paul, "Make Room for Granddaddy," *American Demographics* (April 2002): 40.

57. Catherine A. Cole and Nadine N. Castellano, "Consumer Behavior," *Encyclopedia of Gerontology*, vol. 1, ed. James E. Birren (San Diego, Calif.: Academic Press, 1996), 329-339.

58. Cheryl Russell, "The Ungraying of America," *American Demographics* (July 1997): 12.

59. Tammy Kinley and Linda Sivils, "Gift-Giving Behavior of Grandmothers," *Proceedings: International Textile and Apparel Association* (1999): 97.

60. Jeff Brazil, "You Talkin' to Me?," *American Demographics* (December 1998): 55-59.

61. William Lazer and Eric H. Shaw, "How Older Americans Spend Their Money," *American Demographics* (September 1987): 36. See also Charles D. Schewe and Anne L. Balazs, "Role Transitions in Older Adults: A Marketing Opportunity," *Psychology & Marketing* 9 (March/April 1992): 85-99.

62. D'Vera Cohn, "2100 Census Forecast: Minorities Expected to Account for 60% of U.S. Population," *The Washington Post* (January 13, 2000): A5.

63. Rick Adler, "Stereotypes Won't Work with Seniors Anymore," *Advertising Age* (November 11, 1996): 32.

64. Melinda Beck, "Going for the Gold," *Newsweek* (April 23, 1990): 74.

65. Rusty Williamson, "Catering to the Mature Crowd," *Women's Wear Daily* (January 2, 2002): 6; Anne D'Innocenzio, "Moderate Firms Push Fashion Limit Past 55: Others Ride the Brake," *Women's Wear Daily* (June 4, 1997): 1, 14, 18.

66. E. Rosenblad-Wallen and M. Karlsson, "Clothing for the Elderly at Home and in Nursing Homes," *Journal of Consumer Studies and Home Economics* 10 (1986): 343-356.

67. Goldsberry, E., Shim, S., & Reich, N. "Women 55 Years and Older: Part II, Overall Satisfaction and Dissatisfaction with the Fit of Ready-to-Wear," *Clothing and Textiles Research Journal* 14, no. 2, pp. 121-132; Goldsberry, E., Shim, S., & Reich, N. "Women 55 Years and Older: Part I. Current Body Measurements as Contrasted to the PS 42-70 Data," *Clothing and Textiles Research Journal* 14, no. 2 pp, 108-120.

68. Eun-Ju Lee, "Elderly Consumers' Information Search Behavior: Use of Information Sources and Perceptions of their Usefulness," *Proceedings: International Textile and Apparel Association* (1997): 96.

69. Nora McDonald, Sandra Keiser, and Kathy Mullet, "United Nations International Year of Older Persons 1999 Clothing Initiative" *Proceedings: International Textile and Apparel Association* (1998): 15-18.

70. Mary Jo Kallal, Nancy Bryant, Janet Hethorn, Sandra Keiser, Nora MacDonald, and Kathy Mullet, "Apparel Designs for the Over-55 Consumer," *Proceedings: International Textile and Apparel Association* (1998): 23-28.

71. Nora MacDonald, "ITAA Designers Contribute to 'Secrets of Aging' Exhibit," *ITAA Newsletter* 22 (July 2000): 2.

72. Hilda Buckley Lakner, "Perceptions of the Importance of Dress to the Self as a Function of Perceived Age and Gender," *ITAA Proceedings* (1998): 57.

73. Benny Barak and Leon G. Schiffman, "Cognitive Age: A Nonchronological Age Variable," in *Advances in Consumer Research* 8, ed. Kent B. Monroe (Provo, Utah: Association for Consumer Research, 1981), 602-606.

74. David B. Wolfe, "An Ageless Market," *American Demographics* (July 1987): 27-55.

75. L. A. Winokur, "Targeting Consumers," *The Wall Street Journal Interactive Edition* (March 6, 2000).

76. David B. Wolfe, "Targeting the Mature Mind," *American Demographics* (March 1994): 32-36.

77. See Frederik Barth, *Ethnic Groups and Boundaries: The Social Organization of Culture Difference* (London: Allen and Unwin, 1969); Michel Laroche, Annamma Joy, Michael Hui, and Chankon Kim, "An Examination of Ethnicity Measures: Convergent Validity and Cross-Cultural Equivalence," in *Advances in Consumer Research* 18, eds. Rebecca H. Holman and Michael R. Solomon (Provo, Utah: Association for Consumer Research, 1991), 150-157; Melanie Wallendorf and Michael Reilly, "Ethnic Migration, Assimilation, and Consumption," *Journal of Consumer Research* 10 (December 1983): 292-302; Milton J. Yinger, "Ethnicity," *Annual Review of Sociology* 11 (1985): 151-180.

78. Rebecca Gardyn, "An All-American Melting Pot," *American Demographics* (July 2001): 8-13.

79. Cohn, "2100 Census Forecast: Minorities Expected to Account for 60% of U.S. Population." For interactive demographic graphics, visit www.understandingusa.com.

80. Rohit Deshpandé and Douglas M. Stayman, "A Tale of Two Cities: Distinctiveness Theory and Advertising Effectiveness," *Journal of Marketing Research* 31 (February 1994): 57-64.

81. Steve Rabin, "How to Sell across Cultures," *American Demographics*

(March 1994): 56-57.

82. John Leland and Gregory Beals, "In Living Colors," *Newsweek* (May 5, 1997): 58-60.

83. Linda Mathews, "More than Identity Rides on a New Racial Category," *The New York Times* (July 6, 1996): 1, 7.

84. Eils Lotozo, "The Jalapeño Bagel and Other Artifacts," *The New York Times* (June 26, 1990): C1.

85. Molly O'Neill, "New Mainstream: Hot Dogs, Apple Pie and Salsa," *The New York Times* (March 11, 1992): C1.

86. Karyn D. Collins, "Culture Clash," *Asbury Park Press* (October 16, 1994): D1.

87. Betsy Sharkey, "Beyond Tepees and Totem Poles," *The New York Times* (June 11, 1995): H1; Paula Schwartz, "It's a Small World… and Not Always P.C.," *The New York Times* (June 11, 1995): H22.

88. See Lisa Peñaloza, "*Atravesando Fronteras*/Border Crossings: A Critical Ethnographic Exploration of the Consumer Acculturation of Mexican Immigrants," *Journal of Consumer Research* 21, no. 1 (June 1994): 32-54.

89. Sigfredo A. Hernandez and Carol J. Kaufman, "Marketing Research in Hispanic Barrios: A Guide to Survey Research," *Marketing Research* (March 1990): 11-27.

90. Melanie Wallendorf and Michael D. Reilly, "Ethnic Migration, Assimilation, and Consumption," *Journal of Consumer Research* 10 (December 1983): 292-302.

91. Ronald J. Faber, Thomas C. O'Guinn, and John A. McCarty, "Ethnicity, Acculturation and the Importance of Product Attributes," *Psychology & Marketing* 4 (Summer 1987): 121-134; Humberto Valencia, "Developing an Index to Measure Hispanicness," in *Advances in Consumer Research* 12, eds. Elizabeth C. Hirschman and Morris B. Holbrook (Provo, Utah: Association for Consumer Research, 1985), 118-121.

92. Rohit Deshpandé, Wayne D. Hoyer, and Naveen Donthu, "The Intensity of Ethnic Affiliation: A Study of the Sociology of Hispanic Consumption," *Journal of Consumer Research* 13 (September 1986): 214-220.

93. Michael Laroche, Chankon Kim, Michael K. Hui, and Annamma Joy, "An Empirical Study of Multidimensional Ethnic Change: The Case of the French Canadians in Quebec," *Journal of Cross-Cultural Psychology* 27, no. 1 (January 1996): 114-131.

94. Cohn, "2100 Census Forecast: Minorities Expected to Account for 60% of U.S. Population"; http://www.census.gov/population/www/projections/popproj.html; Tom Morganthau, "The Face of the Future," *Newsweek* (January 27, 1997): 58.

95. Greg Johnson and Edgar Sandoval, "Advertisers Court Growing Asian American Population; Marketing, Wide Range of Promotions Tied to Lunar New Year Typify Corporate Interest in Ethnic Community," *Los Angeles Times* (February 4, 2000): C1; Robert Pear, "New Look at the U.S. in 2050; Bigger, Older and Less White," *The New York Times* (December 4, 1992): A1.

96. William O'Hare, "Blacks and Whites: One Market or Two?," *American Demographics* (March 1987): 44-48.

97. For recent studies on racial differences in consumption, see Robert E. Pitts, D. Joel Whalen, Robert O'Keefe, and Vernon Murray, "Black and White Response to Culturally Targeted Television Commercials: A Values-Based Approach," *Psychology & Marketing* 6 (Winter 1989): 311-328; Melvin T. Stith and Ronald E. Goldsmith, "Race, Sex, and Fashion Innovativeness: A Replication," *Psychology & Marketing* 6 (Winter 1989): 249-262.

98. Julie Naughton, "Ethnic's Increased Strength," *Women's Wear Daily* (March 24, 2000): 12.

99. Jennifer Weil, "L'Oreal to Buy Ethnic Beauty Firm," *Women's Wear Daily* (February 29, 2000): 13.

100. A. Coskun Samli and Linda Edmonds, "Comparative Clothing Buying Practices of Black and White Working Women: An Exploratory Analysis" in *Retailing: Its Present and Future*, vol. 4 (Special Conference Series), ed. Robert L. King (Charleston, S.C.: Academy of Marketing Science and the American Collegiate Retailing Association, 1988), 241-245.

101. Anne D'Innocenzio, "Ethnic Market Heating Up for Moderate Firms," *Women's Wear Daily* (June 25, 1997): 17.

102. Robert E. Wilkes and Humberto Valencia, "Hispanics and Blacks in Television Commercials," *Journal of Advertising* 18 (Winter 1989): 19.

103. Michael E. Ross, "At Newsstands, Black Is Plentiful," *The New York Times* (December 26, 1993): F6.

104. Alice Z. Cuneo, "New Sears Label Woos Black Women," Advertising Age (May 5, 1997): 6; Cyndee Miller, "Catalogers Learn to Take Blacks Seriously," *Marketing News* (March 13, 1995): 8.

105. Marty Westerman, "Death of the Frito Bandito," *American Demographics* (March 1989): 28.

106. D'Innocenzio, "Ethnic Market Heating Up for Moderate Firms."

107. Michael Janofsky, "A Commercial by Nike Raises Concerns about Hispanic Stereotypes," *The New York Times* (July 13, 1993): D19.

108. Patricia Wen, "The Forgotten Face," *San Francisco Chronicle* (May 29, 2000): A3, A6.

109. Kim Foltz, "Mattel's Shift on Barbie Ads," *The New York Times* (July 19, 1990): D17; Lora Sharpe, "Dolls in All the Colors of a Child's Dream," *Boston Globe* (February 22, 1991): 42; Barbara Brotman, "Today's Dolls Have Ethnicity That's More Than Skin Deep," Asbury Park Press (November 14, 1993): D6.

110. Kelly Shermach, "Infomercials for Hispanics," *Marketing News* (March 17, 1997): 1.

111. "Latino Groups Call for Boycott of Major TV Networks," *San Francisco Chronicle* (July 28, 1999): A3.

112. Rick Wartzman, "When You Translate 'Got Milk' for Latinos, What Do You Get?," *The Wall Street Journal* (June 3, 1999): A1, A8; also see Rebecca Gardyn, "Habla English?" *American Demographics* (April 2001): 54-57.

113. Helene Stapinski, "Generación Latino," *American Demographics* (July 1999): 62-68; also see Joan Raymond, "Tienen Numeros?" *American Demographics* (March 2002): 22-25.

114. Jeffery D. Zbar, "'Latinization' Catches Retailers' Ears," *Advertising Age* (November 16, 1998): S22.

115. Joe Schwartz, "Hispanic Opportunities," *American Demographics* (May 1987): 56-59.

116. Naveen Donthu and Joseph Cherian, "Impact of Strength of Ethnic Identification on Hispanic Shopping Behavior," *Journal of Retailing* 70, no. 4 (1994): 383-393. For another study that compared shopping behavior and ethnicity influences among six ethnic groups, see Joel Herce and Siva Balasubramanian, "Ethnicity and Shopping Behavior," *Journal of Shopping Center Research* 1 (Fall 1994): 65-80.

117. Cited in "Latina Fashionistas," *Women's Wear Daily* (November 18, 1999): 2.

118. "Latina Fashionistas."

119. David J. Wallace, "How to Sell Yucas to YUCAs," *Advertising Age* (February 13, 1989): 5-6; "1994 Survey of Buying Power," *Sales & Marketing Management* (August 30, 1994): A9.

120. "Dispel Myths before Trying to Penetrate Hispanic Market," *Marketing News* (April 16, 1982): 1.

121. Schwartz, "Hispanic Opportunities."

122. "'Born Again' Hispanics: Choosing What to Be," *The Wall Street Journal Interactive Edition* (November 3, 1999).

123. 'Cultural Sensitivity' Required When Advertising to Hispanics," *Marketing News* (March 19, 1982): 45.

124. "'Cultural Sensitivity' Required When Advertising to Hispanics."

125. Karen Kaigler-Walker and Mary Ericksen, quoted in Kaiser, *The Social Psychology of Clothing: Symbolic Appearances in Context*, p. 448.

126. "The Asian Boom," *Women's Wear Daily* (February 17, 2000): 2.

127. Johnson and Sandoval, "Advertisers Court Growing Asian American Population."

128. Quoted in Donald Dougherty, "The Orient Express," *The Marketer* (July/August 1990): 14.

129. Benny Evangelista, "Eyeing Asian American E-Shoppers," *San Francisco Chronicle* (June 19, 2000): G1, G2.

130. Dan Fost, "Asian Homebuyers Seek Wind and Water," *American Demographics* (June 1993): 23-25.

131. Richard Kern, "The Asian Market: Too Good to Be True?," *Sales & Marketing Management* (May 1988): 38; Joo-Gim Heaney and Ronald E. Goldsmith, "The Asian-American Market Segment: Opportunities and Challenges," *Association of Marketing Theory and Practice* (Spring 1993): 260-265; Betsy Wiesendanger, "Asian-Americans: The Three Biggest Myths," *Sales & Marketing Management* (September 1993): 86.

132. Dougherty, "The Orient Express"; Cyndee Miller, "'Hot' Asian-American Market Not Starting

Much of a Fire Yet," *Marketing News* (January 21, 1991): 12.

133. Kern, "The Asian Market: Too Good to Be True?"

134. Eleanor Yu, "Asian-American Market Often Misunderstood," *Marketing News* (December 4, 1989): 11.

135. Marianne Paskowski, "Trailblazing in Asian America," *Marketing and Media Decisions* (October 1986): 75-80.

136. Ellen Schultz, "Asians in the States," *Madison Avenue* (October 1985): 78.

137. Dougherty, "The Orient Express."

138. Marty Westerman, "Fare East: Targeting the Asian-American Market," *Prepared Foods* (January 1989): 48-51.

139. "Radio Network Targets Asian-Americans," *Marketing News* (August 29, 1994): 46.

140. Margaret Rucker, Y.-J. Kim, and H. Ho, "Evaluation of Color Preferences: A Comparison of Asian and White Consumers," in *Minority Marketing: Issues and Prospects*, vol. 3, ed. Robert L. King (Charleston, S.C.: Academy of Marketing Science, 1987): 64.

141. Hiroko Kawabata and Nancy J. Rabolt, "Comparison of Clothing Purchase Behavior between U.S. and Japanese Female University Students," *Proceedings: International Textile and Apparel Association* (1998): 60.

142. Judith C. Forney and Nancy J. Rabolt, "Ethnic Identity: Its Relationship to Ethnic and Contemporary Dress," *Clothing and Textiles Research Journal* 4, no. 2 (1986): 1-8.

143. Meng-Ching Lin and Nancy Owens, "A Comparison of Clothing Purchase Decisions of Asian-American and Caucasian-American Female College Students," *Proceedings: International Textile and Apparel Association* (1997): 97.

144. Alice Z. Cuneo and Jean Halliday, "Ford, Penney's Targeting California's Asian Population; Auto Marketer Uses 3 Languages in Commercials," *Advertising Age* (January 4, 1999): 28; Jeanne Whalen, "Sears Targets Asians: Retailer Names Agency to Attract Fast-Growing Segment," *Advertising Age* (October 10, 1994): 1.

145. Johnson and Sandoval, "Advertisers Court Growing Asian-American Population."

146. Dorinda Elliott, "Objects of Desire," *Newsweek* (February 12, 1996): 41.

147. Miller, "'Hot' Asian-American Market Not Starting Much of a Fire Yet."

148. "The Asian Boom."

제7장
소득과 사회계급

디어 고대하던 그 날이 왔다! 필은 마릴린과 그녀의 부모님을 만나러 가기로 했다. 필은 마릴린이 일하고 있는 보안회사에서 계약직 일을 해왔는데 그녀에게 첫눈에 반해 버렸다. 필은 부르클린에서 '호된 사회 경험'을 하고, 마릴린은 프린스턴대학교를 갓 졸업하기는 했지만, 그들은 그들의 서로 다른 배경에도 불구하고 어떻게든지 잘 될 것이라는 것을 알고 있었다. 마릴린이 캘드웰가(Caldwells)가 돈이 좀 있다는 것을 암시해 왔지만 필은 주눅들지 않았다. 어쨌든 그는 여러 방면의 10만 달러 이상을 버는 많은 사람들을 알고 있다. 그에게 실크 수트를 입고 돈다발을 과시하고, 보는 곳마

다 기계장치가 되어 있는 비싸고 현대적인 가구를 자랑하는 거물 하나 더 상대하는 것은 문제가 아니다.

그들이 코네티컷에 있는 마릴린 가족의 사유지에 도착했을 때, 필은 롤스로이스를 찾았다. 그러나 그는 지프 체로키밖에 보지 못했

다. 안에 들어가자마자 필은 그 집이 너무나 단순하게 꾸며져 있고 모든 것이 낡아 보이는 것을 보고 놀랐다. 현관 입구의 색이 바랜 동양풍의 양탄자와 모든 가구들은 정말 낡아 보인다. 실상 어디에도 새로운 가구는 없어 보인다. 단지 고가구만 많이 있을 뿐이다.

필은 캘드웰 씨를 만났을 때 더욱더 놀랐다. 필은 마릴린의 아버지가 어느 정도는 유명인사들의 라이프스타일(Lifestyles of the Rich and Famous; TV 프로그램 이름)에 나오는 사람들처럼 턱시도를 입고 있을 것이라고 예상했다. 사실 필은 자신도 돈이 좀 있다는 것을 나타내기 위해서 미리 그의 옷 중에 제일 좋은 검정 이탈리아제 수트를 입었고 그의 커다란 분홍색 큐빅 지르코니아 반지를 끼고 온 참이었다. 마릴린의 아버지가 낡고 구겨진 카디건 스웨터와 운동화 차림으로 그의 서재에서 나왔을 때, 필은 뭔가 친숙하지 않은 곳에 와있다는 것을 확실히 깨달았다.

1. 소비자의 지출과 경제 행동

캘드웰가에서의 필의 놀라운 경험이 나타내듯이 돈을 쓰는 데는 많은 방법이 있고 돈을 가진 자와 갖지 않은 자 사이에는 커다란 차이가 있다. 어쩌면 돈을 오래 가지고 있던 사람과 어렵게 돈을 벌어서 가지게 된 사람들 간에도 거의 같은 차이가 있을 것이다. 일반적인 경제 사정이 소비자들의 돈을 배분하는 방법에 얼마나 영향을 주는지를 간단하게 생각해 보면서 본 장을 시작하고자 한다. 그런 다음 "부자들은 다르다."는 속담을 생각하면서 사회에서 다양한 위치에 있는 사람들이 매우 다양한 방법으로 어떻게 소비하는지를 알아보고자 한다.

어떤 사람이 필과 같이 숙련된 노동자든지 혹은 마릴린처럼 잘사는 집 자식이든지 간에, 그 사람의 사회계층은 그가 돈을 가지고 무엇을 하는지와 의류, 주택 그리고 오락과 같은 소비행동과 그의 사회에서의 '위치'에 영향을 준다. 그리고 본 장에서 나타내고 있는 것처럼 이러한 소비행동은 또 다른 용도의 역할을 하기도 한다. 우리가 구매하는 특정한 제품과 서비스는 종종 다른 사람들로 하여금 우리가 어떤 사회적 지위에 있는지를 — 혹은 우리가 어떤 위치에 있고자 하는지를 확실히 알게 하려는 데 쓰인다. 제품은 자주 사회계층의 표시물로서 구매되고 보여진다. 그러한 것들은 지위 상징물(status symbols)로 평가되는데, 특히 행동과 명성이 더 이상 어떤 사람의 지위를 전달하는 데 고려되지 않는, 크고 현대적인 사회에서 확실히 그러하다.

1) 소득의 경향

많은 미국인들은 아마도 자신들이 많은 돈을 벌지 않는다고 말할 것이다. 그러나 현실적으로는 평균적인 미국인의 생활수준은 계속해서 향상되고 있다. 이러한 소득의 변동은 여성의 역할 변동과 교육적 성취 증가라는 두 가지의 중요한 요인과 연관되어 있다.[1]

(1) 여성의 일

이렇게 소득이 증가하게 된 원인의 하나는 노동 연령에 있는 많은 사람들이 일을 하고 있다는 점이다. 취학 전 연령에 있는 아동의 어머니들이 근로자 중에서 가장 빠르게 성장하고 있는 세분 집단이다. 게다가 이 중 많은 일은 남성들이 주로 맡아서 일하던 의료와 건축과 같이 고소득 직업이다. 아직 대부분의 전문직에서 여성들은 소수이기는 하지만, 그들의 지위는 계속해서 높아지고 있다. 근로 여성의 수가 지속적으로 증가하고 있다는 점은 소득 중류층과 상류층 가족이 급속하게 성장하게 된 주요한 원인이 되고 있다. 현재 일 년에 5만 달러 이상을 버는 부부는 1,800만 쌍 이상이다. 그러나 거의 3분의 2에 달하는 가족에서 아내의 월급이 부부로 하여금 소득의 계단을 오르게 하는 추진력이 되고 있다.[2]

(2) 학교 다닌 만큼 보상받는다!

누가 돈을 더 벌 것인가를 결정하는 또 다른 요소는 교육이다. 대학에 다니는 비용을 대는 것은 대단한 희생을 수반하기는 하지만 결국에는 그럴 만한 가치가 있다. 대학 졸업자들은 살아가면서 고등학교까지만 마친 사람들보다 50% 정도 돈을 더 번다. 1990년대에 소비자 지출력 증가의 거의 절반은 대학 졸업자에 의한 것이다. 그러니까 (학생들이여) 힘들더라도 잘 견디라!

2) 지출할 것인가 말 것인가 그것이 문제로다

좋은 제품과 서비스에 대한 소비자들의 수요는 살 수 있는 능력과 사려고 하는 자발성에 달려 있다. 필수품에 대한 수요는 시간이 지남에 따라 안정적이 되는 경향이 있지만, 만일 사람들이 지금은 돈을 쓰기에 적당한 때라고 느끼지 않는다면 다른 지출은 미루거나 이루어지지 않는다.[3] 예를 들어 어떤 사람은 새로운 시즌을 위해 지금 새로운 옷을 사기보다는 지금 가지고 있는 옷으로 '대신' 하기로 결정할 수도 있다.

(1) 재량지출

재량소득(discretionary income)은 필수적인 것에 지출하고 난 후에 가계에 남아 있는 돈이다 — 즉 안락한 생활수준에 필요한 것 이상을 의미한다. 물론 안락하다는 것의 정의가 매우 다양하지만 가치와 동기는 무엇이 필요한가에 대해 정의하는 것을 도와준다. 요즘 구매되는 대부분의 의복이나 패션제품은 필수품에 속하지 않는데 이는 단지 지난해 옷에 싫증이 나거나 그 옷이 더 이상 '최신 유행'이 아니라는 이유로 그 옷을 종종 새로운 스타일로 바꾸기 때문이다. 그런 이유로 의복 구매는 일반적으로 재량지출(discretionary spending)에 속한다. 시장의 다양한 세분집단은 의류나 패션제품에 그들이 가지고 있는 재량소득 중에 많은 액수를 지출하는데, 노년기에는 집, 아이들, 교육 그리고 여행과 같은 것에 지출을 분배하기 때문에 훨씬 적은 돈이 의류에

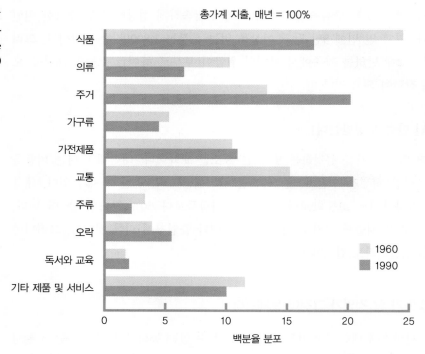

그림 7-1 변화하는 가계 예산

출처 : Fabian Linden, *Consumer Affluence : The Next Wave*(The Conference Board, Inc., 1994)

총가계 지출, 매년 = 100%

식품
의류
주거
가구류
가전제품
교통
주류
오락
독서와 교육
기타 제품 및 서비스

1960
1990

0   5   10   15   20   25

백분율 분포

지출된다.

미국인 소비자들은 재량지출 능력이 일 년에 4천만 달러 정도의 영향력을 가진다고 예측되고 있다. 소득이 최고에 달하는 35~55세의 사람들은 이 액수의 반 정도를 차지하고 있다. 튼튼한 미국 경제와 급등하는 주식 시장으로 1990년대 말과 2000년대에, 많은 소비자들은 단지 그들의 주식 자산 구성으로 인한 '이익을 얻는' 것만으로도 재량소득이 증가하였다. 이 증가와 동반된 것은 시장에 새로 진입한 기업들을 매우 긴장되게 하고, 하룻밤 새에 파산하게 할 수 있는 시장의 변동성이다. 그러나 부자들은 이러한 변동성을 이겨낼 충분한 자금을 가지고 있다. 사실상 티파니(Tiffany)와 버나드 아놀트(Bernard Arnault)와 같은 고급품 회사는 시장의 변동에 거의 영향을 받지 않는다고 한다. 한 디자인 하우스의 최고경영자가 "우리가 제품을 조달하는 고객들은 세상에서 가장 부유한 사람들입니다. 그들은 시장경제가 좋거나 나쁘거나 부자입니다."라고 말했다.[4] 그러나 본 장의 뒷부분에 더 자세히 기술된 대로 9월 11일의 테러리스트의 공격 후에 이러한 것은 변화되었다.

인구가 노화되고 소득수준이 올라감에 따라 전형적인 미국 가정은 돈을 지출하는 방식을 바꾸고 있다. 가장 현저한 변화는 예산의 더 많은 부분을 주거, 교통, 오락 그리고 교육에 지출하고 반면에 더 적은 부분을 의류와 식품에 지출한다는 점이다. 이러한 변화는 집을 소유하는 것이 보편화된 것과(주택 소유자의 숫자가 지난 30년 동안 80% 이상 증가했다), 일하는 아내들의 증가와 같은 요인에 의한 것이다. 소비자들의 돈을 얻기 위한 경쟁의 일환으로 패션 소매점들은 계속적으로 소비자들을 그들의 상점으로 유인하려고 도전하고 있다. 여기에서 우리는 백화점 할인판매를 통한 격렬한 공격이 지속되고 있는 것을 본다. 가계지출의 변화는 그림 7-1에 요약되어 있다.

(2) 돈에 대한 개인적인 태도

많은 소비자들은 그들의 개인적, 전체적인 미래에 대해서와 그들이 소유하고 있는 것을 유지하는 것에 대해 걱정하고 있다. 최근에 로퍼 스타치 월드와이드(Roper Starch Worldwide)에 의해 수행되었던 미국인에 대한 조사에서 응답자의 절반이 돈이 행복을 살 수 있다고 믿지 않는다고 말했지만, 거의 70%는 여전히 그들의 수입이 배가 된다면 지금보다 훨씬 행복할 것이라고 답했다.[5]

한 소비자의 돈에 대한 걱정은 항상 그가 돈을 얼마나 가지고 있는가에 관한 것이 아니다. 돈을 획득하고 관리하는 것은 지갑의 상태가 아니라 마음의 상태에 관한 것이다. 돈은 다양하고 복합적인 심리적 의미를 가질 수 있다. 돈은 성공이나 실패, 사회적으로 인정됨, 안전, 사랑 혹은 자유와 동등하게 여겨질 수 있다.[6] 일부 임상 심리학자들은 심지어 돈과 관련된 장애를 전문으로 하며, 사람들은 심지어 자신의 성공에 대해서 죄책감을 가지기도 하며 일부러 이러한 느낌을 줄이기 위해서 잘못된 투자를 하기도 한다고 보고했다! 다른 임상적인 상태는 파괴, 폐허 공포증(atephobia; 파멸되는 것에 대한 공포), 강탈공포증(harpaxophobia; 도둑의 피해자가 되는 것에 대한 공포), 가난공포증(peniaphobia; 가난에 대한 공포), 그리고 금공포증(aurophobia; 금에 대한 공포)을 포함한다.[7]

로퍼 스타치 조사는 안전이 단연 '돈의 의미'에 가장 밀접하게 관련된 속성이었다고 보고했다. 중요하게 연관되는 다른 속성은 안락, 자녀들을 도울 수 있는 것, 자유, 그리고 즐거움이었다. 연구자들은 돈에 대한 일곱 가지 뚜렷한 성격 유형을 개발했으며 이는 표 7-1에 요약되어 있다.

표 7-1 돈에 대한 성격

	유형		
	탐구자	**수집가**	**보호자**
인구 비율	13%	19%	16%
평균 소득	44,000 달러	35,000 달러	36,000 달러
전형적인 인물	빌 게이츠 (마이크로소프트)	워런 버펫(네브라스카 투자가)	폴 뉴만(배우겸 사업가)
인물평	전진을 위해 위험을 고수함	후회보다 안전한 것이 나음	다른 사람이 우선
특징	돈에 공격적; 돈을 행복과 성취와 동등하게 봄; 불안정한 개인의 삶을 가지려함	전통적 가치를 가진 보수적 투자가; 대출을 최소화하려는 삼사십대	돈이 사랑하는 사람을 보호하는 수단이라고 믿음; 거의 대부분 여자임; 주로 기혼임

출처 : Adapted from Robert Sullivan, "Americans and Their Money." *Worth*(June 1994) : 60(8pp.), based on a survey of approximately 2,000 American consumers conducted by Roper Starch Worldwide. ⓒ 1994 Worth Magazine. Reprinted by permission of *Worth* magazine.

3) 소비자의 자신감

행동경제학 혹은 경제심리학의 분야는 경제에 관한 결정의 '인간적인' 면(제11장에서 논의된 의사결정에서의 편견을 포함)에 관계되어 있다. 이 분야는 심리학자 조지 카토나(George Katona)의 선행연구를 필두로 하여 소비자들의 미래에 대한 동기와 기대가 그들의 현재의 지출에 어느 정도의 영향을 미치는가와 이러한 개인적인 결정이 더해져 한 사회의 경제적 안녕에 얼마나 영향을 미치는가를 연구한다.[8]

미래가 어떻게 될 것인가에 대한 소비자의 신념은 사람들이 미래 경제에 대해서 그리고 그들이 그 길을 따라 어떻게 나아갈 것인가에 대해 낙관적이거나 혹은 염세적인 정도를 반영하는 소비자의 자신감을 나타내는 표시이다. 이러한 신념은 재량 구매를 할 때 그들의 돈이 경제에 얼마나 많은 돈을 퍼부을 것인가에 영향을 미친다. 이러한 점이 패션산업에 매우 중요하기 때문에 현재의 자신감 지수에 대한 기사가 패션산업의 업계 신문인 위민스 웨어 데일리(WWD : *Women's Wear Daily*)에 정기적으로 실리고 있다.

많은 업체들은 지출에 대한 예측된 정보를 매우 심각하게 받아들이며, 정기적인 조사를 통해 이러한 지수에 도달하는 미국인 소비자들의 '반응을 알아보려는' 시도를 하고 있다. 미시간 대학의 설문조사 센터에서 연구하는 것과 같이, 컨퍼런스 보어드(Conference Board; 비영리 민간조사 연구 기구)는 소비자의 자신감에 대한 조사를 수행한다. 이러한 조사에서 소비자들에게 주어졌던 질문 유형은 다음과 같다.[9]

표 7-1 돈에 대한 성격(계속)

유 형			
과시자	분투가	안식가	이상주의자
14%	13%	14%	10%
33,000 달러	29,000 달러	31,000 달러	30,000 달러
엘리자베스 테일러 (영화배우)	토냐 하딩 (망신당한 피겨스케이트선수)	로젠 (코미디언/배우)	알렌 진스버그 (사망한 시인)
일등석만 추구	돈에 의해 조정됨	자신을 돌보기에 충분한 정도만 필요로 함	인생에 돈보다 더한 것이 있다고 믿음
자신에 관대함; 실용품보다 고급품 구매 선호; 자기중심적이고 좋은 계획자가 아님	돈이 세상을 돌아가게 한다고 믿음; 돈을 힘과 같게 여김; 교육수준이 높고 이혼경향이 높음	돈에 관심이 많지 않음; 주로 당면한 욕구에 대해 염려함	대부분 돈이 모든 악의 근원이라 믿음; 물질적인 것에 관심이 별로 없음

- 당신과 당신의 가족은 일 년 전보다 재정적으로 더 나아졌다고 말하겠는가 혹은 더 나빠졌다고 하겠는가?

- 당신은 지금으로부터 일 년 후에 더 잘 살 것 같은가?

- 사람들이 가구나 냉장고 같은 주요한 가정용품을 사기에 지금이 적절한 때인가 혹은 부적절 한 때인가?

- 당신은 내년에 자동차를 사려고 계획하고 있는가?

사람들이 그들의 미래에 대한 전망과 경제상태에 대해 비관적일 때 그들은 지출을 줄이고 빚을 덜 얻으려 한다. 이와 반대로 그들이 미래에 대해 낙관적일 때는 저축하는 액수를 줄이고 빚을 더 많이 지고 재량적인 제품을 더 많이 구매하는 경향이 있다. 그러므로 전체적인 저축률은 (1) 고도 기술주를 현금화한 후에 갑자기 늘어난 개인적인 부와 같은 개인 소비자의 개인적인 상황에 대한 낙관 혹은 비관, (2) 수년 전에 아시아를 타격한 극심한 경제적 후퇴와 같은 세계적인 사건 그리고 (3) 저축에 대한 태도의 문화적 차이(예를 들어 일본인들은 미국인들보다 훨씬 높은 저축률을 가지고 있다)에 의해 영향을 받는다.[10] 지난 몇 년 동안 그리고 특히 2001년 9월 11일 이래 소비자 자신감은 하락해 왔고, 그로 인해 현재의 경기 후퇴를 일으키고 있다.[11]

2. 사회계급

경제적 상태와 사회적 지위는 종종 우리가 선택하는 의복의 유형을 결정짓는다. 모든 사회는 대충 '가진 자'와 '가지지 못한 자'(때때로 '가졌다는 것'은 정도의 문제이긴 하지만)로 나눌 수 있다. 미국은 '모든 사람이 동등하게 창조된' 곳이다. 그러나 그럼에도 불구하고 어떤 사람들은 다른 사람들보다 동등함보다 우위에 있는 것 같다. 필이 캘드웰가에서 부딪친 것과 같이 한 소비자의 사회에서의 지위 혹은 **사회계급**(social class)은 소득, 가족의 배경, 그리고 직업을 포함하는 복합적인 변수들에 의해서 결정된다. 카이저(Kaiser)는 심지어 보다 더 넓은 개념인 **사회적 신분**(social location)에 대해 언급했는데 이 개념은 이러한 변수와 특정한 시간과 장소에서 한 사람의 신념과 막연한 가치 형태, 성(sex)과 연령을 포함하는 다른 변수들이 추상적으로 만나는 점을 의미한다. 개인이 그들에게 무엇을 기대하는가를 학습하는 사회화 과정을 통해서 사람들은 대부분의 경우에 그 사람의 사회적 신분 내의 규칙이나 '본분에 맞는 옷을 입는 것'에 따르기를 원한다.[12]

사회적 구조 안에서 어떤 사람이 차지한 지위는 '얼마나 많은' 돈을 지출해야 하는 지를 결정하는 중요한 요인일 뿐만 아니라 '어떻게' 지출되어야 하는지에 영향을 준다. 필은 명백하게 돈을 많이 가진 사람인 켈드웰가 사람들이 그것을 과시하지 않는 것에 놀랐다. 이런 삼가는 생활 방식은 소위 조상 대대로 돈을 가진 사람들의 현저한 특징이다. 돈을 오랫동안 가지고 있었던 사람들은 그것을 가지고 있는 것을 증명해 보일 필요를 느끼지 않는다. 이와는 대조적으로 상대적으로 부를 새롭게 얻은 사람들은 같은 액수의 돈을 매우 다르게 지출하는데, 특히 의복, 자동차 그리고 부를 겉으로 내보이는 다른 표시물에 지출한다.

1) 보편적인 위계질서

많은 동물의 종에서 사회적인 조직은 가장 독단적인 혹은 공격적인 동물들이 다른 동물을 관리하고 먹이, 사는 공간, 그리고 심지어 짝을 짓는 상대를 제일 먼저 고름으로써 발달된다. 예를 들어 닭은 확실하게 규정지어진 지배-복종의 위계를 조성한다. 이 위계 내에서 각각의 암탉은 자신의 위에 있는 모든 암탉에 대해 복종하고 자신의 밑에 있는 모든 암탉에 대해 지배적인 위치를 가지고 있다(여기에서 위계질서(pecking order)라는 용어가 유래했다).[13]

사람들도 이와 다르지 않다. 사람들은 사회에서 상대적인 그들의 위치에 따라서 계급이 결정되는 사회적 계열을 조성하며, 이러한 위치는 교육, 주거, 그리고 소비재와 같은 자원에 접근하는 방법을 결정한다. 그리고 사람들은 가능할 때마다 사회적인 계열에서 상향으로 이동함에 따라 그들의 서열을 향상시키고자 노력한다. 이러한 개인의 삶에서의 위치를 향상시키고자 하고 종종 다른 사람으로 하여금 그 사람이 그렇게 해온 것을 알게 하려는 욕망은 많은 마케팅 전략의 핵심을 이루고 있다.

모든 문화는 자체의 사회적인 계열을 가지고 있다. 그러나 이러한 구분이 얼마나 명백하게 드러나는가에 대한 다양성을 볼 수 있다. 하나 혹은 또 다른 종류의 사회 성층(stratification)은 보편적이며, 심지어 공식적으로 그러한 과정을 경멸하는 사회에서도 그러하다. 예를 들어 많은 중국인들은 계급이 없어야 할 사회인 중국에서 고위자제 등용(gaoganzidi, 高位子弟; 고위 당 관리의 자제가 직업을 얻는 데 특혜를 받는 것)이라는 말이 있을 정도로 고위 당 관리의 자녀들이 특혜를 받는다는 것을 불쾌해한다. 이 자손들은 게으르고, 물질적인 즐거움을 누리고 그들 가족의 연줄 덕택으로 최상의 직업을 얻고 있는 것으로 알려져 있다. 그들은 그래서 계급이 없는 사회에서 특권층이라고 하겠다.[14]

(1) 사회계층은 재원의 접근에 영향을 미친다

마케터들이 사회를 세분화를 위한 집단으로 만들려고 노력하는 것과 같이 사회학자들은 사람들의 상대적인 사회적, 경제적 재원에 의해서 사회의 의미 있는 분할을 나타내

클로즈업 | 적당한 가격의 멋진 스타일

미국인의 소득 수준의 최상위와 최하위층이 증가하고 있다. 1980년부터 인구의 5분의 1에 해당되는 가장 부유한 사람들은 소득이 21% 증가해왔고, 반면 하위의 5분의 3은 소득이 정체되었거나 감소되었다. 미국의 가장 힘 있는 상표들은 리바이스 진에서 아이보리 비누까지 대중 마케팅을 전제로 세워져 있다—그러나 이제 그러한 것은 변화하고 있다. 월마트와 티파니와 같은 상점들은 큰 이익을 거두고 있다고 보고하고 있는 반면 제이씨 페니(J. C. Penney)와 같은 중간급의 아울렛은 판매가 저조하

다. 멋진 스타일 할인(chic discount)과 같은 포지셔닝 전략은 매우 성공적이다. 많은 팬들에 의해 'tar-zhay'라고 불리는 타겟(Target)은 여피를 위한 케이마트(Kmart, 디스카운트스토어)이다. 이 상점의 밝은 빨강의 황소 눈 형태의 로고는 가격이 적당한 멋진 스타일의 패션 성명을 발표하는 것과 같다.[15]

이런 경향은 일부 회사로 하여금 이층구조의 마케팅전략을 개발함으로써 꿩도 먹고 알도 먹을 수 있게 하였다. 이 전략은 고소득층과 저소득층 소비자들을 위해서 각각의 계획을 수립하는 것이다. 예를

들어 월트 디즈니의 위니 더 푸우(Wonnie the Pooh)는 원래의 선으로 그린 모양이 고급 전문점과 백화점에서 파는 정교한 자기에 그려진 형태로도 구매할 수 있고, 반면 월마트에서 파는 플라스틱 열쇠고리와 폴리에스터로 된 침대 시트에서도 만화영화에 나오는 통통한 푸우 모양을 볼 수 있다. 갭은 자체의 체인점을 삼층으로 된 시장을 맡을 수 있게 구조화했는데 고소득층은 바나나 리퍼블릭이, 중산층은 갭이, 그리고 저소득층은 올드 네이비점이 맡도록 하였다.[16]

는 방법을 개발해 왔다. 이런 분할의 일부는 정치적인 권력에 관련이 되어 있고, 반면 다른 것들은 단순히 경제적인 구분의 경계이다. 칼 막스(Karl Marx)는 사회에서의 지위는 생산의 수단(means of production)에 대한 관계에 따라 결정된다고 느꼈다. 어떤 사람들('가진 자')은 재원을 통제하고 그들의 특권적인 위치를 보존하기 위해서 다른 사람의 노동을 사용한다. '가지지 않은 자'들은 통제력이 부족하고 생존을 위해 자신의 노동에 의지하기 때문에 이들은 시스템을 바꿈으로써 가장 많은 것을 얻는다. 어떤 사람들로 하여금 다른 사람들보다 더 많은 재원을 가질 수 있는 해주는 사람들 간의 구별은 그렇게 함으로써 혜택을 보는 사람들에 의해서 계속될 것이다.[17]

사회학자 막스 웨버(Max Weber, 1864-1920)는 사람들이 만들어 놓은 등급이 일차원적인 것이 아니라는 것을 보여주었다. 어떤 사람들은 명성 혹은 '사회적 명예'(그는 이러한 것을 지위 집단이라 불렀다)에 관여하고, 어떤 사람들은 권력(혹은 정당), 그리고 어떤 사람들은 부와 재산(계급, class)의 주위를 맴돈다.[18]

(2) 계층 간의 차이를 통제하기 위해 사용된 의복

오랜 역사 동안 권력집단들은 계층 구별을 유지할 수 있었다. 의복은 그러한 통제를 하는 하나의 수단이었다. 오늘날에는 상상하기 힘들지만 의복은 법으로 통제되었다. **사치금지령**(sumptuary laws)은 의복의 스타일과 의복과 액세서리에 대한 개인적인 지출을 통제하는 것이었다. 사치금지령은 의복을 통제함으로써 서유럽에서 왕족 계층과 다른 사람들을 구별하는 기능을 하였다. 상인이나 사업을 하는 계층이 부를 얻고 왕족과 비슷한 풍요로운 의복을 획득하는 것이 가능해지면서, 이러한 부가 소비되는 방법을 억압하기 위해서 법을 제정하였다. 영국의 엘리자베스여왕 시대에는 평민들이 금이나 은, 벨벳 혹은 모피로 된 옷을 입는 것을 금지하였고, 특정한 색상이나 문양 그리고 스타일도 사회 안에서 정해진 개인의 계급, 계층 그리고 지위에 맞춰 제한하였다.

기원전 200년으로 거슬러 올라가보면 사회적, 정치적 위치를 나타내는 예복의 장식에 대해 통제를 통해서 사치금지령이 한국, 일본 그리고 중국 역사의 일부가 되어 왔음을 알 수 있다. 한국에서는 1900년에 이르기까지 평민들은 육체적인 일을 하지 않는다는 상징인 길게 늘어진 소매를 착용하는 것이 금지되었다.[19] 일본 기모노는 상인들이 부유해지고 지역의 지도자들보다 더 뛰어나게 되자 디자인이 대담해지고 길게 늘어지게 되어, 1660년대 말에 기모노 디자인에 관해서 다양한 계층을 대상으로 규정된 법에 의해서 통제되었다. 중국의 문화혁명 동안, 높게 둥글린 칼라가 달리고 앞쪽 중심에 단추가 달린 재킷과 풍성한 바지로 구성된 인민복(Mao suit)이 착용되었다. 전통적인 여성복인 치파오(qi pao)는 퇴폐적이라 하여 금지되었고, 인민복을 변형한 것을 여성에게 착용하게 하였다. 이러한 상황에서 의복은 계층을 구별하는 이전의 의복을 바꿔 놓는 하나의 동등한 사회계층을 상징한다.[20]

19세기 동안 서구의 조여진 허리와 중국 여성의 전족은 높은 사회적 위치와 그 가족의 세대주가 부자라는 증거였다. 오늘날 사회계층은 사람들이 자신의 라이프스타일을 선택하는 것에 따라 유동적이고 이동을 하며 그러한 선택을 의복에 반영한다. 그러나 본장의 후반부에서 논의된 것처럼 현재의 '지위 상징'은 개인의 사회적 신분을 반영할 수도 있다.

(3) 사회계층은 기호와 라이프스타일에 영향을 준다

현재 사회계층(social class)이란 용어는 일반적으로 한 사회 내의 사람들의 전체적인 계급을 나타낼 때 사용된다. 같은 사회계층 안에 분류된 사람들은 그 지역사회에서 그들의 사회적인 신분이 대략 같다. 그들은 대개 유사한 직업을 가지고 일하며, 그들의 소득 수준과 공통된 기호에 따라서 비슷한 라이프스타일을 가지는 경향이 있다. 이러한 사람들은 서로 사회화를 하기 위해 경쟁하고 삶이 영위되어야 하는 방식에 관해서 많은 아이디어와 가치를 공유한다.[21]

사회계층은 가진 것만큼만 존재하는 상태이다. 필이 보았던 것처럼, 계급도 한 사람이 그의 돈을 가지고 무엇을 하는가와 어떤 사람이 사회에서 그의 역할을 어떻게 정의하는가에 대한 문제이다. 사람들은 사회의 일부 멤버들이 잘 살거나 다른 사람과 '다르다'는 생각을 좋아하지 않을 수도 있지만, 대부분의 소비자들은 다양한 계급의 존재와 소비에 대한 계급의 멤버십의 영향을 인정한다. 한 부자 여성은 사회계층을 정의하라고 부탁받았을 때 다음과 같이 말하였다.

> 나는 사회계층이 당신이 어떤 학교를 다녔는가와 얼마나 먼 학교에 다녔는가가 같다고 생각한다. 당신의 지성. 당신이 사는 곳… 당신이 당신의 자녀를 보내는 학교. 당신이 가지고 있는 취미. 예를 들어 스키를 타는 것은 스노모빌보다 높다…. 그것은 단지 돈의 문제만은 아니다. 왜냐하면 결코 아무도 당신에 대해 확실히 알지 못하기 때문이다.[22]

2) 사회계층

학교에서 어떤 아이들은 항상 인기가 있는 것 같다. 그들은 특별한 특권, 멋진 자동차, 많은 용돈 혹은 다른 인기있는 친구들과의 데이트와 같은 많은 자원에 접근할 수 있다. 직장에서는 어떤 사람들은 빠른 승진 궤도에 오르고, 높은 명성이 있는 지위로 승진이 되고, 높은 월급이 주어지고 혹은 중역용 화장실의 열쇠가 주어진다.

사실상 모든 상황에서 어떤 사람들은 다른 사람들보다 더 높게 등급이 매겨지는 것 같다. 사회적 배열의 패턴은 어떤 멤버는 그들의 상대적인 지위, 힘 혹은 집단 내에서의 지배력의 덕으로 다른 사람들보다 더 많은 자원을 얻음으로써 승격된다.[23] **사회계층화**(social stratification)의 현상은 사회 안에서의 인위적인 구분(분할)을 가리킨다. 이는 "각자가 받을 수 있는 귀중한 자원의 몫에 관해서 한 사회의 시스템 안에서 거의 영구적으로 서열이 매겨진 사회적 신분의 지위에 따라서 소중한 자원이 고르지 않게 분배되는 과정"이다.[24]

(1) 성취적 지위 대 귀속적 지위

만일 당신이 속해왔던 크고 작은 집단을 되돌아보면, 많은 경우에 일부는 그들이 받을만한 이상을 얻는 것 같으며, 반면 다른 개인들은 그다지 운이 없다는 점에 당신도 아마 동의할 것이다. 이러한 자원들의 일부는 열심히 일하거나 부지런히 공부하는 것을 통해 자원을 얻은 사람들에게 돌아갔을 것이다. 이러한 배분은 **성취적 지위**(achieved status)에 의한 것이다. 다른 보상은 어떤 사람이 운 좋게 부유하거나 아름답게 태어났기 때문에 얻어져 왔다. 그러한 행운은 **귀속적 지위**(ascribed status)를 반영한다.

보상이 '일류이고 똑똑한 사람들'에게 돌아가든지 혹은 상사와 관련되어 있는 사람들에게 돌아가든지 간에, 사회적 집단 내에서 분배는 거의 동등하게 이루어지지 않는다. 대부분의 집단은 구조나 **지위 위계**(status hierarchy)를 나타내며 이러한 위계 안에서 일부 멤버들은 어쨌든 다른 사람들보다 잘 지낸다. 그들은 권위나 힘을 더 가지고 있을 수도 있고 혹은 단순히 더 사랑받거나 존경받는다. **지위**(status)라는 개념은 사실상 중립적이다. 즉 단순히 하나의 위계 안에서의 지위를 의미한다. 예를 들면 개인들은 기혼이거나 독신이거나 하는 혼인에 대한 지위를 가진다. 그러나 우리가 어떤 것이 지위 지향적이라고 할 때, 지위는 일반적으로 명성(세력)의 선상에서 상단 끝을 의미한다 — 즉 낮은 위치이기보다는 높은 지위이거나 높은 위치를 의미한다.

(2) 미국의 계층 구조

미국은 추정하기에 엄격하고, 객관적으로 정의된 계층 구조를 가지고 있지는 않다. 그럼에도 불구하고 미국은 소득 분포에 따라서 안정된 계층 구조를 유지하고 있는 경향이 있다. 그러나 다른 나라와 다르게 변화를 주는 것은 다양한 경우에 이 구조 안에서 다양한 위치를 차지해 온 집단들(민족적, 인종적 그리고 종교적)이다.[25] 미국의 계층 구조를 설명하려는 가장 영향력 있고 초기에 이루어진 시도는 1914년에 로이드 워너(W. Lloyd Warner)에 의해서 제시되었다. 워너는 다음과 같은 여섯 개의 사회계층으로 구분하였다.[26]

1. 상 상층(upper upper)
2. 상 하층(lower upper)
3. 중 상층(upper middle)
4. 중 하층(lower middle)
5. 하 상층(upper lower)
6. 하 하층(lower lower)

이러한 유형화는 돈, 교육 그리고 명품과 같은 자원에의 접근에 관한 적합성 면에 대해 일부 비판을 받고 있다(올라가는 순서에 있어서). 시간이 흐름에 따라 이 시스템에 대한 다양한 제안이 이루어졌으나 이 여섯 가지 수준이 사회과학자들이 계층에 대해서 생각하는 바를 매우 잘 요약하고 있다고 하겠다. 그림 7-2는 미국인의 지위 구조에 대한 하나의 견해를 제시하고 있다.

(3) 전 세계의 계층 구조

모든 사회는 제품과 서비스에 대한 사람들의 접근이 그들의 자원과 사회적인 위치에 의해 결정되는 몇 가지 유형의 위계적 계층 구조를 가지고 있다. 물론 구체적인 성공의 '표시'는 각 문화에서 무엇이 소중하게 평가되는가에 따라 달라진다. 이제 막 자본주의의 혜택을 받기 시작한 중국인에게는 성공을 나타내는 표시 중 하나는 자기 자신과 자신이 새로 획득한 재산을 보호하기 위해서 보디가드를 고용하는 것이다.[27]

일본은 지위-의식적인 사회로서, 고급스러운 디자이너 상표가 인기있으며 지위를 나타내는 새로운 형태가 항상 추구된다. 일본 사람들에게는 이전에는 여가와 평화로

그림 7-2 미국의 계층 구조에 대한 현대적인 견해

출처 : Richard P. Coleman, "The Continuing Significance of Social Class to Marketing," *Journal of Consumer Research* 10(December 1983): 265-80. Reprinted with permission of The University of Chicago Press.

상류층 미국인
상 상층(upper-upper, 0.3%) : '상류사회' 세습 부유층
상 하층(lower-upper, 1.2%) : 신흥사회 엘리트층 현재의 전문가들로부터 구성됨
중 상층(upper-middle, 12.5%) : 대학을 나온 나머지 관리자 및 전문가; 라이프스타일이 개인적인 클럽, 대의명분, 그리고 예술에 중심을 두고 있음

중류층 미국인
중산층(32%) : 평균 봉급을 받는 사무직 근로자와 그들의 노동직에 있는 친구들; '좀더 나은 지역'에 살고 '적절한 행동'을 하려고 함
근로층(38%) : 평균 봉급의 노동직 근로자; 소득, 학교, 배경 그리고 직업이 무엇이든지 간에 '노동자층의 라이프스타일'을 가짐

하류층 미국인
'하층, 그러나 최하층은 아닌 사람들'(9%) : 일을 함, 생활보호대상이 아님; 차상위 빈곤층의 생활수준; 행동이 '거칠다', '쓰레기 같다'고 판단됨
'극빈곤층'(7%) : 생활보호 대상자, 가시적으로 가난에 찌들어 보임, 보통 무직(혹은 '가장 지저분한 일'을 함); '흔히 범죄자들'

움의 상징물이었던 전통적인 바위 정원을 소유하는 것은 모두 갖고 싶어 하는 아이템이었다. 바위 정원을 소유한다는 것은 세습된 부를 의미하는데 왜냐하면 귀족들은 전통적으로 예술의 보호자였기 때문이다. 게다가 부동산이 엄청나게 비싼 나라에서 (정원에) 필요한 땅을 부담하는 데는 상당한 자산이 필요하기 때문이다. 또한 땅의 부족은 일본인들이 왜 광적으로 골프를 치는지에 대해 설명해 주고 있다. 골프 코스는 많은 공간을 차지하기 때문에 골프클럽의 멤버십은 매우 귀하게 평가되는 것이다.[28]

세상의 또 다른 쪽에 매우 계층 의식적이고 적어도 최근까지의 소비패턴은 한 사람의 세습된 위치와 가족 배경에 따랐던 나라인 영국이 있다. 상류층의 멤버들은 이튼과 옥스퍼드와 같은 학교에서 교육받고, 마이 페어 레이디(My Fair Lady)라는 영화에 나오는 헨리 히긴스와 같이 말했다. 이러한 경직된 계층 구조의 잔재는 아직도 발견될 수 있다. 'Hooray Henry's'(젊은 부자 남자)는 윈저성에서 폴로 경기를 하고 상속받은 동료들은 아직도 상원을 장악하고 있다. 계층 시스템의 또 다른 끝에는 많은 근로층이 있다. 예를 들어 풀 몬티(Full Monty)와 같은 최근의 영화는 근로계층의 재판(trials)에 초점을 맞추고 있다.

상속된 부의 지배는 영국과 같은 전통적으로 귀족적인 사회에서 쇠퇴되고 있는 것으로 보인다. 한 조사에 따르면 영국에서 가장 부유한 사람들 200명 중 86명은 구식으로 돈을 벌었다. 즉 일을 해서 돈을 번 것이다. 뿐만 아니라 귀족의 전형인 왕족존엄성

세계경제의 상대적으로 튼튼한 상태는 개발도상국에서 새로운 부를 창출해냈다. 이제 명품 제조업자들은 이 새로운 돈을 뒤쫓고 있다. 주류에서 가죽 분야까지 주로 활약하는 프랑스 거물인 루이뷔통(LVMH-Moët Hennessy Louis Vuitton)은 업체의 미래가 유럽보다는 아시아에 있다고 믿는다.

그러나 세계의 다른 나라들의 재원을 손에 넣고자 하는 모든 야심찬 계획들이 다 그렇게 잘 이루어지는 것은 아니다. 유니레버 피엘씨(Unilever PLC)의 인도 자회사인 힌두스탄 레버(Hindustan Lever)의 회장은 "중류층은 균형잡힌 식사를 하고, 자녀를 잘 입혀서 학교에 보내고 흑백텔레비전을 살 수 있는 가족입니다."라고 하였다. 갤럽조사에 의하면 인도의 가계 평균소득은 일 년에 780달러이고 소득의 절반은 식품과 의류에 쓰인다.[29]

조차 약해져 왔는데 이는 왕족이라기보다는 락스타 같은 유명인으로 탈바꿈해 온 젊은 왕족의 일원이 타블로이드판 신문(선정적 신문)에 노출되고 괴상한 행동을 했기 때문이었다. 한 관찰자는 "왕족은 싸구려가 되어 버렸습니다…. 때때로 멋진 오페라 같은 정도의 연속극과 닮아 있을 정도로요."라고 표현했다.[30] 노동당이 다시 정권을 잡고 토니 블레어가 수상이 되고 다이애나비의 죽음 뒤에 따라온 왕족에 대한 신랄한 비평에 따라서 많은 변화가 일어났다. '새로운 영국'을 예고하는 그 변화가 형식보다 내용일지 아닐지는 두고 볼 일이다.

3) 사회 이동

사람들은 그들의 사회적 계층을 바꾸려는 경향을 어느 정도 가지고 있는가? 카스트제도를 가지고 있는 인도와 같은 몇몇 사회에서는 한 사람의 사회계층은 매우 바꾸기 어렵지만 미국은 "누구나 자라서 대통령이 될 수 있다."는 나라로 알려져 있다. **사회 이동**(social mobility)은 "개인들이 한 사회계층에서 다른 계층으로 이동…"하는 것을 의미한다.[31]

이 이동은 상향, 하향 혹은 심지어 수평적이 될 수도 있다. 수평적 이동(horizontal mobility)은 초등학교 선생님 대신에 간호사가 되는 것과 같이 사회적 지위의 한 신분에서 거의 동등한 또 다른 신분으로의 이동을 의미한다. 물론 하향 이동(downward mobility)은 그다지 바람직하지 않지만 이 패턴은 불행하게도 최근에 농부들과 해직된 다른 근로자들이 억지로 생활보호대상자가 되거나 혹은 노숙자의 대열에 끼게 되면서 매우 뚜렷하게 나타나고 있다. 어림잡아 200만 명의 미국인은 언제라도 노숙자가 될 수 있다.[32]

이런 실망적인 경향에도 불구하고 인구통계는 사실상 우리 사회에 상향 이동(upward

mobility)이 확실히 있다는 것을 증명하고 있다. 중류와 상류 계층은 하류 계층보다 자녀를 덜 가지고(즉 그들은 가족당 적은 수의 자녀를 가지고 있다), 대체할 수 있는 정도 이하로 가족 수를 제한하는 경향이 있다(종종 오직 한 아이를 가짐). 그러므로 그렇게 추론을 해보면 높은 지위의 신분은 시간이 지나면서 더 낮은 지위의 신분에 의해서 채워질 수밖에 없다.[33] 그러나 전체적으로 육체노동자 소비자의 자식들은 또 육체노동자가 되는 경향이 있고, 반면 사무직근로자 소비자들의 자식들은 역시 사무직근로자가 되는 경향이 있다.[34] 사람들은 시간이 지나면서 그들의 신분을 향상시키는 경향이 있다. 그러나 이러한 향상은 보통 한 사회계층에서 또 다른 계층으로 올라가기에 충분한 정도로 극적이지는 않다.

패션은 한 계층의 일원이 다른 계층의 일원을 모방하는 것으로 설명될 수 있는데, 모방되는 사람들은 다음에는 패션을 항상 새롭게 표현하고자 한다.[35] 퀸틴 벨(Quentin Bell)과 다른 사회학자들은 패션의 역사를 사회계층에 연관시키지 않고는 설명할 수 없는 것으로 생각했다. 즉 하나의 계층은 항상 다음 계층에 도달하기 위해 혹은 적어도 다음 수준의 스타일을 모방하기 위해서 노력한다. 대부분의 패션 권위자들은 중류계층의 성장과 힘은 패션 수요의 성장과 직접적인 관계가 있다는 점에 동의하고 있다. 중류층은 가장 크고 패션의 수용에 대한 다수의 의결권을 가진다. 중류층의 일원은 대개 추종자들이고, 지도자가 아니다. 제1장에서 논의된 것과 같이 추종자들에 의한 모방이 지속되는 것은 패션 리더들로 하여금 자신보다 아래 계층으로부터 자신들을 구별하기 위해서 자신의 패션과는 다른 새롭고 다양한 패션을 추구할 수 있도록 박차를 가한다.[36]

4) 사회계층의 구성 요소

우리가 한 사람의 사회계층을 생각할 때 수많은 정보를 고려할 것이다. 두 가지 주요한 정보는 직업과 소득이다. 세 번째 중요한 요소는 소득과 직업과 크게 관련되어 있는 학력이다.

(1) 직업의 명성

한 소비자가(좋든 싫든) 무엇을 하며 사는가에 의해서 그 사람의 상당 부분이 정의되는 체제에서는, 직업 명성은 '가치있는' 사람들을 평가하는 하나의 방법이다. 직업 명성(occupational prestige)의 위계는 시간이 경과함에 따라 매우 안정적이며, 다양한 사회에서도 유사한 경향을 보인다. 직업 명성에 있어서의 유사성은 브라질, 괌, 일본 그리고 터키 사회와 같은 다양한 사회에서 발견되어 왔다.[37]

전형적인 계급은 맨 위에 다양한 전문직과 사업관련 직업(큰 회사의 CEO, 의사, 명문대학교의 교수)을 포함하며, 반면 가장 낮은 부류의 직업은 구두닦이, 육체노동자, 그리고 넝마주이를 포함한다. 한 사람의 직업은 그의 여가 시간, 가족의 자원 배분, 정치적 성향 등과 강하게 연결되어 있는 경향이 있기 때문에 이 변수는 종종 사회계층을 나타내는 최선의 단일 변수로 생각된다.

(2) 소득

부의 분포는 사회과학자들과 마케터에게 지대한 관심사이다. 그 이유는 부의 분포는 어떤 집단이 가장 큰 구매력과 시장 잠재성을 가지는 지를 결정하기 때문이다. 부는 전체적인 계층에서 결코 고르게 분배되지 않는다. 인구의 상위 5분의 1은 모든 자산의 75%를 지배한다.[38] 우리가 보아 온 것처럼, 소득은 종종 그 자체만으로는 아주 적절한 사회계층의 표시는 아니다. 왜냐하면 돈이 쓰이는 방식이 더 많은 것을 말하기 때문이다. 그렇지만 사람들은 돈이 그들로 하여금 그들의 기호를 표현하는 데 필요한 제품과 서비스를 획득하는 것을 허용하기 때문에 돈을 필요로 하고, 그래서 소득이 여전히 매우 중요하다는 것은 명백한 사실이다. 미국인 소비자들은 더 부유해지고 나이 들어가고 있으며, 이러한 변화는 소비 선호에 계속해서 영향을 줄 것이다.

(3) 소득과 사회계층 간의 관계

소비자들은 돈과 계층을 동등하게 여기는 경향이 있지만 사회의 다른 면과 소득 간의 정확한 관계는 명확하지 않아 사회 과학자들 간에 논란의 대상이 되어 왔다.[39] 그 둘은 결코 동의어가 아니며, 그것이 돈이 많은 다수의 사람들이 자신의 사회계층을 상향 조정하기 위해서 돈을 사용하고자 하는 이유이다.

문제가 되는 것 중의 하나는 급료를 받는 사람이 더해짐으로써 한 가족의 세대 소득이 늘어나더라도, 각각의 추가적인 직업은 더 낮은 지위의 것일 가능성이 많다. 예를 들어 파트타임 일은 세대에서 주로 급료를 받아오는 사람의 지위와 같거나 그보다 더 높은 지위일 가능성은 거의 없다. 게다가 추가적으로 번 돈은 가족을 위한 공통적인 물품을 사기 위해 모으지 않을 수도 있다. 추가적으로 번 돈은 주로 개인이 자신을 위한 개인적인 지출을 하는 데 사용된다. 그렇다면 보다 더 많은 돈은 향상된 지위나 소비

패턴에 있어서 변화를 가져오지 않는다는 것을 의미한다. 왜냐하면 더 많은 돈이 보다 더 높은 지위의 제품으로 상향조정하기보다는 보다 일반적인 것을 사는 데 충당되는 경향이 있기 때문이다.[40]

사회계층(거주지, 직업, 문화적 관심 등)의 상대적인 가치와 대비해서 소비자행동을 예측하는 소득에 관해서 다음과 같은 일반적인 결론을 내릴 수 있다.

- 사회계층은 상징적인 면을 가지고 있으나 낮은 가격이나, 중간 가격의 구매(화장품, 패션)에서 더 잘 예측될 수 있는 것으로 보인다.

- 소득은 지위나 상징적인 면을 가지지 않는 주요한 지출(주요 가전제품)을 더 잘 예측할 수 있다.

- 고가이고 상징적인 제품(자동차, 주택)의 구매를 예측하기 위해서는 사회계층과 소득 모두의 데이터가 필요하다.

5) 사회계층의 측정

사회계층은 여러 요인에 따라 달라지는 복합적인 개념이기 때문에 측정하기 어렵다고 알려져 왔다. 초기의 측정도구에는 1940년대에 개발된 지위특성지표(Index do Status Characteristics)와 1950년대에 홀링스헤드(Hollingshead)에 의해서 개발된 사회신분지표(Index of Social Position)가 포함된다.[41] 이러한 지표는 계층 신분의 명칭에 도달하기 위해서 다양한 개인적인 특성의 조합을 사용했다. 이러한 복합적 도구의 정확성은 여전히 연구자들 간에 논쟁의 대상이 되고 있다. 최근의 한 연구는 세분화의 목적을 위해서는 복합적인 지위 측정뿐 아니라, 교육과 소득의 일차 측정도 효과가 있다고 발표하였다.[42]

미국인 소비자들은 일반적으로 자신을 근로층(중하층)이나 중류층으로 판정하는 데 어려움을 느끼지 않는다. 또한 그러한 범주가 존재한다는 생각을 거부하는 사람은 오히려 적은 편이다.[43] 자신을 근로층으로 구분하는 소비자의 인구는 1960년 경까지는 증가하는 경향이 있었으나 그 후로부터는 하락하고 있다.

상대적으로 높은 위치의 직업을 가지고 있는 노동직 근로자들은 그들의 소득 수준이 많은 사무직 근로자의 소득수준과 거의 같음에도 불구하고 여전히 자신을 근로층으로 생각한다.[44] 이러한 사실은 '근로자층' 혹은 '중류층' 이라는 명칭은 매우 주관적이라는 사실을 뒷받침하고 있다. 그들의 의미는 적어도 경제적 행복에 대해 말해주는 것만큼 자아 정체성에 대해서 말해준다는 것이다.

(1) 사회계층 측정의 문제점

시장 조사자들은 처음으로 다양한 사회계층 출신의 사람들이 중요한 방식에 있어서 서로가 구별될 수 있다는 것을 제안하였다. 이러한 차원의 일부는 아직도 존재하지만 다른 것들은 변화되었다.[45] 불행하게도 이러한 많은 측정도구들은 오래된 형식이고 다양한 이유로 현재에는 더 이상 적절하지 않다.[46]

대부분의 사회계층 측정도구들은 한참 일을 하는 월급을 받는 남성과 여성 전업 주부가 있는 전통적인 핵가족에 맞춰 디자인되었다. 그러한 측정도구들은 현대 사회에서 매우 흔하게 볼 수 있는 맞벌이 가정, 혼자 사는 젊은 독신들, 혹은 여성이 가장인 가정을 계산에 넣기에 적합하지 않다.

사회계층을 측정할 때의 또 다른 문제는 우리 사회의 증가하는 익명성에 의해 발생한다. 선행 연구들은 평판적 방법(reputational method)에 의지했는데 여기서는 개인의 평판과 개인적인 배경을(제12장의 사회측정학을 참조하라) 결정하기 위해 한 지역사회에서 다방면에 걸친 면접어 행해졌다. 이 정보는 사람들 사이의 상호작용 패턴을 추적한 것과 더불어 한 지역사회 안에서 사회적 신분에 대한 매우 포괄적인 견해를 제공했다. 그러나 이 방법은 대부분의 현대 지역사회에서 이행되는 것이 본질적으로 불가능하다. 하나의 절충안은 인구통계적 자료를 얻기 위해서 개인을 면접하고 이 자료를 그 사람의 재산과 생활수준에 관한 면접자의 주관적인 느낌을 더하는 것이다.

이러한 방법의 예는 그림 7-3에 나타나 있다. 이 설문지의 정확성은 대부분, 특히 응답자가 사는 지역의 특성에 관해서, 면접자의 판단에 의지하고 있다는 점에 주목하라. 이러한 느낌은 면접자의 비교 수준에 영향을 미칠 수도 있는 생활형편에 따라서 왜곡될 수 있는 위험이 있다. 뿐만 아니라 특징은 매우 주관적이고 상대적인 용어로 묘사된다. '빈민가의' 그리고 '탁월한'은 객관적인 측정이 아니다. 이러한 잠재적인 문제점은 면접자에 대한 적절한 훈련의 필요성과 가능하다면 같은 지역을 평가할 여러 명의 판단자를 사용해서 그러한 자료를 다른 대상에도 타당한지를 확인해 보는 것이 필요할 것이다.

어떤 사람의 사회계층 신분이 채워지지 않은 기대를 만들어낼 때, 또 다른 문제가 발생한다. 어떤 사람들은 자신의 사회계층에서 기대되는 액수보다 많은 돈을 버는 위치에서 자신을 발견한다. 이러한 상황은 풍요(overpriviledged) 조건이라고 알려져 있면접자는 응답자와 가족이 가장 잘 맞는다고 판단되는 코드 번호에(컴퓨터를 위한) 동그라미를 하시오. 면접자는 직업에 대해 자세히 질문하고 평가하시오. 면접자는 자주 응답자 자신만의 표현으로 이웃에 대해 묘사하도록 하시오. 면접자는 응답자에게 소득에 대해 상술하도록 하시오—하나의 카드가 여덟 개의 모난 괄호를 보이면서 응답자에게 제시된다—그리고 응답자의 반응을 기록하시오. 만일 면접자가 이 반응이 과장이거나 축소되었다고 느끼면, '면접자가 설명과 더불어 더 나은 판단'에 의한 평가를 해야 한다.

교육	응답자		응답자의 배우자	
중학교(8년 혹은 그 이하)	-1	응답자의 연령	-1	배우자의 연령
고등학교 재학(9~11년)	-2		-2	
고등학교 졸업(12년)	-3		-3	
고등학교후 과정(상업학교, 보육학교, 공업학교, 1년제 대학)	-4		-4	
2,3년제 대학—가능하면 문학사증서	-5		-5	
4년제 대학교 졸업(B.A./B.S.)	-7		-7	
석사학위나 5년제 전문학위	-8		-8	
박사학위나 6/7년 전문학위	-9		-9	

가장의 직업 명성도 : 가장의 직업 지위의 평가에 대한 면접자의 판단

(응답자의 설명—만일 은퇴했으면, 이전의 직업에 대해 질문하고, 응답자가 과부이면, 남편의 직업에 대해 물으시오 :_____)

만성적으로 무직 – '일용직' 노동자, 비숙련자; 생활보호 대상	-0
계속적으로 취업하고 있으나 이차적인 준숙련 직업; 관리인, 최저 임금의 공장 보조, 서비스 근로자(주유원 등)	-1
평균적인 기술의 조립라인 근로자, 버스와 트럭 운전사, 경찰과 소방수, 구역 배달자, 목수, 벽돌공	-2
기술 장인(전기공), 도급자, 공장장, 저임금의 판매원, 사무직 근로자, 우체국직원	-3
소규모 회사 소유자(2~4명의 종업원), 기술자, 판매원, 사무직 근로자, 평균 수준의 월급 공무원	-4
중간 관리자, 교사, 사회복지사, 준전문가	-5
회사의 준 임원, 중간 크기의 기업(10~20명의 종업원), 보통 정도로 성공한 전문가(치과의사, 엔지니어 등)	-7
회사 고위 간부, 전문직에서 '큰 성공'을 거둔 사람(지도적인 의사와 변호사), '부자' 기업 소유자	-9

주거 지역 : 지역사회 사람들의 눈에 비친 이웃의 명성에 관한 면접자의 느낌

빈민가 : 정부의 구호를 받는 사람, 보통의 노동자	-1
엄밀한 근로 계층 : 빈민 같지 않지만 일부는 매우 초라한 주택에 살고 있음	-2
일부의 사무직과 현저한 노동직 근로자(가 사는 지역)	-3
일부의 높은 임금을 받는 노동직 근로자와 현저한 사무직 근로자	-4
더 잘사는 사무직 근로자 지역; 간부가 많지는 않으나 그렇다고 노동직 근로자가 있는 것도 아님	-5
뛰어난 지역 : 전문가와 고소득 매니저(가 사는 지역)	-7
'부자' 혹은 '사회' 형 지역	-9

전체 점수 _____

전체 가족의 연 소득

5,000달러 미만	-1	20,000~24,999달러	-5
5,000~9,999달러	-2	25,000~34,999달러	-6
10,000~14,999달러	-3	35,000~49,000달러	-7
15,000~19,000달러	-4	50,000달러 이상	-8

예측되는 지위 _____

(면접자의 평가 : _____ 와 이유 _____)
응답자의 결혼 여부 : 기혼_____ 이혼/별거 _____ 사별 _____ 독신 _____ (코드:_____)

그림 7-3 컴퓨터화된 지위지표의 예

출처 : Richard P. Coleman, "The Continuing Significance of Social Class to Marketing," *Journal of Consumer Research* 10(December 1983) : 265-280. Reprinted with permission of The University of Chicago Press.

으며 보통 소득이 적어도 그 사람이 속한 계층 소득의 중앙값보다 25∼30% 이상의 소득을 가지는 경우라고 정의된다.[47] 이와 대조적으로 **결핍**(underpriviledged) 소비자들은 중앙값보다 15% 정도 적게 버는 사람들로 종종 계층의 기대에 부응하는 생활상을 유지하기 위해서 희생하며 소비에 우선 순위를 둔다.

로또 당첨자들이 그야말로 하룻밤 사이에 부자가 되는 소비자들의 예이다. 로또 당첨은 많은 사람들에게 매력적이기는 하나 문제점도 가지고 있다. 일정한 생활수준 및 기대수준을 가지고 있는 소비자들은 갑작스런 부에 적응하는 데 어려움을 가지며 화려하고 무책임한 부를 과시한다. 역설적으로 로또 당첨자들이 현금을 받고 나서 우울한 느낌을 호소하는 일이 적지 않다. 그들은 친숙하지 않은 세상에 적응하는 것에 어려움을 겪으며, 자주 '부를 공유하려는' 친구, 친척 그리고 사업하는 사람들로부터 압력을 받을 수도 있다.

또 다른 '하룻밤 사이'에 고소득 집단이 된 사람들은 1990년대에 캘리포니아에 있는 첨단기술 회사들에서 '금을 발견한' 실리콘 벨리의 백만장자들이다(실리콘 벨리는 산호세/샌프란시스코 베이 지역에 있다). 이러한 현상은 수만 명의 새로운 백만장자들에게 적용된다고 예상되고 있다. 한 심리학자는 이것을 돈과 정체성 위기를 겪고 있는 새 'dot-commers(.com)'(인터넷 관련 사업가들)이 걸린 '돌연 부자 증후군'이라 명명하였다. 머니, 미닝 앤 초이스 인스티튜트(Money, Meaning & Choices Institute)는 실리콘 벨리에만 등장할 수 있는 '자산 전문가'들로 부자들에게 자녀를 위한 새 학교, 새 친구들, 스톡옵션, 그리고 자선단체를 소개함으로써 그들이 부자가 되게 도와준다. 많은 옛 친구들과 동료들은 백만장자로서 삶에 적응하는 데 대한 어려움과 죄책감 및 그들의 새로운 부를 어떻게 다루어야 하는지 알지 못하는 곤란한 처지에 대해 전혀 동정심을 가지지 않는다.[48] 이러한 현상은 2000년대 초에 인터넷 회사들이 파산하면서 빠르게 끝이 났다.

계층과 지위에 관련되어 있는 전통적인 가설의 하나는 남편이 가족의 사회계층을 정의하고 아내들은 그에 존속되어야 한다는 것이다. 이에 따르면 여성들은 남편으로부터 사회적 지위를 빌린다.[49] 신체적으로 아름다운 여성들은 매력적인 남성보다 사회계층에 '결혼(hierogamy)'하는 경향이 훨씬 더 많다. 여성들은 역사적으로 소유하는 것이 허용되었던 소수의 자산 중의 하나였던 성적인 매력을 남성의 경제적인 자원과 교환한다.[50]

지금 세상에서는 이러한 가설의 정확성에 이의를 제기해야만 한다. 많은 여성들은 이제 가족의 행복에 동등하게 기여하고 그들의 배우자에 필적하거나 심지어는 보다 더 높은 지위를 가지고 일한다. 코스모폴리탄(*cosmopolitan*) 잡지는 다음과 같이 폭로하였다.

> 남성의 사회적인 신분에 상관하지 않고 자신이 원하는 어떤 남성과도 결혼할 정도로 해방된 여성들은 그들이 남성과의 관계에서 많은 즐거움을 가지고 자발적으로 됨에 따라 더 이상 남성들을 힘의 상징으로만 보지 않게 되었다고 보고하였다.[51]

취업여성들은 자신의 주관적인 지위를 판단할 때, 자신과 남편 각자의 신분을 평균을 하는 경향이 있다.[52] 그럼에도 불구하고 장래 배우자의 사회계층은 사람들 중에서 배우자감을 고를 때(마릴린과 필이 발견하게 되었던 것과 같이) 종종 중요한 '제품 속성'이 된다.

사회계층은 소비자를 유형화하는 중요한 방식으로 남아 있다. 많은 마케팅 전략은 다양한 사회계층들을 표적으로 삼는다. 그러나 요약해 보면 마케터는 그들이 사용할 수 있었던 것만큼, 사회계층에 대한 정보를 적절하게 사용하는 데서 실패해 왔다.

3. 사회계층이 구매 결정에 어떻게 영향을 미치는가

서로 다른 제품들과 상점들은 소비자들에게 특정한 사회계층에 적절하다고 지각된다.[53] 근로층 소비자들은 제품을 스타일이나 패션성보다는 내구성 혹은 편안함과 같은 보다 실용적인 조건으로 평가하는 경향이 있다. 그들은 새로운 제품과 스타일을 시도해보려는 경향이 적은 편이다.[54] 이와는 대조적으로 보다 부유한 사람들은 외모와 신체 이미지에 대해 신경을 더 쓰는 편이다. 이러한 차이점은 옷과 패션 제품과 같은 다양한 제품을 위한 시장은 사회계층에 의해서 세분화될 수 있다는 것을 의미한다.[55]

1) 사회계층에 의한 의복 결정

남성에게는 노동직과 사무직 직업 간의 옷에 대한 차이는 우리가 사용했던 실제 용어로 인해 단순하게 구분지어진다. 우리는 화이트칼라 근로자를 더 높은 계층으로 생각한다. 본 장에서는 상위계층을 자신들이 육체적인 노동을 하지 않는다는 것을 '때 묻지 않은 흰색 셔츠'로 보여준 사람들로 구분했던 베블렌(Veblen)에 대해 논의하고자 한다. 베블렌은 1890년대에 계층에 의한 의복의 구별을 명확하게 했으나 그 구분은 이

제 그다지 명확하지 않다. 그리고 여성들은 사실상 남성들만큼 '사무복'을 받아들인 것은 아니기 때문에 남성에 대한 구분은 여성의 직업에 비해 보다 명확하다.

의복에 대한 연구는 여성의 취업은 의복 선택을 위해 사용되는 기준에 영향을 미친다는 것을 나타냈다. 한 연구는 편안함, 적절성, 품질, 매력성이 일을 위한 옷 선택에 가장 중요한 고려사항일 가능성이 높다는 것을 발견했으나 사교적인 의복을 위해서는 그렇지 않았다.[56] 또 취업 여성은 집밖에서 취업하지 않은 여성과 의복을 선택할 때 탐색하는 패턴이 다르다.[57] 대부분 이러한 유형의 연구는 사무직 근로자만을 대상으로 수행되어 왔다. 남성에 대해서는 명백하지만, 여성에 대해서는 직업의 지위 서열에 있어서 의복의 미묘한 차이와 상황에 따른 구별이 있을 수 있다.[58]

패션은 현대적인 용어로 표현하면 민주화(democratized)되어 왔기 때문에, 제1장에서 논의된 것과 같이 종종 계층의 경계를 넘는다. 패션 리더십의 '수평 전파' 이론은 하나의 패션 스타일은 현대의 신속한 커뮤니케이션으로 인해 거의 동시적으로 모든 계층에 의해서 수용될 수 있다고 본다. 많은 패션 리더십 연구는 사회계층과 패션 의견 선도력 간에 서로 일치하는 바가 별로 없다는 결과를 발견했거나 상관관계가 없다는 것을 발견해 왔다.[59] 새로운 스타일을 위한 아이디어와 새로운 스타일의 수용은 각자의 방식으로 모든 계층에서 비롯된다. 그러나 비용이 들어 보이고 때로는 계층을 나타내는 고급스럽게 제작된 제품과 고급 상표와 같은 패션에는 미미한 계층 구분이 여전히 존재한다.

계층으로 소비자행동을 설명함에 있어서는 계층 자체가 소비자행동을 충분히 설명할 수 없으므로 주의를 기울여야 할 필요가 있다. 르보우(Lebow)는 소비자의 몇몇 문화적 유형은 계층, 소득, 연령, 직업 등의 경계를 넘는 것으로 보인다고 하였다. 1980

클로즈업 | 인터넷상의 명품

많은 최고급 상점들은 인터넷으로 그들의 물품을 판매하는 것을 주저한다. 그렇게 주저하는 이유는 독점성의 중요성 때문이다. 그들은 만약 아무나 명품을 살 수 있다면, 상표명에 끌린 속물적인 사람이 상표의 명성을 떨어뜨리게 할지도 모른다는 점을 두려워하는 것이다. 반면에 인터넷 사용자들은 미국인들의 평균소득보다 두 배가 높다. 그래서 몇몇

최고급 상점들은 전자상거래의 물결에 발을 들여놓고 있다. www.bestselections.com과 www.styleclick.com과 같은 명품 사이트들은 여러 개의 고급 상점을 위한 포털 사이트 역할을 한다. 스타일클릭(Styleclick)은 사이트에서 이뤄지는 구매의 35%는 500달러 이상이라고 하였다. www.luxuryfinder.com은 너무 고급이어서 코치

(Coach)와 같은 가죽 제품은 너무 저급이라서 취급을 거부하고 있다. 이 사이트는 사회 행사의 일정을 포함하는 부유한 고객들을 위한 서비스를 제공하고 있다.[60] 속담에 이런 말이 있다. 만일 가격이 얼마나 하는지를 물어봐야만 하는 당신이라면 당신은 그것을 살 여유가 없는 것이다….

년대 말에 전국적으로 행해졌던 마케팅 연구는 성공에 대한 태도와 새로운 것에 대해 지칠 줄 모르는 욕망을 가진 집단을 '초소비자들(ultraconsumers)'로 구분하였다.[61] 이 집단은 주로 상류층 유형에 속하지만 중류층 사람들도 포함한다. 초소비자들의 44%는 최상의 디자이너 옷을 보유하거나 사용한다. 그러나 이 집단은 그다지 패션 지향적이지 않은 상류층 사람들은 제외한다. 초소비자 집단은 '여피(young, upwardly mobile professionals)'의 전형적인 틀에도 맞지 않았는데 이는 그렇게 인위적으로 정의된 시장 집단의 부적절함을 나타내고 있는 것이다.

2) 세계관에 대한 계층 차이

주요한 사회계층 차이는 소비자의 세계관(worldview)과 연관된다. 근로층(중하층)의 세계는 보다 친밀하고 위축되어 있다. 예를 들면 근로층 남성은 지역의 스포츠 선수를 영웅이라 칭하고 외딴 곳으로 긴 휴가 여행을 떠날 가능성이 더 적다.[62] 새 냉장고나 TV 같은 당장 필요한 욕구가 이런 소비자들의 구매행동을 요구하는 경향이 있다. 반면 더 높은 계층은 대학 등록금이나 은퇴를 위한 저축과 같은 보다 장기적인 목표에 초점을 맞춘다.[63] 근로층 소비자들은 감정적인 지지를 위해 친척에게 크게 의지하고 넓은 세계보다는 지역사회에 더 신경을 쓴다. 그들은 보수적이고 가족 지향적이다. 집의 크기에 상관없이 자신의 집과 소유물의 외관 유지를 가장 우선시 한다.

그들은 물질적인 것에 대하여 더 많은 것을 가지고 싶어 하지만 근로층 사람들이 사회적 위치에서 자신보다 위의 등급에 있는 사람들을 항상 부러워하는 것은 아니다.[64] 상류사회 라이프스타일을 유지하는 것이 때로는 가치 없어 보이기도 한다. 한 노동직 근로자는 "그런 사람들의 삶은 너무 정신이 없어요. (그 사람들에게)쇠약증이나 알코올 중독이 더 많습니다. 그들에게 요구되는 그런 지위와 옷차림, 파티를 유지하는 것은 정말 힘든 일입니다. 나는 그들의 입장이 되고 싶진 않습니다."라고 하였다.[65]

이 사람이 맞을지도 모른다. 좋은 일들이 높은 지위와 부와 함께 하는 것 같지만 그런 것인지는 그다지 확실하지 않다. 사회과학자인 에밀 더크하임(Émile Durkheim)은 자살률이 부자들 사이에서 훨씬 더 높다는 것을 알게 되었다. 그는 1897년에 "가장 편안함의 소유자가 가장 고통을 받는다."라는 책을 저술하였다.[66] 더크하임의 지혜는 오늘날에도 여전히 정확할 수도 있다. 많은 유복한 소비자들은 때때로 부자병(affluenza)이라고 불리는 상태인, 그들의 부에도 불구하고 그들의 부 때문에 스트레스를 받거나 불행하게 보이는 증세를 보이기까지 한다.[67] 뉴욕 타임즈(New York Times)/CBS 뉴스의 여론조사에서 13~17세 연령의 아이들에게 그들의 삶을 그들의 부모가 자라면서 경험한 삶과 비교하라고 하였다. 응답한 아이들의 43%는 힘들다고 답하였고, 고소득 가정의 십대들이 그들의 삶이 더 힘들고 더 많은 스트레스에 시달린다고 답하는 경향이 가장 높았다. 그들은 확실히 명문학교를 들어가야 하고 가족의 지위를 유지해야 한다는 압력을 느끼고 있다.[68]

또한 부르디외(Bourdieu)는 우리에게 **문화적 자본**(cultural capital)의 중요성을 일깨워 준다. 문화적 자본이란 일련의 명확하고 사회적으로 드문 기호와 습관으로 어떤 사람을 상류층의 영역으로 받아들이는 '세련된' 행동에 대한 지식을 말한다.[69] 한 사회의 엘리트들은 그들로 하여금 힘과 권위의 신분을 유지할 수 있게 하는 일련의 기술을 습득하고, 이러한 기술을 자녀들에게 전수한다 — 에티켓 레슨과 사교계 데뷔를 위한 무도회를 생각하라. 그러나 몇몇 미국 도시에서는 요즘 사교계 데뷔를 위한 무도회에 초대받는 것은 가족의 지위에 의해서가 아니라 학교에서 높은 성적을 받는 것에 따라서 결정된다. 이러한 자원에 가까이 할 수 있는 것이 제한되어 있기 때문에 이러한 자원은 가치 있게 여겨진다. 그것이 사람들이 명문대학에 입학하는 것을 위해 지독히 경쟁하는 이유이다. 우리는 그러한 것을 받아들이는 것을 싫어하지만, 부자들은 확실히 다르다.

3) 가난한 사람들을 표적 삼기

미국인의 약 14%는 빈곤선(역주 : 최저 생활 유지에 필요한 소득 수준) 이하의 삶을 살고 있으며 이 세분 집단은 대부분의 마케터들에게 무시되어 왔다. 가난한 사람들이 부자들보다 지출할 돈이 확실히 적기는 하지만 그들도 다른 사람들과 똑같은 기본적인 욕구를 가지고 있다. 저소득 가족들은 평균 소득 가정과 같은 비율로 우유, 오렌지주스, 그리고 차를 구입한다. 최저 임금 수준 가정은 자기 주머니에서 나가는 건강 관리 비용과 집세, 식료품에 평균 이상의 몫을 지출한다.[70] 불행하게도 많은 업체들이 저소득 지역에 위치하는 것을 꺼리기 때문에 그들은 이러한 자원들을 구입하기가 더 힘들다.

평균적으로 빈민 지역의 거주자들은 빈민 지역이 아닌 곳의 거주자들이 가는 슈퍼마켓, 큰 약국 그리고 은행과 같은 곳으로 가려면 2마일 이상을 가야 한다.[71]

이와 반대로 어떤 업체들은 이 커다란 시장을 위해서 보다 접근하기 쉬운 지역에 지점을 둠으로써 성공을 거두고 있다. 몇몇 우편주문 회사들도 이 집단을 표적으로 삼고

전통적으로 상류층의 관습인 사교계 데뷔를 위한 무도회에서 젊은 여성의 '사교계로 진출하는' 장면

있다. 예를 들면 핑거허트(Fingerhut)는 많은 제품을 팔기는 하지만, 그 회사의 진짜 비즈니스는 중간 소득과 저소득 가정에 신용을 줌으로써 이 소비자들에게 회사의 재고를 구매할 수 있게 하는 것(높은 이자율로)이다. 심지어는 40달러의 운동화를 매달 7.49달러에 13개월 동안 신용으로 살 수 있다. 이 20억 달러 소매점은 5천만 명의 활동적으로 구매하는 고객과 잠재적인 고객, 각각에 대해 취미, 생일 그리고 보수를 받은 이력을 포함하는 정보를 담고 있는 500가지 이상의 데이터베이스를 만들어 왔다.[72]

취업하지 못한 사람들은 우리의 문화가 우리에게 성공하는 데 '필요' 하다고 말한 많은 물품을 획득할 수 없기 때문에, 소비자 사회에서 고립된 것 같이 느낀다. 그러나 이상화된 광고 묘사는 저소득 소비자인 피면접자들에게는 별 의미가 없다. 그들이 자아 존중감을 보호하는 방법은, 명백하게 소비의 문화밖에 자신을 위치시키고 물질주의를 덜 강조하는 단순한 삶의 방식의 가치를 강조하는 것이었다. 어떤 경우에는 그들은 실제로 제품을 열망하지 않으면서 광고를 오락으로만 즐긴다. 32세의 한 영국 여성의 "광고들은 나를 겨냥하고 있지 않다. 확실히 그렇지 않다. 그 광고들을 보는 것은 괜찮으나 나를 대상으로 하지 않으므로 나는 결국 지나쳐 버리게 된다."라는 의견은 이러한 것을 잘 표현해 주고 있다.[73]

4) 부자들을 표적으로 삼기

우리는 수정과 24캐럿의 실로 바느질된 부풀려진 드레스를 입힌 마텔의 핑크 스플렌도르 바비(Mattel's Splendor Barbie)를 살 수 있는 시대에 살고 있다.[74] 이 '살아 있는' 인형의 옷을 입히기 위해서 빅토리아 시크릿(Victoria's Secret)은 100캐럿 이상의 진짜 다이아몬드로 장식된 백만 달러 미라클 브라를 제공하고 있다.[75] 누군가는 이런 것들을 사고 있다….

많은 마케터들은 부유한 고소득 시장을 표적으로 삼고자 한다. 최근의 국제 쇼핑센터위원회의 총회에서 쇼핑몰 개발업자들은 점점 구식의 사각형의 백화점 형태보다 고급품을 취급하는 전문점 공간을 늘리고 있다고 지적하였다.[76] 고소득층 시장을 표적으로 하는 것은 이 소비자들이 비싼 제품(종종 높은 이윤 마진을 가짐)에 지출할 수 있는 자원을 확실하게 가지고 있기 때문에 이치에 맞는다. 멘델슨 미디어 리서치는 이 부유한 시장에 대해서 매년 연구를 수행한다(그들은 이 시장을 3개의 세분시장으로 구분한다 : 7만~9만9천999달러, 십만~십구만9천 달러, 그리고 2십만 달러 이상). 그림 7-4는 이 3개의 부유한 세분집단을 위해 선택된 구매품을 보여주고 있다. 처음 두 세분집단은 매우 다양한 제품을 구매하는 데 풍부한 액수의 돈을 지출한다. 그러나 대부분의 경우에 가장 부유한 사람들은 훨씬 더 많이 지출한다. 예를 들면 그런 사람들은 덜 부유한 사람들보다 여성의 의류와 보석에는 3배나 많은 돈을, 남성 의류에는 2배나 많은 돈을 지출한다. 큰 돈은 명백하게 가구에 지출된다.

높은 소득을 가진 모든 사람들을 같은 시장 세분집단으로 두어야 한다고 가정하는 것은 잘못된 것이다. 전에 언급한 바와 같이 사회계층은 오로지 소득만이 연관되는 것은 아니다. 사회계층은 삶의 방식이기도 하며 부유한 소비자들의 관심과 지출의 우선순위는, 어디에서 그들이 돈을 벌었는가, 어떻게 벌었는가, 그리고 얼마나 오랫동안 돈을 가지고 있었는가와 같은 요인에 의해서 지대하게 영향을 받는다.[77] 예를 들면 약간 부자인 사람들은 문화적인 활동보다는 스포츠 행사를 선호하는 경향이 있고 큰 부자들이 화랑이나 오페라를 가는 것의 절반밖에 가지 않는다.[78]

부유한 사람들을 표적으로 하는 잡지인 **타운 앤 컨트리**의 독자들에 대한 조사는 현재 미국의 부에 대한 설명을 돕는다. 명품이 이 집단에게 중요하지만, 가장 높은 성취의 상징은 문화적이거나 교육적인 기관과 자신의 사업이 주도하고 있다. 부유한 소비자들은 똑똑하고 세련된 쇼핑자가 되고 싶어 하고 그들이 소유한 것을 과시하고 싶어 하지 않는다고 주장한다. 이 응답자들은 사회적으로 매우 활동적이고 사회화를 즐기되

그림 7-4 부유층 소득부분에 대한 가계지출 변동량

출처 : 1998 Mendelsohn Affluent Survey(New York : Mendelsohn Media Research, Inc., 1998), 11.

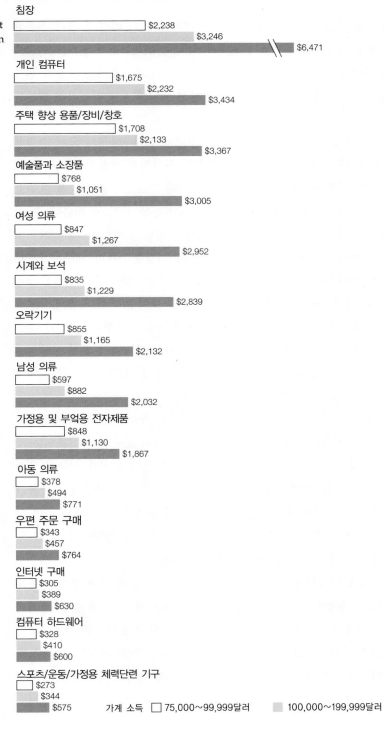

소득계층별 지난해 평균 가계지출(구매한 세대를 대상으로)

침장
$2,238
$3,246
$6,471

개인 컴퓨터
$1,675
$2,232
$3,434

주택 향상 용품/장비/창호
$1,708
$2,133
$3,367

예술품과 소장품
$768
$1,051
$3,005

여성 의류
$847
$1,267
$2,952

시계와 보석
$835
$1,229
$2,839

오락기기
$855
$1,165
$2,132

남성 의류
$597
$882
$2,032

가정용 및 부엌용 전자제품
$848
$1,130
$1,867

아동 의류
$378
$494
$771

우편 주문 구매
$343
$457
$764

인터넷 구매
$305
$389
$630

컴퓨터 하드웨어
$328
$410
$600

스포츠/운동/가정용 체력단련 기구
$273
$344
$575

가계 소득 □ 75,000~99,999달러   100,000~199,999달러   200,000달러 이상

특히 컨트리클럽에서 즐긴다. 그들은 어떤 제품을 사는 가장 큰 이유는 가치, 내구성 그리고 과거의 경험이라고 보고했다.[79]

흥미롭게도 많은 부유한 사람들은 자신들이 부자라고 생각하지 않았다. 많은 연구자들은 부자들은 명품에 빠져 있는 반면 일상용품에는 극도로 절약한다는 점을 알아냈다 — 예를 들면 신발은 니만 마커스(Neiman Marcus)에서 사고 방취제는 월마트에서 사는 식이다.[80]

(1) 오래된 부자

오래된 부자 '가문들'(록펠러, 듀퐁, 포드 등)은 주로 상속된 돈으로 살아간다. 한 해설자는 이 집단을 '은둔의 계층'이라고 불렀다.[81] 1930년대의 경제 대공황 이후에 부유한 가문은 그들의 부를 내보이는 데 신중해져서 눈에 띄는 맨해튼의 저택에서 버지니아, 코네티컷 그리고 뉴저지와 같이 사람들의 눈에 띄지 않는 곳으로 피해 갔다.

재산을 가지고 있다는 것만으로는 이러한 사람들 사이에서 사회적인 탁월성을 성취할 수 없다. 돈과 기부자들이 불후의 명성을 날리는 것을 가능케 하는 것은 실제적인 표시물에서 종종 드러나는(예 : 록펠러 대학, 휘트니 박물관) 가문의 공적인 봉사와 자선의 이력이 동반되어야만 한다.[82] '오래된 부자' 소비자들은 재산보다는 조상과 혈통에 관해서 자신들을 구별하는 경향이 있다. 오래된 부자들은(캘드웰과 같은) 지위에 있어서 확고하다.[83] 말하자면 그들은 전 생애를 걸쳐 부유하게 사는 것을 훈련받아 왔다고 하겠다.

(2) 신흥 부자

오늘날 빌 게이츠, 스티브 잡스 그리고 리처드 브랜슨과 같은 고자세의 억만장자를 포함하는 많은 사람들은 '근로하는 부자'로 생각될 수 있다.[84] 다른 사람들도 그 정도는 아니지만 여전히 잘나가고 있다. 1995년에서부터 1998년까지 5만 달러 이상의 소득을 가진 가정의 인구는 20% 정도 상승했다.[85] 한 사람이 열심히 일하고 약간의 운이 따라 '거지에서 부자'가 되었다는 호라티오 앨저 신화(Horatio Alger myth)는 아직도 미국 사회에서 강한 힘으로 작용한다. 그것이 휴렛 패커드의 두 공동 창업자가 처음으로 일했던 실제 차고를 보여준 광고가 많은 광고들 중에서 생각나게 하는 이유이다.

많은 사람들이 실상 '자수성가한 백만장자'가 되기는 하지만 그들이 부자가 되고 그들의 사회적 지위가 바뀌고 난 후에 그들은 종종 문제(사람들이 생각해낼 수 있는

기술적인 이웃사람에게 지지 않으려고 허세를 부린다

2000 마리츠(Maritz) 여론조사에 따르면, 미국인의 60%가 컴퓨터를 소유하고 있으며 작년보다 18%가 증가했다. 컴퓨터의 소유 비율이 가장 높은 연령은 35~45세까지였다(73%). 미국인의 56%는 각 가정에 휴대전화를 적어도 한 대씩 가지고 있다. 휴대전화를 가장 많이 사용하는 사람들은 18~24세이다.[86] 우리는 기술적으로 이웃에게 지지 않아야 한다. 휴대전화를 가지고 있는 가? 휴대전화를 가지지 않은 사람을 알고 있는 가? 휴대전화가 지위를 상징하는 것이라고 생각하는가?

최악의 문제는 아닐지라도)에 부딪치게 된다. 막대한 부를 성취하고 비교적 최근에 상류층의 일원이 된 소비자들은 신흥부자(nouveaux riches)라고 알려져 있다. 이 용어는 대개 부의 세계에 처음으로 들어온 사람들을 비하하는 말로 사용된다.

슬프게도 많은 신흥부자들은 지위열망(status anxiety)에 의한 병을 앓고 있다. 그들은 그들이 '적절한' 일을 하고 있는지, '적절한 옷'을 입고 있는지, '적절한' 곳에서 보여지고 있는지, '적절한' 음식 공급자를 사용하고 있는지 등의 문화적 환경을 모니터한다.[87] 이는 이전에 언급되었던 실리콘 밸리의 벼락부자 현상과 흡사하다. 그래서 화려한 소비는 상징적인 자아완성의 형태로 여겨지며 부를 상징한다고 생각되는 상징물을 지나치게 과시하는 것은 '옳게' 행동하는 것에 대한 내적인 확신이 부족한 것을 보충하기 위해서 사용된다.[88]

이 집단을 대상으로 하는 광고는 종종 '그 역에 적격임'을 강조함으로써 이러한 불안정함을 완화하려 한다. 똑똑한 판매는 이 소비자들에게 오래된 부자들의 역할을 수행하는 것으로 가장하는 데 필요한 도구들을 공급한다. 예를 들면 **콜로니얼 홈즈** (_Colonial Homes_) 잡지 광고는 "그들이 그렇게 할 필요가 없었던 것처럼 보이게 하기 위해서 열심히 일해 온" 소비자들을 묘사하고 있다.

4. 지위의 상징

사람들은 자기자신, 자신의 전문적인 성취 그리고 다른 사람과 비교해 물질적 행복을 심층적으로 평가하는 경향을 가지고 있다. 잘 알려진 구절인 "수많은 존스들(Joneses, 이웃사람들)에게 지지 않으려고 허세를 부린다."(일본에서는 "사토에게 지지 않으려고 허세를 부린다."라고 표현)는 어떤 사람의 생활수준과 그 사람 이웃의 생활수준을 비교하는 것을 의미한다. 우리는 다른 사람들에 의해서 정해진, 지속적으로 변화하는 기준으로 자신을 평가한다. 불행하게도 의복과 다른 제품을 구매하고 내보이려는 주된 동기는 그것들을 즐기려는 것이라기보다는 다른 사람들로 하여금 우리가 그것들을 살 돈이 있었다는 것을 알리려는 것이다. 바꿔 말하면, 이러한 제품들은 **지위 상징** (status symbols)의 역할을 한다. 지위를 추구하는 것은 사용자가 다른 사람들에게 자신의 능력을 알리고자 하는 희망으로 적절한 제품과 서비스를 획득하려는 동기를 가지게 되는 주된 이유가 된다.

1) 지위 상징의 본질

지위 상징은 계층을 구분하는 역할을 한다. 의복은 역사적으로 착용자의 사회적 신분을 나타내는 역할을 해왔다. 이미 논의된 것처럼 심지어 의복과 스타일에 관한 법이 왕족과 평민들 간에 차이를 두기 위해서 구분지어졌었다. 그러나 궁극적으로는 비용이 의복을 구분하는 요인이 되었다. 고급 재질과 트리밍 그리고 관리하기 힘든 스타일은 높은 지위를 나타낸다. 현대적인 제작법과 현대의 보다 비용 효율적인 제조 방법으로 인해 잘 만들어진 옷을 누구나 입수할 수 있다. 의복의 민주화에도 불구하고 의복은 여전히 계층을 구별하고 우리의 지위를 정의한다. 로어와 로어(Lauer & Lauer)는[89] 명백한 모순에 대해 설명했다. 민주화란 계층에 특정된 스타일이 없다는 의미이다. 그러나 우리가 디자이너, 상표 혹은 비용을 선택함으로 인해 우리는 여전히 의복에 의해서 유형화되고 있다. 옷은 적절한 선택일 뿐만 아니라 그 선택에 대해 커뮤니케션한다. 루리(Lurie)는 이러한 구별의 다음 단계를 과시적 표시(conspicuous labeling)라고 불렀는데, 여기에서 옷은 오직 지위를 전달하는 비싼 것으로 인지되는 것을 필요로 하며, 그러한 것은 메이커의 이름을 (옷의) 안에서 밖으로 이동시킴으로써 이루어질 수 있다. 그래서 우리는 우리의 멋진 기호를 보여주기 위해서 디자이너 상표, 이니셜, 로고 그리고 등록상표를 우리의 옷, 신발, 가장 그리고 심지어는 침대 시트와 수건 위에 장식한다.[90]

의복은 항상 착용자의 지위에 대해서 어떤 사람의 직업(예를 들면 간호사의 캡이나 경찰의 유니폼), 성(일반적으로), 혹은 신분이나 집단 내의 책임(군대의 계급을 나타내는 계급장)과 같은 정보를 전달하는 역할을 한다. 높은 지위를 나타내는 물건은 그것의 접근성에 반비례한다. 그러한 물건들은 드물며 비싸기 때문에 그것들을 독점적으로 만든다.[91] 하나의 스타일이 대중에 의해서 수용되었을 때 그 스타일은 구별할 수 있는 힘을 잃음으로써 상징으로의 독점성이 감소된다. 높은 지위를 나타내는 물건이 낮은 계층에 의해서 모방(혹은 오리지널 디자인을 모방한 싸구려 복제품으로 만들어짐)되면 그 물건이 흔하게 되고, 지위를 나타내는 힘이 작아진다. 그러므로 특정 디자이너의 인가를 받은 제품이 많은 소매점에서 보여졌을 때, 그 디자이너 이름은 더 이상 지위를 나타내지 못한다. 특정한 지위 상징은 고전적이고 전통적인 것으로 남고 모방될 수 없는데, 그러한 것은 해리스 트위드 혹은 샤넬 수트를 들 수 있다. 그러한 것은 독점적이고 독창적인 것으로 남는다. 그러나 많은 디자이너 패션은 다른 사람들에 의해서 모방되며 종종 디자이너의 서명을 똑같이 모방함으로써 위조품이 만들어진다. 또 확산은 지위를 상징하는 물건의 끝을 알리는 신호이다.

시간이 지남에 따라 높은 지위에 관련된 구체적인 제품과 활동은 바뀌지만 기본적인 지위 상징에 대한 추구는 항상 우리와 함께 할 것이다.

2) 패션과 과시적 소비

소비를 위한 소비의 동기는 사회 분석가인 톨스타인 베블렌(Thorstein Veblen)에 의해서 20세기 초두에 처음으로 논의되었다. 베블렌은 제품의 주요한 역할을 **남의 시샘을 받을 만한 구별**(invidious distinction)이라고 하였으며, 그 제품들이 부나 힘을 나타내는 것을 통해서 다른 사람들이 가지고 있는 부러움을 불러일으킨다고 보았다.

베블렌은 명품을 살 수 있는 사람들의 능력 중 가시적 증거를 제공하려는 사람들의 욕망을 지칭하는 **과시적 소비**(conspicuous consumption)란 용어를 처음으로 사용했다. 베블렌의 연구는 그가 살던 시대의 무절제함에 의해 유발되었다. 그는 어떤 사람이 일할 필요가 없다는 것을 과시적으로 나타내는 것을 의미하는 '여가'의 과시에 대해 경멸감을 보였다.

> 우리의 옷이 효과적으로 그 목적을 이루기 위해서는 비싸야 할 뿐만 아니라 보는 사람들 모두에게 착용자가 어떤 종류의 생산적인 노동에도 참여하고 있지 않다는 것을 분명하게 보여야 한다… 만일 옷이 착용자의 육체적인 노동의 결과로 더러움이나 헤어짐을 보여준다면 어떤 옷도 우아하고 심지어는 정숙하게 생각될 수 없다.[92]

베블렌의 시대에서는 남성이 여가가 있다는 것을 가시적으로 표시하는 것은 에나멜 가죽구두, 실크 해트, 그리고 지팡이였는데 이 중 어떤 것도 실질적으로 기능성이 있는 것은 없다.

베블렌은 악덕 자본가들의 시대에 글을 썼는데, 그 때에는 제이피 모간(J.P. Morgan), 헨리 클레이 프릭(Henry Clay Frick), 윌리엄 반데빌트(William Vanderbilt)와 비슷한 사람들 및 다른 사람들은 막대한 금융제국을 건설하고 사치스러운 파티를 여는 것으로 그들의 부를 과시하였다. 이러한 무절제한 행사는 다음의 이야기에 묘사된 것처럼 전설적인 것이 되었다. "…애완견을 위한 연회, 100달러짜리 지폐로 만들어진 저녁식사 냅킨, 가볍게 금속을 입힌 살아있는 여자가 유리 탱크에서 수영하는 것으로 만들어진 식탁 중앙 장식, 불타는 고액의 은행권으로 예식을 치르듯이 불을 붙인 시가."[93]

어떤 사람의 재산 과시는 심지어 부인에게까지도 확대되었다. 가장을 대신해 소비하는 것은 여성의 몫이었고, 그녀의 옷은 이러한 목표를 이루기 위해 설계되었다.[94] 베블렌은 그 '장식적인' 여성의 역할이 종종 걸어 다니는 광고판과 같이 값비싼 옷들, 겉치장한 집, 한가한 삶 등을 통해 그녀들의 남편의 부를 광고하는 장식적인 역할을 하기를 강요당한다고 비판하였다. 하이힐, 몸을 꼭 조이는 코르셋, 드레스의 풍성한 뒷자락과 공들인 헤어스타일 이 모든 것들은 부유한 여성은 도움이 없이는 움직이지도 못하며, 훨씬 적은 육체노동을 한다는 것을 확실히 보여주고 있다. 이와 유사하게, 중국의 전족은 여성으로 하여금 장소를 옮길 때 누군가의 도움을 받아야만 하는 장애자로 만들어버렸다.

베블렌의 시대와는 다르지만, 우리도 다양한 방법으로 계속해서 옷을 과시하고 있다. 로리는 드레스에 사용된 과시의 종류에 대해 요약하고 있다.[95]

- '좋은 깃털 옷' : 고가, 품질, 당신보다 신분이 높은 사람들과 비슷하게 옷 입기

- 과시적 겹쳐 입기 : 여분의 조끼 또는 스카프와 같이 옷을 더 입는 것

- 과시적 구분짓기 : 겨울용, 여름용, 오페라용, 박물관용, 운동(조깅, 도보, 스키 등)과 같은 활동을 위한 일상적인 것들을 구분하여 다르게 입기

- 과시적 증가 : 많은 옷 — 같은 옷 절대로 두 번 입지 않기. 완벽한 사례는 스캇 피츠제럴드의 위대한 게츠비로 제이 게츠비가 그의 셔츠 전부를 거대한 셔츠더미에 던져 버리기 시작하는 장면이다 — 줄무늬, 소용돌이무늬, 격자무늬, 문자무늬의 셔츠 …

- 과시적 물질 : 모피, 가죽과 같은 고가의 품목

디자이너 로고의 과시적인 사용은 소비자의 부를 나타낸다.

- 과시적 부 : 돈을 걸치는 것 ─ 과거에는 상어 이빨, 조개와 동전; 현재는 다이아몬드와 다른 보석들

- 과시적 표시 ─ 디자이너의 이름이 옷의 안쪽보다는 바깥쪽에 위치하는 것

- 과시적 낭비 ─ 과도한 주름장식(값비싼 품목에 보다 많은 양의 옷감 사용)

- 과시적 여가시간 ─ 거추장스러운 거대한 스타일과 같은 것들로 비생산적인 삶과 지속적인 하인의 보조를 필요로 하는 것을 증명하는 옷들; 중국의 전족; 오늘날의 비즈니스 수트와 쉽게 더러워지는 흰 셔츠, 또는 여성의 하이힐

- 과시적 성격 ─ 여성들은 유행이 지난 작년의 스타일은 반드시 대체해 주어야 하기 때문에 시즌이 변할 때마다 끊임없이 변화하는 스타일

3) 과시적 소비의 다른 형태

(1) 현대의 포틀래치

베블렌은 태평양 북서안에 살았던 크와키유틀(Kwakiutl) 부족에 대한 인류학적인 연구에서 영감을 받았다. 포틀래치(potlatch; 미국 북서안 인디언들이 부·권력의 과시로 행하는 겨울 축제의 선물 분배 행사)라고 불리는 의식에서 주인은 그의 부를 과시하면서 손님들에게 엄청나게 비싼 선물을 분배한다. 주인이 더 많이 나누어 줄수록 다른 사람들에게 더 나아 보인다. 때때로 주인은 자신의 부를 과시하게 위해서 보다 더 과격한 방법을 사용하기도 한다. 주인은 자신이 얼마나 많은 것을 가졌는가를 나타내기 위해서 그의 재산을 공개적으로 파괴하기도 한다.

이러한 의례는 사회적인 무기로도 사용되었다. 손님들은 답례를 하지 않으면 안 되었기 때문에 가난한 경쟁자는 사치스러운 포틀래치에 초대됨으로써 모욕을 당할 수도 있었다. 그가 부담할 수 없다 할지라도 주인이 주는 것만큼 주어야 한다는 것은 본질적으로 불운한 손님이 파산할 수밖에 없게 만든다. 만일 이러한 관습이 '야만적'인 것처럼 들리면 많은 현대의 결혼식을 잠시 생각해 보라. 부모들은 흔히 사치스러운 파티를 열기 위해서 거액의 돈을 투자하고, 딸에게 남들보다 더 나은 '최상의' 혹은 매우 성대한 결혼식을 치러주기 위해서 경쟁하는데, 이와 같이 하기 위해서 20년 동안 저축을 해야만 그렇게 하는 것이다.

(2) 유한 계층

베블렌이 보기에는 이러한 과시적 소비 현상은 그가 유한 계층(leisure class)이라고 부르던, 생산적인 일을 하는 것을 금기시 하는 사람들에게 가장 뚜렷하게 나타났다. 마르크스주의자의 용어로 표현하자면, 그러한 태도는 어떤 사람을 소유권에 연결하거나 생산 그 자체보다 생산의 수단을 조절하고자 하는 욕망을 반영한다. '일하지 않는 부자(idle rich, 유한계급)'라는 말에서 나타내는 것처럼 어떤 사람이 생계를 위해서 실제로 노동을 해야 한다는 일말의 증거도 피해야만 했다.

포틀래치 의례와 같이 다른 사람들에게 어떤 사람이 재산이 넉넉하다는 것을 확신시키려는 욕망은 이러한 풍부함을 보여주어야 하는 필요를 불러일으킨다. 따라서 비생산적인 것을 추구하는 데 가능한 많은 자원을 써버리는 소비활동에 우선순위가 주어지게 되는 것이다. 이러한 과시적 낭비(conspicuous waste)는 다른 사람들에게 여유있게 떼어 놓을 수 있는 자산이 있다는 것을 보여준다.

(3) 지위 상징의 소멸 — 그리고 재탄생

과시적인 제품은 1990년대 초에 인기를 잃었지만 1990년대 말에 명품에 대한 관심이 다시 살아났다. 에르메스 인터내셔널(Hermes International), LVMH(루이뷔통 모엣 헤네시, Moët Hennessy Louis Vuitton), 그리고 바까라(Baccarat)와 같은 회사들은 부유한 소비자들이 다시 더 훌륭한 물건을 가지고 싶어하는 욕망에 탐닉하는 생활을 하게 되면서 13~16%의 판매 이윤으로 재미를 보았다. 이런 풍요로움은 많은 중류층 근로자들에게 전파되어 내려오는데 이 근로자들 중 일부는 회사에서 받은 스톡옵션으로 인해 부를 쌓았다. 아마도 그러한 점이 에르메스가 무려 1억 4천 달러어치 핸드백을 전부 팔수 있었던 것이나, 걸프스트림(Gulfstrean)이 거의 백대 정도의 제트기의 재주문을 받은 이유일 것이다.[96] 뉴욕에 본사를 둔 소매 뉴스레터 패션 네트워크 리포트(*Fashion Network Report*)의 출판사인 알랜 밀스타인(Alan Millstein)은 "명품은 뜨거운 인기를 누리고 있고 휴대가 가능하다. 지위를 나타내는 제품을 의미하는 상표명은 전국적으로 잘 팔리고 있어서 만일 어떤 사람이 구찌를 꼭 가지려 한다면 가격은 전혀 문제가 안 된다. 다시 살아난 이러한 욕구는 실질적인 가치는 없다. 전부 성공을 보여주려는 욕망일 뿐이다."라고 하였다.[97]

한 시장 조사자는 이러한 경향을 '즐거움으로 만회하기(the pleasure revenge)'라고 칭하였는데, 이는 사람들이 적당하게 구매하는 것과 저지방 식품을 먹는 것 등을 싫어

하며, 그 결과 모피 코트에서 고급 아이스크림과 캐비어에 이르는 자신을 즐겁게 해주는 제품들의 판매 경기가 좋아진 것을 말하는 것이다. LVMH의 회장은 "명품에 대한 욕망은 그 어느 때보다도 강합니다. 유일한 차이는 1980년대에는 사람들이 명품상표를 아무데나 다 붙였습니다. 요즘은 최고만 팔립니다."라고 하였다.[98]

그러나 9월 11일의 공격 이후 일반적으로 의류 세일은 줄었고, 명품 시장은 특히 강한 타격을 입었다. 소비자들은 우울했고 미래의 테러공격을 두려워했으며 그들의 자신감은 하락하여 유행적이고 높은 지위로의 티켓과 같은 아이템을 회피했다.[99] 이러한 명품 시장의 침체로 인한 결과는 '젊은 디자이너'에 속하는 다수 업체들의 파산이었다. 업계 분석가들은 고객들이 거의 없는 상황에서 정체성이 없는 기성복 컬렉션이 너무 많다고 지적하고 있다. 또한 디자이너의 기성복은 전 세계적으로 100억 달러 규모의 산업이나 최소한의 마진만을 내고 있다.[100]

일부 소비자들은 높은 지위를 상징하는 아이템을 살 수 있어도 저렴한 가격으로 그런 제품을 찾는 도전을 즐긴다. 위탁판매 상점들은 다른 세분화된 소매점들의 성장률보다 훨씬 높은 연간 10%라는 괄목할 만한 성장을 통해서 시장 점유율을 넓혀 왔다. 뉴욕 시의 북동부에 있는 마이클스(Michael's)는 판매를 위한 아이템을 선정할 때 매우 세련되고 까다롭게 선정한다. 어떤 사람들은 거의 폐인(near-cult)에 가까울 정도로 구찌, 프라다, 샤넬과 같은 상표를 추종한다. 한 판매원은 "누가 여기서 쇼핑하는지를 알면 놀라실 겁니다…. 저희 고객 분들은 왕족, 유명인 유형, 그리고 파크 애비뉴(뉴욕 시의 번화가로 유행의 중심지) 유행가의 명사들입니다. 그 사람들은 위탁상점 순회구역을 돌고 나서 버그도프(Bergdorf's)에서 점심을 먹습니다."라고 하였다.[101]

소비자들은 사치스러운 것에 대해서 새로운 욕망을 나타내는 것으로 보임에도 많은 사람들은 그들의 사치스러운 지출을 좋은 투자라고 합리화함으로써 설명하고자 한다. 랜젠(Lands' End)의 카탈로그는 225달러짜리 수제품 케이블니트(밧줄무늬로 짠)스웨터가 "집안의 가보가 될 수 있다."고 제시하고 있다. 이와 비슷하게 비싼 랜드로버를 사는 것은 그 차가 모험을 시작하는 데 사용될 수 있기 때문으로 정당화된다. 이제 (랜드로버의)쇼룸은 여행 트렁크, 망원경, 고지도와 달릴 만한 비포장도로 길 안내로 특색을 살리고 있다. 그 회사의 전략은 운전자에게 가끔 BMW나 벤츠에 따라다니는 비싼 자동차라는 오명을 쓰지 않고 단단하고 강한 성능을 발휘하도록 만들어진 비싼 차라는 공식적인 인정의 표시를 제공하는 것이다. 한 연구자는 이러한 경향을 '조건적 쾌락주의'라고 부르면서 부유한 소비자들은 대만족을 가질 수 있는 근거를 원한다고 설명하였다.[102]

(4) 모방적 표시

지위 상징을 축적하는 경쟁이 가속화되면서 때때로 최선의 방책은 방법을 바꾸어서 반대로 하는 것이다. 이러한 것을 할 수 있는 한 가지 방법은 고의적으로 지위 상징물을 피하는 것이다 — 사실상으로는 그러한 상징물을 흉내내면서 지위를 추구하는 것이다. 이러한 복잡 미묘한 형태의 과시적 소비를 **모방적 표시**(parody display), 과시적 역소비(conspicuous counterconsumption), 과시적 위반(conspicuous outrage)이라고 부른다.[103] 디젤의 광고는 '트레일러에 사는 쓰레기 같은 인간(trailer trash)'의 삶을 보여줌으로써 이러한 모방적 표시를 나타냈다. 우디 알렌이 아카데미 시상식에 턱시도를 입은 적이 한번 있었는데 그는 이 시상식이 부와 사치를 나타내는 것에 대한 경멸을 나타내는 방법의 하나로 테니스 신발을 신음으로써 그만의 조롱 섞인 행동을 하였다. 또 다른 사례는 '하이테크'로 알려진 몇 년 전에 유행했던 집안 장식 스타일이다.

이 스타일은 파이프와 지지대와 산업장비를 일부러 드러나 보이게 같이 사용하는 것이다.[104] 이렇게 장식하는 방식은 어떤 사람이 매우 재치가 있고 지위 상징이 불필요

찢어진 청바지(특히 살 때부터 그렇게 되어 있는 비싼 종류)는 모방적 표시의 한 예이다.

클로즈업 | 변화하는 지위 상징

높은 지위를 의미하는 제품과 활동들은 항상 변화하고 있으며 수많은 마케팅 노력이 소비자들에게 어떤 구체적인 상징물을 보여줘야 하는지에 대해 교육시키고, 어떤 제품이 지위 상징의 신전에서 허용되었는지를 확인하는 것에 기울여진다.

'적절한' 상징물을 내보여야 하는 필요가 '…하는 법'에 대한 다양한 책과 잡지와 비디오가 (더 높은) 지위를 원하는 학생들에게 입수가 가능하도록 하고 있어 출판업계에는 이익이 되어 왔다. 인기 있는 예 중 하나는 '성공을 위한 옷입기'의 개념으로, 사람

들로 하여금 자신이 중상층의 멤버(최소한 이러한 것에 대해 저자들 쓴 버전에 의하면)들인 것처럼 옷을 입을 수 있게 자세한 설명이 주어지는 것이다.[105]

한 '사정을 잘 아는' 것을 보여주고자 하는 것이다. 현재에는 상류층에서는 오래되고 찢어진 청바지와 지프와 같은 '실용적인' 차가 인기를 누리고 있는 것을 볼 수 있다. 그러므로 '진짜' 지위는 일부러 패션이 아닌 것을 상징하는 제품을 수용하는 것으로 보여진다.

▌요약▌

- 행동경제학의 분야는 소비자들이 그들의 돈을 가지고 무엇을 할지를 어떻게 결정하는가를 고려한다. 특히 재량지출은 사람들이 그들의 기본적인 욕구 이상으로 돈을 쓸 수 있고 또 쓰고자 할 때 이루어진다. 많은 패션 제품이 이 재량소득으로 구매된다. 그러나 어떤 집단의 사람들은 패션제품을 삶의 필수품으로 여긴다! 소비자의 자신감—자신 스스로의 개인적인 상황에 대한 정신 상태 및 자신의 전반적인 경제적인 전망—에 대한 그들의 느낌은 그들이 제품과 서비스를 구매해야 할지, 빚을 내야 하는지, 혹은 저축을 해야 하는지를 결정하는 것을 돕는다.

- 소비자의 사회계층은 사회에서의 그의 신분을 가리킨다. 사회계층은 교육, 직업 소득과 같은 수많은 요인에 의해서 결정된다.

- 사실상 모든 집단은 상대적인 우월성, 힘, 그리고 가치있는 자원에 대한 접근성에 따라서 멤버들 간에 구분을 한다. 이러한 사회계층화는 지위 위계를 만들어내는데 이 위계에서는 어떤 제품은 다른 제품보다 더 선호되고 소유자의 사회계층을 유형화하는 데 사용된다.

- 의복은 역사적으로 계층을 구별하기 위해서 사용되어 왔다. 사치금지령은 특정한 계층에 의해서만 착용될 수 있는 옷의 종류를 제한했다. 오늘날에는 사회계층이 보

다 유동적이며 소비자들은 그들 자신의 라이프스타일과 그러한 선택을 반영하는 의복을 자유롭게 선택한다.

• 소득이 중요한 사회계층의 표시이기는 하지만 그 관계는 사실과 동떨어져 있다. 또한 사회계층은 주거지역, 문화적 관심 그리고 세계관과 같은 요인들에 의해서 결정된다.

• 구매결정은 때때로 더 높은 사회계층을 추구하여 '사버리려는' 욕망과 과시적인 소비의 과정에 참여하려는 욕망에 의해서 영향을 받게 되는데, 이에 한 사람의 지위는 가치있는 자원의 계획적이고 비생산적인 사용에 의해서 과시된다. 이러한 지출 패턴은 신흥부자들의 특징이며 조상이나 혈통에 의한 것이 아닌 비교적 최근의 소득 획득은 그들의 향상된 사회 이동의 원인이 된다.

• 패션의 과잉은 높은 가격, 디자이너 상표, 불필요한 낭비, 다양한 경우에 매 시즌을 위해 모든 색상으로 입을 옷의 양 그리고 소비자가 옷을 대체해야 할 필요를 느끼는 패션 스타일에서의 끊임없는 변화와 같이 다양한 수준에서 일어날 수 있다 .

• 패션은 종종 실제의 사회계층 혹은 원하는 계층에 대해 전달하는 지위 상징으로 사용된다. 모방적 표시는 소비자가 계획적으로 유행하는 제품을 회피함으로써 지위를 추구할 때 일어난다.

▌ 토론 주제 ▌

1. 시어즈, 제이씨 페니보다 그 정도는 덜하지만 케이마트는 최근에 그들의 이미지를 업그레이드하고 더 높은 계층에 소구하기 위한 공동의 노력을 해왔다. 이러한 노력이 얼마나 성공적이었는가? 이런 전략이 현명하다고 생각하는가?

2. 현대 사회의 사회계층을 측정하는 데 장애가 되는 것은 무엇인가? 이러한 장애를 피해서 돌아가는 방법에 대해 논의해 보라.

3. 어떤 가족이 속한 사회계층에 비해 소득이 결핍되어 있는 가족과 평균인 가족 간의 의복 구매에서 관찰할 수 있는 차이는 무엇인가?

4. 한 개인의 소득에 대한 지식보다 사회계층이 소비자행동에 대해 더 잘 예측할 가능성이 있는 때는 언제인가?

5. 사람들을 어떻게 사회계층에 배분하는가 혹은 전혀 배분하지 않는가? 사회적인 신분을 결정하기 위해서 어떤 소비 단서(의복, 말솜씨, 자동차 등)를 사용하는가?

6. 톨스타인 베블렌은 여성들은 종종 그들 남편의 부를 나타내기 위한 전달 수단으로 사용된다고 주장했다. 이 주장은 오늘날에도 여전히 유효한가?

7. 현재의 환경적인 조건과 감소되고 있는 자원이 주어지면, 미래의 '과시적 낭비'는 무엇인가? 다른 사람에게 재산으로 잘 보이려는 욕망이 언젠가 없어질 것인가? 그렇지 않다면 좀 덜 위험한 형태를 취할 수 있을 것인가?

8. 어떤 사람들은 지위 상징이 없어졌다고 주장한다. 동의하는가? 어떤 패션이 높은 지위를 보여주는가?

9. 그림 7-3에 나타나 있는 지위지표를 사용해서 당신이 아는 사람들과 가능하다면 그들의 부모님을 포함해서 사회계층 점수를 계산하라. 여러 친구들(되도록이면 다른 곳 출신)에게 아는 사람들에 대한 유사한 정보를 수집하라고 부탁하라. 당신의 답이 얼마나 근접하게 비교되는가? 차이점을 발견하면 어떻게 그 차이점을 설명할 수 있을 것인가?

10. 직업의 목록을 수집하고 다양한 전공을 하는 학생 표본에게 이 직업의 명성의 순위를 매기도록하라. 이러한 등급에서 학생들의 전공이 작용해서 어떤 차이가 나타나는 것을 알 수 있는가?

11. 다양한 사회계층의 소비자를 묘사하는 광고를 수집한 것을 모아라. 이러한 광고의 현실과 그들이 나타난 매체에 대해서 어떤 일반화를 할 수 있는가?

▌주요 용어 ▌

과시적 소비 　(conspicuous consumption)	사회계급(social class)	(invidious distinction)
모방적 표시(parody display)	사회 이동(social mobility)	재량소득(discretionary income)
문화적 자본(cultural capital)	사회계층화(social stratification)	지위(status)
사치금지령(sumptuary laws)	사회적 신분(social location)	지위 상징(status symbols)
	시샘을 받을 만한 구별	지위 위계(status hierarchy)

▌ 참고문헌 ▌

1. Data in this section adapted from Fabian Linden, *Consumer Affluence: The Next Wave* (New York: The Conference Board, 1994). For additional information about U.S. income statistics, access Occupational Employment and Wage Estimates at http://www.bls.gov/oes/oes_data.htm.

2. Sylvia Ann Hewlett, "Feminization of the Workforce," *New Perspectives Quarterly* 98 (July 1, 1998): 66-70.

3. Christopher D. Carroll, "How Does Future Income Affect Current Consumption?," *Quarterly Journal of Economics* 109, no. 1 (February 1994): 111-147.

4. "The Big Chill—Not," *Women's Wear Daily* (April 10, 2000): 26-27.

5. Robert Sullivan, "Americans and Their Money," *Worth* (June 1994): 60.

6. José F. Medina, Joel Saegert, and Alicia Gresham, "Comparison of Mexican-American and Anglo-American Attitudes toward Money," *The Journal of Consumer Affairs* 30, no. 1 (1996): 124-145.

7. Kirk Johnson, "Sit Down. Breathe Deeply. This Is *Really* Scary Stuff," *The New York Times* (April 16, 1995): F5.

8. Fred van Raaij, "Economic Psychology," *Journal of Economic Psychology* 1 (1981): 1-24.

9. Richard T. Curtin, "Indicators of Consumer Behavior: The University of Michigan Surveys of Consumers," *Public Opinion Quarterly* (1982): 340-352.

10. George Katona, "Consumer Saving Patterns," *Journal of Consumer Research* 1 (June 1974): 1-12.

11. Jennifer Weitzman, "Consumer Confidence Declines To Its Lowest Level in Four Years," *Women's Wear Daily* (January 31, 2001): 2, 12; Scott Malone, "Apparel's Double Whammy: First Recession, Now Deflation," *Women's Wear Daily* (November 27, 2001): 1, 10.

12. Susan Kaiser, *The Social Psychology of Clothing: Symbolic Appearances in Context* (New York: Fairchild, 1997).

13. Floyd L. Ruch and Philip G. Zimbardo, *Psychology and Life*, 8th ed. (Glenview, Ill.: Scott Foresman, 1971).

14. Louise Do Rosario, "Privilege in China's Classless Society," *World Press Review* 33 (December 1986): 58.

15. Keith Naughton, "Hitting the Bull's-Eye," *Newsweek* (October 11, 1999): 64.

16. David Leonhardt, "Two-Tier Marketing," *Business Week* (March 17, 1997): 82.

17. Jonathan H. Turner, *Sociology: Studying the Human System*, 2nd ed. (Santa Monica, CA: Goodyear, 1981).

18. Turner, *Sociology: Studying the Human System*.

19. G. Sjoberg, *The Preindustrial City: Past and Present* (New York: Free Press, 1960).

20. V. M. Garrett, *Chinese Clothing: An Illustrated Guide* (Hong Kong: Oxford University Press, 1994).

21. Richard P. Coleman, "The Continuing Significance of Social Class to Marketing," *Journal of Consumer Research* 10 (December 1983): 265-280; Turner, Sociology: Studying the Human System.

22. Quoted in Richard P. Coleman and Lee Rainwater, *Standing in America: New Dimensions of Class* (New York: Basic Books, 1978), 89.

23. Coleman and Rainwater, *Standing in America: New Dimensions of Class*.

24. Turner, *Sociology: Studying the Human System*.

25. James Fallows, "A Talent for Disorder (Class Structure)," *U.S. News & World Report* (February 1, 1988): 83.

26. Coleman, "The Continuing

Significance of Social Class to Marketing"; W. Lloyd Warner with Paul S. Lunt, *The Social Life of a Modern Community* (New Haven, Conn.: Yale University Press, 1941).

27. Nicholas D. Kristof, "Women as Bodyguards: In China, It's All the Rage," *The New York Times* (July 1, 1993): A4.

28. James Sterngold, "How Do You Define Status? A New BMW in the Drive. An Old Rock in the Garden," *The New York Times* (December 28, 1989): C1.

29. Miriam Jordan, "Firms Discover Limits of India's Middle Class," *International Herald Tribune*, (June 27, 1997).

30. Robin Knight, "Just You Move Over, 'Enry 'Iggins; A New Regard for Profits and Talent Cracks Britain's Old Class System," *U.S. News & World Report* 106 (April 24, 1989): 40.

31. Turner, *Sociology: Studying the Human System*, p. 260.

32. See Ronald Paul Hill and Mark Stamey, "The Homeless in America: An Examination of Possessions and Consumption Behaviors," *Journal of Consumer Research* 17 (December 1990): 303-321; estimate provided by Dr. Ronald Hill, personal communication (December 1997).

33. Joseph Kahl, *The American Class Structure* (New York: Holt,

Rinehart and Winston, 1961).

34. Leonard Beeghley, *Social Stratification in America: A Critical Analysis of Theory and Research* (Santa Monica, CA: Goodyear, 1978).

35. Quentin Bell, *On Human Finery* (London: Hogarth, 1947), 72.

36. Elaine Stone, *The Dynamics of Fashion* (New York: Fairchild, 1999).

37. Coleman and Rainwater, *Standing in America: New Dimensions of Class*, p. 220.

38. Turner, *Sociology: Studying the Human System*.

39. See Coleman, "The Continuing Significance of Social Class to Marketing"; Charles M. Schaninger, "Social Class versus Income Revisited: An Empirical Investigation," *Journal of Marketing Research* 18 (May 1981): 192-208.

40. Coleman, "The Continuing Significance of Social Class to Marketing."

41. August B. Hollingshead and Fredrick C. Redlich, *Social Class and Mental Illness: A Community Study* (New York: Wiley, 1958).

42. John Mager and Lynn R. Kahle, "Is the Whole More Than the Sum of the Parts? Re-Evaluating Social Status in Marketing," *Journal of Business Psychology* 10 (Fall 1995): 3-18.

43. Beeghley, *Social Stratification in America*.

44. R. Vanneman and F. C. Pampel, "The American Perception of Class and Status," *American Sociological Review* 42 (June 1977): 422-437.

45. Donald W. Hendon, Emelda L. Williams, and Douglas E. Huffman, "Social Class System Revisited," *Journal of Business Research* 17 (November 1988): 259.

46. Coleman, "The Continuing Significance of Social Class to Marketing."

47. Richard P. Coleman, "The Significance of Social Stratification in Selling," in *Marketing: A Maturing Discipline, Proceedings of the American Marketing Association 43rd National Conference*, ed. Martin L. Bell (Chicago: American Marketing Association, 1960), 171-184.

48. David Lazarus, "Overcoming the New-Money Blues," *San Francisco Chronicle* (February 8, 2000): C1.

49. E. Barth and W. Watson, "Questionable Assumptions in the Theory of Social Stratification," *Pacific Sociological Review* 7 (Spring 1964): 10-16.

50. Zick Rubin, "Do American Women Marry Up?," *American Sociological Review* 33 (1968): 750-760.

51. Sue Browder, "Don't Be Afraid to Marry Down," *Cosmopolitan*

(June 1987): 236.

52. K. U. Ritter and L. L. Hargens, "Occupational Positions and Class Identifications of Married Working Women: A Test of the Asymmetry Hypothesis," *American Journal of Sociology* 80 (January 1975): 934-948.

53. J. Michael Munson and W. Austin Spivey, "Product and Brand-User Stereotypes Among Social Classes: Implications for Advertising Strategy," *Journal of Advertising Research* 21 (August 1981): 37-45.

54. Stuart U. Rich and Subhash C. Jain, "Social Class and Life Cycle as Predictors of Shopping Behavior," *Journal of Marketing Research* 5 (February 1968): 41-49.

55. Thomas W. Osborn, "Analytic Techniques for Opportunity Marketing," *Marketing Communications* (September 1987): 49-63.

56. Nancy Cassill and Mary Frances Drake, "Employment Orientation's Influence on Lifestyle and Evaluative Criteria for Apparel," *Home Economics Research Journal* 16, no. 1 (1987): 23-25.

57. Soyeon Shim and Mary Frances Drake, "Apparel Selection by Employed Women: A Typology of Information Search Patterns," *Clothing and Textiles Research Journal* 6, no. 2 (1988): 1-9.

58. Kaiser, *The Social Psychology of Clothing: Symbolic Appearances in Context.*

59. Dorothy Behling, "Three and a Half Decades of Fashion Adoption Research: What Have We Learned?," *Clothing and Textiles Research Journal* 10, no. 2 (1992): 34-41.

60. Leslie Kaufman, "Deluxe Dilemma: To Sell Globally or Sell Haughtily?," *The New York Times on the Web* (September 22, 1999).

61. J. Lebow, "Big Beauties Search Reflects Larger Outlook," *Women's Wear Daily* (August 26, 1986): 21.

62. Coleman, "The Continuing Significance of Social Class to Marketing."

63. Jeffrey F. Durgee, "How Consumer Sub-Cultures Code Reality: A Look at Some Code Types," in *Advances in Consumer Research* 13, ed. Richard J. Lutz (Provo, Utah: Association for Consumer Research, 1986), 332-337.

64. David Halle, *America's Working Man: Work, Home, and Politics among Blue-Collar Owners* (Chicago: University of Chicago Press, 1984).

65. Quoted in Coleman and Rainwater, *Standing in America: New Dimensions of Class*, p. 139.

66. Quoted in Roger Brown, *Social Psychology* (New York: Free Press, 1965): 43.

67. Kit R. Roane, "Affluenza Strikes Kids," *U.S. News & World Report* (March 20, 2000): 55.

68. Tamar Lewin, "Next to Mom and Dad: It's a Hard Life (or Not)," *The New York Times on the Web* (November 7, 1999).

69. Pierre Bourdieu, *Distinction: A Social Critique of the Judgment of Taste* (Cambridge, Mass.: Cambridge University Press, 1984); see also Douglas B. Holt, "Does Cultural Capital Structure American Consumption?," *Journal of Consumer Research* 1, no. 25 (June 1998): 1-25.

70. Paula Mergenhagen, "What Can Minimum Wage Buy?," *American Demographics* (January 1996): 32-36.

71. Linda F. Alwitt and Thomas D. Donley, "Retail Stores in Poor Urban Neighborhoods," *Journal of Consumer Affairs* 31, no. 1 (1997): 108-127.

72. Susan Chandler, "Data Is Power. Just Ask Fingerhut," *Business Week* (June 3, 1996): 69.

73. Quoted in Richard Elliott, "How Do the Unemployed Maintain Their Identity in a Culture of Consumption?," *European Advances in Consumer Research* 2 (1995): 3.

74. Cyndee Miller, "New Line of

Barbie Dolls Targets Big, Rich Kids," *Marketing News* (June 17, 1996): 6.

75. Cyndee Miller, "Baubles Are Back," *Marketing News* (April 14,1997): 1.

76. David Moin, "Rethinking the Mall: Higher-End Products, Less Square Footage," *Women's Wear Daily* (June 6, 2000): 1, 8-9.

77. "Reading the Buyer's Mind," *U.S. News & World Report* (March 16, 1987): 59.

78. Rebecca Piirto Heath, "Life on Easy Street," *American Demographics* (April 1997): 33-38.

79. *Wealth in America: A Study of Values and Attitudes among the Wealthy Today* (Town & Country, 1994).

80. Shelly Reese, "The Many Faces of Affluence," *Marketing Tools* (November/December 1997): 44-48.

81. Paul Fussell, *Class: A Guide through the American Status System* (New York: Summit Books, 1983), 30.

82. Elizabeth C. Hirschman, "Secular Immortality and the American Ideology of Affluence," *Journal of Consumer Research* 17 (June 1990): 31-42.

83. Coleman and Rainwater, *Standing in America: New Dimensions of Class*, p. 150.

84. Kerry A. Dolan, "The World's Working Rich," *Forbes* (July 3, 2000): 162.

85. Arthur B. Kennickell, Martha Starr-McCluer, and Brian J. Surette, "Recent Changes in U.S. Family Finances: Results from the 1998 Survey of Consumer Finances," *Federal Reserve Bulletin* (January 2000), 1.

86. "Keeping Up with the Technological Jones's: More than Half of American Households Have Computers, Cellular Phones," (January 2000). See http://www.maritzresearch.com for similar current market reearch.

87. Jason DeParle, "Spy Anxiety: The Smart Magazine That Makes Smart People Nervous about Their Standing," *Washingtonian Monthly* (February 1989): 10.

88. For a recent examination of retailing issues related to the need for status, see Jacqueline Kilsheimer Eastman, Leisa Reinecke Flynn, and Ronald E. Goldsmith, "Shopping for Status: The Retail Managerial Implications," *Association of Marketing Theory and Practice* (Spring 1994): 125-130.

89. Jeanette Lauer and Robert Lauer, *Fashion Power* (Upper Saddle River, N.J.: Prentice-Hall, 1981).

90. Alison Lurie, *The Language of Clothes* (New York: Vintage Books, 1981).

91. Georg Simmel, "Fashion," *American Journal of Sociology* 62 (1957): 541-558.

92. Veblen, Thorstein, *Theory of the Leisure Class*, (New York: Macmillan, 1899): 120.

93. John Brooks, *Showing Off in America* (Boston: Little, Brown, 1981), 13.

94. Veblen, Thorstein, *Theory of the Leisure Class*, p. 121.

95. Lurie, *The Language of Clothes*.

96. Michael Shnayerson, "The Champagne City," *Vanity Fair* (December 1997): 182-202.

97. Frances Hong, "If You've Got It Flaunt It," *San Francisco Examiner* (December 28, 1997): C1, C4.

98. Quoted in Miller, "Baubles Are Back"; Elaine Underwood, "Luxury's Tide Turns," *Brandweek* (March 7, 1994): 18-22.

99. "Terrorism's Trauma Casts Dark Shadow Over Luxury Sector," *Women's Wear Daily* (October 25, 2001): 1, 24, 26.

100. Miles Socha, "The Luxury Hangover: Designers Struggling with Harsher Reality," *Women's Wear Daily* (July 1, 2002): 1, 6, 7.

101. Anne D'Innocenzio, "Status Labels—the Second Time Around," *Women's Wear Daily* (March 18, 1999): 8-9.

102. Joshua Levine, "Conditional Hedonism," *Forbes* (February 10, 1997): 154.

103. Brooks, Showing Off in America; F. Simon-Miller, "Commentary: Signs and Cycles in the Fashion System," in *The Psychology of Fashion*, (Lexington, Mass.: Lexington Books, 1985); Lurie, *The Language of Clothes*.

104. Brooks, *Showing Off in America*, pp. 31-32.

105. For examples, see John T. Molloy, *Dress for Success* (New York: Warner Books, 1975); Vicki Keltner and Mike Holsey, *The Success Image* (Houston, Tex.: Gulf, 1982); and William Thourlby, *You Are What You Wear* (New York: New American Library, 1978).

제8장
성격, 태도, 라이프스타일

낸시와 애나는 LA에 있는 잘 나가는 광고 대행사의 임원으로, 몸에 피어싱을 하고 보석을 끼우는 건틀렛(Gauntlet)회사와의 거래가 성사됨에 따라 회사의 모든 직원들에게 지급되기로 한 많은 보너스를 어떻게 사용할까에 대해서 서로 아이디어를 교환하고 있었다. 그들은 그 돈으로 자신의 콘도에 놓을 최신 스테레오 시스템에 대한 정보를 인터넷으로 열심히 알아보는 회계부서에 있는 그들의 친구 매기에 대해 웃음이 나는 것을 참을 수 없었다. 종일 TV만 보다니! 낸시는 자신을 약간의 스릴을 추구하는 사람으로 생각하고 있고 콜로라도에서

AMERICAN EAGLE
EST 1977
OUTFITTERS®
Where do you wear yours?

For a store near you call 1.888.A.EAGLES or 2...   Underwear   www.ae.com

일주일간 번지점프를 하는 것에 보너스를 쓰려고 한다. 애나는 "거기도 가보고, 그것도 해봤어요…. 나는 새 자전거를 타고 다음 큰 경

기가 있는 네바다로 가려고 해요."라고 대꾸했다.

애나는 www.motorcycle.com사이트에 자주 들어가거나 점점 그 수가 증가하고 있는 자전거 타기에 열중하고 있는 여성들을 표적으로 하는 잡지인 우먼 라이더(*Woman Rider*)를 읽기 시작했다.

낸시와 애나는 때때로 시간이 있을 때 감상적인 옛날 영화를 보거나 책을 읽는 것에 만족하는 매기와 자신들이 얼마나 다른가에 놀라곤 한다. 이 셋은 월급도 거의 같으며 게다가 애나와 매기는 같은 대학을 다니기까지 하였다. 그런데 어떻게 그들의 기호가 그렇게 다를 수 있는가? 아마도 그래서 초콜릿도 만들고 바닐라도 만드는 것일 것이다….

1. 성격

낸시와 애나는 여가시간을 보내는 새로운(심지어 위험한) 방법을 탐색하는 많은 사람들의 전형적인 사람들일 것이다. 이러한 욕망은 '모험적인 여행' 산업을 위한 큰 사업적 기회를 의미하는데, 번지 점프, 급류타기 래프팅, 스카이다이빙, 오토바이 타기, 산악자전거 타기 및 신체적으로 자극적인 활동은 이제 미국의 여가 여행 시장의 5분의 1을 차지할 만큼 여가를 보내는 '유행하는' 방법이 되었다.[1] 미국 번지점프협회는 1980년대 이래 7백만 번의 번지점프가 시행되어 왔다고 보고 있으며, 그 기간 동안 미국 낙하산강하협회는 회원수가 계속 증가하고 있다고 보고하였다. 그리고 오토바이 문화가 이전에는 남성의 전유물처럼 여겨졌지만 이제는 여성들에게도 이 스포츠가 다시 인기를 얻고 있다. 스노우보딩에서 모토엑스(Moto-X, 오토바이 타는 사람들이 스키점프를 시도하는 무시무시한 경주)에 이르는 극단적인 스포츠의 새로운 개념은 강도가 높고, 개인적인 스포츠와 연관되어 있다. X세대와 Y세대의 멤버들은 극단적인 스포츠에 참여할 뿐만 아니라 ESPN((미국의 오락·스포츠 전문의 유료 유선 텔레비전망)으로 엑스 게임(X-Games)을 시청하기까지 한다.

도대체 무엇이 낸시와 애나를 조용한 매기와 그토록 다르게 만든 것일까? 그 답 중의 하나는 한 개인이 독특한 심리적 기질과 그러한 기질이 개인 자신의 환경에 일관성있게 반응하는 방식에 어떻게 영향을 미치는가를 의미하는 **성격**(personality)의 개념에서 찾을 수 있다.

최근 성격 구성의 본질에 대해서 열띤 논의가 되어 왔다. 많은 연구에서 사람들은 다양한 상황에서 일관성있게 행동하지 않으려는 경향이 있으며, 안정적인 성격을 보이지 않는 것 같다는 결과가 나타났다. 사실상 일부 연구자들은 이러한 것은 단지 다른 사람들에 대해서 생각하는 편리한 방법일 뿐이라고 주장하고 있다.

이러한 논쟁은 직관적으로 받아들이기가 조금 어려운데, 이는 어쩌면 우리가 다른 사람들을 한정된 상황의 범위 내에서 보는 경향이 있고, 또 우리에게도 다른 사람들이 일관성있게 행동하기 때문일 것이다. 반면, 우리 각자는 우리가 그다지 일관성있는 사람들이 아니라는 것을 알고 있다. 즉 때때로 우리는 거칠고 무모하지만 다른 경우에서는 존경할 만한 사람의 본보기가 되기도 한다. 모든 심리학자들이 성격이라는 아이디어를 모두 버린 것은 아니며, 어떤 사람의 근원적인 특성은 단지 수수께끼의 일부분에 불과하며 상황적인 요인들이 종종 행동을 결정하는 데 중요한 역할을 한다는 것을 깨닫고 있다.[2]

그러나 아직도 성격의 일면들은 마케팅 전략에 계속해서 적용되고 있다. 이러한 차원들은 보통 어떤 사람의 여가활동의 선택, 정치적인 견해, 패션과 미적인 기호와 본장에서 다루어질 소비자들의 라이프스타일에 의해 세분화하기 위한 다른 개인적인 요인들과 조화를 이루어 사용된다.

성격의 복잡한 개념을 이해하는 많은 접근 방법은 20세기 전반에 이러한 관점을 발달시키기 시작한 심리학적인 이론가들에 의해서 유래되었다고 할 수 있다. 이러한 관점들은 주로 환자들의 꿈에 대한 설명, 깊은 상처가 되는 경험, 그리고 다른 사람들과의 대항에 대한 분석가들의 해석에 기초하고 있다.

1) 침상 위의 소비자행동 : 프로이드 이론

프로이드(Sigmund Freud)는 성인으로서 성격의 많은 부분은 그 사람 자신의 육체적인 욕구와 책임감 있는 사회의 일원으로 기능해야 할 필요성 사이의 근원적인 갈등에서 기인하며, 이러한 갈등이 마음속에 있는 세 가지 시스템에서 일어난다고 보았다(주 : 이 시스템은 뇌의 실제 부분을 가리키는 것은 아님).

(1) 프로이드 시스템

본능적 충동(id)은 전적으로 직접적인 만족을 위하는 성향으로 정신에서의 '파티꾼' 격이라 할 수 있다. 본능적 충동은 **쾌락원리**(pleasure principle)에 따라 작용하며 행동은 쾌락을 극대화하고 고통을 회피하려는 원초적인 욕망에 의해서 지배된다. 본능적 충동은 이기적이고 비논리적이며, 어떤 결과를 생각하지 않고 한 사람의 심령적인 에너지를 쾌락적인 행동으로 향하게 한다.

초자아(superego)는 본능적 자아에 반대되는 것으로 이 시스템은 원래 사람의 양심이라 할 수 있다. 초자아는 사회의 규칙을 내면화한 것이며(특히 부모에 의해서 전달됨), 본능적 충동이 이기적인 만족을 추구하는 것을 막아주는 역할을 한다.

마지막으로 **자아**(ego)는 본능적 충동과 초자아 사이를 매개해 주는 시스템으로 자아는 어떤 의미에서는 유혹과 덕행 사이의 싸움에서의 심판과 같다. 자아는 이러한 두 가지의 상반되는 힘을 **현실원리**(reality principle)에 의해서 균형을 맞추고자 하는데, 본능적 자아를 만족시키기 위해 외부 세계에 허용될 만한 방법을 모색한다. 이러한 갈등은 무의식 수준에서 일어나기 때문에 사람은 행동의 근원적인 이유를 반드시 아는 것은 아니다.

프로이드의 일부 아이디어는 소비자 연구자들에 의해서 변화되어 사용되어 왔다. 특히 그의 연구는 구매를 하는 근원적이고 무의식적인 동기의 잠재적인 중요성을 강조하였다. 자아는 본능적 충동의 요구와 초자아가 금지하려는 것 사이에서 절충하기 위해 제품의 상징성에 의존한다. 개인은 이러한 근원적인 욕망을 나타내는 제품을 사용함으로써 그의 허용될 수 없는 욕망을 허용될 수 있는 출구로 보낸다. 이것이 제품의 상징성과 동기간의 관계로서, 즉 그 제품은 사회적으로 허용될 수 없고 달성되지 못하는 소비자의 참 목표를 대신해서 의미하거나 혹은 표현하는 것이다. 즉 그 제품을 획득함으로써 그 사람은 금지된 과일을 대신 경험할 수 있는 것이다.

(2) 프로이드에 근거한 유행 이론

정신분석학적 접근에 근거한 유행 이론들은 유행의 성적인 상징성에 초점을 맞춘다. 유행 이론에 따르면 개인들은 무의식 속에 감춰진 성적 동기를 성취하고 욕망을 전달하기 위해서 의복에서 사용되는 성적인 상징들을 수용하고 입는다. 한 의복에 대한 분석 결과, 여성들은 자신들의 의복이 남성들에게 성적인 영향을 미치는 것을 평가할 수 있다고 하였고 자신을 성적으로 매력적이라고 지각하는 사람들은 성적으로 자극하는 의복을 선호한다고 하였다.[3] 정신분석적인 접근이 유행의 수용을 설명하는데 그다지 많이 사용되어 오지는 않았지만, 일부 저자들은 역사적인 미의 이상에 대해서 설명하는데 정신분석적인 접근방법을 사용해 왔다.[4] 우산, 지팡이, 넥타이 그리고 가슴의 주머니에 장식하는 손수건과 같은 의복의 액세서리는 예로부터 남근을 나타내는 상징물에 비유되어 왔다.[5]

제임스 라버(James Laver)의 성감대 이동설(theory of shifting erogenous zones)도 유행이 변화를 설명하려는 시도로 사용되었다는 점에서 프로이드 이론과 연관성을 가진다.[6] 제1장에서 언급한 것처럼 이 이론은 유행의 변화는 여성의 신체에 있는 지각된 성감대의 변화와 동시에 일어난다는 것을 주장한다. 지속적인 에로티시즘은 의복에서의 색정적인 면을 강조했을 때 일어날 수 있다. 예를 들면 이전에는 다리가 긴 치마와 판탈롱에 가려져 있었기 때문에 1920년대에 짧은 치마가 등장하자 다리가 매우 자극적으로 느껴졌다. 라버는 시간이 지남에 따라 쌓여 온 이러한 현상을 '색정적 자산(erotic capital)'이라고 불렀으며, 한 학생은 이것을 "다리를 보는 스릴을 만끽하기 위해서 오랫동안 감춰져 왔네요."라고 표현했다. 라버는 유행에 대해, "유행은 신체의 색정적 자산을 충분히 오랫동안 쌓기 위해서 신체의 부분 부분을 감춤으로써 신체에 대한 관심을 유지하는 역할을 했습니다."라고 표현했다. 1920년대의 섹시한 다리와 비슷하게, 오랫동안 커버되었던 등이 색정적 자산을 쌓아옴으로써 등이 깊이 파인 1930년대의 드레스도 섹시한 스타일이 되었고 1960년대의 투피스 수영복은 상체 중앙부분을 드러냈다. 시간이 지나면서 다른 신체 부위가 의복을 사용하여 강조되어 왔다. 즉, 꼭 끼는 바지로 다리를, 벨트의 사용으로 허리를, 깊게 파인 네크라인으로 가슴을 강조했고 심지어는 가는 끈으로 된 샌들과 하이힐로 발을 강조하기도 했다. 일반적으로 성감대는 다리, 등, 가슴 그리고 엉덩이를 포함한다. 성감대는 항상 이동하고, 혁신적인 유행은 새로운 성감대를 드러내 보임으로 과감하게 생각된다.

2) 특질 이론

성격에 대한 접근 중 하나는 **특질**(trait)이나 혹은 한 개인을 정의하여 구별할 수 있는 특징을 정량적으로 측정하는데 초점을 맞추는 것이다. 예를 들면 사회적으로 개방적인 정도(외향성의 특질)에 의해서 사람들이 구별될 수 있다 — 매기는 내성적인(조용하고 수줍어하는) 사람으로 표현될 수 있을 것이고, 그에 반해 그녀의 동료인 낸시는 외향적인 사람일 것이다.

소비자행동에 의미있는 일부 구체적인 특질들은 **혁신성**(innovativeness; 어떤 사람이 새로운 것을 시도해 보는 것을 좋아하는 정도), **물질주의**(materialism; 제품을 획득하고 소유하는 것을 강조하는 정도), 자아지각(self-consciousness; 한 개인이 일부러 다른 사람에게 비춰지는 자신의 이미지를 검토하고 조정하는 정도) 그리고 인지의 필요성(need for cognition; 한 개인이 어떤 것에 대해서 생각하기를 좋아하고 또한 연장해서 상표 정보를 처리하는 데 필요한 노력을 하는 정도)을 포함한다.[7]

다수의 소비자들이 다양한 특질의 위치 정도에 따라 유형화될 수 있기 때문에, 이러한 접근방법은 이론적으로 세분화의 목적에 사용될 수 있다. 예를 들면 어떤 제조업자가 특정한 형태를 가진 제품을 선호할 만한 특질의 프로필을 가진 개인들을 알아낼 수만 있다면, 매우 유리하게 사용될 수 있을 것이다. 소비자들이 자신의 성격의 연장선상에 있는 제품을 구매한다는 생각은 직관적으로 이해할 만하다. 다음에 나오는 내용처럼 이러한 아이디어는 다양한 유형의 소비자에게 소구할 상표 성격(brand personalities)을 만들어내고자 하는 많은 마케팅 매니저들에게 지지를 받고 있다.

(1) 특질이론을 통한 유행 선택에 대한 설명

성격과 유행선택을 연결지으려고 시도하는 연구자들은 **특질 이론**(trait theory) 접근법을 사용해 왔다. 에이컨(Aiken)은 다음과 같은 프로필을 사용해서 의복에 대한 다섯 가지의 성향과 성격특징을 연결시켰다.[8]

- 의복의 장식성 : 장식성 점수가 높은 사람들은 형식적이고, 양심적이고, 고정관념을 가지며, 동조적이고, 지적이지 않으며, 동정적이며, 사교적이고, 순종적인 편이다.

- 의복의 편안함 : 편안함 점수가 높은 사람들은 자기 통제적이고 사회적으로 협동적이며, 사교적이고, 철저하며, 권위자에게 경의를 표하는 경향이 있다.

- 의복에 대한 관심 : 관심 점수가 높은 사람들은 장식성 프로필을 가진 사람들과 유사하다.

- 의복에의 동조성 : 동조성 점수가 높은 사람들은 사회적으로 동조적이며, 행동을 삼가고, 도덕적이고, 전통적이며, 순종적인 편이다.

- 의복의 경제성 : 경제성 점수가 높은 사람은 책임감이 있고, 빈틈이 없으며, 신속하고, 정확하고, 절제가 되어 있는 경향이 있다.

이 연구는 유형면에서 중복됨을 보였지만 성격으로부터 구체적인 유행 소비자행동을 예측하고자 하는 초기의 시도였다. 다수의 연구자들은 성격 특성은 일반적으로 유행 혁신성과 유행 선도력(제12장에서 논의됨)과 관련성이 없는 것을 발견하였으나 다른 연구자들은 다음과 같은 유행 혁신자나 유행 선도자의 성격 특질을 발견했다.[9]

- 모호함을 더 잘 견딤, 자아 인정, 안전

- 단호함, 호감성이 있음, 덜 우울함, 덜 수줍어함

- 감정적인 안정성, 주도권, 경쟁적 자기과시성, 모험성, 자신감, 사교성, 단호함

- 동조성, 충동성, 자기과시성, 자기애

- 불안감 정도가 낮음, 복잡함에 대한 인식력의 수준이 높음(어느 정도까지)

3) 제품 성격

우리는 흔히 사람에게만 성격이 있다고 생각한다. 그러나 제품도 성격을 가지고 있을까? 1886년에 중대한 사건이 발생했다 ― 퀘이커 오츠맨(Quaker Oatsman; 시리얼 통에 그려진 퀘이커교도 복장의 남성)이 처음 핫 시리얼 통에 등장했다. 퀘이커교도들은 19세기 미국에서 영리하지만 공평하다는 명성을 얻었고 그런 이유로 보부상들이 퀘이커교도들의 복장을 하기도 했다. 이 시리얼 회사가 시리얼 포장에 이 이미지를 빌리기로 결정했을 때, 이를 통해 구매자들이 그들의 제품에 퀘이커가 가진 이미지를 연상을 할지도 모른다는 인식을 가지게 되는 전조가 되었다.[10]

제품의 '성격'에 대한 이런 추론은 **상표 자산**(brand equity)의 중요한 일부분이다. 상표 자산이란 소비자의 기억에서 하나의 상표에 대해서 강하고 호의적이며 독특한 연상을 하는 정도를 의미하는 것으로[11] 제품의 이름을 알아차리는 것은 매우 가치있는 것이다. 어떤 회사들은 완전한 아웃소싱 생산으로 상표의 성장을 위해 노력하고 있다. 나이키는 운동화 공장을 소유하고 있지 않으며 새라 리(Sara Lee)는 '가상의' 회사가 되기 위해서 제빵 공장, 육가공 공장, 섬유 공장을 팔아 치웠다. 새라 리의 최고경영자는 "돼지를 도살하고 편물기계를 돌리는 것은 과거형 비즈니스입니다."라고 표현했다.[12]

그렇다면 사람들이 상표를 어떻게 생각하는가? 광고주들은 이러한 문제에 촉각을 세우고 있고 여러 회사들은 광고 캠페인을 내보내기 전에 소비자들이(자사를) 어떤 상표에 어떻게 결부시키는가에 대한 이해를 돕기 위해서 광범위한 소비자 연구를 실시하였다. 이런 목적을 가지고, 디디비 월드와이드(DDB Worldwide)는 만 4천 명의 소비자들을 대상으로 한 '상표 자본(Brand Capital)'이라 불리는 전 세계적인 연구를 하고 있다. 리오 버넷(Leo Burnett)의 '상표 재고(Brand Stock)' 프로젝트는 2만 8천 번의 인터뷰를 했다. 더블유피피 그룹(WPP Group)은 '브랜드지(BrandZ)'를, 그리고 영 엔드 루비캄(Young & Rubicam)은 '상표 자산가치 평가자(Brand Asset Valuator)'라는 프로젝트를 하고 있다. DDB의 세계적인 상표 계획 팀장은 "우리는 고립된 개인에게만 마케팅을 하는 것이 아닙니다. 우리는 사회에 마케팅을 하는 것입니다. 내가 어떤 상표에 대해서 어떻게 느끼는가는 다른 사람들이 그 상표에 대해서 어떻게 느끼는가와 직접적으로 관련이 되어 있고 영향을 받습니다." 이렇게 접속시키는 접근방법 이면에 있는 논리는 만일, 한 소비자가 상표와 강한 연관성을 느끼면 그는 동료들의 압력에 굴해서 상표를 바꿀 가능성이 더 적다는 것이다.[13]

다양한 제품 유형에서 지각된 상표의 특징을 비교하고 대조하는 데 사용될 수 있는 몇몇의 성격 차원들은 구식인, 건전한, 전통적인, 놀랄 만한, 활발한, 현대적인, 진지한, 지적인, 능률적인, 매혹적인, 낭만적인, 성적 매력이 있는, 소박한, 옥외 운동을 좋아하는, 강인한 그리고 강건한과 같은 것을 포함한다.[14]

제품을 위해서 행해진 마케팅 활동은 제품의 '성격'을 추론하는 데 영향을 줄 수 있다. 이러한 활동의 일부가 표 8-1에 정리되어 있다.

일부 의류와 액세서리 상표는 성격으로 시각화하기 쉽다(이 개념은 상표 이미지의 개념과 다르지 않다).

- 에디 바우어와 노스 페이스—야외적 성향
- 갭—캐주얼
- 나이키—스포츠
- 랄프 로렌—전원풍 세련미
- 빅토리아스 시크릿—낭만적이고 육감적이며 성적 매력이 있음
- 롤렉스—비쌈!

표 8-1 상표행동과 가능한 성격 특질 추론

상표행동	특질 추론
상표가 여러 번 이미지 전환을 꾀하거나 반복적으로 슬로건을 바꾼다.	변덕스러운, 모순된 태도를 지니는
상표가 광고에서 계속적인 등장인물을 사용한다.	친숙한, 편안한
상표가 높은 가격을 매기고 독점적인 유통망을 사용한다.	속물적인, 세련된
상표가 자주 좋은 가격에 나온다.	싼, 교양 없는
상표가 많은 라인으로 확장되어 있다.	다양성있는, 적응성있는
상표가 PBS(공공방송프로제공협회)의 프로그램을 후원하거나 재활용된 재질을 사용한다.	도움이 되는, 지지가 되는
상표가 사용하기 쉬운 포장 형태를 가지거나 광고에서 소비자의 수준에 맞추어 전한다.	따뜻한, 접근하기 쉬운
상표가 주기적인 재고판매를 가진다.	평범한, 실용적인
상표가 5년을 보증하거나 무료 고객 상담전화를 개설하고 있다.	믿을 만한, 믿고 맡길 만한

출처 : Adapted from Susan Fournier, "A Consumer-Brand Relationship Framework for Strategic Brand Management," unpublished doctoral dissertation, University of Florida (1994), Table 2.2, p. 24.

사실상 소비자들은 개인적인 관리 제품과 그보다 세속적이고 기능적인 모든 종류의 생명이 없는 제품에서 심지어 부엌 기구에까지 성격 특성을 부여하는 데 별로 문제가 없는 것으로 보인다.[15] 명확한 **상표 성격**(brand personality)을 만들어내고 전달하는 것은 마케터들이 자사의 제품을 경쟁 상대로부터 드러내 보이고 제품에 대해 수년 동안 충성심을 느낄 수 있게 만들 수 있는 주요한 방법 중의 하나이다. 이러한 과정은 생명이 없는 대상을 어떻게든지 살아있는 것으로 만들어주는 성질을 부여하는 것으로, 많은 문화권에서 발견되는 풍습인 **물활론**(animism)과 연관해서 이해될 수 있다. 물활론은 어떤 경우에는 종교의 일부로서 신성한 대상물, 동물 혹은 장소가 마법의 성질을 가지고 있거나 조상의 영혼을 가지고 있다고 생각된다. 우리 사회에서는 이러한 대상물은 소유자에게 바람직한 성질을 준다고 믿는 뜻으로 '숭배' 될 수도 있으며, 혹은 어떤 의미에서는 한 사람에게 너무나 소중해서 '친구' 처럼 간주될 수도 있다.

물활론은 인간의 성질이 제품에 부여되는 정도를 나타내기 위해서 두 종류로 구분될 수 있다.[16]

1단계 : 물활론의 가장 높은 단계에서는 대상물이 어떤 존재의 영혼에 의해서 지배된다고 믿어지며 이러한 존재는 때때로 한 제품의 대변인이나 심지어 디자이너인 경우도 있다. 이러한 전략은 소비자로 하여금 상표를 통해서 유명인이나 디자이너의 정신을 받아들이는 것이 가능하다고 느끼게 한다. 이는 한 아이템이 '베르사체 제품', '도나 카렌 제품' 으로 언급될 때처럼 잘 알려진 많은 디자이너들에게도 발생한다.

2단계 : 대상물은 인간의 특성이 주어져 의인화된다. 만화의 등장인물이나 가공의 창작물은 사람인 것처럼 취급되며 심지어 인간의 감정을 가진 것처럼 가정하기도 한다. 찰리 더 튜나(Charlie the Tuna; 참치통조림에 그려진 참치 그림)나 키블러 엘브스(Keebler Elves; 과자 포장에 그려진 꼬마 요정)와 같이 상표를 대변하는 캐릭터를 생각하라. 이 경우에는 제품에 인간과 같은 특성이 주어지지만 인간으로 취급되지는 않는다. 우리들이 좋아하는 의복과 상점들역시 매우 인격적으로 만들어졌다. 예를 들면 1970년대의 리바이스의 슈링크투피트(shrink-to-fit) 스타일 청바지는 소비자의 가장 가까운 친구처럼 느껴질 수 있도록 욕조에 앉아 있는 모습의 광고로 보여지기도 했다. 우리는 좋아하는 백화점을 애정을 가지고 대하기도 하고 심지어는 별명을 지어주기까지 한다. 블루밍데일스를 블루미스로, 노드스트롬을 노디스로 부른다. 빅토리아스 시크릿의 일부 브라는 이름이 주어지며, 흑백셔츠만 파는 프랑스 디자이너인 앤 폰텐느(Anne Fontaine)는 셔츠마다 이름을 지어준다. 그녀는 "저는 특정한 여성을 마음에 두고 각각의 셔츠를 디자인 합니다… 때때로 셔츠를 디자인하는 것보다 이름을 찾는 것이 더 시간이 걸리기도 합니다." 라고 하였다.[17]

2. 태도

태도라는 용어는 대중적인 문화에서 널리 사용되고 있다. "새 쇼핑몰을 짓는 것에 대해 당신은 어떤 태도를 가지고 계십니까?"라는 질문에서와 같이 쓰일 수도 있고, 부모가 "얘야 나는 네 태도가 맘에 안든다."라고 야단치는 데서 쓰일 수도 있다. 어떤 측면에서는 심지어 해피 아우어를 완곡하게 '태도 조정기' 라고 부르기도 한다. 그러나 일반적으로 **태도**(attitude)는 사람들(자신을 포함해서), 대상, 광고 혹은 이슈에 대한 지속적이고 일반적인 평가이다.[18] 사람이 어떤 것에 대해서 가지고 있는 태도는 **태도 대상**(A_o : attitude object)이라고 불린다. 태도는 성격과 더불어 한 개인의 라이프스타일과 소비 패턴을 설명하는 데 도움이 되는 사이코그래픽스(Psychographics; 본 장에서 나중에 논의됨)와 연관되어 있다. 코튼 인코퍼레이티드(Cotton Incorporated)의 라이프스타일 모니터(Lifestyle Monitor)는 스스로를 현대의 시장을 이해하는 데 중요한 '의복과 가구에 대한 미국의 태도와 행동의 검토' 라고 묘사했다. 이런 유형의 분석은 소비자들이 그들의 의복과 구매에 대해서 어떻게 느끼는가에 대한 "당신은 패션을 위해 편안함을 기꺼이 포기하겠습니까?"와 같은 단순한 질문을 던지거나, 혹은 "나는 쇼핑하는 것을 좋아한다."와 같은 문항에 대해 그들이 얼마나 동의하는가에 따라 이루어진다.

다른 많은 연구들은 의복과 의복 구매와 관련된 태도를 알아내기 위해 보다 복잡한 통계 분석(하나의 모델이 본 장 뒷부분에서 논의됨)을 사용하여 수행되어 왔다. 이러한 연구의 예를 보면 수입의류보다 국산(미국제)의류에 호의적인 태도를 보인다는 결과가 있다.[19] 또 다른 연구는 어머니와 딸의 태도 조사에서 소비자의 사회화가 의복과 쇼핑에 대한 태도에 영향을 미치며[20] 환경적인 태도는 구체적인 의복 환경적인 태도에 영향을 미치는 것으로 발견되었다.[21]

태도는 시간이 가도 지속되기 때문에 영속적(lasting)이며, 순간적인 사건 이상으로 적용되기 때문에 일반적(general)이다. 소비자들은 매우 구체적인 제품과 관련된 행동(메이시 백화점 대신에 노드스트롬 백화점에서 쇼핑하는 것과 같은 것)에서 일반적인 소비관련 행동(의류를 쇼핑하는 것을 얼마나 즐기는가 혹은 싫어하는가와 같은 것)에 이르기까지 넓은 범위의 태도를 가지고 있다. 태도는 한 개인이 어떤 음악을 듣는 것을 좋아하는지 혹은 그가 헌 옷을 재활용할 것인지 여부를 결정하는 것을 도와준다. 이 단락에서는 태도의 내용과 태도가 어떻게 형성되는지, 그리고 태도가 어떻게 측정될 수 있는지를 알아보고, 태도와 행동 간의 놀랄만하게 복잡한 관계를 살펴보고자 한다.

1) 태도의 ABC 모델

대부분의 학자들은 태도가 감정, 행동, 인지의 세 가지 요소를 가지고 있다는 점에 동의하고 있다. **감정**(affect)은 소비자가 태도 대상에 대해서 느끼는 방식을 의미하며, **행동**(behavior)은 개인이 태도 대상에 대해 무엇인가를 하고자 하는 의도와 연관되어 있다(그러나 나중에 논의될 것이지만 의도는 항상 실제 행동으로 끝나는 것은 아니다). **인지**(cognition)는 소비자 태도 대상에 대해서 가지고 있는 신념(믿음)을 의미하는 것으로 이렇게 태도를 세 요소의 관점으로 보는 것을 태도의 ABC 모델이라고 한다.

ABC 모델은 아는 것, 느끼는 것, 행동하는 것 사이의 상호관계를 강조하는 것이다. 제품에 대한 소비자들의 태도는 단순히 제품에 대한 믿음을 알아내는 것으로 결정될 수 없다. 예를 들면 어떤 연구자가 대다수의 구매자들이 특정 의류제품이 65%의 폴리에스터와 35%의 면 혼방으로 만들어졌다는 것과 미국에서 만들어졌다는 것을 '알고 있다'는 것을 조사하였다고 해도 이러한 결과가 소비자들이 이러한 속성들을 좋게 느낄지 나쁘게 느낄지 혹은 관계가 없게 느낄 것인지 혹은 소비자들이 실제로 그 아이템을 살 것인지를 보여주지는 않는다.

(1) 영향의 단계

태도의 세 요소는 모두 중요하지만 그들의 상대적인 중요성은 소비자 태도의 대상에 관한 동기의 수준에 따라서 달라질 것이다. 태도 연구자들은 세 요소들의 상대적인 영향을 설명하기 위한 **영향의 단계**(hierarchy of effects)라는 개념을 발전시켜 왔다. 각각의 단계는 태도에 대한 통로를 향한 고정된 일련의 단계가 발생한다. 세 가지의 다른 단계가 그림 8-1에 요약되어 있다.

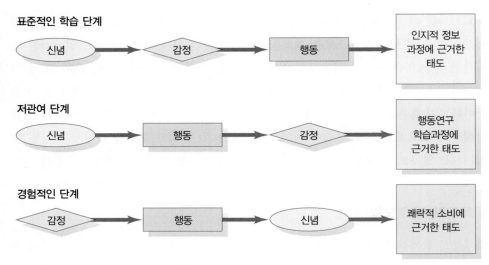

그림 8-1 세 가지의 영향의 단계

출처 : M. R. Solomon, *Consumer Behavior*, 5th ed., p.201, ⓒ 2002. Reprinted by permission of Pearson Education, Inc.,Upper Saddle River, NJ.

표준적인 학습 단계. 대부분의 태도는 이러한 과정을 거쳐서 구성된다고 가정되고 있다. 소비자는 문제해결의 과정으로서 제품에 대한 결정에 접근한다. 먼저 그는 적절한 속성(청바지가 내구성이 있다)에 관한 지식(신념)을 쌓음으로써 하나의 제품에 대한 신념을 형성한 다음, 이러한 신념들을 평가(내구성은 중요하다)한 후, 그 제품에 대한 느낌이나 감정(청바지는 나에게 완벽한 제품이다, 나는 청바지를 좋아한다)을 형성한다.[22] 마지막으로 이 평가를 기초로 해서 소비자는 제품을 구매하는 것과 같은 적절한 행동을 시작한다. 이 주의 깊은 선택 과정은 종종 소비자의 충성으로 끝나게 된다. 그 소비자는 시간이 지남에 따라 그 제품과 '결속되고', 쉽게 다른 상표를 시도하도록 설득되지 않는다. 표준적인 학습 단계는 소비자가 구매 결정을 내리는 데 높게 관여되어 있다고 가정하는 것이다.[23]

저관여 단계. 소비자는 영향의 저관여 단계(low-involvement hierarchy of effects)를 통해서 태도를 형성할 수 있다. 이 과정에서 소비자는 초기에는 다른 상표에 비해서 하나의 상표를 강하게 선호하지 않지만 대신 한정된 지식을 기초로 해서 행동한 다음 그 사실 이후에만 평가를 형성한다.[24] 그 태도는 행동적인 학습을 통해서 형성되는 경향이 있으며, 소비자의 선택은 구매 후에 그 제품에 대한 좋거나 나쁜 경험에 의해서 강화된다. 소비자들이 많은 선택에 그다지 신경을 쓰지 않을 가능성이 있다는 것이 중요한데, 이는 영향을 미치는 모든 신념에 대한 걱정과, 주의 깊게 제품의 속성에 대한 정보를 전달하는 것이 거의 낭비될 수도 있기 때문이다. 어떤 소비자들은 제품선택 시 주의를 기울이려고 하지 않는데, 즉 그들은 할인 판매가 되는 어떤 아이템을 발견하면 그 아이템을 구매하려는 빠른 결정을 내리는 것과 같이, 구매 결정을 할 때 단순한 자극-반응의 연결에 반응하려는 경향이 높다. 이는 우리가 저관여 역설(low-involvement paradox)이라고 부를 수 있는 결과를 낳는다. 다시 말하면 그 제품이 소비자들에게 중요하지 않을수록, 그것을 판매하기 위해 고안되어야만 하는 많은 마케팅 자극(구매시점 디스플레이나 포장 그리고 광고음악과 같은 것)이 더 중요하다는 것이다.

유행은 일반적으로 고관여 제품이고 그래서 많은 소비자들에게 상표가 절대적으로 중요한 반면, 스타킹이나 속옷은 일반적인 소비자들에게는 저관여 제품일 수 있다(그러나 란제리는 유행 지향적이 되어 왔고 때때로 한 여성의 정체성을 나타내는 제품일 수 있다).

경험적인 단계. 연구자들은 태도의 중심적인 면에서 감정적 반응의 중요성을 강조하기 시작했다. 영향의 경험적인 단계(experiential hierarchy of effects)에 따르면, 소비자들은 그들의 감정적인 반응에 근거해서 행동하며, 이러한 관점은 태도가 포장 디자인과 같은 무형의 제품 속성과 광고와 상표명과 같은 동반되는 마케팅 자극에 대한 소비자들의 반응에 의해서 크게 영향을 받을 수 있다고 강조하고 있다. 제4장에서 논의된 바와 같이 결과적인 태도는 제품이 그들로 하여금 어떻게 느끼게 하거나, 그 제품의 사용이 제공하는 즐거움과 같은 소비자들의 쾌락적인 동기에 의해서 영향을 받을 것이다. 유행이 고관여 제품이긴 하지만 유행은 감정적이고 항상 논리적인 것은 아니기 때문에 경험적인 단계의 범주에 들어갈 수 있다. 유행 지향적인 소비자들은 그들이 무조건적으로 좋아하고 꼭 가져야만 하는 적절한 아이템을 얻기 위해서 반드시 구조화된 길을 따르지는 않는다.

2) 제품 태도가 전부는 아니다

소비자들의 태도를 이해하는데 관심이 있는 마케터들은 보다 복잡한 이슈에 관심을 가져왔다. 즉 의사결정을 하는 상황에서 사람들은 제품 그 자체보다는 그들의 최종적인 선택에 영향을 줄 수 있는 대상에 대한 태도를 형성한다. 고려해야 할 부가적인 요인들은 제품에 일반적인 구매행동의 광고에 대한 태도로서, 때때로 사람들은 원하고 바라던 제품이나 서비스를 실제로 얻기 위해 노력하는 것을 단순히 꺼리거나 난처해

하거나 혹은 거의 노력하지 않는 경향이 있다.

(1) 광고에 대한 태도

제품에 대한 소비자들의 반응은 제품에 대한 광고 외에 제품 자체에 대한 느낌에 대한 그들의 평가에 영향을 받는다. 제품에 대한 우리들의 평가는 전적으로 그 제품이 마케팅 커뮤니케이션에 어떻게 표현되었는가에 대한 우리의 감정(appraisal)에 의해서 결정될 수 있으며, 실제로 우리는 한 번도 본적이 없거나 아주 적게 사용된 제품에 대해서 태도를 형성하는 것을 주저하지 않는다.

태도 대상의 특별한 한가지의 유형은 마케팅 메시지 자체이다. **광고에 대한 태도**(A_{ad} : advertising toward advertising)는 특정한 노출의 경우에 특정한 광고 자극에 대한 호의적이거나 비호의적인 방식으로 반응하는 경향으로 정의된다. 예를 들면 소비자들은 좋아하는 TV프로그램을 보는 동안 그들이 광고를 보았는가에 영향을 받을 수 있기 때문에[25] 광고의 오락적인 가치도 중요할 수 있다.[26] 갭(Gap) TV 광고의 음악과 춤추는 내용은 매우 오락적이다. 예를 들면 십대를 겨냥한 캔디스(Candies) 신발 광고는 사람들이 부딪치는 일상의 거북한 상황에 대해서 표현되어서 십대들에게 오락적인 가치를 가졌다.

(2) 광고도 느낌을 가진다…

광고에 의해서 발생된 느낌들은 상표 가치에 직접적으로 영향을 미친다. 광고는 혐오에서 행복에 이르는 다양한 범위의 감정적인 반응을 유발할 수 있으며, 이러한 느낌들은 광고가 만들어진 방식(구체적인 광고의 실행)뿐만 아니라 광고주의 동기에 대한 소비자의 반응에 의해서도 영향을 받을 수 있다. 예를 들면 사회적 의식에 호소하는 베네통 의류 광고는 논쟁의 여지가 많은 광고의 성격으로 인해서 많은 소비자들을 화나게 했고 잡지들은 그들의 고객들이 잡지를 멀리하지 않도록 심지어 그 광고를 싣는 것을 거절하기도 했다.

기쁨(pleasure), 각성(arousal), 그리고 협박(intimidation)의 적어도 세 가지의 감정적인 차원들이 광고에서 구분되어져 왔다.[27]

- **경쾌한 느낌**(upbeat feelings) : 흥겨운, 아주 기뻐하는, 쾌활한
- **따뜻한 느낌**(warm feelings) : 애정이 깊은, 명상적인, 희망에 찬

- 부정적인 느낌(negative feelings) : 비판적인, 도전적인, 기분을 상하게 하는[28]

3. 태도의 형성

우리는 모두 많은 태도를 가지고 있으며 보통 우리가 어떻게 태도를 가지게 되었는지에 대한 의문을 가지지 않는다. 즉 한 개인은 리바이스가 리보다 더 낮다거나 얼터너티브 뮤직(전자 악기의 기계적인 음·잡음을 강조하여 구성하는 록 음악의 총칭)이 영혼을 자유롭게 한다는 신념을 가지고 태어나지는 않는다.

모든 태도가 다 똑같이 형성되는 것이 아니므로 태도의 유형을 구분하는 것은 중요하다.[29] 예를 들면 상표 충성이 높은 어떤 소비자는 태도 대상에 대해 깊게 유지된 긍정적인 태도를 가지고 있으며, 이러한 관계는 약해지기 어려울 것이다. 반면에 또 다른 소비자는 어떤 상표에 대해서 약간의 긍정적인 태도를 가질 수 있으나 더 나은 것이 나타났을 때 기존의 상표를 기꺼이 버리기도 한다. 다음은 이러한 차이에 대해서 생각해 보고, 태도가 소비자의 마음속에서 어떻게 형성되고 서로 어떻게 관련이 있는지를 설명하는 몇 가지 이론적 관점을 중심으로 간단히 살펴보고자 한다.

1) 태도에 대한 전념의 수준

소비자들은 태도를 향한 그들의 헌신에 관해서 다양함을 보여주며 전념의 정도는 태도 대상에 대해 어느 정도 관여되어 있는지와 관련이 되어 있다.[30]

- 순응(compliance) : 가장 낮은 수준의 관여인 순응에서는 보상을 획득하거나 처벌을 회피하는 것을 돕기 때문에 태도가 형성된다. 이 태도는 피상적이며 개인의 행동이 더 이상 다른 사람에 의해서 감시되지 않을 때나 또 다른 옵션이 가능할 때 태도가 변화될 가능성이 있다. 어떤 젊은 여성이 판촉물로 공짜 샘플을 받았는데, 다른 것을 살 이유가 없기 때문에 그 향수를 사용할 수 있다. 이 경우가 순응의 예가 될 수 있겠다.

- 동일시(identification) : 동일시의 과정은 다른 사람이나 집단과 유사해지기 위해서 태도가 형성되었을 때 발생한다. 다른 제품 대신 특정 제품을 선택함으로써 소비자 집단 내 동일화가 되려고 하는 것이다.

• 내면화(internalization) : 높은 관여의 수준에서는 심층적인 태도가 내면화되고 개인의 가치 시스템의 일부가 된다. 이러한 태도는 개인에게 매우 중요하기 때문에 변화되기가 어렵다. 상표는 애국적이고 회고적인 특성을 가지기 때문에 사람들의 사회적 정체성과 한데 얽혀질 수 있다.

2) 일관성 원리

어떤 사람이 "펩시는 내가 좋아하는 소프트드링크인데 맛이 엉망이에요."라고 말하거나 혹은 "저는 제 남편을 사랑해요. 그는 제가 만났던 가장 덩치 큰 바보예요."라고 말하는 것을 들어본 적이 있는가? 아마도 그리 자주 듣는 말은 아닐 것이다. 왜냐하면 이러한 신념이나 평가는 서로 일관성이 없기 때문이다. **인지 일관성 원리**(principle of cognitive consistency)에 따르면 소비자들은 그들의 사고, 느낌 그리고 행동 간에 조화를 중요시하고 이러한 요소들 가운데 일치를 유지하려는 동기를 가지고 있다.

(1) 인지 부조화와 태도 간의 조화

인지부조화(cognitive dissonance) 이론은 한 개인이 태도나 행동이 서로 일관되지 않는 경우에 직면해 있으면 그는 이러한 부조화를 해결하기 위해 행동을 취할 것이다. 아마도 태도나 행동을 변화시킴으로써 해결하고자 할 것이다.[31]

이 이론에 따르면 배고픔이나 갈증과 같은 많은 것들에 대해 사람들은 부조화에 의해서 야기된 부정적인 느낌을 완화하려는 동기를 가지고 있다. 이 이론은 두 개의 인지적인 요소들이 서로 일관성이 없는 상황에 초점을 맞추고 있다. 인지적인 요소는 한 개인이 자신에 대해서 믿는 무엇이거나 그가 수행하는 행동 혹은 그의 주위에 대한 관찰이 될 수 있다. 예를 들면 "나는 담배를 피우는 것이 암을 일으키는 것을 알고 있다."와 "나는 담배를 핀다."의 두 가지 인지적인 요소들은 서로 부조화를 이루고 있다. 이러한 심리적인 불일치는 불안한 느낌을 일으켜 흡연자들이 담배를 줄이려는 동기를 가지게 한다.

부조화 완화는 제거하거나 더하거나 혹은 변화함으로써 일어날 수 있다. 예를 들면 그 개인은 담배를 끊거나(제거) 혹은 90세로 죽을 때까지 담배를 피웠던 소피 대고모(Great-Aunt Sophie)를 기억할 수 있다. 대신 어떤 사람은 암과 흡연을 연결시킨 연구를 의심할 수도 있는데(변화) 아마도 이러한 연관성을 반박하는 업체가 후원하는 연구

우먼스 데이 잡지를 위한 이 광고는 태도를 형성하는 데 있어서 일관성이 하는 역할에 대한 반작용을 노린 것이다. 즉 소비자들은 그들이 이미 알고 있거나 믿는 것과 맞아 떨어지는 정보를 종종 왜곡한다.

결과를 믿음으로써 의심할 것이다.

부조화 이론은 어떤 제품에 대한 평가가 구매된 후에 왜 더 긍정적이 되는지를 설명하는데 도움이 될 수 있다. "나는 저 형편없는 드레스를 사는 바보 같은 결정을 내렸다."라는 인지요소와 "나는 바보가 아니다."라는 요소와 부조화를 이룬다. 그래서 사람들은 어떤 것이 자신들의 것이 된 이후에 그것을 좋아할 만한 더 많은 이유를 찾으려는 경향이 있다. 이러한 현상이 시사하는 바 중 하나는 소비자들은 구매결정을 지지할 것을 적극적으로 찾기 때문에 마케터들은 소비자들에게 긍정적인 상표태도를 발달시킬 수 있는 강화를 부가적으로 제공해야 한다.

(2) 자아지각 이론

자아지각 이론(self-perception theory)은 부조화 영향에 대한 대안적인 설명을 제공한다.[32] 이 이론은 사람들이 그들의 태도가 무엇인지를 결정하기 위해서 자신들의 행동에 대한 관찰을 사용한다고 가정하는데 이는 마치 우리가 다른 사람이 무엇을 하는 가를 봄으로써 다른 사람들의 태도를 안다고 가정하는 것과 같다. 이 이론은 우리가 어떤 대상을 사거나 소비했다면(우리가 이 선택을 자유롭게 했다고 가정한다면) 우리는 그 대상에 대해 긍정적인 태도를 가지고 있음에 틀림없다고 추론함에 의해서 일관성을 유지한다고 주장한다.

자아지각 이론은 저관여 단계에 적절하다. 구매를 한 후에 태도의 인지적, 감정적 요소는 행동을 같이 한다. 그러므로 습관적으로 어떤 제품을 구매하는 것은 사후에 그 제품에 대한 긍정적인 태도를 가지게 되는 결과를 야기한다 — 즉 내가 그것을 좋아하지 않았으면 왜 그것을 샀겠는가라고 하는 논리이다.

4. 태도 측정

어떤 제품에 대한 한 소비자의 전반적인 평가는 때때로 그의 태도에 대한 많은 부분을 설명한다. 시장 조사자들이 태도를 평가하기를 원할 때 소비자들에게 "캘빈 클라인이나 토미 힐피거를 어떻게 생각하십니까?"라고 간단히 묻는 것으로 충분할 수 있다. 사실상, 태도에 대한 많은 연구들은 동의함/동의하지 않음의 5점 척도나 의미분별(semantic-differential), 양극(bipolar) 척도를 사용해서 총합을 구하는 리커트형(Likert-type) 척도를 사용한다. 척도의 예는 표 8-2에 정리되어 있다.

그러나 태도는 그보다 훨씬 복잡할 수 있다. 어떤 제품이나 서비스는 많은 속성이나 품질로 이루어져 있으며 어떤 속성이나 품질은 다른 것보다 더 중요할 수도 있다. 또한 자신의 태도에 작용하는 한 개인의 결정은 그가 어떤 제품을 구매하는 것에 대해 친구들이나 가족들의 허락을 받을 수 있다고 느끼는가와 같은 다른 요인들에 의해서 영향을 받을 수도 있다. 그 결과 태도 대상에 대한 사람들의 평가에 영향을 주는 다양한 요소들을 설명하는 태도 모델이 개발되어 왔다.

1) 다속성 태도모델

단순한 응답은 항상 우리들에게 우리가 알아야하는 모든 것, 즉 소비자들이 왜 어떤 제품에 대해서 특정한 방식으로 느끼는가나 소비자의 태도를 바꾸기 위해서 마케터들이 무엇을 해야 하는가에 대해서 알려주지 않는다. 이런 이유로 **다속성 태도모델**(multi-attribute attitude model)이 마케팅 연구자들 간에 크게 인기를 끌어 왔다. 이 유형의 모델에서는 태도 대상(A_o)에 대한 한 소비자의 태도(평가)는 그가 그 대상에 대해 여러 개의 혹은 많은 속성에 대해 가지고 있는 신념에 따라 달라진다. 다속성 태도모델은 하나의 제품이나 상표에 대한 태도가 이러한 구체적인 신념을 구분해 내는 것

표 8-2 리커트 형과 의미분별 척도를 사용하는 의복과 쇼핑태도 측정도구의 예

리커트 형 척도	매우 동의함	동의함	보통	동의하지 않음	매우 동의 하지 않음
의류를 쇼핑하는 것에 대해					
1. 나는 친구들과 쇼핑하는 것을 좋아한다.	5	4	3	2	1
2. 나는 액세서리를 주의 깊게 조화시킨다.	5	4	3	2	1
3. 나는 색상 조화에 많은 주의를 기울인다.	5	4	3	2	1
환경적인 의복에 대해서					
1. 사람들은 옷을 살 때 자원 보존을 고려해야 한다.	5	4	3	2	1
2. 의복은 종종 낭비되는 자원이다.	5	4	3	2	1
안락함					
1. 나는 최신 유행이 무엇인가 보다는 편안함과 움직이기 편안함을 항상 고려한다.	5	4	3	2	1
2. 나는 가능한 활동을 제한하지 않는 옷을 선택한다.	5	4	3	2	1

의미분별 척도		
서비스가 친절한	9 8 7 6 5 4 3 2 1	서비스가 친절하지 않은
장소가 편리한	9 8 7 6 5 4 3 2 1	장소가 편리하지 않은
가격이 저렴한	9 8 7 6 5 4 3 2 1	가격이 비싼
환경이 쾌적한	9 8 7 6 5 4 3 2 1	환경이 쾌적하지 않은

출처 : Adapted from Sarah M. Butler and Sally Francis, "The Effect of Environmental Attitudes on Apparel Purchasing Behavior," *Clothing and Textiles Research Journal* 15, no.2(1997): 76-85; Sally Francis and Leslie Davis Burns, "Effect of Consumer Socialization on Clothing Shopping Attitudes, Clothing Acquisition, and Clothing Satisfaction," *Clothing and Textiles Research Journal* 10, no. 4(1992): 35-39.

과 소비자의 전체적인 태도에 대한 측정을 이끌어내기 위해 신념을 결합시킴으로써 예측될 수 있다는 것을 의미한다. 우리는 태도 연구의 주제로 사용되었던 신발을 예로 들어봄으로써 이러한 작업이 어떻게 작동되는 지를 설명하고자 한다.[33]

기본적인 다속성 모델은 세 가지 요소를 조건으로 지정하고 있다.[34]

- 속성(attributes)은 A_o의 특성이다. 예를 들면 편리함과 유행은 신발의 속성이다.(포괄적인 의류 속성의 리스트를 위해서 그림 8-2를 참조하라.[35])

- 신념(beliefs)은 특정한 A_o에 대해 인지하는 것이다. 신념 측정은 소비자가 어떤 상표가 특정한 속성을 가지고 있다고 지각하는 정도를 평가한다. 예를 들면 한 소비

Ⅰ. **물리적 외관**
    옷감
    구성
    스타일/패션

Ⅱ. **물리적 성능**
    옷감
    색상
    관리
    솜씨
    편안함

Ⅲ. **표현적인 면**
    나에게 보기 좋음
    개인적인 창의성의
    여지를 제공함
    라이프스타일에 적절함
    타인의 반응

Ⅳ. **부대적인 면**
    상표
    가격
    상점/카탈로그
    생산국
    서비스

그림 8-2 의류 속성

출처 : Adapted from Liza
Abraham-Murali and Mary
Ann Littrell, "Consumers'
Conceptualization of Apparel
Attributes," *Clothing & Textiles
Research Journal* 13, no.2(1995) :
65-74. Published by Permission
of The International Textile &
Apparel Association, Inc.

자는 에어로졸(Aerosoles)이 편안하다고 믿을 수 있다.

● 중요성 비중(importance weight)은 소비자에 대한 속성의 상대적인 우선적 중요성을 반영한다. 일부 속성들은 다른 속성들보다 더 중요한 경향이 있다(즉 그 속성들에 더 큰 비중이 주어진다). 그리고 이러한 비중은 소비자들에 따라 다른 경향이 있다. 예를 들어 신발의 경우, 한 소비자는 편안함을 중시할 수도 있고, 반면에 다른 소비자는 유행에 대한 면에 보다 더 비중을 둘 수도 있다.

(1) 피시바인 모델

가장 영향력 있는 다속성 모델은 주 개발자의 이름을 딴 피시바인 모델(The Fishbein Model)이다.[36] 이 모델은 태도의 세 가지 요소를 측정한다.

1. 평가를 하는 동안 고려되어야 하는 사람들이 가지고 있는 A_o에 대한 부각 신념(salient beliefs)이나 대상에 대한 신념

2. 대상–속성 연관성(object-attribute linkages) 혹은 특정한 대상이 중요한 속성을 가지고 있을 가능성

3. 중요한 각각의 속성에 대한 평가(evaluation)

이 세 가지 요소들은 하나의 대상에 대한 소비자의 전체적인 태도를 계산하기 위해서 결합될 수 있다(나중에 이 기본적인 공식이 정확성을 더하기 위해서 어떻게 수정되는지를 살펴보게 된다). 기본적인 공식은 다음과 같다.

$$A_{ijk} = \sum B_{ijk} I_{ik}$$

i = 속성

j = 상표

k = 소비자

I = 소비자 k에 의해 속성 i에 부여된 중요성 비중

B = 상표 j가 속성 i를 가지고 있는 정도에 대한 소비자 k의 신념

A = 상표 j에 대한 특정한 소비자의(k의) 태도

전체적인 태도 점수(A)는 고려되는 모든 상표에 대한 각각의 속성에 대한 소비자의 등급에 그 속성에 대한 중요성 등급을 곱해서 얻어진다.

이 기본적인 다속성 모델이 어떻게 작용하는지를 알아보기 위해 대학생인 샌드라가 어떤 신발을 살지 예측하기를 원한다고 가정해 보자. 샌드라는 여러 개 중에서 결정을 내려야 하기 때문에 우리는 먼저 각 상표에 대한 태도를 결정할 때 그녀가 어떤 속성을 고려할지를 알고자 한다. 그런 다음 샌드라에게 각 상표가 각 속성에 대해서 얼마나 우수한지에 대해서 등급을 매기도록 요청할 수 있고 또한 속성들이 샌드라에게 상대적으로 얼마나 중요한지를 측정할 수 있다. 각 상표의 전체적인 태도 점수는 그런 다음 각 속성에 부여된 점수를 합산함으로써 계산될 수 있다(상대적인 중요성에 의해서 각각의 비중을 정한 다음에 계산). 이 가설적인 등급은 표 8-3에 정리되어 있다.

이러한 분석에 근거해서 샌드라는 케네스 콜(Kenneth Cole) 상표에 가장 호의적인 태도를 가지고 있는 것으로 보인다. 샌드라는 편안함이 더 중요함에도 불구하고 편안함보다는 유행하는 제품을 구매하고자 하는 사람이다! (그러나 케네스 콜 상표에만 유행속성 점수가 너무 높게 매겨져 있어 가장 중요한 속성인 좀더 편안한 신발보다 총점이 더 높았다.)

(2) 다속성 모델의 전략적 적용

당신이 샌드라가 고려하던 또 다른 상표의 마케팅 팀장이라고 가정하자. 이 분석의 자료를 이용해서 당신 상표의 이미지를 개선하기 위해서 무엇을 하겠는가?

상대적 이점을 이용하라. 만일 어떤 상표가 특정한 속성에 대해서 우수하다고 생각되면, 샌드라와 같은 소비자들은 이 특정한 속성이 중요한 속성이라고 설득될 필요가 있

표 8-3 기본적인 다속성 모델 : 샌드라의 신발 결정

		신념*			
속성	중요도**	스티브 매든 (Steve Madden)	케네스 콜 (Kenneth Cole)	나인 웨스트 (Nine West)	닥터 숄스 (Dr. Scholl's)
편안함	4	7(28)	6(24)	9(36)	3(12)
유행	3	8(24)	10(30)	7(21)	2(6)
내구성	2	7(14)	7(14)	4(8)	4(8)
다리운동	1	3(1)	2(2)	2(3)	10(10)
태도점수		67	70	68	36

* 신념 점수는 1~10로 높은 점수가 '더 높은 신념'을 나타냄.
** 중요도 등급은 1~4로 높은 점수가 '더 중요함'을 나타냄.
주 : 태도점수는 각 상표에 대한 중요도와 신념 점수를 곱한 것을 합산하여 계산함.

다. 예를 들면 샌드라는 닥터 숄스(Dr. Scholl's) 상표를 다리 운동 속성에 대해서 높게 평가했지만 그녀는 이 속성이 가치 있는 것이라고 믿지 않는다. 닥터 숄스의 마케팅 팀장이라면 다리 운동의 중요성을 강조해야만 한다.

지각된 제품/속성 연결점을 강화하라. 한 마케터는 소비자들이 자사의 상표와 특정한 속성을 연결해 생각하지 않는다는 것을 발견했다. 이 문제점은 흔히 제품의 품질을 소비자들에게 강조('새롭고 개선된'과 같은 식)하는 캠페인에 의해서 중점적으로 다루어진다. 샌드라는 명백하게 나인 웨스트(Nine West)의 내구성을 별로 생각하지 않는다. 정보적인 캠페인은 이러한 지각을 향상시킬 수도 있다.

새로운 속성을 더하라. 제품 마케터들은 자주 제품의 특색있는 면을 더함으로써 경쟁자들로부터 차별되는 위치를 만들려고 노력한다. 선택되지 않은 회사들 중 하나는 '미국제'나 저렴한 가격에 높은 품질을 제공하는 것과 같은 독특한 면을 강조하려고 할 수도 있다.

경쟁자들의 등급에 영향을 미치라. 당신은 결국 경쟁자들의 긍정적인 면을 감소시키도록 해야 할 것인데, 이런 유형의 행동은 비교 광고의 근본적인 이유이다. 한 가지 방편은 그 돈으로 얻을 수 있는 가치를 강조하는 것을 토대로 소비자가 호의적으로 비교할 수 있는 편안함과 같은 속성과 더불어 여러 경쟁자들의 가격을 제시하는 광고를 내보낼 수도 있다.

5. 태도를 사용한 행동 예측하기

다속성 모델이 오랫동안 소비자 연구자들에 의해서 사용되어 왔음에도 불구하고, 다속성 모델에는 많은 문제점이 존재한다. 즉 많은 경우 한 개인의 태도에 대한 지식은 행동을 잘 예측할 수 있는 것이 아니다. 전형적인 예시인 "내가 행동하는 대로가 아니고 내가 하라고 말하는 대로 하라."라는 말처럼, 많은 연구에서 어떤 것에 대한 한 개인의 보고된 태도와 그것에 대한 실제 행동 간에 매우 낮은 상관관계가 발견되어 왔다. '미국제'의류에 대한 긍정적인 태도와 그런 의류를 실제로 구매하는 것 간의 상관관계는 미미하여 거의 상관관계가 없는 것으로 나타났다. 사람들은 '미국 제품을 사는 것'이 중요하다고 말하지만 소비자들이 실제로 구매할 때에는 색상, 스타일 그리고 가격을 가장 중요한 속성으로 꼽았다.

1) 확장된 피시바인 모델

어떤 제품에 대한 소비자의 태도를 측정하는 원래의 피시바인 모델은 이러한 문제점을 극복하고 예측력을 향상시키기 위해서 여러 가지 방법으로 확장되어 왔다.[37] 새로운 버전은 **이성적 행동 이론**(theory of reasoned action)이라 불린다.[38] 이 모델의 몇 가지 수정된 버전을 살펴보고자 한다.

(1) 의도 대 행동

"지옥까지의 길은 수많은 좋은 의도들로 포장되어 있다."는 옛 말이 있다. 소비자가 진실된 의도를 가지고 있다 할지라도 실제의 행동을 수행하는 데는 많은 요인들이 걸림돌이 될 수 있다. 어떤 사람이 고가의 새 아르마니 수트를 사기 위해 돈을 모아두었을 수 있다. 그럼에도 불구하고 그 수트를 살 때까지 많은 일들이 일어날 수 있는데 즉 직장을 잃거나, 상점에 가는 길에 강도에게 털리거나, 혹은 상점에 도착해서 그가 원하는 스타일의 재고가 없는 것을 발견할 수도 있다. 그렇다면 어떤 경우에 소비자의 행동적인 의도보다 과거의 구매행동이 미래의 행동을 더 잘 예측할 수 있다는 것이 발견될 때가 있다는 것은 그다지 놀랄 만한 일은 아니다.[39] 이성적 행동 이론은 통제 불능인 특정 요인들이 실제 행동의 예측을 방해한다는 것을 인정하면서 행동적인 의도를 측정하는 것을 목적으로 한다.

(2) 사회적 압력

이성적 행동 이론은 행동에 영향을 미치는 다른 사람들의 힘을 인정하고 있다. 우리는 상당히 받아들이기를 싫어하지만, 다른 사람들이 우리가 어떤 것을 하기를 바란다고 우리가 생각하는 것이 우리 자신이 개인적으로 선호하는 것보다 행동에 더 결정적으로 영향을 미칠 수도 있다.

샌드라의 신발 선택의 경우, 그녀가 케네스 콜에 대해서 매우 긍정적이었다는 점에 주목하라. 만일 그녀가 이 선택이 인기가 없는 것이라고 느꼈다면(아마도 그녀의 친구들이 그녀를 놀리는 것이 될 수 있다), 샌드라는 구매결정을 내릴 때 자신의 선호를 무시하거나 선호의 중요성을 낮출 것이다. 그래서 우리가 해야 한다고 다른 사람들이 생각한다고 믿고 있는 것의 영향력을 포함하기 위해서 새로운 요소인 주관적 규범 (subjective norm)이 추가되었다. 주관적 규범의 가치는 두 가지 다른 요인들을 포함함으로써 도달되어 진다. 첫째 요인은 다른 사람들이 어떤 행위가 행해져야 한다든가 혹은 행해지지 않아야 한다고 믿는 **규범적 신념**(NB : normative belief)이고 두 번째 요인은 그 신념에 순응하려는 동기(MC : motivation to comply)로 구매에 대한 평가를 할 때 소비자가 예상하는 다른 사람들의 반응을 염두에 두는 정도를 의미한다.

(3) 구매에 대한 태도

이 모델은 제품 자체에 대한 태도만을 측정하는 것이 아니라 **구매를 하는 행위에 대한 태도**(A_{act} : attitude toward the act of buying)를 측정하는 것으로써, 지각된 구매의 결과에 초점을 맞추고 있다. 어떤 사람이 대상물을 구매하거나 사용하는 것에 대해서 어떻게 느끼고 있는 가를 아는 것은 단순히 소비자의 대상물 자체에 대한 평가를 아는 것보다 더 효과적인 것으로 나타났다.[40]

2) 시간 경과에 따른 태도 추적

태도 조사는 한 시점에 찍혀진 스냅사진과 같이 그 순간의 태도나 상표의 위치에 대해서는 많은 것을 말해주지만, 시간이 경과함에 따른 추이에 관한 다양한 추론이나 소비자 태도에 있어서의 가능한 미래의 변화에 대한 예측을 허용하지 않는다. 이를 달성하기 위해서는 태도–추적(attitude-tracking) 프로그램을 개발하는 것이 필수적이며 이러한 활동은 연구자로 하여금 확장된 기간에 걸쳐 태도의 경향을 분석하는 것을 허용함으로써 행동에 대한 예측력을 증대시키는 것을 돕는다. 그것은 스냅사진이라기보다는 동기와도 같은 것이다.

(1) 진행 중인 추적 연구

태도 추적은 정기적인 간격을 두고 태도 조사를 수행하는 것을 포함한다. 결과가 확실하게 비교될 수 있도록 되도록이면 동일한 방법론이 매번 사용된다. 갤럽 조사와 엥켈로비치 모니터와 같은 여러 개의 신디케이트 조직을 가진 서비스들이 시간이 경과함에 따른 일반적인 소비자의 태도를 추적하고 있다. 코튼 인코퍼레이티드의 라이프스타일 모니터는 1994년부터 3천6백 번의 인터뷰로 구성된 연구를 기초로 하여, 의복, 외모, 유행, 쇼핑, 섬유 선택, 가구 등 이와 유사한 주제에 대한 태도를 추적해 오고 있다. 매년 바로미터(barometers)라고 불리는 같은 질문을 사용하여 인터뷰가 진행되며, 점수는 0점부터 100점까지의 범위를 가지며 50점을 중립적인 등급으로 두고 있다. 표 8-4는 쇼핑 태도에 대한 추적 연구의 결과를 제시하고 있다.

(2) 시간의 경과 동안 주목할 만한 변화

- 다양한 연령집단에서의 변화 : 나이가 듦에 따라 태도가 변화하는 경향이 있다(라이프 사이클 영향).

- 미래에 대한 시나리오 : 소비자들은 자주 그들의 미래 계획, 경제에 대한 자신감 등에 대해 추적되었다.

- 변화 요인(change agents)의 파악 : 소비자의 모피 코트를 구매하려는 의도가 변화 되고 있는 때와 같이 사회적 현상은 시간의 경과에 따라 기본적인 소비활동에 대한 사람들의 태도를 변화시킬 수 있다(모피 옷을 입는 것이 정치적으로 정당한가에 대한 논의에 대해서는 제14장을 참조하라).

6. 라이프스타일과 사이코그래픽스

연령, 학력, 소득, 사회계층 등을 포함한 다른 변수들 중에서 한 사람의 성격과 태도는 그 사람의 라이프스타일을 결정하는 것에 영향을 미친다. 본 단락은 라이프스타일의 개념과 소비 선택에 대한 정보가 어떻게 개인적인 라이프스타일 세분 집단에 대한 제품과 커뮤니케이션에 맞추어 만드는 데 사용될 수 있는가를 탐구한다. '니치 마케팅(niche marketing)'과 '브랜딩(branding, 상표화)'은 1980년대와 1990년대의 전문적인 유행용어였으며, 앞으로는 회사들이 고객의 기호와 스타일 선호에 맞추어 하나의 개념 하에 제품 유형전반에 걸쳐서 판매를 함으로써 통합적인 접근을 향해 나아갈 것으로 생각된다.[41]

1) 라이프스타일 : 우리는 누구이며 무엇을 하는가

전통적인 사회에서는 한 사람의 소비를 위한 선택은 주로 계층, 카스트(caste), 마을, 혹은 가족에 의해서 지시된다. 그러나 현대의 소비자 사회에서의 사람들은 자신들을 정의하고 그에 따라 다른 사람들에게 전달되는 정체성을 만들어내는 일련의 제품과 서비스 및 활동의 선택에 보다 더 자유롭다. 한 사람의 물품과 서비스에 대한 선택은 그 사람이 누구이고 그 사람이 정체성을 밝히고자 하는 사람들의 유형과 심지어 우리가 회피하고자 하는 사람들까지에 대해 확실하게 말해준다.

라이프스타일은 한 개인이 어떻게 시간과 돈을 사용하고 선택하는가를 반영한 소비 패턴을 의미한다. 경제적인 면에서 보면 한 사람의 라이프스타일은 그 사람이 소득을 다양한 제품과 서비스에 상대적으로 배분하는 것과 이 범주 내에서 구체적인 대안에 할당하는 것에 관해서 배분하는 것을 결정하는 방식을 나타낸다.[42] 전체 지출의 높은 배당분을 식품에 쏟는 사람인지, 진보된 기술에 혹은 오락과 교육과 같은 정보-집약적인 제품에 쏟는 사람들인지에 의해서 소비자들을 구별하는 것과 같이 광범위한 소비의 패턴에 의해서 소비자들을 설명하기 위해서도 유사하게 구분이 되어 왔다.[43]

라이프스타일 마케팅 관점(lifestyle marketing perspective)은 사람들이 하고 싶어 하는 것이 무엇이고 그들의 여가 시간을 어떻게 보내고, 가처분 소득을 어떻게 사용하고자 선택하는가에 근거해서 스스로를 집단으로 나눈다는 것을 인정한다.[44] 그런 다음 이러한 선택은 구매된 제품의 유형과 지정된 라이프스타일 세분 집단을 소구할 가능성이 있는 구체적인 상표를 결정하는 것에 있어서 소비자의 선택된 라이프스타일의 잠재력을 인정하는 시장 세분화전략을 위한 기회를 만든다. 지난 십 년 동안 리더스 다이제스

표 8-4 의류쇼핑시의 태도

다음 중 의류제품 쇼핑시 당신의 감정에 대해 가장 잘 설명하고 있는 것은?				
	모든 응답자		여성들	
	1994	1999	1994	1999
1. 물건 사는 것을 좋아하지도 않고 피한다.	6.6%	6.8%	4.9%	5.3%
2. 뭔가가 필요할 때는, 들어가서, 사서, 떠난다.	35.5	31.1	22.6	19.5
3. 의류쇼핑은 나의 제1의 선택이 아니지만 신경 쓰지 않는다.	11.3	16.0	10.0	14.4
4. 쇼핑을 즐긴다.	32.6	27.0	42.6	33.6
5. 쇼핑을 사랑한다.	14.0	19.1	19.8	27.2

트와 같은 주류사회의 잡지는 3백만 명의 독자를 잃었고, 피플 잡지는 2백만 명을 잃었다.[45] 반면 소비자의 라이프스타일에 따라 세분화되어 발간되는 잡지와 우편주문 카탈로그, 그리고 웹사이트의 발달은 현대 라이프스타일 마케팅이 증가하고 있다는 것을 증명하고 있다. 유행, 집안 장식, 체력 단련, 스포츠 그리고 요리 예술은 특정한 라이프스타일을 가진 시장에 맞추었던 산업에 속하는 것들이다.

(1) 패션 라이프스타일 마케팅

몇몇 의류와 홈패션 회사들은 라이프스타일 마케팅 접근 방법을 사용하여 크게 성공하였다. 선두를 달리는 회사는 랄프 로렌으로 그의 소매상점들은 남녀의류뿐 아니라 벽지, 시트, 수건과 같은 가구와 집을 위한 액세서리를 모두 포함하고 있다(심지어 차별화를 꾀하는 소비자들을 위한 그의 디자이너 페인트를 판매하는 홈 디포(Home Depot)를 확장하기까지 했다). 토미 힐퍼거도 주요 도시에 있는 그의 새로운 거대 상점으로 라이프스타일 컨셉에 동참했다. 캠퍼스 트렌드에 대한 사설을 싣고 있는 애버크롬비 앤드 핏치의 에이 엔 에프 쿼털리(A&F quarterly) '거대 카탈로그(megalog)'는 대학생들의 라이프스타일을 사로잡고 있다. 타겟(Target)조차도 제품화에 라이프스타일 성향을 발전시켜 왔는데, 제품화 부문 부사장은 그의 특정한 견해를 표현하기 위해서 패션 프로그램에—전적인 통제권을 가지고 있다.[46] 이 회사는 자사와 "라이프스타일이 아닌 물건만을 팔 뿐인" 케이마트 사이에 큰 차이점이 있다고 본다.[47] 타겟은 맨해튼에서 패션쇼를 가졌고 건축가 마이클 그레이브스(Michael Graves)가 디자인한 가정용품과 모시모(Mossimo) 의류를 팔고 있다. 윌리엄스 소노마(Williams-Sonoma)가 소유하고 있는 포터리 반(Pottery Barn)은 1998년에 올해의 상점 상을 받았다. 홈 텍스타일스 투데이(Home Tesxtiles Today)는 포터리 반이 다양한 집안의 액세서리 부분에서 장식 트렌드를 성공적으로 연출해 내고 독특한 침장과 테이블보, 장식적인 액세서리, 가구의 구색을 넓혀 상표 자산을 구축함으로써 필요한 라이프스타일 제품을 잘 선정하고, 이를 50년 동안 해왔다고 평하였다.[48] 중요 트렌드인 집 리모델링과 실내장식과 더불어 크레이트 앤 배럴(Crate & Barrel)과 레스토레이션 하드웨어(Restoration Hardware)와 같은 많은 다른 회사들도 널리 인기를 얻었고 전국적으로 확장되었다. 특정한 표적 고객의 많은 욕구를 충족시키기 위해서 노력한 빅토리아스 시크릿, 니만마커스, 블루밍데일스와 같은 많은 다른 패션 회사들도 이와 같은 라이프스타일 머천다이징을 하는 유형에 속한다.

(2) 집단 정체성으로서의 라이프스타일

경제적인 접근은 광범위한 사회적 우선순위에 어떤 변화가 있는지를 추적하는 데는 유용하지만 라이프스타일 집단을 분리할 정도의 의미를 가지지는 못한다. 라이프스타일은 가처분소득을 배분하는 것 이상으로 어떤 사람이 사회 안에서 누구이고 또 누가 아닌지에 대한 진술이다. 집단 정체성은 패션 리더든 운동선수든 또 취미에 열중하는 사람이든 혹은 마약 중독자든지 간에 표현적인 상징성의 형태를 이룬다. 집단 멤버들의 자아 정의는 그 집단이 헌신하는 보편적인 상징 시스템으로부터 기인한다. 그러한 자아 정의는 많은 용어로 표현되어 왔으며 라이프스타일, 대중의 기호(taste public), 상징적 커뮤니티(symbolic community) 그리고 지위 문화(status culture)를 포함한다.[49]

이러한 소비 패턴은 종종 사회적이고 경제적으로 유사한 상황에서 다른 사람들에 의해서 공유되는 여러 구성요소들로 이루어져 있다. 각 개인은 여전히 이러한 소비 패턴에다 스스로에게 선택된 라이프스타일에 개성을 도입하는 것을 허용하는 독특한 '여지(twist)'를 제공한다. 예를 들면 '전형적인' 대학생(만일 그런 것이 존재한다면)은 그의 친구들과 매우 비슷하게 옷을 입을 것이고, 같은 장소에서 어울리고, 같은 음식을 좋아하고 그러나 여전히 그를 독특한 사람으로 만드는 것은 마라톤을 뛰고 싶어 하는 정열에 빠지고, 우표를 수집하고 혹은 커뮤니티 행동주의에 탐닉하기도 한다. 학생들의 의복은 처음에는 외부인들에게 동일하게 보이는 것 같지만 확실히 개성화되고 심지어 구체적인 트렌드나 패드(fads; 짧은 유행) 내에서 개성화된다.

그리고 라이프스타일은 돌에 새겨진 것 같이 고정적인 것이 아니다 — 제4장에서 논의하였던 심층적인 가치와는 달리 사람들의 기호와 선호는 시간이 가면서 점점 진화되어서 한 때 호의적으로 생각되었던 소비패턴이 몇 년 후에는 비웃음을 살 수도(혹은 조소를 받을 수도) 있다. 만일 믿어지지 않으면 단순히 당신과 친구들이 5년이나 10년 전에 입었던 옷을 회고해 보라. 그 옷들을 어디서 구했는가?

(3) 제품들은 라이프스타일을 쌓는 것

소비자들은 종종 다른 것 대신에 제품, 서비스 그리고 활동들을 선택한다. 이는 그러한 것들이 어떤 라이프스타일과 연관이 되어 있기 때문에 라이프스타일 마케팅 전략은 하나의 제품을 기존의 소비패턴에 맞춤으로 인해서 제품의 위치를 정하고자 한다.

라이프스타일 마케팅의 목표는 소비자로 하여금 자신의 삶을 즐기고 사회적 정체성을 표현하는 자신들의 선택된 방식을 추구하게 하는 것이기 때문에 이 전략의 주안점은 바람직한 사회적 상황에서의 제품 사용에 중점을 두는 것이다. 하나의 제품이 골프 라운드에 포함되었든지 가족 바비큐 혹은 '제트족'에 의해 둘러싸여 있는 매혹적인 클럽에서 밤을 보내는 데에 포함되든지 간에 제품을 사회적 환경과 연결시키고자 하는 목표는 광고주들의 오랜 목표였다.[50] 그래서 그림 8-3에 표시되어 있는 것과 같이 사람, 제품 그리고 환경이 결합되어 어떤 소비 스타일을 표현하고 있다.

라이프스타일 마케팅 관점의 채택이란 소비자들을 이해하기 위해서 그들의 행동의 패턴을 살펴봐야 한다는 것을 의미한다. 우리는 사람들이 다양한 제품 유형 가운데서 어떻게 선택을 하는지를 조사함으로써 사람들이 라이프스타일을 정의하는 제품을 어떻게 사용하는지에 대한 보다 더 명확한 그림을 얻을 수 있다. 한 연구는 "모든 물품은 의미를 가지고 있지만, 물품 자체만으로 의미를 가지는 것은 아니다. 의미는 모든 물품간의 관계에서 나오는데 이는 마치 음악이 하나의 음표만으로 이루어지지 않고 소리에 의해서 계획되는 것과 같다."고 하였다.[51]

실상 많은 제품과 서비스는 보통 같은 유형의 사람들에 의해서 선택되는 경향이 있기 때문에 '동반' 하는 것으로 보인다. 많은 경우에 제품이 짝이 되는 제품과 동반되지 않으면(수트와 넥타이가 이에 해당) '잘 맞아 떨어지지' 않는 것처럼 보이거나 다른 제품과 있으면 조화되지 않는다(전문가용 수트와 코에 끼우는 링이 이에 해당). 그러므로 라이프스타일 마케팅의 중요한 부분은 소비자들의 마음 속에서 구체적인 라이프스타일과 연결되는 것으로 보이는 일련의 제품과 서비스를 알아내는 것이다. 그리고 상대적으로 매력적으로 보이지 않는 제품조차도 호감을 얻은 다른 제품들과 같이 평가되었을 때 더욱 호소력을 가진다고 제안한 연구결과가 있다.[52] 공동 상표 전략을 추구하는 마케터들은 직관적으로 이러한 점을 이해하고 그런 이유로 엘엘 빈(L. L. Bean; 캐주얼복업체)과 수바루(Subaru; 자동차 회사)는 공동 상표 관계를 위해 팀을 이루었다. 수바루의 마케팅 부사장은 "엘엘 빈은 수바루를 위한 자연스러운 파트너입니다. 왜냐하면 두 회사 모두 야외활동광들에게 삶을 향상시키는 제품을 제공하기 때문입니다."라고 하였다.[53]

또 다른 최근의 공동 상표 캠페인의 예는 폴로 진스 상표를 촉진하기 위해 스프라이트와 랄프 로렌이 팀을 이룬 것이다. 그 캠페인은 수백만 개의 스프라이트 병과 수만 개의 자판기와 소비자들이 폴로 옷에 당첨될 수십만 번의 기회를 포함하고 있다. 일부 스프라이트 병에는 폴로 진스 제품라인으로부터의 패션 사진이 실려 있다. 폴로 진스

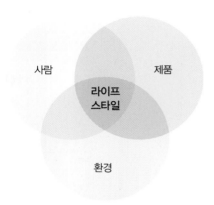

그림 8-3 제품을 라이프스타일에 연결하기

출처 : M. R. Solomon, *Consumer Behavior*, 5th ed. p. 175, ⓒ 2002. Reprinted by permission of Pearson Education, Inc., Upper Saddle River, NJ.

의 최고경영자는 "해결의 열쇠는 당신의 고객들이 속해 있는 세계에 속하는 것이고, 당신 자신을 당신의 고객이 하는 것에 소속시키고 그 일부가 되는 것입니다."라고 하였다.[54]

이와 관련된 개념 중의 하나가 **제품 보완성**(product complementarity)으로 이는 서로 다른 제품의 상징적인 의미가 서로 관련이 되어 있을 때 발생한다.[55] 이러한 일련의 제품들은 **소비 제품군**(consumption constellations)이라고 부르는데 사회적인 역할을 정의, 전달 및 수행하기 위해 소비자들에 의해서 사용된다.[56] 예를 들면 1980년대의 미국 '여피(yuppie)'는 롤렉스 시계, 아르마니 수트, BMW 자동차, 구찌 서류가방과 신발, 스쿼시 라켓, 신선한 페스토소스(이태리 음식에 들어가는 소스), 백포도주 그리고 브리(프랑스 치즈)와 같은 제품으로 정의되었다. 영국의 "슬로안 레인저스(Sloane Rangers, 슬로안은 런던의 거리 이름으로 그 주변에 거주하는 중상류층 사람들을 슬로안 레인저라 하며 수입의 대부분을 옷값으로 쓰고 많은 시간을 자신의 외모를 가꾸는 데 소비하며 의상뿐 아니라 액세서리까지도 최고급만을 고집하는 사람들)"들과 프랑스의 '봉 쉬크 봉 장르(bon chic bon genre; 상류 계층의 세련미있고 클래식하고 단정한 멋쟁이)'에게서도 이와 약간 유사한 소비제품군을 찾아 볼 수 있다. 요즘 사람들은 여피로 분류되는 것을 피하느라 애를 먹고 있지만 이런 사회적 역할은 1980년대의 문화적 가치와 소비에서의 우선순위를 정의하는 데 중요한 영향을 미쳤다.[57] 요즘 어떤 소비 제품군이 당신과 당신의 친구들을 특징짓고 있는가?

2) 사이코그래픽스

학생들을 표적으로 삼기를 원하는 마케터를 생각해 보라. 그들에게 이상적인 소비자는 '부모들의 소득이 연 4~8만 달러이고 넓은 대학 캠퍼스에서 살고 있는 21세의 비즈니스 전공 4학년 학생'으로 정의될 수 있을 것이다. 이러한 특성에 맞는 사람들은 모두 공통의 관심을 나누고 같은 제품을 구매하고자 하는가? 아마도 아닐 것이다. 왜냐하면 그들의 라이프스타일은 서로 상당히 다른 경향이 있기 때문이다 .

이번 장의 도입 장면에서 낸시와 애나의 선택이 보여주는 것처럼 소비자들은 같은 인구통계적 특성을 공유하면서도 여전히 매우 다른 사람들일 수 있다. 이런 이유로, 마케터들이 그들의 제품과 서비스에 대한 일련의 선호를 공유할 소비자 세분집단을 정말로 정의하고 이해하고 표적으로 삼기 위해는 인구통계적 자료를 '보다 현실적으로 이해하는' 방법이 필요하다. 이번 장은 앞부분에서 제품 선택을 결정하는 소비자들의 성격에서의 차이점에 대해서 논하였는데 성격 변수가 라이프스타일 선호에 대한 지식과 합해졌을 때, 마케터들은 소비자 세분집단을 보는 성능이 좋은 렌즈를 가지게 되는 것이다.

이러한 도구는 **사이코그래픽스**(psychographics)로 알려져 있으며 이는 '제품, 개인, 이데올로기에 대한 특정한 결정을 내리거나 그렇지 않으면 태도를 유지하거나 도구를 사용하기 위해서 시장 내에 있는 집단의 경향에 의해서 시장이 어떻게 세분되는지, 또 그 이유를 알아내기 위한… 심리학적, 사회학적, 인류학적인 요소들의 사용'을 필요로 한다.[58] 사이코그래픽스는 회사가 다양한 세분화집단의 욕구에 대응하기 위해서 제공하는 것을 조정하는데 도움이 될 수 있다. 인구통계적 특성은 우리로 하여금 누가 구매하는지를 알려주지만 사이코그래픽스는 우리에게 그들이 왜 구매하는지를 이해하게 해준다.

(1) 사이코그래픽 분석의 수행 : AIO 사용하기

대부분의 최근 사이코그래픽스 연구는 **AIO**로 알려져 있는 활동(activities), 관심(interests) 그리고 의견(opinions)의 세 가지 유형의 변수의 결합에 따라서 소비자들을 집단화하는 시도를 하고 있다. 크기가 큰 표본에서 나온 자료를 사용하여 마케터들은 고객들의 활동과 제품 사용의 패턴에 관해서 서로 비슷한 고객들의 프로필을 만들어낸다.[59] 라이프스타일을 평가하기 위해서 사용되는 차원들은 표 8-5에 제시되어 있다.

일반적인 AIO 유형으로 소비자들을 집단화하기 위해서 응답자들에게 많은 문항이 적혀 있는 설문지가 주어지고 각 문항에 대해서 그들이 얼마나 동의하는지를 표시하도록 한다. 그래서 라이프스타일은 사람들이 그들의 시간을 얼마나 사용하는지, 관심 있고 중요하게 여기는 것이 무엇인지, 그리고 그들이 자신들과 그들 주변의 세상을 어떻게 보는지를 발견하고 또한 인구통계적 특성을 수집함으로써 '요약된다'. 그런데 여담으로 전체적인 미국인들에게 단일한 여가시간의 사용 중 가장 흔한 방법을 얘기해 보자면 아마도 짐작하겠지만 텔레비전 시청이다![60]

통상 사이코그래픽스 분석수행하는 첫 번째 단계는 어떤 라이프스타일 세분집단이 그들의 특정한 제품을 위한 많은 고객들을 산출해내는지를 결정하는 것이다. 마케팅 연구에서 자주 사용되는 경험과 실제에서 얻은 매우 일반적인 원리인 **80/20 법칙**(80/20 rule)에 따르면 판매되는 제품 전체 양의 80%를 맡는 사람은 제품 사용자의 20%에 불과하다. 연구자들은 누가 특정 상표를 사용하는지, 또 누가 다량 사용자인지, 중간 정

표 8-5 라이프스타일 척도

활동	관심	의견	인구통계
일	가족	자기자신	나이
취미	가정	사회적 문제	교육
사회적 사건	직업	정치	소득
휴가	지역사회	사업	직업
대접	오락	경제	가족규모
클럽회원	패션	교육	거주지
지역사회	음식	제품	지리
쇼핑	매체	미래	도시규모
스포츠	성취	문화	생활주기

출처 : William D. Wells and Douglas J. Tigert, "Activities, Interests, and Opinions," *Journal of Advertising Research* 11(Augest 1971) : 27-35. ⓒ1971 by The Advertising Research Foundation.

도의 소비자인지, 소량 소비자인지를 구별하고자 한다. 또한 그들은 제품에 대한 사용 패턴과 태도를 찾는다. 대부분의 경우 몇 개의 라이프스타일 세분집단만이 상표 사용 자의 대다수를 차지하는데,[61] 마케터들은 이 다량 사용자들이 전체 사용자들 중에 상 대적으로 적은 수를 차지하더라도 주로 그들을 표적으로 삼는다.

다량 구매자들이 확인되고 이해된 후, 그들과 상표의 관계를 살펴보면 다량 구매자 들 중에는 그 제품을 이용하는 매우 상이한 이유가 있을 수도 있다. 그러므로 다량 구 매자들은 그 제품이나 서비스를 사용함으로써 얻을 수 있는 효익에 의해서 더 세부적 으로 나뉠 수 있다. 예를 들면 걷기용 신발이 대유행하기 시작했을 때에 마케터들은 주구매자들이 기본적으로 조깅에 지친 사람들일 것이라고 가정했다. 계속된 사이코그 래픽스 연구를 통해서 실제로 직장까지 걸어서 가는 사람들에서 재미로 걷는 사람들 까지 여러 개의 다양한 '걷는 사람들' 의 집단이 있다는 것을 밝혀졌다. 그 결과로 풋 조이 조이워커스(FootJoy JoyWalkers)에서 나이키 헬스워커(Nike Healthwalkers)에 이 르는 다양한 세분집단을 겨냥한 신발이 탄생하게 되었다.

(2) 패션 사이코그래픽 연구

상당수의 연구들이 패션 시장을 세분화하고자 시도해 왔다. 리바이스가 1980년대에 맞춤제품을 출시했을 때, 그들은 남성복 시장을 조사했고, 주류 전통주의자(mainstream traditionalist), 실용주의자(utilitarian), 유행신봉자(trendy) 및 가격의식 구매자(Price Shopper)와 더불어 전통적 독립자(classic independent)라는 새로운 세분집단을 발견하여 새로운 세분집단에 맞춰서 디자인하고 열심히 판매했다.[62] 그러나 당시의 불경기와 이 분야의 극심한 경쟁으로 인해서 그다지 성공을 거두지 못했다. 이처럼 철저한 조사가 시장에서의 성공을 항상 보장하는 것은 아니다!

보다 이론적인 여성복 연구가 라이프스타일 세분집단과 사교복과 근무복을 위한 평가기준(의복을 선택할 때 중요하게 고려하는 것)을 결합하였다. 그 결과 자신감, 매력적인/유행하는, 삶에 만족, 전통적, 친미국적/교육, 가격 의식/정보탐색, 현대적인 여행/지출적인, 기동성 있는/충동적인과 같은 여덟 개의 라이프스타일 세분집단이 나타났다. 이 세분집단과 의복을 선택할 때 중요하게 고려하는 것 간에 관계가 있는 것으로 나타나 소비자들이 자신의 라이프스타일에서 구체적인 역할에 맞는 제품을 선택한다는 생각을 지지하였다.[63]

다른 의류에 대한 연구는 효익 세분화 접근을 사용하여 세 개의 시장 집단을 찾아냈으며 그 집단은 의복의 상징적/도구적 사용자(51%), 의복의 실용적/보수적 사용자(35%), 그리고 의복 무관심자(14%)이다. 사이코그래픽 요인, 쇼핑성향 요인, 애고 행동 및 인구통계적 특성에 관해서 세 집단 간에 차이점이 발견되었다. 예를 들면 상징적 사용자 집단(의복을 자아존중감, 직장 승진, 명성, 사회적 위신, 여성성 그리고 성적 매력을 향상시키는 데 사용함)은 보다 혁신적이고, 독립적이고 사회적으로 그리고 운동/건강-지향적이며, 교육, 경력 그리고 재정에 대해서 낙관적이었다. 이러한 여성들은 고급 상점에서 쇼핑하는 것을 즐기며 패션의식이 강한 신용카드 사용자였다. 그들은 젊을 뿐 아니라 교육수준, 직업, 소득 그리고 주거지역에 있어서 높은 사회계층에 속했다. 의복 효익 세분집단의 프로필을 위해서 표 8-6을 참조하라.[64] 상징적 사용자 집단이 가장 크기가 크다는 사실은 의복이 커리어 여성들을 위한 전략적 도구로 사용된다는 이전의 다른 연구들의 결과를 지지한다.[65] 표 8-7은 의복 효익을 측정하는 문항의 예를 제시하고 있다.

(3) 사이코그래픽스 세분화의 사용

사이코그래픽스 세분화는 다양한 방법으로 사용될 수 있다.

- 표적시장을 정의함 : 이 정보는 마케터에게 단순한 인구통계적 혹은 제품 사용 설명 이상으로 넘어설 수 있게 한다.

표 8-6 의류제품 혜택 세분화 개요

	집단 1 상징적/수단적 의류제품사용자	집단 2 실용적/보수적 의류제품 사용자	집단 3 무감각한 의류제품 사용자
특이한 특성 효익추구 의복…	자아실현, 승진과 명성을 강화하는 의미를 제공한다.	환경, 성능과 쾌적함을 위해서이다.	나에게 아무런 의미도 없고 나 자신을 도울 어떠한 것도 제공하지 않는다.
사이코그래픽스	창조적이고 새롭고 다양한 것들을 즐기고, 독립적이며 의견선도자 경향이 있다.	독립적이며 의견선도자 경향이 있고 친구들과 시간보내는 것을 즐기지 않는 경향이 있다.	덜 창조적이고/혁신적이거나, 독립적 지도자이다.
쇼핑성향	쇼핑을 즐기고 패션지향적 쇼핑자이다.	쇼핑을 덜 즐기고, 패션지향적이지 않다.	쇼핑을 덜 즐기고, 패션지향적이지 않다.
애고행동	최고급/고급 백화점과 전문점에서 쇼핑하는 경향이 있다.	보통 백화점에서 쇼핑하는 경향이 있다.	할인점에서 쇼핑하는 경향이 있다.
인구통계	약간의 대학 학점 또는 대학 학위와 그 이상을 가지고 있고 젊고, 전문적인 직업을 가지고 있는 경향이 있다.	모든 교육수준을 대표하고, 더 나이가 많고 전문직에 종사하는 경향이 있다.	고등학교 졸업 또는 그 이하의 학력을 소지하고, 더 나이가 많고, 주부인 경향이 있다.

출처 : Soyeon Shim and Marianne Brickle, "Benefit Segments of the Female Apparel Market : Psychographics, Shopping Orientations, and Demographics," *Clothing and Textiles Research Journal* 12 no.2(Winter 1994): 1-12. Published by permission of the International Textile & Apparel Association, Inc.

- 시장에 대한 새로운 시야를 만들어냄 : 때때로 마케터들은 '전형적인' 고객을 염두에 두고 전략을 수립한다. 이 전형은 실제의 고객에게 이러한 가정이 부합되지 않을 수 있기 때문에 정확하지 않을 수도 있다. 예를 들어 여성의 얼굴용 크림의 마케터들은 그들의 주요 시장이 자신들이 주로 소구하고자 하였던 더 젊고, 보다 더 사교적인 여성들이 아니고 나이가 더 들고 남편과 사별한 여성들로 이루어져 있다는 것을 발견하고 놀랐다.

- 제품의 위치를 정함 : 사이코그래픽스 정보는 마케터로 하여금 한 개인의 라이프스타일에 맞는 제품의 특징을 강조할 수 있게 한다. 다른 사람의 주위에 있어야 할 필요성이 높은 라이프스타일 프로필을 가진 사람을 표적으로 하는 제품은 이러한 사회적 욕구에 부응하는 것을 돕는 제품의 능력에 초점을 맞출 수 있다.

- 제품 태도를 더 잘 전함 : 사이코그래픽 정보는 제품에 대해서 무엇인가를 전달해야만 하는 광고 창작자에게 유용한 정보를 제공한다. 예술가나 라이터는 무미건조한 통계를 통해서 얻은 것보다 훨씬 풍부한 표적 소비자의 정신적인 이미지를 얻을 수 있으며 이러한 통찰력은 그 소비자에게 '의사소통'을 하는 능력을 향상시

표 8-7 소비자에 따른 의류제품 혜택 평가

혜택	실례
1. 자기 개선	나의 자존심은 내가 입는 옷에 의해 향상된다.
2. 사회적 지위/명성	디자이너의 옷을 입는다는 것은 나에게 사회적 지위를 부여한다.
3. 성적매력/여성다움	이성에게 매력적으로 보이는 옷을 입는 것은 나에게 중요하다.
4. 패션/이미지	멋진 이미지를 유지하기 위해 최신 스타일을 입는 것은 나에게 중요하다.
5. 기능적/쾌적한	옷을 입는 주요 목적은 신체를 환경으로부터 보호하는 것이다.
6. 역할 확인	내가 입는 옷은 나의 역할을 확인시켜 주는 것이다.
7. 외모결점보정	나는 옷을 통해 나의 외모결점을 감추려고 한다.
8. 개성	현재 유행을 따르기보다는 옷의 개성에 더 많은 관심이 있다.
9. 성숙/세련된 룩	나를 세련되어 보이게 하는 옷을 산다.

출처 : Soyeon Shim and Marianne Brickle, "Benefit Segments of the Female Apparel Market : Psychographics, Shopping Orientations, and Demographics," *Clothing and Textiles Research Journal* 12 no.2(Winter 1994): 1-12. Published by permission of the International Textile & Apparel Association, Inc.

킨다.

(4) 사이코그래픽 세분화 유형

마케터들은 일반적인 라이프스타일과 합하여 그들로 하여금 소비자 집단을 알아내고 접근할 수 있도록 하는 새로운 통찰력을 얻기 위해서 계속적으로 조사하여 이러한 욕구에 대응하기 위해서 많은 리서치 회사들과 광고 대행회사들은 자신만의 세분화 유형을 발전시켜 왔다. 응답자들은 연구자들이 그들을 별개의 라이프스타일 집단으로 나누도록 하는 일련의 문항들에 대답한다. 이 문항들은 대개 AIO를 혼합한 것과 구체적인 상표, 좋아하는 유명인, 매체 선호 등에 대한 그들의 지각에 관련된 문항을 포함한다. 이러한 시스템은 대개 자신의 고객들과 잠재고객에 대해 더 나은 것을 알고자 하는 회사에 판매된다.

이러한 유형의 많은 부분은 인구가 대략 5개 내지 8개의 세분집단으로 나눠진다는 점에서 전형적인 유형이 서로 유사하여, 각 집단을 묘사적인 이름이 주어지고, "전형적인" 멤버의 프로필이 의뢰인에게 제공된다. 하지만 서로 다른 유형을 비교하거나 평가하는 것은 어려운 일이다. 왜냐하면 이러한 시스템을 만들어내기 위해서 사용된 방법과 자료는 흔히 독점적(proprietary)이기 때문이다. 즉 정보가 어떤 회사에 의해서 개발되고 소유되고 그 회사는 이러한 정보를 외부인들에게 공개하는 것이 적절하지 않다고 느낀다.

잘 알려진 세분화 시스템의 하나로 캘리포니아에 있는 SRI 인터내셔널이 개발한 **가치와 라이프스타일 시스템**(**VALS** : Values and Lifestyles System)을 들 수 있다. 최근의 VALS 2시스템은 미국의 성인들을 집단으로 나누기 위해서 38개의 심리학적, 인구통계적 변수로 이루어진 일련의 문항들을 이용하며 각 집단은 별개의 특성을 가지고 있다. 그림 8-4에서 제시된 것처럼, 집단들은 집단의 자원보유정도(소득, 교육, 에너지 수준 및 구매하고자 하는 열성을 포함함)에 의해 수직적으로 배열되고, 자기지향성에 의해서 수평적으로 배열된다.

VALS 2 시스템에 대한 중요요소는 수평적 차원을 구성하고 있는 세 가지의 자아성

그림 8-4 VALS 2 세분화 시스템

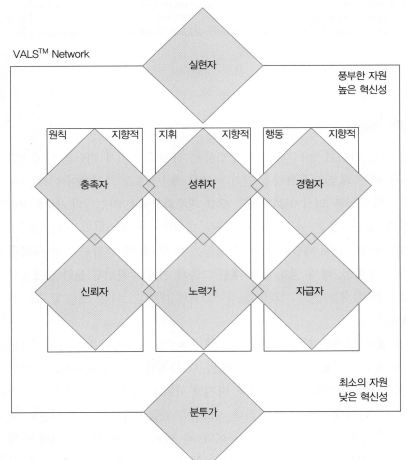

향이다. 원칙 지향적인 소비자들은 신념 시스템에 의해서 구매 결정을 내리고, 다른 사람들의 견해에 대해서 관여하지 않는다. 지위지향적인 소비자들은 동료들의 지각된 의견에 근거해서 결정을 내린다. 행동지향적인 소비자들은 자신의 주변 세계에 영향을 미치기 위해서 제품을 구매한다.

제일 위에 있는 VALS 2 집단은 실현자(actualizers)라고 부르는데 많은 자원을 보유한 성공적인 집단으로 사회적인 이슈에 관심을 가지고 있으며 변화에 개방적이다. 미국 성인 열 명 중에 하나만이 실현자인 가운데, 모든 정규적인 인터넷 사용자들이 이 유형에 속한다는 점은 이 집단의 최첨단 기술에 대한 관심의 단면을 보여주는 것이라고 하겠다.[66]

다음 세 집단 역시 충분한 자원을 보유하고 있으나 그들의 삶에 대한 전망에서 차이가 있다.[67]

- **충족자**(fulfilleds)들은 만족스러워하고, 사려 깊고, 편한 사람들이다. 이들은 실용적이고 기능성에 가치를 두는 경향이 있다.

- **성취자**(achievers)들은 경력 지향적이고 위험 예측력이나 자기발견을 선호한다.

- **경험자**(experiencers)는 충동적이고 젊으며 색다르고 모험적인 경험을 즐긴다.

다음 네 집단은 더 적은 자원을 소유한다.

- **신뢰자**(believers)는 강한 원리를 가지고 있으며 검증된 상표에 호의를 보인다.

- **노력자**(strivers)는 성취자들과 같으나 자원을 더 적게 부유하고 있다. 그들은 다른 사람의 승인을 받는 것을 걱정한다.

- **자급자**(makers)는 행동 지향적이고 그들의 에너지를 자급자족하는 데 초점을 맞춘다. 이들이 종종 자신의 자동차를 손보거나 자신의 야채통조림을 만들거나 혹은 자신의 집을 짓는 일을 하는 것을 볼 수 있다.

- **분투가**(strugglers)는 경제적 지위의 바닥에 있는 사람들이다. 이들은 당장의 욕구를 충족하는 것에 가장 관심을 두며, 생존을 위해 필요한 기본적인 물품 이상의 것을 획득하는 데에 있어 제한적인 능력을 가진다.

VALS 2 시스템은 낸시와 애나와 같은 사람들을 설명하는 데 유용하게 사용되어온 방법이다. SRI는 미국성인의 12%가 스릴을 즐기는 사람들로 VALS 2 시스템의 경험자에 속하는 경향이 높고 "나는 나의 삶에서 많은 자극적인 것을 좋아한다."와 "나는 새로운 것을 시도하는 것을 좋아한다."와 같은 문항에 동의할 가능성이 높은 사람들이라고 하였다. 경험자들은 규칙을 어기는 것을 좋아하고 스카이서핑, 혹은 번지점프와 같은 극단적인 운동에 강하게 끌린다. 예상되는 바와 같이 18~34세의 소비자의 3분의 1이 이 유형에 속하며, 젊은이들에게 소구하고자 하는 많은 마케터들의 관심을 끌고 있다. 만일 당신이 어떤 VALS 유형에 속하는지 알기를 원하면 www.sricbi.com/VALS/presurvey.html에 접속해 보라.

3) 지역적 소비 차이

나라 안의 다른 지역으로 여행을 하거나 살아 보면 당신이 접하는 환경과 약간 다르다는 느낌을 경험할 수도 있다. 그 사람들은 같은 언어를 쓸 수도 있지만 당신은 그들이 말하는 것을 이해하기 힘들 수도 있으며, 상표와 상점 이름이 혼란스러울 수 있다. 즉 어떤 것은 익숙하지만 어떤 것은 그렇지 못하다. 몇몇 익숙한 아이템은 다른 이름으로 가장하고 있다. 한 사람이 '히어로(hero)'라고 부르는 것을 다른 사람은 '그라인더(grinder)'로, 또 다른 사람은 '서브마린(submarine) 샌드위치'로, 또 다른 사람은 '호우기(hoagie)'라고 부른다(이 네 가지 단어는 모두 서브마린 샌드위치를 다르게 부르는 말임).

미국 시민들은 같은 국가적인 정체성을 공유하지만 다양한 지역의 소비패턴은 독특한 기후, 문화적인 영향, 그리고 자원에 따라서 다르게 발달되어 왔다. 그러한 차이점은 우리에게 합법적으로 '지역적 성격'과 '국가적 성격'을 말할 수 있게 해주었다. 이러한 지역적 차이점은 종종 소비자의 라이프스타일에 큰 영향을 미치는데, 이는 의복, 음식, 오락 등에서 우리들이 선호하는 많은 것들은 다른 것보다는 지역적인 관습과 어떤 전환이 유효했는가에 의해서 지시되어지기 때문이다. 중서부에 한 거주자는 '플로리다 비치의 놀고 먹는 라이프스타일'을 가지기 위해서 열심히 일해야 하는 반면, 뉴잉글랜드의 한 거주자는 주말에 로데오에 참석하기 위해서 쪼들리게 살 수도 있다.

각 지역에 사는 사람들의 라이프스타일은 다양한 면에서 차이가 있다. 어떤 차이는 매우 미묘하고 어떤 차이는 매우 현저하며, 어떤 것은 설명하기 힘들고 어떤 것은 그다지 명백하지 않다. 북동부에 사는 사람들은 남서부의 사람들보다 스키복과 장비에 대해 더 나은 고객들이라는 점은 상당히 예측가능한 차이지만, 다른 차이점의 이유는 좀더 설명하기 어려울 수도 있다.

(1) 유행/예술과 오락적 차이

전국적으로 소비자들에 의해서 추구되는 유행과 오락의 유형은 상당히 다를 수 있다. 보다 캐주얼한 의류는 서부 해안지역에서 더 널리 유행하고 있다. 예를 들어 캘리포니아에 있는 고급 기술과 오락 산업의 직업은 비즈니스 정장 착용을 요구하지 않으나 북동지역과 중부 대서양연안의 여러 주에 있는 업체는 일반적으로 더 격식을 따져 직장을 위해서 전통적인 비즈니스 수트를 더 많이 입는다. 특히 뉴욕과 워싱턴과 같은 금융과 정치적인 중심지에서 더욱 그러하다.

전반적으로 볼 때 컨트리/웨스턴은 가장 인기있는 음악 형식(실제 음반 판매에서는 록 음악이 선두를 달리고 있기는 하지만)이며 블루스, 리듬 앤 블루스(R&B)와 솔 음악 부문은 인기가 급상승하고 있는 추세이다.[68] 그러나 이러한 선호경향은 전국적으로 절대 획일적이지 않은데, 국립 예술 기부재단(National Endowment for the Arts)을 위해 수행되었던 조사는 서부와 중서부에서는 재즈와 고전음악이 가장 인기가 있고, 서부에 있는 소비자들은 다른 미국인들보다 박물관과 극장을 더 좋아한다는 결과를 보여주었다.[69]

(2) 음식 선호

많은 내셔널 브랜드의 마케터들은 다양한 기호에 소구하기 위해서 그들의 제품을 지역화한다. 캠벨 스프(Campbell's Soup)는 남서부에서는 나초 치즈 스프에 더 많은 양의 잘라페뇨(jalapeño) 고추를 넣으며, '랜치 스타일' 콩은 텍사스에서만 판매한다.[70] 이와 유사하게 일부 선도적인 상표는 다른 곳보다 일부 지역에서 훨씬 더 성공적이다.[71]

미국인들은 심지어 선호하는 '간식'에서도 차이가 난다. 평균적인 소비자는 일년에 21파운드의 스낵을 먹는데(한꺼번에 다 먹어치우는 것이 아니길), 중서부 지역 사람들이 가장 많이 소비를 하는 데 비해(일인당 24파운드) 태평양연안과 남서부 지역 사람들은 '소량'만을 먹는다(일인당 19파운드). 중부 대서양연안 지역에서는 프레즐(pretzel)이 가장 인기있는 스낵이고, 남부에서는 돼지껍질 스낵이 가장 많이 소비되고, 서부에서는 오곡칩을 가장 좋아한다. 예상한 대로 남서부에서는 라틴 아메리카인들의 영향이 스낵 선호에 영향을 주었으며, 미국 내의 이 지역의 소비자들은 다른 곳

의 사람들이 먹는 것보다 50% 정도의 또티야칩을 더 먹는다.[72]

(3) 지리적 인구통계학

지리적 인구통계학(geodenography)은 일반적인 소비패턴을 공유하는 소비자들을 구분하기 위해서 소비자의 지출과 다른 사회경제학적 요인들 및 사람들이 살고 있는 지역에 대한 지리적인 정보를 합하는 자료 분석적 기법을 의미한다. 이러한 접근은 '유유상종' 이라는 가정에 근거를 두고 있다. 즉 유사한 욕구와 기호를 가진 사람들은 서로 가까이 사는 경향을 보여, 비슷한 마음을 가진 사람들의 '돈주머니' 를 찾아내고 그런 다음 이들을 직접 우편이나 다른 방법을 이용해서 경제적으로 접근하는 것이 가능할 것이라는 것이다. 예를 들면 대학교육을 받고 재정적으로 보수적인 경향이 있는 백인의 독신 소비자들에게 접근하기를 원하는 마케터는 이러한 특성을 보이는 사람들이 더 적은 메릴랜드 주나 캘리포니아 주 안의 인접지역보다는 우편번호 20770(메릴랜드 주의 그린벨트 시)과 90277(캘리포니아 주의 르돈도비치 시)에 우편으로 카탈로그를 보내는 것이 보다 효율적이라는 것을 발견할 수 있다.

7. 라이프스타일 트렌드 : 새천년의 소비자행동

소비자 라이프스타일은 움직이는 표적이다. 사회의 우선순위와 선호는 지속적으로 변화되어 오며, 이러한 변화를 추적하는 것은 마케터들에게 필수적일 뿐만 아니라 이보다 더욱 중요한 것은 그러한 변화를 예상하는 것이다. 전화번호부의 비즈니스 부분의 표제를 보라. 지난 몇 년 이내에 가축 기록, 자루걸레, 벌레 업종은 전화번호부에서 탈락된 반면, 새롭게 등장한 제목은 천사, 바디 피어싱, 사이버카페, 풍수, 영구화장 그리고 아로마테라피를 포함한다.[73] 이 단락에서는 중요한 라이프스타일 이슈와 최근의 소비자행동을 구체화하는 트렌드 몇 가지를 살펴보고자 한다.

1) 트렌드 예측 : 소비자행동의 수정 구술 엿보기

만일 마케터가 미래를 볼 수 있다면 다음 해나 5년 후 혹은 10년 후의 소비자들의 욕구를 만족시킬 제품과 서비스를 개발할 때 그는 명백하게 막대한 이점을 가질 것이다.

아직은 아무도 그렇게 할 수 없기에 다수의 마케팅 연구 회사들은 **사회적 트렌드** (social trends)나 사람들의 태도와 행동의 광범위한 변화를 예측하고자 매우 열심히 노력하고 있다. 예를 들면 엥켈로비치 파트너(www.yankelovich.com)에 의해서 운영되는 엥켈로비치 모니터는 매년 2천5백 명의 미국인 성인들을 인터뷰한다. 광고대행사 벡커 스피엘보겔 베이츠(Backer Spielvogel Bates's)의 글로벌 스팬(Global Span) 프로그램은 태도의 변화를 도표로 나타내고 광고대행사 오길비 앤드 메더(Ogylvy & Mather)는 뉴웨이브(New Wave) 프로그램으로 소비자의 트렌드를 자세히 조사하고 있다.[74]

1975년 이래 디디비 니드햄 월드와이드(DDB Needham Worldwide) 광고대행사는 4천 명의 미국인으로 구성된 표본이 천개의 소비자행동 변화에 대한 문항에 대해 응답하는 자체적인 라이프스타일 연구를 지속적으로 수행해 오고 있다. 그들의 최근 보고에 의하면 미국인들의 자기희생에 대한 이전의 트렌드가 점점 쇠퇴하고 있어, 미국인들은 그들이 원하는 것을 먹기를 원하고, 편안함을 위해서 옷을 입기를 원하고, 전통적인 가치를 지니고 있는데 이러한 신념이 편리함이나 개인주의를 저촉하지 않는 한 유지하려는 경향을 보인다. 또한(이전보다) 영양이나 다이어트에 주의를 덜 기울이고, 규칙적인 활동으로서의 운동은 감소하고 있으며 점점 더 적은 수의 사람들이 옷을 잘 입는 것이 중요하다고 믿는다.[75]

브레인리저브(Brain Reserve)의 소유자이자 **팝콘리포트**(The Popcorn Report)의 저자인 페이쓰 팝콘(Faith Popcorn)은 또 다른 트렌드 감시자이나, 여론조사와 데이터베이스를 사용하는 다른 회사들보다 약간 덜 보수적이다. 그녀는 20년 이상 포춘 500(포춘 잡지가 선정한 500개의 대표 기업)의 의뢰인들을 위해서 패드(매우 짧은 유행)를 조사하고 인터뷰를 해 왔고, 캘빈 클라인, 인디언 추장, 알제이 레이놀즈(R. J. Reynolds)의 임원과 같은 흥미로운 인물들에 대해서 '재능 뱅크'를 가지고 있다.[76] 대부분의 의류 제조업체와 소매업자들은 어떤 종류이든 유행 예측(fashion forecasting)을 한다. 한 가지 방법은 매 시즌마다 프로모스틸(Promostyl), 나이젤 프렌치(Nigel French), 히얼 엔 데얼(Here and There), 그리고 돈네거 그룹 폴캐스팅(Doneger Group Forecasting)과 같은 서비스를 신청하는 것이다. 이전에 언급된 것처럼 듀폰과 같은 섬유회사와 코튼 인코퍼레이티드와 같은 무역협회를 포함하는 다른 산업 정보원은 의뢰인과 멤버들을 위해서 트렌드북을 만들어낸다. 패션산업은 너무 빨리 변화하기 때문에 산업에 종사하는 사람들은 트렌드의 최정상에 있도록 하는 것이 중요하다.

2) 소비자에 관한 주요 트렌드

물론 소비자에 관한 예측은 어쩌면 신문에 있는 별점을 보는 것과 같은데, 때때로 예측은 너무 일반적이어서 실현되는 것 외에는 도움이 되지 않으며(한 예측 회사는 "우리는 절대로 틀리지 않습니다!'라고 했다) 오직, 보다 구체적인 예측의 일부분만이 실제로 실현된다. 문제는 어떤 사실이던 일어나기 전에는 어떤 것이 실제로 실현될 것인가를 아무도 모른다는 것이다. 어떤 트렌드는 단순히 우리가 우리 주변에서 일어나는 것을 보는 것을 연장하는 것에 불과하다. 다음 단락은 가까운 미래에 우리가 예측할 수 있는 최근의 트렌드에 대한 예측에 대해서 논하고 있다(그 예측들은 때때로 서로 상반되기도 한다는 것에 주목하라). 당신은 무엇이 다음에 "뜨는 트렌드"가 될지 예상할 수 있는가? 과격한 스포츠, 백일몽, 채팅방, 무선 인터넷, 인터넷 바, 채식주의, 이 중에서 자유롭게 선택하라….

(1) 유선화-혹은 무선화되거나 집안에 머무름

이제 거의 모든 사람이 '전산망'으로 연결되고, 온라인 접속을 하며 전화를 받고 있는 것으로 보이며, 이는 사람들로 하여금 다른 사람들과 지속적으로 접촉하게 만들고 있다. 다른 사용자들에게 메시지를 발신하거나 쌍방으로 문자정보를 알리는 새로운 무선 장비는 사람들 간 정보교환을 더욱 더 편리하게 만들고 아이들에게는 말할 나위 없이 멋지게 보인다. 이메일은 우리의 작업일수를 연장하고 사람들은 꼭 사무실이 아니어도 그들이 있는 곳은 어디서든지 일할 수 있다. 사람들이 쇼핑할 시간이 더 적어지면서 점점 더 많은 소비자들이 인터넷으로 구매를 하고 있다. 이 연장선상의 다른 모습은 집안에 머무르는 것(anchoring)이며, 영성을 향하고, 자기 관찰적이며, 본질적이고, 명상적이고, 유선화된 상태의 균형을 잡아주는 트렌드이다.[77] 아로마테라피는 이러한 목적에 맞아 떨어진다. 이러한 트렌드는 집으로까지 연장되어 집과 사무실의 배치에 대한 조언을 구하기 위해서 의뢰인이 풍수 상담자를 고용해서 조화로운 환경을 조성한다. 풍수를 가르치는 한 티베트의 승려는 최근에 샌프란시스코 에스쁘리(Esprit)의 본사에 있는 새 사무실을 축복하기도 했다.[78]

(2) 가치로의 회귀

많은 소비자들은 더 이상 화려한 상점의 우아함에 관심을 두지 않는다. 특히 그곳에서 판매되는 상품이 너무 높게 이윤이 매겨진 경우에 그렇다. 이는 고급 백화점의 폐쇄로까지 이어졌으며, 소비자들은 그레이 광고대행사가 '정확한 소비자들' 이라고 부르는 것처럼 변화하고 있다. 골라잡고 선택하는 것을 주의 깊게 하면서 덜 알려진 자사상표를 사는 것을 더 이상 부끄러워하지 않고, 셀프 서브된 상품을 제공하는 단조로운 환경의 코스트코와 같은 창고 클럽 상점, 월마트나 타겟과 같은 할인상점, 에이치 앤 엠 (H & M)과 같은 패션 체인점이 있는 창고로 떼를 지어 몰려간다.[79] 그들은 심지어 그것을 '싸구려 멋' 이라고 까지 부른다. 이러한 품질과 적절한 가격의 패션에 대한 강조는 많은 사람들을 보다 충성적인 쇼핑자가 되게 하였다. 한번 그들이 추구하는 가치를 제공하는 상점을 발견하면 그들은 지속적으로 그 상점을 이용함으로써 상점 번창에 큰 도움을 준다. 또한 소매상들은 소비자들이 주기적인 특가판매를 기다리게 하는 대신 매일 최저가격으로 판매(EDLP : everyday low prices)라고 불리는 것을 제공함으로써 소비자의 욕구에 대응하고 있다.

(3) 단순성

단순한 삶이라고 해서 항상 오두막에서 사는 것을 의미하지 않는다. 그러나 일부 바쁜 X세대와 Y세대는 돈을 벌고 지출하는 대신에 충족시키는 라이프스타일 선택을 더 강조를 하기 시작했다. 1980년대의 지나침에 대한 반격으로서 자발적인 단순성에 대한 트렌드가 1990년 내내 작용했는데, 이는 점점 더 바쁜 삶의 결과로서 다음 십 년 동안 지속되었다. 심플리시티와 타임사에 의해서 출판되는 리얼 심플(*Real Simple*)을 포함하는 잡지들과 오프라 윈프리(Oprah Winfrey)의 O2Simplify.com(www.oxygen.com으로 통합되었음)이라 불리는 새로운 매체 회사, 그리고 심지어 실리콘 밸리에서 있었던 '자발적인 단순성(Voluntary Simplicity)' 이라는 주제의 회의는 우리에게 우리의 삶을 단순화시키는 법을 보여주고 있다. 이와 관련된 주제는 우리의 삶에 필수적이 아닌 것들을 버리는 것이나 "삶의 최선은 자유이다.", "존재의 특권은 소비가 아니라 자아표현이고 공헌이다." 와 같은 말과 불필요한 우편물 줄이기와 집안일을 보는 사용하기 복잡하지 않은 도구들을 마련하는 것들에서 찾아 볼 수 있다. 만일 당신이 주말이나 휴가 동안 그 순간을 즐기기보다 밀린 일을 하고 도피하는데 보내고 있다면 당신도 '단순화할 필요가' 있는지도 모른다.[80]

(4) 시간적 빈곤

일용품으로서의 시간의 가치에 대한 중요성 증가는 소비자들로 하여금 보다 편리하고 접근 가능한 형태로 경험과 상품을 획득하는 새로운 방법을 찾게 하는 동기를 유발하고 있다. 커트 새몬어소시에이트(Curt Salsmon Associate)사가 수행한 소비자경향 조사(Consumer Pulse Survey)는 의류를 쇼핑하는 여성들은 자신을 위해서 많은 시간을 필요로 하며, 시간을 벌기 위한 한 가지 방편으로 쇼핑을 적게 한다고 하였다. 대부분의 사람들은 옷을 사는 데 시간을 덜 쓰려고 계획하고 있으며 쇼핑하는 사람의 39%는 돈이 더 있는 것보다는 자유시간을 더 가지기를 원한다는 것을 발견했다.[81] 이러한 사실은 쇼핑을 더 쉽게 하고 고객 서비스를 더 빨리 하기 위한 상점 디자인과 통로 표지에 대한 여러 가지 결과를 낳았다. 상점에서 '날아다니는 것'을 용이하게 하기 위해서 일부 체인점들은 이제 입구에 평면도를 배치한다. 새로 생긴 거대한 이케아(IKEA) 매장은 평면도를 매장 여기저기에 배치하고 있다. 맞벌이 부부의 수의 증가는 시간과 노력을 최소화하는 편리한 제품과 서비스에 더 큰 가치를 두게 만들었다. 늘어난 우편주문에 더 많이 의지하는 것, 인터넷 쇼핑, 전문 대리구매자, 그리고 홈 자동화시스템을 살펴보라.

(5) 직장여성들의 각성

결혼, 동성애, 자녀 양육 그리고 커리어 선택에 관한 이상이 점점 변화함에 따라 남성과 여성의 성 역할에서 변화가 일어나고 있다. 우리의 문화에서 남성과 여성의 적절한 역할에 대한 불확실성이 증가되고 있음으로 인해 소비자들은 여성성과 남성성의 개념이 어떻게 마케터에 의한 제품개념과 광고에서 해석되는가에 의해서 계속해서 영향을 받을 것이다. 어떤 여성들은 집밖에서 일하는 것이 그들이 생각했던 만큼 그들을 '자유롭게 하는 것'이 아니라는 것을 발견했다. 여성들이 커리어를 버리고 자녀들과 집에 있으면서 전통적인 남편의 아내 역할로 돌아가는 부부들이 더 많아지고 있음에 주목하라. 이제 여성들은 남성들보다 자신들이 "대부분의 시간에 아주 열심히 일한다."고 말하는 경향이 있다. 여러 조사에 의하면, 집에 있는 것을 선호한다고 말하는 여성들의 수가 꾸준히 증가하고 있어 가족에 대한 새로워진 헌신을 포함하는 '신-전통주의'로의 변화를 감지할 수 있다.

(6) 영양과 운동에 대한 강조의 감소와 즐거움으로 만회하기

아로마 테라피에서 개인 트레이너에 이르는 '스트레스를 방지하는' 서비스에 프리미엄이 붙은 것과 더불어 사람들이 부모로서와 근로자로서의 역할에 대한 다양한 요구에 대처해 나가기 위해서 노력함에 따라 운동, 영양, 자아, 방종에 관한 우선순위에서의 변화가 모색되고 있다. 미국인들이 여전히 그들의 건강에 대해서 염려하는 것처럼 보이는 반면, 다이어트와 운동에 집착하던 많은 사람들 사이에 "적당히 해도 괜찮다."는 사고방식이 확산되고 있다. 다이어트에 반대하는 책들은 거의 백만 권 정도 팔려 나갔다.[82] 영양에 대해서 걱정한다고 말하는 사람들 가운데 46%만이 지방함유량을 걱정한다고 말하고 있어 1996년도의 60%에 비해 감소했음을 볼 수 있다.[83] 시가와 마티니와 같은 오래된 나쁜 버릇에 탐닉하는 것도 증가하고 있다. 운동수업을 듣거나 조깅을 하거나 테니스를 치는 미국인의 수가 감소하고 있다.[84] 리복은 팔천만 명의 사람들이 운동을 위해서 걷는다는 것을 발견하고 걷기용 신발에 훨씬 더 큰 비중을 두고 있어 (이전의) '죽을 때까지 달리는' 것이라고 강조하는 태도와는 아주 거리가 멀다고 하겠다. 현재 가장 빠르게 성장하고 있는 스포츠는 충격이 적고 집에서 할 수 있는 것으로 인라인 스케이트 타기와 계단 오르기, 기구운동과 같은 것이다.

(7) 코쿠닝(Cocooning)

소비자들은 가능한 집에 머무름으로써 공해나 범죄와 같은 문제가 많은 세상으로부터 스스로를 격리시키고 있다. 즉 2001년 9월 11일 이래, "그들은 집에 있으면서 편안한 음식을 먹고, VCR을 보고 아기를 갖고 결혼생활을 한다."[85] 안전에 대한 열망과 집에서 떠나있는 것에 대한 사람들의 혐오감이 쇼핑을 포함하는 인터넷을 하는 시간과 집을 손보는 것을 시작하는 것 등에 보내는 시간을 증가하게 했을 수도 있다.[86] 생활이 전산화됨으로 인해 긴장을 푸는 방법을 찾고자 하는 반응이 생기게 되었다. 집에서 여가시간을 보내는 것을 강조하는 경향은 영화를 빌리는 것, 홈 스파, 홈 시어터와 같은 비즈니스에 대한 기회를 창출하고 있다.[87] 이러한 트렌드를 생각해보면 캐주얼복에 대한 시장의 성장도 예측할 수 있다.

(8) 환경주의와 그린마케팅에 대한 관심 감소

환경을 위한 관심이나 그린 운동(green movement)은 전 세계적으로 많은 소비자들에게 우선순위에 드는 사항이다. 에스티로더사는 오리진스 화장품 라인을 도입함으로써 미국에서 처음으로 자연적이고 동물실험을 거치지 않고 재활용이 가능한 용기에 담아서 백화점에서 판매하는 주요 화장품회사가 되었다(이 주제에 대해서 더 알고 싶으면 제14장을 참조).[88] 여전히 많은 소비자들은 환경에 도움이 되는 제품을 선호함에도 불

**THE MAIDENFORM WOMAN.
YOU NEVER KNOW WHERE SHE'LL TURN UP.**
This time she's making a sensational landing in her Sweet Nothings Demi-Bra.
Wide and deep skimming, this feminine front-close bra gives you a high, round, voluptuous look.
Definitely seductive material in soft cup, light fiberfill and underwire look.
Sweet Nothings' Demi-Bra by Maidenform®

여성들 사이에서 증가하고 있는 가사 활동으로 되돌아가고자 하는 욕구가 메이든폼의 새로운 광고에 반영되어 있다. 지난 20년 동안 메이든 폼(속옷을 입은!) 여성은 수술실 또는 증권거래소와 같은 활발하고, 전문적인 배경에서 묘사되었다. 오길비 앤 마더(Ogilvy & Mather)에 의해 제작된 최근 제작물에서 그녀는(완전히 옷을 입은 채) 학부모회의(PTA)에 드러낸다. 학부모 회의장면은 그들이 무엇을 선택하든지, 모성과 함께 그들 인생의 모든 다른 면들을 조화롭게 하고 있는 여성들과 대화하기 위해 제작되었다.

구하고, 이 그린 운동에 대한 관심이 줄어들고 있다는 조짐이 있다. 시에라 클럽(Sierra Club)과 같은 환경단체의 회원수는 급격히 줄었고, 일부 마케터들이 자사의 제품이 안전하다는 주장을 남용한 것으로 인해 소비자들은 이 주장을 신용하지 않게 되었다.[89] 천연 모피를 사용하는 유행이 다시 돌아왔다는 점이 이 트렌드를 지지하고 있다. 또한 클로락스(Clorox)가 클린업 프로젝트에 계속해서 참여하고 있기는 해도 대변인은 "우리는 소비자들이 쓰레기에 더 이상 관심이 없다는 정보에도 불구하고 이 일을 합니다."라고 고백하였다.[90]

(9) 개성화와 대량 맞춤

현대 소비자들은 개인주의(individualism) 의식을 가지고 있다. 부분적인 이유는 1960년대 말에 성년이 된 베이비부머 세대가 우세하기 때문이다. 이 시기에 양육되었던 아이들은 '자신을 위해 생각하도록' 격려되었다. 좋든 싫든 간에 소비자들은 이제 집단이나 조직에 대한 충성심보다 그들의 개인적인 욕구를 우선시하는 경향이 있다.[91] 기술적 마케팅 발전이 개인주의의 불길을 부추겨왔으며 큰 회사를 위해서가 아니라 자신을 위해 일을 하려는 사람들이 늘고 있다. 그들은 많은 대안 중에서 자신의 오락에 대해 맞춤 선택을 한다. 데이터베이스 마케팅의 진보가 마케터들로 하여금 소비자들이 언제 어디에서 제품을 원하는지에 대해 상세하게 설명된 정보를 받아서 소비자의 관심을 잘 정리하여 소비자들을 표적으로 삼을 수 있게 하고 있다. 어떤 회사들은 기본적인 제품이나 서비스를 한 개인의 욕구에 맞추어 수정되는 **대량 맞춤**(mass customization)쪽으로 진행하고 있다.[92] 리바이 스트라우스(Levi Strauss)는 주문제작하는 청바지를 도입했다. 대량생산된 바지 한 벌에 십 달러를 더 내면 고객의 실제의 치수가 리바이스 공장으로 보내지며 그곳에서 데님이 정확한 크기로 마름질된다.[93] 이 프로그램은 현재 오리지날 스핀(Original Spin)으로 불리며(www.levi.com) 소비자가 장식적인 부속물도 선택할 수 있게 한다. 홀마크(Hallmark)는 카드 구매자들이 자신만의 카드를 창조할 수 있게 하며 점점 더 많은 인터넷 사이트들이 자신의 모습을 개인화할 수 있는 기회를 제공하고 있다.

(10) 여유로운 라이프스타일

미국인들은 삶에 대한 그들의 관심을 캐주얼하게 새롭게 하고 있으며 이런 격식을 차리지 않는 것은 직장에까지 연장되어 왔다. 실리콘 밸리에서 새로 시작한 회사에 의해 보여진 이런 소탈한 모습에 고무되어 많은 회사들은 편한 복장 규칙을 정했다. 사무직 근로자들의 3분의 2는 '편한 복장의 날(Casual Friday)'에 참여한다. 여성의 71%가 직장에 편한 복장의 날이 있다고 답했으며 1994년의 56%보다 증가되었다는 보고가 있다.[94] 더 적은 수의 사람들이 남자든 여자든 전문적으로 보이려면 정장이나 드레스를 입어야 한다고 믿으며 비격식적인 트렌드가 많은 업체에서 받아들여져 온 것과 동시에 일부 고액 연봉의 임원들은 그들의 하급사원들이 너무 소탈하게 옷을 입음으로써 이러한 상황을 이용하고 있다.[95]

파타고니아(Patagonia)는 환경친화적인 의류회사 중 하나로 가장 잘 알려져 있다.

　가장 최근의 유행은 이러한 경향을 극단적으로 받아들여 사람들이 슬리퍼를 직장에 신고 가기 때문에 슬리퍼 판매가 지난 4년 동안 30%나 늘었다! 한 소매상은 "이것은 엽기적인 유행입니다 — 더 소탈하게 옷을 입을수록 더 많은 돈을 벌게 됩니다."[96]라고 말하였다(주의 : 입사 면접에 이것을 시도하지 마시오!). 이 트렌드는 슬리퍼 판매 이외의 분야에서도 패션산업에 중대하게 영향을 미치고 있다. 예를 들면 면의 소비가 증가되었고(면의 핵심 비즈니스는 캐주얼한 필수복 분야에 속해 있다), 수트와 넥타이 소비는 감소되었다.[97] 주말을 위한 의복과 사무복을 바꿔 입는 경향도 있다. 리즈 클레이본(Liz Claiborne)과 같은 디자이너들과 회사들은 여성을 위해서 이러한 컨셉을 중점적으로 다루었다. 라이프스타일 모니터 연구에 따르면, 여성들이 직장에 입고 가려고 산 새 옷을 생각보다 더 많이 입을 수도 있기 때문에, 실제로는 여가시간에 여성들이 정장(dressing up)을 하는 트렌드를 볼 수도 있다.[98] 예상한 바와 같이 리바이 스트라우스는 자사의 캐주얼복 라인들을 남성의 수트 대용으로 촉진함으로써 캐주얼한 근무복에 대한 일의 선두를 달렸다. 7천 개 이상의 회사를 대상으로 한 리바이스의 연구는 5백만 명 이상의 업계 사람들은 캐주얼하게 옷을 입고자 한다는 것을 나타내 이전의 회사 규칙으로부터의 변화를 보여주었다. 한 회사 임원은 "캐주얼 근무복은 이제 대세가 되었습니다."라고 진술했다.[99]

(11) 새천년을 위한 다른 계획

광고대행사에 있는 두 명의 트렌드 관측자들인 마리안 살쯔만(Marian Salzman)과 이라 마타티아(Ira Matathia)는 새천년의 라이프스타일에 대해서 다음과 같은 흥미로운 것들을 포함하는 65가지를 예측해냈다. 편평한 바닥을 미술관이나 TV로 바꾸어주는 첨단 옷감을 사용한 지능적인 벽지, 스트레스를 풀어주기 위해서 마사지를 해주거나 좋아하는 냄새를 뿜어내거나 개인적인 난방이나 냉방 시스템과 녹음된 노래를 들을 수 있는 이어폰이 있는 멀티미디어 티셔츠와 같은 복장의 인격화를 가능하게 하는 미래적인 옷감, 더 많은 수의 개인적인 대리 쇼핑자들, 새 집에 취미나 포도주 저장고를 위한 특별한 목적을 위한 방을 가지는 것, 등불, 전화, 커튼, 그리고 미디어 세트가 제어되는 완전히 자동화된 침실, 노인을 돌보는 사람(노인들이 독립적으로 살 수 있게 함), 이혼 보험, '사이버 스포크'(양육에 대한 인터넷 상담 사이트, 소아과 의사인 스포크박사의 이름을 따서 만들어짐), 비디오를 이용한 재택 회상회의, 가상 도서관, 바느질과 같은 과거로부터의 단순한 즐거움, 편한 음식, 대중을 위한 '배달 음식', 그리고 영성에 기초한 어린이 캠프.[100] 이런 것들을 어떻게 생각하는가?

(12) 여기에서 어디로 갈 것인가

물론 새로운 라이프스타일 트렌드는 지속적으로 변화하고 새로 생겨날 것이다. 소비자행동에 있어서의 이러한 변화의 많은 부분은 계속적으로 무엇이 새로운 것이고, 그렇지 않은지를 재정의하려는 젊은 소비자들에 의해서 이루어진다. 이러한 변화는 밤에 누구에게나 개방된 시인전용 카페에서 주류 문화로부터 자신들의 고립을 표현하는 새로운 힙합 시인과 행위 예술가들과 같이 증가하고 있는 움직임으로부터 온 것일 수도 있다. 아마도 인터넷에서 퀘이크(Quake), 옵시디안(Obsidian) 그리고 둠(Doom) 게임을 하면서 배회하는 게임하는 사람들이 선두에 서 있거나 어쩌면 단순주의자의 라이프스타일을 믿지만 새로운 기술을 신봉하고 채팅 방에서 미래에 대한 그들의 철학을 나누면서 시간을 보내는 사람들인 '기술유기체(technorganics)'들이 선두를 달릴 것이다. 아니면 자발성과 자유에 가치를 두는 자유 스타일의 사람들이 그 시대를 결정할 것이며(테크노 사운드트랙의 일관성 없는 비트로 반주되는), 디씨 드루어스(DC Droors), 메너스(Menace), 걸(Girl) 그리고 초콜릿(Chocolate)과 같은 스케이트보드 상표는 주류사회에 강한 인상을 줄 것이다. 반대로 '배리어-텍(Barrier-Tec; 세균과 산성비와 같은 오염물질에서 우리를 보호하는 기술)'의 신봉자들은 아마도 우세할 것이며, 수년 내로 우리는 모두 방독면과 다른 보호 장구의 형태를 가진 유럽에서 들어온 외출복 라인인 더블유 앤 엘티(W & LT : Wild and Lethal Trash)에 의해 판매된 것과 같은 옷에 싸여 있을 것이다.[101] 지금 당장은 누구라도 그렇게 생각할 것이다. 그러나 정통한 마케터들은 그들이 믿을 수 있는 유일한 것은 라이프스타일이 계속해서 변화될 것이라는 점을 이해한다.

▌ 요약 ▌

- 성격의 개념은 한 사람의 독특한 심리적인 특질과 이것이 그 사람의 환경에 반응하는 방식에 어떻게 영향을 미치는가를 의미한다. 성격 차이에 근거한 마케팅 전략과 패션에 관한 연구들은 성공에 있어서 일관적이지 않은 결과를 보이고 있는데 이는 부분적으로 성격 특질에 있어서의 이러한 차이들이 측정되고 소비의 맥락에서 적용되는 방식 때문이다. 일부 접근 방식은 프로이드 심리학과 이러한 관점의 변형에 근거한 기법을 사용함으로써 적은 수의 소비자 표본의 근본적인 차이를 이해하고자 하였다. 반면 다른 방식은 복잡한 정량적 기법을 사용하여 많은 수의 표본이 가지고 있는 차원들을 보다 객관적으로 평가하려고 하였다.
- 태도는 대상이나 상품을 긍정적이나 부정적으로 평가하려는 경향이다.
- 태도는 신념, 감정, 그리고 행동적인 의도 세 가지 요소로 구성되어 있다.
- 태도에 관한 연구자들은 전통적으로 태도는 먼저 신념 대상에 대한 신념을 형성한 뒤(인지) 그 대상에 대한 평가가 오고, 그런 다음 어떤 행위(행동)을 형성하는 고정된 순서로 학습된다고 가정한다. 하지만 소비자의 관여 수준과 상황에 따라서 태도는 다른 효과의 단계로부터도 발생될 수 있다.
- 태도 형성의 요점은 태도가 소비자를 위한 역할을 하는 기능을 한다는 것이다(예를 들면 태도는 실용적인가 혹은 자아 방어적인가?) 패션에 대한 태도는 여러 가지 기능에 기초를 둘 수 있다.
- 태도를 형성하는데 대한 한 가지 구성원리는 태도의 요소 간의 일관성이다. 즉 태도의 일부분은 다른 것과 조화되기 위해 수정된다. 인지부조화 이론, 자아지각 이론과 같은 태도에 대한 이론적인 접근은 일관성을 위한 욕구의 결정적인 역할을 한다.
- 태도의 복잡성은 일련의 신념과 평가를 확인해 내고 전체적인 태도를 예측하기 위해서 합해지는 다속성 태도 모델에 의해서 뒷받침된다. 주관적인 규범과 같은 요인들과 태도 척도의 특이성이 예측력을 향상시키기 위해서 통합된다. 한 소비자의 라

이프스타일은 그가 시간과 돈을 소비하기 위해서 어떻게 선택하는가와 그의 가치와 기호가 소비 선택에 반영된다. 라이프스타일 연구는 사회적인 소비 기호를 추적하는 데 유용하고 또한 다양한 세분집단에 대해 구체적인 제품과 서비스를 위치화하는 데 유용하다. 마케터들은 라이프스타일 차이에 의해서 세분화하는데, 종종 소비자들의 AIO(활동, 관심 및 의견)에 의해서 소비자들을 집단으로 나눈다.

- 사이코그래픽 기법은 관찰이 가능한 특징(인구통계적 특징)과 더불어 심리적이고 주관적인 변수들에 의해서 소비자들의 유형을 나누는 것이다. 소비자의 '유형'을 구분해내고 그들을 그들의 상표나 제품기호, 매체 사용, 여가활동 그리고 정치와 종교에 대한 광범위한 이슈에 대한 태도에 의해서 그들을 구별하기 위해 VALS와 같은 다양한 시스템이 개발되어 왔다.

- 상호 연관된 일련의 제품과 활동들이 사회역할과 연관되어 있어 소비와 소비제품군을 형성한다. 사람들은 종종 제품이나 서비스가 그들이 적절하다고 발견한 라이프스타일에 연결되어 있는 소비제품군과 연관이 되어 있어서 구입을 한다.

- 소비자의 우선순위와 습관에서의 중요한 변화가 발생하고 있다. 어떤 주요한 라이프스타일 트렌드는 가치지향적인 제품이나 서비스에 부여된 중요성의 부활, 감소된 영양, 운동 그리고 환경주의에 대한 강조, 보다 많은 시간을 가족 대 커리어에 헌신하는 새로워진 관심, 제품과 서비스가 개인 소비자의 구체적인 욕구에 맞춰질 수 있는 대량 맞춤을 시행하는 마케터에게 소비자가 끌리고 있기 때문에 가정 및 개성화에 대한 강조가 증가되고 있다.

▌ 토론 주제 ▌

1. 하나의 패션 제품 유형 내에서 세 가지의 서로 다른 상표를 위해 상표 성격 목록을 작성하라. 적은 수의 소비자들에게 각각의 상표를 약 10개 정도의 다른 성격 차원에 대해 등급을 매기도록 하라. 어떤 차이를 찾을 수 있는가? 이 '성격들'이 제품들을 구별하기 위해 사용된 광고와 포장 전략과 연관이 있는가?

2. 어떤 상황에서 인구 통계적 정조가 심리적인 자료보다 더 유용할 것 같은가, 그리고 이에 대한 역이 성립하는가?

3. 패션 제품의 소비와 구체적인 라이프스타일을 연결시키려고 시도한 최근 광고들을 수집하라.

4. 소속자, 성취자, 경험자, 그리고 사회적으로 의식적인 VALS 유형을 표적으로 한 화장품을 위해 집행된 개별적인 광고를 구성하라. 각 집단을 위한 기본적인 소구가 어떻게 다를 것인가?

5. 그 집단을 표적으로 하는 매체를 이용하여 대학생 대상의 사회적 역할을 위한 소비제품군을 만들라. 어떤 제품, 활동, 관심의 세트가 '전형적인' 대학생을 묘사하는 광고에 나타나는 경향이 있는가? 이 소비제품군이 얼마나 현실적인가?

6. 각각의 기능이 패션 마케팅 상황에서 어떻게 사용되는가를 보여주는 예를 들면서, 태도에 의해서 역할을 한 기능 세 가지를 써보라.

7. 의미 분별척도를 사용해서 경쟁하고 있는 패션회사 한 쌍을 위한 태도 조사를 고안해 보라. 각각의 비교이점과 단점을 알아내라.

8. 신발 이외의 제품을 위한 다속성 모델을 만들라. 당신의 결과에 따라서 이 상표가 본 장에서 언급된 전략을 통해서 회사의 이미지를 어떻게 향상시킬 수 있는지를 제시하라.

9. 당신이 속한 세계에서 막 떠오르기 시작한 라이프스타일을 알아내라. 이 트렌드를 구체적으로 설명하고 당신의 예측을 정당화하라. 어떤 구체적인 스타일과 혹은 제품이 이 트렌드의 일부인가? 얼마나 오랫동안 이 트렌드가 지속될 것 같은가? 왜 그런가?

10. 다음 시즌에 당신이 예측하는 유행은 어떤 것인가? 어떻게 그런 예측을 생각해냈는가?

▌ 주요 용어 ▌

가치와 라이프스타일 시스템
  (VALS : Valaues and Lifestyles System)
감정(affect)
광고 태도(A_ad, attitude toward the advertisement)
구매행동에 대한 태도(A_act)
다속성 태도모델
  (multi-attribute attitude models)

대량 맞춤(mass customization)
라이프스타일(lifestyle)
물활론(animism)
본능적 충동(id)
사이코그래픽스(psychographics)
사회적 트렌드(social trends)
상표 자산(brand equity)
성격(personality)

소비 제품군
  (consumption constellations)
에이아이오스(AIOs)
영향 단계(hierarchy of effects)
이성적 행동이론
  (theory of reasoned action)
인지 부조화(cognitive dissonance)
인지(cognition)

인지적 일관성 이론(principle of
　cognitive consistency)
자아(ego)
자아지각이론
　(self-perception theory)

제품 보완성
　(product complementarity)
지리적 인구통계학
　(geodemography)
초자아(superego)

태도(attitude)
태도대상(A_o, attitude object)
특질(traits)
행동(behavior)
현실 원리(reality principle)

▌참고문헌 ▌

1. For an interesting ethnographic account of skydiving as a voluntary high-risk consumption activity, see Richard L. Celsi, Randall L. Rose, and Thomas W. Leigh, "An Exploration of High-Risk Leisure Consumption through Skydiving," *Journal of Consumer Research* 20 (June 1993): 1-23. See also Jerry Adler, "Been There, Done That," *Newsweek* (July 19, 1993): 43; Joan Raymond, "Going to Extremes," *American Demographics* (June 2002): 28-30.

2. See J. Aronoff and J. P. Wilson, Personality in the Social Process (Hillsdale, N.J.: Lawrence Erlbaum, 1985); Walter Mischel, Personality and Assessment (New York: Wiley, 1968).

3. Ed Edmonds and Cahoon Delwin, "Female Clothes Preference Related to Male Sexual Interest," *Bulletin of the Psychonic Society* 22 (1984): 171-173.

4. Valerie Steel, *Fashion and Eroticism* (New York: Oxford University Press, 1985).

5. Alison Lurie, *The Language of Clothes* (New York: Random House, 1981).

6. James Laver, *Modesty in Dress* (Boston: Houghton Mifflin, 1969).

7. Linda L. Price and Nancy Ridgway, "Development of a Scale to Measure Innovativeness," in *Advances in Consumer Research* 10, eds. Richard P. Bagozzi and Alice M. Tybout (Ann Arbor, Mich.: Association for Consumer Research, 1983), 679-684; Russell W. Belk, "Three Scales to Measure Constructs Related to Materialism: Reliability, Validity, and Relationships to Measures of Happiness," in *Advances in Consumer Research* 11, ed. Thomas C. Kinnear (Ann Arbor, Mich.: Association for Consumer Research, 1984), 291; Mark Snyder, "Self-Monitoring Processes," in *Advances in Experimental Social Psychology*, ed. Leonard Berkowitz (New York: Academic Press, 1979), 85-128; Gordon R. Foxall and Ronald E. Goldsmith, "Personality and Consumer Research: Another Look," *Journal of the Market Research Society* 30, no. 2 (1988): 111-125; Ronald E. Goldsmith and Charles F. Hofacker, "Measuring Consumer Innovativeness," *Journal of the Academy of Marketing Science* 19, no. 3 (1991): 209-221; Curtis P. Haugtvedt, Richard E. Petty, and John T. Cacioppo, "Need for Cognition and Advertising: Understanding the Role of Personality Variables in Consumer Behavior," *Journal of Consumer Psychology* 1, no. 3 (1992): 239-260.

8. Lewis Aiken, "The Relationships of Dress to Selected Measures of Personality in Undergraduate Women," *Journal of Social Psychology* 59 (1963): 119-128.

9. Mary Frances Pasnak and Ruth Ayres, "Clothing Attitudes and Personality Characteristics of Fashion Innovators," *Journal of Home Economics* 61 (1969): 698-702; John Summers, "The Identity of Women's Clothing Fashion Opinion Leaders," *Journal of Marketing Research*, no. 7 (1970): 313-316; Daniel Greeno, Montrose Sommers, and Jerome Kernan, "Personality and Implicit Behavior Patterns," *Journal of Marketing Research*, no. 10 (1973): 63-69; George Sproles and Charles King, "The Consumer Fashion Change Agent: A Theoretical Conceptualization and Empirical Identification," Paper No. 433, Purdue University, Institute for Research in the Behavioral, Economic, and Management

Sciences (December 1973); Holly Schrank and Lois Gilmore, "Correlates of Fashion Leadership: Implications for Fashion Process Theory," *Sociological Quarterly*, no. 14 (1973): 534-543; S. Baumgarten, "The Innovative Communicator in the Diffusion Process," *Journal of Marketing Research*, no. 12 (February 1975): 12-18; Joyce Brett and Anne Kernaleguen, "Perceptual and Personality Variables Related to Opinion Leadership in Fashion," *Perceptual and Motor Skills*, no. 40 (1975): 775-779; Sharon Lennon and Leslie Davis, "Individual Differences in Fashion Orientation and Cognitive Complexity," *Perceptual and Motor Skills*, no. 64 (1987): 327-330.

10. Thomas Hine, "Why We Buy: The Silent Persuasion of Boxes, Bottles, Cans, and Tubes," *Worth* (May 1995): 78-83.

11. Kevin L. Keller, "Conceptual-ization, Measuring, and Managing Customer-Based Brand Equity," *Journal of Marketing* 57 (January 1993): 1-22.

12. Rebecca Piirto Heath, "The Once and Future King," *Marketing Tools* (March 1998): 38-43.

13. Kathryn Kranhold, "Agencies Beef Up Brand Research to Identify Consumer Preferences," The Wall Street *Journal Interactive Edition* (March 9, 2000).

14. Jennifer L. Aaker, "Dimensions of Brand Personality," *Journal of Marketing Research* 34 (August 1997): 347-357.

15. Tim Triplett, "Brand Personality Must Be Managed or It Will Assume a Life of Its Own," *Marketing News* (May 9, 1994): 9.

16. Susan Fournier, "A Consumer-Brand Relationship Framework for Strategic Brand Management," unpublished doctoral dissertation, University of Florida (1994).

17. Robert Murphy, "It's All about White Shirts," *Women's Wear Daily* (July 14, 1999): 9; Rusty Williamson, "Anne Fontaine's U.S. White Wash," Women's Wear Daily (December 27, 2000): 11.

18. Robert A. Baron and Donn Byrne, *Social Psychology: Understanding Human Interaction*, 5th ed. (Boston: Allyn and Bacon, 1987).

19. Soyeon Shim, Nancy J. Morris, and George A. Morgan, "Attitudes toward Imported and Domestic Apparel among College Students: The Fishbein Model and External Variables," *Clothing and Textiles Research Journal* 13, no. 4 (1995): 222-226.

20. Sally Francis and Leslie Davis Burns, "Effect of Consumer Socialization on Clothing Shopping Attitudes, Clothing Acquisition, and Clothing Satisfaction," *Clothing and Textiles Research Journal* 10, no. 4 (1992): 35-39.

21. Sarah M. Butler and Sally Francis, "The Effects of Environmental Attitudes on Apparel Purchasing Behavior," *Clothing and Textiles Research Journal* 15, no. 2 (1997): 76-85.

22. For a study that found evidence of simultaneous causation of beliefs and attitudes, see Gary M. Erickson, Johny K. Johansson, and Paul Chao, "Image Variables in Multi-Attribute Product Evaluations: Country-of-Origin Effects," *Journal of Consumer Research* 11 (September 1984): 694-699.

23. Michael Ray, "Marketing Communications and the Hierarchy-of-Effects," in *New Models for Mass Communications*, ed. P. Clarke (Beverly Hills, Calif.: Sage, 1973), 147-176.

24. Herbert Krugman, "The Impact of Television Advertising: Learning without Involvement," *Public Opinion Quarterly* 29 (Fall 1965): 349-356; Robert Lavidge and Gary Steiner, "A Model for Predictive Measurements of Advertising Effectiveness," *Journal of Marketing* 25 (October 1961): 59-62.

25. John P. Murry, Jr., John L. Lastovicka, and Surendra N. Singh, "Feeling and Liking Responses to Television Programs: An Examination of Two Explanations for Media-Context Effects," *Journal of Consumer Research* 18 (March 1992): 441-451.

26. Barbara Stern and Judith Lynne Zaichkowsky, "The Impact of 'Entertaining' Advertising on Consumer Responses," *Australian Marketing Researcher* 14 (August 1991): 68-80.

27. Morris B. Holbrook and Rajeev Batra, "Assessing the Role of Emotions as Mediators of Consumer Responses to Advertising," Journal of Consumer Research 14 (December 1987): 404-420.

28. Marian Burke and Julie Edell, "Ad Reactions over Time: Capturing Changes in the Real World," *Journal of Consumer Research* 13 (June 1986): 114-118.

29. Herbert Kelman, "Compliance, Identification, and Internalization: Three Processes of Attitude Change," *Journal of Conflict*

Resolution 2 (1958): 51-60.

30. See Sharon E. Beatty and Lynn R. Kahle, "Alternative Hierarchies of the Attitude-Behavior Relationship: The Impact of Brand Commitment and Habit," *Journal of the Academy of Marketing Science* 16 (Summer 1988): 1-10.

31. Leon Festinger, *A Theory of Cognitive Dissonance* (Stanford, CA: Stanford University Press, 1957).

32. Daryl J. Bem, "Self-Perception Theory," in *Advances in Experimental Social Psychology*, ed. Leonard Berkowitz (New York: Academic Press, 1972), 1-62.

33. Brenda Sternquist Witter and Charles Noel, "Apparel Advertising: A Study in Consumer Attitude Change," *Clothing and Textiles Research Journal* 3, no. 1 (1984/1985): 34-40.

34. William L. Wilkie, *Consumer Behavior* (New York: Wiley, 1986).

35. Liza Abraham-Murrali and Mary Ann Littrell, "Consumers' Conceptualization of Apparel Attributes," *Clothing & Textiles Research Journal* 13, no. 2 (1995): 65-74.

36. M. Fishbein, "An Investigation of the Relationships between Beliefs about an Object and the Attitude toward That Object," *Human Relations* 16 (1983): 233-240.

37. Morris B. Holbrook and William J. Havlena, "Assessing the Real-to-Artificial Generalizability of Multi-Attribute Attitude Models in Tests of New Product Designs," *Journal of Marketing Research* 25 (February 1988): 25-35; Terence A. Shimp and Alican Kavas, "The Theory of Reasoned Action Applied to Coupon Usage," *Journal of Consumer Research* 11 (December 1984): 795-809.

38. Icek Ajzen and Martin Fishbein, "Attitude-Behavior Relations: A Theoretical Analysis and Review of Empirical Research," *Psychological Bulletin* 84 (September 1977): 888-918.

39. Richard P. Bagozzi, Hans Baumgartner, and Youjae Yi, "Coupon Usage and the Theory of Reasoned Action," in *Advances in Consumer Research* 18, eds. Rebecca H. Holman and Michael R. Solomon (Provo, Utah: Association for Consumer Research, 1991), 24-27; Edward F. McQuarrie, "An Alternative to Purchase Intentions: The Role of Prior Behavior in Consumer Expenditure on Computers," *Journal of the Market Research Society* 30 (October 1988): 407-37; Arch G. Woodside and William O. Bearden, "Longitudinal Analysis of Consumer Attitude, Intention, and Behavior toward Beer Brand Choice," in *Advances in Consumer Research* 4, ed. William D. Perrault, Jr. (Ann Arbor, Mich.: Association for Consumer Research, 1977), 349-356.

40. Michael J. Ryan and Edward H. Bonfield, "The Fishbein Extended Model and Consumer Behavior," *Journal of Consumer Research* 2 (1975): 118-136.

41. Andrea Lawson Gray, "Lifestyle: The Next Big Thing," *Catalog Age* (November 1998): 105.

42. Benjamin D. Zablocki and Rosabeth Moss Kanter, "The Differentiation of Life-Styles," *Annual Review of Sociology* (1976): 269-297.

43. Mary Twe Douglas and Baron C. Isherwood, *The World of Goods* (New York: Basic Books, 1979).

44. Zablocki and Kanter, "The Differentiation of Life-Styles."

45. "The Niche's the Thing," *American Demographics* (February 2000): 22.

46. Gray, "Lifestyle: The Next Big Thing."

47. Mike Duff, "The Lifestyle Evolution Continues," *Discount Store News* (April 19, 1999): 61.

48. "Pottery Barn Captures Home Lifestyle," *Home Textiles Today* (April 6, 1998): S6.

49. Richard A. Peterson, "Revitalizing the Culture Concept," *Annual Review of Sociology* 5 (1979): 137-166.

50. William Leiss, Stephen Kline, and Sut Jhally, *Social Communication in Advertising* (Toronto: Methuen, 1986).

51. Mary Douglas and Baron Isherwood, *The World of Goods*, (New York: Basic Books, 1979), pp. 72-73.

52. Christopher K. Hsee, and France Leclerc, "Will Products Look More Attractive When Presented Separately or Together?," *Journal of Consumer Research* 25 (September 1998): 175-186.

53. Jean Halliday, "L. L. Bean, Subaru Pair for Co-Branding," *Advertising Age* (February 21, 2000): 21.

54. Miles Socha, "Ralph Enlisting Sprite to Promote Polo Jeans," *Women's Wear Daily* (April 11, 2000): 2, 16.

55. Michael R. Solomon, "The Role of Products as Social Stimuli: A Symbolic Interactionism Perspective," *Journal of Consumer Research* 10 (December 1983): 319-329.

56. Michael R. Solomon and Henry

Assael, "The Forest or the Trees? A Gestalt Approach to Symbolic Consumption," in *Marketing and Semiotics: New Directions in the Study of Signs for Sale*, ed. Jean Umiker-Sebeok (Berlin: Mouton de Gruyter, 1988), 189-218; Michael R. Solomon, "Mapping Product Constellations: A Social Categorization Approach to Symbolic Consumption," *Psychology & Marketing* 5, no. 3 (1988): 233-258; see also Stephen C. Cosmas, "Life Styles and Consumption Patterns," *Journal of Consumer Research* 8, no. 4 (March 1982): 453-455.

57. Russell W. Belk, "Yuppies as Arbiters of the Emerging Consumption Style," in *Advances in Consumer Research* 13, ed. Richard J. Lutz (Provo, Utah: Association for Consumer Research, 1986), 514-519.

58. See Lewis Alpert and Ronald Gatty, "Product Positioning by Behavioral Life Styles," *Journal of Marketing* 33 (April 1969): 65-69; Emanuel H. Demby, "Psychographics Revisited: The Birth of a Technique," *Marketing News* (January 2, 1989): 21; William D. Wells, "Backward Segmentation," in *Insights into Consumer Behavior*, ed. Johan Arndt (Boston: Allyn and Bacon, 1968), 85-100.

59. Alfred S. Boote, "Psychographics: Mind over Matter," *American Demographics* (April 1980): 26-29; William D. Wells, "Psychographics: A Critical Review," *Journal of Marketing Research* 12 (May 1975): 196-213.

60. "At Leisure: Americans' Use of Down Time," *The New York Times*

(May 9, 1993): E2.

61. Joseph T. Plummer, "The Concept and Application of Life Style Segmentation," *Journal of Marketing* 38 (January 1974): 33-37.

62. "Not by Jeans Alone," WGBH, Boston, 1981.

63. Nancy Cassill, and Mary Frances Drake, "Apparel Selection Criteria Related to Female Consumers' Lifestyle," *Clothing & Textiles Research Journal* 6, no. 1 (Fall 1987): 20-28.

64. Soyeon Shim and Marianne Bickle, "Benefit Segments of the Female Apparel Market: Psychographics, Shopping Orientations, and Demographics," *Clothing and Textiles Research Journal* 12, no. 2 (Winter 1994): 1-12.

65. Sarah P. Douglas and Michael R. Solomon, "The Power of Pinstripes," *Savvy* (March 1983): 59-62; M. K. Ericksen and M. J. Sirgy, "Achievement Motivation and Clothing Preferences of White-Collar Working Women," in *The Psychology of Fashion*, ed. Michael R. Solomon. (Lexington, Mass.: Lexington Books, 1985), pp. 357-367; E. B. Hurlock, *Motivation for Fashion* (New York: Archives of Psychology, 1929); K. E. Koch and Lois E. Dickey, "The Feminist in the Workplace: Application to a Contextual Study of Dress," *Clothing and Textiles Research Journal*, 7, no. 1 (1988): 46-54; Sarah Sweat, E. Kelley, D. Blouin, and R. Glee, "Career Appearance Perceptions of Selected University Students," Adolescence 16, no. 62 (1981): 359-370.

66. Rebecca Piirto Heath, "The Frontiers

of Psychographics," *American Demographics* (July 1996): 38-43.

67. Martha Farnsworth Riche, "VALS 2," *American Demographics* (July 1989): 25.

68. Nicholas Zill and John Robinson, "Name That Tune," *American Demographics* (August 1994): 22-27.

69. Brad Edmondson, "From Dixie to Detroit," *American Demographics* (January 1987): 27.

70. Edmondson, "From Dixie to Detroit."

71. Brad Edmondson, "America's Hot Spots," *American Demographics* (1988): 24-30.

72. Marcia Mogelonsky, "The Geography of Junk Food," *American Demographics* (July 1994): 13-14.

73. "Let Your Fingers Do the Trend Forecasting," *Time* (June 1, 1998): 24.

74. Rebecca Piirto, "Measuring Minds in the 1990s," *American Demographics*, no. 5 (December 1990): 31.

75. Bill McDowell, "New DDB Needham Report: Consumers Want It All," *Advertising Age* (November 18, 1996): 32-33.

76. Julia Angwin, "Focus on Faith; Marketing Guru Says 5 Trends Are in Your Future," *San Francisco Chronicle* (May 9, 1996).

77. "In the Next Life: What Will Be the Most Significant Lifestyle Changes of the Next Century?," *Women's Wear Daily* (March 24, 1999): 18.

78. Ilana DeBare, "Business the Feng Shui Way," *San Francisco Chronicle* (March 19, 1999): B1.

79. Anne D'Innocenzio, "Contemporary Threat: Cheap-Chic Stores," *Women's Wear Daily* (July 19, 2000): 9.

80. "For Young Trendies, Simplicity," San Francisco Chronicle (April 16, 2000): B1, B7; Michael McCabe, "Too Much Stuff," *San Francisco Chronicle* (February 10, 2000): A19, A22.

81. Valerie Seckler, "Extra Time Seen More Valuable Than Search for Latest Fashions," *Women's Wear Daily* (January 15, 1997): 1, 4.

82. Molly O'Neill, "'Eat, Drink and Be Merry' May Be the Next Trend," *The New York Times* (January 4, 1994): 1; Cyndee Miller, "The 'Real Food' Movement: Consumers Stay Health-Conscious, but Now They Splurge," *Marketing News* (June 7, 1993): 1.

83. Philip Brasher, "Americans Eating More Junk, Worrying Less about Fat and Calories," *Opelika-Auburn* [Ala.] News (May 9, 2000): 1A.

84. DDB Needham Worldwide's Life Style Study, reported in *Advertising Age* (September 25, 1990): 25; John P. Robinson and Geoffrey Godbey, "Has Fitness Peaked?," *American Demographics* (September 1993): 36; Priscilla Painton, "Couch Potatoes, Arise!," *Time* (August 9, 1993): 55-56.

85. Peter Francese, "A Nation of Homebodies," *American Demographics* (January 2002): 24-25.

86. David Streitfeld, "What's Up, Trendwise?," *The Washington Post* (November 28, 1988): D5.

87. Quoted in Liz Seymour, "Wall Unit? Big TV? No, 'an Experience,'" The *New York Times* (October 21, 1993): C2.

88. Pat Sloan, "Cosmetics: Color It Green," *Advertising Age* (July 23, 1990): 1.

89. Timothy Aeppel, "Green Groups Enter a Dry Season as Movement Matures," *The Wall Street Journal* (October 21, 1994): B1.

90. Quoted in Jack Neff, "It's Not Trendy Being Green," *Advertising Age* (April 10, 2000): 16.

91. Cheryl Russell, "The Master Trend," *American Demographics* (October 1993): 28.

92. See B. Joseph Pine II, Bart Victor, and Andrew C. Boynton, "Making Mass Customization Work," *Harvard Business Review* (September/October 1993): 108-119.

93. "Glenn Rifkin, "Digital Blue Jeans Pour Data and Legs into Customized Fit," *The New York Times* (November 8, 1994): A1.

94. "Casual Dressing to Beat the Heat," *Women's Wear Daily* (May 18, 2000): 2.

95. "Business as Usual—Female Executives Lean toward the Business End of Business Casual," *Women's Wear Daily* (April 8, 1999): 2.

96. Quoted in Mark Tatge, "Drop theDress Shoes and Wear Slippers; See If the Boss Cares," *The Wall Street Journal Interactive Edition* (May 23, 2000).

97. Mary Lynn Damhurst, "Corporate Casual: An Interdisciplinary Look or the Emperor Has New Clothes," *Proceedings: International Textile and Apparel Association*, (1996): 22.

98. "The Lifestyle Monitor Completes Its Third Full Year," *Women's Wear Daily* (October 23, 1997): 2; "The Casual Quandary," *Women's Wear Daily* (June 19, 1997): 2.

99. Quoted in June Weir, "Casual Look 'Defining Character of the '90s,'" *Advertising Age* (April 7, 1994): S2; Jeanne Whalen, "Casual Dining, Not Fast Food, Challenges Mom's Meatloaf," *Advertising Age* (April 7, 1994): S6.

100. Marian Salzman and Ira Matathia, "Lifestyles of the Next Millennium: 65 Forecasts," *The Futurist* (June/July 1998): 51-56.

101. Janine Lopiano-Misdom and Joanne de Luca, *Street Trends* (New York: HarperBusiness, 1997).

제9장
소비자 지각

수잔은 인터넷에서 의류 구입에 한창 재미를 느끼고 있다. 수많은 인터넷 쇼핑몰 회사들이 있어, 쇼핑을 하기 위해 교통체증과 씨름하며 실제 매장에 갈 이유가 더 이상 없는 듯하다. 수잔은 www.fashionmall.com, www.productopia.com과 www.llbean.com, www.levi.com, www.delias.com, www.dickies.com, www.diesel.com, www.bcbg.com, www.landsend.com, www. jcpenney. com, www.bisou-bisou.com, www. gap.com, www.bluefly.com, www. bluelight.com, www.blooming dales. com 등의 회사 사이트를 방문했는데, 새로운 사이트를 찾아내는 것은 언제나 재미있는 일이다.

그리고 만약 제품이 몸에 맞지 않으면, 반송하면 그만이다. 기업들은 맞지 않은 제품을 소비자가 쉽게 반품할 수 있도록 해주고 있다. 그렇지만 수잔은 최근 속상한 경험을 했다. 모니터로 봤을 때에는 밝은 주황색이 너무 예뻐 보였던 스웨터가 막상 포장을 뜯어보니 그다지 밝은 색이 아니었기 때문이다. 그 스웨터는 사실 어두운 붉은 주황에 가까웠고, 그건 수잔이 원하던 것이 아니었다. 왜 이런 일이 생겼을까? 수잔에게는 그 스웨터와 함께 입을 바지와 다른 티셔츠 등이 있었는데… 정말 잘 어울렸을 것이었다. 어쩌면 그녀는 메이시(Macy's)에 그 스웨터를 가지고 가서 맞는 컬러를 찾아야 할지도 모른다. 아니면 기존의 옷과 컬러가 너무 안 어울리므로 회사에 반품하여 환불을 받아야 할지도 모른다.

1. 소개

우리는 감각이 넘치는 세상에 살고 있다. 시선을 돌릴 때마다 색채와 소리, 향기로 이루어진 향연의 세계에 있게 된다. 이 교향곡의 몇몇 '음'은 개 짖는 소리나 저녁 하늘의 땅거미, 취할 만큼 향기로운 장미덤불의 냄새처럼 자연적으로 발생하기도 하지만 어떤 것은 사람에게서 발생하기도 한다. 교실 옆자리에 앉은 사람이 금발머리와 밝은 분홍 바지를 입고 눈물을 쏙 빼놓을 정도로 퍼부은 듯한 역한 향수를 자랑할지 모른다. 패션 산업은 패션마케팅이란 기계를 쉴 새 없이 돌아가게 하기 위해 매 시즌마다 새로운 색상을 새로운 라인에 추가한다. 수잔의 주황색 스웨터는 최신 색상이었고, 온라인으로 구매하는 것 또한 최신의 가장 효율적인 구매 방식이었지만 그 결과는 만족스럽지 않았다. 만약 그 스웨터가 차라리 검정이나 흰 색이었더라면 괜찮았을 것이다.

마케터들은 색상, 소리, 냄새로 이루어지는 자극적인 환경을 조성하는 데 일조한다. 소비자들은 늘 그들의 주목을 끌려는 광고, 제품 포장, 라디오와 텔레비전 광고, 게시판이나 전광판에 매우 근접해 있다. 개인은 몇몇 자극물에 주의를 기울이거나 혹은 기울이지 않는 것으로 이 공격에 대처한다. 그리고 우리가 주의를 기울이기로 결정한 메시지는 종종 광고주가 의도했던 것과는 달라지는데, 이는 우리가 개인의 개별적인 경험과 편견, 욕망에 따라 의미를 다르게 해석하기 때문이다. 이 장에서는 지각의 유형과 과정에 초점을 맞추어 소비자에 의해서 흡수되는 감각들과 그들이 소비자를 둘러싼 환경에서 어떻게 해석되는지를 보고자 한다.

감각(sensation)은 빛, 색상, 소리 등의 기본적 자극에 대한 우리의 감각 수용 기관(눈, 귀, 코, 입, 손, 발가락 등)의 즉각적인 반응을 말한다. **지각**(perception)은 이런 감각들이 선택되고, 정리되고, 해석되는 과정이다. 따라서 지각 연구란 우리가 어느 것에 주목할 것인가를 선택하고 그것에 의미를 부여하는 과정을 거칠 때, 감각에서 받은 것에 무엇을 추가시키고 어떤 것을 삭제하는지에 초점을 맞춘다.

지각 연구는 지각이라는 개념을 보는 여러 가지 방법에 따라 나눠지며 이들 카테고리에서도 어느 정도의 중복이 있다.

- 대상지각(object perception)은 시장에 있는 물건이나 제품에 대해 우리가 가지고 있는 인상이나 이미지를 말한다.

- 대인지각(person perception)이란 사람의 외관을 보고 우리가 형성하는 인상을 말한다. 이 인상은 개성이라고 말하는 개인의 내면적 특성을 귀인(attribution)하는 데

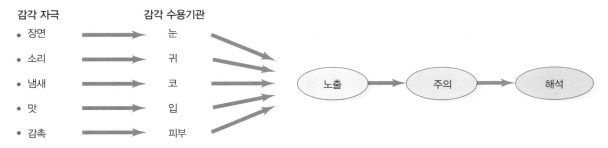

그림 9-1 지각적 과정의 개요

출처 : M. R. Solomon, *Consumer Behavior*, 5th ed., p. 43, ⓒ 2002. Reprinted with permission of Pearson Education, Inc., Upper Saddle River, NJ.

기본이 된다. 대부분의 의복과 패션에 관한 지각 연구는 대인지각과 관련이 된다.

- **물리적 지각**(physical perception)은 시각, 후각, 청각, 촉각, 미각 등의 감각을 통해 일어난다. 이것은 주로 제품이나 사물과 관련이 된다(그러나 우리 또한 사람이나 장소를 보고 듣고 냄새를 맡고 만지기도 한다).

컴퓨터와 같이 사람들은 자극이 들어오고 저장되는 정보처리 과정의 단계를 거친다. 그러나 컴퓨터와 달리 수동적으로 정보처리를 하지 않는다. 먼저 우리의 환경 중에서 아주 적은 양의 자극만을 알아차린다. 이들 중에서도 적은 양의 자극에만 주의를 기울이게 된다. 그리고 우리의 의식에 들어온 자극들은 객관적으로 정보처리가 되지 않을 수도 있다. 자극의 의미는 개개인마다의 독특한 편견, 필요, 경험에 의해 해석되어 진다. 그림 9-1에서 보이듯이 노출, 주의, 해석의 세 가지 단계는 지각의 과정을 이룬다. 이들 단계를 각각 다루기 전에 뒤로 돌아가서 의복을 착용하거나 구매하는 것 또는 패션에 관계된 지각 연구의 유형에 대해 생각해 보자.

2. 대상지각

많은 제품들은 상징적인 면과 실용적인 면을 가지고 있다.[1] 의복, 화장품, 보석, 가구, 자동차들의 소비는 기능적인 면보다는 사회적, 상징적 의미에 더 의존하게 된다. 사물은 편안하거나 지위 지향적이거나 독특하거나 또는 실용적인 것으로 지각된다. 의복의 품질에 대한 지각은 소재와 의복의 구성, 취급, 가치, 스타일에 따라 예측된다.[2] 한 연구는 브랜드 이름이 특정 아이템의 가격 지각에 영향을 미친다고 하였다.[3] 또한 브랜드들은 다른 방식으로 지각될 수 있으며, 브랜드 이미지나 브랜드 개성(제8장 참조)은 소비자의 마음에서 창조되는 것이다. 제조업자 브랜드 대 유통업자 브랜드, 제품의 종류, 다른 특징들은 제품에 관한 지각과 관련하여 연구되어져 왔다.

비용, 독특함, 실용성, 패션이미지, 주목성은 지각자가 제품 소유자에 대해 추론할 때 단서로 쓰이는 제품의 특성이다. 상징적 제품의 소유는 대인지각에 영향을 미치는데 이는 지각자가 이런 정보를 근거로 소유자의 내적 특성을 파악하기 때문에 그렇다. 제품선택의 사회적 의미를 인식하는 능력은 나이에 따라 다르나 6학년 정도가 되면 거의 완전하게 발달하여 대학생일 때 가장 높으며 나이가 들수록 감소한다.[4]

1) 맥락에서의 외모

우리가 입는 의복의 의미에 대한 이해의 한 부분으로 맥락이 있는데, **맥락**(context)이란 사회적 환경 또는 의복이 입혀지는 일상적인 틀을 말한다. 우리가 지각하는 외모의 메시지는 맥락과 깊은 관련이 있는데, 이는 장소, 관계, 착용자의 속성, 우리가 사는 일반적인 문화, 의복과 관련된 역사적인 의미 등을 포함한다.[5]

맥락적 접근으로 의복의 연구에 관한 두 가지 주요 원칙은 첫째, 실제생활에서 우리는 의복을 사회적 맥락으로부터 분리시킬 수 없으며, 둘째는 의복의 의미는 어느 맥락에 속해 있느냐에 따라 해석이 달라진다는 것이다.[6] 카이저(Kaiser)는 의복과 패션이 보이고 지각되며 해석되는 과정에서의 맥락들을 설명하는 모델을 발표하였는데,[7] 아래의 것들이 그것이며 가장 일반적인 것에서 구체적인 것의 순으로 나열되었다.

- 문화
- 그룹 연상
- 사회적 상황
- 신체 근접 공간
- 개인의 특성(나이, 성)
- 동적인 상호작용(물체의 소리와 움직임)
- 의복과 신체의 상호작용(단장, 맞음새)
- 의복 자체

의복은 의복 종류(스커트, 바지, 재킷), 표현 방식(개더, 드레이프, 주름), 소재의 상태(새 것, 입었던 것, 바램, 찢어짐, 구겨짐) 등으로 나누어진다. 우리는 완벽한 상태의 새 옷이나 오래 입어 낡은 옷에 관해, 그 제품과 그것을 착용하는 사람에 대한 각기 다른 지각을 가지고 있을 것이다. 낡은 옷은 사고 싶어서 구매한 것일까, 아니면 물려받은 것일까? 아니면 그 사람이 옷이 별로 없어 자주 입어서 그렇게 된 것일지도 모른다.

결국, 제품의 디자인 속에 있는 지각 요소는 전혀 다른 이미지를 창조하고 제품과 착용자에 대한 매우 다른 인상을 만들 수 있다. 디자인 요소의 조작으로 인해 얻어지는 시각적 이미지는 그 자체가 연구의 주제로 이 책에서 다루어질 수 없지만, 여기서 간단히 살펴보도록 하자. 일부분은 이 장의 뒷부분에서 보다 면밀히 논의될 것이다. 다음에 나열되는 것은 디자인 요소들이다.[8]

- 라인 : 직선, 곡선, 대각선, 수직, 수평, 두꺼움, 얇음, 흐릿한, 선명한, 단절적, 연속적
- 공간이나 면적 : 크고 작음; 개방적, 폐쇄적; 여백과 참; 분리와 중복; 돌출과 오목함
- 형태나 구조 : 이차원, 삼차원, 의복의 실루엣이나 형태, 얼굴 형태와 머리스타일, 의복 요소의 형태(컬러, 소매, 네크라인 등)
- 색상 : 색상(색채군), 명도(밝음, 어두움), 채도(선명한, 둔한); 의복의 색상; 피부, 눈, 머리카락 색
- 패턴 : 기하학적, 플라워, 추상적
- 원단의 재질감 : 소프트함, 스무드함, 거침; 광택, 흐릿함; 반투명, 불투명; 화려함, 정숙함
- 외관상 효과 : 벌키
- 섬유 : 천연, 합성
- 냄새 : 원단의 냄새

디자인 요소의 배열인 디자인 기본 요소는 조화와 화합, 밸런스와 강조, 그리고 비례를 만들어낸다. 이 기본 요소들은 광고 디자인에도 적용 가능한 반면, 특정 이미지와 인상을 만들기 위한 의복 디자인에도 사용할 수 있다.

이 젊은 여성을 보면 어떠한 성격이 떠오르는가? 당신은 이 여성을 어떻게 지각하는가?

3. 대인지각

의복은 무언의 의사소통 형식이고, 사람을 판단하는 데 근원이 된다. 우리는 한정된 정보에 입각하여 순식간에 상대방에 대한 첫인상을 형성한다. 그렇기 때문에 "첫인상을 형성할 두 번의 기회는 없다."라는 말이 있는 것이다. 의복은 틀림없이 우리가 소유하고 있는 모든 제품 중 가장 상징적인 것이다. 또한 개인의 생각을 나타내거나 소통하는 견고한 방식이라 할 수 있는 표현적 성격 때문에, 우리가 사용하는 제품 중에서도 표현성이 짙고 강력한 제품에 속한다.[9] 우리는 의복의 상징적 특성에 함축되어 있는 의미들을 가지고 메시지를 서로 소통한다. 호프만(Hoffman)은 앞부분에서 논의된 바 있는 의복 요소로부터 발전된 메시지들에 대해 규명했다.[10]

- 남성성 : 바지, 무거운 소재
- 여성성 : 스커트, 섬세한 소재
- 지배성 : 빳빳한 직물, 퍼, 가죽, 높은 모자나 컬러, 어두운 색상, 금속
- 사회적 권위 : 값비싼 소재, 디자이너 의복
- 자율성 : 캐주얼한 맞음새, 다림질 되어 있지 않은 의복, 걷어붙인 소매

우리의 의복과 액세서리는 성별, 나이, 직업, 물질적 지위, 경제적 지위, 자존심, 태도, 가치 등 이 책의 다른 장에서 두루 다루어지는 개인적, 사회적 변인들에 대해 이야기 해 준다. 다른 사람은 우리의 옷에서 자극을 받아들이고 판단을 내리기 때문에 우리는 우리가 만드는 첫인상을 관리하거나 조작하기 위해 이 상징들을 종종 이용하기도 한다.

의복은 여러 가지 의미를 가지고 있다. 예를 들어 "진(jean)이란 무엇인가?"라는 질문에도 여러 가지 답이 있을 수가 있다.[11] 농업 노동자, 인권, 혹은 젊음의 하위문화와 같은 단체의 멤버십을 나타낸다고 말할 수도 있고, 디자이너 제품, 유니섹스, 편안함, 현실성, 그리고 섹시함을 이야기할 수 있다. 이처럼 수많은 의미가 있기 때문에, 의복 상징을 통해 소통하는 데에 있어 불명료할 가능성이 다분하다.

의복을 변수로 대인지각을 연구한 사례는 많이 있는데, 일반적으로 우리가 의복을 착용하는 방식은 다른 사람이 우리를 평가하는 데 영향을 미친다는 결과를 보였다. 의복과 화장품은 매력성과 관련이 있어 왔다.[12] 성격, 사회적 지위와 사회, 정치, 성에 대

한 태도, 사교성, 경영자나 선생님의 특징에 관한 평가는 의복에 근거해 이루어진다.[13] 심지어는 학생의 의복 하나만 가지고도 지적 능력과 학문적 성취도가 평가될 수 있다.[14]

대학생들이 캘빈 클라인 청바지를 가진 사람과 일반 청바지를 가진 사람을 비교했을 때, 캘빈 클라인 청바지를 가진 사람을 더 유행에 동조하고, 사치스럽게 지각한다고 밝혀졌다.[15] 이 결과에 동의하는가?

사람의 본질적 성격에 대한 추론 이외에도, 사람들은 가족, 일하는 도시, 장소의 타입까지 추론을 넓히는 경향이 있다. 한 연구에서는 '적합한' 의복을 착용한 택시 기사가 '부적합한' 의상을 입은 사람에 반해, 그가 일하는 도시가 안전한지, 붐비지는 않는지, 좋은 기회가 있는지, 좋은 쇼핑장소가 있는지 등에 대한 추론을 유도한다고 밝혔다.[16]

4. 물리적 지각 : 감각 시스템

외부 자극, 혹은 감각상의 투입은 여러 경로를 통해 받아들여 질 수 있는 감각을 제공한다. 우리는 양복을 입고 있는 남자나 게시판을 보고, 딸랑거리는 소리를 들으며, 캐시미어 스웨터의 부드러움을 느낀다. 새로운 아이스크림의 맛을 보거나, 가죽 재킷의 냄새를 맡기도 한다. 인간의 오감에 의해 받아들여진 투입요소들은 지각 과정의 시작 단계를 구성하는 정제되지 않은 상태의 정보이다. 예를 들어 외부 환경(라디오로 음악을 듣는 등)으로부터 발산된 감각 정보가 그 노래로부터 한 남자의 첫 번째 댄스와 데이트 상대의 향수 냄새에 대한 기억을 유도하면, 내부감각 경험이 발생된다. 이러한 반응은 **쾌락적 소비**(hedonic consumption)의 중요한 요소로, 제품과 소비자의 다감각(multi-sensory), 공상, 감정적 측면의 상호작용을 통해 나타난다.[17]

특히 어떤 브랜드가 감각과의 특정한 조화를 만들어 낼 때, 제품의 독특한 감각적 성질은 경쟁에서 두드러질 수 있게 도와주는 중요한 역할을 한다. 오웬-코닝(Owens-Corning)은 색상을 트레이드마크로 쓴 첫 회사로 밝은 핑크를 제품에 사용하고 핑크 팬더를 회사 상징으로 채택했다. 할리 데이비슨은 오토바이를 가속할 때 나는 특정한 소리를 트레이드마크로 삼았다.[18] 쾌락적 소비는 제품의 판타지한 측면을 부각시키기 위한 여러 마케팅 전략 내에서 중심적인 역할을 하는데, 샤넬의 '필 더 판타지(Feel the Fantasy)' 의 광고도 이에 속한다.

1) 시각

디스플레이, 광고, 점포 디자인, 포장에 있어 마케터들은 시각적 요소에 많이 의존한다. 의미는 제품의 색, 사이즈와 스타일을 통한 시각적 경로에 의해 소통된다. 1990년대 후반에 유쾌한 컬러의 아이맥 컴퓨터를 소개한 애플 컴퓨터는 최초로 철저히 기능적인 제품에 컬러를 더한 경우였다. 이 아이디어는 휴대폰 기기 판에 색상과 패턴을 넣은 노키아 핸드폰을 비롯해 카메라 회사, CD 플레이어 등 다른 제품에도 도입되었다.

(1) 생리적이고 학습된 색 반응

색은 우리의 감정에 보다 직접적으로 영향을 미칠 수 있다. 파랑은 보다 편안한 색인 반면, 빨강은 감정을 만들어낸다는 연구가 있다. 광고 속에서 파란 배경 앞에 놓여진 제품이 붉은 배경을 사용한 것에 비해 더욱 선호되고, 비교 문화 연구에서도 캐나다나 홍콩에 사는 사람들이 파란색에 대한 지속적인 선호가 나타난다.[19] 녹색이나, 노란색, 푸른색(Cyan)이나 주황색 등의 색상은 주목을 끄는 최선의 색채로 간주되지만 이러한 색상의 광범위한 사용은 시각적 피로를 유발하고 사람들을 흥분시킬 수 있다.[20]

색상에 관한 몇몇 반응들은 학습된 연상에서 비롯된다. 잇치 빗치 엔터테인먼트(Itsy Bitsy Entertainment)의 '텔레토비(원제 : Tinky Winky)' 라는 프로그램 중 보라돌이에 관한 놀라운 뉴스가 대서특필되었다. 이 프로그램을 비평한 한 비평가는 보라색을 동성연애자와 연결시켰고, 보라돌이가 동성연애자의 역할 모델일 수도 있다고 주장했다.[21] 서구의 나라에서는 검은색이 추도를 상징하는 것이지만, 동양에서는 흰색이 그 역할을 대신한다. 더욱이 우리는 검은색을 힘과 연관 짓고, 그것이 검은 색을 입는 사람에게 영향을 미칠 수도 있다. 검은 유니폼을 입는 내셔널 풋볼 리그의 팀과 내셔널 하키리그의 팀은 모두 가장 공격적이고 항상 시즌 내 반칙 랭크 최상위에 오른다.[22]

최근의 전국 여론조사에서는 나이, 인종과 성의 인구통계학적 요인이 색 선호에 영향을 미친다는 것이 밝혀졌다.[23] 늙은 사람은 색이 선명하게 보이지 않기 때문에 하얗고 밝은 톤의 색에 끌린다. 베이비부머가 나이가 듦에 따라 이러한 사실이 패션업계에 큰 영향을 미칠지 모른다. 히스패닉들은 밝고 따뜻한 색을, 흑인들은 자신들의 전통이 스며있는 밝고 강렬한 색을 선호한다. 파란색은 모든 인종에 있어 제일 선호하는 색상이지만, 둘째로 선호하는 색은 달랐다. 흑인과 히스패닉이 보라색을 선호하는 반면,

타문화 엿보기
MULTICULTURAL DIMENSIONS

아시아인은 분홍을, 백인은 녹색을 선호한다. 여성은 더 밝은 색을 선호하고 미묘한 색조와 패턴에 민감하다. 그러나 30세 이하의 집단에서 성별의 차이는 사라져 보인다. 한 컨설턴트는 "그러나 이는 배경에 따라 달라진다. 군인에게 분홍색 옷을 입힐 수는 없다. 그러나 디젤은 분홍 남성복을 만들 수 있을까? 물론이다."[26]

색상(빨강이나 파랑 등의 컬러)은 우리가 색으로부터 얻는 인상을 결정하는 유일한 요소가 아니다. **명도**(밝음과 어두움)와 **채도**(맑음과 탁함)도 역시 중요한 요소이다. 앞에서 언급한 것과 같이, 대다수의 사람들이 파란색을 차분하게 생각하는 반면, 적색은 자극적이라고 보지만 과연 항상 그런 것일까? 탁하거나 회색톤이 나는 붉은색은 채도가 높은 적색과는 다른 인상을 만들고, 밝은 파랑이나 어두운 파랑은 다른 감정이나 지각을 유발한다.

일부 연구는 색에 대한 심장 박동, 혈압, 갈바닉(galvanic) 피부 반응 등의 생리학적 반응을 조사했고, 다른 연구들은 보다 주관적인 심리적 반응에 초점을 맞추어 연구하였다. 그동안 지적되어 왔던 한 가지 문제점은 선행연구의 통제부족이다. 색상이 태도에 어떠한 영향을 미치는지에 대해 인용되는 연구는 1942년에 행해진 것인데다가,[27] 실험은 단지 세 명에서 다섯 명의 피실험자에게 행해졌는데, 모두 중앙 신경계에 장기 질환이 있는 환자들이었다. 색에 대한 심리적 반응의 개념에 대해 이루어진 다수의 선행연구는 이와 비슷하게 이루어졌다. 적합한 과학적 통제를 이용하는 실험적인 연구에서는 물리적인 반응에 있어서 유의한 차이를 발견할 수 없었다. 적색과 파란색에 대한 반응에는 차이가 있을지 몰라도, 그것은 학습된 반응과 더 연관이 있는 것이다. 만약 우리가 적색이 흥분되는 색이라고 믿도록 학습한다면, 그렇게 느낄 것이다.[28]

프린트 제조업자의 색 카드를 만드는 업체인 팬톤(Pantone : www.Pantone.com)은 실제적으로 텍스타일, 어패럴, 그래픽 아트와 디지털 테크놀로지 회사와 색으로 대화하는 선두 개발자이며 마케터이다. 그들이 만든 팬톤 매칭 시스템(Pantone Matching System)은 정확한 색 복제를 위한 세계적 표준이 되었다.

아래에 있는 컬러스코프 박스는 미국 내 색의 의미에 대한 팬톤의 컨셉을 보여준다.

(2) 컬러 예측

색의 빈도는 제품과 패키지 디자인에 있어 중요한 문제이다. 과거 이러한 선택은 무심코 행해지기도 했다. 예를 들어 우리에게 친숙한 캠벨사(Campbell)의 수프 깡통은 회사의 대표가 코넬 대학교의 축구팀 유니폼을 좋아했기 때문에 흰색과 빨간색으로 만들어졌던 것이었다. 하지만 이제 색은 중요한 사항이고, 기업들이 색의 선택이 소비자로 하여금 그 패키지 안에 어떤 것이 들어있는지에 대한 가정을 하는데 큰 영향을 준다는 것을 깨닫는다. 이러한 '포장(package)'은 의복뿐 아니라 자동차나 앞에서 언급한 것과 같이 컴퓨터, 전화기, 시계 등 소비자의 유행의 흐름에 따라 변하는 색에 대한 선호를 찾아볼 수 있는 것들을 포함한다. 이것이 바로 텍스타일과 자동차 페인트 산업을 주도하는 듀퐁사(Dupont)가 시대를 앞서가며 소비자의 색에 관한 취향을 예측하는데 지대한 노력을 기울이는 이유이다.

1990년대의 대부분은 검정 혹은 무채색이 유행색이었다. 바니스(Barney's) 백화점을 걸으면서 가게 안, 점원, 심지어는 선반에서도 거의 아무런 색을 보지 않으면서도 걸을 수 있을 정도였다. 그러나 현재는 유행하는 모든 색상을 보기 때문에 샹들리에가 흔들리는 것으로 보일 지경이다. 빨간색은 색의 부활 속에서 중심축을 이루고 있으며[29] 심지어는 주황색도 한 시즌 내 여성복이나 남성복 어디서나 볼 수 있다.

기업에게 미래에 어떠한 색이 유행할지를 제안해 주는 컬러 예측 기관이나 연합들이

컬러스코프 (colorscopes)

팬톤은 특정 색과 연관되는 의미를 보여주는, '컬러스코프'라고 하는 컬러 프로필을 개발해냈다. 아래는 색과 관련된 핵심어들이다.

- **빨강**: 삶에 대한 열정, 승리자, 성취자, 긴장, 충동적, 활동적, 경쟁적, 대담무쌍한, 공격적, 열정적
- **핑크**: 순화된 빨강이기 때문에 열정을 깨끗함으로서 누그러뜨린다. 로맨스, 달콤함, 섬세함, 고상함, 부드러움
- **노랑**: 햇빛과 강하게 연관되기 때문에 밝고 따뜻함
- **주황**: 빨강과 노랑의 결합으로 양쪽 컬러에서 오는 많은 특성을 가지고 있음. 활기와 따뜻함
- **브라운**: 부와 안정, 대지의 어머니, 지속적임, 믿을 만한
- **베이지**: 갈색과 비슷하지만 덜 강렬함, 따뜻함, 실용적임
- **녹색**: 안정, 균형, 자연과 같은, 꼼꼼함, 관대함
- **파랑**: 정적임, 평화, 세계적으로 가장 선호되는 컬러, 시원함과 자신 있음
- **바다색(Teal)**: 파랑과 녹색의 많은 특성과의 결합, 자기 확신(self-assured)
- **보라**: 빨강과 파랑의 결합. 미스터리와 호기심. 불가사의함, 높은 창조성
- **라벤더**: 정제의 추구
- **회색**: 모든 음영의 가장 중립적, 안정적인, 안전한, 현상유지
- **진회색**: 중립적이지만 베이지의 따뜻함을 더함; 고상한, 실용적임
- **검정**: 색의 부정, 관습적인, 보수적인, 심각함
- **흰색**: 깨끗함과 순수함

몇몇 있다. 패션 산업에서는 섬유나 원단 시장 내 초기 의사결정을 색에 의존해 하기 때문에, 디자이너들이나 유통업자들은 특화된 예측 기관과 밀접한 관계를 맺고 있다. 이러한 기관들 중 주요한 기관들은 국제 컬러 공사(ICA : International Color Authority), 컬러협회(The Color Association), 컬러 마케팅 그룹(Color Marketing Group), 컬러박스(the Color Box)와 휴포인트(Huepoint)를 들 수 있다.[30] 컬러 예측은 프로모스틸(Promostyl : www.promostyl.com), 히어 앤 데어(Here & There : www.hereandthere.net), D3(Doneger Design Direction), 도니거 그룹의 예측 기관(www.doneger.com), 커튼 인코퍼레이티드(Cotton Incorporated)를 포함한 텍스타일 트레이드 연합; 듀퐁이나 벌링턴(Burlington : www.burlington.com)과 같은 텍스타일 기업 등에서 나오는 트렌드 예측의 일부를 포함하고 있다.

팬톤은 소비자의 컬러 선호도에 대해 정기적인 조사를 수행한다. 최근의 조사에서는 파랑색이 국내 가장 인기 있는 색이라는 것이 밝혀졌다. 파랑색 다음으로는 녹색이었다(앞에서 언급한 바와 같이, 이는 인종에 따라 달라진다). 환경주의와 자연보존이 사회적 이슈로 떠오름에 따라 녹색의 인기도 상승했다. 2000년이 되면 하늘색, 따뜻한 산호색(hot coral), 오팔 빛이 나는 녹색, 담황색을 띠는 노란색, 그리고 다갈색 등이 유행할 것이라 예측했다. 유행 컬러에 있어 유일한 문제는 바로 컬러에 붙여지는 독창적 이름이다. 한 회사에서 쓰이는 '토스트(toast : 다갈색)' 라는 이름은 먹는 '토스트(toast)' 와는 다른 것이다. 어느 해 '구름(cloud)' 이라는 컬러가 인기 있었던 적이 있었는데, 사실 그 색은 분홍이었다. 그렇기 때문에, 생산 현장에서는 특정한 컬러를 지칭하기 위해서 특정 숫자로 이루어진 표시법이 있는 팬톤이나 먼셀 컬러 시스템이 중요하다.

새로운 컬러 트렌드도 독일 프랑크푸르트의 인터스토프(Interstoff), 프랑스 파리의 프리뮈에르 뷔종(Premiere Vision), 이탈리아의 코모에서 열리는 이데아코모(Ideacomo)나 뉴욕의 국제 패션 직물 박람회(IFFE : International Fashion Fabric Exhibition) 등을 통해 전 세계에 소개된다.

(3) 트레이드 드레스로서의 색

어떤 컬러의 조합은 기업과 강하게 결합하여 기업의 트레이드마크와 유사한 트레이드 드레스(trade dress)로 알려지게 되고, 기업은 이러한 컬러를 독점적으로 사용할 수 있다. 예를 들어 이스트맨 코닥은 노란색, 검은색, 그리고 빨간색으로 구성된 트레이드

빨강은 새로운 기본 컬러가 되었다.

드레스를 법정에서 성공적으로 지켜냈다. 그러나 원칙적으로는 트레이드 드레스의 방어는 경쟁사의 패키지와 비슷한 채색 때문에 소비자가 구매 제품을 혼동할 수 있는 경우에만 가능하다.[31] 토미 힐피거는 그의 라벨을 위해 빨간색, 흰색, 그리고 파란색의 독점적인 사용권을 보호하려 시도했으나 이것은 미국에서는 불가능한 것 같다.

(4) 미디어를 통한 컬러의 해석

이 장의 시작에서 인터넷 쇼핑몰에서 산 주황색 스웨터의 색이 기대했던 것과는 달라 실망했었던 수잔의 이야기를 함께 살펴보았다. 우편 주문과 인터넷 쇼핑의 문제점 중 하나는 판매하는 제품 컬러의 재현에 관한 것이다. 사이버 다이얼로그 리서치(CyberDialog Research)의 연구에 의하면, 약 60%에 달하는 구매자들이 모니터에 나타나는 색을 믿지 않는다고 한다. 다른 30%는 색의 문제 때문에 구매를 거부하고, 15%는 색이 기대와는 달랐기 때문에 반품했다.[32] 이러한 문제에 대한 해결책은 트루 인터넷 컬러(True Internet Color)로 이는 이-컬러(E-Color)라는 캘리포니아의 한 회사에서 개발된 소프트웨어이다. 이 도구를 사용해 웹에서 구매자들은 그들의 모니터를 보다 정확하게 조절하도록 요구받는다. 이 측정은 유효한 사이트 내에서 소프트웨어를 활성화시킬 수 있다.[33] 블루밍데일(Bloomingdale)이 이 서비스를 이용한 최초의 온라인 소매업자이며 이 측정을 이용한 사람들의 87%가 정확한 이미지를 얻었다. 다시 말해, 13% 이하의 사람들만 애초에 정확한 이미지를 보고 있었다는 이야기가 된다. 정확한 컬러를 포함, 웹사이트 내의 이미지를 향상시키는 것은 향후 발전해야 할 영역이다.

2) 냄새

냄새는 감정을 자극하거나 진정시킬 수 있고 기억을 유발하거나 스트레스를 완화시킬 수도 있다. 향기에 대한 우리의 초기 연상에서 오는 반응은 좋거나 나쁜 감정을 유발하고, 이는 기업이 왜 후각, 기억과 분위기의 연관성을 찾는지에 대한 설명이 된다.[34] 이러한 감정을 유발하는 여러 새로운 냄새들은 예상치 못했던 곳에서 다가온다. 더트(Dirt) 코롱은 화분에 담긴 흙 같은 냄새가 나는데, 이것은 디메터 프라그랑스(Demeter Fragrance)라는 곳에서 만들어지는 62개의 '단일향(single-note)' 자연향 중 하나이다. 당근, 샐러리, 그리고 오이 등의 향도 있으며 휘발유 냄새, 땀 냄새(매력적

이지 않은가?) 등의 단일향 향수가 개발 중에 있다.[35] 프록터 앤 갬블사의 프시케
(Physique) 샴푸는 수박 향이 난다.[36]

향기는 뇌 속 가장 중요한 부분이고 즉각적인 감정이 경험되는 대뇌 변연계 시스템
에 의해 처리된다. 냄새는 행복, 배고픔, 심지어는 행복했던 기억의 감정까지 향하는 직
접적인 통로이다. 이는 최근 바닐라 향이 향수에서 케이크 장식, 커피, 아이스크림(예를
들어 코티(Coty)는 1분기 동안 2천 5백만 달러 가치의 바닐라 필드(Vanilla Field) 코롱
스프레이를 팔았다)에 이르기까지 광범위하게 쓰이는 이유이다. 한 기업의 간부는 바닐
라가 "집에 대한 기억, 가족의 단란함, 따뜻함과 포옹을 연상시킨다."고 설명한다.[37]

향수 협회(Fragrance Foundation)와 뉴욕의 올팩토리 리서치 펀드(Olfactory
Research Fund)의 회장은 "우리의 후각을 통해 삶의 질을 섹시하게, 에너지가 넘치게,
잠을 편안히 자게 향상시킬 수 있다."고 이야기한다. 향수 산업은 미국 내에서만 6십
억 달러 규모이고, 가정 방향 산업은 지난 십 년 동안에 비교해 두 자리 수 이상 성장
했다.[38] 업체들은 고대 아로마테라피 요법을 이용하여 사람들의 환경을 변화시키는 데
큰 성공을 거둘 수 있다는 것을 발견했다.

- 평온을 위한 바닷바람
- 완화를 위한 라벤더
- 자기성찰을 위한 녹차
- 활력을 위한 소나무
- 관능을 위한 재스민

어느 아로마테라피 상용자의 말이다. "향기에 관심을 두는 이유는 간단하다. 만약
나쁜 향내가 당신을 아프게 할 수 있다는 것은, 좋은 향내가 당신을 건강하게 만들 수
있는 것과 같다."[39] 이 컨셉이 양초와 로션에서 가장 성공적이었고, 슬립 테라피(sleep
therapy) 등 다른 제품들도 유명해 질 것이라 기대되었다. 1997년 코티 사는 이러한
카테고리를 대중에게 인지시킨 힐링 가든(The Healing Garden)이라는 아로마테라피
제품라인을 선보였다. 그러나 몇몇의 회사는 개념 없이 아로마테라피의 이름을 사용
하고 있는데, 그들은 에센셜 오일을 사용하지 않고, 단지 향기만 사용하고 있다. 많은
회사들은 자연적 원료가 어떻게 스트레스를 줄이고 긴장완화를 돕는지에 대한 소비자
교육 증대의 필요성을 깨닫고 있다.[40]

많은 기업들이 향수 사업에 뛰어들었다. 예를 들어 토니 앤 티나(Tony & Tina)는 전

통적인 뷰티 아이템인 립스틱이나 거품 목욕제에 라벤더, 베르가모, 로즈마리나 장미 향수를 주입했다. 그 회사의 립글로스는 제라늄과 귤 향기가 난다.

향수 광고에서부터 시작된 향기 광고는 현재 9천만 달러 규모의 사업이다. 잡지 사이에 끼어있는 향수 스트립(perfume strip)은 약방의 감초 같이 되었다. 그러나 향수에 알레르기가 있는 사람에게 이러한 스트립은 문젯거리다. 북부 캘리포니아의 어떤 지역에서는 우편으로 오는 향수 스트립의 비합법화를 시도했다. 광고업자에게 전하는 또 다른 경고가 있는데, 바로 이러한 기법을 쓰면 광고를 제작하는데 최소한 10% 정도의 원가가 더 든다는 것이다.

거의 모든 백화점 이용자들은 향수 스프릿저(spritzer)에 요격되거나, 향수 코너에서 여러 향을 맡아보려 했던 경험이 있다. 얼마 후 그들은 '분간하기 힘든 향들의 혼합' 상태가 된다.[41] 향기 마케팅은 재미있는 국면을 맞이하게 되었다. 하나의 새로운 컨셉은 매대에서 소비자가 한 번에 한 향기를 가진 제품만 뿌리는 샘플링을 하는 것이다. 이 방법은 빠르고 편리하며 다른 사람에게 방해가 되지 않는다. 또한 향은 금방 사라진다. 분자향은 향 컨트롤러(Scent Controller)라는 비디오 플레이어 같은 것에 넣는,

색채 감각과 향기(향수 스트랩이 부착되어 있음)가 합체된 힐링 가든의 광고. 정제액에 대한 설명은 제품의 테라피적 특성을 암시하는데 이용된다.

discover the many ways to well-being...

relaxing lavendertheraphy
with natural extracts of
lavender flowers, chamomile and valerian

energising tangerinetheraphy
with natural extracts of
tea tree, ginseng, mandarin and balm mint

enlightening green teatheraphy
with natural extracts of
asian sandalwood, peony petals and everlasting

sensual jasminetheraphy
with natural extracts of
ylang ylang, passion flower and neroli

the healing garden
holistic fragrances for the mind, body and spirit
pressure point lotion and gel, aroma oils, body soaks, lotions and cleansers, cologne sprays, candles, room sprays, potpourri
for a store near you, please call: 1-800-400-1114 or visit us at our website: www.HealingGarden.com

비디오 카세트 같이 생긴 향 카트리지(ScentCartridge)에 담겨져 있다. 소비자들이 아이콘을 누르면 향분자가 방사된다.[42] 향을 이용하는 또 다른 유행의 하나는 '향기가 나는 옷' 이다. 텍스타일 산업은 마이크로캡슐 안에 향기를 넣음으로써 생기는 향이 나는 특성을 가진 옷으로 지을 수 있는 뉴에이지(New Age) 섬유를 개발하였다. 프랑스의 한 란제리 회사는 만지면 향이 분출되는 란제리를 판매하고 있다.

컬러 분야에서 보았듯이, 인터넷은 향기가 나는 제품구매에 있어 한계가 있다. 단순히 제품을 집어 클릭하는 인터넷 쇼핑은 다른 쇼핑에서 느끼는 쇼핑경험들이 빠져있다. 어떻게 인터넷상에서 향수며 코롱을 살 수 있는가? 쇼핑몰 안에서 솔솔 나는 '필드 아줌마의 쿠키(Mrs. Field's Cookies)' 를 굽는 냄새 같은 것이 결여되어 있지 않는가? 카탈로그나 잡지가 향기 스트랩으로 이러한 문제를 해결한 것처럼 인터넷 판매자 역시 해결방안을 내놓기에 이르렀다(인터넷상의 컬러 문제를 해결한 것처럼). 디지센트(DigiScents Inc.)의 아이스멜(iSmell) 박스를 컴퓨터에 연결하고, 구매를 결정하기 전에 냄새를 맡으면 된다. 프린터가 빨강, 파랑, 노랑 잉크를 섞어 컬러를 내는 것처럼 디지센트(DigiScent)의 소프트웨어는 아이센트(iScent)에게 체리나 초콜릿, 혹은 소나무 향을 내기 위해서 128개의 '향기 원소' 혹은 '기본 향내' 를 어떻게 조합할지 명령한다.[43] 지금까지 수천 가지의 향이 디지털화 되어졌고, 앞으로도 계속 진행될 예정이다.

이 에버라스트 스포츠 어패럴의 광고는 향기가 첨부된 광고의 급증으로 재미를 자극한다.

3) 소리

음악과 소리 역시 마케터들에게 중요하다. 소비자는 수백만 달러 어치의 음악 레코드를 매년 구매하고, 광고음악은 브랜드 인지도를 유지하고, 배경음악은 원하는 분위기를 이끌어낸다.[44] 소리의 많은 측면이 사람들의 감정이나 행동에 영향을 미칠 수 있다. 소비자 배경에 있어 널리 적용되어 있는 연구의 두 분야는 배경음악이 감정에 미치는 효과와 말하는 속도가 태도 변화와 메시지 이해에 미치는 영향에 관한 것이다.

(1) 배경음악

패션 소매업자들은 젊은이들을 위한 매장에서는 유명한 노래를 크게 틀어놓는 등, 자신들의 시장에 맞는 음악으로 맞춘다. 여러 표적 시장을 대상으로 하는 백화점에서는 대개 각 층마다 다른 음악을 튼다. 비공식적 연구들에서는 매장 내에서의 음악 크기와 종류가 부분적으로 소비자의 물건에 대한 판단에 영향을 미치는 것으로 밝혀졌다. 제13장에서 논의되는 것처럼 몇몇 소매업자들은 그들의 매장 내에서 트는 음악이 판매량을 증대시키는 것을 발견했다. 랄프 로렌, 빅토리아 시크릿, 포터리 반과 스타벅스는 그들 매장 분위기의 중요한 부분을 차지하고 있는 매장 음악을 판매하고 있다.

　패션매장의 음악보다 다소 조용한 음악을 뮤작(Muzak)이라고 한다. 뮤작 기업(Muzak Corporation)에서는 매일 8천만 명의 사람들이 자신들의 음악을 듣는다고 추정한다. 이런 다소 기능적인 음악은 점포, 쇼핑몰, 사무실에서 소비자들을 편안하게 하거나 자극하기 위해 들려준다. 연구 결과에 의하면 직장인들이 오전과 정오에 나태해지는 경향이 있는데, 뮤작은 이러한 활기 없는 시간대에 활기를 주기 위해 '자극 개발'이라고 불리는 시스템으로 사용된다. 뮤작은 공장직원들 중 장기결근을 감소시키는 요인과도 관련이 있고, 심지어는 소의 우유와 닭의 달걀 생산량 증가에도 영향을 미친다고 한다.[45] 그렇다면 당신의 기말 과제에는 어떠한 영향을 미칠 것인지에 대해 생각해 보길!

(2) 음악 판매와 표절

사실 대학생은 많은 음악을 듣지만, 뮤작을 듣는 것은 아니다. 많은 산업(의류, 식품, 음악)의 대형 맞춤화(mass customization)의 일부로서, 리퀴드 오디오(Liquid Audio), 엠피스리닷컴(MP3.com)과 같은 회사들은 점포 내 디지털 음악의 매대 안에서 소비자들이 음악을 먼저 들어볼 수 있고, 개인 편집 CD도 구울 수 있게 하고 있다.[46]

그러나 냅스터(Napster)는 2000년 초 대학캠퍼스 내에서 엄청난 '소란'을 만들어냈고, 음반회사와는 엄청난 불화가 생겼다. 사실, 냅스터(www.napster.com)의 최후의 운명과 음악 산업의 미래는 아무도 모른다. 인터넷을 통해 이용자들에게 즉석에서 음악 파일(MP3파일)을 공유할 수 있게 한 인터넷 음반회사인 냅스터는 합법과 불법 음원을 교환하는 고등학생들과 대학생들 사이에서 매우 유명하다. 미국 레코딩 산업 협회(Recording Industry Association of America)와 몇몇 음악 그룹들(특히 잘 알려진 메탈리카 같은 그룹)은 저작권이 있는 음악의 불법복제판을 다운로드 할 수 있게 한 회사를 고소했다. 대학 캠퍼스들은 음악 다운로드 시스템의 유행으로 인한 인터넷의 과부하를 보고했다.[47] 몇몇 대학들은 대학 초고속 인터넷 망에서의 디지털 트래픽 문제와 이메일, 그리고 인터넷의 학습적 사용을 위해 MP3 압축파일을 공유하는 사이트 접속을 재빨리 금지했다. 인터넷을 통해 제공되는 이런 시스템의 인지와 유행은 오늘날의 즉각적인 의사소통과 함께 빠르게 움직인다.

(3) 시간 압축

시간 압축은 방송인에 의해 사용되는 기술로서 소리의 개념을 조절하는 것이며, 광고 내에서 아나운서의 목소리를 빠르게 하여 제한된 시간 안에 보다 많은 정보를 보내주는 방법이다. 말의 빠르기는 일반적으로 대략 정상의 120% 내지 130% 정도 가속화된다. 대부분의 사람들은 이를 알아채지 못하는데, 실제로 몇몇 실험에서는 소비자들이 정상보다 약간 더 빠른 전달을 선호한다고 밝혀졌다.[48]

시간압축의 효과성에 대한 증거는 혼재되어 있다. 어떤 환경에서는 설득력이 증가하고 다른 환경에서는 설득력이 줄어든다. 시간압축으로 인한 긍정적인 효과는 청취자들이 화자가 자신감이 있는지 없는지의 여부를 추정하기 위해 사람의 말 빠르기를 사용한다는 것에서 비롯된다.[49] 시간압축의 부정적인 측면은 청취자들이 광고에서 만들어진 주장들을 그들의 마음속으로 받아들이는데 보다 적은 시간이 걸린다는 것이다. 이러한 말 빠르기의 가속은 광고에 대한 반응을 방해하게 되며, 광고 내용에 대한 판단을 내리게 되는 단서를 변화시킨다. 이런 변화는 다른 환경에 따라 태도 변화를 방해하거나 촉진시킬 수 있다.[50]

4) 촉각

촉각 자극이 소비자 행동에 미치는 영향에 대한 연구는 비교적 적게 이루어져왔지만,

일반적인 관찰을 통해 이 감각의 중요성을 알 수 있다. 촉각 자극은 패션 제품이나 의류 제품을 구매할 때 당연히 가장 중요한 기준이 되지만, 구매 행동의 다른 측면에 있어서도 역시 중요하다. 분위기란, 럭셔리한 메시지나 겨울바람에서 비롯되는 피부의 감각에 의해 자극되거나 완화된다. 촉감은 판매 상호작용의 한 요인이라 밝혀진 바 있다.

사람들은 원단의 질감과 제품 표면의 감촉을 품질과 관련짓고, 어떤 마케터들은 포장하는데 있어서 촉감이 어떻게 소비자의 흥미를 사로잡는지에 대해 연구하고 있다. 가정용 미용 품목들을 포장하는 어떤 플라스틱 용기는 '부드러운 촉감'의 합성수지를 섞어 잡았을 때 부드럽고 마찰력이 있는 느낌을 받게 한다. 클레어롤의 신제품 데일리 디펜스(Daily Defense) 샴푸의 위와 같은 포장용기를 시험적으로 사용해 본 실험자들은 그 제품을 사용할 때의 촉감을 '섹시함'이라고 설명했고, 실제로 용기를 손에서 놓으려고 하지 않았다.[51]

의복이나 침구류 혹은, 실내 장식품들의 지각된 윤택함이나 품질은 '감각'이나 '손맛'과 연관되어 있다. **손맛**(hand)은 표면이 손에 닿았을 때 닿는 느낌에 대한 개인적인 반응으로 정의된다. 어떤 원단은 의복과 텍스타일의 심미성에 대한 선행 연구에서 정의된 것과 같이 가볍다, 매끄러우면서 부드럽다, 보드랍다, 새틴 같이 매끄럽다, 딱딱하다, 종이 같다, 바삭하다, 까칠하다, **뻣뻣하다**, 무겁다, 껄껄하다, 거칠다, 따끔따끔하다, 보슬거린다, 미끌미끌하다, 폭신폭신하다고 느껴질 수 있다.[52]

실크 같은 부드러운 직물은 고급스러움과 동일시되고 데님(denim)은 실용적이고 내구적인 것과 동일시 된다. 몇몇의 이러한 촉감/품질의 대립이 표 9-1에 요약되어 있다. 희귀한 재료로 만들어지거나 부드럽거나 섬세하게 하기 위해 고도의 공정을 거쳐야 하는 직물은 더 고가인 경향이 있고 그렇기 때문에 더 고급으로 보인다. 비슷하게, 더 가볍고, 더 섬세한 조직일수록 여성적이라고 간주된다. 거칠음은 종종 남성들에 의해 긍정적으로 평가되고, 부드러움은 여성에 의해 추구된다.

표 9-1 원단의 감촉 대립

지각	남성	여성	
고급	울	실크	섬세함
저급	데님	면	↕
	무거움 ◀━━━▶ 가벼움		거침

출처 : M. R. Solomon, *Consumer Behavior*, 5th ed., p. 49, ⓒ 2002. Reprinted with permission of Pearson Education, Inc., Upper Saddle River, NJ.

Bye-Bye, Crocodile.

The LUBRIDERM® Body Bar and
LUBRIDERM Lotion. Think of them as Shampoo
and Conditioner for your skin.

이 광고는 어떻게 피부의 건조함을 없앨 수 있는지 나타내 보이기 위해 텍스처의 개념을 이용했다.

5) 맛

맛은 보통 패션마케팅과는 관련되지 않지만, 풍미(flavor)는 분명 화장품 산업에 포함되어 있다. 오늘날의 과일 향이 나는 립글로스와 립스틱을 생각해보자.

음식 유행은 의복 유행과 비슷한 주기를 거친다. '맛집(flavor houses)'이라 특화된 회사들은 소비자들의 미각을 즐겁게 하기 위한 새로운 조합의 개발 노력에 여념이 없다. 예를 들어 에스닉 음식에 대한 소비자들의 좋은 평가는 매운 음식에 대한 욕구를 증대시켰고, 아주 매운 고추 소스를 추구하는 것은 최신의 유행이다. 미국 내 50개 이상의 점포가 스팅 앤 린저(Sting & Linger), 헬 인 어 자(Hell in a Jar), 릴리저스 익스피어리언스(Religious Experience; 오리지널, 핫, 래쓰가 있는) 등의 이름으로 강렬한 맛을 제공하는데 특화되어 있다.[53]

이와는 반대로, 일본의 음료 회사들은 건강을 추구하고 해로운 첨가물을 기피하는 일본 젊은이들의 유행을 따라잡기 위해 물과 같은 밋밋한 맛의 음료를 내놓았다. 음료 생산업자들은 속이 투명해 보이는 과일 음료를 만들고 있다. 코카콜라는 음료수 병을 쳐다보며 이것이 물일까 차일까 궁금해 하는 배우가 등장하는 광고를 앞세워 신제품 차를 선보였다. 점포들은 미네랄 워터에 향을 조금 가미한 니어 워터(near waters)로 가득 차 있다. 삿포로는 물을 탄 아이스커피를 판매하고 있고, 아사히 맥주회사는 이러한 트렌드를 종합하는 듯한 이름인 '비어 워터(Beer Water)'라는 이름의 물처럼 투명한 맥주를 만든다.[54] 미국인들에게는 매력적이지 않지만 핫소스를 씻어 내리는 데는 좋을지도 모르겠다.

5. 노출

노출(exposure)은 한 개인의 감각수용범위 내에서 자극요소가 들어올 때 발생한다. 일반적으로 한 자극요소(혹은 메시지)에 더 많이 노출될수록, 소비자는 더 많은 것을 인식한다. 최근 패션 산업은 게시판, 버스 광고나 버스 선반의 광고, 소형 비행기, 심지어는 이동 게시판 등의 옥외 광고를 많이 이용한다. 옥외 광고는 어디서나 보이기 때문에, 사람들은 메시지로부터 벗어날 수 없다. 옥외 광고의 증가는 도심 지역 내 여성의 경제활동 증가에 의한 것이며 패션 산업은 그들의 주목을 끌기 위해 이러한 기회를 잘 이용하고 있다. 버스와 자동차의 랩핑 광고(wrapping ads)는 메시지를 이동가능하고 잊을 수 없게 만든다. 자동차에 사용 가능한 플라스틱 랩(wrap)은 천분의 일 인치 두께이며 쉽게 붙일 수 있고, 계약기간이 만료되면 차체에 해를 미치지 않고 손쉽게 뗄 수 있는 특징을 가지고 있다(www.autowraps.com).[55]

특정 자극에 집중하는 소비자들은 다른 자극에 대해 인지하지 못하거나 심지어는 무시하기도 한다. 미네아폴리스 은행에 의한 한 실험은 소비자들이 관심 있어 하지 않

이 움직이는 게시판은 뉴욕 시내를 돌아다닌다. 만약 소비자가 메시지에 다가오지 않는다면 메시지가 소비자를 찾아간다.

는 정보를 무시하거나 흘려보내는 경향을 보여준다. 새로 통과된 주립 법에 따라 은행이 전자은행에서의 거래에 대한 세세한 사항들을 설명하는 것이 의무화되자, 노스웨스턴 내셔널 은행은 상당한 금액을 들여 그다지 재미있지 않은 내용의 팸플릿을 고객에게 12만 장 배포했다. 그 중 100부의 편지에서는 "10달러를 보상해 드립니다."라는 글귀가 있는 문단을 찾아내기만 하면 10달러를 보상받을 수 있도록 했는데 그것을 신청한 사람은 아무도 없었다.[56] 사람들이 어떠한 것을 지각하지 않기로 선택하는지에 대해 공부하기 전에, 사람들이 어떤 것을 지각할 수 있는지 살펴보기로 하자.

1) 감각 식역

만약 개를 부르는 호각을 불어 본 적이 있고 당신이 듣지 못하는 소리에 애완동물이 반응하는 것을 본 적이 있다면, 사람이 지각할 수 없는 몇몇의 자극이 있음을 알 것이다. 물론 어떤 사람은 장애나 노화로 인해 감각 기관이 약화된 다른 이들보다 감각적 정보를 더 잘 잡아낼 수 있다. 물리적 환경이 어떻게 개인적, 주관적 세계와 통합되는지에 대해 조명하는 연구가 바로 **정신물리학**(psychophysics)이다.

(1) 절대 식역

감각 기관에 등록될 수 있는 최소한의 강도를 가진 자극을 정의할 때, 우리는 식역 (threshold)이라고 한다. **절대 식역**이란 감각 기관에서 감지될 수 있을 정도의 자극상 최소 분량을 말한다. 개를 부를 때 쓰는 호각에서 나오는 소리는 인간이 감지하기에는 너무 고음이기 때문에, 이 자극은 청각의 절대적 식역 밖에 있다. 절대적 식역은 마케팅상의 자극물을 만들어내는데 있어 중요한 고려 요소이다. 어떤 광고판이 가장 흥미 있는 광고 카피를 게재한다 해도, 고속도로를 달리는 운전자가 보기에 활자의 크기가 너무 작다면 무용지물이 된다.

(2) 차이 식역

차이 식역(differential threshold)은 두 자극 사이의 변화나 차이를 감지하는 감각 기관의 능력을 말하고, 인간이 감지할 수 있는 최소한의 차이를 **j.n.d**(just noticeable difference)라고 한다.

소비자들이 두 자극의 차이를 언제 알아 챌 것인지에 대한 문제는 여러 마케팅 상황과 관련되어 있다. 어떤 경우 마케터는 변화가 관찰되어지는 것을 확실히 하고 싶어 하는데, 제품이 할인된 가격으로 제공되는 경우가 그러한 경우이다. 반대로, 가격 인상이나 사이즈 감소 등의 상황에서는 변화가 경시되기를 원한다.

두 자극 간의 차이를 감지하는 소비자의 능력은 상대적이다. 시끄러운 길거리에서는 알아듣기 힘든 귓속말이 조용한 도서관 안에서는 돌연 공공의 대화가 될 수도 있다. 자극이 받아들여질지 아닐지를 결정하는 것은 대화의 시끄러움 자체가 아닌, 대화의 소음크기와 대화가 이루어지는 환경의 상대적인 차이이다.

2) 식역하 지각

대부분의 마케터들은 메시지가 주목받을 수 있게끔 소비자의 식역을 넘는 메시지를 만들기 위해 고심하고 있다. 역설적이게도 상당수의 소비자들은 많은 광고 메시지가 사실상 무의식 상이나 인식(recognition)의 식역 이하에서 지각되도록 만들어진다고 믿는 것 같다. 식역 이하의 수준으로 떨어지는 자극을 식역하라고 한다. **식역하 지각** (subliminal perception)은 자극이 소비자가 인식할 수 없는 수준일 때 일어난다.

실제적으로 소비자 행동에 미치는 영향에 대한 증거가 없음에도 불구하고, 식역하 지각은 30년 이상 대중을 사로잡아온 원리이다. 미국 소비자에 대한 연구에서는 거의 3분의 2 정도가 식역하 광고가 있다고 믿었으며, 반 이상이 이러한 기술이 진짜로 원하지 않은 물건을 사도록 만들 수 있다고 믿었다.[57]

사실 식역하 지각이라고 '발견'된 대부분의 실례들은 식역하가 전혀 아니라 상당히 가식적인 것이다. 만약 어떤 것을 듣거나 볼 수 있다면 그 자극은 의식적 인지의 수준 위에 있기 때문에 식역하가 아님을 기억하라. 그럼에도 불구하고, 식역하 설득에 대해 계속되는 논쟁은 개인의 의지에 반하여 소비자를 조작할 수 있는 광고와 마케터의 능력에 대한 대중의 믿음을 형성하는데 중요하게 여겨져 왔다.

(1) 식역하 기술

식역하 메시지들은 가정상 시각적, 청각적 경로를 통해 보내진다. 임베드(embed)는 잡지 광고 사이에 삽입된 작은 형상으로 고속 사진이나 에어브러시(airbrush)로 처리된 것이다. 보통은 성적인 특성을 가지고 있는 이런 숨겨진 형상들은 가정상으로는 순진무구한 독자들에게 강력한 효력을 발휘하고 무의식적 영향을 미친다. 오늘날까지 이 숨겨진 메시지들의 유일한 영향은 여러 작가들에 의해 쓰인 '익스포제(exposés)'를 판매하는 것이고, 몇몇 소비자(그리고 소비자행동론을 공부하는 학생)가 지면 광고를 조금 더 가까이 들여다 볼 수 있도록 하는 것이다.

많은 소비자들이 소리 녹음에 숨겨진 메시지의 효과에도 매료된다. 성장하고 있는 자조(self-help) 카세트 시장에서 청각의 식역하 지각 기술을 이용하려는 시도를 볼 수 있다. 일반적으로 파도가 부서지는 소리나 기타 자연의 소리로 구성된 이러한 테이프들은 가정상으로는 듣는 자가 금연, 다이어트, 그리고 자신감을 향상하는 것을 도와주기 위한 식역하 메시지를 포함하고 있다. 이 시장의 빠른 성장에도 불구하고 청각적 경로로 보내어지는 식역하 자극이 행동에 있어 원하는 변화를 가져오는지에 대한 연구는 거의 없다.[58]

음반의 숨겨진 자조 메시지에 대한 관심과 함께, 어떤 소비자는 락 음악 안에 거꾸로 녹음된 악마적 메시지에 대해 염려한다. 유명한 언론매체에서 이러한 이야기에 대한 관심을 불러일으켰고 주 의회는 이러한 메시지에 대한 경고 라벨의 의무 법안을 검토했다. 몇몇 앨범에서 거꾸로 녹음된 메시지가 발견되는데, 레드 제플린의 유명한 노래인 '천국으로의 계단(Stairway to Heaven)'에서의 "아직 변화할 시간은 있다(There's still time to change)."의 가사를 거꾸로 재생시키면 '나의 달콤한 악마에게(so here's my sweet Satan)' 처럼 들린다.

앨범을 거꾸로 돌리는 것에 의한 이런 신기함은 음반을 판매하는데 일조할지 모르나 '악마' 메시지는 아무런 효과가 없다.[59] 인간은 무의식 수준에서 작용하는 거꾸로 오는 신호를 해독할 만한 언어적 지각 메커니즘이 없다. 반대로 매장 내 들치기를 예방하기 위해 미국 내 천만 개 이상의 점포에서 방송되는 "나는 정직하다, 나는 훔치지 않는다, 훔치는 것은 정직하지 않다."등의 미세한 음향적 메시지는 실제로도 효과가 있는 것으로 나타난다. 그러나 식역하 지각과는 다르게 이러한 메시지는 식역메시징(threshold messaging)이라고 알려진 기술을 사용해 미세하게나마 들을 수 있는 수준으로 방송된다.[60] 9개월간의 시험 기간 후 점포의 절도 손해는 40%가 감소하였고 회사는 6십만 달러를 절약할 수 있었다. 그러나 어떤 증거는 이런 메시지들이 이러한 암시에 걸리기 쉬운 개인에 한해 효과적이라고 밝힌다. 예를 들어 무언가를 훔치려고는 하지만 죄책감을 느끼는 사람은 단념하겠지만, 이런 너그러운 말들이 전문 도둑을 동요시키지는 않을 것이다.[61]

이러한 기술들이 대부분의 마케팅 환경에서 널리 사용될지는 의문이다. 우리의 주목을 끌 수 있는 더 나은 방법이 명백히 존재한다―다음 부분에서 이에 대해 알아보자.

6. 주의

강의실에 앉아있으면서도 당신의 마음은 다른 곳에 가 있을 수 있다. 잠시 교수의 말에 집중을 하고 나서는 다가오는 주말에 대한 공상에 잠겨 있다가 돌연 이름이 불려지는 소리에 정신을 차리게 된다. 다행히 당신을 호명하는 것은 아니었다. 교수는 동명이인의 다른 '희생자'를 호명한 것이었다. 그러나 그 사람은 이제 당신의 주목을 받는다.

주의(attention)는 특정 자극에 대해 바쳐지는 정보처리 활동의 정도를 말한다. 재미있는 강의와, 조금 덜 재미있는 강의의 수강 경험에서 알 수 있듯이, 이러한 판단은 자극의 특성(이 경우, 강의 자체)과 자극을 받아들이는 사람(즉 그 시간의 정신적 상태)에 의해 달라진다.

우리는 '정보 사회'에서 살고 있기는 하나 너무나 정보가 많아 곤란하기도 하다. 소비자들은 종종 감각적 과부하 상태에 놓이고 처리할 수 있는 양보다 훨씬 많은 정보에 노출된다. 우리 사회에서는 이러한 정보 폭격의 많은 부분이 광고에서 오며, 주의를 끌기 위한 경쟁은 지속적으로 증가한다. 일반 성인은 매일 3천 개 정도의 정보에 노출된다.[62] 텔레비전 방송망은 기록적인 개수의 광고를 쇼 프로그램에 끼워 넣고 있는데 평균적으로 한 프로그램 내 광고시간은 16분 43초이다.[63] 또한 상황을 더욱 악화시키는 것은 이제 인터넷을 이용할 때에도 배너(banner) 광고의 폭격을 받음으로써 이런 정보의 강렬한 공격이 늘어나고 있다는 것이다. 이러한 온라인 광고는 실제로 인터넷 사용자들에게 어떠한 정보가 있는지 클릭하고 볼 수 있도록 동기부여만 한다면 단 일회 노출 후에도 브랜드 인지를 높일 수 있다.[64]

1) 지각적 선택 : 마케팅 메시지의 수용에 대한 장애물

정보를 처리하는 뇌의 능력에는 한계가 있기 때문에 소비자들은 어떠한 것에 주의를 기울일지에 대해 매우 선택적이다. 이러한 **지각적 선택**(혹은 선택적 인지) 과정은 사람들이 자신들에게 노출되는 자극들 중 소량에만 주의를 기울인다는 것을 의미한다. 소비자들은 압도되지 않기 위해 자극을 고르고 선택하는 '심리적 경제(psychic economy)' 방식을 실행한다. 어떻게 자극들을 선택할 것인가? 개인적인 요인과 자극 요소 둘 다 결정을 돕는다.

(1) 개인적 선택 요인들

경험은 자극을 획득한 결과로서 개인이 특정 자극에 대하여 얼마나 많은 노출을 수용할 수 있는지를 결정하는 한 요소이다. 지각적 여과 장치는 어떤 것을 처리할지 결정하는데 영향을 미치는 과거의 경험에 기초하고 있다.

　지각적 경계(Perceptual vigilance)는 그러한 요인 중 하나다. 소비자들은 자신이 현재 필요해 하는 것에 연관된 자극을 더 잘 인지하는 경향이 있다. 커리어를 타켓으로 하는 의복 광고에 대해 관심을 보이지 않던 소비자도 직장을 구하게 된다면 그것에 대해 많은 관심을 보이게 될 것이다.

　다른 요인으로는 소비자가 한 자극에 계속적으로 주의를 기울이는지에 대한 정도를 알아보는 **적응**(adaptation)이 있다. 적응은 자극물이 너무 친숙하기 때문에 더 이상 주의를 기울이지 않을 때 일어난다. 소비자는 '습관화' 될 수 있고, 자극이 주목받기 위해서는 더 강력한 요소가 끊임없이 제공되어야 한다. 예를 들어 한 소비자는 일하는 도중 막 설치된 게시판의 메시지를 읽을 수 있지만, 며칠 후 그 게시판은 그저 통근길 풍경 중 하나가 되고 만다. 적응을 유도하는 요소에는 여러 가지가 있다.

- 강렬함(intensity) : 덜 강렬한 자극(부드러운 음악이나 평이한 색상)은 감각적 충격이 적기 때문에 습관화된다.

- 지속성(duration) : 정보처리 되기 위해서 상대적으로 오랜 노출을 필요로 하는 자극은 긴 주의력을 요구하기 때문에 습관화되는 경향이 있다.

- 식별(discrimination) : 간단한 자극은 세세한 주의를 요구하지 않기 때문에 습관화되는 경향이 있다.

- 노출(exposure) : 빈번히 마주치게 되는 자극은 노출 빈도가 높아짐에 따라 습관화되는 경향이 있다.

- 관련성(relevance) : 부적절하거나 중요하지 않은 자극물은 주의를 끄는데 실패하기 때문에 습관화될 것이다.

(2) 자극 선택 요인

어떠한 자극에 주목하거나 무시할지 결정하는데 있어서는 수용자의 마음상태와 더불어 자극 자체의 특성도 중요한 역할을 한다. 마케터들은 이들 요소들을 이해하여 이들을 메시지와 포장에 적용해 주목의 기회를 높일 필요가 있다. 일반적으로 자신을 둘러싸고 있는 자극들과 다른 자극은 주목받는 경향이 더 짙다. 이러한 대조(contrast)는 여러 방법에 의해 만들어질 수 있다.

- 크기(size) : 경쟁자와 대조되어진 자극물의 크기는 주목할지 결정하는데 도움을 준다. 잡지 광고를 보는 사람의 수는 광고의 크기와 비례해 증가한다.[65] 옥외 게시판 역시 점점 커지고 있다. 도시들에서는 몇몇 빌딩의 전체 벽면이 비닐에 프린트된 이미지로 도배되어 있다. 너무 큰 것들은 일조권이나 조망권에 대한 불만이 제기되어 몇몇 곳에서는 규제가 이루어지게 되었다.[66]

- 컬러(color) : 앞에서 보았던 것처럼, 색은 제품의 주목을 끌거나 또렷한 정체성을 심어주는 강력한 수단이다. 인터넷 사이트 www.sephora.com은 색이 튀어 흩어지는 초기화면으로 주목을 끌고 사이트가 뜰 때까지 주의를 지속시킨다. 이와 비슷하게, 노키아가 휴대전화에 사용하고 있는 동물 문양은 지루한 검정색 전화기와는 확연히 다른 제품으로 주의를 기울이게 한다.

- **참신함(novelty)** : 도시 게시판을 생동감 있게 만든 플라스마 판이나 전자 게시판 등의 테크노 장치와 더불어 오늘날의 쌍방향의 기술은 사람들의 주의를 사로잡는 다. 심지어 몇몇은 컴퓨터 칩이 내장된 스마트 카(smart car)에 대한 이야기를 할 수도 있다.[67] 예상치 못한 방법이나 장소에서 나타나는 자극은 주의를 끄는 경향 이 있다. 한 해결 방안은 주목을 위한 경쟁이 좀 덜한 자유로운 장소에 광고를 게 재하는 것이다. 이러한 장소에는 쇼핑카트의 옆면, 터널의 벽, 체육관 바닥, 그리 고 심지어는 공중 화장실 위 등이 활용된다.[68] 최근 타겟(Target)은 지하철이 지나 가면서 탑승자들이 볼 수 있도록 뉴욕시내 지하철 터널에 시리즈 광고물을 설치 했다.

- **위치(position)** : 당연히 우리가 가장 잘 쳐다볼 만한 곳에 위치한 자극물이 주목을 끌 기회가 더 많다. 이것이 바로 광고 공급자들 사이에서 자기 것을 눈높이에 위치 시키기 위한 경쟁이 과열되는 이유이다. 뉴욕의 타임스퀘어 광장 같은 중요한 부동 산 입지에 광고를 위치시키는 것은 주의를 보장한다. 바로 여기에서 캘빈 클라인의 속옷 광고가 꽤 많은 주목을 받았다. 잡지에서 광고는 기사 앞에 위치하는데, 우측 에 배치되는 것이 더 많은 주목을 받는다(힌트 : 다음에 잡지를 읽을 때 어느 페이 지를 더 유심히 보는지 주목해 볼 것).[69] 면방직협회(Cotton Incorporated)의 광고는 우먼스 웨어 데일리와 데일리 뉴스 레코드의 제일 뒷페이지에 게재했는데, 이는 어떤 사람이 신문을 들고 볼 때 다른 사람들은 그 뒷면을 보므로 제일 노출이 잘 되는 곳에 광고를 했다고 할 수 있다. 전화번호부를 훑어보는 소비자들의 시선의 움직임 을 추적한 연구는 메시지 위치의 중요성을 보여준다. 소비자는 알파벳순으로 목록 을 훑어보며 1/4쪽 광고의 93%를 주목했지만, 일반 목록에 대해서는 26%의 주의 를 보였다. 컬러 광고가 맨 처음 시선을 끌었으며, 소비자들은 컬러광고를 흑백 광 고를 볼 때보다 더 오래 쳐다보았다. 이에 더해 실험 대상자들은 최종적으로 선택 한 광고를 보았을 때 54% 가량 더 많은 시간을 들였는데, 이는 제품 선택 결과에 있어 주의가 미치는 영향을 보여주는 것이다.[70]

7. 해석

해석(interpretation)이란, 우리가 감각 자극에 대해 할당하는 의미를 말한다. 각자 지각하는 자극이 각각 다른 것처럼, 자극들의 궁극적인 의미도 개인에 따라 달라진다. 두 사람이 같은 일을 보거나 들어도 이에 대한 해석은 그들이 그 자극에 대해 어떠한 생각을 했는지에 따라 밤과 낮의 차이 처럼 확연히 달라질 수 있다.

소비자들은 **스키마**(schema)나 신념에 따라 자극의 의미를 지정한다. 사전정보 제공(priming)이라고 하는 과정에서 한 자극의 특정 속성은 스키마를 유발하는데, 이것은 우리로 하여금 우리가 이 자극과 비슷한 것이라고 믿어지는 과거에 우리가 마주쳤던 다른 자극들과 관련하여 지금의 자극을 평가하게 한다. 적절한 스키마의 동일화와 유발은 여러 마케팅 의사결정 상에서 매우 중요한데, 이것이 제품, 포장이나 메시지를 평가할 때 어떠한 기준을 사용할지 결정하기 때문이다. 토로(Toro)사는 '스노우펍(Snow Pup)' 이라는 이름의 무게가 가벼운 눈 치우는 장비를 출시하였다. 판매량은 실망스러운 수준이었는데, '펍(pup)' 이라는 단어의 의미는 눈 치우는 장비에서 추구되는 특성과는 거리가 먼, 작고 귀여운 스키마를 불러일으켰기 때문이었다. 이 제품의 이름을 '스노우마스터(Snow Master)' 라고 바꾸자 판매량은 눈에 띌 정도로 급증했다.[71]

1) 자극의 조직화

자극이 어떻게 해석될지 결정하는 요인 중 하나는 자극이 다른 사건, 감각이나 이미지와 어떤 가정된 관계(assumed relationship)를 갖느냐는 것이다. 우리의 뇌는 몇몇의 기본적인 조직적 원리에 의해 유입되는 감각들과 기존에 있는 기억들을 서로 연관 짓는 경향이 있다. 이러한 원칙은 사람들이 개별적 자극에서가 아닌, 자극의 **전체성**에서 의미 추론을 한다고 주장하는 학파인 게슈탈트 심리학(Gestalt psychology)에 의거한 것이다. 독일어인 **게슈탈트**(gestalt)는 크게 '전체', '양식' 이나 '형태' 를 뜻하고 이 관점을 요약하자면 "전체가 부분의 합보다 크다." 라는 것이다. 자극 하나하나의 구성 요소를 분석하는 단편적인 관점으로는 전체적인 효과를 포착할 수 없다는 의미이다.

외모 지각(appearance perception)에 있어서 종합적, 혹은 집합적으로 개인이 풍기는 인상은 원단이나 컬러, 또는 액세서리에 의해 특정한 방법으로 만들어진다. 집합체의 한 부분을 분리시키는 것은 의미의 상실을 야기한다. 우리는 전체적 이미지와 "무엇을 어떤 것과 입었나."를 생각한다. 1960년대의 히피 룩(hippie look)이나 1980년대의 여피 룩(yuppie look)을 생각해 보자. 겹쳐 입혀 전시한 옷들이나 액세서리 등 제품들이 함께 디스플레이 되었을 때 소매업자들은 더 많은 매상을 올렸다. 이와 비슷하게, 제품, 디스플레이, 조명 그리고 소품 등을 통한 점포의 시각적 제시는 전체적인 외관을 만들어낸다. 빅토리아 시크릿의 로맨틱한 기분을 생각해 보면 된다. 게슈탈트의 관점에서는 자극물들이 체계화되는 방식과 관련해 여러 가지 원칙을 제시한다.

완결원칙(closure principle)은 사람이 어떤 불완전한 것을 지각할 때 완전한 형상으로 지각하려는 경향을 말한다. 즉, 비어있는 부분을 우리의 선행 경험을 통해 메우려 한다는 것이다. 이 원칙은 왜 사람들이 네온사인의 불이 한두 개가 꺼져 있을 때나 불완전한 메시지의 빈칸을 채워 넣는데 아무 문제가 없는지를 설명한다. 완결의 원칙은 광고음악 등의 일부분을 들었을 때에도 똑같이 작용한다. 마케팅 전략에 있어 완결의 활용은 청중들의 참여를 높이는데, 이는 사람들이 메시지에 참여할 수 있는 기회를 증가시키는 것이다.

유사성 원칙(principle of similarity)은 소비자들은 비슷한 물리적 특성을 가진 것들을 함께 묶어서 지각하는 경향이 있다는 원칙이고, **전경과 배경 원칙**(figure-ground principle)은 다른 부분들이 배경화(the ground)되는 동안 자극의 한 부분이 전경(the figure)을 지배할 것이라는 것이다. 이 개념을 쉽게 이해하기 위해서는 깨끗한 배경을 뒤로하고 뚜렷하게 초점이 맞춰진 물체(전경)의 사진을 생각하면 된다. 전경은 지배적이기 때문에 보는 이의 시선은 곧바로 그곳으로 향한다. 형태의 어떤 부분이 전경, 혹은 배경으로 지각될 것인가는 사람이나 다른 요소들에 의해 달라질 것이다. 마찬가지로, 전경과 배경 원리를 이용하는 마케팅 메시지에서는 한 자극이 초점상의 핵심이 되거나 그저 핵심을 둘러싸는 환경이 될 수 있다.

척 테일러 컨버스 올스타(Chuck Taylor Converse All-Stars)의 운동화 한 켤레와 "단지 고무와 빈 캔버스"라는 한 마디의 구절 외에는 모두 공백으로 처리한 컨버스(Converse)의 최근 광고는 전경과 배경 관계 개념을 왜곡한 재미있는 사례이다. 컨버스사는 뉴욕과 로스앤젤레스의 여러 동네에, 낙서되고 꾸며질 수 있도록, 포스터 4천 장을 부착했다.[72]

2) 구경꾼의 눈 : 해석의 편견

우리가 지각하는 자극은 대개가 모호한데 과거 경험이나 기대, 그리고 욕구에 기초해서 의미를 결정하는 것은 바로 개인에게 달려있다. 자극이 모호할 때, 각각의 사람은 보통 매우 개인적인 방법으로 자극을 해석한다. 우리에게 친숙한 심리 테스트인 잉크반점(inkblot) 테스트를 할 때에는 불명료한 그림을 해석해야 하는데, 그 그림에 대한 설명이나, 개인적인 묘사는 그 자극 자체가 아닌, 개인의 욕구와 욕망, 성격이나 경험을 반영한 것이다.

3) 기호학 : 우리를 둘러싸고 있는 상징들

우리가 독특한 포장, 정밀한 단계의 텔레비전 광고 혹은, 잡지 표지모델 등 마케팅 상에서의 자극들이 이해된다고 생각하는 것은 그러한 이미지에 대해 가지고 있는 연상들을 고려해 해석했기 때문에 그렇게 할 수 있다. 이러한 이유로 우리가 부여하는 의미의 많은 부분은 우리가 지각하는 상징적 의미에서 만들어지는 것들에게서 영향을 받는다. 결국, 많은 마케팅 이미지의 외관과 실제 제품 간에는 사실상 아무런 관계가 없다. 카우보이가 종이로 둘둘 만 담배 따위로 무엇을 하겠는가? 은퇴한 농구스타 마이클 조던 같은 유명인들이 어떻게 음료수나 패스트푸드 식당의 이미지를 향상시키는 가? 몇몇 마케터들은 소비자가 기호의 의미를 해석하는 방법을 더 잘 이해하기 위해서 부호와 기호, 그리고 의미 지정에 있어서 그것들의 역할 간 적합성을 연구하는 **기호학**(semiotics)의 영역으로 접근한다.[73] 소비자들은 자신들의 사회적 정체성을 나타내기 위해 제품을 사용하기 때문에 소비자 행동을 이해하는데 있어서 기호학은 매우 중요하다. 제품은 학습되어진 의미를 가지고 있고, 우리는 그러한 의미가 무엇인지 알아내기 위해서 마케터들에게 의존하고 있다. 많은 연구자들이 "광고는 문화/소비 사전으로서의 역할을 한다. 이 사전의 표제어는 제품들이고, 정의는 문화적 의미들이다."라고 표현한 것처럼 말이다.[74]

기호학적 관점에서 모든 마케팅 메시지들은 사물, 기호나 부호, 해석의 세 가지 기본적인 요소들로 구성되어 있다. **사물**(object)은 메시지의 대상이 되는 제품(예; 말보로 담배)이다. **기호**(sign)는 사물의 의도된 의미를 나타내는 감각적 연상(예; 말보로 카우보이)이고, **해석**(interpretant)은 파생된 의미(예; 거친, 개인주의적인, 미국의)이다. 이 관계는 그림 9-2에 도식되어 있다.

기호학자인 피어스(Charles Sanders Pierce)에 의하면 기호는 사물을 닮거나, 사물에 연결되거나, 또는 관습적으로 얽매이거나 이와 같은 세 가지 중 하나의 방법으로 사물에 결합되어 있다.[75] 유사 기호(icon)는 특정 방식으로 제품을 닮은 기호이다(예 : 벨 전화회사는 자사를 나타내기 위한 기호로 종(bell)을 사용한다). 지표(index)는 특정 속성을 공유하기 때문에 제품과 연결되어 있는 기호이다(예 : 나이키의 로고(swoosh)는 활동성이라는 공유된 특성을 전달하고 있다). 심벌(symbol)은 관습적인 또는 동의된 연상과 제품이 관련되어 있는 기호이다(예 : 두 마리 말이 리바이스 청바지를 서로 잡아끌고 있는 허리 밴드의 패치(patch)나 광고는 청바지의 기능성이나 견고성을 연상시킨다). 패션기호학의 분석은 글로리아 밴더빌트(Gloria Vanderbilt)의 백조, 먼싱웨어(Munsingwear)의 펭귄, 라코스테(Izod Lacoste)의 악어, 랄프 로렌의 폴로에 쓰이는 조랑말을 조사하였다. 유사 기호, 지표, 그리고 심벌에 대해 제기된 주장은 다음과 같다. 동물의 유사 기호는 자연 세계에 대한 인간의 지배이고, 심벌들은 미묘한 계층구별과 관계가 된다. 상징적인 해석은 상류 계급의 상징인 폴로를 그의 시장 포지셔닝과 관련을 짓는다.[76] 이 관계는 종종 문화적인 한계가 있는데, 오직 같은 문화를 공유하는 구성원들 간에만 이러한 것들이 성립된다. 의미가 문화에서 문화로 자동적으로 전수되지 않는다는 사실을 잊어버리는 마케터들은 큰 위험에 처할 것이다.

현대 광고의 특징 중 하나는 **과장된 현실**(hyperreality)이라는 상황을 만들어낸다는 것이다. **과장된 현실**은 처음에는 '판촉'의 시뮬레이션이었던 것이 실제화되는 것을 말

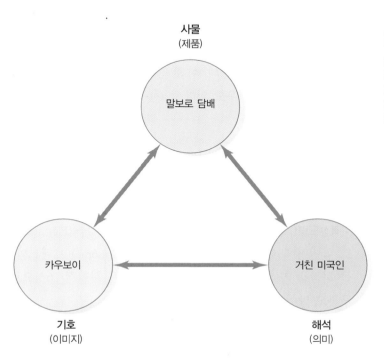

사물
(제품)

말보로 담배

카우보이

거친 미국인

기호
(이미지)

해석
(의미)

그림 9-2 의미의 기호학적 해석에 있어서 요소들의 관계

출처 : M. R. Solomon, *Consumer Behavior*, 5th ed., p. 63, ⓒ 2002. Reprinted by permission of Pearson Education, Inc., Upper Saddle River, NJ.

한다. 말보로 담배와 미국인의 개척자 정신을 동등화시킨 것 처럼, 광고업자는 제품과 효용 사이에 새로운 결합을 개발함으로써 사물과 해석과의 새로운 관계를 창조한다.[77]

과장된 현실의 환경에서는 시간이 흐름에 따라 기호와 현실의 사실적 관계를 분간하기 힘들어진다. 제품과 기호의 '인공적인' 연상과 사실 세계는 생명을 같이 해야 할지 모른다.

4) 지각적 포지셔닝

앞에서 본 것처럼 제품 자극물은 종종 이미 알고 있던 제품군이나 현존하는 브랜드의 성격에 비추어 해석된다. 브랜드 지각은 기능적 특성(생김새, 가격 등)과 상징적 특성(이미지, 그것을 사용할 때 우리에 대해 무엇이라 이야기 할 것인지에 대한 생각)으로 구성된다. 이 책의 뒷부분에서 브랜드 이미지(brand image)에 대해 자세히 다룰 것이지만, 우선 제품에 대한 평가는 대개 그 제품이 어떠한 기능을 하는가보다는 무엇을 '의미' 하는가라는 결과를 숙지해야 한다. 제품 자체보다는 제품의 색상, 포장, 스타일이나 구매 장소 등으로 소통되어 소비자가 인지하는 '의미' 는 제품의 마켓 포지션(market position)을 선정하고, 제품 성능에 대한 기대치를 형성한다.

포지셔닝 전략(positioning strategy)은 기업의 마케팅 활동 중 기본적 부분이고, 소비자들의 의미 해석에 영향을 미치기 위해 마케팅 믹스(marketing mix)요소들을 사용한다. 포지셔닝은 판매촉진 전략에 있어 매우 중요한 부분이다. 전략은 제품의 특성이나 경쟁에 초점을 맞출 수 있는데, 아래 경우의 로레알(L'Oréal)처럼 한 회사가 비슷한 제품을 다양하게 내놓는 경우도 있다.

(1) 포지셔닝 차원

시장 내 한 브랜드의 위치를 확립하기 위해서는 여러 차원이 사용될 수 있다.[78]

- 라이프스타일(lifestyle) : 구찌의 지갑은 '상류 계층' 이다.
- 가격선도력(price leadership) : 로레알의 플레니튜드(Plenitude) 브랜드는 1/6가격으로 할인점에서 판매되는데 비해, 누아좀(Noisôme) 브랜드의 얼굴 크림은 규모가 큰 화장품 가게에서 판매한다 — 둘 다 같은 화학적 조성으로 이루어졌음에도 불구하고 말이다.[79]
- 속성(attributes) : 록포트 컨셉(Rockport Concept) 신발 광고가 말해준다 : "편안해

라, 타협하지 마라, 발에서부터 시작하라."

- 제품 등급(product class) : 니베아는 스킨케어에 있어 세계 제일이다.
- 경쟁자(competitors) : 리바이스의 광고 캠페인 : "캘빈도 입었다. 타미도 입었다. 랄프도 입었다."
- 시기/상황(occasions/situation) : 보그는 뉴욕, 텍사스, 로스앤젤레스에 각각 다른 표지를 쓴다.
- 사용자(users) : 리바이스 다커스(Levi's Dockers)는 주로 30~40대 남자를 위한 것이다.
- 품질(quality) : "씨 앤 스키(Sea & Ski), 썬케어(suncare)에 있어 당신이 신뢰하는 이름 : 최고를 사용하라."

(2) 재포지셔닝

브랜드의 원래 시장이 변경될 때 **재포지셔닝**(repositioning)이 일어난다. 어떤 경우에서는 마케터가 한 브랜드가 자사의 다른 제품과 너무 가까이에서 경쟁해 제 살 깎아먹기(다른 회사와 경쟁하기보다는, 같은 회사의 두 브랜드가 서로의 판매량을 빼앗음)가 일어난다고 판단한다. 이것이 리미티드(Limited)가 자회사인 익스프레스(Express)를 재포지셔닝한 이유 중 하나였다. 익스프레스의 원래 타겟 시장은 리미티드보다 한층 어린 소비자였지만, 양 브랜드가 서로의 자료를 활용함에 따라 한 회사가 다른 회사의 판매 분을 빼앗았고, 전체적인 판매 감소를 초래하게 되었다.[80] 최근의 익스프레스와 리미티드는 완전히 차별화되었다.

같은 특성을 강조하는 경쟁자가 너무 많아질 때에도 재포지셔닝의 필요성이 대두된다. 예를 들어 품질은 최고급에서부터 최하급에 이르기까지의 대부분 의류업체가 강조하는 가장 중요한 속성 중 하나이다. 제품들이 모두 품질이라는 똑같은 속성을 가질 수는 없다. 이는 분명 다른 소비자들에 의해 다르게 정의된다.

마지막으로, 재포지셔닝은 원래의 시장이 증발하거나 더 이상 제품이 받아들여지지 않을 때 발생한다. 디테일즈 잡지는 처음에 외설작인 잡지로 발간되었었지만 나중에는 20대의 남성을 위한 패션과 라이프스타일 잡지로 재간행되었다. 처음에는 너무 외설적이고 대담하다고 비난받았지만, 지금은 더 세련되어지기 위해 노력하고 있어 광고 게재를 통해 젊은 남성들과 접하기를 원하는 광고주들의 바람에 더욱 도움이 되는 환경을 맞을 것이다.[81]

(3) 지각적 맵핑

지각적 맵핑(perceptual mapping) 기술은, 회사가 하나 이상의 관련된 특성을 가진 경쟁 브랜드와 연관해 자신들의 제품이나 서비스가 소비자들에게 어떻게 생각되어질지 예측하는 것을 도와 회사로 하여금 제품군 내 모든 브랜드의 위치를 통해 차이를 볼 수 있게 해 주고, 소비자들의 욕구가 충족되지 않는 분야를 규명할 수 있게 도와준다. 하나의 기법은 소비자들에게 어떠한 특성이 중요하고 이러한 특성들에 관하여 경쟁자에 대해 어떻게 생각하는지의 평가를 내리도록 묻는 것이다. 그림 9-3은 하나의 예로서, X세대를 대상으로 창간되는 새로운 잡지의 **지각도**(perceptual map)이다. 편집장은 소비자들이 이 잡지(스플래쉬(*Splash*)라고 하자)가 편집이나 구성 면에 있어서 가장 근접한 경쟁자인 바쉬(*Bash*)나 크래쉬(*Crash*)와 비슷할 것이라 지각한다는 것을 알아낼 것이다. 기사의 초점을 달리해 새로운 틈새시장에 호소함으로서 편집장은 스플래쉬 잡지를 스플래쉬 패션잡지로 재포지셔닝할 수 있을 것이다.

그림 9-3 잡지 재포지셔닝을 촉진하는 경쟁자의 지각도

출처 : Leon G. Schiffman, & Leslie Lazar Kanuk, *Consumer Behavior*, 7th ed., p. 143, ⓒ 2002. Reprinted by permission of Pearson Education, Inc., Upper Saddle River, NJ.

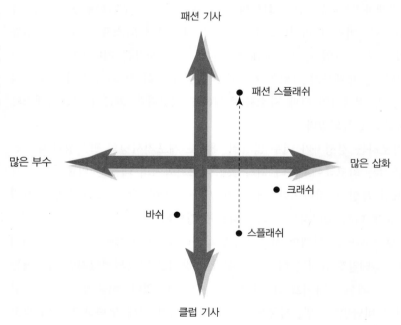

▌ 요약 ▌

- 지각은 광경, 소리나 냄새 등의 물리적 자극이 선택되고 조직되며 해석되는 과정이다. 우리는 우리에게 제시되는 자극을 통해 사람이나 사물에 대한 판단을 내린다. 자극에 대한 최종적인 해석은 의미로 지정된다. 그렇기 때문에 우리는 사람을 외모에 근거하여 특정한 속성을 가진 주체로 지각한다. 마찬가지로 사물을 지각할 때에도 제품의 외양에 근거해 제품의 이미지를 지각한다.

- 마케팅 자극물은 중요한 감각적 특징을 가진다. 우리는 제품에 대해 평가할 때 색상, 냄새, 소리, 맛, 그리고 심지어는 제품의 '느낌'에도 의존한다.

- 컬러 예측은 유행 예측의 중요한 구성 요소이고, 소비자에게 전달되기 수년 전부터 유행색의 선정이 이루어진다.

- 모든 감각이 지각 과정까지 성공적으로 도달하는 것은 아니다. 많은 자극들이 우리의 주의를 끌기 위해 겨루고, 그 중 대부분은 주목받지 못하거나 정확히 이해되지 못한다.

- 사람들은 저마다 지각의 식역이 다르다. 하나의 자극이 감각 수용 기관에 감지되기 위해서 특정 강도 이상으로 제시되어야 한다. 또한, 두 개의 자극이 다른지 감지하는 소비자의 능력(차이 식역)은 패키지 디자인이나 제품의 크기 조정, 혹은 가격 인하 등의 여러 마케팅 환경에서 중요한 문제이다.

- 감각 식역 이하 수준의 소리나 영상 메시지에 노출되는, 소위 식역하 설득과 연관된 기법에 대해 수많은 논의가 지속되어져왔다. 식역하 설득의 효용성에 대한 사실적 근거가 없음에도 불구하고 많은 소비자들은 광고업자들이 이 기법을 사용하고 있다고 지속적으로 믿고 있다.

- 어떠한 자극물(식역 이상 수준)이 지각되는지 결정하는 요인들 중에는 자극에 노출되는 양, 얼마나 많은 주목을 유발시켰는가, 어떻게 해석했는가에 대한 것들이다. 자극이 점점 더 붐비는 환경에서 너무 많은 마케팅 관련 메시지가 주목받기 위해서 경쟁할 때 광고 혼잡 현상이 일어난다.

- 자극은 독립적으로 지각되지 않고 지각적 조직화의 원칙에 따라 분류되고, 조직된다. 이 원칙들은 게슈탈트나 전체적 양상에 의해 좌우된다. 특정한 조직화 원칙에는 완결, 유사성, 그리고 전경과 배경의 원리 등이 있다.

- 지각적 과정의 세 단계는 노출, 주목, 그리고 해석이다. 상징은 다른 사람과 종종 공유되는 자극의 해석으로써 우리의 세계에 대한 이해를 돕는다. 상징적 의미와 우리

의 선행 기억이 일치하는 정도가 연관된 사물의 의미를 지정하는 데 영향을 미친다.
- 지각도는 적합한 차원 내 경쟁 브랜드와의 상대적인 위치를 평가하는 데 널리 쓰이는 마케팅 도구이다.

▌ 토론 주제 ▌

1. 남성용, 그리고 여성용 향수에 대한 지각을 알아보기 위해 각각 3~5명의 남자친구와 3~5명의 여자친구를 인터뷰하고, 남성용 제품과 여성용 제품을 대상으로 각각의 지각도를 만들어 보아라. 자기가 만든 지도상에서 아직 충족되지 않은 영역이 있는가? (만약 있다면) 평가자가 사용했던 관련 차원과 이 차원들을 따라 배치시켰던 특정 브랜드에 관해서 성별에 따라서 어떠한 차이를 얻었는가?

2. 여러 연구에서 우리가 나이 듦에 따라 감각 감지 능력이 감소한다는 것이 밝혀졌다. 노인들을 상대로 하려는 마케터를 위해 절대 식역에 대해 토론해 보라.

3. 전경과 배경 관계를 생각하며 패션 광고를 분석해 보고, 이 원칙에 기초해 효율적인 광고와 비효율적인 광고를 찾아보라.

4. 식역하 지각의 몇몇 방식이 소비자에게 영향을 미치는데 있어, 원하는 만큼의 효과가 있다고 간주하자. 그렇다면 이러한 기법이 윤리적인가에 대해 설명해 보라.

5. 한 종류의 제품(향수, 화장품, 청바지나 운동화 등)에 대한 최근 광고를 모아 보자. 컬러의 차이에 의해 전달되는 이미지에 대해 설명해 보고, 제품 포장이나 기타 광고 내 색상 측면에서 브랜드 간의 일관성을 규명해 보도록 하라.

6. 아로마테라피를 믿는가? 에센셜 오일이 신체에 있어 치유적 효용을 갖는 것처럼 느껴지는가? 학급 동료들을 상대로 아로마테라피 제품에 대한 인식과 사용 실태를 조사해보라.

7. 이 컬러 소프트웨어를 사용해 인터넷 사이트를 조사해 보라. 여러 사이트에서 색상을 비교해 보자. 더욱 정밀하게 느껴지는 것이 있는가? 동일한 회사의 인쇄 카탈로그와 인터넷 사이트를 비교해 보라.

8. 소비자 집단을 대상으로 운동복, 정장, 자동차, 그리고 가구 등 여러 종류의 제품의 컬러 선호도에 대해 조사해 보라.

9. 최근 잡지를 보고 주의를 끄는 광고 하나를 선택해, 이유를 설명해 보라.

10. 대조와 독특함의 기법을 사용한 광고를 찾아라. 각각의 광고의 효율성에 대한 의

견을 제시하고, 그 기법이 광고가 겨냥하는 표적 소비자에게 적합한지 이야기해
보라.

▌ 주요 용어 ▌

가치(value)

감각(sensation)

감지할 수 있는 최소한의 차이
　　(j.n.d)

강도(intensity)

게슈탈트(gestalt)

과장된 현실(hyperreality)

기호학(semiotics)

노출(exposure)

맥락(context)

부호(sign)

사물(object)

색상(hue)

손맛(hand)

스키마(schema)

식역하 지각
　　(subliminal perception)

완결의 원칙(closure principle)

유사성의 원칙
　　(principle of similarity)

재포지셔닝(repositioning)

적응(adaptation)

전경과 배경의 원칙
　　(figure-ground principle)

절대 식역(absolute threshold)

정신물리학(psychophysics)

주의(attention)

지각(perception)

지각도(perceptual map)

지각적 경계(perceptual vigilance)

지각적 선택(perceptual selection)

차이 식역(differential threshold)

쾌락적 소비
　　(hedonic consumption)

포지셔닝 전략
　　(positioning strategy)

해석(interpretation)

해석자(interpretant)

▌ 참고문헌 ▌

1. Michael R. Solomon, "The Role of Products as Social Stimuli: A Symbolic Interactionist Perspective," *Journal of Consumer Research* 10 (1970): 319-329.
2. L. Abraham-Murali and Mary A. Littrell, "Consumers' Perceptions of Apparel Quality over Time: An Exploratory Study," *Clothing and Textiles Research Journal* 13, no. 3 (1995): 149-158.
3. Sandra M. Forsythe, "Effect of Private, Designer, and National Brand Names on Shoppers' Perception of Apparel Quality and Price," *Clothing and Textiles Research Journal* 9, no. 2 (1995): 1-6.
4. Russell W. Belk, Kenneth D. Bahn, and Robert N. Meyer, "Developmental Recognition of Consumption Symbolism," *Journal of Consumer Research* 9 (1982): 5-17.
5. Susan Kaiser, *The Social Psychology of Clothing: Symbolic Appearances in Context* (New York: Fairchild, 1997).
6. Mary Lou Damhorst, "Meaning of Clothing Cues in Social Context," *Clothing and Textile Research Journal* 3, no. 2 (1985): 39-48.
7. Kaiser, *The Social Psychology of Clothing: Symbolic Appearances in Context.*
8. For more information on design elements in clothing, see Marian L. Davis, *Visual Design* (Upper Saddle River, N.J.: Prentice-Hall, 1996).
9. Grant McCracken, *Culture and Consumption: New Approaches to the Symbolic Character of Consumer Goods and Activities* (Bloomington: Indiana University Press, 1988).

10. Hans-Joachim Hoffman, "How Clothes Communicate," *Media Development* 4 (1984): 7-11.

11. Nathan Joseph, *Uniforms and Nonuniforms: Communications through Clothing* (New York: Greenwood Press, 1986).

12. Paul N. Hamid, "Style of Dress as a Perceptual Cue in Impression Formation," *Perceptual and Motor Skills* 26 (1968): 904-906; Paul N. Hamid, "Changes in Person Perception as a Function of Dress," *Perceptual and Motor Skills* 29 (1969): 191-194; Jane E. Workman and Kim K. Johnson, "The Role of Cosmetics in Impression Formation," *Clothing and Textiles Research Journal* 10, no. 1 (1991): 63-67.

13. Helen H. Douty, "Influence of Clothing on Perceptions of Persons," *Journal of Home Economics* 55 (1963): 197-202; Hilda M. Buckley and Mary Ellen Roach, "Clothing as a Nonverbal Communicator of Social and Political Attitudes," *Home Economics Research Journal* 3, no. 2 (1974): 94-102; Eugene W. Mathes and Sherry B. Kempher, "Clothing as a Nonverbal Communicator of Sexual Attitudes and Behavior," *Perceptual and Motor Skills* 43 (1976): 495-498; Barbara H. Johnson, Richard H. Nagasawa, and Kathleen Peters, "Clothing Style Differences: Their Effect on the Impression of Sociability" *Home Economics Research Journal* 6 (1977): 58-63; Sandra M. Forsythe, "Dress as an Influence on the Perceptions of Managerial Characteristics in Women," *Home Economics Research Journal* 13, no. 2 (1984): 112-121; Sara Butler and Kathy Roesel, "The Influence of Dress on Students' Perceptions of Teacher Characteristics," *Clothing and Textiles Research Journal* 7, no. 3 (1989): 57-59.

14. Dorothy Behling, "Influence of Dress on Perception of Intelligence and Scholastic Achievement in Urban Schools with Minority Populations," *Clothing and Textiles Research Journal* 13, no. 1 (1995): 11-16.

15. Jane E. Workman, "Trait Inferences Based on Perceived Ownership of Designer, Brand Name, or Store Brand Jeans," *Clothing and Textiles Research Journal* 6, no. 2 (1988): 23-29.

16. Jane E. Workman and Kim P. Johnson, "The Role of Clothing in Extended Inferences," *Home Economics Research Journal* 18, no. 2 (1989): 164-169.

17. Elizabeth C. Hirschman and Morris B. Holbrook, "Hedonic Consumption: Emerging Concepts, Methods, and Propositions," *Journal of Marketing* 46 (Summer 1982): 92-101.

18. Glenn Collins, "Owens-Corning's Blurred Identity," *The New York Times* (August 19, 1994): D4.

19. Amitava Chattopadhyay, Gerald J. Gorn, and Peter R. Darke, "Roses Are Red and Violets Are Blue— Everywhere? Cultural Universals and Differences in Color Preference among Consumers and Marketing Managers," unpublished manuscript, University of British Columbia (Fall 1999); Joseph Bellizzi and Robert E. Hite, "Environmental Color, Consumer Feelings, and Purchase Likelihood," *Psychology & Marketing* 9 (1992): 347-363; Ayn E. Crowley, "The Two-Dimensional Impact of Color on Shopping," *Marketing Letters*, in press; Gerald J. Gorn, Amitava Chattopadhyay, and Tracey Yi, "Effects of Color as an Executional Cue in an Ad: It's in the Shade," unpublished manuscript, University of British Columbia (1994).

20. Mike Golding and Julie White, *Pantone Color Resource Kit.* (New York: Hayden, 1997); Caroline Lego, "*Effective Web Site Design: A Marketing Strategy for Small Liberal Arts Colleges,*" unpublished honors thesis, Coe College (1998); T. Long, "Human Factors Principles for the Design of Computer Colour Graphics Display," *British Telecom Technology Journal* 2, no. 3 (July 1994): 5-14; Morton Walker, *The Power of Color* (Garden City, N.Y.: Avery, 1991).

21. John Carman, "Purple—Hue Knew? Thanks to Rev. Falwell, Color Is out of Closet," *San Francisco Chronicle* (February 11, 1999): A1, A17.

22. Mark G. Frank and Thomas Gilovich, "The Dark Side of Self- and Social Perception: Black Uniforms and Aggression in Professional Sports," *Journal of Personality and Social Psychology* 54, no. 1 (1988): 74-85.

23. Pamela Paul, "Color By Numbers," *American Demographics* (February 2002): 30-35.

24. Paulette Thomas, "Cosmetics Makers Offer World's Women an All-American Look with Local Twists," *The Wall Street Journal* (May 8, 1995): B1.

25. Dianne Solis, "Cost No Object for Mexico's Makeup Junkies," *The Wall Street Journal* (June 7, 1994): B1.

26. Paul, "Color By Numbers."

27. Kurt Goldstein, cited in Kenneth Fehrman and Cherie Fehrman, *Color: The Secret Influence* (Upper Saddle River, N.J.: Prentice-Hall, 2000), pp. 75-78.

28. Fehrman and Fehrman, *Color: The Secret Influence*.

29. "The Red Planet," *Women's Wear Daily* (May 10, 2000): 6-7.

30. Cited in Elaine Stone, *The Dynamics of Fashion* (New York: Fairchild, 1999), p. 110.

31. Meg Rosen and Frank Alpert, "Protecting Your Business Image: The Supreme Court Rules on Trade Dress," *Journal of Consumer Marketing* 11, no. 1 (1994): 50-55.

32. Cited in Victoria Colliver, "Singing the True Blues and Greens," *San Francisco Examiner* (April 9, 2000): B1, B10.

33. "True Internet Color Assures Online Color Accuracy for E-Commerce Applications," www.ecolor.com (April 2000).

34. Pam Scholder Ellen and Paula Fitzgerald Bone, "Does it Matter If It Smells? Olfactory Stimuli as Advertising Executional Cues," *Journal of Advertising* 27, no. 4 (Winter 1998): 29-40.

35. "That Smells Delightful! Could It Be Crème Brûlée Cologne?," *The Wall Street Journal Interactive Edition* (April 8, 1998).

36. Jack Neff, "Product Scents Hide Absence of True Innovation," *Advertising Age* (February 21, 2000): 22.

37. Quoted in Glenn Collins, "Everything's Coming Up Vanilla," *The New York Times* (June 10, 1994): D1.

38. Quoted in Greg Morago, "Making Scents: Saying Yes to Nose Everywhere We Go, New Aromas Induce Us and Seduce Us," *Hartford Courant* (January 25, 2000): D1.

39. Morago, p. D1.

40. Faye Brookman, "Mining Aromatherapy's Mass Appeal," *Women's Wear Daily* (June 9, 2000): 24.

41. Timothy P. Henderson, "Kiosks Bring the Science of Smell to the Shopping Experience," *Stores* (February 2000): 62.

42. Henderson, pp. 62, 64.

43. Carolyn Said, "E-Roma Therapy: Oakland's DigiScents Smells Profit in Putting Aromas on the Internet," *San Francisco Chronicle* (March 27, 2000): C1, C3.

44. Gail Tom, "Marketing with Music," *Journal of Consumer Marketing* 7 (Spring 1990): 49-53; J. Vail, "Music as a Marketing Tool," *Advertising Age* (November 4, 1985): 24.

45. Otto Friedrich, "Trapped in a Musical Elevator," *Time* (December 10, 1984): 3.

46. "TopShop/TopMan and Liquid Audio Bring Digital Music to Retail Stores," *PR Newswire* (January 25, 2000): 1; Bob Keefe, "MP3.Com Joins Deal to Open Music Stores," *San Francisco Chronicle* (August 15, 2000): C8.

47. Tanya Schevitz, "Download Discord," San Francisco Chronicle (March 3, 2000): A1-A6; Benny Evangelista, "Napster's Success Hits Sour Note," *San Francisco Chronicle* (March 3, 2000): A7; Patti Hartigan, "Napster Wakes Up the Music Industry," *San Francisco Chronicle* (April 3, 2000): E3; Benny Evangelista, "Free-for-All," *San Francisco Chronicle* (April 3, 2000): E1, E3; Benny Evangelista, "Napster Hopes Update Ends College Bans," *San Francisco Chronicle* (March 24, 2000): B1, B4.

48. James MacLachlan and Michael H. Siegel, "Reducing the Costs of Television Commercials by Use of Time Compression," *Journal of Marketing Research* 17 (February 1980): 52-57.

49. James MacLachlan, "Listener Perception of Time Compressed Spokespersons," *Journal of Advertising Research* 2 (April/May 1982): 47-51.

50. Danny L. Moore, Douglas Hausknecht, and Kanchana Thamodaran, "Time Compression, Response Opportunity, and Persuasion," *Journal of Consumer Research* 13 (June 1986): 85-99.

51. "Touch Looms Large as a Sense That Drives Sales," *BrandPackaging* (May/June 1999): 39-40.

52. R. M. Hoffman, "Measuring the Aesthetic Appeal of Textiles," *Textile Research Journal* 35 No. 5 (May 1965): 428-434.

53. Becky Gaylord, "Bland Food Isn't So Bad—It Hurts Just to Think about This Stuff," *The Wall Street Journal* (April 21, 1995): B1.

54. Yumiko Ono, "Flat, Watery Drinks Are All the Rage as Japan Embraces New Taste Sensation," *The Wall Street Journal Interactive Edition* (August 13, 1999).

55. Carl Nolte, "Go-Go Selling," *San Francisco Chronicle* (June 12, 2000): A17, A18.

56. "$10 Sure Thing," *Time* (August 4, 1980): 51.

57. Michael Lev, "No Hidden Meaning Here: Survey Sees Subliminal Ads," *The New York Times* (May 3, 1991): D7.

58. Philip M. Merikle, "Subliminal Auditory Messages: An Evaluation," *Psychology & Marketing* 5, no. 4 (1988): 355-372.

59. Timothy E. Moore, "The Case against Subliminal Manipulation," *Psychology & Marketing* 5 (Winter 1988): 297-316.

60. Sid C. Dudley, "Subliminal Advertising:

What Is the Controversy About?," *Akron Business and Economic Review* 18 (Summer 1987): 6-18; "Subliminal Messages: Subtle Crime Stoppers," *Chain Store Age Executive*, no. 2 (July 1987): 85; "Mind Benders," *Money* (September 1978): 24.

61. Moore, "The Case against Subliminal Manipulation."

62. James B. Twitcheell, Adcult USA: *The Triumph of Advertising in American Culture* (New York: Columbia University Press, 1996).

63. Joe Flint, "TV Networks Are 'Cluttering' Shows with a Record Number of Commercials," *The Wall Street Journal Interactive Edition* (March 2, 2000).

64. Gene Koprowsky, "Eyeball to Eyeball," *Critical Mass* (Fall 1999): 32.

65. Roger Barton, *Advertising Media* (New York: McGraw-Hill, 1964).

66. Chris Reidy, "Billboards Blaring with Renewed Clout," *San Francisco Chronicle* (May 30, 2000): B1, B6; Edward Epstein, "Gallery of Ads: Sign of Times or Urban Blight," *San Francisco Chronicle* (February 5, 2000): A15, A18; Lisa Lockwood, "Outdoor Gets Heavy Traffic," *Women's Wear Daily* (March 26, 2000): 20.

67. Rosemary Feitelberg, "Billboards Come Alive," *Women's Wear Daily* (June 23, 2000): 14.

68. Michael R. Solomon and Basil G. Englis, "Reality Engineering: Blurring the Boundaries between Marketing and Popular Culture," *Journal of Current Issues and Research in Advertising* 16, no. 2 (Fall 1994): 1-18; "Toilet Ads," Marketing (December 5, 1996): 11; "Rare Media Well Done," *Marketing* (January 16,

1997): 31.

69. Adam Finn, "Print Ad Recognition Readership Scores: An Information Processing Perspective," *Journal of Marketing Research* 25 (May 1988): 168-177.

70. Gerald L. Lohse, "Consumer Eye Movement Patterns on Yellow Pages Advertising," *Journal of Advertising* 26, no. 1 (Spring 1997): 61-73.

71. Gail Tom, Teresa Barnett, William Lew, Jodean Selmants, "Cueing the Consumer: The Role of Salient Cues in Consumer Perception," *Journal of Consumer Marketing* 4, no. 2 (1987): 23-27.

72. Rosemary Feitelberg, "Converse Gives Outdoor Ads a Blank Slate," *Women's Wear Daily* (April 11, 2000): 23.

73. See David Mick, "Consumer Research and Semiotics: Exploring the Morphology of Signs, Symbols, and Significance," *Journal of Consumer Research* 13 (September 1986): 196-213.

74. Teresa J. Domzal and Jerome B. Kernan, "Reading Advertising: The What and How of Product Meaning," *Journal of Consumer Marketing* 9 (Summer 1992): 48-64.

75. Arthur Asa Berger, *Signs in Contemporary Culture: An Introduction to Semiotics* (New York: Longman, 1984); Mick, "Consumer Research and Semiotics: Exploring the Morphology of Signs, Symbols, and Significance"; Charles Sanders Peirce, *Collected Papers*, eds. Charles Hartshorne, Paul Weiss, and Arthur W. Burks, (Cambridge, Mass.: Harvard University Press, 1931-1958).

76. Marcia A. Morgado, "Animal Trademark Emblems on Fashion

Apparel: A Semiotic Interpretation. Part I: Interpretive Strategy," *Clothing and Textiles Research Journal* 11, no. 2 (1993): 16-20; Marcia A. Morgado, "Animal Trademark Emblems on Fashion Apparel: A Semiotic Interpretation Part II: Applied Semiotics," *Clothing and Textiles Research Journal* 11, no. 3 (1993): 31-38.

77. Jean Baudrillard, *Simulations* (New York: Semiotext(e), 1983); A. Fuat Firat and Alladi Venkatesh, "The Making of Postmodern Consumption," in *Consumption and Marketing: Macro Dimensions*, eds. Russell Belk and Nikhilesh Dholakia (Boston: PWS-Kent, 1993); A. Fuat Firat, "The Consumer in Postmodernity," in *Advances in Consumer Research* 18, eds. Rebecca H. Holman and Michael R. Solomon (Provo, Utah: Association for Consumer Research, 1991): 70-76.

78. Adapted from Michael R. Solomon and Elnora W. Stuart, *Marketing: Real People, Real Choices* (Upper Saddle River, N.J.: Prentice-Hall, 1997).

79. William Echikson, "Aiming at High and Low Markets," *Fortune* (March 22, 1993): 89.

80. Evelyn Brannon, "Cannibalization in Product Development and Retailing," in *Concepts and Cases in Retail and Merchandise Management*, eds. Nancy J. Rabolt and Judy K. Miler, (New York: Fairchild, 1997): 46–47. This case is based on the Limited, Inc. See Instructor's Guide for an analysis of the case.

81. Scott Donaton, "Magazine of the Year," *Advertising Age* (March 1, 1993): S1.

패션 커뮤니케이션과
의사결정

제**3**부

제10장
패션 커뮤니케이션

캐리는 오늘 도착한 이메일들을 분류하고 있다. 광고, 백화점 고지서, 정치자금 모음편지, 또 다른 신용카드 영수증 등… 그리고 런치(Launch)의 새로운 간행본! 캐리는 정크 메일들을 삭제하고, 컴퓨터에 CD-ROM을 넣는다. 최신 광고를 보면서 새로나온 노래나 영화를 검색한다. 헬스클럽에서 친구 나탈리와 스테파니로부터 이번 달 온라인 잡지에 매치박스 투앤티의 랍 토마스가 인터뷰했다는 소식을 들어서 온라인 잡지를 기다리고 있다.

캐리가 CD-ROM을 활성화시키자 건물들로 가득 찬 도시처럼 보이는 인터페이스와 게시판들이 속속 나타난다. 그녀는 '더 행(The Hang)'이라는 곳에 들

어가 랍 토마스의 인터뷰를 본 후 도요타 자동차의 아이콘을 클릭하고 MR2 Spider의 새로운 광고에 넋을 빼앗긴다. 조금 후에는 트로얀(Trojan) 콘돔의 권고성 광고를 보고 담배를 사기 위해 돈을 다 써버리는 청소년을 보여주는 담배 회사의 공익 광고를 본다. 캐리는 몇 개의 사이트를 더 돌아다닌다. 영국 밴드인 마이 비트리얼의 신곡을 더 듣고, 에미넴의 새 뮤직비디오를 보며, 재미로 런치(www.launch.com) 사이트에 들어가 설문조사에 참여하고, 음악에 관한 정보를 다운받는다. 런치음악 클럽에 가입하면 공짜로 티셔츠까지 받을 수 있다. 광고를 보고 마케팅 조사에 참여하는 것은 더 현명한 것으로…

1. 커뮤니케이션의 기본 구성요소

시각적이거나 청각적, 혹은 혼합적으로 이루어져 있는 정보의 소통은 소비자의 의사결정에 직접적으로 사용된다. 패션에 있어서의 의사소통은 대개 시각적이거나 비언어적이다. 소비자들은 미디어(예 : 잡지, 인터넷) 등 비개인적인 원천으로부터 이러한 정보를 받아들이지만 친구나 가족, 판매원, 심지어는 길거리에서 마주치는 주위 사람들등 인적 원천으로부터도 많은 정보를 얻는다. 이 장에서는 커뮤니케이션의 기본 구성요소와 비언어적 소통수단으로서의 의복에 대해 알아보고, 커뮤니케이션 방법들의 효율성을 결정하는 데 도움을 주는 요소를 점검하도록 한다. 과연 태도가 형성되고, 수정되며, 어떻게 이루어지는지에 대한 커뮤니케이션의 기본적인 측면에 대해 중점을둘 것이다. **설득**(persuasion)은 태도를 바꾸는 적극적인 시도로 많은 마케팅 커뮤니케이션의 중심적인 목표이다.

일반적으로, 커뮤니케이션은 발신자(sender), 메시지(message), 경로(channel), 수신자(receiver), 그리고 피드백(feedback)이라는 요소들을 수반하는 것으로 알려져 있다.전통적으로 마케터와 광고업자는 커뮤니케이션이 이루어지기 위해 여러 요소들이 필요하다고 명시하는 **커뮤니케이션 모델**(communication model)의 관점에서 어떻게 마케팅 메시지가 소비자의 태도를 바꾸는지 이해하려 노력하여 왔다. 이 모델에서 발신자는 메시지를 고르고 암호화(의미를 대표할 수 있는 적절한 상징적 이미지를 선택함으로써 의미의 전의를 시작하는 것)하여야 한다. 예를 들어 런치(Launch) 매거진의 편집자들은 음악 세계에서 최고가 되는 것과 자신만의 비디오와 음악 채널을 만드는 것은 '멋있다(cool)'라는 메시지를 보내려고 시도했다.

이 의미는 메시지라는 형태로 이루어져야 한다. 무언가를 말하기 위한 방법은 수없이많고, 메시지의 구조는 그것이 어떻게 지각될지에 대해 큰 영향력을 미친다. 런치의 경우 음악 스타의 시각적 이미지가 현재 음악의 경향에 대한 수천 단어를 이야기해 준다.

메시지는 라디오, 텔레비전, 잡지, 게시판이나 웹사이트, CD-ROM, 인적 접촉, 심지어는 성냥갑 그림 등의 회사가 소비자들과 소통하기를 바라는 **경로**(channel)나 매개체(medium)를 통해 전달되어야 한다. 도요타 자동차는 스파이더(Spider)에 관한 메시지를 젊고, 자신들의 타겟인 유행의 첨단에 있는 소비자에게 접근하도록 세련된 CD-ROM에 담았다. 메시지는 자신의 경험에 의해 메시지를 해석하는 한 명 또는 그 이상의 캐리와 같은 수신자들에 의해 해독된다. 마지막으로 피드백은 수신자의 반응을 사용하여 메시지를 조정하는 정보원 출처(source)에 의해 접수되어야 한다. 런치는 등록한

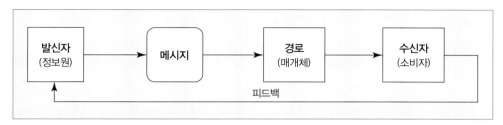

그림 10-1 기본 커뮤니케이션 모델

출처 : Leon C. Schiffman and Leslie Lazar Konuk, *Consumer Behavior*, 7th ed., ⓒ Reprinted by permission of Pearson Education, Inc., Upper Saddle River, NJ.

사람들의 정보 등을 수집하기 위해 웹사이트를 사용한다. 전통적인 커뮤니케이션 경로는 그림 10-1과 같다.

인적 커뮤니케이션의 경로도 유사한데 사람은 패션 트렌드에 대한 논의 등의 언어적 매개체나 외모, 또는 제스처 등의 비언어적 매개체를 써서 메시지를 보낸다. 이 정보는 다른 사람에 의해 받아들여지고, 받은 사람은 이 메시지에 대해 반응하고 발신자에게 피드백을 보낸다. 발신자는 피드백이 돌아오면 메시지를 조정하기도 한다(예를 들어 비언어적인 겉모습에 대한, "당신은 오늘 피곤해 보인다."라는 피드백은 송신자의 외모를 새롭게 단장하기를 촉진시킬 수 있다). 제5장에서는 사회적 피드백에 의한 자아를 확립하는 과정에 대해 논의했고, 제9장에서 논의된 바와 같이 이런 과정은 다른 사람에 대한 지각에 있어서도 필수적이다.

패션 커뮤니케이션의 대부분은 대인 커뮤니케이션의 언어적, 비언어적 영역에 포함된다. 패션 지향적 사람들은 나탈리나 스테파니가 런치 매거진에 대해 한 이야기와 같이, 최신 유행이나 쇼핑하기 좋은 점포 등에 대해 대화한다. 이 영역의 선행 연구에서는 패션 의사결정에 있어 의견선도자(opinion leader)의 중요성을 강조했다. 여성 표본의 3분의 2가 최근 패션에 변화를 주었고 개인적 영향은 이런 의사결정에 가장 중요한 영향을 미쳤다.[1] 패션에 대한 대부분의 논의는 또래의 사람이나 비슷한 사회적 지위에 있는 사람들 간에 이루어진다.

시각적 관찰은 패션 커뮤니케이션에 있어 가장 중요하다. 대화를 할 때나, 주위 사람들을 쳐다볼 때, 우리는 의식적으로, 또는 무의식적으로 주위의 다른 사람들을 관찰한다. 매스미디어는 직접적 설득뿐만 아니라 텔레비전 프로그램, 영화나 잡지 등의 시각적 효력을 통해 비상업적 커뮤니케이션도 제공한다. 예를 들어 시트콤 프렌즈의 제니퍼 애니스톤은 섀기(shag) 헤어스타일의 유행에 영향을 미쳤다. 실제로, 할리우드를 이끄는 여성들은 영화나 TV의 역사 내 패션 영역에 한 획을 새겼다.[2] 다음은 그러한 여성들 중 일부분을 나열한 것이다 : 그레타 가르보, 마를린 디트리히, 끈 없는 검은 새틴 드레스의 주인공인 리타 헤이워스, 에스더 윌리엄스의 수영복, 루실 볼의 셔츠드레스, 캐서린 햅번의 바지, 오드리 햅번의 검은 미니 드레스, 마릴린 먼로, 엘리자베스 테일러, 훼이 더너웨이의 보니 앤 클라이드 의상, 다이앤 키튼의 '애니홀'에서의 앤드로지너스 룩, 위대한 개츠비에서 미아 패로우의 여성스러움, 마돈나, 시트콤 프렌즈의 제니퍼 애니스톤과 리사 커드로, 클루리스의 알리시아 실버스톤 등이다.

2. 비언어적 소통수단으로서의 의복

우리는 외모, 의복, 액세서리와 행동 등을 통해 방대한 정보를 표현한다. 우리는 짧은 시간 내에 세부적인 시각적 정보를 처리하는데, 즉 다른 사람에 대한 첫인상을 매우 빨리 형성한다는 것을 의미한다.

　의복은 다른 형태의 의사소통의 배경 역할을 하는 비언어적 소통수단이다. 동적으로 변하는 다른 태도와는 달리 의복은 하루 중 수 시간 동안 변하지 않기 때문에, 맥크라켄(McCraken)은 의복을 산만하지 않은 행동(nondiscursive behavior)이라고 말하였다.[3] 상징적인 상호작용 학자들은 외모를 신호(사회적인 의미를 가진 어떤 것)로 묘사한다. 카이저(Kaiser)는 의복이나 패션을 통해 개인의 메시지를 만들기 위해 개인에 의해 조작될 수 있는 코드(code)의 개념에 대해 논의했다. 기표(signifier)는 신호에 대한 그의 메시지를 전달하는 수단이다. 의복과 외모의 요소들은 기표(혹은 경로)가 되며, 기표들은 시간이 지나면서 의미를 부여받거나 잃게 되는데[4] 이것은 패션 영역에서 매우 중요한 것이다. 마케터들에게는 소비자들이 제품에 부여하는 의미들을 이해하는 것이 매우 중요하다.

　의복의 레이어(layer)와 커뮤니케이션의 단계에 관한 재미있는 유추가 있는데[5] 의복의 개별 레이어는 송신자에 의해 제각기 다른 수신자에게 다른 메시지를 보내고 있다고 생각할 수 있다. 가장 위에 입혀진 레이어는 일반 대중에게 보이고, 더 아래에 있는 레이어 들은 더욱 친밀한 사람들에게만 보인다. 당신이 겹쳐 입고 있는 옷의 벌수를 생각해 보고, 각각의 레이어를 누가 볼 것인지에 대해서도 생각해 보라. 가장 안에 입은 옷을 보는 사람은 아마 당신 자신일 것이다.

외모 커뮤니케이션(appearance communication)은 커뮤니케이션의 모든 구성 요소(발신자, 메시지, 경로, 수신자, 피드백)와 많은 변수가 관련되어 있기 때문에 상당히 복잡할 수 있다. 우리는 보통 시각적 경로를 통해 외모에 의한 의사소통을 한다고 생각한다. 그러나 우리는 청각, 촉각 그리고 후각 또한 사용한다(제9장에서 살펴본 것과 같이). 태피터(taffeta; 비단의 평직)의 바삭거림을 듣고, 부드러운 벨벳을 만지며, 누군가의 향수 냄새나 시가 냄새를 맡는다.

그림 10-2는 외모 커뮤니케이션의 복잡한 과정에서 일어나는 일들에 대한 개요를 보여준다. 다른 장에서 논의한 바와 같이, 발신자는 수신자에게 특정한 인상을 만들어 내려는 시도에서(자신의 외모를 관리하기 위해) 단서나 기호를 조작할 수 있다. 사람들은 종종—특히 여성의 경우, 이런 인상 관리(impression management)를 한다. 우리는 의복 전문가와 주위 사람들로부터 어떻게 입어야 하는지와 어떻게 좋은 인상을 만들 수 있는지에 대한 조언을 얻는다. 이것들이 바로 단서들의 조작이다. 사람들은 종종 다른 사람들에게 좋은 인상을 주기 위해서 옷을 입으려고 한다. 우리는 외모로 상황을 통제할 수 있지만, 몇몇의 사람은 이 분야에서 다른 사람들보다 더욱 뛰어나다. 그렇기 때문에, '당신의 진정한 모습'을 찾으려는 시도 안에서, 수신자는 완전히 잘못된 결론에 도달할 수 있다. 발신자는 수신자에게 특별한 메시지를 보내고, 수신자는 신호의 해석을 통해 발신자를 이해하려고 한다.

대인 지각의 과정은 한정된 단서, 기호에 근거해 인상을 형성하는 것을 포함한다. 선택된 단서는 개인의 특성이나 있을 법한 행동을 추론하는데 기본이 된다. 40년대에 행해진 애쉬(Acsh)[6]의 연구에 따르면, 각각의 특성은 인지적 내용과 상호관계를 지닌 지각된 특질을 가진다. 지각하는 사람은 사회학자들이 소위 말하는 인지적 구조(cognitive structure)를 전개하는데, 이는 지각하는 이에게 외모 등의 자극물에 반응할 수 있게 해주는 생각의 네트워크 중 일부분이다. 인지적 구조는 질서에 대한 감지와 예측성을 제공하여 발신자의 행동에 대한 설명을 도와준다. 이것은 우리가 나쁘거나 좋은 자극물을 하나의 인상으로 종합하는 과정(즉 하나 이상의 인상에 근거해 마음속에 떠오르는 특성들을 연결하는 것)을 통해 이루어지는 '인지적 비약(cognitive leap)'을 할 때 생겨나는 고정관념이나 후광효과 등의 인지적 범주로 전개될 수 있다. 인상은 독립적인 특성들의 단순한 총합이 아니라 전체적인 그림에 공헌하는 유기적인 모든 특성들의 총합이다.

커뮤니케이션 과정의 이 시점에서, 수용자에 대한 변수(perceiver variables) 역시 메시지 해석을 모호하게 한다. 수신자의 개인적인 버릇이나 독특한 성격은 메시지의 전반적인 수령에 영향을 미친다. 독특함 중 하나는 선택적 인지(selective awareness) 혹은 단서의 선택이다. 우리가 관심 있어 하는 것은 바로 우리가 가장 잘 알고 있는 것일 때가 종종 있다. 가령, 우리가 외모를 중요시한다면, 외모의 세부적인 사항을 알 것이고, 그것에 집중할 것이고, 외모가 중요하지 않은 사람에게 우리의 이러한 의도된 메시지는 전달되지 못할 것이다. 나이나 성별 등 수신자와 연관이 있는 변수들은 수신되어진 메시지-기호의 해석에 영향을 미친다. 예를 들어 남자는 여자들과 다르게 사물을 본다(화성에서 온 남자와 금성에서 온 여자라는 것을 모두 알 것이다). 그렇기 때문에 개인적으로 받아들여진 메시지는 발신자가 애초에 의도한 것과 다를 수 있고, 불명료한 의사소통을 초래할 수 있다.

3. 의사소통을 통한 태도의 변화

마케팅 커뮤니케이션은 개인적인 커뮤니케이션보다 형식적이고, 명료한 메시지가 전달되어 행동의 변화를 가져올 수 있도록 도모하는 과정에서 더 많은 노력과 조사 및 비용이 투자된다.

소비자들은 자신들의 태도를 변화시키려 유혹하는 메시지에 의해 끊임없는 공격을

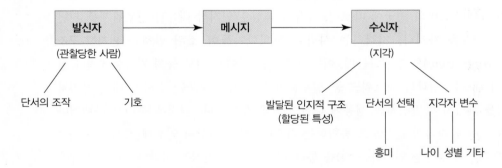

- 메시지 발신자(관찰당한 사람)는 인상 관리와 연관이 있다.
- 수신자는 발신자를 이해하기 위해 외모 단서를 사용한다 : 신호의 해석
- 수신자는 인지적 구조를 발달시킨다.
- 수신자는 선택된 단서에 집중한다.
- 수신자의 개별적 특성이 지각에 영향을 미친다.

그림 10-2 외모 커뮤니케이션

받는다. 이러한 설득 시도는 논리적 토론에서부터 그래픽 이미지까지, 동료에 의한 협박에서 유명인, 대변인에 의한 장려에 이르기까지 다양하다. 그리고 커뮤니케이션은 양 방향으로 이루어진다 — 소비자들은 많은 의견을 얻기 위해 정보원을 찾을 수 있다. 캐리의 행동이 보여주는 것처럼 우리가 바라는 조건으로 마케팅 메시지에 접근하기 위한 선택은 설득에 대한 우리의 견해를 바꿀 수 있다.

1) 결정, 그리고 또 결정 : 전술적인 의사소통의 선택

브랜드 인지도가 높은 의류 회사가 젊은이들을 목표시장으로 한 새로운 브랜드를 위한 광고 캠페인을 만들고 싶어 한다고 가정하자. 광고 캠페인을 계획함에 따라 잠재적인 소비자의 욕망을 불러일으킬 수 있는 메시지를 만들어내야 한다. 누군가에게 다른 제품이 아닌 바로 자신의 제품을 사도록 유도할 수 있는 설득적 메시지를 교묘하게 만들기 위해, 수많은 질문에 답을 해야 한다.

- 누가 입고 있는 것을 보여줄 것인가? 잘 알려진 패션모델? 커리어우먼? 락 음악 스타? 메시지 원천은 제품을 착용해 보고 싶다는 욕구와 소비자가 제품을 받아들일 지에 대한 결정을 도와준다.

- 메시지는 어떻게 짜여져야 하는가? 다른 사람들은 모두 입고 있고 자기만 구식 옷을 입고 있을 때 일어나는 부정적인 결과를 강조해야 하는가? 기존의 제품들과 직접적으로 비교해야 하는가 아니면 낭만적인 섬에서 섹시하고 젊은 여자가 터프한 낯선 남자를 만나는 것 같은 환상을 제시할 것인가?

- 메시지를 전송하기 위해 어떠한 매체를 사용할 것인가? 지면 광고? 텔레비전? 게시판? 아니면 웹사이트를 이용할 것인가? 만약 지면 광고를 활용할 것이라면, 제인잡지에 게재할 것인가? 아니면 보그? 코스모폴리탄? 때때로 어디에 실리는지가 무엇을 이야기하는가 만큼 중요하다. 이상적으로, 제품의 특성이 이러한 매체와 맞아야 한다. 예를 들어 특화되고 전문적인 잡지가 사실적인 정보를 전달하는 데 더욱 효율적인 반면 명성이 높은 잡지는 전체적인 제품의 이미지와 품질을 이야기하기에 효과적일 것이다.[7]

- 표적 시장의 어떠한 특성이 광고 수용에 영향을 미칠 것인가? 만약 표적 사용자들이 일상생활에서 실망했다면 환상에 소구하는 광고에 더욱 수용적일 것이다. 만

약 신분지향적이라면, 광고에서는 그 옷을 입고 걷는 유명한 여배우를 보고 쓰러지는 구경꾼을 보여줄 것이다.

2) 최근의 모델 : 쌍방향 커뮤니케이션

캐리가 자신에게 배달된 대부분의 '정크 메일'을 무시했음에도 불구하고 마케팅 메시지들은 피하지 않는 대신, 자신이 보고 싶어 하는 것을 선택했다. 앞에서 언급한 전통적인 커뮤니케이션 모델이 틀린 것은 아니지만, 예외도 존재한다 — 특히 선택의 폭이 넓어지고, 어떠한 메시지를 처리할 것인지 선택하는 데 있어 소비자가 더 많은 통제권을 가지고 있는 오늘날 역동적인 상호작용의 세상에서는 말이다.[8] 전통적인 모델은 정보가 한번에 제작자(원천)로부터 다수의 소비자(수신자)에게 전달되는 대중매체 — 대개 지면, 텔레비전, 라디오 등을 이해하기 위해 고안된 것이었다. 이 관점은 본질적으로 광고를 구매자에게 구매 전 정보를 전달해 주는 과정으로 본다. 메시지는 변질되기 쉬운 것으로 간주되어 짧은 주기를 두고 자주 반복되고 새로운 광고가 시작되면 '소멸'하고 만다.

이 모델은 20세기 내내 대중매체 연구를 장악했던, 프랑크푸르트학파라고 알려진 이론가들에 의해 강한 영향을 받았다. 이 관점에서 미디어는 개인에게 직접적이고 강력한 효과를 발휘하고, 사람들을 세뇌하고 착취하기 위해 권력자들에 의해 자주 사용되는 것이다. 수신자는 기본적으로 많은 메시지를 단순히 받아들이기만 하는 수동적인 존재로 종종 속임을 당하거나, 미디어에 의해 '입력된' 정보에 근거하여 행동하도록 설득당한다.

(1) 사용과 만족

이것이 우리가 의미하는 마케팅 커뮤니케이션의 정확한 모습인가? **사용과 만족 이론** (uses and gratification theory)의 지지자들은 소비자들을 활동적이며, 욕구를 충족시키기 위한 원천으로서 대중 매체를 활용하는 목표 지향적인 청중이라고 주장한다. 어떤 미디어가 사람들을 위해 무엇을 하는가를 묻는 대신에 사람들이 미디어로 무엇을 하느냐를 묻는다.[9]

사용과 만족 접근은 미디어가 욕구를 충족시키기 위해 다른 원천들과 경쟁하고, 이러한 욕구들은 정보에 대한 것뿐만이 아닌, 다양성과 기분 전환까지 포함한다는 것을 강조한다. 또한 이것은 마케팅 정보와 오락적 측면의 경계는 모호하다는 것을 뜻한다 — 특히 사람들의 관심을 끌기 위해서 유통업자들이 점포 외관, 카탈로그, 웹사이트를 좀 더 매력적으로 꾸미는 데 압박을 받으면서 말이다. 런치 잡지는 상업적 메시지가 담긴 CD를 사람들이 보고 싶어 할 만큼 재미있게 만듦으로써 이를 달성했다. 손금 보기, 라이프 게임의 의미, 틱택토(Tic Tac Toe)와 위대한 미국 푸들 이야기 등의 볼거리와 메이시 백화점의 웹사이트(www.macys.com)를 통해 온라인으로 상품을 구매할 수 있도록 한 조박서(Joe Boxer's)의 웹사이트(www.joeboxer.com)는 오락을 위한 의류 웹사이트의 축약일 것이다.

　오락적 측면의 개념은 제13장에서 이야기하는 것과 같이, 비디오와 게임을 갖춘 나이키 타운, 샌프란시스코의 리바이스 스토어, 그리고 소니 메트레온 등의 유통 점포에서 유행하고 있다. 리바이스 스토어는 최첨단 기계장치와 여러 가지 효과를 이용하며 각 층에서 무슨 일이 일어나고 있는지 볼 수 있도록 매장 내 카메라와 연결된 비디오 잠망경 등의 첨단 장난감으로 가득하다 — 더 이상 이차원의 시각적 컨셉은 없다. 또한 자신들의 새 청바지를 입고 몸에 꼭 맞는 공정을 거치기를 원하는 청바지의 열렬한 마니아를 위해 섭씨 100도의 물이 담긴 몸에 꼭 맞게 수축시키는 통이 있다. 그들은 완벽한 맞음새를 위해 20분의 기계건조나 40분 동안 젖은 바지를 입고 건조기 앞에 서 있는 건조 과정을 선택할 수 있다.[10]

　일상에서의 마케팅 이미지 주입은 두부 접시에서부터 전화기에 이르기까지 사방에 널려 있는 헬로 키티 캐릭터의 인기에 의해서 설명된다. 이러한 열풍은 일본에서 유래되었고, 미국으로 퍼져 왔다. 산리오(Sanrio) 회사는 헬로 키티 캐릭터 상품으로 매년 십억 달러 이상을 벌어들이고 있다. 타이완 은행이 수표책과 신용카드에 헬로 키티 캐릭터를 그려 넣자, 이 은행이 이것들을 구하러 온 사람들로 인산인해를 이루었는데, 이 때 은행 창구에 늘어선 줄을 보고 많은 사람들이 은행에 비상사태가 발생한 것일까 생각했다고 한다.[11] 분명히, 마케팅 아이디어와 제품은 많은 사람들에게 만족의 원천으로서의 역할을 수행한다 — 비록 다른 사람들은 무슨 일이 일어났는지 알아내기 위해 머리를 긁고 있었지만 말이다!

　영국의 젊은이들을 대상으로 한 연구에서 젊은이들이 여러 만족을 위해 광고에 의존한다는 것을 밝혔는데, 즉 광고에서 오락(광고가 텔레비전 프로그램보다 낫다고 하기도 한다), 일탈, 놀이(광고송을 따라하거나 잡지 광고에서 포스터를 만든다), 자기 확인(광고는 역할 모델을 제공하거나 개인의 가치를 강화할 수 있다)을 찾을 수 있다고 하였다. 그러나 이 관점은 미디어가 오직 긍정적인 역할만을 수행한다고 주장하는 것이 아니라, 수용자들은 정보를 여러 방식으로 사용한다는 것을 강조하는 데 있음을 알아야 한다. 예를 들어 소비자들이 행동, 태도, 심지어는 그들 자신의 외모에 대한 기준을 세우는 데 미디어를 사용함에 따라 마케팅 메시지는 개인의 자기존중의 토대를 손상시켜 버릴 잠재성이 있다. 한 연구의 참가자는 이러한 부정적인 영향에 대해 묘사했다. 남자친구와 같이 텔레비전을 보고 있을 때 관찰한 사실이라며 말이다. "실제로 텔레비전에 나오는 여자를 보면 당신은 '어머, 나도 저렇게 되어야 하나?'라는 생각이 든다. 옆에서 같이 앉아 있는 남자친구는 '와, 저 여자 좀 봐! 대단해!'라고 하고 말이다."[12]

(2) 누가 리모트 컨트롤을 담당하는가

사람들이 커뮤니케이션에 있어 점점 더 적극적인 역할을 수행함에 따라, 좋든 나쁘든 간에 흥미진진한 기술적, 사회적 발전은 이전에 언급되었던 수동적인 소비자의 모습에 대해 다시 생각해 보게끔 한다. 다시 말해, 커뮤니케이션 과정에 있어 소비자를 수동적인 존재로 보기보다는, 파트너로서 보아야 한다는 것이다. 소비자들의 제안은 그들이 받아들이기 좋게 메시지를 형성하는데 도움을 주고, 더 나아가 소비자는 집에 앉아서 텔레비전이나 신문에서 메시지를 기다리기보다는, 직접 그런 메시지를 찾아 나설 수도 있다. 그림 10-3은 이러한 쌍방향 커뮤니케이션으로의 최근의 접근 방식을 보여주고 있다.

이러한 커뮤니케이션 혁명의 신호는 소박하기 짝이 없는 리모컨 장치에서 시작되었다. 가정 내에서 VCR이 일반적인 것이 되자 소비자들은 돌연 자신들이 보고 싶은 것과 언제 보고 싶은지에 대해 더 많은 제안을 하게 되었다. 더 이상 그들은 자신들이 가장 좋아하는 쇼를 언제 볼지에 대해서 텔레비전 방송망에 좌우되지 않았고, 같은 시간 대 다른 프로그램을 보느라 다른 프로그램 시청을 포기하지 않아도 되었다.

그때부터, 미디어의 환경을 조정하는 우리의 능력은 급속히 성장했다. 많은 사람들이 주문형 비디오 시스템(VOD, video-on-demand)나 유료시청제 TV프로그램(pay-per-view TV)을 볼 수 있다. 홈쇼핑은 생방송 중 전화를 걸고, 큐빅 지르코니아 보석에 대한 우리의 열정을 이야기하기를 장려한다. 발신자 확인 장치와 자동응답기는 저녁 시간에 전화를 받을 것인지 말 것인지를 결정할 수 있게 해주고, 전화를 받기 전에 메시지의 원천에 대해 알 수 있게 해준다. 약간의 웹서핑으로 세계적인 경향을 확인하고, 제품에 대한 정보를 요청하고, 심지어는 제품 디자이너에게 제안을 할 수 있어 마

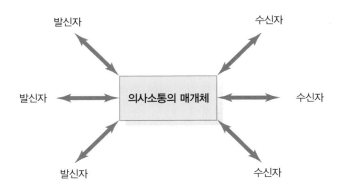

그림 10-3   상호적인 커뮤니케이션 모델

출처 : Adapted from Donna L Hoffman and Thomas P. Novak. "Marketing in Hypermedia Computer-Mediated Environments : Conceptual Foundations," *Journal of Marketing* 60 (July 1996) : 350-368, Fig. 4. Reprinted by permission of American Marketing Assn.

케터들은 피드백을 구하기 위해 웹사이트를 사용한다

(3) 쌍방향 반응의 단계

쌍방향 마케팅 커뮤니케이션의 원동력을 이해하는 핵심은 반응이 정확히 무엇을 뜻하는지를 고려하는 것이다.[13] 커뮤니케이션을 보는 초기 관점에서는 본래 피드백을 행동(광고를 본 후에 과연 수용자가 밖으로 나가 제품을 구매했는가)으로 평가했다.

그러나 브랜드에 대한 인지를 확립하거나 제품에 대한 정보를 알리고, 구매할 때가 되면 새로운 포장의 제품을 살 것을 상기시켜주며, 가장 중요하게는 장기적 관계를 확립시키는 등의 여러 다른 반응들도 가능하다. 그렇기 때문에 거래는 반응의 한 형식이지만, 앞을 생각하는 마케터들은 소비자들이 다른 좋은 방법으로도 그들과 상호작용할 수 있다는 것을 깨닫는다. 이러한 이유로 피드백의 두 가지 기본 형식을 구별하는 것은 도움이 될 것이다.

- 첫 번째 반응(first-order response) : 카탈로그, 텔레비전의 정보광고(infomercial)나 인터넷 사이트 등의 직접적인 마케팅 수단은 상호 작용한다. 만약 성공적으로 작용하면 가장 확실한 반응인 주문이 일어나게 된다. 조박서 웹사이트의 구매는 제품의 제공이 즉각 구매로 이루어지는 첫 번째 반응의 예가 된다. 판매 데이터는 마케터가 자신이 기울인 커뮤니케이션 노력의 효율성을 측정할 수 있는 피드백의 귀중한 원천이다.

- 두 번째 반응(second-order reponse) : 그러나 마케팅 커뮤니케이션이 쌍방향 마케

팅의 중요한 구성 요소가 되기 위해 즉각적으로 구매의 결과를 내야 하는 것은 아니다. 비록 광고에 노출된 소비자가 곧바로 주문을 하지 않아도 메시지는 소비자들의 유용한 반응을 도모할 수 있다. 캐리도 스파이더에 대한 설득적인 메시지에 노출된 결과로 결국 구매에 관심을 갖게 될 수도 있을 것이다. 거래의 형식이 아닌, 마케팅 메시지에 대한 반응에 대한 소비자의 피드백을 두 번째 반응이라고 한다.

두 번째 반응은 제품이나 서비스, 조직, 혹은 소비자가 차후에 갖고 싶어 하는 제품 타입을 명시해 놓은 '위시 리스트(wish list)' 등에 관한 더 많은 정보를 요청하는 형식을 취할 수 있다. 많은 웹사이트에서는 이메일을 남길 수 있는 기회가 있다. 조 박서의 이메일은 '토크 투 어스(Talk to Us)' 라는 이름으로 되어 있는데, 이보다 전통적 형식으로는 메이시 백화점의 '컨택트 어스(Contact Us)' 가 있다.

4. 정보원

메시지가 '달팽이 메일' (우편 서비스를 뜻하는 인터넷 속어임)로 전달되든 이메일로 전달되든지 간에, 누가 했느냐에 따라 동일한 말이 매우 다른 영향력을 가지고 있다는 것은 상식으로 알 수 있다. 정보의 원천 효과(source effect)에 대한 연구는 30년 이상 이루어져 왔다. 동일한 메시지를 다른 원천을 통해 보내고, 그것을 들은 후 발생하는 태도 변화의 정도를 측정함으로써 연구자는 의사소통자의 어떠한 측면이 태도의 변화를 야기하는지 알 수 있다.[14]

대부분의 경우에 메시지의 원천은 메시지가 받아들여질지에 대한 가능성에 큰 영향력을 행사한다. 태도의 변화를 극대화시키기 위한 원천의 선택은 여러 차원을 이용할 수 있다. 누군가가 전문적이거나 매력적이고, 혹은 유명하거나 자신과 흡사하고 믿을 수 있는 '전형적' 소비자일 경우에는 원천으로 선택될 수 있다. 정보원의 특성 중 특히 중요한 두 가지가 바로 신뢰성(credibility)과 매력도(attractiveness)이다.[15]

1) 정보원의 신뢰성

정보원의 신뢰성(source credibility)이란 정보원의 지각된 전문성, 객관성, 혹은 진실성을 말한다. 이 차원은 의사 소통자가 유능해서 제품을 평가하는 데 있어 적절한 정보를 제공해 줄 것이란 소비자의 믿음과 관련이 있다. 제품에 대한 일반적인 의견이 형성되어 있지 않거나, 소비자가 그 제품에 대해 잘 알지 못하는 경우, 신뢰할 수 있는 원천은 특히 더 설득적일 수 있다.[16] 유명인이나 전문가가 제품을 권유하도록 하는 것은 매우 비용이 많이 드는 일일 수 있지만, 연구 결과에 의하면 업체의 잠재 이익률을 평가하기 위해 시장 분석가에 의한 보증 체결의 공표가 이루어지는데 이는 기대수익에 영향을 미치기 때문에 평균 투자액은 그만큼의 가치가 있다고 할 수 있다. 평균적으로, 주식 수익에 대한 유명 인사의 보증 선전의 영향은 대변인을 고용하는 데 드는 비용을 상쇄시킬 정도로 매우 긍정적이다.[17]

(1) 신뢰성의 구축

신뢰성은 정보원이 광고되는 제품과 관련하여 적절한 자격을 갖추고 있다고 지각되면 향상될 수 있다. 어떤 제품에 대해서, 전문가의 역할을 위해 직접 제품을 착장함으로써 판매원은 신뢰를 얻을 수 있을 것이다. 한 연구에 따르면 적절한 설정 안에서 광고에 적합하게 옷을 입은 사람은 적절하지 못하게 옷을 입은 사람보다 더 높은 신뢰성을 부여하고, 구매의도 비율을 더 높이는 것으로 나타났다.[18]

우리는 점포에서 자신들이 파는 제품을 입고 있는 판매원을 종종 본다. 사실 살아있는 사람에게 옷을 전시하는 것이야말로 소비자가 선반에 있는 옷, 특히 옷걸이에 거는 것으로 **전시**(hanger appeal) 효과가 별로 없는 패션 제품을 자신들이 입은 모습을 상상하게 하는 가장 좋은 방법일 것이다. 소매업자들은 판매원에게 할인을 해줌으로써 자신의 옷을 입을 수 있도록 유도하고, 몇몇의 점포는 실제로 판매일을 할 때 점원들이 입을 수 있도록 특정 제품을 챙겨 두는 가먼트 프로그램(garment program)을 진행하고 있다.

한 소비자 세분집단에게는 믿을 만한 것이 다른 집단에서는 그렇지 않을 수 있다. 사실, 반항적이나 비정상적인 유명인도 단지 그렇다는 이유만으로도 매력적일 수 있다. 정정당당한 스포츠 영웅과는 거리가 먼 격한 문신, 형광색의 머리, 여성의 옷을 입고 등장하는 경향으로 유명한 미국의 농구선수 데니스 로드맨에게 전통적인 회사들로부터의 광고 제의가 쇄도하고 있다. 토미 힐피거는 그의 라인을 런칭하는데 살인혐의

겨울 익스트림 게임에서 1, 2위를 차지한 토드 리처드는 이 제품에 대한 정보에 있어 신뢰할 만한 원천이다.

에서 무죄선고를 받았던 래퍼 스누피 도기 독(Snoopy Doggy Dogg)을, 마약 중독, 절도범이었던 쿨리오(Coolio)를 패션 쇼 모델로 기용함으로써 반항적이고 스트리트-스마트(street-smart)의 이미지를 만들어냈다.[19] 부모들은 이런 정보원들을 좋아하지는 않겠지만, 이것이 바로 의도했던 목적이 아닐까?

매력적인 유명인의 대부분은 고가의 디자이너 의류를 판매하는 데 있어 신뢰할 만한 원천들이고, 사실 그들이 그러한 옷을 소비하는 것은 한정된 시장의 큰 부분을 차지하고 있다. 아카데미 시상식에 참석하는 많은 유명인 들은 자신들을 위해 특별히 만들어진 드레스를 입고, 그날 밤, 그 드레스를 만든 디자이너들은 평가할 수 없을 정도로 대단한 평판을 얻는다. 사실, '베스트 드레서' 들의 사진은 세계적으로 방송되는 것 이외에, 수백 종류의 잡지에 게재된다.[20] 예를 들어 우마 서먼이 1995년에 프라다를 입은 것은, 프라다가 핸드백을 만드는 브랜드 이상의 이탈리아 브랜드라는 입지를 확고히 하는 데 일조했다. 이와 비슷하게, 1993년 샤론 스톤이 베라 왕(Vera Wang)의 드레스를 입어 베라 왕이 웨딩드레스 디자이너라는 틀을 깼다. 에스까다의 이름은 킴 베싱어가 드레스를 입은 이후에 유명해졌고, 밥 매키(Bob Mackie)는 쉐어 덕택에 유명해졌으며, 기네스 펠트로의 랄프 로렌 핑크 드레스는 즉시 고교 무도회에서 대유행이 되었다. 1996년 샤론 스톤이 입었던 갭의 22달러짜리 셔츠의 매출액은 천정부지로 솟았다.[21]

단지 유명인들이 디자이너와 유행에 신뢰성을 부여하는 것만은 아니라 디자이너 역시 자신들이 활용하는 유명인의 가치와 명성으로 인해 신뢰성을 부여한다(물론 디자이너의 명성은 그의 성공적인 라인의 명성과 동일하다). 베라 왕은 2000년 아카데미 시상식에서 가장 성공적이었던 여배우에게 의상을 입혔다. 샤를리즈 테론이 입은 베라 왕의 오렌지색 시폰으로 된 물고기 꼬리 드레스(orange chiffon fishtail gown)는 주목을 받았고, 모조품이 시상식이 끝나자마자 나타났다. 그녀는 타이라 뱅크스, 샤론 스톤, 제인 폰다, 안젤리카 휴스턴, 조안 리버스 등에게도 드레스를 입혔다. 이런 유명인들은 자신들이 이용할 수 있는 여러 디자이너들 중에서 디자이너를 선택할 수 있는 권한을 가지고 있다.[22]

(2) 정보원의 편견

제품의 특성에 대한 소비자의 믿음은 정보원이 정보를 보여주는 데 있어 편견을 가지고 있다고 지각될 경우 약화될 수 있다.[23] 지식편견(knowledge bias)은 주제에 대한 정보원의 지식이 정확하지 않다는 것을 뜻한다. 보고 편견(reporting bias)은 정보원이 요구되는 지식은 가지고 있지만, 그것을 전달하려는 의지가 타협된 것일 때 발생한다. 예를 들면 테니스 신발 등, 운동선수가 특정 회사의 제품을 사용하는 대가로 돈을 받는다거나 하는 경우이다. 제품을 파는 소매업자의 명성은 메시지의 신뢰성에 중요한 영향을 미친다. 유명하고 고급스러운 점포에서 파는 물건들은 점포 자체가 보증수표로 작용할 수 있다. "만약 니만 마커스에서 파는 제품이면 분명히 좋은 제품일 거야."라고 말이다. 훌륭한 소매 광고에서 발생한 신뢰성은 생산자의 메시지 또한 강화한다. 그렇기 때문에 많은 내셔널 광고(생산자가 제작한 광고) 안에 "어디에서나 우수한 가게에서 팔고 있습니다."라는 문구를 삽입한다. 커뮤니케이션을 수행하는 매개체의 명성 또한 광고업자의 신뢰성을 감소, 혹은 증대시킨다. 엘르, 보그 등 고급 패션 잡지의 이미지는 광고되는 제품의 지위를 높인다.

부정적인 측면으로서는 정보광고를 들 수 있다. 뉴스나 토크쇼 등의 프로그램은 편향적이지 않고, 보도 편견이 낮다고 간주되기 때문에 통상 광고보다 더 믿을 만하다고 생각한다. 그러나 최근 10년간 확산되어온 케이블 및 공중파 텔레비전 내 정보광고 때문에 객관적인 프로그램과 광고의 차이가 모호해지고 있다. 정보광고는 30분 내지는 한 시간 동안 진행되는 광고로 형식상 하나의 프로그램처럼 보이지만 실제로는 로큰롤 전집이나 자조(self-help) 수강테이프 등의 물건을 팔기 위한 의도로 제작된 것이다. 몇몇은 시청자들이 진짜 방송이라고 믿을 수 있기 때문에 시청자를 기만하게 될 가능성이 있다. 광고업자들은 실제 신문이나 잡지의 기사와 분간하기 힘들 정도로 유사한 기사 형식의 광고도 만든다.

2) 정보원의 매력도

정보원 매력도(source attractiveness)는 정보원의 지각된 사회적 가치를 말하는 것으로 사람의 물리적 외모, 성격, 사회적 지위, 혹은 수신자와의 유사성(우리는 우리를 닮은 사람으로부터 듣는 것을 좋아한다) 등에서 발산되는 특성이다.

(1) 스타의 힘 : 커뮤니케이션 정보원으로서의 유명인

나이키가 미국 골프 스타 타이거 우즈와 광고 계약을 체결할 때와 같이,[24] 유명인을 광고모델로 등장시키는 것은 일반적이며 비용이 많이 드는 전략이다. 그러나 유명인 모델의 기용은 그만큼의 효과를 가져다준다. 실제로, 최근의 연구에서는 잘 알려진 얼굴이 '평범한' 얼굴보다 주의를 끌고, 머릿속에서 보다 효율적으로 처리된다는 것이 밝혀졌다.[25] 유명인 들은 기업의 광고 인지도를 높이고 회사의 이미지와 브랜드 태도를 각각 향상시킨다.[26] 유명인의 광고모델 기용은 유사한 제품들 사이에서 광고 제품을 효율적으로 차별화시킬 수 있다. 특히 제품이 성숙기에 있을 때 서로 비슷한 제품이 경쟁하게 되어 소비자들이 실제적으로 제품 간 차이를 인지하지 못할 때 중요한 역할을 한다.

이러한 방법은 소비자들이 대변인과 연관되어 있는 제품을 더욱 쉽게 식별한다는 점 때문에 효율적이다. 리바이 스트라우스와 토미 힐피거는 청소년층을 공략하기 위해서 청소년 스타인 로린 힐이나 브리트니 스피어스를 협찬했고, 캘빈 클라인은 여러 유명 뮤지션의 무대와 함께 뉴욕의 여름 무료 콘서트를 협찬했다.[27] 또한 디자이너들(종종 유명인이기도 한)이 광고에 직접 출현하는 것도 자사를 위해 효율적이다. 최고의 고객들을 위해 모든 제품을 점포에 가져와 보여주는 트렁크 쇼(trunk show)는 디자이너나 소매업자에게 매우 성공적인 것으로 되었다. 트렁크 쇼는

토미 힐피거는 브리트니 스피어스의 투어 공연을 협찬함으로써 패션과 유명인과의 관계를 형성했다.

디자이너가 특별히 출현하는 경우도 종종 있다. 최근의 우먼스 웨어 데일리(WWD)의 조사에서 부유층 소비자는 디자이너가 직접 점포에 있는 것을 선호한다는 결과를 얻었다.[28]

유명인을 광고 모델로 기용하는 것이 항상 성공을 약속하는 것은 아니다. 1985년 미국상품에 자부심을 주는 캠페인은 수입의류를 구매하는 소비자를 국산의류를 구매할 수 있도록 하기 위한 텔레비전 광고 시리즈를 제작했다. 이 광고에는 밥 호프, 돈 존슨, 새미 데이비스 주니어와 캐롤 채닝 등 많은 유명인 들이 나와 미국산 의류나 가구 등을 구매하는 것에 대한 미덕을 찬양하며 "나에게 중요해요."라고 말한다. 1990년대 초, 이 협회는 광고 모델을 유명인에서 해고당한 의류산업 종사자로 바꾸었다. 이 광고는 암울했으며 특히 크리스마스 같이 즐겁고 기쁜 기분을 느끼고 싶은 날에는 별로 보고 싶지 않을 만한 것이었다. 8천만 달러의 예산과 수많은 전략 변화[29]를 겪은 다음인 오늘날에는 더 이상 이런 광고를 찾아볼 수 없다. 유명인 모델의 긍정적인 효과나 실직자에 대한 죄책감 모두 소비자의 주머니 사정과 연관되는 문제(더욱 비싼 미국산 제품)에 관한 태도를 변화시킬 만큼 강력한 메시지가 아니었다.

일반적으로, 유명인은 문화적 의미를 내포하고 있기 때문에 스타의 힘이 작용된다. 유명인들은 지위나 사회적 계급('노동계급의 영웅'인 드류 캐리), 성('여자들의 연인'인 레오나르도 디카프리오), 연령('소년 같은' 마이클 제이 폭스), 심지어는 성격 타입(시트콤 프렌즈의 괴짜 피비) 등의 주요한 카테고리를 상징한다. 이상적으로, 광고업자는 제품이 어떠한 의미를 전달할지 결정한 후, 그와 비슷한 의미를 되살려 내는 유명인을 고른다. 그럼으로써 유명인을 운송 수단으로 이용해 제품의 의미는 생산자에서 소비자로 이동하는 것이다.[30]

그렇다면 기업은 수많은 스타들 중에서 마케팅 메시지의 원천이 누가 되어야 할지 어떻게 결정할까? 유명인을 광고 모델로 기용한 광고가 효과적이 되기 위해서는 대중들이 광고하는 사람에 대한 명백한 이미지를 가지고 있어야 한다. 또한 유명인의 이미지와 광고하는 제품이 비슷해야 하는데 이것이 바로 **조화가설**(match-up hypothesis)이다.[31] 스타를 기용한 많은 판촉 전략이 모델을 보다 심혈을 기울여 선정하지 않아 실패한다. 몇몇 마케터들은 그저 스타가 '유명'하기 때문에 성공적인 대변인이 되어 줄 것이라고 간주한다. 소비자의 수용에 있어 적합성을 높이기 위해 유명인의 이미지에 대한 예비 검사를 해 볼 수 있을 것이다. 널리 쓰이는 방법 중에는 시장조사 회사에 의해 개발된 **큐 레이팅**(Q rating ; Q는 *quality*를 의미함)이라는 것이 있다. 이 평점은 유명인 이름과의 친숙성 정도와 그 유명인, 프로그램, 혹은 캐릭터를 좋아한다고 답한 응답자 수, 이 두 요인을 고려해 이루어진다. 비록 개략적인 조사이지만, 유명인 이름에 대한 친숙도가 인기도를 측정하기에는 충분하지 않다는 것을 알려주는데, 이는 널리 알려진 사람 중 몇몇은 널리 미움을 사고 있기 때문이다. 다이어트 식품 업체인 제니 크레이그(Jenny Craig)는 전 대통령의 '친구'였던 모니카 르윈스키가 나왔던 논란 많은 광고 캠페인 방영 이후에야 이를 어렵게 알아냈다.

(2) "아름다운 것이 좋은 것이다"

어디로 눈을 돌리든 간에 아름다운 사람들이 무언가를 사거나 어떤 일을 하도록 우리를 설득하려 한다. 우리 사회는 신체적 매력에 많은 가산점을 부여하고, 외모가 훌륭한 사람이 더 똑똑하고, 멋지고, 행복하다고 생각하려는 경향이 있다. 이러한 가정이 바로 **후광 효과**(halo effect)로서, 한 특정 영역에서 월등한 사람이 다른 차원에서도 월등할 것이라고 간주할 때 일어나는 현상을 말한다. 이 효과는 제8장에서 이야기한 한 사람에 대한 모든 평가가 한 맥락으로 모아질 때 사람들은 더 편하게 느낀다는 일관성 원칙의 관점으로도 접근할 수 있다. 이것은 '아름다운 것이 좋은 것이다'라는 고정관념으로 얘기할 수 있다.[32]

신체적 매력이 있는 정보원들은 태도 변화를 촉진하는 경향이 있다. 정보원의 매력 정도는 소비자의 제품 평가나 구매 의도에 있어 적당한 효력을 발휘한다.[33] 이러한 일은 어떻게 일어나는 것인가?

이에 대한 하나의 설명은, 신체적 매력도가 소비자의 주목을 적절한 마케팅 자극물로 향하게 함으로써 정보 처리 과정을 촉진하거나 완화하는 단서로 작용한다는 것이다. 광고 내용에 꼭 필요하지는 않지만 매력적인 모델을 기용한 광고에 소비자가 보다 많은 주의를 기울인다는 증거가 있다.[34] 다시 말해서, 아름답거나 잘생긴 모델이 나오는 광고가 소비자의 주의를 끌 확률이 더 높지만, 소비자들이 그 광고를 주의 깊게 읽을 확률이 높은 것은 아니다. 아름답거나 잘생긴 사람들을 보는 것을 즐길지는 모르지만 이러한 긍정적인 감정이 제품에 대한 태도나 구매 의사에까지 영향을 미치지는 못한다.[35]

아름다움은 정보의 원천으로서의 역할을 하기도 한다. 광고 내 매우 매력적인 대변인은 그 제품이 모델의 매력이나 섹시함과 깊게 연관되어 있을 때에만 효과적이다.[36] **사회적 적응화 관점**(social adaptation perspective)은 태도를 형성하는 데 있어 더욱 도움이 될 것이라 보이는 정보에 대해 수용자가 많은 비중을 둔다고 가정하는 것이다. 우리는 인지 처리 과정을 간소화하기 위해 불필요한 정보는 걸러 버린다.

적절한 환경 내에서 광고모델의 매력 정도는 태도 변화 과정에 도움을 주는 정보원으로서의 역할을 하기 때문에, 중심적이며 과제에 적절한 단서로 작용한다.[37] 그렇기 때문에 매력적인 대변인은 광고하는 제품이 매력성과 관련이 있을 경우 더욱 효과적이다. 가령, 향수 등 매력도와 관련이 있는 광고 태도에는 영향을 미치지만, 매력성과 관련이 없는 커피 등의 광고 태도에는 영향을 미치지 않는다.

(3) 신뢰도 대 매력도

마케팅 전문가는 메시지의 원천을 고를 때 신뢰성을 강조할 것인지 매력도를 강조할 것인지를 어떻게 결정하는가? 수용자의 욕구와 원천에 의해 제공되는 잠재적인 보상을 서로 매치시켜야 할 것이다. 이러한 일치가 이루어지면 수용자가 메시지를 처리할 동기가 생긴다. 가령, 사회적 승인과 다른 사람의 의견에 민감한 사람들은 매력적인 정보 원천에 의한 설득에 약한 반면, 내향적인 사람은 신뢰할 수 있는 전문적인 원천에 의해 움직인다.[38]

이러한 선택은 제품의 종류에 의해서도 영향을 받는다. 긍정적인 정보 원천이 위험을 줄이고 메시지의 수용을 증가시키는 데 도움을 주는 한편, 특정 종류의 정보원천은 다른 종류의 위험을 줄이는 데 더욱 효과적이다. '전문가' 정보원천은 진공청소기 등 높은 기능적 위험을 가진 실용적인 제품에 대한 태도를 변화시키는 데 효율적이다. 유명인 정보원천은 보석이나 가구 등 높은 사회적 위험을 가진 제품에 더욱 효과적인데, 이러한 제품을 이용하는 사람들은 제품을 이용함으로써 자신이 남에게 줄 수 있는 인상에 대한 효과를 염두에 둔다. 결국, 메시지 수용자들과의 유사성으로 호소하는 '전형적인' 소비자 원천은 위험이 적은 일상 제품에 있어 가장 효율적인 경향이 있다.[39]

5. 메시지

천 가지가 넘는 광고를 대상으로 한 연구에서 상업적인 메시지가 설득적 일지를 결정하는 요인들을 규명했다. 가장 중요한 특징은 광고가 브랜드를 차별화하는 메시지를 포함하고 있는지의 여부였다. 다시 말해, 커뮤니케이션이 제품의 장점이나 유일한 특성을 강조했는가에 대한 것이다.

메시지 자체의 특성은 태도에 대한 영향을 결정짓는 데 도움을 준다. 이러한 변수는 어떠한 것을 말하는지, 그리고 메시지가 어떻게 말해졌는지를 포함하고 있다. 마케터가 직면하고 있는 몇몇의 문제점은 다음과 같다.

- 메시지가 글로 표현되어야 하는가 아니면 그림으로 보여야 하는가?
- 얼마나 자주 메시지를 반복해야 하는가?
- 결론을 도출해야 하는가 아니면 청중이 결론을 내게끔 해야 하는가?
- 찬반양론을 모두 제시해야 할 것인가?
- 경쟁 제품과 솔직하게 비교하는 것이 효율적인가?
- 성적으로 소구할 것인가?
- 공포 등의 부정적인 감정을 유발시킬 것인가?
- 주장(arguments)과 심상(imagery)이 얼마나 구체적이거나 생생해야 하는가?
- 광고가 재미있어야 하는가?

1) 메시지의 송출

"한 장의 그림이 수천 단어를 대신한다."라는 말은 시각적 자극이 효율적으로 큰 영향을 미친다는 것을 보여주는데, 이러한 것은 의사소통하는 사람이 수신자의 감정적인 반응에 영향을 주고 싶을 때 특히 효율적이다. 그렇기 때문에, 광고업자들은 종종 생생하고 창의적인 그림이나 사진을 매우 중요시한다.[40] 베네통, 나이키, 그리고 랄프 로렌과 같은 이미지 광고의 경우 회사명 이외의 어떤 글귀도 찾아볼 수 없지만 강력한 이미지를 성공적으로 전달한다.

반면, 사실적인 정보를 전달하는 데 있어서 사진이 항상 효율적이지는 않다. 동일한 정보를 포함한 광고도 시각적, 혹은 언어적 형식으로 제시되었는가에 의해 다른 결과를 이끌어낸다. 시각적으로 정보를 전달하는 방식은 제품의 미적인 평가에 영향을 미치는 반면, 언어적 형식으로 제시된 광고는 제품의 효용성을 평가하는 데 영향을 미친다. 언어적 요소는 사진이 수반되었을 때, 특히 그 그림이 메시지와 강하게 연관성이 있을 때 더욱 효율적이다.[41]

언어적 메시지는 처리하는 데 더 많은 노력이 요구되기 때문에, 독자가 광고에 주목할 동기가 부여되는 인쇄물 등의 고관여 상황에 적합하다. 언어적 구성 요소는 기억

속에서 더 빨리 소멸되기 때문에, 원하는 효과를 얻기 위해서는 자주 반복해 주어야
하는 반면, 시각적 이미지는 메시지 수신자가 정보를 덩어리화(chunk ; 정보의 작은 조
각들을 큰 덩어리로 통합하는 것)할 수 있게끔 한다. 덩어리화는 시간이 지난 후 회상
을 할 때 기억 속에 더 강하게 남는다.[42] 시각적 요소는 두 가지 중 하나의 방법으로
브랜드 태도에 영향을 미칠 수 있다. 첫째, 그림의 심상으로 인해 소비자는 브랜드에
대한 추론을 하고 자신의 신념을 바꿀 수 있다. 둘째, 브랜드 태도에 보다 직접적으로
영향을 미칠 수 있다. 예를 들어 시각적 요소에 의해 유발된 긍정적, 혹은 부정적 반응
은 광고에 대한 소비자의 태도(A_{ad})에 영향을 미친 후, 브랜드에 대한 태도(A_b)에도 영
향을 줄 것이다. 그림 10-4는 브랜드 태도에 이중 요소 모델(dual component model)을
보여준다.[43]

(1) 생생함

사진과 글 모두는 **생생함**(vividness)에서 차이가 날 수 있다. 강력한 설명이나 그래픽은
주목할 것을 명령하고 기억에 더 강하게 남는다. 추상적인 자극물이 이 작용을 억제하
는 반면, 강력한 설명이나 그래픽은 심리적 심상을 촉진하는 경향이 있기 때문일 수
있다.[44] 물론, 이런 효과는 장단점이 있는데, 생생하게 제시된 부정적인 정보는 후에
더욱 부정적인 평가를 낳을 수 있다는 것이다.[45]

　광고 내용 안에 제시된 제품 특성에 대한 구체적 토론 또한 그 속성의 중요성에 영
향을 미칠 수 있는데, 더 많은 주목을 끌 수 있기 때문이다. 예를 들어 시계 광고의 문
구 중 "산업 정보에 의하면, 시계 고장의 원인 네 개 중 세 개는 시계 상자 안에 들어
간 물이다."라는 문구가 "산업 정보에 의하면, 많은 시계 고장의 원인은 시계 상자 안

그림 10-4 광고의 시각적, 언어적 요소가 브랜드 태도에 미치는 영향
출처 : Andrew A. Mitchell. "The Effect of Verbal and Visual Components of Advertisements on Brand Attitudes and
Attitude toward the Advertisement," *Journal of Consumer Research* 13 (June 1986) : 21. Reprinted by permission of The
University of Chicago Press.

에 들어간 물이다."보다 더 효율적이다.[46] 요점을 증명하기 위한 통계의 사용은 일반적인 서술보다 더욱 효과적이다.

(2) 반복

마케터들에게 있어서 반복은 장단점을 가지고 있다. 보통 학습이 이루어지기 위해 자극물의 잦은 노출이 필요하다. "지나친 친숙은 멸시를 받는다."라는 말과는 반대되게, 사람들은 정말로 좋아하는 것이 아닐지라도 자신에게 보다 친숙한 것들을 좋아하는 경향이 있다.[47] 이를 단순노출(mere exposure) 현상이라고 한다. 패션 잡지에서는 비슷한 광고가 몇 페이지의 간격을 두고 반복되는데, 어떤 경우는 바로 뒤 페이지에 반복되기도 한다. 배니티 페어(Vanity Fair)의 어떤 호에서는 캘빈 클라인의 광고만으로 구성된 두꺼운 부록을 첨부하기도 했다. 광고 반복의 긍정적인 효과는 성숙된 제품군에서도 찾아볼 수 있다. 제품 정보의 반복은 새로운 정보가 제공되지 않더라고 브랜드에 대한 소비자의 인지를 높인다고 밝혀졌다.[48] 반면, 너무 잦은 광고의 반복은 소비자로 하여금 자극에 대해 권태감을 느끼거나 피곤해하기 때문에 더 이상 그 자극에 반응을 보이지 않는 습관화(habituation)를 유발한다. 과도한 노출은 광고효과의 감퇴(advertising wearout)를 유발하는데, 이로 인해 한 광고를 너무 많이 본 이후에는 부정적인 반응을 낳을 수 있다.[49]

2-요인 이론(two-factor theory ; 반복광고는 친숙함을 유발하는 동시에 지루함도 유발할 수 있다)에 따르면 광고업자는 반복하는 광고 당 노출의 양을 제한함으로써 이러한 문제를 극복해야 한다(가령, 15초 광고의 이용 등). 동일 광고 주제 안에서 조금씩 변형된 광고를 진행함으로써 친숙함을 유발하면서도 지루함을 경감시킬 수도 있다. 조금씩 다른 광고에 노출된 메시지 수용자들은 동일한 정보에 지속적으로 노출된 수용자들보다 제품 특성에 대한 정보를 더 많이 흡수하고 브랜드에 대한 긍정적인 사고를 경험한다. 이런 추가적인 정보는 소비자로 하여금 경쟁자의 태도를 바꾸게 하려는 시도를 저항할 수 있게 해준다.[50]

2) 주장의 전개

많은 마케팅 메시지는 어떤 이가 논의를 벌이고 그에 따라 메시지 수신자의 의견을 바꾸도록 시도하는 토론이나 시도와 비슷하다. 그러한 논의가 제시되는 방법은 무엇을 말하는가 만큼 중요하다.

(1) 일면적 메시지와 양면적 메시지

거의 모든 메시지들은 제품에 대하여 하나 이상의 긍정적인 특성, 혹은 그 제품을 구매해야 하는 이유를 제시한다. 이를 지지주장(supportive argument)이라고 한다. 하나의 대안으로서 양면적 메시지를 사용할 수도 있는데, 양면적 메시지에서는 제품의 장점과 단점을 함께 제시한다. 한 연구는 이러한 기법이 널리 쓰이고 있지는 않지만 매우 효율적일 수 있다고 밝혔다.[51]

마케터들이 제품의 부정적인 측면을 공공연화하기 위해 왜 광고 공간을 할애해야 하는가? 부정적 측면을 제시한 후 이에 대해 반박하는 반박주장(refutational argu-ment)은 적절한 경우 상당히 효율적일 수 있다. 이러한 접근은 보고편견을 감소시킴으로써 정보 원천의 신뢰성을 높일 수 있다. 또한, 제품에 대해 비판적인 사람들은 결점을 숨기기 위한 겉치레보다 균형적인 논쟁에 더욱 우호적이다.[52] 모피 산업은 강한 사회적 반박이 있기 때문에 종종 이러한 양면적 메시지 기법을 사용한다.

그렇다고 해서 마케터들이 제품의 심각한 문제점들을 공공연화시켜야 한다는 것은 아니다. 전형적인 반박 전략에서는, 경쟁사와 비교했을 때 상대적으로 덜 심각한 특성들에 대해 이야기한다. 그리고 긍정적이고 중요한 속성들을 강조함으로써 그러한 결점들에 대해 반박한다.

양면적 메시지 전략은 청중들이 잘 교육되었을 때, 그리고 한쪽으로 치우치지 않은 주장에 감명받는 청중을 대상으로 할 때 가장 효율적이다.[53] 또한 제품에 대한 충성심이 형성되지 않은 청중을 대상으로 할 때 효율적인데, '전환한 소비자에 대한 설교'는 불필요한 의심을 야기할 수 있기 때문이다.

(2) 결론의 도출

광고 메시지 구성에 있어서 또 하나의 주요한 사항은 표적청중에게 메시지의 결론을 명확하게 제시할 것인지, 아니면 청중이 스스로 결론을 내리도록 할 것인지에 관한 결정이다. "우리 브랜드가 월등합니다."라고만 말할 것인가, 아니면 "우리 브랜드를 구매해야 합니다."라는 말도 언급해야 할 것인가? 주어진 결론을 받아들이는 소비자보다 자기 자신이 추측을 하는 사람은 더욱 강한 태도를 형성할 것이다. 반대로, 결론을 도출하지 않고 모호하게 제시한 경우에는 의도된 만큼의 태도가 형성되지 않을 것이다.

클로즈업 | 모피-양면적 논쟁

미국 모피 정보 협회(Fur Information Council of America : FICA)에서 발간된 "모피, 당신의 패션 선택"[54] 이라는 제목의 팸플릿에서는 동물 보호주의자들이 제시하는 모피에 대한 부정적인 압력에 대항하기 위해 양면적 논쟁이 사용되었다.

대개의 경우, 무엇을 입을지 결정하는 것은 당신의 권리이다. 모피를 입는 것은 개인의 선택에 대한 문제이다. 의사결정의 자유는 우리가 즐기는 하나의 권리이고, 국가 설립의 근간이기도 하다. 따뜻하고 내구성이 있으며, 아름다움을 주는 모피의 인기는 그리 놀랄 만한 일이 아니다. 그 어느 때보다 멋진 모피 제품에 대한 디자이너들의 창의적인 예술적 효과에 힘입어, 모피를 입을지 말지의 결정이 아닌, 어떤 모피 제품을 입을지의 결정이 중요해지고

있다. 더 나아가 동물 보호주의자들은 모피의 제품만 반대하는 것이 아니다…. 그들은 울 제품, 가죽이나 실크 제품을 입는 것을 반대하고, 동물의 고기나 생선 먹는 것을 반대하며, 서커스나 동물원, 수족관, 혹은 의학적 실험 등을 위해 동물을 이용하는 것 또한 반대한다.

모피 산업은 이러한 동물 보호주의자들이 자신의 의견을 표현할 권리가 있다고 믿는다. 무엇보다도, 우리는 당신 또한 그들처럼 자신의 선택의 자유를 갖길 바란다. 우리 모두는 야생 동물과 환경에 대해 염려하고 있다. 미국 모피 산업은 모피를 제공하는 동물에 대해 적절한 조치를 수행하고 있다.

미국 모피 농장에서는 자비로운 기준을 적용할 것을 법으로 규정짓고 있고, 미국 법은 모피 제공

동물을 사육하는 사람에게 이러한 법률을 적용하고 있다. 사실, 모피 산업은 이러한 것을 수행하지 않을 경우 신고하게끔 하여 교정이 이루어지도록 하고 있다.

멸종 위기에 처해진 동물은 미국에서 판매되는 모피 제품을 만들기 위해 사용되지 않으며, 이는 법으로 보장된다. 미국 내 모피 농장이 공인된 프로그램 중 일부라는 사실을 알고 있었는가? 사실, 농장이 승인받기 위해서는 주요 미국 수의학 협회(American Veterinary Medical Association) 기준에 부합하는 조건을 갖춰야 한다. 우리 모피 산업들이 환경과 소비자들에 대해 책임감을 지니고 있는 업체들이라는 사실을 숙지하길 바란다.

이러한 논의에 대한 반응은 광고와 논의의 복잡성을 처리하려는 소비자의 동기에 따라 달라지는데, 만약 메시지가 개인에게 적합한 것이면, 사람들은 그것에 주목하게 되고, 자발적으로 추측을 할 것이다. 그러나 논의가 너무 난해하거나 소비자들의 동기가 충분하지 않을 경우에는 광고에 결론을 제시하는 것이 더욱 안전하다.[55]

(3) 비교 광고

1971년, 미국 연방거래위원회(Federal Trade Commission)는 광고업자가 자사의 광고에 경쟁업체의 이름을 거론해도 좋다고 장려하는 가이드라인을 제시했다. 이는 광고 내에서 소비자에게 유용한 정보를 더 주기 위한 것이었으며, 실제로 이것이 어느 특정한 조건 아래에서 더욱 정보에 의존한 의사결정을 내릴 수 있게 했다는 증거들이 있다.[56] **비교 광고**(comparative advertising)는 경쟁 브랜드들을 직접적으로 혹은 간접적으로 거명하여 몇 개의 제품 속성에 대하여 자사 브랜드와 경쟁 브랜드들을 비교하는 광고를 말한다.[57] 이 전략은 장단점이 있는데 특히 업체가 경쟁자를 비열하거나 부정적으로 묘사할 경우에 그렇다. 몇몇의 비교 광고가 바람직한 태도 변화나 광고에 대해 긍정적인 태도를 형성하는 반면, 어떤 경우는 신뢰성의 저하나 정보 원천의 명예 하락을 초래할 수도 있다는 결과도 보고되었는데, 이것은 소비자는 편견에 치우친 정보제

공에 대해서는 그 신뢰성에 대한 의심을 품을 수 있기 때문이다.[58] 어떤 문화 내에서는 이러한 대결구도의 접근이 공격적이라고 생각되기 때문에 실제로 아시아 등 몇몇 국가에서는 비교 광고가 드물게 이루어지고 있다.

시장 내 주도권을 쥐고 있는 제품과의 비교를 통해 분명한 이미지를 만들고자 하는 새로운 제품에 대해서 비교 광고는 효율적이다. 비교 광고는 소비자들의 주목과 인지, 우호적인 태도, 그리고 구매 의도를 유발하는 데 효과적이지만, 너무 공격적일 수 있기 때문에 소비자들에게 거부감을 심어줄 수도 있다.[59] 그러나 광고를 하는 목적이 새로운 브랜드나 제품의 특정한 제품 특성을 기존 시장 내의 경쟁 제품과 비교하는 것이라면, 자사 제품이 그 경쟁 제품만큼 좋다거나 경쟁 제품보다 좋다고 말하는 것만으로는 충분하지 않다.

3) 메시지 소구의 유형

어떤 것을 말하는 데 있어서 어떻게 말하는가는 무엇을 말하는가 만큼 중요할 수 있고, 같은 아이디어라 하더라도 여러 방식으로 전달되어질 수 있다. 감동이나 공포, 웃음이나 울음을 유발할 수도 있다. 이 부분에서는 메시지 수용자들에게 소구(appeal)하기 위해 어떠한 방법을 사용할 수 있는지 알아보도록 한다.

(1) 감성적 소구방식과 합리적 소구방식/과장과 유익

이성에 호소할 것인가 감성에 호소할 것인가? 이에 대한 해답은 제품의 특성이나 제품과 소비자의 관계의 종류에 달려 있다. 감성적 소구방식의 목표는 유대감(bonding)이라고 하는 제품과 소비자 사이의 관계를 형성하는 것이다.[60] 감성적 소구방식은 메시지가 지각될 수 있는 확률을 높일 수 있는 가능성이 있고, 기억 속에 오래 남는 경향이 있으며, 그 제품에 대한 소비자의 관여를 높일 수 있다. 많은 향수 광고는 이런 감성적 소구방식을 사용하고 있다.

특히, 보다 성숙한 제품군에서는 소비자가 브랜드 간의 차이를 많이 느끼지 못한다는 것을 깨달은 몇몇의 회사들은 감성적 소구 전략으로 광고 전략을 전환했다. 이성적인 소구방식과 감성적 소구방식의 효과의 차이는 측정하기 힘들다. 광고 내용의 회상에 있어서는 '생각하는 광고'가 '느끼는 광고'보다 높게 평가되지만, 전통적인 광고 효과 측정 방식(가령, DAR : Day-After-Recall)인 익일 회상으로는 감성에 소구하는 광고의 효과를 측정하기에 적절하지 않다. 이러한 개방식 측정방식은 인지적 반응에 기인한 것이고, 감성적 광고에 대한 반응은 측정하기 어렵기 때문에, 이와 같은 측정 방식이 불리하게 작용할 수 있다.[61]

감성적 소구방식이 강한 인상을 남길 수 있는 반면, 제품과 관련된 정보를 충분히 주지 못할 수도 있기 때문에 광고업자들은 감정의 유발이 제품을 판매하는 대상에게서만 실용적일 수 있다는 것을 염두에 두어야한다.

제품의 종류에 따라 감성적 소구방식을 택할 것인지 이성적 소구방식을 택할 것인지 결정할 수 있는데, 제품이나 서비스는 탐색 제품, 경험 제품, 신뢰 제품으로 나누어 볼 수 있다.[62]

- **탐색 제품(search goods)** : 이러한 제품들은 소비자가 가격이나 어느 곳에 가면 살 수 있는지 등에 대한 정보를 탐색할 수 있다는 특성이 있다. 소비자들은 라벨이나 광고를 보고 가격이나 브랜드명 등을 손쉽게 알 수 있다.

- **경험 제품(experience goods)** : 경험 제품의 경우, 소비자들은 구매에 앞서 제품에 대한 정보를 찾아낼 수 없다. 제품에 대한 정보는 그 제품을 사용함으로써 얻을 수 있다. 가령, 발에 잘 맞는 신발은 신발가게에 가서 직접 신어봄으로써 찾을 수 있지만, 발에 물집이 잡힐지 안 잡힐지 알아보기 위해서는 학교에서 하루 종일 그 신발을 착용하고 경험해 보는 수밖에 없다. 영화나 식당도 이에 포함된다. 영화평이나 식당에 대해 다른 사람이 내린 평가 등을 읽어볼 수도 있지만, 이러한 것은 주관적이기 때문에 개인이 판단할 수밖에 없는 일이다.

- **신뢰 제품(credence goods)** : 직접 제품이나 서비스를 이용한 소비자도 엄청나게 비싼 정보비의 지출 없이 신뢰 제품에 대해서 정보를 찾거나 평가를 할 수 없다. 결과적으로, 고도의 기술을 요하는 서비스에 대해서는 허가를 내 주는 방식 등으로 정부의 개입이 이루어진다. 소비자들은 자기가 훌륭한 대학 교육을 받았는지, 아니면 자신이 받은 의료 서비스가 과연 최상의 처치였었는지 알 수 있는 방법이 없다. 또한, 옷에 라벨이 붙어 있지 않으면 화학 조성이 어떻게 되어 있는지 알 수 없고, 또한 붙어 있다 하더라도 그것이 옳게 표기된 것인지 그렇지 않은 것인지 알 수 없다.

감성적, 이성적 소구의 개념으로 돌아가 보면, 제품의 특정 유형에 따라 알맞은 광고가 있기 마련이다. 유익성을 강조한 광고는 소비자들에게 정보를 제공해 줄 수 있기

나이키는 '도전적인' 감성적 메시지의 전문가로서, 광고 내에서는 자신이 팔고자 하는 신발에 대한 정보를 거의 주지 않는다. 미국 내에서는 이러한 광고 방식이 매우 성공적이었지만, 이러한 광고 방식을 국외로 확장하고자 시도했을 때에는 그다지 순탄하지 않았다. 축구라는 새로운 시장을 탐색했을 때, 나이키는 농구 분야를 점령했던 방식으로 축구 영역도 정복하려 했다. 사커 아메리카라는 잡지에는 침략이 임박해 있다는 이야기를 했다. "유럽, 아시아, 그리고 남아메리카! 스타디움을 봉쇄하라. 트로피를 감춰라. 탈취제를 사두어라."라는 메시지는 그

다지 성공적이지 않았다. 유명인 모델들이 사탄과 그의 악마들을 상대로 축구를 하는 나이키의 텔레비전 광고는 미국 내에서는 성공적이었지만 유럽의 몇몇 국가에서는 광고가 아이들이 보기에 너무 공포스럽고 공격적이라는 이유로 방송 금지를 당했다. 자신의 팬에게 침을 뱉고 코치를 욕보였기 때문에 나이키와 계약을 맺게 되었다고 이야기하는 프

랑스 축구선수를 다룬 영국의 텔레비전 광고는 스포츠 국제연합 뉴스레터에 나이키를 혹평하는 글이 실리게 했다. 나이키는 힘든 과제를 눈앞에 두고 있다. 자신의 라이벌인 아디다스가 왕의 위치를 차지하고 있는 유럽에서 유럽 축구 팬들을 점령하는 과제다. 나이키는 최근 폭력적인 메시지와 반항적인 주제를 달가워하지 않는 국가에서 성공을 거두기 위해 자신들의 접근법을 수정하고 있다. 하나의 거대한 스포츠기업이 유럽 팬들과 공식적인 경기에 의해 퇴장 경고를 받을 것인지 말 것인지는 시간만이 말해 줄 것이다.[63]

때문에 탐색 제품에 사용하는 것이 유용하다. 반면, 경험 제품이나 신뢰 제품은 정보를 제공해 주기 힘든 것들이기 때문에 더욱 어렵다. 하루 종일 사용한 이후에도 그 향수가 좋을지 그렇지 않을지 어떻게 알 수 있는가? 자신이 직접 경험을 한 이후에야 얻을 수 있는 해답이다. 그것을 사기 전에는 알 수 없다. 그렇기 때문에, 선전용 소구방식은 주로 감성적이고, 로맨틱하고, 또는 과장된 방식을 사용한다. 과장 광고(Puffing ads)는 제품에 대한 과대선전을 하거나 유명인을 기용하며 엄연한 사실 대신 독특함을 내세운다. 이러한 광고들은 재미는 있지만 유익하지는 않다. 이는 주로 이러한 제품에 대한 정보는 경험에서 나오며, 그를 제외하고는 제품에 대해 제공해 줄 확연한 사실이 없기 때문이다. 그렇기 때문에, 경험 제품이나 신뢰 제품의 경우 감성에 소구하는 광고를 한다. 향수 광고를 생각해 보라. 향수의 입자나 기술적인 정보에 대해 이야기하는가? 아마 그렇지 않을 것이다.

(2) 성적 소구

"성적으로 소구하면 팔린다."에 대해 널리 퍼져 있는 믿음을 반영해, 향수에서부터 자동차에 이르는 모든 제품의 마케팅 커뮤니케이션에서 적게는 미묘한 암시부터 심하게는 속살의 야한 노출까지 에로틱한 연상을 남용하고 있다. 여러 패션 기업들은 판촉을 할 때 많은 양의 성적 요소를 이용한다. 캘빈 클라인, 게스, 아베크롬비 앤 피치, 심지어는 리바이스까지 판매를 위해 성적 요소를 활용한다. 물론, 성적 소구방식은 나라마다 그 정도가 다르다. 프랑스에서는 맨살의 노출이 빈번히 이루어져 오히려 이러한 광고 산업의 양상이 성적인 것을 지루하게 만들어버린다는 반발을 사고 있기도 하다.[64]

조박서의 광고는 항상 익살맞다.

그러나 많은 사람들은 여성을 상품화하는 것은 불명예스러운 일이고 적절하지 못한 것이라 생각한다(제14장 참조). 광고 내에 있는 성적 요소가 모두 비위에 거슬리는 것만은 아니다. 이것은 여권신장 운동을 하는 여성들에게도 받아들여질 수 있는데 만약 여성이 상황을 통제할 수 있고 그녀 자신의 성욕을 가지고 있을 경우라면 받아들일 수 있다는 것이다.[65]

놀랍지도 않은 일이겠지만, 광고에 등장하는 나체 여성은 여성 소비자로 하여금 부정적인 감정과 긴장을 유발하지만 남자들의 반응은 보다 긍정적이다.[66] 반대로 남자들이 남자 나체광고를 싫어한 반면, 여자들은 광고 속 남자의 벗은 몸(전라의 모습은 아닌)에 대해 좋은 반응을 보였다.[67]

성적 요소가 효과적인가? 성적 소구방식을 사용한 광고가 소비자들의 주목을 끄는 것은 사실이나 이를 사용하는 것은 마케터들의 기대에 반대되는 결과를 가져오는 것일 수도 있다. 역설적이게도, 도발적인 사진은 과도하게 효율적일 수 있다. 이러한 사진은 과도한 주의를 유발시켜 광고 내용을 회상하거나 처리하는 것을 방해한다. 성적 소구방식이 주로 주의를 유도하려는 목적으로 쓰일 경우에는 비효율적인 것으로 나타났지만, 광고하는 제품 자체가 성적으로 관련이 있을 때에는 효과가 있는 것으로 나타났다. 그러나 전체적으로는 강한 성적 소구의 사용은 소비자에게 그리 잘 받아들여지지 않는다.[68]

(3) 유머소구

어떤 사람에게 재미있는 것이 다른 사람의 비위에는 거슬리거나 불편할 수 있기 때문에 유머의 사용은 매우 까다로울 수 있다. 개별 문화에 따라 다른 형식을 띠는 유머가 있고, 재미있는 요소를 다양한 방법으로 사용한다. 예를 들어 영국 광고들은 미국광고보다 말장난과 풍자를 많이 사용한다.[69]

유머소구가 효율적인가? 전체적으로 유머소구를 사용하는 광고는 주의를 끈다. 당황스런 상황에 처한 사람을 묘사한 캔디스 신발의 광고 시리즈는 십대를 겨냥한 유머소구 광고이다. 조박서의 제품과 광고는 항상 익살스럽다. 사실, 그들의 채택회의에서 (무엇을 생산할까 결정이 이루어지는), 회사의 주인인 닉 그래험(Nick Graham)이 웃지 않았다면, 그 제품은 성공을 못 거두었을 것이다.[70] 조박서의 매장은 '코미디와 깨끗한 속옷이 만나는 곳'이라 이야기되고, 속옷의 밴드 부분에는 "오늘 속옷은 갈아입었느냐?" 등의 기발한 메시지가 쓰여 있다.[71] 유머가 기억연상이나 제품에 대한 태도에 영향을 미치는지에 대한 결과는 일치하지 않는다.[72] 유머소구방식의 한 역할은 오락성의 제공일 것이다. 재미있는 광고는 소비자의 반론을 막기 때문에 메시지 수용 가능성을 높인다.[73]

광고 브랜드가 정확하게 식별되고, 재미있는 요소가 메시지를 압도하지 않을 때 유머소구는 효율적이라 할 수 있다. 이는 아름다운 모델이 광고 문구나 광고의 중요 부분으로부터 소비자의 주의를 전환시킬 수 있는 위험과도 비슷하다. 잠재적인 고객을 조롱하지 않는 적절한 유머소구는 바람직하며 끝으로 유머소구는 제품 이미지에도 적절해야 한다.

(4) 공포소구

공포소구(fear appeal)는 소비자가 태도나 행동을 변화하지 않을 경우 일어날 수 있는 부정적 결과를 강조하는 방식이다. 일탈의 공포소구는 청소년에게 중요할 수 있는데, 청소년들은 소속 집단과 다른 행동을 했을 때 집단이 그러한 행동을 처벌하기 위한 벌을 가할 것이라고 믿기 때문이다.

공포소구 전략은 협회나 모임들이 금연, 피임, 혹은 지정된 운전자 운전으로 사람들이 보다 건강한 삶을 살 수 있도록 장려하는 사회적인 마케팅 내용에 대개 사용되지만, 다른 마케팅 커뮤니케이션에도 사용된다.

공포소구가 효율적인가? 이에 연관된 많은 연구에서 부정적 소구는 공포심 유발의 정도가 알맞고, 이러한 문제에 대한 해답이 제공되었을 때(그렇지 않는 한, 소비자들은 그러한 문제를 해결하기 위해 자신들이 할 수 있는 일이 없기 때문에 아예 광고를 외면할 것이다) 가장 효율적이라는 결과를 보였다.[74] 이 접근 역시 정보 원천의 신뢰성이 높을 때 보다 효과적이다.[75] 약한 위협이 비효율적일 경우, 그 원인은 그 행동을 했을 때 초래할 수 있는 해로운 결과들을 충분히 보여주지 않았기 때문일 수 있다. 위협의 정도가 심하면 태도 변화의 과정을 방해할 수 있어 효과적이지 않을 수 있다ー수신자는 왜 이 메시지가 자신에게 해당되지 않는지 이유를 찾거나 다른 해결책에 주목을 할 수 있기 때문이다.[76] 몇몇의 모피 반대광고는 너무 시각적이기 때문에 종종 설득에 실패하는 경우가 있다.

4) 패션 잡지의 내용

위에서 언급한 개념들을 사용하여 한 학생이 패션 잡지에서 내용과 광고유형을 분석했다고 하자. 패션 잡지의 내용을 분석하는 방법은 여러 가지가 있는데, 패션을 다루고 있는 내용(사진이나 기사 등), 광고, 유용한 광고 대 과장된 광고, 성적 소구 광고 대 그렇지 않은 광고 혹은 기사들, 광고나 기사에서 다루어진 제품의 종류 등이 있다. 세븐틴에서 하퍼스 바자에 이르는 서로 다른 패션 잡지를 살펴 본 결과, 잡지의 가장 많은 부분을 차지하고 있는 것은 바로 광고였고, 그 다음이 새로운 패션 상품이나 유행을 보여주는 패션 사진, 마지막은 패션 기사가 차지했다.

표 10-1은 광고 내용을 보여주는 것이다. 몇몇 카테고리는 중복되고, 광고들은 한 카테고리 이상에 속했다. 가장 많은 부분을 차지하는 분야는 술, 담배, 그리고 여성 위생 상품이었고, 그 다음은 정보제공적인 패션 광고, 성적 소구 패션 광고, 향수 광고, 화장품 광고, 모발 제품과 보석 광고 순이었다. 자신이 가장 즐겨보는 잡지를 분석해 보고 이 분석과 비교해 보자. 이것들이 재미있는지, 유용한지, 비위에 거슬리는지 생

표 10-1 패션 잡지 광고 분석

잡지	총페이지	기타 광고*	정보제공 의복광고	성적 소구 광고	향수 광고	화장품 광고	모발제품 광고	보석 광고
마리끌레르	152	45	37	36	7	11	9	7
하퍼스 바자	137	27	29	24	21	23	0	10
와이엠	132	38	23	26	26	8	8	3
보그	126	37	27	23	9	9	6	15
세븐틴	126	32	24	27	22	10	10	1
얼루어	126	21	26	24	25	14	10	6
계	799	200	166	160	110	75	43	42

*주류, 담배, 여성 위생용품
출처 : Nancy J. Rabolt and JoAnna Combs, 1997.

각해 보자.

5) 은유로 표현되는 예술적 형식으로서의 메시지

마케터들은 작가나 시인, 그리고 예술가들처럼 현실에 대한 환상을 마련해주는 사람으로 생각될 수 있다. 그들이 묘사하고자 하는 제품의 혜택은 손에 잡히지 않으므로, 확실하고 눈에 보이는 형태로 표현함으로써 실제적인 의미를 부여해야 하기 때문에 이러한 커뮤니케이션은 이야기 형식으로 표현된다. 크리에이티브 광고 제작자는 이러한 여러 의미들을 소통하기 위해 여러 문어적 도구들에 의존한다.

가령, 제품이나 서비스는 캐릭터에 의해 의인화될 수 있는데, 캘리포니아 레이즌 (the California Raisin)의 미스터 굿렌치(Mr. Goodwrench)나 푸룻오브더룸(Fruit of the Loom)의 광고에 나오는 말하는 과일 등이 그 예이다. 많은 광고는 우화(allegory)의 형식을 띠는데, 이는 추상적인 특성이나 개념을 사람이나 동물, 혹은 야채 등으로 의인화하여 이야기하는 것이다.

은유(metaphor)에 "A는 B이다." 식의 명확한 비교('사진 같이 예쁜, 리복 같이 편안한' 등)를 사용하는 것도 한 방법이다. 마케터는 은유법을 사용함으로써 의미심장한 이미지를 활성화시키고 일상생활에 적용시킬 수 있도록 할 수 있다. 주식시장에서 '화이트 나이트'가 '적군인 레이더스'를 '포이즌 필'을 써서 싸울 때 메릴 린치의 황소는 "메릴린치는 '특종' 이며[77] 베네핏트 화장품의 수퍼 히로인 자파렐라가 원더우먼의 분장으로 그녀의 은하계 듀오 버비와 부 부 잽으로 무장하고 흠집과 싸우려 밤하늘을

날 때 그녀는 마귀 블레미시가 두려워하는 적이다."라는 메지를 보냈다.

(1) 이야기 제시 형식

스토리 자체는 그림이나 글에 의해 제시될 수 있고, 청중에게 스토리를 제시하는 방식에 따라서도 달라질 수 있다. 광고방송도 메시지를 소통할 때 문학과 예술로부터 관례를 도입하여, 다른 예술과 같은 형태로 구성된다.[78]

제시되는 방식이 극적 성질(drama)인가 훈계(lecture)인가도 중요한 차이점 중 하나

리의 16 프레임 텔레비전 광고 스토리 보드의 일부로서 이야기를 말해주고 있다.

다.[79] 훈계는 정보 원천이 제품을 사도록, 혹은 제품에 대한 정보를 알리기 위한 의도로 직접 청중에게 이야기하는 연설과 같은 것이다. 훈계는 설득의 목적을 강하게 내포하고 있기 때문에, 청중들은 그렇게 받아들일 것이다. 청중들이 훈계에 따른 행동을 하도록 자극받는다고 가정하면, 메시지의 장점은 정보 원천의 신뢰도에 따라 더욱 부각될 것이며, 반론 등의 인지적 반응도 일어날 것이다. 소구는 반론이 극복되고 개인의 신념과 일치할 때 받아들여질 것이다.

반대로, 극적 성질을 이용한 광고는 연극이나 영화와 같다. 반박 주장 등이 제기되는 것을 막으면서도, 시청자들의 행동을 유도한다. 광고의 캐릭터들은 상상 속 설정 안에서 제품이나 서비스와 상호작용을 하는 방식 등의 간접적 경로를 통해 청중을 유도한다. 극적 성질을 이용한 광고는 청중들이 감정적으로 개입할 수 있도록 하기 위해 실험적인 시도를 한다.

▌ 요약 ▌

- 커뮤니케이션 모델은 의미를 전달하는 데 필요한 요소를 지정한다. 이러한 요소들에는 정보원천, 메시지, 중개자, 수용자, 그리고 피드백이 있다. 대부분의 패션 커뮤니케이션은 개인 커뮤니케이션의 범위 내에 있고, 언어적, 비언어적 구성 요소를 포함하고 있다. 외모는 발신자가 수신자에게 보내는 메시지와 같은 것이라 생각할 수 있다.

- 설득은 소비자의 태도를 변화하게 만들려는 시도이다.

- 커뮤니케이션에 대한 전통적 견해에서는 메시지를 감지하는 사람을 커뮤니케이션 과정 내에 있는 수동적인 요소라고 생각했다. 반면 사용과 만족 접근의 주장자들은 소비자를 '미디어를 다양한 이유로 사용하는 능동적인 사람'이라고 여긴다.

- 상호적 커뮤니케이션의 새로운 발전은 회사와의 관계를 수립하고 제품 정보를 획득하는 데 있어 소비자가 수행하는 활동적인 역할의 중요성을 강조한다. 거래를 산출하는 제품 관련 커뮤니케이션은 우선적인 반응이다. 마케팅 메시지에 대한 거래의 형식을 띠지 않는 소비자의 피드백은 차선적인 반응인데, 이는 광고한 제품이나 서비스, 혹은 기관에 대해 더 많은 정보를 요청하거나 차후 알고 싶은 제품 관련 사항들을 명시한 '위시 리스트(wish-list)'의 형식을 띨 수 있다.

- 정보원의 효율성을 결정짓는 두 가지 중요한 특성은 매력도와 신뢰성이다. 유명인 모델은 이러한 목적을 종종 달성하지만, 항상 마케터가 의도한 만큼 강력하지만은 않다.
- 글, 아니면 그림으로 제시할 것인가, 감성적, 혹은 이성적으로 소구할 것인가, 광고의 반복 빈도, 결론을 제공할 것인가 말 것인가, 반박 주장을 제시할 것인가, 공포, 유머, 혹은 성적 소구 방법을 사용할 것인가에 대한 사항은 광고의 효율성을 결정짓는 메시지 요소이다.
- 탐색제품은 유익광고가 더 적합하다. 경험 제품과 신뢰 제품은 과장 광고를 통해 제시되는 경우가 많다. 화장품, 향수, 그리고 패션 광고 중 다수는 과장 광고이다.
- 광고 메시지는 종종 극적 요소, 훈계, 은유나 풍자 등의 예술이나 문학적 요소를 취한다.

▌ 토론 주제 ▌

1. 텔레비전에서 패션에 관련되지 않은 광고를 하나 살펴보라. 광고 안의 배우가 입은 옷을 관찰해 보라. 그 의복이 당신과 어떻게 소통하는가? 이 외에 어떠한 비언어적 메시지가 나타나는가?
2. 패션 제품을 팔기 위해 성적소구를 사용한 광고를 모아 보라. 제품의 실제적 효용이 소비자들에게 얼마나 자주 전달되는가? 광고가 멋진가 아니면 비위에 거슬리는가? 남성과 여성 소비자들을 대상으로 조사해 보고, 차이가 있는지 알아보라.
3. 패션 제품의 비교 광고가 적합할 것 같은 조건이나 상황에 대해 논의해 보라.
4. 왜 마케터가 자사 제품의 부정적인 측면에 대해 이야기할지 말 것인지 생각해야 하는가? 어떠할 때 이런 전략이 알맞은가? 예를 들어 보라.
5. 마케터는 커뮤니케이션 전략을 수립할 때 감성소구를 할 것인지 이성적 소구를 할 것인지 결정해야만 한다. 어떨 때 어느 방식이 더 나은지 설명해 보라.
6. 정보광고는 윤리적인가? 마케터들은 제품 관련 정보를 전달하기 위해서라면 어떠한 형식을 취해도 좋은 것인가? 새로운 제품에 대한 정보광고를 한 편 본 후 장단점을 평가해 보라.
7. 반박 주장의 과정을 살펴보기 위해 친구들에게 광고에 대해 점수를 매기도록 부탁

하거나 광고를 본 후의 반응을 적어라. 주장에 대한 의심이 몇 개나 찾아지는가?

8. 6시간 동안 한 개의 채널 안에서 방송되는 광고에 대한 기록일지를 만들어 보자. 제품군에 따라 범주화하고, 극적 요소에 의해 제시되었는지 논쟁에 의해 제시되었는지 분류하라. 양면적 주장 등 메시지에 사용된 형식을 기술하고 대변인의 형식(배우, 유명인, 혹은 살아있는 것 같은 캐릭터)을 기록하라. 최근 텔레비전 광고에서 자주 사용되는 설득 기법은 무엇이라고 결론지을 수 있는가?

9. 은유나 풍자를 사용한 광고를 모아보라. 이러한 광고가 효과적이라고 생각하는가? 제품을 사용한다고 가정하면, 직접적으로 판매를 유도하는 광고보다 이러한 광고가 더욱 편안하다고 느끼는가? 그렇다면 이유는 무엇인가?

10. 문화적 카테고리(엄마의 모습 등)를 대표하는 최근의 유명인 명단을 만들어 보라. 각각 어느 브랜드를 효과적으로 선전할 수 있다고 생각하는가?

▌ 주요 용어 ▌

공포소구(fear appeals)　　설득(persuasion)　　(source credibility)
과장 광고(puffing ads)　　은유(metaphor)　　조화가설(match-up hypothesis)
비교 광고(comparative advertising)　　정보원 매력도　　커뮤니케이션 모델
사용과 만족 이론　　　(source attractiveness)　　(communication model)
　(uses and gratifications theory)　　정보원의 신뢰성　　2-요인 이론(two-factor theory)

▌ 참고문헌 ▌

1. Elihu Katz and Paul F. Lazarsfeld, *Personal Influence* (Glencoe, Ill. Free Press, 1955).
2. Rose-Marie Turk, "The Leading Ladies," *WWDCalifornia* (supplement to *Women's Wear Daily*) (August 1999).
3. Grant McCracken, *Culture and Consumption: New Approaches to the Symbolic Character of Consumer Goods and Activities* (Bloomington: Indiana University Press, 1988).
4. Susan Kaiser, *The Social Psychology of Clothing: Symbolic Appearances in Context* (New York: Fairchild, 1997).
5. Nathan Joseph, "Layers of Signs," in *Dress and Identity*, eds. Mary Ellen Roach-Higgins, Joanne B. Eicher, and Kim K. Johnson (New York: Fairchild, 1995).
6. Solomon E. Asch, "Forming Impressions of Personality," *Journal of Abnormal Social Psychology* 41 (1946): 258-290.
7. Gert Assmus, "An Empirical Investigation into the Perception of Vehicle Source Effects," *Journal of Advertising* 7 (Winter 1978): 4-10. For a more thorough discussion of

the pros and cons of different media, see Stephen Baker, *Systematic Approach to Advertising Creativity* (New York: McGraw-Hill, 1979).

8. Alladi Venkatesh, Ruby Roy Dholakia, and Nikhilesh Dholakia, "New Visions of Information Technology and Postmodernism: Implications for Advertising and Marketing Communications," in *The Information Superhighway and Private Households: Case Studies of Business Impacts*, eds. Walter Brenner and Lutz Kolbe, (Heidelberg, Germany: Physical-Verlage 1996), 319-337; Donna L. Hoffman and Thomas P. Novak, "Marketing in Hypermedia Computer-Mediated Environments: Conceptual Foundations," *Journal of Marketing* 60, no. 3 (July 1996): 50-68. For an early theoretical discussion of interactivity in communications paradigms, see B. Aubrey Fisher, *Perspectives on Human Communication*, (New York: Macmillan, 1978).

9. First proposed by Elihu Katz, "Mass Communication Research and the Study of Popular Culture: An Editorial Note on a Possible Future for This Journal," *Studies in Public Communication*, 2 (1959): 1-6. For a recent discussion of this approach, see Stephanie O'Donohoe, "Advertising Uses and Gratifications" *European Journal of Marketing* 28, no. 8/9 (1994): 52-75.

10. Teena Hammond, "Levi's Big Retail Playground," *Women's Wear Daily* (August 16, 1999): 22, 27.

11. Annie Huang, "Cartoon Doll Creates Frenzy in Taiwan," *Marketing News* (September 13, 1999): 20.

12. Quoted in O'Donohoe, "Advertising Uses and Gratifications," p. 66.

13. This section is adapted from a discussion in Michael R. Solomon and Elnora W. Stuart, *Marketing: Real People, Real Choices*, (Upper Saddle River, N.J.: Prentice-Hall, 1997).

14. Carl I. Hovland and W. Weiss, "The Influence of Source Credibility on Communication Effectiveness," *Public Opinion Quarterly* 15 (1952): 635-650.

15. Herbert Kelman, "Processes of Opinion Change," *Public Opinion Quarterly* 25 (Spring 1961): 57-78; Susan M. Petroshuis and Kenneth E. Crocker, "An Empirical Analysis of Spokesperson Characteristics on Advertisement and Product Evaluations," *Journal of the Academy of Marketing Science* 17 (Summer 1989): 217-226.

16. S. Ratneshwar and Shelly Chaiken, "Comprehension's Role in Persuasion: The Case of Its Moderating Effect on the Persuasive Impact of Source Cues," *Journal of Consumer Research* 18 (June 1991): 52-62.

17. Jagdish Agrawal and Wagner A. Kamakura, "The Economic Worth of Celebrity Endorsers: An Event Study Analysis," *Journal of Marketing* 59 (July 1995): 56-62.

18. Gwendolyn S. O'Neal and Mary Lapitsky, "Effects of Clothing as Nonverbal Communication on Credibility of the Message Source," *Clothing and Textiles Research Journal* 9, no. 3 (1991): 28-34.

19. Robert LaFranco, "MTV Conquers Madison Avenue," *Forbes* (June 3, 1996): 138.

20. Eric Wilson, "On with the Show Business," *Women's Wear Daily* (March 22, 1999): 28-30.

21. Eric Wilson, "On with the Show Business."

22. Trish Donnally, "The Award for Best Oscar Gowns Goes to Vera Wang," *San Francisco Chronicle* (April 11, 2000): B4.

23. Alice H. Eagly, Andy Wood, and Shelly Chaiken, "Causal Inferences about Communicators and Their Effect in Opinion Change," *Journal of Personality and Social Psychology* 36, no. 4 (1978): 424-435.

24. Judith Graham, "Sponsors Line Up for Rockin' Role," *Advertising Age* (December 11, 1989): 50.

25. Heather Buttle, Jane E. Raymond, and Shai Danziger, "Do Famous Faces Capture Attention?," paper presented at Association for Consumer Research Conference, Columbus, Ohio, October 1999.

26. Michael A. Kamins, "Celebrity and Noncelebrity Advertising in a Two-Sided Context," *Journal of Advertising Research* 29 (June–July 1989): 34; Joseph M. Kamen, A. C. Azhari, and J. R. Kragh, "What a Spokesman Does for a Sponsor," *Journal of Advertising Research* 15 no. 2 (1975): 17-24; Lynn Langmeyer and Mary Walker, "A First Step to Identify the Meaning in Celebrity Endorsers," in *Advances in Consumer Research* 18, eds. Rebecca H. Holman and Michael R. Solomon, (Provo, Utah: Association for Consumer Research, 1991): 364-371.

27. "Makers Play Celebrity Game," *Women's Wear Daily* (August 15, 1999): 18-19; "CK's Summer Plans,"

Women's Wear Daily (June 29, 2000): 10.

28. Ira P. Shneiderman, "The Personal Touch," *Women's Wear Daily* (July 30, 1999): 15.

29. "Made in the U.S.A. Labels Aimed at Luring Shoppers," *San Jose Mercury News* (November 24, 1985): 10F; "Council Unveils New Made in U.S.A. Ads," *Women's Wear Daily* (November 23, 1987): 8; Dianne M. Pogoda, "Crafted with Pride Ad Drive Will Go Red, White and Blue," *Women's Wear Daily* (April 2, 1991): 15; Marvin Klapper, "Crafted with Pride Group to Air Tough New TV Spots," *Women's Wear Daily* (November 15, 1991): 13; Marvin Klapper, "Crafted Ads Trigger New Imports Rift," *Women's Wear Daily* (December 2, 1991): 4.

30. Grant McCracken, "Who Is the Celebrity Endorser? Cultural Foundations of the Endorsement Process," *Journal of Consumer Research* 16, no. 3 (December 1989): 310-321.

31. Michael A. Kamins, "An Investigation into the 'Match-Up' Hypothesis in Celebrity Advertising: When Beauty May Be Only Skin Deep," *Journal of Advertising* 19, no. 1 (1990): 4-13; Lynn R. Kahle and Pamela M. Homer, "Physical Attractiveness of the Celebrity Endorser: A Social Adaptation Perspective," *Journal of Consumer Research* 11 (March 1985): 954-961.

32. Karen K. Dion, "What Is Beautiful Is Good," *Journal of Personality and Social Psychology* 24 (December 1972): 285-290.

33. Michael J. Baker and Gilbert A. Churchill, Jr., "The Impact of Physically Attractive Models on Advertising Evaluations," *Journal of Marketing Research* 14 (November 1977): 538-555; Marjorie J. Caballero and William M. Pride, "Selected Effects of Salesperson Sex and Attractiveness in Direct Mail Advertisements," *Journal of Marketing* 48 (January 1984): 94-100; W. Benoy Joseph, "The Credibility of Physically Attractive Communicators: A Review," *Journal of Advertising* 11, no. 3 (1982): 15-24; Lynn R. Kahle and Pamela M. Homer, "Physical Attractiveness of the Celebrity Endorser: A Social Adaptation Perspective," *Journal of Consumer Research* 11 no. 4 (1985): 954-961; Judson Mills and Eliot Aronson, "Opinion Change as a Function of Communicator's Attractiveness and Desire to Influence," *Journal of Personality and Social Psychology* 1 (1965): 173-177.

34. Leonard N. Reid and Lawrence C. Soley, "Decorative Models and the Readership of Magazine Ads," *Journal of Advertising Research* 23, no. 2 (1983): 27-32.

35. Marjorie J. Caballero, James R. Lumpkin, and Charles S. Madden, "Using Physical Attractiveness as an Advertising Tool: An Empirical Test of the Attraction Phenomenon," *Journal of Advertising Research* (August/September 1989): 16-22.

36. Baker and Churchill, "The Impact of Physically Attractive Models on Advertising Evaluations"; George E. Belch, Michael A. Belch, and Angelina Villareal, "Effects of Advertising Communications: Review of Research," in *Research in Marketing*, no. 9 (Greenwich, Conn.: JAI Press, 1987), 59-117; A. E. Courtney and T. W. Whipple, *Sex Stereotyping in Advertising* (Lexington, Mass.: Lexington Books, 1983).

37. Kahle and Homer, "Physical Attractiveness of the Celebrity Endorser."

38. Kenneth G. DeBono and Richard J. Harnish, "Source Expertise, Source Attractiveness, and the Processing of Persuasive Information: A Functional Approach," *Journal of Personality and Social Psychology* 55, no. 4 (1988): 541-546.

39. Hershey H. Friedman and Linda Friedman, "Endorser Effectiveness by Product Type," *Journal of Advertising Research* 19, no. 5 (1979): 63-71.

40. R. C. Grass and W. H. Wallace, "Advertising Communication: Print versus TV," *Journal of Advertising Research* 14 (1974): 19-23.

41. Elizabeth C. Hirschman and Michael R. Solomon, "Utilitarian, Aesthetic, and Familiarity Responses to Verbal versus Visual Advertisements," in *Advances in Consumer Research* 11, ed. Thomas C. Kinnear (Provo, Utah: Association for Consumer Research, 1984), 426-431.

42. Terry L. Childers and Michael J. Houston, "Conditions for a Picture-Superiority Effect on Consumer Memory," *Journal of Consumer Research* 11 (September 1984): 643-654.

43. Andrew A. Mitchell, "The Effect of Verbal and Visual Components of Advertisements on Brand Attitudes and Attitude toward the Advertisement," *Journal of*

Consumer Research 13 (June 1986): 12-24.

44. John R. Rossiter and Larry Percy, "Attitude Change through Visual Imagery in Advertising," Journal of Advertising Research 9, no. 2 (1980): 10-16.

45. Jolita Kiselius and Brian Sternthal, "Examining the Vividness Controversy: An Availability-Valence Interpretation," Journal of Consumer Research 12 (March 1986): 418-431.

46. Scott B. Mackenzie, "The Role of Attention in Mediating the Effect of Advertising on Attribute Importance," Journal of Consumer Research 13 (September 1986): 174-195.

47. Robert B. Zajonc, "Attitudinal Effects of Mere Exposure," monograph, Journal of Personality and Social Psychology 8 (1968): 1-29.

48. Giles D'Souza and Ram C. Rao, "Can Repeating an Advertisement More Frequently Than the Competition Affect Brand Preference in a Mature Market?," Journal of Marketing 59 (April 1995): 32-42.

49. George E. Belch, "The Effects of Television Commercial Repetition on Cognitive Response and Message Acceptance," Journal of Consumer Research 9 (June 1982): 56-65; Marian Burke and Julie Edell, "Ad Reactions over Time: Capturing Changes in the Real World," Journal of Consumer Research 13 (June 1986): 114-118; Herbert Krugman, "Why Three Exposures May Be Enough," Journal of Advertising Research 12 (December 1972): 11-14.

50. Curtis P. Haugtvedt, David W. Schumann, Wendy L. Schneier, and Wendy L. Warren, "Advertising Repetition and Variation Strategies: Implications for Understanding Attitude Strength," Journal of Consumer Research 21 (June 1994): 176-189.

51. Linda L. Golden and Mark I. Alpert, "Comparative Analysis of the Relative Effectiveness of One- and Two-Sided Communication for Contrasting Products," Journal of Advertising 16 (1987): 18-25; Kamins, "Celebrity and Noncelebrity Advertising in a Two-Sided Context"; Robert B. Settle and Linda L. Golden, "Attribution Theory and Advertiser Credibility," Journal of Marketing Research 11 (May 1974): 181-185.

52. See Alan G. Sawyer, "The Effects of Repetition of Refutational and Supportive Advertising Appeals," Journal of Marketing Research 10 (February 1973): 23-33; George J. Szybillo and Richard Heslin, "Resistance to Persuasion: Inoculation Theory in a Marketing Context," Journal of Marketing Research 10 (November 1973): 396-403.

53. Belch et al., "Effects of Advertising Communications."

54. "Fur, Your Fashion Choice," Fur Information Council of America, Washington, D.C., nd.

55. Frank R. Kardes, "Spontaneous Inference Processes in Advertising: The Effects of Conclusion Omission and Involvement on Persuasion," Journal of Consumer Research 15 (September 1988): 225-233.

56. Belch et al., "Effects of Advertising Communications"; Cornelia Pechmann and Gabriel Esteban, "Persuasion Processes Associated with Direct Comparative and Noncomparative Advertising and Implications for Advertising Effectiveness," Journal of Consumer Psychology 2, no. 4 (1994): 403-432.

57. Cornelia Droge and Rene Y. Darmon, "Associative Positioning Strategies through Comparative Advertising: Attribute vs. Overall Similarity Approaches," Journal of Marketing Research 24 (1987): 377-389; D. Muehling and N. Kangun, "The Multidimensionality of Comparative Advertising: Implications for the FTC," Journal of Public Policy and Marketing (1985): 112-128; Beth A. Walker and Helen H. Anderson, "Reconceptualizing Comparative Advertising: A Framework and Theory of Effects," in Advances in Consumer Research 18, eds. Rebecca H. Holman and Michael R. Solomon (Provo, Utah: Association for Consumer Research, 1991), 342-347; William L. Wilkie and Paul W. Farris, "Comparison Advertising: Problems and Potential," Journal of Marketing 39 (October 1975): 7-15; R. G. Wyckham, "Implied Superiority Claims," Journal of Advertising Research (February/March 1987): 54-63.

58. Stephen A. Goodwin and Michael Etgar, "An Experimental Investigation of Comparative Advertising: Impact of Message Appeal, Information Load, and Utility of Product Class," Journal of Marketing Research 17 (May 1980): 187-202; Gerald J. Gorn and Charles B. Weinberg, "The Impact of Comparative Advertising on Perception and Attitude: Some Positive Findings," Journal of Consumer Research 11 (September

1984): 719-727; Terence A. Shimp and David C. Dyer, "The Effects of Comparative Advertising Mediated by Market Position of Sponsoring Brand," *Journal of Advertising* 3 (Summer 1978): 13-19; R. Dale Wilson, "An Empirical Evaluation of Comparative Advertising Messages: Subjects' Responses to Perceptual Dimensions," in *Advances in Consumer Research* 3, ed. B. B. Anderson (Ann Arbor, Mich.: Association for Consumer Research, 1976), 53-57.

59. Dhruv Grewal, Sukumar Kavanoor, Edward F. Fern, Carolyn Costley, and James Barnes, "Comparative versus Noncomparative Advertising: A Meta-Analysis," *Journal of Marketing* 61 (October 1997): 1-15.

60. "Connecting Consumer and Product," *The New York Times* (January 18, 1990): D19.

61. H. Zielske, "Does Day-After Recall Penalize 'Feeling' Ads?," *Journal of Advertising Research* 22 (1982): 19-22.

62. Roger Swagler, *Consumers and the Marketplace* (Lexington, Mass.: Heath, 1979).

63. Roger Thurow, "As In-Your-Face Ads Backfire, Nike Finds a New Global Tack," *The Wall Street Journal Interactive Edition* (May 5, 1997).

64. John Lichfield, "French Get Bored with Sex," *The Independent* (London) July 30, 1997.

65. Susan Sward, "Sex in Ads—Defining the Limits" *San Francisco Chronicle* (January 30, 1992): A1, A4.

66. Belch et al., "Effects of Advertising Communications"; Courtney and Whipple, *Sex Stereotyping in Advertising*; Michael S. LaTour, "Female Nudity in Print Advertising: An Analysis of Gender Differences in Arousal and Ad Response," *Psychology & Marketing* 7, no. 1 (1990): 65-81; B. G. Yovovich, "Sex in Advertising–The Power and the Perils," *Advertising Age* (May 2, 1983): M4-M5.

67. Penny M. Simpson, Steve Horton, and Gene Brown, "Male Nudity in Advertisements: A Modified Replication and Extension of Gender and Product Effects," *Journal of the Academy of Marketing Science* 24, no. 3 (1996): 257-262.

68. Michael S. LaTour and Tony L. Henthorne, "Ethical Judgments of Sexual Appeals in Print Advertising," *Journal of Advertising* 23, no. 3 (September 1994): 81-90.

69. Marc G. Weinberger and Harlan E. Spotts, "Humor in U.S. versus U.K. TV Commercials: A Comparison," *Journal of Advertising* 18, no. 2 (1989): 39-44.

70. Joe Boxer representative, personal communication, January 1999.

71. Katherine Bowers, "Joe Boxer Opens Comedy Stores," *Women's Wear Daily* (July 24, 2000): 10.

72. Thomas J. Madden, "Humor in Advertising: An Experimental Analysis," Working Paper 83-27, University of Massachusetts (1984); Thomas J. Madden and Marc G. Weinberger, "The Effects of Humor on Attention in Magazine Advertising," *Journal of Advertising* 11, no. 3 (1982): 8-14; Weinberger and Spotts, "Humor in U.S. versus U.K. TV Commercials."

73. David Gardner, "The Distraction Hypothesis in Marketing," *Journal of Advertising Research* 10 (1970): 25-30.

74. Michael L. Ray and William L. Wilkie, "Fear: The Potential of an Appeal Neglected by Marketing," *Journal of Marketing* 34, no. 1 (1970): 54-62.

75. Brian Sternthal and C. Samuel Craig, "Fear Appeals: Revisited and Revised," *Journal of Consumer Research* 1 (December 1974): 22-34.

76. Punam Anand Keller and Lauren Goldberg Block, "Increasing the Effectiveness of Fear Appeals: The Effect of Arousal and Elaboration," *Journal of Consumer Research* 22 (March 1996): 448-459.

77. Barbara Stern, "Medieval Allegory: Roots of Advertising Strategy for the Mass Market," *Journal of Marketing* 52 (July 1988): 84-94.

78. See Linda M. Scott, "The Troupe: Celebrities as Dramatis Personae in Advertisements," in *Advances in Consumer Research* 18, eds. Rebecca H. Holman and Michael R. Solomon (Provo, Utah: Association for Consumer Research, 1991), 355-363; Barbara Stern, "Literary Criticism and Consumer Research: Overview and Illustrative Analysis," *Journal of Consumer Research* 16 (1989): 322-334; Judith Williamson, *Decoding Advertisements* (Boston: Marion Boyars, 1978).

79. John Deighton, Daniel Romer, and Josh McQueen, "Using Drama to Persuade," *Journal of Consumer Research* 16 (December 1989): 335-343.

제11장
개인과 가족의 의사결정

테레사는 다음 주에 있을 면접에서 입을 만한 옷이 마땅히 없었다. 대학 4년 동안 청바지, 티셔츠, 스웨셔츠 등의 캐쥬얼 의류만을 사 입었기 때문이다. 그녀는 정장을 한 번도 사본 적이 없었지만 도심에 있는 백화점에 가면 좋은 제품을 선택할 수 있으리라 생각하였다. 테레사는 백화점 1층에 있는 남성복, 액세서리, 향수 코너를 지나 곧바로 정장 코너로 갔다. 미소 짓는 판매원이 그녀를 안내하려고 하자 그녀는 그냥 구경하는 것이라고 말했다. 이런 판매원들은 그들의 커미션을 받으려고 물건을 팔기 위해 어떤 말이라도 할 것이라 생각했기 때문

이다. 테레사는 모직 정장수트를 둘러보았다. 그녀의 친구 캐롤은 지난 주 산 팍시 라벨(Foxy-label) 수트를 정말로 좋다고 했으며

테레사의 동생은 캐주얼 비(Casual B) 수트는 제3세계국에서 만든 거라고 경고했었다. 테레사는 컬렉터블(Collectibles)은 미국산이고 안감이 전체에 있으며 잘 맞고 가격도 적당하다고 생각했다. 조금 더 저렴한 자니(Zany) 브랜드 제품의 매력에 끌려 바지정장과 스카프까지 구매하였다. 정장수트를 산 후에 테레사는 최신의 스포츠웨어 코너로 가서 이번 주 데이트에 입을 옷을 샀다. 결국 그녀는 새로운 일자리를 얻어 수입이 들어 올 것이고 이런 패션 아이템들도 살 여유가 생길 것이기 때문이다. 그녀는 이 두 가지(정장과 새로운 스포츠웨어) 모두를 비자카드로 구매했다. 그녀는 집에 돌아와서 새로운 옷들을 입어보고 미래에 새로운 직장인의 모습이 보이는 것 같아 즐거웠다.

1. 문제해결자인 소비자

1) 패션구매의사 결정

소비자의 구매는 문제에 대한 반응인데 테레사의 경우는 새로운 정장의 인지된 필요가 바로 문제라고 할 수 있다. 백화점에 간 목적이었던 정장의 구매결정은 스포츠웨어의 구매결정보다 더 오래 걸렸다. 그녀의 상황은 소비자들의 매일매일 벌어지는 상황과 유사하다. 테레사의 정장 선택에서와 같이 많은 의복구매 결정은 소비자의 선택기준(나중에 논의됨)에 따라 합리적인 방법에 의해 이루어진다. 그러나 스포츠웨어의 경우에서와 같이 패션과 관련된 대다수의 의복구매는 그런 합리적인 방법에 의해 구매가 이루어지지 않는다.

대부분의 패션은 우리 삶에 꼭 있어야만 되는 것은 아니다. 패션은 필수품이 아니기 때문에 우리는 패션 없이도 살 수 있다. 그러나 패션은 재밌고 즐겁고 새로운 것을 창조하며 많은 이에게 도피처가 된다. 우리는 점포 디스플레이, 잡지, 또는 우리 친구가 입은 옷을 보는 것 등의 많은 방법을 통해서 패션의 존재를 인식하게 된다. 만약 대상이 우리의 관심을 끌게 되면 그것을 살지 평가하게 된다. 테레사가 스포츠웨어를 백화점에서 보았을 때 그녀는 이 옷이 주말 데이트용으로 완벽하다고 생각했다. 이 시점에서 그녀는 가격, 품질, 색상, 스타일, 원산지 등을 선택기준으로 고려했다. 그 다음 그녀는 구매결정을 내리기 전에 다른 데서 보았던 다른 것들도 생각했을지 모른다. 그러나 만약 제품이 너무 마음에 들고 완벽하게 생각되며 시간이 없을 때 다른 대체안을 찾고자 하는 노력은 하지 않게 된다. 실제로 많은 패션구매는 충동구매로 이어지며, 구매시 흥분된 상태에서 구매가 이루어진다. 패션제품 구매의 단계는 많은 위험을 수반하는 주요 제품의 구매과정과는 다르다.

테레사의 정장 구매의 경우, 정장을 사고자 하는 의도로 쇼핑을 시작했고 구매 전에 몇 단계의 과정을 거쳤다. 이들 단계는 (1) 문제인식, (2) 정보 탐색, (3) 대안 평가, (4) 제품선택으로 이루어진다. 물론 구매결정이 이루어진 다음에도 다음 단계인 (5) 결과, 즉 제품선택의 좋거나 나쁜 결과를 통한 학습도 나오게 된다. 그림 11-1은 패션구매의 단계와 합리적인 구매결정의 단계를 비교한 것이다. 테레사의 스포츠웨어 구매의 경우 문제인식이 아닌 패션 대상물이 패션구매과정 모델의 제일 앞에 있게 된다.[1]

이 장은 소비자와 가족들이 구매결정에 직면했을 때 사용하는 다양한 방법을 소개하고 있다. 일반적인 구매결정의 세 단계를 소개하는데 첫째, 어떻게 소비자가 문제를 인식하는지 또는 제품에 대한 필요를 인식하는지 둘째, 제품선택을 위한 소비자의 정보 탐색 셋째, 구매결정을 내리기 위한 소비자의 대안 평가에 대해 알아본다. 테레사의 쇼핑에서 보았듯이 모든 의복이나 패션제품 구매는 합리적인 방법에 의해 구매결정이 이루어지는 것이 아니다. 종종 패션구매는 매우 감정적이다.

2) 구매의사 결정에 대한 관점

어떤 구매결정은 다른 것보다 더 중요하므로 각 구매에 쏟는 노력은 각각 다를 수 있다. 전통적으로, 소비자 연구자들은 **합리적인 관점**(rational perspective) 또는 전통적인

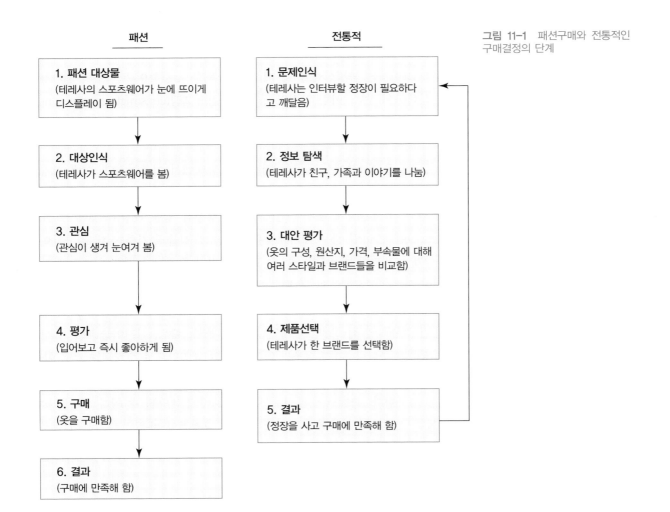

그림 11-1 패션구매와 전통적인 구매결정의 단계

관점에서 구매의사 결정에 접근한다. 이 관점에서 소비자들은 차분하게 그들이 제품에 대해 이미 알고 있는 사실들에 가능한 찾을 수 있는 많은 정보들을 통합하고, 각 대안의 장점과 단점을 자세히 견주어 본 후 만족한 결론에 도달한다. 이런 과정은 마케팅 매니저가 소비자가 어떻게 정보를 얻고, 어떻게 신념이 형성되며, 어떠한 제품 선택기준을 쓰는지, 이 모든 것을 철저히 공부해야 한다는 것을 암시한다. 따라서 제품은 중요한 속성을 강조하는 방향으로 개발되어야 하고, 판촉전략은 가장 효과적인 방식으로 정보를 제공할 수 있도록 강구되어야 한다.[2]

그러나 이러한 단계들은 소비자의 관여가 높은 구매에 적용되는 반면 많은 일상적인 구매결정에는 적용되지 않는다.[3] 소비자는 모든 구매결정에서 단순히 이런 정교한 단계의 구매과정을 밟지 않는다. 만약 이런 과정을 다 밟고 물건을 사게 된다면 소비자는 결국 구매하기로 한 제품을 즐겨 볼 시간도 없을 것이다.

연구자들은 소비자들이 제품구매시 쓰는 전략들의 레퍼토리가 있음을 최근 깨닫기 시작했다. 소비자는 특정선택을 할 때 드는 노력을 평가하여 노력수치에 가장 적당한 전략을 선택하여 쓴다. 이런 일련의 과정을 **구성적 과정**(constructive processing)이라고 한다. 큰 망치로 개미를 죽이려하기보다 일에 따라 노력의 수준을 맞춘다는 것을 의미한다.[4]

어떤 결정들은 제4장에서 언급한 저관여의 상태에서 이루어진다. 이런 상황에서 소비자들의 구매결정은 주위 환경에 반응하여 충동적으로 구매하게 되는 경우가 많다. 이런 유형의 구매결정에 초점을 맞춘 것이 **행동적 영향 관점**(behavioral influence perspective)이다. 이런 경우 매니저들은 환경적 특징을 평가하는 데 집중하여야 하는 데, 즉 타겟 소비자에게 영향을 줄 수 있는 물리적 환경이나 제품의 배열에 특별히 신경을 써야 한다.[5] 패션제품의 구매도 일부 여기에 속한다.

다른 경우는 소비자들이 매우 관여가 높으나 합리적으로 접근하지 않는 경우이다. 예를 들면 전통적인 접근방법은 개인의 예술, 음악, 패션, 심지어는 배우자 선택을 제대로 설명하지 못한다. 이런 경우는 단지 하나의 요인만으로 결정되는 것이 아니다. 대신 **경험적 관점**(experiential perspective)은 제품이나 서비스의 형태[게슈탈트(Gestalt)]나 전체성을 강조한다. 테레사의 패션제품 구매가 이에 해당될 수 있다. 이런 분야에서의 마케터들은 소비자의 제품이나 서비스에 대한 감정적인 반응을 측정하여 적절한 호응을 끌어내는 제품을 개발하고자 한다.

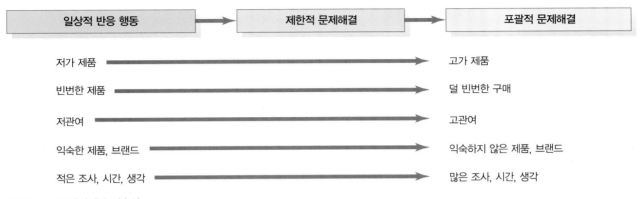

그림 11-2 구매결정의 연속성

출처 : M. R. Solomon, *Consumer Behavior*, 5th ed., p. 258, ⓒ2002. Reprinted by permission of Pearson Education, Inc., Upper Saddle River, NJ.

3) 소비자 구매결정의 유형

소비자 구매결정과정을 유형화하는 데 도움을 주는 방법 중 하나는 그 결정을 할 때 드는 노력을 고려해 보는 것이다. 소비자 연구자들은 이를 간편하게 연속선상에서 측정하는 방법을 발견하였는데 한쪽 제일 끝은 **습관적인 구매결정**(habitual decision making)으로 놓고 다른 쪽 끝은 **포괄적 문제해결**(extended problem solving)로 놓는 것이다. 많은 의사결정은 중간 정도에 위치하는 **제한적 문제해결**(limited problem solving)에 속하게 된다. 이런 연속선상은 그림 11-2에 제시되어 있다.

(1) 포괄적 문제해결

포괄적 문제해결에 관련된 의사결정은 전통적인 구매의사 결정의 관점과 관련이 깊다. 표 11-1에서 보이듯이 포괄적 문제해결 과정은 자기개념(제5장 참조)과 연관이 있는 동기에 의해 시작되며, 최종 결정은 상당한 위험지각을 수반한다. 소비자는 기억으로부터(내적 탐색) 그리고 외부 정보원으로부터(외부 탐색) 가능한 한 많은 정보를 얻으려고 한다. 결정의 중대함에 따라 각 제품의 대안은 신중하게 평가된다. 평가는 한 브랜드의 속성들을 고려하여 각 브랜드의 속성들이 바람직한 특징을 이루고 있는지 알아보면서 이루어진다.

(2) 제한적 문제해결

제한적 문제해결은 더 수월하고 간단하다. 구매자들은 정보를 열심히 찾으려 하거나 각각의 대안을 철저히 평가하려 하지 않는다. 대신 소비자들은 대안들 중에서 결정 규칙(decision rules)을 간단히 사용한다. 이런 인지적으로 손쉬운 방법의 적용은 소비자들로 하여금 일일이 구매 하나하나를 세세히 결정하게 하기보다는 일반적인 가이드라인을 정하게 하여 구매과정을 거치게 한다.

(3) 습관적 구매결정

포괄적 문제해결이나 제한적 문제해결 모두는 어느 정도의 정보를 찾고 노력이 수반되는 구매결정을 한다고 할 수 있다. 그러나 다른 한쪽 끝의 연속선상에는 의식적 노력이 거의 없이 하는 구매결정이 있다. 많은 구매결정은 매우 습관적이고 일상적이어서 우리가 무엇을 구매했는지 보고, 그때서야 우리가 구매결정을 했다는 것을 깨닫게 된다. 이런 자동적인 선택은 의식적인 제어 없이 최소의 노력으로 이루어진다.[6] 비록 이런 종류의 의사결정이 위험하고 어리석어 보일지라도 많은 경우에 꽤 효율적이다. 습관적이고 반복적인 행동의 개발은 소비자로 하여금 일상적 구매에 드는 시간과 에너지를 최소화시킬 수 있다.

표 11-1 제한적 문제해결 대 포괄적 문제해결

		제한적 문제해결	포괄적 문제해결
정보탐색 동기		적은 위험과 관여	높은 위험과 관여
		적은 조사	본격적 조사
		소극적 정보 처리	적극적 정보 처리
		점포 내 결정	점포방문 전 다양한 정보원 상담
대체안 평가		약한 신념	강한 신념
		가장 중요한 기준	많은 기준 이용
		대체안 비슷하게 인식	대체안들 간 많은 차이
		비보완적 전략 사용	보완적 전략 사용
구매		제한된 쇼핑시간	필요한 경우 많은 점포쇼핑
		셀프-서비스 선호	점포 판매원과의 의사소통이 종종 바람직함
		점포 디스플레이에 의해 영향	

출처 : M. R. Solomon, *Consumer Behavior*, 5th ed., p. 258, ⓒ 2002. Reprinted by permission of Pearson Education, Inc., Upper Saddle River, NJ.

제품 해결의 문제

광고들은 일반적으로 육체적으로 사회적으로 문제가 있는 사람에게 제품을 제시하고 제품을 사용하면 기적적으로 문제가 해결된다는 것을 보여주어 왔다. 어떤 마케터들은 이것이 지나쳐서 문제를 야기하고 그것에 대한 처방을 제시하기에 이르렀다. 예를 들어 1940년대 탈론 지퍼(Tallon zipper)는 소매치기가 여성의 셔츠 단추 근처에 나타나는 장면을 통해서 지퍼가 옷이 벌어진 틈의 처방인 양 호객행위를 했다. 마찬가지로 위스크 세탁제(Wisk detergent)는 셔츠의 목 칼라에 드리워지는 때의 수치스러움에 주목을 하게 하는 광고를 했다.[7]

또한 실제 문제가 광고에 묘사될 때 제안되는 해결책은 제품을 사용하면 모든 문제가 해결되는 것처럼 지나치게 단순하게 나타나 있다. 천 개 이상의 텔레비전 광고를 분석한 조사에 따르면 광고의 10분의 8 이상이 제품을 사용하면 문제가 몇 초, 몇 분 안에 해결된다고 주장한다고 한다. 또한, 75%의 광고가 제품이 문제해결을 해주며 75% 이상의 광고의 문제해결 방법은 원스텝 과정, 즉 소비자가 해야 할 일은 제품을 사는 것이고 그러면 문제가 없어진다는 것이다.[8] 그러나 소비자는 더욱 비판적으로 되어 이런 주장들에 잘 속지 않게 되었다. 1990년대의 소비자들은 제품에 대한 정보만을 주는 실제적인 광고에 더 반응을 하게 되었고 정부와 소비자 단체도 제품광고가 주장하는 것에 더 많은 관심을 기울이기 때문에 마케터들은 그들 광고의 내용에 보다 많은 조심을 기울여야 한다.

(4) 다른 구매결정 스타일들

제한적 문제해결 스타일과 비슷한 다른 구매결정 스타일들이 있다. 한 연구는 청소년의 쇼핑스타일이 세 가지 유형, 즉 가치 최대화 쾌락적인 쇼퍼, 브랜드 최대화 비기능성 선호 쇼퍼, 무감각적인 쇼퍼로 나뉜다고 했다.[9] 의복의 고관여 품목을 다룬 다른 연구에서는 6개의 구매결정 스타일들을 밝혔다.[10] 이 각각의 그룹에게 어필하는 것이 유통업자에게 필요하다.

- 쇼퍼(shoppers) : 쇼핑에 대한 관심이 높음
- **충성자**(loyals) : 쇼핑, 제품 다양성, 가치에 대한 관여가 매우 높음
- 대기만성형(late bloomers) : 충성자와 유사하나 제품관여 적고 편리함 중시
- 인색형(narrowers) : 쇼핑과정에 흥미가 없음
- 무감각형(apathetics) : 젊으며 쇼핑에 관여하려 하지 않음
- 회피자(avoiders) : 쇼핑을 가장 싫어하고 쇼핑에 관여하거나 시간투자가 거의 없음

2. 문제인식

문제인식(problem recognition)은 소비자가 현재의 상태와 이상적인 상태에서의 차이를 발견했을 때 일어난다. 소비자는 해결해야겠다고 생각되는 문제를 인식하게 되는데 그 문제는 작거나 클 수도, 쉽거나 어려울 수도 있다. 테레사는 과거에 인터뷰를 한 번도 해보지 않았다는 문제에 직면했다. 그녀는 그녀가 4년간 입은 옷들이 인터뷰용

으로 부족하다는 것을 깨달은 것이다.

　문제는 두 가지 경우 중에서 생겨나는데 새로운 의복의 필요성에 의한 경우는 필요인식(need recognition)이라고 할 수 있다. 반면, 소비자가 좀더 신선하고 새로운 패션제품을 원하는 경우는 기회인식(opportunity recognition)이라고 할 수 있다. 모두의 경우 현재 상태와 이상적인 상태의 차이가 있기는 마찬가지이다.[11] 테레사의 경우 새로운 옷의 필요성 때문에 문제가 인식되었다. 적절한 의복이라는 측면에서의 그녀의 이상적인 상태가 바뀌진 것이다.

　문제인식은 여러 가지 방법에 의해 나타난다. 사람의 현재 상태는 제품을 다 써버렸기 때문에 고갈될 수도 있고, 새로 산 제품이 만족을 주지 못해 일어날 수도 있고, 새로운 필요의 창조에 의해서도 일어날 수 있다. 기회인식은 소비자가 다른 또는 더 좋은 제품에 노출되었을 때 일어난다. 종종 패션 아이템은 일전에 언급되었다시피 소비자에게 단순히 노출되면서 채택되기도 한다. 이러한 노출에 의한 구매는 개인이 대학을 가거나 직장을 가지는 등 개인의 환경적 변화가 일어날 때 종종 일어난다. 개인의 준거의 틀이 바뀌게 되면 새로운 환경에 적응하기 위해 다양한 구매가 이루어진다.

　문제인식은 자연스럽게 일어날 수 있는데 마케팅의 노력으로 문제인식과정이 활발하게 일어날 수도 있다. 마케터들은 소비자들이 선택하는 브랜드에 상관없이 소비자로 하여금 자신의 제품이나 서비스를 사용하게 하려는 첫 번째 수요(primary demand)를 창조한다. 이런 필요는 제품수명주기의 초반에 주로 나타나는데, 예를 들면 전자레인지가 처음 소개되었을 때를 말한다. 첫 번째 수요는 면방협회(Cotton Incorporated)의 광고인 '우리 삶의 직물(The Fabric of Our Lives)'과 같이 산업협회의 광고를 통해서도 일어난다. 두 번째 수요(secondary demand)는 소비자가 다른 브랜드에 비해 특별히 특정브랜드를 선호하는 것을 말하는데 첫 번째 수요가 이미 존재하는 경우에만 일어난다. 이 때 마케터들은 소비자가 자신의 브랜드가 다른 것들보다 문제해결을 가장 잘 해준다고 확신할 수 있게 만들어야 한다.

3. 정보탐색

문제가 인식된 다음 소비자들은 문제를 해결하기 위해 충분한 정보를 필요로 한다. 미래학자 알빈 토플러는 전국유통연합(National Retail Federation) 회의에서 재고나 점포자체가 아닌 정보가 오늘날 상인들에게 가장 중요한 자원이라고 하였다.[12] 소비자들이 사는 제품에 대한 정보를 많이 요구하므로 유통업자들은 소비자들에게 꾸준히 더욱 더 많은 정보가 제공될 수 있도록 노력을 해야 한다. **정보탐색**(information search)은 소비자가 합리적인 구매결정을 내리기 위해 환경에서 적절한 데이터를 찾는 것을 말한다. 이 섹션은 정보탐색에 관련된 요인들을 검토할 것이다.

1) 탐색의 유형

소비자들은 문제가 인식된 후 구체적인 정보를 위해 시장을 조사하려고 한다(이 과정을 **구매전 탐색**(prepurchase search)이라고 한다). 한편, 많은 소비자들 특히 베테랑 쇼퍼들은 오직 재미를 위해 또는 시장에서 무엇이 일어나고 있는지 정보의 최전선에 있기 위해 새로운 정보를 찾는다. 그들은 **지속적 탐색**(ongoing search)을 한다.[13] 이런 것들은 최신 정보로 자신을 업데이트하고자 하는 다수의 패션 쇼퍼에게 적용된다.

(1) 내부탐색 대 외부탐색

정보원은 내부탐색과 외부탐색의 두 종류로 나누어질 수 있다. 우리는 과거의 경험 및 단지 소비문화에 살고 있다는 이유로 많은 제품에 대한 지식을 기억하고 있다. 구매결정에 직면했을 때 우리는 내부탐색을 통해 우리의 기억 속에 있는 정보들을 검색한다. 그러나 보통의 경우 시장을 잘 안다고 하는 우리들도 외부탐색을 통해 지식을 보충하게 된다. 외부탐색에는 광고, 글, 점포, 친구, 또는 단순히 사람들을 지켜보는 것 등이 포함된다.

(2) 고의적 대 우연적 탐색

우리의 제품에 관한 지식은 직접적인 학습(일전에 이미 조사를 했었거나 또는 대안의 일부를 직접 경험)에 의해 올 수 있다. 예를 들어 지난 달 구두 한 켤레를 산 쇼핑객은 이 달에 다른 구두 한 켤레를 더 사야 한다면 어디에서 사는 것이 제일 좋을지 아이디어를 갖고 있는 것과 같다.

그러나 우리는 보다 소극적인 방법으로도 정보를 얻을 수 있다. 비록 제품에 관심이 없어도 광고, 포장, 판매촉진에 노출될 경우 **우발적 학습**(incidental learning)을 하게 된다. 이런 것에 대한 단순한 노출이 여러 번에 걸쳐 나타나게 되면 우리는 우리가 앞으로 필요하지도 않은 많은 정보들을 습득하게 된다. 마케터에게는 이런 소량의 꾸준한 광고가 이득을 줄 수 있는데 제품연상이 생기고 유지되다 보면 실제로 제품이 필요할 때 이것이 효과를 보기 때문이다.[14] 리바이스 501 광고가 그러한 예인데, 비록 우리가 이 제품에 친숙하다고 할지라도 광고를 지속적으로 하여 상기시키는 것을 말한다.

2) 패션정보원

패션은 매우 빠르게 변화하기 때문에 우리의 지식은 쉽사리 뒤떨어지게 된다. 따라서 패션에 대한 의식이 강한 사람들은 다양한 정보원을 통해 패션감각을 유지한다. 아래의 정보원들 중 당신은 어떤 것을 자의적으로 찾고 어떤 정보원을 우연적으로 접하는가?

- 비인적 또는 마케터 주도적 정보원(impersonal or marketer-dominated source) : 윈도우 디스플레이, 점포 내 디스플레이/비디오, 패션 잡지, 패션 카탈로그, 책, 신문광고, 라디오/TV 광고, 패션쇼, 의상 상담가, 우편주문 카탈로그, 패턴 북, 판매원

- 인적 또는 소비자 주도적 정보원(personal or consumer-dominated source) : 친구와의 대화, 다른 사람을 통한 관찰, 공공장소

- 중립적 정보원(neutral source) : 텔레비전 연예인, 영화배우, 뉴스에 나오는 인사들

- 객관적 정보원(objective source) : 소비자 리포트(consumer report)와 같은 중립적인 보도원. 일반적으로 소비자 리포트는 패션아이템을 다루지 않으나 주기적으로 수트나 레인코트 같은 아이템을 비교한다. 테레사는 새로운 정장을 위해 이런 정보를 사용할 수도 있었다. www.productopia.com과 같은 웹사이트에서도 화장품을 포함한 가정용품에 관해 전문가의 추천을 받을 수 있다.

연구들은 쇼퍼들의 종류에 따라 다른 종류의 정보원을 사용한다는 연구결과가 있다. 예를 들면 편리지향의 카탈로그 쇼퍼들과 고관여 의복 쇼퍼들은 패션출판물의 빈번한 사용자이다; 무감각형 의복 쇼퍼들은 모든 정보원을 가장 적게 사용한다. 패션추종자들은 소비자 주도적 정보나 인적 정보를 많이 사용하는 반면 패션 리더들은 미디어와 같은 마케터 주도적 정보를 더 많이 사용한다.[15]

3) 정보의 경제성 : 실제로 정보탐색을 얼마나 하나

전통적인 구매결정 관점은 정보의 경제학적인 관점과 관련이 있다. 즉 소비자는 구매결정을 할 때 필요한 정보를 최대한 많이 모은다고 가정하는 것이다. 소비자는 추가정보에 대한 기대치를 형성하고 보상이 비용을 넘을 때까지(효용성을 의미) 정보를 탐색한다. 또한 이런 효용적인 가정은 가장 가치 있는 정보가 제일 먼저 탐색된다는 것을 의미한다. 추가정보는 이미 알고 있는 것에 단지 더해지는 정도로 여겨진다.[16]

그러나 이런 합리적인 탐색이 언제나 지지되는 것은 아니다. 외부탐색의 양은 놀랄 만큼 작으며 심지어 추가정보가 소비자에게 혜택을 주는 경우가 대부분인데도 정보를 추가적으로 얻으려는 노력은 매우 적다. 예를 들면 적은 수입의 소비자들은 그들의 잘못된 구매로 더 많은 것을 잃게 되는데 부유한 사람들보다 구매시 정보탐색을 적게 한다.[17] 우리의 친구 테레사와 같이 소비자들은 한두 개의 점포만을 방문하고 구매 전 객관적인 구매정보를 얻으려고 하지 않는데 특히 시간이 부족할 때 더욱 그러하다.[18]

외부탐색을 피하려는 경향은 소비자가 의류와 같은 상징적인 아이템을 구매하려고 할 때 덜 나타나게 된다. 이런 아이템을 구매할 경우 소비자들은 상당한 양의 외부탐색을 한다. 비록 가격이 저가일지라도 자신을 표현하는 제품의 선택은, 선택을 잘못하였을 경우 사회적 압력이 가해지기 때문에 중요하다. 한편 의류정보(케어 라벨, 직물, 맞음새, 구성, 제조업자, 가격, 판매원 의견, 점포, 스타일)에 관한 연구는 소비자들은 구매결정을 하기 전 이런 가능한 정보의 절반을 고려하지 않고 구매한다고 밝혔다.[19] 이러한 결과는 아마도 정보의 중복 때문인 것으로 보이며 소비자들은 어떤 정보를 다른 속성의 표시로 사용하기도 한다(이는 이 장의 뒷부분에서 다루어진다).

일반적으로 탐색활동은 구매가 중요하고 구매에 관한 여러 가지를 알 필요가 있으며 정보를 쉽게 얻고 활용할 수 있을 때 많아진다.[20] 소비자들은 제품 카테고리에 관계없이 수반하는 정보탐색의 양이 다르다. 모든 것을 통제했을 때 젊고 교육을 많이 받은 사람들이 쇼핑을 즐기고 정보탐색을 더 많이 한다.[21] 여성들이 남성들보다 더 정보탐색을 많이 하고 스타일과 이미지를 더 중시한다.

소비자가 탐색하는 양에 관계없이 소비자들은 현재 지금의 브랜드가 만족스럽다고 할지라도 상표전환(brand swicth)을 한다. 사람들은 종종 단지 새로운 것을 시도해 보는 것을 좋아하는데, 이는 다양한 것을 추구하기 때문이다. 이것은 유행혁신자의 경우 특히 더욱 그러하다. 한 연구에 따르면 유행혁신자는 감각추구 척도에 따라 측정한 결과 다양성에 대한 필요가 패션추종자보다 큰 것으로 나타났다.[22] 소비자들의 브랜드를

cathy®

by Cathy Guisewite

어떤 남자들은 여자보다 탐색하는 데 노력을 덜 한다.

전환하는 경향은 마케터들에게는 지금 현재의 고객이 앞으로도 영원히 그들의 고객이라고 장담할 수 없다는 것을 알려준다.[23] 이것은 특히 패션산업에 적용되는데 새로운 디자이너들과 제조업자들이 지속적으로 마켓에 등장하기 때문이다.

(1) 소비자들의 사전 지식

제품에 대해 미리 사전 지식을 갖고 있는 소비자는 탐색을 더 많이 할 것인가? 아니면 덜 할 것인가? 제품 전문가와 초보자는 구매결정에서 매우 다른 방법을 사용한다. 제품에 대해 거의 알고 있지 못하는 초보자는 더욱 더 많은 것을 알고자 하는 동기가 있다. 그러나 전문가는 제품의 카테고리에 매우 친숙해서 그들이 얻는 제품에 관한 어떤 정보도 손쉽게 이해할 수 있다.

　그렇다면 누가 더 탐색을 많이 할까? 답은 둘 다 아니라는 것이다. 제품에 대해 적당히 알고 있는 소비자가 제일 많은 탐색을 한다. 그림 11-3에서 보이듯이 지식과 정보 탐색량의 관계는 U자를 반대로 한 관계이다. 제품에 대해 거의 알지 못하는 사람들은 탐색을 본격적으로 할 능력이 없다고 생각한다. 사실상 그들은 어디에서부터 시작해야 할지조차도 모른다. 정장에 대해 탐색을 해보지 못했던 테레사가 이 경우에 해당한다. 그녀는 점포 한 군데를 방문하고 그녀에게 친숙한 브랜드만을 봤다. 게다가 그녀는 제품 속성의 일부에만 초점을 두고 결정했다.[24]

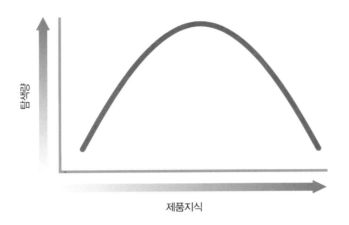

그림 11-3 　정보탐색량과 제품지식과의 관계

출처 : M. R. Solomon, *Consumer Behavior*, 5th ed., p. 266, ⓒ 2002. Reprinted by permission of Pearson Education, Inc., Upper Saddle River, NJ.

소비자들에 의해 수행되는 탐색의 유형은 전문성의 수준과 마찬가지로 탐색량에 따라서도 달라진다. 전문가는 구매결정에 어떤 정보가 적절한지 알기 때문에 선택적인 탐색을 하여 그들의 노력이 보다 집중되고 효율적으로 되게 한다. 반대로 초보자들은 대안들을 차별화할 때 다른 사람들의 의견이나 비기능적인 속성, 즉 브랜드 이름이나 가격에 의지한다.

(2) 위험지각

일반적으로 구매결정이 **위험지각**(perceived risk), 즉 제품에 부정적인 결과가 잠재한다고 믿는 신념이 내재한다고 여길 때 소비자들은 본격적 탐색을 한다. 위험지각은 제품이 고가이거나 복잡할 때 생길 수 있다. 또한 패션과 같이 제품에 가시성이 있어 잘못 선택하여 망신을 당할 수 있을 때 생긴다.

그림 11-4는 네 가지의 기본 위험을 열거한 것인데 이는 객관적 요소들(신체적 위험)과 주관적 요소들(사회적 창피함) 모두를 포함한 것이다. 의복은 일반적으로 신체적 위험(physical risk)을 수반하지는 않으나 가연성은 고려해야 할 요소이다. 우리는 의복은 안전하다고 당연히 여긴다. 그러나 그렇지 않을 때가 있다. 미국에서 매우 가연성이 높은 의복을 파는 것은 불법이지만 가끔 소비자 제품안전위원회(Consumer Product Safety Commission)에 의해 가연성 문제로 소환된 의복이 있는 것은 사실이다. 이 주제에 관해서는 제15장을 참고하라.

경제적 위험(monetary risk)은 소비자 구매의 한 요인이 된다. 라이트 에이드(Rite Aid)는 만약 소비자가 집에 가서 립스틱 칼라가 맞지 않는다고 생각되면 환불을 해준

	위험에 가장 예민한 구매자	위험이 가장 많은 구매
경제적 위험	위험자본은 돈과 재산으로 구성됨. 적은 수입과 부유하지 못한 사람들이 가장 예민함	비싼 가격표가 붙은 아이템이 가장 위험이 높음
기능적 위험	위험자본은 기능을 실행하기 위한 또는 필요를 충족시키기 위한 대체 수단으로 구성됨. 실용적 소비자가 가장 예민함	구매와 사용이 구매자의 전적인 의무가 요구되는 제품이나 서비스가 가장 예민함
신체적 위험	위험자본은 체력, 건강, 활력으로 구성됨. 나이 든 노인이나 허약자가 가장 예민함	기계나 전자제품(차량이나 가연성 물질 같은 것), 약, 의료처리, 음식들이 가장 예민함
사회적 위험	위험자본은 자기존중과 자심감으로 구성됨. 자신감이 부족하거나 불확실한 사람들이 가장 예민함	사회적으로 가시성이 높거나 상징적인 제품들, 옷, 보석, 자동차, 집, 스포츠 장비들이 가장 예민함
심리적 위험	위험자본은 소속과 지위로 구성됨. 자기존중이나 매력이 없는 사람들이 가장 예민함	비싼 개인 사치품으로 죄책감을 일으키는 제품들, 자기훈련이나 희생을 요구하는 서비스나 제품들이 가장 예민함

그림 11-4 위험지각의 5가지 유형
출처 : M. R. Solomon, *Consumer Behavior*, 5th ed., p. 267, ⓒ 2002. Reprinted by permission of Pearson Education, Inc., Upper Saddle River, NJ.

다고 해서 경제적 위험을 줄이려고 시도했다. 유행성이 강한 패션아이템에 돈을 많이 지불하여 짧은 기간에만 입을 수 있다는 것은 상당한 경제적 손실이라고 할 수 있다. 연구자들은 의복에 관련된 위험이 어떤 용어와 연관이 되는지와 위험 유형과 관련이 되는 의복스타일을 측정하였다. '럭셔리'나 '필요성'이란 용어는 의복에서 가치판단 (현명함이나 어리석은)을 의미하는 기능성이나 실용성과 관련이 있는 반면 '비싸지 않은'과 '비싼'은 주로 경제적 위험과 관련이 있었다.[25] 경제적 위험은 또한 카탈로그 쇼핑에서 언급되었는데[26] 이는 카탈로그에서 실제 제품을 입어볼 수 없고 주문이 만족스럽지 못하지 않을까 두려워하는 소비자의 심리에서 나왔다고 할 수 있다.

그러나 대부분의 의복과 관련된 위험은 사회적 위험(social risk) 또는 심리적 위험 (psychological risk)이다. 그림 11-4가 의미하듯이 '위험자본'이 많은 소비자는 제품과 관련된 위험지각에 영향을 덜 받는다. 예를 들면 자신에 대해 매우 자신감이 있는 소비자들은 제품의 사회적 위험에 대해 덜 걱정한다. 반면 자기에 대해 자신감이 없는 소비자들은 새롭고 패션성이 매우 강한 아이템을 피하려고 한다. 그러나 패션의 다른 수명주기(소개기, 현재 유행하는, 뒤떨어진)에서의 사회 심리적 위험을 조사한 연구에 따르면 패션수명주기에 따라 사회심리적 위험이 달라진다는 것을 알 수 있다. 도입기 에서는 중간 정도의 위험이, 현재 유행하는 기간에는 낮은 위험이, 뒤떨어진 기간에는 가장 큰 위험이 있었다.[27] 이는 최신 유행에서 뒤떨어진다는 것보다 더 나쁜 것은 없 기 때문이다.

4) 사이버미디어리

검색엔진을 사용해 본 사람은 누구나 웹이 제품과 유통업자에 관한 방대한 양의 정보 를 순식간에 제공한다는 것을 안다. 사실상 웹 검색시 가장 큰 문제 중 하나는 선택을 좁혀나가는 것에 있다. 웹사이트의 수가 무수히 많은데 사람들은 어떻게 정보를 조직 하고 어디를 클릭해야 할지를 알까? 이런 유형의 요구에 맞춘 비즈니스를 **사이버미디 어리**(cybermediaries)라고 하는데 이것은 소비자들이 대안들을 효과적으로 파악하고 평가하기 위해 검색에서 온라인 마켓 정보를 여과하고 조직하는 데 도움을 주는 중재 자를 말한다.[28] 사이버미디어리는 다른 형태들로 나타난다.[29]

- 디렉토리와 포탈 : Yahoo나 www.fashionmall.com은 다양한 종류의 다른 사이트들 을 묶는 일반적 서비스이다.

- 웹사이트 평가자 : 소비자가 사이트들을 검토하는 위험을 줄여주고 가장 최선의 것 을 추천한다. 예를 들어 포인트 커뮤니케이션(Point Communication)은 웹의 최상 위 5%의 사이트들을 선정해 준다.

- 포럼, 팬클럽, 유저그룹(user group) : 소비자가 선택안들을 추려내는 것을 돕기 위해 제품에 관련된 토론을 제공한다. www.about.com과 같은 사이트는 다른 이들의 추천을 연결해 줌으로써 소비자가 대체안을 좁힐 수 있게 한다.

- 정보처리 대리자(intelligent agent) : 정교한 소프트웨어 프로그램으로 협작 필터링 (collaborative filtering) 기술을 통해 과거 사용자의 행동을 학습하여 새로운 구매 를 추천한다.

4. 대안의 파악

가능한 대안 사이에서 선택을 해야 하는 단계의 구매의사 결정은 많은 노력을 필요로 한다. 결국 현대 소비자 사회는 바로 앞서 인터넷 검색에서 말했듯이 많은 선택들로 가득 차 있다. 어떤 경우에는 수백 개의 브랜드들(의상에서와 같이)이나 한 브랜드에서도 서로 다른 스타일들(립스틱의 다른 색조들 같이)이 우리의 주목을 받으려고 몸부림치고 있다.

어떻게 우리는 어떤 기준이 중요하다고 결정하고 어떻게 제품 대체안을 적당한 수로 좁혀나가다가 결국 여러 개 중 하나를 선택하게 되는 것일까? 답은 어떤 구매의사 결정과정을 사용하느냐에 따라 달라진다. 본격적인 의사결정을 하는 소비자는 여러 브랜드들을 신중하게 평가하는 반면 습관적인 의사결정을 하는 소비자는 그가 평소에 구매하는 브랜드를 고를 뿐 다른 어떤 대안도 고려하지 않는다.

소비자의 선택과정에서 활발히 고려되는 대안들을 **환기상표군**(evoked set)이라 한다. 환기상표군은 기억 속에 이미 있는 제품들(인출상표군; retrieval set)과 유통환경에서 두드러지게 나타나는 제품들로 구성된다. 예를 들면 테레사가 정장에 대해 잘 아는 바가 없고 단지 4개의 브랜드가 기억 속에 있었음을 상기시켜 보자. 그들은 컬렉터블, 팍시, 자니와 캐주얼 비였다. 이들 중 세 가지는 구매가능한 대안이었고 하나는 아니었다. 소비자들이 인식하고 있지만 구매할 대안으로 고려되지 않는 상표를 **부적절한 상표군**(inept set)이라고 하며 전혀 고려대상이 되지 않는 상표군을 **비활성 상표군**(inert set)이라고 한다. 이들 분류는 그림 11-5에 나타나 있다.

소비자들은 놀랍게도 종종 그들의 환기상표군에서 적은 수의 대안만을 고려한다. 그런 이유로 자신의 브랜드가 많은 소비자들의 환기상표군에 속하지 않는 마케터들은 염려를 하게 된다. 신규브랜드가 환기상표군에 들어가기는 쉽지만, 이미 환기상표군에 들지 못한 기존의 브랜드는 긍정적인 정보가 새로이 추가된다고 할지라도 환기상표군에 들어가기가 쉽지 않다.[30] 의복의 구매의사 결정과정에서 대안 평가에 관한 한 연구에서 제품이미지는 품질지각과 성능에 대한 기대에 영향을 미쳤다.[31] 이를 통해 마케터들은 제품이 소개될 당시 제품의 우수성을 인식시키는 것이 중요하다는 것을 잘 깨달아야 한다.

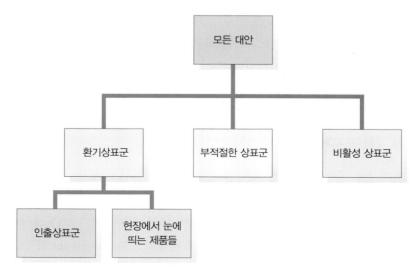

그림 11-5 대안의 파악 : 게임속으로

출처 : M. R. Solomon, *Consumer Behavior*, 5th ed., p. 268, ⓒ 2002. Reprinted by permission of Pearson Education, Inc., Upper Saddle River, NJ.

1) 제품의 범주화

제품범주화는 많은 전략적인 의미를 가지고 있다. 점포에서 제품이 있는 위치와 비슷한 다른 제품들과 그룹화시키는 방법은 소비자들이 고려하는 경쟁자들과 제품선택기준을 결정하는 데 있어 매우 중요하다. 패션의 경우 캔디즈(Candies)나 램파지(Rampage)가 주니어 부서에 있지 않게 되면 소비자들은 이들을 찾을 수 없다. 만약 제품이 명확히 카테고리에 맞지 않게 되면(예를 들어 테니스 드레스는 드레스인가? 양탄자는 가구인가?), 소비자의 제품을 찾아내는 능력이나 상식적으로 통하는 생각들이 작용할 수 있다. 소비자들은 편의점에서 옷을 산다는 것을 수용하는가? 우리는 팬티호스가 실제 입어 보지 않아도 되는 편의품이므로 편의점에서 잘 팔린다는 것은 알지만 일반적으로 편의점에서 옷을 산다고는 생각하지 않는다.

(1) 본보기 제품

만약 제품이 카테고리의 아주 좋은 본보기가 된다면 소비자들에게 더 친숙하게 되고 그 결과로 더 쉽게 인식되고 기억하기 쉬워지는데, 버버리의 레인코트가 그 예이다.[32] 카테고리 속성에 대한 평가는 카테고리 본보기에 특성에 따라 영향을 받는다.[33] 카테고리와 강하게 연상되는 브랜드들은 카테고리에 속한 모든 제품들을 평가하는 데 사용해야 할 평가기준을 명확히 한정짓는 역할을 한다.

　이런 전형적인 본보기에서 약간 벗어난다고 해서 꼭 나쁜 것만은 아니다. 제품범주에서 약간 벗어난 제품들은 아주 친숙하지도 않고 아주 멀리 벗어난다고 생각되지도 않기 때문에 더 많은 정보처리를 자극하게 된다.[34] 제품범주에서 어느 정도 벗어나는 브랜드들은 일반적인 카테고리에서 눈에 띄는 포지션으로 남게 되며 반면 브랜드가 범주에서 멀리 벗어나 강하게 차별화되어 있을 경우 독특한 틈새위치에 있게 된다.[35]

2) 제품 포지셔닝

포지셔닝 전략의 성공은 주어진 범주 안에서 자사의 제품이 고려되도록 소비자들을 확인시키는 마케터의 능력에 달려 있다. 예를 들어 리바이스는 캐주얼 프라이데이 (casual Fridays) 개념으로 강하게 포지셔닝되어 있다. 닥커스(Dockers)는 인기를 끌었고 지금은 슬레이트(Slates)가 '복장규율에서 느슨해짐(dress slack)'으로 포지셔닝하고 있다.

3) 경쟁자 파악

추상적인 수준에서 많은 다른 제품 유형들은 경쟁을 한다. 패션쇼와 발레는 엔터테인먼트라는 하위 카테고리로 생각되지만 많은 사람들이 이들을 꼭 서로 대체할 수 있는 관계라고는 생각하지 않는다. 그러나 표면적으로 꽤 다르다고 생각되는 제품이나 서비스들은 종종 소비자들의 여유소득을 대상으로 서로 경쟁을 한다. 천 명의 남성과 여성을 대상으로 한 커트 샐먼 협회(Kurt Salmon Associates)의 연구가 이를 입증한다. 점점 더 많은 수의 소비자들은 의복에 돈을 쓰기보다 외식이나 휴가, 또는 투자나 저축에 돈을 더 쓰길 원한다.[36] 미국 소비자들은 어떻게 쇼핑을 하는가에 관한 연구도 여성들은 패션액세서리, 화장품, 보석이나 시계에 돈을 덜 쓰며 음식에 돈을 더 많이 쓰고 있다고 하여 유사한 결과를 보여주었다.[37]

5. 제품의 선택 : 대안들 중 선택

제품범주에서 적당한 대안들이 모아진 다음 소비자들은 제품 선택을 하게 된다.[38] 구매결정의 규칙은 우리의 선택을 조종하는데, 매우 단순하고 빠른 것에서부터 많은 인지적인 처리를 요구하는 복잡한 것까지 아우른다. 선택은 여러 정보원, 즉 제품에 관

한 경험, 구매시점에서의 정보, 광고에 의해 생겨난 제품에 대한 믿음으로부터 정보가
통합되면서 이로 인해 영향을 받는다.[39]

1) 선택기준

테레사가 다른 모 정장들을 살필 때 한두 가지의 기준에만 초점을 맞추고 다른 기준들
은 완전히 무시했던 것을 기억하라. 그녀는 단지 3개의 상표명(컬렉터블, 팍시, 자니)만
을 고려하고 바지와 스카프의 코디네이션을 제공한 브랜드를 최종적으로 선택하였다.

선택기준이란 경쟁하는 선택안들의 장점을 판단하는 데 사용하는 차원을 말한다. 대
안의 제품들을 비교하는 데 있어 테레사는 매우 기능적인 속성(주머니가 있는가?)부터
순전히 패션적인 속성(유명한 디자이너에 의해 만들어졌는가?)까지 다양한 선택기준
을 사용할 수 있었을 것이다. 소비자들이 사용하는 구체적인 선택기준은 소비자들 개
개인의 특성이나 나라에 따라 다르다.

우리가 알아야 할 중요한 점은 제품별로 차이가 나는 선택기준은 제품별로 유사한
선택기준에 비해 구매의사 결정에서 더 중요한 역할을 한다는 것이다. 만약 모든 브랜
드가 한 속성에서 동등하게 생각된다면(예를 들어 모든 정장에 주머니가 있다면) 소비
자들은 브랜드들을 평가할 다른 속성을 찾아야 한다. 여러 대체안들을 차별화시키는
속성을 결정적 속성(determinant attributes)이라고 한다. 마케터들은 어떤 기준을 결정
적 속성의 기준으로 사용해야 하는지 소비자들을 교육시키는 데 중요한 역할을 한다.
예를 들어, 한 연구에 따르면 많은 소비자들은 '자연적'인 것을 결정적 속성으로 여긴
다.[40] 의복에서 천연섬유, 즉 면, 모, 실크는 합성섬유보다 품질이 더 좋다고 본다.

(1) 의복/패션 구매결정에서 사용되는 선택기준

많은 연구들은 의류 구매결정에서 소비자들이 사용하는 기준에 대해 연구해 왔다. 어
떤 연구들은 선택기준을 외재적 요인(가격, 브랜드 이름, 점포 이미지)과 내재적 요인(스
타일, 색상, 직물, 관리, 맞음새, 품질)으로 보았다. 다른 연구들은 선택기준들을 유형
화하였는데 소비자들의 패션구매의 선택기준을 보면 다음과 같다.[41]

1. 적합성/개인 스타일(appropriateness/personal style) : 개인에게 적합함, 맞음새, 상
   황에 적절함, 편안함, 직물 타입과 품질, 기존 옷과의 조화, 개성에 적합함
2. 경제성/실용성(economy/usefulness) : 가격, 관리, 내구성, 어울림, 실용성

3. 매력/아름다움(attractiveness/aesthetic) : 아름다움, 패셔너블, 색상/패턴, 스타일링, 맞음새, 다른 사람을 즐겁게 함

4. 품질(quality) : 구성, 직물 타입, 섬유, 내구성

5. 다른 사람을 겨냥한/이미지(other-people-directed/image) : 권위, 섹시, 브랜드와 점포 이름, 라벨, 패셔너블

6. 원산지(country of origin) : 미국산 또는 수입품

7. 섬유/직물(fiber/fabric) : 천연섬유 또는 합성섬유; 편물 또는 직물

비록 의복 구매결정에서 사용하는 선택기준이 문화권별로 차이가 있다고 할지라도 일반적으로 맞음새, 스타일, 품질, 가격이 가장 중요하며 브랜드와 원산지는 덜 중요하다고 한다.[42]

2) 구매결정 규칙

소비자들은 구매의 중요도와 복잡성에 따라 다른 규칙을 사용하여 제품속성을 평가한다. 어떤 경우 이런 규칙들은 상당히 간단한데, 즉 만약 이 속성이 중요하면 이 제품을 선택한다는 식이다. 구매결정의 규칙을 차별화할 수 있는 방법 중 하나는 규칙들을 보상적 규칙과 비보상적 규칙으로 나누는 것이다. 이 규칙들을 설명하는 데 도움을 주기 위하여 테레사의 모직 수트에 대한 예를 표 11-2에 제시하였다.

(1) 비보상적 규칙

단순한 결정 규칙은 **비보상적 규칙**(noncompensatory rules)이며 하나의 속성에서 낮은 점수를 받은 제품은 다른 속성이 우수하다고 할지라도 더 좋은 평가를 받을 수 없다는 것을 의미한다. 다른 말로 하자면 사람들은 어떤 기본적인 기준에 해당하지 못하는 대체안들은 모두 고려대상에서 제거해버린다는 것이다. 테레사와 같이 오직 잘 알려진 브랜드 이름이란 규칙을 가지고 있는 소비자는 아무리 우수한 신규브랜드라 할지라도 고려대상에 넣지 않는다. 사람들은 제품 카테고리에 친숙하지 않거나 복잡한 정보처리를 할 생각이 없을때 단순한 비보상적 규칙을 사용한다.[43]

일반적으로 가장 중요한 속성에서 가장 점수가 높은 브랜드가 선택된다. 그러나 두 가지 이상의 브랜드들이 한 속성에서 동등하게 될 때(테레사의 경우 프로페셔널하게 보이는 속성) 소비자는 두 번째로 중요한 속성을 가지고 대체안들을 비교하게 된다.

표 11-2 수트의 가상적인 대안들

속성	중요도 순위	브랜드		
		컬렉터 블스	팍시	자니
프로페셔널하게 보임	1	매우 우수	매우 우수	매우 우수
추가 상품제공	2	부족	우수	매우 우수
안감/의복의 구성	3	매우 우수	부족	부족
미국산	4	매우 우수	매우 우수	우수

이런 식으로 대체안의 비교는 계속되는데 테레사의 경우 자니를 선택하였다. 자니가 두 번째로 중요한 속성, 즉 추가적인 상품제공에서 높은 점수를 얻었기 때문이다. 그러나 어떤 경우에는 구체적인 제동을 걸 수도 있는데 만약 테레사가 안감을 넣는 것을 더 중시한다면 반드시 안감이 있어야 한다는 제동을 걸 수도 있다. 다른 것들에는 안감이 없고 컬렉터블에 있기 때문에 컬렉터블이 선택될 수도 있다.

(2) 보상적 결정 규칙

비보상적 규칙과 달리 **보상적 규칙**(compensatory rules)은 제품에 단점이 있을 경우 이를 극복할 기회를 준다. 이런 규칙을 적용하는 소비자들은 구매에 대한 관여가 높아 보다 정확한 방법으로 판단하려고 전체적인 모습을 고려하기 위해 많은 노력을 투자한다. 제품의 장점과 단점을 판단하여 결정을 내리기 때문에 상당히 다른 선택을 할 수 있다. 예를 들면 만약 테레사가 추가적인 상품제공에 관심을 가지지 않았다면 컬렉터블을 선택했을 것이다. 그러나 이 브랜드는 테레사가 중요시 여기는 속성을 가지고 있지 못했기 때문에 비보상적 규칙을 적용했을 경우 선택되지 못했다. 보상적 규칙을 적용한다면 컬렉터블이 선택될 수도 있다.

3) 휴리스틱 : 인지적 지름길

우리는 실제로 매번 구매결정을 내릴 때마다 복잡하게 머릿속으로 계산을 하는가? 아니다. 결정을 단순히 하기 위하여 어떤 속성들을 다른 속성들을 대체하는 차원으로 허용하는 구매결정을 한다. 특히 제한적 문제해결과정을 사용할 때 소비자들은 빠른 결정을 하게 하는 인지적 규칙, **휴리스틱**(heuristics)을 하게 된다. 이들 규칙은 패션 결정이나 다른 구매결정에도 사용된다. 이들 규칙은 매우 일반적인 것("가격이 높을수록 더 질이 좋다." 또는 "내가 전에 산 브랜드와 똑같은 것을 사자.")에서부터 매우 구체적인 것("엄마가 늘 사오는 쟈키 속옷을 사자.")에 이른다.[44] 테레사는 장기간의 정보 탐색을 대체할 수 있는 특정한 가정에 의존을 했었다. 대개 이런 결정은 소비자에게 최상의 이득을 주지는 못한다.

(1) 제품 표시에 의존

자주 사용되는 지름길 중의 하나는 제9장의 대물지각에서 언급된 바와 같이 관찰이 가능한 속성을 통해 제품의 숨어 있는 차원들을 추측하는 것이다. 제품의 보이는 속성은 숨겨져 있는 품질의 표시(signal) 기능을 한다. 제품의 정보가 불완전할 때 판단은 상호관련이 되는 연상으로부터 온다.[45] 예를 들면 소비자는 제품의 질과 제조업자가 얼마나 오랫동안 이 일에 종사했는지 그 연혁을 관련하여 연상할 수 있다.

그러나 불행하게도 소비자는 이런 연상 판단을 제대로 하지 못한다. 정반대로 나오는 증거와 상관없이 믿음을 고수하려고 한다. 제8장에서 언급된 바와 같이 사람들은 그들이 바라는 것을 보고자 하는 경향이 있다. 그들은 그들의 추측을 확인하는 제품정보를 찾고, 그렇게 해서 자기예언을 충족하게 된다.

(2) 휴리스틱으로서의 마켓 신념

소비자들은 종종 기업, 제품, 점포에 대한 가정을 형성한다. 그런 다음 그들의 신념은 결정의 지름길이 되어 그것이 정확하든 아니든 간에 그들의 구매결정을 조정한다.[46] 우리의 친구 테레사는 **마켓 신념**(market beliefs)에 영향을 받은 경우다. 예를 들면 그녀가 제품선택이 좋으리라는 가정 아래 백화점에서 쇼핑하기로 결정한 것을 보라. 이런 것들 중 일부가 표 11-3에 열거되어 있다. 당신은 얼마만큼 공감하는가?

(3) 휴리스틱으로서의 가격

높은 가격은 높은 품질을 의미하는가? 가격-품질과의 관계에 관한 가정은 가장 많이 알려진 마켓 신념 중의 하나이다.[47] 사실상 초보 소비자는 오직 가격만을 적절한 제품속성이라고 여길지 모른다. 많은 부분에서 이런 신념은 정당화될 수 있으며 몇몇 연구가 이 관계를 밝혔다.[48] 그러나 가격-품질 간의 관계는 항상 성립되지 않는다는 것을 염두에 두라.[49] 종종 디자이너 이름은 높은 가격이지만 항상 높은 품질은 아니다. 반면 디자이너들과 제조업자들은 유사한 상품을 백화점보다 할인점 아울렛을 통해서 낮은 가격으로 제공할 수 있다.[50] 의복의 품질이란 복잡한 개념이다. 한 연구는 직물이 의복의 품질을 결정하는 요인이라고 밝혔다.[51] 또 다른 연구는 구매 전과 후의 품질지각은 변화되었다고 했으며,[52] 이는 제조업자들로 하여금 소비자의 요구를 예측하는 것을 어렵게 하고 있다.

가치라는 용어는 가격-품질과의 관계를 언급할 때 종종 사용된다. 우리는 일반적으로 낮은 품질에 낮은 가격을, 높은 품질에 높은 가격을 기대한다. 한편 높은 품질로 낮은 가격에 나온 상품을 가치가 매우 우수하다고 생각하거나 좋은 거래(바겐)라 생각하

표 11-3 일반 마켓 신념

브랜드	모든 브랜드들은 기본적으로 똑같다. 가장 잘 팔리는 브랜드가 가장 좋은 브랜드다. 잘 모를 때에는 내셔널 브랜드가 안전하다.
점포	전문점은 최상의 브랜드들과 친숙하게 되는 데 좋은 장소이며 일단 무엇을 살지 결정이 되면 할인점 아울렛에 가서 사는 것이 더 싸다. 점포의 특징은 윈도우 디스플레이에 나타나 있다. 전문점의 판매원이 다른 점포 판매원보다 더 많이 안다. 큰 점포가 작은 점포보다 더 가격이 좋다. 지역에 속한 점포가 서비스가 더 좋다. 한 제품의 가격이 싼 점포는 다른 제품들도 싸게 팔 것이다. 신용과 반환정책은 큰 백화점에서 제일 관대할 것이다. 방금 개업한 점포는 좋은 가격의 제품을 제공할 것이다.
가격/디스카운트/세일	세일은 보통 잘 안 팔리는 상품을 제거하기 위해 실시한다. 항상 세일만 하는 점포는 실제로 나의 주머니 사정에 도움이 안 된다. 높은 가격이 좋은 품질을 말한다.
광고와 판촉	강매 광고는 질 낮은 제품을 판매할 때 한다. 무료 견품이 붙어 있는 아이템들은 질이 떨어진다. 쿠폰은 점포에서 주는 것이 아니기 때문에 고객들에게 정말로 절약을 하게 해준다. 광고를 많이 하는 제품을 살 경우 상품 질에 대한 값을 지불하는 것이 아니라 라벨 값을 지불하는 것이다.
제품/포장	큰 용기에 담겨져 있을수록 더 싸다. 신제품이 소개될 때 더 비싸고 시간이 지나면 가격은 내려가게 된다. 일반적으로 합성섬유 제품은 천연섬유보다 질이 떨어진다. 신제품이 시장에 출시되었을 때는 사지 않는 것이 좋다. 왜냐하면 제조업자들이 문제점을 잡기까지 시간이 걸리기 때문이다.

출처 : Calvin P. Duncan, "Consumer Market Beliefs : A Review of the Literature and an Agenda for Future Research," in eds. Marvin E. Goldberg, Gerald Gorn, and Richard W. Pollay, *Advances in Consumer Research* 17(Provo, Utah : Association for 1990) : 729-735.

며 낮은 품질인데 고가로 매겨져 있는 상품을 가치가 떨어진다고 하거나 너무 값을 높게 매겼다[오버프라이스(overprice)]고 한다. 그림 11-6을 보라.

(4) 휴리스틱으로서의 브랜드 이름

브랜딩은 휴리스틱의 기능을 하는 마케팅 전략이다. 사람들은 좋아하는 브랜드에 대한 선호를 형성하며 평생 그들의 마음을 바꾸지 않을 수도 있다. 이렇게 지속력을 가지고 있는 브랜드는 마케터에게는 보석과 같은 존재로 시장을 지배하고 있는 브랜드들은 가까운 경쟁자들보다 50% 더 수익을 창출한다.[53]

우먼스 웨어 데일리(WWD)의 조사에 따르면 진과 캐주얼웨어는 브랜드 이름이 가장 중요한 카테고리이며 수트와 드레스가 두 번째라고 한다.[54] 그러나 의류아이템에서 디자이너나 제조업자의 이름을 아는 것은 그 중요도가 계속 떨어져 섬유조성이나 심지어는 관리 지시사항보다도 덜 중요하다고 판명되었다.[55]

어떤 사람들은 늘 같은 브랜드를 사고자 한다. 이런 일관적인 패턴은 **관성적 구매** (inertia)로 인해 생기는데 이는 노력이 적게 든다는 이유만으로 습관적으로 같은 브랜드를 구매하기 때문이다. 만약 어떤 제품이 더 싸거나 더 구매하기 쉬울 때(예를 들어 사려는 브랜드가 없을 때) 소비자들은 타제품을 사는 데 조금도 주저하지 않는다. 경쟁자는 이런 타성에 의한 구매습관을 바꾸고자 구매시점 디스플레이나 눈에 띄는 가격인하를 시행한다. 그러나 이런 방법은 진정한 **브랜드 충성도**(brand loyalty)가 존재할 때는 통하지 않는다. 타성과는 반대로 브랜드 충성도는 같은 브랜드를 계속 구매하고자 하는 의식적인 결정이 반영된 반복 구매를 말한다.

마케터들은 **브랜드 동일시**(brand parity)의 문제를 해결하기 위해 고전하고 있다. 브랜드 동일시란 브랜드 간 별 다른 차이가 없다고 생각하는 소비자들의 믿음이다. 어떤 분석가들은 브랜드 네임은 자체상표(private label)와 일반 저가 상품에 의해 죽임을 당했다고 선언한다. 그러나 이런 선언은 많은 메이저 브랜드들이 다시 돌아오고 있는 상황에서 너무 성급하게 말한 것이다. 이런 메이저 브랜드의 르네상스는 너무나 많은 정보로 대안의 과부화가 일어났기 때문에 사람들이 보다 단순한 품질의 표시를 원하기 때문이라고 할 수 있다.

그러나 이것은 제품 카테고리에 따라 변할 수 있다. 커트 샐먼 협회에 따르면 의복의 브랜드 충성도는 최근 하락하고 있다고 한다.[56] 속옷이나 진 같은 필수품은 의복에서 브랜드 충성도가 가장 높았다. 아마도 이런 카테고리의 기업들은 패션기업보다 더

그림 11-6 가격/품질 관계
출처 : Nancy J. Rabolt and Judy K. Miller, *Concepts and Cases in Retail and Merchandise Management* (New York: Fairchild; 1997).

안정성이 있기 때문으로 보인다. 브랜드 충성도의 하락은 프로모션의 증대에 기인할 수 있는데 너무나 많은 경쟁과 너무나 많은 점포들(인터넷 사이트를 포함)이 패션과 의복을 팔기 때문이다. 이런 상황은 소비자들의 현명한 선택, 가격의 하락, 적은 충성도를 유도하게 된다.

(5) 휴리스틱으로서의 원산지

현대의 소비자들은 다른 여러 나라에서 제조된 상품을 선택한다. 미국인들은 브라질의 구두, 일본의 자동차, 대만으로부터 수입된 의류, 또는 한국에서 만든 전자레인지를 구매한다. 소비자의 수입품에 관한 반응은 여러 가지다. 사람들은 해외에서 만든 제품이 더 질이 좋다고 생각하기도 하며(유럽으로부터 수입된 자동차나 의류), 해외에서 수입된 것이 질이 더 낮다고 생각하기도 한다(제3세계에서 생산한 의류).[57] 일반적으로 사람들은 선진국에서 생산된 제품을 개발도상국에서 생산된 제품보다 더 우수하다고 평가한다. 18개국으로부터 수입된 의류제품의 품질에 관한 연구에 따르면 프랑스, 이탈리아, 미국만이 호의적인 점수를 받았으며 제3세계(인디아, 중국, 타일랜드)와 신흥개발도상국(홍콩, 대만, 한국)은 대부분 중간 점수를 받았다.[58] 다른 연구들에 의하면 품질지각과 의류제품의 원산지는 유의한 관계가 없었다.[59]

일반적으로 연구들에 따르면 미국 소비자들은 그들의 의복이 어디에서 만들어 졌는지 신경을 쓰지 않으며 여러 선택기준 중에서 가격, 색상, 품질, 스타일 또는 패션을 가장 중요시한다.[60] 한 연구에 따르면 인구통계적 특성은 소비자의 다른 나라에서 생산된 제품에 대한 평가와 원산지를 중요시 여기는 정도에 영향을 미친다. 예를 들면 교육수준이 낮은 소비자는 교육수준이 높은 소비자들보다 저임금 국가의 수입품을 더 높게 평가한다.[61] 또한 나이 든 소비자는 젊은 소비자보다 원산지를 더 중요시 하는 것으로 나타났다.[62] 연구들의 결과는 항상 일치하지는 않지만 미국소비자들은 그들의 의복구매에서 원산지를 별로 의식하지 않으며, 그들의 옷이 어디에서 만들어졌는지 상관하지 않는 것으로 나타났다.

제품의 원산지를 안다는 것이 반드시 좋고 나쁘다고 말할 필요는 없다. 그 대신, 그것은 소비자의 제품에 대한 관심을 자극하는 효과를 가져올 수 있다. 구매자는 제품에 대해 보다 많이 생각하고 더 신중하게 평가한다.[63] 최근 더욱 더 많은 소비자들은 제3세계의 의복생산과 관련된 노동조건에 대해 의식하고 있다. 많은 소비자들은 의식적으로 중국이나 제3세계에서 생산된 의류를 구매하지 않기로 결정하는데 미국에서는 불법적이고 서구문화의 기준으로 볼 때 부적절한 노동조건들을 알기 때문이다(제14장 참조).

우리가 토론한 바와 같이 사람들이 제품과 서비스를 평가할 때 개인적인 차이가 존재한다. 이런 차이 중 하나는 **자민족중심주의**(ethnocentrism)이며, 이는 자국의 상품을 다른 나라에서 생산된 상품보다 더 선호하는 것을 말한다. 한 연구에 따르면 미국인들은 미국산 제품을 다른 나라 제품보다 더 선호하는데 이는 수입품의 품질이 더 낮다고 생각하기 때문이라고 한다.[64] 다른 연구에 따르면 캐나다 소비자들은 캐나다 의류제품이 매우 우수하다고 생각한다.[65] 유사하게 자민족중심주의에 대한 태도에 관한 연구에서 일본인들은 미국보다 일본에서 만든 제품을 더 선호하였고 미국인들은 일본보다 미국에서 만든 제품을 더 선호하였다.[66] 소비자들은 외국에서 만든 제품을 사는 것이 좋지 못하다고 느낄 수 있는데, 이는 자국경제에 미치는 부정적인 영향 때문이다. 미국에서 만든 것에 대한 자부심을 부추기는 광고는 국내 물건을 사는 것이 바람직하다는 것을 이 유형의 소비자들에게 강조한다. 자민족중심주의의 특질은 소비자 자민족중심측정도구(CETSCALE : Consumer Ethnocentrism Scale)로 측정한다. 이 측정도구는 아래의 항목에 대한 소비자들의 동의 정도에 따라 자민족중심주의 소비자들을 판별한다.

- 외국산 제품을 사는 것은 미국인답지 못하다.
- 모든 수입품에 대한 규제는 반드시 필요하다.
- 다른 나라 제품을 사는 미국인들은 그들의 동료가 직장에서 해고당하는 것을 책임져야 한다.[67]

6. 의사결정 단위로서의 가족

이 장의 앞부분은 개인의 의사결정에 초점을 맞추었다. 그러나 현대사회에서 많은 경우 가족이 의사결정의 단위라 할 수 있다. 비록 결혼한 부부와 자녀들로 구성된 전통적인 가족 구조가 그 비율이 점점 줄어드는 것은 사실이지만, 다른 유형의 가족이 급격히 증가하는 것 또한 사실이다. 실제로, 전문가들은 전통적인 가족단위는 하향세이며 사람들은 형제자매, 절친한 친구들, 사회적 지지를 해주는 친척들 간의 관계에 더 중요성을 둔다고 한다.[68]

1) 현대가족의 정의

한때 **확대가족**(extended family)은 가장 일반적인 가족 단위였다. 이는 3세대가 같이 사는 것으로 구성되어 있으며 조부모뿐만이 아니라 삼촌, 이모, 조카까지도 포함한다. 1950년대의 텔레비전 시리즈에서 보이듯이 **핵가족**(nuclear family) — 부모, 한두 명의 자녀(아마도 한 마리의 강아지 포함)가 미국 가족단위의 전형적인 모델이 되었다. 그러나 많은 변화가 일어난 요즘 인구통계 데이터는 이런 이상적인 가족단위가 더 이상 실제적인 것이 아니라고 말한다.

(1) 가구란 무엇인가

매 10년마다 국가적인 인구조사를 실시할 때 미국 인구조사국은 주거의 한 단위로서 **가구**(household)라는 용어를 쓰며 이는 같이 사는 사람들의 관계를 상관하지 않고 설정하는 단위이다. 인구조사국에 따르면 **가족가구**(family household)란 결혼이나 혈연으로서 관계된 최소한 두 명 이상의 사람들을 포함한 것을 말한다. 인구조사국과 다른 조사 기관들은 가족가구에 대한 방대한 데이터를 가지고 있는데, 이 중 특정 카테고리는 마케터의 관심의 대상이 된다.

(2) 가족의 나이

사람들은 결혼을 점점 더 늦게 한다. 미국 인구조사국에 다르면 결혼하는 평균 연령이 여자는 24세, 남자는 26세인 것으로 나타났다. 이런 추세는 웨딩드레스부터 출장 연회까지 관계된 비즈니스에 영향을 미친다. 예를 들면 결혼커플들이 늦게 결혼하면서 대부분 기본적인 제품을 소유하고 결혼하기 때문에 비전통적인 아이템들, 즉 가전제품이나 PC 같은 제품들을 결혼선물로 하는 경향이 생겼다.[69] 타겟(Target)과 홈디포(Home Depot)와 같은 유통업자들은 실용적인 선물을 위한 신혼부부 등록 서비스를 제공한다.

(3) 가족의 크기

조사에 의하면 범세계적으로 현재 거의 모든 여성들은 수십 년 전의 여성들보다 더 작은 크기의 가족을 원한다. 1960년대 미국의 평균가구는 3.3명이었으나 2010년에는 2.5명으로 줄어들 것으로 예상하고 있다.[70]

가족의 크기는 교육수준, 산아제한 능력, 종교에 따라 좌우된다.[71] **출산율**(fertility rate)은 일 년간 아이를 가질 수 있는 나이의 여성 천 명당 출생하는 신생아들의 수에 의해 결정된다. 미국의 출산율은 1950년대 후반과 1960년대 초반 급격히 증가하였고, 이 기간을 베이비부머 시기라고 한다. 출산율은 1970년대에 감소하기 시작하였고 1980년대 다시 증가하기 시작하였는데 베이비부머가 베이비붐렛(baby boomlet)이라고 하는 그들의 자녀를 출산하였기 때문이다.

이 베이비붐렛은 의류업체가 아동복 라인과 점포를 개발하게 하였는데 베이비 갭, 갭 키즈, 리미티드 투와 쥬토피아가 그 예이다. 영아복과 유아복은 큰 비즈니스가 되었다. 부부가 직장을 같이 다니는 경우 아이를 더 늦게 갖는데 그럼으로써 더 많은 돈을 아이에게 투자할 수 있게 되었다. 그 결과로 아이들의 디자이너 의복이 인기를 끌었다. 베르사체는 주니어 제임스 딘으로 250달러의 검정 모터사이클 재킷을 팔았으며 니콜 밀러(Nicole Miller)는 팜므 파탈(femme fatale)을 통해 150달러의 칵테일 드레스를 판매한다.[72] 영아들도 예외는 아니다. 랄프로렌은 350달러에 영아를 감싸는 캐시미어 담요를 판매하며, 나이키는 토들러 운동복 라인을 준비하고 있다.[73] 파터리 반(Pottery Barn)은 부모들에게 어떻게 아이들의 방을 꾸미는지 보여주는 키즈 카탈로그를 시작했다.

(4) 누구와 같이 사는가

비록 전통적인 가정은 줄어들지만, 아이러니하게도 전통적으로 확장된 가족의 다른 경우가 나타나는 것이 현실이다. 미국인들은 평균적으로 자녀들을 17년간 돌보며, 18년간 그들의 나이 든 부모들을 도우며 산다.[74] 중년은 샌드위치 세대로 자녀와 부모 둘 다 신경을 써야 한다.

부모와 함께 사는 문제외에도 많은 성인들은 그들의 자녀들과 더 오래 살게 되는 것과 자녀가 독립하고도 다시 돌아와 함께 사는 현실을 발견하고 놀라워한다.[75] 이렇게 되돌아 온 자녀들을 **부메랑키즈**(boomerang kids)라고 한다(당신은 그들을 멀리 던져 보냈는데 계속 다시 돌아온다!). 18세 이상 34세 이하 부모와 같이 사는 자녀는 급격히 증가하였으며 오늘날 25세 이상의 미국인들의 5분의 1 이상이 부모와 함께 산다. 만약 이 추세가 계속된다면 부메랑키즈는 주거와 고정필수품에 소비를 덜하게 되며 여유소득으로 패션이나 인터테인먼트에 돈을 더 쓰게 되며 다양한 마케팅 비즈니스에 영향을 미칠 것으로 예상된다.

(5) 비전통적인 가족 구조

앞에서 언급된 바와 같이 미국 인구조사국에 따르면 가구란 혈연에 관계없이 주거를 이루는 하나의 기본 단위이다. 그러므로 혼자 살거나 세 명의 룸메이트나 두 명의 연

 클로즈업 | 아동복 점포

짐보리, 쥬토피아, 갭 키즈, 베이비 갭, 리미티드 투와 같이 점점 더 많은 아동복 점포와 성인복에서 라인을 확장한 점포들이 등장하고 있다. 갭캐즈와 베이비 갭은 갭으로부터 확장된 것이며 리미티드 투 또한 리미티드로부터 나온 것이다. 6세에서 12세를 타겟으로 하는 쥬토피아는 짐보리로부터 확장된 것이다. 다른 확장과 달리 쥬토피아 점포는 짐보리에 관한 언급이 전혀 없으며 짐보리와 완전히 다른 스탭들이 활동하고 있다. 쥬토피아의 부사장은 "베이비나 토들러의 이미지를 연상시키는 것만큼 주니어 스토어를 죽이는 데 영향을 미치는 것은 없다."라고 말한다.[76] 짐보리의 화려한 색상과 장식은 쥬토피아에서는 찾아 볼 수 없다(쥬토피아는 더 이상 짐보리와는 관련이 없다). 포커스그룹 결과 아이들은 존경을 받고 싶어 하며 그들의 의견이 존중되기를 바라는 것으로 나타났다. 그들은 부모와 독립된 관계를 원하며 특히 그들의 방과 의복에서 그렇게 되기를 희망한다. 따라서 아이들은 그들만을 위한 제품에 민감하게 반응한다. 그들은 개인적인 편지를 받는 것을 좋아하는데 이것은 쥬토피아의 마케팅 노력이 직접 우편에 초점을 맞추는 것과 관련이 된다. 쥬토피아의 디스플레이는 흥미로운데, 닌텐도 스테이션, 인터넷 사용대, 에일리언 인형풍선, 보라색 용암 램프, 그리고 1970년대의 캔디가 있다. 이는 갭키즈보다 더 흥미로우나 올드 네이비(Old Navy)와는 그 분위기에서 경쟁관계가 된다. 북쪽 캘리포니아의 초등학생들은 올드 네이비가 페인트된 학교 버스를 타고 다닌다.[77]

인 모두 가구로 생각할 수 있다. POSSLQ(Persons of Opposite Sex Sharing Living Quarters)는 이성과 함께 사는 사람을 뜻하는데 25~40세의 미국인 절반이 이성과 함께 사는 것으로 나타났다.[78] 이런 변화는 비가족적이고 아이가 없는 가구로의 이동의 한 단면으로서 2010년에는 아이가 없는 부부의 가구가 740만명, 혼자 사는 가구가 640만 명, 혼합된 가족형태가 240만 명, 편부모 가족이 120만 명, 룸메이트 가구가 110만 명이 증가할 것으로 예상되며 결혼한 부부로 18세 미만 자녀가 있는 가구가 150만 명이 감소할 것으로 예상한다.[79]

(6) 가족생활주기

가족의 요구와 지출은 가족구성원 수(성인과 이이들), 가족의 연령, 그리고 집 밖으로 고용된 성인의 수에 영향을 받는다. 가족의 필요와 지출은 시간이 지남에 따라 변화한다는 인식하에 마케터들은 **가족생활주기**(FLC : family life cycle)로 가구를 세분화하는 데 적용한다. FLC는 수입의 경향과 가족구성에 따라 변화하는 욕구를 결합한다. 우리는 나이가 들면서 제품과 활동에 대한 우리의 선호도 변화한다.

가족연구의 생활주기 접근법은 인생의 중요한 사건이 새로운 단계의 삶을 연다고 가정한다. 이들 사건은 새 커플이 함께 사는 것, 결혼, 첫째 자녀의 출생, 마지막 자녀의 출가, 배우자의 사망, 주수입자의 퇴직, 이혼들을 포함한다.[80] 이런 생활단계의 이동은 실지로 레저, 음식, 의복, 내구재, 서비스 등의 지출에 커다란 영향을 미친다.[81]

표 11-4는 소비자를 나이, 성인의 수, 자녀의 존재에 따라 집단으로 나눈 것이다. 예를 들면 찬 둥지(full nest) I 집단(가장 어린 자녀가 6세 미만), 찬 둥지 II 집단(가장 어린 자녀가 6세 이상), 찬 둥지 III 집단(가장 어린 자녀가 6세 이상이고 부모가 중년의 나이), 연기된 찬 둥지 집단(부모가 중년이지만 가장 어린 자녀는 6세 미만) 사이에서는 소비욕구가 구별된다.

여성들의 쉴틈 없는 라이프스타일

집 밖에서 일하는 많은 여성들은 쉴 틈 없이 바쁜 라이프스타일의 희생자이다. 그들은 프로페셔널리즘과 전통적인 어머니의 상반된 역할 사이에서 죄의식을 느끼며 산다.[82] 어떤 마케터들은 이런 갈등에서 하나의 타겟을 잡았는데 커리어 우먼 중에서 자녀를 돌보기 위해 휴직상태에 있는 여성들을 겨냥했다.

어떤 경영자가 관찰한 바에 따르면 "여자들은 집에 있다는 것을 더 이상 미안해하지 않는다. 지금 이것은 훈장과 같은 것이다." 광고업자들은 그들의 메시지를 전달할 때 전통적인 집의 세팅이나 사무실 세팅을 피해서 중립적인 장소를 찾고자 하는데 이는 집 안과 집 밖에 있는 여성들을 모두 겨냥하기 위한 것이다. 예를 들면 리바이스 여성 진의 광고는 애니메이션으로 처리된 여성이 드레스를 진으로 갈아입으면서 그녀를 잡고 있던 감옥에서 탈출하는 것으로 묘사하였다.[83]

표 11-4 가족생활주기

	가구주의 나이		
	35세 미만	35~64세	64세 이상
가구에 성인 한 명	미혼 I	미혼 II	미혼 III
가구에 성인 두 명	젊은 커플	아이 없는 커플	나이 든 커플
가구에 성인 두 명과 자녀	찬 둥지 I	늦은 찬 둥지	
	찬 둥지 I	찬 둥지 II	

출처 : Adapted from Mary C. Gilly and Ben M. Enis, "Recycling the Family Life Cycle : A Proposal for redefinition," *Advances in Consumer Research* 9, ed. Andrew A Mitchell(Ann Arbor, Mich. : Association for Consumer Research, 1982) : 274, Fig.1.

예상된 바와 같이, 이런 집단으로 분류된 소비자들은 소비 패턴에서 현저한 차이를 보인다. 젊은 미혼이나 신혼부부들은 운동을 열심히 하며, 춤을 추거나 클럽, 영화, 레스토랑에 다니고, 패션의류를 더 많이 구입한다. 아이가 없는 젊은 프로페셔널들은 프로페셔널한 의상에 돈을 더 많이 쓴다. 어린아이들이 있는 가족은 아이들이 빨리 자라면서 신발에 돈을 더 쓰는 반면 나이가 든 아이를 둔 가족은 패션의류에 더 지출을 많이 한다. 최근 이혼한 사람들은 예전의 옷을 모두 버리고 새로운 삶을 위해서 완전히 새로운 의상을 구매하는 경우도 있다고 알려져 있다.

7. 가족의사결정

가구 내의 의사결정(family decision making)은 비즈니스 회의와 유사한 점이 있다. 특정한 문제는 토론의 주제가 되며 다른 구성원들은 서로 다른 우선순위와 계획이 있기 때문에, 가구 내의 권력에 의해 결정이 내려질 수 있다.

1) 가구결정

가족에 의한 결정유형에는 두 가지가 있다.[84] **합의구매결정**(consensual purchase decision)에서는 가족구성원이 구매를 하는 것에 동의를 하며 어떻게 구매할 것인가에 대한 이견만 있게 된다. 이런 상황에서 가족은 문제해결 과정에 참여하여 가족의 목표가 달성되도록 하는 만족스러운 대안을 고려하게 된다.

불행하게도, 삶이란 것이 이렇게 쉬운 것만은 니다. **조절구매결정**(accommodative purchase decision)에서는 가족구성원들은 서로 다른 선호와 우선순위를 가지고 있어서 모두의 최소한 기대를 충족시켜주는 구매에 의견일치를 보지 못한다. 이럴 때에는 협상, 권유, 권한행사에 의해 무엇을 살지 누가 그것을 사용할지 결정하게 된다. 가족 의사결정은 종종 합의구매 결정보다는 조절 구매결정이 대부분이다.

가족구성원 간의 필요와 선호가 완전히 부합되지 않을 때 갈등은 일어난다. 결혼한 부부간에 돈이 가장 일반적인 갈등의 요소이며 그 다음 갈등의 요소는 텔레비전 선택으로 알려져 있다.[85] 가족의사결정의 갈등 정도에 영향을 미치는 특정한 요인들은 아래와 같다.[86]

- 대인관계적 요구(가족 내 개인별 투자수준) : 아동인 자녀는 기숙사에 있는 대학생 자녀보다 가족의 구매에 더 관심을 갖는다.

- 제품관여와 효용성(어떤 제품을 사용하고 어떻게 욕구를 만족시킬지) : 가족구성원 중 패션 희생자(fashion victim)는 새로 나온 잔디 깎는 기계보다 새 옷을 구매하는 데 관심이 더 있을 것이다.

- 책임(획득, 유지, 지불, 기타 등등) : 의사결정이 장기간의 의무와 결과를 필요로 하는 경우 사람들은 일반적으로 그 결정에 동의를 하려 하지 않는다.

- 권한(의사결정에서 한 가족구성원이 권한을 행사하는 것) : 전통적인 가정에서는 남편이 부인보다 더 권한을 많이 행사하였고, 장자가 더 큰 권한을 행사하였다.

2) 성 역할과 구매결정의 책임

전통적으로, 하나의 배우자에 의해 이루어지는 구매결정인 **독재적인 의사결정**(autocratic decisions)이 있어 왔다. 그 예로, 남자들은 종종 자동차를 선택하는 데 주도권을 가졌고 옷이나 장식선택은 대부분 여자들이 하였다. 휴가선택과 같은 다른 결정들은 서로 합의하여 결정하는데 이를 **혼합의사결정**(syncratic decisions)이라고 한다.

누가 의사결정을 내리느냐는 마케터에게 중요한 이슈로서 누가 그들의 타겟이 되어야 하는지 양쪽 부부를 다 공략해야 하는지를 결정해야 한다. 연구자들은 어떤 배우자가 **가족재정담당자**(FFO : family financial officer), 즉 가족의 지불을 관리하고 잉여자본을 어디에다 쓰는지 결정하는지를 특별히 주목한다. 신혼부부 간에는 이런 역할을

함께 하며, 시간이 지나면서 한 명의 배우자가 이런 책임을 도맡게 된다.[87]

전통적인 가정(특히 교육수준이 낮은 가정)에서는 여성들이 가족 재무관리를 주로 담당한다— 남자는 돈을 벌어오고 여자는 쓴다.[88] 각기 배우자는 특정 영역을 전문적으로 담당하는데, 예를 들면 남편을 포함한 가족 전체의 옷은 아내가 주로 구매한다.[89] 그러나 항상 그렇지 않은 경우도 있다. 리바이스의 남성복을 세분화하기 위한 포커스 그룹 연구에서 전통적인 독립자로 불리는 남성들은 혼자서 쇼핑을 하며 배우자나 여자친구들을 절대로 동반하지 않는다. 배우자가 서로 협력하여 결정을 내리는지 아니면 단독으로 결정을 내리는지를 결정하는 네 가지의 요인을 보면 아래와 같다.[90]

1. 성 역할 고정관념 타입 : 전통적인 성 역할 고정관념에 따라 성 유형에 맞는 의사결정을 내림(남성적이냐 여성적인 일이냐에 따라 결정).
2. 배우자 자원 : 더 많은 자원을 댄 배우자가 더 큰 영향을 미침.
3. 경험 : 부부가 의사결정 단위로서 경험을 쌓음에 따라 개별적인 의사결정을 더 자주 함.
4. 사회경제적 지위 : 상류나 하류계층의 가족보다 중류계층에서는 부부가 같이 결정하는 경우가 더 많음.

요즘 많은 여성들이 집 밖에서 일을 하므로 남자들은 집안 살림살이에 더 많은 신경을 쓴다. 미국가정의 5분의 1에서 남성들이 대부분의 쇼핑을 한다.[91] 그러나 아직까지도 집안의 일은 여성의 몫으로 여겨진다. 전반적으로, 부부들이 전통적인 성 역할의 법칙에 따르는 정도는 그들의 구매의사 결정에서 어떻게 책임할당이 이루어지는지를 결정한다.

8. 구매결정자로서의 아동 : 훈련 중인 소비자

한두 명의 자녀에게 이끌려서 쇼핑을 한 '즐거운' 경험이 있는 사람은 부모가 물건을 사는 데 있어서 아이들도 할 말이 있다는 것을 안다. 아동들은 세 가지의 차별화된 시장을 형성한다.[92]

- 첫 번째 마켓(primary market) : 아동들은 그들의 필요와 욕구에 따라 많은 소비를 한다. 1991년 10세 아동의 평균 용돈은 일주일에 4.2달러였으나 1997년에는 주급

이 6.13달러로 올랐다. 평균적으로 이런 용돈은 아이들 수입의 45%밖에 안 되는데 나머지는 집안일을 해서 얻은 돈과 친척으로 받은 돈으로부터 온다. 그들 수입의 3분의 2 정도가 장난감, 옷, 영화, 게임에 쓰인다.

- **영향력 있는 마켓**(influence market) : 자녀의 요구에 못이겨 **부모양보**(Parental yielding)를 하게 되는데,[93] 이것은 제품선택에서 중요한 요소로 아이들의 요구 중 90%는 브랜드이름을 원한다. 대부분 아이들은 사달라고 단순히 요구하기도 하지만 어떤 경우는 TV에서 봤다거나 친구가 가지고 있다거나 사 주면 보답으로 어떤 일을 하겠다는 식의 수를 쓴다. 이런 행동들과 달리 다른 행동들은 기분을 썩 좋지 않게 할 수도 있는데, 예를 들면 카트에 물건을 집어넣고는 계속 사달라고 조르는 것이다.[94] 아이들이 소비에 미치는 영향은 문화적으로 차이가 난다. 미국과 같이 개인적 문화권에서 자란 아이들은 보다 직접적인 영향을 미치며, 일본과 같이 집합적인 문화에서 자란 아이들은 보다 간접적인 영향을 미친다.[95] 표 11-5는 10개의 제품 카테고리에서 아이들의 영향을 보여준다.

- **미래의 마켓**(future market) : 결국 아이들은 성인으로 자라게 되며 정통한 마케터들은 어린 나이에 브랜드 충성도를 심어주고자 노력한다.

1) 소비자의 사회화

아이들은 날 때부터 소비자 기술을 가지고 태어나지는 않는다. **소비자 사회화**(consumer socialization)란 어린아이들이 소비시장에서 행해지는 기능에 적절한 기술, 지식, 태도를 획득하는 것을 말한다.[96] 어디서 이런 지식이 오는가? 친구와 선생님들은 이 과정에 확실히 개입한다. 그러나 특별히 어린 아이들에게는 두 가지 주요한 사회화의 원천이 있는데 바로 가족과 미디어이다.

(1) 부모의 영향

부모는 직접적, 간접적 방법으로 소비자의 사회화에 영향을 미친다. 그들은 자녀에게 그들의 가치를 주입시키려 한다("너는 돈의 가치를 배워야 해.") 부모들은 또한 자녀들이 정보원, 즉 텔레비전, 판매원, 또래에 노출되는 정도를 결정한다.[97] 그리고 성인들은 관찰 학습에 매우 중요한 모델이 될 수 있다. 아이들은 부모가 소비하는 모습을 관찰하면서 이를 학습하게 되고 이를 모방한다. 이러한 모델링은 성인을 위한 제품을

표 11-5 가족구매에 미치는 아이들의 영향

Top 10 제품들	판매(십억 달러)	영향력(%)	판매영향(십억 달러)
과일 스낵	0.30	80	0.24
빙과류	1.40	75	1.05
아동 미용도구	1.20	70	0.84
아동 향수	0.30	70	0.21
장난감	13.40	70	9.38
캔 파스타	0.57	60	0.34
아동복	18.40	60	11.04
비디오 게임	3.50	60	2.10
핫 씨리얼	0.74	50	0.37
아동 구두	2.00	50	1.00

출처 : "Charting the Children' s Market," *Adweek*(February 10, 1992): 42. Reprinted with permission of James J. McNeal, Texas A&M University, College Station, Texas.

아이들의 시각에서 포장하는 마케터들에 의해 조장된다. 아동복 회사인 스토리북 에어룸(Storybook Heirlooms)은 모든 경우에 맞춘 엄마-딸의 드레스와 옷을 제공한다.

소비자의 사회화 과정은 영아부터 시작되는데 부모와 함께 점포에 간 영아는 처음으로 마케팅 자극을 접하게 된다. 처음 2년간 아기들은 원하는 물건을 요구하기 시작한다. 걷기 시작할 때부터는 점포에서 스스로 물건을 선택하는 것을 시작할 수 있게 된다. 많은 아이들은 5세 경부터 부모나 조부모의 도움 아래 구매를 할 수 있게 되며 8세에는 독립적인 구매를 하고 소비자다운 소비자가 되게 된다.[98] 아이들이 소비자가 되는 과정이 단계별로 그림 11-7에 소개되어 있다.

(2) 텔레비전의 영향 : 전자 베이비 시터

아이들이 텔레비전을 많이 본다는 것은 잘 알려진 사실이다. 아이들은 광고와 쇼 프로그램을 통해서 지속적으로 소비에 관한 메시지에 노출되어 있다. 아이들은 텔레비전에 더욱 더 많이 노출 될수록 TV쇼가 어떤 프로그램이든 간에 TV에 묘사된 이미지를 실제로 받아들인다.[99] 영국의 TV쇼 텔레토비는 3개월부터 2세까지의 아이를 타겟으로 하였는데 시청자들을 사로잡아서 매주 아침마다 2백만의 시청자를 끌었다.[100]

아동들을 직접 겨냥한 이런 대형 프로그램 외에도 아이들은 성인이 되었을 때의 이

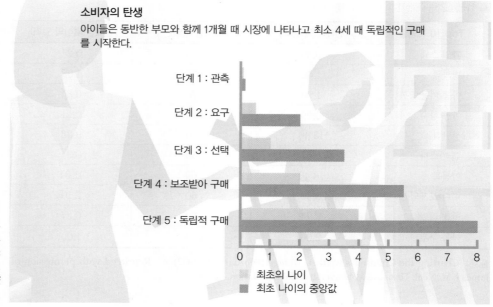

소비자의 탄생
아이들은 동반한 부모와 함께 1개월 때 시장에 나타나고 최소 4세 때 독립적인 구매를 시작한다.

단계 1 : 관측
단계 2 : 요구
단계 3 : 선택
단계 4 : 보조받아 구매
단계 5 : 독립적 구매

0　1　2　3　4　5　6　7　8

■ 최초의 나이
■ 최초 나이의 중앙값

그림 11-7 소비자 발전의 5단계
출처 : Adapted from, James U. McNeal and Chyon-Hwa Yeh, "Born to Shop," *American Demographics* (June 1993): 36. Reprinted by permission of American Demographics, Inc.

상적인 이미지에 노출이 되어 있다. 6세 이상의 어린이는 텔레비전의 주 시간대에도 시청을 하기 때문에 성인을 대상으로 한 프로그램과 광고에도 영향을 받는다. 예를 들면 성인의 립스틱 광고에 노출된 어린 소녀는 립스틱을 아름다움과 연상하는 것을 배운다.[101]

채널 1은 1990년 초반 이후로 논쟁이 많은데 미국 전역을 통해 학교에서 아이들이 보게끔 하기 때문이다. 학교는 채널 1을 반영하는 대가로 TV모니터와 위성수신용 안테나를 무료로 받는데, 채널 1은 10분간의 교육적 뉴스와 2분간의 리복, 펩시 같은 광고를 MTV스타일로 방영한다. 많은 사람들은 학교에서 광고하는 것에 문제가 있다고 느낀다. 학생들은 학교에서 광고된 제품을 학교와 선생님이 보증한다고 생각한다. 아이들은 사로잡힌 청중이며, 마케터들은 이런 아이디어를 사랑한다. 일부 부모와 선생님들은 광고주에게 학생들을 판다고 생각하지만 많은 학교 당국에서는 광고의 목적으로 학교에 기증되는 업체 선물을 거부할 수 없다고 한다.[102] 그런 이유로 우리의 아이들은 집 말고도 학교에서 TV광고를 보게 되는 것이다.

2) 성 역할의 사회화

아이들은 성의 주체성(제5장 참조)이란 개념을 어린 나이에 파악한다. 연구에 따르면 3세 때 대부분 아이들은 트럭을 운전하는 것을 남자다운 것으로, 요리나 청소를 하는 것을 여자답다고 생각한다.[103] 2~10세 여자아이들을 대상으로 한 연구에서 남성적인 복장을 한 옷은 소방관으로 연상되었고, 프릴이 달린 드레스는 외모를 꾸미거나 인기가 있고, 상냥한 것으로 연상되었다(그림 11-8 참조).[104]

아이들의 놀이에서 역할놀이는 성인을 모방하는 것이다. 아이들은 그들이 앞으로 성인이 되었을 때 가정하는 다른 역할들을 연기하고, 다른 이들이 그들에게 기대하는 바를 배운다. 장난감 회사는 아이들이 이런 놀이를 하게끔 도구를 제공한다.[105] 이런 장난감들은 사회가 남자와 여자에게 바라는 것이 무엇인지를 반영하기도 하고, 가르치기도 한다. 나이가 아주 어린 아이들은 장난감 선호에서 많은 차이를 보이지 않는 반면, 5세 이후부터는 달라진다. 여자아이들은 인형을 좋아하고 남자아이들은 전투로봇이나 하이테크의 장난감을 선호한다. 산업비판가들은 이런 이유가 남자들이 장난감 산업을 주도하기 때문이라고 하며, 반면 장난감 회사 간부는 아이들의 자연스러운 선호에 단지 답한 것뿐이라고 반박한다.[106] 사실상 20년간 소년 대 소녀의 고정관념을 피하려고 많은 업체들이 노력하였으나 이런 남녀 간 차이는 결국 피할 수 없는 것이라는 결론을 내렸다. 토이저러스는 만 명의 고객들을 조사한 끝에 소년의 세계와 소녀의 세계가 분리된 체인을 열었다. 팍스 패밀리 채널(Fox Family Channel)의 사장은 "소년과 소녀는 다르다. 각각이 얼마나 특별한지 축하하는 것은 멋진 일이다."[107] 라고 하였다. 그러나 그들의 쇼핑 웹 사이트(www.amazon.com)에는 샵 바이 에이지(Shop by Age)라고 불리는 중성적인 부분도 있으며 소년을 위한 선물과 소녀를 위한 선물 코너도 있다.

비판가들은 비디오게임 산업도 남자들이 지배하며 비디오 게임도 소년을 위한 것이라고 항의한다. 최근 로스앤젤레스의 전자 엔터테인먼트 엑스포(Electronic Entertainment Expo)는 소녀를 위한 두 가지 역할 모델 바비(Barbie)와 라라 크로프트(Lara Croft)를 선 보였다. 바비타입의 소프트웨어는 핑크 타이틀로 외모꾸미기와 데이팅 게임을 포함한다. 인디아나 존스 스타일의 영웅인 라라 크로프트는 많은 남자들이 디자인한 컴퓨터 게임을 점령하는 '타이트 쇼츠를 입은 풍만한 아가씨' 로 불리는 여성을 상징한다.[108]

그리고 언제나 바비가 있다. 최근 바비의 커리어 우먼으로서의 재탄생은 업체에서

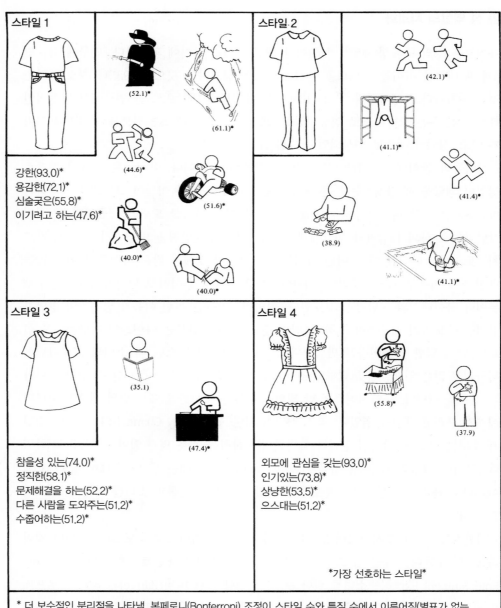

스타일 1

강한(93.0)*
용감한(72.1)*
심술궂은(55.8)*
이기려고 하는(47.6)*

(52.1)*
(61.1)*
(44.6)*
(51.6)*
(40.0)*
(40.0)*

스타일 2

(42.1)*
(41.1)*
(41.4)*
(38.9)
(41.1)*

스타일 3

참을성 있는(74.0)*
정직한(58.1)*
문제해결을 하는(52.2)*
다른 사람을 도와주는(51.2)*
수줍어하는(51.2)*

(35.1)
(47.4)*

스타일 4

외모에 관심을 갖는(93.0)*
인기있는(73.8)*
상냥한(53.5)*
으스대는(51.2)*

(55.8)*
(37.9)

가장 선호하는 스타일

* 더 보수적인 분리점을 나타냄. 본페로니(Bonferroni) 조정이 스타일 수와 특질 수에서 이루어짐(별표가 없는
것은 스타일 수에서만 조정이 이루어짐).
a 1981년 데이터에 근거한 놀이행동의 퍼센티지(N = 95, 2~10세 소녀)
b 1985년 데이터에 근거한 특질의 퍼센티지(N = 43, 소녀의 나이는 6~13세가 됨)

그림 11-8 상징적인 연상 네트워크 : 의복[a], 그리고 특질[b]

출처 : Susan B. Kaiser, "Clothing and Social Organization of Gender Perception: A Developmental Approach," *Clothing and Textiles Research Journal* 7(1989)2: 46-56. Reprinted by permission of the International Textile & Apparel Association, Inc.

사회화를 얼마나 신경 쓰는지를 보여준다. 일하는 여성 바비는 마텔과 워킹우먼 잡지가 서로 합작한 결과이다. 그녀는 소형 컴퓨터와 셀폰 그리고 재정을 위한 CD-ROM과 함께 등장한다. 그녀는 겉으로 회색정장을 입었으나 그녀의 회사일이 끝난 후 켄(Ken)과의 만남을 위한 레드슈즈와 레드드레스를 안에 갖춰 입었다.[109]

3) 인지적 발달

아이들은 나이가 듦에 따라 성숙한, 성인의 구매결정 능력을 키워간다(성인이라고 해서 항상 성숙한 구매결정을 내리는 것은 아니지만 말이다). 아이들은 나이에 따라 세분화할 수 있는데 이는 **인지적인 발달**(cognitive development) 단계 또는 복잡도가 증가하는 개념을 이해하는 능력의 관점에 따른 것이다. 스위스의 심리학자 피아제(Piaget)는 아이들이 차별화된 인지적 발달 단계를 거친다고 처음으로 주장하였는데, 각 단계는 아이들이 정보를 처리할 때 사용하는 특정 인지적인 구조에 의해 묘사된다고 믿었다.[110] 많은 인지 개발 전문가들은 아이들이 동시에 고정된 단계들을 필수적으로 거쳐야 한다는 것을 더 이상 믿지 않는다. 이에 다른 접근법은 아이들을 정보처리 능력, 저장능력, 회수능력이 다르다고 여긴다. 아래의 세 가지 세분집단은 이런 접근에 의해 기술된 것이다.[111]

1. 제한적(limited) : 6세 미만 아이들은 저장하고 회수하는 전략을 쓰지 않는다.
2. 단서화(cued) : 6세에서 12세 아이들은 이런 전략을 쓰지만, 자극될 때만 쓴다.

클로즈업 | 빨리 성장하는 아이들

마케터들은 어린이들의 유년시절을 빼앗아 가는가? 어린 아이들은 성인 디자이너들의 타겟이 되었다. 도나 카란의 대변인이 말했듯이 "7세의 아이는 30대로 간다. 많은 아이들이 그들의 스타일 센스를 갖고 있다."[112] 그럴지도 모르지만 아마도 이런 결과는 아이들이 성인들의 가치를 받아들이라고 강요되어 생기는지도 모른다. 아동에 관한 저서를 지은 작가는 "우리는 고의적으로 유년시절이 소멸되는 것을 보고 있다. 부모들은 아주 어린 나이의 아이에게도 무엇을 입혀야 할지 너무 많은 선택의 종류들을 준다. 광고업자들은 이를 알고 아이들의 성인처럼 세련되게 되고 싶은 갈망을 이용한다. 유년시절에 관한 한 미국이 훌륭한 점은 아이들이 시장에서 보호를 받아 그들만의 생각을 개발하게 해 줬다는 것이다. 그러나 지금은 이런 압력으로부터 아이들이 자유로울 수가 없다. 요즘 아이들은 아베크롬비 앤 핏치 셔츠를 입지 못하면 매우 성을 낸다.[113] 아마도 이는 프리틴(preteens)이 메이크업의 30억 달러 시장에서 200만 달러를 차지하는 이유를 설명해준다. 조사에 따르면 8세에서 12세의 소녀들은 3분의 2가 정기적으로 화장품을 사용한다고 한다. 타운리(Townley Inc.)는 과일향의 립글로스를 5~8세를 위한 헬로우 키티 브랜드를 포함하여 어린 소녀들에게 제공한다. 배스 앤 바디 워크(Bath & Body Works)는 코코 크러쉬(Coco Crush) 립스틱과 베리 고우 라운드(Berry Go Round) 립스틱의 화장품 라인을 판매한다.[114]

3. 전략화(strategic) : 12세 이상의 아이들은 동시적으로 저장과 회수 전략을 쓴다.

이런 발달의 연속과정은 아이들이 성인과 같이 생각하지 않으며, 같은 방법으로 정보를 사용하게 기대해서도 안 된다는 것을 강조한다. 또한 이것은 제품에 대한 정보가 제공되었을 때 아이들이 성인과 같은 결론에 도달할 필요가 없다는 것도 알려준다. 예를 들면 아이들은 자신들이 텔레비전에서 본 것을 사실이 아니라고 깨닫지 못하며 따라서 더 피해를 입을 수 있다는 것이다.

▌요약 ▌

- 소비자들은 제품들에 관해 구매결정을 내리는 상황에 늘 직면해 있다. 일부 구매결정은 매우 중요하여 많은 노력이 수반되며 다른 결정들은 습관적 또는 자동적으로 내린다.
- 패션에 대한 결정은 종종 합리적인 의사결정 모델을 따르지 않으며 문제 인식보다는 패션대상의 인식에서부터 출발한다. 이 제품인식에서 구매시점 디스플레이는 매우 중요한 역할을 한다. 이런 결정은 전혀 정보탐색을 하지 않거나 적은 정보탐색을 하게 한다.
- 구매의사 결정의 관점은 사람들이 습관적으로 하는 구매에서부터 위험도가 높아서 소비자가 직접 정보를 찾고 분석해야 하는 구매까지를 포함한다.
- 전형적인 구매과정은 여러 단계를 포함한다. 첫째는 문제 인식인데 소비자가 뭔가가 있어야 한다는 것을 처음으로 깨닫는 것을 말한다. 이런 깨달음은 여러 가지 방법에 의해 나타나는데 현재 상태의 기능 불량에서부터 다른 상황의 노출에 의한 새 제품에 대한 욕망 또는 보다 좋은 삶에 필요한 제품이라는 광고의 홍보 등을 통해서 나타난다.
- 문제가 인식되고 문제해결을 하는 것이 충분히 중요하다고 여겨지면, 정보탐색이 시작된다. 정보탐색은 과거에 어떻게 문제를 풀었던가를 기억하는 것에서부터 가능한 많은 정보를 얻고자 다양한 정보원으로부터 소비자가 광대하게 탐색하는 것까지를 포함한다. 많은 경우에 사람들은 놀랍게도 아주 적은 탐색을 한다. 대신, 그들은 다양한 브랜드 이름이나 가격 같은 인지적인 지름길을 사용하거나 다른 이들을 단순히 모방한다.

- 패션리더와 추종자들은 정보탐색에서 다른 정보원을 사용한다. 패션리더는 비인적 정보를 더 많이 사용하고, 반면 패션추종자는 친구와 같은 인적정보를 더 사용한다.

- 대안 평가 단계에서 제품 대안들은 개인의 환기상표군으로 고려된다. 제품들이 그룹화되어 있는 방법은 어떤 대안을 고려해야 할지에 영향을 미치며 어떤 브랜드들은 다른 브랜드보다 이런 카테고리들과 더 강하게 연상되어 있다(즉 더 전형적이다).

- 선택기준은 선택시 제품들을 비교하는 데 사용하는 차원이다. 의상과 패션 연구들은 다른 선택기준을 사용했으나 스타일, 맞음새, 품질은 소비자들에 의해 우선적으로 중요시되는 기준이다.

- 휴리스틱은 매우 자주 구매의사 결정을 단순화하는 데 사용한다. 특히, 사람들은 시간이 지나면서 많은 마켓 신념을 발전시킨다. 가장 일반적인 신념 가운데 하나는 가격이 제품 품질과 관련이 높다는 것이다. 다른 휴리스틱은 잘 알려진 브랜드 이름이나 제품의 원산지를 품질의 표시로 보는 것이다. 브랜드가 지속적으로 구매되었을 때 이런 패턴은 브랜드 충성도 또는 이것이 가장 쉬운 일이기 때문에 한다는 관성에 의해서 생긴다.

- 소비자가 대안들에서 제품 선택을 할 때 여러 개의 구매 규칙이 사용된다. 비보상적 규칙은 선택기준에서 못 미친다고 생각하는 대안들을 제외시켜 버린다. 보상적 규칙은 고관여에서 더 적용이 잘 되는데 의사결정자는 각각의 대안들에 대한 장점, 단점을 신중히 파악하여 최선의 선택을 하게 된다.

- 많은 구매결정은 한 사람 이상에 의해 이루어진다. 집합적인 구매결정은 두 명 이상의 사람들이 제품이나 서비스를 평가, 선택, 사용하는 것을 말한다.

- 가구는 주거의 한 단위이다. 미국 가구의 수와 유형은 여러 가지로 변화하였는데 늦게 결혼하는 것, 자녀를 늦게 갖는 것, 가족 가구 내의 구성(편부모의 증가) 변화를 포함한다. 가족의 필요가 그들 삶의 다른 단계를 거칠 때 어떻게 변화하는지에 초점을 두는 가족생활주기에 대한 새로운 관점은 마케터로 하여금 타겟 전략을 세울 때 이혼한 사람들이나 아이가 없는 부부 등의 소비자 세분시장을 고려해야 함을 강조한다.

- 가족들은 그들의 구매결정의 다이나믹을 이해해야 한다. 배우자들은 서로 다른 우선순위가 있으며 노력과 권한 면에서 다양하게 영향력을 미친다. 아이들 또한 점점 더 구매결정에 미치는 영향력이 크다.

- 아이들은 소비자가 되는 것을 학습하는 사회화 과정을 거친다. 이런 지식은 부모와 친구들에 의해 생기지만 많은 경우 그들이 노출되어 있는 대중매체와 광고로부터 온다. 아이들은 너무나 쉽게 현혹될 수 있기 때문에 마케팅의 윤리적인 측면은 소비자, 학계, 마케팅 담당자들 간에 뜨겁게 논의되고 있다.

▌ 토론 주제 ▌

1. 패션구매자는 합리적인 의사결정자인가?

2. 만약 사람들이 늘 합리적인 의사결정을 하지 않는다면 이런 구매결정이 어떻게 일어나는지 노력을 들여 공부할 필요가 있을까? 경험적인 소비를 이해하기 위해서는 어떤 테크닉이 필요하며 이 지식으로 어떻게 마케팅 전략에 응용할 수 있겠는가?

3. 품질의 표시로 보일 수 있는 세 가지의 제품속성을 열거하고 각각에 대해 예를 들어라.

4. 왜 한번 거절된 상품은 소비자의 환기상표군에 드는 것이 어려운가? 이 목표를 달성하기 위하여 마케터는 어떤 전략을 사용할 수 있겠는가?

5. 두 가지 다른 비보상적 결정규칙들을 들고 이들이 어떻게 다른지 토론하라. 서로 다른 규칙을 사용하였을 때 어떻게 다른 제품선택의 결과를 보이는가?

6. 패션제품을 정기적으로 쇼핑하는 친구를 선택하고 한 학기 동안 그녀의 구매를 기록해 보라. 당신은 구매의 일관성을 근거로 브랜드 충성도를 감지할 수 있는가? 그렇다면 당신의 친구와 이들 구매에 대해 이야기해 보라. 그녀의 구매가 브랜드 충성도에서 나왔는지 아니면 습관적 구매인지 결정하라. 이 둘을 차별화하기 위해 당신은 어떤 테크닉을 사용했는가?

7. 세 그룹을 만들어 제품을 선택하고 소비자 구매결정의 세 가지 접근법인 합리적, 경험적, 행동적 영향 각각을 기본으로 마케팅 계획을 개발하라. 이들 세 가지 접근법에서 강조하는 바의 주요한 차이는 무엇인가? 당신이 선택한 제품에 대한 문제해결 유형으로 가장 적절한 것은 무엇인가? 제품의 어떤 특성이 이런 결론을 내게 되었는가?

8. 주요한 구매결정을 내리려는 사람을 데려 오라. 그 사람에게 구매결정을 하기 전 사용한 정보원들을 모두 열거하라고 부탁하라. 당신은 사용한 정보원들의 타입이

어떤 특징이 있다고 생각하는가? 그의 구매에 가장 영향을 많이 미친 정보원은 무엇으로 보이는가?

9. 원산지 고정관념에 관한 조사를 하라. 5개국의 리스트를 열거하고 각 나라와 어떤 제품이 연상되는지 사람들에게 질문하라. 이들 제품에 대한 그들의 평가는 어떠한가? 원산지의 힘은 다른 방법을 통해서도 알 수 있다. 제품에 관한 간단한 소개를 하고 사람들에게 품질, 사고 싶은 정도에 대해 평가하라고 하라. 제품의 원산지만 바꾸고 같은 질문을 해 보라. 제품의 원산지 때문에 평가가 달라졌는가?

10. 친구에게 최근 구매에서 다른 브랜드를 제치고 한 브랜드를 선택하게 된 과정을 이야기해보라고 부탁하라. 이들 묘사를 통해 어떤 결정규칙을 사용했는지 파악할 수 있겠는가?

11. 의류, 화장품, 가구의 제품 각각의 카테고리에서 결혼한 부부가 제품선택을 하는 데 아이가 있다면 어떻게 영향을 받을 수 있는지 설명하라.

12. 가족이 타겟이 된 광고들을 세 가지 제품종류에 대해 수집하라. 같은 아이템에 가족이 묘사되지 않은 다른 브랜드들의 광고들을 찾아보라. 이 접근들이 얼마나 효과적인지 분석하라.

13. 제품 카테고리를 선택하고 이 장의 가족생활주기 단계를 사용하여 각 단계별로 소비자의 구매결정에 영향을 미칠 수 있는 변수들을 열거하라.

14. 현대 가족구조의 중요한 변화들을 고려하라. 각각에 대해 제품 커뮤니케이션, 유통혁신, 다른 마케팅 믹스에 이 변화를 적용하려는 마케터의 예를 들어라. 가능하다면 이런 개발에 성공하지 못한 마케터의 예도 들도록 하라.

15. 마케터들은 교육기관에 무료 판촉의 대가로 제품과 서비스들을 기부하여 비판을 받아 왔다. 이것은 공평한 교환인가 아니면 학교의 어린아이들에게 영향을 미치려는 업체들을 저지하는 것이 옳은 일인가?

▌ 주요 용어 ▌

가구(household)

가족 가구(family household)

가족 생활 주기
  (family life cycle : FLC)

가족 재정담당자
  (family financial officer : FFO)

경험적 관점
  (experiential perspective)

관성적 구매(inertia)

독재적인 의사결정
  (autocratic decisions)

마켓신념(market beliefs)

문제인식(problem recognition)

보상적 규칙(compensatory rule)

부메랑키즈(boomerang kids)

부모양보(parental yielding)

부적절한 상표군(inert set)

브랜드 동일시(brand parity)

브랜드 충성도(brand loyalty)

비보상적 규칙
 (noncompensatory rule)

비활성 상표군(inept set)

사이버미디어리(cybermediary)

선택기준(evaluative criteria)

소비자 사회화
 (consumer socialization)

습관적인 구매결정
 (habitual decision making)

위험지각(perceived risk)

인지적인 발달
 (cognitive development)

자민족중심주의(ethnocentrism)

정보탐색(information search)

제한적 문제해결
 (limited problem solving)

조절구매결정(accommodative
 purchase decision)

출산율(fertility rate)

포괄적 문제해결
 (extended problem solving)

합리적 관점(rational perspective)

합의구매결정
 (consensual purchase decision)

핵가족(nuclear family)

행동적 영향 관점
 (behavioral influence perspective)

혼합 의사결정(syncratic decisions)

확장가족(extended family)

환기상표군(evoked set)

휴리스틱(heuristics)

▌참고문헌▌

1. George Sproles, *Fashion: Consumer Behavior toward Dress* (Minneapolis, Minn.: Burgess, 1979).

2. John C. Mowen, "Beyond Consumer Decision Making," *Journal of Consumer Marketing* 5, no. 1 (1988): 15-25.

3. Richard W. Olshavsky and Donald H. Granbois, "Consumer Decision Making—Fact or Fiction," *Journal of Consumer Research* 6 (September 1989): 93-100.

4. James R. Bettman, "The Decision Maker Who Came in from the Cold," presidential address, in *Advances in Consumer Research* 20, eds. Leigh McAllister and Michael Rothschild (Provo, Utah: Association for Consumer Research, in press); John W. Payne, James R. Bettman, and Eric J. Johnson, "Behavioral Decision Research: A Constructive Processing Perspective," *Annual Review of Psychology* 4 (1992): 87-131. For an overview of individual choice models, see Robert J. Meyer and Barbara E. Kahn, "Probabilistic Models of Consumer Choice Behavior," in *Handbook of Consumer Behavior*, eds. Thomas S. Robertson and Harold H. Kassarjian (Upper Saddle River, N.J.: Prentice-Hall, 1991), 85-123.

5. Mowen, "Beyond Consumer Decision Making."

6. Joseph W. Alba and J. Wesley Hutchinson, "Dimensions of Consumer Expertise," *Journal of Consumer Research* 13 (March 1988): 411-454.

7. Ross K. Baker, "Textually Transmitted Diseases," *American Demographics* (December 1987): 64.

8. Julia Marlowe, Gary Selnow, and Lois Blosser, "A Content Analysis of Problem-Resolution Appeals in Television Commercials," *Journal of Consumer Affairs* 23, no. 1 (1989): 175-194.

9. Soyeon Shim and Aeran Koh, "Profiling Adolescent Consumer Decision-Making Styles: Effects of Socialization Agents and Social-Structural Variables," *Clothing and Textiles Research Journal* 15, no. 1 (1997): 50-59.

10. Janice L. Haynes, Alison L. Pipkin, William C. Black, and Rinn M. Cloud, "Application of a Choice Sets Model to Assess Patronage Decision Styles of High Involvement Consumers," *Clothing and Textiles Research Journal* 12 (Spring 1994):

22-32.

11. Gordon C. Bruner III and Richard J. Pomazal, "Problem Recognition: The Crucial First Stage of the Consumer Decision Process," *Journal of Consumer Marketing* 5, no. 1 (1988): 53-63.

12. Valerie Seckler, "Futurist Alvin Toffler: Information Explosion to Shock Retail World," *Women's Wear Daily* (January 16, 1997): 1, 29.

13. Peter H. Bloch, Daniel L. Sherrell, and Nancy M. Ridgway, "Consumer Search: An Extended Framework," *Journal of Consumer Research* 13 (June 1986): 119-126.

14. Girish Punj, "Presearch Decision Making in Consumer Durable Purchases," *Journal of Consumer Marketing* 4 (Winter 1987): 71-82.

15. Rosemary Polegato and Marjorie Wall, "Information Seeking by Fashion Opinion Leaders and Followers," *Home Economics Research Journal* 8 (May 1980): 327-338; Soyeon Shim and Antigone Kotsiopulos, "A Typology of Apparel Shopping Orientation Segments among Female Consumers," *Clothing and Textiles Research Journal* 12 (Fall 1993): 73-85.

16. Itamar Simonson, Joel Huber, and John Payne, "The Relationship between Prior Brand Knowledge and Information Acquisition Order," *Journal of Consumer Research* 14 (March 1988): 566-578.

17. Cathy J. Cobb and Wayne D. Hoyer, "Direct Observation of Search Behavior," *Psychology & Marketing* 2 (Fall 1985): 161-179.

18. Sharon E. Beatty and Scott M. Smith, "External Search Effort: An Investigation across Several Product Categories," *Journal of Consumer Research* 14 (June 1987): 83-95; William L. Moore and Donald R. Lehmann, "Individual Differences in Search Behavior for a Nondurable," *Journal of Consumer Research* 7 (December 1980): 296-307.

19. Leslie L. Davis, "Consumer Use of Label Information in Ratings of Clothing Quality and Clothing Fashionability," *Clothing and Textiles Research Journal* 6 (Fall 1987): 9-14.

20. Girish N. Punj and Richard Staelin, "A Model of Consumer Search Behavior for New Automobiles," *Journal of Consumer Research* 9 (March 1983): 366-380.

21. Cobb and Hoyer, "Direct Observation of Search Behavior"; Moore and Lehmann, "Individual Differences in Search Behavior for a Nondurable"; Punj and Staelin, "A Model of Consumer Search Behavior for New Automobiles."

22. Jane E. Workman and Kim K. P. Johnson, "Fashion Opinion Leadership, Fashion Innovativeness, and Need for Variety," *Clothing and Textiles Research Journal* 11, no. 3 (Spring 1993): 60-64.

23. Barbara E. Kahn, "Understanding Variety-Seeking Behavior From a Marketing Perspective," unpublished manuscript, University of Pennsylvania, University Park (1991); Leigh McAlister and Edgar A. Pessemier, "Variety-Seeking Behavior: An Interdisciplinary Review," *Journal of Consumer Research* 9 (December 1982): 311-322; Fred M. Feinberg, Barbara E. Kahn, and Leigh McAlister, "Market Share Response When Consumers Seek Variety," *Journal of Marketing Research* 29 (May 1992): 228-237; Barbara E. Kahn and Alice M. Isen, "The Influence of Positive Affect on Variety Seeking among Safe, Enjoyable Products," *Journal of Consumer Research* 20, (September 1993): 257-270.

24. James R. Bettman and C. Whan Park, "Effects of Prior Knowledge and Experience and Phase of the Choice Process on Consumer Decision Processes: A Protocol Analysis," *Journal of Consumer Research* 7 (December 1980): 234-248.

25. Geitel Winakor and Jacqueline Lubner-Rupert, "Dress Style Variation Related to Perceived Economic Risk," *Home Economics Research Journal* 11, no. 4 (June 1983): 343-351.

26. Linda Simpson and Hilda Buckley Lakner, "Perceived Risk and Mail Order Shopping for Apparel," *Journal of Consumer Studies and Home Economics* 17 (1993): 377-389.

27. Bettie Minshall, Geitel Winakor, and Jane L. Swinney, "Fashion Preferences of Males and Females, Risks Perceived and Temporal Quality of Styles," *Home Economics Research Journal* 10, no. 4 (June 1982): 369-379.

28. Michael Porter, *Competitive Advantage* (New York: Free Press, 1985).

29. Material in this section adapted from Michael R. Solomon and Elnora W. Stuart, *Welcome to Marketing.com: The Brave New World of E-Commerce* (Englewood Cliffs, N.J.:

Prentice Hall, 2001).

30. Robert J. Sutton, "Using Empirical Data to Investigate the Likelihood of Brands Being Admitted or Readmitted into an Established Evoked Set," *Journal of the Academy of Marketing Science* 15 (Fall 1987): 82.

31. H. Jessie Chen-Yu and Doris H. Kincade, "Effects of Product Image at Three Stages of the Consumer Decision Process for Apparel Products: Alternative Evaluation, Purchase and Post-Purchase," *Journal of Fashion Marketing and Management* 5, No. 1 (2001): 29-43.

32. Mita Sujan, "Consumer Knowledge: Effects on Evaluation Strategies Mediating Consumer Judgments," *Journal of Consumer Research* 12 (June 1985): 31-46.

33. Eleaner Rosch, "Principles of Categorization," in Recognition and Categorizations, ed. E. Rosch and B. B. Lloyd (Hillsdale, N.J.: Laurence Erlbaum, 1978).

34. Joan Meyers-Levy and Alice M. Tybout, "Schema Congruity as a Basis for Product Evaluation," *Journal of Consumer Research* 16 (June 1989): 39-55.

35. Mita Sujan and James R. Bettman, "The Effects of Brand Positioning Strategies on Consumers' Brand and Category Perceptions: Some Insights from Schema Research," *Journal of Marketing Research* 26 (November 1989): 454-467.

36. "Consumer Outlook 99," Kurt Salmon Associates (1999).

37. Valerie Seckler, "Is the Thrill Gone? Stressed Consumer in Shopping Slump," *Women's Wear Daily* (July 17, 2002): 1, 10, 15.

38. Cf. William P. Putsis, Jr., and Narasimhan Srinivasan, "Buying or Just Browsing? The Duration of Purchase Deliberation," *Journal of Marketing Research* 31(August 1994): 393-402.

39. Robert E. Smith, "Integrating Information from Advertising and Trial: Processes and Effects on Consumer Response to Product Information," *Journal of Marketing Research* 30 (May 1993): 204-219.

40. Jack Trout, "Marketing in Tough Times," *Boardroom Reports*, no. 2 (October 1992): 8.

41. Nancy L. Cassill and Mary Frances Drake, "Apparel Selection Criteria Related to Female Consumers' Lifestyle," *Clothing and Textiles Research Journal* 6 (Fall 1987): 21-28; Soyeon Shim and Mary Frances Drake, "Influence of Lifestyle and Evaluative Criteria for Apparel on Information Search among Non-Employed Female Consumers," *Home Economics Research Journal* 13 (1989): 381-395; Molly Eckman, Mary Lynn Damhorst, and Sara J. Kadolph, "Toward a Model of the In-Store Purchase Decision Process: Consumer Use of Criteria for Evaluating Women's Apparel," *Clothing and Textiles Research Journal* 8 (Winter 1990): 13-22; Patricia Huddleston and Nancy L. Cassill, "Female Consumers' Brand Orientation: The Influence of Quality and Demographics," *Home Economics Research Journal* 18 (March 1990): 255-262; Patricia Huddleston, Nancy L. Cassill, and Lucy K. Hamilton, "Apparel Selection Criteria as Predictors of Brand Orientation," *Clothing and*

Textiles Research Journal 12 (Fall 1993): 51-56; Judith C. Forney, William Pelton, Susan Turnbull Caton, and Nancy J. Rabolt, "Country of Origin and Evaluative Criteria: Influences on Women's Apparel Purchase Decisions," *Journal of Family and Consumer Sciences* 91, no. 4 (1999); 57-62.

42. Hiroko Kawabata and Nancy J. Rabolt, "Comparison of Clothing Purchase Behaviour between U.S. and Japanese Female University Students," *Journal of Consumer Studies and Home Economics* 23, no. 4 (December 1999): 213-223; Lorraine A. Friend, Judith C. Forney, and Nancy J. Rabolt, "Clothing Shoping Behaviour of New Zealand and United States Consumers: A Cross-Cultural Comparison," *Australasian Textiles* 9 (September/October 1989): 58-62; Forney, Pelton, Turnbull-Caton, and Rabolt, "Evaluative Criteria and Country of Origin in U.S. and Canadian University Women's Apparel Purchase Decisions"; Chin-Fen Hsiao and Kitty Dickerson, "Evaluative Criteria for Purchasing Leisurewear: Taiwanese and U.S. Students in a U.S. University," *Journal of Consumer Studies and Home Economics* 19 (1995): 145-153.

43. C. Whan Park, "The Effect of Individual and Situation-Related Factors on Consumer Selection of Judgmental Models," *Journal of Marketing Research* 13 (May 1976): 144-151.

44. Wayne D. Hoyer, "An Examination of Consumer Decision Making for a Common Repeat Purchase Product,"

Journal of Consumer Research 11
(December 1984): 822-829; Calvin
P. Duncan, "Consumer Market
Beliefs: A Review of the Literature
and an Agenda for Future
Research," in *Advances in
Consumer Research* 17, eds. Marvin
E. Goldberg, Gerald Gorn, and
Richard W. Pollay (Provo, Utah:
Association for Consumer Research,
1990), 729-735; Frank Alpert,
"Consumer Market Beliefs and Their
Managerial Implications: An
Empirical Examination," *Journal of
Consumer Marketing* 10, no. 2
(1993): 56-70.

45. Gary T. Ford and Ruth Ann Smith,
"Inferential Beliefs in Consumer
Evaluations: An Assessment of
Alternative Processing Strategies,"
Journal of Consumer Research 14
(December 1987): 363-371; Deborah
Roedder John, Carol A. Scott, and
James R. Bettman, "Sampling Data
for Covariation Assessment: The
Effects of Prior Beliefs on Search
Patterns," *Journal of Consumer
Research* 13 (June 1986): 38-47;
Gary L. Sullivan and Kenneth J.
Berger, "An Investigation of the
Determinants of Cue Utilization,"
Psychology & Marketing 4 (Spring
1987): 63-74.

46. Duncan, "Consumer Market
Beliefs."

47. Christian Hjorth-Andersen, "Price as a
Risk Indicator," *Journal of Consumer
Policy* 10 (1987): 267-281.

48. Pamela S. Norum and Lee Ann
Clark, "A Comparison of Quality
and Retail Price of Domestically
Produced and Imported Blazers,"
*Clothing and Textiles Research
Journal* 7 (Spring 1989): 1-9;

Francesann L. Heisey, "Perceived
Quality and Predicted Price: Use of
the Minimum Information
Environment in Evaluating Apparel,"
*Clothing and Textiles Research
Journal* 8 (Summer 1990): 23-28.

49. David M. Gardner, "Is There a
Generalized Price-Quality
Relationship?," *Journal of Marketing
Research* 8 (May 1971): 241-243;
Kent B. Monroe, "Buyers'
Subjective Perceptions of Price,"
Journal of Marketing Research 10
(1973): 70-80.

50. Deborah Fowler and Richard
Clodfelter, "A Comparison of
Apparel Quality: Outlet Stores
Versus Department Stores," *Journal
of Fashion Marketing and
Management* 5, No. 1 (2001): 57-66.

51. Jean D. Hines and Gwendolyn S.
O'Neal, "Underlying Determinants
of Clothing Quality: The
Consumers' Perspective," *Clothing
and Textiles Research Journal* 13,
no. 4 (1995): 227-233.

52. Liza Abraham-Murali and Mary Ann
Littrell, "Consumers' Perception of
Apparel Quality over Time: An
Exploratory Study," *Clothing and
Textiles Research Journal* 13, no. 3
(1995): 149-158.

53. Ronald Alsop, "Enduring Brands
Hold Their Allure by Sticking Close
to Their Roots," *The Wall Street
Journal*, centennial ed. (June 23,
1989): B4.

54. Ira P. Schneiderman, "The
Consumer Psyche Twenty
Questions: Where Will the Money
Go?," *Women's Wear Daily*, Section
II (November 18, 1998): 1-19.

55. "Remaining Nameless," *Women's
Wear Daily* (May 25, 2000): 2.

56. Jennifer Owens, "Survey Says
Loyalty to Brands Is Fleeting,"
Women's Wear Daily (August 25,
1998): 14.

57. Durairaj Maheswaran, "Country of
Origin as a Stereotype: Effects of
Consumer Expertise and Attribute
Strength on Product Evaluations,"
Journal of Consumer Research 21
(September 1994): 354-365; Ingrid
M. Martin and Sevgin Eroglu,
"Measuring a Multi-Dimensional
Construct: Country Image," *Journal
of Business Research* 28 (1993):
191-210; Richard Ettenson, Janet
Wagner, and Gary Gaeth,
"Evaluating the Effect of Country of
Origin and the 'Made in the U.S.A.'
Campaign: A Conjoint Approach,"
Journal of Retailing 64 (Spring
1988): 85-100; C. Min Han and Vern
Terpstra, "Country-of-Origin Effects
for Uni-National & Bi-National
Products," *Journal of International
Business* 19 (Summer 1988): 235-
255; Michelle A. Morganosky and
Michelle M. Lazarde, "Foreign-Made
Apparel: Influences on Consumers'
Perceptions of Brand and Store
Quality," *International Journal of
Advertising* 6 (Fall 1987): 339-348.

58. D. Bergeron and M. Carver.
"Student Preferences for Domestic-
Made or Imported Apparel as
Influenced by Shopping Habits,"
*Journal of Consumer Studies and
Home Economics* 12 (1988): 87-94.

59. Brenda Sternquist and B. Davis,
"Store Status and Country of Origin
as Information Cues: Consumer's
Perception of Sweater Price and
Quality," *Home Economics
Research Journal* 15 (1986): 124-131;
Norum and Clark, "A Comparison

of Quality and Retail Price of
Domestically Produced and
Imported Blazers"; Francesann L.
Heisey, "Perceived Quality and
Predicted Price: Use of the
Minimum Information Environment
in Evaluating Apparel."

60. K.Gipson and Sally Francis, "The
Effect of Country of Origin on
Purchase Behaviour: An Intercept
Study," *Journal of Consumer Studies
and Home Economics* 15 (1991):
33-44.

61. Marjorie Wall and Louise Heslop,
"Consumer Attitudes towards the
Quality of Domestic and Imported
Apparel and Footwear." *Journal of
Consumer Studies and Home
Economics*, 13, no. 4 (1989):
337-358.

62. Gipson and Francis, "The Effect of
Country of Origin on Purchase
Behaviour: An Intercept Study."

63. Sung-Tai Hong and Robert S. Wyer,
Jr., "Effects of Country-of-Origin and
Product–Attribute Information on
Product Evaluation: An Information
Processing Perspective," *Journal of
Consumer Research* 16 (September
1989): 175-187; Marjorie Wall, John
Liefeld, and Louise A. Heslop,
"Impact of Country-of-Origin Cues
on Consumer Judgments in Multi-
Cue Situations: A Covariance
Analysis," *Journal of the Academy
of Marketing Science* 19, no. 2
(1991): 105-113.

64. Kitty Dickerson, "Imported versus
U.S.-Produced Apparel: Consumer
Views and Buying Patterns," *Home
Economics Research Journal* 10, no.
3 (1982): 241-252.

65. Jane Qin Lang and E. M. Crown,
"Country-of-Origin Effect in Apparel

Choices: A Conjoint Analysis."
*Journal of Consumer Studies and
Home Economics* 17 (1993): 87-98.

66. Nancy J. Rabolt and Judith C.
Forney, "Japanese and California
Students' Fashion Purchase
Behavior and Perception of Country
of Origin" (Atlanta, Ga.: Association
of College Professors of Textiles and
Clothing Proceedings, 1989): 109.

67. Items excerpted from Terence A.
Shimp and Subhash Sharma,
"Consumer Ethnocentrism:
Construction and Validation of the
CETSCALE," *Journal of Marketing
Research* 24 (August 1987): 282.

68. Robert Boutilier, "Diversity in
Family Structures," *American
Demographics Marketing Tools*
(1993): 4-6; W. Bradford Fay,
"Families in the 1990s: Universal
Values, Uncommon Experiences,"
*Marketing Research: A Magazine of
Management & Applications* 5, no.
1 (Winter 1993): 47.

69. Cyndee Miller, "'Til Death Do They
Part," *Marketing News* (March 27,
1995): 1-2.

70. Diane Crispell, "Family Futures,"
American Demographics (August
1996): 13-14.

71. Karen Hardee-Cleaveland, "Is Eight
Enough?," *American Demographics*
(June 1989): 60.

72. Robert Berner, "Toddlers Dress to
the Nines and Designers Rake It
In," *The Wall Street Journal
Interactive Edition* (May 27, 1997).

73. Quoted in Lisa Gubernick and
Marla Matzer, "Babies as Dolls,"
Forbes (February 27, 1995): 79.

74. "Mothers Bearing a Second
Burden," *The New York Times*
(May 14, 1989): 26.

75. Thomas Exter, "Disappearing Act,"
American Demographics (January
1989): 78. See also KerenAmi
Johnson and Scott D. Roberts,
"Incompletely-Launched and
Returning Young Adults: Social
Change, Consumption, and Family
Environment," in *Enhancing
Knowledge Development in
Marketing*, eds. Robert P. Leone
and V. Kumar, (Chicago: American
Marketing Association Educator's
Proceedings, vol. 3, 1992), 249-254;
John Burnett and Denise Smart,
"Returning Young Adults:
Implications for Marketers,"
Psychology & Marketing 11, no. 3
(May/June 1994): 253-269.

76. Carol Emert, "Gymboree's Hip
Kin," *San Francisco Chronicle*
(March 6, 1999): D1, D2.

77. Julian Guthrie, "Pitching to Pupils,"
San Francisco Chronicle (July 18,
1998): A1, A9.

78. Brad Edmondson, "Inside the New
Household Projections," *The Number
News* (July 1996). Available online at
http://www.demographics.com.

79. Edmondson, "Inside the New
Household Projections."

80. Mary C. Gilly and Ben M. Enis,
"Recycling the Family Life Cycle: A
Proposal for Redefinition," in
Advances in Consumer Research 9
ed. Andrew A. Mitchell (Ann Arbor,
Mich.: Association for Consumer
Research, 1982), 271-276.

81. Charles M. Schaninger and William
D. Danko, "A Conceptual and
Empirical Comparison of Alternative
Household Life Cycle Models,"
Journal of Consumer Research 19
(March 1993): 580-594; Robert E.
Wilkes, "Household Life-Cycle

Stages, Transitions, and Product Expenditures," *Journal of Consumer Research* 22, no. 1 (June 1995): 27-42.

82. Craig J. Thompson, "Caring Consumers: Gendered Consumption Meanings and the Juggling Lifestyle," *Journal of Consumer Research* 22 (March 1996): 388-407.

83. Quoted in Bernice Kanner, "Advertisers Take Aim at Women at Home," *The New York Times* (January 2, 1995): 42.

84. Harry L. Davis, "Decision Making within the Household," *Journal of Consumer Research* 2 (March 1972): 241-260; Michael B. Menasco and David J. Curry, "Utility and Choice: An Empirical Study of Wife/Husband Decision Making," *Journal of Consumer Research* 16 (June 1989): 87-97. For a recent review, see Conway Lackman and John M. Lanasa, "Family Decision-Making Theory: An Overview and Assessment," *Psychology & Marketing* 10, no. 2 (March/April 1993): 81-94.

85. Shannon Dortch, "Money and Marital Discord," *American Demographics* (October 1994): 11.

86. Daniel Seymour and Greg Lessne, "Spousal Conflict Arousal: Scale Development," *Journal of Consumer Research* 11 (December 1984): 810-821.

87. Robert Boutilier, *Targeting Families: Marketing to and through the New Family* (Ithaca, N. Y.: American Demographics, 1993).

88. Dennis L. Rosen and Donald H. Granbois, "Determinants of Role Structure in Family Financial Management," *Journal of Consumer Research* 10 (September 1983): 253-258.

89. Robert F. Bales, *Interaction Process Analysis: A Method for the Study of Small Groups* (Reading, Mass.: Addison-Wesley, 1950). For a cross-gender comparison of food shopping strategies, see Rosemary Polegato and Judith L. Zaichkowsky, "Family Food Shopping: Strategies Used by Husbands and Wives," *Journal of Consumer Affairs* 28, no. 2 (1994): 278-299.

90. Gary L. Sullivan and P. J. O'Connor, "The Family Purchase Decision Process: A Cross-Cultural Review and Framework for Research," *Southwest Journal of Business & Economics* (Fall 1988): 43; Marilyn Lavin, "Husband-Dominant, Wife-Dominant, Joint," *Journal of Consumer Marketing* 10, no. 3 (1993): 33-42.

91. Diane Crispell, "Mr. Mom Goes Mainstream," *American Demographics* (March 1994): 59; Gabrielle Sándor, "Attention Advertisers: Real Men Do Laundry," *American Demographics* (March 1994): 13.

92. James U. McNeal, "Tapping the Three Kids' Markets," *American Demographics* (April 1998): 37-41.

93. Kay L. Palan and Robert E. Wilkes, "Adolescent-Parent Interaction in Family Decision Making," *Journal of Consumer Research* 24 (September 1997): 159-169.

94. Leslie Isler, Edward T. Popper, and Scott Ward, "Children's Purchase Requests and Parental Responses: Results from a Diary Study," *Journal of Advertising Research* 27 (October/November 1987): 28-39.

95. Gregory M. Rose, "Consumer Socialization, Parental Style, and Development Timetables in the United States and Japan," *Journal of Marketing* 63, no. 3 (1999): 105-119.

96. Scott Ward, "Consumer Socialization," in *Perspectives in Consumer Behavior*, eds. Harold H. Kassarjian and Thomas S. Robertson (Glenville, Ill.: Scott Foresman, 1980), 380.

97. George P. Moschis, "The Role of Family Communication in Consumer Socialization of Children and Adolescents," *Journal of Consumer Research* 11 (March 1985): 898-913.

98. James U. McNeal and Chyon-Hwa Yeh, "Born to Shop," *American Demographics* (June 1993): 34-39.

99. See Patricia M. Greenfield et al. "The Program-Length Commercial: A Study of the Effects of Television/Toy Tie-Ins on Imaginative Play," *Psychology & Marketing* 7 (Winter 1990): 237-256 for a study on the effects of commercial programming on creative play.

100. Jill Goldsmith, "Ga, Ga, Goo, Goo, Where's the Remote? TV Show Targets Tots," *Dow Jones Business News* (February 5, 1997); Robert Frank, "Toddler Set Loves Teletubbies, but Parents Question Value," *The Wall Street Journal Interactive Edition* (August 21, 1997); Marina Baker, "Teletubbies Say 'Eh Oh... It's War!'" *The Independent* (March 6, 2000): 7; "A Trojan Horse for Advertisers," *Business Week* (April 3, 2000): 10.

101. Gerald J. Gorn and Renee Florsheim, "The Effects of Commercials for Adult Products on

Children," *Journal of Consumer Research* 11 (March 1985): 962-967. For a study that assessed the impact of violent commercials on children, see V. Kanti Prasad and Lois J. Smith, "Television Commercials in Violent Programming: An Experimental Evaluation of Their Effects on Children," *Journal of the Academy of Marketing Science* 22, no. 4 (1994): 340-351.

102. Julian Guthrie, "Pitching to Pupils," *San Francisco Examiner* (January 18, 1998): A1, A9.

103. Glenn Collins, "New Studies on 'Girl Toys' and 'Boy Toys,'" *The New York Times* (February 13, 1984): D1.

104. Susan B. Kaiser, "Clothing and Social Organization of Gender Perception: A Developmental Approach," *Clothing and Textiles Research Journal* 7, no. 2 (1989): 46-56.

105. Lori Schwartz and William Markham, "Sex Stereotyping in Children's Toy Advertisements," *Sex Roles* 12 (January 1985): 157-170.

106. Joseph Pereira, "Oh Boy! In Toyland, You Get More if You're Male," *The Wall Street Journal* (September 23, 1994): B1; Joseph Pereira, "Girls' Favorite Playthings: Dolls, Dolls, and Dolls," *The Wall Street Journal* (September 23, 1994): B1.

107. Quoted in Lisa Bannon, "More Kids' Marketers Pitch Number of Single-Sex Products," *The Wall Street Journal Interactive Edition* (February 14, 2000).

108. Kelly Zito, "Still a Boys' Club: Video-Game Industry Offers Slim Pickings for Girls," *San Francisco Chronicle* (May 13, 2000): B1, B2.

109. Constance L. Hays, "A Role Model's Clothes; Barbie Goes Professional," *The New York Times on the Web* (April 1, 2000).

110. Jean Piaget, "The Child and Modern Physics," *Scientific American* 196, no. 3 (1957): 46-51. See also Kenneth D. Bahn, "How and When Do Brand Perceptions and Preferences First Form? A Cognitive Developmental Investigation," *Journal of Consumer Research* 13 (December 1986): 382-393.

111. Deborah L. Roedder, "Age Differences in Children's Responses to Television Advertising: An Information-Processing Approach," *Journal of Consumer Research* 8 (September 1981): 144-253. See also Deborah Roedder John and Ramnath Lakshmi-Ratan, "Age Differences in Children's Choice Behavior: The Impact of Available Alternatives," *Journal of Marketing Research* 29 (May 1992): 216-226; Jennifer Gregan-Paxton and Deborah Roedder John, "Are Young Children Adaptive Decision Makers? A Study of Age Differences in Information Search Behavior," *Journal of Consumer Research* 21, no. 4(1995): 567-580.

112. Kay Hymovitz, quoted in Leslie Kaufman, "New Style Maven: 6 Years Old and Picky," *The New York Times on the Web* (September 7, 1999).

113. Ibid.

114. Tara Parker-Pope, "Cosmetics Industry Takes Look at the Growing Preteen Market," *The Wall Street Journal Interactive Edition* (December 4, 1998).

제12장
집단 영향과 패션 의견 선도

자하리는 비밀스러운 생활을 한다. 주중에는 지루한 주식 전문가이고 주말에는 다른 생활이 펼쳐진다. 금요일 저녁이 되면, BMW를 그의 보물인 할리 데이비슨 오토바이로 바꿔 타듯 브룩스 브라더스 수트(Brooks Brothers suit)를 벗고 검정 가죽 옷으로 갈아입는다. 자하리는 HOG(Harley Owner Group; 할리 데이비슨 소유자 모임)의 매우 헌신적인 팀원으로, 'RUBs'(rich urban bikers; 부유한 도시 바이커들)로 잘 알려진 할리 데이비슨의 동호회에 속해있다. 그 동호회의 모든 이들이 할리 데이비슨의 로고가 선명한 비싼 가죽조끼를 입는다. 이번 주, 자하리는 마침내 www.harley-davidson.com 쇼핑몰에서 새로운 할리 데이비슨 벨트 버클을 구입했다. 사이트 정보를 탐색하면서 할리 데이비슨 매니아들은 다른 사람들에게 그들이 HOG 라이더라는 것을 알리고 싶어 하고 있다는 것을 알게 되었다. 할리 데

이비슨 웹 페이지를 보면, "하나는 당신의 제품을 다른 사람들이 사게 하는 것이고 또 다른 하나는 그들의 몸에 당신의 이름을 새기게 하는 것이다." 자하리는 할리 데이비슨 소품(쟈켓, 조끼, 고글, 벨트, 버클, 장신구, 가정용품… 등)을 더 구입하려는 자신을 자제시켜야 했다.

자하리는 그의 오토바이와 그룹의 일원으로 보이게 하는 치장에 많은 돈을 썼다. 하지만 그만큼의 가치는 있다. 자하리는 그의 동료들, 즉 RUBs와 진짜 형제애를 느낀다. 이 그룹은 30만 명의 바이커 애호가들이 모이는 랠리에 2개의 조를 짜서 함께 탄다. 그들이 모두 함께 순회를 했을 때 그가 느끼는 희열은 얼마나 클 것인가!

물론, 더 매력적인 점은 '험악한 길에서 즐기기 위해'[1] 주말을 기다려온 전문적 동료들과 함께 교류한다는 것이다. 때로는 한 가지 정보교류가 오토바이를 타는 것보다 더 많은 성과를 안겨줄 수 있다.

1. 준거집단

인간은 사회적 동물이다. 우리 모두는 집단에 속해 있으며, 다른 이들을 기쁘게 하려고 하며 우리를 둘러싼 이들의 행동을 관찰함으로써 어떻게 행동해야 하는지 단서를 얻는다. 사실, 우리의 맞춰가고자 하는 욕구나 바람직한 개인 혹은 단체를 파악하는 것은 우리의 구매와 행동에 영향을 미치는 주요한 동기이다. 우리는 종종 우리가 원하는 그룹의 일원으로 인정받기 위해 오랫동안 노력을 할 것이다.[2]

자하리의 바이커 모임은 그의 정체성 중의 중요한 부분이고, 이런 회원의식은 그의 구매 결정에 많은 영향을 미친다. 그는 수천 달러의 돈을 RUB으로 인정받기 위해 옷을 포함하여 그의 할리 데이비슨 액세서리를 구매하거나 그 관련부분에 사용한다. 그의 동료 라이더들은 서로 전혀 모르는 상태일지라도 그들이 만나면 바로 서로에 대해 유대감을 가질 수 있을 만큼 구매 선택이 동일하다. 산업 잡지, 아메리칸 아이언의 저자는 "당신은 할리 데이비슨이 최고의 오토바이라서 할리 데이비슨을 구입하는 것이 아니다. 당신은 할리 데이비슨의 일원이 되려고 구입하는 것이다."라고 말했다.[3]

자하리는 그냥 어떤 바이커를 모방한 것이 아니라, 그에게 영향을 줄 수 있다고 파악한, 그가 정말로 되고 싶은 단체의 사람들을 따른 것이다. 자하리가 속한 단체는 주로 할리 문신을 한 노동자 계층의 라이더(rider)로 구성되어 있는 비합법화 클럽에서 하는 많은 것과는 다르다. 자하리가 속한 단체의 구성원들은 발열 안장과 핸들, 라디오처럼 정밀하고 편안함의 집약체인 오토바이를 가진 '마 앤 파(Ma and Pa)'란 바이커 단체와도 단지 의례적인 접촉만을 할 뿐이다. 오직 RUBs만이 자하리의 의사결정 준거집단이 된다.

준거집단(reference group)은 '실제적 혹은 가상의 개인이나 단체가 개인의 평가, 야망, 행동에 대해 주요한 관련을 갖는 것'이다.[4] 준거집단은 세 가지 경로를 통해 우리의 패션과 옷 선택에 영향을 미친다. 그 영향들(정보, 공리, 가치표현)은 표 12-1에서 설명하고 있다. 이번 장은 동료 바이커들, 직장 동료들, 친구들, 가족 혹은 그냥 얕은 친분이 있는 사람들 같이 다른 사람들이 우리의 구매결정에 영향을 미치는 방법에 초점을 맞추고 있다. 단체 소속의식, 타인에게 인정받고 싶어 하는 욕망, 우리가 한 번도 만난 적 없는 유명인의 행동에 의해 우리의 기호가 형성되는 방법이 고려된다. 마지막으로, 이 장에서는 왜 어떤 사람들은 패션과 다른 제품 선호에 미치는 영향에 있어서 다른 사람들보다 더욱 영향력이 있는지를 알아보고, 마케터들이 이런 패션 선도자들을 찾는 방법과 구매 과정에 있어 그들의 지지를 얻는 방법에 대해 찾아보고자 한다.

표 12-1 준거집단 영향의 세 가지 형식

정보적 영향 (Informational influence)	• 소비자는 전문적 연합체 혹은 독립적인 전문인 집단으로부터 다양한 브랜드에 대한 정보를 얻는다. • 소비자는 직업적으로 그 제품을 다루는 사람들에게서 정보를 얻는다. • 소비자는 친구, 이웃, 친지 혹은 브랜드에 관한 신뢰할 만한 정보를 가진 관련 종사자로부터 브랜드 관련 정보와 경험담을 얻는다. • 소비자가 선택한 브랜드는 사설 검사기관(예로 굿 하우스키핑)의 검사결과에 의해 영향을 받는다. • 전문인들이 하는 행동(예로 순찰자가 운전하는 자동차 타입 또는 수리공이 구입하는 텔레비전 브랜드)에 대한 소비자의 관찰은 브랜드 선택에 관해소비자에게 영향을 미친다.
공리적 영향 (Utilitarian influence)	• 소비자는 직장동료 집단의 기대치를 만족시키기 위해, 특정 브랜드 구매 결정시 소비자의 선택은 동료들의 선호도에 의해 영향을 받는다. • 특정한 브랜드 구매시 소비자의 결정은 그들과 사회적 상호작용을 하는 사람들의 영향을 받는다. • 특정한 브랜드 구매시 소비자의 결정은 가족구성원의 기호에 의해 영향을 받는다. • 타인이 갖고 있는 소비자 개인에 대한 기대감은 소비자의 브랜드 선택에 영향을 준다.
가치 표현적 영향 (Value-expressive influence)	• 소비자는 특정 브랜드의 구매 혹은 사용이 타인이 갖는 그들에 대한 이미지를 강화할 것이라고 생각한다. • 소비자는 특정 브랜드를 구매 혹은 사용하는 사람들은 그 브랜드가 그들이 바라는 특성을 내포하고 있다고 생각한다. • 소비자는 때로 특정 브랜드를 사용하는 광고에서 보이는 사람처럼 되고 싶다고 생각한다. • 소비자는 특정 브랜드를 사용하는 사람들을 다른 사람들이 존경하고 부러워한다고 생각한다. • 소비자는 특정 브랜드의 구매가 소비자들이 보여주고 싶은 것(예로 성공한 사업가, 좋은 부모 등)을 다른 이들에게 보여주는 데 도움이 된다고 생각한다.

출처 : Adapted from C. Whan Park and V. Parker Lessing, "Students and Housewives: Differences in Susceptibility to Reference Group Influence." *Journal of Consumer Research* 4 (September 1977): 102. Reprinted with permission by The University of Chicago Press.

1) 준거집단의 유형

통상적으로 집단을 이루는 데 2명 이상의 사람들이 필요하지만, 준거집단이란 말은 보통 사회적 단서를 제공하는 어떤 외부적인 영향을 묘사하는 것으로 폭넓게 사용한다.[5] 준거인물은 많은 사람들에게 영향을 미치는 잘 알려진 사람들이나 한 사람 또는 그룹이 될 수 있는데 소비자가 처한 근접한 환경에 있는 것으로 제한한다(자하리의 바이커 클럽과 같이). 소비에 영향을 주는 준거집단에는 부모, 여성 친목클럽, 남성 친목클럽,

오토바이 동호회원들, 민주당, 시카고 베어스, 레드 핫 칠리 페퍼스, 스파이크 리 등이 포함된다.

명백히, 어떤 집단과 개인들은 다른 이들보다 더욱 큰 영향을 미치고, 소비 결정에 광범위하게 영향을 준다. 예를 들면 우리 부모님들은 결혼관이나 진학결정 같은 많은 주요 사안들에 대한 우리의 가치 형성에 있어 중요한 역할을 한다. 이런 영향의 유형은 **규범적 영향**(normative influence)이다. 이는 준거집단이 개인에게 비판과 지지를 함으로써 기본 행동 기준을 형성하고 강화하게끔 하는 것이다. 규범적 영향은 개인들이 집단 구성원들에게 인정을 얻으려는 것처럼 특정 집단의 패션 규범(양식)에 대해 동조란 결과를 낳을 수도 있다. 많은 연구들이 패션 동조는 또래 승인과 관련이 있음을 밝혀냈다.[6] 반대로, 할리 데이비슨 동호회는 특정 브랜드나 행동에 대한 결정이 집단 구성원들과 그들 각 자신을 비교하여 영향을 미치는 **상대적 영향**(comparative influence)을 받는다.[7]

(1) 형식적 대 비형식적 집단

준거집단은 승인된 구조와 정관, 정기적 모임시간, 관리인을 완전히 갖춘 규모가 크고 형식적인 조직의 형식을 취할 수 있다. 또한 기숙사에서 생활하는 학생들이나 친구들 집단과 같이 규모가 작고 비형식적일 수도 있다. 마케터들은 그들이 더욱 쉽게 동질성을 이끌어낼 수 있고 접근이 용이하다는 이유로 형식적 집단(formal groups)에 의해 더 성공하는 경향이 있다.

하지만, 일반적으로, 작고 비형식적인 집단(informal groups)은 개인 소비자들에게 더욱 강한 영향력을 발휘한다. 예로, 최근 로퍼 스타쉬 세계 조사(Roper Starch World-wide survey)에서 십대의 34%가 그들이 지출을 할 때 친구들의 의견이 가장 큰 영향을 미친다고 대답했고, 단 25%만이 지출시 광고가 가장 큰 영향을 미친다고 응답했다고 한다.[8] 이러한 집단은 그들이 규범적 영향을 많이 미치기에 우리의 일상적인 생활에 더욱 개입하려 하고 우리에게 더욱 중요해지려 하는 경향이 있다. 크고, 형식적인 집단은 보다 더 구체적 제품 혹은 행동과 관련이 되어 상대적 영향을 많이 미친다.

(2) 구성원 대 우상적 준거집단

어떤 준거집단이 실제로 알고 있는 소비자들로 이루어진 반면, 다른 준거집단은 소비자들이 알아볼 수 있거나 동경하는 소비자들로 구성된다. 당연히, 마케팅 활동들은 준거집단이 잘 알려지고 폭넓게 칭송받는 준거집단(잘 알려진 운동선수들 혹은 유명인들처럼)에 치중한다.

　사람들은 비슷한 다른 사람들과 그들 자신을 비교하려는 경향이 있으므로, 종종 자신과 비슷한 사람들이 그들의 삶을 영위하는 방식에 의해 흔들린다. 이런 이유로, '보통' 사람들을 포함한 많은 프로모션 방법들은 비형식적 또는 상대적인 사회적 영향을 제공한다. 특정 집단을 타겟으로 하는 많은 패션 광고들(예로 에스프리와 리바이스 광고 캠페인)은 일반적인 사람들이 등장한다.

　사람들이 소비자의 준거집단의 일원이 될 가능성은 다음의 내용을 포함하는 여러 요인들에 의해 영향을 받는다.

- 근접성 : 사람들 간의 신체적 거리가 감소하고 상호접촉 기회가 증가하면, 관계가 형성되기 쉽다. 신체적(물리적) 인접성을 근접성이라고 한다. 주택에서 친분 관계 유형에 관한 초기 연구는 이 요인의 강한 영향력을 보여준다. 거주인들은 두 집 건너 사는 사람들보다는 바로 옆집 사람들과 훨씬 더 친해지기가 쉽다. 그리고 계단 옆에 사는 사람들은 복도 끝에 사는 사람들보다 더 친해지기 쉽다(추측하기로, 그들은 계단에서 '우연히 만날 기회'가 많을 것이다).[9] 물리적 구조는 우리가 누구와 알게 되는지 우리가 어느 정도 인기가 있는지와 관련이 깊다.

- 단순 노출 : 우리는 자주 접한 이유로 단순히 사람이나 사물을 좋아하게 된다. 단순 노출 현상으로 인해[10] 무심코 한 접촉일지라도 접촉의 빈도는 어떤 이의 준거인이라는 결정을 내리는 데 영향을 미칠 것이다. 패션 아이템을 평가할 때에도 같은 영향을 미친다. 한 아이템이 더욱 더 널리 보급되고 인정되면, 우리는 어느 장소에서나 그 아이템을 볼 수 있고 친숙해지고 좋아하게 된다.

- 집단 결속 : 결속은 집단의 구성원이 서로에게 끌리는 정도와 그들의 집단 소속감에 가치를 두는 정도를 말한다. 집단이 개인에게 주는 가치가 증가하게 되면 집단이 개인의 소비 결정을 이끌 가능성이 높다. 규모가 큰 집단은 결속하기가 더 어렵기 때문에 규모가 작은 집단이 더욱 단결하는 경향이 있다. 작은 집단의 구성원들은 자주 접촉하고 서로를 구성원으로서 정의하려는 경향이 있다. 외모를 통해, 집단 구성원들은 그들의 관심사와 특성을 표현한다. 집단은 개인에게 보상을 하는데 이것으로 더 결속력은 다져지게 된다. 의복과 외모는 집단 인지와 칭찬의 형태로 보상을 받는 데 있어 가시적인 근거를 제공한다.[11] 십대 소녀들을 대상으로

한 한 연구에서 개인의 사회적 고립으로부터 집단에서의 사회적 승인까지, 이런 움직임은 집단 결속 그리고 집단과 함께 공유되는 외모와 의복의 노출에 의해 촉진된다고 밝혔다.[12] 같은 맥락에서, 집단은 보통 여학생 클럽이나 남학생 클럽 같이 허락된 자들에게 회원 자격을 부여하여 집단 결속의 가치를 높이고자 소속을 제한하기도 한다.

소비자들이 준거집단과 직접적인 접촉을 하지 않을지라도, 준거집단은 소비자들의 기호와 선호에 엄청난 영향력을 행사할 수 있는데, 이는 존경하는 사람들이 사용한 제품 이라는 가이드라인을 제공하기 때문이다.[13] 우상적 준거집단(aspirational reference groups)은 성공한 기업인들, 운동선수들, 배우들 같이 이상적인 모습으로 구성된다. 예로, '중역'의 지위를 바라는 경영학과 학생을 대상으로 한 연구에서 그들의 이상적 자아와 관련된 제품들과 중역들이 소유할 것이라고 추측되거나 사용한 제품들 사이에 깊은 관계가 있음을 밝혔다.[14]

(3) 긍정적 대 부정적 준거집단

준거집단은 구매행동에 긍정적 혹은 부정적인 영향을 미치게 된다. 대부분의 경우, 소비자들은 그들의 행동을 모델로 하기 때문에 집단이 소비자에게 기대하는 바대로 소비를 하게 된다. 한 연구에서 '옷을 잘 입는 친구'와 '옷을 바르게 입지 않는 친구'에 대한 청소년의 의견 일치는[15] 패션기대에 대한 높은 인식을 보여준다고 할 수 있다. 소비자는 그들을 기피 집단으로써 작용하는 집단이나 사람들로부터 거리를 두고자 한다. 그들은 신중하게 그들이 기피하는 집단(예로 비사교적인 사람, 마약중독자 혹은 보수적인 사람)의 매너나 의복을 연구하여 그들을 연상시키는 제품은 절대 구입하지 않는다. 몇 년 전 젊은이들을 대상으로 한 TV쇼, 프릭스 앤 긱스(Freaks and Geeks)에서 고등학교를 배경으로 '소속'과 '비소속' 집단을 그렸었다. 반항적인 청소년들은 독립을 표시하는 방법의 일종으로 종종 부모의 간섭을 불쾌해하고 고의로 그들의 부모님이 바라는 것과 반대로 행동한다. '로미오와 줄리엣'에서처럼, 부모의 반대가 아무리 강하다고 할지라도 사랑을 막을 수는 없다.

(4) 가상 커뮤니티

옛날 인터넷이 널리 보급되기 이전, 대부분의 준거집단의 소속원은 직접 대면하여 구성되었다. 요즘은, 한 번도 만난 적이 없거나 앞으로도 만나지 않을 사람들과 관심사를

미국, 공주를 잃다

캐롤린 베셋 케네디는 1999년 7월 16일, 그녀의 남편인 존 F. 케네디 주니어와 그녀의 여동생과 함께 경비행기 추락사고로 사망했다. "패션계는 그녀의 시어머니, 재클린 오나시스를 유일하게 빼닮은 그들의 가장 젊고 세련된 패션 아이콘을 잃은 것 같다."는 한 뉴스가 보도되었다. 뉴스는 존의 운명(케네디가 비극적 이야기)에 대해 크게 집중하였지만 패션계의 관심은 캐롤린 베셋 케네디의 사망이었다. 어떤 이들은 이목을 끄는 편안한 스타일의 여성인 캐롤린 베셋 케네디는 일생에 단 한 번 찾아

오는 디자이너들의 꿈이라고 했다. 그녀는 패션 장신구나 옷을 떠나서 자연 미인이었다. 그녀는 공식 석상에서 그녀의 트레이드마크가 된 요지 야마모토(Yoji Yamamoto)를 입었을 때처럼 티셔츠나 청바지를 입어도 멋지고 매혹적이었다.

캐롤린은 패션에서 궁극적 이상의 전형인 여성이었다. "그녀가 옷을 입는 것이지, 옷이 그녀를 입는 것이 아니다." 파파라치가 그녀를 존 에프 케네디 주니어의 여자 친구로 알아채고 그녀의 사진들이 어디에서든 보이자, 그녀의 영향력은 급등했다. 모

두들 그녀의 룩을 원했다. 그녀는 단지 옷을 입음으로써 갑자기 그 옷의 디자이너들이 유명해지게 할 수 있었다. 이런 디자이너에는 그녀가 홍보대사로 착용한 캐빈클라인, 그녀의 웨딩드레스를 디자인한 나르시소 로드리게즈(Narciso Rodriguez) 그리고 야마모토가 있다. 이런 강력한 영향력에도 불구하고 캐롤린은 그녀의 시어머니처럼 철저히 그녀의 사생활을 감췄고 이는 대중의 관심을 더욱 증폭시켰다.[16]

함께 나누는 것이 가능하다. **소비의 가상 공동체**(virtual community of consumption)는 온라인 상호작용을 기본으로 하여 특정 소비활동에 대한 지식과 열정을 함께 나누는 사람들의 모임이다. 이런 익명의 집단들은 바비 인형부터 신선한 와인까지 매우 다양한 흥미를 가지며 성장하였다. 가상 커뮤니티는 매우 다양한 형태가 있다.[17]

- 멀티-유저 던전스(Multi-User Dungeons : MUDs) : 이것은 사람들이 체계적인 역할과 게임 진행 방식으로 사회적인 상호작용을 하는 컴퓨터 기반 환경을 일컫는다. 에버퀘스트(EverQuest)란 게임에서는 밤마다 50,000명의 사람들이 사이버공간에서 환상적인 세계를 만날 수 있다. 이는 향상된 게임의 놀라운 그래픽과 대화방의 사회적 장이 복합된 것이다. 게임 참가자들은 캐릭터를 생성하고 같은 게임 참가자들과 온라인상에서 밤마다 2~3시간을 소비한다. 한 커플은 심지어 게임 중에 온라인상에서 가상 결혼식을 올리기도 했다. 그 신부가 말하기를 "우리는 단 하나만이 죽었는데, 한 명의 손님이 파수병에 의해 죽은 것이다. 정말 재미있다."고 하였다.[18] 한 게임 회사 중역은 게임 체험 후, "이것은 단순한 게임이 아니고 새로운 미디어의 탄생이다. 이는 완전히 새로운 사회적, 통합적인 체험을 제공한다."고 하였다.[19]

- 룸스, 링스, 앤 리스트(Rooms, Rings, and Lists) : 이는 인터넷 실시간 대화(IRC : Internet Relay Chat), 즉 대화방이라고 한다. 링스는 홈페이지와 관련된 조직이고, 리스트는 정보를 나누는 메일 목록의 사람들 집단이다.

캐롤린 베셋 케네디는 그녀의 모습을 동경하는 소비자들에게 큰 영향력이 있다. 사진 : 스티브 이크너/우먼스 웨어 데일리.

- 게시판(boards) : 온라인 커뮤니티는 특정 관심의 전자 게시판을 형성한다. 유효 회원들은 날짜와 주제별로 분류된 메시지를 읽고 게시한다. 게시물은 음악, 영화, 담배, 자동차, 연재만화 그리고 다른 팝 문화적 우상들에 대한 내용이다.

어떤 커뮤니티들은 www.geocities.com 같은 사이트에 그들의 웹페이지가 호스트된 사람들에 의해 형성된다. 또 다른 커뮤니티들은 같은 기호의 제품이나 생활방식에 대한 충성을 하는 사람들이 '만남'의 장소를 원하여 기업에 의한 지원을 받아 운영된다. 친목(www.swoon.com) 또는 특정 제품이나 TV쇼의 팬인 사람들 그리고 십대 소녀들(www.gurl.com)이나 대학생들(www.collegeclub.com)처럼 특정 소비자를 대상으로 커뮤니티 사이트를 운영하는 경우도 있다.[20]

가상 커뮤니티는 여전히 새로운 현상이지만, 그들의 소비자 제품 선호에 대한 영향력은 매우 크다. 단골고객들은 그들의 기호, 상품 질 평가, 생산자와의 더 나은 거래를 위한 협상까지 함께 한다. 그들은 그들의 동료회원들의 판단을 매우 중요시 한다. 뉴스그룹, 즉 alt. tv. x-files와 같은 그룹은 가격과 상품 질에 대한 힌트 그리고 유사품 주의에 대한 정보를 나눈다.

소비 커뮤니티들이 다른 소비자들을 위한, 소비자들에 의해 형성된 매우 대중적인 현상이 된 반면, 이 커뮤니티에 소속된 회원들은 마케터에 의해서 접촉될 수 있다(그들이 너무 공격적이거나 '상업적'으로 회원들을 이끌지 않는다면 말이다). 인터넷 토론 기록을 사용하여, 업체들은 정보를 제공한 개개인의 소비자에 대해 자세한 프로파일을 작성할 수 있다.

게다가, 한 온라인 웹사이트에서 제품에 대한 소비자의 찬반 의견을 조사하는 포럼으로 시작페이지를 만들 수도 있다. 에피니온(Epinions.com) 사이트는 상품평을 올리는 사람에게 보답을 하고 그 비율을 측정함으로써 그 사람들에게 유용한 의견을 제공

특히 젊은이들을 대상으로 한 많은 제품들이 인기를 얻기 위해 광고를 한다. 그림의 브라질 신발 광고는 "그것을 좋아하지 않는 사람은 바보다."라고 말한다.

하고자 하도록 충분한 장려금을 제공하고 있다. 누구든 사이트의 12개 영역에서 알맞은 제품에 대한 정보를 표시할 수 있고 소비자들은 매우 만족부터 불만족까지 후기를 남길 수 있다. 이것은 현실 공간에서의 구전방법을 흉내낸 것이다. 전이 판매의 결과를 가져오면, 기업은 상인으로부터 소개비를 받는다.[21] 어떤 기업들은 소비자와 대화를 나누려고 한다. 예로 에스프리는 공개적 소비자 조사를 실시한다.

　사람들은 어떻게 소비자 커뮤니티에 끌리게 되는가? 인터넷 사용자들은 보기만 하고 참여하는 것은 좋아하지 않는 비사교적 정보 모임에서, 사회적 활동을 많이 하는 것으로 진보하는 경향이 있다. 처음 그들은 사이트를 그저 검색할 뿐이지만 나중엔 적극적인 참여를 할 수 있다. 가상 커뮤니티에 대한 강한 정체성은 두 가지 요인에 달려 있다. 첫 번째 요인은 점점 더 가상 커뮤니티의 활동이 인간의 자아개념에서 중심적 역할을 할수록, 커뮤니티 내에서 더욱 더 활동적인 회원으로 된다는 것이다. 두 번째 요인은 가상 커뮤니티의 다른 회원들과 형성하게 되는 상호 관계에 대한 개입이 소비자들의 참여를 유도한다는 것이다. 이런 두 요인의 결합은 네 가지 뚜렷한 회원 유형으로 제시될 수 있다.

1. 탐색자(tourists)들은 집단으로서의 강한 상호 유대가 부족하고 활동에 있어서 오로지 흥미만을 추구한다.
2. 교제자(minglers)들은 강한 상호 유대를 주장하지만 소비활동에 크게 흥미가 있는 것은 아니다.
3. 헌신자(devotees)들은 활동에 강한 흥미를 표현하지만 집단과의 상호 접촉이 적다.
4. 내부인(insiders)들은 활동에 있어 강한 상호 유대감과 강한 흥미를 보여준다.

　촉진적 목적으로 커뮤니티의 가교를 바라는 마케터들에게 헌신자들과 회원들은 가장 중요한 대상이 된다. 그들은 가상 커뮤니티에서 큰 고객이다. 그리고 실용성 강화로 커뮤니티는 탐색자와 교제자들을 회원이나 헌신자로 바꿀 수 있다.[22] 마케터들은 오로지 이런 색다른 가상 세계의 표면적인 정보만을 모아 놓았을 뿐이다.

2) 준거집단이 중요한 때

준거집단은 제품과 소비 활동의 유형에 따라 미치는 영향력이 다르다. 예로 복잡하지 않고 위험부담이 낮으며 구입시 우선시하는 일상용품들은 개인적 영향력이 별로 크지 않다.[23] 의복은 일반적으로 많이 복잡해 보이지 않고 구입 전에 우선 입어볼 수 있으므로 영향력에 크게 좌우되지 않는다. 그러나 패션 아이템은 다른 사람들에게 많이 시도되지 않았다면 지각하는 위험이 높을 수 있고 이에 따라 미치는 영향력이 높다고 할 수 있다. 또 인터넷이나 책자를 통한 주문으로 구입한 의복은 제11장에서 논한 것처럼 위험이 더욱 높다.

게다가 준거집단의 구체적 영향력은 변화할 수 있다. 어떤 때는 그들은 다른 것들보다 특정한 제품의 사용을 결정하기도 하며(예를 들면 컴퓨터를 소유해야 할지 소유하지 말아야 할지 또는 정크음식 대 건강음식 중 어떤 것을 먹어야 할지), 어떤 때는 제품 범주 내에서 브랜드선택에 구체적인 영향을 미치기도 한다(예를 들면 리바이스 청바지를 입을지 팻팜(Phat Pharm)을 입을지).

구매제품이 공공제품인지 개인제품인지 그리고 사치품인지 필수품인지의 두 가지 차원들은 구매에서 어떤 준거집단이 중요한지를 결정하는 중요한 요소이다. 그 결과, 준거집단은 다음과 같은 구매에서 더욱 많은 영향력을 미친다.

1. 필수품이 선택의 여지를 주지 않는 데 반해, 사치품(예로 다이아몬드)은 여유소득으로 개인의 기호와 선호에 맞는 구매를 하는 제품이다.

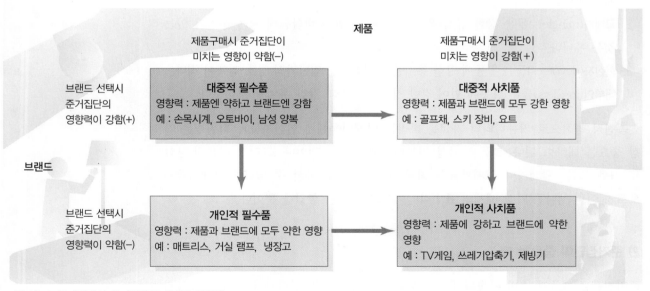

그림 12-1 구매결정시 준거집단의 상대적 영향력

출처 : Adapted from William O. Bearden and Michael J. Etzel. "Reference Group Influence on Product and Brand Purchase Decisions." *Journal of Consumer Research* (September 1982) : 185. Reprinted with permission by The University of Chicago Press.

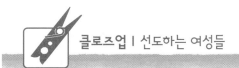

클로즈업 | 선도하는 여성들

클라라 보우(Clara Bow)에서 리사 쿠드로(Lisa Kudrow)까지, 헐리우드의 선도적 여성들의 패션에는 그들만의 특색이 있다. 클라라 보우의 대표적인 옷차림은 전 미국인들이 따라한 빛나는 찰스톤 구두와 펄럭이는 드레스, 타는 듯한 빨간 머리, 돌돌 말린 스타킹이다. 옷차림, 구두, 머리 스타일까지 해가 지나도 여성들의 의복에 가장 영향력을 미치는 것은 헐리우드 스타일이다.[24]

클라라 보우, 그레타 가르보, 클로뎃 코벳, 헤디 라마, 리타 헤이워드, 진 할로우, 그리어 가르송, 로리타 영, 조안 블론델, 베티 그라블, 라나 터너, 마를린 디트리히, 에스더 윌리엄스, 엘리자베쓰 테일러, 진저 로져스, 바바라 스탠윅, 베티 데이비스, 로잘린 러셀, 조안 크로포드, 베로니카 레이크, 그레이스 켈리, 오드리 햅번, 케서린 햅번, 소피아 로렌, 마릴린 먼로, 로렌 바콜, 산드라 디, 아네트 퍼니첼로, 데비 레이놀즈, 도리스 데이, 루실 볼, 페이 더너웨이, 다이앤 키튼, 미아 패로우, 제인 폰다, 파라 파셋, 보 데릭, 조안 콜린스, 린다 에반스, 제니퍼 빌스, 마돈나, 우마 서먼, 기네스 팰트로우, 리사 쿠드로, 제니퍼 애니스톤 등등.

2. 타인의 이목을 끌거나 돋보이는 제품(예로 패션 의류나 거실 가구)은 타인에게 보이게 된다고 생각되면 소비자들은 타인의 의견에 더 기울이게 되는 경향이 있다.[25]

그림 12-1은 어떤 특정 제품군에 미치는 준거집단의 상대적 영향력을 보여준다.

3) 준거집단의 영향력

(1) 사회적 영향력

사회적 영향력(social power)은 '다른 사람의 행동을 바꾸는 능력'이다.[26] 당신이 어떤 사람에게 어떠한 행동을 하게끔 할 수 있는 정도라면, 그들이 원하든 아니든 당신은 그 사람에게 영향력을 주게 된다. 다음의 영향력 원천에 관한 분류는 한 사람이 타인에게 영향력을 행사할 수 있는 이유들, 영향이 자발적으로 수용받는 정도, 영향력의 원천이 없다고 해도 지속적으로 영향을 미칠지 등을 판단하게 해준다.[27]

(2) 준거인 영향력

만약 한 사람이 집단이나 어떤 사람의 가치를 동경한다면, 그 사람은 자하리의 기호가 그의 동료 바이커들에게 영향을 받았듯이 소비 기호 형성을 도와주는 준거인의 행동(예로 의복, 자동차, 레저 활동의 선택)에 따라 그들을 모방하려고 할 것이다. 유명한 사람은 제품 모델의 효력(마이클 조던의 나이키), 독특한 패션 표현(마돈나가 란제리를 겉옷으로 입는 것), 옹호 운동들(엘리자베스 테일러의 에이즈환자 구호활동)에 있어서 사람들의 소비행동에 영향을 미칠 수 있다. **준거인 영향력**(referent power)은 좋아서건

오드리 햅번의 유명한 이미지는 여전히 큰 영향을 미치고 있다.

동경해서건 소비자들이 자발적으로 행동을 변화시키기 때문에 수많은 마케팅 전략에 있어 중요하다.

(3) 정보적 영향력

어떤 사람은 다른 사람들이 알기 원하는 것을 알고 있기 때문에 쉽게 영향력을 가질 수 있다. 우먼스 웨어 데일리와 같은 패션 출판물의 편집자들은 보통 그들의 개인 디자이너 혹은 기업을 살리고 죽이는 정보 보급력과 집계력 때문에 영향력을 갖는다. **정보적 영향력**(information power)을 가진 사람들은 '진실'에 접근하는 그들의 능력으로 소비자의 의견에 영향을 미칠 수 있다.

(4) 합법적 영향력

때로 사람들은 경찰과 교수처럼 사회적 승인으로 영향력을 인정받는다. 유니폼으로 대변되는 **합법적 영향력**(legitimate power)은 의대생들이 환자에게 그들의 위신을 세워 주는 하얀 가운을 입는 것, 은행원들이 신뢰를 주고자 유니폼을 입는 등 많은 소비자 환경에서 인식되고 있다.[28] 이런 영향력의 유형은 소비자에게 영향력을 끼치기 원하는 마케터들에 의해 '빌려질' 수도 있다. 예로 하얀 가운을 입은 광고 모델은 제품의 소

이 구인광고는 군 입대를 지원하려는
젊은 여성에게 역할 모델을 보여준다.

개에 권위나 합법성을 부여할 수 있다.

(5) 전문적 영향력

패션 디자이너들은 그들이 패션을 창조하고 각 시즌마다 새로운 의복을 개발하는 기술을 가졌기 때문에 전문적인 영향력을 가진 것으로 보여진다. 어떤 디자이너들은 어떤 시즌에는 매우 인기가 있지만 다음 시즌엔 그렇지 않을 수도 있다. 그래서 그들의 영향력은 영화제작자나 배우들과는 달리 성공이 지속되지는 않는다. 1997년에 요절한 다이애나 황태자비 같은 패션 선도자들은 패션 영역에서 전문가로 보인다. **전문적 영향력**(expert power)은 고유의 지식이나 기술을 소유함으로써 얻어진다.

(6) 보상적 영향력

개인이나 집단이 긍정적 강화를 제공하는 수단을 가질 때, 본질적으로는 이러한 강화가 가치가 있거나 바라던 바일 때 개인에게 **보상적 영향력**(reward power)을 미칠 것이다. 보상은 고용인의 월급이 오르는 것처럼 유형적일 수 있다. 또한 보상은 무형적일 수 있다. 사회적 승인이나 인정은 집단 구성원들이 기대하는 제품을 구입하거나 집단에 따라 개인의 행동을 강화하는 데 쓰인다. 패션 아이템은 보통 이 범주에 속한다.

(7) 강제적 영향력

위협이 짧은 기간에 효과적인 반면, 지속적인 태도나 행동 변화를 가져오진 못한다. **강제적 영향력**(coercive power)은 사회적이나 신체적 위협을 통해 사람에게 영향을 미친다. 다행히, 강제적 영향력은 마케팅 활동에서 드물게 사용된다. 하지만 강제적 영향력의 기본 요소들은 두려움에 호소하기, 강매 그리고 한 제품을 사용하지 않았을 경우 일어날 부정적 결과를 강조하는 캠페인 운동 등에 나타난다.

2. 유행 동조성과 개성

우리 모두는 의복과 외모에 관련한 딜레마를 갖고 있다. 어떻게 하면 대중에 속하면서 개인의 취향도 지킬 수 있을까? 어떻게 하면 내 친구나 소속 집단과 비슷하게 입고 개인적 취향도 살릴 수 있을까? 고유의 한 인격체로 보이기를 원하는 동시에 패션 트렌드에 맞게 보이려 할 때, 즉 집단 동조성을 고려해 옷을 입는 것과 개성을 고려해 옷을 입는 것 사이에 긴장이 생기게 된다.[29] 분명히, 판매원은 유사한 패션의 틀 안에서 고객이 필요로 하는 옷이나 장신구를 찾는 것을 도와주는 과제에 봉착한다. 여학생 클럽이나 남학생 클럽 회원들의 외모, 학교 교복 그리고 형식적이거나 비형식적인 직장 의복 코드는 동조성과 개성의 힘이 움직이는 곳이다.

동조(conformity)는 실제 혹은 상상하는 집단의 압력에 대한 반응으로서의 신념이나 행동의 변화를 의미한다. 사회는 기능을 하기 위해, 집단의 구성원들의 행동을 지배할 **규범**(norms)을 만들거나 비형식적 규칙을 만든다. 의복에서의 동조성은 의복규범, 즉 특정집단에 의해서 보여지는 전형적이거나 받아들여진 옷 입는 매너에 대한 수용 또는 고수로 생각되어질 수 있다.[30] 우리는 일련의 사람들 집단에서 가장 공통된 의복 형태 혹은 최빈도 **스타일**(style; 독특하고 특색 있는 의복 형태)을 뜻하는 **모드**(mode)란 단어를 사용한다. **패션**(fashion)은 주어진 시기에서 인기가 있고, 수용되었으며, 지배적인 스타일을 말한다. 의복에서 **개성**(individuality)은 규범으로부터 멀리하고 싶은 개인의 욕망을 일컫는다.

준거집단의 정보는 집단 규범의 동조를 형성할 수 있다. 이는 특히 고등학생 집단과 같이 엄격한 의복 기준을 고수하는 때에 많이 나타난다. 교복은 규정에 의해 학생들에게 부과된 것이긴 하지만 의복 동조성의 예가 될 수도 있다. 미국의 클린턴 전 대통령이 학교 폭력을 줄이기 위한 방편으로 공립학교의 교복 착용(1996년 1월23일, 연합 연설 때 논함)을 제안한 것은 국가적인 화제였다. 폭력 근절과 교복 착용 사이의 관계는 충분하게 지지되지 않았고, 그 인과관계란 증명하기가 어렵다. 교복이 차이를 줄이는 방법이라고 생각됨에도 불구하고, 학생들은 항상 그들의 창의력을 이용하여 그들의 동일화된 교복에서 개성화하는 방법을 찾는다.[31]

유사하게, 직장에서의 의복 코드는 통일된 모습이나 이미지를 만들거나 유지하는 역할을 한다. 때로 그들은 명백하게 글로 표시되지만, 대부분 묵시적으로 직원들은 의복코드를 이해하고 따른다. 동료 직원들은 상대적 준거 집단으로서의 역할을 하여 적절하게 동조하는 방법에 관한 정보를 제공한다.

1) 사회적 영향의 유형

사회적 힘의 근원이 다른 것과 같이, 사회적 영향의 과정도 여러 가지 방법으로 작용한다.[32] 때때로 사람들은 모방이 사회적 승인이나 돈 같은 보상을 낳는다고 믿기 때문에 타인의 행동을 모델로 삼으려 한다. 이와 다르게 사회적 영향 과정은 사람이 바른 대응 방법을 몰라서 다른 사람이나 집단의 행동을 사용하기 때문에 단순히 발생하기도 한다.[33] **규범적 사회 영향**(normative social influence)은 어떤 사람이 개인이나 집단의 기대에 부응하기 위해 동조할 때 발생한다. 유아들이 부모님이나 선생님의 행동을 따라하는 것처럼 우리의 사회적 영향 중의 많은 부분이 모방이다. 한 연구에서 의복의 동조성을 중요하게 생각하는 여대생들은 심미성과 창의성에 낮은 가치를 둔다는 사실이 밝혀졌다. 그들에게 가장 중요한 것은 주변 사람들의 인정이었다.[34] 고등학생을 대상으로 한 또 다른 연구에서는 의복규범의 동조성과 또래 승인 사이에 관련이 있다고 하였다.[35]

반대로, **정보적 사회 영향**(informational social influence)은 집단의 행동이 실제에 대한 증거로 받아들여지기 때문에 발생하는 동조성을 말한다. 우리는 자신의 의견과 행동을 확인하기 위해 타인을 본다. 이는 모호한 상황에서 특히 중요하다. 다른 사람들이 어떤 방법으로 응대한다면, 우리는 그 방법이 바르게 보이기 때문에 그들의 행동을 모방할지도 모른다.[36] 이는 새로운 직원이 일터에서 명시되지 않은 드레스 코드를 어떻게 '따라하는지'를 확실히 알지 못하는 새로운 직원의 상황과 같다. 한 패션 연구에서는 여성정장의 미래 패션성으로 모호한 상황을 설정하였는데 다른 준거집단보다 신뢰가 가는 패션 전문가 준거집단의 의견에 동조하였다.[37] 따라서 이런 집단들은 새로운 패션을 예상하는 능력이 없는 '평범한' 소비자들에게 강한 영향력을 미친다.

동조성은 자동적인 과정이 아니고, 타인의 행동 양식을 모방하는 과정에서 많은 요인들이 기여된다.[38] 동조 가능성에 영향을 미치는 요인들은 다음과 같다.

- 문화적 압력 : 문화적 차이는 동조 정도를 강화 또는 약화시킨다. 1960년대 "개성을 살리자."는 미국 선전 문구는 획일성을 없애고 개성을 살리는 분위기를 반영한다. 대조적으로, 일본 사회는 전체적 안녕이 지배적이고 개인적 필요보다 집단 충성으로 특징지어진다.

- 일탈에 대한 두려움 : 개인은 집단이 집단의 행동과 다른 행동에 제재를 가할 거란 믿음을 갖고 있을 수 있다. 청소년들이 '집단 구성원'이 아니란 이유로 '집단과 다른' 친구를 멀리하거나 기업이 같은 팀이 아니란 이유로 한 개인을 승진의 기회를 박탈하는 것은 흔한 일이다.

- 몰입 : 한 명 이상의 사람이 집단에 헌신적이고 집단에 가치를 두면, 점점 더 집단의 지침에 따르게 될 것이다. 락 팬들과 TV전도사의 추종자들은 그들이 요구받는 어떤 것이라도 할지 모른다.

- 집단 일치, 크기 그리고 전문성 : 집단이 힘을 얻으면 집단에 대한 순종은 증가한다. 일반적으로 소수보다 다수 사람들의 요구를 반대하기가 쉽지 않다. 그러므로 '1960년대'와 '1970년대'에 '모든' 사람들이 입었던 미니스커트를 입으셨던 할머니의 모습을 볼 수 있다. 동조성에 대한 저항은 집단 구성원들이 그들이 무엇을 이야기하고 있는지를 인식할 때 타협된다.

- 성별 차이 : 여성들이 사회적 단서에도 더욱 민감하며 집단 지향적인 경향도 있고 자연스런 상황에서 더 협동적이기에, 주로 대인 간의 영향에 있어 여성들이 남성들보다 훨씬 민감하다고 추정된다. 하지만, 최근 발표에서는 이런 지적이 문제가 있다고 한다 : 여성성향을 가진 여성과 남성 모두 더 많이 동조화하는 경향이 있다고 한다[39](제5장 참조).

- 대인영향의 민감성 : 이 특질은 중요한 타인의 의견에서 자신의 이미지를 파악하거나, 고양하고자 하는 개인의 필요를 말한다. 이런 고양 과정은 주로 타인에게 좋은 인상을 준다고 생각되는 제품의 취득을 수반하고 타인이 제품을 사용하는 방법을 관찰함으로써 제품에 대해서도 알게 되는 경향이 있다.[40] 이런 특질에 낮은 점수를 보이는 소비자들은 역할 완화(role relaxed)로 불리는데 이들은 보다 나이가 많고 부유하며, 높은 자기 존중감을 지닌 경우가 많다. 무엇이든 쉽게 믿는 젊은 이들은 영향에 민감하다. 최근 한 연구에서는 사춘기 이전에는 사회적 동조성이 증가한다고 밝혔다.[41] 직장 여성들을 대상으로 한 조사에서는 그들이 젊고 직장 새내기일수록 그들의 의복에 관련한 개인적 영향과 시장정보원 모두의 영향에 더욱 민감하다고 밝혔다.[42]

2) 사회적 비교 : "내가 어떻게 하고 있는가?"

정보적 사회 영향은 때로 우리는 현실에 대해 알기 위해 타인의 행동을 본다고 말한다. **사회 비교 이론**(social comparison theory)은 이런 과정이 개인의 자아 평가의 안정성을 증가시키기 위한 수단으로서 발생한다고 주장한다.[43] 사회적 비교는 객관적으로 정답이 없는 결정에도 적용된다. 패션, 예술, 음악의 취향에서와 같은 스타일리쉬한 선택은 개인적 취향의 문제로 간주될 수 있지만, 사람들은 주로 어떤 유형이 다른 유형보다 더 '좋거나', '옳다'고 생각한다.[44]

사람들이 보통 자신의 행동이나 판단을 다른 사람들의 행동, 판단과 비교하는 것을 좋아함에도 불구하고, 그들은 정확히 누구를 벤치마크해서 비교해야 하는지에 있어서 선택적인 경향이 있다. 소비자와 사회적 비교로 사용된 타인들의 유사성은 그 정보가 정확하다는 확신을 증대시킨다.[45] 일반적으로, 사회적 비교를 할 때, 사람들은 동등한 입장의 사람이나 비슷하다고 여기는 동료를 선택하는 경향이 있다. 예로 성인 화장품 이용자에 대한 연구에서 여성들은 불확실성을 줄이고 유사한 타인의 판단을 믿기 위해 비슷한 친구에게서 제품 선택에 대한 정보를 탐색하는 것을 좋아한다고 밝혔다.[46] 같은 결과가 남성 양복과 커피 같이 다양한 제품 평가에서도 나타났다.[47] 또, 나이가 들어감에 따라 부모의 영향이 감소하는 반면, 청소년 또래가 의복구매에 미치는 영향이 증가한다는 것은 당연한 일이다.[48]

3) 규범에 대한 순응과 복종

제10장의 설득적 의사소통에 대한 논의는 정보원과 메시지 특성이 큰 영향요인이라고 지적했다. 영향력 행사자들은 그들이 확신에 차 있거나 전문가로 인식되면 성공적으로 동의를 얻게 된다.[49] 사실, 의복 행동 양식에 대한 순응은 종교적이거나 법적 이슈가 될 수 있다.

(1) 개인적 행동에 대한 집단 영향력

집단 내에서 구성원이 많아질수록, 어느 한 회원만 주목을 받기 쉽지 않다. 큰 집단에 속해 있거나 눈에 띄기를 원하지 않은 상황에 있는 사람들은 그들 자신에게 덜 집중하게 되며 따라서 행동에 대한 규범적 제재도 감소한다. 당신은 사람들이 평상시보다 할로윈 파티나 코스튬 파티 때 더욱 과감하게 행동하는 것을 목격할 수 있다. 이런 현상은 개인적 정체성이 집단 내에서 숨겨지는 **비개별화**(deindividuation)로 알려져 있다.

사회적 더부살이(social loafing)는 사람들이 그들의 수고가 큰 집단 노력의 일부로 들어가 그 공을 인정받지 않을 때 많은 노력을 기울이지 않는 것을 이야기한다.[50] 학생들은 종종 그룹 프로젝트에서 열심히 노력한 학생이나 빈둥거린 학생이나 다 같이 같은 점수를 받는데 이것이 공평하지 못하다고 불평한다. 당신에게도 언제 일어난 일인가?

집단에 의한 결정들이 각 개인에 의한 결정과 다르다는 몇 가지 증거가 있다. 대부분의 경우, 집단 구성원들은 집단 토론에서는 위험도가 높은 대안을 기꺼이 고려하려고 하지만 각자 개인의 결정에서는 그런 대안을 고려하지 않는다. 이런 변화를 위험적 전환(risky shift)이라고 한다.[51] 이런 증가하는 위험을 설명하기 위해 몇몇의 설명이 발전해왔다. 하나의 설명은 사회적 더부살이가 일어나는 것과 유사한 것이다. 많은 사람들이 결정에 참여할수록, 개인은 결과에 대한 책임이 약해지고 책임의 분산이 일어나게될 것이다.[52]

사람들이 집단으로 쇼핑을 할 때는 쇼핑 행동도 바뀐다. 예로 최소한 한 명 이상의 다른 사람과 같이 쇼핑을 하는 사람은 혼자 쇼핑하는 경우보다 더 많은 상점의 영역을 둘러보고 다량 구매와 계획하지 않은 구매를 할 확률이 더욱 높다.[53] 이런 결과는 규범적, 정보적 사회 영향이 모두 영향을 미친 탓이다. 집단 구성원들은 다른 사람의 인정을 받기 위해 패션 아이템을 구매하고자 확신할 수도 있으며 단지 그룹원이 주는 정보로 인해 더 많은 제품이나 상점에 노출될지도 모른다. 이러한 이유로, 소매상들은 집단 쇼핑 활동을 촉진하도록 충고를 듣는다.

터퍼웨어 파티(Tupperware party)와 유사하게 조직되는 란제리나 장난감 파티로 요약되는 홈쇼핑 파티는 집단의 압력을 통한 매출 진작을 목표로 한다.[54] 판매자들은 친구나 아는 사람의 집에서 사람들을 모아놓고 판촉을 한다. 이런 형식은 정보적 사회 영향으로 효과적이다 : 참여자들은 어떤 제품을 입는 법이나 사용법에 대해 정보를 제공하는 타인의 행동을 모방하는데, 특히 홈파티는 이웃의 주부 같이 서로 동질적인 집단이 참석하므로 가치가 있는 벤치마크가 될 수 있다. 또한 행동들이 공공연히 목격되기 때문에 규범적 사회 영향이 영향을 미친다. 동조에의 압박은 매우 강할 수 있고, 점점 더 많은 집단 구성원들이 빠져들 수 있다(이런 과정은 때로 편승효과(band- wagon effect)라 불린다). 더구나 비개별화 혹은 위험적 전환을 활성화시킬 수 있다. 소비자들이 집단을 따라가기 위해, 일반적으로 고려하지 않는 새로운 제품을 사용해 보려는 자신을 발견할 수 있다.

(2) 의복 동조와 집단 멤버십

패션이나 의복 동조는 회원을 구별하는 데 사용할 수 있는데, 패션은 시각적으로 비회원과 회원집단을 구별할 수 있기 때문이다.[55] 대학 캠퍼스 내의 여학생 클럽과 남학생 클럽은 집단 동조성의 예이며, 단체복을 입었거나 단체를 나타내는 핀을 착용할 때 그렇다고 할 수 있다. 일반적으로 여학생 클럽이나 남학생 클럽의 구성원이 되었을 때, 집단의 한 사람으로 간주되기 위해서는 그들 개인의 부분적 정체성을 포기해야 한다고 생각한다. 그러나 한 질적 연구는 오늘날의 구성원들은 꼭 어떤 외모를 갖추어야 하는 것은 아니라고 밝혔다.[56]

아미시(Amish) 같은 어떤 문화 종교적 집단들은 의복 스타일, 스커트 길이, 모자에 대해서 엄격한 규율을 갖고 있다. 집단 구성원들은 그룹 멤버십으로부터 개인적 정체성을 얻는다. 규범에 대한 고의적인 위반은 집단에서의 파문을 의미할 수 있다. 규범을 어기는 것은 집단의 종교적 정체성에 뿌리를 내린 고착된 규범에 대한 의심이나 방종을 뜻할 수 있다.[57] 다소 자유로운 형식의 집단에 속한 개인들 또한 그들의 외모를 통해 집단으로부터 정체성을 얻을 수 있다. 집단의 룩(look)은 친한 친구 집단에서 나온다. 고등학생 또래 집단의 하나의 룩은 이를 분명하게 보여준다.

(3) 의복의 합법적 의미

의복 동조는 종종 법에 의해 지정된다. 미국에서 의복에 관한 완전한 자유는 존재하지 않는다. 이것은 법으로 지정된 것은 아니지만, 상징적 상호작용을 포함한 자유로운 의사표현 권리를 허용한 헌법수정 제1항 같이 법적인 원칙에서 추론된다. 개인이 믿기를 그녀의 의복선택이 너무 제한적이라고 생각될 때 이를 법원에 요청을 할 수도 있다. 배심원의 결정은 규범의 사회적 정의에 근거하는데 이는 시간이 지남에 따라 바뀔 뿐만이 아니라 장소에 따라서도 달라진다. 그러므로 결정은 경우에 따라 달라질 수 있다. 그들은 고용주 권리, 종교의 자유, 공적 안전 그리고 상징적 행동의 의미 같은 것들을 고려한다. 한 연구에서 직장과 사회적 상황에서의 의복과 외모를 다룬 110가지의 법정 케이스들을 조사하였다.[58]

- 선생님 : 학교가 옷차림을 정하고 선생님에 대한 외모를 제한할 수 있는가? 배심원들은 일반적으로 선생님들의 헤어스타일에 대한 취향을 인정하였고, 따라서 학교의 권한을 제한하였다. 의복에 관한 12개의 케이스가 다루어졌는데 재킷, 넥타이, 미니스커트를 입는 것에 관한 것이었다. 배심원들은 학교가 이 이슈에 관해 그들의 권한을 사용하는 것을 허용했고 선생님들에 대한 드레스 코드를 강화하도록 했다.

- 공공 서비스 : 법정은 소방관 얼굴의 머리카락이 장비 사용에 방해되고 긴 머리는 불에 탈 수 있다고 했다. 경찰관과 운전면허 시험관에게도 드레스 코드가 적용된다.

- 개인 사업 : 고용인들은 옷차림에 대한 규범이 불공평하고 성차별적이라고 생각했다. 차림새와 관련한 대부분의 경우에서, 배심원들은 직장 공간 내에서의 머리모양 제한이 성차별을 야기하지 않는다고 했다. 몇몇 케이스들에서 고용주들은 남자직원과 여자직원에게 다른 정책을 사용하는 것을 금지당했다. 고용주들은 일반적으로 그들의 직장에서 특별한 이미지를 제안할 권리를 갖는다.

- 법률가 : 배심원들은 법정에서의 변호사의 옷차림을 규정한다. 법적 약정 동의에 대한 불이행은 처벌될 수 있다. 몇몇의 케이스는 미니스커트와 관련이 있었다(TV 쇼 앨리 맥빌에서 이를 패러디했다).

- 정부의 심볼을 사용 : 국기법은 국기를 훼손, 손상하거나 모독하는 것을 금지한다. 국기를 입는 것에 대한 케이스가 있었다 : 결정이 모두 일치하지는 않았으나 일반

여대생 집단의 준거집단으로서의 여학
생 클럽 활동

적으로 국기를 옷으로 만들어 입는 것은 금지되었다(이 내용에 대한 논쟁은 국회
에서 계속되고 있다).

- **집단 상징 사용** : KKK단과 나치당의 집단 상징을 걸치는 것은 거부되어졌고, 다른
  사람의 권리를 침해하는 것으로 판결이 되었다. 대부분의 상징들은 자유의사표현
  권으로 보호된다.

- **여가활동을 위한 옷차림** : 공공 공원에서 1970년대의 히피룩을 제한하였던 것은 라
  이프스타일에 따라 집단을 표시한 것이므로 이에 대한 금지는 헌법에 위배되는
  것이라 판명되었다. 길거리에서 수영복을 입은 것을 금지한 케이스는 지지받지
  못했다. 공공장소에서의 나체노출에 대해서는 판결이 일치하지 않았다. 어떤 주에
  서는 나체는 공공도덕과 예절덕목을 침해한다고 하였다. 배심원들이 판결하기를
  공공 해변에서 약간의 의복이 입혀진다면 착용자가 자신의 의복 선호를 표현하는
  것은 자유라고 하였다.

- **공연을 위한 의상** : 수정 헌법 제1항 상징적 행동과 의사소통을 보장하지만 음란함
  을 보호하지는 않는다. 공연에서의 나체는 대가로 나오는 사회적 보장이 없다면
  보호받지 못한다. 어떤 때는 토플리스와 나체댄싱이 상징적 행동으로 여겨졌지만
  다른 때는 아니다(예의의 기준은 시대에 따라 변한다).

4) 패션 개성 : 영향에 대한 저항

많은 사람들은 그들의 개성, 독특한 스타일 또는 구매제품에 대한 광고와 판매인의 판촉의 유혹을 이기는 능력에 자부심을 갖는다.[59] 사실상 개성은 마케팅 시스템에 의해 부추겨진다(당신이 법의 테두리에 있는 한!). 혁신은 변화를 창조하고 새로운 제품과 스타일을 요구한다. 이는 패션 영역에서 더욱 그렇다.

(1) 개성

앞서 언급한 바와 같이 옷차림에서 개성은 규범에 대한 인식과 그 규범에서 벗어나고 싶은 욕망을 말한다.[60] 이는 개인을 타인과 구분지어 주는 특성들의 인격화로 여겨진다. 이런 독특성은 우리를 다른 사람과 구분지어 주고 각자 개인이라는 자신의 모습을 가지게 한다.[61] 인간의 개성에 대한 표시는 다음과 같은 의복 선택을 통해 표현될 수 있다.[62]

- 있는 그대로를 원하므로 유행 스타일을 거부
- 모든 이가 하는 의복, 머리모양 등과 같은 스타일 착용을 삼가함
- 자신이 좋아하는 색상의 의복을 선택
- 자신만의 '룩' 갖기
- 첫 번째로 새로운 스타일을 시도하는 자로 알려져 있음

(2) 반동조성 대 독립

연구자들은 종종 동조와 비동조를 일차원의 현상으로 본다. 그러나 '동조하지 않는'에 여러 가지 방법이 있어 비동조(nonconformity), 독립(independence), 반동조(anticonformity)의 혼재된 용어가 존재한다. 어떤 연구는 의복의 자유를 의복의 동조성과 양극에 있는 개념이 아닌 다른 차원으로 본다.[63]

할 수 있는 한 최대로 이런 개념들을 구분하는 것은 중요하다. 반동조는 실제 행동으로서 나타나는 집단에 대한 저항으로 생각될 수 있다.[64] 어떤 이들은 유행하는 어떤 것들도 사지 않으려고 한다. 실제로 그들은 유행을 좇지 않았다는 것을 확인하기 위해 많은 시간과 노력을 소모한다. 이런 행동 방식은 역설적인데 기대되는 어떤 것을 하지 않으려고 신경을 쓰기 위해서는 무엇이 기대되는지 항상 알고 있어야 한다. 반대로 진

정한 **독립적**(independent)인 사람은 무엇이 기대되는지 전혀 관심이 없다. 그들은 그들만의 길을 나아갈 뿐이다.

비동조자들은 종종 괴짜나 틀에 얽매이지 않는 사람으로 생각된다. 유명한 사람들은 인기를 얻기 위해서 비동조를 전략으로 쓴다. 경기장 밖에서 여자 옷을 입고 핑크 매니큐어를 바르는, 시카고 불스의 데니스 로드맨은 의복 비동조의 한 예가 된다. 로드맨은 남성적인 NBA선수로서는 자신의 한 가지 특성만을 표현할 뿐이고 그는 자신의 독특하고 다양한 정체성을 표현하기를 원한다고 설명한다.[65]

제프리 빈은 항상 일기예보를 보지 않거나 다른 디자이너들이 무엇을 하는지 보지 못하는 디자이너로 보이지만 새로운 시즌에 그만의 독특한 해석을 보여준다.

(3) 반작용과 독특성의 필요

사람들은 선택의 자유를 갖기를 절실히 원한다. 자유의 박탈에 위기를 느낄 때, 그들은 이런 상실을 극복하려 한다. 이런 부정적 감정 상태를 **반작용**(reactance)이라고 한다.[66] 예를 들면 문제가 있는 책, TV쇼, 락 음악을 검열하여 금지시키고자 하면 대중들의 이들 금지 제품에 대한 욕망은 증가하게 된다.[67] 우리의 의복 선택이 일반적으로 금지되는 것은 아니지만 이런 일이 발생하는 상황들이 있다. 오늘날 많은 학교와 몇몇 기업들은 유니폼을 요구한다. 앞서 언급한 바와 같이, 학생들은 규제에 미묘하게 반항하는데, 깃이나 교복의 다른 부분을 착용하는 방식을 독특하게 하여 그들의 교복에 개성 혹은 독특성을 부여하는 영리한 방법을 찾는다. 그러나 본래 유니폼이라는 것은 개성이나 개인 표현을 누르는 것이다. 사실상, 유니폼에 개인적인 것이나 정치적 입장을 부착하는 것은 공무원이나 경찰서에서는 허용되지 않는다.

유사하게 제품을 사용하라고 소비자들에게 얘기하는 매우 위압적인 판매촉진은 반작용을 이끌어낼 수 있고 장기적으로는 결국 브랜드에 충성하는 고객까지도 포함하여 소비자를 잃을 수 있다. 반작용은 개인의 자유에 대한 지각된 위험이 증가할수록, 위협된 행동이 소비자에게 중요할수록 더 발생하기 쉽다.

만약 당신이 파티에서 어느 누군가와 같은 옷을 걸치고 나타난다면, 당신의 기분이 얼마나 안 좋을지 당신은 안다. 어떤 심리학자들은 이런 반작용을 유일성의 필요(need for uniqueness)에 대한 결과라고 믿는다.[68] 가시적이면서 자아 개념과 관련되기 때문에, 의복은 다른 사람들에게 자신의 유일성을 표현할 하나의 수단이다. 그들이 독특하게 보이지 않는다고 믿는 소비자들은 그들의 창의력을 증가시키거나 흔하지 않은 경험에 몰두하는 방법 등으로 이를 더욱 보상하려 한다. 사실, 이런 욕구로 잘 알려지지 않은 브랜드 구매를 하기도 한다. 사람들은 고의적으로 유행선도자가 구매하지 않는 제품을 사지 않음으로써 독특한 정체성을 확립하려고 한다. 학생들은 "나는 갭 퍼슨 (GAP person)이 아니다."라고 말하기도 한다. 이런 말들은 패션 중시 집단이 오늘날 할인점, 백화점 그리고 다른 많은 유통망에서 보이는 대중적 패션을 입기를 원하지 않기 때문에 부티크 전문점이 증가하고 있는 이유를 설명해 준다. 한 연구는 패션 혁신자들은 패션 추종자들보다 더욱 다양한 필요성을 느낀다고 밝혔다.[69]

3. 구전 의사소통

잡지, 신문, 텔레비전 같은 의사소통의 매우 많은 형태에도 불구하고, 세상과 실제 소비제품들의 많은 정보들은 비형식적 방법인 말로 옮겨진다. 당신이 보통날 당신의 대화 내용에 대해 신중히 생각해보면, 친구들, 가족들, 직장 동료들과 함께 나눈 많은 대화 내용이 제품과 관련된 것을 아마도 발견할 수 있을 것이다. 친구의 옷에 대해 칭찬을 하고 어디서 구입을 했는지를 묻고, 새로운 레스토랑을 친구에게 추천하거나 이웃에게 은행에서의 위조지폐에 관한 불평을 하는 등, 당신은 당신도 모르는 사이에 **구전 의사소통**(WOM : word-of-mouth communication)을 한다.

WOM은 개인에서 개인으로 전해지는 중요한 제품 정보이다. 우리가 아는 사람들로부터 말을 전해 듣기 때문에 WOM은 보다 형식적인 마케팅 방법을 통해 얻는 추천보다 신뢰도가 높고 확신이 간다. 그리고 광고와는 다르게 WOM은 주로 이런 추천을 받아들이라는 사회적 압력에 의해 후원된다.[70] 예로 자하리는 바이커 구매에 대한 많은 부분을 그의 RUBs 동료들의 의견과 제안을 참고로 한다. 이런 영향력은 메이크업 아트 코스메틱(Make-up Art Cosmetic Ltd)에 의해 알 수 있다. 이 기업은 60억 달러의 화장품 산업체로 광고를 하지 않는다. 그 대신에, 메이크업 아티스트 전문가에게 할인을 제공하여 자신의 라인 제품들을 사게 격려함으로써 WOM을 형성한다.[71] 미용 전문가들의 선택이라는 이미지를 장려함으로써 기업은 큰 성과를 낼 수 있었다.

마케터들에게 있어 개인적, 비형식적 제품정보 전달의 중요성은 한 광고주가 "오늘날, 전체 구매결정자의 80%가 다른 사람의 직접적인 추천에 의해 영향을 받는다."[72]고 표현했듯이 강조되고 있다. 온라인상의 의사소통과 에피니온스(Epinions.com)에 대한 논의를 상기해 보자. 때로는 이런 추천들은 제품의 견본을 배포하고 사람들이 그 제품에 관해 말을 전함으로써 얻어진다. 패키지 방법은 직접 우편을 사용하여 소비자들이 소량의 립스틱, 다른 화장품, 향수를 샘플링하게 하는 방법을 제공하였다.

1) WOM의 지배

아주 오래 전 옛날에(약 1950년대쯤), 의사소통 이론가들은 광고가 구매결정에서 가장 중요한 요소라는 가정에 문제를 제기하기 시작했다. 지금은 광고가 새로운 제품을 만드는 것보다 기존 제품의 이미지를 강화하는 데 더욱 효과적이라는 것을 일반적으로 보고 있다.[73] 산업제품과 소비자 구매환경의 연구들은 비인적 정보원으로부터 얻어진 정보는 브랜드 인식을 창조하는 데 중요한 반면, 개인적 정보나 구전 정보는 평가와 채택의 나중 단계에서 중요하다고 강조한다.[74] 친구로부터 제품에 대한 긍정적 정보를 얻을수록, 소비자는 그 제품을 채택할 가능성이 높아진다.[75] 타인의 의견의 영향은 개인의 지각보다 더욱 영향력이 크다. 가구 선택에 대한 한 연구는 소비자들이 자신의 평가보다 소비자가 그들의 친구들이 그 가구를 얼마나 좋아할지를 측정한 것이 가구 구매에서 더 중요한 역할을 한다고 하였다.[76] 마케터들이 새로운 제품을 살리고 죽이는 데 구전 작용의 영향력이 증가하고 있음을 인지함에 따라, 그들은 소비자로 하여금 그들의 판매를 돕게 하는 새로운 방법을 모색하고 있다. 이런 경우, '소문'이 의도적으로 형성된다. 이에 2개의 성공 전략을 살펴보자.

(1) 게릴라 마케팅과 시딩

데프 잼 힙합라벨(Def Jam hip-hop label)의 동업자인 리어 코헨(Lyor Cohen)은 자신의 사업에 스트리트 마케팅 전략을 사용하여 그의 사업을 세웠다. 힙합 앨범 홍보를 위해, 데프 잼과 다른 라벨들은 출시 전 홍보 기간을 두고, 길거리에서 팔기 위해 '믹스 테이프(mix tape)'를 모으는 디제이에게 미리 복사본을 유출시켰다. 만약 아이들이 그 노래를 좋아하는 것 같이 보이면 **스트리트 팀**(street team)이 클럽 디제이게 권유를 한다. 공식적인 출시일이 다가오자, 팬들은 도시 내에서 포스터를 붙이기 시작한다. 그들은 전신주, 건물 벽면, 자동차 앞 유리에 퍼블릭 에너미, 제이 지, 디엠엑스, 엘엘 쿨 제이와 같은 가수들의 새로운 앨범의 출시를 알리는 홍보물을 붙인다.[77]

이런 도시 문화에 적합한 전략들은 1970년대 중반에 그래피티 스타일의 전단지를 통해 그들의 파티를 홍보했던 쿨 디제이 헉과 아프리카 밤바타 같은 초기의 디제이들에 의해 시작되었다. 이런 대중적 노력의 유형은 제품 홍보를 위해 인습에 사로잡히지 않는 장소를 설정하거나 적극적인 구전 작용 운동을 사용하는 홍보 전략인, **게릴라 마케팅**(guerrilla marketing)으로 요약된다. 아이스 큐브는, "비록 내가 성공한 가수일지라도, 나는 여전히 나의 음악을 거리에서 아이들에게 들려주는 것이 좋고 라디오에서 흘러나오기 전에 그들이 내 음악을 따라 부르는 것이 좋다."고 하였다.[78]

오늘날, 거대 기업들은 일류의 게릴라 마케팅 전략을 쓴다. 나이키는 새로운 운동화 모델이 출시되었을 때 관심을 유발시키기 위해 이를 사용하였다.[79] 알 씨 에이 레코드는 10대 팝 가수인 크리스티나 아길레라에 대한 소문이 형성되기를 원했을 때, www.alloy.com, www.bolt.com, www.gurl.com 같은 십대들에게 인기있는 사이트에서 그녀에 대한 얘기를 전할, 한 무리의 젊은이들을 고용했다. 게릴라 마케팅은 결과를 낸다 : 그 앨범은 빠르게 순위에서 일등이 되었다.

게릴라 마케팅과 비슷한 것은 패션 업체에서 다음 시즌의 디자인을 '은근한 침투'와 구전작용으로 타인들에게 영향을 미치는 잡지 편집자, 스타일리스트, 예술가, 디제이 등의 사람들에게 미리 보여주는 **시딩**(seeding)이다.[80] 뉴욕 타임스는 값비싼 가방을 상품 판촉으로 한, 프라다에 대해 매우 가치 있는 큰 포토 에세이를 실었다. 하지만 제품 시딩은 영향력자들이 제품을 좋아하고 그 제품 사용 결정을 내렸을 때만 유효하다. 리바이스, 랄프 로렌, 토미 힐피거는 잡지 편집자, 가수들, 예술인들에게 다음 시즌의 제품을 보내고 제품 사용 기회를 주는 식으로, 몇 년 동안 시딩을 해왔다. 1999년 리바이스는 수백 벌의 통이 넓은 K-1 카키색 바지를 잡지 편집자, 예술인, 인터넷 창업자, 작가, 창의적인 일 종사자들에게 점포에 입고되기 몇 달 전에 보냈다. 이는 뉴욕 이스트 빌리지 지역의 유행 선도자들이 입는 바지가 됨으로써 효과적인 방법임을 입증하기에 충분했다. 하지만 시딩을 측정하기 위한 공식적인 측정도구가 없다. 당신은 어떻게 소문을 측정할 수 있는가?

(2) 바이러스 마케팅

많은 학생들은 무료 이메일 서비스인 핫메일의 팬이다. 하지만 핫메일에는 무료 점심과 같은 서비스는 제공하지 않는다 : 핫메일은 모든 메시지 전송시 각 핫메일 사용자가 판매인이 되게끔 하는 작은 광고를 넣는다. 핫메일은 첫해에 5백만의 회원을 가입시켰고 계속해서 기하급수적으로 성장하였다.[81] **바이러스 마케팅**(viral marketing)은 기업을 대신해서 소비자가 제품을 팔게 하는 전략이다. 이메일이 매우 쉽게 돌아 다니기 때문에 이런 접근은 특히 온라인상에서 적합하다. 주피터 통신회사에 의한 조사에 따르면, 소비자 중에서 오직 24%만이 잡지나 신문 광고에서 새로운 웹사이트에 대해 알게 된다고 응답했다. 그 대신, 그들은 친구, 가족의 새로운 사이트 추천에 의존한다고 응답하였기에, 바이러스 마케팅은 새로운 사이트에 대한 주요 정보 원천이라고 하겠다. 바이러스 마케팅 홍보 방법을 창시한 기업인 가주바(Gazooba.com)의 최고경영자는 "친구의 수신 메일 주소는 당신이 신뢰할 수 있는 브랜드이다."[82] 라고 말했다. 2000년대 초, 닷(dot) 파동으로 이런 기업들 중 다수가 이제 더 이상 없다. 더 나은 시기에 새로운 창업주들은 분명 비슷한 기업으로 다시 출발할 것이다. 다음은 업무상 바이러스 마케팅의 예를 보여준다.

- 이브 닷 컴(지금의 세포라 닷 컴)은 광고하지 않은 메이컵 브러시 판매를 게시하였다. 한 고객이 온라인 동호회에 사이트 링크를 게시하였고, 단 5일 동안 3,000개 이상의 브러시 세트가 판매되었다.

- 에스프리 닷 컴은 에스프리 의류 판매를 촉진시키기 위해 고객들이 그들의 '가입자 네트워크' 회원이 되는 것을 허용한다. 에스프리 링크는 개인의 웹사이트에 위치하고 가입자들은 그 사이트에 구매를 할 쇼핑손님을 보냈을 때 커미션을 얻는다. 링크 공유 네트워크는 방문자 수를 집계하고 이 정보는 가입자들이 밤이든 낮이든 간에 검색할 수 있게 집계되고 게시된다.[83]

(3) WOM을 촉진시키는 요인들

대부분의 WOM 캠페인은 제품이 지지자들을 얻기 시작하면서 자연스럽게 일어난다. 앞서 살펴본 바와 같이 '소문(buzz)'은 의도적으로 만들어질 수 있다는 것처럼, 리 청바지는 제10장에서 설명한 복고 스타인 버디 리를 모델로 한 '유령 캠페인'을 창조함으로써 WOM을 일으켰다. 뉴욕과 LA같은 대도시에 버디 리의 포스터를 소리 없이 붙였고 도슨의 크릭 쇼가 방영될 때 나올 TV광고가 런칭되기까지 기다렸다.[84] 제품과 관련한 대화는 여러 요인에 의해 나올 수 있다.[85]

- 어떤 사람은 제품의 유형이나 홍보 활동에 깊게 개입할 수 있고 그 제품에 대해 말함으로써 즐거움을 얻는다. 패션광, 컴퓨터 해커 그리고 열성적인 관찰자들은 그들의 특별한 관심쪽으로 대화를 이끄는 능력을 공유하는 듯하다.

- 어떤 사람은 패션에 대한 지식이 많아서 다른 사람들에게 그것에 대해 알려주는

방법으로써 대화를 사용한다. 그렇기 때문에 구전의사소통은 자신의 전문성으로 다른 사람을 감명시키기를 원하는 사람의 자아를 높이기도 한다.

- 어떤 사람은 다른 사람을 위한 진정한 염려에서 토론 같은 것을 시작할 수 있다. 우리는 다른 사람들에게 어떤 것을 사는 것이 그들에게 좋은지 돈을 낭비하지 말라는 식으로 우리의 관심어린 충고를 해준다.

- 현명한 구매에 대한 불확신을 줄이는 하나의 방법은 그것에 대해 말하는 것이다. 대화는 소비자에게 구매에 대한 더 많은 지지 의견을 내게 하고 이 결정에 대해 타인의 지지를 얻을 수 있다.

(4) WOM의 효율성

대인 전달은 매우 빠르게 이루어질 수 있다. 비니베이비(Beanie Babies) 인형을 단종시킨다는 티와이(Ty. Inc.)의 발표로 몇몇 상점에서만 일시적으로 약간 충동적으로 물건이 팔리는 듯했다. 발표를 의심한 몇몇 소매상들과 수집가들은 판매를 자극하기 위한 마케팅 전략이라고 생각했다. 그럼에도 불구하고, 사업자들은 발표 내용에 빠르게 반응했고, 이베이에 새로운 2,000개의 비니베이비 인형 판매를 시작했고, 소문은 티와이의 웹사이트가 단종에 대한 수천 개의 대화방으로 인해 과부화될 때까지 계속해서 퍼졌다.[86]

2) 부정적 WOM

구전작용은 마케터들에게 장단점을 제공한다. 소비자들 간의 비형식적 토론은 제품이나 점포를 죽였다 살렸다 할 수 있다. 더욱이, 부정적인 구전 작용은 긍정적인 말보다 소비자들에게 강하게 와닿는다. 백악관의 소비자 부서의 연구에 따르면, 만족스럽지

WOM 스테이지

투데이 쇼에서 보이는 30초의 광고비용은 25,000달러 이상이다. 이런 비용을 줄이기 위해서 어떤 기업들은 맨하탄, 록펠러 센터에 있는 스튜디오 창밖에 수많은 관중을 모아놓고 정기적으로 진행하는 투데이의 생중계 카메라 촬영에서 무료로 노출됨으로써 구전을 불러일으키려고 노력한다. 갭, 제네럴 밀스, 에이본 오스카 메이어, BMW 등의 기업들은 색다른 옷을 입힌 직원이나 주의를 끄는 묘기를 함으로써 카메라를 주목시키려 한다. 갭의 올드 네이비는 올드 네이비 캔디바처럼 5명을 입허 관광객 속에 섞여 샘플을 나눠준다.[87] 다른 기업들도 비슷한 일을 한다. 투데이 쇼 스탭들은 이를 달가워하지 않는다.

못한 소비자의 90%가 그 기업과 다시는 거래하지 않을 거라고 응답했다고 한다. 이런 사람들 각각은 최소 9명의 사람들과 그들의 불만사항을 공유하고 싶어 하고 이런 불만을 가진 소비자들 중 13%는 그들의 부정적인 경험에 관해 30명 이상의 사람들에게 계속해서 말할 것이다.[88] 특히 경험하지 못한 제품의 구매에 대한 결정시, 소비자는 긍정적인 정보보다 부정적인 정보와 이런 경험과 관련된 소식에 더욱 관심을 두고 싶어 한다.[89] 부정적인 구전작용은 기업 광고에 대한 신뢰성을 감소시키고 그들의 구매의도와 제품에 대한 소비자 태도에 영향을 미치는 것으로 나타났다.[90]

부정적인 WOM은 온라인상에서 확산되기가 더욱 쉽다. 불만족하는 수많은 소비자들과 불평하는 전직 직원들은 다른 사람들과 험담을 나누기 위해 웹사이트를 만드는 것에 혈안이 되어 왔다. 항의를 위해, www.protest.net를 방문하고 분개할 준비를 하라.

(1) 소문 : 구전작용 과정에서의 왜곡

1930년대, '전문적인 소문꾼'은 경쟁사의 제품을 비평하고 고객들에게 제품을 홍보하기 위해 구전활동 부서로 채용되었다.[91] 전혀 사실무근일지라도 소문은 매우 위험할 수 있다. 소비자들 사이에 정보가 전달되면, 그 정보는 변화될 수 있다. 결과 메시지가 원래의 메시지와 완전히 다른 경우도 있다.

소문을 연구하는 사회학자들은 정보가 왜곡되는 과정을 조사했다. 영국 심리학자, 프레데릭 바틀레(Frederic Bartlett)는 이런 현상을 조사하기 위해 연속적인 재생(serial reproduction) 방법을 사용하였다. 당신이 어렸을 때 했던 '전화' 놀이를 했던 것처럼, 피실험자는 그림이나 스토리를 통해 자극을 재생하라고 주문하였다. 다른 피실험자에게 이런 재생을 주고 이를 카피하라고 하였다. 이런 기술은 그림 12-2에 나타나 있다. 바틀레는 왜곡이 거의 필연적으로 패턴을 따른다는 것을 발견했다. 피실험자들이 그들을 앞서 존재한 도식과 일치하게 하려고 할 때 그들은 모호한 형식에서 더욱 관습적인 형식으로 바꾸려는 경향이 있다. 동화(assimilation)라고 알려진 이런 과정은 구조를 단순화하기 위해 디테일을 생략하는 레벨링(leveling)이나 현저한 디테일은 강조시키는 샤프닝(sharpening)의 특성을 가진다.

웹은 소문과 거짓을 퍼뜨리기에 완벽한 매체이다. 잘 알려진 일화로, 나이키에 당신의 낡고 냄새나는 운동화를 보내면, 새로운 운동화로 무료로 교환해 준다는 소문으로 인해, 나이키에서는 하루 수백 켤레의 스니커즈를 받은 적이 있다(회사로 이 소포들을 날라야만 했던 불쌍한 배달원). 웹사이트 www.nonprofit.net/hoax/default.html과

www.hoaxkill.com은 거짓말을 추적하기 위한 목적의 웹사이트들이다. 교훈 : 당신이 클릭하는 모든 것을 믿지 마라.

일반적으로, 사람들은 적대감이 생기게 하는 혐오감이나 불쾌감을 피하고 싶어 하기 때문에 나쁜 소식보다는 좋은 소식을 전하는 것을 좋아하는 것으로 보인다.[92] 그러나, 기업이 대화의 주제일 때 이런 망설임은 발생하지 않는다. 토미 힐피거와 리즈 클레이본(Liz Claiborne) 같은 회사는 그들 제품에 대한 소문의 주체였고, 때로는 이것은 판매에 현저한 영향을 미쳤다.

소문은 사회의 잠재된 두려움을 폭로한다고 생각되어진다. 예로 아시아로부터 수입되는 테디 베어에서 뱀이 나왔다는 소문은 아시아의 영향에 대한 소비자의 염려를 의미한다고 해석되었다. 디즈니 조직은 보수적인 종교 집단으로부터 회원들 간에 루머가 퍼진 후 공격을 당했는데 디즈니사가 파괴적인 잠재의식의 메시지를 그의 비디오테이프에서 보낸다는 것이었다. 예로, 그들은 알라딘에서 "모든 착한 십대들은 옷을 벗

그림 12-2 잘못된 정보의 전달

출처 : Kenneth J. Gergen and Mary Gergen, *Social Psychology*(New York : Harcourt Brace Jovanovioch, 1981): 365, Fig. 10-3; adapted from F. C. Bartlett, *Remembering* (Cambridge, England : Cambridge University Press, 1932).

어라."고 말했다고 주장했다. 디즈니는 실제로는 "쉿, 착한 호랑이야, 일어나서 따라가." 였다고 반박했다.[93]

이 그림들은 사람들 간에 정보를 전달하면서 발생할 수 있는 전형적인 왜곡의 예를 제공한다. 각 참가자들은 그림을 재현하였는데, 그림은 점차 부엉이에서 고양이로 변화하였다.

(2) 소비자 보이콧

때로 부정적인 경험은 조직화되고 강한 반발을 유발할 수 있는데, 소비자 집단은 한 기업의 제품에 보이콧(consumer boycotts) 조직을 만든다. 이런 것들에는 만약 기업이 어떤 조항을 변화시키지 않는다면 실제 저항행동을 한다는 보이콧에 대한 위협과 실제 불매 운동을 포함할 수 있다. 현재 진행 중인 저항행동에는 패션에서 모피의 사용을 규제하자는 것이 있다. 추수감사절 다음날은 의례히 부유층의 쇼핑 지역에서 동물 애호가들의 저항운동이 펼쳐진다. 그러나 저항 운동가들은 연중 어느 때에나 보인다. 그들은 평화로울 수도 있고 아니면 금전적으로 타격을 줄 수도 있다. 반 모피 운동가들은 샌프란시스코 니만 마르커스 상점의 진열장을 깨버렸는데 그 상해 가치는 20만 달러로 추정되었다. 다른 유형의 저항운동은 정치적으로 바람직하지 않은 나라에서

클로즈업 | 패션계의 소문들

토미 힐피거는 소수민족에 대한 차별 발언에 대한 소문으로 난처한 상황에 처한 일이 있다. 그의 웹사이트(www.tommy.com)는 다음과 같이 보도하였다.

당신이 잘못된 정보를 받아들일지도 모르기 때문에, 우리는 기록을 바로 잡고 중요한 정보를 주려고 한다. 토미는 인종, 종교, 문화적 배경과 상관없이 전 세계인을 위한 옷을 만든다.

불행히도, 지금으로부터 몇 년간, 토미가 오프라 윈프리 쇼에서 부적절한 인종 차별적인 발언을 했다는 이상한 소문이 돌았다. 사실은 단순하며 논쟁할 여지도 없다. 토미 힐피거는 그런 주장을 펼친 바가 없고, 오프라 윈프리 쇼에 출연한 적도 없으며, 실제로 윈프리는 1999년 1월 11일, 방송에서

토미 힐피거는 그녀의 쇼에 출연한 적이 없고 그녀는 그를 만난 적도 없다고 말했다.

당신은 또한 다른 TV쇼에서 짐작컨대 토미 힐피거가 한 말에 대한 비슷한 소문이 돌고 있다는 것을 알 것이다. 모든 소문들은 완전히 틀린 것이다. 토미 힐피거는 단 한번도 래리 킹 생방송이나 CNN의 '엘자 클렌쉬(Elsa Klensch)와 함께하는 스타일' 에 출연한 적이 없다. 이런 소문들이 오해나 악의를 가진 고의적인 행동 중 한 부분이든 아니든 소문들은 분명히 사실에 입각한 것이 아니다.

이런 소문은 다양한 형태로 '가십(Gossip)' 이란 전형적인 위치를 차지해 왔다. 가십 사건은 많은 기자들에 의해 쓰여졌고, 오늘날 도시의 화젯거리나 얘깃거리에 대한 주제로 채워진 인터넷상의 많

은 웹사이트들이 있다.

가장 중요한 것은, 토미 힐피거는 그의 옷을 모든 배경의 사람들이 즐기게 되기를 원하고 그의 컬렉션들은 가장 다양한 개인들을 염두에 두고 만들어진다. 이를 위해, 그는 전 세계 인종을 그의 패션쇼와 광고의 모델로 쓴다.

토미 힐피거와 회사 전체는 그들의 브랜드가 전 세계인들에 의해 열정적으로 입혀진다는 것을 매우 기쁘게 생각한다. 우리 역시 당신이 만족하는 고객이었으면 좋겠다! 만약 추가적인 질문이나 관심사항이 있다면 토미 힐피거 무료 정보 전화번호(888-880-8081)로 연락해주길 바란다.

생산된 제품과 관련이 되거나(많은 소비자들은 인권 문제 때문에 중국에서 생산된 의류와 다른 소비 제품들을 보이콧한다) 회사조직의 관리 지침에 대한 반대에서 시작된 유형이 있다(1997년 서부 교회 집회가 디즈니의 기업정책이 부적절한 게이와 레즈비언을 위함이라는 확신하에 디즈니 제품에 불매운동을 벌였을 때와 같이).

불매운동은 항상 효과적이진 않다. 연구들은 불매운동에 참여한 미국인의 수가 단 18%밖에 되지 않는다는 것을 보여준다. 그러나 불매운동을 하는 사람들은 부유층이고 많이 배운 사람이라서, 기업측에서는 소외시키고 싶지 않은 집단이다. 마케터들에게 점차 대중화되고 있는 해결방안은 문제를 해결하기 위해 불매 조직과 함께 합동 해결 팀을 세우는 것이다.

많은 불매운동이 비효율적임에도 불구하고 어떤 것은 효과가 있다. 캘빈 클라인의 관능적인 자세를 취하고 있는 십대 모델이 주연인, 논쟁의 여지가 있는 광고들은 '어린이 포르노'라고 비판받았다. 가톨릭과 방송 윤리위원회 같은 집단에 의해 소비 불매 이후 회사측에서 그 광고를 제거했다. 더구나 데이튼 허드슨(Dayton Hudson) 같은 유통업자는 그 광고에 그들의 이름이 쓰이는 것을 거절했다.[94] 다른 경우로는, 신시네티 교외 지역의 교사 집단들은 하스브로(Hasbro)의 자회사에 의해 생산된 몬도 블리져(Mondo Blitzers)의 만화 주인공들에 대항하여 성공을 거두었다. 만화 주인공들 이름은 어렸을 때 최악의 것들을 끄집어내는 것이었다. 그들 중에는 로디드 다이퍼(Loaded Diaper), 프로젝틸 보밋(Projectile Vomit), 발프 버켓(Barf Bucket), 버트 키커(Butt Kicker)가 있다. 업체는 소년들에게 재미있고 엉뚱하고 웃긴 주인공 시리즈를 창조했다고 했다. 하지만, 선생님과 부모님들은 흥미있어 하지 않았다.[95] 기업의 사회적 책임은 제14장에 더 자세하게 나와 있다.

4. 의견 선도

소비자들이 인적 정보원으로부터 정보를 얻음에도 불구하고, 그들은 구매에 대한 조언을 아무에게나 물어보지는 않는다. 만약 당신이 새로운 패션 아이템을 구매하기로 결정하였다면, 당신은 스타일이 좋기로 평판이 있고 여유 시간에 보그, 엘르 또는 젠틀맨스 쿼럴리 같은 잡지를 읽고 유행 매장에서 쇼핑을 하는 친구로부터 조언을 구하고 싶어 할 것이다. 반대로, 만약 당신이 새로운 스테레오를 구입하기로 결정하였다면,

당신은 음향 시스템에 대해 가장 잘 아는 친구에게 조언을 구할 것이다. 이런 친구는 고급 시스템을 갖추고 있거나 스테레오 리뷰 같은 전문 서적을 정기구독하고 여가시간엔 전자제품 상점을 살필 것이다. 당신이 스테레오를 잘 아는 친구와 함께 패션에 대한 관심을 나눌 수 없는 반면, 당신은 그 친구를 스테레오 매장으로 데리고 갈 수 있을 것이다.

1) 의견 선도자의 특징

모든 사람들은 누가 제품에 대해 지식이 있는지를 알면, 그의 조언은 다른 사람에게 진지하게 받아들여진다. 이런 사람들을 **의견 선도자**(opinion leaders) 혹은 때로 **영향자**(influentials)라고 한다. 의견 선도자는 다른 사람의 태도나 행동에 자주 영향을 미칠 수 있는 사람이다.[96] 패션 영향자의 새로운 스타일 수용은 집단 내에서 그 스타일에 명성을 더해준다.[97] 다음과 같은 여러 가지 이유로, 의견 선도자들은 매우 가치 있는 정보원이다.

1. 전문적 영향력을 소유하고 있기에 그들은 기술적으로 충분한 자격이 있고 그러므로 명분이 있다.[98]

2. 그들은 제품 정보를 공정한 방법으로 선별하고 평가하고 종합하므로, 지적인 영향력을 갖는다.[99] 상업적 홍보인과 달리 의견 선도자들은 실제로 한 기업의 이익을 대변하지 않는다. 그들은 다른 목적이 없기 때문에 더욱 믿을 만하다.

3. 그들은 사회적으로 활동적이고 그들의 커뮤니티에서 높은 상호작용을 하는 경향이 있다.[100] 그들은 커뮤니티 집단과 클럽의 공간을 지키고 싶어 하고 외부적으로 활동을 하고 싶어 한다. 결과적으로, 의견 선도자들은 주로 그들의 사회적 입지로 인해 정당한 영향력을 갖는다.

4. 그들은 가치와 신념 면에서 소비자와 비슷한 경향이 있어 준거인의 영향력을 갖는다. 의견 선도자들이 제품 영역에서는 그들의 흥미와 전문 지식면에서 동떨어져 있는 반면, 그들은 소비자에게 이질적이기보다는 동질적이기 때문에 더욱 더 확신을 준다. 동질성(homophily)이란 두 명의 사람이 교육, 사회적 지위, 신념이 서로 비슷한 정도를 말한다.[101] 영향력 있는 의견 선도자는 지위와 학력의 부분에서 그들이 영향을 미치는 사람들보다 다소 높은 경향이 있지만 아예 다른 사회 계층

에 속한 것처럼 그렇게 높지는 않다.

5. 의견 선도자들은 주로 신제품을 가장 먼저 구입하는 사람 중의 하나로 그들은 많은 위험을 감수한다. 이런 경험은 이러한 용기가 없는 타인의 불확실성을 감소시킨다. 그리고 기업 커뮤니케이션은 제품의 긍정적인 면에 집중하는 경향이 있지만 의견 선도자들의 실제 제품 사용경험은 제품 기능에 대한 긍정적, 부정적 정보모두를 알려주는 데 도움을 준다.

(1) 유행 의견 선도자

유행 의견 선도자(fashion opinion leadership)들은 패션 시즌의 초기에 제품을 구매하는 사람들로 생각된다. 다른 의견 선도자들처럼, 그들은 위험을 감수하고 다른 사람들을 이끈다. 어떤 영역의 의견 선도자들은 그들이 추천하는 제품의 구매자이거나 구매자가 아닐 수도 있다. 제1장에서 봤듯이, 신제품을 처음으로 사용하는 사람들은 혁신자(innovators)라고 알려져 있다(용어사용을 깊게 연구한 바에 따르면 불행하게도 용어들은 학문에서 일관성 있게 사용되지 못했다). 의견 선도자로 이른 구매를 하는 이들은 혁신적 전달자(innovative communicators)라고 불린다. 패션 이론가들은 유행 선도자(fashion leader)라는 용어를 쓰는데 이는 유행 의견 선도자와 유사하다. 한 초기 학자는 유행 선도자에 대해 다음과 같이 주장했다 : "유행 선도자는 패션이 그 자체로 창조될 때까지 존재하지 못한다. 왕이나 높은 지위의 사람은 패션을 이끌 수도 있지만 그들은 이미 수용된 일반적인 방향으로 이끌 뿐이다."[102] 그러므로 선도자는 '행렬의 앞'이거나 더 나아가서 새로운 패션으로 유행을 이끌 수도 있는 사람을 말한다. 진짜 유행 선도자들은 끊임없이 차별을 모색하고 그래서 유명인들이 그들의 인기 절정에서 하듯 단 한 번으로 끝나는 것이 아닌 연속적으로 패션을 이끄는 사람들이다. 표 12-2는 패션 의견 선도력을 측정하는 데 사용하는 항목들이 열거되어 있다.[103]

35년에 걸쳐서 20개의 패션 채택 연구를 조사한 결과 유행혁신자, 유행 선도자, 혁신적 전달자, 초기 수용자와 같은 명칭에서 분명한 구분이 없다고 나타났다. 그러나 초기 수용자란 용어는 이런 용어들을 망라하기에 충분할 만큼 포괄적으로 보이며, 더 좋은 명칭인 듯 하다. 이런 사람들은 다음과 같은 인구통계적 특성을 가진다.[104]

- 비교적 젊다.

- 미혼; 아이가 없다.

표 12-2 유행 의견 선도력 측정

다른 사람들은 최근 패션 동향에 대한 정보 때문에 나에게 상담한다.

내 친구들은 새로운 의복 스타일에 대한 나의 의견을 묻는다.

내 친구들은 나를 패션 트렌드에 대한 정보 지식이 많다고 생각한다.

나는 일반적으로 다른 사람들에게 패션 정보를 전달한다.

나는 다른 사람의 패션에 관한 결정을 도와주는 것을 좋아한다.

다른 사람과 새로운 스타일에 대해 서로의 의견을 공유하는 것은 중요하다.

나는 최근 어떤 사람에게 더욱 패셔너블해지기 위해서는 그 사람의 외모를 변화시켜야 한다고
확신시킨 적이 있다.

출처 : Patricia Huddleston, Imogene Ford, and Marianne C. Bickle, "Demographic and Lifestyle Characteristics as Predictors of Fashion Opinion Leadership among Mature Consumers." *Clothing and Textiles Research Journal* 11, no. 4 (1993) : 26-31.

- 비교적 고소득이고 고위직이다.

- 여성이다.

- 패션 잡지를 읽는다.

- 유동성이 있다.

- 군집적, 사회적, 동조적 그리고 경쟁적이다.

- 변화하는 것을 반대하지 않는다.

- 자기중심적이거나 과시적이다.

(2) 패션 선도자는 어떻게 영향을 미치는가

마케터들과 사회학자들이 의견 선도란 개념을 최초로 개발했을 때, 공동체에서 확실한 영향력이 있는 사람들은 집단 구성원의 태도에 전반적인 영향을 미칠 것이라고 가정되었다. 하지만 나중의 연구는 모든 유형의 구매시 조언을 구하게 되는, 일반화된 의견 선도자 같은 사람이 존재한다는 가정에 대한 의문점을 제기하기 시작하였다. 극소수의 사람들만이 몇 개의 영역에서의 조언이 가능할 수 있다. 사회학자들은 단일영역(monomorphic)이나 한정된 영역에서 전문적 조언이 가능한 사람과 다수영역(polymorphic) 혹은 다양한 영역에서 전문적 조언이 가능한 사람을 구별하였다.[105] 그러나 다양한 영역에서 조언이 가능한 의견 선도자라 할지라도 하나의 넓은 영역에 집중하는 경향이 있는데, 예를 들어 패션이나 전자 같은 영역을 말한다.

의견 선도력에 대한 연구는, 일반적으로 의견 선도자들은 다양한 제품 영역에 존재할 수 있는 반면, 전문가는 비슷한 영역에서 중복되는 경향이 있다고 지적한다. 일반화된 의견 선도자는 드물다. 가전제품에 있어서 의견 선도자는 화장품이 아닌 집안 청소기에서 선도자 역할을 하기 쉽다. 반대로, 의복 선택에 중요한 영향을 미치는 패션 의견 선도자는 전자레인지가 아닌 화장품 구매에서 선도자의 역할을 하게 된다.[106]

(3) 의견 선도자 대 다른 소비자 유형

의견 선도자 역할의 초기 개념은 정적인 과정으로 추정되었다. 의견 선도자는 대중 매체로부터 정보를 받아들이고 의견 수용자에게 이런 정보들을 전달한다. 이런 관점은 지나치게 단순화시킨 것으로 소비자의 여러 다른 유형들의 기능을 혼란스럽게 한다.

의견 선도자들은 또한 의견 탐색자(opinion seekers)가 되고 싶어 한다. 그들은 일반적으로 제품 영역에 더욱 관여하고 적극적으로 정보를 탐색하고자 한다. 결과로, 그들

의견 선도력은 운동화 마케팅에서 매우 강조된다. 운동화는 매우 패션성이 높고, 120달러를 넘는 가격에도 불구하고, 시내 아이들 사이에서 크게 인기가 있다. 많은 스니커즈 스타일은 시내에서 시작된 다음 구전에 의해 외부로 확산된다.

은 다른 사람과 함께 제품에 대해 더 많이 얘기하고자 하며, 다른 사람의 의견을 이끌어 내기도 한다.[107] 의견 선도력에 대한 정적인 관점에 반하여, 제품과 관련한 대부분의 대화는 한 사람이 모든 대화를 하는 '강의' 형식으로는 일어나지 않는다. 수많은 제품과 관련된 대화는 상황적으로 자극받아서 형식적인 지시라기보다는 자연스러운 상호작용의 배경에서 발생한다.[108] 또한 사람들은 의견 선도자로부터 비언어적인 방법으로 제품 정보를 얻는다. 이런 대인관계상의 제품 커뮤니케이션에 대한 최근 관점이 그림 12-3에서 기존 관점과 대조되어 있다.

다른 소비자들이 제품 토론에 참여하는 것에 더욱 일반적인 홍미를 보이는 반면, 한 제품 영역에 전문적인 소비자들은 다른 사람과 활발하게 대화를 나누지 않는다. **시장전문가**(market maven)라고 불리는 소비자 타입은 모든 유형의 시장 정보를 전달하는 데 활발하게 참여하는 사람들을 묘사하기 위해 주창되었다. 시장전문가는 특정 제품에 꼭 홍미를 보이지 않을 수도 있고, 제품 구매를 반드시 하지 않을 수도 있다. 그들은 제품을 어디에서, 어떻게 얻는지에 대한 전반적인 지식을 갖고 있기 때문에 일반화된 의견 선도자에 가깝다고 할 수 있다. 다음의 측정항목들은 응답자가 얼마나 동의하는지의 정도에 따라 시장 전문가를 측정하기 위한 것이다.[109]

1. 나는 친구들에게 새로운 브랜드와 신제품을 소개하기를 좋아한다.
2. 나는 많은 종류의 제품 정보를 사람들에게 제공함으로써 그들을 돕고 싶다.
3. 사람들은 나에게 제품에 대한 정보, 매장의 위치 혹은 판매정보를 묻는다.
4. 누군가가 여러 가지 종류의 제품을 어디서 사는 것이 제일 좋은지를 묻는다면, 나는 그에게 어디에서 쇼핑해야 할지를 알려줄 수 있다.
5. 새로운 제품이나 세일에 있어서, 내 친구들은 나를 좋은 정보원이라고 생각한다.

다양한 제품에 대한 정보를 알고 있고 다른 사람과 그 정보를 나누고 싶어 하는 사람을 생각해 보자. 이런 사람은 새로운 제품, 세일, 매장 등에 대해 알지만, 어느 특정 제품에 대해 꼭 전문가라고 생각되진 않는다. 당신이 이런 특징을 가지고 있다면 당신은 뭐라고 말할 것인가?

다른 삶의 구매결정에 영향을 미치는 일상적인 소비자들 이외에 **대행 소비자**(surrogate consumer)로 불리는 마케팅 중개인 층은 많은 카테고리에서 활발한 활동을 한다. 대행소비자는 구매결정에 의견을 제공하기 위해 고용된 사람이다. 의견 선도자나 시장 전문가와는 다르게, 대행소비자는 그들의 관여 정도에 따라 보상을 받는다.

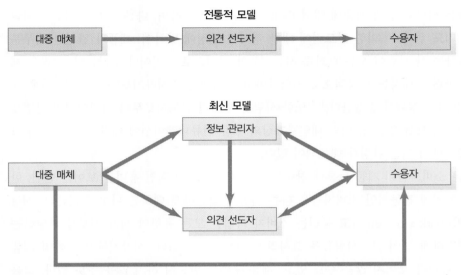

그림 12-3 커뮤니케이션 과정에 대한 관점

출처 : M. R. Solomon, *Consumer Behavior*, 5th ed., p. 341, ⓒ 2002. Reprinted by permission of Pearson Education, Inc., Upper Saddle River, NJ.

　전문적인 쇼퍼, 인테리어 디자이너, 주식 중개인 그리고 다른 유형의 상담가들은 모두 대행소비자로 생각되어질 수 있다. 그들이 소비자를 대신해서 실제 구매를 하던 하지 않던, 대행자의 추천은 엄청난 영향을 미칠 수 있다. 소비자들은 구매의사결정의 전체 또는 일부를 예를 들면 정보 탐색, 대체안 평가 혹은 실제 구매과정을 대행소비자에게 양도한다. 고객은 그의 집을 새로 고쳐 장식하기 위해 인테리어 디자이너에게 이 결정과정을 위임할 수 있고, 패션 쇼퍼는 고객을 대신해서 구매결정을 내릴 수 있다. 많은 소매 점포들은 때로 고객에게 유용한 서비스를 제공할 수 있는 **고객 전문가**(client specialists)라 불리는 그들 자신의 **개인적 쇼퍼**(personal shopper)를 둔다. 이런 뛰어난 판매원들은 고객의 기호, 치수, 다른 적절한 정보를 기록한 고객장부를 갖고 있다. 고객에게 매장에 와서 아이템을 써보라고 전화를 하기 전에 고객을 위한 대부분의 쇼핑을 해놓기도 하고 때로는 가능한 선택안들을 가지고 고객의 집을 직접 방문하기도 한다. 광범위한 구매결정에 있어 대리인의 역할은 많은 마케터에 의해 간과되는 경향이 있는데 마케터들은 제품 정보를 통해 실제로 선별하는 대리인을 놓치고 최종 소비자만을 타겟으로 하는 잘못을 범하기도 한다.[110]

2) 의견 선도자의 파악

소비자의 구매결정에 있어서 의견 선도자는 매우 중심적 역할을 하기 때문에 마케터들은 제품 영역에서 영향력 있는 사람들을 알아내는 것을 매우 관심이 있어 한다. 사실, 많은 광고들은 특히 광고가 많은 기술적 정보를 포함하는 경우, 일반적인 소비자들보다 이런 의견 선도자들에게 접근하고자 한다.

불행하게도, 대부분의 의견 선도자들은 일반 소비자들이고 마케팅 노력에 공식적으로 포함되지 않기 때문에 그들을 찾기는 더욱 힘들다. 유명인사 혹은 영향력 있는 업계 중역은 알아내기가 쉽다. 그들은 국가적 혹은 최소한 지역적으로 눈에 띄거나 출판된 인명부에 이름이 올라있을 수 있다. 대조적으로 의견 선도자들은 지역적으로 작용하고 전체 시장보다는 5~10명의 소비자들에게 영향을 미친다. 어떤 경우, 기업들은 영향을 미치는 자들을 파악하고 그들을 그들의 마케팅 노력에 포함시키는 것으로 알려져 있는데 이로써 영향력 있는 소비자들이 그들의 친구에게 회사의 칭찬을 함으로써 얻어지는 파급효과를 기대한다. 예를 들어, 많은 백화점들은 패션 '패널'을 갖는데, 이들은 보통 청소년기 소녀들로 구성이 되며 패션트렌드에 대한 제안과 패션쇼 등에 참가한다.

큰 시장에서 특정 의견 선도자들을 파악하는 어려움 때문에 대부분의 시도는 탐색적 연구에 초점을 맞추는데 이로써 대표적인 의견선도자들의 특징이 파악되며 큰 마켓으로 일반화하게 된다. 이런 지식은 마케터로 하여금 제품에 관련된 정보를 적절한 배경과 미디어로 표적화하는 데 도움을 준다.

(1) 자칭법

의견 선도자를 파악하는 데 가장 흔하게 사용된 방법은 그들 자신을 의견 선도자라고 생각하는지 여부를 소비자 개개인에게 간단히 질문하는 것이다. 제품에 큰 흥미를 보인다고 조사된 응답자들을 의견 선도자로 파악한 조사 결과는 약간의 의구심을 가지고 봐야만 한다. 진짜 영향력이 있는 사람들은 이런 사실을 인정하려 들지 않거나 이것을 의식하지 못한 경우가 있는 데 반하여, 어떤 이들은 자기 자신의 중요성과 영향력을 과장하는 경향이 있다.[111] 우리가 단지 제품에 관한 충고를 한다고 해서 다른 사람들이 이 충고를 받아들인다고 할 수는 없다. 진정한 의견 선도자가 되기 위해서는 그의 충고가 의견을 구하는 사람에게 반드시 받아들여져야 한다. 다른 대체 방법은 특정그룹의 구성원들(주요 정보제공자(key informants))을 선택하여 그들에게 누가 의견선도자인지를 물어보는 것이다. 이런 접근법의 성공은 그룹에 대한 정확한 지식을 갖고 있는 사람들을 찾고 그들의 응답에서 편견을 최소화하는 데 있다.

자칭법(self-designating method)은 체계적인 분석법처럼 신뢰할 수 없지만(영향에 대한 개인적 주장은 다른 사람에게 그 사람이 실제로 영향적인지의 여부를 질문함으로써 입증될 수 있다), 잠재적인 의견 선도자 집단의 큰 집단에 적용하기가 쉬운 이점을 갖는다. 어떤 경우에는 커뮤니티의 모든 구성원이 조사되지 못한다. 자칭 의견 선도자의 측정 항목은 그림 12-4에 나타나 있다.

(2) 사회관계 측정

인기 공연인 '관계의 6단계 법칙(Six Degrees of Separation)' 에 기초를 둔 웹 기반 서

친구, 이웃과의 상호작용에 관련한 다음 척도에 등급을 매겨주세요.

1. 보통, 당신은 당신의 친구, 이웃과 (   )에 대해 얼마나 자주 대화를 나눕니까?
　　매우 자주한다　　　　　　　　　　　　　　　　　　　　　　　　　　전혀 하지 않는다
　　　　　5　　　　　　　　4　　　　　　　　3　　　　　　　　2　　　　　　　1

2. 당신이 친구, 이웃과 (   )에 관해서 대화를 나눌 때 당신은 :
　　매우 많은 정보를 준다　　　　　　　　　　　　　　　　　　　　　매우 적은 정보를 준다
　　　　　5　　　　　　　　4　　　　　　　　3　　　　　　　　2　　　　　　　1

3. 지난 6개월 동안, 새로운 (   )에 관해 얼마나 많은 사람들에게 이야기를 했나요?
　　여러 명에게 얘기했다　　　　　　　　　　　　　　　　　　　　아무에게도 말하지 않았다
　　　　　5　　　　　　　　4　　　　　　　　3　　　　　　　　2　　　　　　　1

4. 당신의 친구들과 비교하여, 새로운 (   )에 대해 얼마나 질문을 받나요?
　　질문을 받는다　　　　　　　　　　　　　　　　　　　　　　　전혀 질문을 받지 않는다
　　　　　5　　　　　　　　4　　　　　　　　3　　　　　　　　2　　　　　　　1

5. 새로운 (   )에 대해 토론을 할 때, 다음 중 어떤 일이 가장 발생하기 쉽습니까?
　당신이 친구에게 (   )에 대해 말한다　　　　　　　　친구가 당신에게 (   )에 대해 말한다
　　　　　5　　　　　　　　4　　　　　　　　3　　　　　　　　2　　　　　　　1

6. 당신은 친구, 이웃과 토론시 전반적으로 당신은 :
　　종종 조언의 정보원으로 쓰인다　　　　　　　　　　　　전혀 정보원으로 쓰이지 않는다
　　　　　5　　　　　　　　4　　　　　　　　3　　　　　　　　2　　　　　　　1

그림 12-4 의사 선도자 척도의 개정 최신판

출처 : Adapted from Terry L. Childers, "Assessment of the Psychometric Properties of an Opinion Leadership Scale," *Journal of Marketing Research* 23 (May 1986) : 184-188, with permission of American Marketing Association : and Leisa Reinecke Flynn, Donald E. Goldsmith, and Jacqueline K. Eastman, "The King and Summers Opinion Leadership Scale : Revision and Refinement," *Journal of Business Research* 31(1994) : 55-64, with permission from Elsevier Science.

비스가 탄생되었다. 이것의 기본 가정은 지구상의 모든 사람들은 모든 사람들을 간접적으로 안다는 것이다. 만약 그들이 대략 6번 정도의 '상호 친구'를 파악하는 과정을 통한다면, 결국 그들은 다른 모든 이들과 연결이 될 것이라는 것이다. 이런 과정이 모든 경우에 맞을 것이라는 것은 불확실하지만, 웹사이트 www.sixdegrees.com은 다른 사람의 이메일 주소와 이름을 입력하고 등록하도록 허용하여 사용자들이 연결 네트워크가 필요한 때 다른 사람들의 데이터베이스를 이용하게 한다.[112] 그 슬로건은 "당신은 당신이 누구를 아는지에 대해 놀라게 될 것이다."이다.

이 웹사이트는 집단 구성원들 간의 의사소통 유형을 추적하는 **사회관계 측정법**(sociometric methods)의 디지털 버전이다. 이런 기술들은 조사자들이 집단 구성원 사이에 발생하는 상호작용을 체계적으로 조사할 수 있게 해준다. 참가자들을 인터뷰하고 제품 정보를 누구에게 묻는지를 알아냄으로써, 연구자들은 제품 관련 정보원이 되는 사람들을 파악할 수 있다. 이런 방법은 매우 정확하지만, 작은 집단 내에서 상호작용의 유형에 관한 매우 근접한 연구를 포함하기 때문에 실행하기에 매우 힘들고 비용이 많이 든다. 이런 이유로, 사회관계 측정 기술은 구성원들이 다른 사회적 네트워크로부터 고립된 자급자족의 사회적 상황에 가장 잘 적용될 수 있다.

사회관계측정(sociometry)은 오랫동안 집단 구성원과 또래 집단을 연구하는 데 사용되어 왔다. 호혜적 친분 구조(2, 3, 4… 자 관계)는 공유된 규범 인식 행동, 누가 가장 인기가 있는지 또는 누가 가장 옷을 잘 입는지 등의 대인관계와 관련 있는 질문을 응답자에게 물어보는 사회관계 측정법으로부터 전개된다. 한 고등학교 사회관계측정 연구는 호혜적 친분 구조의 구성원들은 다른 그룹보다 서로 옷을 비슷하게 입어 구성원들을 위한 준거집단의 기능을 한다고 하였다.[113] 또 다른 고등학생 대상의 장기적인 연구는 의복과 외모가 친분 선택에 있어 중요한 요인이지만 집단 수용 또는 배척으로 혼자서는 충분치 않다는 것을 발견했다. 고립은 때로 선택적이다. 옷을 잘 입어서 고립되는 것은 선택이지만, 옷을 못 입어서 고립되는 것은 집단 배척의 결과이다.[114] 의견 선도자들은 이런 방법을 통해 파악될 수 있지만, 이것은 시간이 많이 소비되는 과정이다.

사회관계 분석은 **준거행동**을 더욱 잘 이해할 수 있게 하고 공동체에서 소통되는 특정인의 명성에서 강점과 약점을 찾아내는 데 사용된다.[115] 이런 방법을 사용한 한 연구는 여대생 클럽의 구성원들 간 브랜드 선택에의 유사성을 조사했다. 연구자들은 여대생 클럽 내의 소집단들이 다양한 제품에 대한 기호를 공유하고 싶어 한다는 증거를 발견했다. 어떤 경우에는, 여대생 클럽의 욕실 공유 같은 '구조적 이유 때문에 '개인적'

제품(사회적으로 눈길을 끌지 않는)의 선택조차도 공유된다.[116]

▌ 요약 ▌

- 소비자가 속한 또는 열망하는 수많은 집단은 종종 타인으로부터 인정받으려는 욕망으로 구매를 하는 소비자들의 구매 결정에 영향을 미친다.

- 개인들은 그들이 가진 사회적 영향력의 정도에 따라 집단에 영향력을 행사한다; 사회적 영향력에는 정보의 영향, 준거인 영향, 합법적 영향, 전문가 영향, 보상적 영향 그리고 강제적 영향이 있다.

- 우리는 두 가지 기본적 이유 중 하나로 다른 이의 요구에 순응한다. 사람들은 정보적 사회의 영향으로 다른 이들의 행동을 따라하는 것이 동조하는 옳은 방법이라고 여기기 때문에 다른 사람들의 행동을 모방한다. 집단에 의해 인정되어 지거나 다른 사람의 기대를 만족시키기 위해 순응하는 사람들은 규범적 사회의 영향을 받는다. 의복과 패션 선택은 두 가지 유형 모두에 의해 영향을 받을 수 있다.

- 의견이나 행동이 소비자들에게 특별히 중요한 개인들이나 집단을 준거집단이라고 한다. 형식적, 비형식적 집단은 두 집단 모두 개인의 구매결정에 영향을 미친다.

- 우리의 패션 선택은 준거집단의 영향을 받을 수 있는데 패션이 사회적으로 가시적이며 눈에 잘 띄기 때문에 또한 타인에게서 자주 영향을 받는 사치품일 수도 있기 때문이다.

- 인터넷은 다양한 준거집단에 노출되는 소비자의 능력을 크게 확장하였다; 가상 소비 공동체들은 공통된 관심사(특정 제품이나 서비스의 지식에 대한 열정)로 연합된 사람들로 구성되어 있다.

- 동조는 신념 혹은 행동의 변화를 수반하는 압력에 대한 반응을 말한다. 패션은 유명하고, 수용된, 지배적인 스타일을 나타낸다. 패션의 수용은 동조의 형태이다.

- 집단 구성원은 그룹에 묻혀버리기 때문에 개인으로서는 하지 않는 일들을 종종 한다; 그들은 점차 비개인화되어진다. 집단 내에서의 쇼핑은 소비자들이 혼자 일 때보다 구매를 더 많이 하고 계획하지 않았던 구매를 더 많이 하게끔 영향을 미친다.

- 우리는 의복 착용에 있어서 법이 어떤 것이 수용되는지를 지정하므로 완전한 자유를 갖지는 못한다. 일반적으로 학교와 개인 기업은 의복 규칙을 강요할 수 있으며

의복과 관련한 성적 기준은 강화되었다.

- 어떤 이들은 그들 자신의 독특함을 창조하고 의복에서의 개성으로 의복 동조에 과민하게 반응한다.

- 의견선도자들은 제품에 대해 잘 알고 그의 의견이 높게 간주되어 타인의 선택에 영향을 미치는 경향이 있다. 특정 의견 선도자들을 파악하기란 다소 어렵지만, 그들의 몇 가지 특성을 아는 마케터들은 그들의 미디어와 판매촉진 전략으로 그들을 타겟으로 할 수 있다. 패션 의견 선도자들은 젊고, 여성이고, 미혼이고, 유동적이라고 밝혀졌다; 수입이 높으며, 패션 잡지를 읽고, 군집적이고 사회적이다.

- 다른 영향자들은 시장 활동에 관한 일반적인 관심을 가지고 있는 시장전문가, 구매에 관한 그들의 조언을 대가로 보상을 받는 개인 쇼퍼들이나 패션 상담자들과 같은 대행 소비자를 포함한다.

- 구매에 대해 우리가 아는 많은 부분은 형식적인 광고보다는 구전 의사소통(WOM)을 통해 전달된다. 제품 관련 정보는 일반적인 대화를 통해 교환되는 경향이 있다.

- 구전 활동이 주로 제품에 대한 소비자 인식을 형성하는 데 도움이 되는 반면에, 손상된 제품에 대한 소문이나 좋지 않은 구전작용이 발생할 때 기업들에게 손해를 끼칠 수 있다.

- 사회관계측정법은 친분과 추천방식을 추정하기 위해 사용된다. 이런 정보들은 의견 선도자와 다른 영향력 있는 소비자를 파악하는 데 유용할 수 있다.

▌ 토론 주제 ▌

1. 본문에 설명된 영향력의 유형을 비교, 대조해 보라. 어떤 유형이 패션 마케팅 노력에 가장 적절하게 연결되는가?

2. 마케팅 소구에서 준거인의 영향이 특히 잠재적으로 영향력을 발휘하는 이유는 무엇인가? 준거 집단이 개인의 구매 결정에 강한 영향을 미치게 될지의 여부를 예측하는데 도움을 주는 요인들은 어떤 것들이 있는가?

3. 소비자들 사이에서 관찰될 수 있는 동기의 정도를 결정짓는 요인들을 논하라. 당신이 생각하기에 어떤 연령대의 집단이 가장 패션 규범에 가장 잘 동조하는가? 당신은 패션 규범에 동조하는 사람인가? 아니면 순수한 개성파인가?

4. 어떤 상황에서 우리는 비슷한 사람들과 비슷하지 않은 사람들과 사회적 비교를 하

는가? 이런 차원들은 마케팅 소구에서 어떻게 사용될 수 있는가?

5. 판매 도구로서의 홈쇼핑 파티의 효용성에 대한 이유들을 토론하라. 어떤 다른 제품들이 이런 방식으로 판매가 될 수 있겠는가?

6. 공동체 집단이 개인의 행동에 있어 특정 영향을 미칠지 아닐지의 여부에 영향을 미치는 요인들에 대해 논하라. 당신은 어떤 집단에 속해 있나? 그들은 당신이 구매하려고 하는 것에 영향을 미치는가?

7. 구전 작용이 광고보다 더욱 설득력 있는 이유는 무엇인가?

8. 일반화된 의견 선도자 같은 사람이 있는가? 무엇이 의견 선도자가 특정 제품 영역에 영향을 미칠지의 여부를 결정하는가?

9. 운동선수의 신발이나 의류에 대한 특정 브랜드의 수용은 학생들과 팬들에게 강력한 영향을 미칠 수 있다. 고등학교나 대학교의 코치들은 그들의 선수들이 착용할 장비의 브랜드 결정시 브랜드로부터 커미션을 받아야 하는가?

10. 당신은 최근 의복과 관련된 소식에 대한 법적 화젯거리를 알고 있는가?

11. 학교에서 요구하는 교복에 대한 당신의 태도는 어떠한가? 당신은 교복을 입어본 적이 있는가?

12. 당신의 동료집단에서 회피하고 싶어하는 그룹을 찾아보라. 당신은 이런 집단을 마음에 두고 구매결정을 내린 경우가 있는가?

13. 당신의 캠퍼스 내의 패션 의견 선도자를 정의하라. 그들은 이번 장에서 논의한 내용과 맞는가?

14. 당신의 기숙사 혹은 이웃에서 사회관계 분석을 실시하라. 패션, 음악, 화장품 같은 제품 영역에서, 각 개인별로 정보를 같이 공유하는 사람들을 파악하라. 이런 의사소통의 모든 내용을 체계적으로 밝혀내고, 계속적으로 도움이 되는 정보를 제공하는 개인들을 의견 선도자로 정의해 보라.

▌ 주요 용어 ▌

강제적 영향력(coercive power)

개성(individuality)

개인적 쇼퍼(personal shoppers)

게릴라 마케팅(guerrilla marketing)

고객 전문가(client specialists)

구전의사소통(WOM : word-of-mouth communication)

규범(norms)

규범적 사회 영향(normative social influence)

규범적 영향(normative influence)

대행 소비자(surrogate consumer)

독립적(independent)

동조(conformity)

모드(mode)

바이러스 마케팅(viral marketing)

반작용(reactance)

보상적 영향력(reward power)

비개별화(deindividuation)

사회 비교 이론
  (social comparison theory)

사회관계측정법

(sociometric methods)

사회적 영향력(social power)

상대적 영향
  (comparative influence)

소비의 가상 공동체(virtual community of consumption)

스타일(style)

시딩(seeding)

시장 전문가(market maven)

영향자(influentials)

의견 선도자(opinion leaders)

전문적 영향력(expert power)

정보적 사회 영향
  (informational social influence)

정보적 영향력(information power)

준거인 영향력(referent power)

준거집단(reference group)

패션(fashion)

합법적 영향력(legitimate power)

▌참고문헌 ▌

1. Details adapted from John W. Schouten and James H. McAlexander, "Market Impact of a Consumption Subculture: The Harley-Davidson Mystique," in *Proceedings of the 1992 European Conference of the Association for Consumer Research*, eds. Fred van Raaij and Gary Bamossy (Amsterdam, 1992); John W. Schouten and James H. McAlexander, "Subcultures of Consumption: An Ethnography of the New Bikers," *Journal of Consumer Research* 22 (June 1995): 43-61.

2. Joel B. Cohen and Ellen Golden, "Informational Social Influence and Product Evaluation," *Journal of Applied Psychology* 56 (February 1972): 54-59; Robert E. Burnkrant and Alain Cousineau, "Informational and Normative Social Influence in Buyer Behavior," *Journal of Consumer Research* 2 (December 1975): 206-215; Peter H. Reingen, "Test of a List Procedure for Inducing Compliance with a Request to Donate Money," *Journal of Applied Psychology* 67 (1982): 110-118.

3. Quoted in Dyan Machan, "Is the Hog Going Soft?," *Forbes* (March 10, 1997): 114-119.

4. C. Whan Park and V. Parker Lessig, "Students and Housewives: Differences in Susceptibility to Reference Group Influence," *Journal of Consumer Research* 4 (September 1977): 102-110.

5. Kenneth J. Gergen and Mary Gergen, *Social Psychology* (New York: Harcourt Brace Jovanovich, 1981).

6. Betty Smucker and Anna M. Creekmore, "Adolescents' Clothing Conformity, Awareness and Peer Acceptance,"*Home Economics Research Journal* 1 (1972): 92-97; Suzanne H. Hendricks, Eleanor A. Kelly, and JoAnne B. Eicher, "Senior Girls' Appearance and Social Participation,"*Journal of Home Economics* 60 (1968): 167-172; Mary B. Littrell and JoAnne B. Eicher, "Clothing Opinions and the Social Acceptance Process among Adolescents,"*Adolescents* 8 (1973): 197-212; Madeline C. Williams and JoAnne B. Eicher, "Teenagers' Appearance and Social Acceptance," *Journal of Home Economics* 58 (1966): 457-461.

7. Harold H. Kelley, "Two Functions of Reference Groups," in *Basic Studies in Social Psychology*, eds. Harold Proshansky and Bernard Siedenberg (New York: Holt, Rinehart and Winston, 1965), 210-214.

8. Carol Krol, "Survey: Friends Lead Pack in Kids' Spending Decisions,"

Advertising Age (March 10, 1997): 16.

9. L. Festinger, S. Schachter, and K. Back, *Social Pressures in Informal Groups: A Study of Human Factors in Housing* (New York: Harper, 1950).

10. R. B. Zajonc, H. M. Markus, and W. Wilson, "Exposure Effects and Associative Learning," *Journal of Experimental Social Psychology* 10 (1974): 248-263.

11. Susan Kaiser, *The Social Psychology of Clothing: Symbolic Appearances in Context* (New York: Fairchild, 1997).

12. Littrell and Eicher, "Clothing Opinions and the Social Acceptance Process among Adolescents."

13. A. Benton Cocanougher and Grady D. Bruce, "Socially Distant Reference Groups and Consumer Aspirations," *Journal of Marketing Research* 8 (August 1971): 79-81; James E. Stafford, "Effects of Group Influences on Consumer Brand Preferences," *Journal of Marketing Research* 3 (February 1966): 68-75.

14. Cocanougher and Bruce, "Socially Distant Reference Groups and Consumer Aspirations."

15. Eleanor A. Kelly and Joanne B. Eicher, "Popularity, Group Membership, and Dress," *Journal of Home Economics* 62 (1970): 246-250.

16. "An American Princess," *Women's Wear Daily* (July 19, 1999): 1, 6-9.

17. This typology is adapted from material presented in Robert V. Kozinets, "E-Tribalized Marketing: The Strategic Implications of Virtual Communities of Consumption," *European Management Journal* 17,

no. 3 (June 1999): 252-264.

18. Tom Weber, "Net's Hottest Game Brings People Closer," *The Wall Street Journal Interactive Edition* (March 20, 2000).

19. Quoted in Marc Gunther, "The Newest Addiction," *Fortune* (August 2, 1999): 122-124.

20. Laurie J. Flynn, "Free Internet Service for Simpsons Fans," *The New York Times on the Web* (January 24, 2000).

21. Bob Tedeschi, "Product Reviews from Anyone with an Opinion," *The New York Times on the Web* (October 25, 1999).

22. Kozinets, "E-Tribalized Marketing: The Strategic Implications of Virtual Communities of Consumption."

23. Jeffrey D. Ford and Elwood A. Ellis, "A Re-Examination of Group Influence on Member Brand Preference," *Journal of Marketing Research* 17 (February 1980): 125-132; Thomas S. Robertson, *Innovative Behavior and Communication* (New York: Holt, Rinehart and Winston, 1980), Chapter 8.

24. Rose-Marie Turk, "The Leading Ladies," *WWWCalifornia* (supplement to *Women's Wear Daily*) (August 1999): 14-18, 56.

25. William O. Bearden and Michael J. Etzel, "Reference Group Influence on Product and Brand Purchase Decisions," *Journal of Consumer Research* 9, no. 2 (1982): 183-194.

26. Gergen and Gergen, *Social Psychology*, p. 312.

27. J. R. P. French, Jr., and B. Raven, "The Bases of Social Power," in *Studies in Social Power*, ed. D. Cartwright (Ann Arbor, Mich.:

Institute for Social Research, 1959), 150-167.

28. Michael R. Solomon, "Packaging the Service Provider," *The Service Industries Journal* 5 (March 1985): 64-72.

29. Kimberly A. Miller, "Standing Out from the Crowd," in *The Meanings of Dress*, eds. Mary Lynn Damhorst, Kimberly A. Miller, and Susan O. Michelman (New York: Fairchild, 1999), 206-214.

30. Marilyn Horn, *The Second Skin* (Boston: Houghton Mifflin, 1981).

31. William L. Hamilton, "The School Uniform as Fashion Statement: How Students Crack the Dress Code" in *The Meanings of Dress*, eds. Mary Lynn Damhorst, Kimberly A. Miller, and Susan O. Michelman (New York: Fairchild, 1999), 232-235.

32. See Robert B. Cialdini, *Influence: Science and Practice*, 2nd ed. (New York: Scott Foresman, 1988), for an excellent and entertaining treatment of this process.

33. For the seminal work on conformity and social influence, see Solomon E. Asch, "Effects of Group Pressure upon the Modification and Distortion of Judgments," in *Group Dynamics*, eds. D. Cartwright and A. Zander (New York: Harper and Row, 1953); Richard S. Crutchfield, "Conformity and Character," *American Psychologist* 10 (1955): 191-198; Muzafer Sherif, "A Study of Some Social Factors in Perception," *Archives of Psychology* 27 (1935): 187.

34. Lucy C. Taylor and Norma H. Compton, "Personality Correlates of Dress Conformity," *Journal of Home Economics*, 60 (October, 1968):

653-656.

35. Anna M. Creekmore, "Clothing and Personal Attractiveness of Adolescents Related to Conformity, to Clothing Mode, Peer Acceptance, and Leadership Potential," *Home Economics Research Journal* 8 (January 1980): 203-215.

36. Burnkrant and Cousineau, "Informational and Normative Social Influence in Buyer Behavior."

37. Leslie Davis and Franklin G. Miller, "Conformity and Judgments of Fashionability," *Home Economics Research Journal* 11 (1983): 337-342.

38. For an attempt to measure individual differences in proclivity to conformity, see William O. Bearden, Richard G. Netemeyer, and Jesse E. Teel, "Measurement of Consumer Susceptibility to Interpersonal Influence," *Journal of Consumer Research* 15 (March 1989): 473-481.

39. Sandra L. Bem, "Sex Role Adaptability: One Consequence of Psychological Androgyny," *Journal of Personality and Social Psychology* 31 (1975): 634-643.

40. William O. Bearden, Richard G. Netemeyer, and Jesse E. Teel, "Measurement of Consumer Susceptibility to Interpersonal Influence," *Journal of Consumer Research* 9, no. 3 (1989): 183-194; Lynn R. Kahle, "Observations: Role-Relaxed Consumers: A Trend of the Nineties," *Journal of Advertising Research* (March/April 1995): 66-71; Lynn R. Kahle and Aviv Shoham, "Observations: Role-Relaxed Consumers: Empirical Evidence," *Journal of Advertising Research* 35, no. 3 (May/June 1995): 59-62.

41. Heather Anderson and Deborah Meyer, "Pre-Adolescent Consumer Conformity: A Study of Motivation for Purchasing Apparel," *Journal of Fashion Marketing and Management* 4, No. 2 (2000): 173-181.

42. Nancy J. Rabolt and Mary Frances Drake, "Information Sources Used by Women for Career Dressing Decisions," in *The Psychology of Dress*, ed. Michael R. Solomon (Lexington, Mass.: Lexington Books, 1985): 371-385.

43. Leon Festinger, "A Theory of Social Comparison Processes," *Human Relations* 7 (May 1954): 117-140.

44. Chester A. Insko, Sarah Drenan, Michael R. Solomon, Richard Smith, and Terry J. Wade, "Conformity as a Function of the Consistency of Positive Self-Evaluation with Being Liked and Being Right," *Journal of Experimental Social Psychology* 19 (1983): 341-358.

45. Abraham Tesser, Murray Millar, and Janet Moore, "Some Affective Consequences of Social Comparison and Reflection Processes: The Pain and Pleasure of Being Close," *Journal of Personality and Social Psychology* 54, no. 1 (1988): 49-61.

46. George P. Moschis, "Social Comparison and Informal Group Influence," *Journal of Marketing Research* 13 (August 1976): 237-244.

47. Burnkrant and Cousineau, "Informational and Normative Social Influence in Buyer Behavior"; M. Venkatesan, "Experimental Study of Consumer Behavior Conformity and Independence," *Journal of Marketing Research* 3 (November 1966): 384-387.

48. Janet K. May and Ardis W. Koester, "Clothing Purchase Practices of Adolescents" *Home Economics Research Journal* 9, no. 4 (1981): 356-362.

49. Harvey London, *Psychology of the Persuader* (Morristown, N.J.: Silver Burdett/General Learning Press, 1973); William J. McGuire, "The Nature of Attitudes and Attitude Change," in *The Handbook of Social Psychology*, eds. G. Lindzey and E. Aronson (Reading, Mass.: Addison-Wesley, 1968), 3; N. Miller, G. Naruyama, R.J. Baebert, and K. Valone, "Speed of Speech and Persuasion," *Journal of Personality and Social Psychology* 34 (1976): 615-624.

50. B. Latane, K. Williams, and S. Harkings, "Many Hands Make Light the Work: The Causes and Consequences of Social Loafing," *Journal of Personality and Social Psychology* 37 (1979): 822-832.

51. Nathan Kogan and Michael A. Wallach, "Risky Shift Phenomenon in Small Decision-Making Groups: A Test of the Information Exchange Hypothesis," *Journal of Experimental Social Psychology* 3 (January 1967): 75-84; Nathan Kogan and Michael A. Wallach, *Risk Taking* (New York: Holt, Rinehart and Winston, 1964); Arch G. Woodside and M. Wayne DeLozier, "Effects of Word-of- Mouth Advertising on Consumer Risk Taking," *Journal of Advertising* (Fall 1976): 12-19.

52. Kogan and Wallach, *Risk Taking*.

53. Donald H. Granbois, "Improving the Study of Customer In-Store Behavior," *Journal of Marketing* 32 (October 1968): 28-32.

54. Len Strazewski, "Tupperware Locks

in New Strategy," *Advertising Age* (February 8, 1988): 30.

55. George B. Sproles and Leslie Davis Burns, *Changing Appearances: Understanding Dress in Contemporary Culture* (New York: Fairchild, 1994).

56. Kimberly A. Miller and Scott A. Hunt, "It's All Greek to Me: Sorority Members and Identity Talk," in *The Meanings of Dress* eds. Mary Lynn Damhorst, Kimberly A. Miller, and Susan O. Michelman (New York: Fairchild, 1999): 224-228.

57. Mary Lynn Damhorst, Kimberly A. Miller, and Susan O. Michelman, eds., *The Meanings of Dress* (New York: Fairchild, 1999).

58. Pat Marie Maher and Ann C. Slocum, "Freedom in Dress: The Legal View," *Home Economics Research Journal* 14, no.4 (June 1986): 371-379; Pat Marie Maher and Ann C. Slocum, "Freedom in Dress: Legal Sanctions," *Clothing and Textiles Research Journal* 5, no. 4 (Summer 1987): 14-22.

59. Gergen and Gergen, *Social Psychology*.

60. Horn, *The Second Skin*.

61. Mary Kefgen and Phyllis Touchie-Specht, *Individuality in Clothing Selection and Personal Appearance: A Guide for the Consumer* (New York: Macmillan, 1981). See updated edition by Suzanne B. Marshall, Hazel O. Jackson, M. Sue Stanley, Mary Kefgen, and Phyllis Touchie-Specht (Upper Saddle River, N.J.: Prentice Hall, 2000).

62. Marshall et al. *Individuality in Clothing Selection and Personal Appearance*.

63. Elizabeth D. Lowe and Hilda M.

Buckley, "Freedom and Conformity in Dress: A Two-Dimensional Approach," *Home Economics Research Journal* 11 (December 1992): 197-204.

64. L. J. Strickland, S. Messick, and D. N. Jackson, "Conformity, Anticonformity and Independence: Their Dimensionality and Generality," *Journal of Personality and Social Psychology* 16 (1970): 494-507.

65. Margo Jefferson, "Dennis Rodman, Bad Boy as Man of the Moment" in *The Meanings of Dress*, eds. Mary Lynn Damhorst, Kimberly A. Miller, and Susan O. Michelman, (New York: Fairchild, 1999), 218-220.

66. Jack W. Brehm, *A Theory of Psychological Reactance* (New York: Academic Press, 1966).

67. R. D. Ashmore, V. Ramchandra, and R. Jones, "Censorship as an Attitude Change Induction," paper presented at meetings of Eastern Psychological Association, New York, 1971; R. A. Wicklund and J. Brehm, *Perspectives on Cognitive Dissonance* (Hillsdale, N.J.: Lawrence Erlbaum, 1976).

68. C. R. Snyder and H. L. Fromkin, *Uniqueness: The Human Pursuit of Difference* (New York: Plenum Press, 1980).

69. Jane E. Workman and Kim K. P. Johnson. "Fashion Opinion Leadership, Fashion Innovativeness, and Need for Variety," *Clothing and Textiles Research Journal* 11, no. 3 (1993): 60-64.

70. Johan Arndt, "Role of Product-Related Conversations in the Diffusion of a New Product," *Journal of Marketing Research* 4

(August 1967): 291-295.

71. Yumiko Ono, "Earth Tones and Attitude Make a Tiny Cosmetics Company Hot," *The Wall Street Journal* (February 23, 1995): B1.

72. Quoted in Barbara B. Stern and Stephen J. Gould, "The Consumer as Financial Opinion Leader," *Journal of Retail Banking* 10 (Summer 1988): 43-52.

73. Elihu Katz and Paul F. Lazarsfeld, *Personal Influence* (Glencoe, Ill.: Free Press, 1955).

74. John A. Martilla, "Word-of-Mouth Communication in the Industrial Adoption Process," *Journal of Marketing Research* 8 (March 1971): 173-178. See also Marsha L. Richins, "Negative Word-of-Mouth by Dissatisfied Consumers: A Pilot Study," *Journal of Marketing* 47 (Winter 1983): 68-78.

75. Arndt, "Role of Product-Related Conversations in the Diffusion of a New Product."

76. James H. Myers and Thomas S. Robertson, "Dimensions of Opinion Leadership," *Journal of Marketing Research* 9 (February 1972): 41-46.

77. Sonia Murray, "Street Marketing Does the Trick," *Advertising Age* (March 20, 2000): S12.

78. Quoted in "Taking to the Streets," *Newsweek* (November 2, 1998): 70-73.

79. Constance L. Hays, "Guerrilla Marketing Is Going Mainstream," *The New York Times on the Web* (October 7, 1999).

80. Miles Socha and Janet Ozzard, "Building Buzz, One by One," *Women's Wear Daily* (April 14, 2000): 14, 16.

81. Jared Sandberg, "The Friendly

Virus," *Newsweek* (April 12, 1999): 65-66.

82. Karen J. Bannan, "Marketers Try Infecting the Internet," *The New York Times on the Web* (March 22, 2000).

83. www.esprit.com, July 2000.

84. Jennifer Lach, "Intelligence Agents," *American Demographics* (March 1999): 52-60.

85. James F. Engel, Robert J. Kegerreis, and Roger D. Blackwell, "Word of Mouth Communication by the Innovator," *Journal of Marketing* 33 (July 1969): 15-19.

86. Steve Ginsberg, "Beanie Bubble May Not Burst," *San Francisco Chronicle* (September 2, 1999): B1, B4.

87. David Kirkpatrick, "Advertisers Crash Crowd Outside 'Today,' " *The Wall Street Journal* (April 24, 1996): B1.

88. Chip Walker, "Word of Mouth," *American Demographics* (July 1995): 38-44.

89. Richard J. Lutz, "Changing Brand Attitudes through Modification of Cognitive Structure," *Journal of Consumer Research* 1 (March 1975): 49-59. For some suggested remedies to bad publicity, see Mitch Griffin, Barry J. Babin, and Jill S. Attaway, "An Empirical Investigation of the Impact of Negative Public Publicity on Consumer Attitudes and Intentions," in *Advances in Consumer Research* 18, eds. Rebecca H. Holman and Michael R. Solomon (Provo, Utah: Association for Consumer Research, 1991), 334-341; Alice M. Tybout, Bobby J. Calder, and Brian Sternthal, "Using Information Processing Theory to

Design Marketing Strategies," *Journal of Marketing Research* 18 (1981): 73-79.

90. Robert E. Smith and Christine A. Vogt, "The Effects of Integrating Advertising and Negative Word-of-Mouth Communications on Message Processing and Response," *Journal of Consumer Psychology* 4, no. 2 (1995): 133-151; Paula Fitzgerald Bone, "Word-of-Mouth Effects on Short-Term and Long-Term Product Judgments," *Journal of Business Research* 32 (1995): 213-223.

91. Charles W. King and John O. Summers, "Overlap of Opinion Leadership across Consumer Product Categories," *Journal of Marketing Research* 7 (February 1970): 43-50.

92. A. Tesser and S. Rosen, "The Reluctance to Transmit Bad News," in *Advances in Experimental Social Psychology*, ed. L. Berkowitz (New York: Academic Press, 1975), 8.

93. Lisa Bannon, "How a Rumor Spread about Subliminal Sex in Disney's 'Aladdin'" *The Wall Street Journal* (October 24, 1995): B1.

94. Judie Glave, "Calvin Klein Axes Controversial Campaign," *Denver Post* (August 29, 1996): C9.

95. Michael A. Verespej, "Tacky Toys with Crude Names," *Industry Week* (February 15, 1993): 26.

96. Everett M. Rogers, *Diffusion of Innovations*, 3rd ed. (New York: Free Press, 1983).

97. Elaine Stone, *The Dynamics of Fashion* (New York: Fairchild, 1999).

98. Dorothy Leonard-Barton, "Experts as Negative Opinion Leaders in the Diffusion of a Technological Innovation," *Journal of Consumer*

Research 11 (March 1985): 914-926; Rogers, *Diffusion of Innovations*.

99. Herbert Menzel, "Interpersonal and Unplanned Communications: Indispensable or Obsolete?," in *Biomedical Innovation* (Cambridge, Mass.: MIT Press, 1981), 155-163.

100. Meera P. Venkatraman, "Opinion Leaders, Adopters, and Communicative Adopters: A Role Analysis," *Psychology & Marketing* 6 (Spring 1989): 51-68.

101. Rogers, *Diffusion of Innovations*.

102. Quentin Bell, *On Human Finery* (London: Hogarth Press), 46.

103. Patricia Huddleston, Imogene Ford, and Marianne C. Bickle, "Demographic and Lifestyle Characteristics as Predictors of Fashion Opinion Leadership, among Mature Consumers," *Clothing and Textiles Research Journal* 11, no. 4 (1993): 26-31.

104. Dorothy U. Behling, "Three and a Half Decades of Fashion Adoption Research: What Have We Learned?" *Clothing and Textiles Research Journal* 10, no. 2 (1992): 34-41.

105. Robert Merton, *Social Theory and Social Structure* (Glencoe, Ill.: Free Press, 1957).

106. King and Summers, "Overlap of Opinion Leadership across Consumer Product Categories." See also Ronald E. Goldsmith, Jeanne R. Heitmeyer, and Jon B. Freiden, "Social Values and Fashion Leadership," *Clothing and Textiles Research Journal* 10 (Fall 1991): 37-45; J. O. Summers, "Identity of Women's Clothing Fashion Opinion Leaders," *Journal of Marketing Research* 7 (1970): 178-185.

107. Laura J. Yale and Mary C. Gilly,

"Dyadic Perceptions in Personal Source Information Search," *Journal of Business Research* 32 (1995): 225-237.

108. Russell W. Belk, "Occurrence of Word-of-Mouth Buyer Behavior as a Function of Situation and Advertising Stimuli," in *Combined Proceedings of the American Marketing Association*, Series No. 33, ed. Fred C. Allvine (Chicago: American Marketing Association, 1971), 419-422.

109. For discussion of the market maven construct, see Lawrence F. Feick and Linda L. Price, "The Market Maven," *Managing* (July 1985): 10. Scale items adapted from Lawrence Feick and Linda Price, "The Market Maven: A Diffuser of Marketplace Information," *Journal of Marketing* 51 (January 1987): 83-87.

110. Michael R. Solomon, "The Missing Link: Surrogate Consumers in the Marketing Chain," *Journal of Marketing* 50 (October 1986): 208-218.

111. William R. Darden and Fred D. Reynolds, "Predicting Opinion Leadership for Men's Apparel Fashions," *Journal of Marketing Research* 1 (August 1972): 324-328. A modified version of the opinion leadership scale with improved reliability and validity can be found in Terry L. Childers, "Assessment of the Psychometric Properties of an Opinion Leadership Scale," *Journal of Marketing Research* 23 (May 1986): 184-188.

112. "Connect," *Newsweek* (May 5, 1997): 11.

113. Terry L. Clum and Joanne B. Eicher, "Teenagers' Conformity in Dress and Peer Friendship Groups," Research Report #152 (East Lansing, Mich.: Michigan State University Agricultural Experiment Station, March 1972).

114. Kelly and Eicher, "Popularity, Group Membership, and Dress."

115. Peter H. Reingen and Jerome B. Kernan, "Analysis of Referral Networks in Marketing: Methods and Illustration," *Journal of Marketing Research* 23 (November 1986): 370-378.

116. Peter H. Reingen, Brian L. Foster, Jacqueline Johnson Brown, and Stephen B. Seidman, "Brand Congruence in Interpersonal Relations: A Social Network Analysis," *Journal of Consumer Research* 11 (December 1984): 771-783; see also James C. Ward and Peter H. Reingen, "Sociocognitive Analysis of Group Decision Making among Consumers," *Journal of Consumer Research* 17 (December 1990): 245-262.

제13장
구매와 처분

샤론은 몹시 흥분되었다. 드디어 바쁜 일정을 쪼개 시내 한 복판에 있는 벼룩시장에 나갈 시간을 낼 수 있을 것 같았다. 그 벼룩시장은 옥이나 준 금속과 같은 보석류로 유명하다는 사실을 샤론은 잘 알고 있었다. 샤론은 이것을 위해 돈을 모아 왔다. 아무래도 벼룩시장에서는 판매자가 부르는 값보다 훨씬 싸게 원하는 물품을 손에 넣을 수 있을 거라는 계산이 섰다. 샤론은 가격

을 흥정하느라 옥신각신할 것을 생각하니 끔찍하고 겁도 났지만 자신이 제시한 가격에 팔도록 판매자를 설득할 수 있을 거라는 희망을 가졌다. 더구나 이미 구매할 만반의 준비가 되어 있지 않은가.

부스에는 특별 할인의 날이라는 현수막이 대대적으로 걸려 있었다. 계획한 가격보다 더 저렴하게 옷을 살 수도 있겠다며 부스로 들어섰다. 여성 판매자가 멜라닌이라고 자신을 소개하는 말을 듣고 샤

론은 다소 놀랐다. 노련한 중년의 남성을 예상했던 샤론은 해볼 만한 게임이라는 생각이 들었다. 아니 그보다 훨씬 운이 좋을 것 같았다. 잘해야 동년배로 보이는 젊은 여성과 흥정하게 된 것이 그리 나쁠 것 같지 않았다.

멜라닌은 샤론이 흠잡을 데 없는 옥 목걸이에 백달러를 요구하자 어이없다는 듯 웃음을 터뜨렸다. 오히려 멜라닌은 대단히 열성적으로 그 목걸이가 샤론

이 놓치면 안 되는 물건이라는 확신을 심어주었다.

마침내 2백5십 달러짜리 수표를 끊고 있을 때 샤론은 흥정에 지칠 대로 지쳐 있었다. 판매자가 매겨놓은 원가보다 싸게 샀기 때문에 샤론은 잘 했다는 결론을 내렸다.

사실 샤론은 구매한 목걸이가 매우 마음에 들었다. 그리고 자기 자신이 생각한 것보다 괜찮은 협상가라는 사실에 기분이 좋았다.

1. 서론

많은 소비자들은 자동차를 구매한다든지 장터나 벼룩시장에서 물건을 구입할 때처럼 가격을 두고 옥신각신해야 하는 구매 행위에 겁을 낸다. 반면 '흥정'을 벌이는 일을 좋아하는 사람들도 있다. 다른 나라와는 달리 미국은 백화점이나 고급 전문점에서 의복을 구매할 경우 가격 흥정을 할 수 없도록 규정하고 있다. 해외 여행객이 메이시 백화점에서 값을 깎으려고 하는 모습을 보면 재미있다. 백화점과 같은 소매점에서 그리고 벼룩시장이나 중고차 판매점에서의 구매할 수 있는 물품과 구매 방법은 정해져 있다. 그러나 소비자의 구매 방법에 변화의 바람이 불고 있다. 인터넷에서 제공하는 구매 서비스(더 많은 사람이 구매할수록 가격을 내리는)를 활용하기 위해 인터넷에 접속한다든지, 큰 구매 건의 경우 중개인을 통해 협상한다든지 창고클럽에서 구매하는 등 소비자들은 다른 구매 방법을 시도하기 시작한 것이다. 심지어 요즘 사람들은 가게에 들어서기 전에 웹에서 제품 및 가격 정보를 얻어 단단히 무장하고 있기 때문에 소매상들은 예정한 판매가에 맞추어 판매하는 데 있어 더욱 어려움을 겪고 있다.

코튼 인코퍼레이티드의 라이프스타일 모니터에서 실시한 최근 조사에서 여성의 60%는 쇼핑을 좋아하거나 즐기는 것으로 나타났다. 경기가 좋을 때 쇼핑객은 더욱 증가한다. 직장에서의 의복 규제도 완화되어 여성들은 보다 멋스럽게 연출할 수 있게 되었으며, 차려 입기를 즐길 수 있게 되었다. 그러나 이 통계에 따르면 40%의 여성은 쇼핑을 즐기지 않는다고 볼 수 있다.[1] 이러한 나머지 40%의 잠재적인 고객을 끌어들일 수 있을 것이라는 기대 가운데 소매상들은 쇼핑을 보다 유쾌한 경험으로 해줄 방법을 모색하기 위해 부단히 노력하고 있다. 의류 소매업자들은 대부분 고객 안내지침을 마련해두고 있다. 이를테면 "가게에 들어선 후 2분 이내에 손님을 공손히 맞이할 것", "정통한 세일즈 컨설턴트는 고객의 말을 귀담아 듣고 관계를 형성시킨 다음 필요한 것을 찾아내고 확실히 충족시키도록 한다."와 같은 것이다.[2] 이러한 안내지침은 마케터에게 구매 상황의 중요성을 강조하고 있는 부분이다. 즉 마케터는 세상에서 제일 좋은 물건을 확보할 수 있다. 그러나 중요한 것은 사람들이 기꺼이 그것을 가질 용의가 있어야 한다는 점이다.

샤론의 목걸이 구매 체험은 앞으로 이 장에서 논의하게 될 몇몇 개념을 잘 보여주고 있다. 물건을 구매한다는 것은 대부분 가게에 가서 무언가를 재빨리 골라 드는 단순하고 틀에 박힌 일이 아니다. 그림 13-1에 예시한 바와 같이, 그날의 기분이라든지 구매 결정에 시간 압박을 받는지 여부 및 구매할 필요가 있는 특별한 상황이나 배경과 같은

그림 13-1 구매 및 구매 후 활동과 관련이 있는 여러 사안

출처 : M. R. Solomon, *Consumer Behavior*, 5th ed., p. 288, ⓒ 2002. Reprinted by permission of Pearson Education. Inc., Upper Saddle River, NJ.

고객 선택에 영향을 미치는 여러 개인적인 요인들이 있다. 최종 선택에 있어 판매자가 결정적인 역할을 하는 경우도 있다.

점포의 환경도 큰 영향을 미친다. 점원, 다른 고객, 점포 이미지, 고객에게 전달되는 '느낌', 인테리어, 판촉물 등도 고객의 결정에 영향을 미친다. 여기에서 끝나는 것이 아니라 구매해서 집으로 가져간 후의 고객 활동도 매우 중요하다. 구매한 제품을 사용하고 나서 소비자들은 제품에 만족하는지 아닌지 판단을 내리게 된다. 사업 성공의 핵심 요소가 일회 판매가 아니라 지속적으로 재구매하게 될 미래의 고객으로 관계를 다지는 것에 있음을 이 분야에 일가견이 있는 마케터라면 판매 후의 만족 과정이 얼마나 중요한지 잘 알고 있을 것이다. 이 장에서는 구매와 관련된 여러 사안과 구매후 현상에 대해 중점적으로 살펴볼 것이다.

2. 구매에 영향을 미치는 상황 요인

소비 상황(consumption situation)은 제품과 서비스의 구매 또는 사용에 영향을 미치는 사람 및 제품의 특성을 넘어서는 요인들에 의해 정의된다. 상황적 영향은 행위적인 것(친구를 즐겁게 한다든지)이거나, 지각적인 것(우울하거나 시간에 쫓기는 느낌)일 수 있다.[3] 사람들은 특별한 행사에 맞추어 구매하며 특정 시점에 있어 우리가 느끼는 감정은 우리가 무엇을 구매하고 싶은지에 영향을 미친다.

현명한 마케터들은 이러한 패턴을 잘 알고 있으며 가장 구매하기 쉬운 상황과 시간 틀에 맞추어 판매 노력을 기울인다. 의류 업계에서는 특히 제품이 '계절' 별로 뚜렷이 구분되기 때문에 이것을 분명히 볼 수 있다. 남성 의류가 잘 판매되는 계절은 가을과 봄인데 반해 여성 의류는 계절이 다섯 개 또는 그 이상이 된다고 할 수 있다. 월별로 점포에서 나타나는 제품들을 보면 아래와 같다.

- 리조트 ― 1월
- 봄 ― 2월, 3월, 4월
- 여름 ― 5월, 6월
- 간절기/초가을 ― 7월
- 가을 ― 8월, 9월
- 명절 ― 10월, 11월, 12월

일부 디자이너와 제조업자들은 개학 준비 기간이나 부활절과 같은 축제일이나 행사에 맞추어 제품을 출시하기도 한다. 그러나 점포에 고객을 끌 수 있는 신상품이 끊이지 않도록 일 년에 다섯 차례가 아니라 매달 제품을 생산해서 공급하는 디자이너와 제조업자들이 점점 더 많아지고 있다.

제품과 사용 상황 간의 기능적 관계 이외에 환경적 상황을 진지하게 참고해야 하는 또 다른 이유는 "지금 나는 누구인가?"와 같은 근본적인 질문(제5장 참조)[4]을 던지게 되는 특정 시간, 특정인의 역할은 **상황적 자기이미지**(situational self-image)에 의해 결정된다는 점이다. 데이트에서 강한 인상을 심어 주려고 '도시의 청년' 같이 보이려 애쓰는 젊은 청년이라면 폼나는 옷을 입고 맥주 대신 비싼 샴페인을 주문하고 꽃을 사는 등 돈을 더 헤프게 쓸 것이다. '일개 소년' 으로서 친구들과 어울려 맥주나 마실 때에는 절대로 안중에도 없는 일을 하게 된다. 이와 같은 예에서 볼 수 있듯이 고객이 제품을 소비하는 그 시점에 무엇을 하는지, 어떤 역을 연출하고 있는지를 알고 있다면 고객이 선택할 제품과 상표를 보다 잘 예측할 수 있을 것이다.[5]

구매 행위에 영향을 미치는 상황 요인을 바라보는 또 다른 시각은 신체 안에 있는 **내인성**(endogenous) 대 신체 밖에 있는 **외인성**(exogenous)으로 유형분류된다. 한 의류 연구에 따르면 의복 선택에 영향을 미치는 상황 요인은 대개 본성적으로 날씨나 사교활동, 시간과 같은 외인성인 것으로 나타났다. 반면 기분이나 자아에 대한 지각과 같은 내인성 요인은 더 적게 나타났다.[6] 그림 13-2에 이러한 영향 정도를 측정하는 데

외인성 상황 요인

나는 상황에 적합한 옷을 입고 싶다.

입고 가려고 생각해 둔 옷이(드레스, 정장 등) 세탁소에 있을 경우 그 다음으로 가장 좋은 옷을 선택한다.

나는 의상을 고르기 전에 행사 일에 담당할 역할 유형(교사, 학생 등)에 대해 생각한다.

나는 매일 입고 갈 옷을 정하기 전에 그날 내가 누구를 만날 것인지에 대해 생각한다.

나는 옷을 선택하기 전에 바깥 날씨를 점검한다.

나는 패션 감각을 살리는(또는 유행에 맞는) 옷을 선택한다.

내가 열정적으로 느끼는 날에는 가장 밝은 옷을 입는다.

두 발로 뛰어야 할 일이 많은 날은 편한 신발을 신는다.

나는 화창한 날에는 밝은 계열의 옷을 고른다.

늦잠을 잔 경우 손에 잡히는 대로 입는다.

내인성 상황 요인

기분이 저조할 때는 가장 화려한 정장을 차려 입어 생기를 북돋는다.

피곤할 때는 생기발랄한 옷을 입는다.

마음이 불안할 때는 가장 좋아하는 스타일을 연출한다.

그림 13-2 의복 선택에 영향을 미치는 상황 요인

출처 : Yoon-Hee Kwon, "Effects of Situational and Individual Influences on the Selection of Daily Clothing", *Clothing and Textiles Research Journal*, 6 (1988) : 6-12.

사용한 일부 조사 항목을 나타내었다.

1) 상황 세분화

주요한 사용 상황을 체계적으로 규명하여, 연구자는 상황에서 비롯되는 구체적인 요구에 부응할 수 있도록 제품을 배치하는 시장 세분화 전략을 개발할 수 있다. 많은 제품 카테고리가 이러한 형태의 세분화에 잘 들어맞는다. 패션 의류는 일상 생활시 착용하는 캐주얼, 전문직 정장, 파티 의상 등 확실히 서로 다른 여러 상황에 맞게 잘 세분화되어 있다. 그림 13-3에 소매점에서 제공하는 여성 및 남성 의류 분류를 나타내었다. 여러 유형의 상황과 행사에 적합한 특별 의상이 있음을 볼 수 있다. 신발류와 같은 일부 품목은 갈수록 복잡한 양상을 띠고 있다. 전에는 스니커즈(운동화)를 사면 되었지만 지금은 스포츠 종목마다 착용해야 할 신발이 따로 있다. 나이키 웹사이트 (www.nike.com)만 살펴보아도 야구/소프트볼, 농구, 크로스-훈련, 축구, 골프, 실외 (범용)용, 럭비, 달리기, 풋볼, 테니스, 체력 단련시 신는 각기 다른 제품들을 다수 볼 수 있다.

여성 의류

스포츠웨어 : 상의(티셔츠, 셔츠, 블라우스, 블레이저), 하의(바지, 치마)
액티브웨어 : 체력단련복(타이츠, 무용복, 운동복, 조깅복), 스포츠(테니스, 골프, 경륜 등)
수영복/해변복
드레스 : 캐주얼, 정장드레스
이브닝복 및 결혼식 예복
외투 : 코트, 자켓, 망토, 비옷
정장 : 바지 정장, 치마 정장
내의류
  기초(브래지어, 가터 벨트, 거들, 보정속옷)
  란제리(데이 웨어-슬립, 팬티, 캐미솔; 나이트웨어-파자마, 나이트가운, 네글리제)
임신복
액세서리
기타 : 유니폼, 앞치마 등

남성 의류

양복 : 정장, 오버코트, 탑코트, 스포츠코트, 정장 바지, 예복
장식용 : 정장 셔츠, 넥타이(스카프), 속옷, 모자, 양말, 잠옷, 실내복(로브)
스포츠웨어 : 스포츠 셔츠, 니트 셔츠, 스웨터, 반바지, 바지, 운동복, 수영복
작업복 : 작업용 셔츠와 바지, 오버롤, 청바지
기타 : 비옷, 유니폼, 캡 등

그림 13-3 여성 및 남성 의류 분류

2) 사회 물리적 환경

소비자의 물리적, 사회적 환경도 제품 사용에 대한 구매 동기를 크게 좌우하며 제품에 대한 평가 방식에도 영향을 미친다. 그 상황에 존재하는 다른 고객의 수요와 유형은 물론 개인을 둘러싼 물리적 환경도 주요한 단서로 작용한다. 물리적 환경의 차원, 즉 장식, 냄새 심지어 온도와 같은 것들은 소비에 상당한 영향을 미칠 수 있다. 이 장 후반부에 이러한 요인들에 대해 자세히 살펴볼 것이다.

물리적 단서 외에 소비자의 구매결정에 막대한 영향을 미치는 요인은 그룹이나 사회적인 환경이다. 고가의 부티크에서 특권층 고객에게만 프라이버시를 제공하는 경우 다른 고객의 존재 유무 자체는 제품 속성으로서 기능을 할 수 있다. 그러나 다른 경우에는 다른 사람이 존재하는 것만으로도 점수를 딸 수 있다. 텅빈 부티크나 레스토랑이 전달하는 메시지는 막강한 것이다.

다수의 다른 고객이 존재하는 소비자 환경에 처하면 소비자는 환기 수준이 높아져

환경에 대한 주관적 경험이 더 강렬해지는 경향이 있다. 하지만 이러한 경향은 긍정적인 면과 부정적인 면을 동시에 일으킨다. 다른 사람의 존재는 환기 상태를 유발하기는 하지만, 고객의 실질적인 경험은 그러한 환기에 대한 해석에 의해 좌우된다. 이 까닭에 **밀도**(density)와 **혼잡성**(crowding)을 구분할 필요가 있다. 밀도란 한 공간을 점유하는 실질적인 사람 수를 일컫는 반면, 혼잡성이란 심리적 상태가 그러한 밀도로 인해 부정적 영향이 야기되었을 경우에 한해 존재한다.[7] 예를 들면 조그만 점포 안에 다수의 사람이 존재한다는 것은 판매가 성공될 가능성이 높다는 것을 의미하므로 주인에게는 긍정적일지 몰라도 쇼핑객에게는 그렇지 않을 수 있다.

또한 어떤 점포나 서비스, 또는 제품을 정기적으로 사용하는 단골 고객의 유형도 평가에 영향을 미칠 수 있다. 우리는 종종 고객을 보고 점포가 어떠할 것이라고 추론하곤 한다. 고가의 부티크에서 잘 차려 입은 여성이 쇼핑하는 것은 점포의 명성을 더한다. 이러한 이유로 저녁 식사시 정장을 요구하는 레스토랑이 있으며(그렇지 않을 경우 형편없는 식사를 대접한다), '잘 나가는' 클럽이나 소또 프라다(Sotto Prada) 점포 오프닝과 같은 부티크 개장 때에는 경비원이 사람들을 줄 세워 '외모'가 적합한지 아닌지를 심사하여 들여보내는 것을 볼 수 있다. 코미디언 그루초 마르크스가 "나를 위해 회원증을 준비해 놓은 클럽에는 절대 가지 않겠어요!"라고 말하는 코미디의 소재가 여기서 등장한다.

3) 임시적 요인

시간도 소비자의 귀중한 자원에 속한다. 우리는 "시간을 만든다."거나 "시간을 쓴다."고 말하며 "시간은 돈이다."라는 말을 자주 듣는다. 시간을 충분히 들일 수만 있다면 보다 철저히 정보를 조사할 것이요, 심사숙고할 것이라는 점은 상식적으로도 잘 알 수 있는 사실이다.

(1) 경제적 시간

시간은 경제 변수이며, 활동으로 배분되어야 하는 자원에 해당한다.[8] 소비자들은 업무를 적절히 조합한 다음 알맞게 시간을 할애하는 방식으로 만족을 극대화하고자 한다. 개인의 우선순위에 따라 타임스타일(timestyle)이 결정된다.[9]

많은 소비자들이 전보다 훨씬 시간 압박을 받고 있다고 믿는 이른바 **시간빈곤**(time poverty)이라는 느낌을 가지고 있다. 하지만 이 느낌은 사실보다 인식에 의해 발생하는 면이 높다. 단지 시간을 들여야 하는 선택 사항이 많아진 탓일 수도 있고 그러한 선택 상황들의 무게에 눌리는 느낌에 지나지 않는 것일 수도 있다. 20세기 초반 평균 노동 시간은 10시간(주 6일)이었으며, 여성은 주당 27시간의 가사를 했는데 21세기에 들어선 지금은 주당 5시간 정도 적은 시간을 일한다. 노동 시간을 줄여주는 장비들이 등장했다는 사실 이외에 남성들의 가사 분담률이 높아졌다는 점이 이러한 큰 시간차를 보여주는 원인이다. 예전처럼 집을 먼지 하나 없이 깨끗이 꾸미는 일을 중요시 여기지 않는 점도 원인이 될 수 있다.[10] 미국인의 3분의 1은 항상 쫓기는 기분으로 사는 것으로 나타났다. 이는 1964년의 25%에서 증가한 수치이다.[11]

이러한 시간빈곤감 때문에 소비자들은 시간을 절약할 수 있도록 해주는 혁신적 마케팅에 더욱 민감하게 반응하게 된다. 시간이 우선적으로 중요해짐에 따라 드라이클리닝이나 사진 현상과 같은 다양한 서비스가 등장할 기회가 생겨났으며 신속배달이 중요한 특성으로 등장하게 되었다.[12] 바쁜 고객들이 신속히 점포를 오갈 수 있도록 점포 배치 지도나 방향 표시기가 등장한 것도 이러한 현상과 관계가 있다.

라이프스타일 모니터에 따르면 여성은 매 쇼핑시 평균 1시간 41분을 의류 쇼핑에 소요하며 남성은 90분 미만을 들인다고 한다. 점포에 머무는 시간은 최근 증가하였다.[13] 이는 보다 신중한 물품 선택을 위해 자세히 살펴보는 데 시간을 들이기 때문으로 보인다. 동시에 여성의 경우 신상품을 잘 알아두기 위해 소매 점포의 웹사이트에 방문해 정보를 얻음으로 인해 점포에서 보내는 시간이 줄어드는 경향도 있다.

(2) 심리적 시간

특정 시간대에는 적합하지만 다른 시간대에는 그렇지 않다고 여겨지는 제품과 서비스가 있다. 또한 광고 메시지에 보다 수용적인 시간대가 있는 것 같다. 아침 7시에 맥주 광고를 보고 싶은 사람이 있을까? 제이 씨 페니나 타겟 세일 광고는 아침 시간에 보다 잘 수용되는 것 같다. 하지만 대체로 정보 처리의 스타일과 질에 영향을 미치는 소비자의 주의 환기 수준은 저녁보다 아침에 더 낮다는 것을 보여주는 연구 결과도 있다.[14]

시간에 대한 심리학적 차원, 혹은 어떻게 시간을 경험하는가는 대기행렬의 이론(queuing theory) ─ 줄 서서 기다리는 현상에 대한 수학적 연구 ─ 에 있어 중요한 요소이다. 소비자가 줄 서서 기다리는 현상을 어떻게 경험하는지에 따라 서비스의 품질에 대한 인식이 근본적으로 달라질 수 있다. 무언가를 위해 기다려야 한다면 그것이 무척 좋은 것일 거라고 생각하지만 한없이 늘어선 줄은 부정적인 감정을 일으켜 소비자들을 금방 돌아서게 할 것이다.[15] 여성의 83%, 남성의 91%가 매우 길게 늘어서 기다리는 줄 때문에 특정 가게에서 더 이상 쇼핑하지 않는다는 연구 결과가 있다. 소매업자들은 이러한 줄을 줄이거나 없애려고 기술들을 시험 중이다. 그 중 하나는 '스마트 패키지'라고 하는 기술로, 제품에 저주파수를 사용하여 신호음을 낼 수 있는 태그를 붙이는 방법이다. 고객이 제품을 들고 가게 출구를 빠져 나가면 컴퓨터가 신호를 포착하여 가격을 기록하고 계산서를 작성하도록 하는 기술이다.[16]

4) 선행경험 여부 : 느낌이 좋으면 사라!

구매 시점에서 사람의 기분이나 생리학적 조건도 무엇을 구매할 것인지, 제품을 어떻게 평가할 것인지에 막대한 영향을 미치는 요소이다.[17] 예를 들면 스트레스를 받고 있는 상태라면 정보처리 및 문제해결 능력이 손상되어 있을 수 있다.[18] 유쾌함(pleasure)과 환기(arousal) 두 요소가 고객으로 하여금 소비 환경에 대해 긍정적이거나 부정적인 반응을 일으킬지를 결정한다. 상황을 즐길 수도 있고 그렇지 않을 수도 있으며 자극을 받을 수도 있고 그렇지 않을 수도 있다. 그림 13-4에서 볼 수 있듯이 유쾌함과 환기 수준이 어떻게 조합되는가에 따라 다양한 정서 상태가 유발된다. 예를 들면 환기 상황이 긍정적인가 부정적인가(예컨대, 데모 군중과 거리 축제)에 따라 기분이 저조할 수도 있고 들뜰 수도 있다. 디즈니월드와 같은 테마공원의 성공 배경에는 공원을 찾은 사람에게 지속적으로 자극제를 공급하는 방법으로 '상승' 기분을 고조시켜 유지한 전략도 들어 있다.[19] 나이키 타운과 같이 젊은 청소년층이 대상 고객일 때 소매 점포는 매우 빠른 비트의 음악을 틀어 놓고 생생한 화면을 볼거리로 제공한다.

특정한 기분이란 쾌감과 환기가 적절히 조합하여 만들어낸 것이다. 행복한 상태는, 예를 들면 기분 좋은 감정은 높고 환기 수준은 적당한 경우에 형성되며, 우쭐한 상태는 유쾌함과 환기 수준이 모두 높을 때 형성된다.[20] 일반적으로 감정 상태(부정적이든 긍정적이든)는 제품과 서비스에 대한 판단을 감정에 치우친 방향으로 편향되게 유도한다.[21] 쉽게 말해 기분이 좋을 때는 물건들이 더 좋아보인다는 것이다. 반대 기분일 때는 반대 결론을 내릴 것이다. 어떤 물품은 소비자의 기분을 좋게 만들기도 한다. 최근에 우먼스 웨어 데일리에서 소유한 의상의 색상에 대한 태도를 연구한 결과, 다수의 여성이 기분에 따라 색상을 선택하며 밝은 색상이 기분을 좋거나 행복하게 만들어 준다고 보는 것으로 나타났다(연장자 그룹의 경우 특히 더 그러했다).[22]

점포 디자인, 날씨, 개별 소비자의 특정 요인도 기분에 영향을 미칠 수 있다. 이 외

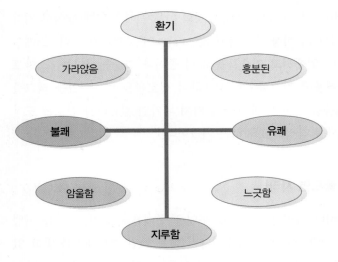

그림 13-4 정서 상태의 차원

출처 : James Russell and Geraldine Pratt, "A Description of the Affective Quality Attributed to Environment", *Journal of Personality and Social Psychology*, 38(August 1980): 311-322. ⓒ Copyright 1980 by the American Psychological Association. Adapted by permission.

에 음악이나 텔레비전 프로그램도 기분에 영향을 미치는데, 이는 광고 방송 결과에 지대한 영향을 미친다.[23] 즐거운 음악을 듣거나 기분 좋은 프로그램을 시청한 소비자는 광고 방송이나 광고 제품에 보다 긍정적인 반응을 보인다. 마케팅이 감정적 반응을 불러일으키려는 의도로 제작된 경우 특히 그렇다.[24] 긍정적 기분에 쌓이게 되면 소비자들은 광고를 덜 꼼꼼히 따지게 된다. 메시지가 시사하는 바에 주의를 덜 기울이게 되며 휴리스틱 처리과정에 보다 많이 의존하게 된다(제11장 참조).[25]

3. 쇼핑 : 일인가 모험인가

무언가를 반드시 구매할 필요가 없는데도 쇼핑을 하는 사람이 있는가 하면 쇼핑몰에 끌려 쇼핑을 하는 사람도 있다. 쇼핑은 필요한 제품과 서비스를 획득하는 방법이지만 쇼핑에 대한 사회적 동기 또한 중요하다. 따라서 쇼핑은 실용적 이유(기능적 또는 실체적) 또는 쾌락적 이유(즐거움이나 비실체적인)에 의해 수행되는 행위라고 할 수 있다.[26]

1) 쇼핑하는 이유

사람들이 쇼핑을 하는 이유를 평가하기 위해, 학자들이 사용하는 측정 항목을 통해서 쇼핑의 여러 동기들을 살펴볼 수 있다. 쾌락적 가치를 측정하는 데 사용하는 항목에는 "여행 중에는 헌팅에 대한 흥분을 느낀다."는 것이 있다. 이러한 감정 유형을 "이번 쇼핑에서 내가 원하는 일을 완수했다."라는 기능적으로 연관된 진술과 비교하면 두 차원의 대조가 극명히 드러난다.[27] 쾌락적 쇼핑 동기로는 다음과 같은 것을 들 수 있다.[28]

- **사회적 경험** : 쇼핑센터나 백화점은 지역주민이 운집한 곳이었던 예전의 시내 광장이나 행사가 열리던 곳에 들어선 건물들이다. 여가 시간에 딱히 갈 곳이 없는 사람들이 많다(특히 교외나 시골에 사는 사람들일 경우). 최근 청소년의 외로움은 오락과 사교 목적으로 쇼핑을 가는 것과 서로 상관관계가 있다는 연구 결과가 나오기도 했다.[29] 주목할 만한 것은 고독 해소 사례로 매주 토요일마다 메디슨 가에 있는 부티크에 가서 신문을 보거나 제공하는 최고급 커피나 빵을 대접 받는 노인 남성들을 들 수 있다. 무려 6년 동안이나 아무것도 구매하지 않은 사람도 있다고 한다. 그럼에도 그 가게에서는 모든 고객에게 최상급 서비스를 제공하고 있다고 한다.

- **공통 관심사 공유** : 공통의 관심사를 가진 사람들이 상호 교류할 수 있는 매개가 되는 전문 제품을 취급하는 점포들이 많이 있다.

- **사람들과 어울림** : 쇼핑센터는 사람들이 자연스럽게 모여드는 곳이다. 쇼핑몰은 십대들이 모이는 중심 '아지트'가 되어 가고 있다. 반면 노인들에게는 통제가 잘 되어 있는 안전한 환경을 제공하기도 한다. 현재 이른 아침 쇼핑몰로 운동을 나오는 노인들을 대상으로 '몰 보행자' 클럽을 운영하는 쇼핑몰도 많다.

- **즉흥적으로 생성되는 사회적 지위** : 아무것도 살 필요가 없는데도 대접받기를 즐기기 위해 점포에 오는 사람이 있다는 사실을 판매 사원이라면 누구나 알고 있다. 남성복 판매사원이 제안하는 충고 한마디를 들어보자 : "고객에게 마지막으로 판매한 제품과 사이즈를 기억하십시오. 고객이 중요하게 대접받고 있다고 느끼도록 만들기 바랍니다! 중요하게 여겨지고 있다는 느낌을 받은 사람은 다시 오게 되어 있습니다. 사람들은 너나 할 것 없이 중요한 사람이라는 느낌을 좋아합니다."[30]

몰은 점차 젊은이들이 모이는 장소로 변하고 있다. 이러한 현상은 경우에 따라서는 문제의 소지로 작용할 수 있는데, 노인들이 더 이상 몰이 안전하다고 느낄 수 없는 경우가 그렇다.

- 헌팅에 대한 전율 : 시장에 대한 지식을 자랑으로 아는 사람도 있다. 이들은 샤론과는 달리 흥정과 옥신각신하는 과정을 마치 스포츠를 하는 것으로 간주하며 즐긴다.

2) 의류 쇼핑 : 좋아하는가 싫어하는가

사람들은 쇼핑을 좋아할까 아니면 싫어할까? 라이프스타일 모니터에서 수행한 연구에 따르면 의류 쇼핑을 좋아하는 여성 고객 수가 감소하고 있다고 한다.[31] 100점으로 환산한 결과 여성들의 '쇼핑 지표'는 56점(중간에서 약간 높은)으로 나타났다(물론 유행 혁신자들은 최고점인 72점을 기록했다). 9.11 사건 이후 소비자들은 쇼핑을 덜하며 생활을 간소화하고 집에서 보내는 시간을 늘리기 위해 점포방문을 적게 한다고 한다.[32]

소비자들이 '의류 쇼핑을 사랑' 하지 않는 가장 큰 이유 및 의류 쇼핑보다 다른 것에 에너지를 쏟고 있음을 보여주는 증거로 다음을 들 수 있다.

- 다른 제품에 돈을 쓴다.
- 옷에 대한 관심이 예전만 하지 못하다.
- 요즘 스타일은 내 체형에 잘 맞지 않는다.

몰이 문을 열기 전 이른 시간에 안전한 환경에서 운동을 즐기려는 노인들을 위해 많은 몰들이 '몰 보행' 프로그램을 실시하고 있다.

• 옷을 사러 갈 시간이 없다.

연구 결과, 25~34세 연령대의 주요 고객층이 의류 쇼핑에 대한 매력을 점차 잃어가고 있음을 볼 수 있다. 이들은 "가게에 있는 제품들이 썩 잘 만들어진 것이 아니거나 지나치게 비싸다. 중간 정도의 물건이 없다.", "백화점이나 체인점에 있는 제품들이 하나같이 비슷비슷하고 거기서 거기다. 정말 범상치 않은 옷을 고르려면 큰돈을 써야 하는데 매번 그러고 싶지 않다."라는 의견을 내놓고 있다. 의류 회사들이여, 소비자들이 멀어져 가고 있음을 깨달으라!

3) 쇼핑 성향

소비자들은 **쇼핑 성향**(shopping orientation), 즉 쇼핑에 대한 일반적인 태도에 따라 세분화될 수 있다. 쇼핑성향은 특정 제품 범주나 점포 유형에 따라 달라질 수 있다. 샤론은 보석 쇼핑을 좋아하는데 신발 가게나 하드웨어 가게에 가는 것은 싫어한다. 업계 전문가들은 여성과 남성의 쇼핑 스타일이 서로 다르다는 주장을 내놓고 있다. 쇼핑 유

쇼핑을 가장 좋아하는 사람은 누구일까? 전 세계 여성을 대상으로 조사한 결과, 39%만이 쇼핑에 대해 긍정적인 반응을 보인 홍콩을 제외한 다른 모든 나라에서 여성의 60% 이상이 의류 쇼핑을 즐기는 것으로 나타났다. '타고난 쇼핑가'의 영예는 80% 이상이 가장 좋아하는 활동이 바로 옷 사는 일이라고 이구동성으로 말하고 있는 브라질과 콜롬비아를 비롯한 라틴 아메리카 지역 여성들에게 돌아갔다. 뒤를 이어 프랑스, 이탈리아, 일본이 순위를 기록했다. 의복 쇼핑을 좋아한다고 말한 미국 여성은 61%에 그쳤다. 거의 전 세계 여성들이 상점에 진열되어 있는 제품을 통해 가장 많은 정보를 얻는다고 답했다. 이 점에서 예외를 보인 두 나라는 잡지에서 가장 많은 패션 정보를 얻는다고 말한 독일과 무엇을 입어야 하는지를 가장 잘 알 수 있는 곳이 집이라고 대답한 것은 멕시코인이었다.[33]

형을 다음과 같이 분류해 볼 수 있다.[34] 당신은 어느 유형에 속하는가?

- 경제적 소비자 : 이성적이며 목적-지향적인 구매자로 돈의 가치를 극대화하는 데 일차적인 관심을 두는 소비자
- 친분형 소비자 : 가게 직원과 강한 유대 관계를 형성하는 경향이 있는 구매자("나는 내 이름을 알고 있는 가게에서 쇼핑한다.")
- 도덕적 소비자 : 약자를 도와주고 싶어 하는 자로 대형 체인점에 대항하여 지역 내 자영업자가 운영하는 가게를 지지하는 소비자
- 무관심형 소비자 : 쇼핑을 좋아하지 않으며, 쇼핑이 필요한 일이기는 하나 귀찮은 일거리로 여기는 소비자
- 유흥형 소비자 : 쇼핑을 즐거운 사교 활동으로 여기는 사람 — 쇼핑을 여가 시간을 보내는 좋은 방법으로 여김

4) e-커머스 : 클릭 대 브릭

티셔츠에서 냉장고에 이르기까지 팔지 않는 것이 없을 정도로 다양한 판매 웹사이트들이 우후죽순 생겨남에 따라 마케터들은 이 새로운 판매 양태가 미칠 경영 방식에 대해 열띤 논쟁을 벌이고 있다.[35] 고객 가운데는 다른 사람들보다 체질적으로 e-커머스를 더 좋아하는 유형도 있을 것이다(훌륭한 연구 소재감이다!). e-커머스가 기존 소매를 대신할 운명을 가진 것인지, 아니면 조화롭게 병행하여 전개될 것인지 혹은 한때 아이들이 가지고 노는 유행에 지나지 않아 훗날 유쾌한 추억으로 전락할 것인지를 궁금해 하는 사람이 많다. 그러나 그럴 것 같지는 않다. 1999년도 통계에 의하면 온라인 총판매량이 2백억 달러로 집계되었으며, 포레스터 연구(Forrester Research) 기관은

블루 플라이와 같은 e-커머스 사이트
는 집 밖에 나가지 않고도 쇼핑할 수
있는 옵션을 제공한다.

2004년도에 이르면 4천9백만 가구가 온라인 쇼핑을 하며 천8백4십억 달러를 소비할
것으로 예측하였다.[36]

마케터의 입장에서 보면 온라인 커머스의 성장은 장단점을 가지고 있다. 장점이란
세계의 고객에게 다가갈 수 있다는 것이며, 단점이란 경쟁의 울타리가 없어져 건너편
가게뿐 아니라 전 세계에 걸쳐 수천 개의 웹사이트가 경쟁 대열에 합류하게 된다는 것
이다. 또 다른 문제점은 소비자에게 직접 재화를 제공함으로써 중개상(기업의 제품에
이윤을 붙여 파는 애고기반의 점포)을 잘라낼 수 있다는 점이다.[37] '클릭 대 브릭
(clicks vs bricks)' 딜레마는 마케팅 세계에서 포효하고 있다.

하여튼 갭은 온라인 커머스로 이익을 보고 있다. 갭 점포와 웹사이트는 협력하여 판
매 실적을 높이고 있는데 1999년에서 2000년 사이에 갭의 온라인 판매량은 세 배나
뛰었으며, 금액도 5천만 달러에서 1억 달러에 이른 것으로 산정되고 있다. 청바지와
티셔츠가 온라인에서 다량 판매되고 있지만 아직은 연간 판매량이 9십억 달러에 이르
는 이 기업이 차지하는 비율은 미미하다. 점포에서만 쇼핑할 때보다 온라인과 점포에

서 쇼핑하는 고객의 50% 이상이 더 많이 지출하는 것으로 나타난 연구 결과에 힘을 얻은 이 기업은 점포의 계산대와 윈도우 진열장에 *surf.shop.ship*(검색.쇼핑.발송)이라는 슬로건을 단 포스터를 붙여 웹사이트를 홍보하고 있다. 많은 고객으로 붐비는 점포는 점포에 있는 동안 쇼핑객이 gap.com에 접속할 수 있도록 '웹 라운지'를 꾸며 운영하고 있다.[38] 갭과 같은 소매자가 e-커머스를 강력히 추진하는 이유 중 하나는 인터넷이 점포에 나오지 않는 비전형적인 쇼핑객을 유인하여 판매고를 높일 수 있기 때문이다. 인터넷 구매의 49%를 차지하는 고객은 남성 가장이며, 68%가 40대 이상으로 나타났다.[39] 이들은 전형적인 '갭 고객으로 평가되지 않았던' 소비자들이다.

도대체 무엇이 e-커머스 사이트를 성공으로 이끌었을까? NPD 온라인사에서 수행한 조사 결과, 설문에 참여한 온라인 쇼핑객의 75%가 고객서비스가 우수했던 점포의 사이트를 다시 찾는다고 답했다.[40] 성공한 많은 e-소매상들은 고객에게 여분의 가치를 제공하는 기술을 사용하면 구매력을 높이고 고객을 유지할 수 있다는 점을 알게 되었다. 예로 에디바우어(Eddie Bauer : eddiebauer.com) 사이트는 고객에게 가상 탈의실을 제공한다. 커버걸(Cover Girl : covergirl.com) 사이트는 피부톤과 헤어스타일에 어울리는 색조를 찾을 수 있는 방법이나 생활방식에 적합한 외양을 완전히 디자인할 수 있는 방법을 제공한다.

인터넷 패션에 대한 최근 연구 결과 웹 쇼핑의 여러 측면 때문에 온라인 쇼핑이 높은 만족도를 얻고 있는 것으로 밝혀졌다. 그러나 나이가 많은 고객과 여성일수록 만족도가 낮았는데, 이들은 고객서비스를 보다 많이 활용할 수 없다는 점에 가장 큰 우려를 표했다.[41]

e-커머스가 갖는 또 다른 한계는 실제적인 쇼핑 체험을 할 수 없다는 점과 관련이 있다. 인터넷으로 컴퓨터나 책을 사는 경우 만족스러울지 몰라도 옷이나 다른 물품을 구입할 때는 직접 만져보고 입어보는 단계가 필수적이므로 만족이 덜하게 된다. 대부분의 기업이 여유 있는 반품 정책을 실시하고 있음에도 소비자들은 사이즈가 맞지 않거나 단지 제 색상이 아니라는 이유로 반품하게 될 때의 운임 비용이 문제가 될 수 있다. 시기와 배달 문제도 기업이 아직 해법을 찾지 못한 부분이기도 하다. 크리스마스 시즌에 신속 배달을 약속했던 많은 기업들이 약속을 어겼다. 실제로 배달이 제대로 이루어지지 않았거나 아예 배달되지 않은 경우에 대해 연방무역협회가 높은 벌금을 물린 온라인 기업들도 있다.[42] 표 13-1에 e-커머스의 장단점에 대해 정리하여 보았다. 전통적인 쇼핑 방식이 아직은 크게 잠식되지 않은 것은 분명하다. 그러나 전통적인 소매업자들은 쇼핑객이 가상 세계에서 얻을 수 없는 무언가를, 즉 자극적이거나 즐거운

표 13-1 e-커머스의 장단점

e-커머스의 장점	e-커머스의 한계
소비자 입장	
24시간 쇼핑 가능 이동할 필요가 적어짐 장소에 구애받지 않고 수초 안에 정보를 얻음 선택할 수 있는 제품이 더 많음 개발도상국에서도 구매 가능한 제품이 많아짐 보다 많은 가격 정보를 얻을 수 있음 가격이 낮아져 넉넉지 않은 구매자도 구매 가능 가상 경매에 참여할 수 있음 신속 배달 온라인 커뮤니티 형성	보안성 부족 사기 가능성 제품을 직접 만져볼 수 없음 컴퓨터 화면으로는 정확한 색상을 표현할 수 없음 주문 및 반품 비용이 높음 인간관계가 와해될 가능성이 있음
마케터 입장	
전 세계가 시장 경영비용 감소 고수준 특화된 사업도 성공가능 실시간 가격 책정 가능	보안성 부족 이익을 거두려면 사이트를 유지 관리할 필요가 있음 치열한 가격 경쟁 통상적인 소매상과의 마찰 미해결된 법적 사안이 있음

출처 : Adapted from Michael R. Solomon and Elnora W. Stuart, *Welcome to Marketing.Com : The Brave New World of E-Commerce* (Upper Saddle River, N.J.: Prentice-Hall, 2001).

쇼핑 환경과 같은 것을 주기 위해 고군분투해야 할 것이다. 그렇다면 이들이 어떻게 하고 있는지 살펴보자.

5) 영화관 같은 소매업

웹사이트와 카탈로그 인쇄물에서 TV 쇼핑 네트워크와 홈쇼핑에 이르기까지 비점포형 대체물이 끊임없이 늘고 있어 쇼핑객들을 잡기 위한 경쟁의 강도가 날로 치열해지고 있다.

이렇듯 다양한 대체 점포가 존재하는 가운데 전통적인 점포들은 어떻게 이들과 경쟁할 수 있을까? 쇼핑몰은 사교적 동기에 호소하고 원하는 물건에 접할 기회를 제공하면서 쇼핑객의 충성심을 얻기 위해 노력해왔다. 몰은 대개 한 지역사회의 구심점과 같은 곳이다. 미국의 경우 성인 94%가 매월 1회 이상 쇼핑몰을 방문하며, 소매점을 통한 구매의 반 이상이 몰에서 이루어지고 있다(자동차와 가솔린 제외).[43]

클로즈업 | 러시-아워 파티

일부 매매자들은 판매 실적을 올리기 위해 일터까지 진출하기로 했다. 여성 고객이 대부분 낮 시간에 집에 있지 않다는 사실을 깨닫고 에이번(Avon) 같은 회사들은 점심시간이나 커피타임에 프레젠테이션을 하도록 대표직원을 고객의 일터로 보내는 등 사무실까지 네트워크를 확장시키고 있다. 이와 비슷하게 터퍼웨어(Tupperware)도 일과를 마치는 시점에 '러시아워 파티'를 열고 있으며 이를 통해 집 밖에서 이루어지는 판매량이 약 20%에 이르는 것으로 나타났다. 이 전략을 채택하고 있는 기업인 마리케이 화장품(Mary Kay cosmetics) 회사의 직원의 말을 통해 또 다른 성공의 이유를 들어볼 수 있었다. "일하는 여성들은 더 이상 바꾸어야 할 벽지만 바라보고 있는 것이 아니에요. 사무실에서 구매하는 것이 더 많아졌어요. 이들은 집과 멀리 떨어진 사무실에 있을 때보다 부유하다는 느낌을 갖게 됩니다."[44]

몰은 거대한 엔터테인먼트 센터로 변모하고 있다. 몰에 입주해 있는 전통적인 소매점들은 거의 뒷전이다. 한 소매업 간부의 말대로 "몰은 새로운 미니-유원지화 되고 있다."[45] 지금은 교외에 있는 몰에서 회전목마와 미니 모형 골프, 심지어 야구공 치기 놀이터까지 흔히 찾아볼 수 있다. 이러한 것들은 사람들을 몰로 모으기 위한 체험을 제공하기 위한 것이다. 또한 이러한 추세는 혁신적인 마케터들에게 쇼핑과 영화관 간의 경계를 흐리게 만들도록 동기를 부여하고 있다.[46]

샌프란시스코에 있는 소니의 제1호 '테크노몰'인 메트레온(Metreon : www.metreon.com)을 예로 들어보자. 메트레온은 첫 해 6백만 방문객을 동원하는 기염을 토했다. 이 몰에는 게임과 여러 제품을 구매 전에 직접 체험할 수 있는 곳으로 소니, 마이크로소프트와 같은 점포, 극장, 레스토랑, 테마 공원들이 모여 있다[47](이 몰의 대대적인 성공으로 소니는 베를린과 도쿄 두 곳에 국제적 감각에 맞춘 테크노몰을 개관했다). 메트레온 지도와 안내 팸플릿에는 다음과 같은 문구가 적혀 있다. "메트레온은 엔터테인먼트의 궁극적 경험을 실현시켜 줍니다. 네 개 층에서 제공하는 최첨단 엔터테인먼트와 최상의 지역 문화를 만끽할 수 있습니다. 가벼운 식사를 위해 머물러도 좋고 하루 종일 먹고 마시며 쇼핑하거나 놀 수 있습니다." 메트레온에서 제공하는 것들을 살펴보자.

- 소니 극장 : 북미 최대 스크린이며 전 세계에서 가장 큰 3D 스크린을 자랑하는 소니 IMAX 극장을 포함하여 15개의 스크린을 갖추고 있다. 극장마다 3D 헤드셋, 적외선 신호 액정 렌즈를 구비하고 있으며, 6개의 채널과 만 8천 와트의 디지털 서라운드 사운드 시스템에, 그리고 IMAX 개인음향환경(Personal Sound Environment, PSE) 헤드웨어를 제공한다.

- 밀폐 창고(Airtight Garage) : 전자공학적으로 재설계된 상상의 세계, 메
  트레온에서만 제공하기 위해 개발된 3개의 비디오 게임(메트레온이
  자랑하는 가장 인기있는 관 중 하나)

- 진기한 것들은 다 모여라(Where the Wild Things Are) : 거울과 사방에서
  진기한 것들을 발견할 수 있는 신기한 숲으로 구성됨. 모리스 센닥
  (Maurice Sendak)의 아동서에 나오는 그림을 실물 이상의 크기로 재
  현해 놓은 놀이 공간

- 플레이스테이션 : 최초의 전격 쌍방형 비디오 게임관

- 소니 스타일 : 소니 사의 최고급 스타일의 모든 제품을 판매하는 곳

- 디스커버리 채널 스토어(Discovery Channel Store) : 쌍방형 교재와 제품
  전시

소니의 메트레온은 소매업과 유흥을 결합하였다.

- 뫼비우스 샵(Moebius Shop) : 밀폐 창고에서 시작한 게임에 이어 새로
  운 게임을 시작하는 곳

- 메트레온 장터(Metreon Marketplace) : 샌프란시스코 만 영역에서부터 시작하여 다
  양한 분야의 독특한 물건들로 가득찬 길거리 시장

각각의 점포들도 여흥과 오락은 물론 새로운 무언가를 더하여 고객의 지속적인 흥
미를 끌기 위해 노력하고 있다. 뉴욕 시에 자리한 신생 프라다 소호(Prada SoHo)는 첨
단 탈의실과 플라스마 스크린 모니터를 설치하여 가게에 있는 동안 내내 엔터테인먼
트를 즐길 수 있도록 하였으며 최초로 원형 유리 엘리베이터를 운행, 고객과 여행객을
즐겁게 하고 있다.[48] 이세이 미야케(Issey Miyake)의 최신 뉴욕 점포는 프랑크 게리(구
겐하임 박물관을 설계한 건축가)가 설계한 것으로, 박물관과 같은 환경에 쌍방형의 흥
밋거리를 더하여 놀라움의 연속으로 쇼핑할 수 있도록 조성되어졌다.[49]

샌프란시스코 본거지에 위치한 리바이스 점포와 미국 전역에 위치한 나이키타운에
서는 거대한 비디오 스크린과 자극적 게임물로 쉬지 않고 시각적 자극과 활동을 제공
하면서 전문화된 제품 서비스(예컨대, 리바이스의 '오리지널 스핀'과 같은 고객이 직
접 자신의 청바지를 만들 수 있는)를 제공하고 있다. 리바이스 글로벌(Levi's Global
Retailing)의 개발이사는 자사의 다중감각적 쇼핑 경험으로 유명한 샌프란시스코 지점
에 대해 토의하면서 다음과 같은 말을 남겼다. "점포는 물건을 파는 공간 이상의 곳입
니다. 아이들이 놀러 나와 몸으로 즐길 수 있는 환경입니다. 우리는 점포에 들르는 경

로큰롤 음악과 문화를 배경 삼아 꾸민 테마 환경 속에서 엔터테인먼트와 소매업을 병행하는 하드락 카페는 전세계 어느 도시에서도 찾아볼 수 있는 곳으로 관광객들이 즐겨 찾는 명소가 되었다.

험이 무언가를 사기 위해 간다는 것을 넘어 에너지를 이끌어 내고 창의력을 고취시키는 분위기를 뿜어내는 공간에 대한 경험으로 끌어올렸습니다."[50]

샌프란시스코의 좁은 블록 내에 이웃하고 있는 메트레온, 리바이스, 나이키타운에서 경험할 수 있는 고감도의 자극적 시각 경험은 분명히 오락과 소매업이 혼합된 것이 분명하다. 이는 사람들을 점포와 멀리 떼어놓으며 위협을 가하고 있는 웹사이트의 침범에 대한 대응일 것이다.

사람들의 발걸음이 잦은 엔터테인먼트/몰 혼합관에도 어두운 면이 있다. 이러한 몰이 자랑하는 최첨단 옵션들은 주로 몰 운영자가 가장 원하지 않는 그룹인 십대 소년 무리를 끌어들인다는 점이다. 이들은 쇼핑객에게 위협적인 존재이기도 하다.[51] 리바이스가 내세운 청소년들이 놀 수 있는 환경 조성이라는 목표에도 불구하고 몰로 모여든 십대들은 문제를 일으키고 있다. 미네아폴리스의 몰 오브 아메리카에서는 십대들이 너무나 많이 몰리면서 문제를 일으키자 성인 동반 없는 청소년들이 있을 수 있는 시간을 정하기도 했다. 또한 모든 지역의 엔터테인먼트 몰이 원활히 돌아가는 것은 아니다. 샌프란시스코의 메트레온 몰도 초기 성공과는 달리 8천 5백만 달러짜리 복합관 개관 이후 2년 동안 순익이 줄어들었다. 한 분석가는 이에 대해 "토속적인 도시 지역도 창의력과 경이로움을 제공한다. 가까이에서 참 경험을 할 수 있다면 누가 대용품에 돈을 지불하겠는가?'라고 말하고 있다.[52]

밀스 기업(Mills Corporation)이 운영하는 체인몰은 쌍방형 경험을 제공하는 데 중점을 두고 있다. 이 기업은 총괄적 체험 테마를 활용하여 전국에 걸친 10개의 자사 몰에 동일한 내셔널 브랜드라는 이미지를 심어주고 있다. 그들은 열대우림 카페(The Rainforest Cafe)와 가상현실 게임센터와 같은 테마 레스토랑을 운영한다.[53] 다른 소매업자들도 테마 환경을 개발하는 방식으로 고객이 가장 좋아하는 두 가지 활동, 쇼핑과 먹기를 하나로 묶는 시도를 하고 있는 중이다. 로퍼 스타치(Roper Starch)사의 최근 설문조사 결과, 집 밖에서 이루어지는 엔터테인먼트 중 외식 비중이 가장 높게 나타났으며, 혁신적 기업일수록 고객에게 먹고 사는 일을 동시에 즐길 수 있는 기회를 제공하는 것으로 조사되었다. 1971년 영국 런던에 최초로 세워진 하드락 카페(www.hardrock.com)는 36개 나라에 걸쳐 백 개가 넘는 레스토랑을 거느리고 있다. 마찬가지로 플래닛 할리우드(www.planethollywood.com)도 온갖 의상과 소품으로 가득 꾸며 놓고 있으며, 연간 전 세계의 체인점에서 총 2억 달러를 벌어들이고 있다. 이들 레스토랑에서 판매한 물품이 60%의 높은 마진을 내고 있는 시점에 테마 체인점 수입의 50%가 티본스테이크나 음식보다 티셔츠와 물건을 판매한 것으로부터 온다는 것은 놀라운 사실이 아니다.[54] 한편 모든 테마가 음식과 함께 성공하란 법은 없다. 슈퍼모델 엘르 멕퍼슨, 클라우디아 쉬퍼, 나오미 켐벨이 공동소유하고 있던 뉴욕에 있는 패션 카페는 수년간의 운영 끝에 문을 닫았다.

타문화 엿보기
MULTICULTURAL DIMENSIONS

오리지널 리바이스 점포, 풋라커, 토이저러스, 갭 등의 미국 소매업자들은 다양한 유형의 소매 환경을 약간의 변형을 가해 유럽에 수출하고 있다. 이러한 해외 '침입'은 영국에서 시작되었는데 이는 제도적 장벽이 낮고 약해서 인건비를 절감할 수 있는 나라이기 때문이다. 유럽연맹 국가들 대부분 몰이 흔치 않은 나라이므로 체인점을 개업할 곳으로 임대료가 높은 도심 거리를 입찰할 수밖에 없었다. 갭은 이들 나라에서는 미국에서 유지하던 물품 창고 규모보다 작게 만들 필요가 있다는 사실과 유럽 고객들이 주로 어두운 색을 선호한다는 점을 알게 되었다. 미국 점포에서는 흔히 볼 수 있는 '정문 안내인'도 유럽에서는 세워두지 않는 업자들도 있다. 유럽에서는 이들을 위협적으로 보기 때문이다.[55]

6) 점포 이미지

무수한 점포들이 고객 유치 경쟁을 벌이고 있는 가운데 소비자들은 어떻게 점포를 선정할까? 제품처럼(제8장 참조) 점포도 하나의 '개성'을 갖는 것으로 볼 수 있다. 매우 선명한 이미지를 가진 점포가 있는가 하면(좋든 나쁘든) 그렇지 않은 점포들은 다수의 점포에 묻히고 만다. 그러한 점포들은 이미지에 대해 명확한 이해가 없기 때문에 이미지를 간과하고 있는지도 모른다. 이러한 개성, 혹은 **점포 이미지**(store image)는 여러 요소로 구성된다. 쇼핑 성향과 같은 소비자의 특성과 더불어 점포의 특색은 어떤 쇼핑 점포를 사람들이 선호할까 예측하는 데 도움을 줄 수 있다.[56] 점포 프로필을 결정하는 중요한 요소는 위치, 적합성, 판매 직원의 지식과 고객을 대하는 정성을 들 수 있다.[57]

통상적으로 이러한 특징들이 어울려 전체적인 인상을 만들어낸다. 쇼핑객들이 어떤 점포를 떠올리며 "편리한 장소에 판매 직원도 괜찮고 서비스도 좋은 것 같다."라고 말하기보다 "불쾌한 느낌이 드는 곳이다." 아니면 "그 점포에서는 쇼핑이 늘 즐겁다니까."라고 말하기 쉽다. 소비자들은 일반적인 평가 방식으로 점포에 대한 평을 내린다. 그러한 전체적인 느낌은 반품 정책이나 신용카드 사용 가능과 같은 측면보다 인테리어라든지 점포 내에 있는 사람들의 유형과 관련성이 더 높다. 일반 쇼핑객들은 이곳저곳 여러 점포를 왔다 갔다 하면서 빠르게 가치를 판단한다. 그 결과 어떤 점포들은 꾸준히 소비자의 환기상표군으로 남을 가능성이 높은 데 반해(제11장 참조) 어떤 곳은 한번도 떠오르는 일 없이 잊혀지는 점포가 된다.[58]

7) 분위기

유통에 있어 점포 이미지의 중요성이 매우 높게 인식됨에 따라 **분위기**(atmospherics), 즉 '공간과 다양한 차원들을 설계하여 구매자들에게 특정한 효과를 일으킬 수 있도록 연출한 것' 에 대한 관심이 날로 증가하고 있다.[59] 이들 차원은 색상, 향기, 음향과 같은 것들을 포함한다. 예를 들면 빨간색으로 칠한 점포는 사람들을 긴장시키는 데 반해 파란색으로 꾸민 점포는 차분한 느낌을 전달한다.[60] 색상은 한 개인의 제품에 대한 수용도를 좌우하는 중요한 요소가 될 수 있다.[61] 제9장에서 살펴보았듯이 냄새(후각적 단서) 또한 점포 분위기 평가에 영향을 미칠 수 있다.[62] 점포 분위기는 구매 행위에 영향을 미친다. 점포에 들어선 지 5분 이내에 고객의 유쾌함 정도에 따라 점포에 머무는 시간 및 소비 수준을 예측할 수 있다는 연구 보고가 있다.[63]

점포 디자인의 많은 구성 요소들은 고객을 끌 수 있는 방향으로 조절할 수 있으며

점포에서 쇼핑하고 사운드트랙을 사라!

점포 오디오 환경의 중요성에 대한 인식이 높아지면서 새로운 틈새 시장이 생성되었다. 랄프 로렌과 빅토리아 시크릿은 점포 아울렛에서 음악을 연주하는 패키지를 개발하였다.[64] 포터리 반과 스타벅스도 이와 유사한 유형을 선보였는데, 이 사업을 위해 캐 피털 레코드(Capital Records)사로부터 블루 노트(Blue Note) 라벨 판권을 구입하였다.[65]

샌프란시스코에 들어선 리바이스 점포는 개점 첫 해에 7만 와트의 디지털 사운드 음악을 펑펑 터트리는 디지털 오디오 시스템을 구비하고 스푼데 레 코드(Spundar Rekords), 로우어 헤이트 스트리트(Lower Haight Street) 전자 댄스 뮤직 음반 판매상 그리고 미국 클럽에서 유명한 연주자를 위한 무대를 마련하였다.[66]

원하는 효과를 낼 수 있도록 만들 수 있다. 밝은 색상은 공간이 넓고 고요하다는 느낌을 전달할 수 있다. 색상 마케팅 그룹(Color Marketing Group)이 예측한 바에 따르면 물(평정을 상징하는 것)과 가장 밀접한 관계에 있는 색상인 파란색이 차세대 가장 유력한 색이 될 것이라고 한다. 아쿠아 블루나 라벤더 같은 중성적인 색상과 연한 파스텔톤 색상이 새롭게 유행을 타고 있는 것도 이러한 색들이 오늘날과 같은 급속히 변모하는 디지털 시대를 사는 고객에게 위안과 영적 분위기를 전달해주고 있음을 보여주는 현상이다.[67] 한편 밝은 계열 색상은 흥분을 일으키며, 점포 내 구매시점(POP) 디스플레이와 표지물에 주의를 환기시킨다. 소매 환경에서 색상을 미묘하지만 효과적으로 응용한 예로 패션 디자이너인 노마 카말리(Norma Kamali)가 백화점의 탈의실에 형광등을 핑크등으로 교체시킨 것을 들 수 있다. 이 핑크등은 실물보다 얼굴을 돋보이게 만들고 주름도 가려주는 효과가 있어 여성 고객들이 그 회사의 수영복을 기꺼이 입어보고 구매하고자 하는 의도를 높여 주었다.[68] 월마트도 인공조명에 비해 자연광을 배경으로 한 진열장에서 판매가 더 많이 이루어졌다는 사실을 발견했다.[69] 점포의 채광이 밝아질수록 사람들이 보다 많은 물품을 관찰하고 다루어보게 한다는 연구 결과도 있다.[70]

8) 점포 내에서 이루어지는 의사결정

광고를 통해 온갖 방법으로 '선판매'를 시도했음에도 불구하고 더 많은 매매자들이 점포 이미지가 구매에 미치는 영향이 상당한 수준이라는 사실을 파악하게 되었다. 화장품 구매의 70%는 계획에 없던 구매인 것으로 추정되고 있다.[71]

(1) 자동구매와 충동구매

어떤 쇼핑객이 점포에 머무르는 동안 무언가를 구매하라는 충동을 받았다면 둘 중 한 과정을 따라 움직이게 될 것이다. 점포 내부를 잘 알지 못하거나 시간 압박을 느끼는 손님이라면 **비계획적 구매**(unplanned buying)를 할 것이다. 혹은 점포 선반에 놓인 것을 보고 제품을 구매해야 한다고 생각할지도 모른다. 비계획성 구매의 3분의 1 가량이 점포 내 있는 동안 새로운 필요를 인식함에 따른 것이라고 한다.[72]

이와 대조적으로 **충동구매**(impulse buying)는 저항할 수 없는 어떤 갑작스러운 충동이 일어날 때 발생한다. 자동적으로 구매하는 경향은 충동에 따르는 행동이 적합하다고 여길 때, 즉 병상의 친구에게 줄 선물을 사야 한다고 생각하는 식으로 합리화하면 거의 구매로 이어진다.[73] 이러한 충동에 맞춤으로 등장하는 제품을 **충동 품목**(impulse items)이라고 부르는데 흔히 의류점포의 계산대 근처에 손쉽게 진열해 놓을 수 있는 조그만 액세서리 같은 것들이다.

충동구매의 카테고리로 분류되는 것들은 학자마다 의견이 다르다. 그러나 충동구매의 몇 가지 차원에 대해서는 의견의 일치를 보이고 있다. 어느 패션 연구에서 분류한 충동구매 범주에는 다음과 같은 것들이 있다.[74]

- **계획성 충동구매** : 판매 조건에 따라 구매 여부가 달라진다. 살 만한 것이 있나 보고 기다리다 점포에 머물러 있는 동안 구매결정을 내린다.

- **환기성 충동구매** : 예전에 내렸던 결정이 기억날 경우 즉각 구매로 이어진다.

- **패션-지향 구매**(다른 유형학 분야에선 제안 **충동**으로도 불림[75]) : 새로운 스타일의 제품을 보고 입어보라는 제안에 마음이 흔들려 사기로 결정한다. 이는 새로운 디자인이나 스타일에 대한 최신 감각과 패션에 대한 일가견이 있는 사람의 충동구매 성향을 말한다.

- **완전 충동구매** : 예전에 생각해둔 바도 없고 계획도 없이 구매하게 된다; 무언가를 사겠다는 불시에 생겨나는 충동의 결과로 나타나는 '도피성 구매'(escape buying)로 볼 수 있다.

살펴본 바와 같이 충동구매가 모두 완전히 비이성적인 것만은 아니다. '충동'적으로 구매한 것이 나중에 가장 필요한 것으로 판가름 나는 경우도 종종 있다. 무언가를 사려는 충동을 억제하고 나중에 "그때 그걸 사고 싶었었는데. 참지 않고 샀더라면 좋았을걸."이라 말한 적이 얼마나 많은가? 한편 패션을 공부하는 학생의 경우 비전공자나 학생이 아닌 고객보다 더 자주 충동구매(모든 유형에서)를 하는 것으로 나타났다.[76]

브랜드를 바꾸도록 소비자를 유도할 때 제조업체와 소매상이 흔히 사용하는 것이 할인 쿠폰이다. 근래 메이시와 같은 일부 백화점에서도 쿠폰을 사용하기 시작했다. 쿠폰은 판촉물로써의 중요성은 인정받고 있지만, 새로운 고객을 끄는 효과에 대해서는 견해가 엇갈린다. 이미 쿠폰을 제공하는 브랜드 제품을 사용하고 있는 가정에서는 쿠폰의 가치를 더 높게 볼 것이다. 대부분의 고객들은 판촉 기간이 끝나면 원래 애용하던 브랜드로 돌아가 버린다. 그 결과, 브랜드 교체를 희망하여 쿠폰을 제공했던 업체는 '변절자에게 설교한' 형국임을 깨닫게 되는 경우도 있다.[77]

---

(2) 구매시점 자극물

쇼핑객이 구매 환경에 노출되어 있을 때 구매결정이 가장 많이 일어나기 때문에 소매상들은 점포에 구비되어 있는 제품에 대한 정보량과 제품을 보여주는 방식에 주의를 기울인다. 디스플레이가 잘 되어 있을 때 충동구매에 의한 매상을 10% 높일 수 있다고 추정한다. 매년 미국 기업은 정교한 제품 디스플레이 및 시연에서 신제품 향수 샘플을 무료로 나누어주는 행사에 이르기까지 **구매시점 자극물**(POP stimuli : point of purchase stimuli)에 백3십억 달러 이상을 쓰고 있다.

소비자를 판촉 제품으로 움직이기 위해서는, 쇼핑 환경의 영향이 매우 중요하다는 점을 인식하게 되면서 점포 내 광고도 매우 정교해지고 있다. K마트는 수년 동안 그 유명한 '푸른 조명 스페셜'이라는 세일 품목을 눈에 띄도록 배치하는 전략을 적용하고 있다(이 회사는 웹사이트 www.bluelight.com에서도 이와 동일한 개념을 적용, '그날의 특별 상품'을 하이라이트로 부각시키고 있다). 점포 환경을 조성할 때 주의력을 끌기 위해 흔히 사용하는 장치가 점포-내 디스플레이(in-store displays)이다. 보다 극적인 POP 디스플레이에 해당하는 몇 가지 예를 살펴보자.[78]

- 티멕스(Timex) : 수족관 바닥에 소리없이 똑딱똑딱 가는 시계가 자리하고 있다.

- 엘리자베스 아덴(Elizabeth Arden) : '엘리자베스(Elizabeth)'라는 컴퓨터 비디오 화장 시스템을 개발, 고객이 실제 화장품을 사용하기 전에 화장 효과 이미지를 시험해볼 수 있도록 하였다.

- 트리파리(Trifari) : 고객에게 종이로 가공하여 만든 보석류를 제공해 집에서 '착용'해 볼 수 있도록 하고 있다.

- 타워 레코드(Tower Records) : CD를 구매하기 전에 음악 샘플을 들어볼 수 있으며, 고객이 좋아하는 음악가의 노래를 직접 선곡하여 맞춤, 녹음할 수 있다.

전기가전 신기술 분야에서도 구매시점 활동이 크게 활성화되고 있다.[79] 쇼핑객이 접근하면 인체를 감지하는 센서가 장착된 포스터가 말을 하도록 꾸며놓은 점포도 있다. 점포 내 비디오 디스플레이도 광고주가 구매시점에서 대중 매체에서 벌이는 주요 캠페인을 강화시켜주는 도구가 된다.[80] 키오스크(Kiosks)에서는 점포에 진열되지 않은 제품 정보와 기회를 제공한다. 토미 힐피거는 메이시를 포함한 고객층이 두터운 점포에 키오스크를 세워 두었다. 리바이스도 점포를 선별하여 오리지널 스핀 키오스크를 두고 특별 주문이 생산 공장으로 직접 전달될 수 있도록 하였다.

가장 흥미로운 혁신 기법을 발견할 수 있는 곳은 최첨단 벤딩 머신이다. 벤딩 머신은 소프트웨어는 물론 옷에 이르기까지 다루지 않는 것이 없다. 키오스크에서는 향수 샘플까지 방출하고 있다. 다른 고객에게 방해가 되지 않을 정도로 일회에 분자 1개 정도의 향수를 뿌려주는 것이다.[81] 조박서는 그날의 속옷을 파는 벤딩 머신이다. 프랑스인들은 리바이스 청바지를 '리브레 서비스(Libre Service)'라고 불리는 벤딩 머신에서 살 수 있다. 이 벤딩 머신은 열 가지 사이즈의 바지를 제공한다. 특히 벤딩 머신을 열

 조박서의 벤딩 머신

렬히 활용하는 사람들은 거의 정신없이 바쁘게 생활하는 일본인들이다. 이들 벤딩 머신은 다른 나라 사람들이라면 벤딩 머신에서는 구입할 수 없을 것이라 생각하는 거의 모든 생활필수품을 판매한다. 보석, 생화, 냉동 맥주, 포르노잡지, 명함, 속옷 심지어 데이트할 수 있는 상대 이름까지 판매한다.[82]

9) 판매원

고객의 구매 행위를 유도하는 판매원은 가장 중요한 점포 내 요인 중 하나이다.[83] 판매원의 영향은 모든 상호작용에 가치의 교환이 관여한다는 점을 강조하는 **교환 이론** (exchange theory)으로 이해해 볼 수 있다. 각 참여자는 상대방에게 무언가를 주고 대가로 무언가를 받고자 한다.[84]

판매 상호작용에서 고객이 추구하는 '가치'는 무엇일까? 판매원이 제시하는 것들을 들어보면 매우 다양하다는 것을 알 수 있다. 예를 들어 판매원은 제품에 대한 전문 지식을 제공해 쇼핑객의 선택을 용이하게 해줄 수 있다. 다른 예로는 판매원이 단지 고객의 취향과 비슷한데다 신뢰감이 보이기 때문에 맘에 들어 제품 구매에 대한 확신을 가질 수도 있다.[85] 샤론이 보석을 구매한 경우를 살펴보면, 샤론은 판매원 멜라닌의 성별과 나이에 큰 영향을 받았음을 알 수 있다. 사실 판매원의 외양이 판매 효율성에 영향을 미친다고 주장하는 연구 결과는 오래 전부터 계속 발표되어 왔다. 삶에서도 그런 경우가 많지만 판매에서도 매력적인 사람이 호감을 주는 것 같다.[86] 게다가 서비스 직원과 고객이 꽤 훈훈한 인간관계를 맺는 것도 특이한 일이 아니다. 이를 **상업적 우정**(환자 시중을 드는 사람들이 수많은 사람들의 치료사로 두 배 수입을 올리는 것을 생각해 보라!)이라고 한다. 연구 결과에 의하면 상업적 우정도 애정, 친밀함, 사회적 지지, 충성, 보상적 향응이 개입될 수 있다는 점에서 여타 우정과 비슷하다고 한다. 이는 또한 만족, 충성, 긍정적 입소문과 같은 마케팅 목표를 독려하는 역할을 하기도 한다.[87]

구매자와 판매자가 마주한 상황은 다양한 형태의 양자 관계와 유사하다(두 명이 모인 그룹). 각 참가자의 역할에 대해 어느 정도 합의가 이루어질 필요가 있는 관계이다. 즉 정체성 협상(identity negotiation) 과정을 거치게 된다.[88] 예를 들면 멜라닌이 즉각 자기를 전문가 입장으로 놓았다면(그리고 이를 샤론이 수용했다면), 멜라닌은 샤론과의 관계를 맺어나가는 과정에서 샤론에게 더 많은 영향력을 행사할 수 있게 된다. 판매원의 역할(및 상대적 효과성)을 결정하는 데 도움이 되는 요인으로 판매원의 나이, 외모, 교육 수준, 판매 동기를 들 수 있다.[89]

또한, 보통 효과적인 판매 수완을 보이는 직원은 그렇지 못한 직원보다 고객의 특성과 기호를 더 잘 알고 있다. 그렇기 때문에 이들이 고객의 특수한 필요를 충족시킬 수 있는 방향으로 접근하는 적응력을 구사할 수 있는 것이다.[90] 특히 적응력이 더할 나위 없이 중요한 경우는 판매원과 고객의 상호작용 유형(interaction styles)이 다를 때이다.[91] 상호작용시 보여지는 단호함은 고객마다 다르다. 극단적인 예로 단호하지 못한 고객의 경우 불평은 사회적으로 용납될 수 없는 것이라고 믿고 있으며 판매 상황이 위협적인 것으로 느껴질 수 있다. 단호한 사람은 보다 확고하게 자기 자신을 대변할 것으로 보인다. 공격적인 감정을 제대로 표출할 방법을 찾지 못하면 무례하고 협박적인 태도로 분출할 수 있다.[92]

4. 구매 후 만족

어떤 제품의 구매 후 그에 대한 전체적인 느낌이나 태도에 의해 **소비자 만족/불만족** (consumer satisfaction/dissatisfaction)이 결정된다. 시어스에서 조사한 최근 연구 결과 높은 판매량은 높은 소비자 만족과 상관관계가 있는 것으로 나타났다. 이 결과를 매우 중요한 것으로 판단한 기업은 소비자 만족도 조사 결과를 반영하기 위해 보상 패키지를 재설계하기도 했다.[93]

소비자들은 구매한 제품을 일상생활의 소비 활동에 적용해 보면서 끊임없이 평가하는 과정에 참여한다.[94] 소비자들은 의복 구매 전과 후에 사용하는 품질에 대한 정의가 다르다.[95] 그에 따라 의류 제품 구매 만족도에 대한 연구의 복잡성이 한층 높아진다. 소비자 만족도가 이윤에 미치는 파급 효과는 정말로 지대하다. 스웨덴 소비자를 표본으로 수행한 최근 연구에서 제품 품질이 소비자 만족에 영향을 미치며 그 결과, 고품질 제품을 제공한 기업이 수익성을 증가시킨다는 연구 결과가 나왔다.[96] 품질이 마케팅의 '요란한 말' 보다 우위라는 결론이다.

1) 제품의 품질에 대한 인식

소비자들은 제품에서 무엇을 원할까? 대답은 간단하다. 그들은 바로 품질과 가치를 원한다. 특히 외국 업체와의 경쟁 때문에 경쟁 우위를 유지하기 위해서는 품질의 우수성을 주장하는 것이 전략적인 면에서 매우 중요하다.[97] 소비자는 브랜드, 가격 그리고 심지어 신상품 광고에 쏟아 붓는 금액을 어림하는 등 여러 가지를 품질을 유추하는 단서로 삼는다.[98] 소비자들에 의해 쓰이는 이러한 단서들은 위험지각을 완화시키기도 하며, 소비자로 하여금 현명한 구매 결정을 내렸다고 확신을 갖게 한다.

(1) 의류 제품의 품질

너나 할 것 없이 모두 고품질을 원하지만 정작 고품질의 정확한 의미에 대해서는 확실히 알지 못한다. 대다수 제조업체가 고품질 의류를 공급하고 있다고 주장하기는 한다. 업계 관점에서 살펴본 의류 제품의 품질 요건은 그림 13-5에 나타나 있다. 구조적 통합성(바느질과 무늬 맞춤과 같은 것까지 포함), 심미성(완성도 및 전체적인 외관), 호소력(화려함)으로 크게 나누어진다.[99] 고객마다 정의가 다를 수 있다. 보기에 좋은 것이 품질에 필수적인 것은 아니라고 보는 고객도 있을 것이다. 소비자를 대상으로 의복

구조적 통합성	호감적 통합성	호소력
깔끔한 봉제	호감적 느낌	눈길을 사로잡음
밀착된 고어(덧댄 천) 봉제	전체적인 외양	눈에 딱 들어옴
칼라 눈금 일치	외관	칼라 표현
라펠(양복 접은 깃) 눈금 일치	단정한 상의	어깨 표현
치수가 정확히 맞아야 함	심미적 편안함	상의가 마음에 다가옴
안쪽 주머니가 평평해야 함	보기 좋음	전체적인 표현
모든 것이 잘 어울림	어깨 전체 외관	부유하게 보임
호주머니가 고름	부드럽게 마무리됨	고객의 마음에 듦
라펠이 날렵하게 접혀 있어야 함	보는 이의 눈에 아름다움	마음을 빼앗김
제대로 된 바느질	잘 맞고 느낌이 좋음	단연 돋보임
전체적인 균형감	치수와 맞음새 그 이상임	기교
넉넉한 품	좋아 보임	행거어필
자연스러운 바느질	달라 보이는 룩	화려함
옷 만들 때 부속품	대칭성	
제대로 된 재단	드레이프	
상의 하단이 반듯함	부드러움	
형태에 잘 맞음	전체적인 균형감	
상의가 단추와 어울림	깔끔한 안감	
적절하고 정확하게 지어짐	적절한 룩	
소매길이가 같음	경쾌한 느낌	
무늬가 어긋나지 않아야 함	완벽하게 완성된 상의	

그림 13-5 업계 관점에서 살펴본 의류 품질 구성 요소

메모 : 아래 자료는 총관리인, 공장 매니저, 대량 남성양복 생산의 상급 관리자의 품질에 대한 다양한 진술을 바탕으로 정렬한 것이다.

출처 : Heidi P. Scheller and Grace I. Kunz, "Toward a Grounded Theory of Apparel Product Quality", *Clothing and Textiles Research Journal* 16, no.2(1998) : 57-67.

의 품질을 정의하는 요소에 대해 연구한 결과, 의류의 품질을 정의하는 요소를 크게 패턴, 소재(옷감), 섬유, 의복의 특징으로 분류한 결과도 있었으며, 섬유를 가장 중요한 요소로 의복 품질의 기본 요소로 보는 연구 결과도 있었다.[100]

(2) 소비자들이 기대하는 품질

소비자는 한 국가의 제품에 대한 전체적인 품질의 이미지나 인식을 그 나라에 대한 의복의 품질에 그대로 적용하는 것으로 나타난 연구 결과가 있다. 멕시코가 갖는 중간 수준의 국가 이미지가 의복 이미지도 중간 수준으로 머무르게 하며, 프랑스의 경우 선진국이라는 국가 이미지 때문에 프랑스 의복의 이미지도 고품질로 간주한다는 것이다. 소비자는 한 국가의 의류 제품의 질적 수준을 그 나라가 생산하는 제품의 질적 수준과 비슷하게 기대하는 것으로 보인다. 그러나 이 연구에서 밝혀진 바에 의하면 구매 의도는 품질에 대한 인식과 상관관계가 없었다.[101] 소비자에게 있어 품질이 가장 중요한 요소가 아닐지도 모른다. 즉 가격과 스타일이 패션 의류 구매시 결정 요인으로 작용하는 경우가 많다.

마케터들은 **품질**이라는 말을 '우수'한 것으로 모든 것에 통틀어 사용하는 것 같다. 이 말의 광범위하고 부정확한 사용 때문에 '품질'의 속성에 대해 다룬다는 것은 무의미한 것으로 그칠 위험에 처해 있다. 누구나 우수한 품질을 가지고 있다면 소비자들은 이들을 어떻게 차별화할 수 있겠는가?

또한 만족이나 불만은 제품이나 서비스의 실제적인 품질에 대한 반응을 넘어서는 것으로, 품질 수준에 대해 미리 갖는 기대에 영향을 받는다. **기대불일치 모델**(expectation disconfirmation model)에 따르면 소비자들은 제품에 대한 사전 경험 또는 품질 수준을 암시하는 관련 정보를 바탕으로 제품의 성능에 대한 신념을 형성한다.[102] 좋건 나쁘건 생각한 바에 들어맞는 방식으로 나타나면 대수롭지 않게 여길 것이다(일치). 만약 그 반대로 기대에 못 미치는 경우(불일치), 부정적인 결과가 나오게 된다(부정적 불일치). 한편 기대 이상 우수할 경우 만족감과 유쾌함을 느끼게 된다(긍정적 불일치).

이러한 관점을 이해하기 위해서 취급하는 의류 유형이 다른 소매 점포를 생각해 보자. 수준 있는 점포에서는 사람들이 고품질의 훌륭한 의복을 기대하기 때문에 천에 결함이 있다거나 바느질이 잘못된 것을 발견하면 기분이 언짢을 것이다. 반면 창고 방출물을 취급하는 아울렛에서는 구멍이 나있는 옷을 보아도 놀라지 않을 것이다. 오히려 '거래'의 재미를 더하기 때문에 양 어깨를 으쓱하고 대수롭지 않게 넘길 것이다. 이러

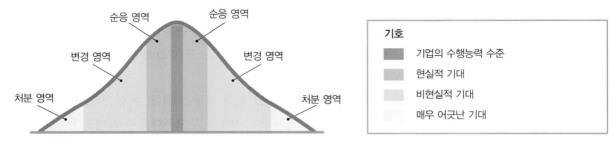

그림 13-6 영역

출처 : Adapted from Jagdish N. Sheth and Benwari Mittal, "A Framework for Managing Customer Expectations." *Journal of Market Focused Management* 1 (1996) : 137-158. Fig. 2., p. 140.

한 관점에서 도출되는 마케터들을 위한 중요한 교훈은 이행할 수 없는 수준의 약속을 하지 말라는 것이다.[103]

이러한 관점은 기대 관리(managing expectations)의 중요성을 강조하는 대목이다. 소비자의 불만은 보통 회사의 공급 능력보다 높은 수준을 기대하는 것에 기인하기 때문이다. 그림 13-6에 이와 같은 상황에서 기업이 선택할 수 있는 대체 전략을 예시하였다. 기업이 행할 수 있는 것에 대한 비현실적 기대에 직면하게 되었을 때, 기업은 제품의 품질이나 사이즈 폭을 개선하여 그러한 요구에 순응할 수 있으며, 기대를 변경한다거나 고객의 요구에 부응하는 것이 불가능해 보일 경우 그 고객을 포기하는 선택을 감행할 수 있다.[104] 판매 직원이 어떤 스타일은 작은 사이즈 혹은 큰 사이즈를 취급한다는 사실을 미리 고객에게 말해줌으로써 고객의 기대를 변경시킬 수 있다. 또한 특별 주문품이 도착하려면 많은 시간이 소요된다고 시간을 넉넉히 잡고 말해 고객에게 이행할 수 있는 수준 이하로 약속할 수도 있다.

2) 불만족에 대처하기

만약 소비자가 제품이나 서비스에 만족하지 않는다면 어떤 행동을 할 수 있을까? 소비자는 최소한 다음과 같은 세 가지의 행동을 취할 수 있다(한 가지 이상의 행동도 할 수 있다).[105]

1. **직접적 대응** : 점포매니저에게 직접 말하거나 글로 써서 처리(환불이나 교환)해줄 것을 요구할 수 있다. 글로 쓸 경우, 이상이 있는 부분에 대해 상세히 직설적으로 표현하고 문제를 만족스럽게 해결하기 위해 필요한 지시 사항을 분명히 밝히는

것이 좋다.

2. 사적 대응 : 친구에게 그 점포나 제품에 대한 불만을 토로한다. 혹은 그 점포를 보이콧한다. 제12장에서 논의한 바와 같이 입소문(WOM)이 나쁘게 나면 점포 평판에 큰 손상을 입을 수 있다.

3. 제3자를 통한 대응 : 상인을 대상으로 법적 행동을 취할 수 있는데, 거래 개선국(소비자보호 비영리단체)에 고발하거나 신문에 투고한다든지 라디오 방송국의 소비자 핫라인에 전화를 한다.

한 연구에서 경영학 전공자들이 기업에 불평 서신을 보냈는데, 소비자의 대응을 해결하기 위해 무료 샘플을 송부한 기업의 경우 이미지가 크게 향상되었는데 반해, 문서로만 사과를 표명한 경우 그 기업에 대한 평가에 변화를 주지 못했다. 하지만 아무런 반응도 없는 기업에 대해서는 전보다 부정적 이미지가 더 심화된 것으로 나타나, 아무것도 하지 않는 것보다 어떠한 형태로든 반응을 보이는 것이 낫다는 것을 알 수 있다.[106]

최종적으로 어떤 대응 경로를 택하게 되기까지 여러 요인이 작용한다. 일반적으로 소비자들은 자기주장이 강하거나 온순한 부류로 나누어진다. 저렴한 제품보다 값비싼 물건, 이를테면 장기간 사용하게 될 살림도구, 자동차나 옷과 같은 제품에 대해 대응 행동을 취할 가능성이 높다.[107] 게다가 마음에 들었던 점포일수록 불만을 더 호소하기 쉽다. 이 때 점포와의 유대 관계를 인식하여 불만을 내비치기까지 시간을 두게 된다. 연령이 높아질수록 불만을 더 잘 표시하며 해당 점포가 실질적으로 문제를 해결해 줄 것으로 믿고 있는 경향이 높다. 소비자들은 문제를 해결해 준 적이 있는 점포에 대해 아무런 문제도 없었던 가게보다 더 높은 호감을 갖는다.[108] 한편, 불만에 대해 알맞은 대응이 없는 점포라고 보는 경우 맞서 싸우기보다 다른 점포에서 쇼핑할 가능성이 더 높다.[109] 모순적이긴 하지만 마케터들은 사실 소비자들이 불만을 청구하도록 **부추겨야** 한다. 사람들은 자신에게 벌어진 긍정적인 사건을 자랑하기보다 미해결된 채 쌓여있는 나쁜 경험을 더 잘 퍼트리기 때문이다[110](고발 서신 견본 양식을 참고하려면 제15장 참조).

3) 만족/불만족 조사법으로서의 기억-작업

소비자의 만족/불만족을 조사할 수 있는 흥미로운 대체 연구 방법으로 기억-작업 (memory-work)이라 불리는 질적 연구가 있다. 이 연구법에서는 한 제품의 기능 이상 의 것을 평가하게 되는데 기존 경험에 의해 중재를 받는 교환 결과를 평가하는 것 등 을 포함한다.

한 의류 소매업에 대한 연구는 충동구매, 압박구매, 흥분과 같이 '촉발 주제'와 관 련된 기억을 서면 작성하도록 하여 분석하였다.[111] 그림 13-7은 의류 점포에서 모욕을 받고 곧바로 점포를 나온 기억을 떠올리며 그와 관련되어 있는 요소를 분석하여 나타 낸 것이다. 수지는 단지 다른 손님이 발견하기 전에 옷에 보이는 흠을 지적했을 뿐인 데 가게 관리자는 마치 수지가 손상을 입힌 것으로 느끼도록 해 자신이 부당한 대우를

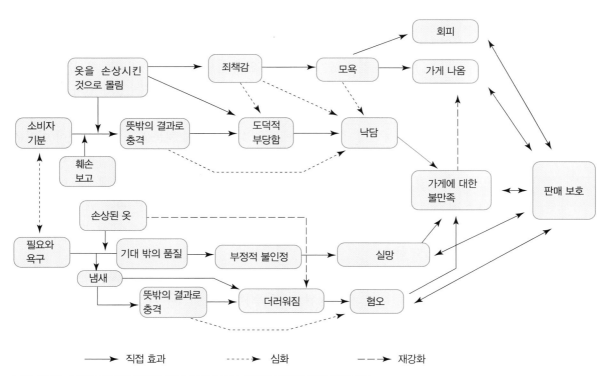

그림 13-7 수지가 재빨리 가게를 떠난 이유 분석 : 개인적 경험과 불만 진행과정

출처 : Lorraine A. Friend and Amy Rummel, "Memory-Work : An Alternative Approach to Investigating Consumer Satisfaction and Dissatisfaction of Clothing Retail Encounters," *Journal of Consumer Satisfaction, Dissatisfaction and Complaining Behavior* 8 (1995) : 214-222.

받았다고 느끼고 있었다. 문제를 지적했을 때 관리자가 고마워하기는커녕 문제를 일으킨 자로 내몰자 수지는 전혀 뜻밖의 경험을 하게 되었다. 그 가게의 옷들은 그녀가 기대했던 것보다 품질이 낮았다(즉, 부정적 불일치). 설상가상으로 그 가게에서 부딪힌 불쾌한 경험이 있기 전까지 그녀는 '아무 걱정없는' 홀가분한 여름을 만끽하고 있었던 것이다. 수지는 불만에 가득 차 점포를 나왔으며 그 후 몇 년 동안 한 번도 가지 않았다. 이런 그녀의 기억을 분석한 결과, 만족이라는 것은 무수히 많은 사전 경험에서 비롯되며 사람들이 이야기하는 것보다 훨씬 복잡한 감정 상태라는 결론을 얻을 수 있었다. 교환 과정 내에 있는 소비자의 행동, 목적, 가치, 감정, 행위가 만족/불만족을 개념화하는 것에 모두 관련될 때 '자아'가 맡는 역할의 중요성을 살펴볼 수 있다.

5. 제품 처분

전통적으로 마케터들의 유일한 관심은 제품 판매였다. 소비자가 일단 집으로 가지고 간 후에 제품에 무슨 일이 생기든 개의치 않았다. 그러나 사고 버리는 옷 물량이 늘어남에 따라 쓰레기 처리도 영향을 받고 있다. 이것들을 '해치우는' 일이 쉽지 않은 나라들이 많다. 버리고 싶은 물건들을 모두 쓰레기봉투에 담아 길 가에 내놓을 수는 없다.

사람들은 흔히 물건에 대해 강한 애착을 갖기 때문에 처분을 결정하는 것이 어려운 일로 느껴지기도 한다. 소유의 기능 중 한 가지가 우리의 정체성을 이루는 역할을 한다. 우리의 과거는 우리가 가진 것들 속에서 살아간다.[112] 어떤 사람에게는 어떤 유형의 옷에 특별히 집착하는 경향이 강하게 나타날 수 있다. 침례를 받을 때 입었던 가운이라든지 첫 파티에 입고 갔던 드레스, 웨딩드레스 같은 것들은 세대에 걸쳐 물려받으며 보존되기도 한다.

남보다 사물을 처분하는 일이 더 쉽지 않은 성향을 가진 사람이라도 모든 것을 '꽁꽁 묶어' 보관하지는 않는다. 지정된 임무를 다한 사물이거나 자기소용에 닿지 않는다고 판단되는 물건들은 버려야 할 것이다. 편이성과 환경 문제를 동시에 고려해야 하기 때문에 옷을 포함한 여러 제품군에 있어 처분의 용이성이 주요 속성으로 자리 잡고 있다.

우먼스 웨어 데일리에서 주관한 패션 의복 처분에 관한 연구에서, 의류업계 관계자가 들으면 원통할 일이겠지만, 설문에 참여한 자의 60%가 "단지 유행에 뒤떨어진 옷이라는 이유로 괜찮은 옷을 내다버리는 일."은 결코 하지 않는다고 대답했다. 오직 9%만이

우리들이 입지 않는 옷을 버리지 못하는 이유는 무수히 많다.

그렇다고 대답했으며, 그 중 젊은 층(18~34세) 비율이 가장 높았고, 그 다음으로 소득이 높은 집단이었다(7만 5천 달러 이상).[113]

1) 처분 옵션

소비자가 어떤 제품이 더 이상 쓸모가 없다는 결정을 내릴 때 몇 가지 옵션을 택할 수 있다. (1) 계속 보유 (2) 일시적 처분 또는 (3) 영구 폐기할 수 있다. 많은 경우 헌 제품이 여전히 제 기능을 할 수 있는 상황에서도 신제품을 구입한다. 이와 같이 대체물을 구입하는 이유를 몇 가지 들자면 새로운 스타일(특히 패션에 있어 중요한) 또는 신기능(기존 VHS의 레코드 기능을 대신할 DVD와 같은)을 갖고 싶다든지 환경이 바뀌었다거나(전문직 여성복이 필요한 직업을 갖게 된 경우) 역할이나 자아상이 변한 경우를 들 수 있다.[114] 그림 13-8에 소비자가 의류 처분 시 선택할 수 있는 옵션을 개괄적으로 예시하였다.

제품을 처분하는 일은 관련 공공정책과 매우 긴밀하기 때문에 더욱 중요하다. 우리는 버리는 사회에 살고 있다. 그로 인해 환경 문제가 발생하고 방대한 양의 부적당한 쓰레기가 만들어지고 있다. 최근 연구에서 15%의 성인은 물건을 꼭꼭 쌓아두지만 64%는 선별적으로 보유한다고 답했다. 이와 대조적으로 20%는 가능한 많이 쓸데없는 물건을 내다 버린다고 답했다. 연령이 높고 독거인일수록 물건을 더 많이 보관하는 것으로 나타났다.[115]

소비자에게 재생 활용 교육을 시키는 일이 가장 중요한 일로 자리잡은 나라들이 많이 늘어나고 있다. 일본은 쓰레기의 약 40%를 재생 활용하는데, 이렇듯 협력 정도가 상대적으로 높은 까닭은 일본인들이 재생 활용에 사회적 가치를 부여하는 것에서 일부 찾아볼 수 있다. 고전음악이나 동요를 틀면서 덜컹거리며 정기적으로 거리거리를 지나다니는 쓰레기 차량도 시민들에게 고취심을 준다.[116] 소비자 단체 활동가들의 촉구 시점에 흔히 하기는 하지만 기업들도 보다 효율적으로 자원을 활용할 수 있는 방법을 끊임없이 모색한다.

소비자들이 재생 활용에 대해 갖고 있는 목적에 대해 연구한 결과, 얼마나 구체적이고 실용적인 목표인가 하는 것이 보다 추상적인 최종 가치와 연결되는 것으로 나타났다. 중요도가 높은 순으로 목표를 기술하면 "쓰레기를 매립하지 않도록 해보자." "쓰레기를 줄이자." "소재를 재생 활용하자." "환경을 보존하자."의 순이다. 이러한 목표들은 "건강을 증진한다/질병에 걸리지 않는다." "생명 부양이라는 궁극적 목적을 이루자." "미래 세대를 위하여"와 같은 궁극적 가치와 연결되어 있었다.

지각된 노력은 사람들이 재생 활용할 수고를 감수할 것인지의 여부를 가장 잘 예측하게 해주는데 이 실용성 차원은 재생 활용과 환경에 대한 일반적인 태도보다 재생활용 의사를 더 잘 예측하는 것으로 나타났다.[117] 의류를 처분하는 패턴을 보면 남녀가 서로 다르다는 연구 결과도 있는데 여성이 남성보다 더 환경 친화적인 처분 패턴을 선택할 가능성이 높다고 한다. 이는 지각된 노력과 연관이 있는 것으로 보인다.[118]

이와 같은 기법을 응용하여 재생 활용 및 기타 다른 처분 행동 연구를 통해 사회적 마케터들은 환경에 대한 책임 있는 행동을 증가시키기 위한 메시지와 광고 문구를 보다 쉽게 설계할 수 있다.[119]

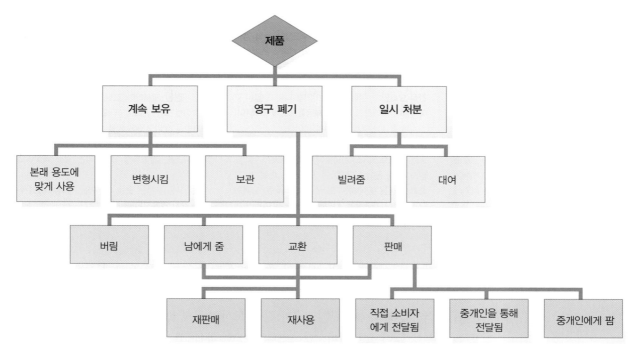

그림 13-8 소비자 처분 옵션

출처 : Jacob Jacoby, Carol K. Berning, and Thomas F. Dietvorst, "What about Disposition," *Journal of Marketing* 41 (April 1977) : 23. By permission of American Marketing Association.

2) 측 순환 : 정크(폐물) 대 '정큐(귀중품)'

이미 구매한 물건을 다른 사람에게 팔거나 다른 물품과 교환하는 이른바 **측 순환** (lateral cycling)이 있다. 구매의 많은 부분을 차지하는 것이 새것이 아닌 중고품이다. 타인의 물품을 재사용한다는 것은 내다버리는 현 사회에 있어 특히 중요한데, 어느 학자가 말했듯이 "더 이상 물건을 '멀리' 내던져 버릴 수 없기" 때문이다.[120] 자신의 옷을 파는 것도('구식' 패션) 물품 비용의 일부를 회수하는 훌륭한 방법이다. 의류 처분 패턴을 조사한 어느 연구 결과, 의류 재판매 현상은 환경 관련 이유가 아닌 금전적 혹은 경제적 이유에 의해 진행되는 것으로 나타났다.[121]

벼룩시장, 창고세일, 구인구직 광고, 서비스 대행, 구혼, 검은 시장, 이 모든 것이 정식 시장 외에 추가로 운영되고 있는 대체 시장들이다. 중고 물품 소매 사업장이 다른 점포의 성장 속도보다 열 배 빠르게 성장하고 있다.[122] 전통적인 방식을 따르는 마케터들은 중고 물품 판매자들에게 그다지 주목하지 않았으나 환경, 품질 요구, 비용 및 패

온라인 패션제품 판매

벼룩시장은 온라인이다. 그것도 매우 큰 규모의 시장이다. 수년 동안 게시판과 뉴스그룹을 통해 중고 품목이 교환되어 왔다. 그러나 지금은 무수히 많은 사이트들이 구축되어 보다 정교한 방식으로 교환 거래를 성사시키고 있다. 어마어마하게 유명한 경매 사이트인 이베이(eBay.com)의 의류 및 액세서리 사이트는 최고 속도로 성장하고 있는 곳으로 약 10억 달러의 매출을 기록하고 있다. 최근에는 이베이에 디자이너 부티크 사이트, 특별 소규모 판매 분야를 마련, 한 곳에서 3백5십여 가지가 넘는 디자이너 브랜드 제품을 검색할 수 있도록 하였다. 가장 많은 검색수를 자랑하는 브랜드는 구찌

(Gucci)로 2002년 한 달에만 백5십만 건의 검색이 이루어졌다. 프라다(Prada)와 케이트 스페이드(Kate Spade)가 그 뒤를 이었다. eBay가 성공을 거둔 이유 중 하나는 고객서비스와 흥미롭게도 인간적 요소인데, 판매자와 이야기를 나누고 싶은 구매자들에게 대화의 기회를 제공함으로써 고객서비스 부분을 상실하지 않았기 때문이다.[123]

다른 사이트로는 Bidfind.com이 있다. 이 사이트는 에어로스미스 기념물에서 웨딩드레스, 베일, 반지 베개, 돈가방(딱 한 번 사용한)에 이르기까지 중고 제품을 판매하는 모든 웹의 목록을 보여준다.[124] 파산 재고품을 처리해야 하는 필요에 의해

Liquidation.com, Retailexchange.com과 같은 신생 사이트들이 여전히 분출되고 있다(이베이는 소규모 및 중소규모 소매업자와 의류 창고방출자를 다수 호스팅하면서 활발히 사업을 펼치고 있다). 세련된 캐시미어 코트를 찾는가? 금 커플링크? 이발 도구 세트? 이 모든 품목이 항공사에서 짐가방을 찾아오듯이 얻을 수 있다. unclaimedbaggage.com 온라인 가게는 사람들이 도로 찾아가지 않는 물품들을 유통시키는 일을 특화하였다.[125]

창고세일을 하는 곳을 찾아가는 방식이 결코 이전과 같지 않을 것이다.

선 의식에 대한 관심이 '중고' 시장의 중요성을 더욱 높이도록 도모하는 요소로 작용하고 있다.[126]

뉴욕, 로스앤젤레스, 샌프란시스코와 같은 도시의 유행을 선도하던 거리에 빈티지록 점포들이 속속 들어서고 있다. 웨이스트랜드(Wasteland), 버팔로 익스체인지(Buffalo Exchange), 레져렉션(Resurrection)과 같은 가게들이 유명인, 영감을 얻으려는 디자이너, 남과 다른 스타일을 원하는 고객에게 높은 인기를 얻고 있다. 옛것과 새것을 함께 진열 판매하는 가게는 독특한 효과를 자아낸다. 저가 가게에서 보물을 찾으려는 젊은 층의 습관을 포착한 것이 높은 성공률로 이어지고 있다. 소호(맨하탄 아래)의 ABC 카페트, 피시스 에디(Fishes Eddy)와 같은 점포는 앤틱 보물과 멋스러운 신제품 가구를 함께 선보이고 있다. 옷 가게도 이러한 형식을 뒤쫓고 있다. 이러한 틈새시장을 겨냥한 앤틱에 대한 관심, 일정 기간마다 다시 유행되는 액세서리, 전문 잡지들도 증가하고 있다.

▌ 요약 ▌

• 구매 행위는 여러 요인에 의해 영향을 받을 수 있다. 이 요인들은 고객의 사전 상태(예컨대, 기분, 시간 압박, 쇼핑 기질)를 포함한다. 시간은 결정을 내리기까지 얼마나 많은 노력과 검색을 투자할 것인지를 결정하는 중요한 자원이다. 기분은 점포 환경이 주는 유쾌함과 환기 정도에 따라 영향을 입을 수 있다.

- 소비자들은 구매하고자 계획했던 제품의 용도에 따라 서로 다른 제품 속성들을 찾는다. 다른 사람의 존재 여부—사람 유형—도 결정에 영향을 미칠 수 있다.

- 소비자의 쇼핑 성향도 결정에 영향을 미칠 수 있다. 의류 쇼핑을 좋아하는 사람도 있고 싫어하는 사람도 있을 것이다. 라이프스타일 모니터가 실시한 쇼핑 선호도 조사에서 패션을 주도하는 혁신자들이 가장 '쇼핑을 좋아하는' 자로 나타났다.

- 쇼핑 경험도 구매결정시 결정적 역할을 하는 부분이다. 소매상은 영화관과 같다. 소비자들은 자신이 직접 관람한 점포의 '공연' 유형에 따라 점포와 제품을 평가한다. 이 평가는 배우(판매원), 세팅(가게 환경), 소품(디스플레이)에 의해 영향을 받는다. 점포 이미지도 하나의 브랜드 성격처럼 인지된 편이성, 정교함, 판매원의 박식함 등 여러 요인에 의해 결정된다. 비점포 형태의 대체물과의 경쟁이 날로 증가하고 있기 때문에, 긍정적인 쇼핑 경험을 제공하는 것이 지금보다 더 중요한 시기는 없을 것이다.

- 대부분의 구매 결정은 고객이 실제 점포 안에 있기 전에 내려지는 것이 아니므로 구매시점(POP) 자극물도 매우 중요한 판매 수단이다. 제품 견본이나 정성을 들인 패키지 디스플레이, 장소에 따라 설치한 미디어, 가게 내의 판촉 재료 등이 포함된다. 특히 POP 자극물은 고객이 불현듯 제품을 구매하고 싶은 욕구를 일으켜 충동 구매를 자극할 때 유용하다. 최첨단 기술을 사용한 키오스크도 점포 내에서 이루어진 특별 주문을 통해 보다 다양한 선택의 기회를 제공한다.

- 고객과 판매원과의 만남은 복잡하고 중요한 과정이다. 만남의 결과는 판매원과 고객의 닮은 점이라든지 감지되는 신용도와 같은 요인에 영향을 받을 수 있다.

- 고객 만족은 제품을 구매한 후 구매자가 갖는 전체적인 느낌에 의해 결정된다. 가격, 브랜드, 제품의 성능과 같은 여러 품질 요소에 대한 인식에 영향을 미치는 요인들이 매우 많다. 고객 만족은 대개 고객이 구매 전에 예상한 제품의 성능 수준에 일치하는지 여부와 그 정도에 따라 결정되기도 한다.

- 의류 제품에 대한 만족은 품질 개념과 연관이 있다. 업계에서 정의한 품질 구성요소에는 구조적 통합성, 심미성, 호소력이 있으며 고객이 갖고 있는 정의와는 다를 수 있다.

- 제품 처분 문제도 점차 중요성을 더해가고 있다. 소비자의 환경에 대한 인식이 높아짐에 따라 재활용은 지속적으로 중요하게 강조될 옵션이 될 것이다. 소비자는 측 순환 과정, 즉 물물 교환이나 창고 세일, 중고 매매와 같은 유통 과정을 통해 제품을 중고 시장에 내놓을 수 있다.

▌토론 주제 ▌

1. 이 장에 기술되어 있는 쇼핑 동기에 대해 토론하라. 이들 동기를 활성화하기 위해 소매상인은 어떻게 전략을 조정할 수 있겠는가?

2. 본인의 쇼핑 행동을 분석해 보라. 이 장에서 기술한 것처럼 쇼핑의 즐거움을 구성하는 요소로 자신이 경험한 유쾌한 요소가 무엇이 있는가? 쇼핑의 유쾌함이 패션제품 판매에 영향을 준다고 생각하는가?

3. 최근 다수의 법원 소송에서 쇼핑몰에서 특정-이익 단체의 문헌 배포를 금지하려는 시도가 있었다. 몰 관리자들은 쇼핑몰 센터가 사유재산이라고 주장한다. 반면 이들 단체는 쇼핑몰은 읍내 광장의 현대식 변형물로 공공 광장과 같은 것이라고 논박한다. 이와 관련이 있는 최근 법원 소송 건을 찾아 찬반 논쟁을 살펴보라. 공공 광장으로써 오늘날 몰의 위상은 무엇이라고 생각하는가? 이러한 개념에 동의하는가?

4. 고객을 상대하는 직원이 유니폼을 착용해야 한다거나 일터에서 복장 코드가 필요하다는 의견에 대해 부정적인 측면과 긍정적인 측면은 무엇인가?

5. 지금까지 만나보았던 판매원 가운데 유달리 좋았던 판매원과 나빴던 판매원을 떠올려 보라. 그 둘을 구분하는 자질은 무엇인 것 같은가?

6. '시간유형' 이라는 개념에 대해 토의하라. 자신의 경험을 토대로 고객을 각자의 시간유형에 따라 어떻게 세분화할 수 있을까? 이와 패션제품 판매와는 어떤 관계가 있을까?

7. 서로 다른 여러 문화에서 볼 수 있는 시간 개념을 비교 대조하라. 각각의 시간 개념 구조를 볼 때 판매 전략에 시사하는 바는 무엇인가?

8. '처분 가능한 소비자 사회' 에서 창의적인 재생 활용을 강조하는 사회로 이동해감에 따라 마케터들이 가질 수 있는 많은 기회가 창출되고 있다. 어떠한 기회가 있는가?

9. 지역에 위치한 몰을 자연스럽게 관찰하라. 몰 중심 지점에 앉아 직원과 단골손님들의 활동을 살펴보라. 판매행위가 아닌 행동들을 기록하여 보라(특별 공연, 전시, 사교적 행위 등). 이러한 행위들이 몰에서의 영업 수행력을 향상시키는가 아니면 후퇴시키는가? 몰이 점차 최첨단 게임방처럼 변화하고 있다. 이 장에서 제기한 것처럼 쇼핑 공간이 십대 청소년들의 배회를 부추기고 실질적인 소비로 이어지지 않으며 다른 고객을 겁먹게 하여 내쫓을 수 있다는 비평에 대해 타당성이 있다고 생각하는가?

10. 자신이 거주하는 지역의 의류점포 중 경쟁 업체 세 곳을 선택한 다음 점포 이미지

를 조사하라. 여러 속성을 기재한 설문지로 소비자들의 평가를 수집한 다음 그래
프로 그려보라. 그 결과를 통해 점포를 운영하는 자의 주의를 끌 만한 경쟁상 이익
또는 불이익이 될 만한 점들을 발견할 수 있는가?

11. 기업들이 날로 구매시점 판매를 위해 판촉에 더 많은 비용을 투자함에 따라 점포
환경이 가열되고 있다. 계산대에서 비디오를 볼 수 있는가 하면, 쇼핑 카트에 컴퓨
터 모니터가 달린 경우도 있다. 이곳저곳에 설치된 매체를 통해 쇼핑하는 장소가
아닌 곳에서도 사람들은 광고에 노출되고 있다. 최근 뉴욕의 한 헬스클럽에서는
방송하는 광고를 보여주는 TV 모니터를 제거하라는 압력을 받았다. 이 모니터가
운동을 방해한다는 주장이 제기되었기 때문이다. 이러한 혁신적인 매체들이 지나
치게 침해적이라고 느끼는가? 어떤 수위에서 쇼핑객들은 '반발심'을 품게 되고,
쇼핑시 정숙하고 평화로운 분위기를 요구할 것 같은가? '전혀 간섭이 없는' 쇼핑
환경을 약속하는 '시장에 역행하는' 점포가 앞으로 등장한다면 이러한 방법을 통
해 판매가 이루질 수 있을 것이라고 보는가?

▌주요 용어 ▌

교환 이론(exchange theory)

구매시점 자극
  (point-of-purchase(POP) stimuli)

기대불일치 모델(expectancy
  disconfirmation model)

분위기(atmospherics)

비계획적 구매(unplanned buying)

소비자 만족/불만족(consumer
  satisfaction/dissatisfaction)

쇼핑 성향(shopping orientation)

시간 빈곤(time poverty)

점포 이미지(store image)

충동구매(impulse buying)

측 순환(lateral cycling)

▌참고문헌 ▌

1. "It's Buying Time Again," *Women's Wear Daily* (March 2, 2000): 2.

2. Paul Gray, "Nice Guys Finish First?," *Time* (July 25, 1994): 48-49.

3. Pradeep Kakkar and Richard J. Lutz, "Situational Influence on Consumer Behavior: A Review," in *Perspectives in Consumer Behavior*, 3rd ed., eds.

Harold H. Kassarjian and Thomas S. Robertson (Glenview, Ill.: Scott Foresman, 1981), 204-214.

4. Carolyn Turner Schenk and Rebecca H. Holman, "A Sociological Approach to Brand Choice: The Concept of Situational Self-Image," in *Advances in*

Consumer Research 7, ed. Jerry C. Olson (Ann Arbor, Mich.: Association for Consumer Research, 1980), 610-614.

5. Russell W. Belk, "An Exploratory Assessment of Situational Effects in Buyer Behavior," *Journal of Marketing Research* 11 (May 1974):

156-163; U. N. Umesh and Joseph A. Cote, "Influence of Situational Variables on Brand-Choice Models," *Journal of Business Research* 16, no. 2 (1988): 91-99. See also J. Wesley Hutchinson and Joseph W. Alba, "Ignoring Irrelevant Information: Situational Determinants of Consumer Learning," *Journal of Consumer Research* 18 (December 1991): 325-345.

6. Yoon–Hee Kwon, "Effects of Situational and Individual Influences on the Selection of Daily Clothing," *Clothing and Textiles Research Journal* 6 (Summer 1988): 6-12.

7. Daniel Stokols, "On the Distinction between Density and Crowding: Some Implications for Future Research," *Psychological Review* 79 (1972): 275-277.

8. Carol Felker Kaufman, Paul M. Lane, and Jay D. Lindquist, "Exploring More Than 24 Hours a Day: A Preliminary Investigation of Polychronic Time Use," *Journal of Consumer Research* 18 (December 1991): 392-401.

9. Laurence P. Feldman and Jacob Hornik, "The Use of Time: An Integrated Conceptual Model," *Journal of Consumer Research* 7 (March 1981): 407-419. See also Michelle M. Bergadaa, "The Role of Time in the Action of the Consumer," *Journal of Consumer Research* 17 (December 1990): 289-302.

10. Robert J. Samuelson, "Rediscovering the Rat Race," *Newsweek* (May 15, 1989): 57.

11. John P. Robinson, "Time Squeeze," *Advertising Age* (February 1990): 30-33.

12. Leonard L. Berry, "Market to the Perception," *American Demographics* (February 1990): 32.

13. "Shopping on the Clock," *Women's Wear Daily* (September 16, 1999): 2.

14. Jacob Hornik, "Diurnal Variation in Consumer Response," *Journal of Consumer Research* 14 (March 1988): 588-591.

15. See Shirley Taylor, "Waiting for Service: The Relationship between Delays and Evaluations of Service," *Journal of Marketing* 58 (April 1994): 56-69.

16. Emily Nelson, "Mass-Market Retailers Look to Bring Checkout Lines into the 21st Century," *The Wall Street Journal Interactive Edition* (March 13, 2000).

17. Laurette Dube and Bernd H. Schmitt, "The Processing of Emotional and Cognitive Aspects of Product Usage in Satisfaction Judgments," in *Advances in Consumer Research* 18, eds. Rebecca H. Holman and Michael R. Solomon (Provo, Utah: Association for Consumer Research, 1991), 52-56; Lalita A. Manrai and Meryl P. Gardner, "The Influence of Affect on Attributions for Product Failure," in *Advances in Consumer Research* 18, eds. Rebecca H. Holman and Michael R. Solomon (Provo, Utah: Association for Consumer Research, 1991), 249-254.

18. Kevin G. Celuch and Linda S. Showers, "It's Time to Stress Stress: The Stress-Purchase/Consumption Relationship," in *Advances in Consumer Research* 18, eds. Rebecca H. Holman and Michael R. Solomon (Provo, Utah: Association for Consumer Research, 1991), 284-289; Lawrence R. Lepisto, J. Kathleen Stuenkel, and Linda K. Anglin, "Stress: An Ignored Situational Influence," in *Advances in Consumer Research* 18, eds. Rebecca H. Holman and Michael R. Solomon (Provo, Utah: Association for Consumer Research, 1991), 296-302.

19. See Eben Shapiro, "Need a Little Fantasy? A Bevy of New Companies Can Help," *The New York Times* (March 10, 1991): F4.

20. John D. Mayer and Yvonne N. Gaschke, "The Experience and Meta-Experience of Mood," *Journal of Personality and Social Psychology* 55 (July 1988): 102-111.

21. Meryl Paula Gardner, "Mood States and Consumer Behavior: A Critical Review," *Journal of Consumer Research* 12 (December 1985): 281-300; Scott Dawson, Peter H. Bloch, and Nancy M. Ridgway, "Shopping Motives, Emotional States, and Retail Outcomes," *Journal of Retailing* 66 (Winter 1990): 408-427; Patricia A. Knowles, Stephen J. Grove, and W. Jeffrey Burroughs (1993), "An Experimental Examination of Mood States on Retrieval and Evaluation of Advertisement and Brand Information," *Journal of the Academy of Marketing Science* 21 (April 1993); Paul W. Miniard, Sunil Bhatla, and Deepak Sirdeskmuhk, "Mood as a Determinant of Postconsumption Product Evaluations: Mood Effects and Their Dependency on the Affective Intensity of the Consumption Experience," *Journal of Consumer*

Psychology 1, no. 2 (1992): 173-195; Mary T. Curren and Katrin R. Harich, "Consumers' Mood States: The Mitigating Influence of Personal Relevance on Product Evaluations," *Psychology & Marketing* 11, no. 2 (March/April 1994): 91-107; Gerald J. Gorn, Marvin E. Rosenberg, and Kunal Basu, "Mood, Awareness, and Product Evaluation," *Journal of Consumer Psychology* 2, no. 3 (1993): 237-256.

22. Ira P. Schneiderman, "Color My World," *Women's Wear Daily*," (November 19, 1999): 17.

23. Gordon C. Bruner, "Music, Mood, and Marketing," *Journal of Marketing* 54 (October 1990): 94-104; Basil G. Englis, "Music Television and Its Influences on Consumers, Consumer Culture, and the Transmission of Consumption Messages," in *Advances in Consumer Research* 18, eds. Rebecca H. Holman and Michael R. Solomon (Provo, Utah: Association for Consumer Research, 1991).

24. Marvin E. Goldberg and Gerald J. Gorn, "Happy and Sad TV Programs: How They Affect Reactions to Commercials," *Journal of Consumer Research* 14 (December 1987): 387-403; Gerald J. Gorn, Marvin E. Goldberg, and Kunal Basu, "Mood, Awareness, and Product Evaluation," *Journal of Consumer Psychology* 2, no. 3 (1993): 237-256; Mary T. Curren and Katrin R. Harich, "Consumers' Mood States: The

Mitigating Influence of Personal Relevance on Product Evaluations," *Psychology & Marketing* 11, no. 2 (March/April 1994): 91-107.

25. Rajeev Batra and Douglas M. Stayman, "The Role of Mood in Advertising Effectiveness," *Journal of Consumer Research* 17 (September 1990): 203; John P. Murry, Jr., and Peter A. Dacin, "Cognitive Moderators of Negative-Emotion Effects: Implications for Understanding Media Context," *Journal of Consumer Research* 22 (March 1996): 439-447. See also Mary T. Curren and Harich, "Consumers' Mood States: The Mitigating Influence of Personal Relevance on Product Evaluations"; Gorn, Goldberg, and Basu, "Mood, Awareness, and Product Evaluation."

26. For a scale that was devised to assess these dimensions of the shopping experience, see Barry J. Babin, William R. Darden, and Mitch Griffin, "Work and/or Fun: Measuring Hedonic and Utilitarian Shopping Value," *Journal of Consumer Research* 20 (March 1994): 644-656.

27. Babin, Darden, and Griffin, "Work and/or Fun: Measuring Hedonic and Utilitarian Shopping Value."

28. Edward M. Tauber, "Why Do People Shop?," *Journal of Marketing* 36 (October 1972): 47-48.

29. Youn-Kyung Kim, Shefali Kumar, and Jikyeong Kang, "Teenagers' Shopping

Motivations and Loneliness," *Proceedings of the International Textile and Apparel Association*, (1999): 67.

30. Quoted in Robert C. Prus, *Making Sales: Influence as Interpersonal Accomplishment* (Newbury Park, Calif.: Sage, 1989), 225.

31. "Is the Thrill Gone?," *Women's Wear Daily* (March 26, 1998): 2.

32. Valerie Seckler, "Is the Thrill Gone? Stressed Consumer in Shopping Slump," *Women's Wear Daily* (July 17, 2002): 1, 10, 15.

33. "A Global Perspective ... on Women & Women's Wear," Cotton Inc. *Lifestyle Monitor* 14 (Winter 1999/2000): 8-11.

34. Gregory P. Stone, "City Shoppers and Urban Identification: Observations on the Social Psychology of City Life," *American Journal of Sociology* 60 (1954): 36-45; Danny Bellenger and Pradeep K. Korgaonkar, "Profiling the Recreational Shopper," *Journal of Retailing* 56, no. 3 (1980): 77-92.

35. Some material in this section was adapted from Michael R. Solomon and Elnora W. Stuart, *Welcome to Marketing.Com: The Brave New World of E-Commerce.* Upper Saddle River N.J.: Prentice-Hall, 2001).

36. Seema Williams, David M. Cooperstein, David E. Weisman, and Thalika Oum, "Post-Web Retail," *The Forrester Report*, Forrester Research, Inc., September 1999.

37. Rebecca K. Ratner, Barbara E. Kahn, and Daniel Kahneman, "Choosing Less-Preferred Experiences for the Sake of Variety," *Journal of Consumer Research* 26 (June 1999): 1-15.

38. Louise Lee, "'Clicks and Mortar' at Gap.Com," *Business Week* (October 18, 1999): 150-152.

39. William Rothaker, "E-Commerce Won't Kill Bricks-and-Mortar Retailing," *The Wall Street Journal Interactive Edition* (September 27, 1999).

40. Jennifer Gilbert, "Customer Service Crucial to Online Buyers," *Advertising Age* (September 13, 1999): 52.

41. Cora Yuen and Nancy J. Rabolt, "Consumer Satisfaction with Fashion Internet Purchases: Using a Website Gathering Technique." *Proceedings of the International Textile and Apparel Association,* 2002, available at www.itaaonline.org

42. Carol Emert, "E–Tailers Fined for Broken Promises," *San Francisco Chronicle* (July 27, 2000): B1, B5.

43. For a recent study of consumer shopping patterns in a mall that views the mall as an ecological habitat, see Peter N. Bloch, Nancy M. Ridgway, and Scott A. Dawson, "The Shopping Mall as Consumer Habitat," *Journal of Retailing* 70, no. 1 (1994): 23-42.

44. Quoted in Kate Ballen, "Get Ready for Shopping at Work," *Fortune* (February 15, 1988): 95.

45. Quoted in Jacquelyn Bivins, "Fun and Mall Games," *Stores* (August 1989): 35.

46. Sallie Hook, "All the Retail World's

a Stage: Consumers Conditioned to Entertainment in Shopping Environment," *Marketing News* 21 (July 31, 1987): 16.

47. Carol Emert, "Metreon Teeming with Gawkers," *San Francisco Chronicle* (September 4, 1999): E1, E2; Victoria Colliver, "Celebrating Metreon," *San Francisco Chronicle* (June 11, 2000): B1, B8.

48. Eric Wilson, "Adventures in Design: Prada's Vision of Techno Chic Comes to SoHo," *Women's Wear Daily* (January 23, 2002): 1, 10-11.

49. Anamaria Wilson, "Miyake's Mix of Design Extremes," *Women's Wear Daily* (October 30, 2001): 7.

50. "Levi's Brand Delivers Global Product Line-Up and Multi-Sensory Shopping Experience at First San Francisco Store," *Business Wire* (August 16, 1999): 1.

51. Quoted in Mitchell Pacelle, "Malls Add Fun and Games to Attract Shoppers," *The Wall Street Journal* (January 23, 1996): B1.

52. John King, "Sony's Empty 'City in a Box,'" *San Francisco Chronicle* (November 11, 2001): D3.

53. Patricia Winters Lauro, "Developer Promotes Its Malls as Destinations for Fun," *The New York Times on the Web* (October 21, 1999).

54. Joshua Levine, "Hamburgers and Tennis Socks," *Forbes* (November 20, 1995): 184-185; Iris Cohen Selinger, "Lights! Camera! But Can We Get a Table?" *Advertising Age* (April 17, 1995): 48.

55. John Tagliabue, "Enticing Europe's Shoppers: U.S. Way of Dressing and of Retailing Spreading Fast," *The New York Times* (April 24, 1996): D1.

56. Susan Spiggle and Murphy A. Sewall, "A Choice Sets Model of Retail Selection," *Journal of Marketing* 51 (April 1987): 97-111; William R. Darden and Barry J. Babin, "The Role of Emotions in Expanding the Concept of Retail Personality," *Stores* 76, no. 4 (April 1994): RR7–RR8.

57. Most measures of store image are quite similar to other attitude measures, as discussed in Chapter 8. For an excellent bibliography of store image studies, see Mary R. Zimmer and Linda L. Golden, "Impressions of Retail Stores: A Content Analysis of Consumer Images," *Journal of Retailing* 64 (Fall 1988): 265-293.

58. Spiggle and Sewall, "A Choice Sets Model of Retail Selection."

59. Philip Kotler, "Atmospherics as a Marketing Tool," *Journal of Retailing* (Winter 1973-1974): 10-43, 48-64, 50. For a review of more research, see J. Duncan Herrington, "An Integrative Path Model of the Effects of Retail Environments on Shopper Behavior," ed. Robert L. King, *Marketing: Toward the Twenty-First Century* (Richmond, Va. Southern Marketing Association, 1991), 58-62.

60. Joseph A. Bellizzi and Robert E. Hite, "Environmental Color, Consumer Feelings, and Purchase Likelihood," *Psychology & Marketing* 9, no. 5 (September/October 1992): 347-363.

61. Quoted in Cherie Fehrman and Kenneth Fehrman, *Color-the Secret Influence* (Upper Saddle River, N.J.: Prentice-Hall, 2000), pp. 141-142.

62. See Eric R. Spangenberg, Ayn E.

Crowley, and Pamela W. Henderson, "Improving the Store Environment: Do Olfactory Cues Affect Evaluations and Behaviors?," *Journal of Marketing* 60 (April 1996): 67-80, for a study that assessed olfaction in a controlled, simulated store environment.

63. Robert J. Donovan, John R. Rossiter, Gilian Marcoolyn, and Andrew Nesdale, "Store Atmosphere and Purchasing Behavior," *Journal of Retailing* 70, no. 3 (1994): 283-294.

64. Robert La Franco, "Wallpaper Sonatas," *Forbes* (March 25, 1996): 114.

65. Louise Lee, "Background Music Becomes Hoity-Toity," *The Wall Street Journal* (December 22, 1995): B1.

66. "Levi's Brand Delivers Global Product Line-Up and Multi-Sensory Shopping Experience at First San Francisco Store."

67. "2001 Colors Reflect Desire for Serenity in a Fast Paced World," PR *Newswire*, New York (August 20, 1999): 1.

68. Deborah Blumenthal, "Scenic Design for In-Store Try-Ons," *The New York Times* (April 9, 1988): 56.

69. John Pierson, "If Sun Shines In, Workers Work Better, Buyers Buy More," *The Wall Street Journal* (November 20, 1995): B1.

70. Charles S. Areni and David Kim, "The Influence of In-Store Lighting on Consumers' Examination of Merchandise in a Wine Store," *International Journal of Research in Marketing* 11, no. 2 (March 1994): 117-125.

71. Marianne Meyer, "Attention

Shoppers!," *Marketing and Media Decisions* 23 (May 1988): 67.

72. Easwar S. Iyer, "Unplanned Purchasing: Knowledge of Shopping Environment and Time Pressure," *Journal of Retailing* 65 (Spring 1989): 40-57; C. Whan Park, Easwar S. Iyer, and Daniel C. Smith, "The Effects of Situational Factors on In-Store Grocery Shopping," *Journal of Consumer Research* 15 (March 1989): 422-433.

73. Dennis W. Rook and Robert J. Fisher, "Normative Influences on Impulsive Buying Behavior," *Journal of Consumer Research* 22 (December 1995): 305-313; Francis Piron, "Defining Impulse Purchasing," in *Advances in Consumer Research* 18, eds. Rebecca H. Holman and Michael R. Solomon (Provo, Utah: Association for Consumer Research, 1991), 509-514; Dennis W. Rook, "The Buying Impulse," *Journal of Consumer Research* 14 (September 1987): 189-199.

74. Yu K. Han, George A. Morgan, Antigone Kotsiopulos, and Jikyeong Kang-Park, "Impulse Buying Behavior of Apparel Purchasers," *Clothing and Textiles Research Journal* 9 (Spring 1991): 15-21.

75. H. Stern, "The Significance of Impulse Buying Today," *Journal of Marketing* 26 (1962): 59-62.

76. Han, Morgan, Kotsiopulos and Kang-Park, "Impulse Buying Behavior of Apparel Purchasers."

77. See Aradhna Krishna, Imran S. Currim, and Robert W. Shoemaker, "Consumer Perceptions of Promotional Activity," *Journal of Marketing* 55 (April 1991): 4-16. See

also H. Bruce Lammers, "The Effect of Free Samples on Immediate Consumer Purchase," *Journal of Consumer Marketing* 8 (Spring 1991): 31-37; Kapil Bawa and Robert W. Shoemaker, "The Effects of a Direct Mail Coupon on Brand Choice Behavior," *Journal of Marketing Research* 24 (November 1987): 370-376.

78. Bernice Kanner, "Trolling in the Aisles," *New York* (January 16, 1989): 12; Michael Janofsky, "Using Crowing Roosters and Ringing Business Cards to Tap a Boom in Point-of-Purchase Displays," *The New York Times* (March 21, 1994): D9.

79. William Keenan, Jr., "Point-of-Purchase: From Clutter to Technoclutter," *Sales and Marketing Management* 141 (April 1989): 96.

80. Paco Underhill, "In-Store Video Ads Can Reinforce Media Campaigns," *Marketing News* (May 1989): 5.

81. Timothy P. Henderson, "Kiosks Bring the Science of Smell to the Shopping Experience," *Stores* (February 2000): 62, 64.

82. James Sterngold, "Why Japanese Adore Vending Machines," *The New York Times* (January 5, 1992): A1.

83. See Robert B. Cialdini, *Influence: Science and Practice*, 2nd ed. (Glenview, Ill.: Scott Foresman, 1988).

84. Richard P. Bagozzi, "Marketing as Exchange," *Journal of Marketing* 39 (October 1975): 32-39; Peter M. Blau, *Exchange and Power in Social Life* (New York: Wiley, 1964); Marjorie Caballero and Alan J. Resnik, "The Attraction Paradigm in Dyadic Exchange," *Psychology &*

Marketing 3, no. 1 (1986): 17-34; George C. Homans, "Social Behavior as Exchange," *American Journal of Sociology* 63 (1958): 597-606; Paul H. Schurr and Julie L. Ozanne, "Influences on Exchange Processes: Buyers' Preconceptions of a Seller's Trustworthiness and Bargaining Toughness," *Journal of Consumer Research* 11 (March 1985): 939-953; Arch G. Woodside and J. W. Davenport, "The Effect of Salesman Similarity and Expertise on Consumer Purchasing Behavior," *Journal of Marketing Research* 8 (1974): 433-436.

85. Paul Busch and David T. Wilson, "An Experimental Analysis of a Salesman's Expert and Referent Bases of Social Power in the Buyer-Seller Dyad," *Journal of Marketing Research* 13 (February 1976): 3-11; John E. Swan, Fred Trawick, Jr., David R. Rink, and Jenny J. Roberts, "Measuring Dimensions of Purchaser Trust of Industrial Salespeople," *Journal of Personal Selling and Sales Management* 8 (May 1988): 1.

86. For a study in this area, see Peter H. Reingen and Jerome B. Kernan, "Social Perception and Interpersonal Influence: Some Consequences of the Physical Attractiveness Stereotype in a Personal Selling Setting," *Journal of Consumer Psychology* 2, no. 1 (1993): 25-38.

87. Linda L. Price and Eric J. Arnould, "Commercial Friendships: Service Provider–Client Relationships in Context," *Journal of Marketing* 63 (October 1999): 38-56.

88. Mary Jo Bitner, Bernard H. Booms, and Mary Stansfield Tetreault, "The Service Encounter: Diagnosing Favorable and Unfavorable Incidents," *Journal of Marketing* 54 (January 1990): 7-84; Robert C. Prus, *Making Sales* (Newbury Park, Calif.: Sage, 1989); Arch G. Woodside and James L. Taylor, "Identity Negotiations in Buyer-Seller Interactions," in *Advances in Consumer Research* 12, eds. Elizabeth C. Hirschman and Morris B. Holbrook (Provo, Utah: Association for Consumer Research, 1985), 443-449.

89. Barry J. Babin, James S. Boles, and William R. Darden, "Salesperson Stereotypes, Consumer Emotions, and Their Impact on Information Processing," *Journal of the Academy of Marketing Science* 23, no. 2 (1995): 94-105; Gilbert A. Churchill, Jr., Neil M. Ford, Steven W. Hartley, and Orville C. Walker, Jr., "The Determinants of Salesperson Performance: A Meta-Analysis," *Journal of Marketing Research* 22 (May 1985): 103-118.

90. Siew Meng Leong, Paul S. Busch, and Deborah Roedder John, "Knowledge Bases and Salesperson Effectiveness: A Script-Theoretic Analysis," *Journal of Marketing Research* 26 (May 1989): 164; Harish Sujan, Mita Sujan, and James R. Bettman, "Knowledge Structure Differences between More Effective and Less Effective Salespeople," *Journal of Marketing Research* 25 (February 1988): 81-86; Robert Saxe and Barton Weitz, "The SOCCO Scale: A Measure of the Customer Orientation of Salespeople," *Journal of Marketing Research* 19 (August 1982): 343-351; David M.

Szymanski, "Determinants of Selling Effectiveness: The Importance of Declarative Knowledge to the Personal Selling Concept," *Journal of Marketing* 52 (January 1988): 64-77; Barton A. Weitz, "Effectiveness in Sales Interactions: A Contingency Framework," *Journal of Marketing* 45 (Winter 1981): 85-103.

91. Jagdish M. Sheth, "Buyer-Seller Interaction: A Conceptual Framework," in *Advances in Consumer Research* (Cincinnati, Ohio: Association for Consumer Research, 1976): 382-386; Kaylene C. Williams and Rosann L. Spiro, "Communication Style in the Salesperson-Customer Dyad," *Journal of Marketing Research* 22 (November 1985): 434-442.

92. Marsha L. Richins, "An Analysis of Consumer Interaction Styles in the Marketplace," *Journal of Consumer Research* 10 (June 1983): 73-82.

93. Teena Hammond, "Sears' Survey: Stores That Satisfy Customers Glean Higher Sales," *Women's Wear Daily* (July 7, 1997): 12.

94. Rama Jayanti and Anita Jackson, "Service Satisfaction: Investigation of Three Models," in *Advances in Consumer Research* 18, eds. Rebecca H. Holman and Michael R. Solomon (Provo, Utah: Association for Consumer Research, 1991), 603-610; David K. Tse, Franco M. Nicosia, and Peter C. Wilton, "Consumer Satisfaction as a Process," *Psychology & Marketing* 7 (Fall 1990): 177-193.

95. Liza Abraham-Murali and Mary Ann Littrell, "Consumers' Perception of Apparel Quality over Time: An Exploratory Study," *Clothing and*

Textiles Research Journal 13, no. 3 (1995): 149-158.

96. Eugene W. Anderson, Claes Fornell, and Donald R. Lehmann, "Customer Satisfaction, Market Share, and Profitability: Findings from Sweden," *Journal of Marketing* 58, no. 3 (July 1994): 53-66.

97. Robert Jacobson and David A. Aaker, "The Strategic Role of Product Quality," *Journal of Marketing* 51 (October 1987): 31-44. For a review of issues regarding the measurement of service quality, see J. Joseph Cronin, Jr. and Steven A. Taylor, "Measuring Service Quality: A Reexamination and Extension," *Journal of Marketing* 56 (July 1992): 55-68.

98. Anna Kirmani and Peter Wright, "Money Talks: Perceived Advertising Expense and Expected Product Quality," *Journal of Consumer Research* 16 (December 1989): 344-353; Donald R. Lichtenstein and Scot Burton, "The Relationship between Perceived and Objective Price-Quality," *Journal of Marketing Research* 26 (November 1989): 429-443; Akshay R. Rao and Kent B. Monroe, "The Effect of Price, Brand Name, and Store Name on Buyers' Perceptions of Product Quality: An Integrative Review," *Journal of Marketing Research* 26 (August 1989): 351-357.

99. Heidi P. Scheller and Grace I. Kunz, "Toward a Grounded Theory of Apparel Product Quality," *Clothing and Textiles Research Journal* 16, no. 2 (1998): 57-67.

100. Ronda Chaney and Nancy J. Rabolt, "Perceptions of Apparel Quality," *FIT Review* (Fall 1990): 38-44; Jean D. Hines and Gwendolyn S. O'Neal, "Underlying Determinants of Clothing Quality: The Consumers' Perspective," *Clothing and Textiles Research Journal* 13, no. 4 (1995): 227-233.

101. Lynn Barnes, "Country Image: Relationship between Perceived Garment Quality and Purchase Intent," master's thesis, San Francisco State University (1999).

102. Gilbert A. Churchill, Jr., and Carol F. Surprenant, "An Investigation into the Determinants of Customer Satisfaction," *Journal of Marketing Research* 19 (November 1983): 491-504; John E. Swan and I. Frederick Trawick, "Disconfirmation of Expectations and Satisfaction with a Retail Service," *Journal of Retailing* 57 (Fall 1981): 49-67; Peter C. Wilton and David K. Tse, "Models of Consumer Satisfaction Formation: An Extension," *Journal of Marketing Research* 25 (May 1988): 204-212. For a discussion of what may occur when customers evaluate a new service for which comparison standards do not yet exist, see Ann L. McGill and Dawn Iacobucci, "The Role of Post-Experience Comparison Standards in the Evaluation of Unfamiliar Services," in *Advances in Consumer Research* 19, eds. John F. Sherry, Jr., and Brian Sternthal, (Provo, Utah: Association for Consumer Research, 1992), 570-578; William Boulding, Ajay Kalra, Richard Staelin, and Valarie A. Zeithaml, "A Dynamic Process Model of Service Quality: From Expectations to Behavioral Intentions," *Journal of Marketing Research* 30 (February 1993): 7-27.

103. John W. Gamble, "The Expectations Paradox: The More You Offer Customer, Closer You Are to Failure," *Marketing News* (March 14, 1988): 38.

104. Jagdish N. Sheth and Banwari Mittal, "A Framework for Managing Customer Expectations," *Journal of Market Focused Management* 1 (1996): 137-158.

105. Mary C. Gilly and Betsy D. Gelb, "Post-Purchase Consumer Processes and the Complaining Consumer," *Journal of Consumer Research* 9 (December 1982): 323-328; Diane Halstead and Cornelia Droge, "Consumer Attitudes toward Complaining and the Prediction of Multiple Complaint Responses," in *Advances in Consumer Research* 18, eds. Rebecca H. Holman and Michael R. Solomon (Provo, Utah: Association for Consumer Research, 1991), 210-216; Jagdip Singh, "Consumer Complaint Intentions and Behavior: Definitional and Taxonomical Issues," *Journal of Marketing* 52 (January 1988):n 93-107.

106. Gary L. Clark, Peter F. Kaminski, and David R. Rink, "Consumer Complaints: Advice on How Companies Should Respond Based on an Empirical Study," *Journal of Services Marketing* 6, no. 1 (Winter 1992): 41-50.

107. Alan Andreasen and Arthur Best, "Consumers Complain—Does Business Respond?," *Harvard Business Review* 55 (July–August 1977): 93-101.

108. Tibbett L. Speer, "They Complain Because They Care," *American Demographics* (May 1996): 13-14.

109. Ingrid Martin, "Expert-Novice Differences in Complaint Scripts," in *Advances in Consumer Research* 18, eds. Rebecca H. Holman and Michael R. Solomon (Provo, Utah: Association for Consumer Research, 1991), 225-231; Marsha L. Richins, "A Multivariate Analysis of Responses to Dissatisfaction," *Journal of the Academy of Marketing Science* 15 (Fall 1987): 24-31.

110. John A. Schibrowsky and Richard S. Lapidus, "Gaining a Competitive Advantage by Analyzing Aggregate Complaints," *Journal of Consumer Marketing* 11, no. 1 (1994): 15-26.

111. Lorraine A. Friend and Amy Rummel, "Memory-Work: An Alternative Approach to Investigating Consumer Satisfaction and Dissatisfaction of Clothing Retail Encounters," *Journal of Consumer Satisfaction, Dissatisfaction and Complaining Behavior* 8 (1995): 214-222.

112. Russell W. Belk, "The Role of Possessions in Constructing and Maintaining a Sense of Past," in *Advances in Consumer Research* 17, eds. Marvin E. Goldberg, Gerald Gorn, and Richard W. Pollay (Provo, Utah: Association for Consumer Research, 1989), 669-676.

113. Ira P. Schneiderman, "Keeping Clothes beyond Fashion," *Women's Wear Daily* (April 22, 1997): 8.

114. Jacob Jacoby, Carol K. Berning, and Thomas F. Dietvorst, "What about Disposition?," *Journal of Marketing* 41 (April 1977): 22-28.

115. Jennifer Lach, "Welcome to the Hoard Fest," *American Demographics* (April 2000): 8-9.

116. Mike Tharp, "Tchaikovsky and Toilet Paper," *U.S. News & World Report* (December 1987): 62; B. Van Voorst, "The Recycling Bottleneck," *Time* (September 14, 1992): 52-54; Richard P. Bagozzi and Pratibha A. Dabholkar, "Consumer Recycling Goals and Their Effect on Decisions to Recycle: A Means-End Chain Analysis," *Psychology & Marketing* 11, no. 4 (July/August 1994): 313-340.

117. Debra J. Dahab, James W. Gentry, and Wanru Su, "New Ways to Reach Non-Recyclers: An Extension of the Model of Reasoned Action to Recycling Behaviors," in eds. Frank Kardes and Mita Sujan *Advances in Consumer Research*, (Provo, Utah: Association for Consumer Research, 1994), 251-256.

118. Soyeon Shim, "Environmentalism and Consumers' Clothing Disposal Patterns: An Exploratory Study," *Clothing and Textiles Research Journal* 13, no. 1 (1995): 38-48.

119. Richard P. Bagozzi and Pratibha A. Dabholkar, "Consumer Recycling Goals and Their Effect on Decisions to Recycle: A Means-End Chain Analysis," *Psychology & Marketing* 11, no. 4 (July/August 1994): 313-340. See also L. J. Shrum, Tina M. Lowrey, and John A. McCarty, "Recycling as a Marketing Problem: A Framework for Strategy Development," *Psychology & Marketing* 11, no. 4 (July/August 1994): 393-416; Dahab, Gentry, and Su, "New Ways to Reach Non-Recyclers: An Extension of the Model of Reasoned Action to Recycling Behaviors."

120. John F. Sherry, Jr., "A Sociocultural Analysis of a Midwestern American Flea Market," *Journal of Consumer Research* 17 (June 1990): 13-30.

121. Shim, "Environmentalism and Consumers' Clothing Disposal Patterns: An Exploratory Study."

122. Diane Crispell, "Collecting Memories," *American Demographics* (November 1988): 38-42.

123. Anamaria Wilson, "A Dot-Com Success: eBay Apparel Volume Heads for the $1B Mark," *Women's Wear Daily* (July 2, 2002): 1, 6, 15.

124. Yumiko Ono, "The 'Pizza Queen' of Japan Becomes a Web Auctioneer," *The Wall Street Journal Interactive Edition* (March 6, 2000).

125. Jessie Hartland, "Lost and Found and Sold," *Travel & Leisure* (February 2000): 102-103.

126. Allan J. Magrath, "If Used Product Sellers Ever Get Organized, Watch Out," *Marketing News* (June 25, 1990): 9; Kevin McCrohan and James D. Smith, "Consumer Participation in the Informal Economy," *Journal of the Academy of Marketing Science* 15 (Winter 1990): 62.

윤리와 소비자 보호

제**4**부

제14장
윤리, 사회적 책임, 그리고 환경에 대한 이슈

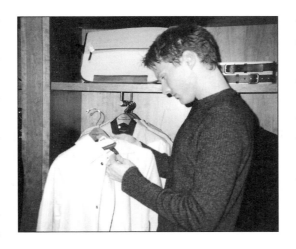

트레비스는 자신이 가장 좋아하는 스포츠 용품 매장에서 마음에 드는 멋진 트레이닝 복을 구경하고 있을 때 이야기를 하면서 들어오는 손님들을 보았다. 그들은 매장 안 옷의 라벨을 보면서(트레비스는 옷을 구매할 때 라벨을 본 적이 한 번도 없었다!) 옷의 생산지에 관해서 계속 대화하고 있었다. '생산지는 왜 보는 거야?' 트레비스는 이해가 되지 않았다. 그가 옷을 구매할 때 유일하게 신경 쓰는 것은 옷이 편안한지, 잘 어울리는지, 친구들이 그가 구매한 옷을 좋아할 것인가였다.

탈의실에서 여러 아이템들을 입어 보고 나오는 트레비스는 의류 제품들이 제3세계국에서 생산된 것이라고 큰소리로 떠드는 대화를 듣게 되었다. 그들은 이 제품들이 아마도 아동 노동 착취업체들이나 혹은 죄수들의 노동력에 의해 생산되었을 것이라고 이야기했다. 그들은 또한 트레비스가 방금 입어 본 스포츠 셔츠를 가리키며 바느질

품질이 꼭 싸구려 같다고 덧붙였다. 그는 그 대화를 듣고 망설여졌지만 여전히 그 셔츠가 멋져 보였고 왜 그런 걱정스러운 대화들을 하는지 알 수 없었다. 그는 그들을 알지도 못한다. 그래서 그의 멋진 셔츠를 사가지고 매장을 나왔다.

그는 집에 가서 새로 구입한 셔츠를 다시 입어 보다가 라벨을 조심스럽게 읽어보았다. 그는 희미하게 저개발국가의 '노동 착취' 현상에 대해 기억났지만 빨리 일하러 나가 봐야 했기 때문에 그냥 잊어 버렸다. 트레비스는 '아마도 생각 해 봐야 할 문제인 것 같아' 라는 생각이 들었다. '누가 이 셔츠를 만드는 걸까? 그게 나하고 무슨 상관이지? 나는 이 셔츠를 만드는 나라의 지구 반대편에 있어. 요즘 가장 유행하는 브랜드이기만 하면 나는 괜찮아' 트레비스는 이 문제에 대해 더 이상 걱정하지 않기로 했고 다음 날 학교에 새 옷을 입고 갈 것만 생각하기로 했다.

1. 소비자와 기업 윤리

기업에서는 마켓에서 성공하기 위한 목표로 소비자의 욕구를 만족시키며 동시에 사회에 유익하며(적어도 해롭지 않은), 안전하고 효과적인 제품과 서비스를 제공함으로써 소비자 복지를 최대화시키려는 요구가 자주 충돌한다. 제품을 생산하고, 홍보하며 판매할 때 사회적, 윤리적 기준은 어느 선일까? 가끔 비윤리적인 기업과 그 기업 직원의 개인 윤리간에 충돌이 일어나기도 한다. 또한, 어떤 소비자들은 소비자로서 비윤리적인 행동과 무책임한 모습을 보이기도 한다.

여러분은 트레비스가 구매한 셔츠를 누가 만들었는지, 그 노동자들의 임금이 얼마였는지 고려해 봐야 한다고 생각하는가? 또, 그 기업이 얼마나 순이익을 창출하는지, 그가 이런 이슈에 대하여 생각해 봐야 한다고 생각하는가? 어떤 학생들은 이 이슈에 대하여 매우 잘 알고 있으며 그들의 캠퍼스 안 매장에서는 이런 노동 착취로 만들어진 옷을 팔아서는 안 된다고 주장한다. 이 장에서 우리는 기업과 소비자 두 입장에서 고려해 봐야 할 윤리적, 사회적 책임을 살펴보겠다.

1) 기업과 개인의 윤리

기업 윤리(business ethics)는 마켓 활동에 대한 필수적인 규정이다. 이 규정은 한 문화 안에서 사회적으로 옳고 틀리고, 좋고 나쁘고, 받아들여지거나 받아들여지지 않는 기준을 가리킨다.[1] **개인적 윤리**(personal ethics)는 개인으로서 일상의 삶을 사는 데 지침이 되는 행동코드이다. 이 보편적인 기준 또는 가치는 정직, 믿음, 공평, 존중, 타인에 대한 관심, 청렴, 성실, 책임있는 시민의식을 포함한다. 기업들은 윤리적인 기업행동이 소비자들에게 브랜드와 기업에 대한 믿음과 만족을 전해주어 브랜드 충성도에 기여한다는 것을 점점 더 인식하게 되면서 장기적으로 효과적인 마케팅 시스템이라고 설명한다. 또한, 소비자들은 윤리적인 기업에서 만든 상품의 품질이 더 좋다고 생각한다.[2] 한 미국협회(Conference Board of US)에 따르면 소비자들이 특정 기업에 대한 이미지를 결정하는 데 가장 중요한 기준이 되는 것은 노동 조건, 기업 윤리, 환경 이슈와 같은 사회적 책임이라고 밝혔다.[3]

때때로 윤리적 결정은 단기적으로 기업에게 경제적 손실을 가져다 줄 수 있다. 예를 들어 인디아나폴리스에 위치한 한 매장은 소비자들이 "모든 소녀들을 파괴하라." 라는 문구가 써 있는 셔츠에 대해 항의하자 매장에서 모두 철수하였다.[4] 또한, 토이저러스사는 세가(Sega)에서 만든 '밤의 덫(Night Trap)' 이라는 비디오 게임이 매출이 높았음에도 불구하고 학부모들의 불만을 받자 그 제품들을 회수하였다. 그 비디오 게임은 게이머가 게임 캐릭터 좀비로부터 벌거벗은 어린 소녀를 구출하는 내용으로 좀비가 이기면 잡혀 있는 어린 소녀의 피를 마시는 것이었다.[5]

의도적이거나 그렇지 않거나, 어떤 마케터들은 소비자들과의 신뢰를 어기기도 한다. 표 14-1는 소비자들이 정의하는 비윤리적인 기업 행동을 정리하였다. 이런 비윤리적인 기업 행동들이 불법인 경우도 있다. 예를 들어 어떤 제조업체들이 제품의 구성 요소들을 라벨에 잘못 표기하거나 싼 광고 상품으로 손님들을 매장 안으로 유인하여 비싼 상품을 판매하려는 유인 상술(bait-and-switch)의 경우이다(제15장 참조).

여러분은 윤리적인 직장생활과 사회생활을 하고 있는가? 1980년대 한 연구에 따르면 당시 학생들은 10년 전 학생들보다 윤리의식이 부족하다고 지적한다.[6] 여러분은 이 연구결과가 사실이라고 생각하는가? 이후의 의류 머천다이징 전공 학생들의 한 연구에 따르면 학생들은 매장 매니저 또는 경영인으로서 윤리의식이 낮은 것으로 조사되었다. 예를 들어 제조업체에서 제공되는 샘플 제품에 관한 상황에 대하여 일반적으로 매장직원으로서의 학생들과 소매점 주인의 대답은 달랐다. 소매점 주인은 학생들의

표 14-1 비윤리적인 기업 행동

상품	비윤리적인 기업 행동
안전성	화기성이 있는 옷과 장난감 제조업체
품질	내구성이 없는 제품
환경 오염	유독한 염색용 화학약품을 사용하는 의류 제조업체
라벨 표기	잘못된 섬유 또는 생산 국가 표기
브랜드 위조	오리지널 브랜드 라벨과 디자인을 위조하여 판매
가격	
지나친 이윤	품질에 상관없이 측정된 지나친 이윤
가격 비교	할인 가격과 경쟁사의 판매가를 비교하여 판매
프로모션	
과장된 문구	화장품 광고의 과장된 효과 설명
선정적 광고	선정적 광고 이미지
현혹시키는 광고	운동이나 식욕 조절이 필요 없는 다이어트 식품

출처 : Adapted from Leon G. Schiffman and Leslie Lazar Kanuk, *Consumer Behavior* (Upper Saddle River, N.J.: Prentice-Hall, 2000).

생각과 달리 "직원들은 샘플을 도매 가격으로 구매한다."라고 표현했다(즉 소매점 주인들은 제조업체들로부터 샘플 제품을 무료로 얻지 않는다). 이처럼 매장직원으로서 학생들과 소매점 주인의 의견이 다른 것은 아마도 경험이 부족하거나 기업방침을 잘 알지 못했기 때문일 것이다. 이 연구에서 제안하는 것은 기업은 기업의 사명에 윤리적 기준과 관련된 기업목표를 반영해야 하고, 또한 이러한 윤리적 기준은 신입사원의 전문훈련 프로그램에서 다루어져야 한다는 것이다.[7]

2) 패션에서의 모피 사용

일부 소비자들은 외모를 더 아름답게 보이기 위해 동물의 털을 사용하여 것은 비윤리적이며 비도덕적이라고 강하게 주장한다. 모피 제품을 반대하는 가장 눈에 띄는 운동은 동물 권리 보호 운동이며, 화장품과 약품의 동물 실험도 포함한다. 패션산업에서 모피에 대한 논쟁은 수년간 계속되었고, 많은 사람들은 모피제품 사용이 소비자의 비윤리적인 행동이라고 느꼈다. 하지만, 모피 제품의 사용은 전형적인 패션 주기를 따른다. 패션산업에서 수년간, 모피 제품의 사용을 반대하는 운동이 일어난 후(오늘날에도 항의는 계속되고 있다)[8] 모피는 다시 관심받기 시작하였다.

도나 카렌은 그녀의 컬렉션에서 한 번 깎은 양털을 이용한 제품을 선보였다.

1990년대 초, 많은 소비자들은 모피를 입는 것이 정책적으로 옳지 않다고 느꼈고, 최고급 백화점에 있는 모피점이 문을 닫는 등 모피산업은 하락하였다. 그러나 1900년대 중반에는 많은 디자이너들이 그들의 작품에 모피를 보여줌으로써 이러한 상황이 반전되었다.[9] 오늘날, 미국의 동물 애호회 디자이너 올레그 카시니(Oleg Cassini)는 여러 인조모피를 이용한 작품을 통해, 좋은 품질의 인조모피가 혼합된 제품을 보여줌으로써 미국 동물 애호 단체로부터 환영을 받기도 했다.[10] 반면 최고 디자이너들과 마이클 코어스(Michael Kors), 아놀드 스카시(Arnold Scaasi), 제리 소르바라(Jerry Sorbara), 잔드라 로즈(Zandra Rhodes), 란돌프 듀크(Randolph Duke), 헬스턴(Halston), 헤네시 인터내셔널(Hennessy International)과 레빌론(Revillon) 같은 고급 브랜드들은 천연 모피 작품을 보여주었다.[11] 천연이든 인조든 악어 가죽이 유행하였으며, 비시비지 막스 아즈리아(BCBG Max Azria)와 같은 여러 브랜드에서 악어가죽 제품들을 선보였다.[12]

모피에 대한 이러한 관심은 1990년대 후반과 2000년대 초반의 안정된 경제상황의 결과일 수도 있다. 예를 들어 미국 모피정보협회(FICA)는 도나 캐런(Donna Karan), 오스카 드 라 렌타(Oscar de la Renta), 마크 제이콥스(Marc Jacobs), 메리 맥패던(Mary McFadden)과 같은 미국 디자이너들을 초청하여 모피 사용에 대한 디자이너의 창의력을 고취시키기 위해 모피 농장과 스칸디나비아 반도 전시실을 방문케 하는 프로그램을 실시하였다. 스칸디나비아의 사가 펄즈(Saga Furs)는 젊은 신인 디자이너들에게 무료로 모피를 제공하여 컬렉션에서 선보일 수 있도록 하였다. 또, 디자이너들은 전통적으로 긴 밍크코트를 만들기만 하는 것이 아니라, 재미있고 젊은 소비자들의 감각에 맞게 디자인한(그러나 여전히 부유하게 보이는) 패션 지향적인 작품을 내놓았다. 어느 브랜드는 최근 그들이 판매한 검은 담비 모피의 판매가가 미화로 3만 5천 달러가 넘는다고 발표했다.

1998년에 벌링턴 코트 팩토리(Burlington Coat Factory)가 모피 코트의 리콜을 시행했을 때, 패션에서 모피를 사용하는 것에 대한 논란에 불을 붙였다. 이 회사는 하청 제조업체가 중국에서 도살된 개들의 털을 사용한 점을 속인 것에 대해 인정한 후, 여러 매장에서 판매하고 있는 제품들을 철수시켰다. 모피정보협회(FICA: Fur Information

클로즈업 | 리바이스 기업 윤리

리바이스는 언제나 강한 윤리 가치를 주장하고 있는 기업이다. 이 기업의 한 대변인은 "윤리성을 기초로 하는 기업활동은 단순히 좋은 홍보효과를 위한 것이라기보다는 최소한으로 지켜야 할 것이다."라고 말했다. 또 "회사는 제품뿐 아니라 실무에서도 판단되어질 것이다. 만일 우리가 옳은 일을 위해 경제적 손실을 가져온다면, 우린 손실을 감수할 것이다."라고 말했다.[13] 1853년에 리바이 스트라우스가 회사를 설립했을 때, 그는 그의 직원들에게 진보적이었고 지역사회에는 관대했다. 1930년대 불경기로 판매 매출이 낮을 때, 회사는 직원들에게 샌프란시스코 공장의 단단한 마룻바닥 마무리 작업을 하게 하여 직원들의 임금을 유지시켜 주었다. 리바이스는 1950년대와 1960년대에 미시시피와 앨라배마를 가지 않았는데 그 이유는 인종차별 때문이었고, 이런 비슷한 이유로 남아프리카에 진출하지 않았다. 1990년대에 리바이스는 게이에 대한 차별 정책을 가진 보이스카우트에 기부금 지급을 멈추어서

여러 우익 단체와 기독교 단체들로부터 강한 반발과 리바이스 청바지 불매 운동을 겪기도 했다.

또 다른 사회적 이슈가 된 사건은, 1980년대에 제품 규모의 축소와 공장 폐쇄, 해고, 해외 공장 설립을 위해 샌안토니오의 공장을 닫으면서 일어났다. 비난에 대해 회사는 해고된 샌안토니오 직원들의 재교육을 후원하였고, 자유무역주의자처럼 소비자에게 완벽한 선택권을 주고, 최고의 가치와 품질을 위해 노력하는 것이 소비자를 위한 최고의 서비스라고 설명했다. 그들은 최근에 또다시 미국의 공장들을 닫는 것에 대해 비난받고 있다.

리바이스는 전 세계에 걸친 사업파트너를 위해 의류산업의 규정을 세웠다. '계약 조건' 혹은 경영 규약은, 계약자를 고용하는 데에 따른 규정된 조항이 포함되어 있다. 그 조항은 윤리적 기준과 법률적 요건, 환경 조건, 지역사회 개선 그리고 임금과 이득, 업무 시간, 어린이 노동, 교도소 노동, 건강과 안전, 차별 그리고 규율 실행과 같은 피고용인 기준

이다.

많은 서양 기업들이 커다란 잠재력을 이용할 수 있는 중국 시장에 진출할 때, 리바이스는 1993년에 중국 시장에서 철수했다. 업무 상태와 인권 침해에 대한 조사를 한 후, 리바이스는 중국의 계약자들과 사업을 그만두었다. 그러나 7년 동안 60개국의 일터를 조사, 감독한 후 중국에서 그들의 계약 조건을 따르는 기업과 윤리적 사업을 할 수 있다는 확신을 얻은 후, 1998년에 중국 시장으로 다시 진출했다.[14]

리바이스는 1999년에 세계적인 노동 착취 공장과 싸우기 위해 백악관의 힘을 빌려 의류산업연합(Apparel Industry Partnership)을 설립하고, 공정노동연합(Fair Labor Association)에도 가입하였다. 많은 사람들은 리바이스가 이런 동맹들에 가입함으로써 기업윤리 운동에 힘이 생겼다고 한다.[15]

앞에서 언급한 대로 리바이스는 다른 한편으로 비난을 받고 있지만, 많은 사람들은 리바이스가 의류 산업에서 귀감이 되는 회사라고 느끼고 있다.

Council of America)는 의복에 고양이나 개의 모피를 사용하는 것에 대해 즉각적으로 비난하였다. 그러나 미 연방정부의 법은 그러한 악습을 금지하지 않고 있다. 물론, 모피에 대하여 잘못된 라벨을 붙이는 것은 불법이다.

3) 저속한 패션 광고

몇몇 기업들은 비윤리적인 상업활동 때문에 대중으로부터 비난을 받는다. 클린턴 대통령조차도 패션산업이 패션쇼와 패션 잡지에서 마약 복용자처럼 생긴 모델을 기용함으로써 헤로인 중독을 미화하고 있다고 비판했으며, 대학생들에게 '선택하는 마약'으로 헤로인을 증가시키고 있다고 비난했다. 모델 사업에 관한 책을 지은 저자가 말하기를, "패션은 도덕에 관계없다… 패션은 성직자의 의복을 판매할 때도 그들이 어떤 메시지를 전달하고 있는지 신경 쓰지 않는다… 그들의 요점은 헤로인에 중독되게 하는 것이 아니라, 의복에 중독되게 하는 것이다."라고 하였다.[16]

　개인적인 위생관련 제품과 피임약 같은 제품은 일반적으로 공격적 마케팅을 이용한다. 즉 패션산업은 사회 제도로부터 제한되어 있는 것을 자극함으로써 관심을 모은다. 1960년대 초반, 패션잡지에서는 속옷에 관련된 광고나 기사를 싣지 않았는데, 그 이유는 그러한 아이템 자체가 선정적이라고 믿어졌고, 소비자들을 불편하게 만들기 때문이었다.[17] 오늘날 우리는, 조박서(Joe Boxer)의 닉 그래햄(Nick Graham)이 메이시스 패스포트 패션쇼(Macy's Passport fashion show)에서 '속옷의 역사'라는 상의(over-the-top) 부분을 연출하는 것을 볼 수 있는데, 여기서는 레이스 장식을 한 '엘리자베스 시대' 권투선수들과 독사에 둘러싸인 '클레오파트라'를 보여주면서, '어두운 곳에서 빛을 내는' 밀레니엄 권투선수 이야기로 끝을 내고 있다.[18] 우리는 또 자극적인 빅토리아스 시크리트(Victoria's Secret)의 광고와 인터넷 패션쇼로 진행된 미식 축구 결승전(Super Bowl)를 볼 수 있고 웹사이트 www.victoriassecret.com에서는 '비키니'(postage stamp bikini) 테마를 가진 칸의 패션쇼(fashion show)를 보여주었다(이 사이트에는 한 해에 140개국에서 천5백만 명이 방문했다).[19] 최근에 가족과 함께 시청하는 황금 시간대에 ABC 방송국에서 방송된 빅토리아스 시크리트의 가을 패션쇼는 선정적이었다는 시청자들의 불만을 일으켰다. 그러나 연방 통신 위원회는 속옷 패션쇼가 법적 제재를 받을 만큼 외설스럽지는 않다고 결정하였다.[20]

　일부 소비자들은 지나치게 성적인 광고에 대해서 불쾌하게 생각한다. 많은 맥주 광고처럼 여성의 품격을 떨어뜨리는 광고는 비윤리적이라고 비난받았다. 패션 광고를 예로 들면 게스나 디젤 광고 그리고 1980년대에 브룩 쉴즈가 말한 "나와 나의 캘빈 사이에는 아무것도 없다."부터 시작하여 수년간의 많은 캘빈 클라인 광고를 들 수 있다. 속옷을 입은 어린 소년들을 특징으로 하는 최근의 CK 광고 캠페인은, 소비자 감시단, 줄리아니 뉴욕 시장과 FBI까지 연루되어 분쟁이 되었어도 잡지와 타임 스퀘어에 처음 선보인 이후 계속 인기를 끌었다.[21] 또 다른 논쟁으로 조엘 웨스트(Joel West)를 모델로 한 남자 속옷 광고는, 캘빈 클라인의 제품에 의해 금지되었다. 그 광고는 오직 에스콰이어(*Esquire*)와 플레이보이(*Playboy*)(남성 잡지)에만 실렸음에도, 보수적인 미국 가족협회(American Family Association)는 광고에 대해 분노하여 캘빈 클라인 제품이 사라지지 않으면 전국적인 불매운동과 피켓 운동을 하여 거대한 유통망을 위협하겠다는 불만을 표시했다.[22] 캘빈 클라인은 그 해에 "침묵을 밝히다."라는 테마로 스핀(*Spin*), 롤링 스톤(*Rolling Stone*), 빌리지 보이스(*Village Voice*), 더 뉴욕 타임스(*The New York Times*) 등의 신문, 잡지와 기타 미디어가 참여했던 폭력적인 광고를 비난하는 캠페인을 후원하였는데, 이는 강도가 높은 성적인 광고의 비판을 진정시키기 위해서였을지도 모른다.[23]

애버크롬비 앤 피치 브랜드는 도발적이고 성적인 내용이 가득한 '외설적 혹은 유쾌한'이라고 불리는 '매가로그'(magalog; 잡지와 카탈로그의 중간쯤)로 인해 비슷한 논쟁을 겪었다. 애버크롬비 앤 피치의 충성고객 연령은 18세에서 22세이지만, 이보다 어린 소비자들도 누드 사진과 포르노 스타와 인터뷰한 내용이 실린 매가로그를 사려고 했다. 지금은 ID를 제시해야만 구입할 수 있다. 이것은 캘빈 클라인의 전략과 비슷한데, 한 정신분석자는 "섹스는 패션 기업에게 있어 주요한 마케팅 도구이다… 그러나 애버크롬비 앤 피치는 분명히 다른 방향으로 가고 있다… 언제나 당신이 새로운 일을 하려고 하면, 거기에는 반발이 있다… 베네통 광고처럼 말이다."라고 말했다. 몇 년 전, 애버크롬비 앤 피치의 학교로 돌아가라는 카탈로그는, 술을 마실 때 하는 컷아웃 스피너 차트(cutout spinner chart)를 보여주는 '음주 101(Drinking 101)'로 인해 논쟁이 일어났다. 그 이유는 일부 사람들이 보았을 때 그것은 학생들에게 술을 마시라고 권유하는 것처럼 보였기 때문이다. 이 회사는 MADD(음주운전에 반대하는 어머니의 모임)의 항의로 섹스와 재미 그리고 패션으로 알코올 남용을 연상케 한다는 비난을 받았고, 심지어 정부에서도 소비자 불매운동을 요구할 정도로 불만을 야기했다.[24] 소비자의 반발에도 불구하고 애버크롬비 앤 피치는 계속해서 평론가와 소비자의 비난을 일으키면서 10세에서 14세의 소녀들을 위한 섹시한 가죽 끈이 달린 제품으로 논란을 계속했다. 또한 아시아 사람들의 얼굴을 유머러스하게 풍자하여 표현한 그래픽을 티셔츠에 선보여, 인종차별을 부르짖는다는 느낌을 받게 하기도 했다(그 불쾌한 티셔츠들은 상점의 선반에서 서둘러 철수되었다).[25]

일부 소비자들은, 회사가 원하는 브랜드 이미지를 얻고, 소비자의 주목을 끌기 위해 성적인 광고를 한다고 생각한다. 그것은 단기간에는 성공적일 수 있지만(하지만 애버크롬비 앤 피치는 계속해서 흑자를 기록하고 있다), 장기간으로 봤을 때는 외면하는 소비자들에 의해 브랜드에 타격을 줄 수도 있다.

베네통은 20년이 넘게 에이즈부터 종교 그리고 감옥에 관한 광고 논란으로 유명하다. 광고 이미지는 무척 잘 알려졌는데, 에이즈 환자의 죽어가는 사진, 신부와 수녀의 키스, 백인 아기를 흑인 여성이 젖을 먹이는 모습, 석유로 뒤범벅된 새, 교도소의 사형줄을 예로 들 수 있다. 이러한 캠페인은 물의를 일으킬 만하여 논란을 일으키고 전 세계적으로 출판물에 인쇄되는 것이 금지되었다. 이러한 광고들은 회사에 관심을 갖게 만들었지만, 분석자들은 패션 상품을 판매하는 데에는 도움이 되는지 알 수 없다고 설명했다. 시어스 로벅(Sears Roebuck)은 베네통이 라이센스 점포로서 판매하는 것을 그만 두고 자신의 점포에서 베네통 의류를 판매하기 위해 베네통과 계약했다.

그러나 올리비에로 토스카니(Oliviero Toscani) 사진작가의 또 다른 충격적 광고로 인해 시어스 로벅은 계약을 취소하였다. 아마도 광고에 나타난 아방가르드한 '도발적이고 애매한' 이미지가 계약에 저촉되었을 것이다.[26] 후에 루치아노 베네통은 사람들에게 비난을 받은 희생자들의 가족들에게 사과하였다. 그러나 그러한 논란적인 광고에 대한 자신의 회사 입장을 옹호하며 그러한 캠페인은 중요한 형벌에 대한 논쟁에 기여하기 위함이었다고 하였다.[27] 얼마 후, 토스카니는 베네통을 떠났다.

 클로즈업 | 인상적인 광고

패션 기업은 그들의 이미지와 판매를 새롭게 하기 위해 광고 제작에 수백만 달러를 소비한다. 어느 한 광고회사 간부는 이러한 기업들이 냉정해져야 하고 자신들만의 주체성을 찾아야 한다고 지적하였다. 기억에 남는 광고를 시도하다 보면 오직 저속한 쪽으로 간다. 어느 한 분석자는, "판매 시점에서 보았을 때 최근 이런 광고가 효과를 발휘한 것은 씨케이 원(CK One)이라는 향수이다."라고 말했다(그

광고는 저속하며, 문신을 한 젊은 사람들이 출현한다). 최근의 비판을 받은 대표적인 광고는 노예가 된 개들의 이미지를 보여준 엠마누엘 웅가로(Emanuel Ungaro) 신발 회사인 시자레 파치오티(Cesare Paciotti)의 묘지에 있는 암여우, 그리고 A/X 아르마니의 바바라 크루거(Barbara Kruger)로, 이는 변덕스럽게 보이는 젊은이의 초상화이다. 다른 뚜렷한 인쇄광고로는 헤로인 유행과 동성애,

새도메저키즘(S & M) 유행 그리고 고갈된 인생으로 인한 권태로운 행동을 표현한 테마가 있다. 내용이 없는 인상 깊은 광고는 실패할 수 있다. "진정으로 전위적인 것은 무엇이 일어날지 예언하는 것이고, 세상을 바꿀 수 있는 것이다."[28] 당신이 생각하는 저속하지 않고 인상에 깊게 남을 수 있는 패션 광고는 무엇인가?

금전상의 가치를 가진 그 어떠한 선물이나 팁은 월마트의 조합원이나 월마트의 조합원이 될 어떤 사람에게도 주거나 받아서는 안 된다. 제조업자는 자선단체나 비영리단체에 기금모금 목적으로 선물을 기증하거나 월마트의 조합원 점포에서 재판매할 수 있다. 선물이나 팁에 포함되지만 주고받는 데 제한

되지 않는 것은 무료 상품 혹은 무료 스포츠 관람 티켓 혹은 무료 엔터테인먼트 행사, 현금 혹은 제품 형태로의 환불, 월마트 조합원의 특별 할인, 중단되거나 더 이상 사용하지 않는 샘플들, 제조업자가 지불한 여행, 주류, 식료품, 음식 혹은 개인적인 서비스이다. 실제로 이런 아이템을 받게 되면 이러한 정

책에 대한 설명과 함께 발신자에게 돌려보내야 한다. 그 어떤 물건이라도 돌려보내지 않으면 개인 소유로 인정하지 않는다.

출처 : www.walmart.com

4) 문화의 차이점

옳은 것과 그른 것의 개념은 사람과 조직, 그리고 문화에 따라 다르다. 예를 들어 일부 기업에서는 판매원들이 잘못된 정보를 제공해 주었더라도 소비자가 구매를 하도록 설득되는 것이 괜찮다고 여겨지지만, 다른 기업들은 소비자에게 조금이라도 정직하지 못하다면 무조건 잘못되었다고 여긴다. 문화마다 가치와 신념, 관습이 다르기 때문에, 기업의 윤리적 행동은 나라마다 다르게 나타난다. 예를 들어 제조업자나 소비자에게 비즈니스를 위해 '선물'을 교환하는 것은 많은 나라에서 행해지는 일임에도 불구하고 다른 사람들에게는 이것이 뇌물행위이거나 착취로 여겨질 수 있다. 티제이엑스와 월마트 두 유통업체는 제조업자들에게 피고용인들이 선물받는 것을 금지한다는 정책을 분명히 제시하였다. 최근의 소비자 연구에서는 비윤리적인 의복 소비행동(의복 아이템에 가격 태그를 바꾸는 것 같은 행위)에 대한 용인에 대해 미국에 있는 서로 다른 문화를 가진 학생들마다 차이점을 보이는 것으로 밝혀졌다.[29]

5) 필요와 욕구 : 마케터들이 소비자를 조종하는가

마케팅에 대한 가장 일반적이면서도 중요한 비판 중의 하나는 소비자들이 더 많은 물건들을 필요로 하고 이러한 '필수품'을 갖지 않으면 행복하지 않고 어쩌면 낮은 계급의 사람이 될 것이라고 생각하게 한다는 것이다(일부는 이러한 일이 패션에서 매년 일어난다고 한다). 이러한 문제는 복잡한 이슈이며 분명히 고려해 볼 가치가 있다. 마케터들은 소비자들이 원하는 무엇을 주는 것일까? 아니면 사람들이 무엇을 원해야 한다고 설득시키는 걸까?

(1) 마케터들은 인공적인 필요를 만드는가

마케팅 시스템은 정치적으로 비난을 받고 있다. 또, 종교적으로 우파들은 마케터들이 사회에 쾌락주의적 즐거움이라는 이미지를 보여주어 윤리적 와해에 이바지하고 세속적인 삶을 추구하도록 강요하고 있다고 여긴다. 한편 좌파들은 물질적 즐거움 기능이라는 똑같이 기만적인 약속에 대하여 비판하는데, 그렇게 되지 않으려면, 소비자들이 시스템을 바꾸기 위해 혁명적인 작용을 해야 한다고 한다.[30] 그들은 마케팅 시스템에서는, 특정 제품만이 소비자의 필요를 충족시킬 수 있게 한다고 주장한다. 마케터들은 단지 필요를 충족시키는 방법을 제시한 것뿐이라고 말한다. 마케팅의 기본적인 목표는 실질적인 필요에 대한 의식을 창조하는 것이지, 그들 스스로 필요를 만드는 것이 아니다.

(2) 광고와 마케팅은 필수적인가

40년 전, 사회평론가 밴스 패커드(Vance Packard)는 "정신의학과 사회과학으로부터 통찰력을 사용함으로써 생각하지 않으려는 습관, 구매결정, 그리고 사고 과정을 변화시키려는 대규모의 노력들이 엄청난 성공을 거두며 행해지고 있다."라고 저술했다.[31] 케네디 대통령의 고문이었던 경제학자 존 케네스 갤브레이스(John Kenneth Galbraith)는 라디오와 텔레비전은 대중들을 교묘하게 속이기 위한 주요 수단들이라고 비난했다. 대다수의 사람들은 소유하고 있는 사물만을 가지고 사람을 판단하는 유물론적 사회 특성들에 제품들을 연결시키는 사람들이 바로 마케터라고 생각한다. 반면 사람들의 이러한 비판에 대해, 마케터들은 시장에 존재하는 제품은 사람들의 요구와 필요를 충족시키기 위해 만들어진 것이며, 광고는 단지 제품의 존재를 알리기 위해 도와주는 것뿐이라고 주장한다.[32] 경제에 관한 책 이코노믹 오브 인포메이션(economics of information)의 견해에 따르면, 광고는 소비자 정보의 중요한 원천이다.[33] 이 견해는 제품을 찾기 위해 소요되는 시간의 경제적 비용을 강조한다. 따라서 광고가 제공하는 정보는 제품을 탐색하는 데 걸리는 시간을 줄여주기 때문에, 광고는 돈을 지불할 의사가 있는 소비자들을 위한 서비스라는 것이다.

(3) 마케터들은 기적을 약속하는가

광고는 소비자들이 제품의 신기한 특성과 그들의 삶을 변하게 할 특별하고 신비한 무언가가 가능하다고 믿게 한다. 광고는 사물을 아름답게 표현하고, 사람들의 기분을 좋게 하며, 편안하게 한다. 마케터들은 광고자들이 사람들을 교묘하게 속일 만큼 사람들에 대해 잘 모른다고 지적하며 새로운 제품이 실패할 비율이 40~80% 라고 생각한다. 연방 통상 위원회(Federal Trade Commission)의 한 광고 전문가에 따르면, 광고자가 끝없는 마법적인 기교와 화려한 과학적 기술들을 가지고 소비자들로 하여금 구매하도록 설득하지만, 실제로는 좋은 제품을 팔려고 했을 때만 성공하였으며 좋지 않은 제품을 팔려고 했을 때는 성공하지 못했다고 설명한다.[34]

2. 사회적 책임

몇몇 기업들은 지역 사회에 공헌하기 위한 최선의 방법이 공익마케팅이라고 생각한다. 이는 자선과 연결된 마케팅 노력이다. 기업들은 사회적 책임 있는 행동들이 회사 이미지를 높여서 소비자들과의 관계를 개선시켜, 결과적으로 구매결정에 영향을 끼친다고 말한다. 이 말의 반대 또한 사실이다. 기업의 사회적 책임 행동이 결여되어 있는 것은 소비자의 구매결정에 부정적인 영향을 끼칠 수 있다.[35] **사회적 책임**(social responsibility)은 법적인 테두리 안에서 뿐만 아니라 무엇이 사회에 이득이 되는가에도 초점이 맞춰지고 있다.

　최근 2천 명의 미국 성인들을 대상으로 한 소비자 조사 콘 로퍼(Cone/Roper)에 따르면, 조사 대상자들 중 80%는 그들에게 공익을 지원한다고 인식되는 기업에 대해 더 긍정적인 이미지를 가졌다. 게다가, 조사 대상자들 중 3분의 2는 공익을 지원하는가에 따라 브랜드나 소매상을 바꿀 수도 있으며, 그 회사의 제품에 대해 돈을 더 지불할 의향이 있다고 했다. 또한, 바람직한 대의와 관계된 회사들에 대해 더 큰 믿음을 가진다고 대답했다. 그들은 교육과 환경, 빈곤, 아동 보호, 약물 남용, 노숙과 같은 사회적 문제들에 대한 기업의 공헌 활동에 대해 알고 싶어 하며, 이러한 공헌 활동들이 사업 활동에 있어 기준이 되어야 한다고 믿는다. 또한 이 연구에 따르면, 많은 패션 기업들의 타겟 대상인 대학 졸업자와 회사원, 직장 여성, 그리고 부유한 소비자들은 기업들의 사회적 문제에 대한 관여를 중요하게 생각한다고 하였다.[36]

　기업들은 공익 마케팅이 비즈니스에 효과적일 뿐만 아니라, 공익 마케팅 자체에 대한 효과를 믿으며, 사회적으로 일어나는 문제나 질병 등이 기업에게 직접적으로 영향을 미치기 때문에 기업의 대의를 광고하는 것이다. 이러한 사례로 유방암이 있다. 오늘날 패션산업의 주요 고객인 여성들은 평균 아홉 명 중 한 명은 질병을 가지고 있다. 이에 패션산업은 여성들을 위한 공익 사업 및 이벤트를 널리 실천하고 있다. 많은 패션기업들과 제조업자들, 그리고 소매상들은 많은 사회적 공헌도가 높은 활동들로 알려지게 되었다.[37]

- 리즈 클레이본(Liz Claiborne)은 가정폭력 투쟁에 있어 선도자로 인정받게 되었다. 이 기업은 1991년부터 지역 보호소들을 지원해 왔으며, 특정 제품들을 팔아서 모은 수익을 가정 폭력 방지 기금(Family Violence Prevention Fund)에 기부하였다.

- 리바이스는 40여 개국에 보조금 프로그램을 실시해 왔다. 글로벌 보조금 프로그램(the Global Giving Program)은 1952년에 설립된 리바이 스트라우스 재단을 통해서 전 세계적으로 실행되고 있다. 서민들에게 바탕을 둔 리바이스사는 리바이스에 고용된 사람들의 지역사회에서의 삶의 질을 높이기 위한 사명을 가지고 있다. 매년 자선 기부금으로 2천만 달러 이상을 중요한 사회적 문제나 지역사회 문제를 해결하기 위해 노력하는 단체에 기부한다(www.levistrauss.com).

- 미국 캘리포니아 주의 메이시스는 해마다 에이즈 퇴치 기금 마련을 위해 패션쇼를 열고 있다. 리즈 테일러는 이 행사가 시작될 때부터 사회자를 맡고 있으며, 샤론 스톤, 매직 존슨과 같은 유명 인사들과 토미 힐피거와 조 박서 브랜드의 니콜라스 그래햄과 같은 유명 디자이너들이 참여해 왔다. 에이즈 기금모금과 함께 '공익을 위한' 최초의 소매상들 중 하나인 메이시스는 지금까지 천만 달러 이상의 기부금을 조성해왔다.

- 팀버랜드는 젊은이들이 그들의 지역사회에 봉사하도록 격려하기 위한 프로그램인 City Year의 후원자이다.

- 파타고니아는 350개가 넘은 단체들에게 기부를 하며, 환경단체에 옷과 물품들을 기증한다.

- 조 박서는 유방암 기금 조성을 위해, 웹사이트(www.joeboxer.com)에 "Think Pink"라는 캠페인을 벌이고 있다.

- 리 진스는 아이들과 노인들을 위한 프로그램과 유방암 연구 기금 모금을 위한 경

메이시스의 '패스포트' 패션쇼는 에이
즈 희생자들을 후원한다.

주와 같은 프로그램을 추진하고 후원한다.

- 미국 패션 디자이너 재단 이사회는 "패션은 유방암 퇴치를 목표로 한다(Fashion Targets Breast Cancer)."라는 캠페인을 만들었다. 이 캠페인은 삭스 피프스 에비뉴(Saks Fifth Avenue), 메이시스, 니만 마커스(Neiman Marcus), 제이시 페니(J.C. Penney), 노드스트롬(Nordstrom), 더 봉(The Bon), 파리지엔(Parisian), 멀빈스 캘리포니아(Mervyn's California), 케이마트, 월마트, 시어스, 숍코(ShopKo)를 포함한 대다수의 미국 패션 기업들의 활발한 참여를 유도하고 있다.

- 블루밍데일스는 전미 직장암 연구동맹의 협력 파트너이며, 유방암 예방 운동에도 관여하고 있다.

- 베네통은 1982년부터 평범하지 않으면서 호기심을 불러일으키는 광고들로 사회적 관심을 불러일으켰다. 또한 에이즈 퇴치와 베네통 광고와 관련된 다른 프로그램에도 공헌을 해왔다.

1) 왜 소비자들은 사회적 책임이 강한 기업들의 제품을 구입하는가

소비자들에게 좋은 반응을 얻고 있는 공익 마케팅 외에도, 최근 한 연구는 판매상들에

**Fashion Targets Breast Cancer
Shopping Weekend**

Thursday, September 21 through Sunday, September 24
Saks Fifth Avenue stores, OFF 5th outlets, Folio and saks.com

Call 1-866-771-2322 for more information about the store in shop near you. Also visit fifthavenue.com and saks5thavenue.com

미국 패션 디자이너 재단 이사회에 따르면 많은 소
매업체들 중 삭스 피프스 애비뉴가 유방암 퇴치 운
동에 가장 앞장 서고 있다.

대해 엄격한 노동 기준을 잘 지키는 패션 기업을 가리키는 '사회적 책임 기
업(SRB : socially responsible business)' 의 제품을 구매하는 소비자들의 동
기를 분석한 결과 네 가지 주요 동기들은 아래와 같다.[38]

- 노동 복지(Principles for the workplace) : 기업이 안전하고 규정에 맞는
  일터를 제공함으로써 노동자들을 존중하는 것은 소비자들에게 중요하다.

- 기업과 정부의 역할(The role of business and government) : 기업과 정부
  는 더 많은 법을 제정하는 것을 포함하여 기업의 사회적 책임을 확실히
  하기 위한 조치들을 취해야 한다. 또한 기업과 정부는 생산 지침들을
  정하고 따라야 하며, 법에 따라 행동하고, 윤리적이며 탐욕적이지 말아
  야 한다.

- 소비자의 역할(The consumer's role) : 소비자들은 구매를 통해 기업들에
  게 의사를 전달한다. 기업들은 소비자들의 불매운동을 처벌의 한 형태
  로 생각한다.

- 소비자의 요구(Consumer needs) : 사회적 책임 기업을 지지하기 위해서는 어려움
  이 뒤따른다. 그 중, 가격은 사회적 책임 기업들의 제품구매를 억제한다. 많은 사
  람들이 제품을 구매하는 데 있어 스타일과 그 외의 제품 특성들을 사회적 책임보
  다 훨씬 중요하게 생각한다.

2) 의류산업의 노동 문제

글로벌 소싱에 따른 인도주의적 권리에 대해 사회의 많은 관심과 걱정이 집중되고 있
다. 소비자들과 비평가들은 나이키와 갭, 그리고 제3세계에서 한 시간당 25센트(약
250원)의 임금을 주고 제품을 생산하는 기업들을 포함한, 대규모 패션기업들의 윤리
와 사회적 책임, 그리고 양심의 결여에 대해 많은 불만을 표현하고 있다. 이 장의 도입
부에서 설명했듯이, 많은 소비자들은 이러한 문제들에 대해서 인식하고 있으며, 이러
한 나라에서 만들어진 패션 제품들을 구매하지 않으려 한다. 트레비스와 같은 소비자
들은 이러한 문제에 대해 자각하지 못하며, 소매상들이 상품만 팔면 그만이라고 생각
한다. 하지만 사람들은 새로운 상점이 오픈을 하면 피켓을 들고 시위를 하며, 경제적
타당성 지침을 함께 심어주기 위해 전략적인 구매를 하도록 소비자들을 격려하는 "쇼

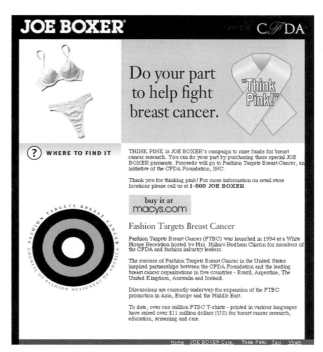

조박서의 웹사이트는 특정 상품을 구매하면 유방암 환자에게 일정 금액을 기부하는 프로그램을 제공한다.

핑은 자신의 의사를 표출한다."와 같은 제목의 사설을 신문에 발표하고 있다. "당신이 구입하는 옷과 신발을 생산한 노동자들에게 지불하는 몇 센트의 돈에 대해 생각하라." 라는 한 메시지를 생각해 보자.[39]

(1) 노동력 착취에 대한 문제점

1995년에 미국 캘리포니아 주 엘 몬트에서 72명의 태국인 의류 노동자들이 감옥과 같은 공장에서 노동을 착취당한 것이 밝혀져 패션산업은 노골적인 비판을 받아왔다. 또한 캐시 리 기포드(Kathie Lee Gifford) 라이센스 제품이 생산되고 있는 뉴욕과 엘살바도르에서 노동 착취적인 공장의 근로 조건이 밝혀져 패션산업에 대해 또 다른 파장을 일으켰다. 그 후에, 캐시 리(Kathie Lee)는 노동 착취 공장 반대 운동의 개혁운동가가 되었다. 하청업자의 노동 착취에 대한 책임은 라이센스를 가진 제조업자들뿐만 아니라 자신의 이름을 걸고 패션 제품을 판매하는 유명 패션 디자이너들에게까지 영향을 미친다. 이것은 소규모 제조업자들이 그들의 하청업자들을 단속하기 위해 드는 비용이 그들을 파산하게 할 수 있다고 말하기 때문에 논의의 쟁점이 되고 있다. 이와 유사하게 대규모 제조업자들은 분리되어 독립적 회사인 하청업자들과의 사업 거래에 책임을 져야만 한다고 생각하지 않는다. 그러나 주의회는 이러한 상황들을 바꿀지도 모른다. 캘리포니아 주는 소매상들과 제조업자들이 그들의 제품을 생산하는 하청업자들이 받지 못하는 임금을 부가하도록 하는 법안을 통과시켰다.[40] 이것은 비참한 근로 조건에 대한 소비자들의 강력한 항의 때문에 시작된 것이다.

독립된 인간 권리를 주장하는 전미노동위원회(the National Labor Committee)는 방글라데시의 월마트 제조업체의 노동 착취 공장 실태를 보고한 '고통의 월마트 셔츠'란 제목의 최근 보고서와 같이, 의류산업에 대한 신랄한 비판을 담은 보고서들을 발표했다.[41]

뉴욕과 샌프란시스코의 노동법에 따른 최근 연구는 본질적으로 법안이 다른 연방법 대 주 노동법의 혼란 때문에 의문을 받아왔으며, 연방법에 의해 노동 개선이 더욱 많이 되고 있다. 그러나 뉴욕 패션에서는 개선에 대한 효력이 적어보인다. 게다가 몇몇 사람들은 연방 조사원들이 단지 등록된 상점만을 조사한 데이터는 정확하지 않을 것이라고 주장한다. 등록되지 않은 많은 영세 의류업체들의 '노동 착취의 어둠 세계'라고 불리는 아동 노동 착취는 엄격한 연방법 감시에도 불구하고 계속 증가해 왔다.[42] 이런 제3세계 국가에서 비윤리적인 의류 제조업체의 노동 환경 문제는 윤리학 연구의 대상이 되었다.[43] 이런 문제점을 개선하기 위해 산업 전반적으로 독립적인 문제 분석과 법적 제재가 일어나고 있다. 이 노동 착취 문제는 갭, 노드스트롬, 제이 크루, 랄프 로렌, 도나 카렌, 토미 힐퍼거와 같은 유명 브랜드들이 사이판(북 말레이시아에 위치한 섬으로 미국 연방 지역)에 있는 노동 착취 공장(sweatshop) 제조업체를 고용함으로써 관심을 받기 시작했다. 그런 공장들이 늘어가고 제품에 'Made in USA' 라벨이 붙어 있는 상태를 대중들이 점점 의식하게 됨에 따라, 사회는 이러한 산업 활동을 제재하려고 한다. 한 예로 세계적인 노동자 변호 조직인 '글로벌 익스체인지(Global Exchange)'는 어떤 회사주주들의 미팅에서 캠페인 전단지를 나누어주고, 나이키나 갭 같은 상점 앞에서 캠페인을 벌인다. 이 캠페인에서는 사이판의 노동 착취 공장들에 법적 제재를 가하고 다른 지역의 제조공장들에도 안전한 근무환경 제공, 윤리적 하청공장 요구, 근무시간과 보상에 관한 지역 법을 준수하라고 주장했다.[44] 의류와 텍스타일 연합 단체와 인권 단체들은 엘 모트와 사이판 공장의 노동 착취 상황을 본보기로 하여 이런 작업 환경을 개선하도록 하였다.[45]

의류 산업은 대중에게 산업의 비윤리적 인식을 주지 않기 위해 노력하고 있다. 예를 들어 사이판의 의류 제조업체 연합은 새로운 노동 규범들을 세워 과거의 비윤리적 이미지에서 벗어나고자 한다. 예를 들어 노동 착취와 기업의 권력 남용을 막은 리바이스

하이티의 여성 노동자는 디즈니 제품
을 제봉하며 시간당 28센트를 지불받
고 있다.

사진출처 : Navtional Labor
Committee

의 기업 노동 모델을 기초한 노동 규범을 세웠고, 대중에게 비윤리적인 노동 환경이
개선된 것을 보여주기 위해 홍보에 힘썼다.[46]

토미 힐피거도 개발도상국의 노동 착취 공장과 계약을 파기했다. 몇몇 비평가들은
이렇게 기업들이 단지 대중들의 비난을 피하기 위해 비윤리적인 하청 제조업체와 일
을 하지 않는 것이 근본적인 문제를 해결하는 데는 도움이 되지 않는다고 분석한다.

또 다른 예로, 1990년대 갭과 리즈 클레이본은 중남미 지방 엘살바도르와 온두라스
의 부패하고 비윤리적인 공장에서 철수했다.[47] 하지만 이들은 다시 돌아와 이 하청 제
조업체들을 개선하고 도와주었다.

나이키는 베트남과 다른 개발도상국들에서 노동 착취가 이루어지는 하청업체 제품
을 판매하여 상점의 불매운동과 학생들의 비판을 받기도 했다. 이런 사회적 비판을 무
마시키기 위해 회사는 대학교 로고 의류가 만들어지는 공장을 감독할 때 학생들을 불
렀다. 이 상황은 유명 만화 둔스베리(Doonesbury)를 통해 풍자되기도 했다. 학생들은
반노동착취공장학생연합(United Students Against Sweatshops)이라는 단체를 조직하
였고, 학교 내의 관계자들이 공정노동협회(FLA : Fair Labor Association)에 가입하여
노동 착취에 대해 강력하게 대처하도록 했다. 그 FLA는 1996년에 미국 백악관이 앞장
서 국제적으로 노동착취 제조업체들과 맞서기 위해 세운, 의류산업 협력 기구이다. 그
러나 학생들은 'Watered down' 제품법을 만든 것을 비평해왔다. 학생들의 항의는 적
어도 한 가지는 효과를 본 것으로 나타났다. 캘리포니아 주립 대학교는 학교 안으로
들어오는 제품 공장의 최저생활 임금을 보장하고 노동 착취 공장 이름과 주소 공개를

요구하는 제품법 정책을 조항에 넣었고, 대학 로고 제품을 생산하는 제조업체에서 일하는 여성 노동자들을 위한 보호법도 추가했다.[48]

비록 많은 대학교들이 FLA에 속해 있을지라도, 주요 멤버들은 기업들이기 때문에 감시하는 과정에서 강력할 수 없다는 것이 학생들의 불만이다. 학생들은 그들의 대학을 FLA보다는 학생들에 의해서 건립된 노동권 컨소시움(Worker Right Consortium)에 가입하도록 장려하기 위해 시위운동을 펼쳐왔다. 최근 나이키는 미국 오리건 주립 대학교가 나이키의 가입을 허가하지 않는 노동권 컨소시움에 가입했기 때문에 오리건 주립 대학교로부터 큰 금액의 기부금을 철수했다.[49] 그리고 논쟁은 계속되었다.

(2) 착취의 문화적인 정의

의류산업에서 논쟁이 생기는 이유 중 하나는 그것이 범세계적인 산업이라는 점이다. 앞에서 설명했듯이, 세계의 각 나라들은 각각의 문화, 법률, 가치 그리고 윤리의식이 혼합되어 있다. 한 최근 분석에 따르면 미국 회사는 다른 나라에 회사를 세울 때 일반적으로 미국의 가치와 시각을 적용한다고 설명한다. 아시아 국가 정부는 인권은 각각의 문화에 해석되고 존중되어야 하며, 미국 회사는 개발도상국에 미국법과 문화를 강요해서는 안 된다고 주장한다. "예를 들어 중국에서는 전형적으로 지방 사람들이 도시로 나와서 그들의 고향으로 가져갈 돈을 벌기 위해 1년 또는 2년 동안 열심히 일한 후 다시 돌아간다."[50] 이런 문화적 상황에서 미국 문화를 강요하여 주일 근무와 야간 근무를 제한하는 것은 중국 문화와 의례에 적합하지 않다고 보는 것이다.

어떤 문화에서 노동 착취로 간주되는 산업 활동이 상대적으로 다른 문화 안에서는 받아들여지는 근로 기준이 될 수 있다. 예를 들어 많은 나라들은 어린 아이들의 노동을 제재하고 있다. 그러나 몇몇 나라에서는 아이들이 일하는 것이 가족의 생존 방법 중 하나가 되기도 한다. 개발도상국에서 주로 이루어지는 의류 생산 활동은 옷 조각을 조립하는 작업으로써 고등 교육이 필요하지 않기 때문에 실직률이 높은 개발도상국에서는 외부 자본력을 들여오려고 하는 것이다. 하지만 이런 긍정적 방향은 지방 정치 세력과 글로벌 기업에 의해 남용되고 노동 착취라는 역효과를 가져왔다.[51]

(3) 소매점 역사 : 위험하고 어려운 작업환경을 중심으로

1998년 워싱턴 스미소니언 박물관에서의 전시 후 LA로 옮겨진 논쟁의 여지가 많은 'Between a Rock and a Hard Place —1820년부터 현재까지' 라는 작품은 산업과 대중의 견해를 복합적으로 보여준다. 전시를 준비하는 동안 벌써 작품에 대한 비평이 나왔고, 관련 산업은 열악한 근무환경을 비난하는 비평이 기업 이미지를 손상시킬 것이라고 걱정했다. 미국의 의류제조업자연합(American Apparel Manufacturers Association)은 "이런 프로그램들 때문에 미국 기업들이 앨 몬트나 다른 불법적 운영을 하는 공장처럼 인식될 것이다."라고 우려했다.[52] 로스앤젤레스로 옮겨진 전시회의 영향은 더욱더 컸다. 왜냐하면 작품의 중요한 부분이 로스앤젤레스에 위치한 앨 몬트 공장을 표현했기 때문이다.

쇼의 처음 설명부분에서 역사박물관의 사명은 "당황하게 하거나, 비애국적이거나, 고통을 일으키려는 것이 아니라 더 풍부하고, 더 총괄적인 역사를 전달할 책임에서 어렵고, 불쾌하거나 논란의 여지가 있는 사건을 해석하는 것이다."라고 언급하였다. 박물관 관리자 피터 라이홀드(Peter Liebhold)와 해리 루빈스타인(Harry Rubenstein)은 "착취 공장의 곤경에 대한 해결책은 간단하지 않다."고 하였다.[53] 이 전시의 주요 전제 중 하나는 노동 착취 하청업체가 제조업자와 소매업자가 지불하는 값싼 노동비 때문에 많아지고 있다는 것이다. 이런 상황에 대해 소비자들은 소매업자들에게 직접 불만과 압력을 표현하기 때문에 이 문제는 논쟁의 대상이 되고 있다. 소매업자들은 이 비난을 값싼 임금으로 생산가격을 줄여 경쟁력을 키우는 아래 단계의 제조업체에게 돌린다. 이 박물관 전시 주제 중 하나는 개인의 책임감을 전달하고 있다.[54] 당신은 의류 산업의 이런 문제를 제조업체, 소매업체, 소비자 중 누구의 책임이라고 생각하는가?

클로즈업 | 사회적 책임을 가진 인형

팝시(Popsi Inc.) 인형 회사는 재활용 음료수병을 이용하여 교육적인 생산 프로그램을 통해 만드는 인형 제품을 최고의 환경에서 생산하기 위해서 생산 라인 공장을 로스앤젤레스에서 이동했다. 팝시 인형 회사의 오너 제랄딘 맥매인스(Geraldine McMains)는 샌프란시스코에서 원하는 노동 환경을 발견하여 공장을 이전하였다. "우리가 사회적으로 책임을 가지고 윤리적인 노동 환경을 실천하는 것은 매우 중요하다."라고 말했다.[55]

샌프란시스코는 노동 착취 없는 노동 환경을 조성하여 기업들을 유치하기 위해 투자하고 있다. 비영리 지역 의류 사업 연합 베이(Bay)는 각 지역에 따른 마케팅 전략을 사용하여 지역의 의류 업체들이 더 많은 일자리를 창출하도록 장려한다. 4백 개의 봉제 공장을 가지고 있는 샌프란시스코 의류산업은 5만 개를 가지고 있는 로스앤젤레스와 그 이상으로 많은 뉴욕과 비교하면 작은 규모이다. 미국에는 18만 개의 의류업체가 있는 것으로 추정되지만 많은 영세 하청업체들이 이 숫자에서 제외되었을지도 모른다.[56]

3. 패션산업과 환경문제

유행하는 것과 환경적인 것이 함께 공존하는 것이 가능할까? 많은 사람들은 패션산업
이 발달함에 따라 화학약품과 소재 생산에 사용된 마감재들이 환경에 심각한 위협을
준다고 느낀다. 소비자들이 옷을 세탁하는 데 사용하는 세제보다 더 중요시하고, 우선
시하는 것은 매년 새 옷을 사는 것이다.[57] 미국에서 발생되는 모든 쓰레기의 80%가 매
립지에서 태워지고 그 중 약 5%(매년 80억 파운드 이상)가 의류 제품이라고 보고되었
다.[58] 소비자는 제13장에서 논의된 양자택일의 처분권에 의해 매립지에서 의복과 섬유
제품을 가져올 수 있다. 버려진 옷의 약 20억 파운드가 다행히도 자선 단체 구세군
(Salvation Army)의 헌 옷 기부 프로그램을 통해서 매년 매립지 대신 불우 이웃에게
전해진다.

환경에 대한 관심 또는 녹색 운동은 오늘날 많은 소비자들에게 우선적으로 여겨진다.
녹색 소비자(green consumers)들은 구매행동을 통해 환경적인 관심을 나타내는 소비
자를 가리킨다. 그 중 젊은 사람들이 가장 환경적인 관심을 보인다. 시카고의 십대들
은 최근 음료수병을 재활용해서 디자인 된 옷을 환경보호 패션쇼에서 선보이면서 그
들의 환경적인 관심을 보였다.[59] 뉴욕의 FIT(Fashion Institute of Technology) 박물관
에 전시된 재활용품으로 만들어진 의류 제품을 보면 젊은이들이 쓰레기 문제를 해결
하는 데에 있어서 창조성을 이용해 앞장서고 있다는 것을 알 수 있다. 반면 최근 영국
의 한 연구는 10년 전 청소년들과 비교하면 오늘날 젊은 사람들이 환경과 윤리적인
문제에 점점 무관심해지고 있다고 설명했다.[60]

1) 환경에 대한 소비자의 관심

월 스트리트 저널(Wall Street Journal) 조사에 따르면 10명의 소비자 중 8명은 그들 자신
을 환경론자라고 생각하고, 반 이상이 라이프스타일의 근본적인 변화가 필요하다고
하였다.[61] 그러나 이러한 의견은 의류에 대한 행동에는 적용되지 않는다. 한 연구에 의
하면 사람들이 옷을 살 때 환경이 고려되어야만 한다고 느낄지라도 실제 구매상황에
서는 환경을 고려하지 않는다고 하였다. 이것은 가격과 스타일과 같은 요소들 때문이
다. 이 연구에서는 포함되지 않았던 요소이지만 가격과 스타일이 환경적인 요인보다
더 중요하기 때문일 것이다.[62] 그 후의 다른 연구를 통해서도 환경적인 관심 및 우려
와 책임감있는 의류소비행동 사이의 결정적인 관계를 발견하지 못하였지만,[63] 환경적

인 관심과 환경친화적인 의류 광고 사이에는 긍정적인 관계가 성립한다는 것을 발견하였다.[64] 일반적인 사회적 책임감있는 소비 태도와 의복 습득과 폐기에 대한 태도사이에서 몇 가지 관계를 발견할 수 있다. 그러나 환경적 의류행동에 대한 인식은 다른 소비제품에 비해 설득력이 적다.[65] 친환경적인 의류, 친환경적인 소매상인, 그리고 오염을 줄일 수 있는 세탁 방법의 대안에 관한 교육적인 비디오는 소비자에게 큰 영향을 미친다.[66] 더 나아가서 친환경적인 의복생활을 위해 다른 프로그램의 개발이 필요하다. 연구와 조사는 평균적인 소비자군을 나타내지 않는 대학교 학생을 이용하기 때문에 이런 연구들은 "브랜드들은 일부 의류 제품들의 환경적인 이익에 대하여 소비자들에게 좀더 교육을 시키는 것이 필요하다."라고 결론을 내린다.

패션 상품 소재로 음료수병을 재활용하는 것은 예전의 패션 아이템 재활용과는 뚜렷하게 다르다. 이것은 소비자들에게 익숙하지 않은 소재이며, 소비자들을 편리하게 하는 것도 아니다. 최근 연구에서 재활용을 중시하는 소비자들은 그렇지 않은 소비자에 비해 전통적인 소재를 더 많이 재활용한다고 밝히고 있다. 또한, 직물 같은 재료의 재활용 빈도는 전통적 재료보다 낮았다.[67] 여러분은 소비자들이 만약 종이, 유리 그리고 플라스틱용 재활용 컨테이너 옆에 헌 옷 수거함이 있다면 오래된 옷들을 더 일상적으로 재활용할 것이라고 생각하는가?

여성 의복 소비자에 대한 연구들에서 발견된 것처럼 유행과 환경문제는 직접적으로 문제가 된다. 패션 라이프스타일 요인은 패션 추종자와 취미생활자와 같은 '환경 재활용자'를 제외한 소비자와 관련되어 있었으며,[68] 유행 선도력은 새로움을 유지하려 하고 환경론자 가치와는 반대되게 진부한 패션은 폐기하려는 것을 의미한다. 생태학적으로 관심을 가지는 소비자들에 대한 연구들에서 인구통계학적 특성의 일관성을 보이지는 않았다.[69] 하지만 이전의 환경적인 소비자는 더 교육을 받았으며, 그렇지 않은 사람보다 수입이 높고, 여성이 더 많은 것으로 나타났다.[70]

표 14-2는 환경 의복 관련에 대하여 상대적으로 중립적인 태도를 보여준다. 자원으로서의 의복이 낭비되고 있는 데 대해 강하게 동의했다.

2) 그린 소매업자와 제조업자

비록 환경에 관심이 높은 사회적 책임감 있는 소비자의 숫자는 많지 않지만, 많은 소매업체와 제조업체는 지속적으로 소비자의 욕구를 만족시켜 주고 동시에 친환경적인 제품을 생산하려고 한다. 많은 기업들은 이익 창출과 친환경적 기업 실천 사이에 균형을

표 14-2 의복과 관련된 환경에 대한 태도

의복에 관련된 태도	평균 점수*
의복은 종종 낭비되어진다.	3.65
사람들은 의복을 살 때 세탁 및 관리를 고려할 것이다.	3.57
환경에 대하여 고려하고 있는 제조업체의 의복을 구매할 것이다.	3.33
관리 방법과 의복 소비 사이에 관계는 많지 않다.	2.64
만약 사람들이 필요한 것보다 의복을 많이 산다면 그것은 문제가 되지 않는다. 그 이유는 결국 그것은 다른 사람에게 넘겨지게 될 것이기 때문이다.	2.61

*점수는 1부터 5까지이며, 5는 '강하게 동의'를 가리킨다.
출처 : Sara M. Butler and Sally Francis, "The Effects of Environmental Attitudes on Apparel Purchasing Behavior," *Clothing and Textiles Research Journal* 15, no. 2 (1997) : 76-85.

맞추기 위해 노력한다. 에스프리는 환경친화적인 재료와 생산 과정만으로 이루어진 e-컬렉션(e-collection) 라인을 중단했다. 이런 시도의 최종적인 목표는 물질주의 개념과 환경 친화적인 개념을 통합시키는 것이었지만 수익성이 낮았기 때문이다. 또한, 파타고니아(Patagonia)는 화학적 독소를 포함하고 있는 고어텍스를 사용하지 않고는 기능적인 방수 옷감을 생산할 수 없다고 한다. 다른 산업에서도 이런 비슷한 문제가 있

클로즈업 | e-컬렉션

에스프리의 e-컬렉션은 아마도 환경친화론적 생산을 가장 가깝게 실현시키는 제품 라인이었다. 하지만 더 이상 생산되지 않는다. 아래의 내용들은 다른 회사의 모델로서 사용할 수 있는 에스프리의 e-컬렉션의 근본적인 실천 목적이었다.

- **제품 생명을 최대로 극대화하다**(영구성을 증가시킨다. 패션이 아닌 스타일을 강조한다).
- **인공 섬유 사용을 하지 말거나 최소화한다**(면, 울, 리넨을 사용한다 : 직물 대안을 찾는다; 플라스틱 단추에서 자연적인 대안을 찾는다; 어깨패드와 안감을 섬유소(셀룰로오스)를 사용한다.
- **직물의 생산 과정에서 해로운 물질을 제거한다**(스톤워싱과 산성워싱을 제거하고, 생물 분해성

있는 효소를 사용하고, 표백하는 것을 제거하고, 마지막 과정에서 합성수지와 포름알데히드(소독제)를 제거한다).
- **쓰레기를 최소화한다**―재활용 되고 분해성 있는 재료를 사용한다(재활용된 울과 면직물 스웨터실을 사용, 재활용된 종이 사용, 재활용된 L.D.P.E 플라스틱 백을 사용한다).
- **특별한 라인을 지탱할 수 있는 농업과 농장을 후원한다**(유기농 면과 울을 사용하고, 고갈되지 않고 이용할 수 있는 나무와 레이온을 위한 낮은 충격(low-impact) 공정을 사용한다).
- **멸종될 위기에 이른 지역과 문화에 지원하고 작은 규모의 지역 경제를 활성화 시킨다**(수제품 프로젝트를 위해 코 옵스(co-ops)를 사용하고,

"원조하지 말고 거래하자" 프로젝트와 교육 프로그램을 세운다).
- **혁신적인 기업을 후원한다**(근로자들에게 좋은 근무 조건; 에너지, 물 사용 낭비 최소화; 비슷한 생태적 목표 공유 ; 모든 요구에 대한 정보를 제공).
- **소비자를 교육한다**(정보적인 품질표시법, 카탈로그/안내책자, PR, 가게와 샵에 대한 정보 공유).
- **산업에 영향을 미친다**(전세계적으로 친환경 라벨에 대한 정부 기준에 관여하고, 대학교 강의를 제공하고, 그 정보들을 모아 출판하고, 친환경적인 비즈니스들의 회의를 후원한다).

었는데, 예를 들면 아이스크림 브랜드인 벤 앤 제리(Ben & Jerry)는 유제품으로써 아이스크림의 고지방을 낮출 수 있는 만족스러운 해결책을 찾을 수 없었다.[71]

하지만 많은 의복, 패션 그리고 카탈로그 기업들은 지속적으로 환경 친화적인 상품들을 늘리고 있다.

친환경 제품을 위해 열매를 이용하여 만든 단추

- 1960년대에 스포츠웨어 회사로 시작한 캘리포니아 브랜드인 파타고니아는 재활용된 플라스틱 소다 병으로부터 만든 신실라(Syncilla) 라인과 유기농 면 제품을 판매하고 있는 대표적인 환경 친화적인 브랜드 중 하나이다. 5년에 걸친 환경 친화적 관점에서의 기업 목표는 (1) 회계시스템에 환경 부담비를 포함한다. (2) 매립식 쓰레기장으로 버려지는 소재를 없앤다. (3) 모든 제품의 책무요구를 설립한다. (4) 소비자에게 제품 사용에 따른 여러 영향에 대한 정보를 제공한다. (5) 환경 친화적 기업 윤리가 세워져 있는 제품 제조업체와 일한다. (6) 효과적으로 자원을 활용하도록 한다. (7) 시설 작동에 따른 위험을 줄인다. (8) 유기농 종이 사용을 늘리고 일반 종이 사용을 줄인다. (9) 에너지 사용을 줄이고 대체 에너지 시스템 사용을 늘린다.

- 에스쁘리는 모든 회사 정책과 그에 따른 환경적 영향을 모니터하는 에코데스크 (EcoDesk)라는 프로그램을 시작으로 많은 환경 프로그램을 운영했다. 에스쁘리는 열매를 이용한 단추, 손으로 만든 구슬 팔찌 등과 같이 빠른 현대화로 인하여 쇠퇴하고 있는 공예 작품을 판매하고 있다.

- 월드웨어는 환경적으로 안전한 의복, 가구, 바디제품을 판매하는 샌프란시스코에 있는 매장으로 매장 내부는 대부분 재활용된 목재들로 되어있고 폐품을 이용한 기둥, 문, 유리를 재활용하며 철로 재활용했다. 최근에 다른 제품보다 잘 팔리지 않는 대마 의복을 중지했다. 대마에 대해서는 뒷부분에서 다시 논의하기로 한다.

- 바디샵은 열대 우림을 보호하는 데 앞장서고, 고래를 보호하고, 산성비의 위험을 경고하는 런던의 자연 중심 화장품 브랜드이다. 이 브랜드는 어떠한 제품도 동물 테스트를 하지 않으며 소비자들이 빈 용기를 가져오게 장려함으로써 환경 보호와 생산 비용 절감을 목표로 한다. 바디샵은 대표적인 환경 친화적 브랜드이다.[72]

- 바이오바텀은 천 기저귀 사용을 장려하며, 형제, 자매에게 물건 물려주기 운동을 장려하는 캘리포니아의 아동 브랜드이다.

- 비영리 단체 그린피스는 적극적인 환경 운동을 펼치기 위해 소매점을 열었다. 이 매장에서는 오직 유기농 면 제품등과 같은 환경친화적 제품만을 판매한다.

- 데주 슈는 가죽 대안으로 플라스틱이 아닌 소재를 사용하여 신발을 생산한다. 이 신발들은 재활용된 고무 타이어와 잠수용 고무옷을 이용하여 만들어진다.

- 버켄스탁은 낮은 충격(low-impact) 염료, 고갈되지 않고 무한적으로 이용할 수 있는 코르크, 자연 유액을 사용한다.

- 리바이스는 Foxfibre(이 장 뒷부분에서 설명될 것이다)를 사용하며, 유기농 면을 사용하기도 한다.

- 유기농 면 제품 브랜드 세븐스 제너레이션은 가정용 세제와 베터리 충전기와 같은 제품도 생산한다. 이 브랜드의 카탈로그는 모든 제품의 화학적 첨가 요소들을 분석, 제조 과정을 평가해 놓았으며 환경적인 이익을 설명해 놓았다.

- 내셔널 그린 페이지는 우편 카탈로그와 소매점을 통해 친환경 기업들에 대한 정보를 제공한다(www.greenpages.org).

- 월마트, 타겟, 케이마트는 선반용 라벨과 정가표를 사용해서 그린제품을 표시한다.

- 에스티 로더의 화장품 라인인 오리진스는 자연 친화적 브랜드로서 비동물 테스트를 거친 제품으로 재활용 용기에 화장품을 담아서 백화점에서 판매한 미국 첫 화장품 브랜드이다.[73]

많은 소비자들은 친환경적인 의류, 친환경적인 패션, 또는 심지어 유기농 면에 대하여 친숙하지 않다. 그리고 유명한 소매상들을 자주 찾는 대부분의 소비자들은 이런 자연 친화적 제품 광고가 있을지라도, 브랜드들이 이와 같은 제품을 많이 판매하고 있다고 생각하지 않는다. 인터넷은 이런 제한된 시장을 극복할 수 있는 좋은 유통경로이다. 많은 온라인 회사들은 유기농 면 옷과 다른 부드러운 유기농 면제품, 대마, 재활용된 섬유를 팔고 정보를 제공한다. 이에 해당되는 사이트들은 다음과 같다.

- 스미스 센터 내츄럴 아웃웨어(Smith Center Natural Outerwear) : 유기농 면 의류 (www.smithcenter.com)

- 이코린크(EcoLinks) : 유기농, 대마, 재활용, 자연환경을 해치지 않는 범위 내에서

하는 여행, 채식주의, 아이들을 포함하는 환경 사이트에 대한 정보(www.ecolinks.org)

● 올가닉 코튼 사이트(The Organic Cotton Site) : 가능한 농작과 경제 대안으로서 유기농 면(www.sustainablecotton.org)

● 올가닉 에센셜(Organic Essentials) : 유기체적 형식으로 성장한 면 제품(화학적, 살균제, 제초제, 살충제, 염소를 사용하지 않음) (www.organicessentials.com)

● 올가닉 코튼 인트로덕션(Organic Cotton Introduction) : 면, 지상의 가장 순수한 섬유 '우리 삶의 섬유' (www.simplelife.com)

● 그래스 룻츠(Grass Roots) : 대마와 유기농 면 의복과 악세서리 : 그래스 삼 신발웨어, 가정용품, 영속성 있는 제품과 바디케어 제품(www.grassrootsnatural-goods.com)

● AHP : 지구 친화적인 제품; 100% 조직적으로 자란 면 속옷, 티셔츠, 레깅스, 양말, 바지, 스웨터, 스웨터셔츠, 베개, 화학적 요소는 없고 자연적으로 알레르기를 없애는 침구 (www.ahappyplanet.com)

● 마마 문(Mama Moon) : 자연 바디 제품-투석기, 마름모꼴 무늬가 있는 천, 대마, 유기농 면, 울 장남감(www.mamamoon.com)

● 올가닉 쓰레즈(Organic Threads) : 유기농 면으로 된 선원들의 양말(crew socks)을 증명한다; Foxfibre Colorganic blends(www.organicthreads.com)

● 헴프 앤 올가닉 코튼 쇼핑카트(Hemp and Organic Cotton Shopping Cart) : 대마 티셔츠, 의복들, 양말들, 장갑들 : 유기농 면 티셔츠, 의복들, 속옷(www.shirt-magic.com)

● 에코스포트 올가닉 코튼 클로싱(Ecosport Organic Cotton Clothing) : 가정용품, 남성복, 여성복, 유니섹스, 아동복 : 유기농 면과 대마 제품(www.ecosport.net)

3) 섬유산업의 깨끗한 환경에의 공헌

섬유사업에서 섬유와 직물 제품이 오래 전부터 깨끗하고 안전한 방법으로 개발되어 왔

에코스포트(Ecosport)는 유기농 면 제품을 판매하는 기업 중에 하나이다.

으며, '더러운 산업'이라는 비판에도 불구하고 깨끗한 환경을 위해 공헌했다는 것을 소비자들은 일반적으로 인식하지 못한다. 미국직물제조업체협회(ATMI : American Textile Manufacturers Institute)에 따르면, 섬유사업은 1980년대 중반 이래로 환경보호를 위해 13억 달러를 투자해왔다.[74] 무역협회들은 환경적으로 안전한 공정을 이행하는 데 중요한 역할을 한다. E3 프로그램으로 알려진, Encouraging, Environmental, Excellence는 1992년 ATMI에 의해 개발되었으며, 이는 미국 산업의 환경 기록을 앞당기기 위한 것이었다.[75] E3 프로그램의 주된 목적은 섬유회사가 단지 환경법에 순응하는 것을 넘어서 환경에 대한 책임을 강화시키기 위한 것이다. E3 프로그램은 다른 산업에 환경보호의 중요성을 장려하는 하나의 모델로 보여진다. 면 산업은 비록 전체 면 재배지의 일부분에 불과하지만, 미국 내 수천 에이커에 해당하는 땅에서 유기적 재배에 의해 친환경적인 과정으로 만들어져 왔다. 전통적으로 면은 자라는 과정에서 환경적인 부담이—대개 석유가 주 원료인 나일론과 폴리에스테르가 더 많은 환경적 부담을 질 것으로 생각할 것이다—요구되는데 이는 기계적인 추수를 위한 것뿐만 아니라 잡초와 해충의 번식을 막기 위해 다량의 독성 화학약품이 사용되기 때문이다. 미국에서 어림잡아 3천5백만 파운드의 살충제가 면 작물에 사용되며 이는 농장에서 사용되

클로즈업 | 재활용 제품을 이용한 패션

몇몇 기업들은 재활용된 재료들을 가지고 패션 아이템들을 만든다. 뉴욕 출신의 두 젊은 보석 디자이너들은 오래된 병 뚜껑을 이용한 목걸이 패드 상품을 디자인하였다. 피츠버그 기업인 리틀 어스 프로덕션(Little Earth Production)의 모든 제품은 재활용된 재료로 생산된다. 이 회사는 낡은 자동차 번호판으로 장식된 가방, 고무로 만들어진 어깨용 가방, 심지어 참치 캔으로 만들어진 지갑도 판매한다.[76]

에스텔 아카민(Estelle Akamine)은 노컬 웨이스트 시스템 샌프란시스코 트랜스퍼(Norcal Waste System San Fransisco Transfer)와 리사이클링 센터의 전 아티스트였다. 6개월 동안 그녀는 거품종이와 컴퓨터 프린터 리본으로 만든 드레스와 샌프란시스코 블랙과 화이트 볼 직원들이 입은 타자기와 컴퓨터 프린터 리본을 이용한 정장을 디자인했다. 그녀의 작품은 샌프란시스코 패션 센터에 진열되기도 했다.

는 전체 살충제의 25%에 달한다. 도입부에서 언급된 100% 트레비스는 면이 좋음을 알고 있었다는 것을 기억하라. 그는 면섬유가 편안함을 주며, 사람들이 폴리에스테르와 그 외 다른 합성섬유가 환경을 위해 좋지 않다고 말하는 것을 들었을 수도 있다. 대부분의 소비자들은 면 셔츠가 주는 편안함 뒤에 살충제 요소가 있다는 것을 인식하지 못한다.

유기농 면섬유는 화학비료를 극소량 혹은 아예 사용하지 않으며, 살충제를 사용하지 않는 대신에 천연비료와 유기농 기술을 사용한다. 정부의 유기농 섬유 제조 증명서는 소비자에게 이러한 환경에서 재배된 면이라는 것과 이들 제품의 사용을 권장하는 광고로 이용될 수 있다. 비록 환경을 위해 더 좋더라도, 유기농 면섬유는 근원적으로 인건비의 증가 때문에 그 가격이 매우 비싸다. 파타고니아, 리바이스, 갭과 같은 몇몇 의류회사에서는 일정 부분에 있어서 이러한 유기농 면섬유를 사용하고 있다.

샐리 폭스(Sally Fox)에 의해 개발된 폭스파이브레(Foxfibre)는 최초로 자연적으로 색을 가진 면섬유(그것은 녹색과 갈색을 띠고 자란다)로서, 현대의 직물기계로 제조되어졌다. 이러한 혁신은 환경에 좋지 않은 독극물을 사용한 직물 염색 공정을 제거하였다. 이에 대해 반대하는 의견이 있다. 캘리포니아 면섬유는 거의 흰색에 가깝기 때문에 재배자들은 색을 띠고 있는 샐리가 반갑지 않다. 결과적으로 그러한 시도와 재래적인 생산이 좀더 시행가능한 애리조나로 재배치되었다.[77]

몇몇 직물 제조업자들은 다른 자연적이고 친환경적인 제조방법을 사용하기를 시도하고 있다. 천연염색은 환경을 오염시킬 수 있는 화학염료를 이용한 염색을 대신해왔다. 그러나 천연염색은 화학염료를 이용한 염색에 비해 가격이 비싸며, 빛 바랜 색을 소비자가 항상 수용하지 않는다. 텐셀(Tencel)은 나무 펄프로부터 만들어진 새로운 세포성 섬유로 재활용 방법에 초점을 맞춘 것이다. 이러한 섬유는 매우 좋은 직물이며,

---

E3 프로그램 가이드라인

E3 회원이 되기 위해서 기업들은 아래와 같은 10가지 기준 사항을 따라야 한다.

1. 기업의 환경 정책을 세우고 ATMI에 제출한다.
2. 고위 간부들의 친환경적 실천을 위한 자세한 약속과 그 실천 방법을 설명한다.
3. 사무원과 직원들이 현 법안들을 충분히 인식하고 있는지 환경에 대한 감시안을 제출한다.

4. 어떻게 기업과 소비자들이 환경에 대해 인식하고 실천하는지 설명한다.
5. 기업의 친환경적 목표들과 그 실천 목표 기간을 세운다.
6. 기업의 직원 교육 프로그램을 운영한다.
7. 긴급 대응 계획을 세우고 설명한다.
8. 어떻게 환경에 대한 관심과 지역 사회, 시민, 정책 입안자들을 고려하여 기업이 실천할 수 있는

지 설명한다.
9. 얼마나 친환경적 실천을 보조하고, 시민들의 의견을 관찰하고, 환경에 관심을 가진 단체, 다른 회사, 지역 정부 단체들을 통찰하는지 설명한다.
10. 연방 정부, 주, 지역 정책 입안자들과의 협력 관계를 설명한다.

다른 섬유에 비해 단가가 다소 비싸기 때문에 고가의 의류제품에 보편적으로 보급되어 있다.

몇몇 회사는 음료수 병을 재활용하여 직물을 만들고 있다. 이는 세척, 색에 따른 분류, 조각내기, 열처리, 정화, 플라스틱 입상체화, 용융되는 재활용 과정을 거쳐 실의 형태로 방사될 수 있는 미세한 섬유로 압출된다. 긴 웃옷을 한 벌 만드는 데 보통 25개의 플라스틱 음료수 병이 든다.[78] 웰맨(Wellman)의 섬유 구분은 100% 재생 섬유를 함유하고 있는 재생 폴리에스테르인 포트럴(Fotrel), 에코스펀(EcoSpun)으로 제조된다. 에코스펀을 제조하기 위해 연간 쓰레기 매립지의 24억 개 음료수 병이 사용되는 것으로 추정된다. 다른 회사 — 딕시얀(Dixie Yarns), 말든밀즈(Malden Mills), 조마 인터네셔널(Joma International), 스위프트 텍스타일(Swift Textiles)과 버링턴 인더스트리(Burlington Industries) — 는 재생 섬유로부터 섬유와 의복을 생산한다.

대마는 환경에 좋은 천연 섬유이며 많은 친환경회사에서 사용된다. 그러나 대마를 사용하는 데는 몇 가지 문제가 있는데, 먼저 미국 내에서 대마 재배가 불법이라는 점이다. 미국 정부는 마리화나의 사촌 벌되는 종인 대마의 생산을 허용하지 않는다. 따라서 대마를 캐나다나 해외로부터 수입하고 있다. 대마는 열매를 많이 맺는 식물로 다양하게 이용되는데, 섬유제품(종이와 의류 같은)을 포함하여, 건축자재, 로프와 피부와 머리카락 보호 제품의 기초 요소인 필수지방산, 단백질, 다른 영양분이 포함된 기름이 포함된다. 1999년 하와이에서 대마재배를 승인하였으나, 미국은 전세계 공업국 중 대마재배를 불법으로 하는 유일한 나라로 남게 되었으며, 대마 생산의 합법화를 위한 움직임이 많이 나타나고 있다.[79] 대마는 뻣뻣하며, 바늘이 부러지기 때문에 기계 재봉이 어렵고, 기계 부품을 자주 교체해야 한다. 따라서 봉제에 시간이 오래 걸리며 값이 매우 비싸다. 스타일은 대개 평범하다.

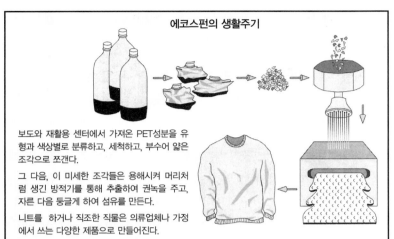

에코스펀의 생활주기

보도와 재활용 센터에서 가져온 PET성분을 유형과 색상별로 분류하고, 세척하고, 부수어 얇은 조각으로 쪼갠다.

그 다음, 이 미세한 조각들은 용해시켜 머리처럼 생긴 방적기를 통해 추출하여 권녹을 주고, 자른 다음 둥글게 하여 섬유를 만든다.

니트를 하거나 직조한 직물은 의류업체나 가정에서 쓰는 다양한 제품으로 만들어진다.

에코스펀 섬유는 재활용된 플라스틱 음료수병을 이용하여 만들어진다.

이 부분에 대해 앞에서 몇 번 언급했듯이, 친환경적인 패션제품과 직물의 생산 단가는 재래식 방법보다 비싸다. "이것들을 생산하는 데 얼마나 감당할 수 있으며, 계속해서 경쟁력을 가지고 있을 수 있을까?"라고 기업들은 물어보곤 한다. 이러한 질문은 소비자에게까지 환경주의가 얼마나 중요한지를 나타내주는 것이며, 환경에 대한 지각이 있는 소비자들의 틈새시장은 그러한 노력을 지지할지도 모른다.

4) 친환경주의 광고

많은 소비자의 친환경적인 제품에 대한 관심으로, 몇몇 마케터들이 '친환경적인'이라는 용어 사용을 남용하고 있다는 것은 이미 잘 알려져 있다. 제품의 친환경적 요구에 대한 강제적인 기준이 마련되지 않았다(그러나 뒤에 자발적인 기준에 대한 내용을 다룰 것이다). 미국 환경보호국(Environmental Protection Agency)에서 발표된 논문은 소비자에게 친환경주의 광고를 분석하는 방법에 대한 정보를 제공한다.[80]

• 환경에 대한 주장은 구체적이다. 만약 광고에서 '재활용된'이라는 문구가 있으면, 이는 제품이 얼마나 재활용된 것인지 확인해야 한다. 재활용 소재의 위치를 확인해야 한다. '포스트컨슈머(Postconsumer)'라는 문구가 적힌 쓰레기는 이전에 회사 또는 소비자가 사용한 적이 있다는 것을 의미하며, '프리컨슈머(pre-consumer)'라는 문구가 적힌 쓰레기는 제조 쓰레기를 의미한다. '재활용가능'이라는 라벨이

있는 제품은 수거하여 사용가능한 제품으로 만든다는 것을 나타낸다. 이는 소비자가 제품을 재활용한다는 것도 가능하다는 의미로 해석된다.

- 지나치게 확장되거나 애매모호한 환경에 대한 주장은 주의해야 한다. '친한경적인' 또는 '환경보호'라는 부적합한 라벨이 있는 제품은 환경에 대한 주장에 큰 의미를 갖지 못한다.

- 분해 가능한 물질은 쓰레기 매립지를 구하는 데 도움을 주지 못한다. 생분해 가능한 물질인 음식물이나 낙엽은 공기, 습기, 박테리아 또는 다른 유기물에 의해 노출되었을 때, 화학변화가 일어나며 부패된다. 대부분의 쓰레기가 보내지는 쓰레기 매립지에서 분해는 매우 느리게 발생한다. 왜냐하면 현대 쓰레기 매립지는 법에 따라서 햇빛과 공기, 습기와의 접촉을 최소화하도록 디자인되어 있기 때문이다. 이러한 느린 부패로 인해 종이, 음식물과 같은 유기적 물질이 썩는 데 몇 십 년이 걸리게 될지 모른다. 폴리에스테르 셔츠가 다 썩는 데까지 시간이 얼마나 걸릴지 상상해 보라!

5) 증명서

미국 내에서는 두 기관에서 제조업 사이트 조사하고 그들 생산방법의 환경적 영향을 평가하였다. 워싱턴에 있는 비영리단체인 그린 실(Green Seal) 프로그램과 영리단체인 과학검정조직(Scientific Certification System)이 있다.

그린 실(Green Sea, www.greenseal.org)은 비영리 환경표기 조직으로 다른 비슷한 제품보다 환경에 덜 유해한 제품에 대해 'Green Seal of Approval'을 수여한다. Green Seal을 얻기 전에, 엄격한 시험에 통과해야 하며 엄격한 환경 기준을 직면하게 된다.

과학검정조직(Scientific Certification System, www.scsl.com)은 제조업자들에 의해 만들어진 제품이 생분해 가능성, 재활용 내용, 물절약, 연기가 발생하지 않는 물질로 되었는지 확인하고 있다. 직원들은 천연자원 사용 회사들의 생명주기 평가 수행과 환경적 작업장 분석을 개발한다. 생명주기 가격은 매립지 비용과 공기의 낮은 질을 포함하여 제품 하나의 모든 노력에 대한 대가를 화폐로 나타내어 부착한다. 이들 비용은 잠재적인 환경 재해 또는 회사투자로부터 금전적 이득이라는 대안들과 비교된다.

그린 실 로고

4. 소비자 행동의 어두운 부분

조사자들, 정부 단속자들, 산업 관련 사람들의 최대한의 노력에도 불구하고, 때론 소비자 최악의 적은 그들 자신들이다. 개개인은 보통 논리적인 결정을 내리는데, 건강과 그들 자신과 가족, 사회에 최대한 이로운, 최상의 제품과 서비스 획득을 위해 신중하게 행동한다. 그러나 현실에서는 소비자의 소망, 선택, 행동은 종종 개인 또는 사회에 부정적인 결과를 가져오기도 한다. 사회적 압력들과 돈을 중시하는 문화적 가치에 근거한 몇몇 소비자의 행동은 가게에서의 도둑질과 사기 같은 행동들을 부추길 수 있다고 본다. 도달하기 어려운 미와 성공에 대한 미디어에 노출되는 것은 자아에 대한 불만족을 가져올 수 있다. 표 14-3은 몇몇 비윤리적인 소비자 행동에 관한 설명이다. 소위 소비자 행동의 '뒷면(어두운 부분)' 이라 불리는 내용을 살펴보자.

1) 중독 소비

중독 소비(consumer addiction)란 육체적으로나 정신적으로 제품이나 서비스에 의존하는 것이다. 많은 사람들이 이것을 약물중독과 동일시하는 한편, 사실상 어떤 제품이나 서비스는 문제를 덜어주거나 극도의 상황에 의지할 수 있는 시점이 필요할 때 그것을 만족시켜주는 것처럼 보인다. 실로, 몇몇 심리학자들은 진짜 삶보다 우선순위에 놓여 있는 온라인상의 대화방 '실제적인 삶' 에 의해서 괴로워하는 사람들(특히 대학생들)의 '인터넷 중독' 에 대해서 관심을 제기하고 있다.[81]

표 14-3 비윤리적인 소비자행동

물건을 훔친다.
환불을 목적으로 물건을 절도하여 매장에 환불한다.
가격표를 바꾼다.
입은 옷을 환불한다.
부분적으로 사용한 화장품과 매장 크레딧을 교환 및 환불한다.
세일 기간에 구매한 물건을 다음에 전액 환불한다.
옷에 붙어 있는 벨트, 단추 등 액세서리를 훔친다.
매장 안 제품을 손상시켜 할인을 요구하여 구매한다.

출처 : Adapted from Leon G. Schiffman and Leslie Lazar Kanuk, *Consumer Behavior* (Upper Saddle River, N.J.: Prentice-Hall, 2000).

2) 강박 소비

몇몇의 소비자들은 '쇼핑하려고 태어난' 이라는 표현을 아주 실제적으로 받아들인다. 이 소비자들은 쇼핑이 즐겁거나 실용적인 일이기 때문이라기보다는 쇼핑을 하도록 강요 받기 때문에 쇼핑을 한다. **강박성 소비**(compulsive consumption)는 반복적인 쇼핑을 의미하는데, 불안과 화, 의기소침, 지루함을 해결하기 위한 것으로 종종 지나치게 행해진다. '쇼핑중독'은 약물이나 알코올에 의지하는 것과 같은 방식으로 쇼핑에 의지하는 것이다.[82] 강박 소비의 다른 유형은 강박적인 구매와 과도한 폭식이 동시에 일어날 수 있다는 것이 제시되어 왔다. 최근의 연구는 강박 소비가 TV 쇼핑에 노출되어 있는 것과 명확하게 관련이 있다는 것을 발견하였다. 그 결과는 TV 쇼핑이 강박적인 소비자들에게 '선택의 마약'이 될 수 있다는 것을 암시한다. TV 쇼핑은 신용카드를 사용하여 쇼핑의 쉬운 방법을 제공하며, 그것은 아주 편리하며, 다른 사람의 판단 없이 자신의 집이라는 개인적인 생활 속에서 빠져들게 한다.[83]

제13장에서 논의한 것과 같이 강박소비는 충동구매와는 확연히 다르다. 특별한 제품을 구입하기 위한 충동적인 소비는 일시적인 것이고, 특별한 순간에 특정한 물품에 중점을 둔다. 반면에, 강박구매는 구매 자체가 아니라 구매 과정에 중점을 두는 행동이다. 의복구매에 연간 2만 달러를 쓰는 여성은 "상점에 들어갔을 때 사로잡히게 되었다. 나는 꼭 맞지 않는 의복을 구입했다. 나는 그 옷을 좋아하지 않았고, 확실하게 원하지도 않았다."[84]

몇몇의 경우에서, 약물중독과 같이 소비자들이 소비를 조정할 수 없다고 말하는 경우는 분명히 있다. 술과 담배, 패션, 초콜릿, 혹은 다이어트 콜라 같은 제품은 소비자를 조정한다. 혼자서 하는 쇼핑조차도 몇몇 소비자에게 중독적인 행위이다. 부정적이거나 파괴적인 소비자들의 행위는 세 가지의 공통된 요소에 의해 특징지어질 수 있다.[85]

1. 행동은 선택에 의해서 행해지지 않는다.
2. 행동에서 얻어지는 만족감은 생명력이 짧다.
3. 후에 사람들은 후회나 죄의식의 강한 감정을 경험하게 된다.

조정 불능의 소비는 소비자들이 지불할 수 없는 부채더미나 파산을 가져온다. 매년 미국에서는 백만 명 이상의 소비자가 파산신고를 한다. 더 많은 소비자들이 그들의 빚을 갚는 것보다 파산 방법을 취하고 있다. 분석가들은 파산을 위한 서류가 빚의 전부혹은 부분을 갚을 수 있었을 것이라고 지적한다.[86] 소매업자들은 그들이 과거의 빚을 징수함으로써 수월하게 일을 진행시키나, 빚을 갚거나 용서 받는 것을 반복하는 소비자들에게 빚을 양도하는 것은 원하지 않는다. 파산에는 미해결 부채, 신용카드 한도를 넘어선 것들과 같은 최근의 중요한 구매가 포함된다. 많은 소비자들에 의해서 채택되는 파산은 사업상으로는 무거운 짐을 야기시키기 때문에 다른 소비자들에게로 비용을 전가시킬 수밖에 없다.

많은 소비자 행동은 자기 파괴적이거나 사회적으로 손상을 줄 뿐만 아니라 불법적이기까지 하다. 범죄는 상품절도 행위, 종업원의 절도, 방화, 보험사기 등의 사업과는 반대되는 소비자들에 의해서 일어나며 이것은 연간 4백억 달러로 추정된다.

(1) 소비자 절도

소매상 절도는 5초마다 일어난다. 이 **매장 내 상품 감소**(shrinkage)는 재고 조사 기간과 현금손실에 기인한 상점 내 절도와 종업원의 절도 때문이다(손실의 40% 정도가 구매자보다 종업원 탓이다). 이것은 제품의 가격을 높게 측정하게 하여 소비자에게 돌아가는 사업상의 큰 문제이다. 포괄적인 소매상의 연구는 상점절도 비용이 미국 소매업자들 사이에서 연간 90억 달러라는 것을 발견했다.[87]

대부분의 상점절도는 전문적인 도둑이나 훔친 물품을 진정으로 원해서 하는 것은 아니다.[88] 약 2백만 명의 미국인은 매년 상품절도의 책임을 진다. 그러나 이는 대략적인 것으로, 잡힌 사람마다 18개 정도의 밝혀지지 않은 사건이 있었다고 하였다.[89] 잡힌 사람들의 약 4분의 3 정도가 스릴을 위해서 혹은 애착을 위한 대용품으로서, 상품절도를 하는 사람들은 중산층 혹은 상위층의 수입을 가진 사람들이다. 그리고 상품절도는 청년기에서 공통되는 것이다. 연구의 결과로 10대는 상점절도를 하는 친구의 영향을 받는다고 지적한다. 그것은 마치 청년기에서는 이런 행동이 도덕적으로 나쁘다는 것으로 인식하지 않는다는 가정 하에 더욱 자주 일어나는 것이다.[90] 운동화, 로고와 상표가 있는 의복, 디자이너 청바지와 속옷은 가장 빈번하게 도난당하는 물품들이다.[91] 세포라(Sephora)의 내놓고 판매하는 제품 형식을 좇는 유행에 의해서 화장품은 이 리스트에 올라갈 것이다. 이것은 미국과 전 세계적으로 열린 상점에서 파는 프랑스 화장품이다.

소매업자들은 상점절도와 싸우는 것을 돕기 위해서 조치를 취해지만 몇몇의 상점은 소비자들이 옷을 입어보는 데 어려움을 주고, 상점이 소비자를 믿지 못한다는 인상을 주는 강도 높은 센서 택을 사용하는 것을 원하지 않는다. 좋은 소비자 서비스는 상점절도에 최고의 방어를 하는 것이다. 판매는 소비자들에게 그런 불법적인 행위를 단념

시키도록 인식시키는 것과 소비자를 일깨워주는 것과 관련된다. 하지만 셀프 서비스 형식의 상점은 그런 철학과 적합하지 않을 수 있다. 머빈(Mervyn)은 최근에 상점절도를 지키기 위한 거대한 센서 택(Tag)을 제거하는 3-in-1에 의거하는 택 시스템을 적용하였다. 이 시스템은 그들이 '택 오염'이라고 부르는 그래픽 라벨과 가격 코드 택, 그리고 도난방지를 위한 감시용 전자 장치를 하나의 택으로 통합시켰다. 상점절도를 하려는 사람은 "택 안에 어딘가 부착된 것이 도난방지 장치라면?"이라고 말할 수 없을 것이다.[92]

(2) 반소비주의

파괴적인 소비자 행동의 몇몇 유형 중 하나로 제품과 서비스가 고의로 손상되고 파괴되는 **반소비주의**(anticonsumption)를 생각할 수 있다. 이런 행동의 유형은 순수한 소비자들을 다치게 하거나 죽이는 것으로서, 그 범위가 제품의 성질에서부터 빌딩과 지하철의 낙서에까지 광범위하다. 몇몇의 소비반대론의 행동은 문화적인 저항의 형식이다. 주류사회에서 멀리 떨어진 소비자들(미숙한 비행 청소년 같은)은 더 큰 그룹의 가치를 표현한다든가, 반항이나 자기표현의 행동으로 그것을 변경하는 대상을 찾아낸다.[93] 예를 들어 1960년대부터 1970년대의 히피 문화에서는 많은 전쟁 반대론자들은 해진 군복을 입기 시작했고, 종종 평화의 기호와 다른 '혁명'의 심벌로서 계급장을 대체했다.

또한 반소비주의 활동가는 사회적 보호 형태를 취할 수도 있는데, 광고판의 건전하지 못하고 비윤리적인 행동이라 느끼는 광고를 바꾸거나 파괴하는 형태이다. 이런 행동은 **문화 전파방해**(culture jamming)라고 한다 — 사회적인 반항의 형식일 수 있다.

문화 전파방해의 예는 동물해방 그룹에 의해서 공격 받는 **생태-테러리즘**(eco-terrorism)이다. 이것은 사육회사의 소극적 태도와 모피반대론자들의 적극적 태도를 포함한다. 그들은 그들의 이유에 노출될 수 있는 소비자가 있을 만한 휴가시즌에 나타난다. 그들은 여성의 모피코트에 동물의 피 — 그것은 모피코트를 입지 말아야 하는 하나의 이유이다 — 를 상징하는 빨간 페인트를 던지는 것으로 알려져 왔다. 윤리적 동물 처리를 위한 사람들(PETA : People for the Ethical Treatment of Animals)에 속한 사람들과 모피 폐지를 위한 연합(Coalition to Abolish the Fur)에 속한 사람들은 메이시(Macy's)와 니만 마커스(Neiman Marcus) 같은 상점 앞에서 몇 년 동안 시위를 하면서 패션을 위한 모피사용을 반대하는 전쟁을 해 왔다. 최근에 모피반대론자들은 샌프란시스코의 니만 마커스 매장의 창문을 깨뜨려서 25만 달러의 손실을 가져왔다.[94] 이 지역에서의 또 다른 에피소드는 경찰의 말과 많은 체포자들을 넘어뜨린다든지, 반대론자들과 록스타인 테드 너건트(Ted Nugent)가 논쟁을 일으킨 일이다.[95] 매년 천 명 이상의 사람들이 모피제조업자가 많이 있는 뉴욕의 7번가로 행진한다. 유럽에서의 이런 시위는 미국보다 종종 격렬하고 묘사적이다. 이런 활동에도 불구하고, 조직적인 것에 기반을 둔 모피 판매는 계속되고 있다.

항의자와 더불어, PETA는 '소비자들을 위한 쇼핑가이드 : 동물실험을 하지 않는 제품을 위한 가이드'를 펴냈다. 한 가지 이슈는 커버에 크리스티 튜링턴(Christy Turlington)의 "나는 잔혹성에서 자유로운 회사에 있는 것이 자랑스럽다."라는 말을 인용한 것이었다. 이들은 비버리힐즈(고급스러운 모피가 많이 팔리는 곳)에서 동물들이 어떻게 죽었는지를 표기하는 라벨을 요구하는 지역법령을 통과시키는 것을 시도했다. 그것은 다음과 같다 : "소비자 지침 : 이 제품은 전기, 가스, 목졸림, 독약, 폭행, 짓밟힘, 혹은 익사로 죽었다든가 다리를 붙잡는 덫에 잡힌 동물의 털로 만들어져 있다."[96]

미국 모피정보협회(The Fur Information Council of America)와 스칸디나비아 세가 모피는 동물론자들이 동물관리, 모피를 양육, 자연의 자원으로서 모피에 대한 원칙을 묘사하는 문헌이나 비디오 같은 '일방적' 광고라고 느끼는 것과 싸워왔다. 몇몇의 야생동물의 과잉과 식용을 위한 동물 사육의 문제는 논의되어 왔다. 책임감이 있는 회사

PETA는 패션을 위해서 모피 사용을 금지하고 있다.

는 그들의 제품으로 위험에 빠진 동물류를 사용하지 않는다. 위험에 빠진 동물과 식물로써 옷을 만드는 것과 파는 것은 법률상의 문제이다. 이 문제는 제15장에서 다룬다.

▌ 요약 ▐

- 기업 윤리는 시장에서 일어나는 행위를 감독하는 법칙이다. 전 세계적인 기준이나 가치는 정직성, 신뢰성, 정당성, 존경, 공정성, 성실성, 타인에 대한 관심, 책임감, 충성도, 책임감 있는 시민의식을 포함한다. 문화적인 차이는 윤리성의 규정 정도 안에서 존재한다.
- 소비자와 회사는 모두 비윤리적인 행동에 관여한다.
- 리바이스사는 계약한 해외의 의류업체들의 윤리성을 위해서 기준을 세웠다.
- 사회적으로 책임이 있는 회사는 적법한 것, 사회에 이익이 되는 것을 넘어서고 있다. 많은 의류회사와 직물회사는 마케팅을 유인하고 있는데 마케팅 노력은 자선적인 목적과 연관되어 있다.
- 오늘날 많은 소비자는 세계적인 의류제품의 노동력과 관련이 있는 노동력 착취에 대해서 알고 있고 걱정한다. 이러한 인식은 로스앤젤레스, 뉴욕, 사이판과 미국의 공공복지면에서 학대하는 상황에 대한 명확한 태도에 의해서 시작되었다.
- 많은 소비자들은 패션산업의 환경의 남용에 대해서 걱정한다. 그러나 소비자들에게 옷을 구매하는 시점에서 더욱 중요한 것은 환경보다는 다른 요인이라고 알려져 왔다. 의복의 환경적인 행동은 다른 환경적인 행동과 태도와 다르다. 그럼에도 불구하고, 소비자들은 그들이 환경에 관심이 있다고 말하고, 많은 의류회사와 직물회사는 환경친화적인 제품을 만드는 데 강한 노력을 하고 있다. 그들은 이것을 녹색 캠페인이라고 부른다.
- 교과서는 종종 소비자를 이성적이고 정보가 많은 의사결정자로서 설명하고 있는데, 실제 많은 소비행동이 개인이나 사회에 해를 끼치고 있다. 소비자 행동의 어두운 면은 중독적이고 강박적인 소비와 절도와 야만 행위이다(소비반대론).

▌ 토론 주제 ▌

1. 여러분이 일하면서 겪은 윤리적 상황에 대해서 논의해 보라. 여러분의 회사는 기업 윤리 기준을 잘 실천하고 있는가?

2. 기업들은 소비자들의 의견을 받아들여 제품을 광고해야 한다. 애버크롬비 앤 피치의 매가로그는 소비자들의 높은 관심을 끌기 위해 노출과 성행위를 강조하였다. 어린 소비자들의 부모들과 가족들은 애버크롬비 앤 피치 제품에 강한 불만을 보이지만 패션 산업에서는 이 브랜드 전략을 긍정적으로 보고 있다. 여러분은 이 문제에 대해서 어떻게 생각하는가?

3. 여러분은 의류 산업에 있어서 아동 노동 착취를 포함한 비윤리적 노동 착취 현상을 어떻게 생각하는가? 제3세계국에서 가정의 생계를 꾸려나가는 어린이들을 고려해서 토론해보라.

4. 여러분은 구매 전 의류의 생산 국가를 확인하는가? 이번 장 처음에 나왔던 트레비스 이야기를 생각해 보고 여러분 상황과 비교해 보자. 여러분의 학급 생들을 상대로 구매 전 생산국 확인에 대한 설문조사를 하여 토의해 보라.

5. 마케터들은 소비자의 욕구와 선택을 조종할 수 있다고 생각하는가?

6. 여러분은 녹색 소비자인가? 여러분은 어떤 방법으로 환경을 보호하는지 얘기해 보라. 여러분은 더 이상 사용하지 않는 패션 아이템들을 어떻게 처리하는가?

7. 인터넷을 통해 친환경적인 기업을 찾아보고 어떤 방법을 통해 실천하는지 조사해 보라.

8. 소비자들이 보이콧을 행사한 브랜드와 그 이유를 조사해 보라.

9. "대학교 학생들의 환경과 채식주의에 대한 높은 관심과 활동은 소위 쿨(cool)하게 보이기 때문에 나타나는 일시적인 현상이다."라는 의견에 동의하는가? 모피 패션에 대해서는 어떻게 생각하는가? 버링턴 코트 팩토리에 있었던 중국산 개와 고양이의 비윤리적 모피 사용 사건을 통해 윤리와 법 사이의 기준을 논의해 보라.

10. 안티 모피 운동에 대해 어떻게 생각하는가? 모피 반대 운동을 하기 위해 특정 매장 앞에서 피켓 등을 들고 시위를 해본 적이 있는가?

11. 여러분의 주변 인물 중 매장에서 물건을 훔친 사람이 있는가? 왜 그런 행동을 했는지 이유를 알고 있는가? 소매업체들은 이런 절도 행위를 막기 위해 어떤 대책을 세우고 있는지 알아보라.

▍ 주요 용어 ▍

강박 소비
(compulsive consumption)
개인적 윤리(personal ethics)
기업 윤리(business ethics)

녹색 소비자(green consumers)
매장 내 상품감소(shrinkage)
문화 전파방해(culture jamming)
반소비주의(anticonsumption)

사회적 책임(social responsibility)
중독 소비(consumer addiction)

▍ 참고문헌 ▍

1. For ethics and business discussion, see Gene R. Laczniak and Patrick E. Murphy, *Marketing Ethics: Guidelines for Managers* (Lexington, Mass.: Lexington Books, 1985), 117-123; Donald P. Robin and Eric Reidenbach, "Social Responsibility, Ethics, and Marketing Strategy: Closing the Gap between Concept and Application," *Journal of Marketing* 51 (January 1987): 44-58.

2. Valerie S. Folkes and Michael A. Kamins, "Effects of Information about Firms' Ethical and Unethical Actions on Consumers' Attitudes," *Journal of Consumer Psychology* 8, no. 3 (1999): 243-259.

3. Jennifer Lach, *American Demographics* (December 1999): 18.

4. Quoted in Mary Lynn Damhorst, Kimberly A. Miller, and Susan O. Michelman, *The Meanings of Dress* (New York: Fairchild, 1999), p. 418.

5. Joseph Pereira, "Toys 'R' Us Says It Decided to Pull Sega's Night Trap from Store Shelves," *The Wall Street Journal* (December 17, 1993): B5F.

6. Lantos, cited in Ann E. Fairhurst, "Ethics and Home Economics: Perceptions of Apparel

Merchandising Students," *Home Economics Forum* (Spring 1991): 20-23.

7. Ann E. Fairhurst, "Ethics and Home Economics: Perceptions of Apparel Merchandising Students." See also Kelly J. Mize, Nancy Stanforth, and Christine Johnson, "Perceptions of Retail Supervisors' Ethical Behavior and Front-Line Managers' Organizational Commitment," *Clothing and Textiles Research Journal* 18, no. 2 (2000): 100-110.

8. Trish Donnally, "An Outpouring of Fur, Anger on the Runways," *San Francisco Chronicle* (February 11, 2000): C1, C5.

9. Rosemary Feitelberg, "The Sizzle Is Back," *Women's Wear Daily* (March 12, 1996): 12.

10. Alison Maxwell, "Oleg Cassini Launches Fake-Fur Line," *Women's Wear Daily* (November 9, 1999): 12.

11. Eric Wilson, "Furs Fare Well, Despite a Warm Winter," *Women's Wear Daily* (February 1, 2000): 8.

12. "Croc On," *Women's Wear Daily* (April 5, 2000): 4.

13. David Sheff, "Mr. Blue Jeans," *San Francisco Focus* (October 1993): 65-

66, 127-133.

14. Joanna Ramey, "Levi's Will Resume Production in China after 5-Year Absence," *Women's Wear Daily* (April 9, 1998): 1, 11.

15. Alison Maxwell, "Levi's Joins Fair Labor Association," *Women's Wear Daily* (July 21, 1999): 2.

16. "Clinton Pans Fashion Trade for Hyping Heroin," *San Francisco Chronicle* (May 22, 1997): A3.

17. Kristin K. Swanson and Judith C. Everett, *Promotion in the Merchandising Environment* (New York: Fairchild, 2000), 527.

18. Diane Dorrans Saeks, "Extreme Passport," *Women's Wear Daily* (September 22, 1999): 26-27.

19. Susan Reda, "Technology Team Brings Victoria's Secret Webcast to Huge Audience," *Stores* (July 2000): 54-57.

20. "FCC Ruling Sates Victoria's Secret Wasn't Indecent," *Women's Wear Daily* (March 26, 2002): 2.

21. "Calvin Klein Dumps Ad Campaign Displaying Scantily Clad Kids," *San Francisco Chronicle* (February 19, 2000): B10.

22. Karyn Monget and Lisa Lockwood,

"Warnaco's Wachner Stands by Calvin—but Not by That Ad," *Women's Wear Daily* (November 3, 1995): 1, 14.

23. "Calvin, Amos Anti-Violence Ad Campaign," *Women's Wear Daily* (December 4, 1996): 13.

24. Lisa Lockwood and Vicki M. Young, "A&F's Blue Language Has Some Seeing Red, but Results Are Green," *Women's Wear Daily* (November 23, 1999): 1, 12; Mark Williams, "Abercrombie Catalog a Guide to Drinking 101," *San Francisco Chronicle* (July 25, 1998): D1, D2; Vicki M. Young, "A&F Posts Its 30th Record Net, but Stock Is Hit," *Women's Wear Daily* (February 16, 2000): 2, 21.

25. Dave Ford, "Amercrombie's Lolita Line of Thongs Goes Beyond Bad Taste," *San Francisco Chronicle* (May 26, 2002): E2; Joshua Greene and Lisa Lockwood, "A&F's Bad Fortune," *Women's Wear Daily* (April 19, 2002): 11; "Join Lieutenant Governor Corinne Wood in Her Boycott Against Abercrombie & Fitch," (www.state.il.us/ltgov/stopAandF.htm), accessed on June 28, 2001.

26. Anne D'Innocenzio, "Behind the Sears-Benetton Split," *Women's Wear Daily* (February 18, 2000): 14; "Benetton Split: The Aftershocks," *Women's Wear Daily* (May 5, 2000): 10, 17.

27. Anne D'Innocenzio, "Benetton Maps Growth on Net and in the U.S.," *Women's Wear Daily* (April 19, 2000): 10.

28. Janet Ozzard and Miles Socha, "Losing the Edge," *Women's Wear Daily* (April 5, 2000): 18, 20.

29. Doug Shen and Marsha Dickson, "Consumers' Acceptance of Unethical Clothing Consumption Activities: Influence of Cultural Identification, Ethnicity, and Machiavellism," *Clothing and Textiles Research Journal* 19, no. 2 (2001): 76-87.

30. William Leiss, Stephen Kline, and Sut Jhally, *Social Communication in Advertising: Persons, Products, and Images of Well-Being* (Toronto: Methuen, 1986); Jerry Mander, *Four Arguments for the Elimination of Television* (New York: Morrow, 1977).

31. Vance Packard, quoted in Leiss, Kline, and Jhally, *Social Communication in Advertising*, p. 11.

32. Leiss, Kline, and Jhally, *Social Communication in Advertising*.

33. George Stigler, "The Economics of Information," *Journal of Political Economy* (1961): 69.

34. Quoted in Leiss, Kline, and Jhally, *Social Communications in Advertising*; p. 11.

35. Leon G. Schiffman and Leslie Lazar Kanuk, *Consumer Behavior* (Upper Saddle River, N.J.: Prentice-Hall, 2000).

36. Dick Silverman, "Corporate Charity: Cause and Effect," *Women's Wear Daily* (August 10, 1999): 23; Nancy Arnott, "Marketing with a Passion," *Sales & Marketing Management* (January 1994): 64-71.

37. Dick Silverman, "Corporate Charity: Cause and Effect"; "Fashion Targets Breast Cancer," available online at www.joeboxer.com; "Battling Breast Cancer: Retail's Fall Offensive," *Women's Wear Daily* (September 21, 1999): 15-23; Diane Dorrans Saeks, "Extreme Passport," *Women's Wear Daily* (September 22, 1999): 26-27; "Bloomingdale's Benefit Aids Cancer Research," *Women's Wear Daily* (September 22, 1999): 30; George Raine, "Clothing with a Conscience," *San Francisco Examiner* (November 29, 1998): D1, D7.

38. Marsha A. Dickson, "Consumer Motivations for Purchasing Apparel from Socially Responsible Businesses," *Proceedings of the International Textiles and Apparel Association*, (1999): 70.

39. Julianne Malveaux, "Shopping Can Make a Statement," *San Francisco Examiner* (November 30, 1997): B2; Anastasia Hendrix, "Fans Outnumber Protestors at Niketown," *San Francisco Examiner* (February 23, 1997): C7.

40. Robert Collier, "Legislature Passes 2 Sweatshop Bills," *San Francisco Chronicle* (September 11, 1999): A7.

41. "Wal-Mart's Shirts of Misery," a report by the National Labor Committee, (July 1999).

42. Kristi Ellis, "Feds versus States: Sweatshops on Wane or Running Rampant?" *Women's Wear Daily* (April 16, 2002): 1, 3.

43. Eddie Wong and Gail Taylor, "An Investigation of Ethical Sourcing Practices: Levi Strauss & Co.," *Journal of Fashion Marketing and Management*, 4, no. 1 (2000): 71-79.

44. Carol Emert, "Holders Grill Gap on Labor Practices," *San Francisco Chronicle* (May 5, 1999): B2.

45. Eric Wilson, "Four Firms Settle Saipan Workers' Suit," *Women's Wear Daily* (August 10, 1999): 5;

Kristi Ellis, "El Monte Sweatshop Defendant Pays $1.2M," *Women's Wear Daily* (July 30, 1999): 23.

46. Eric Wilson and Joanna Ramey, "Saipan Factories Counter Sweatshop Stigma," *Women's Wear Daily Global* (July 1999): 10, 20.

47. Mark Tosh, "N.Y. Gap Unit Picketed over El Salvador Pullout," *Women's Wear Daily* (December 4, 1995): 24; Joanna Ramey, "Apparel's Ethics Dilemma," *Women's Wear Daily* (March 19, 1996): 10-12.

48. Alison Maxwell, "Nike to Let Students Tour Sweatshops," *Women's Wear Daily* (November 12, 1999): 5; Tanya Schevitz, "UC Strengthens Code against Sweatshops," *San Francisco Chronicle* (January 8, 2000): A13, A17.

49. Steven Greenhouse, "Nike Chair Cancels Gifts to Alma Mater: Sweatshop Position Ires Shoe Billionaire," *San Francisco Chronicle* (April 25, 2000): A3.

50. Eddie Wong and Gail Taylor, "Practitioner Papers an Investigation of Ethical Sourcing Practices: Levi Strauss & Co.," *Journal of Fashion Marketing and Management* 4, no. 1 (2000): 71-79.

51. Grace Kuntz, *Merchandising: Theory, Principles, and Practice* (New York: Fairchild, 1998), 278.

52. Jacqueline Trescott, "In 'Sweatshops,' Smithsonian Holds Back the Outrage," *The Washington Post* (August 22, 1999): D1, D8.

53. Trescott, "In 'Sweatshops,' Smithsonian Holds Back the Outrage."

54. Joanna Ramey, "Smithsonian Readies Sweatshop Exhibit," *Women's Wear Daily* (July 7, 1997): 4; Joanna

Ramey, "An Industry Divided as Sweatshop Exhibit Opens at Smithsonian," *Women's Wear Daily* (April 22, 1998): 1, 14-15; Joanna Ramey, "Smithsonian Finds Space in L.A. to Show Exhibit on Sweatshops," *Women's Wear Daily* (August 27, 1999): 17.

55. Victoria Colliver, "The Stitching Hour," *San Francisco Examiner* (September 5, 1999): B1, B8.

56. Susan Stark, Eva Schiorring, Nancy Rabolt, and Joan Laguatan, "Final Report and Strategic Plan: California Wellness Foundation," submitted by GARMENT 2000, San Francisco, Calif. (September 1997).

57. Hannah Hunter, "Fashion Eco-Centrics," *The Independent* (January 6, 1999): 9.

58. "Don't Overlook Textiles," Council for Textile Recycling (March 3, 1999). Available online at www.textilerecycle.org.

59. "Teens Hit Runway to Show Off Their Environmental Awareness," [Arlington Heights, Ill.] (*Daily Herald*) (November 23, 1999): 1.

60. Roger Cowe, "Caring Attitudes out of Fashion," *The* [Manchester, England] *Guardian* (March 12, 1999): 22.

61. R. Gutfield, "Eight of 10 Americans Are Environmentalists, at Least So They Say," *The Wall Street Journal* (August 2, 1991): 1.

62. Sara M. Butler and Sally Francis, "The Effects of Environmental Attitudes on Apparel Purchasing Behavior," *Clothing and Textiles Research Journal* 15, no. 2 (1997): 76-85.

63. Hye-Shin Kim and Mary Lynn Damhurst, "Environmental Concern

and Apparel Consumption," *Clothing and Textiles Research Journal* 16, no. 3 (1998): 126-133.

64. Youn-Kyung Kim, Judith Forney, and Elizabeth Arnold, "Environmental Messages in Fashion Advertisements: Impact on Consumer Responses," *Clothing and Textiles Research Journal* 15, no. 3 (1997): 147-154.

65. S. H. Stephens, cited in Butler and Francis, "The Effects of Environmental Attitudes on Apparel Purchasing Behavior," p. 77.

66. Kathryn Osgood and Nancy J. Rabolt, "The Impact of Education on Consumer Interest in Green Apparel and Retailers," *Proceedings, International Textile and Apparel Association* (November 1997): 99.

67. Tanya Domina and Kathryn Koch, "Frequency of Recycling: Implications for Including Textiles in Curbside Recycling," paper presented at International Textiles and Apparel Association, Santa Fe, N.M., November 1999.

68. Tanya Domina and Kathryn Koch, "Environmental Profiles of Female Apparel Shoppers in the Midwest, USA," *Journal of Consumer Studies and Home Economics* 22, no. 3 (September 1998): 147-161.

69. Cited in Butler and Francis, "The Effects of Environmental Attitudes on Apparel Purchasing Behavior," p. 77.

70. Cited in Soyeon Shim, "Environmentalism and Consumers' Clothing Disposal Patterns: An Exploratory Study," *Clothing and Textiles Research Journal* 13, no. 1 (1995): 38-48.

71. Paul C. Judge, "It's Not Easy Being

Green," *Business Week* (November 24, 1998): 180-182.

72. James Fallon, "Body Shop Looks East for a Dose of Success," *Women's Wear Daily* (February 4, 2000): 12.

73. Pat Sloan, "Cosmetics: Color It Green," *Advertising Age* (July 23, 1990): 1.

74. Quoted in Leslie Davis Burns and Nancy O. Bryant, *The Business of Fashion* (New York: Fairchild, 1997), 91.

75. "Encouraging Environmental Excellence Report," American Textile Manufacturers Institute, 1996.

76. Timothy Aeppel, "From License Plates to Fashion Plates," *The Wall Street Journal* (September 21, 1994): B1.

77. Sally Fox, "Socially Critical Issues in Business: Social Responsibility, Ecology, and Ethics," paper presented at *Finding Your Niche: Business Options in the Textile Industry, Fashion, Interiors, and the Textile Arts Conference*, Surface Design Association, San Francisco, June 1993.

78. Burns and Bryant, *The Business Fashion*, 95.

79. Bruce Dunford, "Hawaii High on Hemp," *San Francisco Chronicle* (December 17, 1999): B2; Deward Epstein, "Hemp-Growing Gardens Proposed for S.F.," *San Francisco Chronicle* (June 8, 1999): A15, A17; Leslie Guttman, "Hemp—It's Rope, Not Dope," *San Francisco Chronicle* (May 28, 1999): A1, A17; Kathleen Seligman, "Hemp's Backers Try for a Comeback," *San Francisco Chronicle* (May 9, 1999): C1, C4; Michael Dougan, "Hemp Fest: A Sobering

Show of Potential," *San Francisco Chronicle* (November 15, 1998): D1, D8; Michael Pulley, "High on Hemp," *San Francisco Chronicle* (August 24, 1997): B1, B4.

80. "Green Advertising Claims," Environmental Protection Agency, 1992.

81. "Psychologist Warns of Internet Addiction," *Montgomery Advertiser* (August 18, 1997): 2D.

82. Thomas C. O'Guinn and Ronald J. Faber, "Compulsive Buying: A Phenomenological Explanation," *Journal of Consumer Research* 16 (September 1989): 154.

83. Suenghee Lee, Sharon Lennon, and Nancy Rudd, "Compulsive Consumption Tendencies among Television Shoppers," *Proceedings of the International Textile and Apparel Association*, (1999): 95.

84. Quoted in Anastasia Toufexis, "365 Shopping Days till Christmas," *Time* (December 26, 1988): 82; See also Ronald J. Faber and Thomas C. O'Guinn, "Compulsive Consumption and Credit Abuse," *Journal of Consumer Policy* 11 (1988): 109-121; Mary S. Butler, "Compulsive Buying—It's No Joke," *Consumer's Digest* (September 1986): 55; Derek N. Hassay and Malcolm C. Smith, "Compulsive Buying: An Examination of the Consumption Motive," *Psychology & Marketing* 13 (December 1996): 741-752.

85. Georgia Witkin, "The Shopping Fix," *Health* (May 1988): 73.See also Arch G. Woodside and Randolph J. Trappey III, "Compulsive Consumption of a Consumer Service: An Exploratory Study of Chronic

Horse Race Track Gambling Behavior," working paper #90-MKTG-04, A. B. Freeman School of Business, Tulane University, 1990; Rajan Nataraajan and Brent G. Goff, "Manifestations of Compulsiveness in the Consumer-Marketplace Domain," *Psychology & Marketing* 9 (January 1992): 31-44; Joann Ellison Rodgers, "Addiction: A Whole New View," *Psychology Today* (September/October 1994): 32.

86. Susan Reda, "Consumer Bankruptcy," *Stores* (September 1997): 20-24.

87. "New Survey Shows Shoplifting Is a Year-Round Problem," *Business Wire* (April 4, 1998).

88. Catherine A. Cole, "Deterrence and Consumer Fraud," *Journal of Retailing* 65 (Spring 1989): 107-120; Stephen J. Grove, Scott J. Vitell, and David Strutton, "Non-Normative Consumer Behavior and the Techniques of Neutralization," in *Marketing Theory and Practice*, eds. Terry Childers et al. (Chicago: American Marketing Association, 1989), 131-135.

89. Mark Curnutte, "The Scope of the Shoplifting Problems," Gannett News Service, (November 29, 1997).

90. Anthony D. Cox, Dena Cox, Ronald D. Anderson, and George P. Moschis, "Social Influences on Adolescent Shoplifting—Theory, Evidence, and Implications for the Retail Industry," *Journal of Retailing* 69, no. 2 (Summer 1993): 234-246.

91. "New Survey Shows Shoplifting Is a Year-Round Problem."

92. Brad Barth, "Mervyn's Adopts Three-in-One Source-Tagging," *Women's*

Wear Daily (February 2, 2000): 16.

93. Julie L. Ozanne, Ronald Paul Hill, and Newell D. Wright, "Culture as Contested Terrain: The Juvenile Delinquents' Use of Consumption as Cultural Resistance," Unpublished manuscript, Virginia Polytechnic Institute and State University (1994).

94. Pamela J. Podger, "Animal-Rights Group Claims 6 Past Attacks," *San Francisco Chronicle* (March 17, 2000): A19, A24; Janet Wells, "Animal Activists Raise the Stakes In Co-Attacks," *San Francisco Chronicle* (April 21, 2000): A1, A19.

95. Erin McCormick, "Shoppers Unfazed by Protests," *San Francisco Chronicle* (December 19, 1999): C1, C8; Mark Martin and Pervaiz Shallwani, "Fur-for-All as Outspoken Rock Star Confronts S.F. Protesters," *San Francisco Chronicle* (July 11, 2000): A21.

96. "Beverly Hills Considers Warning Tag for Fur Coats," *San Francisco Chronicle* (February 4, 1999): A6.

제15장
소비자 보호를 위한 정부와 기업의 역할

앨리슨은 새로 산 비싼 드레스를 세탁한 후 매우 놀랐다. 왜냐하면 드레스가 끔찍하게 변해 있었기 때문이었다. 형태도 변했고 밝은 빨간색 부분도 옅어졌다. 어떻게 그렇게 될 수 있을까? 비싼 브랜드 매장에서 샀는데 겨우 한 번 입고 어떻게 이렇게 될 수 있을까? 앨리슨은 텍스타일 수업 시간과 실험 시간에 배워서 직물에 대해서 조금 알고 있었다. 면과 폴리에스테르 혼방 직물은 옷 라벨에 '드라이클리닝 온리(dryclean only)'라고 쓰여 있어도 세탁기로 세탁할 수 있다고 알고 있었다. 그녀는 또한 의류 회사들이 만약을 위해 다른 세탁 방법들도 괜찮지만 제일 안전한 세탁 방법만을 라벨에 표

시하는 방식에 대해서도 알고 있었다. 그러나 아무래도 이 드레스는 집에서 세탁을 하면 안 되는 다른 섬유도 포함되어 있었나 보다. 앨리슨은 라벨에 있는 세탁 방법을 따르지 않아 옷이 망가졌을 때는 소비자 책임이라는 것을 잊고 옷을 교환하러 갔을 때에 이 유의사항이 떠올랐다. 직원이 그녀에게 라벨에 지시되어 있는 세탁 방법에 따랐는지 물었을 때 그녀는 거짓말을 할 수 없었고 사실대로 옷을 드라이클리닝 하지 않고 세탁한 것을 말했다. 유감스럽게도 이 시점에서 그녀는 하소연 할 곳이 없었고 이러한 것들을 알기 위하여 비싼 수업료를 냈다고 생각했다.

1. 복잡한 시장 구조

요즘 시장은 복잡한 규정들과 관계들로 이루어졌다. 예를 들어 신용 카드, 신용 등급, 교환 및 환불 제도, 저작권, 상표 등록, 세탁 및 보관 방법, 품질 보증, 자동차와 집 등과 같은 고가품의 소비, 발전하고 보급되는 핸드폰과 인터넷 등과 같은 커뮤니케이션 시스템 등 요즘 시장은 소비자들이 알아야 할 복잡한 규정들과 시스템으로 이루어지고 있다. 이 복잡한 시장 구조 속에서 소비자들은 매일 무언가를 구매하기 위해서 점점 똑똑해지고 있다. 많은 규정들과 프로그램들은 기업의 부당한 상업 행위로부터 소비자들을 보호하고, 소비자들에게 정보를 제공하여 개개인들이 직접 정보를 찾으러 다니지 않게 해준다. 당신은 소비자로서 이런 복잡한 시장 속에서 기본적인 기술과 지식을 가지고 있어야 한다. 또한 패션과 사업 분야에서 전문가로서 당신의 사업을 보호할 수 있는 법에 대해 알고 있어야만 한다.

1) 공공 정책과 소비자 중심주의의 배경

소비자들의 관심이 복지에 모아지고 이슈화된 것은 20세기 초부터였다. 소비자들의 노력을 시작으로 정부는 소비자를 위한 많은 기관들을 세우기 시작했다.

업턴 싱클레어(Upton Sinclair)가 소설 *The Jungle*(1905)을 통해 시카고의 대규모 정육업소들의 비위생적인 상태를 폭로함으로써 의회는 소비자들을 보호하기 위해 1906년 순정식품 의약법(Pure Food and Drug Act)과 같은 법안들을 통과시켰다. 이런 소비자를 위한 법률들 중 특별히 패션산업의 제조업과 소매업 분야에 요점을 둔 법안들이 표 15-1에 자세히 설명되어 있다. 이 법안들의 대부분은 1950, 1960, 1970년대에 제정되었다.

1962년 존 에프 케네디는 소비자 보호법 선언(Declaration of Consumer Rights)을 발표함으로써 소비자 중심주의(Consumerism)의 문을 열었다. 이 선언에는 안전의 권리, 정보의 의무화, 보상의 권리, 선택의 권리를 포함하고 있다. 1960년과 1970년대는 소비자들이 더 나은 상품과 서비스를 요구하기 위해 소비자 단체를 세우기 시작했다(나쁜 상품을 제조하는 회사들을 상대로 불매 운동을 벌이기도 했다). 이런 움직임들은 1962년 레이첼 카슨(Rachel Carson)의 저서 침묵의 봄(Silent Spring)에서 농약 등 여러 합성 화학물질들이 생태계에 문제를 야기시켜 인류를 위협하게 될 것이라는 내용과 1965년 랄프 네이더(Ralph Nader)의 저서 어느 속도에서도 안전하지 않다(Unsafe at Any

표 15-1 패션산업에 영향을 미치는 연방 법률

1936	로빈슨·패트먼 법 (Robinson-Patman Act)	도매상과 소매상의 공정한 경쟁을 지지한다. 법 조항의 예: 1. 도매상과 소매상이 같은 양을 구매할 경우, 도매상과 소매상을 상대로 판매 가격에 차별을 두지 않는다. 2. 구매 양에 따른 불공정한 가격 할인을 금지한다. 3. '허위' 광고 비용을 금지한다 (즉 광고 비용은 광고만을 위해 사용되어야 한다). 4. 도매상과 소매상에게 평등하게 광고 비용과 촉진 기회 등을 제공한다. 규모가 작거나 큰 소매점들은 같은 조건 아래에서 같은 수당이 주어져야 한다.
1939	모직제품표시법 (Wool Products Labeling Act)	포함된 섬유를 정확히 표기하여 소비자를 보호한다. FTC는 이 법률을 관리 및 감독한다.
1951	모피제품표시법 (Fur Products Labeling Act)	모피 제품의 상품화, 광고, 운송에 관하여 규정한다.
1953	가연성직물제품법 (Flammable Fabrics Act)	가연성이 있는 의류 또는 원료의 반입 또는 거래를 금지한다.
1960	섬유류제품증명 (Textile Fiber Product Identification Act)	모든 직물에 대하여 그 구성 섬유별로 표시할 것을 요구함으로써 제조업체와 소비자를 보호한다.
1966	아동보호법 (Child Protection Act)	어린이에게 위험한 장난감과 다른 위험한 제품의 판매를 금지한다.
1968	대금업진상법 (Truth-in-Lending Act)	대금업자들로 하여금 신용거래의 실제 비용을 진술하도록 하고, 대출금을 돌려 받을 때 폭력 사용 혹은 폭력 사용에 대한 협박을 받은 경우 무표화했으며 변상을 제한하도록 한다.
1969	국가환경정책법 (National Environmental Policy Act)	환경에 대한 국가 정책을 제정하고 환경 문제 위원회를 설립 하여 제품이 환경에 끼치는 영향들을 관리한다.
1972	의류취급주의법 (Care Labeling of Textile Wearing Apparel Ruling)	모든 의류 제품은 영구적인 라벨을 부착하여 소비자가 취급과 보존에 대한 충분한 정보를 제공받을 수 있도록 관리한다.
1972	소비자제품안전법 (Consumer Product Safety Act)	안전하지 않은 제품을 구분하고 안전 기준법을 설립하며, 결점이 있는 제품을 회수하고 위험한 제품의 판매를 금지시킨다.
1975	소비자상품가격법 (Consumer Goods Pricing Act)	제조업체들과 소매상들 사이 가격 유지 동의를 할 수 없다.
1975	맥너슨모스보증개선법 (Magnuson-Moss Warranty-Improvement Act)	FTC가 서면 또는 묵시적 보증에 대한 규칙을 제정할 수 있도록 권한 부여한다. FTC는 서면 보증서상의 공개정보 및 표시기준에 대해 정하며, 완전보증의 기준을 구체화하고, 보증서나 서비스계약 의무의 불이행 시 소비자 피해구제 방법에 대한 규율이다.
1990	영양표시교육법 (The Nutrition Labeling and Education Act)	식품의약국(Food and Drug Administration)의 새로운 규정들을 강조한다. 이 법률은 1993년 5월 8일부터 식품 또는 식품 성분이 질병 예방에 효과가 있음을 표시하는 건강강조 표시를 관리 및 감독한다.

출처 : Michael R. Solomon, *Consumer Behavior* 5/e, p. 22, ⓒ 2002. Reprinted by permission of Prentice Hall, Inc., Upper Saddle River, NJ.

Speed)에서 제너럴 모터스의 코베어(Corvair) 차종 엔진에 주요한 안전 결함이 있다는 것을 폭로 함으로써 자극이 되었다. 또한 소비자들은 기름 유출과 유독성 폐기물에 의한 환경 오염과 TV와 같은 대중 매체와 락 같은 대중 음악의 지나친 폭력성과 음란성에 계속적인 관심을 가졌다.

소비자의 행동 연구는 소비자로서 보다 나은 혜택을 받을 수 있도록 중요한 역할을 해주었다.[1] 많은 연구자들은 광고에 나와 있는 내용들이 상품 라벨에도 정확히 표기되어 있는지 또는 아이들의 소비를 자극하기 위해 장난감을 광고하는 TV 프로그램을 방영하는지 등 공공 정책을 공식화하고 평가한다. 이 장에서는 소비자들을 보호하는 정부 기관들의 역할과 더불어 다른 비정부 소비자 보호 기관에 대해서 알아볼 것이다.

2. 정부의 보호 정책

정부는 소비자들을 위해 기업들의 경쟁, 안전, 정보에 대해 규제하는 역할을 수행한다. 미국 연방 정부의 관찰 아래 부적절한 시장 경쟁을 규제하고, 소비자들을 보호하기 위해 경제 활동의 특정 부분들을 통제하는 독립된 기관들을 세웠다. 대통령이 임명하고 미국 의회가 인정한 이런 기관들 중에는 한 종류인 주간통상위원회(Interstate Commerce Commission)처럼 정부 기관이 전체적인 독점 사업을 규제하는 반면, 다른 종류의 기관들로는 의류와 화장품 산업과 같은 각각의 핵심 산업들을 관리하는 기관들도 있다. 예를 들어 연방거래위원회(Federal Trade Commission), 소비자제품안전 위원회(Consumer Product Safety Commission), 식품의약품국(Food and Drug Administration) 등이 있으며 이런 기관들은 소비자 보호를 우선으로 한다.[2]

이 세 연방 법률은 패션 소비자와 패션산업에 있어 과도 경쟁을 막고, 취급주의 및 섬유 종류를 라벨에 정확히 표기하고, 정확한 상품 정보와 안전한 소비 환경을 소비자에게 제공하는 것과 관련 되어 있다. 더불어 구체적인 법률을 통해 소비자 센터(Office of Consumer Affairs)와 같은 많은 연방 및 주 세부 기관들을 설립해 소비에 관한 대중적인 정보들을 제공한다. 소비자 보호에 중점을 둔 기관들과 법안들에 대해 알아 보면 다음과 같다.

1) 연방거래위원회

연방거래위원회(FTC : Federal Trade Commission)는 1914년 불공정한 상업 행위로부터 소비자들을 보호하기 위해 창립되었다. 연방거래위원회는 소비자와 시장 경쟁자의 보호를 주 목적으로 하며 영업에 영향을 미치는 불공정한 경쟁 방법 및 기만적인 행위나 관행은 불법이라고 규정짓고 있다. 이 기관은 기만성 광고 같은, 소비자들에게 직접적으로 영향을 미치는 많은 사기성 상업 행위를 규제하고 있다. 최근 연방거래위원회보고서에서는 한 해 동안 2십만 건 이상의 소비자 불만이 접수되었고 그 중 가장 높은 불만 사항은 수백만 달러의 금전적 손해를 가져 온 신분증 분실 및 상업적 이용(42%)이라고 발표했다.[3] 연방거래위원회는 다른 어떤 정부 기관들보다 폭넓은 산업 분야에 대해 연구하고 권위를 가지고 있다. 연방거래위원회는 다음 장에서 다룰 여러 종류의 의류 라벨 규정을 제정하였으며 이것은 시장에서 소비자가 현명한 선택을 할 수 있도록 정보를 제공한다.

(1) 의류 구성 섬유 및 함유량 증명

소비자들이 구매하는 직물로 된 의복과 모피 제품들은 정확한 함유량이 표기되어 있어야 한다. 구체적인 세 법안들 — 모직제품 표시법, 모피제품표시법, 섬유제품확인법 — 이 이러한 정보를 소비자에게 제공한다.

1939년 이후 **모직제품표시법**(Wool Products Labeling Act)에 따라 모든 모직 제품은 모직물의 종류와 함유량을 표기해야만 한다. 모직(wool)과 순모직(pure wool)은 섬유로 사용되지 않았던 새로운 모섬유를 뜻하고, 양털에서 새로 직접 얻은 미가공 양모를 뉴울(new wool) 또는 버진울(virgin wool)이라고 한다. 7개월된 어린 새끼 양에서 얻은 양모를 램스울(Lamb's wool)이라고 하며 재활용된 모섬유는 재활용울(recycled wool)이라고 한다.[4] 재활용울은 대부분 겉과 안 사이에 넣는 심으로 사용되고 가끔은 가격이 싼 코트의 겉감용으로 쓰인다. 실이 짧기 때문에 의복 착용 시 쉽게 보푸라기가 나므로 그러므로 소비자는 조심해서 입어야 할 것이다.

모피제품표시법(Fur Products Labeling Act)에 따라 모든 모피 제품은 천연산인지, 염색했는지, 표백했는지, 또는 다른 인위적인 염색 가공이 되었는지 정확히 라벨에 표기해야 하며 모피의 수입 국가명과 동물명 및 신체 부위명까지 정확히 표기되어야 한다. 재활용된 모피 역시 표기되어야 한다. 제14장에서 배운 동물보호법은 모피를 얻기 위해 어떻게 동물을 죽였는지까지 표기하라고 주장하고 있다.

섬유제품확인법(Textile Fiber Products Identification Act)에 따라 모든 의류 제품들은 중량 순으로 퍼센트를 라벨에 정확히 표기해야 한다. 예를 들어 '35% 면, 65% 폴리에스테르'는 섬유 양이 적은 섬유부터 표기되어 있기 때문에 잘못된 표기 방법이다. '65% 폴리에스테르, 35% 면'으로 표기해야 한다. 또한 5% 미만이 포함된 섬유는 '5% 기타'로 표기되어야 하지만 예외로 스판덱스는 적은 양만으로도 현저한 섬유 특징을 나타내기 때문에 표기 해야 한다. 표기시에는 브랜드 또는 등록 이름이 아닌 실질적인 섬유 이름이 열거되어야 한다. 예를 들어 소비자들은 듀폰사의 폴리에스테르 등록 이름인 데크론(Dacron)를 보는 것이 아니다. 하지만 데크론은 섬유의 속명과 연결되어 인식된다. 정확한 표기는 '데크론 폴리에스테르'이다. 천연섬유, 셀룰로오스와 합성 섬유를 포함한 몇몇 섬유 속명들은 아래와 같다.

면(cotton)	고무(rubber)	트리아세테이트(triacetate)
실크(silk)	폴리에스테르(polyester)	올레핀(olefin)
울(wool)	스판덱스(spandex)	아크론(azlon)
아마(flax)	레이온(rayon)	금속(metallic)
아크릴(acrylic)	비닐(vinyl)	니트릴(nytril)
나일론(nylon)	아세테이트(acetate)	유리섬유(glass)
모드 아크릴(modacrylic)	아니덱스(anidex)	사란(saran)

의류 제품에 사용되는 각종 깃털과 다운이 어떻게 라벨에 쓰이지는 살펴보자. **다운**(down)은 안감에 들어가는 물새 종류의 털을 가리킨다. **깃털**(feather)은 겉감에 쓰이는 새털을 가리킨다. 사용되었거나 손상이 된 깃털 또는 다운으로 만들어진 제품은 라벨에 이 사실이 표기되어야 한다. 최근에는 섬유 캐시미어에 대한 라벨 위반 사건이 있었는데, 이러한 사건의 재발을 막기 위하여 앞으로 더 엄격한 법안 시행이 필요하다. 어떤 100% 캐시미어 라벨 스웨터에서 부드러운 느낌을 더 주기 위해 50%의 울을 첨가 한 것이 발견되었다.[5]

(2) 제조업체들의 증명

섬유 조성뿐 아니라, 제조업체 이름 또는 RN(등록된 고유 번호), 또는 WPL(모직 제품 라벨 번호)이 정확히 표기되어 소비자들이 상품에 관한 불만 및 기타 의견이 있을 경우 연락을 할 수 있어야 한다. 이 법안의 자세한 내용은 연방거래위원회, Washington,

표 15-2 RN과 WPL 제조업체 고유 번호

전문가	역할
Liz Claiborne Inc.	RN052002
Guess? Activewear	RN091437
Hanes Corporation	RN015763
Tommy Hilfiger Co., Inc.	RN076922
Calvin Klein Jeanswear Company	RN036009
Ralph Lauren Womenswear Company, LP	RN094306
Mast Industries (The Limited)	RN054867
Miss Erika Inc.	RN040299
Imports by Andrew St. John Inc.	RN030842
Take I Sportswear Inc.	RN051735
Fowles & Company	WPL009511

주 : RN = Registered Number
WPL = Wool Product Labeling Number

D.C., 20580(www.ftc.gov)에서 얻을 수 있다.

(3) 국가 표기법

의류 제품에는 상품이 **원산지**(country of origin)가 라벨에 표기되어 있다. 통신판매를 통해 구매되어지는 제품들 역시 카탈로그에 의류 제품들이 수입품인지 아니면 미국 내에서 생산되었는지 표기되어야 한다. 이것은 미국 내에 들어온 수입품을 관리하는 미국 세관이 수입품의 양과 세금을 관리하는 기본적인 정보이기 때문이다. 그러나 어떤 소비자들은 가끔 제조된 국가를 알지 못하고 대부분은 의류 제품들이 어디에서 생산되었는지, 수입되어진 의류 제품들에 수입세금이 얼마나 부가 되었는지 관심이 없다. 반면 많은 소비자들은 오늘날 저개발국가의 노동 착취 문제(제14장 참조)에 높은 관심을 보인다. 현대의 많은 소비자들은 미국 내에서 만들어진 의류 제품들을 구매하고 싶어한다. *Crafted with Pride in the U.S.A.* 라벨은 미국 내에서 생산된 물건을 구매하고 싶어하는 소비자들의 애국심을 자극하기 위해 사용된다. 소비자에게 상품의 품질과 가치는 제조된

'미국에서 생산된 자부심 있는 제품' 라벨은 애국심이 강한 소비자들을 자극한다. 그러나 어떤 사람들은 의류 제품이 어디에서 생산되었는지 상관하지 않는다.

출처 : American Textile Manufacturers Institute.

국가의 이미지와 연결되기 때문이다.

이 법안에 의하면 수입된 의류 제품은 봉제되어진 국가를 라벨에 표기되어야 한다. 그러나 만약 HS제도(Harmonized Tariff Schedule ─ 조화관세율표 또는 Item 807)와 같은 특별 무역 협약을 맺은 멕시코 또는 캐리비안 연안에 있는 국가들에서 미국 섬유로 제조된다면 라벨에는 *Made in Mexico of U.S. materials*(미국 원자재로 멕시코에서 제조)로 표기된다. 또 수입된 섬유로 미국 내에서 제조된다면 *Made in U.S.A. of imported fabric*(수입된 직물로 미국에서 제조)으로 표기된다.

(4) 취급주의 라벨

제조업체들은 의류 제품의 취급주의 방법을 내구성이 있는 라벨에 표기하여 의류 제품에 부착해야 한다. 1972년 발표된 **취급주의 라벨법**(Care Label Rule)은 1984년에 수정되었고, 최근에는 새로운 사항들을 포함하여 다시 수정되어야 한다고 주장한다. 근래에는 소비자가 의류 제품을 구입하면 라벨에 한 종류의 안전주의 방법이 표기되어 있다. 즉 발생할 수 있는 모든 손상 및 안전주의 방법들을 표기할 의무는 없다. 라벨에는 세탁, 표백, 드라이, 다리미, 또는 드라이클리닝에 대한 설명이 있어야 하며, 표시된 주의방법이 의복의 한 부분이나 같이 세탁하는 다른 옷에 손상을 줄 수 있다는 것을 경고해야만 한다. 취급주의 표시 라벨은 'never needs ironing(다림질은 절대 필요 없음)' 과 같은 광고성 약속은 할 수 없으며 세탁하는 과정에서 의류 손상이 생길 수 있다고 경고 해주어야 한다.

제조업체들은 소비자들이 라벨에 있는 이런 주의 사항들을 지킬 것이라고 믿는다. 만약 취급주의 라벨에 'washable' (세탁가능)이라 표기되어 있으면, 그 옷은 드라이클리닝을 할 수 있거나 하지 않을 수 있다. 그러므로 세탁소에서는 소비자에게 라벨에 표기되어 있지 않은 세탁 방법을 부탁받으면 그에 대한 동의서를 요구할 수 있다. 또한 소비자들은 취급주의 표시 라벨을 쉽게 찾을 수 있어야 하며 의복에 부착되어 있어야 하고 내구성을 가지고 영구적이어야 한다.

취급주의 표기 규정은 가죽 제품, 모피 제품, 신발 제품, 장갑류와 모자류는 제외한다. 액세서리 품목 중 넥타이와 벨트류 역시 제외 품목이다. 또 다른 예외 품목들은 섬유의 올 사이가 비치는 얇은 의류나 관리과정에서 손상될 수 있는 제품들이다. 그러나 지시사항은 행택이나 포장 안에 제품과 함께 들어 있어야 한다.

국제 공용 기호들은 취급주의 라벨에 표기될 수도 있고, 미국 내에서 판매되는 모든 제품들의 사용 설명서는 영어로 쓰여 있어야 한다.[6] 그러나 1997년부터 1999년까지 제조업체들은 지시사항 또는 다른 부분에 부착되어 있는 취급주위 라벨에 구체적인 문어 설명보다는 취급주의 기호들을 사용할 수 있었다.[7] 얼마나 많은 기호들을 설명 없이 이해할 수 있는가(그림 15-1 참조)? 아마도 소비자들은 다리미에 관한 기호들은 이해할 수 있을 것이다. 모든 소비자들이 사각형, 원, 삼각형과 같은 모든 기호들의 의미를 배우기 위해 오랜 시간(18개월 이상의 기간)이 필요할 것이다.

처음부분에서 언급했듯이 연방거래위원회는 취급주의 표기법을 수정할 계획이었으나 수정 계획이 거론된 후 7년 동안 뚜렷한 진행은 없었다. 그러나 2000년에 '뜨거운(hot)', '미지근한(warm)', '차가운(cold)' 물의 정확한 온도를 규정했고 어떠한 상황에서 이런 정확한 온도가 표기되어야 하는지 구체화했다. 두 번째 변화는 어떤 세탁 기술이 사용되어야 하는지 결정할 수 있도록 믿을 수 있는 정보들을 표기하였다. 제조업체는 의복의 조성섬유와 어떻게 그 옷을 세탁해야 하는지 의무적으로 알고 있어야 한다. 이런 변화들은 소비자들의 더 나은 안전과 보호를 위해서이다. 제조업체는 그 옷 전체의 손상을 막는 세탁 방법과 포함된 모든 섬유 종류를 알고 있어야 한다.[8] 이런 변화들은 소비자들에게 보다 안전하고 편리한 소비 환경을 제공한다. 또한 연방거래위원회는 라벨에 한 가지 이상의 취급 방법을 표기하도록 권장하고 있다. 예를 들어 만약 앨리슨의 드레스가 드라이클리닝만 가능한 옷이 아니라 집에서의 세탁도 가능한 옷이었다면 라벨에 두 가지 세탁 방법이 표기되어 있어야 할 것이다(하지만 앨리슨의 경우는 그녀의 잘못이다). 이런 변화의 이유 중 하나는 옷을 드라이클리닝할 때 사용되는 화학 약품인 퍼클로로에틸렌-과염화에틸렌(perchloroethylene)이 환경을 오염시킨다는 것이다. 또한 여러 세탁 방법의 소개는 소비자의 드라이클리닝 비용을 절약할 수 있도록 도와준다.[9]

연방거래위원회는 최근 제시카 맥클린토, 토미 힐피거, 존스 어패럴과 같은 유명 의류 브랜드들이 정확하지 않은 세탁 방법을 소비자에게 제공한 사례를 보도했다.[10] 의류 취급주의 라벨에 따라 드라이클리닝한 그 브랜드들의 옷들은 손상되었었다.[11] 연방거래위원회는 취급주의 라벨에 의류 세탁 및 취급 도중 금속 조각이나 비즈 같은 의류 장식과 옷감에 손상이 발생할 수 있음을 표기해야 한다고 주장한다. 비록 연방거래위원회는 모든 소비자들의 불만 사항을 접수하고 조사할 수는 없지만 한 회사에 대한 불만 및 의견 사항들이 많다면 그 한 회사를 상대로는 조사할 수 있다. 그러므로 소비자로서 보다 나은 품질을 기대할 수 있는 회사를 판단하는 것은 소비자의 책임이다. 그

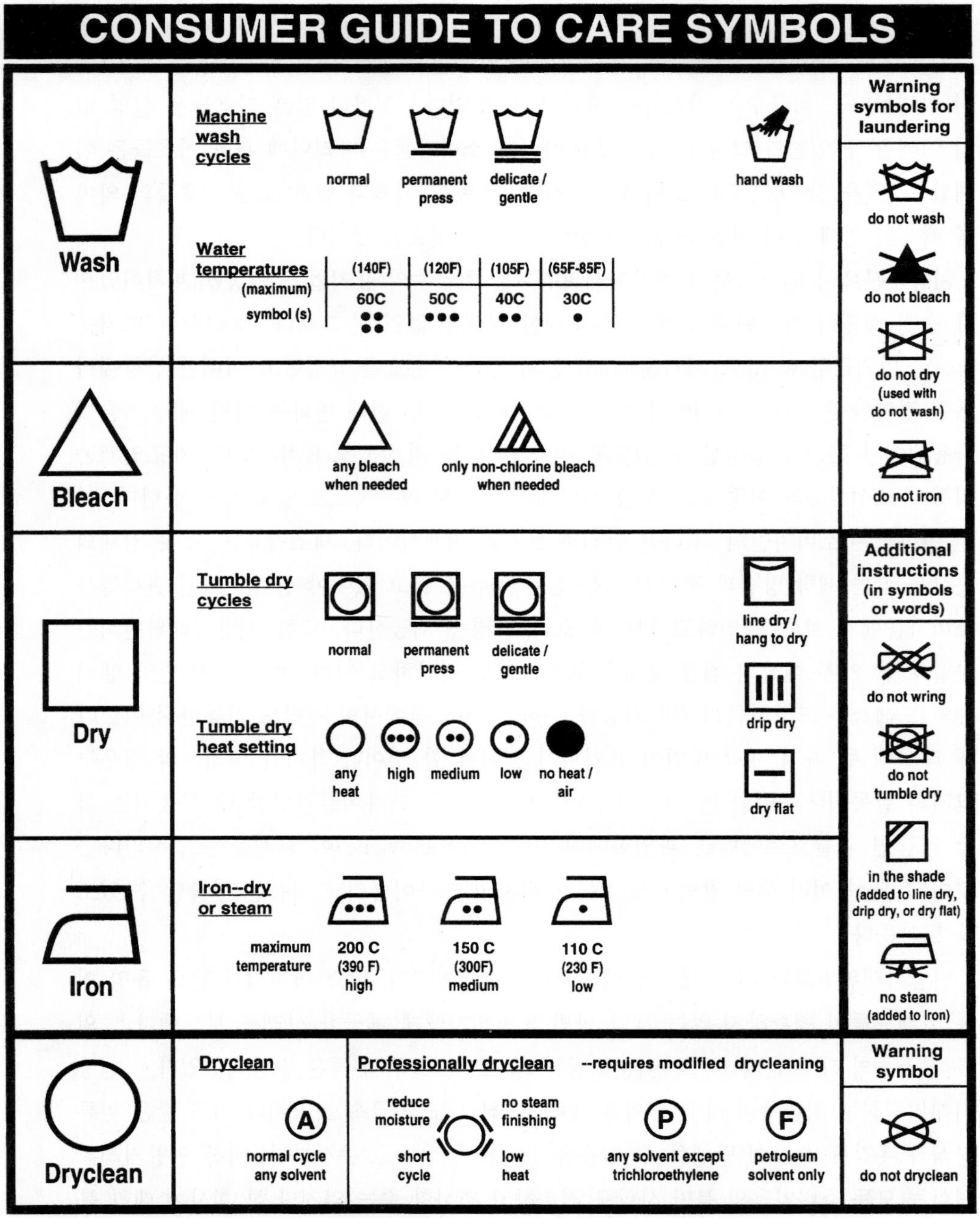

Note: This Figure illustrates the symbols used for laundering and drycleaning instructions. As a minimum, laundering instructions include, in order, four symbols: washing, bleaching, drying, and ironing; and, drycleaning instructions include one symbol. Additional symbols or words may be used to clarify the instruction

그림 15-1 소비자를 위한 취급주의 심볼 가이드

출처 : Copyright 1996. American Society for Testing and Materials, 100 Barr Harbor Drive, West Conshohocken, PA 19428. ASTM Designation : D 5489 PCN : 12-454890-18.

리고 이렇게 연방거래위원회를 통해 조사되는 제조업체로서는 그들이 가지고 있는 문제점들을 알 수 있는 유일한 방법이다.

(5) 소비자의 책임

앨리슨의 경우처럼 많은 소비자들은 취급주의 라벨을 읽지 않거나 따르지 않고 그들의 경험이나 판단을 따른다. 보통 면/폴리에스테르 혼방 제품은 앨리슨처럼 세탁기에 세탁을 할 수 있지만 옷의 단추나 다른 장식들은 집에서 세탁할 경우 손상될 수 있다. 이런 경우 앨리슨의 드레스 라벨 표기처럼 드라이클리닝만을 세탁 방법으로 추천한다. 보통 물세탁할 수 있는 면 직물이 염색이 된 경우 뜨거운 물로 세탁하면 색이 빠진다. 그러므로 드라이클리닝 세탁 방법만이 표기될 것이다. 결론은 취급주의 라벨에 추천되는 방법들은 모두 타당하고 목적이 있으므로 소비자들이 따르지 않는다면 그것은 그들의 잘못이다.

손상된 의류 제품에 대한 불만 사항을 기재하는 편지형식 샘플

(소비자 주소)
(소비자 전화번호)

(날짜)

(연락 받는 회사 담당자 이름 또는 부서)
(제목)
(회사 이름)
(회사 주소)

(담당자 이름 또는 부서)

  (날짜), 저는 (옷에 대한 설명)을 (소매점 이름과 주소)에서 구매했습니다. 취급주의 라벨에는 (취급주의 라벨 또는 부착되어 있는 표에 표기되어 있는 정보)라고 표기되어 있었습니다. 운이 없게도, 제가 구매한 옷이 (상황 설명과 손상 된 부분) 되었습니다. 그러므로 이 문제에 대하여 회사측에서 해결해 주셨으면 좋겠습니다. 옷을 구매했을 때 받은 (영수증 또는 최소전표, 기타서류) 복사본을 같이 동봉합니다.
  회사측의 빠른 답변 기다리며 제 문제를 언제까지 해결해 주실지 알려주셨으면 좋겠습니다. 위에 기재되어 있는 제 연락처로 연락해 주세요.

감사합니다.

(소비자 이름)

취급주의 라벨법은 제조업체들이 라벨을 따르지 않아 손상된 의류 제품을 교환하거나 환불하는 소비자들에게 불이익을 당하지 않도록 보호한다. 그러나 만약 소비자가 라벨에 추천된 방법으로 세탁 및 취급 방법을 따랐으나 제품에 문제가 생겼을 경우 즉시 매장에서 교환 및 환불을 받을 수 있다. 만약 소비자가 매장으로부터 적당한 보상 조치를 받지 못했을 경우 제조업체 본사에 상황 설명을 하고 바라는 보상 방법을 건의할 수 있다. 소비자는 교환 또는 환불을 받을 수 있다. 예를 들어 만약 소비자가 라벨에 표기된 방법들을 따랐지만 제품에 손상이 발생했을 경우 제조업체는 책임감을 가지고 소비자의 문제를 해결 해 주어야 한다. 보통 매장은 소비자에게 교환을 해 주고 본사에 제품 교환을 요구한다. 소비자 불만 사항에 대한 편지 형식을 참고하기 바란다.

(6) 기업의 사기성 상업행위

여러 해 동안 연방거래위원회는 수많은 사기성 상업 행위를 단속을 하고 있다. 예를 들어 기만성 광고, 부풀린 가격, 싼 광고 상품으로 손님을 끌어 비싼 것을 팔려는 유인 상술, 과대 포장 된 약품 및 화장 제품 효능, 과대 품질 광고 등이 있다.[12]

연방거래위원회는 최근 인터넷을 통해 유출되는 개인 정보로 인한 소비자 피해 단속을 시작했다. 연방거래위원회는 아마존 닷 컴(Amazon.com)을 상대로 어떻게 개인 정보들이 유출되고 사용되는지 조사를 시작했다.[13] 소비자로서 당신은 인터넷 비즈니스에서 요구되어지는 개인 정보들이 어떻게 사용되는지 물어보아야 한다. 미국 다이렉트마케팅협회(DMA : Direct Marketing Association)는 개인 정보의 사용에 지침을 세웠다. 이 내용에 대해서는 마지막 부분에서 알아 볼 것이다.

(7) 가격

기업들이 결정한 유통 가격 정찰제는 독점 판매를 불러오고 상거래 활동을 제재할 수 있다. 제조업체들은 소매상 가격을 계획할 수는 있으나 고정시킬 수는 없다. 제조업체에서 계획하고 정해지는 가격제인 **판매가격유지**(price maintenance)는 **셔먼 반독점법**(Sherman Antitrust Act)을 위반하는 상거래 행위이다. 최근 몇 가지 신발 제품을 할인된 가격으로 판매를 지시한 소비상들인 존스 어패럴 그룹과 자회사인 나인 웨스트 그룹의 보조 회사인 나인 웨스트는 독점 금지법(antitrust law)을 위반하여 3천4백만 달러를 벌금으로 지불했다. 존스 어패럴은 3천4백만 달러보다 높은 벌금을 부과하는 다른 법 위반을 피하기 위해 그런 방법을 선정했다고 발표했지만 이는 이해할 수 없는 부분이다.[14] 제조업체가 아닌 소매상들이 어떤 스타일 제품들을 세일 가격에 판매할 것인지 결정하는 재판매 가격제(resale pricing policies)가 있다.

판매가격 유지법이라고도 불리는 **공정거래법**(fair trade laws)은 1975년 **소비자 상품 가격법**(Consumer Goods Pricing Act)으로 대체되었다. 이 법안은 작은 소매상들을 큰 소매상들의 거대한 상권으로부터 보호해 주었으며, 그 예로 이 법안에 의해 큰 소매상들은 양에 따라 제품을 할인된 가격으로 구매할 수 없게 되었다. 공정거래법의 폐지 후, 소매상들은 제조업체들이 권장하는 가격보다도 낮은 가격으로 판매할 수 있었다. 작은 소매상들을 보호해 주는 법안은 폐지되었지만 소비자들이 낮은 가격으로 제품들을 구매할 수 있는 기회를 가져다 주었다. 하지만 시간이 흐름에 따라 할인 매장 브랜드에 대한 의미와 취지가 변해가기 시작했다.[15] 월마트와 홈디포와 같은 거대한 할인 매장들이 들어와 상권을 장악함으로써 지역 소매상들은 폐점을 하게 되었고 지역 소비자들과 상인들은 당황하기 시작했다.

지역의 작은 기업들은 월마트를 **약탈가격제**(predatory pricing)로 고소하였다. 이것은 특정 기업이 가격을 아주 낮게 책정해 경쟁기업들을 시장에서 몰아낸 뒤 다시 가격을 올려 손실을 회복하려는 가격정책으로 불법이다. 약탈가격제로 고소된 대형 할인 브랜드들은 그들의 주요 상업적 목표는 경쟁 기업들을 시장에서 몰아내는 게 아니라 그들의 소비자들에게 저렴한 가격으로 제품을 제공하는 것이라는 정당성을 주장하고 있다.

소비자 한 사람으로서 만약 어떤 회사가 의도적으로 가격을 결정한 것이 의심된다면 여러 지역들에 위치한 연방 법무성 산하의 반독점국(Antitrust Division of the Department of Justice)에 신고할 수 있다(www.pueblo.gsa.gov).[16] 만약 비슷한 제품의 판매자들이 서로 단합하여 가격을 결정하고 제품의 판매 양과 판매 지역을 제한한다면 이것은 비도덕적인 상업 행위이다. 어떤 유명 의류 브랜드들은 그들의 브랜드 이미지를 유지하기 위한 확실한 판매 정책을 쓰고 있다. 이런 유명 브랜드들은 두 상점들의 경쟁으로 가격이 하락할 수 있기 때문에 같은 물건들을 한 구역에 있는 두 상점에 판매하지 않는다. 그리고 소비자들 역시 희소성을 좋아하는 것처럼 같은 물건을 여러 매장들에서 쉽게 볼 수 있는 것을 싫어한다. 그러므로 그런 유명 브랜드들은 같은 지역에서 경쟁하지 않는 소매상들에게 제품을 판매한다. 법적으로 그들은 소매점에 판매하는 것을 거절할 수 없으나, 가끔 이와 같이 특별한 상황에 상품들이 매진되는 것과 같이 비공식적으로 이루어질 수는 있다.

(8) 신용

연방거래위원회의 또 다른 업무는 소비자의 신용을 보호하는 것이다. 1997년 시어스는 파산한 소비자들의 정보를 불법적으로 수집한 이유로 2십만명이 넘는 소비자들에게 1억 달러를 지불했다.[17]

(9) 소비자 스스로 보호하는 법

당신은 어떻게 비도덕적으로 상업행위를 하는 기업으로부터 당신 스스로를 보호하시겠는가? 소비자들은 아마존 닷 컴, 시어스, 제시카 멕클린톤과 같은 유명한 인터넷 기업이 비도덕적인 상업 행위를 한다고 믿지 않는다. 어떤 기업은 그들이 법적으로 제재를 받을 때까지 비도덕적인 상업 행위를 한다. 연방거래위원회는 소비자를 유인하는 몇 가지 상술적인 내용들을 정리해 놓았다.

- 공짜로 가져가세요.
- 당신은 특별히 선택되셨습니다.
- 공짜로 선물을 드리겠습니다.
- 고민 하실 필요 없습니다, 당신을 위한 것입니다.

또한, 소비자들을 위해 다음과 같은 몇 가지 지침서를 만들었다.

- 쇼핑 하기 전 충분히 정보를 검색하고 여러 매장을 둘러 보아라.
- 시간이나 장소가 제한되어 충분히 생각 할 수 없다면 구매하지 마라.
- 계약서를 읽지 않았거나 백지와 같은 계약서에는 서명하지 마라.
- 계약서를 꼼꼼히 읽고 이해되지 않는 용어 및 내용들은 대리인 또는 변호사에게 물어보아라.
- 배달비 및 다른 부가 비용을 확인하고 총 지불해야 하는 가격을 정확히 알아보아라.

(10) 연방거래위원회의 우편 주문 규정

매년 소비자들은 수많은 종류의 제품들을 인터넷 쇼핑과 같은 우편 주문을 통해 구매한다. 연방거래위원회는 지연되거나 배송되지 않는 우편 주문 사고가 증가함에 따라 우편 주문법(Mail Order Rule)을 발표했다.

우편 주문법은 회사들은 약속된 기간 안에 제품을 배송해야 하며 정확한 배송 기간을 표기하지 않았을 경우 소비자가 제품값을 지불한 후 30일 이내에 배송해야 하는 등 여러 규정을 세웠다. 배송이 지연 될 경우 판매자는 배송이 언제 될 것이지 소비자에게 알려 주어야 한다. 만약 새 배송 날짜가 지연된 처음 배송 날짜로부터 30일 후라면 소비자는 새로운 배송 날짜에 물건을 받거나 환불을 원할 수 있다. 만약 소비자가 주문을 취소 한다면 주말을 제외한 7일 (근무일) 안에 환불을 해주어야 한다.[18]

만약 포장이 파손되어 배송되었다면, 소비자는 소포에 '거절' 이라고 표기하고 소포를 뜯지 않고 돌려보낼 수 있으며, 새 우표는 필요하지 않다.

최근 이슈 중 하나는 모든 우편 주문과 인터넷 판매에 대한 세금 부과이다. 인터넷 판매와 다른 우편 주문 판매의 5% 세금이 부과되어야 한다고 의회에서 주장되었다.[19] 1967년 연방 대법원은 미국 내에 매장이 없거나 물리적인 상거래 장소가 없는 판매에는 세금을 부과하지 않도록 하였다. 예를 들어 소비자는 미국 내에 윌리엄스 소노마(Williams-Sonoma)와 같은 국내에 매장이 있는 브랜드들의 우편 주문 판매는 세금이 부과된다. 하지만 매장이 없다면 세금은 부과되지 않는다. 이러한 이유로 인해 물리적인 상거래 장소가 없는 인터넷 몰에 대한 논쟁은 일어나고 있다. 논점은 인터넷 비즈니스들은 도로 및 여러 국가 재산을 이용하지 않는데 매출에 대한 세금을 내야하는 것이다.

인터넷 판매와 우편 주문 판매는 여러 위험 요소들을 포함하고 있는데, 이런 위험 요소들을 최소화 할 수 있는 지침들은 다음과 같다.[20]

• 믿을 수 있고 신용있는 인터넷 기업들에서 거래한다. 만약 어떤 인터넷 사이트에 정보가 필요하다면 Better Business Bureau(www.bbb.org)에서 확인한다.

• 광고와 여러 이벤트들을 주의 깊게 읽는다.

• 개인 수표, 머니 오더(money order) 또는 신용 카드로 지불하여 지불한 흔적을 남긴다. 절대 현금으로는 지불하지 않는다.

• 광고나 이벤트를 보고 주문을 했다면 복사나 다른 방법을 통해 보관해 놓고 주문서도 보관해 놓는다.

• 보안성이 높은 인터넷 사이트(128-bit encryption)와 신용도가 높은 카탈로그 주문

판매 회사에게 구매한다.

우편 주문 판매자와의 분쟁. 만약 소비자가 신용 카드로 지불했을 경우 소비자는 신용 카드 회사에 지불을 멈춰달라고 요구할 수 있으며, 이 때 소비자는 90일 안에 문제점을 해결해야 한다.

주문하지 않은 상품. 소비자는 주문하지 않은 제품이 배송되었을 경우 법적으로 지불하지 않아도 된다. 사실 이런 불법적인 상업 행위에 소비자는 배송된 제품을 돌려주어야 하거나 지불을 해야 한다는 의무감에 스트레스를 받는다. 어떤 회사들은 소비자들에게 사회/경제적으로 혜택받지 못한 사람들이나 불우 이웃을 돕는 목적이라며 동정심을 자극하여 주문하지 않은 물건을 배송한다. 사실 이런 상업 행위에 소비자들은 쉽게 속는다. 이런 소비 심리는 제13장에서 배운 교환원칙(exchange principle)에 따라 우리는 무언가를 받으면 비슷한 가치의 무언가를 되돌려줘야 한다는 의무감을 자극하는 것이다.

2) 소비자 제품 안전 위원회

소비자 제품 안전 위원회(Consumer Product Safety Commission)는 연방거래위원회와 같은 독립적인 연방 법률로서 1972년 소비자제품안전법(Consumer Product Safety Act)에 의해 설립되었다. 이 기관은 소비자들을 의류나 토스터 같은 대부분의 공산품들의 위험으로부터 보호하며 제품들의 안전성을 평가하고 안전성 동일 표준 기준을 세웠다. 또한 제품들로 인해 발생할 수 있는 육체적 피해들의 원인과 예방에 대해 광고한다. 이 기관에서 가연성이 강한 의류 또는 원료의 반입 또는 거래를 금지시키는 가연성 직물 제품법(Flammable Fabrics Act) 규정들을 실행한다. 또한 장난감에 대한 안전성을 다룬 '장난감과 아이들 제품에 대한 규정 기사'(Regulations for Toys and Children's Articles)와 '아이들의 외투와 같은 옷의 자락을 묶는 끈과 안전성에 관한 안내서'(Guidelines for Drawstrings on Children's Outerwear)를 출판했다.[21]

나아가 이 기관의 담당 구역 사무실들은 제품 결합으로 인해 회수(recalled)된 제품을 판매하는 매장들을 조사한다. 또한 사람들이 잘 볼 수 있는 우체국과 같은 공공 기관들에 회수된 제품들의 컬러 사진들을 붙여 소비자들에게 위험성이 있는 제품에 대한 정보를 제공한다. 소비자제품안전위원회 이사는 "우리는 위험성이 있는 제품들을 매장에서 수거하며 궁극적 목표는 그런 제품들로부터 소비자들을 보호하는 것이다. 7

백만 명이 넘는 사람들이 소포와 편지 때문에 우체국을 가기 때문에 그들은 회수가 된 제품 사진들을 볼 기회가 높아진다."라고 전했다.[22]

(1) 가연성 섬유

소비자들은 의류 제품을 살 때 그 제품들이 안전하다고 믿는다. 1953년 법안이 통과되고 1988년과 1998년 개정된 **가연성 직물 제품법**(Flammable Fabrics Act)은 가연성이 강한 의류, 플라스틱, 카펫, 매트리스와 매트리스 패드 같은 의류 또는 원료의 판매나 거래를 금지하는 법이다.

특히, 유아 제품과 아동 제품(사이즈 0~14)의 가운, 파자마, 치마와 다른 잠옷 용품에 대한 법안들은 강제적이며, 이런 아이템들은 50회 세탁 후 실시되는 표준 테스트를 통과해야 한다. 내화성을 높이기 위한 가공은 의류의 수명이 다 할 때까지 효력이 있어야 하며 의류 제조업체들은 이런 테스트 등에 대한 결과를 기록해 두지만, 라벨에는 표기하지 않는다. 비록 제조업체들이 아동 잠옷에 관한 기록을 가지고 있어야겠지만 라벨에 요구되는 정보는 없다. 하지만 어떤 회사들은 자발적으로 소비자들에게 정보를 제공하여 신뢰를 제공하며 판매를 유도한다. 1998년 이 법안을 수정한 조항은 몸에 꽉 끼는 잠옷이 비록 기준 화염 저항력에 미치지 못하지만 판매를 허가하였다. CPSC(The Consumer Product Safety Commission)는 몸에 꽉 끼는 아동 잠옷으로 인한 사고, 사건이 리포트 된 적이 없었기 때문에 판매를 허가했으나, 어떤 회사들은 이런 테스트 결과를 광고에 이용하기도 한다.[23]

시간이 지남에 따라 소비자들은 구입한 제품들 중 가연성이 높은 제품들을 알아간다. 이렇게 가연성이 높은 제품들은 소매상, 제조업체, 또는 소비자 제품 안전 위원회에서 회수해 간다. 소비자 제품 안전 위원회 웹사이트(www.cpsc.gov)는 1994년부터 회수한 23가지의 성인 의류 제품 목록을 올렸고 1989년부터 40가지의 아동 의류 제품과 액세서리를 회수했다. 이 중 스카프, 양털 재킷, 스웨터과 시폰(chiffon) 치마 등이 포함되었고 대부분 얇고 잔털이 있는 섬유 제품들이 회수되었다. 가장 잘 알려진 한 리콜 예는 인도산 레이온/면 혼방 시폰 스커트이다. 그 스커트는 신문보다 더 빨리 타는 것으로 증명되었다. 그 스커트는 두 겹으로 만들어졌으며, 길고, 여름/가을 라인으로 얇은 안감과 얇은 시폰으로 디자인 되어 있었다. 이 스커트는 6달러에서 80달러까지 많은 작은 부티크와 아브라함 앤 스트라우스(Abraham & Straus), 필렌 베이스먼트(Filene's Basement), 데이턴(Dayton's), 코스트 플러스(Cost Plus), 로스(Ross), 티제이

맥스(T.J. Maxx), 갠토서(Gantos)와 같은 큰 마트에서 판매되었다. 이 스커트를 판매하는 브랜드들은 가연성 테스트를 통과하지 못했다고 보도되었다. CPSC는 수입 업체와 소매점들과 함께 이 스커트의 25만 장 이상을 회수하였다. 이 스커트를 구매한 소비자들은 더 이상 입지 않고 환불을 요구했다.

인도산 스커트가 회수된 이후, CPSC는 12만 장 이상의 옷들이 회수된 것을 발표했다. 그 회수된 옷들은 대부분 얇은 직물과 보풀이 일어난 직물로 만들어졌다. 최근, 리바이스 양털 치마 5만7천 장, 스웨터 셔츠 3만4천 장, 천 장이 넘는 타이 랙(Tie Rack) 스카프, 에디바우어(Eddie Bauer) 남성 스웨터 2천 장, 한로(Hanro) 여성 양모 치마가 회수되었다. 가연성이 높은 섬유 제품을 금지하기 위해 소비자 제품 안전 위원회는 소매상들과 제조업체들이 자발적으로 테스트를 하고 서로 협력하길 격려한다.[24]

(2) 장난감의 안전성

장난감의 안전성은 소비자 제품 안전 위원회의 관심 분야 중 하나이다. 1999년 미국에서는 약 십4만8백 명의 어린이들이 장난감에 의한 부상으로 응급실에 왔고 13명의 어린이들이 죽었다. 일반적으로 크리스마스 전 신문 기사들은 부모들에게 장난감들의 내재되어 있는 위험성에 대한 경고를 한다.[25] 소비자 제품 안전 위원회처럼 다른 기관들도 어린이들의 안전성을 위해 주의깊게 장난감들을 관리하고 있다. 1997년 그린피스(Greenpeace)는 트위티(Tweety Bird) 모자와 101마리 달마시안(101 Dalmatians) 가방이 높은 수치의 납과 카드뮴(cadmium)을 포함하여 어린이들에게 위험하다고 발표했다. 소비자 제품 안전 위원회와 장난감 제조업체들은 이 발표된 결과에 대해 논쟁을 벌였다.[26]

소비자 제품 안전 위원회는 아이들의 연령층에 따른 쇼핑 방법을 발표했다. 예를 들어

3세 미만

- 3세 이하 어린이는 작은 조립 부분들을 입안에 넣을 수 있기 때문에 나이가 더 많은 아이들의 장남감은 피한다.
- 지름이 1.75인치이거나 더 작은 공종류의 장난감을 피한다. 최근 버거킹이 아이들에게 준 포켓몬 공들이 문제를 일으켰었다.
- 뾰족한 모서리와 끝이 있는 장남감은 피한다.

3~5세

- 얇거나 작은 조각들로 부서지기 쉬운 장남감은 피한다.
- 크레파스나 물감과 같은 그림 용품을 구매할 때 ASTM D-4236가 표기되었는지 살핀다. 이 표기는 독물학자에 의해 테스트된 것을 뜻한다.

6~12세

- 장난감 총을 구매할 경우, 밝은 색으로 구매하여 진짜 총기와 구분이 될 수 있도록 한다.
- 자전거를 구매할 경우, 헬멧도 같이 구매하여 어린이가 자전거를 탈 때 헬멧을 착용하는지 확인한다.

소비자 제품 안전 위원회는 장난감 제조업체들이 엄격한 안전성 규제를 지키는지 확인하고, 어린 아이들에게 내재되어 있는 위험성에 대해 라벨에 표기하였는지 살펴본다. 라벨에는 알맞은 연령층과 안전 규칙에 따른 정보가 표기되어야 한다. 이를테면 장난감 라벨에 "3세 이하의 어린이에게 적합하지 않으며, 작은 조립 부분들이 들어 있다."와 같이 표기하여 3세 어린이들이 작은 조립 부분을 입 안에 넣는 질식 사고를 예방할 수 있다.[27]

3) 식품의약국

미국 식품의약국(FDA : Food and Drug Administration)은 식품, 의약품과 더불어 화장품에 대해 규제한다. 그러나 연방거래위원회와 화장품 산업 사이에 끊임없는 논쟁으로 인해 화장품과 의약품의 정확한 구분이 힘들다. 소비자 제품 안전 위원회는 의약품의 안정성과 효과에 대해 테스트를 한다. 하지만 여러 종류의 화장품은 어느 기관에서 해야 할까?

(1) 화장품에 대한 규제

미국 **연방식품의약 화장품법**(Federal Food, Drug and Cosmetic Act)은 화장품을 '비누보다도 신체를 깨끗이 하고 아름답게 하며 매력적으로 보이게 도와주거나 신체의 구조 또는 기능에 변화없이 외모를 바꿔주는 물품'으로 정의한다.[28] 이 정의에 따르면 피부 보호 크림, 로션, 향수, 립스틱, 손톱 윤택제, 눈 및 얼굴 메이크업, 영구적 펌, 헤어 컬러, 방취제, 목욕 오일과 양치질 약이 있다.

주성분들:

Aluminum zirconium
Trichlorohydrex gly (anhydrous)

다른 성분들:

Cyclopentasiloxane
Octyldodecanol
Hydroxy-stearic acid
Dibutyl lauroyl glutamide
C20-40 pareth-10
C20-40 pareth-40
Fragrance
C20-40 alcohols
Disodium edta

그림 15-2 한 여성 방취제의 원료들. 이 원료 리스트로부터 무엇을 알 수 있을까?

공정포장 표시법(Fair Packaging and Labeling Act)에 따라 소비자에게 팔리는 모든 화장품에는 원료가 표기되어야 하며 원료는 포함된 양에 따라 주성분부터 열거되어야만 한다(그림 15-2).

질병을 치료를 할 수 있거나 예방할 수 있으며 신체 기능 및 구조에 변화를 줄 수 있는 제품은 의약품으로 규정된다. 치료성 기능이 있는 화장품은 의약품과 화장품 두 가지 모두로 규정되며 두 종류의 라벨 규정을 모두 만족시켜야 한다. 이런 제품들의 라벨에는 주요 성분이 먼저 표기되어야 하고 그 밖에 다른 성분들이 표기된다. '주요 성분'은 제품을 기능적이고 효과적으로 만드는 화학적 원료들을 가리키며 제조업체들은 이 화학 성분들이 인체에 안전하다는 것을 증명해야만 한다. 예컨대, 적외선을 차단해 주는 파운데이션 같은 선크림 및 태닝 제품은 그 효과가 증명되어야 한다. 의약품은 시판되기 전에 과학적인 증명을 통해 안전성과 치료 효력이 보장되어야 한다. 만약 그렇지 않다면 연방거래위원회는 불법적인 상업 행위로 간주하며 법적인 조치를 취한다.

소비자들은 시장에 나와있는 여러 종류의 화장품들의 다양한 효력들과 기적에 가까운 기능에 대해 의심을 가진다. 과학적인 증명없이 허위 광고로 소비자들을 속이는 제품들은 정부로부터 법적인 제약을 받는다. 연방거래위원회는 14세 이상인 천6백 명의 소비자들을 상대로 그들의 화장품 소비에 대한 설문 조사를 통해 대부분은 주름 제거 화장품과 같은 경우 주름의 생성을 막아주거나 속도를 낮출 것이라고 기대하며 포함된 모든 성분이 천연 원료라고 표기되어 있는 제품은 거의 반만 천연 성분이라고 믿는다고 대답했다.[29] 이런 광고들을 전부 사실로 믿을 수는 없다.

연방거래위원회는 1980년대 입증되지 않은 선전 문구로 피부 관리 화장품을 판매한 제조업체를 단속했다. 연방거래위원회는 노화 방지, 새로운 피부 세포 생성, 주름 제거와 같은 선전 문구로 소비자에게 광고를 한 제품들은 약품에 더 가깝다고 지적했으며, 그 당시 많은 회사들은 이런 선전 문구들을 광고와 라벨에서 강조 하지 않기로 했다.[30] 사실 정부는 화장품 산업의 안전성과 효력에 신뢰하지 못했으며 특히 안전성에 관해 관심을 기울여왔다.[31]

화장품과 관련된 안전성이 계속 이슈가 되어 왔다. 과일, 채소, 설탕에서 추출하여 얼굴 주름 생성 억제에 쓰이는 AHAs(alpha hydroxy acids)에 대한 안전성과 관련된 논쟁은 계속되어 왔다. 화장품에 쓰이는 AHA의 주요 성분인 글리코산(glycolic acid)과 락트산(lactic acid)이다. 하지만 대부분의 소비자들은 그 성분이 무엇이며 어떤 기능을 하는지 모른다. AHA 제품은 AHA 농도에 따라 박리 또는 피부 표피를 얇게 벗기는 효과를 나타낸다. 최근 과중한 AHA를 포함한 화장품으로 인한 얼굴 화상에 대한 많은 기사가 소비자에게 경각심을 일으켰다. 그러나 연방거래위원회는 AHA 농도 표기에 관한 규제를 아직 설립하지 않았고 제조업체들이 제품 광고 전에 AHA 안전성에 대한 테스트 증명도 요구하지 않으므로 소비자는 주의해야 한다.[32]

사실 화장품에 대한 규제들은 연방거래위원회가 관리하는 다른 제품들의 규제만큼 엄격하지 않다. 최근 프탈레이트(phthalate)과 같은 화학 첨가물의 라벨 표기를 의무화하지 않는 등 화장품과 관련한 안전성 문제가 계속 이슈화되고 있다. 어떤 단체들은 향수, 헤어 스프레이, 손톱 윤택제와 방취제에 쓰이는 이 화학 물질인 프탈레이트가 불임을 유발한다고 주장하지만 연방거래위원회는 관련이 없다고 주장했다. 그 법안은 향수에 첨가되는 수많은 원료들 중 작은 양이 첨가된 원료는 라벨에 모두 표기되지 않아도 된다고 주장한다.[33] 어떤 회사들은 자발적으로 화장품의 원료들에 대한 자료를 연방거래위원회에 제출한다. 그러나 화장품과 염색부(Office of Cosmetics and Colors)는 불과 화장품 제조업체들의 35~40%가 이런 규제 프로그램에 참여한다고 발표했다.[34]

(2) 화장품에 관련된 용어

라벨에 표기된 용어들은 소비자에게 제품을 광고할 때 중요한 역할을 한다. 어떤 용어들은 소비자들이 알고 있어야 하며 아래와 같다.[35]

- 천연제품(natural) : 화학적으로 합성한 성분이 아닌 식물이나 동물로부터 직접 추출한 성분을 뜻한다. 이런 천연 재료가 피부에 더 효과적이라는 뜻은 포함하고 있지 않다.

- 저자극성제품(hypoallergenic) : 알레르기 반응을 낮게 일으키는 제품을 뜻한다. 이 선전 문구를 증명하기 위한 과학적 연구는 요구되지 않는다. 피부과 전문인 테스트 통과(dermatologist-tested), 민감도 테스트 통과(sensitivity tested), 무자극(nonirritating) 용어와 더불어 제품들이 피부 반응들을 일으키지 않을 것이라는 보증은 없다.

- 무알코올(alcohol free) : 이 제품들은 에탄올(ethyl alcohol)을 포함하고 있지 않지만 다른 세틸(cetyl), 스테아릴(stearyl), 세테아릴(cetearyl) 또는 라노린(lanolin)과 같은 다른 알코올 성분을 포함하고 있을 수도 있다.

- 무향제품(fragrance free)실험 : 지각할 수 있는 향이 없는 제품을 뜻한다. 그러나 향수 성분들 중에는 가공하지 않은 원료로부터 발생하는 냄새를 억제하는 지각할 수 있는 향이 없는 원료가 첨가되어 있을 수도 있다.

- 무동물성(cruelty free) : 동물들에게 임상 실험을 하지 않은 제품을 뜻한다. 화장품에 쓰이는 대부분의 성분들은 동물들에게 테스트를 한다. 그래서 이미 입증되어 있는 성분이므로 더 높은 안전성을 기대하며 소비자들은 '동물 실험 생략' 이라는 표기를 찾을 수도 있다.

(3) 오랫동안 팔리지 않은 화장품

'오랫동안 팔리지 않은 화장품' 은 짧게는 1년 길게는 3년 동안 제품의 구성 성분, 포장 상태, 보관 정도 등 정상적인 환경에 보관되어 있었던 제품을 뜻한다. 현재 제조업체들이 화장품 라벨에 표기하는 유통 기간을 규제할 수 있는 법안은 없다. 소비자들은 제품의 유통 기간에 의존하기 보다는 보관 상태를 확인한 후 제품의 안전성을 확인해야 할 것이다.[36] 큰 세일 매장 및 도매상가에서 팔리는 화장품들은 유통 기간에 대해 의심해 봐야 할 것이다. 암거래(gray goods) 화장품 역시 오래된 제품일 확률이 높다.

4) 지적 소유권 : 등록 상표, 저작권, 특허권

등록 상표권, 저작권, 특허권은 기업의 **지적 소유권**(intellectual property)에 포함되며 침해당했을 경우 법적인 보호를 받는다. 세 지적 재산들 중 등록 상표권은 대부분 패션산업에서 상표 위조 및 불법 복사와 관련된다. **위조 제품들**(counterfeit goods)은 유명 브랜드들의 상품들을 불법적으로 등록 상표 및 브랜드 이름을 위조하거나 복제한 물건들을 말한다. 위조 제품들은 리바이스 청바지와 구찌 핸드백부터 컴퓨터 소프트웨어와 비디오까지 수백만 달러 시장에 이른다. 리바이스와 나이키 같은 기업들은 자사 브랜드 등록 상표권을 보호하기 위해 많은 돈을 쓴다. 불법적으로 복사된 위조 제품들로부터 자사 브랜드를 보호하기 위한 방법 중 한 가지는 지문 프린트(fingerprinted) 라벨 방식이다. 레이저로 인식할 수 있으며 오리지널 제품과 위조 제품을 구분해 준다.

(1) 등록 상표

등록 상표(trademark)는 다른 회사 제품들과 구분 될 수 있도록 기업에 의해 등록된 특정 단어, 이름, 기호를 가리킨다. 1984년 등록 상표 위조 사건이 **위조 법률**(Counterfeiting Act)에 의해서 처음으로 유죄 판결되었다. 의도적으로 상품을 처음 위조한 사람은 5년 동안 감옥에 갇히거나 25만 달러 벌금을 내야 했고 물건들은 회수되었다. 위조 상품을 판매하는 것은 불법이지만 소비자가 구매 하는 것은 불법이 아니다. 이와 같이 소비자들은 벼룩 시장 및 뉴욕 같은 대도시 거리에서 가격이 싼 위조 제품들을 구매한다.

국제위조상품반대연합(IACC : International AntiCounterfeiting Coalition)은 1978년 상표 위조 및 제품 복사에 대응하기 위해 리바이스 그룹과 다른 15개 기업들에 의해서 설립되었다. 회원 기업수는 300개로 증가했으며 상품 위조와 암거래에 대응하기 위해 설립되어진 가장 큰 다국적 조직이 되었다. 국제위조상품반대연합은 위조 상품을 구분할 수 있는 정보를 아래와 같이 제시했다.[37]

- 믿을 수 있는 매장을 선택한다. 벼룩 시장 및 노점상들에서 판매하는 제품들은 의심을 해 봐야 한다.

- 너무 가격이 싸다면 의심해 본다. 가격이 100달러인 상품이 10달러에 판매된다면 의심을 해 봐야 한다.

- 라벨을 주의 깊게 살핀다. 위조 상품의 라벨은 대부분 글씨가 흐리고 색깔이 바랬으며 철자법도 맞지 않는다.

- 특별한 부착물이 있는지 살핀다. 만약 특별하게 부착된 정가표 및 재봉되어진 부표가 있다면 오리지널 제품과 비교해 본다.

- 품질이 나쁘면 의심해 본다. 품질이 나쁜 재료를 사용했거나 재봉 및 재단이 조잡하다면 의심해 본다.

- 포장을 살핀다. 품질이 높은 제품은 포장 또한 품질이 높다. 선명하지 않은 프린트 포장지 또는 울퉁불퉁하게 포장된 제품은 의심을 해 본다.

소비자는 이런 주의 사항을 알아두어야 한다.

만약 소비자들이 리바이스 청바지 같은 고유 상표가 등록된 제품과 상표 등록이 되어 있지 않은 일반적인 제품들을 구분하지 못한다면 브랜드는 등록 상표권에 대한 권리를 인정받지 못하며 큰 손실을 가져올 것이다('리바이스 청바지'와 '청바지'의 차이점). 등록된 상표 이름과 일반적으로 불리는 제품 이름을 같이 불러서 소비자들에게 브랜드와 연결되는 상품의 특성을 각인시킨다('리바이스 청바지'는 '리바이스'로만 명칭하지 않는다).[38]

위에서 살펴보았듯이, 등록된 상표를 복사하는 것은 불법이다. 그러나 어떤 회사들은 아이디어를 비슷하게 복사하여 소비자들에게 혼동을 준다. 일반적으로 법원에 의해 이런 상업 행위 역시 제한을 받는다. 사실 한 회사가 많은 회사들을 상대로 비슷하게 복사된 제품들에 대해서 고소를 한 사건들이 많다. 1992년 에스까다는 리미티드 그룹의 빅토리아 시크릿 브랜드의 제품 중 디자이너의 사인이 프린트된, 하트 모양의 향수병에 대해 고소했다.[39] 그것은 "구분이 가지 않을 정도로 비슷했다." 최근에는 브랜드 캘빈 클라인이 자사의 등록된 이터너티(Eternity) 향수병을 비슷하게 복사한 브랜드 랄프 로렌 향수 로맨스(Romance)에 대해 고소를 했다. 법원의 판결은 비록 향수병은 매우 흡사했지만 소비자들이 브랜드 특성이 강한 두 브랜드들을 혼동했거나 판매에 영향을 주었다고 보지 않는다라고 판결했다.[40] 소비자 혼동에 관한 이슈로 원더 브라(WonderBra) 등록 상표권을 가지고 있는 사라 리 그룹(Sara Lee Corp.)이 워터 브라(Water Bra) 등록 상표권을 가지고 있는 스 수아(Ce Soir)를 고소했다. 또한 최근 브랜드 토미 힐피거는 고유 깃발 로고를 브랜드 구디스(Goody's)의 패밀리 클로딩(Goody's Family Clothing)이 라벨, 장식, 부표 등을 모방하였다고 고소했다.[41]

트레이드 드레스(trade dress)는 신 지적 재산권의 한 분야로, 색채·크기·모양 등 제품의 고유한 이미지를 형성하는 무형의 요소이다. 프랑스의 화장품 회사 세포라(Sephora)는 메이시스의 화장품 브랜드 매장인 웨스트가 세포라의 매장 안 진열과 쇼핑 분위기를 전체적으로 모방함으로써 트레이드 드레스에 위반된다고 고소했다. 법원은 세포라의 주장을 받아줌으로써 메이시스는 더 이상 세포라 매장 분위기를 따라 할 수 없게 되었다.

애버크롬비 앤 피치는 아메리칸 이글 아웃피터를 상대로 브랜드 이미지를 모방한 것에 대한 소송을 걸었지만 법원은 애버크롬비 앤 피치와 같은 비슷한 종류의 의류 제품들이 일반적인 이미지임을 지적함으로써 애버크롬비 앤 피치는 소송에서 졌다.[42] 사실 다른 브랜드에게 비슷한 상술 및 이미지 활동을 금지하는 것은 시장 전체에 경쟁력을 높이지 못하게 한다.[43] 법원은 트레이드 드레스 법안은 디자인이 특정 브랜드의 대표적이고 전형적인 이미지에 나타낼 경우만 적용이 된다고 다시 확인했다. 위의 여러 상황들처럼, 기업들은 경쟁이 높아지고 있는 시장에서 그들의 창조성을 보호하려고

많은 위조 시계들은 큰 도시의 거리에서 팔린다(왼쪽).
법원은 랄프 로렌 향수병이 캘빈 클라인 향수병으로 소비자들에게 혼동을 줄 만큼 비슷하지 않다고 판결했다. 디자이너들은 그들의 독특한 디자인을 법적으로 지키기 위해 노력한다.

노력하고 있다. 그러나 이런 모방성 상업 활동은 활발히 일어나고 있다.

(2) 저작권

저작권(copyright)은 독자적이고 창조적인 글, 사진, 음악 또는 다른 예술 활동을 지켜 준다. 시간이 지남에 따라 의류 디자이너들은 그들의 디자인에 대한 저작권을 준비해야 할 것이다. 그러나 패션 분야에서는 이전의 디자인을 재해석하고 재디자인하기 때문에 '독자적'이라는 표현을 사용하기 어렵기 때문에 보통 저작권이 있지 않다. 대부분 저작권 이슈는 영화, 책과 소프트웨어 같은 파일을 다운로드 받게 해주는 냅스터와 그와 비슷한 프로그램들에 적용된다. 저작권을 가지고 있는 주인들은 이 프로그램들이 불법이라고 주장한다.

1998년도에 통과한 소니 보노 저작권 기한연장법(CTEA : Sonny Bono Copyright Term Extension Act)은 창작가가 별세한 후 저작권 보호 기간을 50년에서 70년으로 20년 늘리며 단체 저작권일 경우 창작 후 75년에서 95년으로 20년 더 늘리는 법안이다. 예를 들어 미키마우스는 2019년까지 디즈니사에 소속되어 있으며 현재 디즈니사는 미키마우스 사용권에 대한 라이센스를 가지고 로얄티를 받고 있다.[44] 이 새로운 법은 미국법과 유럽 저작권법을 조화시킨 것이다.

(3) 특허권

발명가에게 주어지는 **특허권**(patent)은 20년 동안 제작, 사용 및 판매에 대한 권리를 뜻한다. 패션은 창조적 발명으로 간주하지 않기 때문에 패션 발명가에게 주는 특허권은 많지 않다.[45] 그러나 만약 기능성 섬유 및 의류가 개발되어 특수성이 인정된다면 특허권을 획득할 수 있다. 샌프란시스코에 있는 작은 임산복 제조업체 저패니즈 위켄드(Japanese Weekend)는 OK벨트와 바지라 불리는 새로운 임산복 디자인 제품으로 특허를 받았다. 이 제품은 벨트가 뱃속의 태아 밑쪽으로 놓이면서 태아의 지탱을 도와주는 반면 다른 임산복 바지처럼 산모의 배를 넓고 비싼 옷으로 덮지 않아도 되게 했다.[46]

특허권의 다른 영역으로 디자인 특허가 있는데, 화장품 회사 맥이 가지고 있는 립스틱 튜브에 관한 것이다. 1999년 맥은 특허권 위반으로 뉴 에이지 캐너디언 컴퍼니 토니 앤 티나를 고소하였다. 맥의 립스틱은 암회색 튜브로, 탄환처럼 끝부분이 곡선으로 되어있다. 토니 앤 티나는 반짝이는 은색용기로 되어 있는데, 용기 중간 부위가 타원형인 것이 탄환처럼 보이며, 회사 이름이 밑에서부터 검정색으로 쓰여 있다. 최근 두 회사는 법정싸움 중이다.[47]

(4) 암거래

암거래(gray goods)로 판매되는 제품은 상표가 등록되어 있지만 판매권이 없는 회사들이 **병행수입**(parallel imports)하는 제품을 가리키며 그 제품들은 위조 제품은 아니지만 다른 국가에서 판매에 대한 라이센스가 없이 팔린다. 보통 외국 회사들은 미국에서 상표를 등록하기 위해 미국에 지사를 세우고 유통과 서비스를 관리한다. 그러나 암거래 제품은 제조업체 모회사가 있는 국가에서 법적으로 구매를 한 후 미국에서 지사의 유통 구조를 거치고 않고 불법적으로 재판매가 된다.

암거래로 판매되는 제품들은 품질 보증 서비스를 받을 수 없다. 또한 그 제품들은 유통 기간이 지났을 수도 있다. 사실 대형 할인 매장들에서 40% 할인된 가격에 판매되는 향수와 같은 물건들은 의심을 해 볼 수 있다. 리바이스 스트라우스 브랜드는 '관광객들'로 가장하여 미국 내 한 매장에서 제품들을 모두 구매하는 등 구매한 제품들을 국제 암거래 시장에 불법적으로 재판매하는 암거래 시장 때문에 속을 썩고 있다. 왜냐하면 리바이스 청바지는 미국 내 가격보다 높은 가격으로 수출되기 때문이다.

5) 미국 어류 및 야생생물 보호국

1973년 발표된 **멸종생물 보호법**(ESA : Endangered Species Act)은 멸종 위기에 처한 어류, 야생 동물과 식물은 "인간 사회에 심미적, 생태학적, 교육적, 역사적, 과학적 가치를 가져다 준다."라고 발표했다.[48] 인류는 환경 오염과 주거지 개척 등 환경 파괴로 동식물 종을 멸종시키고 있으며, 미국법은 공식적으로 멸종 위기에 처해 있는 동식물이 1,000종이 넘는다고 발표했다. 극소수의 예외도 있지만, 멸종 위기에 처한 동식물로 만들어진 제품의 판매 및 수입은 불법이다. 정부에서 발행하는 일간지 미 연방관보(US Federal Register)는 멸종 위기에 처한 동식물을 소개했고 캘리포니아와 같은 몇몇 주는 연방 정부보다 더 엄격하다. 예를 들어 비단뱀은 연방법에 보호되지 않지만 다른 동물들처럼 캘리포니아 형법전(California Penal Code)에는 보호된다. 2000년 초 비단뱀으로 제작된 패션 제품이 유행이었지만 캘리포니아에는 반입할 수 없었다.[49]

　해외 여행을 가는 미국 소비자들은 주에서 판매 및 반입을 금지하는 물건을 알아야 한다. 관광객들은 여행 간 국가에서 법적으로 허가된 기념품을 구매할 수 있지만 미국 내 거주 지역에는 반입하지 못할 수도 있다. 만약 공식적으로 발표된 멸종 위기에 처한 종들로 만들어진 제품을 미국 세관 및 야생 동물 감독관에게 적발되었을 경우 벌금을 내야 할 수도 있다.[50] 이런 제품의 구매는 공급을 증가시키고 밀렵과 관련된 사업을 고무시킨다. 멸종 위기에 처한 동식물로 만들어져 미국 내 반입이 금지되어 있는 제품들은 다음과 같다.

- 바다 거북 등껍데기로 만든 보석 장식
- 바다 거북 수프와 미용 크림
- 치타, 재규어, 범고양이, 스라소니, 비큐나, 호랑이와 같은 멸종 위기에 처한 동물들의 가죽이나 모피로 만들어진 제품
- 아시아 코끼리 상아와 고래 이로 만들어진 조각 공예품
- 아프리카 코끼리 상아
- 악어와 바다 거북이 가죽으로 만든 신발, 핸드백, 벨트, 지갑과 같은 제품

　멸종위기에 처한 야생동·식물종의 국제거래에 관한 협약(CITES : Convention on International Trade in Endangered Species of Wild Fauna and Flora)을 통해 현재 120국이 넘는 국가들이 멸종 위기에 처한 종들을 보호하기 위해 국제적으로 무역 단속 및

규제를 하고 있다.

멸종 위기에 처한 동물로 만들어진 패션 아이템 중 하나는 2천 달러가 넘으며 치루라는 동물로 만든 여성용 숄이다. 이 숄은 멸종 위기에 처한 티베트 영양과 치루와 같은 동물의 털로 만들어졌다. 이 숄의 무역은 1979년 이후 CITES의 감독 아래 불법 행위로 지정되었고, 중국은 더욱 엄하게 이 동물들의 밀렵을 감시하였으며, '울의 왕'이라고 불리는 이 동물의 털로 만든 숄의 판매를 불법 행위로 규정하였다. 이 동물들의 숫자는 1990년대 초반 100만에 가까웠지만 밀렵으로 인해 1995년에는 7만 5천 마리로 급감하였다. 1999년 뉴저지 법원은 어떻게 이 숄을 소유할 수 있을까 테스트하기 위해 이 숄을 소장하고 있었다고 변명하는 사교계 명사를 소환하였다. 이 사건을 계기로 세계야생 생물기금 단체는 "치루 숄을 구매하지 말자." 캠페인을 시작하였다. 일본 지역 신문들은 일본의 치루 숄 지하 시장에 대해서 기사를 내보냈다.[51]

예컨대, 악어는 10년 전에 멸종 위기로부터 벗어났다. 하지만 미국 소비자들은 여전히 악어 가죽 제품에 대해 거부감을 나타낸다. 뉴욕에서 개최되는 섬유 무역 전시회에서 많은 바이어들은 길이가 14피트인 미국산 악어 가죽 구매를 원하는 동시에 불법적 상업행위가 아님을 주장한다. 대부분의 미국산 악어 가죽은 프랑스에서 집단적으로 길러져 수출된다. 최근 가을 컬렉션에서 존 갈리아노(John Galliano)는 발목 길이의 악어 가죽 드레스를 선보이기도 했다.[52]

10년 동안 코끼리 상아에 대한 보호법 이후 1999년 멸종 위기에 처한 야생동·식물종의 국제거래에 관한 협약은 아프리카의 3개국에서 비축해 놓은 상아를 일본에 팔수 있도록 허가했다. 1980년대 중반 코끼리 상아와 가죽으로 만든 골프 백, 부츠, 여행 가방 등 코끼리 제품 시장은 한해 1억 달러가 넘었고 결과적으로 아프리카의 코끼리 80%가 밀렵되었다. 그러므로 코끼리 상아 및 가죽에 대한 보호법을 다시 조정한 것에 대해 코끼리가 다시 멸종 위기에 처할 수 있다는 우려의 목소리가 나오고 있다.[53] 현재 아시아에는 약 6만 마리의 코끼리가 생존해 있다. 코끼리로 유명한 태국은 배고픈 코끼리들이 파인애플 농장을 짓밟는 등 코끼리로 인한 산업 피해를 줄이고 코끼리 수를 알맞게 증가시키는 등 코끼리 보호에 노력하고 있다. 코끼리의 평균 몸무게는 7천7백 파운드이고 하루에 500파운드의 음식을 먹으며 50갤런의 물을 마신다.[54]

6) 미국장애인법

패션 시장에 영향을 주는 또 다른 법으로는 **미국장애인법**(ADA : Americans with

Disabilities Act)이 있다. 이 법안은 백화점에서 의류 쇼핑하고 극장에서 영화를 관람하고 식당에서 외식을 하거나 학교에서 수업을 듣는 등 장애인들의 모든 활동과 관련된 연방 시민 권리법이다. 1993년 이후 지어진 건물들은 미국장애인법안의 조건들을 만족해야 하지만 다른 기업들도 장애인들을 위한 편의 시설들을 준비해야 한다.

사실 미국장애인법은 장애인들을 위한 편의 시설에 대한 판단 기준이 애매하다. 매이시스는 좁은 복도 너비, 불편한 광고 책자들의 위치, 무거운 문, 높은 카운터, 가파른 입구와 같은 문제들로 오랫동안 재판을 해야만 했다.[55] 백화점과 같은 소매점들의 복도는 휠체어가 지나다닐 수 있어야 하며 출입구 문 너비는 적어도 36인치가 되어야 한다. 장애인들을 위한 미국장애인법 건물 기준(ADA Standards for Accessible Design)은 회사들을 위한 가이드이다.

소매점들은 장애인들이 진열되어 있는 제품들을 쉽게 접할 수 있도록 고려해야 한다. 일반적으로, 매장 안 통로는 36인치 폭은 되어야 한다. 만약 상품 진열을 위한 공간이 실질상 매출에 영향을 미친다면 판매 직원들은 소비자들에게 상품을 바로 전달할 수 있도록 하는 등 다양한 서비스를 제공해야 한다. 판매율이 높은 상품은 좁은 통로에 진열되어서는 안 된다. 카운터는 적어도 36인치 길이여야 하며 높이는 36인치를 넘어서는 안 된다. 더 많은 정보는 www.peublo.gsa.gov에서 얻을 수 있다. 일반적으로 장애인 소비자들은 그들을 위한 법을 알고 그 법을 지키지 않는 상점들에는 가지 않는다. 일반적으로 장애가 있는 소비자들은 그들을 위한 법들을 알고 있으며, 법에 따라 소비자로서 대우를 받지 못한다면 그 매장을 기억하고 행동할 것이다. 당신이 좋아하는 백화점에 이런 공간이 있어야한다고 생각하는가?

7) 연방, 주, 지방의 정부 소비자 보호국

연방 기관인 미국 소비자국(U.S. Office of Consumer Affairs)은 백악관에 소비자와 관련된 정책들에 대해 조언하고 소비자들의 기본 권리를 지키기 위해 노력한다. 시간이 지남에 따라 소매점들은 이런 권리들을 무시하며 소비자들이 높은 품질의 제품과 서비스를 받을 권리에 대해 충분한 정보를 제공하지 않는다. Office of Consumer Affairs가 발간한 *Consumer's Resource Handbook*은 많은 소비자들의 궁금증을 풀어준다. 이 책은 현명하게 소비하는 방법과 소비자들을 도와 줄 수 있는 담당 기관을 정리해 놓았다. 예를 들어 수천개의 담당 기관 이름, 주소, 전화 번호, 웹사이트 및 공공 소비자 단체들(거래 개선 협회, 무역 협회, 주 및 지역 소비자 보호 단체, 연방 기관, 군사

소비자 사무실)의 이메일 주소들이 정리되어 있다. 이런 정보들은 www. consumer. gov/productsafety.htm에서 얻을 수 있다. 주, 대도시와 지방의 소비자 보호 사무실들은 중요한 서비스들을 소비자들에게 제공한다. 이 사무실들은 소비자들의 불만을 해결하도록 노력하고 소비자 보호법 실행을 감독하며 교육적 자료들을 통해 소비자들에게 정보를 제공한다. 주요 도시와 지방 소비자 사무실은 지역 비즈니스와 지역 법령에 대해 잘 알고 있다. 법무 장관 또는 정부 관청, 소비자 업무를 위한 독립 관청등과 같은 국정 사무실은 국정법에 대해 자세히 알고 있으며 국가 전체적으로 발생하는 소비자 문제를 해결하기 위해 노력한다.

(1) 소비자 정보 센터

미국 정부는 미국 내에서 가장 큰 출판사이다. 미정부 출판부(U.S. Government Printing Office)는 소비자들이 관심있어 하는 많은 정보들을 제공한다. 소매점과 패션 소비자에 관한 기사 및 정보들은 인터넷(www.pueblo.gsa.gov)에서 확인할 수 있다.

- 컨슈머 리소스 핸드북(Consumer's Resource Handbook) : 수백 개의 회사, 무역 협회, 주 및 연방 정부 기관, 지방 및 국가 소비자 단체등과 같은 많은 기관에 대한 정보를 제공한다. 144 pp. (1998, CIC) 595G.

- 클로젯 큐(Closet Cues) : *Care Labels and Your Clothes*. 1997년 7월 1일부터 제조 업체들은 전 세계적으로 레벨에 특정 취급주의 심벌을 표기하였다. 새로운 취급주의 심벌과 의류 제품이 손상이 되었을 때 어떻게 대처해야 하는지 배울 수 있다. 6 pp. (1997, FTC) 368E.

- 올 댓 글리터스(All That Glitters) : *The Jive on Jewelry*. 금, 은, 다이아몬드와 같은 상품을 구매할 때 일반적으로 사용되는 용어에 대해 설명했다. Includes a jewelry shopper's checklist. 10 pp. (1998, FTC) 360G.

- 엣 홈 쇼핑 라이트(At-Home Shopping Rights) : 우편 또는 전화 주문으로 구매한 상품에 대한 지연된 운송 서비스, 주문하지 않은 상품 배달, 계산 청구서 오류 등을 처리하는 방법을 설명해 놓았다. 5 pp. (1994, OCA) 373E.

- 샵 세이프리 온라인(Shop Safely Online) : 온라인 쇼핑에 관한 중요 요소와 온라인 쇼핑을 할 때 소비자와 그 가족을 보호하는 방법을 설명해 놓았다. 2 pp. (1999,

FTC) 371G.

- 아메리칸 위드 디스어빌리티 액트(Americans with Disabilities Act) : 기본 비즈니스 필요 조건은 접근하기 쉬운 시설을 완비해 놓는 것이다. 15 pp. (1996, DOJ) 590G.

- 와이 세이브 인데인저드 스피시스(Why Save Endangered Species?) : 멸종 위기에 놓인 동식물을 보호함으로써 얻는 이익과 이런 보호 활동에 참여 할 수 있는 방법을 설명해 놓았다.

- 팩츠 어바웃 페더럴 와일드라이프 로(Facts about Federal Wildlife Laws) : 미국에 합법적으로 수입이 가능한 모피 제품과 세관 지연을 피하는 방법을 설명해 놓았다. 18 pp. (1997, DOI) 591E.

- 카피라이트 베이직(Copyright Basics) : 복사가 가능한 상품, 상표 등록 과정, 보관료, 사용되는 형식등과 같은 정보를 제공한다. 12 pp. (1995, DOC).

- 제너럴 인포메이션 컨서닝 페이턴트(General Information Concerning Patents) : 특허권, 등록 과정, 비용 및 수정에 관한 정보 등을 제공한다. 등록 방법서와 함께 지원서도 첨부되어 있다. 60 pp. (1994, DOC) 120E.

- 뱅크럽시 베이직(Bankruptcy Basics) : 채무로부터 자유로워지는 다섯 가지 파산 기본 상황을 설명해 놓았다. 면책과 자산 보호의 차이점과 필요한 서류 등에 대해 배울 수 있다. 69 pp. (1999, AOUSC) 129G.

- 페어 크레딧 리포팅(Fair Credit Reporting) : 소비자들의 신용 기록이 무엇인지 알고, 신용 기록 사본을 어디에서 얻을 수 있으며, 이 정보를 누가 이용할 수 있는 배울 수 있다. 2 pp. (1999, FTC) 346G.

- 샵 더 카드 유 픽 캔 세이브 유 머니(Shop...The Card You Pick Can Save You Money.) : 대표적인 신용 카드 종류와 연회비, 수수료 및 다른 요소들을 설명해 놓았다. 18 pp. (1999, FRB) 353F.

3. 비즈니스 단체와 대리점으로부터 소비자 보호

여러 무역 협회들과 서비스 기관들은 기업들로부터 소비자들의 문제점들을 해결해 주며 소비자들을 도와준다. 만약 소비자가 소매점들로부터 불친절을 경험했거나 다른 나쁜 경험이 있다면 기업을 상대로 문제를 풀도록 노력해야 한다. 그러나 할 수 없다면 도와줄 수 있는 기관들이 있다.

1) 거래개선협회

거래개선협회(BBBs : Better Business Bureaus)는 지역 사회 기업들의 지지로 운영되는 비영리 단체이다. 거래개선협회의 활동 목표는 공정한 광고와 판매 같은 윤리 도덕적 상업 행위이며 여러 소비자 서비스를 제공한다. 예를 들어 그들은 교육적 자료를 제공하고 소비자 질문에 대답해 주며 기업에 대한 정보를 제공한다. 거래개선협회는 소비자들에게 불만 사항을 접수할 경우 서류를 작성하여 정확한 기록을 남기도록 하며 그 기업들을 상대로 접수된 불만 사항들을 시정하도록 권유한다. 만약 거래개선협회 그 불만 사항이 대화를 통해 만족한 결과가 내려지지 않는다면 중재 재판 등과 같은 과정을 통해 해결한다. BBBs는 보통 불만 사항을 서류로 등록하여 정확하게 설명하여 보고 되게 한다. 그 후 BBB는 접수된 불만 사항과 관련 된 기업과 그 문제를 해결하려고 한다. 만약 그 불만 사항이 기업과 대화를 통해 만족스럽게 해결되지 못한다면 BBB는 명상 또는 중재 재판과 같은 해결 과정을 거친다. BBBs는 개인적 상품 또는 브랜드를 평가 또는 등급을 결정하지 않으며 고용주와 고용인 사이의 임금 협상에 관여 하거나 법적 충고를 주지 않는다. 만약 소비자가 질문이 있거나 불만 사항에 대한 도움이 필요하다면 지역 거래개선협회에 연락하여 문제를 해결한다. 거래개선협회 회의는 아동 광고와 자선 광고 같은 광고 문구의 진실성과 정확성에 대한 소비자들의 불만 사항을 해결하도록 노력한다. 또는, 소비자 사기와 신용 사기 또는 BBB 프로그램, 서비스, 위치에 대해 BBB 온라인(www.bbb.org)을 통해 할 수 없을 수도 있다. BBBOnLine은 인터넷 사용자들이 쉽게 합법적인 온라인 비즈니스 정보를 찾을 수 있도록 정보를 제공한다. BBBOnLine 보증표를 받은 기업들은 BBB에 의해서 활동이 확인되며, 온라인으로 활성화되는 상품과 서비스에 관련된 소비자들의 문제를 해결해 주기 위해 노력한다.

거래개선협회회의는 BBBOnline을 개설하여 95년 넘게 오프라인을 통해 제공한 정보 및 여러 사항들을 인터넷을 통해 소비자들에게 제공하며 궁극적 목표인 진실성과 신뢰감을 구축한다. BBBOnline의 신뢰성을 나타내는 웹사이트 문장(BBBOnline Reliability web site seal)은 특정 웹사이트가 프로그램에서 요구하는 BBB 멤버십, 광고의 진실성, 문제해결 정확성과 같은 필요 조건을 만족함을 뜻한다. 또한, BBBOnline 개인 보호 문장(BBBOnline Privacy Seal)은 온라인 쇼핑을 하는 소비자들의 개인 정보 보호에 노력함을 뜻한다. 이 프로그램의 더 많은 정보와 이 웹사이트를 통해 이 프로그램에 참가를 원한다면, www.bbbonline.org를 방문한다.

(1) 고객 센터

거래개선협회 웹사이트의 고객 센터는 서비스와 제품에 대한 불만 사항을 해결해 주는 섹션이다. 또는 소비자는 본사에 직접 전화를 걸거나 불만 사항을 기재하여 우편으로 보낼 수도 있다. 만약 소매 판매자에게 직접 가고 싶지 않다면 본사 고객 센터에 연락해 불만 사항을 신고할 수 있다. 이 고객 센터는 기업에서 소비자들로부터 여러 의견을 듣기 위해 만들어 놓았다.

거래개선협회에 기록되어 있는 많은 기업들은 기업소비자업무전문가협회(SOCAP : The Society of Consumer Affairs Professionals in Business) 회원들이다. 1973년 설립된 국제 전문 기구인 기업 소비자업무전문가 협회는 교육, 회의와 출판물을 통해 기업들이 소비자들과 유대 관계를 지속적으로 맺을 수 있도록 돕고 있다. 기업, 정부, 소비자들 사이의 효과적인 대화와 이해를 돕고 장려한다. 소비자에 관한 일들을 정의하고 발전시킨다(ww.socap.org). 만약 찾고 싶은 회사의 이름을 BBB 또는 SOCAP에서 찾을 수 없다면, 상품의 레벨 또는 품질 보증서를 살펴보자. 또한 공공 도서관 자료실에서도 유익한 정보를 찾을 수 있다. *Standard & Poor's Register of Corporation, Directors, and Executives; Trade Names Directory; Standard Directory of Advertisers; and Dun & Bradstreet Directory*는 많은 기업들의 정보를 얻을 수 있는 대표적인 문서이다. 만약 제조업체 이름을 알 수 없다면, *Brands and Their Companies*, 또는 *The*

*Thomas Register of American Manufacturers*의 도움을 받는다.

2) 국제세탁 사업부

국제세탁 사업부(IFI : International fabricare Institute)는 전문 드라이클리너들과 세탁업자들로 구성된 무역 협회이다. 만약 소비자가 비싼 수트를 세탁소에 맡긴 후 취급주의 라벨에 따라 세탁을 했지만 옷에 문제가 발생했을 경우 배상에 관한 정보를 제공한다. 국제 세탁사업부는 문제가 발생한 옷을 구매한 매장에 가지고 갔지만 매장에서 해결해주지 못한다면 제조업체의 이름과 주소를 물어서 문제 사항을 작성하여 기업에 보낼 수 있다. 만약 드라이클리너의 실수라면 그는 옷에 대한 배상을 해 주어야 한다. 하지만 제조업체와 드라이클리너의 잘못이 아니라면 그 옷은 국제세탁 사업부에 보내 문제에 대한 책임 판단을 요구할 수 있다.

3) 미국 다이렉트 마케팅협회

다이렉트 마케팅협회(DMA : Direct Marketing Association)는 1917년 직접적인 마케팅과 관련되어 설립된 비즈니스 거래 협회이다. 그 협회는 웹사이트(www.the-dma. org)를 통해 소비자들에게 쇼핑 정보와 개인 정보 유출에 관한 소비자 권리에 대한 정보를 제공한다. 다이렉트 마케팅협회는 가장 오래되고 광범위한 미국 내 거래 협회이다 . 다이렉트 마케팅은 우편 주문과 다른 직접적인 마케팅과 관련된 소비자 문제에 대해 미리 대처할 수 있는 방안을 강구한다. 이 기관은 직접적인 마케팅을 관리하는 가장 오래되고 규모가 큰 국가적 무역 협회이다. 이 협회의 궁극적 목표는 소비자들의 권리와 그 권리에 대한 개인 보호를 도와 주는 것이다.

> *Consumer Line*은 직접적인 마케팅을 펼치는 회사에 대한 불만을 해결하기 위한 무료 소비자 서비스를 제공한다.
> *The Mail Preference Service*(MPS)는 국가적 비영리 또는 상업적 우편을 줄이기 위해 노력하여 소비자들을 돕는다.
> *The Telephone Preference Service*(TPS)는 '전화 걸지 마세요' 서비스를 제공하며, 국가적 상업 전화 서비스를 줄이기 위해 노력한다.
> *The e-mail Preference Service*(e-MPS)는 불필요한 상업적 이메일 양을 줄이기 위해 노력한다.

또한 DMA는 도박(sweepstakes)에 대한 정보 제공에 대처하는 방법과 법적인 광고와 불법적인 광고의 차이점을 알 수 있는 서비스를 제공한다. 웹사이트(www.the-dma.org/consumers/consumerassistance.html)는 전화로 쉽게 쇼핑할 수 있는 방법과 전화 주문 쇼핑의 사기로부터 소비자를 보호할 수 있는 연방 법률 및 규율을 제공한다. 또한 소비자들은 DMA, 1111 19th Street NW, Suite 1100, Washington, D.C. 20036에 서신을 보낼 수도 있다.

4) 그 밖의 독립 기관들

(1) 전화 상담실

지역 신문들과 라디오국들은 대부분 전화 상담실이 있다. 대부분 이 서비스들은 접수되는 소비자들의 불만 사항들을 해결하기 위해 노력한다. 그 밖의 서비스들은 가장 심각한 몇몇 사항들이나 지역 사회에서 자주 일어나는 문제들을 다룬다. 이런 서비스들을 원하다면 지역 신문들, 라디오, TV 또는 지역 도서관을 확인해 본다. Action, Inc.(www.callforaction.org)는 35년된 비영리 국제 소비자 전화 상담 단체로서 소비자들과 작은 비즈니스 사이의 문제들을 해결하기 위해 노력하며 방송 업체들과 관계를 맺고 그들을 교육시킨다. 많은 주요 마켓들은 소비자들의 불만을 줄이기 위해 지원자들을 교육시켜 전화 상담을 통해 무료 서비스를 제공한다. 예를 들어 뉴욕에는 WABC, 샌프란시스코에는 KCBS, 톨레도는 WTVG가 있다. 이 서비스의 웹사이트는 소비자들이 거주하는 곳에서 가장 가까운 곳을 알려 줄 것이다.

(2) 국가소비 증대연맹

국가소비 증대연맹(www.natlconsumersleague.org)은 마켓에서의 소비자와 관련된 노동자들의 이슈들을 관여하는 사립 비영리 단체이다. 이 단체의 궁극적 목표는 소비자와 노동자들의 사회적 관심과 경제적 발전을 도모하는 것이다. 국가소비 증대연맹은 특별히 아동 노동력 착취와 개인 정보 유출에 관해 정부, 기업과 다른 기구들에게 알리고 개선하기 위해 노력한다.

National Fraud Information Center & Internet Fraud Watch(NFIC)(www.fraud.org/info/aboutnfic.htm)은 원래 증가하는 텔레 마케팅 사기를 막기 위해 1992년 내셔널 컨슈머리그(National Consumer League)가 창립한 서비스이다. NFIC는 소비자들을

위해 불법적인 텔레 마케팅 사기에 대한 정보와 전화 상업 광고에 대한 대처 방법을 제공하는 전국적인 무료 상담 서비스이다. 1996년 창립된 Internet Fraud Watch는 NFIC가 소비자들에게 사이버 공간의 광고에 대한 정보와 인터넷 공간의 사기를 고발할 수 있는 정부 기관에 대한 정보를 제공하는 서비스이다. 소비자들은 NFIC의 무료 전화 상담서비스 1-800-876-7060 또는 NFIC 웹사이트에 질문을 할 수 있다.

(3) 국가 소비자 기관

많은 기구들의 궁극적 목표는 소비자 보조, 보호 또는 지지이다. 대부분의 기구들은 정부 및 대중 매체보다 앞서서 출판물을 통해 소비자들을 교육하고 유용한 정보를 제공하며 소비자들이 관심을 가지는 부분을 발전시킨다. 미정부는 소비자 보조서(Consumer Assistance Directory)를 온라인을 통해(www.pueblo.gsa.gov) 제공하고 있다.

- *American Council on Consumer Interests*(ACCI) : 소비자 교육자, 조사자, 정책 입안자들을 위한 서비스를 제공한다.
- *Congress Watch* : 무역, 건강, 안전에 관한 소비자들과 관련된 법, 규범, 정책들을 위한 기관이다.
- *Consumer Action* : 소비자와 관련 된 시장의 전반적인 문제를 다룬다.
- *Consumer Federation of America*(CFA) : 5천만 소비자를 대표하는 240단체들이다.
- *Public Citizen* : 로비, 소송, 조사, 출판을 통해 소비자들의 관심을 대표한다.
- *U.S. Public Interest Research Group*(PIRG) : 주 공공 관심 조사 그룹을 위한 전국적인 로비 사무실이며 그들은 많은 주에서 소비자 환경을 위해 활동한다.

▍요약 ▍

- 많은 정부, 기업과 사립 기관들의 궁극적 목표는 소비자 보호이다. 그러나 오늘날 복잡하고 경쟁적인 시장 구조에서 소비자들은 스스로 그들의 권리에 대해 알아두어야 한다.
- 연방거래 위원회, 소비자 제품 안전 위원회, **미국식품 의약국**은 불공정한 시장 경쟁을 주시하여 안전한 제품과 정확한 정보가 소비자들에게 제공되는지 감독하는

미정부의 독립 기관이다.

- 섬유 증명, 취급주의표, 제조업체 정보, 국가 표기법은 소비자들을 위해 의류 제품에 제공되는 정보이다.

- 우편 주문 판매와 인터넷 판매는 관리되지만 소비자들은 인터넷 비즈니스들을 조심해야 한다.

- 등록상표권, 저작권, 특허권은 기업의 지적 재산이며 불법적으로 사용했을 경우 벌금을 내야 한다. 소비자들은 시장에 나와 있는 많은 위조 제품들에 주의해야 한다. 위조 제품들은 브랜드들을 복사하여 싼 가격에 판매한다.

- 멸종생물 보호법은 멸종 위기에 처한 동식물들을 보호하며 그런 동식물을 이용하여 패션 제품을 제작하는 것은 불법이다.

- 미국장애인법은 장애인과 관련된 모든 활동에 대한 보호법을 뜻한다. 소매점들은 공간 및 여러 환경을 이 법안에 따라 설치하여 장애가 있는 소비자들에게 편의를 제공해야만 한다.

- 미정부는 미국 내에서 제일 규모가 큰 출판사이며 소비자들에게 출판물과 인터넷을 통해 구매할 제품에 대한 정보와 사기성 상업 행위로부터 보호할 수 있는 정보들을 제공한다.

- 그 밖의 여러 소비자 문제들을 해결할 수 있도록 전화 상담실과 기업들의 서비스가 제공된다.

▌ 토론 주제 ▌

1. 세탁소에 드라이클리닝을 맡긴 후 있었던 문제들에 대해 토론해 보라. 취급주의표를 무시하고 패션 제품을 세탁하여 제품이 못쓰게 된 적이 있는가? 취급주의표를 무시하고 패션 제품을 세탁하였지만 제품에 문제가 생기지 않았던 적이 있는가? 취급주의표에 관련된 경험들에 대해 설문을 통해 토론해 보라.

2. 이 장에서 배웠던 내용처럼 의류 제품의 취급주의표를 모아서 요구되는 정보들이 표기되어 있는지 확인해 보라. 얼마나 많은 취급주의표들이 영어로 표기 되어 있는가? 소비자로서 당신은 이해할 수 있는가?

3. 당신은 정부가 심하게 의류 제품 생산과 판매에 관여한다고 생각하는가? 또는 그렇지 않다고 생각하는가?

4. 제품에 대해 불만족스럽다고 가정하고 이 장에서 배운 불만 사항을 기재하는 편지를 형식에 맞게 작성해 보고 수업 시간에 다른 학생들과 비교해 보라.

5. 정부, 기업 또는 독립 소비자 보호 기관들에게 소비자 문제에 대해 연락을 해 보고 그들의 반응과 효과에 대해 비교해 보라.

6. 할인 매장 판매에 대해 분석하고 다른 정상 매장들과 비교해 보라. 특정 할인매장이 가격을 아주 낮게 책정해 경쟁기업들을 시장에서 몰아낸 뒤 다시 가격을 올려 손실을 회복하려는 약탈 가격정책 예를 찾아 볼 수 있는가?

7. 당신은 주문하지 않은 제품을 우편으로 받아 본 적이 있는가? 만약 있다면, 그 제품을 어떻게 했는가?

8. 비싼 백화점에서 판매하는 화장품을 성분 요소와 할인 매장에서 판매하는 화장품 성분 요소를 비교해 보라. 왜 고급 브랜드들의 화장품과 같은 피부관리 제품들이 비싸다고 생각하는가?

9. 패션 제품들의 등록 상표(이름, 로고, 심볼)들을 모아서 설문을 통해 얼마나 많은 사람들이 그 상표들을 등록하고 있는 기업들에 대해서 알고 있는지 확인해 보라.

10. 알면서 위조 상품들을 구매한 적이 있는가? 만약 그렇다면, 그 제품에 대한 품질과 서비스에 대해 서로 토론해 보라.

11. 백화점 진열대 사이 넓이를 측정해 보고 미국장애인법 요구 조건에 따랐는지 확인해 보라. 여러 백화점 및 매장들의 측정된 넓이를 비교해 보라.

12. 미정부 출판부에서 발행하는 무료 간행물을 주문해 보고 제공된 정보의 내용 및 효율성에 대해 토론해 보라.

▌ 주요 용어 ▌

가연성직물제품법
  (Flammable Fabrics Act)
거래개선협회
  (BBB : Better Business Bureau)
공정거래법(Fair Trade Laws)
공정포장표시법
  (Fair Packagingand Labeling Act)
국제세탁 사업부(IFI : International

Fabricare Institute)
깃털(feathers)
다운(down)
다이렉트마케팅협회(DMA : Direct
  Marketing Association)
등록 상표(trademark)
멸종생물보호법(Endangered

Species Act of 1973)
모직제품표시법(Wool Products
  Labeling Act)
모피제품표시법
  (Fur Products Labeling Act)
미국장애인법(ADA : Americans
  with Disabilities Act)
병행수입(parallel imports)

섬유제품확인법(Textile Fiber Products Identification Act)

서먼 반독점법 (Sherman Antitrust Act)

소비자상품가격법 (Consumer Goods Pricing Act)

소비자제품안전위원회(Consumer Product Safety Commission)

미국식품의약국(FDA : Food and Drug Administration)

판매가격 유지(price maintenance)

암거래(gray goods)

약탈 가격제(predatory pricing)

연방거래위원회(FTC : Federal Trade Commission)

연방식품의약 화장품법(Federal Food, Drug and Cosmetic Act)

위조법률(Counterfeiting Act)

위조제품들(counterfeit goods)

저작권(copyright)

원산지(country of origin)

지적 소유권(intellectual property)

취급주의 라벨법(Care Label Rule)

트레이드 드레스(trade dress)

특허권(patent)

▌ 참고문헌 ▌

1. For consumer research and discussions related to public policy issues, see Paul N. Bloom and Stephen A. Greyser, "The Maturing of Consumerism," *Harvard Business Review* (November–December 1981): 130-139; George S. Day, "Assessing the Effect of Information Disclosure Requirements," *Journal of Marketing* (April 1976): 42-52; Michael Houston and Michael Rothschild, "Policy-Related Experiments on Information Provision: A Normative Model and Explication," *Journal of Marketing Research* 17 (November 1980): 432-449; Jacob Jacoby, Wayne D. Hoyer, and David A. Sheluga, Misperception of Televised Communications (New York: American Association of Advertising Agencies, 1980); Lynn Phillips and Bobby Calder, "Evaluating Consumer Protection Laws: Promising Methods," *Journal of Consumer Affairs* 14 (Summer 1980): 9-36; Howard Schutz and Marianne Casey, "Consumer Perceptions of Advertising as Misleading," *Journal of Consumer Affairs* 15 (Winter 1981): 340-357; Darlene Brannigan Smith and Paul N. Bloom, "Is Consumerism Dead or Alive? Some New Evidence," in *Advances in Consumer Research* 11, ed. Thomas C. Kinnear (Provo, Utah: Association for Consumer Research, 1984), 369-373.

2. Roger M. Swagler, *Consumers and the Market* (Lexington, Mass: Heath, 1979).

3. Larry Hatfield, "Identity Theft Tops FTC Fraud Complaints," *San Francisco Chronicle* (January 24, 2002): A2.

4. Patty Brown and Janette Rice, *Ready-to-Wear Apparel Analysis* (Upper Saddle River, N.J.: Prentice-Hall, 1998), 20.

5. Joanna Ramey, "FTC's Crackdown on Cashmere," *Women's Wear Daily* (May 7, 2001): 7.

6. "Care Labels—Professional Cleaners Care," International Fabricare Instititute (Silver Spring, Md., 1994); "What's New about Care Labels," Federal Trade Commission (Washington, D.C., April 1984); "Writing a Care Label: How to Comply with the Amended Care Labeling Rule," Federal Trade Commission (Washington, D.C., March 1984).

7. "Closed Cues: Care Labels and Your Clothes," Federal Trade Commission (July 1997).

8. Joanna Ramey, "FTC Alters Care Label," *Women's Wear Daily/Global* (August 2000): 15.

9. "FTC Aims to Update Rules for Care Labels on Apparel," *Women's Wear Daily* (January 3, 1996): 11; Sheryl Harris, "Care Labels May Soon Get Altered," *The* [Contra Costa, CA.] *Times* (July 8, 1998): C1, C5.

10. Joanna Ramey, "Jones Hit with FTC Sanction," *Women's Wear Daily* (April 3, 2002): 2.

11. Joanna Ramey, "McClintock to Pay $66,000 to Settle FTC Charges," *Women's Wear Daily* (January 27, 1995): 12.

12. "Background Material for Consumer Protection and the FTC," Federal

Trade Commission.

13. Alison Maxwell, "Amazon.com Hit by Suits, FTC Probe," *Women's Wear Daily* (February 9, 2000): 18.

14. "Jones, Nine West Will Pay $34 Million in Settlement of Price-Fixing Charges," *Women's Wear Daily* (March 7, 2000): 17.

15. Nancy J. Rabolt and Judy K. Miler, *Concepts and Cases in Retail and Merchandise Management* (New York: Fairchild, 1997).

16. "Antitrust Enforcement and the Consumer," U.S. Department of Justice, Washington, D.C., 20530 (http://www.pueblo.gsa.gov).

17. Joanna Ramey, "FTC: Sears Will Give Consumers $100 Million in Debt Collection Suit," *Women's Wear Daily* (June 15, 1997): 3.

18. "A Business Guide to the Federal Trade Commission's Mail Order Rule," Federal Trade Commission Bureau of Consumer Protection, Washington, D.C.

19. Janet Attard, "National Internet Sales Tax Bill Introduced," http://www.businessknowhow.com, March 25, 2000.

20. "Mail Order Rights," American Express.

21. http://www.cpsc.gov/.

22. "'Wanted' Posters in Post Offices to Share Space with Product Recalls," *San Francisco Chronicle* (April 19, 2000): A2.

23. Brown and Rice, *Ready-to-Wear Apparel Analysis.*

24. Jennifer Owens, "Big Stores Endorse CPSC's Call for Team to Battle Flammability," *Women's Wear Daily* (June 5, 1997): 22.

25. Debra Levi Holtz, "Hazardous Toy Alert Issued as Parents Begin Holiday Shopping," *San Francisco Chronicle* (November 24, 1999): A3.

26. Louis Freedberg, "Greenpeace Issues Warning on Toys," *San Francisco Chronicle* (October 19, 1997): A3.

27. "Are You Buying the Right Toy for the Right Age Child?," Consumer Product Safety Commission.

28. http://www.fda.gov.

29. Carol Lewis, "Cleaning Up Cosmetic Confusion," *FDA Consumer* (U.S. Food and Drug Administration, May—June 1998).

30. Betsy Stanton, "FDA Nixes Beauty Label Compromise," *Women's Wear Daily* (November 23, 1987): 1, 11.

31. Joyce Barrett, "Sen. Kennedy Blasts Cosmetics Makers, Calls for More Rules," *Women's Wear Daily* (September 8, 1997): 1, 19.

32. "Alpha Hydroxy Acids in Cosmetics," http://www.fda.gov; Barrett, "Sen. Kennedy Blasts Cosmetics Makers, Calls for More Rules."

33. Julie Naughton, "Chemical Reaction: A Beauty Battle Rages Over Phthalates," *Women's Wear Daily* (July 12, 2002): 1, 9.

34. Lewis, "Cleaning Up Cosmetic Confusion."

35. Lewis, "Cleaning Up Cosmetic Confusion."

36. "Shelf Life-Expiration Date" (May 8, 1996). Available online at http://vm.cfsan.fda.gov.

37. "How to Spot a Fake and Save a Buck," International AntiCounterfeiting Coalition.

38. Rabolt and Miler, *Concepts and Cases in Retail and Merchandise Management.*

39. "Escada Sues Limited over Fragrance," *Women's Wear Daily* (October 16, 1992): 14.

40. Vicki M. Young, "Calvin vs. Ralph: The Bronx Bombers Slug It Out," *Women's Wear Daily* (June 26, 1998): 1, 8; Vicki M. Young, "Ralph Beats Calvin in Bottle Battle," *Women's Wear Daily* (May 11, 1999): 1, 13.

41. Vicki M. Young, "Hilfiger Unit Sues Goody's," *Women's Wear Daily* (August 1, 2000): 11.

42. Vicki M. Young, "Sephora's Challenge to Federated, Macy's Seen as Uphill Fight," *Women's Wear Daily* (April 13, 1999): 1, 7; Vicki M. Young and David Moin, "Injunction Granted: Sephora Wins Round in Federated Battle," *Women's Wear Daily* (February 2, 2000): 1, 17.

43. Joanna Ramey, "Top Court Favors Wal-Mart in Trade-Dress Case," *Women's Wear Daily* (March 23, 2000): 14.

44. Daren Fonda, "Copyright Crusader," *Boston Globe Magazine* (August 29, 1999). Available online at http://www.boston.com/globe.

45. Rabolt and Miler, *Concepts and Cases in Retail and Merchandise Management.*

46. Anne D'Innocenzio, "Wayne Rogers Sets Ad Campaign for Its Patented Stretch Silk Fabric," *Women's Wear Daily* (June 25, 1997): 31.

47. Vicki M. Young, "MAC Sues Tony & Tina," *Women's Wear Daily* (April 16, 1999): 4.

48. "Why Save Endangered Species?" (March 2000). Available online at http://www.pueblo.gsa.gov/cic_text/misc/endangered/species.txt; "Endangered Species," U.S. Fish and Wildlife Service.

49. Jeannine Stein, "State Puts the

Squeeze on Purveyors of Python," *Los Angeles Times* (March 19, 2000): 1.

50. "Wildlife Laws: U.S. Fish and Wild-life Service Facts about Federal Wildlife Laws." U.S. Fish and Wild-life Service; "Ban on Ivory Trade Eased for 3 African Countries," *San Francisco Chronicle* (June 20, 1997): A20.

51. "Animal Group Wants Ban on Shatoosh Shawls," *Mainichi* [Tokyo] *Daily News* [English edition] December 19, 1999: 1; Ginia

Bellafante, "Shatoosh and Alligator: Fashions That Come with a Stigma Attached," *Houston Chronicle* (November 11, 1999): 7.

52. Bellafante, "Shatoosh and Alligator: Fashions that Come with a Stigma Attached."

53. "Ban on Ivory Trade Eased For 3 African Countries,"; Katy Payne, "Permitting Ivory Trade Puts Elephants on Shaky Ground," *San Francisco Chronicle* (June 11, 1999):

A21; Kevin Leary, "Hunt Elephants to Save Them, Author Argues," *San Francisco Chronicle* (May 7, 1993): B3, B4.

54. John Cramer, "Thailand's Wild Elephants Dying Out," *San Francisco Chronicle* (July 9, 1997): A7.

55. Carol Emert, "Final Talks in Access Suit against Macy's," *San Francisco Chronicle* (June 15, 2000): B1, B4.

찾아보기

역자 소개

이승희

이화여자대학교 의류직물학과(학사)
미국 The Ohio State University, Dept. of Consumer & Textile Science(석사)
미국 The Ohio State University, Dept. of Consumer & Textile Science(박사)
The Ohio State University 강의전담교수, 울산대학교 조교수 역임
ITAA(세계의류학회) Research & Theory Development Committee 위원장
Clothing & Textiles Research Journal/Family & Consumer Research Journal Reviewer
2006 한국마케팅관리학회 최우수논문수상
현) 성신여자대학교 의류학과 부교수(패션마케팅 분야)
e-mail: lee792@sungshin.ac.kr

김미숙

경희대학교 의상학과(학사)
미국 The Ohio State University, Dept. of Textiles & Clothing(석사)
미국 The Ohio State University, Dept. of Textiles & Clothing(박사)
미국 Miami University 가족 소비자학과 조교수 역임
경희대학교 생활과학연구소소장
The International Journal of Costume and Culture 편집장
현) 경희대학교 의상학전공 교수(의복 소비자행동 분야)
e-mail: mskim@khu.ac.kr

황진숙

서울대학교 의류학과(학사)
미국 Virginia Tech, Dept. of Clothing & Textiles(석사)
미국 Virginia Tech, Dept. of Clothing & Textiles(박사)
삼성물산주식회사 근무
배재대학교 조교수 역임
현) 건국대학교 의상텍스타일학부 조교수(패션마케팅 분야)
e-mail: jsh@konkuk.ac.kr